Biodiversität und Erdgeschichte

Jens Boenigk / Sabina Wodniok

Biodiversität und Erdgeschichte

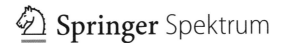 Springer Spektrum

Prof. Dr. Jens Boenigk
Dr. Sabina Wodniok
Universität Duisburg-Essen
Fakultät für Biologie, Essen

ISBN 978-3-642-55388-2   ISBN 978-3-642-55389-9 (eBook)
DOI 10.1007/978-3-642-55389-9

Die Deutsche Nationalbibliothek verzeichnet diese Publikation in der Deutschen Nationalbibliografie; detaillierte bibliografische Daten sind im Internet über http://dnb.d-nb.de abrufbar.

Springer Spektrum
© Springer-Verlag Berlin Heidelberg 2014

Planung und Lektorat: Merlet Behncke-Braunbeck, Meike Barth
Redaktion: Andreas Held

Gedruckt auf säurefreiem und chlorfrei gebleichtem Papier

Springer Spektrum ist eine Marke von Springer DE. Springer DE ist Teil der Fachverlagsgruppe Springer Science+Business Media.
www.springer-spektrum.de

Vorwort

Das Erfassen von Biodiversität und ein Verständnis der Mechanismen, die Biodiversität erzeugen und erhalten, waren und sind zentrale Aspekte menschlichen Lebens und Handelns – von der Antike bis heute: Die Bemühungen der altgriechischen Philosophen, insbesondere von Aristoteles und Theophrast, ein Ordnungssystem der Tiere und Pflanzen zu schaffen, das Streben Carl von Linnés, das „göttliche Ordnungssystem" zu verstehen, Darwins Idee der Veränderlichkeit von Arten und die Entwicklung der Evolutionstheorie bis hin zur Erfassung der molekularen Diversität von Organismen (z.B. Human Genome Project), Biozönosen und Ökosystemen (z.B. Census of Marine Life) – all dies sind Momentaufnahmen der Erforschung von Biodiversität.

Biodiversität und deren Verteilung auf der Erde zählen zu den komplexesten Forschungsthemen überhaupt. Ein Verständnis von Biodiversität setzt aber ein Verständnis der Zusammenhänge – der Evolution und Stammesgeschichte der Organismen, der ökologischen Anpassungen und Interaktionen, der physiologischen und morphologischen Vielfalt sowie des Wechselspiels zwischen der Entwicklung der Erde und der Evolution von Leben auf der Erde – voraus.

Unterschiedlichste Disziplinen – vor allem viele biowissenschaftliche und geowissenschaftliche – widmen sich den verschiedenen Aspekten der Biodiversität. Diese fachliche Vielfalt der Diversitätsforschung ist der Schlüssel zum Verständnis der Entstehung und Erhaltung von Biodiversität. Der große Vorteil dieser Herangehensweise – die Interdisziplinarität – ist aber auch gleichzeitig das größte Hemmnis: Die oft einseitig, fachbezogen disziplinäre Ausbildung und Herangehensweise an die Biodiversitätsforschung bergen die Gefahr, den Blick für den Facettenreichtum und die vielfältigen fächerüberreifenden Aspekte der Biodiversität einzuschränken oder gar zu verstellen.

Mit diesem Buch haben wir uns zum Ziel gesetzt, den Spagat zwischen geowissenschaftlicher und biowissenschaftlicher Diversitätsforschung zu wagen und die Diversität der Eukaryoten gerade im Kontext mit der erdgeschichtlichen Entwicklung darzustellen. Insbesondere die Lücken der klassischen Lehrbuchlandschaft und Verknüpfungen zwischen den Disziplinen bilden daher einen Fokus dieses Lehrbuchs: Dies umschließt die Diversität der Eukaryoten als Ganzes – nicht nur die der anthropozentrisch meist in den Vordergrund gestellten Metazoen und Landpflanzen. Es umschließt ebenfalls die phylogenetische Entwicklung der Organismen im erdgeschichtlichen Kontext und fokussiert damit auf die Wechselwirkungen zwischen Evolution der Erde und Evolution des Lebens. „Klassisch biologische" und „klassisch geowissenschaftliche" Themen finden sich daher durchaus auch einmal in einem zunächst unerwarteten Kontext. Ein gewisser Bruch mit der traditionellen, nach Disziplinen getrennten Gliederung von Lehrbüchern war eine nicht zu vermeidende Konsequenz dieses Ansatzes. Nach unserer Überzeugung liegt aber genau hier eine der wesentlichen Stärken des Buches: den Brückenschlag zwischen den Disziplinen in der Biodiversitätsausbildung zu erleichtern oder auch erst möglich zu machen.

Das Buch umfasst die Entstehung von Diversität im erdgeschichtlichen Kontext, die Verteilung der heutigen Biodiversität auf der Erde sowie die Vielfalt der Eukaryoten. Es schließt damit Aspekte der Erdgeschichte und Paläontologie, der Ökologie, der Morphologie und Physiologie und schließlich der biologischen Systematik ein.

Danksagung

Wir danken Frau Susann Schiwy und Frau Julia Nuy für ihre großartige Unterstützung bei allen Aspekten der Buchgestaltung. Ganz besonders danken wir Susann für ihr Engagement bei der Beschaffung der Fotos und Verwaltung der Bilddatenbank sowie Julia für ihren Einsatz bei Gestaltung und Setzen des Manuskripts in Indesign und für verschiedenste grafische Korrekturen.

Für kritische Bemerkungen sowie sprachliche und inhaltliche Korrekturen früherer Manuskriptversionen danken wir besonders Herrn Wolfgang Boenigk und Herrn Lars Großmann.

Herrn Michael Neugebauer und der gesamten Arbeitsgruppe Biodiversität danken wir für die Geduld und die vielfältige Unterstützung, besonders während der oft stressigen Phase vor Einreichung des Manuskripts.

Wir sind den vielen Kollegen und Fotografen dankbar, die Fotos für das Buch zur Verfügung gestellt haben, ohne die das vorliegende Buch nicht möglich geworden wäre.

Wir danken dem Springer-Spektrum-Verlag, namentlich Frau Meike Barth, Frau Merlet Behncke-Braunbeck und Frau Barbara Lühker sowie Herrn Andreas Held für das sprachliche Lektorat.

Ein besonderer Dank geht an unsere Familien, ohne deren Unterstützung dieses Buch nicht möglich gewesen wäre.

Insbesondere danke ich (JB) meiner Frau Stefanie für die unendliche Geduld, mit der sie für die zahllosen Stunden Verständnis aufbrachte, die ich mit der Erstellung von Abbildungen und Recherchen verbrachte. Ihr Verständnis und ihre Unterstützung verschafften mir die Zeit, dieses Projekt zu verwirklichen.

Meiner Familie und meinem Lebensgefährten Thomas danke ich (SW) für den liebevollen familiären Rückhalt, ihre Geduld und Unterstützung.

Inhalt

1 Einleitung 1

1.1 Wie benutze ich dieses Buch? 2

1.2 Biodiversität 4

1.3 Leben 6

1.4 Die Art 8

2 Erdgeschichte 11

2.1 Geowissenschaftliche Grundlagen 12

2.1.1 Bau und Entstehung der Erde 14

2.1.1.1 Schalenbau der Erde 16

2.1.1.2 Plattentektonik 18

2.1.2 Gesteinsbildende Prozesse 20

2.1.2.1 Magmatismus und magmatische Gesteine 22

2.1.2.2 Verwitterung, Erosion, Sedimentation und Sedimentgesteine 24

2.1.2.3 Carbonatgleichgewicht und Carbonate 26

2.1.3 Erdzeitalter 28

2.2 Präkambrium 30

2.2.1 Archaikum 32

2.2.1.1 Chemische Evolution und Entstehung des Lebens 34

2.2.1.2 RNA-Welt-Hypothese und Zellentstehung im Archaikum 36

2.2.1.3 Kohlenstoffmetabolismus im Archaikum: Gärung 38

2.2.1.4 Evolution der Photoautotrophie im Archaikum:
Energetik der anoxygenen und oxygenen Photosynthese 40

2.2.1.5 Evolution der Photoautotrophie im Archaikum: Kompartimentierung 42

2.2.2 Proterozoikum 44

2.2.2.1 Biogene und geochemische Rückkopplung der proterozoischen Sauerstoffevolution 46

2.2.2.2 Klimatische Folgen der Sauerstoffevolution: die huronische Vereisung (2,4–2,1 Mrd Jahre) 48

2.2.2.3 Metabolische Folgen der Sauerstoffevolution: cytotoxische Wirkung 50

2.2.2.4 Metabolische Folgen der Sauerstoffevolution: aerobe Atmung 52

2.2.2.5 Entstehung der eukaryotischen Zelle im Mesoproterozoikum 54

2.2.2.6 Entstehung eukaryotischer Algen im Mesoproterozoikum 56

2.2.2.7 Die „langweilige Milliarde" (1,85–0,85 Mrd Jahre) 58

2.2.2.8 Evolution der komplexen Vielzelligkeit im Neoproterozoikum 60

2.2.2.9 Die neoproterozoischen Vereisungen (0,85–0,72 Mrd Jahre) 62

2.3 Phanerozoikum 64

2.3.1 Überblick über das Phanerozoikum 66

2.3.1.1 Plattentektonik und Klimaentwicklung des Phanerozoikums 68

2.3.1.2 Fossillagerstätten 70

2.3.1.3 Fossilisation: die Entstehung von Fossilien 72

2.3.1.4 Geochronologie und Stratigraphie 74

2.3.1.5 Benennung und biostratigraphische Definition der Systeme des Phanerozoikums 76

2.3.2 Fossile Biodiversität 78

2.3.2.1 Foraminifera 80

2.3.2.2 Riffbildner 82

2.3.2.3 Cephalopoda 84

2.3.2.4 Benthische Filtrierer: Brachiopoda und Bivalvia 86

2.3.2.5 Trilobita 88

2.3.2.6 Echinodermata 90

2.3.2.7 Graptolithen und Conodonten 92

2.3.2.8 Wirbeltiere 94

2.3.2.9 Landpflanzen 96

2.3.3 Paläozoikum 98

2.3.3.1 Ediacarium und Präkambrium-Phanerozoikum-Grenze 100

2.3.3.2 Evolution von Skelettelementen 102

2.3.3.3 Kambrium 104

2.3.3.4 Ordovizium 106

2.3.3.5 Silur 108

2.3.3.6 Landgänge 110

2.3.3.7 Devon 112

2.3.3.8 Karbon 114

2.3.3.9 Perm 116

2.3.3.10 Entwicklung des Kormus 118

2.3.3.11 Zunehmende Reduktion der haploiden Generation (Gametophyt) 120

2.3.3.12 Zunehmende Dominanz der diploiden Generation (Sporophyt) 122

2.3.4 Mesozoikum 124

2.3.4.1 Trias 126

2.3.4.2 Anpassung der Fortpflanzungsbiologie an das Landleben 128

2.3.4.3 Jura 130

2.3.4.4 Saurier 132

2.3.4.5 Kreide 134

2.3.4.6 Evolution der Bestäubungsbiologie 136

2.3.5 Känozoikum 138

2.3.5.1 Paläogen 140

2.3.5.2 Neogen 142

2.3.5.3 Evolution der C_4-Photosynthese 144

2.3.5.4 Physiologische Effizienz der C_4- und CAM-Photosynthese 146

2.3.5.5 Quartär 148

2.3.5.6 Die känozoische Eiszeit 150

2.3.5.7 Hominisation 152

2.3.5.8 Zukunft 154

3 Verteilung der heutigen Biodiversität 157

3.1 Grundlagen der biogeographischen Verbreitung von Taxa 158

3.1.1 Artbeschreibung.. 160

3.1.2 Artkonzepte.. 162

3.1.3 Molekulare Diversität: Barcoding und OTUs 164

3.1.4 Biodiversitätsindizes... 166

3.1.5 Räumliche Verteilung von Biodiversität 168

3.1.6 Grenzen des Artbegriffs: Viren 170

3.1.7 Grenzen des Artbegriffs: Flechten... 172

3.2 Verteilung der Biodiversität 174

3.2.1 Muster und Mechanismen... 176

3.2.1.1 Hotspots der Biodiversität.. 178

3.2.1.2 Ökologische Nische 180

3.2.1.3 Mechanismen der Artbildung 182

3.2.1.4 Inselbiogeographie 184

3.2.1.5 Globale Gradienten der Artenvielfalt 186

3.2.1.6 Biogeographie von Mikroorganismen.. 188

3.2.1.7 Neobiota 190

3.2.1.8 Känozoisches Massensterben 192

3.2.2 Biogeographische Regionen.. 194

3.2.2.1 Globale Niederschlags- und Temperaturverteilung.................... 196

3.2.2.2 Globale Windsysteme und Klimazonen 198

3.2.2.3 Tundra 200

3.2.2.4 Taiga... 202

3.2.2.5 Temperate Wälder 204

3.2.2.6 Temperate Grasländer 206

3.2.2.7 Montane Grasländer und überflutete Grasländer 208

3.2.2.8 Mediterranes Biom 210

3.2.2.9 Temperate und heiße Wüsten... 212

3.2.2.10 Subtropische und tropische Grasländer 214

3.2.2.11 Subtropische und tropische Trockenwälder 216

3.2.2.12 Tropische Regenwälder 218

3.2.2.13 Standgewässer 220

3.2.2.14 Fließgewässer 222

3.2.2.15 Ozeane und Meere.. 224

4 Megasystematik 227

4.1 Grundlagen der Megasystematik 228

4.1.1 Historische und phylogenetische Grundlagen 230

4.1.1.1 Grundlage der modernen Systematik: Carl von Linné 232
4.1.1.2 Grundlage der modernen Phylogenie: Darwin und Pasteur 234
4.1.1.3 Was ist eine Pflanze? 236
4.1.1.4 Was ist ein Tier? 238
4.1.1.5 Was ist ein Pilz? 240
4.1.1.6 Phylogenetische Stammbäume 242
4.1.1.7 Kladogramme und Phylogramme 244
4.1.1.8 Molekulare Diversität der eukaryotischen Großgruppen 246

4.1.2 Die drei Domänen 248

4.1.2.1 Bacteria 250
4.2.2.2 Archaea 252
4.1.2.3 Eukarya 254
4.1.2.4 Eukarya: Zelluläre Strukturen 256

4.2 Unikonta (= Amorphea) 258

4.2.1 Holozoa 260

4.2.1.1 Choanomonada 262
4.2.1.2 Porifera 264
4.2.1.3 Placozoa, Cnidaria, Ctenophora 266
4.2.1.4 Protostomia 268
4.1.2.5 Ecdysozoa 270
4.2.1.6 Spiralia 272
4.2.1.7 Deuterostomia 274
4.2.1.6 Gnathostomata 276
4.2.1.9 Amniota 278

4.2.2 Holomycota 280

4.2.2.1 Microsporidia und Chytridiomycota 282
4.2.2.2 Glomeromycota: Arbuskuläre Mykorrhiza-Pilze 284
4.2.2.3 Zygosporenbildende Pilze 286
4.2.2.4 Ascomycota 288
4.2.2.5 Basidiomycota 290

4.2.3 Amoebozoa 292

4.2.3.1 Conosa 294

4.3 Excavata 296

4.3.1 Metamonada 298

4.3.2 Discoba 300

4.3.2.1 Euglenozoa: Euglenida 302
4.3.2.2 Euglenozoa: Kinetoplastea 304

4.4 Archaeplastida 306

   4.4.1 Glaucocystophyta 308

   4.4.2 Rhodophyta 310

   4.4.3 Viridiplantae 312

      4.4.3.1 Streptophyta 314

      4.4.3.2 Basale Embryophyten: „Moose" 316

      4.4.3.3 Rhyniophytina und Lycopodiophytina 318

      4.4.3.4 Monilophyten 320

      4.4.3.5 Gymnospermen 322

      4.4.3.6 Magnoliopsida I: Übersicht 324

      4.4.3.7 Basale Magnoliopsida und Monokotyledonae 326

      4.4.3.8 Eudikotyledonen I: Rosiden 328

      4.4.3.9 Eudikotyledonen II: Asteriden 330

4.5 Rhizaria 332

   4.5.1 Cercozoa 334

   4.5.2 Retaria 336

      4.5.2.1 Foraminifera 338

4.6 Alveolata und Stramenopiles 340

   4.6.1 Alveolata 342

      4.6.1.1 Ciliophora 344

      4.6.1.2 Dinophyta 346

      4.6.1.3 Apicomplexa 348

   4.6.2 Stramenopiles 350

      4.6.2.1 Peronosporomycetes (Oomycetes) 352

      4.6.2.2 Phaeophyceae 354

      4.6.2.3 Chrysophyceae 356

      4.6.2.4 Bacillariophyceae 358

4.7 Hacrobia und incertae sedis Eukaryota 360

   4.7.1 Haptophyta 362

   4.7.2 Cryptophyta 364

Glossar 367

Abbildungsnachweis 379

Index 387

Verzeichnis der Themenboxen

Geißel/Flagellum 259

Schutz vor Prädation 261

Größenverhältnisse zwischen Räuber und Beute 263

Motile und sessile Lebensweise 265

Symmetrie und Körperbau 267

Segmentierung 269

Einfrieren und Auftauen 271

Warum findet man bestimmte Fossilien nicht? 273

Schutz vor UV-Strahlung 275

Dinosaurier und Angiospermenentwicklung 277

Größenwachstum 279

Zellwandmaterialien 281

Generationswechsel bei Parasiten 283

Mykorrhiza 285

Organisationsform und Phylogenie 287

Mehrkernige Zellen 289

Symbiose / Mutualismus 291

Pseudopodien 293

Chemische Kommunikation und Semiochemikalien 295

Phagocytose 297

Hydrogenosomen 299

Reduzierung der Genomgröße bei Parasiten 301

Lichtwahrnehmung 303

Lage des Kinetoplast-Kinetosom-Geißeltaschen-Komplexes 305

Chlorophyll 307

Sind höhere Organismen evolutiv besser angepasst? 309

Photopigmente und Vertikaleinnischung 311

Vielzelligkeit.. 313

Form als Fraßschutz.. 315

Zellwand und Cuticula 317

Generationswechsel - Meiose 319

Leitbündeltypen 321

Entstehung, Radiation und Dominanz von Taxa 323

Abstammungsverhältnisse der Magnoliopsida 325

Carnivorie 327

Wind- und Tierverbreitung... 329

Coevolution der Bestäubungsbiologie... 331

Nucleomorph 333

Paulinella: Modell für die Entstehung von Plastiden... 335

Biogene Minerale 337

Biomineralisation 339

Organellen 341

Modellorganismen 343

Endosymbiontische Algen 345

Biolumineszenz.. 347

Kompartimentierung 349

Osmoregulation 351

Chemische Basis des Lebens 353

Auftrieb 355

Phototrophie, Mixotrophie, Heterotrophie... 357

Kriechende Fortbewegung 359

Eukaryotischer Biozönosen und das „microbial loop"... 361

Algenblüten 363

Oberflächenschuppen 365

1. Einleitung

Wie benutze ich dieses Buch?

Das vorliegende Buch richtet sich an Studierende der Biowissenschaften und der Geowissenschaften sowie an alle, die sich für biologische Vielfalt und deren Entstehung interessieren. Dabei stellt das Buch über die fragmentierte Betrachtung der Tiere oder Pflanzen hinaus die Diversität der Eukaryoten insgesamt in den Fokus: deren Vielfalt und Verteilung auf der Erde sowie die erdgeschichtliche Entwicklung der heutigen Biodiversität.

Das Buch verknüpft geowissenschaftliche Aspekte, wie die Erdgeschichte und Makroevolution, mit biowissenschaftlichen Aspekten, wie der Biodiversität und ihrer Verteilung auf der Erde. Diese Ausrichtung an der Schnittstelle beider Fachdisziplinen zeigt Zusammenhänge zwischen der Entwicklung der Erde und der Entwicklung des Lebens auf – die Auswirkungen der geologischen und klimatischen Entwicklung auf die Evolution des Lebens und umgekehrt die Auswirkungen der Entstehung und Evolution des Lebens auf die geologische und klimatische Entwicklung der Erde.

Das Buch gliedert sich in drei große Themenbereiche: Der erste Bereich behandelt die erdgeschichtliche Entwicklung der Erde und der biologischen Vielfalt, der zweite Bereich stellt die heutige Verteilung der Diversität auf der Erde dar und der dritte Bereich gibt einen Überblick über die Vielfalt der eukaryotischen Organismen. Jedem dieser Themenbereiche wird ein einleitendes Kapitel vorangestellt, das Grundlagen und Hintergrundinformationen vermittelt – dies umfasst Aspekte der Biologie, der Paläontologie, der Geologie und der Geographie. Aufgrund der fachlichen Breite des vorliegenden Buches werden je nach Vorbildung des Lesers einzelne Aspekt schwerer oder leichter empfunden werden.

Innerhalb der Themenbereiche folgt das Buch einer strikten Gliederung: Ein abgegrenztes Thema wird jeweils auf einer Doppelseite vorgestellt. Diese ist jeweils aus einer Textseite und einer Abbildungsseite zusammengesetzt. Der Textteil untergliedert sich dabei in einen einführenden Teil, der allgemeine Grundlagen vermittelt, und einen aufbauenden Teil, der ausgewählte Aspekte vertieft.

Die Abbildungsseiten enthalten erklärende Textboxen, um bestimmte Inhalte gezielt zu vertiefen und die Verknüpfung mit dem Textteil zu erleichtern. Über die konkreten auf den jeweiligen Doppelseiten dargestellten Aspekte hinaus stellen die Abbildungsseiten in vielen Fällen die behandelten Themen in einen größeren Kontext oder liefern Ansatzpunkte für eine weitergehende Betrachtung.

Aufgrund der strikten Gliederung lädt das Buch einerseits zum kapitelweisen Durcharbeiten ein – dies mag insbesondere für die erdgeschichtlichen Aspekte gelten, andererseits aber auch zum lexikalischen Arbeiten unter Zuhilfenahme der Verweise, die ein Navigieren innerhalb des Buches zu thematisch verwandten Aspekten ermöglichen.

Wir hoffen, mit dem vorliegenden Buch Lücken in der Lehrbuchlandschaft zu schließen und mit einem abbildungs- und themenbezogenen Konzept das Lernen zu erleichtern.

Aufbau des Lehrbuches

Das Buch ist auf einem Doppelseitenkonzept aufgebaut. Die linke Seite ist dabei jeweils dem Textteil vorbehalten, die rechte Seite den Abbildungen.

Der Textteil untergliedert sich in einen einführenden allgemeinen Teil (1) und einen weiterführenden Teil (2). Zusätzlich werden wichtige Begriffe jeweils in einem Glossar unten auf der Seite erläutert (3). Verweise innerhalb des Lehrbuches (4) erleichtern das Auffinden thematisch verwandter oder weiterführender Aspekte. Das Buch kann daher sowohl zum kapitelweisen Lernen als auch zum themenbezogenen Lernen genutzt werden. Die Bildseiten (5) ergänzen den Textteil

1: Der erste, mit einem grünen Quadrat beginnende Textblock gibt einen einführenden Überblick in das Thema

2: Der zweite, mit einem blauen Quadrat beginnende Textblock vertieft ausgewählte Themen

5: Die Bildseite illustriert und vertieft die dargestellten Aspekte. Die einzelnen Elemente der Bildseite sind dabei eigenständig und in weiten Teilen auch ohne die Textseite verständlich. Auf eigene Abbildungslegenden wird verzichtet, sofern eine über den Text hinausgehende, spezifische Erläuterung nicht notwendig erscheint

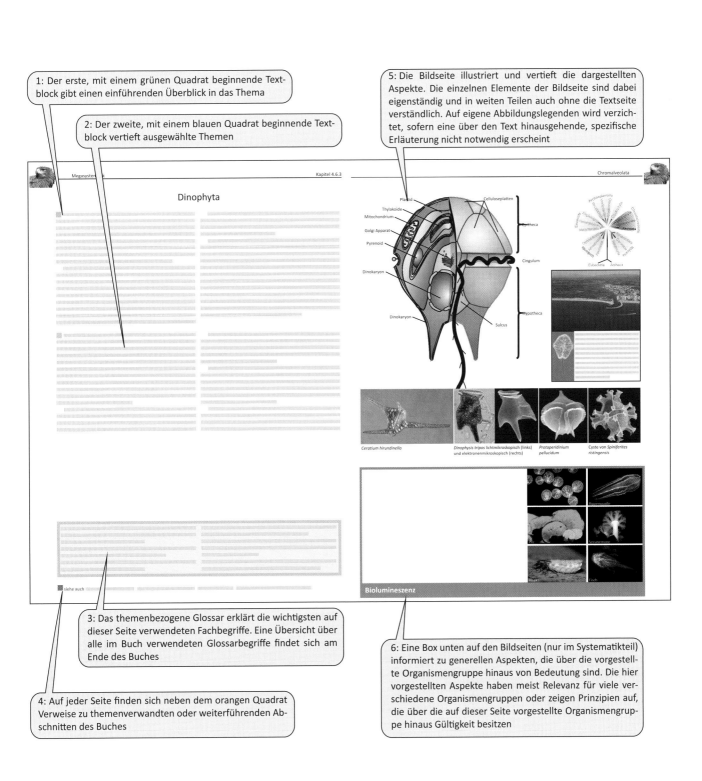

3: Das themenbezogene Glossar erklärt die wichtigsten auf dieser Seite verwendeten Fachbegriffe. Eine Übersicht über alle im Buch verwendeten Glossarbegriffe findet sich am Ende des Buches

4: Auf jeder Seite finden sich neben dem orangen Quadrat Verweise zu themenverwandten oder weiterführenden Abschnitten des Buches

6: Eine Box unten auf den Bildseiten (nur im Systematikteil) informiert zu generellen Aspekten, die über die vorgestellte Organismengruppe hinaus von Bedeutung sind. Die hier vorgestellten Aspekte haben meist Relevanz für viele verschiedene Organismengruppen oder zeigen Prinzipien auf, die über die auf dieser Seite vorgestellte Organismengruppe hinaus Gültigkeit besitzen

Biodiversität

Leben findet sich überall auf der Erde – von den Tiefen der ozeanischen Gräben bis zu den höchsten Gebirgsgipfeln und von den polaren Eiswüsten bis zu den heißen Wüsten und zu hydrothermalen Quellen. Die heutige Biodiversität und deren Verteilung auf der Erde ist das Ergebnis von über 4 Milliarden Jahren Evolution. Die Biodiversität nahm seit der Entstehung des Lebens bis heute grundsätzlich zu, ist aber von mehreren starken Einbrüchen im Verlaufe der Erdgeschichte gekennzeichnet. Allein seit dem Entstehen vielzelliger komplexer Lebensformen kam es zu fünf großen und vielen kleineren Aussterbeereignissen und damit zu plötzlichen starken Einbrüchen der globalen Biodiversität. Die heutige, vorwiegend durch den Menschen verursachte Verlustrate der Biodiversität erreicht oder übersteigt sogar die Raten dieser fünf großen Aussterbeereignisse. Auch wenn über 99 % der Arten im Verlaufe der Erdgeschichte bereits wieder ausgestorben sind, ist die Vielfalt an Arten mit alleine über 5 Millionen geschätzten Tierarten und über 400.000 geschätzten Pflanzenarten enorm. Die Diversität der wesentlich schlechter untersuchten Mikroorganismen ist wahrscheinlich noch weitaus größer: Der „Stammbaum des Lebens", basierend auf molekularen Analysen, spiegelt eine enorme Diversität von Mikroorganismen wider, während sich die Makroorganismen auf wenige kaum wahrnehmbare Seitenzweige beschränken. Ein Zitat aus der Fachzeitschrift *Nature* aus dem Jahr 2004 bringt dies auf den Punkt: "Es ist an der Zeit für Biologen aufzuhören, ihren Studenten und der Öffentlichkeit eine Perspektive des Lebens auf der Erde zu präsentieren, die so verzerrt zugunsten des Sichtbaren ist. Das wird nicht einfach sein. Die erste Herausforderung ist es, zu akzeptieren, dass der Beitrag des Sichtbaren zur Biodiversität sehr gering ist."

Aber warum ist das Leben auf der Erde derart erfolgreich? Welche Anpassungen ermöglichen Leben auf der Erde und sind allen – oder den meisten – Lebensformen gemeinsam? Welche Merkmale und Anpassungen variieren dagegen zwischen verschiedenen Lebensformen und bedingen so die große Vielfalt an Lebensformen? Wie ist die heutige Biodiversität entstanden und wie wirkte sich die Evolution des Lebens auf die Evolution der Erde aus? Und was genau umfasst eigentlich der Begriff „Biodiversität"?

Obwohl der Begriff „Biodiversität" intuitiv klar erscheint, ist eine Definition schwierig. Es gibt eine Vielzahl von Definitionen, von denen hier nur die in der Biodiversitäts-Konvention (Convention on Biological Diversity, CBD) verwendete Definition angeführt werden soll: Biodiversität bezeichnet danach „die Variabilität unter lebenden Organismen jeglicher Herkunft, darunter unter anderem Land-, Meeres- und sonstige aquatische Ökosysteme und die ökologischen Komplexe, zu denen sie gehören". Damit umfasst die Biodiversität den Grad der Verschiedenheit von Lebensformen – innerhalb einer Art, eines Ökosystems, eines Bioms oder eines Planeten. Biodiversität ist auf der Erde ungleichmäßig verteilt: Die terrestrische Biodiversität ist in der Regel in den niedrigen Breiten, also in der Nähe des Äquators, am höchsten. Im Meer ist die Biodiversität der küstennahen Taxa im Westpazifik am höchsten, im offenen Meer dagegen in den mittleren Breiten.

Die Anzahl der Arten (Artenvielfalt) ist das wohl gebräuchlichste Maß für Biodiversität, die Art wird daher häufig als Einheit der Biodiversität angesehen. Allerdings ist nur ein Bruchteil der lebenden Arten bislang wissenschaftlich beschrieben und für weniger als 1 % dieser beschriebenen Arten ist mehr als bloß deren Existenz bekannt. Die Artebene ist allerdings nur eine von vielen möglichen Annäherungen an die Biodiversität. Auch unterhalb der Artebene spielt die Biodiversität (intraspezifische Diversität oder Mikrodiversität) eine große Rolle.

Biodiversität ist eine essenzielle Voraussetzung für das menschliche Leben und Überleben und auch die Menschheit selbst ist Teil der Biodiversität. Die Biodiversität ist von grundlegender Bedeutung für Ökosystemdienstleistungen wie eine Regulierung des Klimas, Bodenfruchtbarkeit, Wasserkreislauf, Landwirtschaft und Fischerei, fossile und erneuerbare Energien, Pharmazie, Medizin sowie für Lebensqualität und ökonomische Kompetitivität. In der Praxis wird Biodiversität in Umweltstudien so gut wie nie vollständig erfasst. Der überwiegende Teil der Studien beschränkt sich auf exemplarische Untersuchungen weniger Organismengruppen – häufig werden dabei Pflanzen, Wirbeltiere und einige Invertebratengruppen erfasst. Viele andere Organismengruppen, insbesondere die viel häufigeren Mikroorganismen, werden selten berücksichtigt. Aber auch innerhalb der etablierten und häufig untersuchten Organismengruppen beschränken sich die Untersuchungen häufig auf Modellgruppen oder ein bestimmtes Größenspektrum der Organismen.

Biodiversität: (Definition des UN-Übereinkommens über die biologische Vielfalt) Variabilität unter lebenden Organismen jeglicher Herkunft, darunter Land-, Meeres- und sonstige aquatische Ökosysteme und die ökologischen Komplexe, zu denen sie gehören. Dies umfasst die Vielfalt innerhalb der Arten (genetische Vielfalt) und zwischen den Arten (Artenvielfalt) und die Vielfalt der Ökosysteme (und entsprechend der Interaktionen darin)

Verschiedene Auflösungsebenen der Diversität: Biodiversität auf der Ebene von Genen, Individuen, Populationen und Ökosystemen

Biodiversität unterhalb der Artebene: *Brassica oleracea* var. *gemmifera* (Rosenkohl), *Brassica oleracea* var. *italica* (Brokkoli), *Brassica oleracea* var. *botrytis* (Blumenkohl), *Brassica oleracea* var. *sabellica* (Grünkohl)

Biodiversität auf der Gesellschaftsebene auf unterschiedlichen räumlichen Skalen am Beispiel eines Laubwaldes: mikrobielle Diversität, Flechten- und Moosschicht, Krautschicht, Baumschicht

Biodiversität auf der Ebene von Lebensräumen und Biomen: Raps-Monokultur, Wüste, temperater Buchenwald, tropischer Regenwald

Zeitliche Dimension der Biodiversität: Bei Mikroorganismen ändert sich die Diversität oft bereits innerhalb von Stunden (hier: *Euglena gracilis*); Arten in Artbildung sind ein gutes Beispiel für die zeitliche Dimension der Biodiversität (hier: *Corvus corone* (Aaskrähe) und *Corvus cornix* (Nebelkrähe)); über 99 % der Arten sind ausgestorben (hier: *Coelonautilus planotergatus*)

Leben

Die Frage „Was ist Leben?" scheint zunächst einfach zu beantworten zu sein. Eine eindeutige Definition von Leben ist dagegen sehr schwierig oder gar unmöglich – vergleicht man verschiedene Definitionen, findet man zudem überraschend wenige Übereinstimmungen. Zu den häufig genannten Kriterien für Leben gehören Bewegung, Selbsterhaltung, Fortpflanzung, Selbstorganisation und Stoffwechsel. Beschränkt man die Versuche, Leben zu definieren, auf das bekannte (irdische) Leben, lassen sich allerdings einige Eigenschaften von Leben hinzufügen, die die Definition weiter eingrenzen. So bestehen alle bekannten Lebewesen aus hoch entwickelten Zellen (oder sind im Falle der Viren zumindest für ihre Reproduktion auf Zellen angewiesen), zentrale Moleküle sind Nucleinsäuren und Proteine.

Lebewesen werden in der Regel auch als selbstständig lebensfähig angesehen. Dies erscheint zunächst selbstverständlich, auch diese Sicht ist aber problematisch: Die meisten Lebewesen sind zumindest stark abhängig von anderen Lebewesen: Beispielsweise sind nur etwa 10 % der Zellen im menschlichen Körper tatsächlich menschliche Zellen, die verbleibenden 90 % der Zellen sind nicht menschlich, sondern vorwiegend Prokaryoten (vor allem die der Darmflora). Ebenso leben die meisten höheren Pflanzen in Symbiose mit Mykorrhiza-Pilzen. Die Vielzahl von Parasiten, die in engen Wechselbeziehungen oder Abhängigkeiten von ihren Wirten stehen, ist ein weiteres Beispiel. Aber auch viele freilebende Organismen stehen in engen Wechselbeziehungen zu anderen Lebewesen, die Lebensfähigkeit hängt also von anderen freilebenden Lebewesen ab. In diesem Sinne wird auch die Einbeziehung von Viren in verschiedene Definitionen von Leben verständlich – ihre Abhängigkeit von anderen Lebewesen ist hier lediglich stärker ausgeprägt. Wird die Notwendigkeit der Interaktion mit oder die Abhängigkeit von anderen Lebewesen aber in die Definition von Leben einbezogen, wird die Abgrenzung zu Biomolekülen problematisch. Die Abgrenzung autonomer Roboter mit künstlicher Intelligenz ist ein weiteres Problem. Es ist also vergleichsweise einfach, Leben – zumindest irdisches Leben – zu erkennen, eine eindeutige und treffende Definition ist dagegen bislang nicht möglich.

Ein umfassender Versuch einer Definition von Leben wurde durch ein Expertengremium der NASA unternommen: Leben wird hier als ein chemisches System, fähig zur Darwin'schen Evolution definiert. Diese Definition nimmt insbesondere Bezug auf eine Reproduktion, bei der es zu Fehlern kommt und diese Fehler weiter vererbt werden. Gerade diese Weitervererbung von Fehlern unterscheidet lebende Systeme von verschiedenen nicht-lebenden Systemen, die aber viele Eigenschaften von Leben aufweisen.

Ein oft zitiertes Beispiel für unbelebte Systeme, die viele Kriterien für Leben erfüllen, ist das Feuer. Feuer grenzt sich von seiner Umgebung ab, es hat einen Stoffwechsel – es baut komplexe, brennbare Stoffe zu einfachem Kohlendioxid und Wasser ab, es kann wachsen und sich vermehren. Es kommt sicherlich auch zu „Fehlern" im Verbrennungsprozess, diese werden aber nicht weitervererbt. Ein weiteres häufiges Beispiel ist das Kristallwachstum. Auch beim Kristallwachstum kommt es zu Fehlern, Kristalldefekte werden aber nicht bei der Bildung von weiteren Kristallen weitergegeben. Eine Evolution im Darwin'schen Sinne ist beim Kristallwachstum nicht möglich.

Andererseits schließt die NASA-Definition Viren ein, während nach vielen anderen Definitionen Viren nicht als Leben angesehen werden. Insbesondere bestehen Viren nicht aus Zellen und besitzen keinen eigenständigen Stoffwechsel. Ein weiterer Nebenaspekt der durch die NASA gegebenen Definition betrifft den Menschen: Durch Werkzeuggebrauch einerseits und die Fortschritte der Medizin andererseits basiert das Überleben und die Vererbung des Menschen nicht mehr rein auf Darwin'scher Evolution – auch hier ist die obige Definition also problematisch.

Leben: (Arbeitsdefinition der NASA) ein sich selbst erhaltendes chemisches System, das eine Darwin'sche Evolution erfahren kann

Der Apfelbaum wird klar als lebend angesehen, obwohl der Großteil der Biomasse aus totem Gewebe besteht. Die im Apfel eingeschlossenen Samen können zu einer neuen Generation von Apfelbäumen auswachsen – der Apfel lebt. Der frisch gepresste Apfelsaft dagegen lebt sicher nicht, wenngleich viele Prozesse des Lebens auch im frisch gepressten Saft noch stattfinden

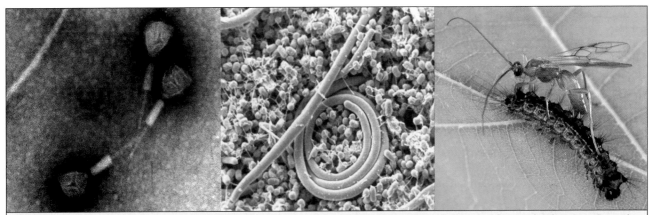

Viele Lebensformen sind nicht ohne Interaktion mit anderen Lebewesen lebensfähig. Viren und Bakteriophagen, sofern sie als Lebewesen eingeordnet werden, sind für ihre Reproduktion auf Wirtszellen angewiesen. Die meisten höheren Tiere wären ohne die Vielzahl an Bakterien der Darmflora kaum oder gar nicht überlebensfähig. Parasitische und parasitoide Organismen sind ebenfalls auf andere Lebewesen angewiesen. Die selbstständige Lebensfähigkeit ist also kein zwingendes Kriterium für Leben

Auch nicht lebende Systeme besitzen viele Eigenschaften von Leben. Gute Beispiele sind Kristalle und Feuer. Beide können beispielsweise wachsen und sich vermehren

Die Art

Die Art ist die am häufigsten genutzte Einheit der Biodiversität. Es gibt rund 1,6 Millionen beschriebene Arten. Die Gesamtzahl lebender Eukaryoten wird auf etwa 9 Millionen geschätzt, davon ca. 5 Millionen Tiere und ca. 400.000 Pflanzen. Die Zahl der prokaryotischen Arten ist kaum abzuschätzen. Die weitaus meisten Arten sind im Laufe der Erdgeschichte allerdings bereits wieder ausgestorben – die Gesamtzahl der im Phanerozoikum, also in den letzten 542 Millionen Jahren, entstandenen Arten wird auf über eine Milliarde geschätzt.

Aber was ist eigentlich eine Art? Welche Individuen gehören zusammen? Und auf welcher Rangebene sprechen wir von Arten? Wenn auch die Antwort auf diese Frage auf den ersten Blick auf der Hand liegt, entpuppt sie sich bei näherem Hinsehen als schwierig – sogar als unlösbar. Es gibt bislang keine für alle Organismengruppen akzeptierte Definition des Artbegriffs und es ist unwahrscheinlich, dass eine einheitliche Definition jemals gefunden wird. Die biologische Diversität ist schlicht zu facettenreich, um sich mit einem einheitlichen Konzept erfassen zu lassen.

Das am weitesten verbreitete Konzept ist das biologische Artkonzept, das eine reproduktive Isolation zwischen den Arten fordert. In der Praxis werden eukaryotische Arten allerdings meist aufgrund morphologischer Ähnlichkeiten erkannt. Inwieweit diese morphologisch abgegrenzten Arten tatsächlich, wie vom biologischen Artkonzept gefordert, reproduktiv isoliert sind, ist für die meisten Arten unklar.

Die Veränderlichkeit von Arten und die Aufspaltung von Arten in neue Arten birgt weitere Probleme: Kryptische Arten, Artkomplexe und Ringarten sind nur einige Beispiele für die bei der Artabgrenzung auftretenden Probleme.

Die Definition des Artbegriffs ist eng mit dem Verständnis der Veränderlichkeit von Arten verknüpft. Vor dem Aufkommen der Evolutionstheorie wurde die Art als unveränderliche Einheit angesehen, innerartliche Variabilität als Abweichung von der Norm. Mit dem Aufkommen der Evolutionstheorie rückte dann die Veränderlichkeit von Arten in den Fokus, die Idee der Art als unveränderliche Einheit geriet ins Wanken. Die Idee einer klaren Abgrenzung von Arten gegeneinander – ohne Austausch über die Artgrenze hinweg – blieb aber bestehen. Mit dem zunehmenden Verständnis der Vererbung entwickelten sich diese Überlegungen weiter zu Vorstellungen eines getrennten Genpools ohne Genaustausch über die Artgrenzen hinweg. Bei vielzelligen und sich sexuell fortpflanzenden Eukaryoten sind diese Überlegungen im biologischen Artkonzept formuliert: Arten sind reproduktiv isoliert, die (seltenen) Nachkommen von Eltern unterschiedlicher Arten sind steril. Das biologische Artkonzept verknüpft damit das historische Verständnis der Arten als klar voneinander getrennten Einheiten mit dem modernen Verständnis von Evolution und Vererbung. Leider sind diese Vorstellungen aber idealisiert: Bei asexuellen Arten – nicht nur viele Mikroorganismen, sondern auch viele Metazoen pflanzen sich asexuell fort – greift dieses Konzept nicht. Aber auch bei sich sexuell fortpflanzenden Arten ist die geforderte reproduktive Isolation oft nicht gegeben.

Artkonzept: die Idee, lebende Organismen in kleine formale Gruppen einzuteilen. In der Regel wird unter Artkonzept eine bestimmte Definition des Artbegriffs (eines bestimmten Autors) verstanden, einige Beispiele sind:
Biologisches Artkonzept: Taxa, die von anderen Arten reproduktiv isoliert sind
Evolutionäres Artkonzept: eine Linie, die unabhängig von anderen Linien evolviert

Morphologisches Artkonzept (nach Darwin): Varietäten, zwischen denen keine oder wenige Zwischenformen existieren
Ökologisches Artkonzept: eine Linie, die eine adaptive Zone besetzt, die sich minimal von denen anderer solcher Linien unterscheidet

Braunbär (*Ursus arctos*) und Eisbär (*Ursus maritimus*) können fertile Hybriden bilden. Dies geschieht auch in der Natur, da sich die Verbreitungsgebiete überlappen. Trotzdem werden sie aufgrund der unterschiedlichen Morphologie, der unterschiedlichen Ökologie und des unterschiedlichen Verhaltens als getrennte Arten angesehen

Löwen und Tiger können fertile Hybriden (Mitte) bilden. Da sich die Verbreitungsgebiete der Arten aber nicht überlappen, sind Hybriden nur als Nachzuchten in Gefangenschaft bekannt

Heliconius erato (obere Reihe) und *Heliconius melpomene* (untere Reihe) sind ein Beispiel für Müller'sche Mimikry. Beide Arten profitieren von der Ungenießbarkeit der jeweils anderen Art. Bei beiden Arten findet sich eine große morphologische Variabilität innerhalb des geographischen Verbreitungsgebiets. Die Farbvarianten beider Arten haben jeweils eine ähnliche Verbreitung

2. Erdgeschichte

Die Erdgeschichte befasst sich mit der Entwicklung der Erde seit deren Entstehung vor 4,6 Milliarden Jahren. Sie ist eng mit der Evolution des Lebens verknüpft. Das Leben hat sich vor etwa 4 Milliarden Jahren auf der Erde entwickelt.

Die für ein Verständnis der Zusammenhänge zwischen biologischer Evolution und Entwicklung der Erde notwendigen Grundlagen werden in einem einführenden Kapitel behandelt: Ein Überblick über die Zusammensetzung der ozeanischen und der kontinentalen Kruste, deren Interaktion bei plattentektonischen Prozessen und deren Verhalten gegenüber Verwitterung, Erosion und Sedimentation ist für das Verständnis geochemischer Stoffflüsse notwendig. Die Bildungsprozesse von magmatischen Gesteinen spielen eine Rolle für die absolute Altersdatierung (Geochronologie) anhand des Zerfalls von radioaktiven Elementen, die in die Kristalle eingebaut wurden. Sedimentationsprozesse, aber auch Verwitterung und Erosion, sind für die Bildung von Fossilien und die spätere Freilegung von Fossilien bedeutend. Die Plattentektonik und damit die Lage der Kontinentalmassen in verschiedenen Erdzeitaltern hat Auswirkungen auf das Klima und die Entwicklung des Lebens.

Die folgenden Kapitel behandeln die Entwicklung des Lebens, der wesentlichen Stoffwechselwege und deren Rückkopplung mit geochemischen und klimatischen Prozessen.

Von besonderer Bedeutung für die Evolution des Lebens ist die Entwicklung der atmosphärischen Zusammensetzung: die Verfügbarkeit von freiem Sauerstoff, aber auch die Konzentrationen an klimarelevanten Gasen wie Kohlendioxid und Methan: So schafft der Anstieg der Sauerstoffkonzentration erst die Voraussetzung für die Entstehung von eukaryotischen Zellen. Vor einer Milliarde Jahren überstieg dann die Sauerstoffkonzentration die Marke von 1 %, wodurch sich wenige Hundert Millionen Jahre später eine erste Ozonschicht bilden konnte. Dadurch wird die Besiedlung des Landes erleichtert oder auch erst ermöglicht. Der heutige Sauerstoffgehalt von knapp 21 % wurde schließlich vor etwa 350 Millionen Jahren erreicht.

2.1 Geowissenschaftliche Grundlagen
Dieses Kapitel behandelt Grundlagen für das Verständnis der Entwicklung und Verteilung von Biodiversität (z. B. Plattentektonik) und der Klimaentwicklung (z. B. Gesteinskreislauf, Carbonatgleichgewicht)

2.2 Präkambrium
Dieses Kapitel behandelt die Entwicklung der Erde von deren Entstehung bis zum Beginn des Phanerozoikums. Ein Schwerpunkt liegt auf der Evolution des für die Klima- und Lebensgeschichte wichtigen Kohlenstoffmetabolismus

2.3 Phanerozoikum

2.3.1 Überblick
Dieser Abschnitt vermittelt einen Überblick über die Entwicklung der Erde und des Lebens im Phanerozoikum sowie über Grundbegriffe der Stratigraphie und Geochronologie

2.3.2 Fossile Biodiversität
Dieser Abschnitt gibt einen Überblick über die stratigraphische Verbreitung der fossil und paläoökologisch bedeutenden Organismengruppen

2.3.3 Paläozoikum
Hier werden die Entwicklungen im Paläozoikum, von der „kambrischen Explosion" bis zur Perm-Trias-Grenze, behandelt. Ein Fokus liegt dabei auf Entwicklungen, die im Zusammenhang mit der Besiedlung des Landes stehen

2.3.4 Mesozoikum
In diesem Abschnitt werden die Entwicklung der Erde und des Lebens vom Massensterben der Perm-Trias-Grenze bis zum Massensterben am Ende der Kreide behandelt

2.3.5 Känozoikum
Dieser Abschnitt behandelt die Zusammenhänge zwischen Klimaentwicklung, Evolution der Photosynthese und Evolution des Menschen im jüngsten Abschnitt der Erdgeschichte

Geowissenschaftliche Grundlagen

Biodiversität, deren Verteilung auf der Erde und die phylogenetische Entwicklung der Biodiversität sind eng mit der Entstehung und Entwicklung der Erde verknüpft.

Die klimatischen und geochemischen Abläufe auf der Erde ermöglichten überhaupt erst die Entstehung und Entwicklung von Leben. Umgekehrt wirkt sich die Aktivität von Lebewesen auf den Gashaushalt der Erde (und damit das Klima) und auf das Erosionsverhalten aus. Hinzu kommt die biogene Sedimentation, die in vielen geologischen Formationen gesteinsbildend war.

Der Gashaushalt der Erde, aber auch die Verfügbarkeit von Nährstoffionen, wird wesentlich über geologische und geochemische Prozesse beeinflusst. Vulkanismus fördert neben großen Mengen an Lava auch erhebliche Mengen an Kohlendioxid. Die Förderung der Lava kann sich lokal und bei großen Ausbrüchen auch überregional auf die Verfügbarkeit von Ionen auswirken. Die Förderung von Kohlendioxid (Treibhausgas) wirkt sich klimatisch aus. Diese Rahmenbedingungen beeinflussen die Entwicklung des Lebens.

Umgekehrt wirkt aber auch die Aktivität von Lebewesen direkt auf die klimatische Entwicklung der Erde.

Die basalen Stoffwechselprozesse (vor allem Atmung und Photosynthese) beeinflussen den Gashaushalt der Atmosphäre. Die biogene Entstehung von Sauerstoff wirkt direkt auf die Konzentrationen der Treibhausgase Kohlendioxid und Methan.

Für ein Verständnis dieser Rückkopplungen zwischen der Entstehung und Entwicklung des Lebens einerseits und der Entstehung und Entwicklung der Erde andererseits sind einige geowissenschaftliche Grundlagen notwendig, die in diesem Kapitel behandelt werden. Diese umfassen den Bau der Erde, Aspekte der Gesteinsbildung, die Plattentektonik sowie eine Übersicht über die zeitliche Gliederung der Erdgeschichte.

Die Besiedlung terrestrischer Lebensräume beeinflusst die Verwitterung. Die Durchwurzelung des Bodens bzw. die grabende Aktivität von Tieren verändert die mechanische Beanspruchung und damit die physikalische Verwitterung. Die Aufnahme von Nährstoffionen und Ausscheidung von organischen und anorganischen Substanzen beeinflussen die chemische Verwitterung.

Durch Biomineralisation und biogene Sedimentation haben sich mächtige Sedimente gebildet. Hervorzuheben sind hier die Riffkalke, aber auch Ablagerungen planktischer Organismen (Kreide, Radiolarit) sowie die Bildung von Kohle und Erdöl. Diese biogene Sedimentation steht auch im Zusammenhang mit der Klimaentwicklung der Erde, da viele dieser Bildungen (Kalk, Kohle, Erdöl) mit einer Reduktion der atmosphärischen Kohlendioxidkonzentration einhergehen.

Erosion: Durch Wasser, Wind oder Eis verursachte Auflockerung, Aufnahme und Transport von Materialien
Sedimente: Ablagerungen von Gesteinsmaterial an der Erdoberfläche, verursacht durch Wasser, Luft oder aus dem Eis

Verwitterung: mechanischer oder chemischer Zerfall von Gesteinen

---

Siehe auch: Atmung: 2.2.2.4; Photosynthese: 2.2.1.4, 2.2.1.5; Biomineralisation: 4.5.2, 4.5.2.1

Satellitenbild der Erde

Orthoklas (Kalifeldspat),
ein Gerüstsilikat

Epidot, ein
Gruppensilikat

Farnwedel von
Lonchopteris rugoso

Bau und Entstehung der Erde

Das Universum entstand vor 13,7 Milliarden Jahren und dehnt sich seit dem Urknall immer weiter aus. Unser Sonnensystem entstand vor etwa 4,7 Milliarden Jahren aus einem Sonnennebel. Die im Zentrum dieses Sonnennebels akkumulierte Masse war dabei so groß, dass Kernfusionsprozesse einsetzten.

Die weiter außen liegende Materie begann, sich entlang elliptischer Bahnen zu konzentrieren, und bildete die Protoplaneten. Wie auch die anderen Planeten entstand die Erde durch eine Zusammenballung von Staub und größeren Körpern zu einem Protoplaneten. Durch weitere Kollisionen mit anderen Körpern wuchs die Masse der Erde an und die frei werdende Gravitationsenergie erhitzte die Erde zunehmend.

In der nun flüssigen Erde trennten sich silikatreiche Gesteinsschmelzen von eisenreichen Metallschmelzen. Die dichteren siderophilen (= Eisen liebenden) Elemente reicherten sich im Erdkern an, die leichteren lithophilen (= Stein liebenden) Elemente in den äußeren Bereichen. Damit entstand der Schalenbau der Erde mit einem eisenreichen Kern und silikatreichen Mantel und Kruste. Der Mantel, aber auch die schwere ozeanische Kruste sind reicher an Eisen und Magnesium als die leichtere kontinentale Kruste. Letztere schwimmt in Schollen auf dem schwereren teilweise geschmolzenen Material des oberen Mantels, der sogenannten Asthenosphäre.

Die Zeit seit der Entstehung der Erde wird in das Phanerozoikum und das Präkambrium unterteilt. Das Phanerozoikum umfasst die letzten rund 541 Millionen Jahre. Das Präkambrium umfasst die Zeit seit der Entstehung der Erde bis zum Beginn des Phanerozoikums. Das Präkambrium wiederum wird unterteilt in das Hadaikum, das Archaikum und das Proterozoikum. Das erste Leben entstand im Archaikum vor etwa 3,8 Milliarden Jahren, nachdem sich die Erdoberfläche so weit abgekühlt hatte, dass sich flüssiges Wasser bilden konnte.

Das Hadaikum, das früheste Stadium der Erdentwicklung, umfasst den Zeitraum von 4,7 bis 4 Milliarden Jahren vor heute. In dieser Phase war die Erde häufigen Kollisionen mit Meteoriten ausgesetzt.

Der Mond entstand, wahrscheinlich aufgrund einer Kollision der Erde mit einem sehr großen Körper, vor etwa 4,5 Milliarden Jahren. Die Masse des Mondes bremst seither die Rotationsgeschwindigkeit der Erde. Ein Erdtag im frühen Präkambrium dauerte nur etwa 8 Stunden. Die Folge dieses schnellen Tag-Nacht-Wechsels waren starke Stürme mit Windgeschwindigkeiten weit über 500 km/h. Bis heute bremste der Mond durch die Gezeiten der Meere die Erdrotation bis auf die heutige Tageslänge von 24 Stunden. Zudem trägt die Rotation des Mondes um die Erde zur Stabilisierung der Erdachse bei und damit zu langfristig stabilen Klimazonen: Ohne stabilisierte Erdachse würde die Ausrichtung der Erde zur Sonne stark schwanken und damit auch die Lage der Äquatorialregionen und der Polregionen. Zusammengenommen schafft der Mond erst die Voraussetzung für ein gleichmäßiges Jahreszeitenklima und die Ausprägung stabiler Klimazonen auf der Erde.

Die Erde besaß zunächst noch keine feste Oberfläche. Elemente mit hoher Dichte, insbesondere Eisen, wurden im Erdkern konzentriert, mit abnehmender Dichte folgen der Erdmantel, die Erdkruste und die Atmosphäre. Die Uratmosphäre bestand vor allem aus Wasserdampf (H_2O; bis zu 80 %), Kohlendioxid (CO_2; bis zu 20 %), Schwefelwasserstoff (H_2S), Ammoniak (NH_3) und Methan (CH_4).

Vor rund 4,2 Milliarden Jahren sank die Oberflächentemperatur der Erde auf unter 100 °C. Die Erdkruste verfestigte sich und erstmals trat flüssiges Wasser auf.

Die nun folgende Zeitspanne von vor 4 Milliarden Jahren bis vor 2,5 Milliarden Jahren wird als Archaikum bezeichnet. Mit der einsetzenden Bildung der Ozeane wurde die Atmosphäre ärmer an Wasserdampf. Durch UV-Einstrahlung wurden Wasser-, Methan- und Ammoniakmoleküle zum Teil photochemisch zerlegt. Die leichten Gase Wasserstoff und Helium verflüchtigten sich großenteils in den Weltraum, der entstehende Stickstoff verblieb in der Atmosphäre und ist seit etwa 3,4 Milliarden Jahren Hauptbestandteil der Atmosphäre. Das entstehende Kohlendioxid löste sich zum großen Teil in den Ozeanen, die dadurch bis auf etwa pH 4 angesäuert wurden. Chemische und später auch biogene Ausfällung von Carbonaten (Kalk, Dolomit etc.) verringerte die Konzentration an gelöstem CO_2, der pH der Ozeane stieg damit langsam wieder an.

Im Archaikum setzte zunächst die chemische Evolution ein, die abiotische Bildung organischer Moleküle. Vor etwa 3,8 Milliarden Jahren, spätestens aber vor 3,6 Milliarden Jahren, entstand erstes Leben.

Protoplaneten: (griech.: *protos* = erster) Vorläufer eines Planeten

Sonnennebel: Nach der Explosion einer Supernova bleiben dichte Wolken aus interstellaren Materialien über

UV-Strahlung: Ultraviolettstrahlung (Wellenlängen von 100–380 nm)

Siehe auch: Schalenbau der Erde: 2.1.1.1

innere erdähnliche Planeten   Asteroidengürtel   Gasplaneten

Merkur

Venus

Erde

Mars

Jupiter

Saturn

Uranus

Neptun

Leben setzt dauerhaft Wasser in flüssiger Form voraus. Die entsprechenden Temperaturen sind nur auf Planeten in einem bestimmten Abstandsbereich um die Sonne zu erreichen – der sogenannten habitablen Zone. Im Sonnensystem befindet sich die Erde in dieser Zone und je nach Berechnungsmodell auch noch der Mars. Auf einer um nur wenige Prozent näher zur Sonne verschobenen Erdumlaufbahn wären durch die höheren Temperaturen keine Ozenae mit flüssigem Wasser möglich, dagegen wäre eine dauerhafte weltweite Vergletscherung die Folge einer um nur wenige Prozent nach außen verschobenen Erdumlaufbahn

Die äußersten Schichten der Erde sind die Hydrosphäre mit den Ozeanen und die Atmosphäre. Die Atmosphäre besteht heute zu rund 78 % aus Stickstoff und zu rund 21 % aus Sauerstoff, daneben verschiedenen Spurengasen, unter anderem Kohlendioxid (ca. 0,04 %)

Die Erdkruste gliedert sich in die basaltreiche ozeanische Kruste und die vorwiegend aus Quarz und Feldspäten bestehende kontinentale Kruste. Die ozeanische Kruste hat eine Mächtigkeit von 5–10 km. Sie wird an den mittelozeanischen Rücken ständig nachgebildet und taucht an den Subduktionszonen wieder in den Mantel ab. Die kontinentale Kruste besteht aus einzelnen auf der Asthenosphäre schwimmenden Schollen (Kontinenten). Sie hat eine mittlere Mächtigkeit von 35 km, kann aber an den Gebirgszügen bis über 60 km mächtig sein

Im Archaikum vor etwa 3,8 Milliarden Jahren ist die Erdoberfläche unter 100 °C abgekühlt, so dass sich die Ozeane bildeten. Im Laufe der folgenden 100–200 Millionen Jahren ist das Leben auf der Erde entstanden

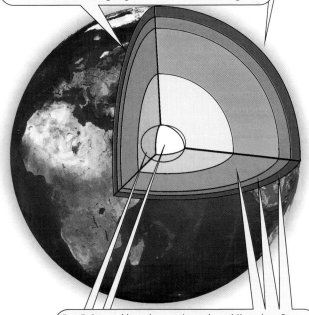

Der Erdmantel besteht vorwiegend aus Mineralen. Gegenüber der Erdkruste hat der Mantel einen erhöhten Anteil an Eisen und Magnesium, aber einen geringeren Anteil an Silicium und Aluminium. Der untere Mantel besitzt eine Mächtigkeit von rund 2.250 km und ist vorwiegend aus schweren Silikaten und Metalloxiden aufgebaut. Der äußere Mantel ist vom unteren Mantel durch eine etwa 250 km mächtige Übergangsschicht getrennt und besitzt eine Mächtigkeit von rund 400 km. Er besteht vorwiegend aus dem an Magnesium- und Eisensilikaten reichen Peridotit. Hauptmineral des Peridotits ist Olivin

Erster freier Sauerstoff wurde chemisch gebunden und lagerte sich unter anderem in Eisenoxiden ab (links: Magnetit; rechts: Roteisenstein)

Der Kern besteht vorwiegend aus Metallen, insbesondere aus Eisen. Der innere Kern der Erde besteht aus einer festen Eisen-Nickel-Legierung und hat einen Radius von etwa 1.250 km. An den festen Erdkern schließt sich der flüssige äußere Kern an, der vorwiegend aus Eisen besteht und eine Mächtigkeit von rund 2.200 km besitzt

Schalenbau der Erde

Die Erde besitzt (ohne Atmosphäre) einen Durchmesser von rund 12.740 km. Die Erde ist in Kern, Mantel, Kruste, Hydrosphäre und Atmosphäre gegliedert. Die schweren Elemente (z. B. Eisen, Nickel, Magnesium) sind dabei in den inneren Schichten angereichert, leichtere Elemente (z. B. Silicium, Sauerstoff) in den äußeren Schichten.

Der Erdkern besteht vorwiegend aus Eisen und ist in einen inneren und einen äußeren Erdkern gegliedert. Der Erdkern hat eine mittlere Dichte von etwa 11 g/cm³, der innere Erdkern eine Dichte von 12,5–13 g/cm³. Aufgrund des hohen Druckes ist der innere Erdkern (in einer Tiefe von 5.150–6.371 km) trotz der hohen Temperaturen von etwa 5.500 °C fest, der äußere Erdkern (in einer Tiefe von 2.900–5.150 km) ist flüssig.

Der Erdmantel besteht hauptsächlich aus Magnesium, Sauerstoff und Silicium und ist in den unteren Mantel, eine Übergangszone und den oberen Mantel gegliedert. Der Mantel hat eine mittlere Dichte von 4,5 g/cm³ und besteht vorwiegend aus mafischen Gesteinen. Inselsilikate wie Olivin und Kettensilikate wie Pyroxen dominieren. Das im oberen Mantel (in einer Tiefe von 35–660 km) vorliegende Olivin geht in der noch zum oberen Mantel gehörenden Übergangszone (in einer Tiefe von 410–660 km) in die Hochdruckmodifikation Wadsleyit über – dieser Übergang markiert die Grenze zwischen oberem Mantel und Übergangszone. An der Grenze zum unteren Mantel zerfällt schließlich Olivin zu Perovskit und Ferroperiklas. Im unteren Mantel (in einer Tiefe von 660–2.900 km) findet sich daher kein Olivin. Durch den hohen Druck ist der Erdmantel trotz hoher Temperaturen (etwa 1.000–4.200 °C) vorwiegend fest.

Die Erdkruste (in einer Tiefe von 0 - 35 km) besteht hauptsächlich aus Sauerstoff und Silicium und verschiedenen leichteren Metallen. Sie ist in die magnesiumreiche ozeanische Kruste und die aluminiumreiche kontinentale Kruste gegliedert. Ozeanische Kruste hat eine mittlere Dichte von etwa 3 g/cm³ und besteht vorwiegend aus mafischen Mineralen. Das dominierende Gestein ist Gabbro. Die kontinentale Kruste hat eine mittlere Dichte von 2,7 g/cm³ und ist vorwiegend aus felsischen Gesteinen wie Granit aufgebaut.

Die Hydrosphäre umfasst im Wesentlichen die Ozeane und besteht mit einer Dichte von 1 g/cm³ hauptsächlich aus Wasser (Sauerstoff und Wasserstoff). Die Atmosphäre besteht vorwiegend aus Sauerstoff und Stickstoff und besitzt an der Erdoberfläche eine Dichte von etwa 0,0012 g/cm³, zum Weltraum hin nimmt die Dichte ab. Der Übergang zum Weltraum ist kontinuierlich und wird je nach Quelle meist bei 80 km (NASA) oder 100 km (Fédération Aéronautique Internationale) angegeben.

Die Zusammensetzung der Gesteine der Erdkruste wird durch die chemische Zusammensetzung der Gesteinsschmelzen der Erdkruste und des oberen Erdmantels bestimmt. Die dominierenden Minerale der Kruste und des Mantels sind Silikate, also Siliciumoxidverbindungen.

Aus Gesteinsschmelzen der kontinentalen Kruste bilden sich andere Kristalle und Gesteine als aus Gesteinsschmelzen der ozeanischen Kruste und des oberen Erdmantels:

Aus Gesteinsschmelzen, die magnesium- und eisenreich (also mafisch sind) sind, entstehen vorwiegend Minerale mit einem vergleichsweise hohen Metallanteil und einem geringeren Silikatanteil. Die Silikattetraeder dieser Minerale liegen entweder vereinzelt vor (Inselsilikate) oder in Ketten oder Bändern (Kettensilikate). Solche Schmelzen entstehen vor allem im Bereich der ozeanischen Rücken, an denen die Plattengrenzen auseinanderdriften und Material des oberen Erdmantels in die Schmelzen einbezogen ist.

Aus silikatreicheren Schmelzen entstehen Silikate mit einem höheren Vernetzungsgrad und einem dementsprechend geringeren Anteil an Metallionen – Schichtsilikate wie Glimmer, Gerüstsilikate wie Feldspäte und Quarz (reines Siliciumdioxid). Silikatreiche Schmelzen entstehen unter anderem aus aufschmelzender Erdkruste im Bereich der Subduktionszonen.

Die Zusammensetzung der Magmen bestimmt, welche Minerale sich bilden. Dieser einfache Zusammenhang wird aber durch die magmatische Differenziation, also eine Veränderung der magmatischen Schmelzen während des Kristallisationsprozesses, variiert: Verschiedene Minerale kristallisieren bei unterschiedlichen Temperaturen aus. Mafische Kristalle bilden sich meist schon bei höheren Temperaturen, die Restschmelze verändert sich dadurch in ihrer chemischen Zusammensetzung – sie wird zunehmend felsischer. Durch diese magmatische Differenziation können auch aus ursprünglich mafischen Magmen felsische Restmagmen entstehen, aus denen dann beispielsweise silikatreiche Alkalifeldspäte und Quarz auskristallisieren können.

Da die Magmen und Gesteine entsprechend ihrer Entstehung unterschiedliche Anteile an Metallionen enthalten, wirkt sich eine veränderte vulkanische Aktivität auch auf die Zusammensetzung der Oberflächengesteine aus. Insbesondere führt ein erhöhter Vulkanismus an den divergierenden Plattengrenzen zu einer stärkeren Bildung von eisen- und magnesiumreichen Gesteinen. Durch Verwitterung und Erosion wird in der Folge auch die Bioverfügbarkeit dieser Elemente in den Ozeanen erhöht.

---

felsisch: Kunstwort aus Feldspat und Silikat. Helle gesteinsbildende kieselsäurereichen Mineralien

mafisch: von Magnesium und Eisen (lat.: *ferrum*). Magnesium- und eisenreiche, dunkle gesteinsbildende Mineralien

---

Siehe auch: magmatische Gesteine: 2.1.2.1; Subduktion: 2.1.1.2, 2.1.2

Chemische Zusammensetzung der Kruste, des Mantels und des Erdkerns

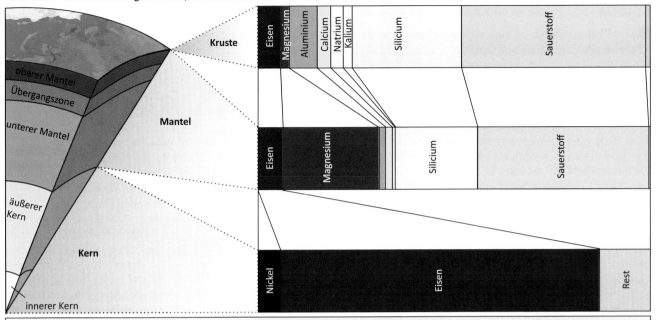

Gesteinsschmelzen der Erdkruste sind silikatreich und enthalten höhere Anteile an leichteren Elementen als der Erdmantel, insbesondere Calcium, Natrium und Kalium. Die daraus entstehenden Gesteine sind dementsprechend meist silikatreich. Gesteine mit einem Silikatgehalt von mehr als 63 % werden als felsisch (<u>Fel</u>dspat-<u>Si</u>likat) bezeichnet. Felsische Gesteine sind von Gerüstsilikaten, also dreidimensional verknüften Silikaten wie Quarz und Feldspat, und Schichtsilikaten, also zweidimensional verknüpften Silikaten wie Glimmer, geprägt.
Felsische Gesteine sind oft hell, ihre chemische Zusammensetzung weist auf die Bildung durch Aufschmelzen von Krustenmaterial hin (felsische Magmen können auch aus mafischen Magmen durch differenzielle Auskristallisation mafischer und ultramafischer Kristalle entstehen)

silikatreich

Gerüstsilikate wie Kalifeldspat (KAlSi$_3$O$_8$) bestehen aus dreidimensional verknüpften Silikattetraedern

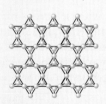

Tonminerale und Glimmer, wie Muskovit (KAl$_2$(OH)$_2$AlSi$_3$O$_{10}$), sind Schichtsilikate. Bei Schichtsilikaten sind die Silikattetraeder über die Ecken zu Schichten verknüpft. Die einzelnen Schichten sind untereinander nicht verknüpft

Gesteinsschmelzen des oberen Mantels sind silikatärmer, dafür magnesiumreicher als die Schmelzen der Erdkruste. Die daraus entstehenden Gesteine sind dementsprechend meist sehr silikatarm. Gesteine mit einem Silikatgehalt von weniger als 52 % werden als mafisch (<u>Ma</u>gnesium-<u>Fer</u>ric, also magnesium- und eisenreich), Gesteine mit weniger als 45 % Silikat als ultramafisch bezeichnet. Mafische Gesteine sind von Eisen- und Magnesiumsilikaten geprägt. Häufige Minerale sind Inselsilikate wie Olivin und Kettensilikate wie Pyroxen sowie silikatarme Feldspäte wie Plagioklas. Mafische Gesteine sind oft dunkel, ihre chemische Zsammensetzung weist auf die Bildung im oberen Mantel hin. Der Erdmantel besteht größtenteils aus Peridotit, einem ultramafischen Gestein mit mindestens 40 % Olivin, daneben kommen Orthopyroxen, Klinopyroxen und – je nach Druck in der Bildungszone – Granat, Spinell oder Plagioklas vor

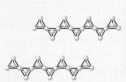

Pyroxen (Mg/Fe)$_2$Si$_2$O$_6$ ist ein Kettensilikat. Bei Kettensilikaten bestehen die Silikate aus linearen Ketten aus Silikattetraedern. Die Kristallform ist oft prismatisch oder nadelig gestreckt

silikatarm

Olivin (Mg/Fe)$_2$SiO$_4$ ist ein Inselsilikat. Bei Inselsilikaten bestehen die Silikate aus isolierten Silikattetraedern. Sie sind nicht über Si-O-Si-Bindungen miteinander verbunden

Plattentektonik

Die Plattentektonik ist einerseits von Bedeutung für die Erklärung der Verteilung und den Austausch von Arten zwischen den Kontinenten, zum anderen liegt sie der Gebirgsbildung und dem Carbonat-Silikat-Kreislauf zugrunde und wirkt sich damit klimatisch aus.

Obwohl das Gestein des Erdmantels überwiegend fest ist, kommt es zu einem plastischen Fließen, wie es auch bei Glas, Salz oder Gletschereis stattfindet. Angetrieben wird die Konvektion des Mantels durch die Temperatur- und Dichteunterschiede zwischen oberem und unterem Erdmantel. Diese Konvektion treibt die Bewegung der Erdkruste an. Die verschiedenen Platten werden dabei gegeneinander verschoben. Dort, wo diese auseinanderdriften, bildet sich neue Kruste aus dem aufsteigenden Material des Erdmantels. Werden diese Platten zusammengeschoben, kommt es zur Subduktion oder zur Kollision von Erdkruste und zur Auffaltung von Gebirgen.

So ist der Himalaya das Ergebnis der Kollision der Indischen mit der Eurasischen Platte. Die Alpen entstanden in der Folge des Zusammenpralls der Adriatischen Platte (als vorgelagerte Mikroplatte der Afrikanischen Platte) mit der Eurasischen Platte. Die Rocky Mountains entstanden als Ergebnis der Kollision und Subduktion der Pazifischen Platte unter die Nordamerikanische Platte und die Anden infolge der Subduktion der Nazca-Platte unter die Südamerikanische Platte.

Die aus Mantelmaterial gebildete ozeanische Kruste besitzt eine hohe Dichte, da sie reich an Eisen und Magnesium ist. Die kontinentale Kruste ist dagegen ärmer an Eisen und Magnesium, sie besteht aus leichteren Silikaten und hat eine geringere Dichte. An konvergierenden Plattenrändern wird daher die schwere ozeanische Kruste in der Regel unter die leichtere kontinentale Kruste subduziert. Der Zyklus von Krustenneubildung – vor allem an den ozeanischen Rücken – und Subduktion dauert in etwa 200 Millionen Jahre. Ozeanische Kruste ist daher in der Regel jünger. Nur in wenigen marinen Becken, wie im Mittelmeer, findet sich vereinzelt auch ältere ozeanische Kruste.

Die ältesten Bestandteile der Kruste sind etwa 4,2 Milliarden Jahre alt, die Bildung der meisten Kratone war vor rund 2,5 Milliarden Jahren abgeschlossen. Als Kratone werden die im frühen Präkambrium gebildeten Kerne der Kontinente bezeichnet. Die Kratone sind seit dem mittleren Präkambrium nicht mehr tektonisch überformt worden und bilden die Kerne der heutigen Kontinente. Die Kontinente bestehen in der Regel aus mehreren Kratonen und weiteren, jüngeren, Bestandteilen. Insbesondere an ihren Rändern werden die Kontinente – im Gegensatz zu den Kratonen – gefaltet und umgeschichtet. Durch die Plattentektonik wurden die Kratone – und auch die Kontinente – immer wieder gegeneinander verschoben. Sie lagerten sich mehrfach in der Erdgeschichte zu großen zusammenhängenden Landmassen zusammen, den Superkontinenten.

Im frühen Proterozoikum existierten wahrscheinlich bereits Superkontinente, deren Existenz allerdings nicht gesichert ist (Ur, Kenorland, Columbia). Die Zusammenlagerung zum Superkontinent Kenorland wird mit der huronischen Vereisung, der ältesten gesicherten globalen Vereisung, in Verbindung gebracht. Vor rund 1 Milliarde Jahren bestand der Superkontinent Rodinia, der alle bekannten Landmassen vereinigte. Der verstärkte mafische Vulkanismus des Auseinanderbrechens Rodinias wird mit der Oxygenierung der Ozeane, den spätpräkambrischen Vereisungen und der Entfaltung der Diversität der vielzelligen Eukaryoten in Verbindung gebracht.

Die heutigen Nordkontinente waren über lange Zeiträume zum Großkontinent Laurasia vereint, ebenso die heutigen Südkontinente zum Großkontinent Gondwana. Im späten Paläozoikum und frühen Mesozoikum waren Laurasia und Gondwana zum Superkontinent Pangaea vereint, der alle großen Landmassen umfasste.

Die Lage der Kontinente und besonders die Zusammenlagerung zu Superkontinenten wirkt sich auf das Klima und die Entwicklung des Lebens aus. Superkontinente sind durch wenige niederschlagsreiche Küsten und große Trockengebiete im Landesinnern gekennzeichnet. Als Folge dieser Klimaänderung verringert sich die Gesteinsverwitterung und damit die Freisetzung von Nährstoffionen und Carbonaten (und damit von Kohlendioxid), was wiederum auf das Klima wirkt – es kommt zu globalen Abkühlungen. Auch für die Ausbreitung und Evolution des Lebens spielt die Lage der Kontinente eine Rolle: Die Verbindung der Kontinentalmassen erlaubt die Ausbreitung von Organismen, die Trennung einzelner Kontinente beim Auseinanderbrechen eines Superkontinents führt zu Isolation und (oft) adaptiven Radiationen der Organismen.

---

adaptive Radiation: die Entstehung vieler neuen Arten aus einer einzigen Stammform infolge von Anpassungen an ökologische Bedingungen
Konvektion: aufgrund von Dichteunterschieden entstehende kreisförmige Bewegung einer fluiden Phase

konvergieren: (lat.: *convergere* = zueinander neigen) sich auf einander zubewegen, zusammentreiben, zusammenlaufen
Oxygenierung: Versorgung mit Sauerstoff, Oxidation mit Sauerstoff als Elektronenakzeptor
Subduktionszone: Plattengrenze zwischen einer abtauchenden Lithosphärenplatte und dem oberen Erdmantel

---

Siehe auch: Gondwana: 2.3.4.3; huronische Vereisung: 2.2.2.2; Laurasia: 2.3.4.3; Schalenbau der Erde: 2.1.1.1

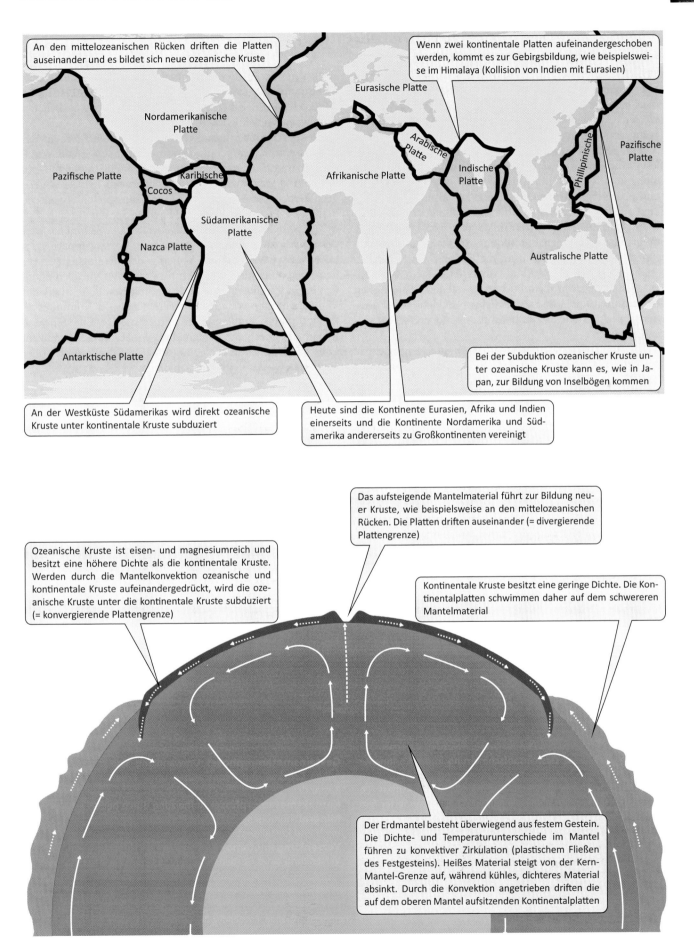

An den mittelozeanischen Rücken driften die Platten auseinander und es bildet sich neue ozeanische Kruste

Wenn zwei kontinentale Platten aufeinandergeschoben werden, kommt es zur Gebirgsbildung, wie beispielsweise im Himalaya (Kollision von Indien mit Eurasien)

Eurasische Platte

Nordamerikanische Platte

Arabische Platte

Phillipinische Platte

Pazifische Platte

Pazifische Platte

Karibische

Afrikanische Platte

Indische Platte

Cocos

Südamerikanische Platte

Nazca Platte

Australische Platte

Antarktische Platte

An der Westküste Südamerikas wird direkt ozeanische Kruste unter kontinentale Kruste subduziert

Heute sind die Kontinente Eurasien, Afrika und Indien einerseits und die Kontinente Nordamerika und Südamerika andererseits zu Großkontinenten vereinigt

Bei der Subduktion ozeanischer Kruste unter ozeanische Kruste kann es, wie in Japan, zur Bildung von Inselbögen kommen

Das aufsteigende Mantelmaterial führt zur Bildung neuer Kruste, wie beispielsweise an den mittelozeanischen Rücken. Die Platten driften auseinander (= divergierende Plattengrenze)

Ozeanische Kruste ist eisen- und magnesiumreich und besitzt eine höhere Dichte als die kontinentale Kruste. Werden durch die Mantelkonvektion ozeanische und kontinentale Kruste aufeinandergedrückt, wird die ozeanische Kruste unter die kontinentale Kruste subduziert (= konvergierende Plattengrenze)

Kontinentale Kruste besitzt eine geringe Dichte. Die Kontinentalplatten schwimmen daher auf dem schwereren Mantelmaterial

Der Erdmantel besteht überwiegend aus festem Gestein. Die Dichte- und Temperaturunterschiede im Mantel führen zu konvektiver Zirkulation (plastischem Fließen des Festgesteins). Heißes Material steigt von der Kern-Mantel-Grenze auf, während kühles, dichteres Material absinkt. Durch die Konvektion angetrieben driften die auf dem oberen Mantel aufsitzenden Kontinentalplatten

Gesteinsbildende Prozesse

■ Die Evolution des Lebens und die gesteinsbildenden Prozesse hängen miteinander zusammen. Biogene Sedimente, insbesondere Kalke, sind von zentraler Bedeutung für den globalen Carbonat-Silikat-Kreislauf. Die vulkanische Förderung von Tiefengesteinen (mit einem höheren Anteil an Calcium und Magnesium) führt zu einem höheren Eintrag dieser Ionen ins Meer und wirkt sich damit auf die Kalkausfällung aus. Durch Diffusionsgleichgewichte senkt dies die atmosphärischen Kohlendioxidkonzentrationen und wirkt damit auf das Klima und auf die Entwicklung des Lebens.

Die verschiedenen gesteinsbildenden Prozesse hängen miteinander zusammen: die Bildung von magmatischen Gesteinen aus Gesteinsschmelzen, die Bildung von Sedimentgesteinen aus verwitterten und erodierten Gesteinsfragmenten, die Bildung von metamorphen Gesteinen unter hohen Temperaturen und Drücken in tieferen Schichten der Erdkruste und die Anatexis, das (teilweise) Wiederaufschmelzen von Gesteinen.

Die durch Wärmegradienten im Mantel angetriebene Konvektion des Mantelgesteins führt zu Bewegungen der Erdkruste, der Plattentektonik. Dabei kommt es einerseits zur Subduktion von (in der Regel ozeanischer) Platte und andererseits zur Krustenneubildung, vorwiegend entlang der mittelozeanischen Rücken.

An der Erdoberfläche verwittern Gesteine infolge des Einflusses von Temperaturschwankungen sowie von Wind, Wasser und Eis. Diese verwitterten Gesteinsfragmente erodieren und werden als klastische Sedimente wieder abgelagert. Neben den klastischen Sedimenten spielen chemische Sedimente (z. B. Steinsalz) und biogene Sedimente (z. B. Korallenkalke, Kohle) eine wichtige Rolle. Die Sedimente werden durch zunehmenden Druck und Lösungsprozesse im Porenwasser verfestigt, ein Vorgang, den man als Diagenese bezeichnet. Bei steigenden Temperatur- und Druckbedingungen beginnen sich einige Minerale umzuwandeln, in diesem Fall spricht man von Gesteinsmetamorphose. Kommt es zu noch höheren Temperaturen, werden die Gesteine teilweise (Anatexis) oder ganz (Magmatite) wieder aufgeschmolzen. Diese gelangen durch Hebungsprozesse als Plutonite oder Vulkanite wieder in höhere Schichten.

■ Der zyklische Prozess der Subduktion von Gesteinen, insbesondere der ozeanischen Kruste an den Plattengrenzen, und die Gesteinsneubildung aus (teilweise) aufgeschmolzenem Material wird als Kreislauf der Gesteine zusammengefasst und dauert rund 200 Millionen Jahre – ozeanische Kruste ist daher in der Regel nicht älter als 200 Millionen Jahre. Ausnahmen finden sich in wenigen marinen Teilbecken wie dem Mittelmeer mit bis zu 270 Millionen Jahre alter ozeanischer Kruste. Kontinentale Kruste kann deutlich älter sein, die ältesten an der Erdoberfläche aufgeschlossenen Gesteine sind etwa 4,3 Milliarden Jahre alt.

Für die Entwicklung des Klimas und des Lebens ist der Carbonat-Silikat-Kreislauf bedeutend. Dieser bezeichnet den wechselseitigen Einfluss von Kohlensäure und Carbo-nat einerseits und Kieselsäure und Silikat andererseits: Atmosphärisches Kohlendioxid löst sich in Wasser. In Wasser gelöstes Kohlendioxid reagiert zu Kohlensäure. Durch Lösungsprozesse verwittert und erodiert die Kohlensäure Silikatgesteine und setzt so Metallionen (unter anderem Calcium und Magnesium) frei. Diese Ionen gelangen schließlich ins Meer und werden (vor allem) durch biogene Carbonatausfällung als Calcit, Aragonit oder Dolomit gebunden und lagern sich am Meeresboden ab. Durch Subduktion gelangen die Carbonate in den Bereich des Erdmantels. Durch den hohen Druck und die hohen Temperaturen bilden sich dort unter Freisetzung von Kohlendioxid wieder Silikate. Durch Vulkanismus gelangt das Kohlendioxid schließlich wieder in die Atmosphäre.

Anatexis: teilweise Gesteinsaufschmelzung in der kontinentalen Kruste bei hochgradiger Regionalmetamorphose
Diagenese: Verfestigung von Sedimenten durch Auflast, Lösung und Umkristallisation bei nicht wesentlich geänderter Temperatur
Erosion: durch Wasser, Wind oder Eis verursachte Auflockerung, Aufnahme und Transport von Materialien
Gestein: Mischung von Mineralien, die in verfestigter Form vorliegen

Gesteinsmetamorphose: Umwandlung von Gesteinen bei hohen Drücken und Temperaturen unter Erhaltung des festen Zustands
Kontaktmetamorphose: Aufheizung durch heißes Magma
Mineral: homogene, natürliche Festkörper; in der Regel anorganisch und kristallisiert
Versenkungsmetamorphose: Metamorphose aufgrund der Versenkung eines Gesteins in größere Tiefen

---

■ Siehe auch: magmatische Gesteine: 2.1.2.1; Sedimentgesteine: 2.1.2.2; chemische Evolution, Entstehung des Lebens: 2.2.1.1; Subduktion: 2.1.1.2

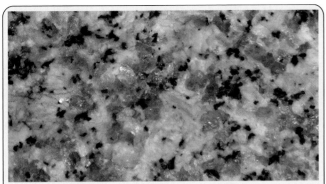

Magmatite entstehen durch Abkühlung und Kristallisation von Gesteins-schmelzen. Die in tieferen Krustenschichten gebildeten Magmatite, die Plutonite, kühlen langsam aus und sind durch große Minerale charakte-risiert. Die an oder in der Nähe der Erdoberfläche gebildeten Magma-tite, die Vulkanite, kühlen schnell aus und sind durch kleine Minerale charakterisiert

Die durch Verwitterung und Erosion abgetragenen Gesteinsfragmente lagern sich vor allem im Meer und in Seen ab. Dabei entstehen zunächst Lockersedimente wie Ton, Sand und Kies. Die Korngröße hängt dabei von den Strömungsbedingungen ab. Je geringer die Strömung, desto feinkör-niger sind die Sedimente

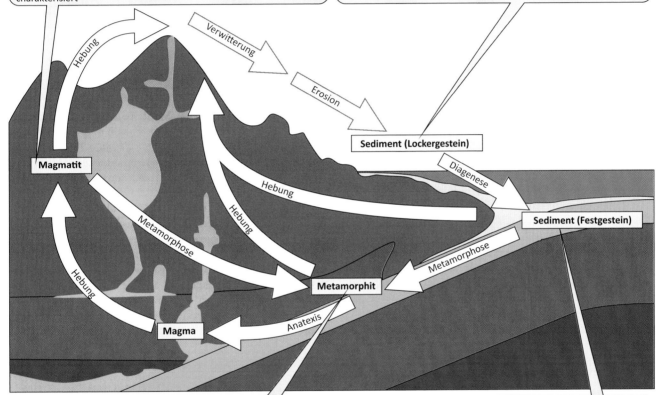

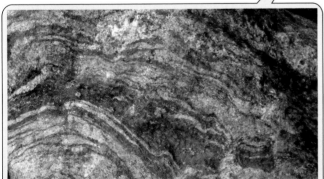

Metamorphe Gesteine (Metamorphite) entstehen unter höheren Druck- und Temperaturbedingungen, als dies bei der Verwitterung und Diagenese der Fall ist. Es bilden sich andere Minerale, die zudem bei Vorherrschen einer bestimmten Druckrichtung parallel ausgerichtet sein können. Beispiele für Metamorphite sind Schiefer und Gneis. Noch hö-here Temperaturen führen zum Aufschmelzen des Gesteins (Anatexis)

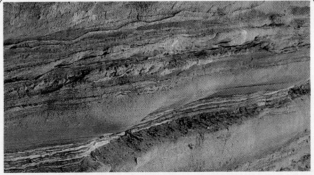

Unter zunehmendem Druck, beispielsweise durch Auflast weiterer Se-dimente, verfestigen sich die Lockersedimente zu Festsedimenten wie etwa Sandstein. Durch Austausch- und Lösungsprozesse werden die Se-dimente dabei auch chemisch verfestigt, vor allem Lösung und Ausfäl-lung von Carbonaten und Silikaten spielen dabei eine Rolle

Magmatismus und magmatische Gesteine

Magmatismus bezeichnet die Vorgänge, die die Gesteinsschmelze, das Magma, betreffen. Dabei unterscheidet man zwischen den oberflächennahen Prozessen – dem Vulkanismus – und den in tieferen Schichten der Kruste ablaufenden Prozessen – dem Plutonismus.

Beim Plutonismus verbleiben die Gesteinsschmelzen in größeren Tiefen und kühlen daher nur sehr langsam ab. Da die Schmelzen langsam auskühlen, sind die Zeiträume für das Kristallwachstum groß – Plutonite sind daher in der Regel aus größeren Mineralen aufgebaut.

Vulkanismus findet sich in der Regel in tektonisch aktiven Regionen, insbesondere an den divergierenden Plattengrenzen wie den mittelozeanischen Rücken und den Subduktionszonen der konvergierenden Plattengrenzen. Dabei werden Gesteine und Gase aus dem Bereich der unteren Erdkruste und des oberen Erdmantels an die Erdoberfläche transportiert. Das heiße Ausgangsgestein schmilzt vor allem durch Druckentlastung während des Aufstiegs auf und sammelt sich in Magmenkammern. Von dort steigt es durch schmale Aufstiegsschlote zu den Vulkanen auf. Die freigesetzten Gase können, insbesondere in erdgeschichtlichen Phasen erhöhter Vulkanaktivität, zudem signifikant die Atmosphärenzusammensetzung beeinflussen.

Gerade Kohlendioxid kann durch vulkanische Aktivität in großen Mengen freigesetzt werden und so zu klimatischen Veränderungen beitragen. Durch den Vulkanismus gelangen die heißen Gesteinsschmelzen an oder in die Nähe der Erdoberfläche. Die an die Erdoberfläche aufsteigenden Magmen bezeichnet man auch als Lava. Dort kühlen diese Schmelzen verhältnismäßig schnell aus. Daher ist die Zeit für die Auskristallisation von Mineralen kurz und die Kristalle in den entstehenden Gesteinen sind meist klein.

Silikatreiche (felsische) Magmen erstarren in der Regel zu hellen Gesteinen: oberflächennah beispielsweise zu feinkristallinem Rhyolith, in größeren Tiefen zur grobkristallinem Granit. Silikatärmere eisen- und magnesiumreiche (mafische) Magmen erstarren meist zu dunklen Gesteinen – oberflächennah beispielsweise zu feinkristallinem Basalt, in größeren Tiefen zu grobkristallinem Gabbro.

Durch Konvektion des Erdmantels und die aufsteigenden Magmen werden Gesteinsfragmente aus größeren Tiefen gefördert. Diese schmelzen nicht immer vollständig auf, dadurch gelangen auch Gesteinsfragmente und Minerale des Erdmantels an die Oberfläche. Der Erdmantel besteht zum größten Teil aus dem ultramafischen Peridotit, einem grobkristallinen Gestein, das hauptsächlich aus dem Inselsilikat Olivin besteht, daneben aus Pyroxen und zu einem kleineren Anteil aus den Aluminiumsilikaten Granat oder Spinell. Bei geringen Drücken (entsprechend etwa den oberen 30 km der Erdkruste) bildet sich als Aluminiumsilikat in mafischen Gesteinen in der Regel Plagioklas. Bei den höheren Drücken im Bereich des Erdmantels entsteht dagegen Spinell oder Granat. Je nach chemischen Bedingungen können sich auch Amphibole oder Graphit bzw. Diamant bilden. Steigen Schmelzen aus dem oberen Mantelbereich zügig auf, werden diese Minerale nicht aufgeschmolzen und finden sich in den entsprechenden Magmatiten. Bekannte Beispiele sind die diamant- und granathaltigen Kimberlite Südafrikas. Als Kimberlit werden in den Vulkanschloten erkaltete Magmen aus Mantelmaterial bezeichnet.

Die in den Magmen gelösten Gase und vor allem Wasser werden in größeren Tiefen durch die hohen Drücke in den Magmen zurückgehalten. In der Nähe der Oberfläche können sich diese durch den abnehmenden Druck explosionsartig ausdehnen und die Lava sowie anstehende Gesteine als pyroklastische Wolken oder Ströme freisetzen. Diese Pyroklastika sind oft noch in großer Entfernung zum Vulkan nachweisbar und können als stratigraphischer Marker verwendet werden.

Magmatit: magmatisches Gestein oder Erstarrungsgestein, das durch Erstarren von Magma gebildet wird
Plutonismus: geologischer Prozess, bei dem aus der Kristallisation von Magma unter der Eroberfläche ein Pluton entsteht

Pyroklastika: Gesteine, die zu über 75% aus vulkanischem (eruptiven) Auswurf bestehen, wie Aschen
Rhyolith: saures vulkanisches Gestein
Vulkanismus: geologische Prozesse, die mit Vulkanen im Zusammenhang stehen; oberflächennahe magmatische Prozesse

---

Siehe auch: Silikate: 2.1.1.1

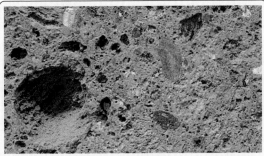

Als Pyroklasten werden Gesteinsfragmente zusammengefasst, die bei einem explosiven Vulkanausbruch ausgeworfen werden. Die feinkörnigen vulkanischen Aschen können weit verbreitet werden. Die abgelagerten Aschen (Tuffe) eignen sich als stratigraphischer Eichhorizont

Vulkane sind Berge, die aus an die Erdoberfläche transportierten Gesteinsschmelzen gebildet werden

Innerhalb der Erdkruste auskristallisierte magmatische Gesteinskörper werden als Plutone bezeichnet

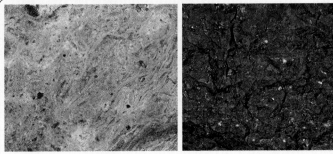

Magmatische Oberflächengesteine (Vulkanite) kühlen schnell aus. Dadurch können sich keine oder nur kleine Kristalle ausbilden.

Aus silikatreichen (felsischen) Magmen bildet sich beispielsweise Rhyolith (links). Rhyolithe sind häufige Vulkanite der kontinentalen Platten und entstehen wie auch die entsprechenden Tiefengesteine (Granite) aus aufschmelzendem Material der unteren Kruste an den Subduktionszonen.

Aus silikatarmen (mafischen) Magmen entsteht Basalt (rechts). Basalte bilden sich, wie auch das entsprechende Tiefengestein (Gabbro), aus mantelbeeinflussten Magmen. Solche Magmen finden sich besonders an den mittelozeanischen Rücken

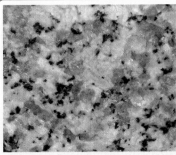

Magmatische Tiefengesteine (Plutonite) kühlen langsam aus. Dadurch können sich große Kristalle ausbilden. Diese sind meist mit bloßem Auge zu erkennen.

Aus silikatreichen (felsischen) Magmen bilden sich Granite (links). Diese bestehen vor allem aus Quarz, Feldspat und Glimmer. Granite sind häufige Plutonite der kontinentalen Platten und entstehen beispielsweise aus aufschmelzendem Material der unteren Kruste an den Subduktionszonen.

Aus silikatarmen (mafischen) Magmen entsteht beispielsweise Gabbro (rechts). Gabbro bildet sich vor allem aus mantelbeeinflussten Magmen wie an den mittelozeanischen Rücken. Gabbro ist das dominierende Gestein der ozeanischen Kruste

Mafische Gesteine sind Gesteine mit einem Silikatgehalt von weniger als 52 %, Gesteine mit weniger als 45 % Silikat werden als ultramafisch bezeichnet. Die mafischen Gesteine sind von Eisen- und Magnesiumsilikaten geprägt. Häufige Minerale sind Olivin, Pyroxen und silikatarme Feldspäte wie Plagioklas. Mafische Gesteine sind oft dunkel, ihre chemische Zusammensetzung weist auf die Bildung im oberen Mantel hin. Solche Magmen gelangen vor allem an divergierenden Plattenrändern (z. B. mittelozeanischen Rücken) an die Oberfläche.

Felsische Gesteine weisen einen Silikatanteil von über 63 % auf. Felsische Magmen entstehen oft an konvergierenden Plattenrändern durch Subduktion und partielles Aufschmelzen von kontinetaler Kruste

Granatpteridotid (links) bildet sich nur unter hohen Drücken, etwa in Tiefen über 30 km. Durch Konvektion des Mantels und Vulkanismus können Minerale wie Granat (rechts) aber in höhere Schichten gelangen und finden sich so in Gesteinen – vor allem in Gesteinen mafischer und ultramafischer Zusammensetzung

Verwitterung, Erosion, Sedimentation und Sedimentgesteine

▪ Bei der Verwitterung werden Gesteine durch chemische, physikalische und biogene Prozesse zersetzt. Bei der physikalischen Verwitterung bleiben die Minerale erhalten. Bei der chemischen Verwitterung werden dagegen Stoffe freigesetzt oder in den Mineralbestand eingebunden.

Die physikalische Verwitterung wirkt vor allem durch Temperaturänderungen. Besondere Bedeutung in temperaten und kalten Klimazonen hat die Frostverwitterung: Durch das wiederholte Wachstum und Schmelzen von Eiskristallen und die damit verbundene Volumenveränderung des gefrierenden und auftauenden Wassers von bis zu 9 % in den Gesteinsporen kommt es zum Zerfall von Gesteinsblöcken. Ähnlich wirkt Verwitterung durch Bildung von Salzkristallen (Salzverwitterung).

Chemische Verwitterung greift vor allem Silikate mit einem hohen Anteil an Metallionen an, insbesondere also Insel- und Kettensilikate wie Olivin, Pyroxen und Amphibol. Silikate mit einem geringen Anteil an Metallionen, vornehmlich Gerüstsilikate wie Feldspat, verwittern langsamer. Besonders gut widersteht Quarz der Verwitterung. Durch Hydrolyse werden Kationen wie Kalium, Natrium, Magnesium, Calcium oder Eisen gelöst. Silikate wie Feldspäte wandeln sich durch hydrolytische Verwitterung in Tonminerale (beispielsweise Illit, Kaolinit) um. Besonders bedeutend ist die Lösungsverwitterung für Salze und Carbonate sowie die Kohlensäureverwitterung für Carbonate.

Die Verwitterungsprodukte werden durch Erosionsprozesse abgeführt und lagern sich als Sedimente ab. Die größte Bedeutung haben dabei marine Sedimente, aber auch in Seen (limnische Sedimente) und Flüssen (fluviatile Sedimente = Fluviate) kommt es zu Sedimentationsprozessen. Feinsedimente können auch durch die Luft transportiert und abgelagert werden, ein Beispiel hierfür ist Löss.

Wenn die Sedimente höheren Drücken und auch höheren Temperaturen ausgesetzt sind (beispielsweise in Folge der durch weitere Sedimentationsprozesse zunehmenden Auflast), werden diese Sedimente diagenetisch verfestigt. Bei der Diagenese kommt es zu chemischen Umwandlungen. Diese sind auch für die Fossilisation bedeutend, insbesondere der Austausch von Carbonaten (Knochen, Schalen) durch Silikate. Dieser Prozess des Mineralaustauschs bei Erhalt der Form wird auch als Versteinerung bezeichnet.

▪ Sedimente, die aus abgelagerten Mineral- und Gesteinspartikeln bestehen, werden als klastische Sedimente bezeichnet. Klastische Sedimente haben meist einen sehr hohen Anteil an Quarz, da dieser der chemischen Verwitterung besser widersteht als Feldspäte und Ketten- oder Inselsilikate. Demgegenüber bezeichnet man Sedimente, die durch Ausfällung von Salzen entstehen, als chemische Sedimente. Hierzu gehören beispielsweise Steinsalz, Kalkstein und Dolomit. Gehen diese Ausfällungen auf die Aktivität von Lebewesen zurück, spricht man von biogenen Sedimenten – Beispiele sind Korallenriffe oder die Ablagerungen der Überreste von Kalkalgen (Kreide), Kieselalgen (Kieselgur, Diatomeenerde) oder Radiolarien (Radiolarit). Auch Kohle und Torf sind biogene Sedimente.

Von besonderer Bedeutung für die Rekonstruktion des Paläoklimas der Erde sind Tillite, also verfestigte Geschiebemergel der Seiten-, End- oder Grundmoränen von Gletschern. Tillite sind daher geologische Zeugnisse von Vereisungen, wie der permo-karbonischen Vereisung Gondwanas. Beim Gletschertransport werden die Sedimente nicht nach Korngrößen sortiert, da eine Sortierung nach Korngrößen einen Transport in Gasen oder Flüssigkeiten voraussetzt. In den durch (festes) Eis gebildeten Geschiebemergeln und Tilliten kommt es nicht zu solchen Sortierungsprozessen. Sie bestehen daher aus verschiedensten Korngrößenklassen (Ton, Sand, Kies, Steine).

Fluviate: von einem Fließgewässer mitgeführte Gesteine
Flysch: Wechsellagerung von Tonstein und Sandstein, entsteht bei Gebirgsbildung in den vorgelagerten marinen Becken
Geschiebemergel: heterogenes Sediment, das von Gletschern abgeschürft und abgelagert wird
Hydrolyse: (griech.: *hydro* = Wasser, *lysis* = Lösung, Auflösung) Spaltung von Molekülen durch eine Reaktion mit Wasser
klastische Sedimente: Trümmergesteine, die sich aus mechanisch Zerstörten anderen Gesteinen zusammensetzen
Konglomerat: verfestigtes klastisches Sediment mit einem Korndurchmesser über 2 mm, Körner meist gerundet

Löss: äolische Ablagerungen aus Schluff/Silt ohne eine Schichtung
Moräne: von Gletschern transportiertes und abgelagertes Material
Nagelfluh: (regional) zu einem Konglomerat verfestigter Kies; geologisch jung
Sedimente: Ablagerungen von Gesteinsmaterial an der Erdoberfläche, verursacht durch Wasser, Luft oder aus dem Eis
Tillit: verfestigte Gletschermoräne

▪ Siehe auch: Klimazonen: 3.2.2.2; Silikate: 2.1.1.1

Frostsprengung   Salzverwitterung

Die Verwitterung (oben) umfasst den physikalischen Zerfall sowie die chemische und biogene Zersetzung von Gesteinen. Insbesondere die Einwirkung von Temperatur und Wasser tragen zur Verwitterung bei. Bei der physikalischen Verwitterung bleiben die gesteinsbildenden Minerale in der Regel erhalten, während bei der chemischen Verwitterung Minerale um- oder neu gebildet werden (beispielsweise die Verwitterung von Feldspäten zu Tonmineralen). Durch Erosion (rechts) werden die durch Verwitterung entstandenen Lockermaterialien abgetragen. Erosion erfolgt durch strömende Medien, meist durch Wasser, aber auch durch Wind oder Eis

Durch Erosion freigelegte Felsformationen

Sedimentation bezeichnet die Ablagerung von Teilchen (meist aus Flüssigkeiten oder Gasen). Je nach ihrer Entstehung unterscheidet man klastische, chemische und biogene Sedimente und nach ihrem Ablagerungsort marine, limnische, fluviatile, aeolische, pyroklastische und glaziale Sedimente. Den Prozess der Verfestigung von Lockersedimenten bezeichnet man als Diagenese. Durch Auflast von oberen Schichten kommt es zur Kompaktion der Sedimente. Durch Lösungs- und Kristallisationsprozesse, vor allem von Carbonaten, kommt es zur Zementation. Beispiele für die Diagenese sind die Bildung von Sandstein aus lockerem Sand oder Umkristallisationen im Rahmen der Fossilisation

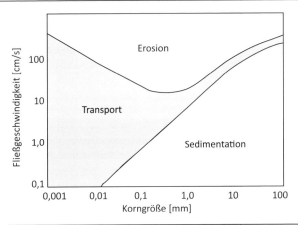

Nagelfluh (Karpaten)   Flysch (Karpaten)

Klastische Sedimente entstehen durch physikalische Ablagerung von Gesteinsfragmenten. Die Sedimentation hängt, wie auch die Erosion, von der Fließgeschwindigkeit ab. Dieser Zusammenhang wird durch das Hjulström-Diagramm (oben) wiedergegeben: Größere Korngrößen sedimentieren bereits bei höheren Fließgeschwindigkeiten, kleine Korngrößen erst bei geringen. Daher sind Ablagerungen der Fließgewässer grobkörniger (Kiese, Sande) als die der flachmarinen Bereiche (z. B. Sande) und diese wiederum grobkörniger die der hochmarinen Regionen (Tone)

Salzabbau in Uyuni, Bolivien   Salzausfällungen am Toten Meer, Israel

Salzausfällungen sind chemische Sedimente. Sie entstehen durch Austrocknung von Gewässern. Carbonate können chemisch ausgefällt werden. Häufig gehen Carbonatgesteine (Kalkstein, Dolomit) aber auf biogene Entstehung zurück. Dies können Riffe oder Ablagerungen von planktischen Organismen sein

Erdpyramiden aus Moränenschutt   Tillit (verfestigter Geschiebemergel) bei Serfaus

Durch Gletscher werden große Gesteinsmengen erodiert, diese lagern sich zum Teil unter dem Gletscher (Grundmoräne), an der Seite oder vor dem Gletscher (Endmoräne) ab. Wenn diese ursprünglichen Lockersedimente diagenetisch verfestigt werden, bezeichnet man sie als Tillite. Der Transport durch Eis sortiert die Geschiebe nur schlecht nach Korngrößen. Moränenschutt und Tillite bestehen daher aus sehr unterschiedlich großen Gesteinsbruchstücken

Carbonatgleichgewicht und Carbonate

▪ Carbonate und Kohlendioxid spielen eine wesentliche Rolle sowohl für die Entwicklung des Lebens auf der Erde, als auch für geochemische Abläufe. Kohlendioxid ist zudem klimarelevant, da die kurzwellige Sonnenstrahlung weitgehend ungehindert zur Erdoberfläche durchdringt, die langwellige Wärmestrahlung der Erdoberfläche aber von Kohlendioxid absorbiert und teilweise zur Erde zurückgestrahlt wird (Treibhauseffekt).

Die Kohlendioxidkonzentration der Atmosphäre ist seit 1950 von etwa 0,03 % auf inzwischen etwa 0,04 % angestiegen. In der Erdgeschichte lag die Kohlendioxidkonzentration allerdings deutlich höher – zu Beginn des Kambriums etwa zehnfach höher bei 0,45 %. Die höheren Kohlendioxidkonzentrationen bedingten trotz der noch schwächeren Sonneneinstrahlung klimatische Bedingungen, die den heutigen ähnelten.

Die atmosphärische Kohlendioxidkonzentration steht im Gleichgewicht mit der Konzentration gelösten Kohlendioxids im Wasser (kurzfristig können hier aber Ungleichgewichte auftreten). Die Kohlendioxidkonzentration im Wasser steht über Reaktionsgleichgewichte im Gleichgewicht mit Kohlensäure, Hydrogencarbonat und Carbonat. Umgekehrt steht die Konzentration gelöster Carbonate im Lösungsgleichgewicht mit (ausgefällten) Calcium- und Magnesiumcarbonaten. Carbonat bildet schwer lösliche Salze mit Calcium und Magnesium. Eine Erhöhung der Carbonat- oder der Magnesium- und Calciumkonzentration über das Löslichkeitsprodukt hinaus führt zur Ausfällung von Calciumcarbonat (Calcit, Aragonit) und Calcium-Magnesium-Carbonat (Dolomit).

Die Löslichkeit von Kohlendioxid im Wasser ist zudem temperaturabhängig. Die Erwärmung von kohlendioxidreichem Wasser führt zur Ausgasung: Aus Hydrogencarbonat und Hydroniumionen bildet sich Kohlensäure. Entsprechend des Entzugs an Hydroniumionen steigt der pH und es fällt Carbonat aus. Solche temperaturbedingten Carbonatausfällungen finden sich beispielsweise an Quellen, an denen sich kühles carbonatreiches Tiefenwasser beim Austritt erwärmt. Die so gebildeten Kalke werden auch als Sinter bezeichnet.

▪ Erhöht sich die Calcium- oder Magnesiumionenkonzentration im Wasser, beispielsweise infolge von verstärktem Vulkanismus oder verstärkter terrestrischer Verwitterung, kommt es zur Ausfällung der entsprechenden Carbonate. Über die Reaktionsgleichgewichte führt dies zu einer weiteren Dissoziation von Kohlensäure. Aufgrund der so bedingten Abnahme der Kohlensäure- und damit der Kohlendioxidkonzentration diffundiert Kohlendioxid aus der Atmosphäre ins Wasser und die atmosphärische Kohlendioxidkonzentration sinkt.

Auch eine Erhöhung der atmosphärischen Kohlendioxidkonzentration bedingt eine Erhöhung der Kohlendioxidkonzentration im Wasser und über die Gleichgewichtsreaktionen bilden sich mehr Carbonate. Es kommt allerdings nicht (oder nur unter bestimmten Voraussetzungen) zu einer erhöhten Ausfällung von Carbonaten: Das Kohlensäure-Carbonat-Gleichgewicht ist pH-abhängig. Eine Absenkung des pH (Zunahme der Hydroniumionenkonzentration) verlagert das Gleichgewicht in Richtung von Hydrogencarbonat und Kohlensäure – Carbonate gehen zunehmend in Lösung. Umgekehrt verlagert eine Zunahme des pH (Abnahme der Hydroniumionenkonzentration) das Gleichgewicht in Richtung des Carbonats – es kommt zunehmend zur Ausfällung von Carbonaten.

Da bei der Dissoziation von Kohlensäure zu Hydrogencarbonat und Carbonat auch Hydroniumionen entstehen, verändert diese Dissoziation die Hydroniumionenkonzentration (den pH-Wert): Eine zunehmende Dissoziation von Kohlensäure bedingt eine Zunahme von Hydronium-Ionen und das Dissoziationsgleichgewicht verschiebt sich zum Hydrogencarbonat. Trotz einer zunehmenden Lösung und Dissoziation von Kohlensäure bilden sich daher nicht mehr Carbonationen. Im Gegenteil nimmt die Konzentration an Carbonationen sogar ab und es kommt zur Lösung von Carbonaten. Dieser Effekt ist auch verantwortlich für die zunehmende Löslichkeit von Carbonaten mit der Tiefe in Gewässern: Während an der Oberfläche Kohlendioxid durch Photosynthese gebunden wird, überwiegen mit zunehmender Tiefe Atmungsprozesse. Mit zunehmender Wassertiefe nimmt in den Ozeanen daher die Kohlendioxidkonzentration zu. Durch Bildung und Dissoziation von Kohlensäure kommt es damit zu einer Verschiebung des Lösungsgleichgewichts. Unterhalb der Kompensationstiefe (für Aragonit liegt sie bei 3.000–3.500 m, für Calcit bei 3.500–5.000 m) findet keine Kalkausfällung mehr statt, Carbonate liegen vorwiegend als Hydrogencarbonate und vollständig gelöst vor.

Dissoziation: Zerfall eines Salzes in Ionen oder eines Moleküls in seine Bestandteile

Hydroniumion: protoniertes Wassermolekül (H_3O^+)

▪ Siehe auch: Karbon: 2.3.3.8; spätproterozoische Vereisung: 2.2.2.9

Erdzeitalter

■ Die Zeit seit Entstehung der Erde wird geologisch in vier Zeitabschnitte, die Äonen, eingeteilt. Das älteste Äon, das Hadaikum, umfasst in etwa den Zeitraum von der Entstehung der Erde bis zur Bildung einer festen Erdkruste und der Entstehung der Urozeane.

Auf das Hadaikum folgt das Archaikum. In diesem Äon existierten bereits Prokaryoten, aber noch keine Eukaryoten. Im Proterozoikum entstanden schließlich auch Eukaryoten, diese blieben aber aufgrund der geringen Sauerstoffverfügbarkeit ein- oder wenigzellig. Erst zu Beginn des jüngste Äons, des Phanerozoikums, erreichten die Sauerstoffkonzentrationen Werte, die die Entstehung komplexer vielzelliger Organismen begünstigten. Aus den ersten drei Äonen sind entsprechend kaum Fossilien überliefert, aus dem Phanerozoikum sind dagegen eine Vielzahl von Fossilien bekannt.

Die Äonen werden grundsätzlich in Ären gegliedert, lediglich das Hadaikum wird nicht weiter unterteilt. Das Archaikum wird in Abschnitte von 400 Millionen Jahren, das Eoarchaikum, das Paläoarchaikum, das Mesoarchaikum und das „nur" 300 Millionen Jahre andauernde Neoarchaikum eingeteilt. Diese Abschnitte sind über das absolute geologische Alter – also geochronologisch – definiert. Auch das Proterozoikum wird geochronologisch in das Paläoproterozoikum, das Mesoproterozoikum und das Neoproterozoikum gegliedert. Die jüngeren geologischen Abschnitte werden dagegen durch einen weltweit festgelegten Grenzstratotyp, also einen Punkt eines bestimmten geologischen Aufschlusses, definiert. Dies gilt für den Übergang zum Phanerozoikum sowie die Unterteilung des Phanerozoikums in die Ären Paläozoikum, Mesozoikum und Känozoikum.

Die Ären werden weiter in geologische Perioden (oder Systeme), Epochen (oder Serien) und Alter (oder Stufen) unterteilt.

■ Die durch die Geochronologie und die Stratigraphie ermittelten Einheiten entsprechen sich in etwa, im Detail kommt es aber durch die unterschiedliche Herangehensweise zu Abweichungen. Dies spiegelt sich in der Benennung der einzelnen erdgeschichtlichen Einheiten wider. Dem geochronologischen Äon entspricht in der stratigraphischen Terminologie das Äonothem, der geochronologischen Ära das Ärathem, der geochronologischen Periode das System, der geochronologischen Epoche die Serie und dem geochronologischen Alter die Stufe. Die älteren Abschnitte der Erdgeschichte, insbesondere des Hadaikums, des Archaikums und des frühen Proterozoikums sind geochronologisch definiert, also über eine absolute Altersangabe. Die jüngeren Abschnitte der Erdgeschichte sind dagegen stratigraphisch – in Verbindung mit dem Auftreten von Leitfossilien – festgelegt. Diese Definition der (jüngeren) Abschnitte der Erdgeschichte bedingt, dass diese zwar einerseits präzise definiert sind – über den Grenzstratotyp – andererseits das genaue Alter aber oft nicht exakt angegeben werden kann. Die absolute zeitliche Einordnung des Übergangs von einer stratigraphischen Einheit zur nächsten kann sich durch neue wissenschaftliche Befunde daher (minimal) verschieben.

Geochronologie: Wissenschaft, die sich mit der absoluten zeitlichen Datierung von Gesteinsschichten

Isotop: verschiedene Varianten eines Elements, dessen Atomkern die gleiche Anzahl an Protonen, aber eine unterschiedliche Anzahl an Neutronen besitzt

Leitfossilien: fossile Arten und Gattungen, die sich besonders gut für eine Schichtenkorrelation eignen. Sie lassen sich leicht von anderen Arten unterscheiden, sind geographisch weitverbreitet, kommen häufig vor und sind auf einen engen zeitlichen Raum begrenzt

Stratigraphie: Wissenschaft, die sich mit der relativen Altersbeziehung verschiedener Gesteinsschichten befasst

Stratotyp: Gesteinsschicht einer Typ-Lokalität, also eines bestimmten Ortes, anhand derer eine stratigraphische Einheit definiert ist

Urozean: der erste Ozean, der sich vor etwa 4 Milliarden Jahren gebildet hat; oft wird aber auch der Panthalassische Ozean des Paläozoikums als Urozean bezeichnet

---

■ Siehe auch: Stratigraphie: 2.3.1.4, 2.3.1.5

Phanerozoikum	Das Phanerozoikum umfasst die letzten 541 Millionen Jahre und ist durch das massenhafte Auftreten von makroskopischen Lebewesen gekennzeichnet
541 Mio	
Neoproterozoikum	Der Beginn des Proterozoikums ist geochronologisch vor 2,5 Milliarden Jahren. Das Ende des Proterozoikums wird biostratigraphisch durch das Auftreten des Spurenfossils *Trichophycus pedum* vor etwa 541 Millionen Jahren gekennzeichnet
1.000 Mio	
Mesoproterozoikum	Das Neoproterozoikums beginnt geochronologisch vor 1 Milliarde Jahren. Der Zeitpunkt korreliert stratigraphisch in etwa mit dem Ende der Marinoan-Vereisung. Stratigraphisch werden die oberhalb der letzten tillitführenden Schichten liegenden Gesteine an den Beginn des Neoproterozoikums gesetzt
1.600 Mio	
Paläoproterozoikum	Das Mesoproterozoikum beginnt geochronologisch vor 1,6 Miliarden Jahren und endet vor 1 Milliarde Jahren. In den Zeitraum des Mesoproterozoikums fallen die Bildung und der Zerfall des Superkontinentes Rodinia
2.500 Mio	Das Paläoproterozoikum beginnt geochronologisch vor 2,5 Milliarden Jahren und endet vor 1,6 Milliarden Jahren. In diesen Zeitraum fällt die Radiation der eukaryotischen Großgruppen. Seit dem frühen Proterozoikum gibt es eukaryotische Zellen und die Atmosphäre des Proterozoikums enthält freien Sauerstoff

P R Ä K A M B R I U M

Archaikum	Das Archaikum erstreckt sich geochronologisch von 4–2,5 Milliarden Jahren. In diesem Äon entstanden große Teile der kontinentalen Platten und es bildeten sich die ersten Kontinente. Die Atmosphäre war sauerstofffrei, erst gegen Ende des Archaikums stieg die Sauerstoffkonzentration an
4.000 Mio	
Hadaikum	Das Hadaikum ist das erste Äon der Erdgeschichte. Es beginnt mit der Bildung der Protoerde. Das Hadaikum endet geochronologisch vor 4 Milliarden Jahren. Im Hadaikum bildet sich der grundlegende Aufbau der Erde in Kern, Mantel, Kruste, Hydrosphäre und Atmosphäre heraus. Die Kruste ist weitgehend ozeanisch
4.600 Mio	

Känozoikum	Im Känozoikum wird die Wirbeltierfauna von Vögeln und Säugern dominiert. Der Beginn des Känozoikums wird durch ein Massensterben und eine Anomalie der Iridiumkonzentration in den Gesteinsschichten markiert
66 Mio	
Mesozoikum	Im Mesozoikum wird die Wirbeltierfauna von Reptilien dominiert. Der Beginn des Mesozoikums wird durch das Auftreten des Fossils *Hindeodus parvus* (ein Conodont) definiert
252 Mio	
Paläozoikum	Im Paläozoikum wird die Wirbeltierfaune von Fischen und Amphibien dominiert. Gegen Ende des Paläozoikums ereignet sich das größte Massensterben der Erdgeschichte

Der weltweit stratigraphisch festgelegte Referenzpunkt („Golden Spike") für den Beginn des Ediacariums, das jüngste System des Neoproterozoikums

Präkambrium

Die drei ältesten Äonen der Erdgeschichte, das Hadaikum, das Archaikum und das Proterozoikum, werden als Präkambrium zusammengefasst. Das Präkambrium umfasst den Zeitraum seit der Entstehung der Erde bis zum Beginn des Phanerozoikums. Die Entwicklung der Erde und die Entwicklung des Lebens wirken wechselseitig aufeinander ein. Eine Schlüsselrolle kommt der Sauerstoffevolution, also der Entstehung von freiem Sauerstoff zu. Im Hadaikum und Archaikum existierte noch kein freier Sauerstoff, im frühen Proterozoikum erreichte die Sauerstoffkonzentration Werte von etwa 0,2 %. Erst im späten Neoproterozoikum, an der Grenze zum Phanerozoikum, stieg die Sauerstoffkonzentration weiter bis auf heutige Werte an.

Im geochemischen Gleichgewicht ohne die Aktivität von Lebewesen wäre freier Sauerstoff nur in Spuren vorhanden, die Atmosphäre also nahezu sauerstofffrei. Höhere Konzentrationen an freiem Sauerstoff werden nur durch die kontinuierliche biogene Bildung (durch oxygene Photosynthese) aufrechterhalten. Die oxygene Photosynthese entstand bei Cyanobakterien vor mindestens 2,5 Milliarden Jahren, wahrscheinlich aber bereits früher. Der entstehende Sauerstoff

Für die Entwicklung der Erde, des Erdklimas und des Lebens spielten insbesondere die Konzentrationen von Sauerstoff, Kohlendioxid und Methan eine zentrale Rolle: Freier Sauerstoff reagiert einerseits mit Methan und wechselwirkt auch mit der Kohlendioxidkonzentration. Insgesamt wird die Konzentration dieser beiden Treibhausgase durch freien Sauerstoff reduziert. Infolge von Anstiegen der Sauerstoffkonzentration kam es daher zu Abkühlungen des Klimas bis hin zu globalen Eiszeiten. Die ausgedehnten Vereisungen verminderten zum einen die terrestrische Verwitterung und Erosion und damit den Nährstoffeintrag in die Ozeane. Zum anderen wurde die globale Primärproduktion durch Abkühlung und in den vereisten Regionen zusätzlich durch Lichtmangel stark eingeschränkt. Das Wachstum von Cyanobakterien und eukaryotischen Algen und die biogene Sauerstoffevolution beeinflussten somit das Klima. Umgekehrt wirkten die klimatischen Veränderungen zurück auf diese Organismen. Die klimatische Entwicklung der Erde und die Evolution des Lebens sind daher sich gegenseitig beeinflussende Prozesse.

wurde zunächst geochemisch gebunden. Zu einem ersten starken Anstieg der Sauerstoffkonzentration kam es erst einige Hundert Millionen Jahre später. Die Verfügbarkeit von freiem Sauerstoff wirkte über eine Reduktion der Treibhausgase (Methan, Kohlendioxid) einerseits auf das Klima – es kam zu einer globalen Abkühlung, der huronischen Vereisung, andererseits war Sauerstoff eine Voraussetzung für die Entstehung eukaryotischer Zellen. Nach der Oxygenierung der Atmosphäre konnten Eukaryoten in den oberflächennahen Schichten der Ozeane, die bereits sauerstoffhaltig waren, überleben. In den nährstoffarmen Ozeanen waren sie allerdings zunächst unbedeutend. Erst mit der zunehmenden Oxygenierung der Tiefenwasser und einer damit verbundenen Erhöhung der Nährstoffverfügbarkeit vor rund 700 Millionen Jahren nahm die Bedeutung eukaryotischer Algen zu. Damit stiegen die globale Primärproduktion und die Sauerstoffkonzentration weiter an. Auch dieser Anstieg der Sauerstoffkonzentration wirkte sich klimatisch aus, es kam zu ausgedehnten Vereisungen. Die weiter steigenden Sauerstoffkonzentrationen bildeten eine Voraussetzung für die Entwicklung komplexer vielzelliger Organismen.

Im Zusammenhang mit der Sauerstoffevolution spielt auch Schwefel eine Schlüsselrolle. Das unter sauerstofffreien, anoxischen Bedingungen in den Ozeanen gelöste Sulfid bildete mit vielen Metallionen schwer lösliche Salze. Metallionen wie beispielsweise Eisen, Mangan und Molybdän waren daher in sulfidischen Gewässern kaum für Organismen verfügbar. Die Bedingungen im Urozean waren seit ihrer Entstehung vor gut 4 Milliarden Jahren bis vor etwa 1,8 Milliarden Jahren sauerstofffrei und eisenreich. Auch nach der Anreicherung der Atmosphäre mit Sauerstoff blieben die Ozeane also noch lange Zeit sauerstofffrei. Bis vor etwa 700 Millionen Jahren herrschten anoxische und in weiten Teilen sulfidische Bedingungen vor, der Ozean war daher eisenarm. Die oberflächennahen Schichten waren bereits teilweise oxisch, die geringe Verfügbarkeit an Nährstoffen limitierte aber weiterhin Wachstum und Evolution von Eukaryoten. Es folgte eine Phase von rund 100 Millionen Jahren, in denen der Ozean weiterhin anoxisch, aber wieder sulfidarm und eisenreich war. Vor rund 600 Millionen Jahren setzte schließlich die Oxygenierung auch der tiefen Ozeane ein.

---

biogen: (griech.: *bios* = Leben) biologischen oder organischen Ursprungs

Erosion: durch Wasser, Wind oder Eis verursachte Auflockerung, Aufnahme und Transport von Materialien

gebändertes Eisenerz: marines Sedimentgestein (hauptsächlich des Präkambriums), durch eisenhaltige Lagen geschichtet

Great Oxidation Event: große Sauerstoffkrise vor 2,45 Milliarden Jahren, durch das erste Auftreten von freiem Sauerstoff verursacht

Oxygenierung: Versorgung mit Sauerstoff, Oxidation mit Sauerstoff als Elektronenakzeptor

Primärproduktion: Produktion von Biomasse aus anorganischen Verbindungen

Treibhausgase: gasförmige Stoffe, die die von der Erde abgestrahlte Infrarotstrahlung absorbieren und somit zur Erderwärmung beitragen

---

Siehe auch: huronische Vereisung: 2.2.2.2; oxygene Photosynthese: 2.2.1.4, 2.2.1.5

wichtige Ereignisse im Präkambrium

Entwicklung des Lebens

Entwicklung der Erde

550 Mio Jahre: Ediacara-Fauna

541 Mio

Neoproterozoikum

0,7 Mrd Jahre: Es kommt zu ausgedehnten Vereisungen, die weitreichendste Vereisung war die Stuart-Vereisung

0,8 Mrd Jahre: Das Auseinanderbrechen des Superkontinents Rodinia führt zu verstärkter Verwitterung und zum Eintrag von Metallionen in die Ozeane

1,2–1,0 Mrd Jahre: erste gesicherte Fossilien von Eukaryoten aus dem Süßwasser. Ebenfalls in diesem Zeitraum ist die Radiation der Eukaryoten fossil belegt

1,0 Mrd

Mesoproterozoikum

Die „langweilige Milliarde" (1,85 - 0,85 Mrd Jahre) – Zeitraum der evolutionären Stase: keine großen Änderungen, evolutive Neuerungen werden zumindest nicht bedeutend

1,2 Mrd Jahre: erste gesicherte Fossilien von eukaryotischen Algen (Rotalgen) und von terrestrischen Cyanobakterienmatten

1,8 Mrd Jahre: Die Radiation der Eukaryoten setzt wahrscheinlich unmittelbar nach deren Entstehung ein. Fossile Überlieferungen sind aber deutlich jünger. Erdgeschichtlich bedeutend wurden die Eukaryotenlinien erst vor rund 1,2–0,9 Mrd Jahren

1,6 Mrd

1,8 Mrd Jahre: Rotsedimente belegen die einsetzende terrestrische Oxidation von Eisenverbindungen und damit freien atmosphärischen Sauerstoff. Entsprechend geht die Bildung mariner gebänderter Eisenerze zurück

1,8 Mrd Jahre: Acritarchen als erste gesicherte Fossilien von Eukaryoten, auch molekulare Untersuchungen deuten auf die Entstehung von Mitochondrien vor 1,8 Mrd Jahren hin

Paläoproterozoikum

2,2 Mrd Jahre: Infolge des zunehmenden Sauerstoffgehalts und dem damit verbundenen Rückgang des Treibhausgases Methan in der Atmosphäre kommt es zur Huronischen Vereisung

2,3 Mrd Jahre: starke Ausbreitung der Stromatolithen an den flachmarinen kontinentalen Schelfregionen

2,45 Mrd Jahre: geochemische Hinweise auf die mögliche Existenz von Eukaryoten

2,5 Mrd

2,45 Mrd Jahre: „Great Oxidation Event"

2,7–2,3 Mrd Jahre: Bildung der großen Kontinentalplatten - etwa 60 % der Kontinentalplatten bildeten sich in diesem Zeitraum

2,45 Mrd Jahre: Besiedlung der Tidenzonen, später des Landes durch Cyanobakterien und mikrobielle Matten

2,7–2,4 Mrd Jahre: Hauptbildungszeitraum der gebänderten Eisenerze

2,7–2,5 Mrd Jahre: Entstehung der oxygenen Photosynthese und der Cyanobakterien, geochemische Befunde deuten aber eine frühere Entstehung an

2,7 Mrd Jahre: Fossile Böden deuten auf eine erste Besiedlung des Landes durch Mikroorganismen hin

3,3–2,8 Mrd Jahre: starke Zunahme der Genfamilien ("Archaische genetische Expansion")

Archaikum

3,5 Mrd Jahre: älteste Stromatolithen

3,5 Mrd Jahre: erste Hinweise auf Kontinetalplatten oberhalb des Meeresspiegels

4,0–3,5 Mrd Jahre: Die natriumcarbonatreichen Soda-Ozeane wandeln sich zu natriumchlorid- und calciumreichen Ozeanen

4,2–3,8 Mrd Jahre: Entstehung des Lebens, zunächst entstehen anaerobe heterotrophe Stoffwechselwege, kurz darauf die anoxygene Photosynthese

4,0 Mrd

4,4–4,0 Mrd Jahre: Abkühlung der Erdoberfläche auf unter 100 °C und Bildung der Ozeane

Hadaikum

4,4 Mrd Jahre: Verfestigung der Erdkruste und Einsetzen der Plattentektonik

4,5 Mrd Jahre: Entstehung des Mondes

4,6 Mrd

4,56 Mrd Jahre: Entstehung der Erde

4,8–4,6 Mrd Jahre: Entstehung des Sonnensystems und der Ursonne aus einer interstellaren Wolke

Archaikum

Die frühesten Äonen der Erdgeschichte sind das Hadaikum und das Archaikum.

Das Hadaikum wird geochronologisch definiert als der Zeitraum seit Entstehung der Erde bis zum Beginn des Archaikums vor 4,0 Milliarden Jahren. Das Hadaikum wird nicht weiter untergliedert.

Das Archaikum ist geochronologisch definiert als der Zeitraum zwischen dem Ende des Hadaikums (4 Mrd Jahre) und dem Beginn des Proterozoikums (2,5 Mrd Jahre). Es wird gegliedert in das Eoarchaikum (4,0–3,6 Mrd Jahre), das Paläoarchaikum (3,6–3,2 Mrd Jahre), das Mesoarchaikum (3,2–2,8 Mrd Jahre) und das Neoarchaikum (2,8–2,5 Mrd Jahre).

Die Atmosphäre des Archaikums ist sauerstofffrei. Als älteste Gesteinsformation gilt der Isua-Gneis in Grönland mit einem Alter von etwa 3,8 Milliarden Jahren. Vereinzelte Gesteinsfunde aus dem nördlichen Kanada werden auf ein Alter zwischen 4,3 und 4 Milliarden Jahren datiert. Einzelne Zirkonminerale aus dem australischen Yilgam-Kraton lassen sich sogar auf 4,4 Milliarden Jahre datieren. Es ist aber davon auszugehen, dass eine durchgehende feste Kruste und die Bildung der ersten Ozeane nach Abkühlung der Erdoberfläche auf unter 100 °C erst gegen Ende des Hadaikums einsetzten.

Das Archaikum ist dann durch die weitere Differenzierung der Erdkruste und die Bildung der Kratone sowie durch die Entstehung und Entwicklung des Lebens gekennzeichnet.

Im Hadaikum bildete sich die Protoerde. Durch Kollisionen mit Meteoriten und anderen Protoplaneten nahm die Masse der Erde zu, vor etwa 4,5 Milliarden Jahren entstand infolge einer Kollision der Protoerde mit einem anderen Protoplaneten der Mond.

Im frühen Hadaikum begann sich die weitgehend flüssige Schmelze der Protoerde zu differenzieren. Schwere chemische Elemente, vor allem Eisen und Nickel, sanken ab und bildeten den Erdkern. Leichtere Elemente, unter anderem Silicium und Sauerstoff, bildeten den Erdmantel. Im frühen Hadaikum begann der Erdmantel zu erstarren und es setzte die Plattentektonik ein. Die Kruste war zunächst ausschließlich ozeanisch. Gegen Ende des Hadaikums bildeten sich dann die ersten kontinentalen Krustenblöcke.

Im Archaikum besaß die Erde eine Kruste, diese war zunächst ozeanisch und wurde, wie auch die heutige ozeanische Kruste, an den Plattenrändern immer wieder subduziert. Im Verlaufe des Archaikums setzte zunehmend die Bildung kontinentaler Kruste ein, in den Ozeanen entwickelte sich das Leben.

Im Eoarchaikum wies die Erde eine feste Kruste auf und es bildeten sich Ozeane. Im frühen bis mittleren Eoarchaikum war die Erde einer Vielzahl von Asteroideneinschlägen ausgesetzt, erst nach etwa 3,8 Milliarden Jahren nahmen diese Einschläge ab. Die Atmosphäre war anoxisch und es herrschten reduzierende Bedingungen.

Im Eoarchaikum existierte vermutlich bereits Leben, das sich im Paläoarchaikum weiterentwickelte. Aus dem Mesoarchaikum sind die ältesten Stromatolithen bekannt. Vor etwa 2,9 Milliarden Jahren kam es zu einer ausgedehnten Vereisung der Erde (Pongolavereisung).

Im Neoarchaikum erreichte die kontinentale Kruste erstmals eine Dicke, die eine Bildung höherer Gebirge zuließ. Das Ende des Archaikums ist durch die Sauerstoffevolution (*Great Oxidation Event*) aufgrund der zunehmenden Bedeutung der Photosynthese gekennzeichnet.

Great Oxidation Event: große Sauerstoffkrise vor 2,45 Milliarden Jahren, durch das erste Auftreten von freiem Sauerstoff verursacht

Kraton: Kontinentalschild; zentraler Bereich eines Kontinents, der sich im frühen Präkambrium gebildet hat und seit dem Präkambrium keiner tektonischen Deformation unterlag

Siehe auch: Geochronologie: 2.3.1.4, 2.3.1.5

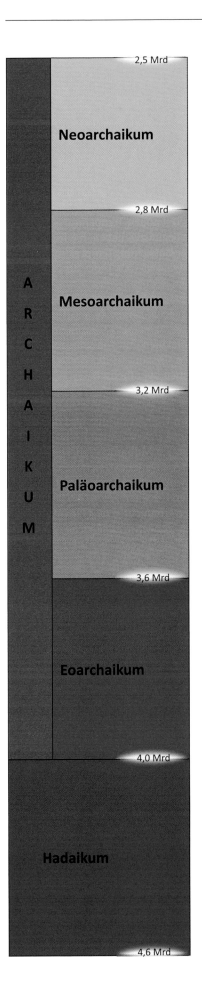

Stratigraphische Tafel des Hadaikums und Archaikums

Chemische Evolution und Entstehung des Lebens

■ Die präbiotische, chemische Evolution, also die abiotische Entstehung organischer Moleküle, lief in den ersten paar Hundert Millionen Jahren der Erdgeschichte – im Hadaikum – ab. Erstes Leben entstand dann vor etwa 4 Milliarden Jahren.

Hypothesen zum Ablauf der chemischen Evolution basieren auf Experimenten, fossile Belege fehlen jedoch. Einen der ersten Belege für die Entstehung von organischen Molekülen aus anorganischen lieferte 1953 das Experiment von Harold C. Urey und Stanley L. Miller. In einem geschlossenen Kreislauf konnten sie aus anorganischen Verbindungen unter Zufuhr von Energie in Form elektrischer Entladungen komplexere organische Verbindungen wie Aminosäuren und niedere Carbon- und Fettsäuren erzeugen. In Folgeexperimenten konnten sowohl Aminosäuren, Lipide, Purine und Zucker als auch die komplexeren Porphyrine und Isoprene erzeugt werden.

Geochemische Energiegradienten ermöglichten die Bildung komplexer organischer Moleküle aus organischen Monomeren. Dies kann in den geothermischen und geochemischen Gradienten im Umfeld vulkanischer hydrothermaler Austritte erfolgt sein. Terrestrische Hydrothermalfelder, aber auch die submarinen "Schwarzen Raucher" werden als Orte der Entstehung komplexer organischer Moleküle und des Lebens diskutiert. Chemische Energie konnte hier beispielsweise durch die Reduktion von Eisen in Eisen-Schwefel-Mineralen wie Pyrit (FeS_2) mit elementarem Wasserstoff (H_2) bereitgestellt werden (Reaktionsschema: $FeS_2 + H_2 \rightleftharpoons FeS + H_2S$). Auch die zum Teil hohen Temperaturen könnten die Entstehung des Lebens begünstigt haben, niedrigere Temperaturen sind erst nach der Entstehung temperatursensitiver Enzyme und Vitamine notwendig. Als Indiz für die Entstehung des Lebens in diesen reduzierenden Eisen-Schwefel Umgebungen wird unter anderem die weite Verbreitung von Eisen-Schwefel-Zentren in vielen Enzymen angeführt. Es ist zudem wahrscheinlich, dass Minerale (Tonminerale, Pyrit) die Entstehung von Biomolekülen und von selbstreplizierenden Systemen katalysierten. Bislang ist die Entstehung von selbstreplizierenden Systemen hypothetisch.

■ Da die ersten Zellen nur einfache – nicht ionendichte – Membranen besessen haben dürften, sollten die intrazellulären Verhältnisse dieser Zellen denen des Außenmediums entsprochen haben. Die Kalium-/Natriumkonzentrationsverhältnisse und die hohen Konzentrationen an Zink und Phosphat in heutigen Zellen entsprechen eher den Verhältnissen in terrestrischen Hydrothermalfeldern als den Bedingungen im Urozean. Die Ionenzusammensetzung des Cytoplasmas legt daher eine Entstehung des Lebens in terrestrischen Hydrothermalfeldern nahe. In der Frühphase der Entstehung des Lebens war die Erde allerdings immer wieder starken und häufigen Meteoriteneinschlägen ausgesetzt, deren Einschlagsenergie die Oberfläche der Erde sterilisierte und die zur Erhitzung und teilweise sogar zum Verdampfen der Ozeane geführt hat. Auch wenn das Entstehen des Lebens an der Erdoberfläche möglich erscheint, war für das weitere Überleben die Besiedlung stabilerer und vor Meteoriteneinschlägen besser geschützter Lebensräume wichtig. Daher dürfte die Tiefsee im Umfeld hydrothermaler Austritte (Schwarze Raucher) eine große Rolle gespielt haben. Da die physiologischen Prozesse aber auf die in einer anderen Umgebung evolvierte Zusammensetzung des Cytoplasmas abgestimmt waren, konnte eine Besiedlung dieser Lebensräume erst nach der Evolution ionendichter Membranen und entsprechender Ionenpumpen erfolgen. Für die Entstehung der Zellen und vor allem für deren Überleben spielte die Entwicklung moderner Membranen mit Ionenpumpen, insbesondere einer Natrium-Kalium-Pumpe und damit eine Stabilisierung des Zellmilieus, eine wichtige Rolle.

Sauerstoff wurde seit ca. 3,5 Milliarden Jahren durch die oxygene Photosynthese der Cyanobakterien gebildet. Der frei werdende Sauerstoff wurde aber unmittelbar durch Oxidation, vor allem von in den Ozeanen gelösten Sulfiden und zweiwertigen Eisenionen, verbraucht. Die Ozeane und die Atmosphäre blieben daher zunächst annähernd sauerstofffrei. Erst vor etwa 2,3 Milliarden Jahren waren diese Verbindungen weitgehend oxidiert und die Konzentration von Sauerstoff in den Ozeanen und der Atmosphäre stieg an. Verschiedene geochemische Faktoren trugen zu diesem Anstieg bei: Die Kontinentalplatten hoben sich über die Ozeane und der nun neu einsetzende Festlandsvulkanismus veränderte die Atmosphären- und Meereschemie. Organisches Material wurde durch plattentektonische Prozesse in geringem Umfang subduziert und so ein Teil des Kohlenstoffs langfristig in der Erdkruste festgelegt. Das von den methanogenen Archaeen freigesetzte Methan entwich teilweise in den Weltraum und entfernte auf diesem Wege Wasserstoff aus den geochemischen Kreisläufen. Diese Verminderung der Verfügbarkeit von Kohlenstoff und Wasserstoff trug zur Etablierung freien Sauerstoffs bei. Aber auch die Bioverfügbarkeit von Spurenelementen, wie die Abnahme des für die Methanogenese wichtigen Nickels, förderte indirekt die Zunahme freien Sauerstoffs (es wurde nun weniger Sauerstoff für die Oxidation des in geringerem Maße entstehenden Methans verbraucht).

---

hydrothermal: durch Erdwärme und/oder vulkanische Prozesse (unter Druck auch zum Teil bis über 100°C) heißes Wasser

Monomeren: (griech.: *monos* = einzel, *meros* = Teil) Einzelbestandteile, die sich zu Polymeren (makromolekularen Verbindungen) zusammenschließen können

---

■ Siehe auch: Plattentektonik: 2.1.1.2; Sauerstoffevolution: 2.2.2.1

Das Experiment von Urey und Miller (rechts) belegt die Möglichkeit der Bildung aller wesentlichen organische Moleküle aus einfachen anorganischen Molekülen in einer reduzierenden Atmosphäre. Zwischenzeitlich aufkommende Zweifel an den reduzierenden Bedingungen der Uratmosphäre ließen die Atmosphäre als Syntheseort der organischen Moleküle unwahrscheinlicher werden. Neuere Modelle legen allerdings wieder eine an Kohlendioxid und Wasserstoff reiche reduzierende Uratmosphäre nahe.

Die geochemischen Gradienten um die tiefmarinen Schwarzen Raucher (unten), aber auch in terrestrischen geothermalen Feldern werden als Orte der Entstehung des Lebens diskutiert

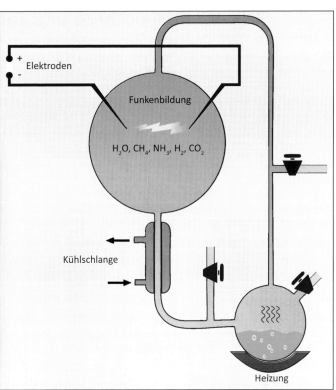

Photosynthese entstand möglicherweise bereits kurz nach der Entstehung des Lebens. Gebildeter Sauerstoff verbrauchte sich allerdings sofort durch die Oxidation von Eisen und anderen Verbindungen. Zu einem ersten Anstieg der Sauerstoffkonzentration kam es erst vor 2,4 Milliarden Jahren

Mit der Evolution der eukaryotischen Algen vor rund 1,2 Milliarden Jahren traten deutlich größere Primärproduzenten auf. Diese größeren Zellen sanken aber auch schneller ab und beschleunigten so den Export von organischem Kohlenstoff durch die Ablagerung. Die Evolution eukaryotischer Algen bedingte daher ein zweites starkes Ansteigen der Sauerstoffkonzentration und ermöglichte die Evolution komplexer Vielzelligkeit und die Besiedlung des Landes

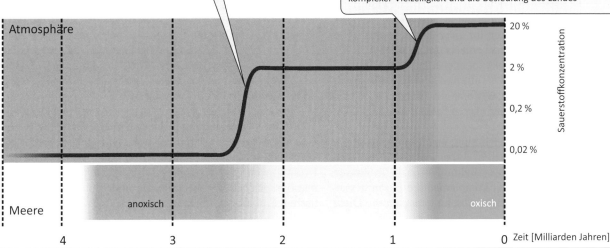

Die Evolution des Lebens ist mit der Entwicklung der Erde gekoppelt. Das Zusammenspiel der Plattentektonik mit biogeochemischen Kreisläufen schaffte die Voraussetzungen für die Evolution des Lebens, insbesondere für die Evolution der Eukaryoten, der Vielzelligkeit und für die Besiedlung des Landes. Hohe Sauerstoffkonzentrationen konnten sich auf der Erde nur aufbauen, weil permanent organischer Kohlenstoff aus den geochemischen Kreisläufen entzogen wurde. Dies geschieht – in geologischen Zeiträumen – durch die Subduktion mariner Kruste inklusive der darin enthaltenen organischen Ablagerungen. Weniger als 0,1 % der Primärproduktion gelangt auf diesem Weg in die Lithosphäre. Trotzdem würde sich ohne diesen durch die Plattentektonik getriebenen Prozess eine Sauerstoffkonzentration von weit unter 1 % einstellen

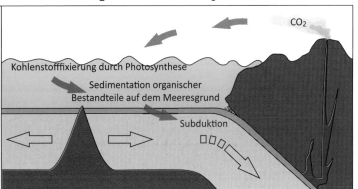

RNA-Welt-Hypothese und Zellentstehung im Archaikum

◼ Neben der abiogenen Bildung der wesentlichen organischen Moleküle setzt die Entstehung des Lebens die Bildung selbstreplizierender Systeme voraus. Sowohl Proteine als auch Lipide können sich in Lösung der entsprechenden Makromoleküle zu Mikrosphären, geschlossenen Reaktionsräumen von einigen Mikrometern Durchmesser, zusammenlagern. Durch Aufnahme weiterer Moleküle aus der Lösung können diese Strukturen wachsen und sich in kleinere Mikrosphären teilen.

Diese Mikrosphären können DNA- oder RNA-Polymere einschließen, auch eine Vervielfältigung der Nucleinsäuren im Innern solcher Mikrosphären (oder Protozellen) wurde experimentell nachgewiesen. Es ist durchaus möglich, dass sich im Archaikum mehrfach unabhängig solche Protozellen und lebensähnliche Strukturen entwickelt haben. Zudem ist es wahrscheinlich, dass sich Zellen, wie wir sie heute kennen, aus dem Zusammenschluss mehrerer interagierender, aber jeweils weniger komplexer Hyperzyklen gebildet haben. Anstelle der komplexen Wechselwirkungen zwischen Proteinen und DNA haben sich vermutlich zunächst Formen entwickelt, in denen ein Molekül die Funktionen als Informationsspeicher, wie auch als Katalysator übernahm. Wahrscheinlich hat es sich dabei um RNA gehandelt.

Unbestritten ist, dass alle heutigen Lebewesen auf einen gemeinsamen Ursprung des Lebens zurückgehen. Dies wird durch eine Vielzahl von Befunden belegt. Dazu gehören der Bau der Nucleinsäuren aus denselben fünf Nucleobasen (Adenin, Thymin, Cytosin, Guanin, Uracil) und der universelle genetische Code sowie die Übereinstimmung der 20 Aminosäuren bei allen bekannten Lebensformen.

◼ Es spricht vieles dafür, dass bei der Entstehung des Lebens das Erbmaterial zunächst RNA war Diese sogenannte RNA-Welt-Hypothese zeigt ein mögliches Bindeglied zwischen chemischer Evolution und der Entstehung von Zellen in der heutigen Form auf.

Diese Hypothese basiert auf zwei grundlegenden Eigenschaften der RNA: Sie kann zum einen Erbinformationen speichern, wie auch die DNA, zum anderen chemische Reaktionen katalysieren, wie auch Proteine.

Die Speicherung von Erbinformation kann grundsätzlich sowohl von DNA, als auch von RNA übernommen werden. RNA kommt zwar bei allen Organismen vor, als Erbmaterial ist RNA heute aber nur in den kleinen Genomen einiger Viren zu finden, während andere Viren und alle Lebewesen DNA nutzen. Eine Erklärung für diese Tatsache ist die geringe Stabilität der in der Regel einzelsträngigen RNA. RNA kann zwar auch, wie die DNA, doppelsträngig vorkommen, ist aber im Vergleich zur DNA aufgrund der Molekülstruktur fehleranfälliger. Die großen Genome der heutigen Organismen sind nur aufgrund der geringeren Fehlerquote der DNA-Replikation möglich.

RNA kann neben der Speicherung von Erbinformationen aber auch katalytische Funktionen übernehmen. Einsträngige RNA kann sich in komplexe dreidimensionale Strukturen falten, indem sich Basen mit komplementäre Basen desselben RNA-Stranges in einigen Abschnitten paaren. Diese Moleküle können katalytisch aktiv sein. Solche Ribozyme sind auch in heutigen Organismen bekannt. Für den ersten Nachweis eines Ribozyms (selbst-spleißende RNA bei dem Ciliaten *Tetrahymena thermophila*) erhielten Thomas R. Czech und Sidney Altmann 1989 den Nobelpreis für Chemie.

Aber auch die katalytischen Zentren der Ribosomen werden von ribosomaler RNA (rRNA) und nicht von Proteinen gestellt. Die rRNA in den Ribosomen könnte daher möglicherweise ein evolutionäres Relikt dieser Phase in der Entstehung des Lebens sein.

Für die Evolution des Lebens war bedeutsam, dass ein Molekül die beiden Funktionen der Speicherung von Erbinformation und der Katalyse vereinte. Es ist wahrscheinlich, dass in Mikrosphären eingeschlossene RNA in sogenannten Hyperzyklen die eigene Synthese katalysierte. In den zum Teil noch heißen Gewässern der jungen Erde ist es auch denkbar, dass doppelsträngige RNA im Tag-Nacht-Zyklus tagsüber aufgeschmolzen wurde und in der kühleren Nacht durch Monomere wieder ergänzt wurde.

Da die RNA aber bezüglich der Speicherung von Erbinformation fehleranfällig war und Proteine in katalytischer Hinsicht wesentlich vielfältiger als RNA sind, geht die RNA-Welt-Hypothese davon aus, dass die RNA im Verlaufe der Evolution durch die stabilere DNA hinsichtlich der Informationsspeicherung ersetzt wurde und Proteine die katalytischen Funktionen übernahmen.

Katalyse: (griech.: *katalysis* = Auflösung) Herbeiführung, Beschleunigung oder Verlangsamung einer Stoffumsetzung durch einen Katalysator

spleißen: Herausschneiden der Introns aus der prä-mRNA im Verlauf der Transkription

---

◼ Siehe auch: Domänen des Lebens: 4.1.2 bis 4.1.2.3; Viren: 3.1.6

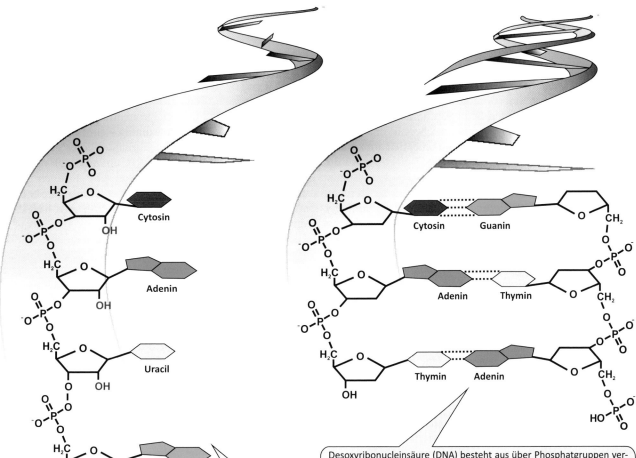

Ribonucleinsäure (RNA) besteht aus über Phosphatgruppen verketteten Nucleotiden. Diese sind aus dem Zucker Ribose und den Basen Guanin, Uracil, Adenin und Cytosin aufgebaut. Im Unterschied zur Desoxyribose der DNA besitzt die Ribose der RNA an der 2'-Position eine OH-Gruppe (rot). Diese bedingt die geringere Stabilität der RNA gegenüber der DNA: In basischer Lösung dissoziiert die OH-Gruppe und das Sauerstoffatom geht eine Ringbindung mit der Phosphatgruppe ein. Dadurch löst sich die Verbindung zum nächsten Nucleotid. RNA ist in der Regel einsträngig, dies verringert einerseits weiter die Stabilität, andererseits kann sich die RNA dadurch in komplexe dreidimensionale Strukturen falten

Desoxyribonucleinsäure (DNA) besteht aus über Phosphatgruppen verketteten Nucleotiden. Diese sind aus dem Zucker Desoxyribose und den Basen Guanin, Thymin, Adenin und Cytosin aufgebaut. Der Desoxyribose fehlt die OH-Gruppe an der 2'-Position, sie ist daher stabiler als RNA. DNA liegt zudem in der Regel doppelsträngig vor. Dabei binden über Wasserstoffbrücken die komplementären Basen Thymin (T) mit Adenin (A) sowie Cytosin (C) mit Guanin (G). Die jeweils komplementären Basen stellen daher in der DNA den gleichen Anteil an Basen, der Anteil an (A und T) zu (G und C) ist allerdings variabel und weicht zwischen verschiedenen Organsimengruppen teils stark voneinander ab. Da G und C über drei Wasserstoffbrücken verbunden sind, A und T aber nur über zwei Wasserstoffbrücken, besitzt DNA mit einem hohen Anteil an G und C eine höhere Schmelztemperatur (die Einzelstränge lösen sich erst bei höheren Temperaturen)

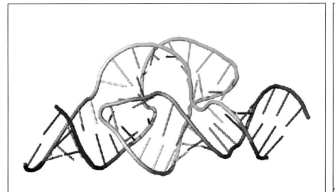

Einzelsträngige RNA kann sich in komplexe dreidimensionale Strukturen falten. Diese Strukturen können katalytische Eigenschaften haben und werden als Ribozyme bezeichnet

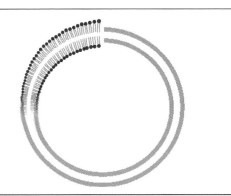

Einfache Mikrosphären aus Proteinen oder, wie hier dargestellt, aus einer Lipiddoppelschicht können sich aus den Monomeren in Lösung spontan bilden. In solche Mikrosphären eingeschlossene autokatalytische Moleküle (z. B. RNA) können einfache selbstreplizierende Systeme bilden. Solche Protozellen sind die hypothetischen Vorläufer der Zellen

Kohlenstoffmetabolismus im Archaikum: Gärung

Leben hat sich vor etwa 4,2–3,8 Milliarden Jahren entwickelt. Die ersten Zellen waren heterotroph und haben durch die noch einfachen Membranen mittels Diffusionsprozessen organisches Material aufgenommen.

In der Glykolyse werden Monosaccharide wie Glucose zu Pyruvat abgebaut. Dieser Stoffwechselweg ist unabhängig von Sauerstoff und konnte auch schon unter den anoxischen Bedingungen des Archaikums ablaufen. Zunächst wird die Glucose unter Verbrauch von zwei ATP zu Fructose-1,6-bisphosphat umgewandelt. Beim weiteren Abbau zu Pyruvat, der sogenannten Amortisierungsphase, entstehen dann vier ATP und zwei NADH. Da NADH in Zellen in der Regel nur in geringen Konzentrationen vorliegt, muss das reduzierte NADH auch wieder zu NAD oxidiert werden. Unter den sauerstofffreien Bedingungen des Archaikums wurden die Elektronen auf organische Moleküle übertragen. Diese als Gärung bezeichneten Stoffwechselwege werden nach verwendetem Molekül und Zielprodukt unterschieden.

Die wichtigsten Moleküle des Energiestoffwechsels sind Adenosintriphosphat (ATP) und Nicotinamiddinucleotid (NADH). ATP stellt chemisch gebundene Energie bereit für die grundlegenden energieverbrauchenden Prozesse aller Lebewesen, wie die Synthese von organischen Molekülen oder den aktiven Transport von Stoffen. NADH stellt Elektronen als Reduktionsäquivalente bereit. Zum einen dienen die Elektronen zur Reduktion verschiedener Moleküle, zum anderen wird durch den Elektronentransport – sowohl der Photosynthese als auch der Atmung – ein Protonengradient über eine Membran hinweg aufgebaut. Dieser Protonengradient wird von der ATPase genutzt, um aus ADP und Phosphat ATP zu synthetisieren. Sowohl ATP als auch NADH sind aus einfachen Bausteinen (Ribose, Phosphatreste, organische Basen) aufgebaut, die vermutlich bereits früh durch abiogene Prozesse entstanden.

Phylogenetische Analysen von Organismen aller drei Domänen (Eukarya, Bacteria, Archaea) deuten darauf hin, dass bereits vor etwa 2,8 Milliarden Jahren 27% aller größeren modernen Genfamilien (Gene die für strukturell ähnliche Proteine codieren) entstanden sind. Dies umfasst vor allem Gene für Elektronentransport, Atmung und Coenzym-Stoffwechsel, während Gene für Stoffwechselwege unter Verwendung redoxsensitiver Metalle oder von Sauerstoff erst später entstanden. Diese frühe Evolution der Genfamilien wird als „archaische genetische Expansion" bezeichnet.

Das Klima des Archaikums war trotz einer zunächst schwachen Sonneneinstrahlung weitgehend gemäßigt bis warm. Im Hadaikum strahlte die Sonne nur 70% der heutigen Energie ab (gegen Ende des Archaikums etwa 80%). Seit der Entstehung der Sonne nahm deren Strahlungsenergie ständig zu. Dies liegt an einer Verschiebung der elementaren Zusammensetzung der Sonne durch die energieerzeugenden Kernfusionsprozesse. Eine permanente Vereisung der Erde wurde im Archaikum nur durch hohe Konzentrationen an Treibhausgasen verhindert: Die von der Sonne eingestrahlte kurzwellige Strahlung wurde von der Erde teilweise als Wärmestrahlung reflektiert. Treibhausgase absorbierten diese Wärmestrahlung und trugen so zu einer Erwärmung der Atmosphäre bei. Das wichtigste Treibhausgas war im Archaikum allerdings nicht Kohlendioxid. Hohe Kohlendioxidkonzentrationen hätten in den eisenreichen Ozeanen zur Bildung des Minerals Siderit ($FeCO_3$) führen müssen, das aber aus dem Archaikum nicht nachweisbar ist. Der Treibhauseffekt des Archaikums muss daher auf Methankonzentrationen von etwa 0,1% zurückzuführen sein; das Methan wurde von anaeroben, methanogenen Prokaryoten freigesetzt. Diese Bildung von Methan (die Methanogenese) ist die letzte Stufe des anaeroben mikrobiellen Abbaus von Biomasse. Die Rückkopplung der atmosphärischen Treibhausgaskonzentrationen mit biogenen und geochemischen Prozessen bedingte ein relativ stabiles Klima.

Da die heterotrophe Lebensweise die vorhandenen und durch abiogene Prozesse nachgelieferten Ressourcen an organischen Molekülen schnell reduziert hätte, ist eine zügige Entstehung (chemo-)autotropher Stoffwechselwege wahrscheinlich. Auch die Photosynthese, zumindest die anoxygene Photosynthese, muss bald entstanden sein. Alle wesentlichen Stoffwechselwege waren bis vor etwa 3,5 Milliarden Jahren entstanden. Ab diesem Zeitpunkt sind sowohl Fossilien nachgewiesen als auch fossilorganische Substanzen und biogene Sedimente. Da Sauerstoff noch fehlte, entwickelten sich zunächst Stoffwechselwege, an denen Sauerstoff nicht beteiligt ist. Diese evolutionäre Entwicklung ist auch an den Stoffwechselwegen der modernen Organismen abzulesen: Die basalen Reaktionen sind oft unabhängig von Sauerstoff, während nur die terminalen Reaktionen von Sauerstoff abhängig sind. Ein Beispiel ist der Energiestoffwechsel mit der evolutiv früh entstandenen sauerstoffunabhängigen Glykolyse und der später entstandenen sauerstoffabhängigen Atmungskette der Endoxidation.

Domäne: die höchste Klassifizierungsebene der Lebewesen: Eukarya, Bacteria und Archaea
Oxidation: Elektronenabgabe
Redoxreaktion: Reduktions-Oxidations-Reaktion; chemische Reaktion, bei der ein Reaktionspartner Elektronen auf den anderen überträgt

Reduktion: Elektronenaufnahme
Siderit: (griech.: *sideros* = Eisen) Mineral aus Eisencarbonat ($FeCO_3$)

Siehe auch: anoxygene Photosynthese: 2.2.1.4, 2.2.1.5

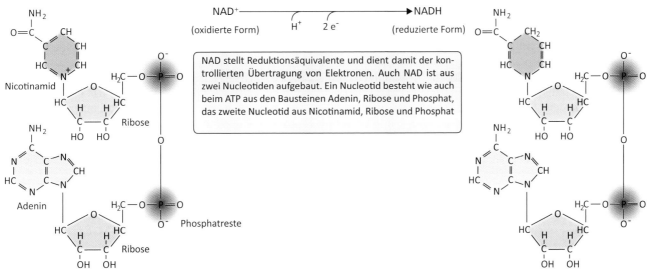

Adenin

HC

Phosphatreste

H₂C—O—P—O—P—O—P—O⁻

Ribose

OH OH

Adenosintriphosphat (ATP)

> Adeonsintriphosphat (ATP) stellt Energie für die energieverbrauchen-den Prozesse bereit. ATP ist aus dem aus Adenin und Ribose bestehen-den Nucleosid Adenosin und Phosphatresten aufgebaut. Durch die Ab-spaltung eines Phosphatrestes werden etwa 32,3 kJ pro Mol frei

H_2O

HO—P—O⁻ + H⁺

Adenin

H₂C—O—P—O—P—O⁻

Ribose

OH OH

Adenosindiphosphat (ADP)

Nicotinamidadenindinukleotid (NAD)

Nicotinamid

Ribose

HO HO

NAD⁺ ——————————→ NADH

(oxidierte Form)   H⁺   2 e⁻   (reduzierte Form)

> NAD stellt Reduktionsäquivalente und dient damit der kon-trollierten Übertragung von Elektronen. Auch NAD ist aus zwei Nucleotiden aufgebaut. Ein Nucleotid besteht wie auch beim ATP aus den Bausteinen Adenin, Ribose und Phosphat, das zweite Nucleotid aus Nicotinamid, Ribose und Phosphat

Adenin

Phosphatreste

Ribose

OH OH

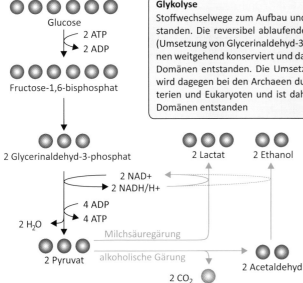

Glucose

2 ATP
2 ADP

Fructose-1,6-bisphosphat

2 Glycerinaldehyd-3-phosphat

2 NAD+
2 NADH/H+

4 ADP
4 ATP

2 H₂O

Milchsäuregärung

2 Pyruvat

alkoholische Gärung

2 Lactat   2 Ethanol

2 Acetaldehyd

2 CO₂

Glykolyse
Stoffwechselwege zum Aufbau und Abbau einfacher Zucker sind bereits früh ent-standen. Die reversibel ablaufenden Stoffwechselwege der Amortisierungsphase (Umsetzung von Glycerinaldehyd-3-phosphat zu Pyruvat) sind über alle drei Domä-nen weitgehend konserviert und daher wahrscheinlich bereits vor Auftrennung der Domänen entstanden. Die Umsetzung von Glucose zu Fructose-1,6-bisphosphat wird dagegen bei den Archaeen durch andere Enzyme katalysiert als bei den Bak-terien und Eukaryoten und ist daher wahrscheinlich erst nach der Trennung der Domänen entstanden

Gärung
Der Energiegewinn der Glykolyse ist mit nur zwei ATP pro Molekül Glu-cose gering. Da unter den anoxischen Bedingungen der frühen Erde eine Endoxidation des entstehenden NADH/H+ nicht möglich war, muss dieses durch Gärungsprozesse wieder zu NAD+ oxidiert werden. Bei der Gärung erfolgt dies im Anschluss an die Glykolyse unter Nutzung des entstande-nen Pyruvats. Bei der Milchsäuregärung entsteht aus dem Pyruvat Lactat, bei der alkoholischen Gärung entsteht nach Abspaltung von Kohlendioxid Ethanol

Evolution der Photoautotrophie im Archaikum:
Energetik der anoxygenen und oxygenen Photosynthese

Bereits kurz nach der Entstehung des Lebens haben sich auch autotrophe Stoffwechselwege entwickelt. Im frühen Archaikum entstand (neben chemoautotrophen Stoffwechselwegen) zunächst die anoxygene Photosynthese. Photosynthese bezeichnet die Erzeugung energiereicher organischer Verbindungen mithilfe von Lichtenergie. Die anoxygene Photosynthese nutzt verschiedene Elektronendonatoren wie Schwefelwasserstoff, Eisen-II-Ionen, Nitrit oder elementaren Wasserstoff und erfordert nur ein Photosystem, entweder eines mit einem Reaktionszentrum des pflanzlichen Typs I im Photosystem I (PS I) oder des Typs II im Photosystem II (PS II). Man geht davon aus, dass zunächst ein Photosystem des Typs I entstand und die anoxygene Photosynthese im frühen Archaikum zunächst Wasserstoff nutzte.

Anoxygene Photosynthese des Typs I wird heute beispielsweise noch von Grünen Schwefelbakterien (z. B. *Chlorobium*) und Heliobakterien (*Heliobacterium*) durchgeführt. Durch horizontalen Gentransfer hat sich die anoxygene Photosynthese über verschiedene Bakteriengruppen verbreitet. Anoxygene Photosynthese des Typs II wird heute noch von Grünen Nichtschwefelbakterien (Chloroflexi) und Purpurbakterien (Schwefelpurpurbakterien und schwefelfreie Purpurbakterien) durchgeführt. In der Regel verfügen Bakterien nur über eines der beiden Photosysteme.

Bei der anoxygenen Photosynthese ist der erste stabile Elektronenakzeptor – je nach Photosystem – entweder ein Eisen-Schwefel-Protein (PS I) oder ein Chinon (PS II). Von dort wird das Elektron über einen PQ-Zyklus schließlich zurück zum Reaktionszentrum geleitet (zyklischer Elektronentransport). Bei diesem Vorgang wird ein Protonengradient aufgebaut, durch den eine ATPase betrieben wird. Da beim zyklischen Elektronentransport zwar ATP gebildet wird, aber keine Reduktionsäquivalente, müssen Letztere aus externen Elektronendonatoren (anorganische oder organische Verbindungen) gebildet werden. Neben diesem zyklischen Elektronentransport gibt es auch einen nicht-zyklischen Elektronentransport, durch den Reduktionsäquivalente direkt gebildet werden.

Im Gegensatz zu anderen Bakterien besitzen Cyanobakterien zwei Photosysteme. Die Vorläufer der Cyanobakterien dürften anoxygene Photosynthese unter Nutzung von Schwefelwasserstoff und anderen Verbindungen als Elektronenquelle betrieben haben. Es ist wahrscheinlich, dass das ursprüngliche Protocyanobakterium nur das Photosystem II nutzte. Evolutiv dürfte der Besitz von zwei unterschiedlichen Photosystemen zunächst vorteilhaft für Organismen gewesen sein, die in wechselnden Umweltbedingungen lebten und je nachdem entweder Photosystem I oder Photosystem II zur anoxygenen Photosynthese nutzten.

Der ursprüngliche Vorteil des zweiten Photosystems dürfte nur unter bestimmten Umweltbedingungen zum Tragen gekommen sein: Gelangte das Protocyanobakterium in eine manganhaltige Umgebung, hätte das Mangan über Photooxidation Elektronen frei gesetzt, die auch in das Photosystem II gelangten und zu einem Elektronenstau führten. Durch Expression des Photosystems I konnten diese überschüssigen Elektronen abgeführt werden.

Im Laufe der Evolution entstand aus dieser zunächst zufälligen Ausnutzung von Manganatomen des manganreichen Meerwassers ein an das Photosystem II gebundener Mangankomplex. An diesem findet bei der oxygenen Photosynthese die Spaltung des Wassers statt. Bei der oxygenen Photosynthese entsteht molekularer Sauerstoff aus Wasser – die Übertragung von Elektronen vom Wasser auf NAD erfordert dann zwei in Reihe geschaltete Photosysteme.

Das Photosystem II kann entweder über umfangreiche Genduplikation der für die Photosynthese benötigten Gene oder durch umfangreichen lateralen Gentransfer entstanden sein und ist dann weiter evolviert.

Bei der oxygenen Photosynthese wurden dann die Photosysteme des Typs II und I in Reihe geschaltet. Diese Kombination beider Photosysteme und damit die energetisch effizientere Nutzung von Wasser als Elektronendonator für die oxygene Photosynthese evolvierte erst später. Photosynthetische Cyanobakterien existieren wahrscheinlich schon seit rund 3,5 Milliarden Jahren, sicher nachgewiesen sind sie seit 2,45 Millionen Jahren. Auch die oxygene Photosynthese entstand wahrscheinlich bereits vor über 3 Milliarden Jahren.

Konvektion: Aufgrund von Dichteunterschieden entstehende kreisförmige Bewegung einer fluiden Phase
molekularer Sauerstoff: Molekül aus zwei Sauerstoffatomen (O_2)

PQ-Zyklus: eine Folge von Redoxreaktionen unter der Beteiligung von Plastochinon (PQ)

Siehe auch: Bacteria: 4.1.2.1

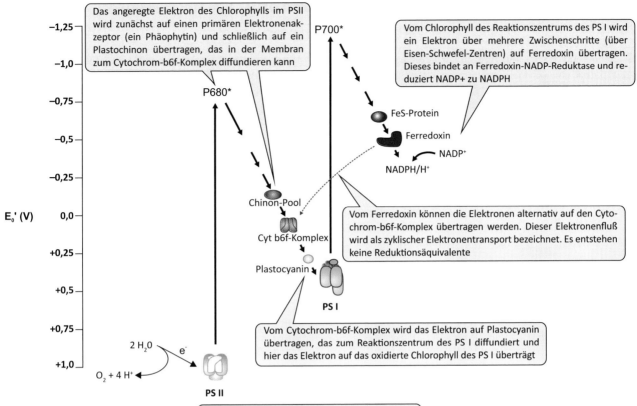

E_0' (V)

Das angeregte Elektron des Chlorophylls im PSII wird zunächst auf einen primären Elektronenakzeptor (ein Phäophytin) und schließlich auf ein Plastochinon übertragen, das in der Membran zum Cytochrom-b6f-Komplex diffundieren kann

P680*

P700*

Vom Chlorophyll des Reaktionszentrums des PS I wird ein Elektron über mehrere Zwischenschritte (über Eisen-Schwefel-Zentren) auf Ferredoxin übertragen. Dieses bindet an Ferredoxin-NADP-Reduktase und reduziert NADP+ zu NADPH

FeS-Protein

Ferredoxin

NADP⁺

NADPH/H⁺

Chinon-Pool

Cyt b6f-Komplex

Vom Ferredoxin können die Elektronen alternativ auf den Cytochrom-b6f-Komplex übertragen werden. Dieser Elektronenfluß wird als zyklischer Elektronentransport bezeichnet. Es entstehen keine Reduktionsäquivalente

Plastocyanin

PS I

Vom Cytochrom-b6f-Komplex wird das Elektron auf Plastocyanin übertragen, das zum Reaktionszentrum des PS I diffundiert und hier das Elektron auf das oxidierte Chlorophyll des PS I überträgt

2 H₂O

e⁻

O₂ + 4 H⁺

PS II

Das oxidierte Chlorophyllradikal des PS II wird über den Mangancluster des wasserspaltenden Komplexes regeneriert

Cyanobakterien und phototrophe Eukaryoten

oxygene Photosynthese
anoxygene Photosynthese

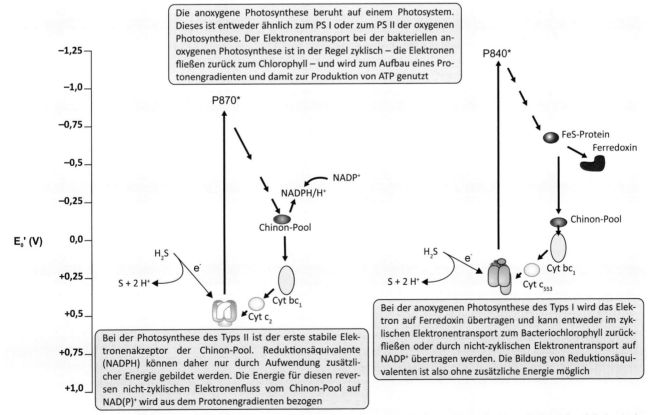

E_0' (V)

Die anoxygene Photosynthese beruht auf einem Photosystem. Dieses ist entweder ähnlich zum PS I oder zum PS II der oxygenen Photosynthese. Der Elektronentransport bei der bakteriellen anoxygenen Photosynthese ist in der Regel zyklisch – die Elektronen fließen zurück zum Chlorophyll – und wird zum Aufbau eines Protonengradienten und damit zur Produktion von ATP genutzt

P840*

P870*

FeS-Protein

Ferredoxin

NADP⁺

NADPH/H⁺

Chinon-Pool

Chinon-Pool

H₂S

e⁻

Cyt bc₁

S + 2 H⁺

Cyt bc₁

Cyt c₂

Cyt c₅₅₃

H₂S

e⁻

S + 2 H⁺

Bei der Photosynthese des Typs II ist der erste stabile Elektronenakzeptor der Chinon-Pool. Reduktionsäquivalente (NADPH) können daher nur durch Aufwendung zusätzlicher Energie gebildet werden. Die Energie für diesen reversen nicht-zyklischen Elektronenfluss vom Chinon-Pool auf NAD(P)⁺ wird aus dem Protonengradienten bezogen

Bei der anoxygenen Photosynthese des Typs I wird das Elektron auf Ferredoxin übertragen und kann entweder im zyklischen Elektronentransport zum Bacteriochlorophyll zurückfließen oder durch nicht-zyklischen Elektronentransport auf NADP⁺ übertragen werden. Die Bildung von Reduktionsäquivalenten ist also ohne zusätzliche Energie möglich

anoxygene Photosynthese des Typs II (Purpurbakterien)

anoxygene Photosynthese des Typs I (Grüne Schwefelbakterien)

Evolution der Photoautotrophie im Archaikum: Kompartimentierung

Bedeutend wurde die oxygene Photosynthese erst mit der Entwicklung der flachmarinen Schelfbereiche – der Hebung und Vergrößerung der Kratone (Kontinentalplatten) vor etwa 2,5–2,3 Millionen Jahren. In der Folge wurden die flachmarinen Schelfbereiche von Stromatolithen besiedelt und damit die Photosynthese auf globaler Ebene stark gefördert. Neben der Habitatverfügbarkeit wurde die Photosynthese aber auch durch Nährstofflimitation beschränkt: Der archaische Ozean war stratifiziert, ein Austausch zwischen dem anoxischen hydrothermal beeinflussten Tiefenwasser und dem atmosphärisch beeinflussten Oberflächenwasser fand nicht statt. Eine Konvektion setzte erst mit Bildung der großen Kratone ein. Die Verfügbarkeit von Nährstoffen und insbesondere von Phosphat war daher grundsätzlich gering, zudem wurde Phosphat auch durch Adsorption an Eisenoxide ausgefällt. Niedrige Phosphatkonzentrationen limitierten daher die Photosynthese.

An der anoxygenen Photosynthese der Bakterien ist nur ein Photosystem beteiligt. Bei der oxygenen Photosynthese sind zwei Photosysteme beteiligt, aber räumlich getrennt: Photosystem I befindet sich in den nicht gestapelten Bereichen der Thylakoide. Dies ermöglicht einen ungehinderten Elektronenfluss zum Ferredoxin und zur NADP-Reduktion. Ebenso befindet sich die ATP-Synthase in den ungestapelten Bereichen. Im Gegensatz dazu befindet sich das Photosystem II in den gestapelten Bereichen der Thylakoide. Diese Anordnung ist für die Interaktion mit den Lichtsammelkomplexen vorteilhaft. Die räumliche Trennung der Photosysteme verhindert zudem ein unkontrolliertes Überspringen der Elektronen von Photosystem II auf das Photosystem I.

In der sogenannten Dunkelreaktion werden dann die Reduktionsäquivalente und ATP für die Kohlenstofffixie-

Strukturelle Voraussetzung für den Energiestoffwechsel ist eine Kompartimentierung der Zelle durch Membranen. Dies gilt für die anoxygene und oxygene Photosynthese: Bei der sogenannten Lichtreaktion entstehen ATP und Reduktionsäquivalente (NADPH). Beide werden über membrangebundene Enzyme gebildet. Bei der Bildung von ATP wird dabei der Protonengradienten zwischen den Kompartimenten ausgenutzt. Bei der anoxygenen Photosynthese der Bakterien wird dieser Protonengradient über das Plasmalemma aufgebaut, also zwischen dem Cytoplasma einerseits und dem zwischen den beiden bakteriellen Hüllmembranen liegenden Intermembranraum andererseits. Bei der oxygenen Photosynthese sowohl der Cyanobakterien als auch der Plastiden der Eukaryoten wird der Protonengradient an den Thylakoidmembranen aufgebaut – zwischen Thylakoidlumen und Cytoplasma (im Falle der Cyanobakterien) bzw. dem Stroma der Plastiden (bei Eukaryoten).

rung benötigt: Im Calvin-Zyklus werden aus Kohlendioxid und Ribulose-1,5-bisphosphat, einem C_5-Zucker, zunächst zwei Moleküle Phosophoglycerat gebildet. Das primäre Produkt der Kohlenstofffixierung ist also ein C_3-Körper. Dieser Photosynthesetyp, bei dem das erste Produkt der Kohlenstofffixierung ein C_3-Körper ist, wird daher auch als C_3-Photosynthese bezeichnet. Aus dem so entstandenen 3-Phosphoglycerat wird unter Verbrauch von ATP und NADPH/H Glycerinaldehyd-3-Phosphat gebildet, ebenfalls ein C_3-Körper. Im weiteren Verlauf des Calvin-Zyklus gehen dann aus fünf Molekülen Glycerinaldehyd-3-Phosphat unter Verbrauch von weiteren drei ATP drei Moleküle Ribulose-1,5-bisphosphat hervor.

---

abiotisch: (griech.: *a* = nicht, *bios* = Leben) unbelebt
C_5-Zucker: Zucker mit einem Gerüst aus fünf Kohlenstoffatomen
Photooxidation: durch Licht induzierte Oxidation
Protocyanobakterien: ausgestorbene Vorläufer der heutigen Cyanobakterien
Reduktionsäquivalente: Maßeinheit zur Quantifizierung des Reduktionsvermögens von Reduktionsmitteln; ein Reduktionsäquivalent entspricht einem Mol Elektronen (aufgrund der Über-

tragung von Elektronen und Wasserstoffatomen entspricht ein Mol NADH zwei Reduktionsäquivalenten)
Thylakoide: (griech.: *thylakoeides* = sackartig) Membransysteme in den Chloroplasten

---

■ Siehe auch: Plastidenevolution: 2.2.2.5; Organellen: 4.6.1.3; Cyanobakterien: 4.1.2.1

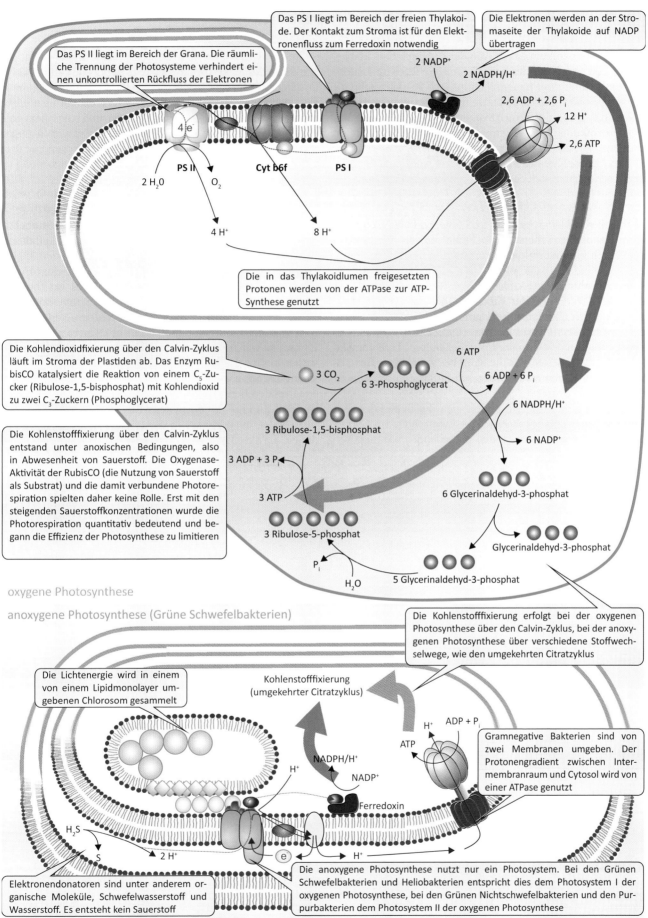

Das PS II liegt im Bereich der Grana. Die räumliche Trennung der Photosysteme verhindert einen unkontrollierten Rückfluss der Elektronen

Das PS I liegt im Bereich der freien Thylakoide. Der Kontakt zum Stroma ist für den Elektronenfluss zum Ferredoxin notwendig

Die Elektronen werden an der Stromaseite der Thylakoide auf NADP übertragen

2 NADP⁺

2 NADPH/H⁺

2,6 ADP + 2,6 Pᵢ

12 H⁺

2,6 ATP

4 e⁻

PS II   Cyt b6f   PS I

2 H₂O   O₂

4 H⁺   8 H⁺

Die in das Thylakoidlumen freigesetzten Protonen werden von der ATPase zur ATP-Synthese genutzt

Die Kohlendioxidfixierung über den Calvin-Zyklus läuft im Stroma der Plastiden ab. Das Enzym RubisCO katalysiert die Reaktion von einem C₅-Zucker (Ribulose-1,5-bisphosphat) mit Kohlendioxid zu zwei C₃-Zuckern (Phosphoglycerat)

3 CO₂

6 ATP

6 3-Phosphoglycerat

6 ADP + 6 Pᵢ

6 NADPH/H⁺

6 NADP⁺

3 Ribulose-1,5-bisphosphat

Die Kohlenstofffixierung über den Calvin-Zyklus entstand unter anoxischen Bedingungen, also in Abwesenheit von Sauerstoff. Die Oxygenase-Aktivität der RubisCO (die Nutzung von Sauerstoff als Substrat) und die damit verbundene Photorespiration spielten daher keine Rolle. Erst mit den steigenden Sauerstoffkonzentrationen wurde die Photorespiration quantitativ bedeutend und begann die Effizienz der Photosynthese zu limitieren

3 ADP + 3 Pᵢ

3 ATP

6 Glycerinaldehyd-3-phosphat

3 Ribulose-5-phosphat

Glycerinaldehyd-3-phosphat

Pᵢ

H₂O

5 Glycerinaldehyd-3-phosphat

oxygene Photosynthese

anoxygene Photosynthese (Grüne Schwefelbakterien)

Kohlenstofffixierung (umgekehrter Citratzyklus)

Die Kohlenstofffixierung erfolgt bei der oxygenen Photosynthese über den Calvin-Zyklus, bei der anoxygenen Photosynthese über verschiedene Stoffwechselwege, wie den umgekehrten Citratzyklus

Die Lichtenergie wird in einem von einem Lipidmonolayer umgebenen Chlorosom gesammelt

H⁺   ADP + Pᵢ

ATP

NADPH/H⁺

NADP⁺

Ferredoxin

Gramnegative Bakterien sind von zwei Membranen umgeben. Der Protonengradient zwischen Intermembranraum und Cytosol wird von einer ATPase genutzt

H⁺

H₂S

S   2 H⁺

e⁻   H⁺

Elektronendonatoren sind unter anderem organische Moleküle, Schwefelwasserstoff und Wasserstoff. Es entsteht kein Sauerstoff

Die anoxygene Photosynthese nutzt nur ein Photosystem. Bei den Grünen Schwefelbakterien und Heliobakterien entspricht dies dem Photosystem I der oxygenen Photosynthese, bei den Grünen Nichtschwefelbakterien und den Purpurbakterien dem Photosystem II der oxygenen Photosynthese

Proterozoikum

Das Proterozoikum ist ein Äon der Erdgeschichte und erstreckt sich vom Ende des Archaikums (vor 2,5 Mrd Jahren) bis zum Beginn des Phanerozoikums (vor 541 Mio Jahren). Der Beginn des Proterozoikums ist geochronologisch festgelegt, das Ende des Proterozoikums bzw. der Beginn des Phanerozoikums ist stratigraphisch mit dem Erstauftreten des Spurenfossils *Trichophycus pedum* definiert.

Die Atmosphäre des Proterozoikums enthielt Sauerstoff, damit veränderten sich das Klima und auch das Erosionsverhalten an Land.

Im oberen Neoarchaikum und unteren Paläoproterozoikum nahm die Sauerstoffkonzentration der Atmosphäre zu. Gleichzeitig nahm die Konzentration an Kohlendioxid, aber auch die Methankonzentration in der Atmosphäre ab. Diese Abnahme von Treibhausgasen begünstigte eine lange und starke Vereisung der Erde. Die huronische Vereisung erstreckte sich über lange Zeiträume des Sideriums und des Rhyaciums. Das Orosirium war eine Zeit verstärkter Gebirgsbidungsprozesse. In der anschließenden Phase des Statheriums stabilisierten sich die Kratone. Viele dieser Zentralbereiche der Kontinente wurden seit dieser Zeit nicht mehr tektonisch überformt.

Im Mesoproterozoikum bildete sich der Superkontinent Rodinia und es entwickelten sich die Eukaryoten. Im Calymmium und Extasium entstanden ausgedehnte Sedimenthül-

Im Proterozoikum entwickelten sich die Eukaryoten, gegen Ende des Proterozoikums gab es bereits fast alle eukaryotischen Großgruppen. Die fossile Überlieferung verbesserte sich allerdings erst gegen Ende des Proterozoikums mit der Entwicklung vielzelliger Lebensformen und vor allem mit der Entwicklung von Hartskelettelementen in vielen Organismengruppen.

len um die Kratone, im oberen Ectasium und im Stenium bildete sich dann der Superkontinent Rodinia unter Auffaltung vieler schmaler Gebirgsgürtel.

Im Neoproterozoikum tauchten erstmals vielzellige Eukaryoten auf. Zu Beginn des Neoproterozoikums, im Tonium, waren die meisten großen Landmassen zum Superkontinent Rodinia vereint. Im oberen Tonium und im Verlaufe des Kryogeniums zerfiel Rodinia wieder in kleinere Kontinente. Es kam zu weitreichenden Vereisungen, große Teile der Erde waren von mächtigen Gletschern bedeckt. Entgegen früherer Theorien (Snowball Earth) blieben aber wohl zumindest die äquatorialen Bereiche eisfrei. In den Warmphasen des Kryogeniums und im anschließenden Ediacarium haben sich die Eukaryoten ausgebreitet. In diese Phase fällt die Radiation der eukaryotischen Großgruppen.

Kraton: Kontinentalschild; zentraler Bereich eines Kontinents, der sich im frühen Präkambrium gebildet hat und seit dem Präkambrium keiner tektonischen Deformation unterlag

Superkontinent: eine große, viele Kontinente bzw. Kratone umfassende Landmasse

---

Siehe auch: Kambrische Explosion: 2.3.3.1

		541 Mio
Neoproterozoikum	Ediacarium	635 Mio
	Kryogenium	850 Mio
	Tonium	1.000 Mio
Mesoproterozoikum	Stenium	1.200 Mio
	Ectasium	1.400 Mio
	Calymmium	1.600 Mio
Paläoproterozoikum	Statherium	1.800 Mio
	Orosirium	2.050 Mio
	Rhyacium	2.300 Mio
	Siderium	2.500 Mio

P R O T E R O Z O I K U M

Stratigraphische Tafel des Proterozoikums

Biogene und geochemische Rückkopplung
der proterozoischen Sauerstoffevolution

Die Energieausnutzung der Gärung ist gering. Zudem dürfte die Verfügbarkeit gelöster organischer Moleküle in den Urozeanen sehr gering gewesen sein. Es müssen daher schon bald nach der Entstehung des Lebens autotrophe Stoffwechselwege entstanden sein. Neben der Chemoautotrophie war dies zunächst die anoxygene Photosynthese. Die Synthese von Porphyrinen und Chlorophyll muss daher schon kurz nach der Entstehung des Lebens evolviert sein.

Durch die oxygene Photosynthese wurde einerseits die Abhängigkeit von abiotischen Reduktionsquellen (hydrothermale Quellen, Verwitterungsprodukte) beendet, andererseits war die organische Produktivität bedeutend höher. Der entstehende Sauerstoff war allerdings für das an sauerstofffreie Bedingungen angepasste Leben zunächst problematisch. Da Sauerstoff mit organischen Molekülen reagiert, wirkt es als Zellgift – dementsprechend herrschte ein starker Selektionsdruck für die Entwicklung entsprechender Entgiftungsme-

chanismen wie Oxidasen. Nur durch Besiedlung von anoxischen Habitaten wie den tieferen Schichten der Ozeane oder anoxischer Sedimente konnten anaerobe Organismen ohne entsprechende Entgiftungsmechanismen überleben. Die Besiedlung neuer Habitate erforderte allerdings zumindest eine kurzfristige Toleranz von geringen Sauerstoffkonzentrationen. Die Vorfahren der heute lebenden anaeroben Organismen waren daher sicherlich auch – wenngleich eventuell in geringerem Maße – diesem Evolutionsdruck ausgesetzt. Entsprechend eignen sich die heute lebenden anaeroben Organismen nur bedingt als Modell für die Lebewesen des frühen Präkambriums. Die vermutlich im Rahmen der Sauerstoffentgiftung evolvierten Oxidasen bildeten schließlich eine Basis für die Evolution der Atmungskette.

Die biotische Sauerstoffbildung ist verknüpft mit der Entwicklung des Erdklimas und der geochemischen Kreisläufe. Dabei spielt der natürliche Treibhauseffekt eine wichtige Rolle. Insbesondere die Gase Methan und Kohlendioxid waren in der frühen Atmosphäre in höheren Konzentrationen vorhanden. Mit der zunehmenden Sauerstoffkonzentration ging die Konzentration dieser Treibhausgase zurück, zudem wurde die Aktivität der anaeroben methanogenen Archaeen eingeschränkt. Diese Veränderung der Atmosphäre führte zu einer globalen Abkühlung. Dies wiederum schränkte die Primärproduktion und damit die Sauerstoffentstehung ein. Biotische Sauerstoffproduktion und das globale Klima waren daher rückgekoppelt und beeinflussten sich gegenseitig.

Ein weiterer Rückkopplungsmechanismus ist der globale Carbonat-Silikat-Kreislauf: Kohlendioxid reagiert mit Wasser zu Kohlensäure. Diese greift silikatische Minerale wie Feldspäte an, die dann beispielsweise zu Tonmineralen wie Kaolinit verwittern. Es kommt zur Freisetzung von Ionen,

unter anderem Calcium- und Magnesiumionen. Im Meer werden diese Ionen biogen oder chemisch als Carbonate abgelagert. Dieser Entzug von Carbonaten aus dem Wasser führt über Gleichgewichtsreaktionen mit Hydrogencarbonat und Kohlensäure letztlich zu einer Verminderung der Konzentration von gelöstem Kohlendioxid. Damit wird dem Wasser und schließlich auch der Atmosphäre Kohlendioxid entzogen. Die am Meeresboden abgelagerten Carbonate werden an den Subduktionszonen subduziert. Unter steigenden Druck- und Temperaturverhältnissen reagieren die Carbonate mit silikatischen Schmelzen. Dabei werden die Kationen der Carbonate in Silikate eingebaut und Kohlendioxid wird freigesetzt. Das Kohlendioxid wird schließlich über Vulkanismus wieder der Atmosphäre zugeführt. Die Carbonatbildung ist bei höheren Temperaturen stärker als bei kühlen Temperaturen, daher ist auch dieser geochemische Kreislauf mit der klimatischen Entwicklung rückgekoppelt.

abiotisch: (griech.: *a* = nicht, *bios* = Leben) unbelebt   **biotisch:** (griech.: *bios* = Leben) belebt

Siehe auch: Atmungskette: 2.2.2.4; Evolution der Vielzelligkeit: 2.2.2.8; Gärung: 2.2.1.3; Subduktionszone: 2.1.1.2

globale
Photosynthese
steigt

Temperatur
steigt

O_2-Konzentration
steigt

Treibhausgase
steigen

Treibhausgase
sinken

O_2-Konzentration
sinkt

Temperatur
sinkt

globale
Photosynthese
sinkt

Klimatische Relevanz des Sauerstoffs

Sauerstoff ist eines der häufigsten Elemente auf der Erde, ist allerdings zum größten Teil chemisch gebunden. Im Gleichgewichtszustand enthielte die Atmosphäre weit unter 1 % Sauerstoff. Hohe Konzentrationen an freiem Sauerstoff werden durch biogene Prozesse aufrechterhalten. Das Klima der Erde und die Sauerstoffkonzentration der Atmosphäre sind damit mit geochemischen und biogenen Faktoren wechselseitig rückgekoppelt

Rückkopplung mit biogenen Prozessen (oben): Der freie Sauerstoff reagiert mit klimarelevanten Gasen, insbesondere mit Methan. Damit verringert sich die Konzentration von Treibhausgasen in der Atmosphäre. Gleichzeitig bedingt die Sauerstoffverfügbarkeit einen Rückgang der (anaeroben) methanogenen Archaeen. Auch die Neubildung von Methan wird damit verringert. Die Verringerung des Treibhauseffektes führt zu einer globalen Abkühlung. Globale Abkühlung schränkt umgekehrt die biologischen Wachstumsprozesse, inklusive der Photosynthese, ein

Rückkopplung mit geochemischen Prozessen (unten): Vor allem die Konzentration des klimarelevanten Kohlendioxids ist geochemisch rückgekoppelt. Höhere Konzentrationen führen zu verstärkter Kohlensäureverwitterung und damit zu verstärkter Freisetzung von Kationen wie Calcium. Diese führen wiederum zu einer verstärkten Carbonatausfällung in den Meeren und damit zu einem Entzug von Kohlendioxid. Langfristig ist dieser Mechanismus über Suduktion von Carbonaten und vulkanische Freisetzung von Kohlendioxid in die geochemischen Flüsse eingebunden

Calciumeintrag
in die Meere steigt

Kohlensäure-
verwitterung
steigt

Carbonatbildung
steigt

CO_2-
Konzentration
steigt

CO_2-
Konzentration
sinkt

Carbonatbildung
sinkt

Kohlensäure-
verwitterung
sinkt

Calciumeintrag
in die Meere sinkt

Evolutionäre Bedeutung des Sauerstoffs

Die im Vergleich zur Gärung hohe energetische Ausbeute der aeroben Atmung erlaubte eine effizientere Ressourcennutzung. Lebensprozesse und damit auch die Evolution konnten nun wesentlich schneller ablaufen. Diese energetische Effizienz war auch Voraussetzung für die Bildung komplexerer Lebensformen, beispielsweise die Bildung eukaryotischer Zellen und schließlich komplexer vielzelliger Eukaryoten

Atmungskette

Die Verfügbarkeit von Sauerstoff war auch die Voraussetzung für die Evolution der Atmungskette. Oxidasen hatten sich bereits als Entgiftungsenzyme gebildet. Erst später wurden diese in die Atmungskette integriert. Bei der aeroben Atmung entstehen etwa 28 ATP aus einem Molekül Glucose

Sauerstoffentgiftung

Sauerstoff reagiert mit organischen Verbindungen. Sauerstoffradikale können in Kettenreaktionen organische Moleküle zerstören und damit die Zellen massiv schädigen. Die Entstehung von freiem Sauerstoff führte daher wahrscheinlich zu einem globalen Massensterben. Die überlebenden Arten besaßen Entgiftungssysteme, die freien Sauerstoff abbauten

Sauerstoffevolution

Der durch die oxygene Photosynthese gebildete Sauerstoff wurde zunächst direkt in der Oxidation von reduzierten anorganischen Verbindungen verbraucht (unter anderem Eisen-, Mangan-, Schwefelverbindungen). Erst später reicherte sich in den Ozeanen und in der Atmosphäre freier Sauerstoff an, allerdings zunächst in nur minimalen Konzentrationen

Autotrophie: oxygene Photosynthese

Bei den Cyanobakterien entstand die oxygene Photosynthese unter Einbeziehung von zwei Photosystemen. Mit der Evolution der oxygenen Photosynthese setzte die biogene Sauerstoffproduktion ein

Autotrophie: Chemosynthese und anoxygene Photosynthese

Kurz nach der Entstehung des Lebens sind autotrophe Stoffwechselwege entstanden. Da die Verfügbarkeit gelöster organischer Moleküle gering war, bestand ein hoher Evolutionsdruck zur Nutzung anderer Energiequellen. Zunächst waren dies verschiedene Stoffwechselwege der Chemosynthese sowie die anoxygene Photosynthese (Letztere besitzt nur ein Photosystem, keine Sauerstoffbildung)

Heterotrophie: Glykolyse und Gärung

Die ersten Lebewesen waren heterotroph und ernährten sich von gelösten organischen Molekülen. Als Stoffwechselwege zum Aufbau und Abbau einfacher Zucker sind besonders die Glykolyse und Gärung bedeutend. Der Energiegewinn ist mit zwei ATP pro Molekül Glucose allerdings gering und die Verfügbarkeit organischer Moleküle begrenzt

Klimatische Folgen der Sauerstoffevolution: die huronische Vereisung (2,4–2,1 Mrd Jahre)

▩ Im oberen Archaikum setzte vor etwa 2,8 Milliarden Jahren eine verstärkte Bildung kontinentaler Kruste ein. Mit der Bildung kontinentaler Kruste entstanden an den Kontinentalrändern auch zunehmend flachmarine Schelfbereiche. Zudem setzte mit der Bildung der Kontinentalplatten die Konvektion in den Ozeanen ein. In den oberflächennahen Wasserschichten verbesserte sich damit die Nährstoffversorgung. Die größere Habitatverfügbarkeit und die bessere Nährstoffverfügbarkeit führten zur Ausbreitung der Stromatolithen. Damit stiegen auch die Bedeutung der Photosynthese und die Verfügbarkeit von freiem Sauerstoff.

Zunächst war die Atmosphäre aber noch sauerstofffrei. Die durch Verwitterung freigesetzten Eisenverbindungen gelangten in reduzierter Form in die Ozeane und wurden durch chemolithoautotrophe Bakterien ausgefällt. Es entstanden gebänderte Eisenerze. Schließlich stieg auch in der Atmosphäre der Sauerstoffgehalt vor etwa 2,3 Milliarden Jahren auf etwa 0,2 % an. Eisenverbindungen wurden nun zunehmend bereits an Land oxidiert und als Rotsedimente abgelagert – die Bildung von gebänderten Eisenerzen nahm entsprechend ab. Durch den nun frei verfügbaren Sauerstoff wurde auch das atmosphärische Methan zunehmend oxidiert.

Die sinkenden Methankonzentrationen schwächten den Treibhauseffekt ab und es kam zu einer weitreichenden Vereisung (Huronische Vereisung oder Makganyene-Vereisung), die zumindest bis in die Subtropen reichte. Als Folge der Vereisung ging die Verbreitung der Stromatolithen zurück, Sauerstoff- und Methankonzentrationen pendelten sich zunächst stabil ein. Der Auslöser für das Ende der huronischen Vereisung ist unklar, ein verstärkter Vulkanismus gilt als eine mögliche Ursache.

▩ Das globale Klima hängt von verschiedenen Faktoren ab. Die Sonne strahlte vor 4,6 Milliarden Jahren zunächst nur mit etwa 70 % der heutigen Kraft, die Einstrahlung nahm seitdem immer weiter zu. Im Präkambrium war die Sonneneinstrahlung recht niedrig und gemäßigte Temperaturen wurden nur durch hohe atmosphärische Konzentrationen an Treibhausgasen erreicht. Eine große Rolle spielte hier Methan. Zusätzlich wurde das Klima durch Vulkanaktivitäten beeinflusst – Vulkanismus setzt einerseits große Mengen an Kohlendioxid frei, andererseits werden aber auch große Aschemengen in die Atmosphäre geschleudert. Neben den kosmischen und geologischen Faktoren spielten die biogene Bildung von Methan (vorwiegend durch Archaea) einerseits und die Bildung von Sauerstoff durch oxygene Photosynthese andererseits eine entscheidende Rolle für das Klima.

In der Zeit zwischen 2,45 und 2,1 Milliarden Jahren kam es zu mehreren Vereisungen. Zwischen 2,45 und 2,32 Milliarden Jahren sind aus der huronischen Formation in Kanada drei Vereisungen nachweisbar. Diese Vereisungen waren wahrscheinlich räumlich begrenzt und werden nach den Fundorten der Eiszeitrelikte als huronische Vereisungen zusammengefasst. Zu dieser Zeit war freier Sauerstoff noch nicht oder nur in Spuren verfügbar und hatte daher wahrscheinlich keinen klimarelevanten Einfluss auf die Konzentration von Treibhausgasen. Es ist wahrscheinlich, dass die weltweite Abkühlung durch eine verminderte vulkanische Aktivität und die damit verminderte vulkanische Freisetzung von Kohlendioxid und anderen Treibhausgasen ausgelöst wurde.

Freier Sauerstoff ist etwa seit 2,3 Milliarden Jahren sicher nachweisbar. Die auf die Sauerstoffevolution folgende Makganyene-Vereisung vor 2,3–2,22 Milliarden Jahren wurde zusätzlich durch die oben beschriebene nachlassende Vulkanaktivität begünstigt. Die Makganyene-Vereisung erreichte auch niedrige Breitengrade – die Erde war nahezu komplett vereist. Diese weitreichenden Vereisungen werden auch unter dem Begriff „Schneeball-Erde" zusammengefasst. Eine komplette Vereisung, wie sie der Begriff suggeriert, ist allerdings fraglich.

Rotsediment: Sediment, welches durch Fe(III)-Minerale rot gefärbt ist

Schneeball-Erde: bezeichnet eine vollständige Vereisung der Erde einschließlich der äquatorialen Region. Diese wird für verschiedene präkambrische Vereisungen diskutiert, ob diese Vereisungen aber tatsächlich den Äquator erreichten, ist fraglich

Stromatolithen: (griech. *stroma* = Decke, *lithos* = Stein) biogene Sedimentgesteine, die durch Einfangen und Bindung von Sedimentpartikeln oder durch Fällung von Salzen infolge des Wachstums von Mikroorganismen entstehen

---

▩ Siehe auch: Eiszeiten: 2.3.5.6; Sauerstoffevolution: 2.2.2.1; Vulkanismus: 2.1.2, 2.1.2.1

Leuchtkraft der Sonne

O$_2$-Konzentration

Die Sonne hatte zu Beginn des Proterozoikums nur etwa 70 % der heutigen Leuchtkraft. Unter heutigen atmosphärischen Bedingungen wäre die Erde bei dieser schwachen Sonneneinstrahlung permanent gefroren. Seitdem nahm die Leuchtkraft der Sonne kontinuierlich zu

Die Ausbreitung der Stromatolithen und die zunehmende Nährstoffverfügbarkeit durch die einsetzende Konvektion der Meere förderten die Photosynthese. Dies führte vor etwa 2,3 Milliarden Jahren zu einem Anstieg der Sauerstoffkonzentration in der Atmosphäre auf etwa 0,2 %

$$CH_4 + 2\,O_2 \rightarrow CO_2 + H_2O$$

Die zunehmende Sauerstoffkonzentration führten zu einer Oxidation des atmosphärischen Methans und damit zu einem Rückgang des durch Methan verursachten Treibhauseffekts

CH$_4$-Konzentration

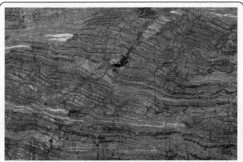

Solange die Atmosphäre sauerstofffrei war, gelangten durch Verwitterung freigesetzte Eisenverbindungen in die Ozeane. Die weitverbreiteten gebänderten Eisenerze zwischen 2,5 und 2,3 Milliarden Jahren gehen auf Eisenausfällungen durch chemolithoautotrophe Bakterien zurück

Mit der Verfügbarkeit von freiem Sauerstoff in der Atmosphäre wurde das durch Verwitterung freigesetzte Eisen bereits an Land oxidiert und lagerte sich als Hämatit in Rotsedimenten ab. Der damit verminderte Eintrag von reduzierten Eisenverbindungen in die Meere bedingte den Rückgang gebänderter Eisenerze

Die Abnahme des Treibhauseffektes führte zu einer globalen Abkühlung und damit zu einer Vereisung der Erde vor etwa 2,2 Milliarden Jahren (huronische Vereisung). Sie führte in der Folge zu einem Rückgang der Stromatolithen und der mikrobiellen Matten. Das Erdklima pendelte sich zunächst bei niedrigen Sauerstoffkonzentrationen und deutlich erniedrigten (gegenüber heute immer noch erhöhten) Konzentrationen von Methan ein

Die Bildung der Kontinentalmassen und damit der flachmarinen Schelfregionen erlaubte auch die Ausbreitung der Stromatolithen. Die Ausbreitung der Stromatolithen und die zunehmende Verfügbarkeit von Nährstoffen durch die einsetzende Konvektion der Meere förderte die Photosynthese. Damit wurde Sauerstoff (zunächst im Meer) verfügbar

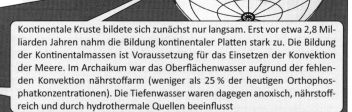

Kontinentale Kruste bildete sich zunächst nur langsam. Erst vor etwa 2,8 Milliarden Jahren nahm die Bildung kontinentaler Platten stark zu. Die Bildung der Kontinentalmassen ist Voraussetzung für das Einsetzen der Konvektion der Meere. Im Archaikum war das Oberflächenwasser aufgrund der fehlenden Konvektion nährstoffarm (weniger als 25 % der heutigen Orthophosphatkonzentrationen). Die Tiefenwasser waren dagegen anoxisch, nährstoffreich und durch hydrothermale Quellen beeinflusst

Anteil kontinentaler Kruste

4 Mrd   3 Mrd   2 Mrd   1 Mrd

Metabolische Folgen der Sauerstoffevolution: cytotoxische Wirkung

▨ Der durch die Photosynthese entstandene Sauerstoff hatte direkte Auswirkung auf das Klima und damit auch auf die weitere Entwicklung des Lebens. Sauerstoff wirkte aber auch direkt auf die Organismen:

Sauerstoff und insbesondere Sauerstoffradikale sind ein starkes Zellgift, da die verschiedensten organischen Moleküle mit Sauerstoff reagieren. Besonders die exponierten Strukturen der Zelle, wie die äußere Zellmembran, waren den zunehmenden Sauerstoffkonzentrationen ausgesetzt. Fettsäuren, vor allem ungesättigte Fettsäuren, reagieren mit Sauerstoffradikalen beispielsweise unter Bildung von Aldehyden. Die in diesen Reaktionen gebildeten Radikale führen in einer Art Kettenreaktion zu weiteren Zerstörungen organischer Moleküle. Die Entstehung von freiem Sauerstoff hat daher vermutlich zu einem Massensterben geführt, da nur Organismen mit entsprechenden Entgiftungsmechanismen die Anwesenheit von Sauerstoff überlebten. Die überlebenden Organismen verfügten über Oxidasen, die den freien Sauerstoff und Sauerstoffradikale abbauten. Die noch weit verbreiteten anoxischen Habitate erlaubten allerdings in gewissem Umfang auch Organismen ohne solche Entgiftungsmechanismen ein Überleben.

Aber auch die Photosynthese selbst wurde durch die steigenden Sauerstoffkonzentrationen beeinflusst. Das Enzym Ribulose-1,5-bisphosphat-Carboxylase/Oxygenase (RubisCO) kann nicht nur Kohlendioxid als Substrat, sondern auch Sauerstoff nutzen. Der Einbau von Sauerstoff führt zur Bildung von Phosphoglykolat. Phosphoglykolat kann nicht im Calvin-Zyklus genutzt werden und muss über andere Stoffwechselwege umgewandelt werden. Dieser als Photorespiration bezeichnete Einbau von Sauerstoff wird allerdings erst bei höheren Sauerstoffkonzentrationen relevant. Bei den geringen Sauerstoffkonzentrationen des Paläoproterozoikums spielte die Photorespiration eine untergeordnete Rolle.

▨ Die energetischen Probleme einer effektiven Kohlenstofffixierung durch RubisCO werden bei verschiedenen Organismengruppen unterschiedlich gelöst:

Bei Cyanobakterien wird Kohlenstoff aktiv in Carboxysomen angereichert. Aufgrund der daraus resultierenden hohen intrazellulären Kohlendioxidkonzentrationen ist die Oxygenasefunktion der RubisCO weitgehend zu vernachlässigen. Photorespiration ist bei Cyanobakterien aber nachgewiesen. Das entstehende Phosphoglykolat wird zu Glyoxylat. Dieses wird dann von den eukaryotischen Algen und den Landpflanzen über jeweils unterschiedliche Stoffwechselwege verstoffwechselt.

Bei den streptophytischen Algen und den Landpflanzen wird das Glyoxylat unter Beteiligung der Peroxisomen und der Mitochondrien weiter verstoffwechselt. Dieser Weg ist unter anderem mit dem Aminosäurestoffwechsel verknüpft. Schließlich wird Glycerat gebildet, das nach Phosphorylierung wieder in den Calvin-Zyklus eingespeist wird. Bei anderen Grünalgen, den Chlorophyta, laufen die Stoffwechselwege ähnlich ab, die Peroxisomen sind allerdings nicht an diesen Stoffwechselwegen beteiligt.

Einige weitere Algengruppen wandeln das Glykolat nicht weiter um, sondern scheiden es aus. Je nach Algengruppe finden sich aber Mechanismen zur Aufkonzentrierung der intrazellulären Kohlendioxidkonzentrationen. Dies verringert den Effekt der Photorespiration.

Aldehyde: organische Verbindungen mit einer Aldehydgruppe (-COH-Gruppe)
RubisCO: Ribulose-1,5-bisphosphat-Carboxylase/Oxygenase, das Enzym in der Photosynthese, das CO_2 einbaut

ungesättigte Fettsäuren: Im Gegensatz zu den gesättigten Fettsäuren besitzt diese im Kohlenstoffgerüst mindestens eine Doppelbindung

---

▨ Siehe auch: C_4-Photosynthese: 2.3.5.3, 2.3.5.4

In der Fenton-Reaktion reagiert Wasserstoffperoxid mit Eisen, es entstehen freie Hydroxylradikale. Diese können mit organischen Molekülen reagieren. Die entstehenden Radikale reagieren mit elementarem Sauerstoff unter Bildung verschiedener Produkte. Hier dargestellt ist die Reaktion einer Fettsäure mit Sauerstoff unter Bildung eines Aldehyds

$$Fe_2^+ + H_2O_2 \rightarrow Fe_3^+ + OH^{\cdot} + OH^-$$

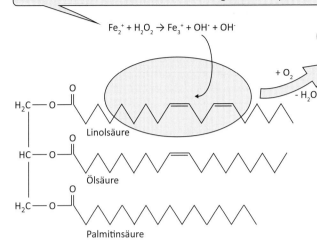

Linolsäure

Ölsäure

Palmitinsäure

$+ O_2$
$- H_2O$

Die schädigende Wirkung von Sauerstoff, vor allem von Sauerstoffradikalen und von Wasserstoffperoxid, erforderte effektive Entgiftungssysteme. Die meisten Organismen wandeln die hochreaktiven Superoxidionen über Superoxid-Dismutase in Wasserstoffperoxid und molekularen Sauerstoff um. Superoxid-Dismutasen enthalten im reaktiven Zentrum Metallionen, meist Eisen- oder Manganionen, bei Eukaryoten kommen auch Zink-Kupfer-Komplexe vor. Einige wenige Organismen, wie zum Beispiel *Lactobacillus plantarum*, nutzen Manganpolyphosphat für diese Entgiftungsreaktion. Diese Organismen besitzen keine Superoxid-Dismutasen. Katalasen bauen Wasserstoffperoxid zu Wasser und molekularem Sauerstoff ab. Die Verfügbarkeit von freiem Sauerstoff übte einen starken Selektionsdruck aus, da Organismen ohne diese Entgiftungsmechanismen nicht überleben konnten. Viele heute lebende anaerobe Organismen haben diese Entgiftungsenzyme vermutlich sekundär verloren. Sie sind daher obligat anaerob und sterben in Anwesenheit von Sauerstoff

Bei Eukaryoten sind die Stoffwechselfunktionen, bei denen Superoxidionen oder Wasserstoffperoxid entstehen, in den Peroxisomen angesiedelt. Neben den Oxygenasen und Oxidasen, die den Abbau organischer Moleküle unter Sauerstoffverbrauch katalysieren, besitzen die Peroxisomen auch hohe Konzentrationen an Peroxidasen und Katalasen

2 NADP$^+$

2 NADPH/H$^+$

2,6 ADP + 2,6 P$_i$

12 H$^+$

2,6 ATP

PS II   Cyt b6f   PS I

2 H$_2$O   O$_2$

4 H$^+$

Steigende Sauerstoffkonzentrationen sind auch für die Photosynthese nicht unproblematisch. Das Enzym Ribulose-1,5-bisphosphat-Carboxylase/Oxygenase (RubisCO) kann als Substrat neben Kohlendioxid auch Sauerstoff verwenden. Die Reaktion mit Sauerstoff führt letztlich auch zur Bildung von 3-Phosphoglycerat. Es werden allerdings aus drei C$_5$-Zuckern nur 4,5 Moleküle 3-Phosphglycerat (C$_3$-Körper) gebildet, dabei entsteht Kohlendioxid. Daher wird dieser Reaktionsweg auch als Photorespiration bezeichnet.
Bei hohen Sauerstoffkonzentrationen kann die Photorespiration dazu führen, dass die Photosynthese ineffizient wird. Bei Eukaryoten sind an den Reaktionen der Photorespiration neben den Chloroplasten auch die Mitochondrien (und bei den Streptophyta auch die Peroxisomen) beteiligt

6 ATP

1,5 3-Phosphoglycerat

3 2-Phosphoglykolat

3 O$_2$ 3 CO$_2$

6 3-Phosphoglycerat

6 ADP + 6 P$_i$

1,5 Glycerat

RubisCO

6 NADPH/H$^+$

3 2-Phosphoglykolat

3 Ribulose-1,5-bisphosphat

6 NADP$^+$

Photo-respiration

3 ADP + 3 P$_i$

1,5 Serin

3 ATP

6 Glycerinaldehyd-3-phosphat

1,5 CO$_2$

3 Glycin

3 Ribulose-5-phosphat

Glycerinaldehyd-3-phosphat

P$_i$

Mitochondrium   Peroxisom

H$_2$O   5 Glycerinaldehyd-3-phosphat

Metabolische Folgen der Sauerstoffevolution: aerobe Atmung

Obwohl die Nutzung von Sauerstoff als terminaler Elektronenakzeptor die Energieausbeute drastisch verbesserte, fand eine Zunahme sauerstoffnutzender Gene erst gegen Ende der archaischen Expansion statt. Redox-Gene, die im Rahmen der frühen archaischen Expansion entstanden, standen wahrscheinlich im Zusammenhang mit der Photosynthese oder der Gärung. Der aerobe Elektronentransport mit Sauerstoff als Elektronenakzeptor entwickelte sich erst später. Sauerstoff reagiert mit vielen organischen Biomolekülen und wirkte daher für das an anoxische Bedingungen angepasste Leben stark selektiv. Nur Organismen mit Enzymen, die Peroxide oder andere Sauerstoffmetabolite abbauen – zum Beispiel Superoxid-Dismutasen, Peroxidasen und Katalasen – konnten in der sauerstoffhaltigen Umgebung überleben.

Mit der zunehmenden Verfügbarkeit von freiem Sauerstoff entstand schließlich auch die aerobe Atmungskette. Die

frühen Redox-Gene standen vermutlich im Zusammenhang mit der Gärung, der anoxygenen und später der oxygenen Photosynthese sowie der Sauerstoffentgiftung und wurden erst später für aerobe Atmungsketten verwendet: Der enzymatische Abbau von Sauerstoff wurde schließlich über membrangebundene Enzyme energetisch genutzt – die Endoxidasen der aeroben Atmungsketten. Zunächst entstand also der anaerobe Elektronentransport und erst später der aerobe Elektronentransport mit Sauerstoff als Elektronenakzeptor.

Im Gegensatz zur anaeroben Atmung, den Gärungsprozessen, ist die Energieausbeute der aeroben Atmung deutlich höher. Je nach Organismengruppe und den Redoxbedingungen in der Umgebung der Organismen entsteht rund 14-mal mehr ATP als bei der Gärung. Durch diesen energetischen Vorteil konnte die Evolution im Proterozoikum nach Entstehung der aeroben Atmung wesentlich schneller verlaufen.

Unterschiedliche Organismen besitzen verschiedene Formen von Endoxidasen, zum Teil kommen auch mehrere Typen in einem Organismus vor. Dies deutet auf eine parallele Evolution dieser Oxidasen hin. Eine solche parallele Evolution in verschiedenen Organismengruppen erscheint wahrscheinlich, da die verschiedensten Entwicklungslinien mit dem Anstieg der Sauerstoffkonzentration solche „Entgiftungsenzyme" benötigten.

Die membrangebundenen Oxidasen bauen einen Protonengradienten auf. Das Membranpotenzial wird schließlich über einen weiteren Enzymkomplex, die ATP-Synthase, wieder zu chemischer Energie in Form von ATP umgewandelt. Die ATP-Synthase ist auch an anderen Stoffwechselwegen wie der Photosynthese und der Chemosynthese beteiligt und existierte bereits vor der Evolution der Atmungskette.

Bei den Eukaryoten wird das durch die Glykolyse gebildete Pyruvat in die Mitochondrien transportiert. Im Lumen der

Mitochondrien laufen die oxidative Decarboxylierung unter Bildung von Acetyl-CoA sowie der Citratzyklus ab. Die gebildeten Reduktionsäquivalente (NADH und $FADH_2$) bauen in der Endoxidation einen Protonengradienten über die innere Mitochondrienmembran auf. Die Elektronen werden dabei über vier Proteinkomplexe und schließlich auf Sauerstoff übertragen. Der Protonengradient wird von einer ATPase zur Bildung von ATP genutzt.

Bei den Prokaryoten finden die Reaktionen der oxidativen Decarboxylierung und des Citratzyklus im Cytoplasma statt, die Endoxidation in der Plasmamembran. Der Elektronengradient wird dabei zwischen dem Cytoplasma und dem Intermembranraum zwischen den beiden bakteriellen Außenmembranen aufgebaut. In Bezug auf die aerobe Atmung entspricht das Cytoplasma der Prokaryoten dem Lumen der Mitochondrien und das Plasmalemma (die innere Membran der Bakterien) der inneren Mitochondrienmembran.

ATP: Adenosintriphosphat. Energieträger in jeder Zelle

Pyruvat: Anion der Brenztraubensäure. Ausgangsmaterial des Citrat-Zyklus und Endprodukt der Glykolyse

---

Siehe auch: archaische Expansion: 2.2.1.3

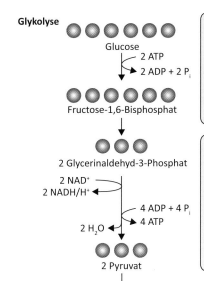

Glykolyse

Glucose

2 ATP

2 ADP + 2 P_i

Fructose-1,6-Bisphosphat

2 Glycerinaldehyd-3-Phosphat

2 NAD⁺

2 NADH/H⁺

4 ADP + 4 P_i

4 ATP

2 H_2O

2 Pyruvat

Energetische Vorteile der Atmung

Die Glykolyse benötigt keinen Sauerstoff. Der Energiegewinn ist mit nur zwei ATP pro Molekül Glucose allerdings gering. Ist kein Sauerstoff vorhanden und damit die Endoxidation des entstehenden NADH/H⁺ nicht möglich, muss dieses zudem durch Gärungsprozesse wieder zu NAD⁺ oxidiert werden.
Die Umsetzung der Reduktionsäquivalente des NADH/H⁺ mit Sauerstoff in der Endoxidation verbunden mit der Erzeugung dieser Reduktionsäquivalente im Citrat-Zyklus liefert dagegen rund 30 ATP

Evolution und evolutionäre Bedeutung der Atmung

Die aerobe Atmung setzt eine Sauerstoffkonzentration von mindestens 1 % der heutigen Konzentration (also 0,2 %) voraus. Sie entwickelte sich vor rund 2–1,5 Milliarden Jahren. Nachdem Sauerstoff durch oxygene Photosynthese in größerem Umfang verfügbar wurde, entwickelten sich sauerstoffreduzierende Oxidasen wohl zunächst als Entgiftungsenzyme – also schlicht zur Entfernung des Zellgiftes Sauerstoff. Erst später dürften diese in Enzymkomplexe zur Energiegewinnung integriert worden sein. Durch die aerobe Atmung entsteht etwa 14-mal mehr ATP als durch Gärung. Dieser energetische Vorteil mag erklären, warum die Evolution nach Aufkommen der aeroben Atmung wesentlich schneller verlief als vorher

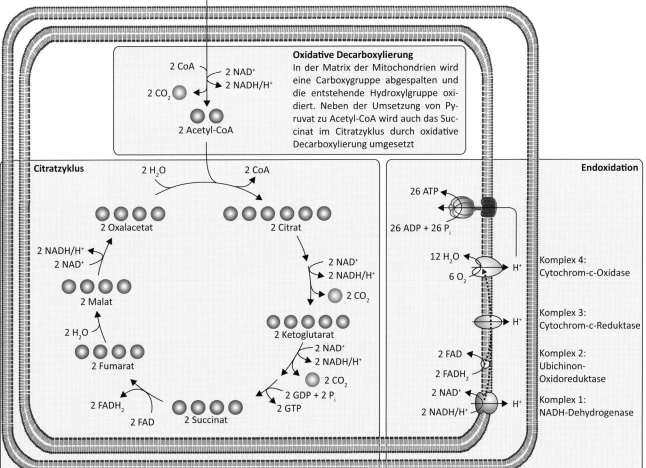

Oxidative Decarboxylierung

2 CoA

2 NAD⁺

2 CO_2

2 NADH/H⁺

2 Acetyl-CoA

In der Matrix der Mitochondrien wird eine Carboxygruppe abgespalten und die entstehende Hydroxylgruppe oxidiert. Neben der Umsetzung von Pyruvat zu Acetyl-CoA wird auch das Succinat im Citratzyklus durch oxidative Decarboxylierung umgesetzt

Citratzyklus

2 H_2O

2 CoA

2 Oxalacetat

2 Citrat

2 NADH/H⁺

2 NAD⁺

2 NAD⁺

2 NADH/H⁺

2 CO_2

2 Malat

2 Ketoglutarat

2 H_2O

2 NAD⁺

2 NADH/H⁺

2 Fumarat

2 CO_2

2 GDP + 2 P_i

2 GTP

2 FADH₂

2 FAD

2 Succinat

Endoxidation

26 ATP

26 ADP + 26 P_i

12 H_2O

6 O_2

H⁺

Komplex 4: Cytochrom-c-Oxidase

H⁺

Komplex 3: Cytochrom-c-Reduktase

2 FAD

2 FADH₂

Komplex 2: Ubichinon-Oxidoreduktase

2 NAD⁺

2 NADH/H⁺

H⁺

Komplex 1: NADH-Dehydrogenase

Der Citratzyklus läuft bei Eukaryoten in den Mitochondrien ab, bei Prokaryoten in der Regel im Cytoplasma. Im Citratzyklus wird der Acetylrest des Acetyl-CoA schrittweise zu Kohlenstoffdioxid und Wasser abgebaut. Dabei werden Reduktionsäquivalente (NADH, FADH2) gebildet und Energie in Form von GTP gewonnen.
Neben der Bedeutung für die aerobe Atmung liefert der Citrat-Zyklus auch verschiedene Vorläufermoleküle für den Anabolismus, beispielsweise für die Synthese verschiedener Aminosäuren

Die Enzyme der Atmungskette befinden sich bei Eukaryoten in der inneren Mitochondrienmembran, bei Prokaryoten in der Zellmembran. In der Endoxidation werden die Elektronen des NADH/H⁺ (und des FADH₂) schrittweise über vier Enzymkomplexe auf Sauerstoff übertragen. Dabei werden Protonen in den Intermembranraum freigesetzt. Der entstehende Protonengradient wird von der ATPase zur Erzeugung von ATP genutzt

Entstehung der eukaryotischen Zelle im Mesoproterozoikum

Eukaryotische Zellen entstanden vor etwa 1,8 Milliarden Jahren. Die eukaryotische Zelle ist im Vergleich zur prokaryotischen grundlegend anders organisiert. Eukaryoten besitzen ein Endomembransystem. Der von einer Doppelmembran umgebene Zellkern steht mit dem endoplasmatischen Reticulum in Verbindung. Sie besitzen von Doppelmembranen umgebene Organellen: Mitochondrien und (im Falle der photosynthetischen Linien) auch Plastiden. Im Gegensatz zu Prokaryoten ist die eukaryotische Zelle zur Phagocytose befähigt.

Da die Mitochondrien monophyletisch sind und grundsätzlich alle eukaryotischen Zellen Mitochondrien oder deren Abwandlungen (Mitosomen, Hydrogenosomen) besit-zen, müssen die Mitochondrien kurz nach der Evolution der eukaryotischen Zelle oder bereits bei deren Entstehung in die Zelle aufgenommen worden sein. In einigen anaerob lebenden Linien sind diese allerdings sekundär reduziert.

Die Fossilien früher eukaryotischer Zellen sind systematisch meist schwer oder nicht einzuordnen. Diese Fossilien werden als Acritarchen zusammengefasst – organische Fossilien unsicherer systematischer Stellung. Einige dieser Fossilien weisen Zellstrukturen auf, die nur von Eukaryoten bekannt sind. Geochemische Befunde deuten auf eine eventuell noch frühere Entstehung der Eukaryoten hin.

Die Entstehung der Eukaryoten ist unklar. Das Genom umfasst sowohl Gene, die auf einen Ursprung bei gramnegativen Bakterien hindeuten, als auch Gene, die auf einen Ursprung bei Archaeen hindeuten.

Weiterhin ist unklar, ob die Bildung einer eukaryotischen Zelle mit der Aufnahme eines Mitochondriums zusammenhing oder ob die Bildung einer Eukaryotenzelle und die Aufnahme eines Mitochondriums getrennte Vorgänge waren.

Die klassische Sichtweise geht von eukaryotischen Vorläuferzellen aus, die durch Endocytobiose ein gramnegatives Bakterium aufnahmen, das sich zum Mitochondrium entwickelte. Diese Sicht ist allerdings aus verschiedenen Gründen problematisch: Zum einen gibt es keine primär mitochondrienfreien Eukaryoten – alle diese Gruppen müssten daher ausgestorben sein. Zum zweiten ist die hier postulierte Symbiose wenig wahrscheinlich: Da bei der aeroben Atmung der Mitochondrien Sauerstoffradikale gebildet werden – also gerade die reaktiven Sauerstoffspezies, wird das Problem der Sauerstoffentgiftung durch Aufnahme eines Mitochondriums nicht gelöst, sondern eher verschärft.

Alternativ wird daher die Entstehung der Eukaryotenzelle durch Symbiose eines fakultativ anaeroben Bakteriums mit einem Archaeon diskutiert. Die eukaryotische Zellorganisation hätte sich dann erst sekundär entwickelt. Energetisch ist dieses alternative Szenario plausibler, es sind allerdings bei Prokaryoten keine entsprechenden Phagocytosemechanismen bekannt. Der Ablauf der Entstehung der eukaryotischen Zelle bleibt daher (im Detail) umstritten.

Das intrazelluläre Membransystem ermöglicht den Zellen eine Kompartimentierung der Stoffwechselwege. So trennt die Bildung eines Zellkerns und die Ausbildung einer Kernhülle räumlich die Orte der Transkription – der Bildung von mRNA – und der Translation – der Bildung von Proteinen an den Ribosomen. Diese räumliche Trennung ist bei Eukaryoten notwendig, da die Gene viele nichtcodierende Introns enthalten; diese haben sich wahrscheinlich nach Aufnahme der Mitochondrien in die Zelle im Genom verbreitet.

Introns müssen vor der Translation aus der RNA herausgeschnitten (gespleißt) werden. Bei den Eukaryoten geschieht dies an speziellen RNA-Protein-Komplexen, den Spleißosomen. Da dieser Prozess vergleichsweise langsam abläuft, wird durch die Ausbildung der Kernhülle und die damit verbundene räumliche Trennung verhindert, dass die noch nicht gespleißte Roh-RNA an den Ribosomen prozessiert wird. Es ist allerdings unklar, inwieweit die Trennung dieser Prozesse zur Evolution der Kernhülle beigetragen hat. Da Bakterien in der Regel keine oder nur wenige selbstspleißende Introns haben, ist eine Trennung von Transkription und Translation nicht in diesem Maße notwendig.

Phagocytose: (griech.: *phagein* = fressen, *cytos* = Zelle) aktive Aufnahme von Partikeln in eine eukaryotische Zelle
reaktive Sauerstoffspezies: zum einen freie Radikale wie das Hyperoxidanion, das Hydroxylradikal, das Peroxylradikal, zum anderen stabile molekulare Oxidantien wie Peroxide, Ozon und das Hypochloritanion sowie angeregte Sauerstoffmoleküle; auch ungenau als Sauerstoffradikale bezeichnet

Spleißosom: Struktur im eukaryotischen Zellkern, die das Spleißen (Entfernung von Introns aus der prä-mRNA) katalysiert
Transkription: Umschreiben eines Gens von DNA in RNA
Translation: Synthese von Proteinen in den Zellen lebender Organismen ausgehend von mRNA-Molekülen

---

Siehe auch: Archaea: 4.1.2.2; Bacteria: 4.1.2.1; Diversität der Eukaryoten: 4.1.2.3, 4.1.2.4

Die Flagellen der Eukaryoten sind grundsätzlich anders gebaut als die der Prokaryoten. Sie besitzen neun periphere Doppeltubuli und zwei zentrale Mikrotubuli. Die Flagellen sind von einer Membran umgeben. Der Ursprung der Flagellen ist unklar. Eine mögliche Entstehung durch Endosymbiose ist umstritten

Eukaryoten besitzen einen Zellkern. Das darin enthaltene Kerngenom besteht aus mehreren linearen Chromosomen. Neben dem Kerngenom haben Eukaryoten auch ein mitochondriales Genom (Chondrom) und die Eukaryoten mit Plastiden auch ein plastidäres Genom (Plastom)

Exon	Intron	Exon	Intron	Exon

Gene können nichtcodierende Sequenzabschnitte, die sogenannten Introns, enthalten. Diese müssen vor der Übersetzung in Proteine aus der Sequenz entfernt (gespleißt) werden. Bakteriengene enthalten nur selten Introns welche in der Regel sebstspleißend sind. Sie katalysieren also ihre eigene Entfernung aus der RNA. Im Gegensatz dazu enthalten die Gene der Eukaryoten oft Introns welche meist nicht selbstspleißend sind. Sie werden durch ein Spleißosom entfernt. Spleißosomen sind aus Proteinen und kleinen RNA-Fragmenten (snRNA = *small nuclear RNA*) aufgebaut. Der vergleichsweise langsame Prozess des Spleißens und die Notwendigkeit, Introns vor der Translation zu entfernen, erfordern die räumliche Trennung von nichtprozessierter RNA und den Orten der Translation, den Ribosomen. Diese Notwendigkeit mag die Evolution einer Kernhülle begünstigt haben. Gleichzeitig reduziert die Kernmembran die Insertion mobiler Elemente in das Kerngenom. Da Eukaryoten mehrere Genome enthalten, steigt prinzipiell die Möglichkeit der Insertion solcher Elemente

Im Gegensatz zu Prokaryoten sind Eukaryoten zur Phagocytose, also zur Aufnahme partikulärer Substanzen, befähigt. Das Endomembransystem und das Cytoskelett (aus Aktin, Myosin und Tubulin) ermöglichen die Bildung von Nahrungsvakuolen

Mitochondrien sind durch Endocytobiose entstanden, es ist aber unklar, ob die aufnehmende Zelle bereits eine eukaryotische Zellorganisation aufwies. Die traditionelle Sichtweise (rechts) geht von einer Phagocytose eines obligat aeroben Bakteriums in eine bereits eukaryotische Zelle aus, die schon einen Zellkern besaß. Diese Sichtweise wird aber infrage gestellt, da die durch den Endocytobionten gebildeten Sauerstoffradikale für den Wirt problematisch gewesen sein dürften und zudem alle primär mitochondrienfreie Eukaryoten ausgestorben sein müssten. Da alle bekannten Eukaryotenzellen Mitochondrien oder Abwandlungen von Mitochondrien besitzen, wird es zunehmend als wahrscheinlicher angesehen, dass die Entstehung der Mitochondrien mit der Entstehung der eukaryotischen Zellen verknüpft war. Nach dieser Sicht sind eukaryotische Zellen wahrscheinlich aus einer Symbiose eines fakultativ anaeroben Bakteriums mit einem Archaeon hervorgegangen (unten). Möglicherweise entstand diese Symbiose durch die Nutzung von Ausscheidungsprodukten eines Bakteriums (Wasserstoff) als Substrat für die ATP-Erzeugung eines Archaeons

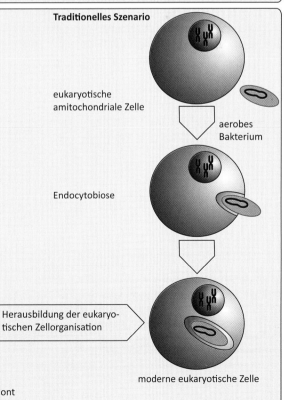

Alternatives Szenario

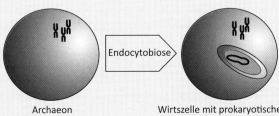

Entstehung eukaryotischer Algen im Mesoproterozoikum

Gesicherte fossile Nachweise eukaryotischer Algen stammen aus dem Mesoproterozoikum und sind rund 1,2 Milliarden Jahre alt, die Endocytobiose eines Cyanobakteriums und damit die Entstehung eukaryotischer Algen fand aber wahrscheinlich bereits kurz nach Entstehung der eukaryotischen Zelle statt. Plastiden sind durch Endocytobiose eines Cyanobakteriums in eine eukaryotische Wirtszelle entstanden. Die Plastiden der eukaryotischen Algen weisen dementsprechend große morphologische Übereinstimmungen mit dem Bau der Cyanobakterien auf. Unter anderem weisen die zirkuläre DNA und Ribosomen des 70S-Typs auf den bakteriellen Ursprung der Plastiden hin. Auch molekulare Phylogenien der Plastiden belegen deren Verwandtschaft zu Cyanobakterien.

Alle Plastiden sind monophyletisch und gehen auf eine einmalige Endocytobiose zurück. Plastiden sind dann allerdings zwischen verschiedenen Eukaryotenlinien durch sekundäre Endocytobiose verbreitet worden. Unter sekundärer Endocytobiose versteht man die Aufnahme einer eukaryotischen Alge durch eine ebenfalls eukaryotische Wirtszelle und die nachfolgende Reduktion dieser aufgenommenen Alge zu einem (sekundären) Plastiden. Die Plastiden, die aus einer sekundären Endocytobiose hervorgegangen sind, besitzen mehr als zwei Plastidenmembranen. Zum Teil weisen sie auch noch Strukturen auf, die auf den eukaryotischen Ursprung des sekundären Plastiden hinweisen, wie beispielsweise einen Nucleomorph – den stark reduzierten Zellkern der ingestierten Alge.

Sekundäre Plastiden finden sich bei vielen verschiedenen Algengruppen. Diese sind auf unterschiedliche ingestierte Algen zurückzuführen. Man geht von mindestens drei unabhängigen sekundären Endocytobiosen aus. In zwei Algengruppen, den zu den Rhizaria gehörenden Chlorarachniophyta und den zu den Excavata gehörenden Eugleniden, war der Endocytobiont eine Grünalge. Bei den Alveolata, den Stramenopiles, den Haptophyta und den Cryptophyta ist der Plastid auf die Endocytobiose einer Rotalge zurückzuführen – in diesen Fällen ist allerdings nicht endgültig geklärt, ob die Plastiden dieser verschiedenen Algengruppen auf eine einmalige Endocytobiose oder mehrfache unabhängige Endocytobiosen zurückgehen.

Bei den Dinophyta (Dinoflagellaten) finden sich darüber hinaus noch verschiedene Plastidentypen, die auf noch komplexere Verhältnisse zurückzuführen sind. Einige Taxa besitzen Plastiden, die auf Endocytobiose einer Alge mit sekundären Plastiden zurückgehen – diese Plastiden sind dementsprechend tertiäre Plastiden. Warum gerade – und ausschließlich – bei den Dinoflagellaten solche komplexeren Endocytobiosen vorkommen, ist unklar.

Einen sehr ursprünglichen Plastidentyp findet man bei den Glaucocystophyta. Zwischen den beiden Plastidmembranen findet sich eine Mureinschicht – ein Relikt der bakteriellen Zellwand. Auch die Pigmentausstattung ist mit Chlorophyll *a* und Phycobilisomen ähnlich zu der der Cyanobakterien.

Da Cyanobakterien zwei Zellmembranen besitzen, müsste durch die primäre Endocytobiose nach deren Phagocytose eine von drei Membranen umgebene Struktur entstehen. Die äußere Membran sollte der Membran der Fraßvakuole des eukaryotischen Wirtes entsprechen, die inneren beiden den bakteriellen Membranen. Die primären Plastiden sind allerdings nur von zwei Membranen umgeben. Man geht davon aus, dass die äußere Membran der Cyanobakterien reduziert wurde.

70S-Ribosom: prokaryotisches Ribosom mit einem Sedimentationskoeffizienten (S) von 70S. Auch die Ribosomen der Mitochondrien und Plastiden gehören aufgrund ihrer Herkunft zum 70S-Typ
ingestieren: aufnehmen, einnehmen

Mureinschicht: Zellwand der Bakterien aus Peptidoglykanen (aus N-Acetylglucosamin und N-Acetylmuraminsäure)
Phagocytose: (griech.: *phagein* = fressen, *cytos* = Zelle) aktive Aufnahme von Partikeln in eine eukaryotische Zelle

---

Siehe auch: sekundäre Plastiden: 4.1.2.3; tertiäre Plastiden: 4.6.1.2

Glaucocystophyta

Besonders die Plastiden der Glaucocystophyta zeigen viele Merkmale, die auf einen Cyanobakterienursprung hinweisen. Die Glaucocystophyta besitzen als einzige Algengruppe zwischen den beiden Plastidenmembranen eine Schicht aus Peptidoglykan, dem Material, aus dem bakterielle Zellwände aufgebaut sind. Die Plastiden der Glaucocystophyta besitzen zudem Phycobilisomen und Chlorophyll *a*, also eine ähnliche Pigmentausstattung wie Cyanobakterien. Auch die Ribosomen des 70S-Typs und die zirkuläre DNA weisen auf einen bakteriellen Ursprung der Plastiden hin

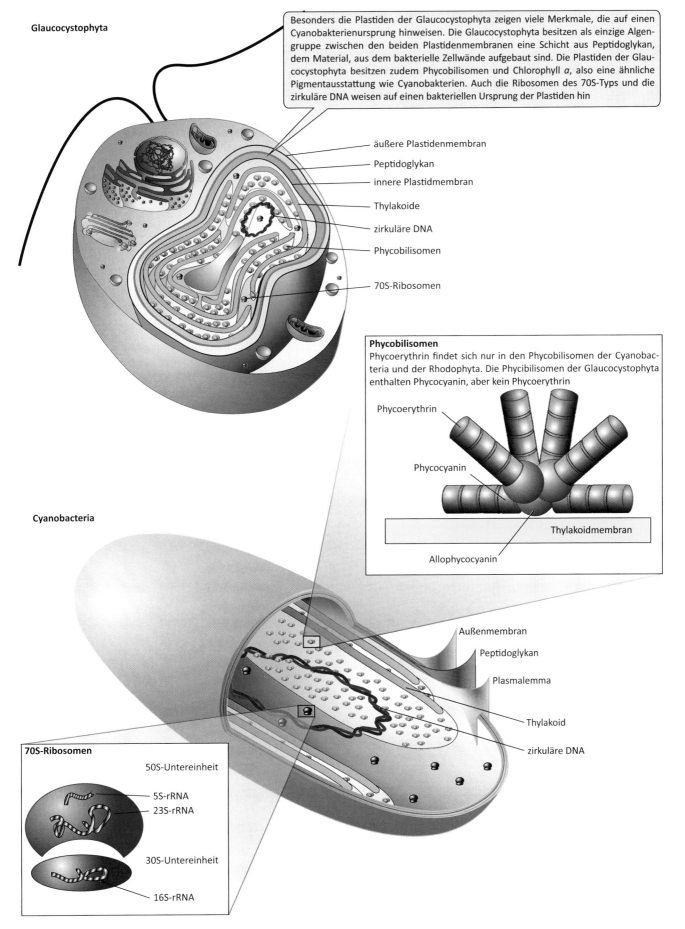

äußere Plastidenmembran

Peptidoglykan

innere Plastidmembran

Thylakoide

zirkuläre DNA

Phycobilisomen

70S-Ribosomen

Phycobilisomen
Phycoerythrin findet sich nur in den Phycobilisomen der Cyanobacteria und der Rhodophyta. Die Phycibilisomen der Glaucocystophyta enthalten Phycocyanin, aber kein Phycoerythrin

Phycoerythrin

Phycocyanin

Thylakoidmembran

Allophycocyanin

Cyanobacteria

Außenmembran

Peptidoglykan

Plasmalemma

Thylakoid

zirkuläre DNA

70S-Ribosomen

50S-Untereinheit

5S-rRNA

23S-rRNA

30S-Untereinheit

16S-rRNA

Die „langweilige Milliarde" (1,85–0,85 Mrd Jahre)

Nach den weitreichenden Vereisungen des Paläoproterozoikums stabilisierten sich die klimatischen und geochemischen Bedingungen auf der Erde. In den nun folgenden gut 1 Milliarde Jahren waren auch in der Evolution des Lebens kaum Fortschritte zu verzeichnen. Dieser Zeitraum sehr stabiler Bedingungen wird daher auch als die „langweilige Milliarde" bezeichnet.

Eukaryotische Zellen waren bereits zu Beginn dieses Zeitraumes, vor rund 1,8 Milliarden Jahren, entstanden. Auch die Radiation der Eukaryoten hat vermutlich schon kurz danach eingesetzt. Dagegen sind die fossilen Überlieferungen von Eukaryoten wesentlich jünger. Zu den ältesten gesicherten fossilen Eukaryoten gehört die 1,2 Milliarden Jahre alte Rotalge *Bangiomorpha pubescens*. Vor rund 850 Millionen Jahren nahm die Zahl eukaryotischer Fossilien zu, artenreiche Fossilbelege existieren aber erst aus der Zeit nach den neoproterozoischen Vereisungen.

In dieser Phase setzte die Bildung des Superkontinents Rodinia ein. Alle aus dieser Zeit bekannten Landmassen waren an der Bildung dieses Superkontinents beteiligt. Vor 1,1 Milliarden Jahren bildeten bereits Laurentia, Siberia und Nordchina eine Landmasse, ebenso Australien und die OstAntarktis. Eine Reihe anderer Kratone, wie auch Baltica, waren aber noch durch Ozeane von diesen Landmassen getrennt.

Vor etwa 900 Millionen Jahren waren dann alle aus dieser Zeit bekannten Landmassen zu einem Superkontinent (Rodinia) verschmolzen. Vor etwa 825 Millionen Jahren setzt verstärkte magmatische Aktivität ein. Vor etwa 750 Millionen Jahren begann Rodinia schließlich in die einzelnen Kratone zu zerfallen.

Während der „langweiligen Milliarde" blieb unterhalb der alleroberersten Wasserschicht der Ozean anoxisch, ähnliche Bedingungen finden sich heute im Schwarzen Meer. Aus der terrestrischen Verwitterung gelangten große Mengen an Sulfaten ins Meer. In den anoxischen Wasserschichten wurden diese durch sulfatreduzierende Bakterien (Sulfatatmung) zu Sulfid reduziert. Die ebenfalls durch Verwitterung in die Meere gelangenden Eisen(II)-Ionen wurden durch die Sulfide ausgefällt, der sulfidische Ozean war daher im Gegensatz zum Urozean eisenarm. Neben Eisen wurden durch die Sulfide auch andere Metalle wie Kupfer, Zink und Molybdän aus dem Kreislauf entfernt und sedimentiert.

Eukaryotische Algen benötigen mehrere dieser Metalle. Beispielsweise benötigen Enzyme für die Nitrataufnahme sowohl Molybdän als auch Eisen. Beide Ionen waren Mangelelemente, die Nitrataufnahme war somit durch den Mangel dieser Ionen limitiert. Die wenigen mit marinem Tiefenwasser aufsteigenden Nährstoffe wurden in den anoxischen tieferen Wasserschichten durch anoxygene Photosynthese betreibende Bakterien und an der Grenzschicht zwischen sulfidischen und aeroben Wasserschichten durch Cyanobakterien genutzt.

Eukaryotische Algen waren daher stark nährstofflimitiert. Zudem waren die sulfidischen Bedingungen toxisch für Eukaryoten. Eukaryotische Algen konnten aus diesen Gründen nur in den obersten, aeroben Wasserschichten überleben.

Baltica: Kontinentalschild Nord- und Osteuropas
Huntington-Formation: 1,2 Milliarden Jahre alte Ablagerungen des flachmarinen Gezeitenbereichs in Kanada (Summerset Island)

Kraton: Kontinentalschild. Zentraler Bereich eines Kontinents, der sich im frühen Präkambrium gebildet hat und seit dem Präkambrium keiner tektonischen Deformation unterlag
Laurentia: Kontinentalschild Nordamerikas

Siehe auch: anoxygene Photosynthese: 2.2.1.4, 2.2.1.5

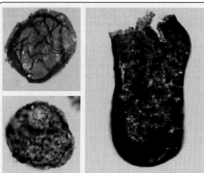

In den Ozeanen war nur die oberste Schicht der photischen Zone sauerstoffhaltig und frei von Sulfid. Nährstoffe waren hier kaum verfügbar: Einerseits wurden viele Metallionen durch Sulfid ausgefällt, andererseits wurden aufsteigende Nährstoffe bereits in den tieferen Schichten durch anoxygene Photosynthese genutzt und gelangten somit nicht in die oberen aeroben Wasserschichten. Diese Bedingungen erhielten sich über 1 Milliarde Jahre und bedingten die geringen evolutionären Entwicklungen

Für Eukaryoten ist Sulfid toxisch. Eukaryotische Algen finden sich daher nur in den oberen aeroben Wasserschichten. Aufsteigende Sulfide führen immer wieder zu Vergiftungen der Eukaryoten, zudem sind diese stark nährstofflimitiert, da aufsteigende Nährstoffe bereits von in tieferen Wasserschichten lebenden Organismen genutzt werden

An der Grenze zwischen oxischen und sulfidischen Wasserschichten betreiben Cyanobakterien unter aeroben Bedingungen oxygene Photosynthese. In Anwesenheit von Sulfiden wird aber das Photosystem II herunterreguliert und auf anoxygene Photosynthese unter Nutzung von Sulfid umgeschaltet

In den sulfidischen Schichten der photischen Zone nutzen Grüne Schwefelbakterien und Purpurbakterien Sulfid als Elektronendonor für die anoxygene Photosynthese und bilden elementaren Schwefel oder Sulfat

Zusätzlich wird Sulfat aus terrestrischer Erosion eingetragen

photische Zone

aphotische Zone

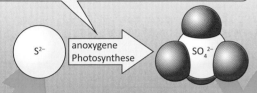

S^{2-} → anoxygene Photosynthese → SO_4^{2-}

S^{2-} ← Sulfatatmung ← SO_4^{2-}

Sulfatreduzierende Bakterien setzen das durch Erosion in die Meere gelangte Sulfat zu Sulfid um

S_2^{2-}

Fe^{2+}

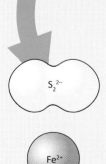

Sulfid bildet mit vielen Metallionen schwer lösliche Verbindungen. Besonders bedeutend ist die Bildung von Pyrit (oben) aus Disulfidionen und Eisen(II)-Ionen. Aber auch andere Metallionen, wie Molybdän, sind in sulfidischem Wasser kaum löslich

Aus dem mittleren Präkambrium stammen die ersten gesicherten Fossilien von Eukaryoten. Diese Fossilien sind systemisch meist nicht sicher einzuordnen und werden als Acritarchen zusammengefasst. Acritarchen sind kleine, säureunlösliche organische Strukturen. Neben den hier dargestellten eukaryotischen Acritarchen werden auch prokaryotische Bildungen unter diesem Begriff vereint

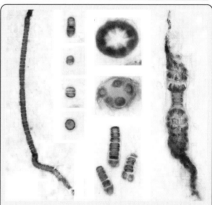

Die Art *Bangiomorpha pubescens* aus Carbonaten des Flachwassers aus der Huntington-Formation (1,2 Mrd Jahre alt) des arktischen Kanada gilt als die älteste Rotalgenart

Eine Reihe von Fossilien aus dem Proterozoikum wird als Metazoenfossilien oder Spurenfossilien von Metazoen interpretiert. Diese sind allerdings selten und die Zuordnung zu den Metazoa ist in vielen Fällen fragwürdig. Erst im jüngeren Proterozoikum werden diese Fossilien häufiger, wie die hier dargestellten Spurenfossilien aus dem Ediacarium

Evolution der komplexen Vielzelligkeit im Neoproterozoikum

Einfache Vielzelligkeit ist vielfach unabhängig entstanden. Der Begriff „einfache Vielzelligkeit" umfasst die Bildung von Filamenten, Zellhaufen oder Zelllagen, die jeweils auf eine einzelne Vorläuferzelle zurückzuführen sind. Die Differenzierung in somatische und reproduktive Zellen ist auch bei der einfachen Vielzelligkeit häufig. Eine weitergehende Differenzierung findet man jedoch nicht, alle Zellen stehen in der Regel in direktem Kontakt mit dem Außenmedium.

Komplexe Vielzelligkeit ist dagegen nur sechsmal entstanden: bei den Embryophyten, den Metazoa, den Basidiomycota, den Ascomycota, den Rhodophyta und den Phaeophyceae. Allerdings ist komplexe Vielzelligkeit mehr als eine bloße Zusammenlagerung von Zellen – die Zellen treten in intensiven Kontakt. Zellkommunikation und (in der Regel) Gewebedifferenzierung sind charakteristisch für komplexe Vielzelligkeit. Da nur einige Zellen in direktem Kontakt mit dem Außenmedium stehen, ist eine dreidimensionale Struktur und Organisation für die Versorgung der innen liegenden Zellen von grundlegender Bedeutung. Die Evolution von Mechanismen, die die Limitierungen von Diffusionsprozessen umgehen, kann daher als Schlüsselentwicklung angesehen werden.

Limitierend für eukaryotische Zellen war im späten Proterozoikum vor allem die Sauerstoffkonzentration. Obwohl Sauerstoff in der Atmosphäre und im Meer vorhanden war, waren die Konzentrationen zunächst gering – nur etwa 1 % der heutigen Konzentration. Durch die weiteren Diffusionswege in Zellverbänden und die nur indirekte Versorgung der innen liegenden Zellen waren diese noch viel stärker durch die niedrigen Sauerstoffkonzentrationen limitiert. Erst der starke Anstieg der Sauerstoffkonzentrationen vor rund 700 bis 600 Millionen Jahren hat daher die Evolution von komplexer Vielzelligkeit wohl erst ermöglicht.

Die eukaryotische Zellorganisation, insbesondere das Cytoskelett und die Möglichkeiten des aktiven Transports von Signalmolekülen in Membranvesikeln (Endosomen), waren eine erste Voraussetzung für die Evolution komplexer Vielzelligkeit. Die Evolution komplexer Vielzelligkeit hat in allen Fällen mit der Einbeziehung von Genen für die Zelladhäsion begonnen.

Ein kritischer Schritt in der Evolution der komplexen Vielzelligkeit waren molekulare Kanäle für die Zellkommunikation und den Transfer von Nährstoffen und Signalmolekülen. Der Austausch von Signalmolekülen, elektrischen Reizen und Nährstoffen erfordert eine direkte Zell-Zell-Kommunikation über Kanäle. Solche Zellporen finden sich in allen Organismen mit komplexer Vielzelligkeit. Der Aufbau dieser Poren ist jedoch in allen Gruppen unterschiedlich. Die Metazoen realisieren dies über einen Proteinkomplex – die Gap Junctions. Die Embryophyten besitzen Plasmodesmen, größere Kanäle, die auch von Ausläufern des endoplasmatischen Reticulums durchzogen werden, Braunalgen besitzen ähnlich gestaltete Plasmodesmen. Bei Rotalgen finden sich mit Proteinen verschlossene „Pit Connections" und bei den vielzelligen Pilzgruppen (Basidiomycota und Ascomycota) unterschiedlich komplexe Poren.

Bei der weiteren Entwicklung kommen spezialisierte Transportgewebe für den Ferntransport von Nährstoffen, Gasen, Wasser und Metaboliten hinzu.

Cytoskelett: Netzwerk aus Mikrotubuli und Mikrofilamenten, das der mechanischen Stabilisierung, Formgebung und Fortbewegung der Zelle dient. Innerhalb der Zelle ermöglicht es den Transport und die Bewegung
Zelladhäsion: Zusammenhalt zwischen Zellen

Siehe auch: Braunalgen: 4.6.2.2; Landpflanzen: 4.4.3.1 bis 4.4.3.9; Holozoa: 4.2.1 bis 4.2.19; Pilze: 4.2.2 bis 4.2.2.5

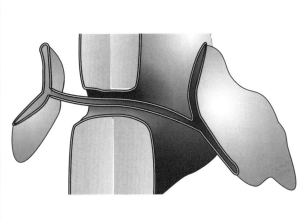

Plasmodesmen sind Zell-Zell-Verbindungen bei den Landpflanzen. Sie haben einen Durchmesser von 50–60 nm und sind von einem dünnen, von einer Plasmamembran umgebenen Plasmastrang durchzogen. Sie enthalten einen Zentralstrang (Desmotubulus), der als lokale Modifikation des endoplasmatischen Reticulums (ER) in beiden angrenzenden Zellen mit Zisternen des ER in Verbindung steht. Bei Braunalgen finden sich ähnliche gebaute Plasmodesmen

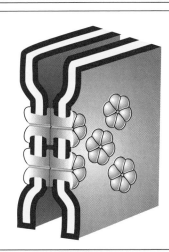

Bei den Metazoa sind die Zell-Zell-Kanäle aus kanalbildenden Proteinkomplexen aufgebaut (Gap Junctions). Eine Gap Junction wird dabei aus zwei Halbkanälen gebildet. Der Porendurchmesser beträgt knapp 2 nm. Benachbarte Zellen werden durch die Gap Junctions auf einen Abstand von knapp 4 nm fixiert

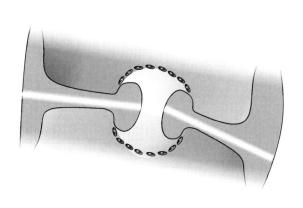

Bei den Basidiomycota (Ständerpilzen) finden sich Doliporen als Zell-Zell-Verbindungen. Diese sind beidseitig von meist krugförmigen und charakteristischen Ausstülpungen umgeben. Die Doliporen sind 100–200 nm groß. Auf beiden Seiten eines Doliporus können membranöse Kappen, die Parenthosomen, liegen. Die Parenthosomen sind eine Ausstülpung des endoplasmatischen Reticulums. Rostpilze (Pucciniales) und Brandpilze (Ustilaginomycotina) bilden keine Parenthosomen. Die Ascomyceten haben eine einfache kreisförmige Verbindungspore zwischen benachbarten Zellen

Die neoproterozoischen Vereisungen (0,85–0,72 Mrd Jahre)

Der Zerfall des Superkontinents Rodinia und der ausgeprägte Hotspot-Vulkanismus trugen zu einer Veränderung der Meereschemie bei. Durch den Hotspot-Vulkanismus wurden große Mengen Mantelmaterial an die Erdoberfläche gefördert. Die entstehenden mafischen Gesteine waren wesentlich eisenreicher als die Gesteine der kontinentalen Platten. Durch Verwitterung und Erosion gelangten daher immer größere Mengen an Eisen in die Ozeane. Gleichzeitig wurden große Mengen der im Mittelproterozoikum abgelagerten sulfidischen Sedimente subduziert. Damit wurde Schwefel zunehmend aus dem Meer entzogen. Die verbleibenden Sulfide wurden durch den erhöhten Eintrag von Eisenionen verstärkt ausgefällt und es kam zu einer Oxygenierung der Meere bis in tiefere Wasserschichten. Der Rückgang der sulfidischen Bedingungen führte neben der Oxygenierung der tieferen Wasserschichten auch zu einer besseren Verfügbarkeit verschiedener Metallionen. Insbesondere der Anstieg der Molybdänkonzentrationen hob aufgrund der Bedeutung von Molybdän für Enzyme des Stickstoffstoffwechsels die verbreitete Stickstofflimitierung der Algen auf. Oxygenierung und erhöhte Nährstoffverfügbarkeit schafften die Voraussetzung für die Ausbreitung der Eukaryoten. Die Ausbreitung eukaryotischer Algen verstärkte die Photosynthese und beschleunigte so die Sauerstoffzunahme in den Meeren.

Ebenfalls aufgrund des Zerfalls von Rodinia in kleinere Kontinente wurde das Klima feuchter. Während die großen innerkontinentalen Landmassen Rodinias eher trocken waren, herrschte auf den nun kleineren Kontinenten ein ozeanischeres Klima. Die erhöhten Niederschläge führten zu einer stärkeren Silikatverwitterung und damit auch zu einem erhöhten Eintrag von Calcium- und Magnesiumionen in die Meere. Es lagerten sich verstärkt Carbonate ab und der Atmosphäre wurde Kohlendioxid entzogen.

Vor rund 716 Millionen Jahren hatte der Treibhauseffekt durch die abnehmenden Kohlendioxidkonzentrationen so weit abgenommen, dass es zu ausgedehnten Vereisungen kam. Entgegen früherer Vorstellungen („Schneeball-Erde") war die Erde aber nicht komplett vereist. Zumindest die Meere der tropischen Bereiche blieben wohl auch während der ausgedehntesten Vereisung (Stuart-Vereisung) eisfrei. Die Landmassen waren dagegen bis in niedrige Breiten vereist, im Bereich des Äquators sind eisfreie Bereiche allerdings ebenfalls wahrscheinlich.

In die Phase der Oxygenierung des Ozeans und damit auch in die Phase der großen Vereisungen fiel auch die Diversifizierung der Grünalgen und der Metazoa. Unabhängig von der genauen Ausdehnung der Vereisung dürften die klimatischen Bedingungen einen starken selektiven Einfluss auf die Entwicklung und Diversifizierung der Eukaryoten gehabt haben.

Bei den Grünalgen finden sich unterschiedliche Stoffwechselwege im Hinblick auf die Photorespiration. Die Chlorophyta besitzen eine mitochondrielle Glykolat-Dehydrogenase und nutzen das entstehende NADH in der Atmungskette. Im Gegensatz dazu setzen die Streptophyta das Glykolat in den Peroxisomen durch eine Katalase unter Freisetzung von Wasserstoffperoxid um, hierbei entsteht kein NADH. Dieser Unterschied passt zu den unterschiedlichen Habitaten der Streptophyta und der Chlorophyta:

Bei den Grünalgen waren die Chlorophyta an marine Bedingungen angepasst und lebten in den offenen Bereichen der Ozeane. Da das Land großenteils vereist war, war während der Vereisung auch die Erosion verringert und es gelangten nur wenige Nährstoffe in den Ozean. Diese nährstofflimitierten Bedingungen (und unter Eis auch lichtlimitierten Bedingungen) dürften für die Evolution der Chlorophyta – insbesondere für die energiekonservierende Variante der Photorespiration – bedeutend gewesen sein.

Die streptophytischen Algen (inklusive der Vorläufer der Landpflanzen) lebten im Süßwasser – in eisfreien Gewässern im Bereich des Äquators und in den periodisch auftauenden Süßwassertümpeln auf dem oder am Rande des Gletschereises. Die limnischen Habitate in Äquatornähe waren weder licht- noch nährstofflimitiert – die Photorespiration dieser Organismen konnte daher auf eine Optimierung der metabolischen Stoffflüsse hin optimiert werden.

Hotspot: lokal begrenzte, stationäre, besonders heiße Bereiche der Asthenosphäre aufgrund von aufsteigendem Mantelmaterial
Hotspot-Vulkanismus: teils starker Vulkanismus an Hotspots, auch in großer Entfernung zu den Plattenrändern

mafisch: von Magnesium und Eisen (lat.: *ferrum*), magnesium- und eisenreiche, dunkle gesteinsbildende Mineralien

Siehe auch: Subduktion: 2.1.1.2

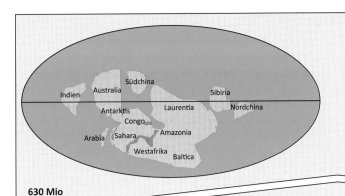

630 Mio

Auch der Rückgang des Eises war ein selbstverstärkender Prozess, da die eisfreien Land- und Meeresflächen weniger Sonnenlicht reflektierten. Zudem wurde aus den auftauenden Permafrostböden Methan freigesetzt, das den Treibhauseffekt verstärkte. Die Klimabedingungen wurden wieder warm und feucht und es konnte schließlich zur erneuten Abkühlung kommen. Die letzte große Vereisung des Neoproterozoikums war die Marinoan-Vereisung vor rund 635 Millionen Jahren. Da die Tiefenwasser sauerstoffreicher wurden, wurde organischer Kohlenstoff zunehmend aerob remineralisiert. Damit änderte sich die Kinetik der Carbonatbildung, der klimatische Effekt fiel nun schwächer aus. Eine Vereisung vor rund 580 Millionen Jahren (Gaskiers-Vereisung) war entsprechend nur regional ausgeprägt

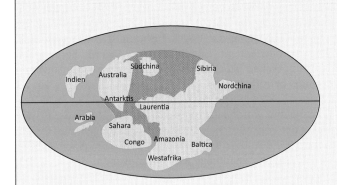

720 Mio

Die erhöhte Verwitterung führte direkt – und auch indirekt über die Förderung der eukaryotischen Algen – zu einer verstärkten Bildung von Carbonaten und damit zu einer Abnahme der atmosphärischen Kohlendioxidkonzentrationen. Der Rückgang des Treibhausgases Kohlendioxid bedingte eine Klimaabkühlung. Da die meisten Landmassen nah am Äquator lagen, ging die Verwitterung – und damit auch die Abnahme der Kohlendioxidkonzentrationen – trotz einsetzender Vereisung weiter.

Die ausgeprägteste Vereisung des Neoproterozoikums war die Stuart-Vereisung vor rund 716 Millionen Jahren. Die Vereisung erreichte zumindest auf den Kontinentalplatten den Äquator. Die Meere blieben aber wahrscheinlich in Äquatornähe eisfrei.

Mit zunehmender Vereisung der tropischen Zonen sanken die Niederschläge und die Erosion. Es wurde kaum noch Kohlendioxid aus der Atmosphäre entfernt. Im Gegenteil stieg die Kohlendioxidkonzentration durch vulkanische Aktivität wieder an

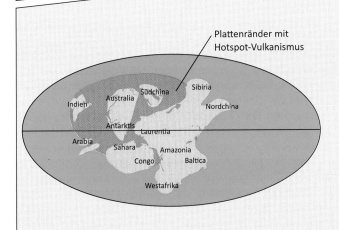

Plattenränder mit
Hotspot-Vulkanismus

750 Mio

Durch die Verwitterung und Erosion der mafischen Basalte des Hotspot-Vulkanismus stieg der Eiseneintrag in die Meere. Die oberflächennahen Wasserschichten wurden zunehmend aerob, da Sulfide als Eisensulfide verstärkt ausgefällt wurden. Dies begünstigte eine Zunahme der oxygenen Photosynthese und insbesondere eine wachsende Bedeutung eukaryotischer Algen. Die vergleichsweise größeren Eukaryoten sanken schneller ab. Damit wurde organischer Kohlenstoff in zunehmendem Maße aus den photischen Zonen entzogen. Unter den noch anoxischen Bedingungen des Tiefenwassers führte die anaerobe Remineralisation des Kohlenstoffs zu steigenden pH-Werten und damit letztlich zur Festlegung des Kohlenstoffs als Carbonat.

Das Auseinanderbrechen des Superkontinents Rodinia in viele kleinere äquatornahe Platten (Indien, Arabia, Südchina etc.) bedingte ein weniger kontinentaleres, feuchteres Klima. Diese Klimabedingungen führten zu höherer Verwitterung und damit zur Freisetzung von Calcium- und Magnesiumionen. Hydrogencarbonat wurde zunehmend ausgefällt (als Calciumcarbonat), dies senkte die Kohlendioxidkonzentrationen und damit den Treibhauseffekt

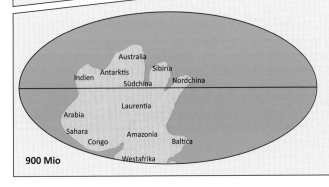

900 Mio

Im Laufe des mittleren Proterozoikums bildete sich der Superkontinent Rodinia. Unter Rodinia stieg heißes Mantelmaterial auf. Es bildete sich in der Erdkruste ein ausgedehnter Bereich dieses aufgestiegenen Materials (Diapir oder „Plume"). Es kam zu ausgeprägtem Hotspot-Vulkanismus. Da die Magmen aufgeschmolzenes Mantelmaterial enthielten, waren sie sehr eisenreich (mafisch). Dieser Vulkanismus trug zum Auseinanderbrechen des Superkontinents Rodinia bei

Phanerozoikum

■ Das Phanerozoikum wird üblicherweise in die Ären Paläozoikum, Mesozoikum und Känozoikum unterteilt. Das größte Massensterben des Phanerozoikums markiert die Perm-Trias-Grenze (Paläozoikum/Mesozoikum; vor 252 Mio Jahren), ein weiteres großes Massensterben die Kreide-Paläogen-Grenze (Mesozoikum/Känozoikum; vor 66 Mio Jahren). Diese Ären korrelieren grob mit der Evolution der Wirbeltiere: Im Paläozoikum dominieren Fische und Amphibien, im Mesozoikum Reptilien und im Känozoikum Vögel und Säuger. Die Evolution der Landpflanzen ist dagegen zeitlich verschoben, insbesondere der Beginn des Landgangs, die Dominanz der Farne (Paläophytikum), der Nacktsamer (Mesophytikum) und der Bedecktsamer (Känophytikum).

Mit dem Massensterben der Perm-Trias-Grenze (PTG) verschwanden viele dominierende Gruppen entweder ganz oder wurden von anderen Gruppen in ihrer Bedeutung abgelöst. Erste Reptilien entstanden zwar bereits im Paläozoikum, diese waren aber bis zum Oberperm im Vergleich zu den Fischen und Amphibien vergleichsweise unbedeutend. Erst nach dem Massensterben an der Perm-Trias-Grenze dominierten an Land die Reptilien, insbesondere die Saurier. In der marin-benthischen Fauna lösten die Muscheln die Brachiopoden als dominierende benthische Filtrierer ab. Die Trilobiten verschwanden ganz. Insgesamt starben 96 % der marinen Tierarten aus.

Mit dem Massensterben der Kreide-Paläogen-Grenze verschwanden wieder viele dominierende Gruppen. Etwa 75 % aller Arten waren betroffen. Im Meer starben die Ammoniten aus, an Land die meisten Wirbeltiere – nur einige kleinere Tierarten überlebten. Die einzigen überlebenden Dinosaurier waren die Vögel. Insbesondere waren die auf Primärproduzenten (Landpflanzen, Algen) beruhenden Nahrungsketten betroffen, während detritivore Organismen weniger betroffen waren.

■ Sowohl das Massensterben an der Perm-Trias-Grenze (PTG) als auch das Massensterben an der Kreide-Paläogen-Grenze waren mit starken Klimaschwankungen verbunden.

Das Massensterben der PTG hängt ursächlich mit dem stärksten Vulkanismus des Phanerozoikums, dem Sibirischen-Trapp-Vulkanismus, zusammen. Zudem kam es zu einer Regression und damit zu einem weitreichenden Verlust der Flachwasserhabitate.

Die Sauerstoffkonzentration fiel von 30 % im mittleren Perm auf 16 % im Oberperm und weiter auf 12 % in der Untertrias. In den Meeren kam es zu einem raschen Turnover anoxischen CO_2-reichen und H_2S-reichen Tiefenwassers. Die zunehmenden Temperaturen führten zu einer Freisetzung von Methanhydraten, die den Treibhauseffekt weiter verstärkten. Insgesamt hat sich die Temperatur an der PTG um etwa 10 °C erhöht.

Die klimatischen Veränderungen, die sinkende Sauerstoffverfügbarkeit und die Erhöhung von Kohlendioxid und vor allem toxischen Schwefelwasserstoffes dürften als Ursache des Massensterbens zusammengewirkt haben. Der Auslöser für diese geochemischen Veränderungen ist nicht geklärt, möglicherweise löste der verstärkte Vulkanismus in Kombination mit einem Meteoriteneinschlag die Ereignisse der PTG aus. Wahrscheinlicher ist aber eine durch den verstärkten Vulkanismus ausgelöste Kettenreaktion: Auf eine erste Temperaturerhöhung aufgrund der vulkanisch freigesetzten Treibhausgase erwärmte sich das Tiefenwasser der Ozeane und wurde zunehmend anoxisch. Durch die Erwärmung der Pole erloschen die Meeresströmungen, dies förderte weiter die Anoxie. Dies bedingte wiederum einen Anstieg der Abundanz anaerober Mikroorganismen, die Schwefelwasserstoff freisetzten. In der Folge breitete sich der für aerobe Organismen toxische Schwefelwasserstoff in die Oberflächenwasser und die (küstennahe) Atmosphäre aus. Auch der lange Zeitraum des Aussterbeereignisses von 40.000 bis 80.000 Jahren spricht gegen einen Meteoriteneinschlag als Ursache.

Das Massensterben an der Kreide-Paläogen-Grenze ist ebenfalls vermutlich multikausal, ein Meteoriteneinschlag gilt aber als der wahrscheinlichste Hauptauslöser. Damit verbunden kam es, neben den direkten Folgen des Einschlages, zu einer Freisetzung von Kohlendioxid, Schwefelsäure und Stickoxiden (aus „verbranntem" Gestein), die zu einer Ansäuerung der Gewässer führten. Zudem wurden große Mengen Staub in die Atmosphäre geschleudert und die Reibungsenergie niedergehender Meteoritenbruchstücke führte zu einer Erhitzung der Atmosphäre und ausgedehnten Bränden. Die Photosynthese wurde dadurch massiv beeinträchtigt und Nahrungsketten, die auf den Primärproduzenten aufbauten, brachen zusammen. In der Folge führten die atmosphärischen Staubschichten kurzfristig zu einer Abkühlung um mehrere Grad, später bedingten die freigesetzten Treibhausgase aber einen Temperaturanstieg um etwa 10 °C.

Methanclathrat: (lat.: *clatratus* = vergittert) auch Methanhydrat. Clathrate sind Einschlussverbindungen eines Gases (in diesem Falle Methan) in ein Gitter von Wirtsmolekülen (in diesem Falle Wasser). Methanclathrate kommen am Meeresgrund und im Permafrost vor

Regression: Rückzug des Meeres aus kontinentalen Bereichen durch Erhebung des Festlandes oder Absenkung des Meeresspiegels
Stickoxide: gasförmige Oxide des Stickstoffs

■ Siehe auch: Massensterben: 2.3.1; stratigraphische Übersicht: 2.3.3, 2.3.4, 2.3.5

Mammuthus sp.
Am Übergang von der Kreide zum Paläogen starben die Dinosaurier aus. Das Känozoikum dauert noch an und ist das Zeitalter der Säugetiere und Vögel

Tyrannosaurus rex
Nach dem Massensterben (Perm-Trias-Grenze) dominierten im Mesozoikum Reptilien die terrestrische Wirbeltierfauna. Diese erreichten enorme Größen, wie beispielsweise die Dinosaurier

Cleithrolepis extoni
Im Paläozoikum dominierten Fische und Amphibien die Wirbeltierfauna. Reptilien blieben noch unbedeutend

Känozoikum	Neogen	Känophytikum
	Paläogen	
Mesozooikum	Kreide	
	Jura	Mesophytikum
	Trias	
Paläozoikum	Perm	
	Karbon	Paläophytikum
	Devon	
	Silur	
	Ordovizium	
	Kambrium	Eophytikum

Carpinus grandis
In der Oberkreide breiteten sich die Angiospermen stark aus und wurden im Känophytikum die dominierende Gruppe der Landpflanzen

Zamites feneonis
Nach der Entwicklung der ersten Samenpflanzen breiteten sich diese besser an Trockenheit angepassten Pflanzen rasch aus und dominierten die terrestrische Flora im Mesophytikum

Asterophyllites sp.
Die Besiedlung des Landes erfolgte durch Sporenpflanzen (Moose, Farne, Bärlappe und Verwandte). Diese dominierten die Flora des Paläophytikums

Als Eophytikum wird die Zeit des Phanerozoikums bezeichnet, in der es noch keine Landpflanzen gab

Überblick über das Phanerozoikum

Arten sind seit Entstehung des Lebens zu jeder Zeit ausgestorben. Einzelne Arten überleben meist zwischen mehreren Tausend und mehreren Millionen Jahren. Dies bedingt eine natürliche Hintergrundaussterberate von einigen Prozent der Arten pro Million Jahren. Von Massensterben spricht man, wenn die Artenzahl in einem geologisch kurzen Zeitraum überproportional stark abnimmt. Dies kann durch ein massenhaftes Aussterben von Arten verursacht werden. Im Gegensatz dazu sind das devonische und das triassische Massensterben hauptsächlich auf eine verminderte Rate der Artenneubildung zurückzuführen.

Meist lassen sich Massensterben auf eine bestimmte Ursache oder eine Verknüpfung von Ursachen zurückführen. Massensterben sind weltweite Ereignisse und betreffen eine weite Bandbreite von Ökosystemen, in der Regel sind aquatische und terrestrische Lebensräume betroffen.

Die genaue zeitliche Ausdehnung der Massensterben ist schwer zu beurteilen, da meist nicht die letzten Überlebenden einer Art fossil gefunden werden. Auch plötzliche Aussterbeereignisse erscheinen in der Fossilüberlieferung daher oft graduell. Die meisten großen Aussterbeereignisse erstreckten sich aber wohl tatsächlich über zumindest einige Zehntausend Jahre.

Die Ursachen für Massensterben sind vielfältig. Oft sind sie aber mit starken Temperaturrückgängen verbunden. Es wird eine grundlegende Periodizität der Artbildung und des Artensterbens diskutiert – dies würde auf eine astronomische Ursache, wie beispielsweise Änderungen der Sonnenaktivität, hindeuten. Dagegen gibt es für einige Massensterben deutliche Hinweise auf einmalige katastrophale Ereignisse. So steht das Massensterben der Perm-Trias-Grenze mit der stärksten vulkanischen Aktivität des Phanerozoikums in Zusammenhang und das Massensterben der Kreide-Paläogen-Grenze vermutlich mit einem Meteoriteneinschlag.

Beim Massensterben des oberen Ordoviziums starben die meisten riffbildenden Organismen, aber auch viele Brachiopoden, Trilobiten und andere marine Tiere aus. Vor allem die tropischen Faunen erloschen, da infolge der Klimaabkühlung global auch die Meerestemperatur stark absank. Diese Abkühlung wird mit der zunehmenden chemischen

Es gab in der Erdgeschichte eine Vielzahl von Massensterben, die fünf größten Massensterben werden dabei oft als die „großen Fünf" hervorgehoben. Die gegenwärtige Aussterbewelle wird zum Teil als sechstes Massensterben dazu gestellt. Massensterben des Präkambriums werden in der Regel nicht berücksichtigt – diese sind fossil schlecht nachweisbar und ergeben sich eher indirekt aus den Änderungen der geochemischen Bedingungen.

Die „großen Fünf" sind die Massensterben des oberen Ordoviziums, des oberen Devons, der Perm-Trias-Grenze, der oberen Trias und der Kreide-Paläogen-Grenze. Das größte Massensterben der Erdgeschichte war das der Perm-Trias-Grenze: Über 50 % der Familien und 80–96 % der Arten starben aus. Möglicherweise gab es an der Grenze Proterozoikum-Phanerozoikum, also im oberen Ediacarium und im unteren Kambrium, weitere Massensterben vergleichbarer Bedeutung.

Verwitterung durch die sich ausbreitenden Landpflanzen in Verbindung gebracht.

Das Massensterben im Oberdevon ist genau genommen eine Abfolge mehrerer Aussterbewellen über einen Zeitraum von rund 20 Millionen Jahren. Auch dieses Massensterben umfasste viele marine Tiergruppen und führte vermutlich zu verringerten Sauerstoffgehalten der Ozeane. Im Verlaufe des oberdevonischen Massensterbens hat sich daher möglicherweise der Selektionsdruck zur Entwicklung von Luftatmung erhöht.

Das Massensterben der Perm-Trias-Grenze steht vermutlich im Zusammenhang mit starkem mafischen Vulkanismus – die Verwitterung der vulkanischen Flutbasalte setzte große Mengen an Eisen, Magnesium und Calcium frei. In der Folge kam es zu verstärkter Ausfällung von Carbonaten und einer globalen Abkühlung durch die reduzierten Kohlendioxidkonzentrationen. Ein ähnliches Szenario wird auch für das Massensterben des Obertrias diskutiert.

Das Massensterben der Kreide-Paläogen-Grenze wird mit einem Meteoriteneinschlag und den daraus resultierenden massiven Waldbränden sowie den durch den Einschlag und die Waldbrände verursachten Aschewolken in Verbindung gebracht.

---

chemische Verwitterung: die Prozesse, die zur chemischen Veränderung oder Lösung von Mineralen führen

Flutbasalte: Basalte, die meist als dünnflüssige Lava ausgetreten sind und mächtige, weitflächige Deckenergüsse gebildet haben

---

Siehe auch: känozoisches Massensterben: 3.2.1.8; Vulkanismus: 2.1.2.1

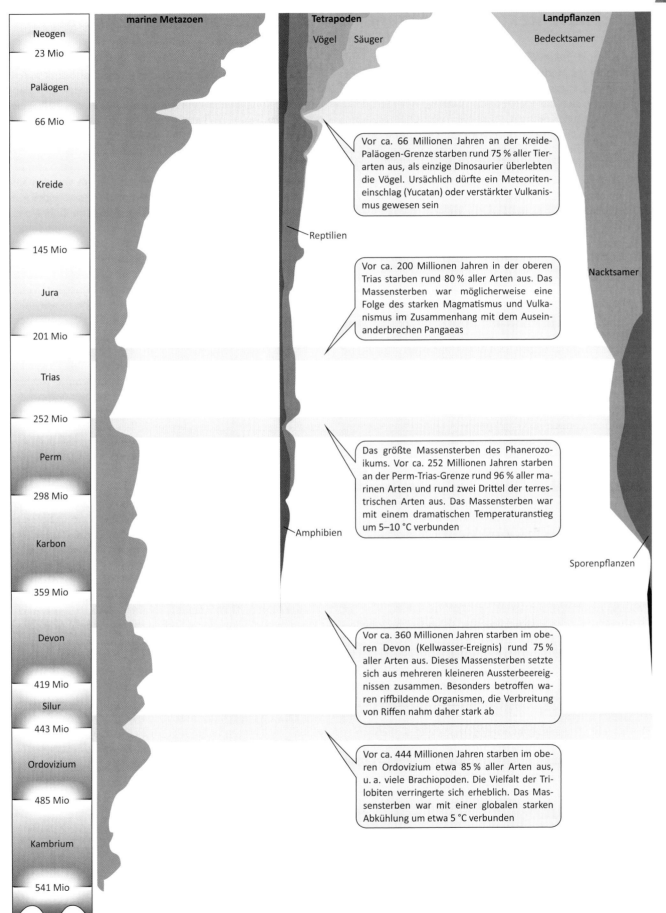

marine Metazoen

Tetrapoden

Landpflanzen

Vögel   Säuger

Bedecktsamer

Neogen	
23 Mio	
Paläogen	
66 Mio	
Kreide	
145 Mio	
Jura	
201 Mio	
Trias	
252 Mio	
Perm	
298 Mio	
Karbon	
359 Mio	
Devon	
419 Mio	
Silur	
443 Mio	
Ordovizium	
485 Mio	
Kambrium	
541 Mio	

Vor ca. 66 Millionen Jahren an der Kreide-Paläogen-Grenze starben rund 75 % aller Tierarten aus, als einzige Dinosaurier überlebten die Vögel. Ursächlich dürfte ein Meteoriteneinschlag (Yucatan) oder verstärkter Vulkanismus gewesen sein

Reptilien

Vor ca. 200 Millionen Jahren in der oberen Trias starben rund 80 % aller Arten aus. Das Massensterben war möglicherweise eine Folge des starken Magmatismus und Vulkanismus im Zusammenhang mit dem Auseinanderbrechen Pangaeas

Nacktsamer

Das größte Massensterben des Phanerozoikums. Vor ca. 252 Millionen Jahren starben an der Perm-Trias-Grenze rund 96 % aller marinen Arten und rund zwei Drittel der terrestrischen Arten aus. Das Massensterben war mit einem dramatischen Temperaturanstieg um 5–10 °C verbunden

Amphibien

Sporenpflanzen

Vor ca. 360 Millionen Jahren starben im oberen Devon (Kellwasser-Ereignis) rund 75 % aller Arten aus. Dieses Massensterben setzte sich aus mehreren kleineren Aussterbeereignissen zusammen. Besonders betroffen waren riffbildende Organismen, die Verbreitung von Riffen nahm daher stark ab

Vor ca. 444 Millionen Jahren starben im oberen Ordovizium etwa 85 % aller Arten aus, u. a. viele Brachiopoden. Die Vielfalt der Trilobiten verringerte sich erheblich. Das Massensterben war mit einer globalen starken Abkühlung um etwa 5 °C verbunden

Plattentektonik und Klimaentwicklung des Phanerozoikums

■ Im Silur drifteten die Kontinente Baltica und Laurentia aufeinander zu und kollidierten unter Bildung des Großkontinentes Laurussia (= Old-Red-Kontinent). Bei der Kollision bildete sich das kaledonische Gebirge. Im Devon war die Kollision der Kontinente und damit die Gebirgsbildung abgeschlossen. Das kaledonische Gebirge bildet die Rumpfgebirge Skandinaviens, der Britischen Inseln und Teile der Appalachen im östlichen Nordamerika. Der zwischen Laurussia und Gondwana liegende Rheische Ozean erreichte im Silur seine größte Ausdehnung.

Im Oberdevon begann die Kollision des Nordkontinents Laurussia mit dem Südkontinent Gondwana. Die Kollision der beiden Großkontinente war die Ursache für die variszische Gebirgsbildung, bei der sich die Grundgebirge Mitteleuropas, der Ostküste Nordamerikas und Zentralasiens bildeten.

Im Perm kollidierte schließlich auch noch der Kontinent Sibiria mit den beiden Großkontinenten. Alle großen Kontinentalmassen waren nun zum Superkontinent Pangaea vereinigt. Im Osten öffnete sich eine große Meeresbucht, die Tethys. In der Obertrias begannen sich mehrere Grabensysteme zu bilden, die im Jura das Zerbrechen Pangaeas in die heutigen Kontinente einleiteten. Zunächst wurde die Trennung Nordamerikas von Eurasien eingeleitet, während die Südkontinente noch im Großkontinent Gondwana vereinigt blieben. In der Kreide drifteten schließlich auch die Südkontinente auseinander. Südamerika trennte sich von Afrika und Indien begann nordwärts zu driften. In der Oberkreide kollidierte eine der Afrikanischen Platte vorgelagerte Mikroplatte (Adriatische Platte) mit der Eurasischen Platte und leitete die alpidische Gebirgsbildung ein. Diese setzt sich im Paläogen fort. Auch Indien kollidierte im Verlaufe des Paläogens mit der Eurasischen Platte unter Bildung des Himalayas. Im Neogen bildete sich eine Landbrücke zwischen Nordamerika und Südamerika, die nun einen Faunen- und Florenaustausch zwischen den amerikanischen Kontinenten erlaubte.

Im Kambrium und im unteren Ordovizium war das Klima sehr warm. Im oberen Ordovizium kam es zu einer globalen Abkühlung um etwa 5 °C, diese führte zu einer Vereisung von Teilen Gondwanas. Spuren dieser Vereisung finden sich vor allem in der Sahara (Sahara-Vereisung). Im Verlaufe des Silurs und des Devons erwärmte sich das Klima wieder. Im Karbon kam es zu einer starken Abkühlung des Klimas um etwa 8 °C und schließlich zur permo-karbonischen Vereisung. Diese hielt bis ins untere Perm an. Das Perm war, auch bedingt durch die großen innerkontinentalen Landmassen, durch ein verhältnismäßig trockenes Klima gekennzeichnet, es wurde zunehmend wieder wärmer. Die Trias war durch ein trocken-heißes Klima und ausgedehnte Wüstengebiete gekennzeichnet. Auch im Jura und in der Kreide war das Klima recht warm. Die zunehmende Fragmentierung der Kontinente führte zu einem ausgeglicheneren und feuchteren Klima. Erst in der Oberkreide begann sich das Klima wieder abzukühlen, dieser Trend setzte sich im Paläogen fort und im Neogen kam es schließlich wieder zu ausgedehnten Vereisungen.

■ Die Besiedlung des Landes mit Pflanzen unterstützte möglicherweise die weltweite Abkühlung des oberen Ordoviziums: Einerseits fixierten die Landpflanzen zunehmend Kohlendioxid, zum anderen verstärkten die Pflanzen die chemische Verwitterung und erhöhten damit den Eintrag von Calcium und Magnesium in die Meere. Die dadurch erhöhte Ausfällung von Carbonaten verringerte weiter die Kohlendioxidkonzentrationen.

Ähnlich war die Entwicklung der Pflanzen auch bedeutend für die klimatischen Entwicklungen des Karbons. Im Laufe des Devons und Karbons breiteten sich baumförmige Farne und Bärlappe entlang der feuchten Küstenlinien und der Flussauen aus und bildeten ausgedehnte Sumpfwälder. Da die zersetzenden Nahrungsketten zunächst nur wenig entwickelt waren, wurde die pflanzliche Biomasse zu großen Teilen nicht abgebaut, sondern abgelagert und schließlich zu Kohle. So wurden der Atmosphäre große Mengen Kohlendioxid entzogen – dagegen reicherte sich Sauerstoff stark an. Die Atmosphäre des Karbons erreichte Sauerstoffkonzentrationen von über 30 %. Die hohe Sauerstoffkonzentration war Voraussetzung für Riesenwuchs bei Insekten. Grundsätzlich erforderten die hohen Sauerstoffkonzentrationen nur vergleichsweise wenig leistungsfähige Atemorgane, viele Tiere waren an hohe Sauerstoffkonzentrationen adaptiert. Die wenig leistungsfähigen Atemorgane wurden mit dem Absinken der Sauerstoffkonzentration im Perm zum Problem und trugen zum Massensterben des Oberperms bei.

Auch die dritte große Vereisung des Neogens und Quartärs hing mit der Entwicklung der Landpflanzen zusammen. Durch die Kollision der Indischen Platte mit der Eurasischen Platte kam es zur Auffaltung des Himalaya und in der Folge zu einem verstärkten Eintrag von Calcium und Magnesium aus Verwitterungsprodukten in die Ozeane. Dadurch wurde Carbonat verstärkt ausgefällt und letztlich Kohlendioxid aus der Atmosphäre entzogen – Kohlendioxid reagiert mit Wasser zu Kohlensäure und über Gleichgewichtsreaktionen weiter zu Hydrogencarbonat und Carbonat. Gleichzeitig nahm die Bedeutung der C_4-Photosynthese und der CAM-Photosynthese zu. Carbonatausfällung und effizientere Photosynthesewege bedingten einen starken Rückgang der atmosphärischen Kohlendioxidkonzentration im Paläogen.

Hydrogencarbonate: einfache Salze der Kohlensäure mit dem HCO_3^--Anion

Verwitterung: mechanischer oder chemischer Zerfall von Gesteinen

■ Siehe auch: C_4-Photosynthese, CAM-Photosynthese: 2.3.5.3, 2.3.5.4; Massensterben: 2.3.1

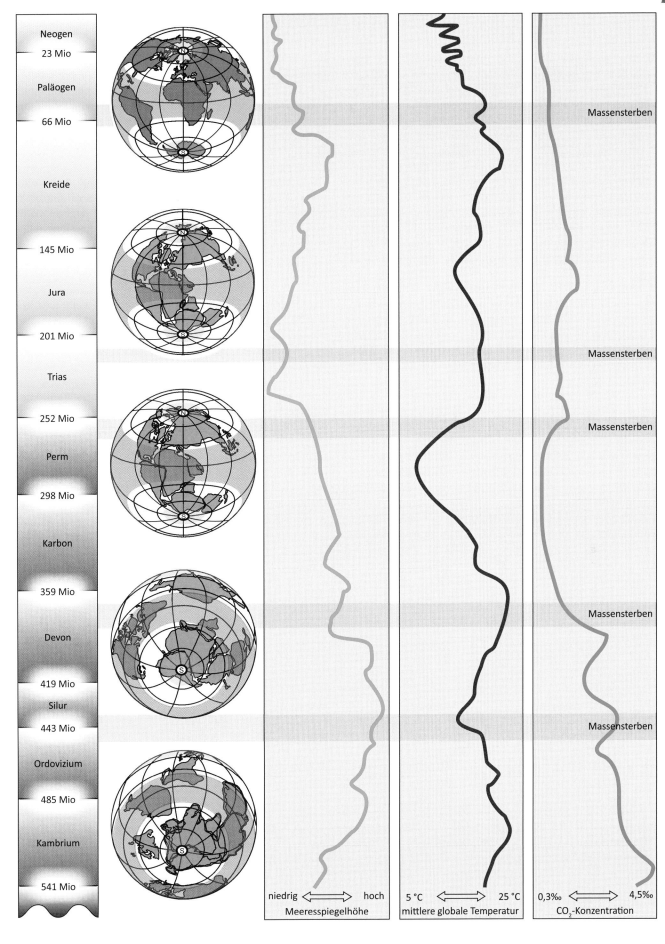

		Massensterben

Neogen — 23 Mio — Paläogen — 66 Mio — Kreide — 145 Mio — Jura — 201 Mio — Trias — 252 Mio — Perm — 298 Mio — Karbon — 359 Mio — Devon — 419 Mio — Silur — 443 Mio — Ordovizium — 485 Mio — Kambrium — 541 Mio

Massensterben

Massensterben

Massensterben

Massensterben

niedrig ⟺ hoch
Meeresspiegelhöhe

5 °C ⟺ 25 °C
mittlere globale Temperatur

0,3‰ ⟺ 4,5‰
CO_2-Konzentration

Fossillagerstätten

■ Fossilien finden sich in vielen Gesteinsschichten. Ungewöhnlich fossilreiche Fundstellen werden als Fossillagerstätten bezeichnet. Eine Auswahl der bedeutendsten Fossillagerstätten ist hier dargestellt. Der Begriff Lagerstätte ist mehrdeutig und wird in der deutschen und angloamerikanischen Literatur unterschiedlich verwendet. Im deutschen Sprachgebrauch bezeichnet der Begriff Lagerstätte (englisch: *deposit*) in der Regel Bereiche der Erdkruste, in denen abbauwürdige Konzentrationen an Rohstoffen vorkommen. Der aus dem Deutschen übernommene, in der englischen Literatur verwendete Begriff „Lagerstätte" bezieht sich dagegen auf Fossilfundstellen mit außergewöhnlich gut erhaltenen oder außergewöhnlich vielen Fossilien. Im Deutschen wird hier von Fossillagerstätten gesprochen. Fossillagerstätten werden weiter unterschieden in Konzentratlagerstätten und Konservatlagerstätten.

Konzentratlagerstätten zeichnen sich durch eine hohe Konzentration an Fossilien aus, diese bestehen aber oft aus unverbundenen Einzelstücken und liegen in unterschiedlichem Erhaltungszustand vor. Beispiele für Konzentratlagerstätten sind Knochenbetten, in denen fossile Überreste zusammengeschwemmt wurden.

Konservatlagerstätten zeichnen sich dagegen durch eine ungewöhnlich gute Erhaltung der Fossilien aus, oft sind auch Weichteile fossil erhalten. Die Fossilien sind dagegen nicht unbedingt häufig. Die meisten bedeutenden Fossillagerstätten sind Konservatlagerstätten.

■ Durch die außergewöhnlich gute Erhaltung von Fossilien in Konservatlagerstätten geben die Fossilien einen tieferen Einblick in die Organisation und auch in das Verhalten der Organismen, als es reine Hartteilfossilien erlauben. Konservatlagerstätten sind daher für die Rekonstruktion der Paläoökologie und der Anatomie ausgestorbener Organismengruppen wichtig.

Ein Beispiel ist die Entdeckung des Conodonten-Tieres in Ölschiefern aus dem Karbon in der Nähe von Edinburgh. Erst durch diesen Fund wurden die Conodonten als zahnähnliche Elemente von basalen Chordaten erkannt. Ein weiteres Beispiel sind die Fundstätten der Ediacara-Fauna, die belegen, dass die Radiation der Metazoen deutlich vor der Überlieferung von hartschaligen Fossilien aus dem unteren Kambrium eingesetzt hat.

Die außergewöhnliche Erhaltung der Konservatlagerstätten kann auf unterschiedliche Faktoren zurückzuführen sein. In Stagnationslagerstätten werden die Fossilien durch lebensfeindliche Bedingungen erhalten. Oft sind dies anoxische, sulfidische Bedingungen, wie bei Ölschiefern und Schwarzschiefern. Ein Beispiel für diesen Lagerstättentyp ist die Grube Messel. Aber auch die hohen Salzkonzentrationen bei der Bildung von Plattenkalken, wie beim Solnhofener Plattenkalk, wirken konservierend. Ein anderer Typ von Konservatlagerstätten sind die Obrutions-Lagerstätten. Hier wird die bodennahe Fauna plötzlich durch feinkörniges Sediment verschüttet, bevor es zu Verwesung und Zersetzung kommen kann. Beispiele für Obrutions-Lagerstätten sind der Burgess Schiefer oder die Bundenbacher Schiefer. Ein dritter Typus sind die Konservat-Fallen, die zu einer schnellen Einbettung der Organismen führen, Beispiele sind Moore sowie Asphalt- und Bitumenseen.

Ölschiefer: an flüssigen oder gasförmigen Kohlenwasserstoffen reiche Tonsteine

■ Siehe auch: Fossilbildung: 2.3.1.3; Hartskelette: 2.3.3.2

Neogen	Ashfall-Fossillagerstätten (USA)
23 Mio	Dominikanischer Bernstein (Dominikanische Republik)
Paläogen	Grube Messel, Ölschiefer (Deutschland)
66 Mio	Zhucheng (China)
Kreide	Santana-Formation (Brasilien)
	Las Hoyas (Spanien)
145 Mio	Solnhofener Plattenkalk (Deutschland)
Jura	Posidonienschiefer Holzmaden (Deutschland)
201 Mio	
Trias	Karatau (Kasachstan)
	Madigen-Formation (Kirgisistan)
252 Mio	Korbacher Spalte (Deutschland)
Perm	
298 Mio	Mazon Creek (USA)
Karbon	Ziegelei Hagen-Vorhalle (Deutschland)
359 Mio	Bundenbacher Schiefer (Deutschland)
Devon	Gogo-Formation (Australien) Miguasha-Nationalpark (Kanada)
	Rhynie-Kieselschiefer (Schottland)
419 Mio	
Silur	
443 Mio	Ludlow Bonebed (England) Soom-Schiefer (Südafrika)
Ordovizium	
485 Mio	Fezouata-Formation (Marokko)
	Burgess-Schiefer (Kanada)
Kambrium	Chengjiang-Faunengemeinschaft (China)
541 Mio	
	Ediacara-Hügel (Südaustralien)

Grube Messel
Die Grube Messel in Hessen ist ein stillgelegter Tagebau. Der Ölschiefer der Grube Messel entstand vor etwa 47 Millionen Jahren durch Sedimentation in einem Vulkansee (Maar). Es finden sich verschiedenste Fossilien, unter anderem von Säugetieren, Vögeln, Reptilien, Fischen sowie Arthropoden und Pflanzen. Die Grube Messel ist bekannt für die hervorragende Erhaltung von Weichteilen

Solnhofener Plattenkalk
Der Solnhofener Plattenkalk findet sich in Mittelfranken und Oberbayern. Der Kalkstein wurde im Oberjura in flachen Lagunen abgelagert. Durch den vergleichsweise hohen Salzgehalt des Lagunenwassers war die Verwesung herabgesetzt. Es finden sich viele marine Fossilien – unter anderem Fische, Krebse, Mollusken – aber auch viele Landtiere. Der Solnhofener Plattenkalk ist vor allem bekannt für die Funde des „Urvogels" *Archaeopteryx*

Ziegelei Hagen-Vorhalle
Der ehemalige Steinbruch der Vorhallener Klinkerwerke liegt in Nordrhein-Westfalen. Die Tonsteinschichten lagerten sich in einem Flussdelta des unteren Oberkarbons ab. Neben verschiedenen Pflanzenfossilien (unter anderem Schachtelhalme, Farne, Cordaiten) finden sich auch viele Insekten und Spinnen. Durch periodische Meeresüberflutungen wurden auch Muscheln, Brachiopoden, Krebse und Goniatiten (Ammonoidea) abgelagert

Rhynie-Kieselschiefer
Die Rhynie-Kieselschiefer finden sich in der schottischen Grafschaft Aberdeenshire. Der Rhynie-Kieselschiefer bildete sich im unteren Devon in einem Flussauensystem. Er ist vor allem für die Fossilien früher echter Gefäßpflanzen (z. B. *Rhynia*, *Horneophyton*) bekannt, aber auch für viele fossile Pilze, unter anderem Mykorrhiza-Pilze und eines der ältesten Flechtenfossilien (*Winfrenatia reticulata*)

Burgess-Schiefer
Der Burgess-Schiefer des Yoho-Nationalparks in Kanada wurde im mittleren Kambrium in einer Meerestiefe von etwa 200 m abgelagert. Bekannt ist der Burgess Schiefer für die herausragende Erhaltung auch von Weichteilen. So finden sich neben Arthropoden und Schwämmen auch Fossilien vieler Tiere ohne Hartskelett. Viele dieser Fossilien sind heutigen Tierstämmen nicht zuzuordnen (z. B. *Opabinia*, *Anomalocaris*, *Hallucigenia*)

Ediacara-Hügel
Die Ediacara-Hügel sind eine der ältesten Fundstätten diverser noch schalenloser Metazoen. Die Sandsteine lagerten sich vor etwa 600 Millionen Jahren ab und wurden diagenetisch zu Quarzit umgeformt. In den Ediacara-Quarziten finden sich unter anderem Schwämme, Cnidaria und verschiedene nicht genau zuordenbare Fossilien. Fossilien der Gattung *Dickinsonia* werden meist als Placozoa gedeutet

Fossilisation: die Entstehung von Fossilien

◼ Als Fossilien werden die erdgeschichtlichen Zeugnisse vergangenen Lebens bezeichnet. Dies können Körperfossilien, aber auch fossile Spuren, Wohnröhren oder Exkremente sein. Oft, aber nicht immer, sind die Fossilien mineralisiert (versteinert).

Die Bildung von Fossilien, die Fossilisation, vollzieht sich in geologischen Zeiträumen. Die Fossilisation beginnt mit dem Tod des Organismus und setzt eine Umgebung voraus, in der der Kadaver nicht durch mikrobiellen Abbau und Aasfresser zerstört wird.

Weichteile verwesen verhältnismäßig schnell, daher sind diese seltener erhalten als Hartteile wie Knochen und Schalen. Der in der Erdgeschichte recht abrupte Beginn einer guten Fossilüberlieferung im Ediacarium bis frühen Kambrium wird auf das Auftreten von Schalen- und Skelettelementen bei vielen verschiedenen Tiergruppen zurückgeführt. Dieses nahezu zeitgleiche Auftreten von Hartteilen muss eine ökologische Ursache gehabt haben – wahrscheinlich den erhöhten Fraßdruck durch vielzellige Eukaryoten.

◼ Sonderformen der Fossilisation sind beispielsweise die Inkohlung oder die Einbettung in Baumharz. In fossilem Baumharz (Bernstein) finden sich vor allem Insekten, aber auch Spinnen, Asseln, Würmern oder Schnecken. Da Bernstein bei der Diagenese und Gesteinsmetamorphose leicht zerstört wird, ist Bernstein nur aus dem Känozoikum bedeutend. Nur wenige Bernsteinvorkommen sind älter. Beispiele für alte Bernsteinvorkommen sind die Steinkohlegruben von Middleton (310 Mio Jahre) oder Vorkommen in den schweizerischen und österreichischen Alpen, insbesondere die Vorkommen bei Golling (etwa 225 Mio Jahre).

Verschiedene Umgebungen sind aber auch für eine Konservierung von Weichteilen günstig. Dazu gehört die Einbettung in Bitumen, in Mooren oder in Salz. Für eine dauerhafte Überlieferung sind diese Umgebungen aber oft nicht günstig: In Salz eingebettete Organismen lösen sich schließlich auf, ähnlich ist eine Überlieferung von Moorleichen nur möglich, wenn die Moore trockenfallen oder die Fossilien umgebettet werden.

Eine rasche Einbettung, die den Kadaver dem Luftsauerstoff und dem Zugriff von Aasfressern entzieht, ist eine wesentliche Voraussetzung für die Fossilisation. Im Verlauf der Diagenese verfestigen sich die Gesteine und durch den zunehmenden Druck kommt es zur Entwässerung und Kompaktion der entstehenden Fossilien. Austauschprozesse in der Bodenlösung führen zur Auslaugung, das Fossil nimmt schließlich dieselbe kristalline Struktur wie die Umgebung an.

Gelangen die Gesteine unter zu hohe Druck-Temperatur-Bedingungen werden die Fossilien schließlich zerstört. Metamorphe Gesteine enthalten daher keine Fossilien.

Werden Pflanzen unter Luftabschluss eingebettet, kommt es zu Inkohlungsprozessen. Dabei reichert sich Kohlenstoff relativ an, andere Elemente, insbesondere Sauerstoff, Wasserstoff und Stickstoff, werden entzogen. Hierbei entsteht zunächst Torf, dann Braunkohle, bei fortschreitender Inkohlung Steinkohle und schließlich Anthrazit. Die ersten Schritte der Inkohlung sind dabei vorwiegend durch den mikrobiellen Abbau von Kohlenhydraten und Proteinen gekennzeichnet. Die weiter fortschreitende Inkohlung, insbesondere die Umwandlung von Braunkohle zu Steinkohle und Anthrazit, wird vorwiegend durch die steigenden Druck- und Temperaturverhältnisse bestimmt.

Auslaugung: Auswaschung von feinen Bodenbestandteilen mit nach unten sickerndem Wasser aus den oberen Bodenhorizonten
Bitumen: (lat.: *bitumen* = Erdpech) aus Erdöl entstandenes Gemisch organischer Stoffe
Diagenese: Verfestigung von Sedimenten durch Auflast, Lösung und Umkristallisation bei nicht wesentlich geänderter Temperatur

Inkohlung: Bildung von fossilen organischen Materialien unter Freisetzung von Wasser, CO_2 und Kohlenwasserstoff. Zurück bleibt fast nur reiner Kohlenstoff
Kompaktion: Durch Zunahme der Auflast verkleinert und setzt sich das Sediment zunehmend

---

◼ Siehe auch: Leitfossilien: 2.3.2; Fossillagerstätten: 2.3.1.2

Durch Erosionsprozesse werden die aufgelagerten Gesteins-schichten abgetragen und das Fossil wird schließlich wieder freigelegt

Erdöl entsteht aus abgestorbenen planktischen Organismen. Hohe Planktonbiomassen werden vor allem an den Schelfrändern der tropischen und subtropischen Klimazonen erreicht. Erdöl bildet sich bei Temperaturen zwischen 60 und 200 °C in Gesteinstiefen zwischen 2000 und 4000 m

Die Zusammensetzung der Salzlösungen zwischen Fossil und Umgebung gleicht sich an. In den meist silikatreichen Lösungen kommt es zur Umkristallisation: Strukturen bleiben erhalten, aber die chemische Zusammensetzung verändert sich: Das Fossil „versteinert"

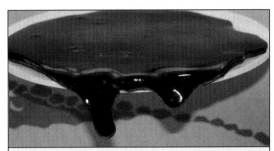

Bitumen (Erdpech) kann zähflüssige klebrige Bitumenseen bilden. In diesen können Tiere ertrinken und eingebettet werden. Verwesende Tierkadaver ziehen weitere (carnivore) Tiere an. So finden sich oft individuenreiche, zufällig zusammen gekommene Totengemeinschaften (Thanatocoenosen)

Mit zunehmenden Sedimentablagerungen und damit steigenden Temperatur- und Druckverhältnissen kommt es zur Entwässerung und Kompaktion. Das Fossil wird vornehmlich in vertikaler Richtung durch den Gesteinsdruck plattgedrückt.

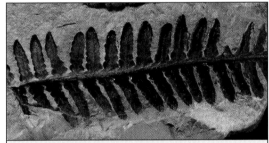

Bei der Inkohlung entsteht aus pflanzlichem Material unter Sauerstoffabschluss Torf, Braunkohle und schließlich Steinkohle. Die heutigen Steinkohlevorkommen gehen auf Sümpfe der Küsten und Flussniederungen des Karbons zurück. Hier ein durch Inkohlung entstandenes fossiles Farnblatt

Damit es zur Bildung von Fossilien kommen kann, muss ein toter Organismus dem Zugriff von Aasfressern und Verwesungsprozessen rasch entzogen werden. Dies kann durch rasche Einbettung in Sedimente, idealerweise schlammige Sedimente, geschehen

Vor allem Insekten und Spinnen, aber auch Würmer und Pflanzenteile, wie Pollen oder Samen, finden sich auch in fossilen Baumharzen (Bernstein). Bernsteinfunde stammen vor allem aus dem Paläogen und der Kreide

Geochronologie und Stratigraphie

Die Bestimmung des Alters von Gesteinen und Fossilien ist Gegenstand zweier Disziplinen, der Stratigraphie und der Geochronologie: Ziel der Stratigraphie ist die relative Datierung von Gesteinskörpern, also verschiedene Gesteinskörper zeitlich zueinander in Beziehung zu setzen. Die Chronostratigraphie nutzt dazu Zeitmarken in den Gesteinen, die Biostratigraphie nutzt Fossilien, insbesondere deren Erstauftreten und Verschwinden. Die Geochronologie datiert dagegen absolute Gesteinsalter, sie ist eine grundsätzlich von der Stratigraphie unabhängige Disziplin. Die Verbindung von Stratigraphie und Geochronologie ermöglicht aber erst die sinnvolle zeitliche Rekonstruktion der Erdgeschichte.

Ziel der Stratigraphie ist die Erstellung einer chronostratigraphischen Abfolge, also einer zeitlichen Abfolge erdgeschichtlicher Ereignisse. Gesteinsschichten im Liegenden („darunter") sind in der Regel älter als Gesteinsschichten im Hangenden („darüber"). Ausgehend von diesem stratigraphischen Prinzip lassen sich Gesteinsschichten und die Fossilien darin relativ zueinander einordnen. Tektonische Prozesse, insbesondere Verfaltung und Überschiebung, können diese Lagerungsregel aber auch manchmal umkehren. Die Stratigraphie nutzt verschiedene Merkmale, wie beispielsweise das Auftreten und Aussterben von Fossilien (Biostratigraphie), das Auftreten bestimmter Gesteinseinheiten (Lithostratigraphie) oder Polaritätswechsel des Erdmagnetfeldes (Magnetostratigraphie). Alle diese Merkmale werden in die chronostratigraphische Abfolge eingeordnet.

Die Grundeinheit der Stratigraphie ist die Stufe (z. B. Gelasium als unterste Stufe des Quartärs). Die höheren Einheiten sind Serie (z. B. Pleistozän), System (z. B. Quartär), Ärathem (z. B. Känozoikum) und Äonothem (z. B. Phanerozoikum). Die den stratigraphischen Einheiten entsprechenden Einheiten der Geochronologie sind als Grundeinheit das Alter sowie die höheren Elemente Epoche, Periode, Ära und Äon.

Die Chronostratigraphie ist an bestimmte Gesteinskörper gebunden. Chronostratigraphische Grenzen werden durch ein Referenzprofil festgelegt. Diese chronostratigraphischen Grenzen, also der Beginn chronostratigraphischer Einheiten, sind somit eindeutig und objektiv definiert. Die Obergrenze einer Stufe wird nicht explizit definiert, sie wird durch die Definition der Untergrenze der nächsten Stufe festgelegt.

Die Kombination der verschiedenen stratigraphischen Methoden hat zu einem recht detaillierten Wissen der relativen Abfolge von erdgeschichtlichen Ereignissen geführt.

Für die absolute Datierung sind geochronologische Methoden notwendig. In der Regel nutzen diese Verfahren den radioaktiven Zerfall von Isotopen in den Mineralen, um so den Zeitpunkt der Mineralbildung zu datieren. Dadurch lassen sich in magmatischen Gesteinen der Zeitpunkt der Erstarrung und in metamorphen Gesteinen der Zeitpunkt der metamorphen Überprägung messen. Durch Kombination verschiedener radiometrischer Methoden ist die geochronologische Altersbestimmung recht zuverlässig. Kleine Fehler der Messgenauigkeit bedingen aber eine gewisse Ungenauigkeit im Bereich von wenigen Prozent des Messwertes. Der geologische Fehler – durch Diffusion der Radioisotope in oder aus dem zu untersuchenden Gestein, veränderte Konzentrationen oder eine Falschzuordnung des Gesteins zu älteren oder jüngeren Schichten – ist dabei in der Regel deutlich größer als der messtechnische Fehler. Je älter die Gesteine sind, desto länger ist der Zeitraum, auf den sich diese Unsicherheit bezieht.

Da die (relative) stratigraphische Altersbestimmung meist Zeitmarken von nur kurzer geologischer Dauer nutzt, ist die stratigraphische Altersbestimmung insbesondere in älteren Gesteinen oft wesentlich genauer als die geochronologische (absolute) Altersbestimmung.

Die Übertragung und Parallelisierung mit anderen Gesteinsschichten erfolgt über andere stratigraphische Methoden, eine absolute zeitliche Datierung über Methoden der Geochronologie. Da das zeitliche Auftreten von Fossilien oder anderen stratigraphischen Merkmalen nicht immer mit den chronostratigraphischen Einheiten korreliert, werden diese durch die unabhängige Einheit der Chronozone beschrieben. Für Fossilien wäre dies beispielsweise die Biozone. So korreliert die unterste Stufe der Trias, das Indusium, mit dem Auftreten der Conodonten-Art *Hindeodus parvus*. Definiert ist das Indusium allerdings über die Typ-Lokalität in der Provinz Zhejiang in China.

Kontaktmetamorphose: Metamorphose aufgrund einer Aufheizung durch heißes Magma
metamorphes Gestein: durch hohen Druck und Temperaturen unter Erhaltung des festen Zustands überprägtes Gestein

Typ-Lokalität: der Ort, der der Definition einer stratigraphischen Einheit zugrunde liegt
Versenkungsmetamorphose: Metamorphose aufgrund der Versenkung eines Gesteins in größere Tiefen

Siehe auch: Conodonten: 2.3.2.7

Zeitskala
Neogen
23 Mio
Paläogen
66 Mio
Kreide
145 Mio
Jura
201 Mio
Trias
252 Mio
Perm
298 Mio
Karbon
359 Mio
Devon
419 Mio
Silur
443 Mio
Ordovizium
485 Mio
Kambrium
541 Mio

Die Radiocarbonmethode nutzt den Zerfall von ^{14}C (Kohlenstoff) zu ^{14}N (Stickstoff) mit einer Halbwertszeit von 5.730 Jahren. Sie ist nur für vergleichsweise junge Gesteine mit einem Alter von maximal etwa 70.000 Jahren geeignet

Grundlegende Einheit der Biostratigraphie ist die Biozone. Sie bezeichnet als chronologische Einheit eine auf der Lebensdauer einer biologischen Art beruhende Zeitspanne und als stratigraphischer Begriff die innerhalb dieser Zeitspanne neu gebildeten Gesteine. Eine genaue zeitliche Einordnung, wie hier der Conodonten an der Perm-Trias Grenze, erfolgt durch Verknüpfung mit der Geochronologie

Isarcicella isarcica

Isarcicella staeschei

Hindeodus parvus

Neogondolella taylorae

Hindeodus changxingensis

Neogondolella maishanensis

Neogondolella yini

Die Kalium-Argon-Methode ist für Gesteine mit einem Alter von zumindest mehreren 100.000 Jahren geeignet und nutzt den Zerfall von ^{40}K (Kalium) zu ^{40}Ar (Argon) und ^{40}Ca (Calcium) mit einer Halbwertszeit von 1,28 Milliarden Jahren. Nur das selten auftretende ^{40}Ar wird für die Altersbestimmung verwendet, da sich das sehr häufige ^{40}Ca nicht eignet

Für uranhaltige Minerale werden bei der Uran-Blei-Methode zwei Zerfallsreihen genutzt, jeweils über mehrere Zwischenprodukte: der Zerfall von ^{235}U zu ^{207}Pb mit einer Halbwertszeit von 703,8 Millionen Jahren und von ^{238}U zu ^{206}Pb mit einer Halbwertszeit von 4,468 Milliarden Jahren. Die Methode eignet sich zur Datierung von Gesteinen mit einem Alter von mehreren Millionen Jahren

Die Rubidium-Strontium-Datierung nutzt den Zerfall von ^{87}Rb (Rubidium) zu ^{87}Sr (Strontium) mit einer Halbwertszeit von 47 Milliarden Jahren und eignet sich insbesondere für die Datierung von Feldspäten, Glimmern oder auch Hornblende in sehr alten Mineralen

^{14}C: Halbwertszeit 5.730 Jahre

^{40}K: Halbwertszeit 1,28 Milliarden Jahre

^{238}U: Halbwertszeit 4,468 Milliarden Jahre

^{235}U: Halbwertszeit 703 Millionen Jahre und ^{238}U: Halbwertszeit

^{87}Rb: Halbwertszeit 47 Milliarden Jahre

Stratigraphie
Die Stratigraphie untersucht die zeitliche Bildungsfolge von Gesteinen und damit deren relative Alterseinordnung. Das stratigraphische Prinzip besagt, dass (in der Regel) Sedimentschichten im Liegenden ("unten") älter sind, als die im Hangenden ("oben"). Die Stratigraphie nutzt verschiedene Marker, dazu gehören geochemische Marker, Ablagerungen katastrophaler Ereignisse (z. B. Vulkanismus, Tsunamis) oder die über den Gesteinsmagnetismus nachweisbaren Änderungen des Erdmagnetfeldes. Im Phanerozoikum hat insbesondere die Biostratigraphie, die relative Zeitbestimmung anhand von Fossilien, eine zentrale Bedeutung

Geochronologie
Die Geochronologie untersucht das absolute Alter von Gesteinen. Für eine Altersdatierung wird vorwiegend der Zerfall radioaktiver Elemente genutzt, die bei der Bildung von Mineralen in die Kristallgitter eingebaut wurden. Aus dem Verhältnis der Radioisotope und der Zerfallsprodukte kann man Rückschlüsse auf den Zeitpunkt der Entstehung ziehen. Für Datierungen der letzten 70.000 Jahre eignet sich ^{14}C, für längere Zeiträume verschiedene andere Radioisotope. Der Zeitraum um 100.000 Jahre ist durch Radioisotope vergleichsweise schlecht datierbar. Für die jüngste Vergangenheit, in etwa der Zeitraum nach der letzten Vereisung, werden auch die Dendrochronologie (Wachstumsringe von Holz) und die Warvenchronologie (Ablagerungsfolge in Gewässersedimenten) zur absoluten Altersbestimmung herangezogen

Benennung und biostratigraphische Definition der Systeme des Phanerozoikums

Der Beginn der Systeme des Phanerozoikums wird anhand von Typ-Lokalitäten definiert. Diese Typ-Lokalitäten werden als GSSP (engl.: *Global Stratotype Section and Point* (globale Eichpunkte für Stratotypen)) bezeichnet. Der Beginn der Systeme korreliert zudem mit dem Auftreten oder Verschwinden von bestimmten Leitfossilien, die für die Definition der Grenzen dieser Systeme herangezogen werden. Das Alter der Typ-Lokalitäten ist geochronologisch recht genau datiert, die geochronologischen Daten liegen allerdings nicht der Definition der Systeme zugrunde. Neuere (genauere) Datierungen dieser Gesteinsschichten können daher zu leichten Verschiebungen der Altersdatierung führen. Die Namen der Systeme sind oft abgeleitet von den geographischen Regionen, in denen sie an der Oberfläche anstehen. Dies gilt beispielsweise für das Kambrium (Cambria = Wales) oder das Devon (Devonshire).

Man unterscheidet zwischen geologischen Zeiträumen (Äon, Ära, Periode), die geochronologisch definiert werden, und den Gesteinsschichten (Äonotherm, Ärathem, System), die diesen Zeiträumen zugeordnet sind. Das geochronologische Äon Phanerozoikum wird in drei Ären (Paläozoikum, Mesozoikum, Känozoikum) und diese werden wiederum in Perioden unterteilt. Die Gesteinsschichten, die in den jeweiligen Zeiträumen abgelagert wurden, werden chronostratigraphisch untergliedert. Das chronostratigraphische Äonotherm entspricht hier dem geochronologischen Äon, das chronostratigraphische Ärathem der geochronologischen Ära und die chronostratigraphische Periode dem geochronologischen System.

Die Gesteinsschichten (Strata, von stratum = Bank / Lage) werden chronostratigraphisch anhand einer Typ-Lokalität definiert. Zudem wird das Auftreten oder Verschwinden von Leitfossilien für den chronostratigraphischen Abgleich von Gesteinsschichten genutzt. Leitfossilien, die für die Abgrenzung der Systeme (und Äratheme) herangezogen werden, sind in der Regel pelagische und nicht benthische Arten, da die pelagischen Arten meist eine weitere geographische Verbreitung haben. In manchen Fällen werden Makrofossilien genutzt. Beispiele sind vor allem Ammoniten. So markiert die Ammonitenart *Psiloceras spelae* den Beginn des Jura und die Ammonitenart *Beriasella jacobi* den Beginn der Kreide. Meist handelt es sich bei den Leitfossilien jedoch um planktische Mikrofossilien, da diese in großer Zahl vorkommen und geographisch oft weiter verbreitet sind. Damit erlauben sie eine relative Altersdatierung von Gesteinsschichten verschiedener Kontinente und geographischer Regionen.

Stratotyp: Gesteinsschicht einer Typ-Lokalität, also eines bestimmten Ortes, anhand derer eine stratigraphische Einheit definiert ist

Typ-Lokalität: der Ort, der der Definition einer stratigraphischen Einheit zugrunde liegt

---

Siehe auch: stratigraphische und geochronologische Zeiträume: 2.3.1.4

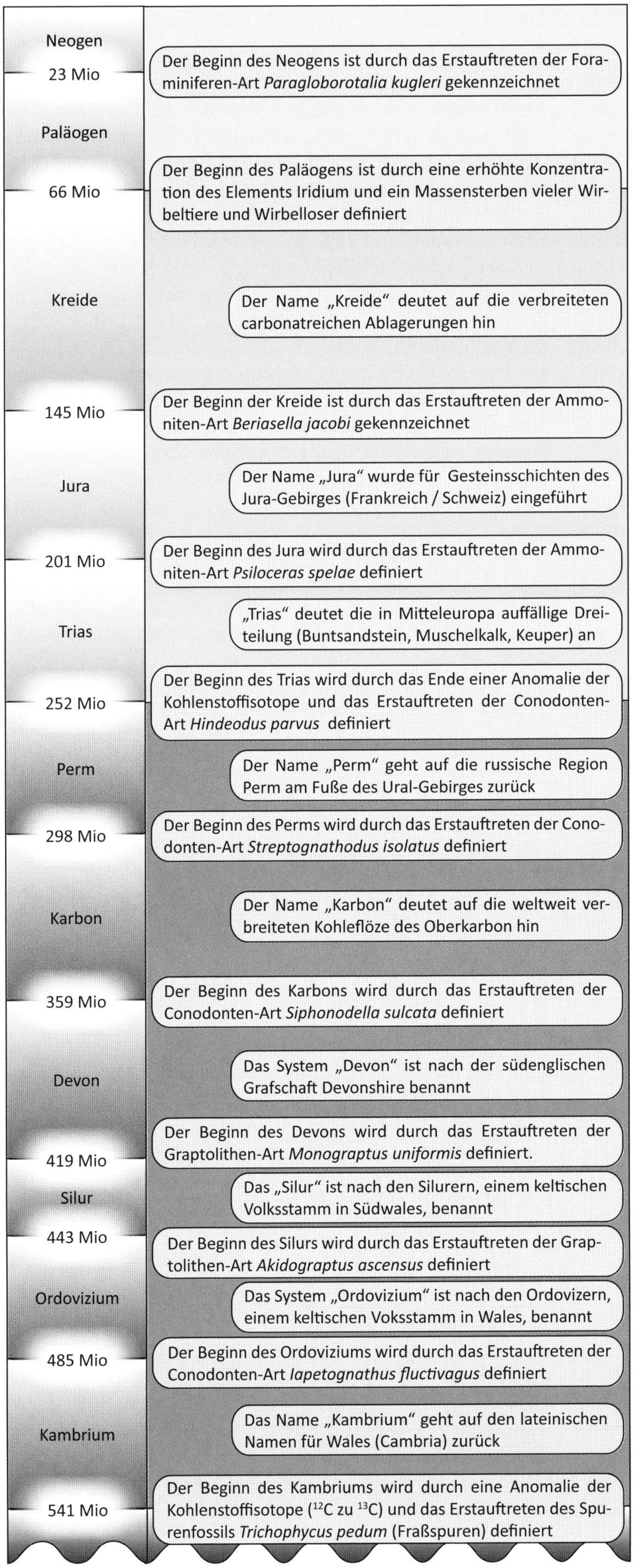

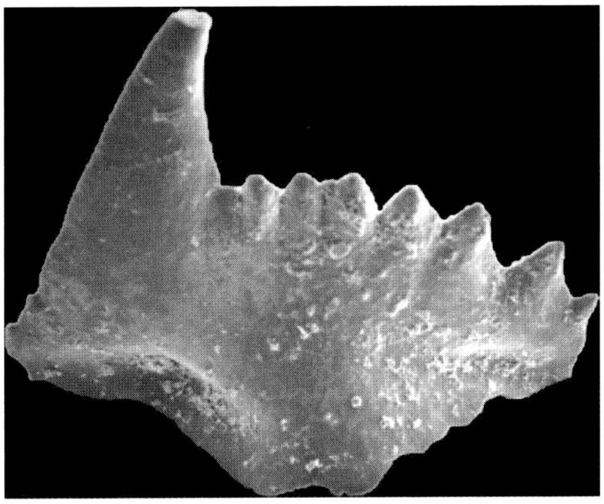
Hindeodus parvus: Leitfossil für den Beginn der Trias

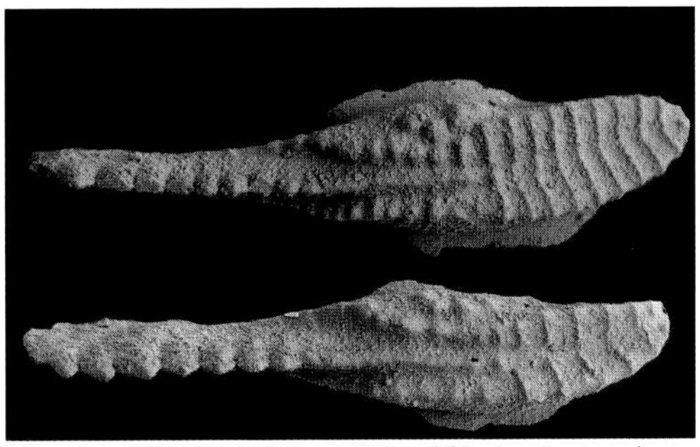
Streptognathodus isolatus: Leitfossil für den Beginn des Perms

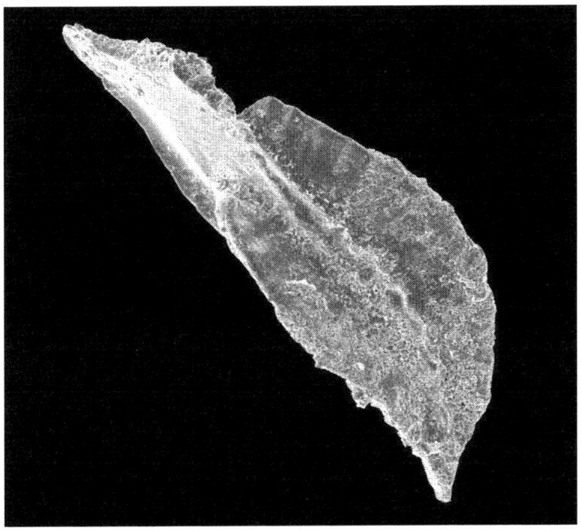
Siphonodella sulcata: Leitfossil für den Beginn des Karbons

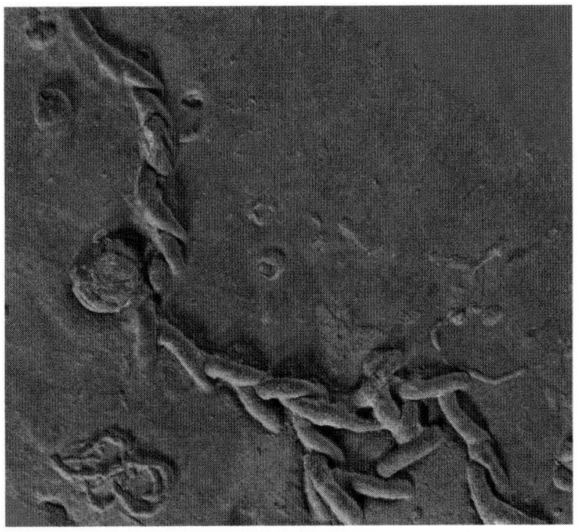
Trichophycus pedum: Leitfossil für den Beginn des Kambriums

Fossile Biodiversität

Unterschiedliche paläontologische Analysen erfordern unterschiedliche Eigenschaften der Organismen. Dies soll an den Beispielen Stratigraphie und Paläoökologie verdeutlicht werden. Ziel der Stratigraphie ist eine relative zeitliche Einordnung, Ziel der Paläoökologie die Rekonstruktion der Lebensräume und der ökologischen Verhältnisse.

Für paläoökologische Analysen sind Organismen mit engen ökologischen Nischen und einer geringen Tendenz zur Verdriftung gut geeignet, da diese Rückschlüsse auf die Habitateigenschaften erlauben. Stationäre, eventuell sogar in das Sediment eingegrabene, Organismen (wie Muscheln) eignen sich besonders gut. Die Morphologie dieser Organismen erlaubt Rückschlüsse auf deren Lebensweise und durch die endobenthische Lebensweise werden die Organismen in der Regel nur in ihren ehemaligen Habitaten gefunden.

Für chronostratigraphische Zwecke geeignete Fossilien sollten dagegen weit verbreitet sein, sowohl geographisch, als auch über verschiedene Lebensräume. Eine weltweite Verbreitung ermöglicht die Synchronisation von Gesteinsformationen in verschiedenen Regionen der Erde. Eine Verbreitung über verschiedene Habitate ermöglicht die Synchronisation verschiedener Lebensräume. Besonders geeignet für chronostratigraphische Zwecke sind daher viele planktische Formen, da diese meist weiter verbreitet (oder auch tot verdriftet) werden und sich in den verschiedensten Habitaten und geographischen Regionen nachweisen lassen.

Leitfossilien sind Fossilien, die eine stratigraphische Einordnung von Gesteinsformationen erlauben. Daher sollten sie nur in einem geologisch kurzen Zeitraum gelebt haben, um eine möglichst enge chronostratigraphische Einordnung zu ermöglichen. Gleichzeitig sollten die Organismen häufig sein, um ein Auffinden in den entsprechenden Gesteinsschichten sicherzustellen. Leitfossilien sind daher oft kleine Organismen – besonders hervorzuheben sind Conodonten, Graptolithen und Foraminiferen.

Leitfossilien finden sich in den verschiedensten Organismengruppen. Die meisten dieser Gruppen sind aber nur in bestimmten Systemen von Bedeutung, während sie über wesentlich längere Zeiträume existierten. Die meisten Großgruppen der Metazoa existieren bereits seit dem Kambrium, trotzdem sind einige Gruppen nur in der jüngeren erdgeschichtlichen Vergangenheit als Leitfossilien wichtig. Beispielsweise sind Muscheln und Gastropoden vorwiegend im Känozoikum als Leitfossilien bedeutend, obwohl sie schon seit dem Kambrium existieren. Andere Gruppen, wie die Nautiloideen, sind dagegen fast über den gesamten Zeitraum ihrer Existenz als Leitfossilien bedeutend.

Von herausragender Bedeutung als Leitfossilien sind Cephalopoden, insbesondere die Nautiloidea, die Ammonoidea und die Belemnoidea. Die Gehäuse- und Skelettelemente dieser Organismen sind fossil vergleichsweise gut erhalten. Durch die pelagische Lebensweise vieler Taxa sind diese weit verbreitet. Daneben stellen im frühen Paläozoikum die Trilobiten und Graptolithen bedeutende Leitfossilien. Im oberen Paläozoikum sind neben den Ammonoideen auch Korallen und Brachiopoden wichtige Leitfossilien, im oberen Mesozoikum sind Foraminiferen bedeutend, im Känozoikum kommen andere Mollusken, insbesondere die Muscheln und Schnecken, hinzu.

---

endobenthisch: im Sediment lebend
Nische: (lat.: *nidus* = Nest) Gesamtheit der abiotischen und biotischen Faktoren, die für eine Art zum Überleben und Fortpflanzen notwendig sind

Sutur: (lat.: *sutura* = Naht) Nahtstelle, bei Cephalopoden die Lobenlinie
Verdriftung: passive Verbreitung von Organismen und deren Überdauerungsstadien

Siehe auch: Fossilbildung: 2.3.1.3; Stratigraphie: 2.3.1.4

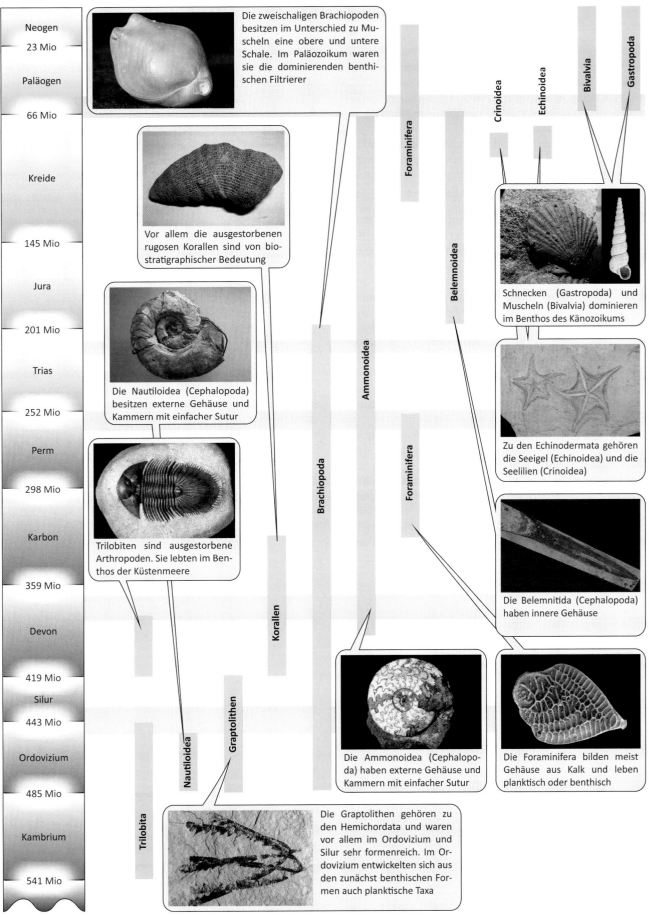

Die zweischaligen Brachiopoden besitzen im Unterschied zu Muscheln eine obere und untere Schale. Im Paläozoikum waren sie die dominierenden benthischen Filtrierer

Vor allem die ausgestorbenen rugosen Korallen sind von biostratigraphischer Bedeutung

Die Nautiloidea (Cephalopoda) besitzen externe Gehäuse und Kammern mit einfacher Sutur

Trilobiten sind ausgestorbene Arthropoden. Sie lebten im Benthos der Küstenmeere

Schnecken (Gastropoda) und Muscheln (Bivalvia) dominieren im Benthos des Känozoikums

Zu den Echinodermata gehören die Seeigel (Echinoidea) und die Seelilien (Crinoidea)

Die Belemnitida (Cephalopoda) haben innere Gehäuse

Die Ammonoidea (Cephalopoda) haben externe Gehäuse und Kammern mit einfacher Sutur

Die Foraminifera bilden meist Gehäuse aus Kalk und leben planktisch oder benthisch

Die Graptolithen gehören zu den Hemichordata und waren vor allem im Ordovizium und Silur sehr formenreich. Im Ordovizium entwickelten sich aus den zunächst benthischen Formen auch planktische Taxa

Neogen
23 Mio

Paläogen

66 Mio

Kreide

145 Mio

Jura

201 Mio

Trias

252 Mio

Perm

298 Mio

Karbon

359 Mio

Devon

419 Mio

Silur

443 Mio

Ordovizium

485 Mio

Kambrium

541 Mio

Foraminifera

Crinoidea

Echinoidea

Bivalvia

Gastropoda

Belemnoidea

Ammonoidea

Brachiopoda

Foraminifera

Korallen

Graptolithen

Nautiloidea

Trilobita

Foraminifera

Foraminiferen sind fossil seit dem Kambrium bekannt, die Gruppe evolvierte aber wahrscheinlich schon deutlich früher. Bislang kennt man etwa 10.000 rezente und 40.000 fossile Arten. Die Kalkskelette der Foraminiferen sind fossil gut überliefert und wichtige Leitfossilien, vor allem der Kreide und des Känozoikums.

Foraminiferen sind einzellige Organismen. Sie sind meist einige 100 μm groß, die größten fossilen Exemplare erreichten aber mehrere Zentimeter. Foraminiferen bilden ein in der Regel mehrkammeriges Skelett aus, durch Perforationen des Gehäuses treten feine Plasmastränge aus. Die Gehäuse sind bei den meisten Formen aus Calciumcarbonat, in der Regel aus Calcit, seltener aus Aragonit, aufgebaut. Bei den agglutinierenden Foraminiferen werden Sedimentpartikel in der Regel durch Proteine miteinander verklebt. Bei den Allogromiida sind die Gehäuse rein aus Proteinen aufgebaut oder fehlen – diese Gruppe spielt daher fossil keine Rolle.

Die Foraminiferen sind vorwiegend marin, nur wenige Arten kommen im Süßwasser vor. Die meisten Arten leben benthisch, nur die Globigerinida leben planktisch.

Die inneren Verwandtschaftsbeziehungen der Foraminiferen sind noch weitgehend ungeklärt. Die systematische Einteilung, insbesondere auch der fossilen Taxa, folgt daher weitgehend morphologischen Merkmalen.

Die Allogromiida (Kambrium bis rezent) besitzen organische Gehäuse, selten keine. Sie sind daher selten fossil überliefert.

Die Textulariida (Kambrium bis rezent) mit den vor allem im Jura und in der Kreide bedeutenden Lituolaceae und Orbitolinaceae besitzen agglutinierte Gehäuse, bei denen Sedimentpartikel durch Carbonate oder organische Substanz zum Gehäuse zementiert werden. Die Gehäuse sind mehrkammerig und in der Regel planspiral und durchgängig seriell aufgebaut.

Die Globigerinida (Jura bis rezent) besitzen Gehäuse aus hyalinem Calcit, die Kammern sind nahezu kugelig (globulär) und fein perforiert. Die Globigerinida leben planktisch und können einen großen Anteil an marinen kalkigen Sedimenten der Kreide, des Paläogens und des Neogens stellen.

Die Rotaliida (Jura bis rezent) besitzen vielkammerige Gehäuse aus hyalinem Calcit. Fossil von besonderer Bedeutung sind die planspiralen Nummulitidae („Nummuliten"). Die Nummulitidae sind Großforaminiferen, die mehrere Zentimeter Durchmesser erreichen können. Die größten Arten wurden über 15 cm groß. Sie lebten benthisch in flachmarinen Meeresbereichen und in Symbiose mit photosynthetischen Endosymbionten (in der Regel unbeschalte Diatomeen). Ähnlich bedeutend in der Oberkreide und im Paläogen waren die im Miozän ausgestorbenen Orbitoideae. Die ebenfalls in die Verwandtschaft der Rotaliida gehörenden Lagenida erreichten mit den Nodosariaceae ihre größte Diversität im Jura und in der Kreide.

Die Fusulinida (unteres Silur bis oberes Perm) besaßen ein Gehäuse aus mikrogranulärem Calcit. Die Gehäuse waren planspiral, diskusförmig oder spindelförmig. Vor allem die Familien Endothyraceae und Fusulinaceae sind bedeutende Leitfossilien des oberen Paläozoikums.

Die Miliolida (Karbon bis rezent) besitzen zwei- bis vielkammerige Gehäuse ohne Poren (imperforat). Die Gehäuse sind agglutiniert oder aus Calcit aufgebaut. Die zufällig orientierten Calcitkristalle brechen das Licht in alle Richtungen – die Gehäuse haben dadurch eine porzellanartige Erscheinung.

---

agglutiniert: aus verklebten Partikeln zusammengesetzt
Aggregation: (lat.: *aggregatio* = Anhäufung, Vereinigung) Ansammlung, Zusammenlagerung von Zellen oder Partikeln

hyalin: glasig, glasartig
planspiral: spiralig in einer Ebene aufgewunden
Tethys: Ozean, welcher zwischen Laurasia und Gondwana zwischen Perm und Tertiär existierte

Siehe auch: Foraminifera: 4.5.2.1

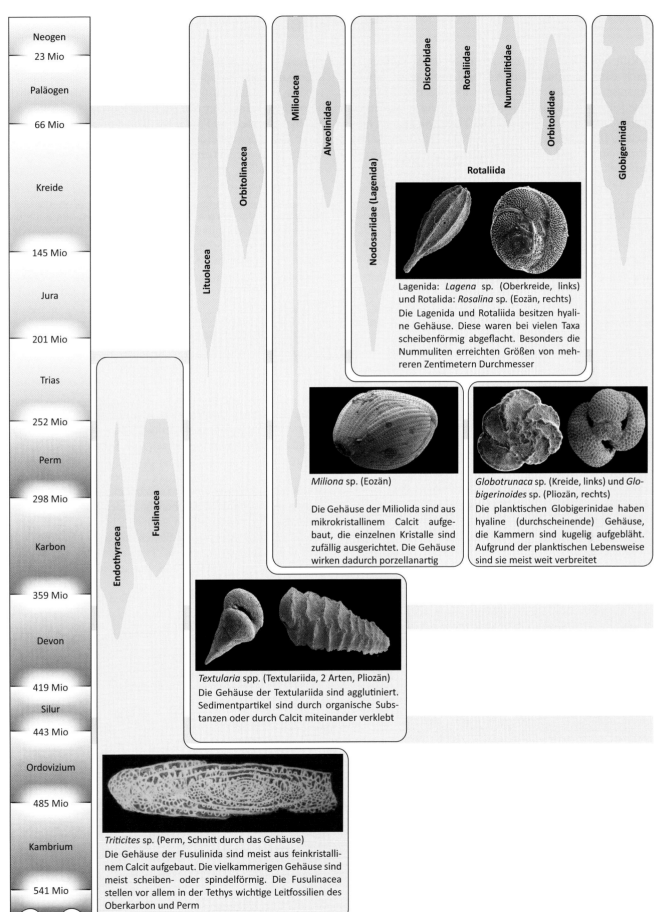

Neogen

23 Mio

Paläogen

66 Mio

Kreide

145 Mio

Jura

201 Mio

Trias

252 Mio

Perm

298 Mio

Karbon

359 Mio

Devon

419 Mio

Silur

443 Mio

Ordovizium

485 Mio

Kambrium

541 Mio

Orbitolinacea

Lituolacea

Miliolacea

Alveolinidae

Nodosariidae (Lagenida)

Discorbidae

Rotaliidae

Nummulitidae

Orbitoididae

Globigerinida

Fuslinacea

Endothyracea

Rotaliida

Lagenida: *Lagena* sp. (Oberkreide, links) und Rotalida: *Rosalina* sp. (Eozän, rechts)

Die Lagenida und Rotaliida besitzen hyaline Gehäuse. Diese waren bei vielen Taxa scheibenförmig abgeflacht. Besonders die Nummuliten erreichten Größen von mehreren Zentimetern Durchmesser

Miliona sp. (Eozän)

Die Gehäuse der Miliolida sind aus mikrokristallinem Calcit aufgebaut, die einzelnen Kristalle sind zufällig ausgerichtet. Die Gehäuse wirken dadurch porzellanartig

Globotrunaca sp. (Kreide, links) und *Globigerinoides* sp. (Pliozän, rechts)

Die planktischen Globigerinidae haben hyaline (durchscheinende) Gehäuse, die Kammern sind kugelig aufgebläht. Aufgrund der planktischen Lebensweise sind sie meist weit verbreitet

Textularia spp. (Textulariida, 2 Arten, Pliozän)

Die Gehäuse der Textulariida sind agglutiniert. Sedimentpartikel sind durch organische Substanzen oder durch Calcit miteinander verklebt

Triticites sp. (Perm, Schnitt durch das Gehäuse)

Die Gehäuse der Fusulinida sind meist aus feinkristallinem Calcit aufgebaut. Die vielkammerigen Gehäuse sind meist scheiben- oder spindelförmig. Die Fusulinacea stellen vor allem in der Tethys wichtige Leitfossilien des Oberkarbon und Perm

Riffbildner

Riffe sind komplexe dreidimensionale Strukturen, die durch das Wachstum und Aggregationen calcifizierender Organismen entstehen. Grundsätzlich lassen sich verschiedene Rifftypen unterscheiden: erstens flachmarine Riffe mit hypercalcifizierenden Tieren, also Tieren mit einem hohen Skelett-/Biomasse-Verhältnis, zweitens Tief- und Kaltwasserriffe und drittens mikrobielle Riffe, an denen Tiere nur vereinzelt vorkommen.

Die Artbildungsraten in Riffen sind tendenziell höher als in anderen benthischen Gesellschaften. Der Artenreichtum in Riffen ist im Vergleich zu anderen marinen Habitaten hoch.

Die ersten Riffe waren mikrobielle Riffe und wurden von Cyanobakterien und anderen Bakterien aufgebaut. Im Proterozoikum erreichten diese Riffe aufgrund des Fehlens von Prädatoren eine hohe Komplexität. Erst im Phanerozoikum wurden Metazoen als Riffbildner bedeutend. Im Kambrium waren Archaecyathiden Riffbildner, nach deren Aussterben dominierten im oberen Kambrium zunächst wieder Mikroorganismen als Riffbildner. Im Ordovizium nahm die Diversität riffbauender Organismen bis zum Massensterben im oberen Ordovizium zu. Im Silur und Devon spielten die Stromatoporiden und tabulate Korallen eine wesentliche Rolle. Nach dem oberdevonischen Massensterben veränderte sich dann die Riffgemeinschaft stark. Mikroorganismen, rugose Korallen, Bryozoen und chaetide Schwämme dominierten die Riffe bis ins obere Paläozoikum. Im oberen Perm nahm dann die Bedeutung calcifizierender Schwämme zu, bevor in der oberen Trias scleractine Korallen wichtige Riffbildner wurden. In der Kreide wurde die Bedeutung der scleractinen Korallen von den zu den Bivalvia gehörenden Hippuritoida (Rudisten) abgelöst. Nach dem Aussterben der Rudisten nahm im Känozoikum die Bedeutung der sceleractinen Korallen wieder zu. Auch der Anteil calcifizierender Rotalgen stieg.

Die Archaeocyatha waren riffbildende Organismen mit Kalkskeletten, ihre systematische Stellung ist unsicher, sie werden aber meist in die Verwandtschaft der Schwämme gestellt. Ihr trichterförmiger Körper war durch radiale Scheidewände (Pseudosepten) unterteilt. Sie lebten in der Regel solitär in geringen Wassertiefen (weniger als 100 m). Dies deutet auf eine mögliche Symbiose mit photosynthetischen Algen hin, wie sie sich auch bei modernen Korallen findet. Die weite geographische Verbreitung der Taxa legt zudem ein planktisches Larvenstadium nahe.

Die Stromatoporoidea sind eine Gruppe ausgestorbener koloniebildender Schwämme aus der Verwandtschaft der Hornkieselschwämme (Demospongiae). Sie bilden dichte Kalkmassen aus feinmaschigen Calcitskeletten und besitzen Spiculae. Die Stromatoporoidea sind aus dem Ordovizium bis zum Oberdevon und von der Trias bis zur Oberkreide bekannt. Aus dem Karbon bis zum Perm fehlen fossile Belege. Sie lebten benthisch in flachmarinen, warmen Gewässern und ernährten sich filtrierend. Auch die ausgestorbenen Chaetida werden zu den Demospongia gestellt. Sie bildeten kalkige Röhren ohne Septen und kieselige Spiculae. Kalkschwämme (Calcarea) waren vor allem in den mesozoischen Riffen von Bedeutung.

Korallen (Zoantharia) waren seit dem Ordovizium bedeutende Riffbildner. Die Tabulata sind ausschließlich koloniebildende Korallen mit gering entwickelten Septen, diese sind nur als Dornenreihe angedeutet. Die Koralliten sind dünn und röhrenförmig. Die Rugosa und die Scleractinia umfassen koloniebildende und solitäre Formen. Bei diesen beiden Gruppen sind die Septen gut ausgebildet, die Ausbildung der Septen unterscheidet sich aber: In beiden Gruppen werden zunächst sechs Protosepten angelegt, bei den Scleractinia werden dann jeweils weitere Septen eingeschaltet, die Sechszahl bleibt daher bestimmend. Im Gegensatz dazu werden bei den Rugosa weitere Septen nur in vier der sechs Zwischenräume gebildet.

Neben den Schwämmen und Korallen waren vor allem in der Kreide auch die zu den Muscheln gehörenden Rudista bedeutende Riffbauer.

Aggregation: (lat.: *aggregatio* = Anhäufung, Vereinigung)
Rugosa: „Runzelkorallen", paläozoisches Korallentaxon mit Bildung von weiteren Septen in nur vier der sechs angelegten Sektoren, dadurch bilateralsymmetrisch
Scleractinia: Steinkorallen, dominieren heutige Korallenriffe, Septen werden in allen sechs Sektoren angelegt, dadurch radialsymmetrisch

solitär: einzeln lebend
Tabulata: paläozoische Korallengruppe. Es werden immer sechs Septen angelegt (daher radiärsymmetrisch), allerdings nicht vollständig ausgebildet

---

Siehe auch: Diatomeen: 4.6.2.4; Korallen: 4.2.1.3; Radiolarien: 4.5.2; Schwämme: 4.2.1.2; Spiculae: 4.2.1.2

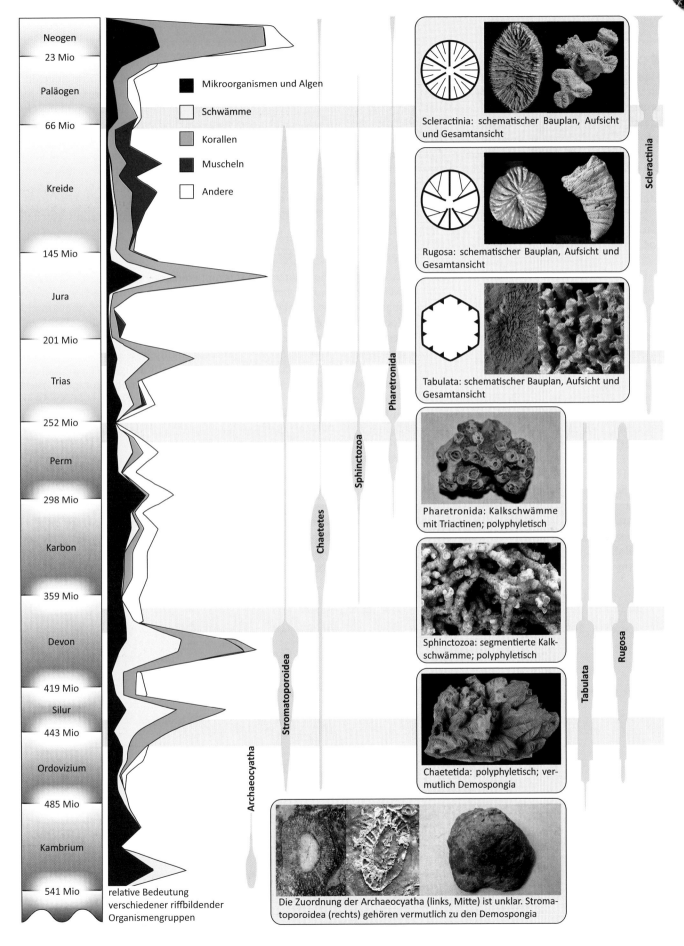

Neogen
23 Mio
Paläogen
66 Mio
Kreide
145 Mio
Jura
201 Mio
Trias
252 Mio
Perm
298 Mio
Karbon
359 Mio
Devon
419 Mio
Silur
443 Mio
Ordovizium
485 Mio
Kambrium
541 Mio

Mikroorganismen und Algen

Schwämme

Korallen

Muscheln

Andere

relative Bedeutung verschiedener riffbildender Organismengruppen

Archaeocyatha

Stromatoporoidea

Chaetetes

Sphinctozoa

Pharetronida

Tabulata

Rugosa

Scleractinia

Scleractinia: schematischer Bauplan, Aufsicht und Gesamtansicht

Rugosa: schematischer Bauplan, Aufsicht und Gesamtansicht

Tabulata: schematischer Bauplan, Aufsicht und Gesamtansicht

Pharetronida: Kalkschwämme mit Triactinen; polyphyletisch

Sphinctozoa: segmentierte Kalkschwämme; polyphyletisch

Chaetetida: polyphyletisch; vermutlich Demospongia

Die Zuordnung der Archaeocyatha (links, Mitte) ist unklar. Stromatoporoidea (rechts) gehören vermutlich zu den Demospongia

Cephalopoda

Cephalopden sind seit dem oberen Kambrium bekannt. Man kennt etwa 1.000 heute lebende und über 30.000 fossile Arten. Die phylogenetischen Beziehungen der verschiedenen Gruppen zueinander sind nicht geklärt, hier wird der Klassifizierung in Nautiloidea, Ammonoidea und Coleoidea gefolgt. Cephalopoden gehören zu den wichtigsten Makro-Leitfossilien, besonders für den Zeitraum Devon bis Kreide. Die größte Diversität hatten die Nautiloidea vom Ordovizium bis zum Devon, die Ammonoidea vom Karbon bis zur Kreide und die Coleoidea im Neogen.

Die ursprünglichen Cephalopoden besaßen äußere Gehäuse. Äußere Gehäuse finden sich bei rezenten Cephalopoden bei den zu den Nautiloidea gehörenden Papierbooten (*Argonauta* spp.). Die Gehäuse der Nautiloideen sind teils langgestreckt (orthokon), gebogen (cyrtokon) oder eingerollt. Auch die Ammonoideen besitzen noch äußere Gehäuse, die in der Regel eingerollt sind. Bei den Coleoidea sind die Gehäuse nach innen verlagert oder auch ganz reduziert. Die Nähte zwischen Gehäuse und den Kammerscheidewänden werden als Lobenlinien oder Suturen bezeichnet. Die Suturen der Nautiloideen sind gradlinig oder leicht gekrümmt, die der Ammonoideen sind dagegen zunehmend kompliziert verfaltet.

Cephalopoden sind eine ausschließlich marin verbreitete Gruppe.

Die Gehäuse der Nautiloidea sind langgestreckt oder eingerollt und haben eine einfache oder leicht gewellte Lobenlinie. Die Nautiloidea werden in sechs Ordnungen eingeteilt: Die größte Diversität erreichten die Endoceratida (oberes Kambrium bis Unterdevon; gestreckte bis eingerollte Gehäuse) und die Orthoceratida (Ordovizium bis Trias; langgestreckte bis leicht gebogene Gehäuse). Die einzige bis heute überlebende Gruppe sind die Nautilida (Devon bis rezent; eingerollte Gehäuse). Die Tarphyceratida (Ordovizium bis Devon), die Discosorida (mittleres Ordovizium bis Unterkarbon) und die Oncoceratida (mittleres Ordovizium bis Oberkarbon) erreichten eine geringere Diversität.

Die Lobenlinien (Sutur) der Gehäuse der Ammonoideen sind bei den erdgeschichtlich später auftretenden Formen zunehmend komplex verfaltet. Bei den Goniatitida ist die Sutur glatt wellenförmig oder geknickt (Goniatiten-Form), bei den Ceratitida sind die Lobenlinien nach hinten gezahnt und nach vorne glatt (Ceratiten-Form) und bei den Ammonitida sind die Lobenlinien in beide Richtungen stark verästelt. Die Ammonoidea werden in neun Ordnungen eingeteilt: Die Anarcestida (Devon; einfache Lobenlinien), die Clymeniida (Oberdevon; einfache oder goniatitische Lobenlinien), die Goniatitida (Mitteldevon bis Oberperm; goniatitische Lobenlinie), die Prolecantida (Unterkarbon bis Oberperm; goniatitische bis ceratitische Lobenlinien), die Ceratitida (Oberperm bis Obertrias; ceratitische Lobenlinie), die Phylloceratida (Trias bis Kreide; blattförmige (= phylloide) Lobenlinie), die Lytoceratida (Jura bis Kreide; komplexe, nicht blattförmige Sutur), die Ammonitida (Untertrias bis Oberkreide; ammonitische Lobenlinie) und die Ancyloceratina (Kreide; Gehäuse bei vielen Arten nur teilweise eingerollt, ammonitische Lobenlinien).

Die Coleoidea umfassen die heute bedeutenden, aber fossil schlecht überlieferten achtarmigen Tintenfische (Vampyropoda) mit den Octopoda (Kraken) sowie die ebenfalls fossil schlecht überlieferten zehnarmigen Tintenfische (Decabrachia) mit den Teuthida (Kalmaren) und den Sepiida (Sepien). Die Innenskelette der Decabrachia sind teilweise fossil erhalten. Die fossil bedeutendste Gruppe sind die Belemnoidea (Belemniten, Donnerkeile).

Loben: Lappen
Lobenlinien: Nähte zwischen der Gehäusewand und den Kammerscheidewänden (Septen) bei fossilen Ammonoideen und Nautiloideen

Sutur: (lat.: *sutura* = Naht) Nahtstelle, bei Cephalopoden die Lobenlinie

Siehe auch: Spiralia: 4.2.1.6

Neogen

23 Mio

Paläogen

66 Mio

Kreide

145 Mio

Jura

201 Mio

Trias

252 Mio

Perm

298 Mio

Karbon

359 Mio

Devon

419 Mio

Silur

443 Mio

Ordovizium

485 Mio

Kambrium

541 Mio

Belemnitida (Coeloidea)
Das Innenskelett besteht aus dem Proostracum (zu einer stabartigen Struktur reduzierte Wohnkammer), dem Phragmokon (gekammerter Auftriebskörper) und dem Rostrum (als Gegengewicht dienende kalkige Spitze). Bei den ursprünglichen Belemnoidea wie den Aulacoceratida (Karbon bis Jura) war die Körperkammer noch fast geschlossen

Proostracum

Phragmocon

Rostrum

Nautiloidea
Die Nautiloidea umfassen die ursprünglichsten Cephalopoden mit Außengehäuse und einfacher Lobenlinie. Für das Paläozoikum sind die Nautiloidea bedeutende Makro-Leitfossilien, insbesondere die Endoceratida und die Orthoceratida. Diese Gruppen besitzen gerade oder nur leicht gebogene Gehäuse

Nautilida

Orthoceratida

Oncoceratida

Discosorida

Tarphyceratida

Endoceratida

Nautiloidea

Anarcestida

Clymeniida

Goniatitida

Prolecantida

Ceratitida

Ammonitida

Ammonoidea

Belemnitida

Octopoda

Teuthida

Sepiida

Coleoidea

Ammonoidea
Die Ammonoidea besitzen ein äußeres Gehäuse, das meist eingerollt ist. Die Lobenlinien sind stärker verfaltet als bei den Nautiloidea. Bei den ursprünglichen Ammonoidea finden sich einfache und goniatitische Lobenlinien, bei späteren Linien zunehmend ceratitische und ammonitische Lobenlinien. Die Ammonoidea sind bedeutende Makro-Leitfossilien des oberen Paläozoikums und des Mesozoikums

Goniatiten-Form

Ceratiten-Form

Ammoniten-Form

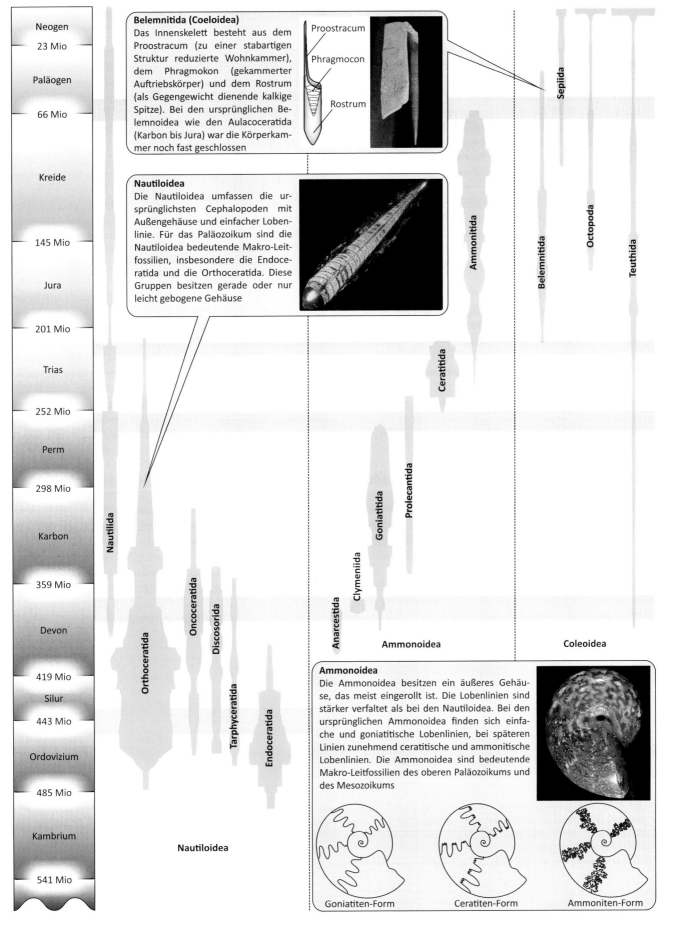

Benthische Filtrierer: Brachiopoda und Bivalvia

◼ Die Brachiopoda (Armfüßer) gehören zu den Lophotrochozoa und besitzen eine obere und untere Schale. Im Gegensatz dazu haben die zu den Mollusca gehörenden Bivalvia (Muscheln) eine linke und rechte Schale. Bei den Brachiopoden läuft die Symmetrieachse dementsprechend senkrecht durch die Schalen und teilt dies in eine linke und rechte symmetrische Hälfte, während bei den Muscheln die Symmetrieachse entlang des Schalenrandes verläuft. Aufgrund der ähnlichen Lebensweise (benthisch filtrierend) und des Aufbaus aus zwei äußeren Schalen werden diese Organismengruppen trotz der unterschiedlichen systematischen Stellung hier zusammen vorgestellt.

Brachiopoden gibt es seit dem frühen Kambrium, ab etwa 530 Millionen Jahren, bis heute. Es sind etwa 30.000 Arten bekannt, die in drei Unterstämme (acht Klassen mit 26 Ord-

◼ Die Brachiopoden werden in drei Unterstämme eingeteilt: Die Linguliformea besitzen Schalen aus Organophosphat und umfassen fünf Ordnungen. Die Craniformea besitzen Schalen aus Organocarbonat und umfassen drei Ordnungen. Beide Unterstämme umfassen ausschließlich schlosslose (inartikulate) Brachiopoden, bei denen die beiden Schalen nicht über ein Scharnier verbunden sind. Der dritte Unterstamm, die Rhynchonelliformea, besitzen ebenfalls Schalen aus Organocarbonat und umfassen 19 Ordnungen. Innerhalb dieses Unterstammes finden sich inartikulate (nicht schlosstragend) Gruppen (Chileata, Kutorginata und Obolellata) sowie schlosstragende (artikulate) Gruppen (Strophomenata und Rhynchonellata). Die beiden artikulaten Klassen sind innerhalb der Rhynchonelliformea monophyletisch.

Biogeographisch lassen sich verschiedene Verbreitungsgebiete (biogeographische Faunenprovinzen) unterscheiden. Grundsätzlich waren die Linguliformea aufgrund der planktivoren langlebigen freischwimmenden Larven weit verbreitet, während sich die Larven der Craniformea und der Rhynchonelliformea von einem Dottersack ernährten und dementsprechend kurzlebig waren. Die Arten dieser Unterstämme waren daher weniger weit verbreitet. Im Kambrium lassen sich polare und tropische Provinzen unterscheiden.

nungen) eingeteilt werden. Die größte Diversität hatten die Brachiopoden im Paläozoikum, besonders bedeutend waren sie im Devon. Man kennt etwa 300 lebende Arten.

Der Körper ist von einem zweilappigen Mantel umgeben, der die Schale absondert. Im Innern des Tieres befindet sich der namensgebende Armapparat (Lophophor). Brachiopoden sind marine sessile Filtrierer.

Muscheln (Bivalvia) gibt es seit dem Kambrium bis heue, die Diversität nahm ab dem Ordovizium stark zu, bedeutend wurden die Muscheln aber erst nach dem Massensterben der Perm-Trias-Grenze. Es sind etwa 20.000 fossile und 8.000 rezente Arten bekannt. Im Paläozoikum waren die Muscheln vorwiegend in küstennahen Habitaten vertreten, erst im Mesozoikum besiedelten sie die vorher von Brachiopoden dominierten küstenfernen Schelfe.

Im Ordovizium lassen sich verschiedene Faunenprovinzen differenzieren, insbesondere die Kaltwasserfauna der nördlichen Hemisphäre, die subtropische und tropische Fauna der niedrigen Breiten und die Baltisch-Russische Faunenprovinz. Nach der Vereisung im oberen Ordovizium waren die Faunen zunächst kosmopolitisch, der biogeographische Provinzialismus verstärkte sich wieder im oberen Silur (Clarkeia-Fauna und Tuvaella-/Atrypella-Fauna). Im Devon und Karbon verstärkte sich der Provinzialismus weiter. Im Mesozoikum lässt sich vor allem eine boreale Kaltwasserfauna von einer Warmwasserfauna der Tethys unterscheiden, während sich die heutigen Brachiopoden einer nordpazifischen, einer nordatlantischen und einer südlichen Provinz zuordnen lassen.

Die Bivalvia werden vorwiegend nach Weichteilmerkmalen in sechs Unterklassen unterteilt, die alle seit dem Ordovizium bis heute verbreitet sind: Palaeotaxodonta, Cryptodonta, Pteriomorpha, Palaeoheterodonta, Heterodonta, Anomalodesmata. Da die Schalenform als offensichtlichstes Merkmal stark von der Lebensweise abhängt und damit phylogenetisch nicht stabil ist, wird hier auf eine weitere Charakterisierung der Unterklassen verzichtet.

---

artikulat: schlosstragend, Schalen über ein Scharnier verbunden
Dottersack: der Ernährung dienendes Organ der Embryonen verschiedener Tiere

planktivor: planktonfressend

◼ Siehe auch: boreal: 3.2.2.4

	Bivalvia	Brachiopoda
Neogen		
23 Mio		
Paläogen		
66 Mio		
Kreide		
145 Mio		
Jura		
201 Mio		
Trias		
252 Mio		
Perm		
298 Mio		
Karbon		
359 Mio		
Devon		
419 Mio		
Silur		
443 Mio		
Ordovizium		
485 Mio		
Kambrium		
541 Mio		

Bei der Radiation im späten Kambrium und im Ordovizium entstehen alle Großgruppen der Muscheln. Bedeutend werden die Muscheln aber erst nach dem Massensterben am Ende des Perms. Für paläoökologische Fragestellungen sind die Muscheln aufgrund der Beziehung zwischen Schalenbau und Lebensweise sehr aussagekräftig. Stark modifiziert sind die korallenähnlichen Hippuritoida (Rudisten, rechts) die, für Muscheln untypisch, sehr ungleiche Schalen besaßen und mit einer Schale an das Substrat zementiert waren. Die Rudisten sind wichtige Riffbildner der Kreide

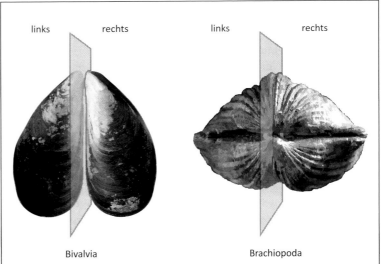

| links | rechts | | links | rechts |

Bivalvia   Brachiopoda

Die Muscheln haben eine linke und rechte Schale. Die Symmetrieebene verläuft zwischen den Schalen, die linke und rechte Schale sind spiegelsymmetrisch. Brachiopoden haben eine obere (Arm-) Schale und eine untere (Stiel-) Schale. Die Symmetrieebene verläuft senkrecht zu den Schalen. Obere und untere Schale sind oft unterschiedlich gestaltet. Dagegen sind die linke und rechte Hälfte der Schale spiegelsymmetrisch. Sowohl Muscheln als auch Brachiopoden sind benthische Filtrierer. Beide Gruppen existieren seit dem Kambrium. Die Brachiopoden dominierten im Paläozoikum, die Muscheln im Mesozoikum und im Känozoikum

Die Brachiopoden sind wichtige Leitfossilien vor allem des Paläozoikums. Die rezenten Brachiopoden sind meist bis etwa 5 cm groß, fossile Arten konnten allerdings auch bis zu 30 cm groß werden. Das auffälligste Merkmal der Armfüßer ist die zweiklappige Schale, bestehend aus einer Stielklappe und einer die Lophophoren ("Arme") schützenden Armklappe. Ein für die Bestimmung wichtiges Merkmal ist das Stielloch in der Stielklappe, durch das die Tiere mit einem Stiel (Pedunculus) am Substrat angeheftet sind.

Stielloch (Foramen) der Stielklappe

Der Rückgang der Bedeutung der Brachiopoden und die zunehmende Bedeutung der Muscheln nach dem Massensterben im Oberperm korrelieren mit der Zunahme von Seesternen. Brachiopoden leben, von wenigen Ausnahmen abgesehen, auf dem Substrat (epifaunal), während viele Muschelarten in das Substrat eingegraben (infaunal) leben. Brachiopoden waren daher in stärkerem Maße der Prädation durch Seesterne ausgesetzt

Cyrtospirifer verneuili (Devon)

Trilobita

■ Die Arthropoda sind die artenreichste Gruppe der Metazoen. Insbesondere die Trilobiten sind wichtige Leitfossilien des Paläozoikums.

Trilobiten gab es seit dem frühen Kambrium, ab etwa 521 Millionen Jahren, bis zum Massensterben im späten Perm vor etwa 251 Millionen Jahren. Die aus Calciumcarbonat aufgebauten Panzer sind fossil gut überliefert. Es sind über 15.000 Arten bekannt, die in neun Ordnungen eingeteilt werden. Ihr erstes Auftreten definiert die Grenze zur zweiten Serie des Kambriums. Ab dieser zweiten Serie sind die Stufen des Kambriums mit dem Erstauftreten von Trilobitenarten korreliert. Die größte Diversität erreichten die Trilobiten im Kambrium und Ordovizium.

Trilobiten weisen die für viele Arthropoden typische Gliederung in Cephalon (Kopf), Thorax (Brustkorb) und Abdomen (Bauch) auf. Die Nähte (Suturen) des Cephalons sind sowohl für die Klassifikation als auch für das Verständnis der funktionellen Morphologie wichtig. Entlang der Längsachse ist der Panzer in drei Loben, einen axialen Lobus und zwei pleurale (seitliche) Loben, gegliedert. Der axiale Lobus schützt die inneren Organe, die pleuralen schützen die Körperanhänge. Diese Gliederung in drei Loben ist namensgebend für die Trilobiten. Trilobiten sind die ältesten bekannten Tiere mit Augen.

Die meisten Trilobiten lebten benthisch, je nach Art (bzw. taxonomischer Gruppe) aber in unterschiedlichen Habitaten. Die meisten Fossilien sind aus flachmarinen Habitaten bekannt. Ab dem Ordovizium kennt man auch stromlinienförmige Formen, die vermutlich aktive Schwimmer waren. Die meisten Arten lebten räuberisch oder als Aasfresser, einige abgeleitete Formen auch als Filtrierer oder Sedimentfresser. Viele Trilobiten bildeten ausgeprägte Stacheln, die wahrscheinlich dem Schutz vor Fraßfeinden dienten.

■ Die Trilobiten werden in die neun Ordnungen Redlichiida (viele in Pleuralstacheln auslaufende Thoraxsegmente; unteres bis mittleres Kambrium), Corynexochida (verlängerter Kopfpanzer (Glabella) und gut ausgeprägte Augen; unteres Kambrium bis mittleres Devon), Asaphida (morphologisch diverse Gruppe; oberes Kambrium bis unteres Silur); Ptychopariida (morphologisch diverse Gruppe; oberes Kambrium bis unteres Devon), Harpetida (großer gut ausgeprägter Saum des Cephalons; unteres Ordovizium bis mittleres Devon), Phacopida (morphologisch sehr diverse Gruppe; unteres Ordovizium bis oberes Devon), Lichida (mit ausgeprägtem Cephalon und Pygidium, das Pygidium oft größer als das Cephalon; mittleres Kambrium bis mittleres Devon), Odontopleurida (mit ausgeprägten Stacheln; unteres Ordovizium bis mittleres Devon) und Proetida (kleine Trilobiten; unteres Ordovizium bis oberes Perm) eingeteilt.

Die systematische Position der Agnostida (nur wenige Millimeter groß; unteres Kambrium bis oberes Ordovizium) ist unklar. Neuere Studien legen nahe, dass es sich bei den Agnostida nicht um Trilobiten, sondern um Crustaceen handelt.

Biogeographisch lassen sich verschiedene Verbreitungsgebiete (biogeographische Faunenprovinzen) unterscheiden. Im Kambrium unterschied sich die Fauna der hohen Breiten der Nordhalbkugel (mit den zu den Redlichiida gehörenden Redlichoidea) von der pazifischen Fauna der niedrigen Breiten (mit den zu den Corynexochida gehörenden Olenoidea).

Im Ordovizium lassen sich vier Faunenprovinzen unterscheiden: die Kaltwasserfauna der nördlichen Hemisphäre (Nord- und Zentraleuropa), die Schelffauna der niedrigen Breiten (Südchina und Australien), die tropische Faunenprovinz (Nordamerika, Sibirien, Nordchina) und die Baltisch-Russische Faunenprovinz.

Nach der Vereisung im oberen Ordovizium breitete sich die tropische Faunenprovinz aus. Erst im Devon verstärkt sich wieder der biogeographische Provinzialismus.

Loben: Lappen
pleural: seitlich
Provinzialismus: bezeichnet die Aufspaltung von Verbreitungsgebieten in Faunenprovinzen (entsprechen in etwa Faunenreichen)

Pygidium: hinterer Körperabschnitt der Trilobiten und anderer Arthropoden; auch der nicht segmentierte Körperabschnitt der Anneliden
Serie: Zeiteinheit der Stratigraphie
Sutur: (lat.: *sutura* = Naht) Nahtstelle, bei Cephalopoden die Lobenlinie

■ Siehe auch: Ecdysozoa: 4.2.1.5

Neogen	
23 Mio	
Paläogen	
66 Mio	
Kreide	
145 Mio	
Jura	
201 Mio	
Trias	
252 Mio	
Perm	
298 Mio	
Karbon	
359 Mio	
Devon	
419 Mio	
Silur	
443 Mio	
Ordovizium	
485 Mio	
Kambrium	
541 Mio	

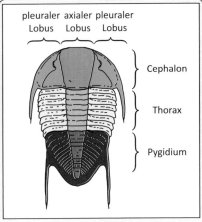

pleuraler axialer pleuraler
Lobus   Lobus   Lobus

Cephalon

Thorax

Pygidium

Namensgebend für die Trilobiten ist die Gliederung in drei Loben (axialer Lobus und zwei seitliche – pleurale – Loben). Darüber hinaus weist der Trilobitenkörper die typische Arthropodengliederung in Cephalon, Thorax und Pygidium auf. Bei der hier dargestellten Gattung *Taihungshania* (Asaphida) ist das Pygidium, wie generell bei den Asaphida, ähnlich groß wie das Cephalon. Mit rund 20 % der Trilobitenarten sind die Asaphida eine sehr artenreiche Ordnung

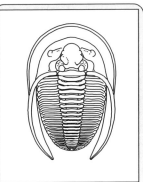

Dolichoharpes sp. (Harpetida): Die Harpetida besitzen einen breiten Saum des Cephalons

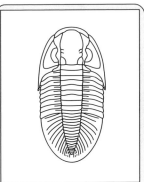

Phillipsia sp. (Proetida): Die Proetida sind in der Regel kleine Trilobiten. Nur Vertreter dieser Gruppe überlebten bis ins Perm

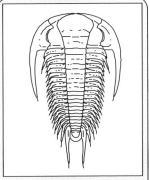

Paradoxides sp. (Redlichiida): Redlichiida sind ursprüngliche Trilobiten mit kleinem Pygidium. Cephalon und Thoraxsegmente meist in Spitzen ausgezogen

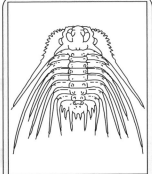

Kettneraspis sp. (Odontopleuroidea): Die Odontopleuroidea umfassen Trilobiten mit ausgeprägten Stacheln

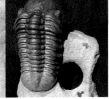

Dalmanites limulurus (Phacopida) aus dem Silur (links) und *Reedops cephalotes* (Phacopida) aus dem Devon (rechts)

Trilobita

Boedaspis ensifer (Odontopleurida) aus dem Ordovizium

Diversität und stratigraphische Verbreitung der Trilobiten im Phanerozoikum

Agnostida   Redlichiida   Corynexochida   Asaphida   Ptychoparida   Harpetida   Phacopida   Lichida   Odontopleurida   Proetida

stratigraphische Verbreitung verschiedener Trilobitenordnungen

Echinodermata

Die Echinodermata oder Stachelhäuter entwickelten sich wahrscheinlich im späten Präkambrium. Im Kambrium kam es zu einer ersten Radiation. Viele der kambrischen Großgruppen sind allerdings bald wieder ausgestorben. Auf die ebenfalls im Kambrium entstandenen Eocrinoidea und Edrioasteroidea geht die Radiation der modernen Echinodermengruppen im Ordovizium zurück. Zu den Stachelhäutern gehören die Pelmatozoa mit den Crinoidea (Seelilien und Haarsterne) als einzige rezente Vertreter und die Eleutherozoa mit den Asterozoa (Asteroidea (Seesterne) und Ophiuroidea (Schlangensterne)) und den Echinozoa (Echinoidea (Seeigel) und Holothuroidea (Seewalzen)). Den 620 rezenten und 4.000 ausgestorbenen Arten der Pelmatozoa stehen rund 5.700 rezente und 9.000 ausgestorbene Arten der Eleutherozoa gegenüber.

Die Echinodermata gehören zu den bilateralen Metazoen, die bilateralen Larven entwickeln allerdings im Laufe der Ontogenese eine sekundäre Pentamerie, also eine fünfstrahlige Radiärsymmetrie.

Die Echinodermen sind eine vorwiegend marin benthische Organismengruppe. Während sich die Seelilien vorwiegend von Plankton ernähren, sind die Seeigel Weidegänger und fressen vorwiegend Algen und Aufwuchs, die Seesterne leben räuberisch von Muscheln und anderen benthischen Tieren, bei den Seegurken kommen planktonfressende und sedimentfressende Taxa vor.

Zu den Pelmatozoa gehören die rezenten Crinoidea sowie mehrere ausgestorbene Gruppen. Die meisten Taxa lebten sessil und waren durch einen Stiel mit dem Meeresboden verbunden.

Die Eocrinoidea (unteres Kambrium bis Silur) besaßen eine auf einem Stiel sitzende kugelige oder abgeflachte Körperkapsel (Theka) von der zwei bis fünf Brachiolen („Arme") ausgingen. Die Eocrinoidea lebten sessil und waren mit dem Stil am Meeresboden befestigt. Die Paracrinoidea (mittleres Ordovizium) waren den Eocrinoidea ähnlich, die Theka war allerdings unregelmäßig geformt und auch unregelmäßig getäfelt.

Die Blastoidea (Ordovizium bis Perm) besaßen eine Theka aus meist 13 miteinander verbundenen Platten: drei Basalplatten (Basalia), fünf um den Mund gelegenen Platten (Deltoidea) und fünf dazwischen liegende Platten (Gabelstücke, Radialia). Im oberen Bereich der Theka verliefen viele faltenartige Einstülpungen der Theka, die als Hydrospiren bezeichnet werden und vermutlich Atemöffnungen waren. Die Blastoidea besaßen viele, an zwei alternierenden Plattenreihen befestigte Brachiolen.

Die Diploporita (mittleres Kambrium bis Devon) besaßen eine Theka aus zahlreichen unregelmäßig angeordneten Platten mit paarig angeordneten unregelmäßig verteilten Doppelporen (Diploporen) und zweizeilig angeordnete ungegabelte Brachiolen.

Die Rhombifera (oberes Kambrium bis Devon) wiesen eine den Diploporita ähnliche Theka auf, hatten jedoch keine Diploporen, sondern rautenförmig angeordnete einfache Poren.

Die Crinoidea (Ordovizium bis rezent) besitzen eine Theka aus entweder fünf Basalplatten (monozyklisch) oder zwei Kränzen aus jeweils fünf Basalplatten (dizyklisch). Darüber folgen zahlreiche Radialia und Brachialia (Armplatten). An diesen setzen die Brachiolen an, die verzweigt oder unverzweigt sein können.

Die Eleutherozoa umfassen neben den rezenten Gruppen auch die Edrioasteroidea:

Die Edriosteroidea (Ediacarium bis Karbon) besaßen eine kugelige bis sackförmige Theka. Die Mundöffnung lag zentral auf der Oberseite, der After seitlich zwischen den Ambulakralfurchen.

Die Asteroidea (Seesterne; Ordovizium bis rezent) sind frei beweglich und besitzen eine meist flache Zentralscheibe, von der in der Regel fünf (bis zu 25) Arme ausgehen. Der Mund liegt zentral auf der Unterseite, der Anus auf der Oberseite.

Die Ophiuroidea (Schlangensterne; Ordovizium bis rezent) haben fünf von der Zentralplatte klar abgesetzte lange Arme (bis 60 cm).

Die Holothuroidea (Seegurken; Ordovizium bis rezent) haben einen lang gestreckten gurkenförmigen Körper. Der Mund liegt vorne und ist meist von verzweigten Tentakeln umgeben.

Die Echinoidea (Seeigel; Ordovizium bis rezent) sind nahezu kugelig oder scheibenförmig und besitzen ein Gehäuse aus in der Regel fest miteinander verbundenen Calcitplatten.

Ambulakralfurchen: Furchen, entlang derer die radialen Äste des Ambulakralsystems verlaufen

Ambulakralsystem: Coelomflüssigkeit führendes Kanalsystem der Echinodermata

Ontogenese: Individualentwicklung von Tieren

Siehe auch: Brachiopoda und Muscheln: 2.3.2.4, 4.2.1.6; Deuterostomia: 4.2.1.7

| Neogen |
| 23 Mio |
| Paläogen |
| 66 Mio |
| Kreide |
| 145 Mio |
| Jura |
| 201 Mio |
| Trias |
| 252 Mio |
| Perm |
| 298 Mio |
| Karbon |
| 359 Mio |
| Devon |
| 419 Mio |
| Silur |
| 443 Mio |
| Ordovizium |
| 485 Mio |
| Kambrium |
| 541 Mio |

Echinoidea

Asteroidea

Crinoidea

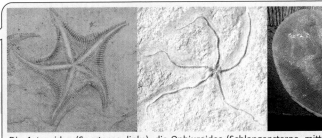

Die Asteroidea (Seesterne, links), die Ophiuroidea (Schlangensterne, mitte) und die Holothuroidea (Seegurken, rechts) evolvierten auch bereits im Paläozoikum, wurden aber erst im Mesozoikum und Känozoikum bedeutend

Echinoidea

Nach der Lage von Mund und After werden zwei Gruppen unterschieden: Bei den Regularia liegt der After dem Mund gegenüber und ist von zehn Platten umgeben, die das Apikalfeld bilden. Bei den Irregularia liegt der After seitlich außerhalb des Apikalfeldes oder ist sogar bis auf die Oralseite verschoben. Die irreguläre Organisation ist eine Anpassung an eine grabende Lebensweise in strömungsarmen Meeresbereichen. Neben der Verlagerung des Afters kommt es bei den Irregularia auch zu einer Abflachung.

Die Bezeichnungen Regularia und Irregularia sind beschreibend und zunächst keine taxonomischen Bezeichnungen. Die irregulären Echinoidea sind wahrscheinlich monophyletisch, die regulären Echinoidea sind dagegen eine paraphyletische Gruppe.

Die Diversität der altpaläozoischen Echinoidea nahm im Oberkarbon stark ab. Nur wenige Taxa überlebten das Massensterben der Perm-Trias-Grenze. Während der oberen Trias und im unteren Jura diversifizierten die regulären Echinoidea. Die Irregularia entstanden im unteren Jura und diversifizierten im Verlaufe des Mesozoikums. An der Kreide-Paläogen-Grenze starben wieder viele Taxa aus, im Känozoikum erholte sich die Diversität der Echinoidea aber rasch. Die Echinoidea sind besonders in der Kreide und im Känozoikum bedeutend als Leitfossilien

Der reguläre Seeigel *Coelopleurus coronalis* aus der spanischen Provinz Huesca (Eozän)

Der irreguläre Seeigel *Mellita quinquiesperforata* ist als Anpassung an eine grabende Lebensweise abgeflacht

Crinoidea

Die rezenten Crinoidea leben vorwiegend in Tiefseebereichen. Die Mehrheit der fossilen Crinoidea lebte hingegen in Flachmeerbereichen. Die fossilen Arten und die meisten rezenten lebten sessil und waren mit einem Stil mit dem Meeresboden verbunden. In den rezenten Ozeanen finden sich außerdem die auch zu den Crinoidea gehörenden Haarsterne, die freischwimmend leben. Fossil bedeutend sind die folgenden Gruppen: Bei der größten Gruppe der Crinoidea, den Camerata (Ordovizium bis Perm), fehlen die Radialplatten und die Brachialplatten sind mit dem Kelch fest verbunden. Bei den Flexibilia (mittleres Ordovizium bis oberes Perm) sind die unteren Arme mit dem Kelch flexibel verbunden. Bei den (polyphyletischen) Inadunata (Ordovizium bis Trias) sind die Arme frei über den Seitenplatten (Radialia) des Kelches. Bei den Articulata, zu denen fast alle mesozoischen bis rezenten Crinoiden gehören, ist der Kelch stark reduziert. Bei einigen, wie den Haarsternen, fehlt er völlig

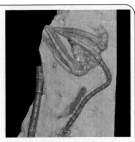

Die Seelilie *Agaricocrinus americanus*

fossiles Seelilienbett

Der Haarstern *Comaturella formosa* aus dem Solnhofener Plattenkalk (Oberjura)

Graptolithen und Conodonten

Graptolithen und Conodonten sind bedeutende Leitfossilien des Paläozoikums. Die phylogenetische Einordnung dieser Fossilien ist aber unklar.

Graptolithen sind seit dem mittleren Kambrium bis zum oberen Karbon bekannt. Es handelt sich um stabartige Fossilien, die vorwiegend im unteren Paläozoikum verbreitet waren. Sie bauten röhrenförmige Skelette aus Halbröhren, die an Zickzacknähten aneinanderstoßen. Aus einer geschlechtlich entstandenen Anfangskammer (Sicula) gingen durch Knospung weitere Kammern (Theken) hervor. Graptolithen werden als fossile Wohnröhren von Hemichordaten angesehen. Die ursprünglichen Graptolithen lebten benthisch. Diese Lebensweise ist bei den Dendroidea auch beibehalten worden, die Graptoloidea gingen zur planktischen Lebensweise über.

Conodonten sind seit dem Kambrium bis zur oberen Trias bekannt. Man kennt rund 3.000 Arten. Die größte Diversität hatten die Conodonten im Ordovizium. Die Conodonten-Tiere lebten pelagisch und waren wahrscheinlich räuberisch. Sie werden als basale Chordaten angesehen und erreichten eine Größe von wenigen Zentimetern. Der Mundtrichter wurde von zahnähnlichen Strukturen gebildet (Conodonten-Apparat), die eine Größe von 0,1–2 mm hatten. Diese aus Lagen von Skelettphosphaten und organischen Substanzen bestehenden Conodonten sind in der Regel die einzigen fossil überlieferten Teile der Conodonten-Tiere. Die Conodonten sind aber wohl nicht homolog zu den Zähnen der Wirbeltiere, sondern konvergent entstanden. Die Ähnlichkeit ist auf die ähnliche Funktion zurückzuführen. Da die meisten Arten nur für kurze Zeit auftraten und aufgrund ihrer pelagischen Lebensweise weit verbreitet waren, sind sie für das Paläozoikum und das frühe Mesozoikum bedeutende Leitfossilien.

Da sich die Conodonten unter höheren Temperaturen verfärben, zeigen sie an, welche Temperaturen auf die Gesteine während Diagenese und Metamorphose einwirkten. Diese Eigenschaft der Conodonten wird für die Erdöl- und Erdgasprospektion genutzt, da Kohlenwasserstoffe unter hohen Temperaturen nicht stabil sind und damit nur Gesteinsschichten, die keinen hohen Temperaturen ausgesetzt waren, als Speichergesteine für Erdöl und Erdgas infrage kommen.

Die Dendroidea (unteres Unterordovizium bis Karbon) waren die ursprünglichsten Graptolithen. Ihre Morphologie war aber komplex. Die Rhabdosomen der Dendroidea sind baumartig verzweigt. Drei verschiedene Typen von Theken (Autotheken, Bitheken, Stolonotheken) bildeten einfache Röhren. Mit einem kurzen Stiel waren die Rhabdosomen an einer Haftscheibe oder direkt an der Sicula befestigt. Einige Arten lebten aber auch hemiplanktisch, wie beispielsweise die Gattung *Dictyonema*. Von dieser Gattung ging die weitere Entwicklung unter Reduktion der Anzahl von Armen und Theken aus. Die Graptoloidea (unteres Mittelordovizium bis mittleres Unterdevon) lassen sich auf solche stark vereinfachten Dendroidea zurückführen. Infolge der Reduktion der Zahl der Arme setzte bei den Graptoloidea eine Differenzierung der Theken ein. Die Stellung der Arme war bei einigen Taxa über die Sicula aufgerichtet und es kam zu Verwachsungen der Arme, sodass im oberen Ordovizium zweizeilig mit Theken besetzte Formen entstanden (Diplograptidae). Durch Reduktion von Theken entstanden schließlich uniserielle Formen (Monograptidae).

Drei verschiedene Typen von Conodonten werden unterschieden: Einfache Conodonten, Plattform-Conodonten und Zahnreihen-Conodonten. Die Conodonten sind in der Regel durch konzentrische Außenauflagerung lamellär gebaut. Im Gegensatz zu echten Zähnen fehlt ihnen auch die Zahnhöhle (Pulpa).

Diagenese: Verfestigung von Sedimenten durch Auflast, Lösung und Umkristallisation bei nicht wesentlich geänderter Temperatur
Gesteinsmetamorphose: Umwandlung von Gesteinen bei hohen Drücken und Temperaturen unter Erhaltung des festen Zustands

Kontaktmetamorphose: Aufheizung durch heißes Magma
Rhabdosom: bezeichnet die stabartigen Kolonien der Graptolithen

Siehe auch: Leitfossilien: 2.3.2; Stratigraphie des Paläozoikums: 2.3.3

Neogen	
23 Mio	
Paläogen	
66 Mio	
Kreide	
145 Mio	
Jura	
201 Mio	
Trias	
252 Mio	
Perm	
298 Mio	
Karbon	
359 Mio	
Devon	
419 Mio	
Silur	
443 Mio	
Ordovizium	
485 Mio	
Kambrium	
541 Mio	

Conodonten sind 0,1–2 mm große zahnähnliche Gebilde aus Calciumphosphat. Die systematische Einordnung der Conodonten ist unklar, wahrscheinlich ist aber eine Verwandtschaft zu Vertebraten. Es lassen sich drei Typen von Conodonten unterscheiden, die aber nicht unbedingt auf Verwandtschaftsbeziehungen schließen lassen:

- einfache Conodonten (Einzelzähne, Kambrium bis Silur)
- Plattform-Conodonten, bei denen über eine in der Regel flache Platte eine Reihe von Zähnchen verläuft (Ordovizium bis Trias)
- Zahnreihen-Conodonten, bei denen die Zähnchen auf einem schmalen astförmigen Unterteil sitzen (Ordovizium bis Trias)

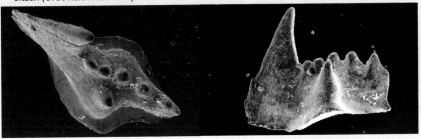

Isarcicella staeschei: Aufsicht   *Isarcicella staeschei*: Seitenansicht

stratigraphisches Vorkommen der Conodonten

Die erdgeschichtliche Entwicklung der Graptolithen ist gekennzeichnet durch den Übergang der sessilen Lebensweise der Dendroidea (mittleres Kambrium bis oberes Karbon) zur planktischen Lebensweise der Graptoloidea (unteres Ordovizium bis mittleres Devon) und innerhalb der Graptoloidea durch Entstehung der zweizeiligen (biserialen) und schließlich der einzeiligen (uniserialen) Rhabdosomen

stratigraphisches Vorkommen der Graptolithen

Dendroidea Graptoloidea

Monograptidae

Diplograptidae

Dichograptidae

Conodonten

Im Silur entstehen die Monograptidae und beginnen ab dem unteren Silur, die Graptolithengemeinschaften zu dominieren. Das Rhabdosom der Monograptidae ist durch einseitige Reduktion der Theken uniserial geworden

Monograptus sp.

Die Rhabdosomen der Diplograptidae sind durch Aufrichtung und Verwachsung der Arme biserial. Sie entstehen im unteren Ordovizium. Ab dem mittleren Ordovizium bis zum Silur dominieren sie die Graptolithengemeinschaften

Diplograptus sp.

Die Rhabdosomen der Dichograptidae (Graptoloidea) bestehen aus zwei bis vielen Ästen mit einem Divergenzwinkel von unter 180°. Sie dominieren die Graptolithengemeinschaft vor allem des mittleren Ordoviziums

Didymograptus murchisoni

Die Dendroidea sind die älteste Ordnung der Graptolithen. Sie existierten vom Mittelkambrium bis zum Oberkarbon. Die Rhabdosomen der Dendroidea waren baumartig verzweigt und lebten in der Regel benthisch. Nur wenige Arten lebten planktisch

Rhabdinopora sp.

Wirbeltiere

Wirbeltiere (Vertebrata) bzw. Schädeltiere (Craniata) besitzen ein Innenskelett und einen Kopf, in dem Gehirn und die Hauptsinnesorgane konzentriert sind. Die Konzentration von Gehirn und Hauptsinnesorganen im Kopf ist in dieser Form einmalig. Ein Innenskelett kann schnell mitwachsen und die Gewebe großer Tiere besser unterstützen als ein Außenskelett. Zudem können Schäden des Außenskeletts nur über externe Gewebe (wie bei Muscheln und Graptolithen) oder durch Häutung (Arthropoden) repariert werden. Diese beiden Entwicklungen – Innenskelett und Kopf – waren ein Schlüssel für die Evolution der Wirbeltiere.

Die ersten Wirbeltiere sind aus dem Kambrium bekannt. Im Kambrium und Ordovizium dominierten die Conodontentiere. Daneben existierten kieferlose Fische ("Agnatha"). Nach der Evolution der Kiefer traten im Devon mehrere kiefertragende Wirbeltiergruppen (Gnathostomata) auf: Im Devon traten die Placodermen (Panzerfische), die Actinopterygii (Strahlenflosser) und die Vorläufer der Tetrapoden, die Sarcopterygii auf. Die Besiedlung des Landes erforderte effiziente Stützelemente (Knochen), Anpassungen der Osmoregulation und der Sinnessysteme. Amphibien waren immer noch stark wasserabhängig, zumindest für die Fortpflanzung waren sie auf Wasser angewiesen. Erst das Ei der Amniota war so weit geschützt, dass die Amniota unabhängig von aquatischen Lebensräumen wurden. Die Amniota entstanden im unteren Karbon, die Großgruppen der Amniota – die Anapsida, Diapsida und Synapsida – entwickelten sich im Laufe des Karbons und Perms. Bedeutend wurden die Amniota aber erst nach dem Massensterben der Perm-Trias-Grenze. Im Mesozoikum dominierten die Reptilien, Säugetiere entwickelten sich sukzessive im Verlauf des Mesozoikums aus den frühen Synapsida, erste säugetierähnliche Tiere existierten bereits in der Trias, sie traten also etwa zeitgleich mit den Dinosauriern auf. Die Radiation der Säugetiere fand im oberen Jura und der unteren Kreide statt – bedeutend wurden die Säugetiere aber erst nach dem Aussterben der Dinosaurier. Vögel entwicklten sich im Verlauf der Kreide, die Radiation der Vögel erfolgte im Paläogen.

Die Placodermi (Panzerfische; oberes Silur bis oberes Devon) sind ausgestorbene fischähnliche, kiefertragende Wirbeltiere. Die Placodermi besitzen an Kopf und Rumpf Knochenplatten aus Cosmin, die größten Formen waren etwa 10 m lang.

Die Acanthodii (Stachelhaie; Silur bis Perm) sind die Schwestergruppe der Knochenfische (Osteichthyes), mit denen sie zusammen das Taxon Teleostomi bilden. Die häutigen Flossen der Acanthodii wurden an ihrem Vorderrand von einem Stachel gestützt.

Die Lepospondyli ("Hülsenwirbler"; Karbon bis Perm) sind eine ausgestorbene Gruppe amphibienartiger, primitiver und morphologisch sehr diverser Landwirbeltiere (Tetrapoda). Ihr Skelett war nur schwach verknöchert, die namensgebenden spindelförmigen Wirbelkörper könnten eine Anpassung an die geringe Körpergröße und somit ein Reduktionsmerkmal sein. Die genaue Verwandtschaftsbeziehung zu den Amphibien (Lissamphibia) und Labyrinthodontia ist unklar.

Die als Labyrinthodontia (oberes Devon bis untere Kreide) zusammengefassten Wirbeltiere sind keine natürliche Verwandtschaftsgruppe, sondern eine Sammelbezeichnung für Taxa, die Bindeglieder zwischen Knochenfischen und Landwirbeltieren darstellen. Diese Taxa weisen daher unterschiedliche Kombinationen von amphibienähnlichen und reptilienähnlichen Merkmalen auf. Es ist aber unklar, ob sich Amphibien und Reptilien von dieser Gruppe ableiten lassen.

Die Anapsida (Oberkarbon bis rezent) umfassen verschiedene ausgestorbene Gruppen. Es ist nicht endgültig geklärt, ob die Schildkröten in diese Gruppe gehören.

Die Diapsida (Oberkarbon bis rezent) umfassen neben den Archosauromorpha (Crurotarsi inklusive Krokodile, Flugsaurier, Dinosaurier inklusive Vögel) und den Lepidosauromorpha (Echsen, Schlangen, Sauropterygia) auch die Ichthyosauria (Fischsaurier) und weitere ausgestorbene Reptilien.

Die Synapsida (Oberkarbon bis rezent) umfassen die Säugetiere und ausgestorbene Wirbeltiergruppen aus deren Verwandtschaft, insbesondere die paraphyletischen Pelycosauria und die Therapsida. Die Pelycosauria waren wechselwarme, sich im Spreizgang fortbewegende reptilienähnliche Wirbeltiere. Aus diesen entwickelten sich die Therapsida. Im Perm und in der unteren Trias, also vor der Entwicklung der Dinosaurier, waren die Therapsida die dominierenden Amniota. Die Therapsida stellen eine Entwicklungsreihe dar – von den reptilienähnlichen Pelycosauria zu den Säugetieren. Bei den späteren Therapsida waren die Beine bereits unter dem Körper platziert, auch entwickelte sich das sekundäre Kiefergelenk, Elemente des primären Kiefers wurden zu Gehörknöchelchen. Die meisten Pelycosauria und Therapsida starben an der Perm-Trias-Grenze aus. Aus einer der überlebenden Gruppen, den zu den Therapsida gehörenden Cynodontia, entwickelten sich die modernen Säugetiere.

Amniota: Wirbeltiere, deren Embryo von einer zusätzlichen Hülle, dem Amnion, umgeben ist; umfassen Reptilien, Vögel und Säugetiere

Conodonten: zahnähnliche Strukturen aus Apatit und organischen Lagen, vermutlich von basalen Chordaten

---

Siehe auch: Amniota, Wirbeltiere: 4.2.1.7 bis 4.2.1.9

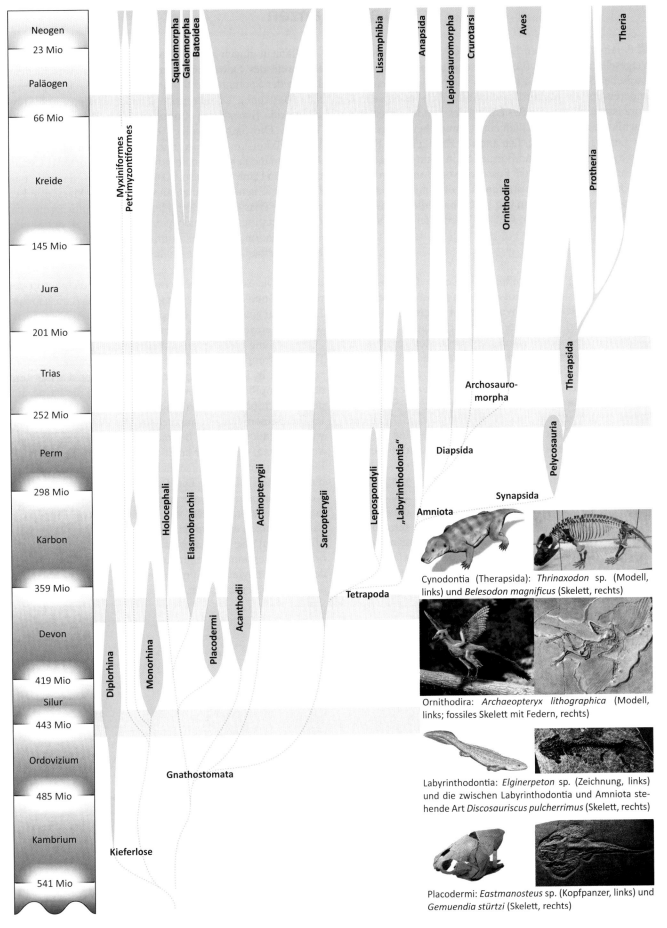

Cynodontia (Therapsida): *Thrinaxodon* sp. (Modell, links) und *Belesodon magnificus* (Skelett, rechts)

Ornithodira: *Archaeopteryx lithographica* (Modell, links; fossiles Skelett mit Federn, rechts)

Labyrinthodontia: *Elginerpeton* sp. (Zeichnung, links) und die zwischen Labyrinthodontia und Amniota stehende Art *Discosauriscus pulcherrimus* (Skelett, rechts)

Placodermi: *Eastmanosteus* sp. (Kopfpanzer, links) und *Gemuendia stürtzi* (Skelett, rechts)

Landpflanzen

Bereits für die ersten Landpflanzen war vermutlich eine Vergesellschaftung mit Pilzen – einerseits als Destruenten organischer Substanz und somit für die Nährstoffversorgung, andererseits als Mykorrhiza-Symbionten – essenziell. Die Voraussetzung für eine Besiedlung des Landes durch Pflanzen bildete daher vermutlich eine vorausgehende Besiedlung des Landes durch Pilze. Die ältesten Fossilien von Flechten sind aus der Doushantuo-Formation in China (Ediacarium) beschrieben. Die ältesten Fossilien von Landpflanzen aus dem Kambrium sind umstritten. Aus dem mittleren Ordovizium sind Sporentetraden von Moosen überliefert, die ersten gesicherten Fossilien von Gefäßpflanzen stammen aus dem Silur.

Entstehung der Gefäßpflanzen / erste Gefäßpflanzen: Die ältesten gesicherten Fossilien von Gefäßpflanzen stammen aus dem Silur. Die Rhyniophytina (oberes Silur bis oberes Devon) sind eine kleine Gruppe dichotom verzweigter Gefäßpflanzen mit endständigen Sporangien und besitzen primitive Leitbündel. Vermutlich sind die Rhyniophytina nicht die direkten Vorfahren der heutigen Gefäßpflanzen, sondern stellen Parallelentwicklungen dar. Die Zosterophyllopsida sind ebenfalls dichotom verzweigt, die Sporangien stehen jedoch seitlich entlang der Hauptachse. Möglicherweise sind die Zosterophyllopsida ein Bindeglied zwischen den ursprünglichen Gefäßpflanzen und den Bärlappgewächsen.

Die Trimerophytopsida (unteres Devon bis mittleres Devon) sind eine Gruppe ausgestorbener Gefäßpflanzen, deren Merkmale zwischen den Rhyniophytina und den rezenten Farnen und Samenpflanzen stehen. Sie bilden keine natürliche Gruppe, sondern fassen verschiedene Übergangsformen zwischen den Rhyniophytina und den echten Gefäßpflanzen zusammen. Die Trimerophytopsida waren generell komplexer aufgebaut als die Rhyniophytina oder die Zosterophyl-

Pflanzen gingen also im Ordovizium und Silur an Land, im Laufe des Devon entwickelten sich dann verschiedene Linien der Sporenpflanzen, unter anderem die Lycopodiopsida (Bärlappe), Equisetopsida (Schachtelhalme) und Polypodiopsida (Farne). Im Karbon bildeten diese ausgedehnte Wälder. Die Samenpflanzen entwickelten sich bereits im Paläozoikum, im Karbon und Perm machten die Gymnospermen eine erste Radiation durch (Cordaitopsida, Cycadopsida) im Laufe des Mesozoikums dann eine weitere (Coniferopsida, Gnetales, Bennetitales). Nach dem Massensterben der Perm-Trias-Grenze dominierten die Gymnospermen die Landvegetation. Die Angiospermen machten in der Kreide eine Radiation durch und dominierten die Flora nach dem Massensterben der Kreide-Paläogen-Grenze.

lopsida. Die Seitenzweige verzweigten sich dichotom oder trichotom und die Xylemstränge waren deutlich ausgeprägt. Die Sporangien standen endständig an den Achsen, meist waren sie an verzweigten Seitenzweigen konzentriert.

Entstehung der Samenpflanzen / erste Samenpflanzen: Die Progymnospermen (oberes Devon bis unteres Karbon) vermitteln in ihren Merkmalen zwischen den Farnen und den Samenpflanzen. Sie haben sich, wie auch die Farne, aus den Trimerophytopsida entwickelt und werden als Vorläufer der Samenpflanzen angesehen. Die Progymnospermen waren Sträucher oder Bäume mit pseudomonopodialer Verzweigung, die Blätter besaßen eine dichotome Nervatur. Die Sporangien standen seitlich an Seitenzweigen oder an modifizierten Blättern. Die Progymnospermen umfassten die Archaeopteridales, die Aneurophytales und die Protopityales. Es ist umstritten, von welcher dieser Gruppen die Samenpflanzen abstammen. Vermutlich gehen alle Samenpflanzen auf die Aneurophytales zurück. Alternative Theorien nehmen eine Abstammung nur der Cycadopsida von den Aneurophytales an und führen die übrigen Linien auf die Archaeopteridales zurück.

Dichotom: (griech.: *dichotomos* = zweigeteilt) Verzweigung einer Sprossachse in zwei gleiche Teile
monopodial: Verzweigungsmuster, bei dem die Hauptachse gefördert wird

Radiation: die Auffächerung eines Taxons in viele Linien
Sporentetraden: Gruppierung der vier aus einer Meiose hervorgegangenen Sporen

---

Siehe auch: Gymnospermae: 4.4.3.5; Massensterben: 2.3.1; Monilophyta: 4.4.3.4; Moose: 4.4.3.2; Mykorrhiza: 4.2.2.2; Rhyniophytina: 4.4.3.3

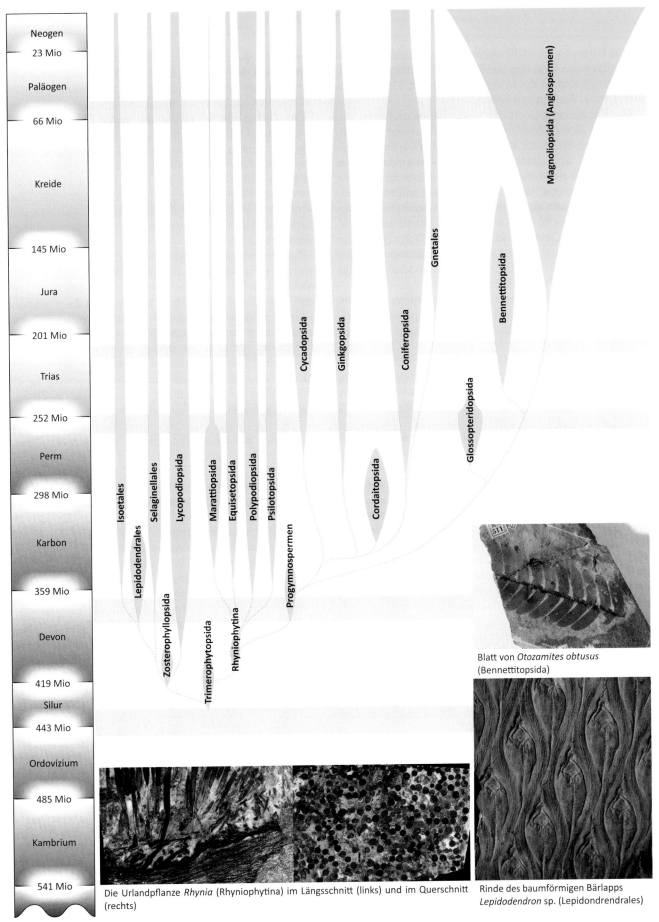

Neogen	
23 Mio	
Paläogen	
66 Mio	
Kreide	
145 Mio	
Jura	
201 Mio	
Trias	
252 Mio	
Perm	
298 Mio	
Karbon	
359 Mio	
Devon	
419 Mio	
Silur	
443 Mio	
Ordovizium	
485 Mio	
Kambrium	
541 Mio	

Isoetales
Lepidodendrales
Selaginellales
Lycopodiopsida
Zosterophyllopsida
Marattiopsida
Trimerophytopsida
Equisetopsida
Rhyniophytina
Polypodiopsida
Psilotopsida
Progymnospermen
Cycadopsida
Ginkgopsida
Cordaitopsida
Coniferopsida
Gnetales
Glossopteridopsida
Bennettitopsida
Magnoliopsida (Angiospermen)

Blatt von *Otozamites obtusus* (Bennettitopsida)

Die Urlandpflanze *Rhynia* (Rhyniophytina) im Längsschnitt (links) und im Querschnitt (rechts)

Rinde des baumförmigen Bärlapps *Lepidodendron* sp. (Lepidondrendrales)

Paläozoikum

Das Paläozoikum ist die älteste Ära des Phanerozoikums und umfasst den Zeitraum vor 541–252,2 Millionen Jahren. Es unterteilt sich in die Systeme Kambrium, Ordovizium, Silur, Devon, Karbon und Perm.

Das Kambrium gliedert sich in vier Serien und zehn Stufen. Einige dieser Serien und Stufen sind bislang noch unbenannt. Am Ende des Kambriums lösten vermutlich ein Klimawandel und damit verbundene Schwankungen des Meeresspiegels ein Massensterben aus. Kambrische Gesteine sind in Mitteleuropa nur an wenigen Stellen aufgeschlossen.

Das Ordovizium unterteilt sich in drei Serien und sieben Stufen. Ordovizische Kalksteine sind in Skandinavien aufgeschlossen, in Deutschland überwiegen Tonschiefer. Im oberen Ordovizium kam es zu einem Massensterben, das möglicherweise mit der klimatischen Veränderung infolge des Auftretens von Landpflanzen steht.

Das Silur wird in vier Serien und acht Stufen unterteilt. Charakteristisch für das Silur in Mitteleuropa sind die als Graptolithen-Schiefer bekannten dunklen, bituminösen Tonschiefer.

Das Devon gliedert sich in drei Serien und sieben Stufen. Charakteristische devonische Gesteine in Mitteleuropa sind Massenkalke, Tonsteine und Sandsteine. Im oberen Devon (Frasnium) kam es zu einem weiteren Massensterben, das zu erhöhten Kohlenstoffeinlagerungen in den Sedimenten führte. Nach der Lokalität der Erstbeschreibung dieser Gesteinsschichten im Kellwassertal im Harz wird das Aussterbeereignis als Kellwasser-Ereignis bezeichnet.

Das Karbon gliedert sich in die beiden Subsysteme Mississippium und Pennsylvanium, die in jeweils drei Serien aufgeteilt werden. Das Karbon ist in Mitteleuropa durch fossilreiche Kalke (Kohlenkalk-Fazies) sowie die südlich anschließenden Sedimente aus erodierendem Material der variszischen Gebirgsbildung (Kulm-Fazies) vertreten. Charakteristisch sind die steinkohleführenden Schichten: Im Oberkarbon bildeten sich weltweit die mächtigsten Kohleablagerungen.

Das Perm teilt sich in drei Serien und neun Stufen. In Mitteleuropa ist das untere und mittlere Perm durch auffällig rot gefärbte Gesteine, das obere Perm durch Kupferschiefer vertreten. Im oberen Perm kam es klimatisch bedingt weltweit zu vier Eindampfungszyklen, die zu den größten Salzvorkommen des Phanerozoikums führten. Das Ende des Perms ist durch das größte Massensterben des Phanerozoikums gekennzeichnet. Dieses Massensterben wird mit den stärksten vulkanischen Aktivitäten des Phanerozoikums, durch die die großen sibirischen Magmafelder entstanden sind, in Zusammenhang gebracht.

Der Beginn des Kambriums und damit des Paläozoikums wurde ursprünglich über Erstauftreten von Fossilien definiert. In der Folge wurde der Beginn des Kambriums lange Zeit mit 600 Millionen Jahren vor heute angenommen. Inzwischen sind Fossilien auch aus wesentlich älteren Gesteinsschichten bekannt. Der Beginn des Kambriums wurde später mit dem Auftreten bestimmter Fossilien korreliert und weiter in die Gegenwart verschoben. Heute wird der Beginn des Kambriums mit dem Erstauftreten des Spurenfossils *Trichophycus pedum* vor 541 Millionen Jahren korreliert. Dies stimmt in etwa auch mit einem weltweiten Einschnitt der Konzentration des Kohlenstoffisotops ^{13}C überein.

Das Ordovizium wurde erst 1960 als System anerkannt. In der älteren Literatur wurden die Schichten des Ordoviziums in der Regel dem Silur zugeschrieben, von einigen aber auch dem Kambrium zugeordnet.

Die regionale europäische Gliederung des Karbons (Dinantium und Silesium) weicht von der internationalen (aus dem Amerikanischen übernommenen) Gliederung ab. Die Untergrenze des Dinantiums stimmt zwar mit der Untergrenze des Mississippiums überein, die Obergrenze des Dinantiums liegt jedoch innerhalb des Mississippiums. Die Serien des Karbons stimmen bis auf das obere Pennsylvanium, das in zwei Stufen untergliedert wird, jeweils mit einer Stufe überein.

Auch die regionale europäische Gliederung des Perms weicht von der internationalen Gliederung ab. Die zwei in Mitteleuropa auffällig verschiedenen Gesteinsschichten führten zu den Bezeichnungen Rotliegendes für das ältere Perm (in etwa Cisuralium und Guadalupium) und Zechstein für das jüngere Perm (in etwa Lopingium). Als lithostratigraphische Begriffe werden Rotliegendes und Zechstein in regionalen Studien nach wie vor genutzt. Da diese Ablagerungen aber nicht exakt mit den Grenzen der Serien korrelieren, wurden sie als internationale stratigraphische Bezeichnungen zugunsten der Serien Cisuralium, Guadalupium und Lopingium aufgegeben.

---

bituminöse Tonschiefer: Ölschiefer, an aus Erdöl entstandenen organischen Verbindungen reicher Tonschiefer
Lithostratigraphie: räumliche und zeitliche Gliederung von Gesteinseinheiten anhand von Gesteinsmerkmalen, Unterdisziplin der Stratigraphie

variszische Orogenese: durch die Kollision von Gondwana und Laurussia verursachte Gebirgsbildung des Paläozoikums

Siehe auch: Fossilien: 2.3.2, 2.3.1.2, 2.3.1.3

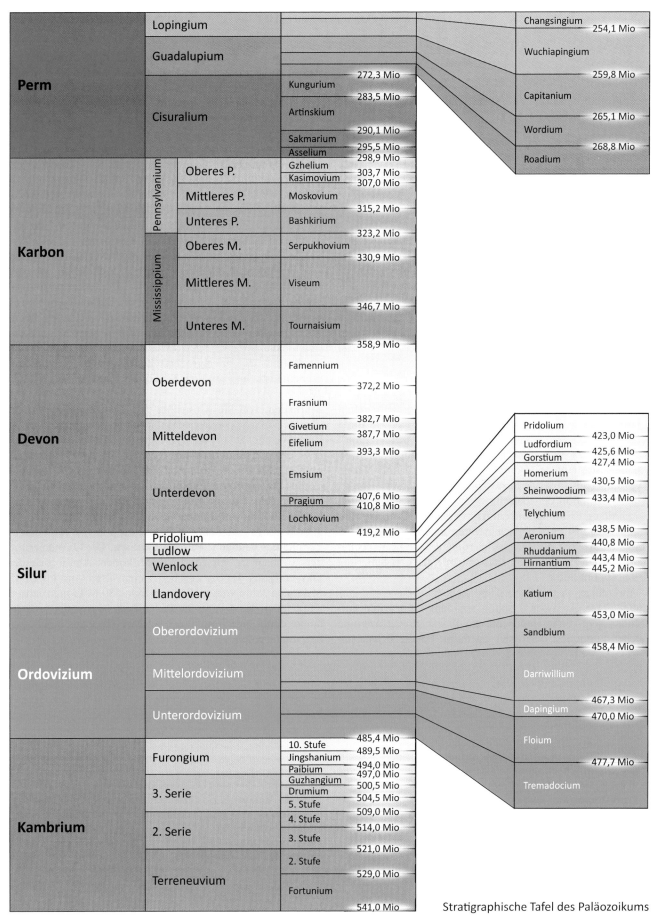

Perm	Lopingium			Changsingium	254,1 Mio
				Wuchiapingium	
	Guadalupium				259,8 Mio
			272,3 Mio	Capitanium	
	Cisuralium	Kungurium	283,5 Mio		265,1 Mio
		Artinskium	290,1 Mio	Wordium	
		Sakmarium	295,5 Mio		268,8 Mio
		Asselium	298,9 Mio	Roadium	
Karbon	Pennsylvanium / Oberes P.	Gzhelium	303,7 Mio		
		Kasimovium	307,0 Mio		
	Mittleres P.	Moskovium	315,2 Mio		
	Unteres P.	Bashkirium	323,2 Mio		
	Mississippium / Oberes M.	Serpukhovium	330,9 Mio		
	Mittleres M.	Viseum			
			346,7 Mio		
	Unteres M.	Tournaisium	358,9 Mio		
Devon	Oberdevon	Famennium	372,2 Mio		
		Frasnium	382,7 Mio		
	Mitteldevon	Givetium	387,7 Mio		
		Eifelium	393,3 Mio	Pridolium	423,0 Mio
	Unterdevon	Emsium		Ludfordium	425,6 Mio
			407,6 Mio	Gorstium	427,4 Mio
		Pragium	410,8 Mio	Homerium	430,5 Mio
		Lochkovium		Sheinwoodium	433,4 Mio
			419,2 Mio	Telychium	
Silur	Pridolium				438,5 Mio
	Ludlow			Aeronium	440,8 Mio
	Wenlock			Rhuddanium	443,4 Mio
				Hirnantium	445,2 Mio
	Llandovery			Katium	
Ordovizium	Oberordovizium				453,0 Mio
				Sandbium	
					458,4 Mio
	Mittelordovizium			Darriwillium	
					467,3 Mio
	Unterordovizium			Dapingium	470,0 Mio
			485,4 Mio	Floium	
Kambrium	Furongium	10. Stufe	489,5 Mio		
		Jingshanium	494,0 Mio		477,7 Mio
		Paibium	497,0 Mio		
	3. Serie	Guzhangium	500,5 Mio	Tremadocium	
		Drumium	504,5 Mio		
		5. Stufe	509,0 Mio		
	2. Serie	4. Stufe	514,0 Mio		
		3. Stufe	521,0 Mio		
	Terreneuvium	2. Stufe	529,0 Mio		
		Fortunium	541,0 Mio		

Stratigraphische Tafel des Paläozoikums

Ediacarium und Präkambrium-Phanerozoikum-Grenze

■ Das Ediacarium umfasst den Zeitraum von 635–541 Millionen Jahren vor heute und damit den Zeitraum seit den Vereisungsphasen der Kryogeniums bis zum Beginn des Kambriums (und damit der Phanerozoikums).

Ursprünglich wurde der Beginn des Kambriums als der Zeitpunkt des erstmaligen massenhaften Auftretens von Fossilien angesehen. Dann wurden jedoch zunehmend Fossilfunde aus älteren Schichten berichtet. Die sogenannte kambrische Explosion, also das recht plötzliche Auftreten von Fossilien vieler unterschiedlicher Metazoengruppen, ist inzwischen bereits aus den jüngeren präkambrischen Schichten (Ediacarium) bekannt.

Im Ediacarium kam es noch zu Klimaschwankungen, die auch lokal noch zu Vereisungen führten (Gaskiers-Vereisung). Im Gegensatz zu den Vereisungen des Kryogeniums traten die Vereisungen des Ediacariums aber nur lokal auf.

Abgesehen davon war das Klima im Ediacarium recht warm. Die durch die einsetzende Erwärmung bedingte plötzliche Freisetzung von Methan aus Methanclathraten hat vermutlich die Erwärmung weiter beschleunigt. Infolge der Erwärmung kam es zu einer verstärkten Verwitterung und einem erhöhten Eintrag von Salzen in die Ozeane.

Nachdem die Vereisung durch physikalische Prozesse Gesteine „aufgebrochen" und neue Gesteinsschichten freigelegt hatte, konnte die chemische Verwitterung über lange Zeit große Mengen Phosphat ins Meer spülen. Insbesondere die starke Phosphatverfügbarkeit dürfte zur Ausbildung von massiven Planktonblüten beigetragen haben, wie sie aus der Doushantuo-Formation (Acritarchen) überliefert sind. Die durch eingetragenes Phosphat und aufsteigende Eisen(II)-Ionen induzierten Algenblüten führten dann zu einem starken Anstieg des Sauerstoffgehalts in der Atmosphäre. In der Folge diversifizierten die Metazoen. Da diese Organismen noch keine Hartskelette besaßen, sind Fossilien allerdings nur aus wenigen Bereichen überliefert (z. B. Ediacara).

Die Ediacara-Tiere besaßen ein Hydroskelett. Die Mehrzahl der Ediacara-Tiere war entweder osmotroph, weidete mikrobielle Matten ab oder lebte in Symbiose mit photosynthetisierenden Symbionten. Diese Symbionten befanden sich entweder im Körper der Tiere oder die flachen Tiere waren, wie im Falle von *Dickinsonia*, mit einer Schicht aus Cyanobakterien bedeckt. Insgesamt erfolgte die „kambrische Explosion" über einen größeren Zeitraum gestreckt und fand großenteils bereits vor dem Kambrium statt.

■ Die Ediacara-Lebensräume und Lebensgesellschaften werden nach typischen Fundstätten als Avalon-Typ-Biota (ruhige, ungestörte Ablagerungen in den Schelfregion), Weißmeer-Typ-Biota (küstennahe durch Einflüsse von Wellen und Strömungen gekennzeichnete Fazies) und Nama-Typ-Biota (fluviomarine Fazies) bezeichnet.

Die Evolution der vielzelligen Eukaryoten setzte schon im mittleren Präkambrium ein. Die extremen Klimaschwankungen der spätpräkambrischen Vereisungen beschleunigten (möglicherweise) die Diversifizierung. Ökologisch bedeutend wurden diese Linien aber erst mit der Oxygenierung der tiefen Ozeane.

Vielzellige, metazoische Tiere müssen – basierend auf molekularen Analysen – schon vor dem Ediacarium entstanden sein. Selbst biochemische Belege für Schwämme reichen zumindest bis ins Kryogenium. Fossile Belege (Si-

likatnadeln von Hexactinellida und Demospongea) finden sich in 600–550 Millionen Jahre alten Schichten. Aerobe Einzeller und sehr einfach gebaute Metazoen kommen mit etwa einem Hundertstel der rezenten Sauerstoffkonzentration aus. Steigende Sauerstoffkonzentrationen dürften aber Voraussetzung für die Evolution echter, komplexer Vielzeller gewesen sein. Für die Kollagensynthese, die Voraussetzung für die Bildung von Bindegewebe der höheren Metazoen ist, gilt allerdings eine Sauerstoffkonzentration von etwa einem Zehntel des heutigen Wertes als kritisch. Die Oxygenierung der Atmosphäre vor rund 635 Millionen Jahren ging der Oxygenierung des ozeanischen Tiefenwassers um bis zu 55 Millionen Jahre voraus. Erst vor etwa 580 Millionen Jahren wurde auch das ozeanische Tiefenwasser oxygeniert und erlaubte damit eine Besiedlung des Meeresbodens durch größere Eukaryoten.

Doushantuo-Formation: Fossillagerstätte aus dem Ediacarium in der Provinz Guizhou in China
Erniettomorpha: sessile, flächig, aber nicht fraktal wachsende Organismen des Ediacariums
Fazies: mit der Entstehungsgeschichte von Gesteinen zusammenhängende Merkmale von Gesteinen

Methanclathrat: (lat.: *clatratus* = vergittert) auch Methanhydrat. Clathrate sind Einschlussverbindungen eines Gases (in diesem Falle Methan) in ein Gitter von Wirtsmolekülen (in diesem Falle Wasser). Methanclathrate kommen am Meeresgrund und im Permafrost vor
Rangeomorpha: sessile, fraktalartig flächig wachsende Organismen des Ediacariums

---

■ Siehe auch: Metazoa: 4.2.1; Symbiose: 4.2.2.5; Vereisung: 2.2.2.5

Kambrium

541 Mio

Ediacarium

635 Mio

Kryogenium

Phase 3 der Oxygenierung des ozeanischen Tiefenwasser: Die Isotopenverteilung des Schwefels legt nahe, dass die bakterielle Sulfat-Disproportionierung zunehmend ein Rolle spielt. Da die bakterielle Sulfat-Disproportionierung Schwefelverbindungen intermediärer Redoxstufen benötigt, ist dies ein Indiz für weiter steigende Sauerstoffverfügbarkeit

Phase 2 der Oxygenierung des ozeanischen Tiefenwassers: Es kommt zur Oxidation des gelösten organischen Kohlenstoffs in den Ozeanen durch den vermehrten Eintrag von Sauerstoff. Die bakterielle Sulfatreduktion bleibt der wichtigste Stoffwechselweg des Schwefelzyklus

Phase 1 der Oxygenierung des ozeanischen Tiefenwassers: Der atmosphärische Sauerstoffgehalt nimmt zu. Aus der Zunahme der Sulfate (SO_4) und der Abnahme der Sulfide in den Sedimenten lässt sich auf zunehmende Sauerstoffkonzentrationen schließen. In den Ozeanen kommt es zu kurzfristigen sauerstoffreichen Bedingungen am Schelfrand, während der tiefere Ozean weiterhin anoxisch ist

Unter dem Begriff Small-Shelly-Fauna werden viele, meist nur wenige Millimeter große mineralisierte Fossilien zusammengefasst, die ab dem oberen Ediacarium bis in das untere Kambrium auftreten. Das gleichzeitige Auftreten von Außenskeletten in vielen verschiedenen Organismengruppen und das Auftreten von Bohrlöchern in den Schalen legt nahe, dass zunehmender Fraßdruck für die Evolution der Außenskelette von zentraler Bedeutung war

Vorkommen der Small-Shelly-Fauna (links) und *Kaiyangites* sp. (rechts)

Die Nama-Fauna (550–541 Mio) umfasst Rangeomorphe und Erniettomorphe. In der Nama-Gesellschaft finden sich die ältesten fossilen Belege für Biomineralisation (z. B. *Cloudina* und *Namacalathus*). Es handelt sich um fluviomarine Ablagerungen

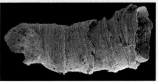

Cloudinia sp.

Die Weißmeer-Fauna (560–550 Mio) ist durch eine hohe Diversität ausgezeichnet. Hier finden sich Spurenfossilien und Vertreter der Stammgruppen-Bilateria. Es sind küstennahe, durch Wellen und Strömung beeinflusste Ablagerungen

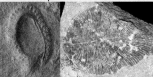

Kimberella sp. *Dickinsonia* sp.

Die Avalon-Fauna (575–560 Mio) wird von Rangeomorphen und kosmopolitischen Formen wie *Charniodiscus* dominiert. Es sind ruhige, ungestörte Ablagerungen der Schelfregion. Es sind keine Spurenfossilien bekannt

Charniodiscus sp.

Vor etwa 582–580 Millionen Jahren führte die Gaskiers-Vereisung zum Aussterben vieler Acritarchen. Die Gaskiers-Vereisung war aber im Gegensatz zu den Vereisungen des Cryogeniums nur regional ausgeprägt

Nach der Marinoan-Vereisung nimmt die Diversität des Phytoplanktons zu. Dies wird durch die Vielfalt der Acritarchen in den Sedimenten reflektiert

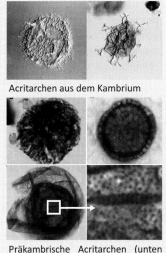

Acritarchen aus dem Kambrium

Präkambrische Acritarchen (unten rechts: Ausschnittsvergrößerung)

Vor etwa 650–635 Millionen Jahren war die Erde während der Marinoan-Vereisung weitgehend vereist. Nur die äquatorialen Regionen waren vermutlich eisfrei – auf den Kontinenten stieß das Eis wahrscheinlich auch bis zum Äquator vor

Evolution von Skelettelementen

Am Ende des Präkambriums existierten bereits Tiere mit Wohnröhren aus verschiedenen Materialien: organisch, chitinig-hornig, phosphatisch, carbonatisch und silikatisch. Nach dem Auftreten der ersten Beutegreifer wurde die Fauna dominiert von Tieren, die sich eingruben oder Schutzskelette besaßen. Wichtigstes Skelettmineral des Präkambriums war Apatit (Calciumphosphat), ab dem Ordovizium überwog dann Calciumcarbonat.

Die Bildung der Hartgewebe erfüllte verschiedene Funktionen. Ursprünglich dürfte die Biomineralisation der Calcium-Detoxifikation gedient und sich infolge der sich verändernden Ozeanchemie entwickelt haben: Da Calcium in hohen Konzentrationen toxisch wirkt, erhöhte sich mit zunehmender Calciumkonzentration im Meerwasser der Calciumstress der Organismen. Es bildeten sich zunehmend Schutzmechanismen aus. Die Biomineralisation ist wahrscheinlich als Detoxifikationsprozess entstanden. Auch die Ausbildung der Vielzelligkeit scheint mit den steigenden Calciumkonzentrationen zusammenzuhängen: Sowohl bei verschiedenen Schwämmen als auch bei der Grünalge *Co-elastrum* ist der Zellzusammenhalt nur bei höheren Calciumkonzentrationen gegeben.

Zunehmender Fraßdruck förderte dann im unteren Kambrium die Ausbildung von Hartskeletten in vielen verschiedenen Organismengruppen. An der Grenze zum Kambrium traten in den verschiedensten Tierstämmen fast zeitgleich Endo- und Exoskelette auf (calcifizierte Skelette seit 549 Millionen Jahren). Hartskelettelemente dienten aber auch als Ansatzpunkt für Muskeln (Fortbewegung, Ernährung) und dienten als UV-Schutz bei der Besiedlung der Flachmeere.

Zu den ersten Organismen mit Skelettelementen zählt die möglicherweise zu den Schwämmen oder Nesseltieren gehörende Art *Namapoikia rietoogensis* (bis zu 1 m Durchmesser und bis 25 cm hoch). Im unteren Kambrium (Terreneuvium) entwickelte sich dann die Small-Shelly-Fauna. Die Fossilien der Small-Shelly-Fauna wurden vorwiegend infolge sekundärer Phophatisierung (Umkristallisation der Skelettelemente zu Apatit) erhalten. Dieser Fossilisationsprozess verlor im Laufe des unteren Kambriums an Bedeutung.

Geochemische Voraussetzung für die Bildung von Carbonatskeletten war eine Veränderung der Meereschemie. Natriumcarbonat wurde zunehmend durch Calciumcarbonat ersetzt. Zunächst scheint sich die biochemisch einfachere, aber energetisch aufwendigere Ausfällung von Calciumphosphaten etabliert zu haben. Erst später ist die energetisch günstigere Bildung von Calciumcarbonat entstanden und hat sich durchgesetzt. Bei Wirbeltieren finden sich dann wieder Calciumphosphatskelette, diese dürften aber mit dem für hohe Muskelaktivitäten und zur Ausbildung der Nervengewebe notwendigen hohen Phosphatbedarf zusammenhängen.

Neben Calciumphosphatskeletten (Apatit: $Ca_5[(F,Cl,OH)(PO_4)_3]$ finden sich hauptsächlich Silikatskelette und Carbonatskelette. Calciumcarbonatskelette sind bei einigen Organismengruppen aus Aragonit, bei anderen aus Calcit aufgebaut. Diese in den verschiedenen Gruppen unterschiedliche Bevorzugung bestimmter Minerale dürfte mit der Meereschemie zum Zeitpunkt der Evolution von Skelettelementen in den jeweiligen Organismengruppen zusammenhängen. Bei niedrigen Magnesiumkonzentrationen bildet sich vorwiegend Calcit, bei höheren Magnesiumkonzentrationen wird die Entstehung von Calcit aber gehemmt. Da Magnesium nicht in das Kristallgitter von Aragonit eingebaut werden kann, kann sich bei höheren Magnesiumkonzentrationen aber immer noch Aragonit bilden. Zudem bildet sich bei höheren Temperaturen eher Aragonit, bei kühleren Temperaturen eher Calcit.

Im oberen Ediacarium evolvierten vorwiegend aragonitische Skelettelemente, während ab dem Terreneuvium vorwiegend calcitische Skelettelemente gebildet wurden. Calcitische Skelettelemente finden sich bei Echinodermen, Kalkschwämmen, Brachiopoden und Arthropoden. Dagegen finden sich bei Mollusken, Coelenteraten und Bryozoen verschiedene Minerale, unter anderem auch Aragonit.

Aragonit: orthorhombischer Kristall aus Calciumcarbonat ($CaCO_3$)
Calcit: trigonaler Kristall aus Calciumcarbonat ($CaCO_3$); Bestandteil zahlreicher biogener Sedimente
Detoxifikation: Entgiftung

Endoskelett: (griech.: *endon* = innen, *skeletos* = Gerüst) innere Stützstruktur (z. B. Knochen der Vertebraten)
Exoskelett: (griech.: *exo* = außen, *skeletos* = Gerüst) äußere Stützstruktur (z. B. Schalen der Muscheln und Brachiopoden)

Siehe auch: Mineralisation: 4.5.2, 4.5.2.1; Verteidigung: 4.4.3.1

Eine äußere Panzerung, sei es durch Außenskelette (links) oder Rinde (Mitte), spielt eine zentrale Rolle als Fraßschutz bei den verschiedensten Organismengruppen. Außenskelette traten in der Evolution zudem in einem engen Zeitfenster in vielen Organismengruppen nahezu zeitgleich auf. Es ist daher wahrscheinlich, dass zunehmender Fraßdruck eine Rolle bei der Evolution und vor allem bei der Radiation von Organismen mit Außenskeletten spielten. Gleichzeitig dienen solche Skelettelemente aber auch als Ansatzpunkte für den Bewegungsapparat. Fraßschutz und Beweglichkeit sind daher Aspekte, die zunächst parallel evolvierten. Das Auftreten der Organismen der Small-Shelly-Fauna (rechts) im obersten Präkambrium wird daher auch als Beleg für das Auftreten eines verstärkten Fraßdruckes durch größere, vielzellige Organismen gedeutet

Die Evolution von Schutzelementen und Skeletten ist im Kontext mit der Evolution der Beutegreifer und deren Mundwerkzeugen – deren Angriffswaffen – zu sehen. Ähnliche Zusammenhänge werden auch in der Entwicklung der Militärtechnik deutlich. Eine zunehmende äußere Panzerung ist ein guter Schutz, solange die Mundwerkzeuge bzw. Waffen von dieser Panzerung abgehalten werden können. In der frühen Evolution der Fische, als zunächst kieferlose Fische (oben links, hier rezentes Neunauge) dominierten, war keine starke Panzerung notwendig. Dies änderte sich mit der Evolution einfacher Kiefergelenke. Gegen die nun höhere Beißkraft bildete eine äußere Panzerung einen wirksamen Schutz. Dieser Trend lässt sich bei den Panzerfischen (Mitte links) beobachten. Vergleichbar ist die parallele Entwicklung durchschlagskräftigerer Waffen mit der zunehmenden äußeren Panzerung der Ritter. Die Panzerung geht allerdings einher mit einer starken Einschränkung der Beweglichkeit. Eine weitere Zunahme der Panzerung ist daher, auch bei zunehmender Effizienz der Mundwerkzeuge bzw. Waffen, nicht sinnvoll. Im Gegenteil erweist sich die Panzerung nun als eher hinderlich, Flexibilität und Beweglichkeit dagegen als wichtiger. Moderne Fische (unten links, hier rezenter Hai) sind daher nicht oder nur leicht gepanzert, dafür aber wendige und flexible Schwimmer. Wiederum ähnlich die Entwicklung der Militärtechnik: Die Entwicklung durchschlagskräftigerer Waffen, insbesondere von Schusswaffen, geht mit einer Zunahme der Bedeutung von Flexibilität und Wendigkeit auf Kosten einer Panzerung einher

Kambrium

Das Kambrium umfasst den Zeitraum von 541–485 Millionen Jahren vor heute. Es gliedert sich in vier Serien, das Terreneuvium (541–521 Mio Jahre), Serie 2 (521–509 Mio Jahre), Serie 3 (509–497 Mio Jahre) und das Furongium (497–485 Mio Jahre).

Die großen Landmassen lagen im Kambrium weitgehend südlich des Äquators. Dies waren Laurentia (Teile Nordamerikas und Grönlands), Baltica (Nordosteuropa) und Sibiria (Sibirien) sowie der große Südkontinent Gondwana. Gondwana umfasste die Landmassen Afrika, Südamerika, Indien, Madagaskar, Australien, Antarktika, Saudi-Arabien sowie einige Kleinkontinente. Zwischen Gondwana und den Nordkontinenten lag der Iapetus-Ozean, auf der Nordhalbkugel der Panthalassische Ozean. Im Kambrium erwärmte sich das Klima stark, dies ging einher mit einem Anstieg des Meeresspiegels und einem Anstieg der atmosphärischen Kohlendioxidkonzentration auf rund 4,5 ‰, also rund dem 15-Fachen des heutigen Wertes und damit der höchsten Kohlendioxidkonzentration des Phanerozoikums. Die Sauerstoffkonzentration stieg während des Kambriums leicht an, war aber mit etwa 14 % niedriger als heute.

Im Kambrium hatten sich fast alle modernen Tierstämme entwickelt. Viele der Arten entwickelten im Kambrium Hartskelette oder Gehäuse. Die fast gleichzeitige Entwicklung von Skelettelementen in vielen verschiedenen Organismengruppen wird als Anpassung an den steigenden Fraßdruck durch Prädatoren interpretiert. Da diese Hartteile besser fossil überliefert werden, stieg die Überlieferung von Fossilien sprunghaft an. Aus dem Kambrium sind keine Landpflanzen bekannt, landlebende Pilze gab es aber vermutlich bereits im Kambrium – die Fossilien sind allerdings umstritten.

Die kambrische Explosion, also die plötzliche Verbesserung der fossilen Überlieferung, ist auf die Zunahme von Schalen und Gehäusen in vielen verschiedenen Tiergruppen zurückzuführen. An der Grenze zum Kambrium beginnt der Aufstieg einer Fauna mit ersten kleinen Skelettelementen. Eine Veränderung des Meereschemismus und der zunehmende Fraßdruck durch die aufkommenden Prädatoren sind Hauptursachen für die kambrische Explosion.

Am Übergang vom Präkambrium zum Kambrium stieg der Meeresspiegel stark an und überflutete die Ränder der Kontinentalplatten, es bildeten sich ausgedehnte Schelfmeere. Durch die Transgression der Meere kam es zu einer erhöhten Silikatverwitterung und zu einem verstärkten Eintrag von Ionen in die Meere. Der Ioneneintrag führte zunächst zu einer verstärkten Carbonatausfällung und damit zu einer Verringerung der Alkalinität der Ozeane. Weiterer Ioneneintrag bewirkte dann eine Zunahme der Ionenkonzentration im Meerwasser, vor allem der Calciumkonzentrationen.

Die Organismen mussten daher Mechanismen entwickeln, um das überschüssige Calcium gegen einen Diffusionsgradienten aus den Zellen zu transportieren. Die Ausscheidung biogener Calciumcarbonate und Calciumphosphate führte schließlich in vielen Gruppen zur Entwicklung von Außenskeletten.

Kalkige Außenskelette schützten die Organismen vor Prädatoren. Im untersten Kambrium tauchten verschiedenste Panzerungen auf, neben durchgehenden Schalen auch Panzerungen durch einzelne Sklerite, die kettenpanzerartig verbunden waren. Ab dem mittleren Kambrium finden sich dann vorwiegend durchgehende Schalen. Diese boten einen besseren Schutz vor Fraßfeinden. Diese Entwicklung legt nahe, dass die Evolution der Außenpanzerung mit dem Aufkommen von Prädatoren mit Kiefern und Zähnen, wie *Anomalocaris*, in Zusammenhang stand.

Das Aufkommen der Schalen impliziert auch eine Zunahme der Sauerstoffkonzentration in den Ozeanen: Die flächigen Ediacara-Tiere benötigten lediglich Sauerstoffkonzentrationen von rund 8 % des rezenten Wertes, Tiere mit Außenskeletten aufgrund der eingeschränkten Diffusion über die Körperoberfläche aber zumindest Werte über 10 % der rezenten Konzentrationen (also über 2 %).

Sklerite: Hartteile im Körper von wirbellosen Tieren

Transgression: rasches Vordringen des Meeres auf vormals festländische Gebiete durch Absinken des Festlandes oder Anstieg des Meeresspiegels

Siehe auch: Hartskelett: 2.3.3.2; Metazoa: 4.2.1; Pilze: 4.2.2.3

Im Kambrium entstanden die ersten Vorläufer der Wirbeltiere. Die zu den Cephalochordata gestellte Art *Pikaia gracilens* wird als ältester bekannter Vertreter der Chordata angesehen

Im Kambrium gab es noch keine Landpflanzen. Fossile Acritarchen (hier: *Timofeevia lancarae*) dokumentieren aber eine Vielfalt an eukaryotischen Algen - auch wenn die systematische Zuordnung dieser Fossilien in der Regel unklar ist

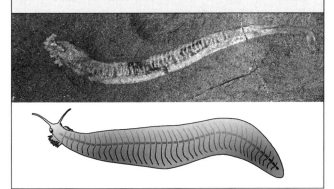

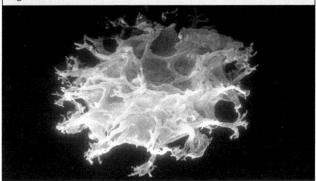

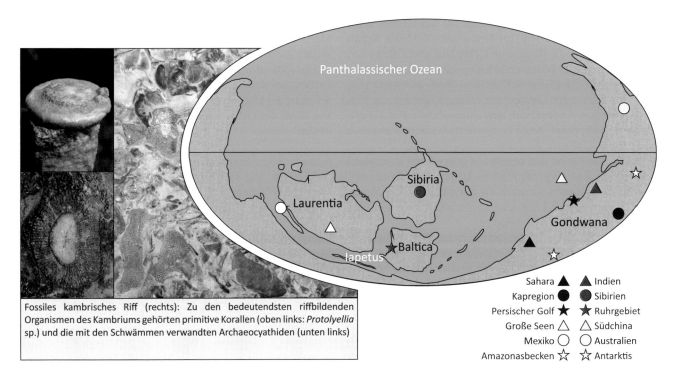

Fossiles kambrisches Riff (rechts): Zu den bedeutendsten riffbildenden Organismen des Kambriums gehörten primitive Korallen (oben links: *Protolyellia* sp.) und die mit den Schwämmen verwandten Archaeocyathiden (unten links)

Sahara ▲ ▲ Indien
Kapregion ● ● Sibirien
Persischer Golf ★ ★ Ruhrgebiet
Große Seen △ △ Südchina
Mexiko ○ ○ Australien
Amazonasbecken ☆ ☆ Antarktis

Castericystis vali, ein etwa 7 cm großees Metazoon aus dem mittleren Kambrium. Die phylogenetische Einordnung ist umstritten, möglicherweise handelt es sich um einen Echinodermen

Trilobiten traten ab der 2. Serie des Kambriums auf und gehörten ab dann zu den wichtigsten Fossilien aus dem Kambrium. Hier dargestellt ist die zu den Ptychopariida gehörende Art *Ellipsocephalus hoffi*

Graptolithen sind eine ausgestorbene Tiergruppe, vermutlich gehörten sie zu den Hemichordaten. Die Gattung *Dictyonema* war ein Vertreter der Dendroidea und lebte im Kambrium und Silur

Ordovizium

Das Ordovizium umfasst den Zeitraum von 485–443 Millionen Jahren vor heute. Es gliedert sich in das Unter- (485–470 Mio Jahre), Mittel- (470–458 Mio Jahre) und Oberordovizium (458–443 Mio Jahre).

Laurentia und Sibiria drifteten im Ordovizium nach Norden zum Äquator. Auch Baltica driftete nordwärts und entfernte sich etwas von Gondwana. Laurentia und Baltica drifteten aufeinander zu und der Iapetus-Ozean zwischen den beiden Kontinenten begann sich zu schließen. Im unteren Ordovizium war es weiterhin sehr warm, auch die Pole waren nicht vereist. Am Ende des Ordoviziums kam es jedoch zu einer der größten Vereisungen des Phanerozoikums. Diese Vereisung betraf einen großen Teil der Südhalbkugel.

Im Ordovizium nahm die Diversität vor allem der Nahrungsspezialisten stark zu, während im Kambrium noch Generalisten dominierten. Im Ordovizium bildeten Korallen, insbesondere die Rugosa und Tabulata, sowie Bryozoen und Stromatoporen bedeutende Komponenten der Riffe. Die Brachiopoden machten eine Radiation durch und wurden zu einer dominierenden Gruppe der marinen benthischen Filtrierer. Aus dem Ordovizium sind Graptolithen und die ersten Bryozoa bekannt, beide Gruppen traten bereits in hoher Diversität auf. Bei den Wirbeltieren entwickelten sich verschiedene Linien der Kieferlosen Fische und die Conodontentiere.

Im oberen Ordovizium besiedelten die Pflanzen das Land, zunächst waren dies moosartige Pflanzen. Gefäßpflanzen entwickelten sich erst später. Die Besiedlung des Landes durch Pflanzen verstärkte die chemische Verwitterung. Das durch die Verwitterung freigesetzte Calcium, Magnesium und Eisen führte zu verstärkten Carbonatausfällungen in den Ozeanen. Diese reduzierten schließlich über Gleichgewichtsreaktionen die Kohlenstoffdioxidkonzentration in der Atmosphäre. Die Besiedlung des Landes durch Pflanzen steht also vermutlich in ursächlichem Zusammenhang mit der Abkühlung und Vereisung des oberen Ordoviziums. Zudem veränderten sich zu Beginn der Eiszeit vermutlich die Meeresströmungen und beförderten sauerstoffarmes Tiefenwasser in die Schelfgebiete.

Die spätordovizische Vereisung führte zu einem Massensterben, bei dem viele Familien ganz erloschen. Etwa 57 % der marinen Gattungen und 80 % der Arten verschwanden. Vor allem die Tiere der tieferen marinen Habitate waren betroffen.

Kieferlose Fische sind bereits aus dem oberen Kambrium bekannt, die Radiation der Fische setzte im Ordovizium ein. Sowohl Conodonten, als auch die polyphyletischen „Agnatha" (Kieferlose) und die Chondrichthyes (Knorpelfische) sind aus dem Ordovizium bekannt.

Der entscheidende Evolutionsschritt zur Entwicklung der Vertebraten war die Entstehung eines neuen embryonalen Zelltyps, aus dem das Neuralrohr und später das zentrale Nervensystem mit Gehirn und Rückenmark hervorgingen, sowie Kiemenapparat und sensorische Organe wie Augen und Nase. Der neue Zelltyp ermöglichte damit einen neuen Körperbauplan, insbesondere die Entwicklung eines Kopfes mit komplexen Sinnesorganen. Dies erlaubte den Organismen gerichtete Orientierung und stand damit vermutlich im Zusammenhang mit einem Wechsel von filtrierender Ernährung zu aktiven Beutegreifern. Ein Saugschlund, wie bei den heutigen Neunaugen, fand sich erstmals bei fossilen Kieferlosen des Kambriums.

Auch die Myelinscheide um die Nervenfasern ist ein Derivat der Neuralleistenzellen. Die Myelinscheide erlaubt eine schnellere Reizweiterleitung, als dies bei Invertebraten der Fall ist. Die Geschwindigkeit von Aktionspotenzialen erreicht bei Vertebraten 50–100 m/s bei einem Axondurchmesser von nur 1–40 µm. Die Myelinscheide ist daher eine zentrale Voraussetzung für die Evolution großer Tiere. Aktionspotenziale in Nervenfasern von Invertebraten ohne Myelinscheide erreichen in der Regel maximal etwa 1 m/s (bei Cephalopoden wird durch Vergrößerung des Axondurchmessers auf bis zu mehrere Millimeter eine höhere Geschwindigkeit der Aktionspotenziale erreicht).

Die Entwicklung der Myelinscheide scheint mit der Entwicklung des Kiefers einhergegangen zu sein. Rezente Kieferlose besitzen keine Myelinscheide, vermutlich fehlte diese auch noch bei den ausgestorbenen Ostracodermen und Conodonten. Die Chondrichthyes besaßen dann aber bereits eine Myelinscheide. Die Myelinscheide dürfte daher vor der Abspaltung der Chondrichthyes von den anderen Gnathostomata (im Ordovizium) entstanden sein.

Bryozoen: Moostierchen, die zu den Protostomia gezählt werden

Generalisten: Organismen, die unter verschiedenen Bedingungen überleben können

Graptolithen: Kolonien bildende, ausgestorbene Organismen mit chitinartigem Außenskelett (Theken)

Rugosa: „Runzelkorallen", paläozoisches Korallentaxon mit Bildung von weiteren Septen in nur vier der sechs angelegten Sektoren, dadurch bilateralsymmetrisch

Schelfgebiet: Flachmeer an den Kontinentalrändern (bis zu 200 m Tiefe)

Stromatoporen: ausgestorbene, den Schwämmen zugeordnete koloniebildende Organismen, die im Silur und Devon wichtige Riffbildner darstellten

Tabulata: paläozoische Korallengruppe. Es werden immer sechs Septen angelegt (daher radiärsymmetrisch), allerdings nicht vollständig ausgebildet

---

Siehe auch: riffbildende Organismen: 2.3.2.2; „Agnatha": 4.2.1.7, 4.2.1.8

Im Ordovizium dominierten Kieferlose Fische wie *Sacabambaspis* sp. (mit charakteristischen frontal positionierten Augen). Die ersten Kiefertragenden Fische (Gnathostomata) entwickelten sich im oberen Ordovizium

Im Ordovizium treten erstmals trilete Sporen (Sporen mit drei Y-förmig angeordneten Keimöffnungen) auf, wie sie bei Bärlappartigen und Farngewächsen vorkommen: *Ambitisporites avitus* (links oben), *Ambitisporites* sp. (links unten), *Synorisporites* sp. (Mitte) und zwei weitere unbestimmte trilete Sporen (rechts)

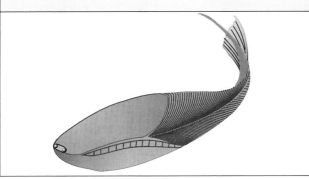

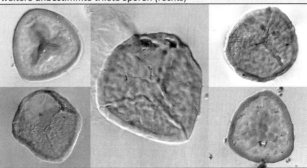

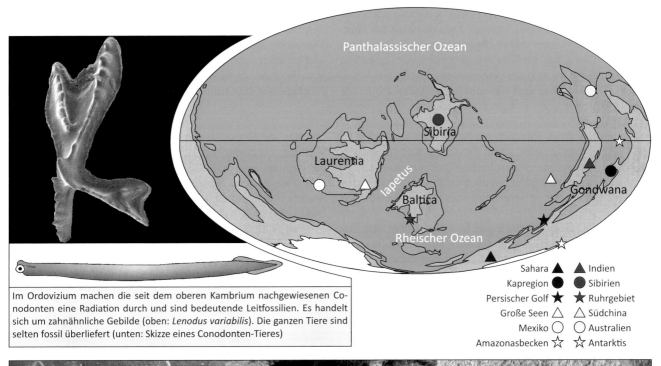

Im Ordovizium machen die seit dem oberen Kambrium nachgewiesenen Conodonten eine Radiation durch und sind bedeutende Leitfossilien. Es handelt sich um zahnähnliche Gebilde (oben: *Lenodus variabilis*). Die ganzen Tiere sind selten fossil überliefert (unten: Skizze eines Conodonten-Tieres)

Sahara ▲   ▲ Indien
Kapregion ●   ● Sibirien
Persischer Golf ★   ★ Ruhrgebiet
Große Seen △   △ Südchina
Mexiko ○   ○ Australien
Amazonasbecken ☆   ☆ Antarktis

Graptolithen gehören zu den wichtigsten Leitfossilien des Ordoviziums. Die nur aus dem Ordovizium bekannten Dichograptidae (hier: *Didymograptus murchisoni*) sind durch mehrere Äste mit einem Divergenzwinkel von unter 180° gekennzeichnet

Die Crinoidea (Seelilien) machten im Ordovizium eine rasche Radiation durch und waren ein wichtiger Bestandteil der marinen benthischen Fauna (hier: *Anthracocrinus primitivus*)

Die Triobitenordnung Asaphida (hier: *Subasaphus platyurus*) ist vom oberen Kambrium bis ins Silur nachgewiesen

Silur

Das Silur umfasst den Zeitraum von 443–419 Millionen Jahren vor heute. Es gliedert sich in das Llandovery (443–433 Mio Jahre), das Wenlock (433–427 Mio Jahre), das Ludlow (427–423 Mio Jahre) und das Pridolium (423–419 Mio Jahre).

Im unteren Silur kam es zur Kollision von Laurentia und Baltica, der Iapetus schloss sich dabei und die ozeanische Platte wurde unter die beiden Kontinente subduziert. Mit der Verschmelzung von Laurentia und Baltica entstand der Großkontinent Laurussia (= Old-Red-Kontinent, benannt nach den rötlichen Sandsteinen) unter Bildung des kaledonischen Faltengürtels. Der Rheische Ozean erreichte im Silur seine größte Ausdehnung. Im Obersilur brach das Hun-Superterran vom Nordrand Gondwanas ab und driftete nach Norden auf Laurussia zu. Der Rheische Ozean zwischen dem Hun-Superterran und Laurussia wurde unter das Hun-Superterran subduziert und es begann sich die Paläo-Tethys zu öffnen. Das Klima im Silur war generell wieder gemäßigt bis warm, es finden sich nur vereinzelte Hinweise auf Vereisungen. Der Meeresspiegel war sehr hoch, dadurch bildeten sich an den Kontinentalrändern ausgedehnte Flachmeere.

Lebermoosartige Pflanzen traten erstmals im Ordovizium, möglicherweise auch schon im oberen Kambrium auf. Im oberen Ordovizium lösten Vergesellschaftungen von Lebermoosen und Tausendfüßern die bis dahin dominierenden mikrobiellen Matten in feuchten terrestrischen Lebensräumen ab.

Sporen von Gefäßpflanzen sind bereits aus dem obersten Ordovizium bekannt, Körperfossilien von Gefäßpflanzen erst aus dem Silur. Die ursprünglichen Landpflanzen waren dichotom verzweigt und kriechend, nur die terminalen Äste waren aufwärts gebogen; die Sporangien waren endständig. Im mittleren Silur (Wenlock) nahmen die Höhe der Pflan-

Die atmosphärische Kohlendioxidkonzentration nahm als Folge der raschen Ausbreitung der terrestrischen Vegetation stark ab, während die Sauerstoffkonzentration weiter anstieg.

In den Flachmeeren der niedrigen Breiten bildeten sich ausgedehnte Riffe, vor allem die Korallen (Tabulata und Rugosa) waren wichtige Riffbildner. Im Silur traten die ersten kiefertragenden Wirbeltiere (Gnathostomata) auf. Bereits aus dem Untersilur sind die ersten Placodermi bekannt, die ersten Knochenfische aus dem Obersilur.

Aus dem Mittelsilur kennt man die ersten Gefäßpflanzen. Es entstanden ursprüngliche Gefäßpflanzen, die Rhyniophytina, sowie die zwischen den Rhyniophytina und den Bärlappartigen stehenden Zosterophyllopsida. Beispiele sind die auf Laurussia verbreitete, zu den Rhyniophytina gehörende Gattung *Cooksonia* und die auf Gondwana verbreitete, zu den Zosterophyllopsida gehörende Gattung *Baragwanathia*. Die ursprünglichen Gefäßpflanzen gabelten sich dichotom und besaßen noch keine Blätter. Auch gesicherte Nachweise von Flechten stammen aus dem Silur, ältere Fossilien von Flechten aus dem Ediacarium sind nicht gesichert.

zen und die Größe der Sporangien zu. Ein Beispiel ist die Gattung *Cooksonia*. Im oberen Silur wurden die Pflanzen zunehmend größer. Erste Rhyniophytina zeigten nun auch eine pseudomonopodiale Verzweigung mit lateralen Sporangien. Auch rhizomartige Ausbreitung ist aus dem oberen Silur bekannt. Ab dem untersten Devon (Lochkovium) sind Zosterophyllopsida mit fertilen Strobili bekannt. Im Laufe des oberen Silurs und unteren Devons entstanden Pflanzen mit echten Wurzeln, wie *Baragwanathia*. Damit stieg der Einfluss der Pflanzen auf die Böden und auf die Verwitterung stark an. Ebenfalls im Laufe des oberen Silurs und unteren Devons nahm die Komplexität der Sporophyten zu.

---

dichotom: (griech.: *dichotomos* = zweigeteilt) Verzweigung einer Sprossachse in zwei gleiche Teile
fertile Strobili: fruchtbare Zapfen
Hun-Superterran: Kleinkontinent, der sich im späten Silur von Gondwana trennte
Iapetus: altpaläozoischer Ozean zwischen Baltica und Laurentia; vor 700–400 Millionen Jahren

lateral: seitlich
Paläo-Tethys: ursprünglicher Ozean zwischen Laurussia und Gondwana; begann sich im Obersilur zu bilden, erreichte im Unterkarbon die größte Ausdehnung und schloss sich in der Trias
Sporophyt: die sporenbildende, diploide Generation im Generationswechsel der Landpflanzen

Siehe auch: Lebermoos: 4.4.3.2

Die Gattung *Jamoytius* (unten) gehörte nach phylogenetischen Analysen in die Verwandtschaft der Vorfahren der Gnathostomata. Aus dieser Verwandtschaftsgruppe entwickelten sich im Silur die ersten Kieferfische und auch die ersten Panzerfische (Placodermi). Die Meere wurden aber noch von kieferlosen Fischen dominiert

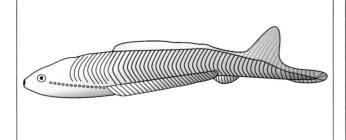

Die Gattung *Cooksonia* (unten links; Pfeil) gehört zu den ältesten Landpflanzen. Die blattlosen Achsen waren gegabelt, besaßen Spaltöffnungen und trugen endständige Sporangien. Die Gattung *Cosmoclaina* (unten rechts) wird als vielzellige gewebebildende Alge angesehen und zu den Nematophytales gestellt

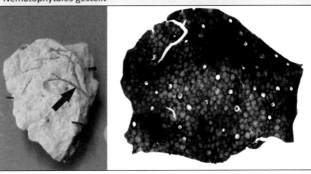

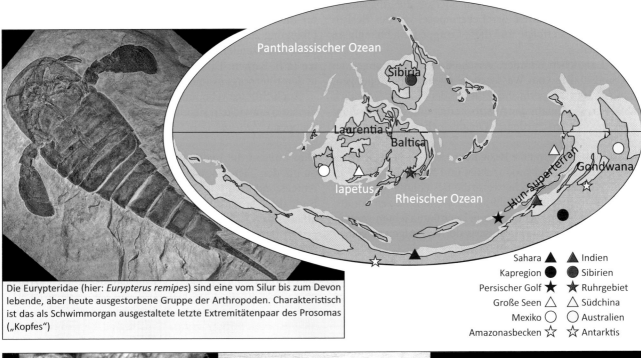

Die Eurypteridae (hier: *Eurypterus remipes*) sind eine vom Silur bis zum Devon lebende, aber heute ausgestorbene Gruppe der Arthropoden. Charakteristisch ist das als Schwimmorgan ausgestaltete letzte Extremitätenpaar des Prosomas („Kopfes")

Sahara ▲ ▲ Indien
Kapregion ● ● Sibirien
Persischer Golf ★ ★ Ruhrgebiet
Große Seen △ △ Südchina
Mexiko ○ ○ Australien
Amazonasbecken ☆ ☆ Antarktis

Die zu den Echinodermen gehörenden Paracrinoidea waren neben den Korallen Vertreter der marinen benthischen Fauna

Tabulate Korallen (Tabulata) gehörten zu den wichtigsten Riffbildnern des Silurs

Rugose Korallen (Rugosa) waren die zweite bedeutende Korallengruppe des Silurs

Landgänge

■ Die Besiedlung des Landes erfolgte in vielen Organismengruppen unabhängig. Prokaryoten besiedelten Landlebensräume wahrscheinlich schon vor 2.600 Millionen Jahren, sichere mikrofossile Nachweise sind 800–1.200 Millionen Jahre alt. Eine Voraussetzung für die Besiedlung des Landes durch höhere Eukaryoten war die Ausbildung einer Ozonschicht und damit die Reduktion der UV-Strahlung. Neben verschiedenen Gruppen der Prokaryoten und der Protisten sind Vertreter der Plathelminthes, der Nemertea, der Nematoda, der Annelida, der Mollusca (Pulmonata und Prosobranchia), der Crustacea (Amphipoda, Isopoda, Decapoda), der Chelicerata, der Onychophora, der Myriapoda, der Hexapoda und der Vertebrata unabhängig voneinander an Land gegangen. Für die Landpflanzen ist nicht endgültig geklärt, ob diese einmalig an Land gingen oder ob die Abspaltung der Moose, insbesondere der Lebermoose, vor der Besiedlung des Landes erfolgte und diese Gruppen unabhängig an Land gingen.

Das Landleben erfordert verschiedene Anpassungen an die grundsätzlich vom Wasser abweichenden Bedingungen. Dazu gehören der geringere Auftrieb der Luft im Vergleich zu Wasser, die Gefahr der Austrocknung und der Gasautausches. In den verschiedenen Organismengruppen, die das Land besiedelten, entwickelten sich unabhängig voneinander (konvergent) Anpassungen an diese Bedingungen.

Dazu gehört die Entwicklung von Atmungsorganen und -systemen die Luft atmen können: unter anderem die Lungen der Wirbeltiere, die Lungen der Landschnecken, die Fächertracheen der Spinnen und die Tracheensysteme anderer Arthropoden. Aber auch die Pflanzen entwickeln mit Spaltöffnungen und Interzellularräumen Systeme zur Leitung von Gasen.

Ebenso entwickeln sich bei den verschiedenen Organismengruppen Gewebe, die die Verdunstung und damit die Gefahr der Austrocknung herabsetzen. Gleichzeitig bieten diese Gewebe meist einen zusätzlichen Schutz vor der an Land höheren UV-Strahlung. Epidermis, Cuticula, die Borke der Samenpflanzen und aufgelagerte Wachse sind Beispiele für diese Anpassungen. Insbesondere wird such die Fortpflanzung zunehmend wasserunabhängig durch die Ausbildung schützender Außenhüllen um die Verbreitungseinheiten (z.B. Samen, Ei) oder die Verlagerung der Befruchtung in den Elternorganismus.

Auch Stützgewebe und stützende Strukturen (z.B. Holz, Skelette) entwickeln sich in den verschiedenen Organismengruppen.

■ Grundsätzlich setzt die Besiedlung des Landes durch Tiere terrestrische Primärproduzenten und Nahrungsnetze voraus. Trotzdem ist möglicherweise die Besiedlung des Landes mit Arthropoden der Besiedlung mit Gefäßpflanzen vorausgegangen. Die Vertreter der ersten Landfauna lebten vermutlich als Detritivoren auf der Basis der von Algen, Flechten und Moosen produzierten Biomasse.

Die ersten Gefäßpflanzen wurden durch Tiere kaum gefressen – Lignin und die bei der Ligninsynthese entstehenden toxischen Nebenprodukte führten zu einer Entkopplung von terrestrischer Primärproduktion und dem Abbau organischen Materials bis ins Karbon. Auch die ligninabbauenden Peroxidasen der Pilze entstanden erst im obersten Karbon. Im Karbon entwickelte sich auch bei den Wirbeltieren und den Insekten Herbivorie – diese frühen Herbivoren waren aber zunächst auf die vergleichsweise ungiftigen Pflanzenteile (junge Triebe, Samen, Sporen) spezialisiert und schlossen die pflanzliche Nahrung mithilfe von symbiontischen Pilzen und Bakterien auf. Seit dem Karbon setzte verstärkt eine Coevolution zwischen Pflanzen und herbivoren Insekten ein.

Dies umfasst die Evolution von Enzymen zur Detoxifikation bei den Tieren sowie eine Zunahme des Sporopollenin-Anteils und damit der Wanddicke von Sporen. Erst ab dem Ende des Karbons war daher eine effiziente Verwertung der pflanzlichen Biomasse durch Pilze und Herbivore möglich.

Der Landgang erfolgte meistens vom Süßwasser aus (Wirbeltiere, Landpflanzen, Annelida (Oligochaeta)). In einigen Organismengruppen erfolgte eine Besiedlung des Landes aber wahrscheinlich durch das Interstitial (z.B. Nematoda) oder direkt aus marinen Habitaten wie aus dem marinen Litoral, aus Salzmarschen oder aus Mangroven (z.B. Pulmonata, Isopoda, Chelicerata). Meist waren Besiedlungswellen des Landes durch Tiere mit Phasen erhöhter atmosphärischer Sauerstoffkonzentration korreliert, da die hohen Sauerstoffkonzentrationen ein Überleben an Land auch mit zunächst noch wenig effizienten Atemorganen ermöglichten. Insbesondere gilt dies für die Besiedlung durch Arthropoden im Silur, aber auch für die Diversifizierung der Landtetrapoden im Karbon.

Detritivor: von organischen Bruchstücken und Abbauprodukten ernährend
Detoxifikation: Entgiftung
Herbivorie: (lat.: *herba* = Pflanze, *vorare* = fressen) Pflanzenfresser (Tiere) ernähren sich ausschließlich von Pflanzen
Interstitial: wassergefüllter Porenraum aquatischer Sedimente

Lignin: (lat.: *lignum* = Holz) verschiedene phenolische Makromoleküle, die in die pflanzliche Zellwand eingelagert werden und zur Verholzung führen
Sporopollenin: Hauptkomponente des Exospors von Sporen der Sporenpflanzen (Moose, Farne) und der äußeren Wand (Exine) von Pollenkörnern

---

■ Siehe auch: Amnion: 2.3.4.2; Anpassungen an das Landleben: 2.3.4.2; Coevolution: 4.4.3.9, 4.4.3.8; Kormus: 2.3.3.10

Neogen
23 Mio
Paläogen
66 Mio
Kreide
145 Mio
Jura
201 Mio
Trias
252 Mio
Perm
298 Mio
Karbon
359 Mio
Devon
419 Mio
Silur
443 Mio
Ordovizium
485 Mio
Kambrium
541 Mio

Die Besiedlung des Landes ist ein immer noch andauernder Prozess. In vielen verschiedenen Organismengruppen sind im Verlauf der Erdgeschichte landlebende Gruppen evolviert. In weiteren Organismengruppen sind Anpassungen an ein zumindest zeitweises Landleben vorhanden. Insbesondere die Wüsten bilden aktuelle Grenzen der Besiedlung des Landes

Sanddünen in der Sahara

Landschnecken (Pulmonata) und auch landlebende Anneliden traten möglicherweise bereits im Verlauf des Devons oder Karbons auf. Der genaue Zeitpunkt des Übergangs zum Landleben wird aber insbesondere bei den Schnecken kontrovers diskutiert

Fossile Landschnecken

Nach dem Landgang der Pflanzen und verschiedener Tiergruppen war die Interaktion zwischen Pflanzen und Tieren zunächst entkoppelt. Herbivorie setzte sich erst im Laufe des Karbons durch. Ab dem Karbon finden sich vermehrt Fraßspuren an Pflanzenteilen. Es setzte eine Coevolution von Insekten und Pflanzen ein, verbunden mit der Radiation der Insekten

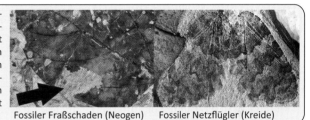
Fossiler Fraßschaden (Neogen)   Fossiler Netzflügler (Kreide)

Ichthyostega lebte im Oberdevon und war einer der ersten zeitweise auf dem Land lebenden Tetrapoden. Es finden sich mehrere Besonderheiten, wie beispielsweise sieben Zehen, ein sehr starrer Brustkorb mit überlappenden Rippen und – für Tetrapoden untypisch – im Vergleich zu den Hinterextremitäten sehr lange Vorderextremitäten

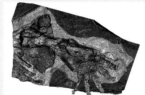 
Extremität von *Ichthyostega*   Schädel von *Ichthyostega*

Arthropoden haben sich möglicherweise bereits vor den Landpflanzen in terrestrischen Lebensräumen etabliert. Mit dem Auftreten der Lebermoose wurden die frühen Assoziationen von mikrobiellen Matten und Pilzen zunehmend durch Assoziationen von Lebermoosen und Myriapoden sowie anderen terrestrischen Arthropoden abgelöst

 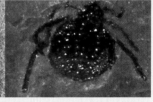
Fossile Spinnen (Kreide)

Die ältesten fossilen Pilzsporen sind aus dem Ordovizium nachweisbar. Die Landpflanzen besiedelten im Laufe des Ordoviziums und Silurs das Land. Die ersten Landtiere ernährten sich detritivor von mikrobiellen Matten und von durch Pilze und Bakterien aufgearbeitetem organischem Material

Fossile Pilzsporen (Ordovizium)

Mikrobielle Matten aus terrestrischen Habitaten sind seit etwa 1,6 Milliarden Jahren überliefert. Seit dem späten Präkambrium oder dem frühen Paläozoikum lebten in diesen terrestrischen mikrobiellen Matten neben Cyanobakterien und heterotrophen Bakterien auch verschiedene eukaryotische Algen und wahrscheinlich Pilze

Mikrobielle Matte aus der frühkambrischen Shiyantou-Formation

Devon

Das Devon umfasst den Zeitraum von 419–358 Millionen Jahren vor heute. Es gliedert sich in das Unter- (419–393 Mio Jahre), Mittel- (393–382 Mio Jahre) und Oberdevon (382–358 Mio Jahre).

Die Gebirgsbildung der Kaledoniden zwischen den ehemaligen Kontinenten Baltica und Laurentia setzte sich im Devon fort. Durch die von Gondwana aus auf Laurussia zudriftenden Kleinkontinente (Hun-Superterran bzw. Armorica) wurde der Rheische Ozean zunehmend subduziert und es öffnete sich die Paläo-Tethys. Im Kollisionsbereich dieser Kleinkontinente mit Laurussia bildete sich der Rhenoherzynische Ozean (ging aus dem Rheischen Ozean hervor), der sich im Verlauf des Devons durch die Kollision von Laurussia mit Gondwana wieder zu schließen begann. In diesen Sedimentationsbecken bildeten sich unter anderem die Gesteine des Rheinischen Schiefergebirges. Das Klima war warm und trocken und die Temperaturunterschiede zwischen Äquatorialregion und Polargebieten waren geringer als heute. Der Meeresspiegel lag weiterhin recht hoch. Im Oberdevon kam es wieder zu einer Abkühlung, in den Polargebieten führte dies in der Folge wieder zu Vergletscherungen. Diese Abkühlung war möglicherweise ursächlich für die Aussterbeereignisse im oberen Devon. Vor allem die marine Fauna war betroffen: Trilobiten, Korallen, Brachiopoden und Fische. Die stark gepanzerten altpaläozoischen Fischformen wurden zunehmend durch Haie und Knochenfische ersetzt. Die terrestrischen Taxa waren weniger betroffen.

Im oberen Unterdevon entwickelten sich die Ammonoidea, die ab dem Mitteldevon bis ins obere Mesozoikum wichtige Makro-Leitfossilien sind. Trilobiten gingen weiter zurück, der Rückgang ist möglicherweise auf das Aufkommen kieferbewehrter Fische zurückzuführen. Bei den Wirbeltieren entwickelten vor allem die Placodermi (Panzerfische) eine große Vielfalt, zu dieser Gruppe gehörten die größten damals lebenden Raubfische mit einer Länge von bis zu etwa 10 m. Auch die Stachelhaie erreichten im Devon ihre größte Vielfalt. Gegen Ende des Devons starben die Placodermi aus, die Stachelhaie im Perm.

Im Devon entwickelten sich Lungenfische und Quastenflosser; aus dem oberen Oberdevon sind dann die ersten Tetrapoda (Landwirbeltiere) bekannt. Hierzu gehören die zu den Labyrinthodontia gehörenden Gattungen *Ichthyostega* und *Acanthostega*. An Land entstanden im Devon die ersten geflügelten Insekten.

Im Devon breiteten sich die ursprünglichen farnartigen und bärlappartigen Gefäßpflanzen weiter aus. Aus dem Devon stammen auch die ersten gesicherten Funde von Mykorrhiza. Die Pflanzen wurden im Devon größer und im Oberdevon entstanden in tropischen Sümpfen die ersten Wälder mit baumartigen Farnen und Bärlappen. Erstmals entwickelten sich flächige Blätter, auch Blüten und echte Samen traten erstmals im Oberdevon auf. Durch die zunehmende Primärproduktion der Landpflanzen und die mit der Ausbreitung der Landpflanzen einhergehende verstärkte Verwitterung ging die atmosphärische Kohlendioxidkonzentration zurück und die Sauerstoffkonzentration stieg stark an – zumal die terrestrischen Nahrungsnetze erst entstehen mussten und somit ein Großteil der pflanzlichen Biomasse zunächst nicht zersetzt, sondern abgelagert wurde.

Den ersten Landpflanzen fehlten noch Megaphylle (flächige Blätter). Auch im Unterdevon besaßen die Pflanzen noch keine Blätter. Ausnahmen waren kleine, weniger als 5 mm große, Blättchen von *Eophyllophyton* und wenigen anderen Pflanzengattungen. Obwohl flächige Blätter eine erheblich höhere Photosyntheseleistung erlauben würden, setzten sich große flächige Blätter erst im Laufe des oberen Devon durch.

Grund für die erdgeschichtlich recht späte Ausbildung von flächigen Blättern waren die hohe Kohlendioxidkonzentration des Devons und die klimatischen Bedingungen. Die Anzahl der Spaltöffnungen korreliert mit der Kohlendioxidkonzentration: Bei niedrigen Konzentrationen werden viele Spaltöffnungen angelegt, bei hohen Konzentrationen nur wenige. Aufgrund der hohen Kohlendioxidkonzentrationen des Devons wurden nur wenige Spaltöffnungen angelegt. Dadurch war auch die Transpiration gering, die Blätter überhitzten somit leicht. Blattlose Achsen waren unter den hohen Kohlendioxidkonzentrationen des unteren Devons daher günstiger. Im Laufe des Devons nahm die Kohlendioxidkonzentration stark ab – dies war einerseits direkte Folge der Photosynthese, andererseits indirekte Folge der stärkeren chemischen Verwitterung durch Pflanzenwurzeln. Mehr Ionen wurden in die Ozeane eingetragen und vor allem Calcium und Magnesium bildeten Carbonate.

Durch die zunehmende Besiedlung des Landes mit Pflanzen sank daher die Kohlendioxidkonzentration. Mit den sinkenden Kohlendioxidkonzentrationen nahm die Blattgröße der Pflanzen plötzlich stark zu – die nun etwa achtfache Dichte an Spaltöffnungen bedingte eine ausreichende Transpiration, um eine Überhitzung der Blätter zu vermeiden. Parallel zur Vergrößerung der Blattflächen und der damit verbundenen erhöhten Transpiration verbesserten sich auch die Leitungsbahnen.

Spaltöffnungen (Stomata): dienen bei Pflanzen der Regulation des Gasaustauschs mit der Umgebung, gleichzeitig kühlt die Verdunstung die Gewebe

---

Siehe auch: Leitungsbahnen: 4.4.3.4; Telome: 2.3.3.10

Die Knochen in der Brustflosse des devonischen Fisches *Eusthenopteron* (links: Sarcopterygii) sind vermutlich homolog zum Arm der Tetrapoden, wie des devonischen Amphibs *Acanthostega* (rechts). Die Anzahl der Finger und Zehen wich noch vom typischen Tetrapodenbauplan ab: *Acanthostega* hatte acht Finger und sieben Zehen

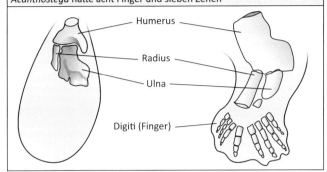

Bei den Landpflanzen traten im Devon erstmals baumartige Pflanzen und auch erstmals flächige Blätter auf. Die Gattung *Archaeopteris* wurde bis etwa 30 m hoch und besaß flächige Blattwedel, diese waren aber noch zerschlitzt. Da die Arten laubwerfend waren, sind diese Wedel häufig fossil überliefert

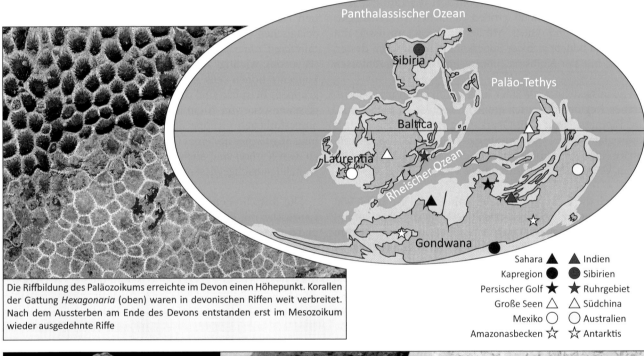

Die Riffbildung des Paläozoikums erreichte im Devon einen Höhepunkt. Korallen der Gattung *Hexagonaria* (oben) waren in devonischen Riffen weit verbreitet. Nach dem Aussterben am Ende des Devons entstanden erst im Mesozoikum wieder ausgedehnte Riffe

Brachiopoden waren in der marinen benthischen Fauna des Devons bedeutend. Typisch für das Devon sind Brachiopoden mit sehr breiten Schalen, wie die Arten *Plicathyris ezquarrai* (oben) und *Mucrospirifer thedfordensis* (unten)

Im Devon entstanden die Nautilida, die einzige Gruppe der Nautiloidea, die bis heute überlebte. Der hier abgebildete Nautilide gehört zur Familie Rutoceratidae

Die Goniatitida erschienen im Devon und gehörten bis zu ihrem Aussterben am Ende des Perms zu den häufigsten Ammonoidea. Die Kammern ihres Gehäuses sind durch nicht zerschlitzte (goniatitische) Lobenlinien getrennt

Karbon

Das Karbon umfasst den Zeitraum von 358–298 Millionen Jahren vor heute. Es gliedert sich in das Mississippium (358–323 Mio Jahre) und das Pennsylvanium (323–298 Mio Jahre), die jeweils weiter untergliedert werden in unteres (= Tournaisium; 358–346 Mio Jahre), mittleres (= Viséum; 346–330 Mio Jahre) und oberes Mississippium (= Serpukhovium; 330–323 Mio Jahre) und in unteres (= Bashkirium; 323–315 Mio Jahre), mittleres (= Moscovium; 315–307 Mio Jahre) und oberes Pennsylvanium (= Kasimovium + Gzhelium; 303–298 Mio Jahre).

Laurussia und Gondwana drifteten aufeinander zu. Bereits im Devon kam es zu Kollisionen mit zwischen diesen Großkontinenten liegenden Kleinkontinenten. Dies leitete die variszische Orogenese (Gebirgsbildung) ein. Diese setzte sich im Verlauf des Unterkarbons fort. Es kam zur Auffaltung von Gebirgen in großen Bereichen Mitteleuropas Nordamerikas und Asiens. Mit der Kollision Laurussias mit Gondwana bildete sich der Superkontinent Pangaea, dessen Bildung mit der Kollision Sibirias im Perm abgeschlossen war.

Die ausgedehnten Wälder in den tropischen und subtropischen Regionen fixierten große Mengen an Kohlendioxid. Die Biomasse wurde im Oberkarbon zu großen Teilen als Kohle abgelagert. Damit wurde das Kohlendioxid der Atmosphäre entzogen. Umgekehrt stieg die Sauerstoffkonzentration im Verlauf des Karbons auf etwa 35 % an. Die Veränderung der Atmosphäre verringerte den Treibhauseffekt und es kam im Laufe des Karbon zu mehreren Abkühlungen und teilweisen Vergletscherungen im Bereich des Südpols. Die stärkste Abkühlung und Höhepunkt der Vereisung war die permo-karbonische Vereisung, bei der große Teile Gondwanas vergletscherten. Spuren dieser Vereisung, vor allem fossile Gletschergeschiebe (Tillite), finden sich beispielsweise in der Sahara.

Nach dem Massensterben am Ende des Devons waren die Ozeane möglicherweise eine Zeit lang sauerstoffarm. Diese Phase der fossilienarmen Zeit wird nach dem Paläontologen Alfred Romer als Romer-Lücke („Romer-Gap") bezeichnet. Zu einer Erholung der marinen Diversität mit Radiationen verschiedener Tiergruppen kam es erst im mittleren Unterkarbon. Im Meer entwickelten sich Strahlenflosser und Ammonoideen zu den bestimmenden Elementen der pelagischen Fauna. Im Benthos wurden verschiedene Foraminiferen, unter anderem die Fusulinida, und Moostierchen (Bryozoa), wichtig. An Land führten die hohen Sauerstoffkonzentrationen teils zu Riesenwuchs verschiedener Tiergruppen. Beispiele sind die Libelle *Meganeura* mit einer Flügelspannweite von 70 cm und die spinnenähnliche, aber zur ausgestorbenen Gruppe der Eurypteriden gehörende Gattung *Megarachne* mit einer Größe von etwa 60 cm. Spätestens ab dem Karbon sind auch Landschnecken und landlebende Anneliden nachgewiesen.

Durch die Gebirgsbildung im Rahmen der Kollision von Laurussia und Gondwana verstärkten sich die Erosion und damit der Eintrag von Ionen in die Ozeane. Dadurch kam es zu weiteren Carbonatausfällungen und in deren Folge zu einer weiteren Absenkung der Kohlendioxidkonzentration. In den Gebirgen des südlichen Gondwana bildeten sich ausgedehnte Gletscher, die einerseits zu einer Abkühlung des Klimas (Eis und Schnee reflektierten einen Großteil des eingestrahlten Sonnenlichtes) und andererseits zu einer Absenkung des Meeresspiegels beitrugen. In den Tropen schaffte die Absenkung des Meeresspiegels die Voraussetzung für die Bildung der Steinkohlewälder.

In den subtropischen Sümpfen, vor allem im Bereich der Saumbecken der variszischen Orogenese, wuchsen ausgedehnte Farn- und Bärlappwälder. Die beherrschenden Vertreter der Flora in den Kohlesümpfen waren die zu den Lycopodiopsida gehörenden und bis über 40 m hoch werdenden Schuppenbäume (*Lepidodendron*) und Siegelbäume (*Sigillaria*). Auch die Schachtelhalme (Equisetopsida) und Kalamiten (*Calamites*) waren mit bis zu 20 m hohen Bäumen vertreten. An trockeneren Standorten waren Samenfarne weit verbreitet.

Die fortschreitende Gebirgsbildung durch die Kollision Laurussias mit Gondwana im Bereich des heutigen Europa und östlichen Nordamerika führte schließlich zur Verfüllung der Küstensümpfe (Lebensräume der Steinkohlewälder) mit Abtragungsschutt. Vor allem die in den Steinkohlewäldern des unteren und mittleren Karbons dominierenden Lycophyten gingen dann deutlich zurück. Auch die Kohlendioxidfixierung durch Photosynthese nahm ab und im obersten Karbon wurde das Klima trockener und wärmer.

In den kühl-gemäßigten Bereichen Gondwanas setzte sich im oberen Karbon zunehmend die artenärmere *Glossopteris*-Flora durch, die im südlichen Gondwana bis in die Trias die typische Vegetation stellte. Die Gattung *Glossopteris* wies Jahresringe auf – dies weist auf ein Jahreszeitenklima mit winterlichen Frösten hin.

Die typischen Steinkohlewälder bestanden nur in den nicht von der Gebirgsbildung erfassten Bereichen (z. B. Südchina) bis ins Perm. In Europa und Nordamerika wurden die Lycopodiopsida im Oberkarbon zunehmend von den trockenresistenteren Koniferen, Cycadeen und Samenfarnen abgelöst.

Radiation: die Auffächerung eines Taxons in viele Linien
Superkontinent: eine große, viele Kontinente bzw. Kratone umfassende Landmasse

variszische Orogenese: durch die Kollision von Gondwana und Laurussia verursachte Gebirgsbildung des Paläozoikums

---

Siehe auch: Carbonate: 2.1.2.3; Gymnospermen: 4.4.3.5

Hyolomenus war ein etwa 20 cm großes Wirbeltier mit anapsidem Schädel. Hyolomenus lebte im Oberkarbon vor etwa 312 Millionen Jahren und gehört zu den ersten vollständig an das Landleben angepassten Wirbeltieren. Die Eier dieses frühen Reptils besaßen ein Amnion

Im Karbon bildeten Farne, Bärlappe und Samenfarne die ersten ausgedehnten Wälder (links: Rindenabdruck des Schuppenbaumes (*Sigillaria* sp.); rechts: Blattabdruck des Samenfarns *Linopteris* sp. aus dem Ruhrkarbon)

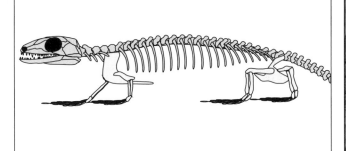

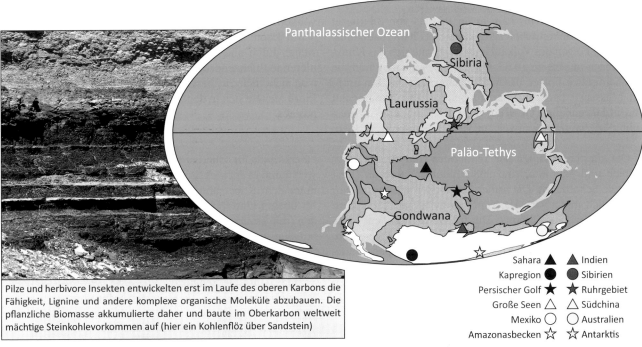

Sahara ▲ ▲ Indien
Kapregion ● ● Sibirien
Persischer Golf ★ ★ Ruhrgebiet
Große Seen △ △ Südchina
Mexiko ○ ○ Australien
Amazonasbecken ☆ ☆ Antarktis

Pilze und herbivore Insekten entwickelten erst im Laufe des oberen Karbons die Fähigkeit, Lignine und andere komplexe organische Moleküle abzubauen. Die pflanzliche Biomasse akkumulierte daher und baute im Oberkarbon weltweit mächtige Steinkohlevorkommen auf (hier ein Kohlenflöz über Sandstein)

Bryozoen waren im Paläozoikum bedeutende Riffbildner, insbesondere im Ordovizium, im Karbon und im Perm

Die Fusulinida waren eine im oberen Paläozoikum bedeutende Gruppe innerhalb der Foraminiferen

Die Goniatitida stellten auch im Karbon die bedeutendsten Ammonoideen (hier ein Goniatit aus dem Mississippium). Goniatiten haben glatte Lobenlinien

Perm

Das Perm umfasste den Zeitraum von 298–252 Millionen Jahren vor heute. Es gliedert sich in das Cisuralium (298–272 Mio Jahre), das Guadalupium (272–259 Mio Jahre) und das Lopingium (259–252 Mio Jahre).

Im Unterperm kollidierte der Kontinent Sibiria mit den bereits vereinigten Kontinenten Laurussia und Gondwana. Die Kollision mit Sibiria führte zur Auffaltung des Urals. Alle großen Landmassen waren nun im Superkontinent Pangaea vereinigt. Im äquatorialen Bereich öffnete sich nach Osten die Tethys. Im oberen Perm begann der Großkontinent Pangaea bereits wieder zu zerfallen. Die permo-karbonische Vereisung hielt im unteren Perm zunächst noch an. Das Klima erwärmte sich im Laufe des Perms stark. Durch die großen innerkontinentalen Landmassen des Superkontinents Pangaea war das Klima generell eher trocken.

Am Ende des Perms kam es im Bereich von Sibiria zu den stärksten vulkanischen Aktivitäten des Phanerozoikums. Durch die Folgen des Vulkanismus erwärmte sich das Klima dramatisch um bis zu 10 °C. Die Klimaerwärmung und die geochemischen Folgen des Vulkanismus führten zum größten Massensterben des Phanerozoikums. Innerkontinental und in küstennahen Gebieten mit eingeschränkter Meeresanbindung kam es weltweit zu vier Eindampfungszyklen:

Zunächst fielen jeweils Carbonate, bei fortschreitender Eindampfung Gips (Calciumsulfat), schließlich Halit (Steinsalz, NaCl) und zuletzt Kalium- und Magnesiumchloride aus. Im Perm entstanden so die reichsten Salzlagerstätten des Phanerozoikums (bis zu 1.500 m mächtig).

Außerdem kam es im Perm zur Radiation der Amniota. Zahlreiche reptilienähnliche Gruppen entstanden, von denen viele am Ende des Perms wieder ausstarben. Im Perm hatten sich die Linien der Anapsida (diese umfassen verschiedene heute ausgestorbene Linien und wahrscheinlich die Schildkröten), der Diapsida (Echsen, Dinosaurier, Vögel) und der Synapsida (Säugetiere und ausgestorbene Linien wie die Therapsiden) bereits getrennt. Über 90 % der Tierarten starben an der Perm-Trias-Grenze aus. Verschiedene Tiergruppen, wie die Trilobiten und die Eurypteriden, verschwanden vollkommen.

Im Laufe des Perms setzten sich nacktsamige Pflanzen weiter durch und lösten die Farne und Bärlappe als dominierende Pflanzengruppe ab. Das trockene Klima des Perms trug sicherlich zu dieser Entwicklung bei. Die *Glossopteris*-Flora breitete sich in den zirkumpolaren Regionen Gondwanas aus.

Die ältesten Fossilien der Tetrapoden-Hauptlinien (Amphibien und Amniota) sind 338 Millionen Jahre alt (East Kirkton, Schottland). Die frühen Tetrapoden waren carnivor (vermutlich insectivor). Herbivorie entwickelte sich erst im Laufe des oberen Karbons. Die frühen Tetrapoden atmeten wie die heutigen Amphibien durch buccales Pumpen, eventuell mussten sie zum Atmen pausieren. Rippenatmung wurde erst bei den Amniota etabliert. Vor rund 310 Millionen Jahren zweigte die Linie der Synapsida, also die zu den Säugetieren führende Linie, von den zu den Anapsida und Diapsida, also zu den Reptilien und Vögeln, führenden Linien ab. Die ältesten Reptilien der Hauptlinie sind kleine insektenfressende anapside Cotylosauria (Fam. Romeriidae, oberes Karbon bis mittleres Perm).

Einer der ältesten Pelycosauria war der ebenfalls nur etwa 50 cm große räuberische *Archaeothyris* (Pelycosauria: Ophiacodonta; oberes Karbon bis mittleres Perm). Bei den Pelycosauria begann die Differenzierung des Gebisses: *Archaeothyris* hatte noch gleichförmig spitze Zähne, aber bereits größere Eckzähne. Höhere Pelycosauria besaßen ein heterodontes Gebiss mit Schneidezähnen, Eckzähnen und Reißzähnen als Backenzähnen. Bei den Sphenacodontoidea (Pelycosauria;

Oberkarbon bis Oberperm) differenzierte sich das Gebiss weiter und es entwickelte sich auch der Säugetiergang (Beine unter dem Köper und nicht abgespreizt wie bei Reptilien). Im oberen Unterperm entstanden schließlich die Therapsiden (mit *Tetraceratops* als erstem Vertreter). Die Therapsiden besaßen im Vergleich zu den Pelycosauria ein vergrößertes Schläfenfenster, ein nach vorn gerichtetes Kiefergelenk, eine reduzierte Gaumenbezahnung sowie Veränderungen im Schulter- und Beckengürtel. Vor etwa 320–240 Millionen Jahren begannen sich die Geschlechtschromosomen zu bilden.

Mit dem Übergang von den Pelycosauria zu den Therapsiden veränderte sich auch die Struktur der Ökosysteme und Nahrungsketten. Während die frühen terrestrischen Ökosysteme von insectivoren Tetrapoden dominiert wurden, bildete ab dem oberen Perm eine Vielzahl von Herbivoren die Nahrungsbasis für eine relativ kleine Zahl von Carnivoren. Bei den Amphibien verstärkte sich im Oberperm wieder die Tendenz zum Wasserleben – vermutlich verdrängten die Therapsiden die Amphibien zunehmend aus den terrestrischen Nischen.

---

buccale Atmung: (lat.: *bucca* = Backe) Schluckatmung (bei Amphibien), durch Heben und Senken des Mundhöhlenbodens und Kontraktion der Rumpfmuskulatur wird die Luft bei geschlossenem Mund zwischen Lunge und Mundraum hin und her gepumpt

Rippenatmung: Luft wird in die Lungen durch Spreizung der Rippen und die damit verbundene Vergrößerung des Brustraumes eingesogen. Im Gegensatz zur buccalen Atmung kann bei geöffnetem Mund geatmet werden

---

Siehe auch: anapsider Schädel, heterodont, Schläfenfenster: 4.2.1.9

Der zu den Pelycosauria gehörende *Dimetrodon* war der größte Beutegreifer des unteren Perms. Das Rückensegel erlaubt eine rasche Erhöhung der Körpertemperatur durch die Sonne

Im Perm war die Flora der südlichen Bereiche Gondwanas von dem Samenfarn *Glossopteris* (links: Stammquerschnitt; rechts: Blatt) dominiert und danach als *Glossopteris*-Flora benannt. Die Jahresringe im Stammquerschnitt von *Glossopteris* belegen ein Jahreszeitenklima

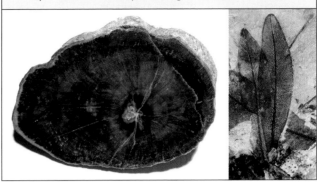

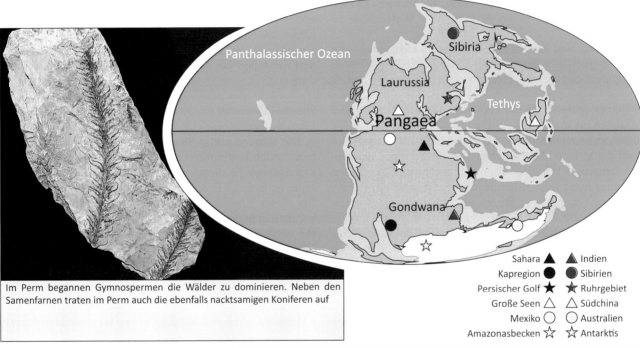

Im Perm begannen Gymnospermen die Wälder zu dominieren. Neben den Samenfarnen traten im Perm auch die ebenfalls nacktsamigen Koniferen auf

Sahara ▲ ▲ Indien
Kapregion ● ● Sibirien
Persischer Golf ★ ★ Ruhrgebiet
Große Seen △ △ Südchina
Mexiko ○ ○ Australien
Amazonasbecken ☆ ☆ Antarktis

Die Proetida (hier: *Ditomopyge decurtata*) waren die einzige Trilobitenordnung, die bis ins Perm überlebte

Brachiopoden (hier: *Hercosestria cribrosa*) waren im Perm bedeutende riffbildende Organismen und die wichtigsten bethischen Filtrierer. Am Ende des Perm starben allerdings die meisten Brachiopoden aus. Danach erlangten sie nie wieder eine solche Bedeutung

Die frühen Actinopterygii (Strahlenflosser, hier *Palaeoniscus* sp.) besaßen mit dem Mund verbundene Luftsäcke, die als primitive Schwimmblase dienten

Entwicklung des Kormus

Die frühen Landpflanzen waren einfache, meist kriechende Sprossachsen. Sie besaßen noch keine als Kormus bezeichnete Gliederung in Wurzel, Sprossachse und Blätter. Die typische Gliederung der Landpflanzen ist eine Anpassung an die terrestrischen Lebensräume. Die grundsätzlich unterschiedliche Organisation von Landpflanzen und Algen lässt sich weitgehend anhand der Verfügbarkeit von Nährstoffen und Licht im Wasser und an Land erklären:

Im Wasser sind die Nährstoffe gelöst und können über die gesamte Körperoberfläche aufgenommen werden. Eine kleine Körpergröße, also ein großes Verhältnis von Oberfläche zu Volumen, ist daher gut für die Aufnahme von Nährstoffen geeignet. Licht strahlte von oben ein, die gleichzeitige Versorgung mit Nährstoffen und Licht setzte somit Mobilität oder Schwebemechanismen voraus, um die meist kleinen Organismen in den oberen Bereichen der Wassersäule zu halten.

An Land sind die Nährstoffe in der Bodenlösung oder an Bodenpartikel gebunden, die Pflanzen benötigen daher Strukturen, um diesen Bereich mit einer möglichst großen Oberfläche zu durchwurzeln. Dies schließt in der Regel eine Mobilität der Organismen aus. Licht strahlt, wie auch im Wasser, von oben ein. Um eine gute Lichtversorgung, insbesondere auch in der Konkurrenz mit anderen Organismen, zu gewährleisten, müssen die photosynthetisch aktiven Strukturen möglichst weit nach oben – vom Erdboden weg – verlagert werden. Landleben erfordert deshalb in der Regel die räumliche Trennung von Nährstoffaufnahme und Lichtaufnahme. Die Distanz zwischen Strukturen, die die Nährstoffversorgung im Boden übernehmen (Wurzeln), und Strukturen, die Photosynthese betreiben (Blätter), muss überbrückt werden. Dies erfordert Strukturen, die den Stofftransport zwischen Wurzeln und Blättern sowie Stützfunktion übernehmen (Sprossachse).

Neben der Gliederung in die Organe Sprossachse, Blatt und Wurzel waren weitere Anpassungen für die Landbesiedlung notwendig: die Ausbildung von Leitbündelsträngen, die Ausbildung einer Cuticula als Verdunstungs- und UV-Schutz und die schon bei einigen Grünalgen etablierte Ligninbildung.

Blätter optimierten die Gas- und Lichtversorgung und ermöglichten so eine höhere Photosynthese. Große flächige Blätter entstanden allerdings erst im Laufe des Devons. Sowohl die kleinen blattähnlichen Auswüchse vieler bärlapp- und farnartiger Pflanzen, als auch die echten Blätter haben sich ausgehend von solchen blattlosen Sprossen entwickelt. Die Entwicklung dieser Strukturen verlief allerdings unterschiedlich.

Die kleinen Auswüchse vieler Bärlappe entstanden aus Emergenzen (= Enationen), also mehrzelligen Bildungen der äußeren Zelllagen. In diese Enationen wuchsen dann sekundär Leitbündel ein. Entsprechend wird diese Theorie als Enationstheorie bezeichnet.

Die Bildung echter Blätter erfolgte aus Sprossen (= Telomen) durch bestimmte Prozesse des Sprosswachstums, die sogenannten Elementarprozesse: Planation (die Sprossanordnung in einer Ebene), Übergipfelung und Verwachsung. Bei dieser Entstehung von Blättern sind Leitbündel von vornherein in den Blättern vorhanden, da diese ja aus Sprossen entstehen. Diese Theorie der Blattentstehung wird als Telomtheorie bezeichnet.

Enation: (lat.: *enatere* = hinausschwimmen) Bildung von Auswüchsen auf der Oberfläche pflanzlicher Organe
Kormus: (griech.: *kormus* = Rumpf) Pflanzenkörper, der in Blatt, Wurzel und Sprossachse unterteilt ist

Planation: Einebnung; Verlagerung in eine Ebene
Telom: achsenförmiges Grundorgan der Landflanzen

Siehe auch: basale Landpflanzen: 4.4.3.2; Besiedlung des Landes: 2.3.3.6

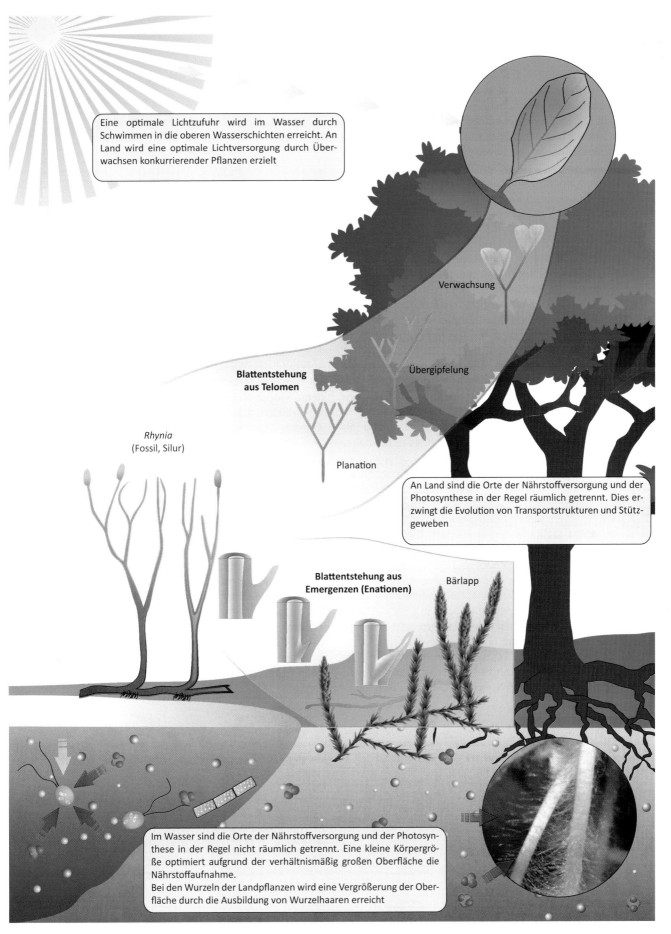

Eine optimale Lichtzufuhr wird im Wasser durch Schwimmen in die oberen Wasserschichten erreicht. An Land wird eine optimale Lichtversorgung durch Überwachsen konkurrierender Pflanzen erzielt

Verwachsung

Übergipfelung

Blattentstehung aus Telomen

Rhynia
(Fossil, Silur)

Planation

An Land sind die Orte der Nährstoffversorgung und der Photosynthese in der Regel räumlich getrennt. Dies erzwingt die Evolution von Transportstrukturen und Stützgeweben

Blattentstehung aus Emergenzen (Enationen)

Bärlapp

Im Wasser sind die Orte der Nährstoffversorgung und der Photosynthese in der Regel nicht räumlich getrennt. Eine kleine Körpergröße optimiert aufgrund der verhältnismäßig großen Oberfläche die Nährstoffaufnahme.
Bei den Wurzeln der Landpflanzen wird eine Vergrößerung der Oberfläche durch die Ausbildung von Wurzelhaaren erreicht

Zunehmende Reduktion der haploiden Generation (Gametophyt)

Bei vielen Organismen findet sich ein Generationswechsel zwischen einer haploiden und einer diploiden Generation. Dabei wird die Meiose, also die Reduktionsteilung, von der Syngamie, dem Verschmelzen der Geschlechtszellen, entkoppelt. Die haploide Generation bildet durch mitotische Teilung Geschlechtszellen (Gameten), die nach der Befruchtung zu einer diploiden Zygote verschmelzen und schließlich zur diploiden Generation auswachsen. Die diploide Generation bildet wiederum durch meiotische Teilung haploide Zellen, die (in der Regel als Sporen) verbreitet werden und zur haploiden Generation auswachsen.

Die Bedeutung der haploiden und der diploiden Generation ist bei verschiedenen Organismengruppen stark unterschiedlich. Auffällig ist die zunehmende Reduktion der haploiden, gametenbildenden Generation (= Gametophyt) in der Evolution der Landpflanzen. Die hohen Rekombinationsraten der diploiden Generation scheinen für den Übergang zum Landleben vorteilhaft, da die Umwelt stärkeren Schwankungen unterworfen ist, als dies in aquatischen Umgebungen der Fall ist.

Für das Verständnis dieser Entwicklung müssen kurz die Vor- und Nachteile von Haplonten (Organismen haploid, nur Zygote diploid) und Diplonten (Organismen diploid, nur Gameten haploid) erörtert werden.

Bei Haplonten entstehen aus der diploiden Zygote unter Meiose direkt wieder haploide Organismen, es findet daher nur eine Meiose pro Syngamie statt, die Rekombinationsrate ist somit gering. Dagegen ist die Propagationsrate mit vier Meiosporen pro Syngamie und damit vier neuen Organismen pro Syngamie relativ hoch.

Diplonten erreichen eine hohe Rekombinationsrate, da viele Zellen eines Organismus die Meiose durchlaufen können. Die Propagationsrate ist dagegen mit nur einem Organismus pro Syngamie gering.

Neben den Überlegungen zur Rekombinationsrate und zur Propagationsrate spielt auch die Wasserabhängigkeit der Fortpflanzungsvorgänge eine zentrale Rolle: Die Befruchtungsvorgänge sind auf ein wässeriges Milieu angewiesen, in dem die männlichen Gameten zum weiblichen Gameten (Eizelle) schwimmen können. Hieraus ergibt sich, dass auch die gametenbildende Generation, der Gametophyt, stark wasserabhängig ist. Während der Gametophyt bei den Moosen die langlebige dominante Generation ist, ist dieser bereits bei den Farnen stark reduziert. Bei den Samenpflanzen besteht der Gametophyt schließlich nur noch aus wenigen Zellen und muss vom Sporophyten ernährt werden. Aufgrund der Wasserabhängigkeit der Gameten und damit des Gametophyten bleibt diese Generation substratnah und klein. Moose (Gametophyt ist die dominierende Generation) erreichen daher nicht die Größe von Farnen und Samenpflanzen (Sporophyt ist die dominierende Generation).

Bei den Moosen findet ein anisomorpher Generationswechsel statt. Dabei ist der photoautotrophe Gametophyt deutlich morphologisch und anatomisch ausdifferenziert. Der Gametophyt entwickelt sich aus einem Protonema (Vorkeim) und kann thallos (wenig gegliedert, flächig, gelappt und mit Rhizoiden am Substrat befestigt) mit hoher Gewebedifferenzierung (assimilierendes und speicherndes Gewebe) oder folios (Gliederung in Stämmchen, Blättchen und Rhizoide) sein. Die männlichen Gametangien (Antheridien) sind keulige und kurz gestielte Gebilde mit einer sterilen Hülle. Die weiblichen Gametangien dagegen sind flaschenförmig mit einem Bauch- und Halsteil.

Der kurzlebige (wenige Wochen) Gametophyt der Gefäßsporenpflanzen (Farne und bärlappartige Pflanzen) wird Prothallium genannt. Dieser ist deutlich kleiner und weniger ausdifferenziert als der Sporophyt. Die Gamtophyten erreichen höchstens eine Größe von wenigen Zentimetern und zeigen Ähnlichkeiten in ihrer Gestalt zu den thallosen Moosen. Der einfach gebaute, grüne Thallus ist am Substrat mit einzelligen, schlauchförmigen Rhizoiden befestigt. Die Antheridien und Archegonien (oft einfacher gebaut als bei Moosen) befinden sich meistens auf der Unterseite. Die Befruchtung ist nur im Wasser möglich.

Bei den Samenpflanzen ist der Gametophyt noch stärker reduziert. Der männliche Gametophyt (mehrzelliges Pollenkorn) besteht bei den Angiospermen nur aus drei Zellen (zwei Spermazellen und eine vegetative Zelle). Der weibliche Gametophyt (Embryosack) verbleibt auf der sporophytischen Mutterpflanze und bildet die Eizelle aus.

Diploid: (griech.: *di* = zwei) doppelter Chromosomensatz
Gamet: haploide Geschlechtszelle
Gametangien (Singular: Gametangium): (griech.: gamos = Hochzeit, Ehe) Organe, in denen bei der sexuellen Fortpflanzung die Gameten gebildet werden
Haploid: (griech.: *haploeides* = einfach) einfacher Chromosomensatz

Meiose: (griech.: *meiosis* = Verringern) Kernteilung unter Halbierung des Ploidiegrades
Meiosporen: aus Meiose entstandene Sporen
Mitose: (griech.: *mitos* = Faden) Teilung des Zellkerns unter vorheriger Verdopplung der Chromosomen, der Ploidiegrad (Anzahl der Chromosomensätze) bleibt daher erhalten
Syngamie: Verschmelzen zweier geschlechtsverschiedener Zellen

Siehe auch: Sporophyt: 2.3.3.12

Bei den Moosen ist der Gametophyt die dominierende, ausdauernde Generation. Die Gametophyten der Lebermoose sind entweder thallös (links: *Metzgeria* sp.) oder folios (Mitte links: *Lophocolea* sp.). Die Gametophyten der Laubmoose sind folios (rechts Mitte: *Polytrichum* sp., rechts: Antheridium von *Polytrichum* sp.)

Bei den Farnen sind beide Generationen, Sporophyt und Gametophyt, selbstständig lebensfähig. Der Gametophyt ist thallos, bleibt klein und ist substratgebunden. Diese Lebensweise erhöht die Befruchtungswahrscheinlichkeit, da die vom Gametophyten gebildeten Gameten freies Wasser für die Befruchtung benötigen. Hier das Prothallium von *Dicksonia* sp. (Polypodiopsida; links) und *Equisetum hyemale* (Equisetopsida; rechts)

Bei den Pinaceae (Gymnospermae) besteht der männliche Gametophyt aus insgesamt fünf Zellen: zwei Prothalliumzellen und einer Antheridiumzelle, die sich in Pollenschlauchzelle und generative Zelle teilt, Letztere teilt sich wiederum in zwei Spermazellen. Der weibliche Gametophyt besteht aus mehreren Hundert Zellen und bildet noch rudimentäre Archegonien. Bei den Angiospermen sind die Gametophyten, wie unten dargestellt, noch weiter reduziert: Bei der sogenannten doppelten Befruchtung der Angiospermen befruchtet eine Spermazelle die Eizelle, der Kern der anderen Spermazelle verschmilzt mit der zentralen zweikernigen Zelle des Embryosacks und bildet das triploide Endosperm

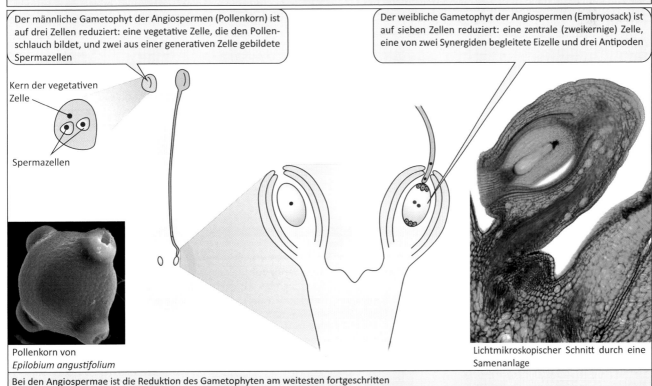

Der männliche Gametophyt der Angiospermen (Pollenkorn) ist auf drei Zellen reduziert: eine vegetative Zelle, die den Pollenschlauch bildet, und zwei aus einer generativen Zelle gebildete Spermazellen

Der weibliche Gametophyt der Angiospermen (Embryosack) ist auf sieben Zellen reduziert: eine zentrale (zweikernige) Zelle, eine von zwei Synergiden begleitete Eizelle und drei Antipoden

Kern der vegetativen Zelle

Spermazellen

Pollenkorn von *Epilobium angustifolium*

Lichtmikroskopischer Schnitt durch eine Samenanlage

Bei den Angiospermae ist die Reduktion des Gametophyten am weitesten fortgeschritten

Zunehmende Dominanz der diploiden Generation (Sporophyt)

■ Die meisten landlebenden Organismengruppen sind entweder diploid oder es überwiegt, bei Organismengruppen mit Generationswechsel, die diploide Generation. Der Sporophyt stellt die diploide Generation der Pflanzen mit Generationswechsel dar. Er bildet haploide Sporen, aus welchen wiederum Gametophyten entstehen. Bei Protisten (Algen) mit Generationswechsel sind Sporophyt und Gametophyt oft gleichgestaltet (isomorph). Bei den Moosen und Gefäßpflanzen dagegen unterscheiden sich die beiden Generationen (heteromorph). Während bei den Moosen der Gametophyt die dominante Generation ist, dominiert der Sporophyt bei den Gefäßpflanzen. In der Evolutionsgeschichte der Landpflanzen wird der Sporophyt im Vergleich zum Gametophyten tendenziell immer bedeutender. Der Trend hin zur Dominanz der diploiden, sporenbildenden Generation (= Sporophyt) hat zwei Vorteile: Die Rekombinationsrate ist hoch und die Abhängigkeit von freiem Wasser für die Fortpflanzungsprozesse sinkt.

■ Der diploide Sporophyt der Moose ist nicht selbstständig lebensfähig und wird vom Gametophyten ernährt. Er bleibt zeitlebens mit diesem verbunden. Nur bei den Hornmoosen ist auch der Sporophyt vergleichsweise langlebig und erreicht eine gewisse Unabhängigkeit vom Gametophyten. Der Sporophyt der Moose besteht aus dem Sporogon (der Sporenkapsel) und aus einem Stiel (Seta).

Bei den rezenten Gefäßsporenpflanzen (Farne und bärlappartige Pflanzen) dominiert der Sporophyt und bildet die langlebige Generation aus. Der Sporophyt ist in Achse, Blätter und Wurzel (Kormus) gegliedert. Die weitere Entwicklung des Sporophyten (Verholzung, Transport von Wasser und Assimilaten sowie Entwicklung von Wurzeln) und damit die Unabhängigkeit vom Gametophyten ermöglichte eine Besetzung von neuen Nischen.

Bei den Samenpflanzen ist der Sporophyt vielfach größer und komplexer aufgebaut (Baum, Strauch oder Kraut), der Gametophyt dagegen auf wenigzellige Strukturen reduziert.

Ein Generationswechsel findet sich auch bei vielen Algengruppen. Es gibt Organismengruppen mit vorwiegend oder ausschließlich haploider Generation, solche mit vorwiegend oder ausschließlich diploider Generation und solche mit Generationswechsel.

Die Grünalgen sind entweder haplobiontisch (haploide Generation, nur die Zygote ist diploid) oder wie die Landpflanzen diplobiontisch (Generationswechsel mit haploider und diploider Generation). Die beiden Generationen können isomorph sein, wie bei der Gattung *Ulva*, oder heteromorph. Die morphologische Verschiedenheit der beiden Generationen kann so stark sein, dass die beiden Generationen nicht ohne Weiteres derselben Art zugeordnet werden können. Beispielsweise ist der Gametophyt von *Derbesia marina* früher als andere Art (*Halicystis ovalis*) beschrieben worden.

Ein dreigliedriger Generationswechsel mit einem haploiden Gametophyten, einem diploiden Karposporophyten und einer weiteren diploiden Sporophytengeneration (häufig Tetrasporophyt) ist typisch für die Rhodophyta. Bei den meisten Rotalgen entwickeln sich die drei Generationen auf zwei unterschiedlichen Vegetationskörpern (diplobiontische Entwicklung). Der Gametophyt (haploid) und der Tetrasporophyt (diploid) sind häufig gleichgestaltet. Der Karposporophyt dagegen ist unscheinbar in Form von kleinen Zellfäden, die sich nach der Befruchtung aus dem Karpogon (weibliches Gametangium) entwickeln und auf dem Gametophyten verbleiben. Der Karposporophyt bildet nach mitotischer Kernteilung diploide Karposporen (Mitosporen), aus denen sich der autonome diploide Tetrasporophyt entwickelt. Bei der Gattung *Batrachospermum* entstehen alle drei Generationen auf einem einzigen Individuum (haplobiontische Entwicklung). Dabei wächst der Tetrasporophyt auf dem Karposporophyten.

Die Phaeophyceae durchlaufen einen diplobiontischen Generationswechsel mit einem haploiden Gametophyten und einem diploiden Sporophyten. Der Sporophyt der primitiveren Braunalgen wie *Ectocarpus* bildet einkammerige (= unilokuläre) Sporangien, in denen durch meiotische Kernteilung Meiosporen entstehen. Aus diesen wachsen die Gametophyten aus. Diese bilden vielkammerige (= plurilokuläre) Sporangien, in denen durch mitotische Teilung Gameten gebildet werden. Durch Fusion von zwei Gameten unterschiedlicher Paarungstypen entsteht die Zygote, die zum Sporophyten auswächst. Im Gegensatz zu *Ectocarpus* (Gametophyt und Sporophyt gleichgestaltet) ist der Sporophyt der größeren Braunalgen deutlich stärker entwickelt als der Gametophyt.

---

diplobiontisch: Organismen mit Generationswechsel mit haploider und diploider Generation
haplobiontisch: Organismen mit nur entweder einer haploiden oder einer diploiden Generation, aber nicht beiden

Karposporophyt: der aus der Zygote auswachsende diploide Sporophyt beim dreigliedrigen Generationswechsel der Rotalgen
Tetrasporophyt: die zweite, aus einer vom Karposporophyten gebildeten Spore auskeimende, sporophytische Generation der Rotalgen

---

■ Siehe auch: Gametophyt: 2.3.3.11

Die Sporophyten der Moose sind kurzlebig und betreiben (abgesehen von den Hornmoosen) keine Photosynthese – sie müssen vom Mutterorganismus ernährt werden. Links: Sporophyt des Lebermooses *Calypogeia*, daneben geöffnete Sporenkapsel; mitte: Sporophyt des beblätterten Lebermooses *Lophocolea* sp.; zweite von rechts: Sporophyt des Laubmooses *Dicranoweisia* sp.; rechts: Sporophyt des Laubmooses *Brachythecium* sp.

Sporophyt bei Echten Farnen (links: der Baumfarn *Dicksonia antarctica*) und Schachtelhalmen (Mitte: Sporophyllstand; rechts: Ausschnittsvergrößerung der Sporangien). Die Sporotrophophylle des Baumfarnes erfüllen sowohl die Funktion der Sporophylle (Verbreitung) als auch der Trophophylle (Photosynthese). Bei den Bärlappen sind diese Funktionen oft getrennt in sterile Trophophylle und fertile Sporophylle

Sporophyten der Samenpflanzen: Alle sichtbaren Pflanzenteile mit Ausnahme der Pollenkörner sind Bildungen des Sporophyten (oben: Buche in unterschiedlichen Altersstufen; links: aufgeschnittene Blüte der Krokus). Auch die Staubblätter und Fruchtblätter sind Bildungen des Sporophyten, sie entsprechen den Sporangienständen der Sporenpflanzen

Mesozoikum

Die Ära des Mesozoikums schließt an das Paläozoikum an und umfasst den Zeitraum von 252,2–66 Millionen Jahren vor heute. Es unterteilt sich in die Systeme Trias, Jura und Kreide.

Die Trias gliedert sich in die drei Serien Untertrias, Mitteltrias und Obertrias. Diese Serien unterteilen sich wiederum in insgesamt sieben Stufen. Am Ende der Trias kam es zu einem weiteren Massensterben, möglicherweise im Zusammenhang mit dem Auseinanderbrechen des Superkontinents Pangaea.

Der Jura gliedert sich in die drei Serien Unterjura, Mitteljura und Oberjura, die wiederum in insgesamt elf Stufen unterteilt werden. Die Begriffe Unterjura, Mitteljura und Oberjura bezeichnen die international gültigen chronostratigraphischen Serien.

Insbesondere für die Trias und den Jura weicht die mitteleuropäische Gliederung von der internationalen Gliederung ab.

Im Sedimentationsraum des Germanischen Beckens (heutiges West- und Mitteleuropa) ist die Trias in Buntsandstein, Muschelkalk und Keuper gegliedert. Da diese Gliederung aber nur im Germanischen Becken ausgeprägt ist und zudem die Ablagerung der Gesteinsschichten regional zu unterschiedlichen Zeitpunkten einsetzte, stimmt sie nicht mit der international gültigen Gliederung überein. Regional ist diese Aufteilung jedoch weiterhin gebräuchlich.

Die Gesteine des Buntsandsteins sind vorwiegend aus Konglomeraten, Sandsteinen und Tonsteinen aufgebaut. Der Muschelkalk ist durch kalkige Gesteine dominiert, Muscheln und Brachiopoden sind häufige Fossilien. Nur im mittleren Muschelkalk finden sich weniger kalkige Ablagerungen. Es dominieren Evaporite wie Gips, Anhydrit und Steinsalz. In

Die Kreide gliedert sich in die zwei Serien Unterkreide und Oberkreide, die wiederum in insgesamt zwölf Stufen unterteilt werden. Mit rund 80 Millionen Jahren ist die Kreide das den längsten Zeitraum umfassende System des Phanerozoikums. Charakteristisch für die Kreide sind die Kreideablagerungen (z. B. Rügen, Dover), vor allem aber das verbreitete Vorkommen von fossilen Kalkskeletten verschiedener Organismengruppen (z. B. Haptophyta). Diese finden sich auch in anderen Gesteinsformationen, wie den ebenfalls häufigen Sandsteinen der Kreide. Am Ende der Kreide kam es zu einem großen Massensterben, das wahrscheinlich im Zusammenhang mit einem Meteoriteneinschlag und verstärkten vulkanischen Aktivitäten stand.

den Gesteinen des Keupers herrschen wieder Sand- und Tonsteine vor.

Für den Jura sind regional die Unterteilung in Schwarzen Jura, Braunen Jura und Weißen Jura bzw. in Lias, Dogger und Malm gebräuchlich. Diese Einteilungen stimmen nicht exakt mit der internationalen Gliederung überein, werden aber weiterhin als regionale lithostratigraphische Einheiten genutzt. Während die verschiedenen Begriffe (Unterjura-Schwarzer Jura-Lias, Mitteljura-Brauner Jura-Dogger, Oberjura-Weißer Jura-Malm) früher synonym verwendet wurden, sind sie heute begrifflich unterschiedlich belegt. Die Begriffe Schwarzer Jura, Brauner Jura und Weißer Jura bezeichnen lithostratigraphische Einheiten im süddeutschen Raum, wobei die Namen auf die vorherrschenden Verwitterungsfarben der Gesteinsschichten hinweisen. Die Begriffe Lias, Dogger und Malm werden für die entsprechenden lithostratigraphischen Einheiten im norddeutschen Raum verwendet.

Biostratigraphie: relative Zeitbestimmung durch Fossilien, Unterdisziplin der Stratigraphie
Chronostratigraphie: geologische Disziplin, die Gesteinskörper nach dem Alter ihrer Enstehung gliedert und in Bezug zu ihrem absoluten Alter setzt; Unterdisziplin der Stratigraphie

Konglomerat: verfestigtes klastisches Sediment mit einem Korndurchmesser über 2 mm, Körner meist gerundet
Lithostratigraphie: räumliche und zeitliche Gliederung von Gesteinseinheiten anhand von Gesteinsmerkmalen, Unterdisziplin der Stratigraphie

Siehe auch: Haptophyta: 4.7.1; Massensterben: 2.3.1

Stratigraphische Tafel des Mesozoikums

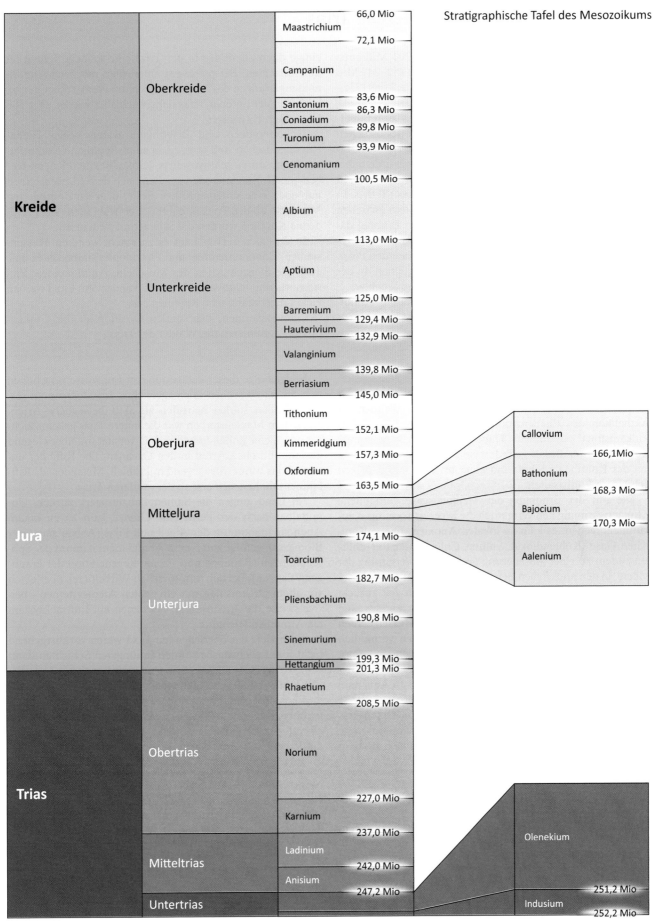

Trias

Die Trias umfasst den Zeitraum von 252–201 Millionen Jahren vor heute. Sie wird gegliedert in untere (252–247 Mio Jahre), mittlere (247–235 Mio Jahre) und obere Trias (235–201 Mio Jahre).

Alle großen Landmassen waren in der Trias zum Superkontinent Pangaea verbunden. Vom Nordrand des östlichen Gondwana lösten sich Plattenelemente (Kimmerische Terrane) und drifteten nordwärts. Die Paläo-Tethys wurde dabei unter diese Terrane subduziert und zwischen Gondwana und den Kimmerischen Terranen öffnet sich die (Neo-) Tethys. In der oberen Trias entstand ein Grabenbruchsystem zwischen dem späteren Nordamerika und dem späteren Europa, damit deutete sich die Entstehung des Nordatlantiks an. Das Klima der Trias war warm und trocken, zwischen den Polen und dem Äquator war das Klima recht ausgeglichen. In der oberen Trias wurde das Klima etwas kühler und feuchter.

Die Fusulinida (Foraminifera), rugose Korallen, Trilobiten und andere im Paläozoikum bedeutende Organismengruppen starben an der Perm-Trias-Grenze aus. In anderen Organismengruppen überlebten nur wenige Taxa, von denen einige dann allerdings in der Trias eine schnelle Radiation durchmachten. Beispielsweise überlebten nur zwei Ammonoidengattungen das Massensterben der Perm-Trias-Grenze, bereits in der unteren Trias haben sich aber wieder über 100 Gattungen entwickelt.

Ammonoideen und Belemniten waren neben Haien, Knochenfischen und wasserlebenden Reptilien (Nothosauria, Plesiosauria, Ichthyosauria, Krokodile) im offenen Meer bedeutend. Brachiopoden spielten nach dem Massensterben nur noch eine untergeordnete Rolle, dagegen dominierten Muscheln ab der Trias in benthischen Habitaten. Als riffbildende Korallen wurden die Scleractinia bedeutsam.

In der oberen Trias kam es zu einem weiteren Massensterben. Conodontentiere und Placodontia starben ganz aus, auch die meisten Arten der Muscheln, Ammonoidea, Plesiosauria und Ichthyosauria verschwanden. An Land starben viele säugetierähnliche Reptilien aus.

Gymnospermen, insbesondere Cycadopsida und Ginkgoopsida, dominieren die Wälder der Trias.

An der Perm-Trias-Grenze fand das größte Massensterben des Phanerozoikums statt. Das Aussterben vor 252,5 Millionen Jahren fiel zeitlich mit den stärksten vulkanischen Aktivitäten des Phanerozoikums, dem Sibirischen-Trapp-Vulkanismus zusammen: Dabei wurden 2,3 Millionen Kubikkilometer Basalt gefördert und bedeckten den Großteil des Kontinents Sibiria mit einer bis zu 3.000 m dicken Schicht an Flutbasalten.

Die mit der Erhöhung der Treibhausgase verbundene Klimaerwärmung ließ vermutlich die Meeresströmungen zusammenbrechen, es kam zu lokalen Anoxien. Die vulkanischen Gase (Kohlendioxid, Sulfide, Chlorwasserstoff) führten zudem zu einer Ansäuerung und lokalen Vergiftung der Meere, in den anoxischen Bereichen wuchsen H_2S-produzierende Bakterien. Das Phytoplankton ging weltweit zurück. Verwesende Biomasse führte zu weiteren Anoxien in weiten Bereichen des Ozeans und löste ein marines Massensterben aus. Durch die Erwärmung der Meere wurden vermutlich marine Methanhydrate freigesetzt. Die steigenden atmosphärischen Methankonzentrationen führten zu einer weiteren Erwärmung des Klimas sowie zu einer starken Abnahme der Sauerstoffkonzentration in der Atmosphäre auf Werte um etwa 13 % in der unteren Trias. In größeren Höhen starben Landtiere an Sauerstoffmangel, in Küstennähe waren sie dagegen toxischen Schwefelwasserstoffausgasungen aus dem Meer ausgesetzt.

In der Folge dieser katastrophalen Ereignisse verschoben sich die ökologischen Gleichgewichte: Im Meer waren sessile Filtrierer stärker betroffen als aktiv bewegliche Arten. Nach dem Massensterben war die untere Trias gekennzeichnet durch eine anhaltend geringe Diversität mit überwiegend kosmopolitischen Arten in den Ozeanen. Die Riffe der unteren Trias waren vorwiegend mikrobiell, Metazoen als Riffbildner erholten sich erst ab der mittleren Trias.

An Land gingen die Samenpflanzen stark zurück. Unmittelbar nach der Perm-Trias-Grenze kam es zu einem Abundanzmaximum der Algen und Pilze (Abbau zerstörter Biomasse), gefolgt von einem Abundanzmaximum der Sporenpflanzen (Bärlappe und Farne; Regeneration der krautigen Pflanzen). Bei den terrestrischen Wirbeltieren überlebten vor allem Organismen mit effizienten Atemsystemen - beispielsweise die Archosauria, bei denen ein Luftsacksystem die Atmung erleichterte.

Auch viele der überlebenden Taxa waren vorübergehend nicht fossil nachweisbar, traten in jüngeren Schichten dann aber wieder auf. Dieses Phänomen wird auch als Lazarus-Effekt bezeichnet. Dagegen breiteten sich einige Taxa schnell in die vorübergehend nicht besetzten Nischen aus und vermehrten sich massiv („Katastrophentaxa"), bis sie von spezialisierten Taxa wieder verdrängt wurden. Erst im Laufe der mittleren Trias erholte sich die Biodiversität.

Anoxie: vollständiges Fehlen von Sauerstoff
Basalt: vulkanisches, feinkristallines Gestein mafischer Zusammensetzung
epibenthisch: auf dem Gewässerboden (im Gegensatz zu endobenthisch: im Boden)
kosmopolitisch: weltweit verbreitet

Paläo-Tethys: ursprünglicher Ozean zwischen Laurussia und Gondwana; begann sich im Obersilur zu bilden, erreichte im Unterkarbon die größte Ausdehnung und schloss sich in der Trias
Peak: (engl.: Gipfel, Scheitelwert) signifikanter Spitzenwert
Tethys: Ozean, welcher zwischen Laurasia und Gondwana zwischen Perm und Tertiär existierte

Siehe auch: Diapsida: 4.2.1.9; Rugosa, Tabulata: 4.2.1.3; Subduktion: 2.1.1.2

Die Cynodontia gehören in die Verwandtschaft der frühen Säugetiere. Die Gattung *Cynognathus* lebte in der Unter- und Mitteltrias und gehörte mit einer Schädelgröße von bis zu 40 cm zu den größten Raubtieren der Trias

In der Trias dominierten nacktsamige Pflanzen, vor allem Ginkgos, Palm-farne und Koniferen. Die Samenfarne (unten: Blatt von *Dicroidium* sp.) weisen bereits Merkmale von Samenpflanzen auf

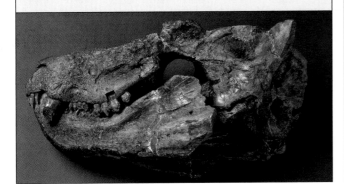

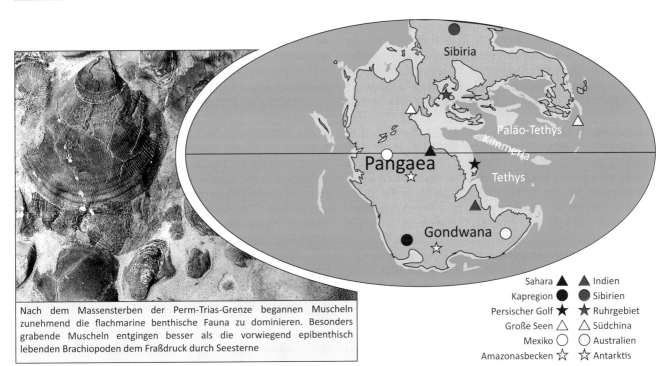

Nach dem Massensterben der Perm-Trias-Grenze begannen Muscheln zunehmend die flachmarine benthische Fauna zu dominieren. Besonders grabende Muscheln entgingen besser als die vorwiegend epibenthisch lebenden Brachiopoden dem Fraßdruck durch Seesterne

Sahara	▲	▲	Indien
Kapregion	●	●	Sibirien
Persischer Golf	★	★	Ruhrgebiet
Große Seen	△	△	Südchina
Mexiko	○	○	Australien
Amazonasbecken	☆	☆	Antarktis

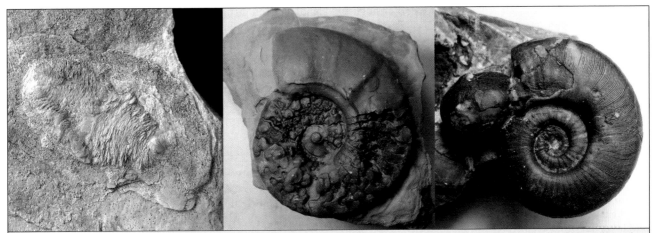

Die zu den Echinodermen gehörenden Seegurken (Holothuroidea) waren in der Trias mit *Strobylothyone rogenti* vertreten

Nach dem Massensterben der Perm-Trias-Grenze machten die Ammonoideen und hier insbesondere die Ceratitida eine explosionsartige Radiation durch und stellten den Großteil der Ammonoidea der Trias (hier: *Ceratites nodosus* und *Monophyllites aonis*). Sie besaßen meist ceratitische Lobenlinien, also nach vorne glatte, nach hinten aber gefältelte Lobenlinien

Anpassung der Fortpflanzungsbiologie an das Landleben

Die terrestrische Lebensweise erfordert eine Reihe von Adaptationen, die alle landlebenden Organismengruppen unabhängig entwickeln mussten. Eine gewisse Ausnahme stellen Kleinstorganismen (Cyanobakterien, Bakterien, Protisten und einige kleine Metazoen) dar, da diese in terrestrischen Habitaten im Porenwasser oder dauerfeuchten Nischen leben.

Landlebende Organismen mussten ihre Wasserversorgung sicherstellen und die Verdunstung über die Körperoberfläche verringern. Es entwickelten sich entsprechende Abschlussgewebe, die die Diffusion über die Körperoberfläche einschränkten. Da die Körperoberfläche aber auch für die Aufnahme von Nährstoffen und den Gaswechsel wichtig ist, mussten sich hier alternative Wege entwickeln. Dies gilt entsprechend auch für die Exkretion – die zunehmende Versiegelung der Körperoberfläche erforderte Organe, die die Funktionen der Exkretion übernahmen. Da Wasser bei landlebenden Organismen meist eine limitierte Ressource ist, entwickelten sich auch bei der Exkretion Mechanismen, den Wasserverlust einzuschränken. Dies sind insbesondere

Mechanismen zur Aufkonzentrierung von Salzen im ausgeschiedenen Wasser (z. B. Urin).

Da das Wasser ein viel dichteres Medium als die Luft ist, waren auch Stützgewebe und Skelettelemente von zentraler Bedeutung für die Besiedlung des Landes. Außenskelette (unter anderem als Schutz vor Fraß) oder Innenskelette (z. B. bei Wirbeltieren), die sich bereits bei wasserlebenden Organismen gebildet hatten, erfüllten diese Funktion. Bei Organismen, die eine Zellwand besitzen, wird die Stützfunktion oft auch von der Zellwand übernommen (Pilze, Pflanzen).

Bei den meisten aquatischen Organismen werden bei der sexuellen Fortpflanzung Spermien bzw. Spermatozoen ins Wasser abgegeben und schwimmen frei zu den weiblichen Fortpflanzungsorganen. Damit ist die Fortpflanzung stark wasserabhängig. Im Zuge der Besiedlung des Landes wurde die Fortpflanzung zunehmend ins Körperinnere der Elterngeneration verlegt und damit eine Unabhängigkeit vom Wasser erreicht. Auch die Embryonalentwicklung wurde zunehmend wasserunabhängig und der sich entwickelnde Embryo von schützenden Hüllen (Samenschale, Amnion) umgeben.

Landlebende Organismen mussten die Verdunstung über die Körperoberfläche einschränken. Es entwickelten sich Abschlussgewebe, die diese Funktion erfüllten. Bei den Pflanzen wird diese Funktion von Epidermis und Cuticula übernommen, bei den Wirbeltieren von der Haut. Bei vielen Organismen geht der Verdunstungsschutz einher mit Stützfunktionen – dies gilt vor allem für Organismen mit einem Exoskelett.

Ein großer Teil des Gaswechsels erfolgt bei vielen wassergebundenen Organismen über die Haut. Mit der zunehmenden Undurchlässigkeit der Haut bzw. der Abschlussgewebe mussten sich leistungsstarke Atmungsorgane (z. B. Lungen) entwickeln. Die Besiedlung des Landes und die Radiation vieler landlebender Gruppen wurde insbesondere im Karbon durch die hohen Sauerstoffkonzentrationen (bis über 30 %) begünstigt. Auch die ursprünglich vergleichsweise wenig leistungsstarken Lungen der frühen Tetrapoden ermöglichten daher eine erfolgreiche Besiedlung des Landes. Leistungsstärkere Atemorgane wurden erst mit einem Absinken der Sauerstoffkonzentrationen gegen Ende des Karbons notwendig.

Die ersten landlebenden Organismen waren oft noch stark wasserabhängig – zumindest in Bezug auf die Fortpflanzung: Beispielsweise müssen auch landlebende Amphibien in der Regel für die Fortpflanzung ins Wasser zurückkehren,

da die Befruchtung der Eier durch freischwimmende Spermien nur im Wasser erfolgen kann. Ebenso schwimmen die Spermatozoide der Moose frei zu den Archegonien und befruchten dort die Eizellen. Zumindest ein dünner, die Pflanze bedeckender Wasserfilm (beispielsweise nach Regenfällen) ist daher Voraussetzung für die Befruchtung. Auch bei anderen Organismengruppen ist die sexuelle Reproduktion in der Regel stärker wasserabhängig als die adulten Organismen. Eine Unabhängigkeit der Fortpflanzung von freiem, flüssigem Wasser wurde in mehreren Linien durch die Verlagerung des Befruchtungsvorganges ins Innere der Elternorganismen erreicht. Beispiele sind die Vögel, die Amniota, die Samenpflanzen, aber auch viele Arthropodengruppen. Aber nicht nur die Geschlechtszellen, sondern auch der sich entwickelnde Embryo ist wasserabhängig und von Austrocknung bedroht. Ein Austrocknen des Embryos wird in vielen landlebenden Gruppen dadurch vermieden, dass dieser von schützenden Hüllen umgeben wird (z. B. Samenschale, Amnion). Diese Hüllen schränken aber auch die Versorgung des Embryos mit Substanzen aus der Umwelt ein. Aus diesem Grund geht die Ausbildung schützender Hüllschichten einher mit der Einlagerung von Nährstoffen zur Versorgung des Embryos (z. B. Dotter, Endosperm).

Allantois: embryonale Harnblase
Chorion: äußere Schicht der Fruchthüllen um den Embryo bei Wirbeltieren
Mikropyle: Öffnung zwischen den Integumenten an der Spitze der Samenanlage bei Samenpflanzen

Suspensor: Verbindung zwischen Endosperm und Embryo bei Samenpflanzen, entsteht durch asymmetrische Teilung der Zygote

---

Siehe auch: Besiedlung des Landes: 2.3.3.6; Karbon 2.3.3.8; Samenanlage 2.3.3.11

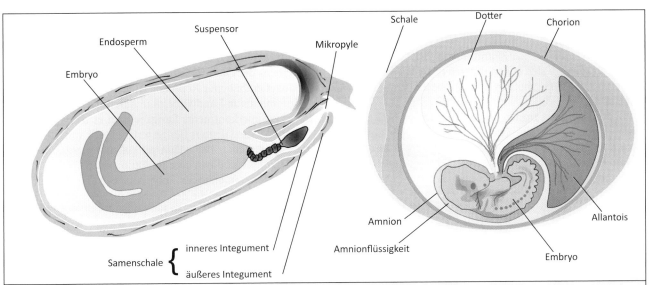

Endosperm

Suspensor

Mikropyle

Embryo

Schale

Dotter

Chorion

Amnion

Amnionflüssigkeit

Embryo

Allantois

Samenschale { inneres Integument / äußeres Integument

Die Verbreitungs- und Fortpflanzungseinheiten müssen bei landlebenden Organismen vor Austrocknung geschützt werden. Dafür sind diese oft mit dicken, wasserundurchlässigen Hüllen umgeben. Diese Abschottung von der Außenwelt ist aber nur möglich, wenn Nährstoffe für die Frühentwicklung des Embryos in diese Ausbreitungseinheiten verlagert werden. Dieses Prinzip einer Abschottung nach außen (Samenschale bei Pflanzen oder Amnion und eventuell Eischale bei Wirbeltieren) und der Einlagerung von Nährstoffen (Endosperm bei Pflanzen oder Dotter bei Tieren) ist von grundsätzlicher Bedeutung für die erfolgreiche Besiedlung des Landes

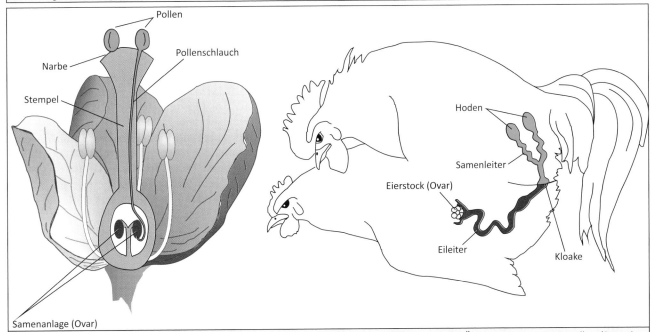

Pollen

Narbe

Pollenschlauch

Stempel

Samenanlage (Ovar)

Hoden

Samenleiter

Eierstock (Ovar)

Eileiter

Kloake

Bei sexuellen Organismen mussten für die Besiedlung des Landes Mechanismen entstehen, um die Übertragung von Samenzellen (Spermien, Spermatozoen) unabhängig vom Wasser zu gewährleisten. In den verschiedenen Organismengruppen haben sich Mechanismen einer inneren Befruchtung entwickelt

Bei wasserlebenden Organismen findet die Befruchtung der Eizellen und die Entwicklung der Embryonen im Wasser statt. Bei den frühen Landorganismen ist, wie auch bei heutigen Moosen (links: *Plagiopus oederianus*) und Amphibien (rechts: Geburtshelferkröte, *Alytes obstetricans*), die Fortpflanzung noch stark wasserabhängig. Die Ausbreitungs- und Vermehrungseinheiten sind kaum vor Austrocknung geschützt. Dafür können Nährstoffe aus der Umgebung aufgenommen werden. Eine Einlagerung von Nährstoffen zur Versorgung des Embryos ist nicht oder nur schwach ausgeprägt

Jura

▪ Der Jura umfasst den Zeitraum von 201–145 Millionen Jahren. Er gliedert sich in den unteren (201–174 Mio Jahre), mittleren (174–163 Mio Jahre) und oberen Jura (163–145 Mio Jahre).

Im Jura zerfiel Pangaea weiter. Die Tethys breitete sich weiter landeinwärts aus. Dies führte schließlich zur Trennung von Südeuropa und Gondwana sowie von Nord- und Südamerika. Zwischen der Eurasischen und der Nordamerikanischen Platte (Laurasia) begann sich der Nordatlantik zu bilden. So entstanden zunächst drei große Kontinente: Nordamerika, Eurasien und Gondwana. In den Grabensystemen kam es zunächst zu periodischen Meereseinbrüchen. Durch Verdunstung wurden Salze ausgefällt, diese Salzausfällungen sind von beiden Seiten des Atlantiks überliefert. Das Klima im Jura war ausgeglichen und warm, allerdings kühler als im Perm. Es bestanden keine großen Temperaturgradienten zwischen Äquator und den Polen, die Jahreszeiten waren aber ausgeprägt.

▪ Nach dem Massensterben der Perm-Trias-Grenze und der allmählichen Erholung der Diversität im Laufe der Trias kam es in der oberen Trias zu einem erneuten Massensterben. In der oberen Trias und im Jura setzten sich dann die modernen Tetrapodengruppen durch – die Schildkröten, Krokodile, Lepidosauria (mit Schlangen, Echsen und den ausgestorbenen aquatischen Sauropterygia), Ornithodira (mit Flugsauriern [Pterosauria] und Dinosauriern [inklusive Vögel]) und Säugetiere. Die Radiation der Nadelbäume, insbesondere von Formen mit harten Nadeln, ist möglicherweise auf den erhöhten Fraßdruck durch Sauropoden zurückzuführen. Aus dem unteren Jura stammen die ersten Fossilien der Angiospermen.

Die ursprünglichen Dinosaurier waren carnivor, herbivore Linien entwickelten sich erst später. Aus gemeinsamen Vorfahren ähnlich dem etwa 1 m großen *Eoraptor* diversifizierten die Dinosaurier zu den Saurischia und Ornithischia. Die Gruppen unterscheiden sich in der Anordnung der Beckenknochen: Bei den Saurischia ist das Becken dreistrahlig,

Im Jura erholten sich die überlebenden Gruppen des Massensterbens der Obertrias wieder. Nach dem Aussterben vieler Säugetierähnlicher Reptilien setzten sich die Dinosaurier als dominierende Landwirbeltiere durch. Durch das Zerbrechen des Superkontinents Pangaea kam es zu einem ausgeprägten Provinzialismus der terrestrischen Fauna. Aus dem Jura stammt auch der „Urvogel" *Archaeopteryx*. Im Meer machten die Dinophyta eine Radiation durch.

Im Jura traten erstmals Polypodiaceae (Tüpfelfarne), die heute diverseste Familie der Farne, auf. *Glossopteris* starb im Jura endgültig aus, dagegen breiteten sich die Cycadopsida stark aus. Es erschienen viele der heutigen Gymnospermengruppen, unter anderem *Thuja* (Cypressaceae), *Taxus* (Taxales), *Pinus* und *Picea* (Pinaceae). Die Bäume wiesen im Jura verbreitet Jahresringe auf – dies weist auf ein Jahreszeitenklima mit winterlichen Frösten hin.

das Schambein (Pubis) weist nach unten und vorne, während das Sitzbein (Ischium) nach hinten zeigt. Bei den Ornithischia ist das Becken zweistrahlig und das Schambein verläuft parallel zum Sitzbein.

Die Saurischia umfassen die Theropoda und die Sauropodomorpha: Die carnivoren, bipeden Theropoda (z. B. *Herrerasaurus*, Allosauroidea, Vögel) waren die dominierenden Beutegreifer des Jura und der Kreide. Die herbivoren, quadripeden und meist sehr großen Sauropodomorpha (z. B. Brachiosauridae) waren die dominierenden Großherbivoren des oberen Jura und der Kreide. Die Ornithischia (z.B. Stegosauria, Ankylosauria, Iguanodontidae, Ceratopsia) waren eine rein herbivore, sehr diverse Gruppe.

Mit dem zunehmenden Zerfall Pangaeas nahm die Diversität der Dinosaurier stark zu, nur 7% aller Dinosauriergattungen stammen aus der Trias, 28% aus dem Jura und 65% aus der Kreide und hier wiederum der größte Teil aus der Oberkreide.

---

biped: Fortbewegung auf zwei Beinen
***Glossopteris*:** dominierende Pflanzengattung auf dem Gondwana-Kontinent während des Perms

quadruped: Fortbewegung auf vier Beinen

▪ Siehe auch: Amniota 4.2.1.9; Angiospermen und Dinosaurier 4.2.1.8; Saurier 2.3.4.4

Der zu den Archosauria (Theropoda, Dinosauria) gehörende *Archaeopteryx* besaß vogeltypische Merkmale, z.B. asymmetrische Schwungfedern, zum Gabelbein verschmolzene Schlüsselbeine und eine rückwärts orientierte erste Zehe, aber auch ursprüngliche Merkmale, wie z. B. Zähne, Bauchrippen und eine lange Schwanzwirbelsäule

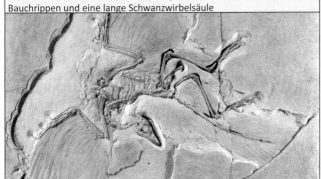

Die Vegetation des Jura wurde von Gymnospermen dominiert. Im Jura waren insbesondere Palmfarne sehr häufig (links: Blatt von *Zamites feneosis*; rechts: Blatt von *Zamites gigas*)

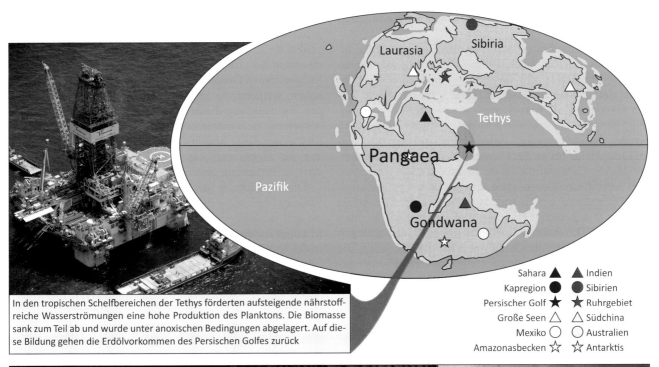

In den tropischen Schelfbereichen der Tethys förderten aufsteigende nährstoffreiche Wasserströmungen eine hohe Produktion des Planktons. Die Biomasse sank zum Teil ab und wurde unter anoxischen Bedingungen abgelagert. Auf diese Bildung gehen die Erdölvorkommen des Persischen Golfes zurück

Sahara ▲ ▲ Indien
Kapregion ● ● Sibirien
Persischer Golf ★ ★ Ruhrgebiet
Große Seen △ △ Südchina
Mexiko ○ ○ Australien
Amazonasbecken ☆ ☆ Antarktis

Die Ammonoidea waren auch im Jura bedeutende marine Prädatoren. Die Ceratitida wurden im Jura allerdings von den Ammonitida abgelöst (hier: *Kosmoceras jason*)

Clypeus ploti, ein Seeigel aus dem Jura

Die Trigoniidae (Dreiecksmuscheln) durchliefen im Jura eine rasche Diversifizierung und erreichten in der unteren Kreide die höchste Diversität (hier: *Trigonia interlaevigata*)

Saurier

Der Begriff Saurier fasst größere fossile Amphibien und vor allem Reptilien des Mesozoikums zusammen, insbesondere die Ichtyosauria, die zu den Lepidosauromorpha und damit in die Verwandtschaft der Echsen und Schlangen gehörenden Sauropterygia sowie die zu den Ornithodira (Archosauromorpha) gehörenden Pterosauria (Flugsaurier) und Dinosaurier. Die Dinosaurier entwickelten sich in der mittleren Trias vermutlich aus den Archosauria und besetzten die nach dem Massensterben der Perm-Trias-Grenze frei gewordenen terrestrischen Nischen. Die Dinosaurier waren wahrscheinlich warmblütig. Hinweise darauf sind vielfältig und umfassen:

- Skelettbau und Blutgefäßbau, die auf eine hohe Aktivität hindeuten,
- Saurierfunde aus (damals) polaren Gebieten,
- isolierende Federn vieler kleiner Dinosaurier,
- Isotopenanalysen aus Dinosaurierzähnen (Kohlenstoff und Sauerstoff).

Es ist allerdings noch unklar, ob diese Warmblütigkeit schlicht auf die Größe der Dinosaurier zurückzuführen ist – bei großen Tieren ist die Wärmeabgabe über die im Verhältnis zum Volumen kleine Oberfläche nur gering – oder tatsächlich auf Endothermie hinweist, also auf eine aktive Regulation der Körpertemperatur wie bei den Vögeln.

Die Dinosaurier werden in die Echsenbeckendinosaurier (Saurischia) und die Vogelbeckendinosaurier (Ornithischia) unterteilt.

Zu den Saurischia gehören die Herrerasauria (frühe bipede Dinosaurier der oberen Trias), die Sauropodomorpha und die Theropoda. Die Sauropodomorpha umfassen vor allem riesige pflanzenfressende Formen mit meist sehr langen Hälsen wie die Brachiosauridae oder die Titanosauria. Die Theropoda umfassen verschiedene Gruppen vorwiegend bipeder, fleischfressender Saurier: Hierher gehören die Ceratosauria, kleine bis große Theropoden (Unterjura bis Oberkreide), die Carnosauria, große Theropoden wie *Allosaurus*, aber nicht die im Knochenbau abweichenden Tyrannosauridae. Die auch zu den Theropoda gehörenden Coelurosauria besaßen dünnwandige Knochen und damit einen leichten Körperbau. Die meisten Coelurosauria liefen auf kräftigen Hinterbeinen und hatten Arme, an denen Klauen saßen, die gut zum Ergreifen von Beute geeignet waren. Hierher gehörten die Tyrannosauridae mit *Tyrannosaurus rex*, die Dromaeosauridae mit *Velociraptor* spp. und anderen Raptoren, sowie die Aves (Vögel) als einzige rezente Dinosaurier. Die Vögel entwickelten sich im mittleren Jura. *Archaeopteryx*, der viele Vogelmerkmale, aber auch noch viele Reptilienmerkmale besaß, ist fossil aus den oberjurassischen Solnhofener Plattenkalken überliefert.

Die Ornithischia sind eine formenreiche Gruppe von vorwiegend herbivoren Dinosauriern. Hierher gehören die durch verschiedenartige Zähne gekennzeichneten Heterodontosauria, die zu den Thyreophora zusammengefassten gepanzerten Ankylosauria und Stegosauria, die durch ein verdicktes Schädeldach gekennzeichneten Pachycephalosauria sowie die Ornithopoda und die Ceratopsia. Die beiden letztgenannten Gruppen konnten ihre (pflanzliche) Nahrung kauen, während die anderen pflanzenfressenden Dinosaurier ihre Nahrung durch Magensteine zerkleinerten. Diese Anpassung steht möglicherweise im Zusammenhang mit der Bedeutung dieser beiden Gruppen gegen Ende der Kreidezeit, als zunehmend Angiospermen und vor allem Gräser stark an Bedeutung gewannen.

Die Vereinigung der Kontinente zum Superkontinent Pangaea begünstigte die weltweite Ausbreitung der Dinosauria und bedingte eine weltweit ähnliche Dinosaurierfauna. Mit dem Auseinanderbrechen Pangaeas im oberen Jura und in der Kreide unterschieden sich die Faunen der verschiedenen Kontinente dann zunehmend. In der Oberkreide dominierten in Nordamerika und Asien Hadrosauria, Ceratopsia, Ankylosauria, Pachycephalosauria als Herbivore und Tyrannosauria als Carnivore. In Europa dominierten die zu den Ornithopoda gehörenden Iguanodontia, die zu den Ankylosauria gehörenden Nodosauria und die zu den Sauropodomorpha gehörenden Titanosauria als Herbivore und die Dromaeosauria als Karnivore. In den südlichen Kontinenten herrschten die zu den Sauropodomorpha gehörenden Titanosauria als Herbivore und Ceratosauria als Carnivore vor.

Anapsida: monophyletische Gruppe der Amniota, deren Schädel kein Fenster in der Schläfenregion und der Wangenregion aufweist; ausgestorbene Reptiliengruppen
Diapsida: Amniota, deren Schädel jeweils ein Fenster in der Wangen- und Schläfenregion aufweist; umfasst die meisten rezenten Reptilien sowie Dinosaurier und Vögel

Endotherm: Regulation der Körpertemperatur von innen her (in der Regel sind diese Tiere gleichwarm (homoiotherm)
Magensteine: harte Objekte, in der Regel Steine, die von Wirbeltieren verschluckt werden, um das mechanischen Aufschließen der Nahrung zu unterstützen

Siehe auch: Amniota: 4.2.1.9; Ornithodira: 2.3.2.8

Ilium

Pubis

Ischium

Ilium

Pubis

Ischium

Die Dinosaurier dominierten von der mittleren Trias bis zum Ende der Oberkreide die terrestrischen Ökosysteme. Es sind etwa 530 Gattungen beschrieben, die geschätzte Gesamtzahl der Dinosauriergattungen liegt bei 2.000 bis 3.500 Gattungen. Die Dinosaurier umfassen alle Nachkommen der gemeinsamen Vorfahren von Vögeln und *Triceratops*. Sie werden in die Ordnungen der Saurischia (Echsenbeckendinosaurier) mit ursprünglicher Beckenstruktur mit abstehenden Pubis- und Ischiumknochen (links) und der Ornithischia (Vogelbeckendinosaurier) mit parallel schräg nach hinten verlaufenden Pubis- und Ischiumknochen (rechts) unterteilt. Die Vögel gehören jedoch zu den Echsenbeckendinosauriern

Saurischia (Echsenbeckendinosaurier)

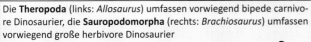

Die **Theropoda** (links: *Allosaurus*) umfassen vorwiegend bipede carnivore Dinosaurier, die **Sauropodomorpha** (rechts: *Brachiosaurus*) umfassen vorwiegend große herbivore Dinosaurier

Coelurosauria: u. a. Dromaeosauridae, Mitteljura bis Oberkreide (168–66 Mio Jahre), z.B. *Velociraptor*) und Aves (Vögel)

Basalen Coelurosauria: u. a. Compsognathidae, Oberjura bis Unterkreide (157–100 Mio Jahre), meist < 1 m), Tyrannosauroidea (Mitteljura bis Oberkreide, 168–66 Mio, bis über 12 m)

Carnosauria: Unterjura bis Oberkreide (199–66 Mio Jahre). Große, bipede, karnivore Dinosauria (*Allosaurus*: 12 m; *Sinraptor*: bis 8 m; *Giganotosaurus*: 13 m)

Ceratosauria: Unterjura bis Oberkreide (191–66 Mio Jahre). Formenreiche Gruppe meist bipeder, karnivorer Dinosaurier. Kleine (*Ligabueino*, 70 cm) bis große Arten (*Carnotaurus*, bis 9 m)

Herrerasauria: Obertrias (235–208 Mio Jahre). Sie gehören zu den frühesten Dinosauriern und umfassen etwa 3–5 m große, bipede, karnivore Arten (*Herrerasaurus*, *Staurikosaurus*)

Sauropodomorpha: Obertrias bis Oberkreide (235–66 Mio Jahre). Riesige (bis 40 m lange und 17 m hohe) Dinosaurier, die vorwiegend herbivor waren (*Brachiosaurus*)

Ornithischia (Vogelbeckendinosaurier)

Die **Ornithischia** sind eine diverse Gruppe vorwiegend herbivorer Dinosaurier (links: *Triceratops*; rechts: *Stegosaurus*)

Heterodontosauridae: Obertrias bis Unterkreide (228–113 Mio Jahre). Kleine (0,5–2 m), bipede, herbivore oder omnivore Dinosaurier (*Heterodontosaurus*)

Stegosauria: Mitteljura bis Unterkreide (170–100 Mio Jahre). 3–9 m große, herbivore Dinosaurier mit einer Doppelreihe aus knöchernen Platten und Stacheln (*Stegosaurus*)

Ankylosauria: Mitteljura bis Oberkreide (166–66 Mio Jahre). Mittelgroße (3–6 m) bis große (9 m) quadrupede, herbivore Dinosaurier mit charakteristischer Panzerung

Ornithopoda: Unterjura bis Oberkreide (201–66 Mio Jahre). Mittelgroße bis große, bipede, aber auch sekundär quadrupede, herbivore Dinosaurier (*Hadrosaurus*, *Iguanodon*)

Pachycephalosauria: Mitteljura bis Oberkreide (166–66 Mio Jahre). 1–6 m große, bipede, vermutlich herbivore Dinosaurier mit verdicktem Schädeldach (*Pachycephalosaurus*)

Ceratopsia: Oberjura bis Oberkreide (163–66 Mio Jahre). 1–8 m große Pflanzenfresser oft mit Nackenschild und/oder Hörnern (*Triceratops*)

Einige Gruppen großer Reptilien des Mesozoikums werden zwar umgangssprachlich ebenfalls als Saurier bezeichnet, gehören aber nicht zu den Dinosauriern. Dies betrifft unter anderem die zu den Lepidosauromorpha gehörenden Sauropterygia, vorwiegend wasserlebende „Flossenechsen" (links oben), die Ichthyopterygia, ebenfalls wasserlebende „Fischechsen" (links unten), verschiedene basale Gruppen der Diapsida sowie die Pterosauria, die Flugsaurier (rechts). Die Flugsaurier beherrschten den Luftraum schon lange vor Entstehung der Vögel, mit dem Auftreten der Vögel wurden die Flugsaurier zunehmend verdrängt, behaupteten sich aber vor allem als riesenhafte Segelflieger an den Küsten

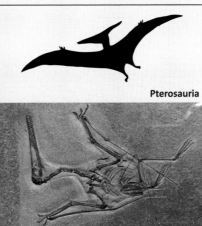

Pterosauria

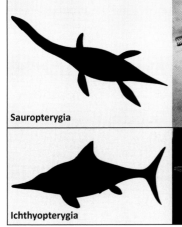

Sauropterygia

Ichthyopterygia

Kreide

Die Kreide umfasst den Zeitraum von 145–66 Millionen Jahren. Sie gliedert sich in untere (145–100 Mio Jahre) und obere Kreide (100–66 Mio Jahre).

In der Kreide begann Gondwana zu zerfallen. Zwischen Afrika und Südamerika bildete sich der Südatlantik, auch Australien und die Antarktis trennten sich. Indien spaltete sich von Afrika ab und begann nordwärts zu driften. Das Klima der Kreide war weiterhin warm und ausgeglichen. Die Kohlendioxidkonzentrationen sanken, während die Sauerstoffkonzentration weiter zunahmen.

Zu Beginn der Kreide traten die riesigen Sauropodomorpha (außer vielleicht in Südamerika) in den Hintergrund und wurden von Ornithischia ersetzt. Die Theropoden waren weiterhin die dominierenden Carnivoren.

Die Artenvielfalt wurde durch Isolation verschiedener Faunenprovinzen größer. In der Oberkreide lebten kleine Raubdinosaurier (Troodontiden, Elmisauriden, Avimimiden) neben Riesenformen wie *Tyrannosaurus*, *Tarbosaurus* und *Albertosaurus*. Die ebenfalls zu den Theropoden gehörenden Vögel diversifizierten sich im Laufe der Kreide und verdrängten zunehmend die Flugsaurier aus ihren ökologischen Nischen.

Säugetiere waren divers und an verschiedene ökologische Nischen angepasst. Die Evolution zu modernen Säugetieren ging von wenig spezialisierten, spitzmausartigen Tieren aus, während größere und spezialisiertere Säuger immer wieder ausstarben. Ein entscheidender Vorteil der Säuger gegenüber den Archosauriern waren ihre hoch entwickelten Zähne. Die Säugetiere dominierten die Fauna aber erst nach dem Verschwinden der Dinosaurier ab der Kreide-Paläogen-Grenze. Ebenfalls in der Kreide entstanden die großen staatenbildenden Insektengruppen: die Termiten und Ameisen. Auch Schlangen entwickelten sich in der mittleren Kreide, wurden aber erst, wie auch die Säuger als ihre bevorzugte Beute, im Känozoikum häufig.

In der unteren Kreide (Hauterivium) traten Angiospermen auf und breiteten sich in der oberen Unterkreide (Albium) stark aus. Im Flachland stieg der Anteil der Angiospermen bis vor 90 Millionen Jahren auf etwa 70 % der Pflanzenarten an. Zur Ausbreitung der Angiospermen trugen möglicherweise auch auf Früchte und Samen spezialisierte Flugsaurier bei. Die Blüten der Angiospermen der mittleren Kreide wurden von pollenfressenden Insekten bestäubt. Die auf Nektar sammelnde Insekten spezialisierten Blüten erschienen erst später. Die Ausbreitung der Angiospermen korrelierte mit dem Wechsel der dominanten Herbivoren – von Sauropoden zu Ornithischia. Parallel breiteten sich die modernen Koniferen (*Pinus*, *Picea*, *Larix*, *Cedrus*, *Metasequoia*) aus. Die Samenfarne und Bennettitopsida starben in der oberen Unterkreide aus.

Anders als bei den Säugetieren war die Größenentwicklung der Flugsaurier in den ersten 70 Millionen Jahren ihrer Geschichte nicht durch konkurrierende Tiergruppen beeinträchtigt. Die Flügelspannweite der Flugsaurier betrug im Jura etwa 1,20 m, an der Grenze zur unteren Kreide kam es dann zu einer Verdopplung der Spannweite. Im Laufe der Kreide nahm die Flügelspannweite weiter bis auf etwa 7 m zu. Die Vergrößerung der Flugsaurier ist nicht mit der Größenzunahme der Sauropoden korreliert, setzt aber parallel zum Auftreten der gleit- oder flugfähigen Maniraptoren ein, aus denen sich auch die Vögel ableiten.

Vermutlich waren die Vögel konkurrenzstärker als die Flugsaurier und verdrängten diese zunehmend aus dem Nischenspektrum der kleineren Flieger. Lediglich Nischen für besonders große Flugtiere blieben daher in der Kreide den Flugsauriern vorbehalten, insbesondere als riesige fischfressende oder wasserfilternde Segelflieger an den Küsten. Die Flugsaurier starben dann an der Kreide-Paläogen-Grenze aus, während die Vögel mit rund 20 Linien überlebt haben.

Die Flugfähigkeit scheint kleine Genome zu selektieren: Moderne Vögel besitzen ein im Vergleich zu heutigen Reptilien und Säugetieren kleines Genom. Flugunfähige Vögel haben dagegen ein etwas größeres Genom. Einen ähnlichen Trend beobachtet man bei Fledermäusen, die ebenfalls ein kleineres Genom haben als ihre flugunfähigen Schwestergruppen (z. B. Insektenfresser). Dieser Trend erklärt sich dadurch, dass die Genomgröße mit der Zellgröße korreliert ist und somit auch mit dem metabolischen Bedarf.

In der Oberkreide traten auch Gräser auf, zunächst in feuchten Lebensräumen, ab dem Miozän wurden sie dann auch in trockeneren Lebensräumen bedeutend.

Faunenprovinzen: entspricht in etwa dem Begriff Faunenreiche. Regionen, deren Tierwelt sich durch endemische Taxa von anderen solchen Regionen stark unterschiedet

Siehe auch: Haptophyta: 4.7.1; Coevolution: 2.3.4.6, 4.4.3.9

Bei den Wirbeltieren setzten sich die später im Känozoikum dominierenden Gruppen durch. Dazu gehörten neben den Säugern auch die Vögel (hier: *Longipteryx chaoyangensis*)

In der Kreide begannen sich die im Känozoikum dominierenden Pflanzengruppen durchzusetzen. Insbesondere die Gräser breiteten sich aus (hier: Grasfragment aus einem Koprolithen von Dinosauriern)

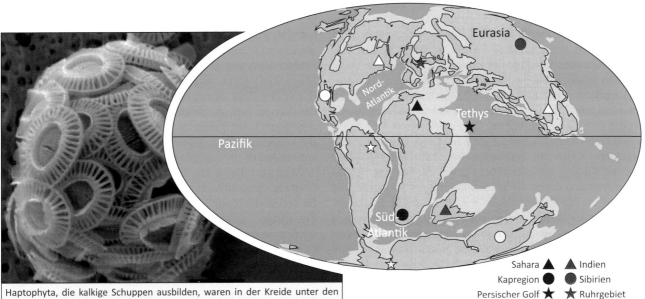

Haptophyta, die kalkige Schuppen ausbilden, waren in der Kreide unter den dominanten Phytoplanktern. Die fossilen Überreste dieser Organismen, die Coccolithen, sind ein Hauptbestandteil der für das System namensgebenden marinen Sedimente – der Kreide

Sahara ▲	▲ Indien
Kapregion ●	● Sibirien
Persischer Golf ★	★ Ruhrgebiet
Große Seen △	△ Südchina
Mexiko ○	○ Australien
Amazonasbecken ☆	☆ Antarktis

In der Kreide entwickelten sich innerhalb der Ammonoidea die Ancyloceratina (hier: *Aegocrioceras spathi*), eine Gruppe mit „heteromorpher" Gehäusegestalt: Das Gehäuse der Ancyloceratina ist nicht oder unvollständig aufgerollt

Die Belemnitida (Belemniten, „Donnerkeile") waren im Jura und in der Kreide weit verbreitete Cephalopoden

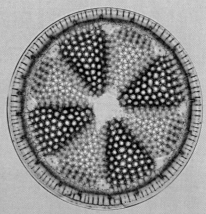

In der Kreide nahm die Bedeutung von Kieselalgen (Bacillariophyceae) im marinen Plankton zu. Die Planktonzusammensetzung wurde der heutigen immer ähnlicher

Evolution der Bestäubungsbiologie

Bestäubung durch den Wind wird als windblütig (anemophil) bezeichnet, Bestäubung durch Tiere als tierblütig (zoophil). Die ursprünglichen Samenpflanzen waren anemophil, Zoophilie hat sich aus anemophilen Vorgängern entwickelt. Dies muss schon sehr früh geschehen sein, da alle heute lebenden Angiospermen entweder durch Tiere bestäubt werden oder von tierbestäubten Vorfahren abstammen.

Zoophilie ging aus Assoziationen von Blüten mit Insekten hervor. Die Insekten nutzten dabei Strukturen oder Ausscheidungen im Bereich der (zunächst noch windblütigen) Blüte als Nahrungsquelle. Pollen wird bei windblütigen Pflanzen mit dem Wind und damit zufällig verbreitet. Windbestäubte Pflanzen verfügen allerdings über verschiedene Anpassungen, die die Wahrscheinlichkeit einer erfolgreichen Bestäubung erhöhen: Zum einen produzieren diese Pflanzen in der Regel eine sehr hohe Anzahl an Pollen, zum anderen wird über Oberflächenvergrößerung im Bereich der Narbe die Auftreffwahrscheinlichkeit für Pollenkörner erhöht. Diese Oberflächenvergrößerung wird durch die Ausscheidung eines Bestäubungstropfen erreicht. Dieser Bestäubungstropfen ist zuckerhaltig, so dass die Klebrigkeit erhöht und die Verdunstung reduziert wird. Frühe Insekten mit leckend-saugenden Mundwerkzeugen haben sich vermutlich diese Bestäubungstropfen als Nahrungsquelle erschlossen und auch das Narbensekret früher Angiospermen entsprechend genutzt. Schließlich entwickelten sich so einerseits spezialisierte Blütenstrukturen (wie Nektarblätter) und Blütenmorphologien, andererseits spezialisierte Bestäubermorphologien.

Als Bestäuber der frühen Angiospermen kommen im Wesentlichen nur Käfer und Fliegen in Betracht. Die blütenbestäubenden Gruppen der Hautflügler, insbesondere die sozialen Insektengruppen, entstanden erst später. Aus dem Mesozoikum sind sowohl fossile Assoziationen von Käfern als auch von Insekten mit saugend-leckenden Mundwerkzeugen (vor allem Fliegen) mit Blüten bekannt.

Frühere Überlegungen gingen davon aus, dass die ersten Bestäuber Käfer mit beißenden Mundwerkzeugen waren und die Bildung robuster Blüten sowie die Bildung der Integumente und damit die Herausbildung der Angiospermie dem Schutz der Samenanlagen vor Fraß dienten. Ein besserer Schutz der Samenanlagen vor Fraß war aber vermutlich nicht ursächlich für die Evolution von geschlossenen Karpellen und von Integumenten. Die Bildung geschlossener Karpelle unterstützt eine effiziente Entwicklung des Pollenschlauches und hat sich vermutlich unabhängig entwickelt. Es ist unklar, ob die Zoophilie vor oder nach der Evolution geschlossener Karpelle entstand. Allerdings ist Käferblütigkeit ein hoch evolviertes, komplexes System und damit eher nicht als ursprünglich anzusehen. Zudem ist – auch im Gegensatz zu früheren Annahmen – der robuste und damit vor Fraßschäden gut geschützte Blütenbau (beispielsweise der Magnolien) nicht ursprünglicher als andere Blütentypen: Die ersten Angiospermen entstanden vor etwa 140 Millionen Jahren. Sowohl zwittrige Blüten mit vielen Blütenorganen (ähnlich der Blüten heutiger Magnolien), als auch Blüten mit wenigen Blütenorganen (ähnlich den Pfeffergewächsen) entstanden in etwa zeitgleich.

Man geht davon aus, dass die ersten blütenbestäubenden Insekten saugend-leckende Mundwerkzeugen besaßen. Die Evolution der Zoophilie ging vermutlich von Assoziationen mit Fliegen aus. Diese unspezialisierten Gelegenheitsbestäuber waren nicht oder wenig blütenstet. Trotzdem kam es vermutlich zu regelmäßigen Blütenbesuchen derselben Pflanzenarten, da windbestäubte Pflanzenarten in der Regel in hohen Bestandsdichten vorkommen. Die Entwicklung einer starken Blütenstetigkeit erfolgte vermutlich erst später in der Evolution der Angiospermen.

Blütenstetigkeit: erlernte Bevorzugung der Blüten einer Pflanzenart

Coleoptera: Ordnung der Käfer

Diptera: Ordnung der Zweiflügler (Fliegen und Mücken)

Hymenoptera: Ordnung der Hautflügler (Bienen und Wespen).

Karpell: Fruchtblatt

Lepidoptera: Ordnung der Schmetterlinge

Siehe auch: Angiospermen: 4.4.3.6 bis 4.4.3.9

Viele windblütige Pflanzen erhöhen die Wahrscheinlichkeit der Befruchtung durch das Ausscheiden eines Bestäubungstropfens an der Narbe (oben links: Bestäubungstropfen des Ginkgo). Diese Bestäubungstropfen sind durch enthaltene Zucker „klebrig", so dass Pollenkörner besser abgefangen werden. Insekten haben diese Zuckerquelle bereits früh als Nahrungsquelle erschlossen und so zur gezielten Verbreitung von Pollen beigetragen (oben rechts). Aus solchen Assoziationen windblütiger Pflanzen mit nahrungssuchenden Insekten hat sich vermutlich die spezialisierte Insektenbestäubung entwickelt (links unten: mit Pollen übersäte Narbe; Mitte unten: Biene auf einer Blüte des Winterlings (*Eranthis hyemalis*); unten rechts: Nektardrüse des Winterlings)

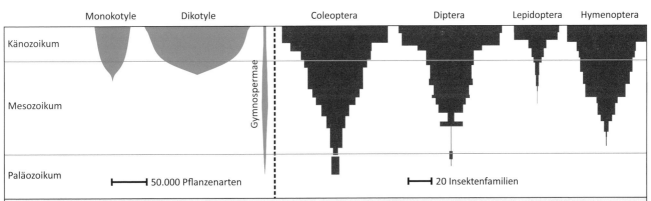

Die Diversität vieler Insektengruppen nahm im Mesozoikum stark zu. Die große Diversität der Insekten, insbesondere von blütenbesuchenden Insektengruppen, war eine Voraussetzung der Radiation der Blütenpflanzen in der Kreide. Nach der Radiation der Blütenpflanzen kam es zu einer weiteren Diversifizierung der Insekten im Känozoikum

Känozoikum

Die Ära des Känozoikums schließt an das Mesozoikum an und umfasst den Zeitraum von vor 66 Millionen Jahren bis heute. Es unterteilt sich in die Systeme Paläogen, Neogen und Quartär.

Das Paläogen umfasst die drei Serien Paläozän, Eozän und Oligozän, die sich wiederum in insgesamt neun Stufen gliedern. Das Neogen umfasst die beiden Serien Miozän und Pliozän, die sich in insgesamt acht Stufen gliedern. Das Quartär umfasst die in vier Stufen untergliederte Serie des Pleistozäns und das nicht in weitere Stufen untergliederte Holozän.

Das Klima des frühen Paläogens war warm-feucht. Im Paläogen kollidierte die Indische Platte mit der Asiatischen Platte unter Auffaltung des Himalaya und die Afrikanische Platte schob die Adriatische Mikroplatte auf die Europäische unter Auffaltung der Alpen auf. Die Bildung dieser Hochgebirge führte zu einer verstärkten Erosion und damit zu einem erhöhten Eintrag von Calcium- und Magnesiumionen in die Ozeane. Dies bedingte wiederum eine Kalkausfällung und damit einen Entzug von Kohlendioxid aus der Atmosphäre. Die Kohlendioxidkonzentration sank von über 1000 ppm auf zunächst etwa 500 ppm und es setzte eine Abkühlung des Klimas ein. Die Phase der stark sinkenden Kohlendioxidkonzentrationen korrespondiert in etwa mit der Evolution effizienterer Kohlendioxid-Fixierungsmechanismen bei Pflanzen, insbesondere der C_4-Photosynthese. Ein zweiter starker Rückgang der Kohlendioxidkonzentration auf unter 300 ppm und die resultierende starke Abkühlung im oberen Miozän und Pliozän münden schließlich in die känozoische Vereisung. Der Zeitraum dieser Vereisungen wird als Quartär zusammengefasst.

Das Känozoikum wurde früher in die Systeme Tertiär und Quartär gegliedert. Das Tertiär umfasste dabei die Serien Paläozän, Eozän, Oligozän, Miozän und Pliozän. Die Stufe Gelasium (jetzt dem Quartär zugeordnet) war in der früheren Gliederung die jüngste Stufe des Pliozäns und damit des Tertiärs. Aufgrund der starken Ungleichgewichtung zwischen Tertiär (~63 Millionen Jahre) und Quartär (~2,5 Millionen Jahre) wurde eine Neugliederung des Känozoikums in Paläogen (43 Millionen Jahre) und Neogen (23 Millionen Jahre) vorgeschlagen. Dieser Vorschlag wurde inzwischen international weitgehend akzeptiert. Allerdings wurde eine Abgrenzung des Quartärs aufgrund der starken klimatischen (Eiszeitalter) und damit auch ökologischen Unterschiede sowie aufgrund der zunehmenden Bedeutung des Menschen weiterhin propagiert und schließlich auch akzeptiert. Das Gelasium wurde dabei in das Quartär als unterste Stufe des Pleistozäns verschoben. Dadurch verlängerte sich das Quartär von ursprünglich 1,8 auf 2,588 Millionen Jahre. Durch diese Neugliederung gehören nun alle eiszeitlichen Schichtenfolgen dem Quartär an.

Das Känozoikum und vor allem das jüngste System des Känozoikums, das Quartär, umfassen vergleichsweise kurze geologische Zeiträume. Dies wird oft mit der Bedeutung der Eiszeiten für die Erdentwicklung begründet. Im Gegensatz dazu wurden aber Eiszeiten der älteren Erdgeschichte in der Regel nicht als eigene Systeme ausgegliedert. Die gewisse Sonderstellung des Quartärs ist daher eher begründet durch die vergleichsweise gute Überlieferung dieses erdgeschichtlich jüngsten Systems und die aus anthropogener Sicht bedeutsame Hominisation, die in dieses System fällt.

---

anthropogen: (griech.: *anthropos* = Mensch, *gen* = entstehend) von Menschen verursacht, beeinflusst, hergestellt
Hominisation: die Evolution des modernen Menschen, insbesondere die Entwicklung der letzten 5–7 Millionen Jahre. Dabei entwickelten sich die körperlichen und geistigen Eigenschaften, wie z. B. der aufrechte Gang und die Vergrößerung des Gehirns
ppm: (engl.: *parts per million*) Teilchen pro Million

Siehe auch: C4-Photosynthese: 2.3.5.3, 2.3.5.4; Kohlendioxidkonzentration: 2.3.1.1

Quartär	Pleistozän	Calabrium	1,806 Mio
		Gelasium	2,588 Mio
Neogen	Pliozän	Piacenzium	3,600 Mio
		Zancleum	5,333 Mio
	Miozän	Messinium	7,246 Mio
		Tortonium	11,62 Mio
		Serravallium	13,82 Mio
		Langhium	15,97 Mio
		Burdigalium	20,44 Mio
		Aquitanium	23,03 Mio
Paläogen	Oligozän	Chattium	28,1 Mio
		Rupelium	33,9 Mio
	Eozän	Priabonium	38,0 Mio
		Bartonium	41,3 Mio
		Lutetium	47,8 Mio
		Ypresium	56,0 Mio
	Paläozän	Thanetium	59,2 Mio
		Selandium	61,6 Mio
		Danium	66,0 Mio

Holozän — 0,0117 Mio

oberes Pleistozän — 0,126 Mio

mittleres Pleistozän

— 0,781 Mio

Stratigraphische Tafel des Känozoikums

Das Holozän ist eine Serie des Quartärs, es ist aber so kurz, dass es nicht maßstabsgerecht dargestellt werden kann. Es ist daher lediglich in der Aufspreizung der Stufen eingetragen

Paläogen

■ Das Paläogen ist das älteste System des Känozoikums und umfasst den Zeitraum von 66–23 Millionen Jahren vor heute. Es gliedert sich in Paläozän (66–56 Mio Jahre), Eozän (56–33,9 Mio Jahre) und Oligozän (33,9–23 Mio Jahre).

Der Atlantik war zunächst noch nicht vollständig geöffnet. Zum Ende des Paläozäns drifteten Grönland und Europa auseinander – es bestand allerdings noch eine Landbrücke zwischen Eurasien, Grönland und dem nordamerikanischen Kontinent. Im Paläozän waren Afrika und Indien bereits von den anderen Südkontinenten getrennt. Die Antarktis, Australien und Südamerika waren dagegen noch miteinander verbunden. Auch als sich im Verlaufe des Eozäns die Südkontinente trennten, lagen diese noch nah beieinander. Das frühe Paläozän war etwas kühler als die Kreide, im weiteren Verlauf des Paläozäns stiegen die Temperaturen aber wieder leicht an. An der Paläogen-Eozän-Grenze kam es zu einem starken Temperaturanstieg um etwa 5–6 °C, möglicherweise durch die Freisetzung von Kohlendioxid oder Methanclathraten. Die Temperaturen sanken dann im Verlauf von rund 200.000 Jahren wieder auf die vorherigen Werte. Paläogen und Eozän waren aber insgesamt warm und feucht. Die Lage der Kontinente führte im Paläozän und Eozän warmes Wasser entlang der Küsten nach Süden und bedingte dort ein gemäßigtes Klima. Auch an den Polen war das Klima daher gemäßigt und die Pole waren nicht vergletschert.

Erst im Oligozän waren die Kontinente weit genug voneinander entfernt, dass sich eine zirkumpolare Meeresströmung ausbilden konnte. Das Klima kühlte im Oligozän um etwa 5 °C ab und Gletscher begannen sich auszudehnen. Die zunehmende Vergletscherung bedingte ein Absinken des Meeresspiegels um bis zu 150 m. Dadurch fielen verschiedene Flachmeere trocken und dies führte unter anderem zum Anschluss der Iberischen Halbinsel an Europa und die Anbindung von Europa an Asien. Die Tethys zerfiel in das Mittelmeer und die in Osteuropa liegende Paratethys. Der afrikanische Kontinent blieb nach wie vor weitgehend von Europa und Asien isoliert. Im Oligozän erreichten dann die Auffaltung der Alpen und die Heraushebung der Rocky Mountains einen Höhepunkt.

Zu Beginn des Paläogens kam es zu einer Ausbreitung und weiteren Differenzierung der Vögel und Säugetiere. Gegen Ende des Paläogens waren die Rüsseltiere die größten Landsäugetiere. Die Faunen der einzelnen Kontinente entwickelten sich zunächst weitgehend isoliert. Durch die sich vor rund 27 Millionen Jahren bildende Landbrücke zwischen Afrika und Eurasien konnten sich die Tiere wieder weit verbreiten.

■ Die alpidische Orogenese bezeichnet die letzte globale Gebirgsbildungsphase der Erdgeschichte, in der auch die Alpen gebildet wurden. Der Prozess dieser Orogenese reicht von der Kreidezeit über die stärkste Hebungsphase im Miozän vor etwa 20 Millionen Jahren bis in die Neuzeit. Er umfasst eine Zeitspanne von rund 100 Millionen Jahren und klingt seit etwa 5 Millionen Jahren ab. Die Eiszeiten des Pleistozäns in den letzten 2 Millionen Jahre prägten dann wesentlich das Aussehen der heutigen Gebirge. Bei dieser Gebirgsbildung wurde der alpidische Gebirgsgürtel mit Atlas, Pyrenäen, Balearischen Inseln, Alpen, Karpaten, Apenninen, Rhodopen, Balkan, Anatolien, Kaukasus, Hindukusch, Karakorum, Himalaya bis zu den westlichen Gebirgen Indochinas und Malaysias geformt.

Im frühen Paläogen kollidierte die von Afrika abgespaltene Adriatische Mikroplatte mit dem voralpinen Europa und Afrika driftete weiter nach Nordosten. Die Westalpen und der Apennin begannen sich zu heben. Zeitgleich stiegen auch die älteren variszischen Gebirge Mittel- und Westeuropas wieder über die Meeresoberfläche der Paratethys. Am Ende des Paläogens waren die Alpen weitgehend aufgefaltet. Die Paratethys schloss sich bis auf wenige Restsenken (Schwarzes Meer, Kaspische See).

Die Gebirgsbildungen (Alpen, Himalaya) und die durch eine verstärkte Ausfällung von Carbonaten bedingte Reduktion der Kohlendioxidkonzentration trugen zu einer Abkühlung des Klimas bei. Im weiteren Verlauf des Oligozäns kühlte sich das Klima noch stärker ab und so kam es vor etwa 30 Millionen Jahren zu ausgedehnten Vereisungen auf der Antarktis. Durch das kühlere und trockenere Klima dehnten sich die Wüsten in den Subtropen aus, zudem entstanden durch die zunehmende Vergletscherung und die damit verbundene Absenkung des Meeresspiegels ausgedehnte Landflächen an den Schelfrändern.

Rüsseltiere: Ordnung Proboscidea. Einzige rezente Vertreter sind die Elefanten

■ Siehe auch: Magnoliopsida: 4.4.3.6

Die im Eozän und Miozän lebenden Pferdevorfahren (hier *Mesohippus*) zeigen verschiedene Anpassungen an einen zunehmend trockeneren steppenähnlichen Lebensraum: Die Beine waren gegenüber den Vorfahren deutlich verlängert, Schneidezähne erleichterten den Verzehr der im Vergleich zu Laub härteren Gräsern

Im Känozoikum breiteten sich mit dem zunehmend kühleren und damit trockeneren Klima offene Grasländer immer mehr aus. Gräser und krautige Angiospermen gewannen an Bedeutung. Die mutualistische Beziehung zwischen Insekten und Blüten bedingte eine weitere Diversifizierung sowohl der Insekten als auch der Blüten

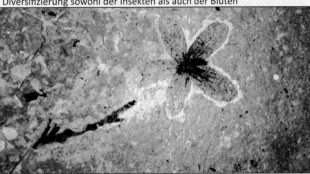

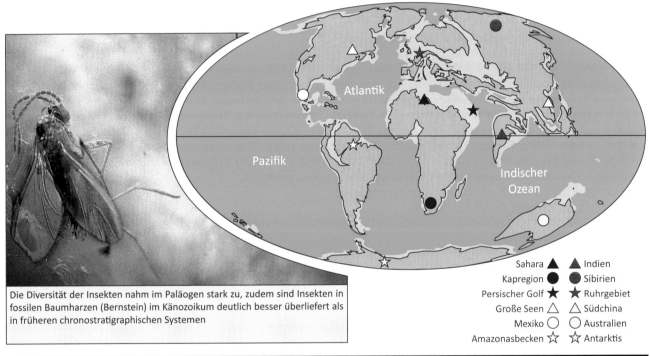

Die Diversität der Insekten nahm im Paläogen stark zu, zudem sind Insekten in fossilen Baumharzen (Bernstein) im Känozoikum deutlich besser überliefert als in früheren chronostratigraphischen Systemen

Sahara ▲ ▲ Indien
Kapregion ● ● Sibirien
Persischer Golf ★ ★ Ruhrgebiet
Große Seen △ △ Südchina
Mexiko ○ ○ Australien
Amazonasbecken ☆ ☆ Antarktis

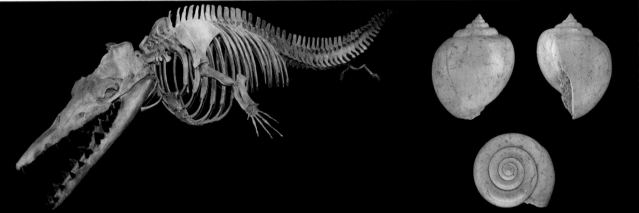

Auch im marinen Bereich entwickelten sich im Paläogen weitere moderne Taxa, so entstanden in diesem Zeitraum über verschiedene Zwischenformen die Wale. Die vor etwa 35 Millionen Jahren lebenden Basilosauridae (hier: *Dorudon atrox*) gehörten zu den ersten Walen, die ausschließlich im Wasser lebten. Die Hinterbeine waren stark verkleinert, aber noch vollständig

Die Bedeutung von Schnecken als Leitfossilien nahm im Paläogen zu. Die hier dargestellten Mondschnecken (hier: *Crommium willemeti* (Naticidae)) ernährten sich von Muscheln, Kahnfüßern und Schnecken, deren Gehäuse sie mit der Radula und Ausscheidungen der Bohrdrüse anbohrten

Neogen

■ Das Neogen umfasst des Zeitraum von 23–2,6 Millionen Jahren vor heute, es gliedert sich in das Miozän (23–5,3 Mio Jahre) und das Pliozän (5,3–2,6 Mio Jahre).

Das Miozän ist durch die alpidische Gebirgsbildung geprägt. Die Afrikanische Platte schob die ihr vorgelagerte Adriatische Platte auf die Eurasische Platte und es falteten sich die Alpen auf. Auch die Auffaltung des Himalaya, verursacht durch die Kollision der Indischen Platte mit der Eurasischen Platte, schritt weiter voran. In Nordamerika hoben sich im Miozän die Rocky Mountains. Im Pliozän kamen die weltweiten Gebirgsbildungen fast zum Stillstand, die Gebirge heben sich aber bis heute noch. Im Pliozän bildete sich die Landbrücke zwischen Nord- und Südamerika.

Im Miozän erwärmte sich das Klima zunächst wieder. Bereits im frühen Miozän herrschte bis in nördliche Breitengrade ein warm-temperiertes bis subtropisches Klima. Die polare Eiskappe schmolz zeitweise völlig ab. Der hier-

■ Im Verlaufe des Miozän breiteten sich erstmals große Savannengebiete aus. Die Landbrücke (Isthmus) zwischen Nord- und Südamerika existierte im Miozän noch nicht, und die südamerikanische Tierwelt war weiterhin noch isoliert. Auf den anderen Kontinenten entwickelten sich die Vorfahren der heutigen Wölfe, Katzen, Pferde, Hirsche, Kamele. Auch die Rüsseltiere erlebten eine Blütezeit. Darüber hinaus existierten im Miozän heute ausgestorbene Tiergruppen, wie die Barbourofeliden (ähnlich, aber nicht näher verwandt mit den Säbelzahnkatzen) und die Chalicotherien.

mit verbundene Anstieg des Meeresspiegels führte zu einer Überflutung weiter Teile Europas durch Flachmeere und zum Zerfall Europas in kleinere Inseln. Große Flachmeere auf dem europäischen Kontinent waren beispielsweise das Rhone-Becken und das Tagus-Becken.

In Europa dominierten immergrüne Laubwälder aus Eichen, Lorbeergewächsen, Magnolien, Kiefern, Feigen und Rattanpalmen, die auf ein subtropisches Klima hinweisen. In den Küstengebieten der europäischen Inselwelt wuchsen Mangroven. Vor etwa 15 Millionen Jahren kühlte sich das Klima im Verlauf des mittleren Miozäns wieder zusehends ab und es wurde trockener.

Auch im Pliozän war das Klima relativ stabil und warm. Die Jahresdurchschnittstemperaturen lagen etwa 5 °C über den heutigen. Gegen Ende des Pliozäns kündigte eine weitere allmähliche Abkühlung die bevorstehende Eiszeit an.

Im Paläogen und im Neogen entstanden teils ausgedehnte Moore und Wälder. Auf diese geht die Bildung der Braunkohle beispielsweise in der Lausitz und im Rheinland (im Miozän) zurück. Die Sedimentgesteine des Miozäns sind für die Kohlenwasserstoff-Förderung und die Energiewirtschaft von großer Bedeutung. Vor allem im Bereich der Parathetys sind Erdöl- und Erdgaslagerstätten an Sandsteine des Miozäns gebunden.

Transgression: rasches Vordringen des Meeres auf vormals festländische Gebiete durch Absinken des Festlandes oder Anstieg des Meeresspiegels

---

■ Siehe auch: Hominisation: 2.3.5.7

Im Neogen entwickelten sich die Vorfahren der Menschen. Zu den frühesten Vorfahren zählt *Sahelanthropus tschadensis* (links). Später besiedelten die Australopithecinen (rechts: *Australopithecus afarensis*) verschiedene Lebensräume und es setzte eine Diversifizierung ein

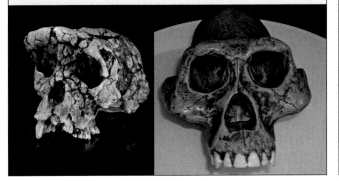

Die Monokotyledonen und insbesondere die Gräser breiteten sich im Neogen weiter aus (hier: Blatt einer Monokotyledonen). Die zunehmend kühl-trockenen Klimate begünstigten eine weitere Ausbreitung der Grasländer

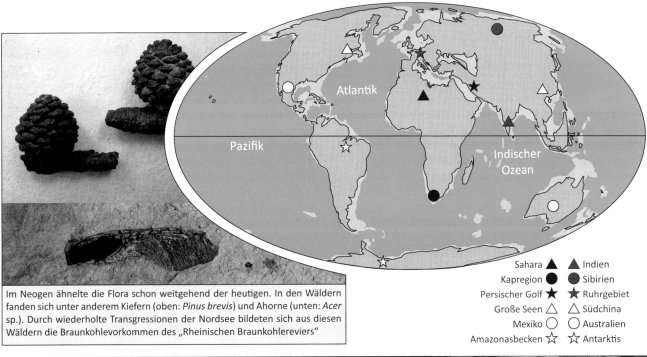

Im Neogen ähnelte die Flora schon weitgehend der heutigen. In den Wäldern fanden sich unter anderem Kiefern (oben: *Pinus brevis*) und Ahorne (unten: *Acer* sp.). Durch wiederholte Transgressionen der Nordsee bildeten sich aus diesen Wäldern die Braunkohlevorkommen des „Rheinischen Braunkohlereviers"

Sahara ▲	▲	Indien
Kapregion ●	●	Sibirien
Persischer Golf ★	★	Ruhrgebiet
Große Seen △	△	Südchina
Mexiko ○	○	Australien
Amazonasbecken ☆	☆	Antarktis

Die zu den Rotaliida gehörende Foraminifere *Elphidium* sp. aus dem Pliozän

Die zu den Cancellariidae gehörende Schnecke *Bivetiella cancellata*

In den marinen benthischen Lebensräumen waren Muscheln die dominierenden Filtrierer (oben: *Glycimeris* sp. aus dem Miozän; unten: *Dentalium solidum* aus dem unteren Pliozän)

Evolution der C$_4$-Photosynthese

Im Oligozän, vor rund 35–30 Millionen Jahren, fiel die Kohlendioxidkonzentration stark ab auf Werte unter 500 ppm. Das Klima wurde damit kühler und arider. Die ersten C$_4$-Pflanzen entstanden in diesem Zeitraum, möglicherweise auch schon früher. Im Laufe des Miozäns gingen dann viele weitere Pflanzenlinien zur C$_4$-Photosynthese über. Zunächst spielten die C$_4$-Pflanzen allerdings quantitativ eine untergeordnete Rolle, die arideren Bedingungen spiegelten sich zunächst im Wechsel von Waldvegetation zu C$_3$-Grasland wider. Parallel zur Ausbreitung der Grasländer vor rund 10 Millionen Jahren kam es auch zur Radiation und Ausbreitung vieler sukkulenter Pflanzengruppen, wie Kakteen.

Vor rund 10 Millionen Jahren fiel die CO$_2$-Konzentration dann weiter unter 300 ppm, das Klima wurde zunehmend arider. Damit breiteten sich in den Savannen und Grasländern C$_4$-Pflanzen stark aus. Die C$_4$-Pflanzen dominieren die Grasländer der niedrigen Breiten seit spätestens 2–3 Millionen Jahren.

Die C$_4$-Photosynthese ist besonders in warmen Klimaten bedeutend, da unter höheren Temperaturen die Photorespiration eine größere Rolle spielt als unter kühlen Temperaturen. Eine Ursache für diese Temperaturabhängigkeit der Photorespiration liegt in der unterschiedlichen Temperaturabhängigkeit der Wasserlöslichkeit von Sauerstoff und Kohlendioxid: Die Löslichkeit von Kohlendioxid in Wasser fällt mit steigender Temperatur stärker ab als die Löslichkeit von Sauerstoff. Unter hohen Temperaturen setzt RubisCO daher zunehmend Sauerstoff um.

Die Bedeutung der C$_4$-Photosynthese hängt zudem auch mit der Wasserverfügbarkeit zusammen: Wenn das Klima trockener wird, geraten die Pflanzen zunehmend unter Wasserstress. Die Spaltöffnungen sind kürzer oder weniger stark geöffnet, um die Verdunstung zu reduzieren. Damit gelangt auch weniger Kohlendioxid in die Zellen und das Lösungsverhältnis von Sauerstoff zu Kohlendioxid wird ungünstiger.

Die C$_4$-Photosynthese entstand infolge der verringerten Kohlendioxid-Verfügbarkeit. Insbesondere unter warm-trockenen Klimabedingungen ist die C$_4$-Photosynthese vorteilhaft. Obwohl nur etwa 3 % der heutigen Pflanzenarten C$_4$-Photosynthese betreiben, trägt die C$_4$-Photosynthese rund 23 % zur terrestrischen Primärproduktion bei. Die meisten Arten der C$_4$-Pflanzen – rund 60 % – sind Gräser der subtropischen und tropischen Klimazonen. Die hohe Produktivität dieser Ökosysteme ist Voraussetzung für die hohen Dichten an Großherbivoren in diesen Ökosystemen.

Der Wechsel von Wald zu Grasland einerseits (vor 30–10 Mio Jahren) und von C$_3$-Grasland zu C$_4$-Grasland andererseits (vorwiegend in den letzten 10 Mio Jahren) waren also zeitlich getrennte Ereignisse. Diese grundlegende Veränderung der tropischen und subtropischen Ökosysteme bildete die Voraussetzung für die Ausbreitung der Großherbivoren und damit der heutigen afrikanischen Savannennahrungsnetze vor rund 1,8 Millionen Jahren sowie für die Evolution der Homininen und des Menschen.

Entsprechend ist die C$_4$-Photosynthese umso bedeutender, je wärmer und trockener die Lebensräume sind. Gerade in den eher trockenen subtropischen Klimazonen findet sich ein besonders hoher Anteil von C$_4$-Pflanzen. Dies zeigt sich deutlich in der Vegetationsverteilung in Afrika, aber auch in Australien. Innerhalb einer Klimazone nimmt der Anteil an C$_4$-Pflanzen mit zunehmender Aridität (Trockenheit) zu. Beispiele für Regionen mit hohen Anteilen an C$_4$-Pflanzen sind die niederschlagsarmen Gebiete im Windschatten der Gebirge – beispielsweise westlich des Himalayas oder östlich der Rocky Mountains.

Auch in Mitteleuropa wurden infolge der arideren Klimabedingungen die feuchtwarmen Braunkohlesümpfe durch an trockenere und kühlere Bedingungen angepasste Grasländer ersetzt. Aufgrund der kühleren Temperaturen im Vergleich zu den tropischen und subtropischen Bereichen spielt hier die Photorespiration eine kleinere Rolle und die europäische Flora ist von C$_3$-Pflanzen dominiert.

---

arid: trocken
ppm: (engl.: *parts per million*) Teilchen pro Million
RubisCO: Ribulose-1,5-bisphosphat-Carboxylase/Oxygenase, das Enzym in der Photosynthese, das CO$_2$ einbaut

Spaltöffnungen (Stomata): dienen bei Pflanzen der Regulation des Gasaustauschs mit der Umgebung, gleichzeitig kühlt die Verdunstung die Gewebe
sukkulent: (lat.: *sucus*= Saft, *suculentus*=saftreich)

Siehe auch: Savanne 3.2.2.10; halbimmergrüne tropische Wälder 3.2.2.11; PEP-Carboxylase 2.3.5.4

Von Westen kommende Niederschläge regnen an den Rocky Mountains ab und die von Osten kommenden Niederschläge werden nach Westen hin immer spärlicher. Daher nimmt in Nordamerika die Bedeutung der C_4-Photosynthese nach Süden (wärmer) und nach Westen (niederschlagsärmer) zu

In Europa spielt die C_4-Photosynthese nur in den mediterranen Bereichen eine Rolle. In den kühleren Regionen Nord- und Mitteleuropas spielt die Photorespiration bei C_3-Pflanzen eine geringe Rolle – entsprechend sind diese vergleichsweise konkurrenzstark

Das südliche Asien liegt im Einzugsbereich der aus östlicher bis nordöstlicher Richtung wehenden Passatwinde. Die westlich des Himalaya gelegenen Regionen liegen im Windschatten des Gebirges und sind daher besonders niederschlagsarm. In diesen warm-ariden Regionen dominieren C_4-Pflanzen

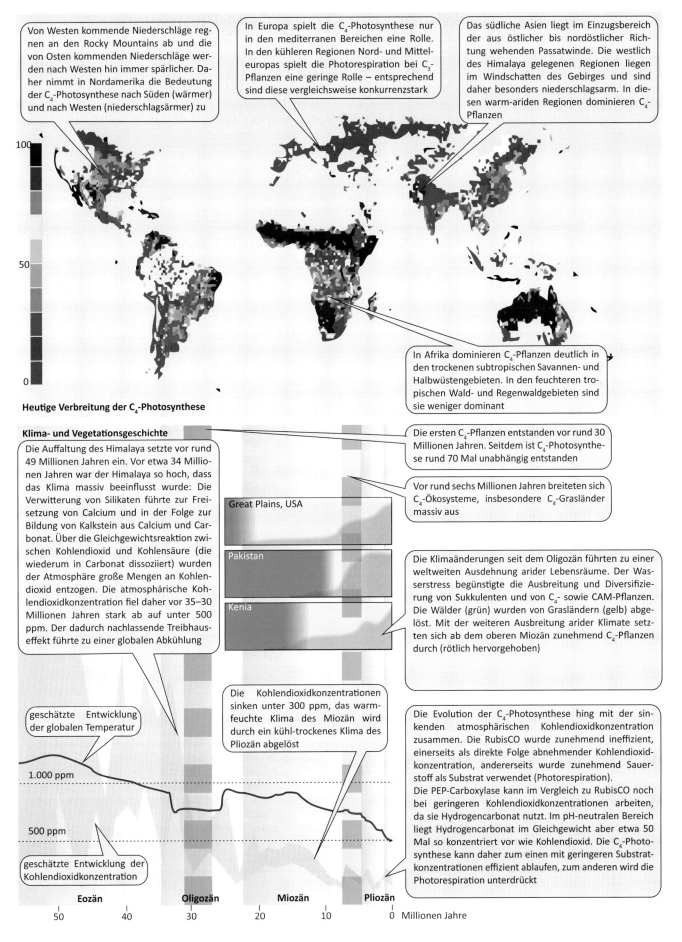

Heutige Verbreitung der C_4-Photosynthese

In Afrika dominieren C_4-Pflanzen deutlich in den trockenen subtropischen Savannen- und Halbwüstengebieten. In den feuchteren tropischen Wald- und Regenwaldgebieten sind sie weniger dominant

Klima- und Vegetationsgeschichte

Die Auffaltung des Himalaya setzte vor rund 49 Millionen Jahren ein. Vor etwa 34 Millionen Jahren war der Himalaya so hoch, dass das Klima massiv beeinflusst wurde: Die Verwitterung von Silikaten führte zur Freisetzung von Calcium und in der Folge zur Bildung von Kalkstein aus Calcium und Carbonat. Über die Gleichgewichtsreaktion zwischen Kohlendioxid und Kohlensäure (die wiederum in Carbonat dissoziiert) wurden der Atmosphäre große Mengen an Kohlendioxid entzogen. Die atmosphärische Kohlendioxidkonzentration fiel daher vor 35–30 Millionen Jahren stark ab auf unter 500 ppm. Der dadurch nachlassende Treibhauseffekt führte zu einer globalen Abkühlung

Great Plains, USA

Pakistan

Kenia

Die ersten C_4-Pflanzen entstanden vor rund 30 Millionen Jahren. Seitdem ist C_4-Photosynthese rund 70 Mal unabhängig entstanden

Vor rund sechs Millionen Jahren breiteten sich C_4-Ökosysteme, insbesondere C_4-Grasländer massiv aus

Die Klimaänderungen seit dem Oligozän führten zu einer weltweiten Ausdehnung arider Lebensräume. Der Wasserstress begünstigte die Ausbreitung und Diversifizierung von Sukkulenten und von C_4- sowie CAM-Pflanzen. Die Wälder (grün) wurden von Grasländern (gelb) abgelöst. Mit der weiteren Ausbreitung arider Klimate setzten sich ab dem oberen Miozän zunehmend C_4-Pflanzen durch (rötlich hervorgehoben)

geschätzte Entwicklung der globalen Temperatur

1.000 ppm

500 ppm

geschätzte Entwicklung der Kohlendioxidkonzentration

Die Kohlendioxidkonzentrationen sinken unter 300 ppm, das warmfeuchte Klima des Miozän wird durch ein kühl-trockenes Klima des Pliozän abgelöst

Die Evolution der C_4-Photosynthese hing mit der sinkenden atmosphärischen Kohlendioxidkonzentration zusammen. Die RubisCO wurde zunehmend ineffizient, einerseits als direkte Folge abnehmender Kohlendioxidkonzentration, andererseits wurde zunehmend Sauerstoff als Substrat verwendet (Photorespiration).
Die PEP-Carboxylase kann im Vergleich zu RubisCO noch bei geringeren Kohlendioxidkonzentrationen arbeiten, da sie Hydrogencarbonat nutzt. Im pH-neutralen Bereich liegt Hydrogencarbonat im Gleichgewicht aber etwa 50 Mal so konzentriert vor wie Kohlendioxid. Die C_4-Photosynthese kann daher zum einen mit geringeren Substratkonzentrationen effizient ablaufen, zum anderen wird die Photorespiration unterdrückt

Eozän   **Oligozän**   **Miozän**   **Pliozän**

50   40   30   20   10   0 Millionen Jahre

Physiologische Effizienz der C_4- und CAM-Photosynthese

▪ Die C_4-Photosynthese ist vermutlich etwa 70 Mal unabhängig entstanden. Diese vielfache Evolution der C_4-Photosynthese in einem geologisch vergleichsweise kurzen Zeitraum deutet auf den starken Selektionsdruck zugunsten von Photosynthesewegen hin, die die Auswirkung der Photorespiration mindern.

Der grundlegende Vorteil der C_4-Photosynthese liegt in der Aufrechterhaltung eines hohen Kohlendioxidpartialdrucks für den Calvin-Zyklus – dadurch wird die Photorespiration, also die Nutzung von Sauerstoff anstelle von Kohlendioxid als Substrat durch RubisCO, weitgehend unterdrückt. Dieser hohe Kohlendioxidpartialdruck wird durch eine räumlich getrennte Vorfixierung (im Falle der CAM-Photosynthese einer zeitlich getrennten Vorfixierung) durch das Enzym PEP-Carboxylase unter Bildung eines C_4-Zuckers (Oxalacetat) bewirkt.

Bei der „normalen" Form der C_4-Photosynthese findet die Vorfixierung über PEP-Carboxylase in den Mesophyllzellen statt – diese enthalten allerdings keine RubisCO. Das entstehende Oxalacetat wird in die Bündelscheidenzellen transportiert. In diesen wird aus dem Oxalacetat Kohlendioxid freigesetzt, das dann von RubisCO als Substrat genutzt wird. Dasselbe Prinzip findet sich bei der CAM-Photosynthese. Die Trennung der Vorfixierung über PEP-Carboxylase und der Fixierung über RubisCO ist bei der CAM-Photosynthese allerdings innerhalb derselben Zellen realisiert.

▪ Die Sonneneinstrahlung nimmt seit der Entstehung des Sonnensystems ständig zu. Ein gleichmäßiges Klima wird durch geochemische und biologische Rückkopplungen der Treibhausgase (vor allem der Kohlendioxidkonzentration) erreicht. Die Kohlendioxidkonzentration hat entsprechend im Verlaufe der Erdgeschichte stark abgenommen. Evolutionär bedeutend wurde die C_4-Photosynthese erst mit einer Abnahme der Kohlendioxidkonzentrationen in der Atmosphäre unter etwa 500 ppm.

Das Enzym PEP-Carboxylase nutzt als Substrat das Hydrogencarbonatanion, während RubisCO Kohlendioxid als Substrat nutzt. Unter physiologischen Bedingungen ist Hydrogencarbonat im Cytoplasma wesentlich höher konzentriert als Kohlendioxid. Die Effizienz der C_4-Photosynthese geht daher im Wesentlichen auf die höhere Substratverfügbarkeit für die PEP-Carboxylase (Hydrogencarbonat) im Vergleich zur RubisCO (Kohlendioxid) zurück.

Grundsätzlich ist die C_3-Photosynthese energetisch effizienter. Es werden nur 3 Moleküle ATP und 2 NADPH für die Fixierung eines Kohlenstoffatoms aufgewendet. Bei der C4-Photosynthese werden 5 ATP und 2 NADPH benötigt, bei der CAM-Photosynthese 4,8–5,9 ATP und 3,2–3,9 NADPH. Der Nutzen der C_4-Photosynthese (inklusive der CAM) liegt in der Verringerung der Photorespiration und der effizienteren Nutzung von Kohlendioxid – dies erlaubt eine effiziente Photosynthese bei nur geringem Wasserverlust durch Transpiration. Die Wassernutzungseffizienz, also das durch Photosynthese gebildete Trockengewicht im Verhältnis zum Verlust von Wasser durch Transpiration liegt bei C_3-Pflanzen bei 1,0–2,2 Gramm Trockengewicht pro ml Wasser, bei C_4-Pflanzen bei 2,8–4 g/ml und bei CAM-Pflanzen bei 8–55 g/ml. CAM-Pflanzen können sogar eine Weile bei geschlossenen Stomata den Erhaltungsstoffwechsel aus dem bei der Atmung erzeugten Kohlendioxid bestreiten.

ATP: Adenosintriphosphat. Energieträger in jeder Zelle
Bündelscheidenzellen: umgeben die Leitbündel von Pflanzen
Calvin-Zyklus: Zyklus von Reaktionen, bei denen in der Photosynthese Kohlendioxid reduziert und in Kohlenhydrate eingebaut wird
CAM: (engl.: *Crassulacean Acid Metabolism* = Crassulaceen-Säurestoffwechsel) zeitliche Trennung von Kohlendioxidfixierung und Calvin-Zyklus

Hydrogencarbonatanion: HCO_3^-
Kohlendioxidpartialdruck: der Anteil des Kohlendioxids am Gesamtgasdruck innerhalb eines Gasgemischs
NADPH: reduzierte Form von Nicotinsäureamid-Adenin-Dinucleotid-Phosphat (NADP)
PEP-Carboxylase: Phosphoenolpyruvat-Carboxylase

▪ Siehe auch: Carbonat, Hydrogencarbonat: 2.1.2.3

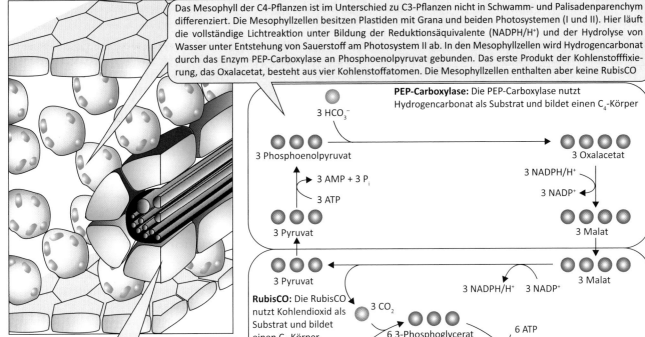

Das Mesophyll der C4-Pflanzen ist im Unterschied zu C3-Pflanzen nicht in Schwamm- und Palisadenparenchym differenziert. Die Mesophyllzellen besitzen Plastiden mit Grana und beiden Photosystemen (I und II). Hier läuft die vollständige Lichtreaktion unter Bildung der Reduktionsäquivalente (NADPH/H⁺) und der Hydrolyse von Wasser unter Entstehung von Sauerstoff am Photosystem II ab. In den Mesophyllzellen wird Hydrogencarbonat durch das Enzym PEP-Carboxylase an Phosphoenolpyruvat gebunden. Das erste Produkt der Kohlenstofffixierung, das Oxalacetat, besteht aus vier Kohlenstoffatomen. Die Mesophyllzellen enthalten aber keine RubisCO

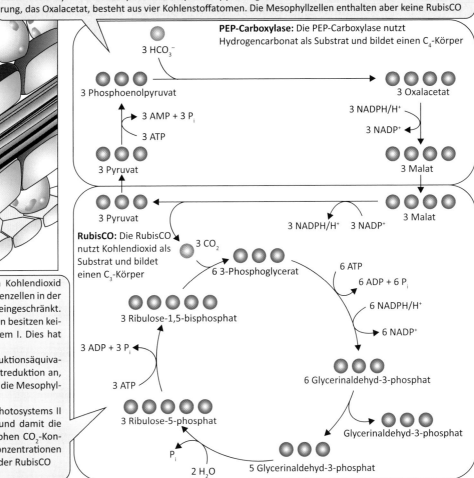

Bei C₄-Pflanzen ist die Diffusion von Kohlendioxid durch die Zellwände der Bündelscheidenzellen in der Regel durch Suberineinlagerungen eingeschränkt. Die Plastiden der Bündelscheidenzellen besitzen keine Grana und fast nur das Photosystem I. Dies hat zwei Konsequenzen:
1. Es wird kein NADP⁺ reduziert, Reduktionsäquivalente fallen einerseits durch die Malatreduktion an, zum anderen wird Phosphoglycerat in die Mesophyllzellen exportiert und dort reduziert.
2. Durch die fehlende Aktivität des Photosystems II ist auch die Photolyse des Wassers und damit die Sauerstoffbildung unterdrückt. Die hohen CO₂-Konzentrationen und die niedrigen O₂-Konzentrationen unterdrücken die Oxygenaseaktivität der RubisCO.

Auch die CAM-Pflanzen binden Hydrogencarbonat über PEP-Carboxylase an Phosphoenolpyruvat. Im Gegensatz zu den C₄-Pflanzen werden die Vorfixierung und der Calvin-Zyklus aber nicht räumlich auf unterschiedliche Zellen verteilt, sondern zeitlich getrennt. Nachts findet die Kohlenstoffvorfixierung statt. Das gebildete Malat wird in der Vakuole gespeichert. Das benötigte Phosphoenolpyruvat wird durch Abbau von Kohlenhydraten, in der Regel von Stärke, bereitgestellt

Am Tag wird vom Malat im Chloroplasten Kohlendioxid abgespalten und das entstehende Pyruvat als Stärke gespeichert. Das Kohlendioxid wird in den Calvin-Zyklus eingespeist. Im Gegensatz zur C4-Photosynthese ist bei der CAM-Photosynthese der Ort der Photolyse des Wassers (Sauerstoffentstehung) nicht vom Ort des Calvin-Zyklus getrennt. Die Oxygenaseaktivität der RubisCO ist durch die hohe Kohlendioxidkonzentration aber auch hier stark reduziert. Die CAM-Photosynthese ermöglicht den Pflanzen auch bei (über Tage bis Wochen) geschlossenen Stomata ein Überleben, indem das durch die Atmung gebildete Kohlendioxid recycelt wird

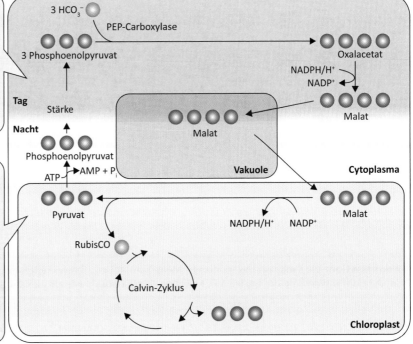

Quartär

Das Quartär umfasst den Zeitraum von vor 2,6 Millionen Jahren bis heute und wird in das Pleistozän (2,6 Mio Jahre –11.700 Jahre vor heute) und das Holozän (11.700 Jahre bis heute) unterteilt.

Das Quartär ist der Zeitraum der känozoischen (= quartären) Eiszeit. In diesem System lief auch die Hominisation, also die Evolution des Menschen, ab. Die Antarktis war bereits im ausgehenden Paläogen vergletschert. Die Vergletscherung setzte vor rund 30 Millionen Jahren ein. Im Quartär kam es dann auch zur Vergletscherung der Arktis. Das känozoische Eiszeitalter begann daher streng genommen bereits im Paläogen, die einsetzende Vergletscherung der Nordhemisphäre markierte den Beginn des Quartärs. Im Quartär wechselten Glaziale (Kaltzeiten) und Interglaziale (Warmphasen) miteinander ab. Die letzte Warmphase des quartären Eiszeitalters wird als Holozän bezeichnet.

Im Quartär hatten die Kontinente ihre heutige Lage erreicht. Erdgeschichtlich ist das Quartär ein vergleichsweise kurzer Zeitraum. Als bis in die Gegenwart reichender Zeit-abschnitt sind allerdings die Sedimente des Quartärs gut erschlossen. Durch den mehrfachen Vorstoß von Gletschern wurde die Landschaft im Quartär stark überprägt.

Fauna und Flora sind im Quartär stark durch die Gletschervorstöße und die damit verbundenen Schwankungen des Meeresspiegels geprägt. Insbesondere in Europa kam es durch die verschiedenen Gebirgskomplexe zur Verinselung vorher zusammenhängender Populationen und in der Folge zu einer ausgeprägten biogeographischen Differenzierung. Dagegen erlaubten die sich während der Kaltphasen bildenden Landbrücken eine Ausbreitung von Tier- und Pflanzenarten über Kontinentgrenzen hinweg. Dieser Trend wurde im Holozän zunehmend durch anthropogene Verschleppung von Tier- und Pflanzenarten verstärkt. Mit der Ausbreitung des Menschen und der zunehmenden Industrialisierung setzte auch ein Artensterben ein, dessen Stärke an die großen fünf Massensterben der Erdgeschichte heranreicht. Die biologischen, geochemischen und klimatischen Auswirkungen des gegenwärtigen Artensterbens sind noch nicht absehbar.

Das Känozoikum wurde früher in Tertiär und Quartär gegliedert. Trotz der teilweise mächtigen quartären Schichten ist der geologische Zeitraum des Quartärs gegenüber dem des Tertiärs aber sehr kurz. Daher wurde das Känozoikum neu in Paläogen und Neogen unterteilt.

Das Neogen reichte nach dieser (inzwischen auch veralteten Definition) bis in die Gegenwart und umfasste den (heute wieder ausgegliederten) Zeitraum des Quartärs.

Das Quartär wurde erst kürzlich als jüngstes erdgeschichtliches System wieder eingeführt, gegenüber der älteren Definition dabei aber um das Gelasium verlängert. Das Gelasium wird nun als älteste Stufe des Pleistozäns geführt. In älteren Definitionen war das Gelasium die jüngste Stufe des zum Neogen gehörenden Pliozäns. Die zum Teil immer noch gebräuchlichen älteren Begriffe und die im Vergleich zu älteren Systemen der Erdgeschichte sehr starken Verschiebungen der zeitlichen Einordnung – insbesondere auch die Neudefinition der Quartärgrenze – müssen im Vergleich zu älterer Literatur berücksichtigt werden.

Hominisation: die Evolution des modernen Menschen, insbesondere die Entwicklung der letzten 5–7 Millionen Jahre. Dabei entwickelten sich die körperlichen und geistigen Eigenschaften, wie z.B. der aufrechte Gang und die Vergrößerung des Gehirns

Siehe auch: Erosion: 2.1.2; Hominisation: 2.3.5.7; känozoisches Massensterben: 3.2.1.8; Neobiota: 3.2.1.7

Im Quartär verbreiteten sich die Homininen über die ganze Welt (links: 50.000 Jahre alter Schädel von *Homo neanderthalensis*; rechts: Höhlenmalerei aus der Cueva de las Manos in Argentinien)

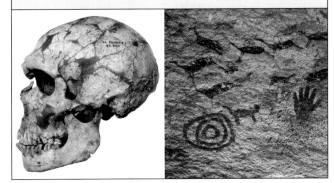

Fossile Blattansammlung aus dem oberen Pliozän nahe der Pliozän-Pleistozän-Grenze des Braunkohletagebaus Garzweiler II

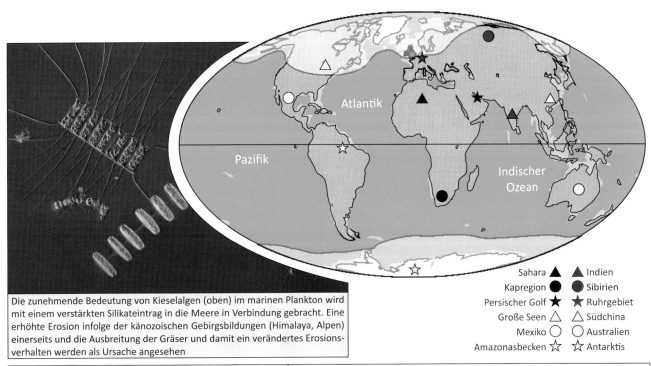

Die zunehmende Bedeutung von Kieselalgen (oben) im marinen Plankton wird mit einem verstärkten Silikateintrag in die Meere in Verbindung gebracht. Eine erhöhte Erosion infolge der känozoischen Gebirgsbildungen (Himalaya, Alpen) einerseits und die Ausbreitung der Gräser und damit ein verändertes Erosionsverhalten werden als Ursache angesehen

Sahara ▲   ▲ Indien
Kapregion ●   ● Sibirien
Persischer Golf ★   ★ Ruhrgebiet
Große Seen △   △ Südchina
Mexiko ○   ○ Australien
Amazonasbecken ☆   ☆ Antarktis

Riesengürteltiere der Gattung *Glyptodon* waren in Südamerika verbreitet. Sie erreichten eine Größe von bis über 3 m und starben am Ende des Pleistozäns aus

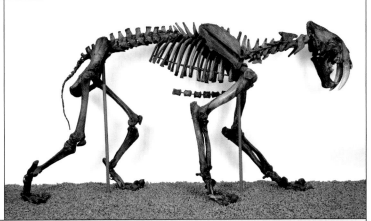

Die Säbelzahnkatzen der Gattung *Smilodon* waren im Pleistozän in Amerika verbreitet. Die bis zu 20 cm langen Säbelzähne dienten vermutlich der Jagd auf Großsäuger. *Smilodon fatalis* (oben) war in Nordamerika und im westlich der Anden gelegenen Teil Südamerikas verbreitet. Die Art starb vor etwa 12.000 Jahren aus

Die känozoische Eiszeit

Das Quartär umfasst den Zeitraum der känozoischen Eiszeit. Das quartäre Eiszeitalter ist durch den Wechsel von Glazialen (Kaltzeiten) und Interglazialen (Zwischeneiszeiten) gekennzeichnet. Die Durchschnittstemperatur schwankt zwischen den langen Glazialen und den meist deutlich kürzeren Interglazialen um etwa 10 °C. Das Klima ist aber auch während der wärmeren Interglaziale des quartären Eiszeitalters deutlich kühler als das Klima des Paläogens und Neogens.

Eisbedeckungen der Landmassen in der Nähe der Pole, sowie in den Hochgebirgen bleiben während der Interglaziale in der Regel erhalten. Das känozoische Eiszeitalter dauert seit etwa 2,58 Millionen Jahren an.

Die känozoische Vereisung hängt mit der Verschiebung der Kontinentalmassen und den damit veränderten globalen Meeresströmungen zusammen. Im Oligozän war die Antarktis so weit von Australien und Südamerika isoliert, dass sich eine zirkumpolare Strömung ausbilden konnte und keine warmen Wassermassen mehr in den Bereich der Antarktis vordrangen. Damit wurde das Klima im Bereich der Antarktis kälter und es kam zu Vergletscherungen.

Die Schließung der Landenge von Panama und damit die Verbindung von Nord- und Südamerika vor rund 4,6 Millionen Jahren führte auch in der Nordhemisphäre zu stark veränderten Strömungsverhältnissen. Warmes tropisches Wasser wurde nach Norden transportiert – unter anderem bildete sich der Golfstrom aus. Diese veränderten Meeresströmungen führten zunächst zu einer gewissen Erwärmung der Nordhemisphäre. Die mit der Zufuhr an warmem Wasser verbundene Erhöhung der Luftfeuchte in der Arktis führte aber auch hier ab etwa 2,7 Millionen Jahren zur Ausbreitung von Gletschern.

Zudem verringerte sich durch den nachlassenden Vulkanismus die Konzentration an Treibhausgasen und begünstigte damit zusätzlich die Abkühlung des Klimas und die Vereisung der Polregionen.

Die generelle Abkühlung der Pole und damit das Einsetzen der känozoischen Vereisungen wird auf plattentektonische Veränderungen zurückgeführt. Der Wechsel von Glazialen und Interglazialen innerhalb der Kaltzeit wird dagegen mit kosmischen Ursachen begründet: Die Glaziale des Quartärs dauerten mit rund 90.000 Jahren deutlich länger als die nur rund 15.000 Jahre dauernden Interglaziale. Als Auslöser für den Wechsel von Kalt- und Warmzeiten werden Schwankungen der Stellung der Erdachse (Schiefe der Ekliptik) sowie Änderungen der Erdbahn um die Sonne diskutiert. Die wechselseitige Gravitation von Sonne, Mond und Erde bedingt eine Veränderung der elliptischen Erdbahn mit etwa einer Periodizität von 100.000 Jahren. Die Schiefe der Erdachse wird mit einer Periode von etwa 40.000 Jahren beeinflusst und die relative Lage der Sonne zum Zeitpunkt der Tag-Nacht-Gleiche (Frühlings- und Herbstanfang) mit einer Periodizität von etwa 25.800 Jahren. Diese Zyklen werden als Milankovic-Zyklen bezeichnet und die damit verbundenen Änderungen der Sonneneinstrahlung sowie die Verteilung der Strahlungsenergie auf der Erde als Ursache der Wechsel zwischen Glazialen und Interglazialen diskutiert.

Das Eiszeitalter wird vor allem anhand der Ablagerungen von Gletschervorstößen gegliedert. Der Vergleich und die zeitliche Korrelation von Vereisungen in unterschiedlichen Regionen ist dabei allerdings problematisch. Es ist daher unklar, ob beispielsweise die Ablagerungen der nordeuropäischen Saale-Kaltzeit und der Riß-Kaltzeit im Alpenvorland zeitgleich entstanden. Die quartäre Gliederung ist daher regional unterschiedlich.

Der letzte große Eisvorstoß wird je nach Region als Weichsel-Kaltzeit (nördliches Mitteleuropa), Würm-Kaltzeit (Alpenraum), Devensian-Kaltzeit (Britische Inseln), Waldai-Kaltzeit (Nordrussland) oder Wisconsin-Kaltzeit (Nordamerika) bezeichnet.

Interglazial: Zwischeneiszeit. Wärmerer Zeitraum zwischen zwei Vereisungsperioden

Tag-Nacht-Gleiche: Zeitpunkt, an dem die Sonne senkrecht über dem Äquator steht. Tag und Nacht sind dann gleich lang

Siehe auch: Plattentektonik: 2.1.1.2

11.700 Jahre

Das Holozän ist das gegenwärtige Interglazial des känozoischen Eiszeitalter. In dieser Zwischenwarmzeit wurde der Mensch sesshaft und lernte Metalle zu nutzen

Die Weichsel-Eiszeit (im Alpenraum Würm-Eiszeit) ist die jüngste Vereisung und umfasst in etwa den Zeitraum von vor 115.000 Jahren bis vor 11.700 Jahren. Skandinavien, der Ostseeraum und der Großteil Englands waren vergletschert. Der Meeresspiegel fiel um etwa 12 m, der Ärmelkanal fiel trocken und erlaubte beim Einsetzen der gegenwärtigen Warmzeit für eine kurze Zeit die Wiederbesiedlung Englands über diese Landbrücke. Mit dem weiteren Rückzug der Gletscher und dem Anstieg des Meeresspiegels drang das Meer wieder in den Ärmelkanal vor und erschwerte den weiteren Austausch von Arten

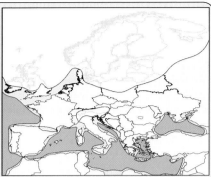

Maximale Eisausdehnung während der Weichsel- und Würm-Vereisung

115.000 Jahre

Das Eem-Interglazial (nördliches Mitteleuropa) ist mit dem Riß-Würm-Interglazial (Alpen) und dem Sangomonium (Nordamerika) nicht exakt synchron

130.000 Jahre

Der Saale-Komplex umfasst die eigentliche Saale-Vereisung und die durch die Dömnitz-Warmzeit davon getrennte frühere Fuhne-Vereisung. Dem Saale-Komplex entspricht im Alpenraum die Riß-Kaltzeit

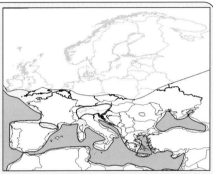

Maximale Eisausdehnung während der Saale- und Riß-Vereisung

300.000 Jahre

Das Holstein-Interglazial (nördliches Mitteleuropa) ist mit dem Mindel-Riß-Interglazial (Alpen) und dem Pre-Illinoian-Interglazial (Nordamerika) nicht exakt synchron

320.000 Jahre

Die Elster-Vereisung stieß im Osten weiter vor als die Saale- und Weichsel-Vereisung. Der genaue Verlauf der Vergletscherung im Westen Deutschland und weiter westlich ist unklar, da hier die Saale-Vereisung weiter nach Süden vordrang und die Moränen der Elster-Vereisung einebnete. Im Alpenraum entspricht der Elster-Vereisung die Mindel-Vereisung

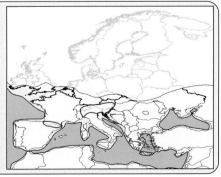

Maximale Eisausdehnung während der Elster- und Mindel-Vereisung

400.000 Jahre

Temperaturverlauf der letzten 420.000 Jahre

Hominisation

Die Hominisation bezeichnet die biologische und kulturelle Entwicklung des Menschen (*Homo*). Früheste aufrecht laufende Homininen entstanden vor rund 6–7 Millionen Jahren in Afrika und sind fossil aus dem Tschad und Ostafrika bekannt. Stammesgeschichtlich haben sich die Vorfahren der Schimpansen vor etwa 6,5–5,5 Millionen Jahren von der zum Menschen führenden Entwicklungslinie abgetrennt.

Die Australopithecinen sind eine ausgestorbene Gruppe der Hominini und lebten vor etwa 3,5–1,8 Millionen Jahren. Sie lebten in Savannen und im Buschland meist in den Galeriewäldern entlang von Wasserläufen. Die meisten Australopithecinen beherrschten den aufrechten Gang, hielten sich aber noch regelmäßig an oder auf Bäumen auf.

Vermutlich aus den Australopithecinen entwickelten sich vor 2–3 Millionen Jahren die ersten Vertreter der Gattung *Homo* – *Homo habilis* und *Homo rudolfensis*. Die Schädel dieser Arten sind leichter gebaut als die der Australopithecinen, Ober- und Unterkiefer sind kleiner, das Gehirnvolumen ist dagegen größer. Aus *Homo rudolfensis* ging dann *Homo erectus* hervor, der erste Vertreter der Gattung, der das Feuer beherrschen lernte und der Afrika verließ. Aus *Homo erectus* entwickelte sich unter weiterer Vergrößerung des Gehirns vor rund 800.000 Jahren in Europa *Homo heidelbergensis* und aus diesem *Homo neanderthalensis*. Aus der in Afrika verbliebenen *Homo erectus*-Linie ging *Homo sapiens* hervor. Diese vier Arten der Gattung *Homo* lebten möglicherweise zeitgleich, es kam vermutlich zu Kreuzungen verschiedener Linien in der weiteren Entwicklung zum modernen Menschen.

Homo sapiens besitzt den größten Gehirnschädel und kleinsten Kauapparat im Vergleich zu allen anderen Primaten und ist von anderen Arten der Menschenaffen durch den aufrechten Gang, einen großen Neocortex (ein Bereich der Großhirnrinde), verkleinerte Schneide- und Eckzähne sowie durch sein sexuelles und reproduktives Verhalten und die materielle Kultur verschieden.

Die Altsteinzeit (Paläolithikum) begann mit der Nutzung von einfachen Steinwerkzeugen vor etwa 2,6 Millionen Jahren. Im Altpaläolithikum (frühe Altsteinzeit) lernten die Homininen auch das Feuer zu beherrschen. Im Mittelpaläolithikum wurden Faustkeile zunehmend verbessert und aus dem Jungpaläolithikum sind neben Klingen auch Kunstgegenstände überliefert. Mit der beginnenden Wiederbewaldung nach Einsetzen der holozänen Warmzeit vor rund 11.700 Jahren wurden in der Mittelsteinzeit neue Jagdtechniken erforderlich, insbesondere die Jagd mit Pfeil und Bogen. In der Jungsteinzeit setzten Viehhaltung und Ackerbau ein – in Europa vor rund 7.500 Jahren, in Mesopotamien bereits vor rund 13.000 Jahren. Die Nutzung von Metallen leitete dann vor rund 4.200 Jahren die Bronzezeit ein.

Die Vorfahren des Menschen entwickelten sich in Afrika unter zunächst warm-feuchten klimatischen Bedingungen. Durch eine Klimaveränderung im Zusammenhang mit dem anbrechenden känozoischen Eiszeitalter kam es zu einer weitgehenden Versteppung in großen Teilen Afrikas. Weiche Blätter und Früchte wurden als Nahrung damit zunehmend knapper. So differenzierten sich zwei Typen von Australopithecinen: Die „robusten" Arten der Australopithecinen entwickelten verbreiterte Zähne und eine stark entwickelte Kaumuskulatur – sie spezialisierten sich auf faserige cellulosereichere Nahrung (Gräser, Samen). Die Muskulatur setzte dabei an einem deutlich sichtbaren Knochenkamm auf dem Scheitel des Schädels an. Andere Arten wurden dagegen zunehmend zu Allesfressern, Fleisch wurde Bestandteil der Nahrung. Wahrscheinlich wurden zunächst zufällig gefundene scharfkantige Steine dazu benutzt, Beutetiere aufzubrechen und an das Mark der Röhrenknochen zu gelangen. Hieraus entwickelte sich dann vermutlich der gezielte Werkzeuggebrauch. Der wohl wichtigere Evolutionsschritt war die Entwicklung der Jagd und die damit verbundene Verbesserung der Kommunikation. In Summe führten die Anpassungen zur Entwicklung eines größeren Gehirns.

Dies wurde allerdings zum Problem, da das weibliche Becken sich nicht hinreichend mit dem wachsenden Kopfumfang der Neugeborenen vergrößern konnte. In der Evolution des Menschen wurde dieses Problem durch eine in der Ontogenese immer weiter vorverlegte Geburt mit einer längeren Brutpflegephase und einer verlängerten Kind- und Jugendphase gelöst.

Galeriewald: Der Galeriewald ist eine Waldreihe vornehmlich entlang eines Flusses mit andersgearteter dahinterliegender Vegetation, einer anderen Waldform oder Vegetationslosigkeit

Siehe auch: Klimaentwicklung: 2.3.5.3

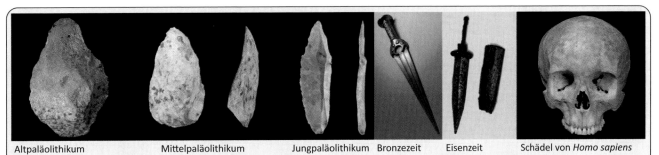

| Altpaläolithikum | Mittelpaläolithikum | Jungpaläolithikum | Bronzezeit | Eisenzeit | Schädel von *Homo sapiens* |

Zunehmender Werkzeuggebrauch bei *Homo sapiens*

Der moderne Mensch (*Homo sapiens*) entstand vor etwa 200.000 in Afrika. Neben einer morphologischen Weiterentwicklung und einer weiteren Vergrößerung des Gehirnvolumens auf etwa 1.500 cm³ entwickelte sich auch der Gebrauch von Werkzeugen weiter. Die Steinzeit war durch die Nutzung von Steinwerkzeugen charakterisiert. In der frühen Altsteinzeit (Altpaläolithikum) waren dies einfache Werkzeuge, in der mittleren Altsteinzeit (Mittelpaläolithikum) finden sich bereits verbesserte Faustkeile und schließlich in der jungen Altsteinzeit auch Klingen und Kunstgegenstände. Die Mittelsteinzeit begann mit Einsetzen des gegenwärtigen Interglazials und war durch eine veränderte, an die aufkommenden Wälder angepasste Jagdtechnik gekennzeichnet. In der Jungsteinzeit setzten sich schließlich Viehhaltung und Ackerbau durch. Mit der Fähigkeit, Metalle zu gewinnen und zu bearbeiten, setzte die Bronzezeit (vor etwa 4.200 Jahren) und später die Eisenzeit (regional unterschiedlich vor etwa 3.200–2.800 Jahren) ein

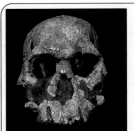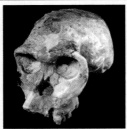

Die Gattung *Homo*: Aus Vertretern der „grazilen" Australopithecinen entwickelten sich vor 2–3 Millionen Jahren die ersten Vertreter der Gattung *Homo*, die Arten *Homo rudolfensis* (links) und *Homo habilis* (Mitte links). Die Verwandtschaftsbeziehungen dieser Arten sind bislang umstritten. Bei *H. erectus* (Mitte rechts) und weiter bei *H. heidelbergensis* vergrößerte sich das Gehirnvolumen deutlich von zunächst 650 cm³ (ähnlich dem von *H. habilis*) auf über 1.200 cm³. *H. erectus* gilt als die erste Homininen-Art, die Afrika verließ und sich nach Europa und Asien ausbreitete

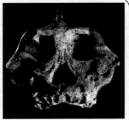

„Grazile" Australopithecinen – die Gattung *Australopithecus*

Die Vertreter der Gattung *Australopithecus* sensu stricto ernährten sich zunehmend auch von Fleisch. Für das Aufbrechen der Beute und insbesondere auch von Röhrenknochen wurden von diesen Arten wahrscheinlich zunehmend Steine als Werkzeug eingesetzt. Links Schädel des „Dikika Kindes" (*Australopithecus afarensis*), rechts fossile Fußspuren derselben Art aus Laetoli in Ostafrika

„Robuste" Australopithecinen – die Gattung *Paranthropus*

Die Vertreter der Gattung *Paranthropus* spezialisierten sich in ihrer Ernährung auf hartfaserige Gräser, Samen und Wurzeln. Die Spezialisierung ist durch vergrößerte Kauflächen auf den Backenzähnen und die Ausbildung eines Schädelkammes als Ansatzstelle für die kräftige Kaumuskulatur belegt (links: *P. robustus*; rechts: *P. aethiopicus*). Mit der Ausbreitung von Großherbivoren und der werkzeuggebrauchenden Homininen wurden diese Australopithecinen verdrängt und starben aus

Australopithecinen

Australopithecus anamensis gilt heute als die früheste unzweifelhafte Hominini-Art. Als das südliche Afrika zunehmend trocken und kühler wurde, verschwanden die Wälder und Savannen breiteten sich aus. Das Nahrungsangebot an weichen Früchten und Blättern wurde geringer und in der Folge spezialisierten sich die Australopithecinen in zwei ökologische Typen – den „robusten" und den „grazilen" Typ

Der 6–7 Millionen Jahre alte *Sahelanthropus tchadensis* gilt als die älteste vermutlich bereits aufrecht gehende Art der Hominini. Molekulare Daten legen dagegen eine Trennung von Mensch und Schimpanse vor erst 5–6 Millionen Jahren nahe

Zukunft

Die zukünftige Entfaltung des Lebens auf der Erde wird langfristig von der Temperaturentwicklung und damit von der langfristigen Veränderung der Sonneneinstrahlung abhängen. In diesem Zusammenhang ist die derzeitige anthropogen bedingte Klimaerwärmung zwar für die aktuelle Entwicklung der Biodiversität relevant, langfristig – in geologischen Zeiträumen – ist jedoch die Veränderung der Strahlungsenergie der Sonne entscheidend für die Entwicklung des Lebens. Die Sonneneinstrahlung wird aufgrund der kontinuierlichen Fusionsprozesse in der Sonne und der damit verbundenen Änderung der stofflichen Zusammensetzung der Sonne weiter zunehmen. Die Temperatur auf der Erde wird zur Zeit über den Carbonat-Silikat-Kreislauf stabilisiert: Bei höheren Temperaturen verwittern die Silikate stärker, die freigesetzten Ionen führen zu stärkerer Carbonatfällung – der Atmosphäre wird so zunehmend das Treibhausgas Kohlendioxid entzogen. Die sinkenden Kohlendioxidkonzentrationen werden künftig C_4-Photosynthese begünstigen. C_3-Pflanzen werden bereits in rund 100 Millionen Jahren kaum mehr lebensfähig sein. Aber auch die C_4-Pflanzen werden in spätestens etwa 800–900 Millionen Jahren aufgrund der steigenden Oberflächentemperaturen aussterben. In etwa 800–900 Millionen Jahren wird eine Oberflächentemperatur von mehr als 30 °C erreicht, höhere Eukaryoten werden in der Folge aussterben. Alle bis dahin überlebenden Eukaryotenlinien werden bis in etwa 1.200 Millionen Jahren bei Oberflächentemperaturen von über 50 °C aussterben. Verschiedene Prokaryoten können die hohen Temperaturen noch überleben. In etwa 1.300 bis 1.600 Millionen wird auch prokaryotisches Leben weitgehend zusammenbrechen. Nur Extremophile können möglicherweise in tieferen Gesteinsschichten noch überleben. In 6,5 Milliarden Jahren wird sich die Sonne zu einem Roten Riesen entwickeln und dann in etwa 7,6 Milliarden Jahren auch die Erde verschlucken.

Für die Entwicklung der Diversität in den nächsten 100–200 Millionen Jahren ist neben der klimatischen Entwicklung auch die Lage der Kontinente zueinander bedeutend. Die Lage der Kontinente in der Zukunft ist allerdings nur begrenzt vorhersagbar: Die Kontinentaldrift wird durch die Konvektionsströmungen des Erdmantels angetrieben – verändert sich die Lage der Konvektionszellen, verändert sich auch die Richtung der Drift der Platten. Zumindest die Entwicklung für die nächsten 50 Millionen Jahre ist aufgrund der gegenwärtigen plattentektonischen Prozesse verhältnismäßig zuverlässig vorhersagbar: Die Öffnung des Atlantiks schreitet weiter voran, die Kontinente Nord- und Südamerika einerseits und Eurasien und Afrika andererseits driften weiter auseinander. Afrika wird weiter auf Europa driften, dabei wird sich das Mittelmeer schließen. In der weiteren Folge wird es wahrscheinlich im Laufe der kommenden 100–250 Millionen Jahre wieder zur Bildung eines Superkontinentes kommen. Für die Anordnung der Kontinente in einem solchen Superkontinent gibt es allerdings mehrere Szenarien.

Geht man von einer weiteren Öffnung des Atlantiks und der weiter fortschreitenden Subduktion der Pazifischen Platte unter die Eurasische und die Nordamerikanische Platte aus, würde Amerika schließlich mit Nordostasien kollidieren und den Superkontinent Amasia oder Novopangaea bilden. Geht man dagegen von einer nachlassenden Öffnung des Atlantiks und der Bildung einer Subduktionszone im Atlantik aus, ist eine Gegenbewegung und weitgehende Schließung des Atlantiks denkbar. Dieses Szenario würde zu einer Anordnung der Kontinente führen, die der Pangaeas ähnelt – dieser Superkontinent wird daher auch als Pangaea Ultima oder Pangaea Proxima bezeichnet.

extremophil: Organismen, die an extreme Umweltbedingungen angepasst sind

Siehe auch: Konvektion: 2.1.1.2

7.590 Mio

6.500 Mio

In etwa 6 Milliarden Jahren beginnt die Entwicklung der Sonne zum „Roten Riesen". Die sich ausdehnende Sonne wird in etwa 7,59 Milliarden Jahren die Erde verschlucken. Bereits in etwa 3,5 Milliarden Jahren werden die Temperaturen auf der Erde aber so hoch sein, dass sich die Gesteine zu verflüssigen beginnen

1.300 Mio

In etwa 1,3 Milliarden Jahren werden die Temperaturen so hoch sein, dass auch Cyanobakterien und viele Prokaryoten nicht mehr überleben können. Das Aussterben der Cyanobakterien wird zudem zum Zusammenbrechen der prokaryotischen Nahrungsnetze führen. Nur extremophile Organismen können noch eine Zeit überleben. In etwa 1,6 Milliarden Jahren wird es auf der Erde kein Leben mehr geben

1.200 Mio

In etwa 1,2 Milliarden Jahren werden die Oberflächentemperaturen auf der Erde über 50 °C ansteigen. Auch die meisten einzelligen Eukaryoten werden nun ausgestorben sein

850 Mio

Durch das Verschwinden der C_3-Photosynthese wird sich die Kohlendioxidfixierung abschwächen. Daher wird die Kohlenstoffdioxidkonzentration der Atmosphäre zunächst langsamer absinken. Umgekehrt wird sich dadurch aber die Erwärmung der Erde beschleunigen. C_4-Photosynthese wird zunächst noch möglich sein, wird aber bei weiter sinkenden Kohlendioxidkonzentrationen auch zunehmend ineffizienter werden.
In etwa 850 Millionen Jahren werden Oberflächentemperaturen von 30–35 °C erreicht werden. Die meisten höheren Eukaryoten werden dann aussterben, insbesondere auch die höheren Pflanzen. Dies wird zum Zusammenbrechen der terrestrischen Ökosysteme führen. In den folgenden rund 400 Millionen Jahren werden sich mikrobielle Matten ausbreiten und die Ökosysteme dominieren

Mikrobielle Matte

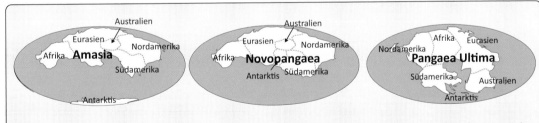

250 Mio

Unter der Annahme, dass die Öffnung des Atlantiks und die Subduktion der Pazifischen Platte weiter fortschreiten, wird es zur Kollision von Ostasien mit Amerika kommen. Dies wird zur Bildung eines Superkontinents führen. Je nach Modellannahme wird die Antarktis am Südpol verbleiben (Superkontinent Amasia) oder in den Superkontinent einbezogen werden (Superkontinent Novopangaea). Ein alternatives Szenario nimmt die Bildung einer Subduktionszone im Atlantik und in deren Folge die Schließung des Atlantiks an. Hier würde sich die Anordnung des Superkontinentes Pangaea Ultima ergeben

100 Mio

Die langfristige Kohlendioxidkonzentration der Atmosphäre wird in etwa 100 Millionen Jahren den Wert von 150 ppm unterschreiten. Die C_3-Photosynthese ist unterhalb dieser Kohlendioxidkonzentration nicht mehr effizient. C_3-Pflanzen werden daher in rund 100 Millionen Jahren aussterben. Für C_4-Pflanzen liegt der kritische Wert erst bei rund 10 ppm, die Ökosysteme werden daher zunehmend durch C_4-Pflanzen dominiert

C_4-Pflanzen: *Zea mays, Amaranthus caudatus*

3. Verteilung der heutigen Biodiversität

Biodiversität ist auf der Erde nicht gleichmäßig verteilt. Globale Klimagradienten, die aktuelle und die historische Verteilung der Landmassen, geographische Barrieren wie Gebirge und andere Faktoren tragen zu Unterschieden der Biodiversität verschiedener Gebiete auf der Erde bei.

Aber auch die Erfassung von Biodiversität, die Wahl geeigneter Maße für Biodiversität, Methoden zu deren Abschätzung und die Konzeption der Art als häufig verwendete Einheit der Biodiversität beeinflussen unsere Wahrnehmung der Biodiversität.

Das einführende Kapitel behandelt Grundlagen der Erfassung von Biodiversität. Dies umfasst Konzepte und Indizes für die Beschreibung der Diversität sowie die theoretischen und praktischen Grundlagen der Beschreibung von Arten. Für einige Organismengruppen ist der Artbegriff grundsätzlich problematisch, diese Gruppen werden kurz vorgestellt: Viren unterliegen der Darwin'schen Evolution, können sich aber nicht selbstständig replizieren. Für die Beschreibung der molekularen Diversität innerhalb eines Wirtes hat sich der Begriff der Quasispezies etabliert. Flechten sind Symbiosen aus einem Pilz und einer oder mehreren Algen. Eine Flechtenart besteht somit aus mehreren anderen Arten.

Das zweite Kapitel stellt die biogeographischen Regionen vor und behandelt die klimatischen und geographischen Grundlagen, die zur Differenzierung dieser Regionen beitragen. Dies beinhaltet auch die Übertragbarkeit dieser anhand von höheren Pflanzen und Tieren entwickelten Konzeption der biogeographischen Regionen auf andere Organismengruppen sowie aktuelle, durch den Menschen mitverursachte Trends der globalen Entwicklung der Biodiversität.

Ökologisch und biogeographisch werden die Regionen der Erde einerseits in Biome (oder Ökozonen), andererseits in Faunenreiche und Florenreiche unterteilt. Im Gegensatz zu den ökologisch definierten Biomen werden Regionen ähnlicher artverwandtschaftlicher Beziehungen als Florenreiche oder Faunenreiche bezeichnet.

Florenreiche und Faunenreiche sind durch das Vorkommen vieler Pflanzen bzw. Tiergruppen in nur diesem Gebiet definiert. Die Abgrenzung zielt dabei auf Verwandtschaftsbeziehungen, also endemische Arten, Gattungen und Familien, nicht auf die Anpassung dieser Organismen an spezifische Umweltbedingungen.

Das Biom wurde ursprünglich als grundlegende Einheit der Biozönosen verstanden und damit als Synonym für Formation und Klimaxgesellschaft. Der Begriff Biom ist vom Begriff Bioformation abgeleitet. Die Bioformation bezeichnet die Biozönose eines ausgedehnten Bereichs der Erde und wird anhand der Klimaxvegetation dieses Bereichs definiert.

Der Biom-Begriff wird heute eher ökologisch verwendet im Sinne von Ökosystemen, deren Vegetation sich im Aufbau und Aussehen gleicht. Damit bekam der Biom-Begriff einen starken Bezug zu klimatischen Faktoren. Die Verbreitung der Biome ist daher nicht zufällig ähnlich zur Verbreitung der globalen Klimazonen und (da auch die Bodenbildung klimatisch und biotisch beeinflusst wird) auch zu den klimatischen Bodentypen.

Während der ursprüngliche Biom-Begriff also synonym zur Bioformation war, ist der heutige Biom-Begriff synonym (oder zumindest sehr ähnlich) zu den geowissenschaftlich geprägten Ökozone. Ökozonen sind zonale Großräume der Erde mit einer großen Übereinstimmung hinsichtlich Klima, Vegetation, Böden sowie landwirtschaftlicher Nutzung. Die Ökozonen entsprechen weitgehend den Biomen, sind aber stärker über abiotische Faktoren definiert.

3.1 Grundlagen
Dieses Kapitel behandelt Grundlagen der Erfassung der Biodiversität. Dies umfasst die häufig verwendeten Biodiversitätsindizes sowie die Schwierigkeiten des Artbegriffs als häufig verwendete Einheit der Biodiversität

3.2 Verteilung der Biodiversität
In diesem Kapitel wird die aktuelle Verteilung der Biodiversität auf der Erde vorgestellt. Globale Trends der Artenvielfalt und die Vorstellung der biogeographischen Großlebensräume steht im Vordergrund

Grundlagen der biogeographischen Verbreitung von Taxa

Die Biogeographie befasst sich mit der Verbreitung von Arten. Die Extreme der Verbreitung von Arten wären dabei eine nur punktförmige Verbreitung einerseits und eine globale Verbreitung andererseits (beispielsweise weltweit verbreitete Arten wie die Wanderratte). Die Verbreitung der meisten Arten liegt zwischen diesen Extremen.

Die konkreten Verbreitungsgebiete hängen dabei von den ökologischen Toleranzen (der Bandbreite tolerierter Umweltbedingungen), der Konkurrenzstärke und von geographischen (Gebirgszüge, Meere), sowie von historischen Faktoren ab. Diese historischen Faktoren beziehen sich zum einen auf die historische Entwicklung der Lebensräume, insbesondere unter Einbeziehung der Plattentektonik und der Klimageschichte, zum anderen beziehen sich die historischen Faktoren auf die Art selbst. „Junge" Arten, die erst vor kurzer Zeit entstanden sind, haben häufig eine engere Verbreitung als „alte" Arten, da die „jungen" Arten in vielen Fällen lediglich erst die potenziell geeigneten Lebensräume in der näheren Umgebung ihres Entstehungsortes besiedeln konnten.

Die Verbreitung von Organismen ist aber auch gekoppelt an die taxonomische Auflösung der Betrachtung: Individuen haben einen definierten Aufenthaltsort – anders gesagt eine punktförmige Verteilung. Betrachtet man Gruppen von mehreren Individuen, ergibt sich ein Gebiet, das die Aufenthaltsorte aller dieser Individuen zusammenfasst: das Verbreitungsgebiet.

Arten haben oft eine lokale oder regionale Verbreitung. Fasst man mehrere Arten zusammen, wie dies bei der Betrachtung von Gattungen und höheren taxonomischen Einheiten der Fall ist, ergeben sich weiter ausgedehnte Verbreitungsgebiete, da diese sich aus den Verbreitungsgebieten der einzelnen Arten zusammensetzen. Dieser Zusammenhang erscheint zunächst trivial, ist aber von grundlegender Bedeutung für das Verständnis von Mustern der Biodiversität. Dies gilt insbesondere für vergleichende Analysen, die Verbreitungen vieler verschiedener Arten einbeziehen: Sowohl das Konzept der Art (Artbegriff) als auch die Erkennung von Arten sind mit Problemen behaftet. Daher ist bei vielen Organismen die Artabgrenzung nicht eindeutig geklärt.

Arten werden zudem in verschiedenen Organismengruppen unterschiedlich weit gefasst. Daraus ergibt sich, dass Arten mit weit gefassten Artabgrenzungen eine weitere Verbreitung haben sollten als solche mit eng gefassten Artabgrenzungen.

Die Überlegungen zum Zusammenhang von taxonomischer Auflösung und der Ausdehnung des Verbreitungsgebiets sind in vielerlei Hinsicht von praktischer Relevanz:

Beim Artenschutz hängen viele Schutzmaßnahmen von der Individuenzahl und der Größe des Verbreitungsgebiets einer Art ab. Sowohl Individuenzahl als auch Verbreitungsgebiet sind aber von der taxonomischen Auflösung bzw. vom verwendeten Artkonzept abhängig. Molekulare Analysen zeigen für viele (morphologische) Arten, dass es sich tatsächlich um Artkomplexe getrennter biologischer Arten handelt. Dies ändert nichts an der eigentlichen Verbreitung – das Verbreitungsgebiet der (morphologischen) Art zerfällt aber in viele Verbreitungsgebiete der (biologischen) Arten. Dies kann dazu führen, dass eine basierend auf morphologischen Kriterien häufige und weit verbreitete Art tatsächlich ein Artkomplex aus vielen – zum Teil seltenen – Arten mit endemischer Verbreitung ist. In diesen Fällen haben die Erkenntnisse bzw. die Anwendung eines anderen Artkonzepts Relevanz für den Natur- und Artenschutz.

Noch viel ausgeprägter ist dieses Problem bei Mikroorganismen: Für Mikroorganismen und viele andere Organismen ist unklar, inwieweit eine Art dem von höheren Organismen geprägten Verständnis von Arten entspricht. Der Artbegriff bei Mikroorganismen ist möglicherweise eher vergleichbar mit höheren taxonomischen Einheiten bei den Metazoa (höheren Tieren) und den Landpflanzen. Zudem sind nur vergleichsweise wenige Mikroorganismen überhaupt taxonomisch erfasst, auch Untersuchungen zur Verbreitung von Mikroorganismenarten gibt es vergleichsweise wenige.

Je nach Interpretation und je nach angelegter Artdefinition lassen sich daher sehr weite oder auch enger gefasste Verbreitungsgebiete für Mikroorganismen ableiten. Die Sicht einer sehr weiten Verbreitung wurde als „Alles ist überall"-Hypothese formuliert – Mikroorganismen sind danach weltweit verbreitet, lediglich die ökologischen Bedingungen der Habitate bestimmen darüber, ob eine Art lokal vorkommt. Gegner dieser Sicht postulieren ähnliche Verbreitungsmuster von Mikroorganismen und höheren Organismen mit einem großen Teil endemisch verbreiteter Organismen.

---

endemisch: Vorkommen von Organismen in einem bestimmten abgegrenztem Raum

punktförmige Verteilung: nur an einem Ort, keine räumliche Verbreitung

---

Siehe auch: Biogeographie von Mikroorganismen: 3.2.1.6

Die Verbreitungsgebiete auf Ebene der Familien umfassen in vielen Fällen fast die ganze Erde. Die Rabenvögel (Corvidae) sind mit Ausnahme des südlichen Südamerikas und einiger Bereiche der Tundra fast weltweit verbreitet. Hier dargestellt sind nur einige Vertreter: *Pica pica* (Elster, oben links), *Corvus monedula* (Dohle, oben Mitte), *Corvus cornix* (bzw. *Corvus corone cornix*, Nebelkrähe, oben rechts), *Garrulus glandarius* (Eichelhäher, unten links), *Corvus frugilegus* (Saatkrähe, unten Mitte) und *Corvus corone* (bzw. *Corvus corone corone*, Rabenkrähe, unten rechts)

Die Verbreitungsgebiete auf Ebene der Gattung sind meist schon recht ausgedehnt. Die Echten Elstern (*Pica spp.*) mit den Arten *Pica pica* (links), *Pica hudsonia* (Schwarzschnabelelster, rechts oben) und *Pica nuttalli* (Gelbschnabelelster, rechts unten) umfassen einen Großteil der temperaten Zone der Nordhemisphäre

Eine Art hat ein begrenztes Verbreitungsgebiet. Das Verbreitungsgebiet der Gelbschnabelelster (*Pica nuttalli*) erstreckt sich über einen kleinen Streifen an der Westküste der USA

Ein Individuum hält sich zu einem Zeitpunkt an einem genau definierbaren Punkt (Ort) auf

Artbeschreibung

Im Zusammenhang mit der Beschreibung von Arten werden häufig die biologischen Disziplinen der Systematik, der Taxonomie und der Nomenklatur genannt. Die biologische Systematik umfasst die Bestimmung und die Rekonstruktion der Stammesgeschichte (Phylogenie) der Lebewesen. Ziel der Taxonomie ist eine (in der Regel) hierarchische Klassifikation dieser Lebewesen. Die Nomenklatur regelt die Namensfindung und Benennung der Organismen. Die Praxis der Artbeschreibung ist für verschiedene Organismengruppen unterschiedlich geregelt.

Grundsätzlich sind aber bestimmte Elemente Teil einer guten Artbeschreibung. Der aus dem Gattungsnamen und dem Artepitheton gebildete Artname sollte eindeutig gewählt sein und einen Bezug zum beschriebenen Organismus aufweisen – oft wird Bezug auf ein bestimmtes Merkmal

Die Methoden der Artbeschreibung verändern sich mit der Entwicklung neuer wissenschaftlicher Methoden. Die Etablierung der PCR und der Sequenzanalyse führte beispielsweise zunehmend zur Nutzung molekularer Daten in Artbeschreibungen. Teilweise werden Arten inzwischen auch ausschließlich aufgrund molekularer Befunde aufgespalten oder neu beschrieben. Für vergleichende Analysen oder Revisionen ergeben sich hieraus viele Schwierigkeiten, da die verschiedenen Artbeschreibungen nicht oder nur teilweise vergleichbar sind. Für die vergleichende Beurteilung verschiedener Artbeschreibungen ist es daher hilfreich, wenn die der Artabgrenzung zugrunde gelegten theoretischen Überlegungen – insbesondere das zugrunde gelegte Artkonzept – im Zusammenhang mit der Artbeschreibung genannt werden.

Viele Arten sind aufgrund neuerer Erkenntnisse neu kombiniert worden, also in andere Gattungen gestellt worden.

oder den Fundort genommen. Die Benennung wird durch die entsprechenden Codes der Nomenklatur geregelt.

Zentrales Element der Artbeschreibung ist die Artdiagnose, also die genaue Beschreibung der neuen Art – besonders unter Angabe von Differenzialkriterien (Unterscheidungsmerkmalen) zu nahe verwandten Arten. Die Artdiagnose enthält meist eine morphologische Beschreibung. In neueren Artbeschreibungen finden sich zunehmend auch DNA-Sequenzdaten. Die Beschreibung geschieht anhand eines Exemplars mit arttypischen Merkmalen. Dieses sollte idealerweise in Forschungssammlungen von Museen oder wissenschaftlichen Institutionen als Holotypus archiviert werden. Ein Bild oder eine Zeichnung von charakteristischen Merkmalen des Holotypus sollte die Artdiagnose in der Publikation begleiten. Häufig wird zusätzlich DNA in DNA-Banken hinterlegt.

Da sich die „alte" Zuordnung aber oft schon eingebürgert hat, finden sich in der Literatur diese Arten oft unter verschiedenen Namen.

Eine ganze Reihe von Arten ist doppelt beschrieben worden. Gründe dafür waren beispielsweise intraspezifische Varianten, die für verschiedene Arten gehalten wurden. Auch die Geschlechter von Arten mit Sexualdimorphismus oder die verschiedenen Generationen von Arten mit Generationswechsel sind zunächst teilweise doppelt beschrieben worden. Aber auch schlichte Unkenntnis einer vorhandenen Beschreibung kann zu Doppelbeschreibungen führen.

Andere Arten sind ungültig beschrieben worden, da die Beschreibung nicht den in der jeweiligen Disziplin geltenden Regeln der Artbeschreibung folgt.

Aus diesen Gründen muss zwischen nominellen Arten, also der Anzahl der Artnamen, und validen Arten, also der Anzahl der realen Einheiten, unterschieden werden.

DNA-Bank: Institution, an der DNA-Proben von Organismen für künftige Untersuchungen hinterlegt werden können
Holotypus: einzelnes Individuum, das bei der Aufstellung einer Art oder Unterart als namenstragender Typus festgelegt wird
intraspezifisch: innerartlich

PCR: (engl.: *Polymerase Chain Reaction* = Polymerasekettenreaktion) Methode zur Vervielfältigung von DNA-Sequenzen
Sexualdimorphismus: (lat.: *sexus* = Geschlecht; griech.: *dimorphos* = zweigestaltig) Unterschiede im Erscheinungsbild, zwischen männlichen und weiblichen Individuen der gleichen Art

Siehe auch: Artkonzept: 3.1.2; taxonomische Auflösung und Biogeographie: 3.1, 3.2.1.6

Chlorella pulchelloides C. Bock, Krienitz et Pröschold, sp. nov. 2011

Diagnosis. Cells colonial, planktonic, with mucilaginous envelope. Colonies 4–32 celled, diameter of colonies 25–35 μm. Adult cells spherical 4.5–6.5 μm, connected via mucilaginous stalks. Young cell oval to ovoid, 3.5–4.5 × 4–6 μm, attached to the stalks at their broader side. Chloroplast single, parietal, cup- or saucer-shaped with ellipsoid to spherical pyrenoid, covered by two starch grains. Reproduction by 2–4 autospores. Release of autospores after rupture of mother cell wall horizontally or slightly obliquely. Differs from other species of this genus by the order of nucleotides in ITS-1 and ITS-2 and the barcoding signatures

> Die wissenschaftlichen Artnamen setzen sich aus Gattungsnamen und Artepitheton zusammen. Zu einer vollständigen Benennung gehören auch die Namen der/des Beschreibers sowie das Jahr der Beschreibung

> Die Artdiagnose sollte die charakteristischen Merkmale der Art darstellen – insbesondere auch im Hinblick auf eine Abgrenzung zu verwandten Arten. Die Artdiagnose muss in der Botanik in Englisch oder Latein, in der Zoologie in einer etablierten Wissenschaftssprache erfolgen

> Artbeschreibungen enthalten zunehmend auch Sequenzdaten, also die sequenzierten Abschnitte bestimmter Markergene. Oft sind dies für die ribosomale RNA codierende DNA-Abschnitte oder weitere als „Barcode" für die jeweilige Organismengruppe etablierte Genabschnitte

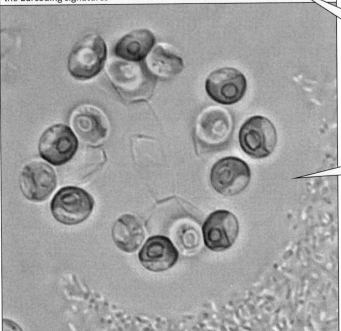

> Zeichnungen oder Fotos der Arten sind – gerade bei kleinen Organismen – oft Teil der Artbeschreibung. Auch hier ist ggf. in der Diagnose festzulegen, welche Abbildung oder welches Individuum den Typ festlegt

Holotype: Material of the authentic strain CCAP 211/118 is cryopreserved at the Culture Collection of Algae and Protozoa, Oban, Scotland.
Isotype: An air-dried as well as a formaldehyde-fixed sample of strain CCAP 211/118 was deposited at the Botanical Museum at Berlin-Dahlem under the designation B40 0040664.
Type locality: Lake Feldberger Haussee, Brandenburg, Germany (53°20'27,35''N; 13°26'10,89''E).
Ethymology: from Latin: *pulchella* = nice
Authentic strain: CCAP 211/118

> In der Regel muss von neu beschriebenen Arten der Typ hinterlegt werden. In welcher Form dies geschieht – beispielsweise als Herbarbeleg, als konservierter Organismus, oder als (kryopräservierte) Lebendkultur – ist je nach Organismengruppe unterschiedlich

> Zu einer vollständigen Artbeschreibung gehören auch Angaben zum Fundort

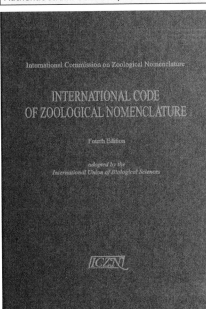

INTERNATIONAL COMMISSION ON ZOOLOGICAL NOMENCLATURE

INTERNATIONAL CODE OF ZOOLOGICAL NOMENCLATURE

Fourth Edition

adopted by the International Union of Biological Sciences

ICZN

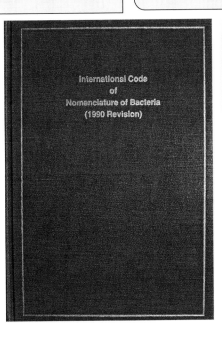

International Code of Nomenclature of Bacteria (1990 Revision)

INTERNATIONAL CODE OF NOMENCLATURE FOR ALGAE, FUNGI, AND PLANTS (MELBOURNE CODE) 2012

Artkonzepte

■ Die Unterscheidung von Arten und das Konzept der Art (Artbegriff) sind zwei unterschiedliche Aspekte, die aber oft miteinander vermischt werden. Gerade diese Vermischung der beiden Aspekte bedingt viele Missverständnisse. Ein gutes Beispiel ist das biologische Artkonzept, das Arten über eine reproduktive Isolation definiert. In der Praxis der Arterkennung wird dieses Kriterium allerdings selten überprüft, die Arterkennung und -unterscheidung geschehen meist aufgrund morphologischer und molekularer Ähnlichkeit.

Das in der Biologie am häufigsten verwendete Artkonzept ist das biologische Artkonzept. Das Kriterium des biologischen Artkonzepts ist die reproduktive Isolation von Arten. Nach diesem Konzept sind Arten Gruppen von tatsächlichen oder möglicherweise verpaarbaren natürlichen Populationen, die in ihrer Fortpflanzung von anderen solchen Gruppen isoliert sind. Da es zwischen vielen Arten zur Bildung von Hybriden kommt, wurde diese Definition dahingehend erweitert, dass nur Nachkommen innerhalb einer Art fertil sind, Nachkommen zwischen Arten aber steril.

Angelehnt an das biologische Artkonzept wird vom Isolationskonzept eine intrinsische reproduktive Isolation verlangt, also eine reproduktive Isolation unabhängig von geographischen Barrieren.

Ebenfalls an das biologische Artkonzept angelehnt, basiert das „Recognition"-Artkonzept auf der Erkennung von Geschlechtspartnern – sei es auf der Ebene der Gameten, der Geschlechtsapparate oder der Individuen.

Im Unterschied zur Biologie, die Arten nur in der Gegenwart (bzw. unter Einbeziehung der jüngsten Vergangenheit) betrachtet, ist in der Paläontologie die erdgeschichtliche Veränderung von Arten relevant. In der Paläontologie sind meist nur morphologische Merkmale der Fossilien vorhanden, in der Biologie können neben morphologischen Merkmalen auch molekulare, verhaltensbiologische und phylogenetische Merkmale einbezogen werden. Daher wird in der Paläontologie meist ein morphologisches Artkonzept verwendet, also eine Abgrenzung von Arten basierend auf morphologischen Unterschieden vorgenommen. Das oft verwendete chronologische Artkonzept basiert auf dem morphologischen Artkonzept, bezieht aber die Variation von Arten über die Zeit mit ein. Genau genommen handelt es sich hier weniger um ein alternatives Artkonzept, als um eine abweichende Praxis der Arterkennung.

Die unterschiedliche Praxis der Artdefinition in der Biologie und der Paläontologie ist daher weniger eine Frage des zugrundeliegenden Artkonzepts, sondern der Möglichkeiten der Artidentifikation.

■ Es gibt eine Vielzahl von Vorschlägen für Artkonzepte. Gemeinsam ist diesen Konzepten in der Regel die Idee der Abgrenzung von (weitgehend) unabhängig voneinander evolvierenden Populationen in einer Metapopulation. Dagegen weichen die verschiedenen Artkonzepte stark in den zur Artdefinition herangezogenen Merkmalen ab.

Typologische Artkonzepte nutzen zur Klassifizierung morphologische, physiologische oder ethologische Eigenschaften der Organismen. Zu den typologischen Artkonzepten gehören das morphologische Artkonzept und das chronologische Artkonzept. Auch das bei Prokaryoten oft angewendete physiologische Artkonzept ist typologisch, bezieht sich aber auf physiologische Merkmale.

Im Gegensatz zu den typologischen Artkonzepten nutzt das biologische Artkonzept die Fortpflanzungsfähigkeit, also eine Eigenschaft, die nur bei lebenden Systemen vorkommt.

Neben dem biologischen Artkonzept und den typologischen Konzepten (morphologisches Artkonzept, chronolo-

gisches Artkonzept, physiologisches Artkonzept) sind vor allem noch evolutionäre bzw. phylogenetische Artkonzepte zu nennen:

Das evolutionäre Artkonzept fordert ein gemeinsames evolutionäres Schicksal mit gemeinsamer evolutionärer Rolle und gemeinsamen Entwicklungen. Ähnlich fordert das phylogenetische Artkonzept eine monophyletische Abstammung. Das genotypische Clusterkonzept geht schließlich von genotypischen Clustern aus, fordert aber lediglich eine niedrige Frequenz von intermediären Formen – nicht das völlige Fehlen solcher intermediären Formen.

Auch das ökologische Artkonzept kann als eine Variante des evolutionären Artkonzeptes aufgefasst werden Es fordert für die Individuen einer Art das Vorkommen in derselben ökologischen Nische oder derselben adaptiven Zone.

---

adaptive Zone: Kombination von Umwelteigenschaften bzw. ökologische Nischen, die von Arten besetzt sind, die dieselben Ressourcen auf eine ähnliche Weise nutzen
horitontaler Gentransfer (HGT): Übertragung von Genen außerhalb der Fortpflanzung, auch zwischen verschiedenen Arten

Metapopulation: Gruppe von mehreren Teilpopulationen, zwischen denen der Genfluss eingeschränkt ist
reproduktive Isolation: Unterbrechung des Genflusses zwischen zwei Populationen. Dies kann z. B. auf geographische Trennung, Inkompatibilität der Geschlechtsorgane oder abweichendes Verhalten zurückzuführen sein

---

■ Siehe auch: ökologische Nische: 3.2.1.2

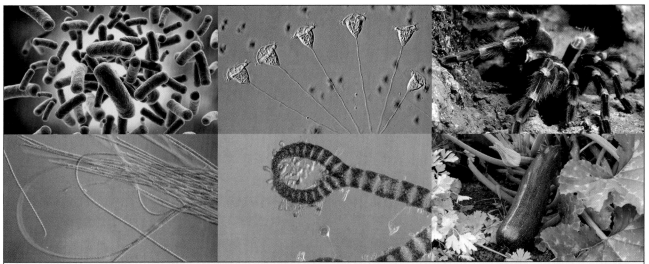

Bei unterschiedlichen Organismengruppen sind die Arten unterschiedlich definiert, es werden teilweise verschiedene Artkonzepte verwendet. Damit ist der Artbegriff für unterschiedliche Organismengruppen möglicherweise verschieden weit gefasst. Die Arten vieler Mikroorganismen umfassen eine genetische Bandbreite, die sich bei höheren Tieren und Pflanzen eher auf der Gattungs- oder Familienebene findet

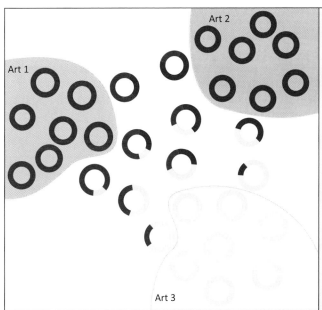

Art 2

Art 1

Art 3

Ein besonderes Problem der Artabgrenzung kann bei Prokaryoten entstehen. Durch horizontalen Gentransfer können Organismen entstehen, die in großen Teilen des Genoms mit jeweils unterschiedlichen Arten übereinstimmen. Diese Organismen würden dann gleichzeitig verschiedenen Arten angehören. Die einfarbigen Ringe stehen in der Abbildung für das Genom eines Individuums. Vermischen sich die Genome mehrerer Arten durch horizontalen Gentransfer, so entstehen „Misch"genome (hier zweifarbig und dreifarbig dargestellt)

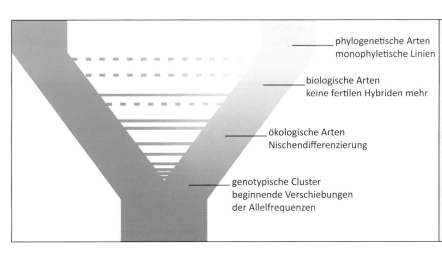

phylogenetische Arten
monophyletische Linien

biologische Arten
keine fertilen Hybriden mehr

ökologische Arten
Nischendifferenzierung

genotypische Cluster
beginnende Verschiebungen
der Allelfrequenzen

Artbildung ist in der Regel ein kontinuierlicher Prozess über einen längeren Zeitraum. Verschiedene Artkonzepte legen unterschiedliche Kriterien für die Abgrenzung einer Art zugrunde. Zum Teil greifen diese an unterschiedlichen stellen der Artbildung. So lassen sich genotypische Cluster oft schon festmachen, wenn der Genfluss zwischen den Teilpopulationen noch hoch ist. Die durch den ökologischen Artbegriff geforderte Nischendifferenzierung erfordert schon eine stärkere Einschränkung des genetischen Austauschs. Zwischen biologischen Arten ist dieser Austausch minimal und zwischen monophyletische Linien findet (theoretisch) kein Austausch mehr statt

Molekulare Diversität: Barcoding und OTUs

◼ Die Bestimmung von Organismen und die Identifizierung von Arten erfordern Expertenwissen und sind sehr zeitaufwendig. Zudem wird zunehmend klar, dass die große Zahl bislang noch nicht beschriebener Arten in absehbarer Zeit nicht zu bearbeiten sein wird. Aus diesen Gründen werden in weltweiten Forschungsverbünden Verfahren entwickelt, um eine Identifikation von Arten über DNA-Sequenzabschnitte zu ermöglichen. Diese Methode wird, abgeleitet von den Barcodes von Produkten in Supermärkten, als DNA-Barcoding bezeichnet.

Für viele Organismen, vor allem aber für Metazoen, wird als Standard ein Abschnitt des Gens der Untereinheit I der Cytochrom-c-Oxidase – oft bezeichnet als COI oder cox1 – verwendet. DNA-Barcoding ist also eine taxonomische Methode zur Artenbestimmung anhand der DNA-Sequenz eines Markergens.

Ein grundsätzlich anderer Ansatz, molekulare Sequenzdaten zur Erfassung von Biodiversität zu verwenden, sind die sogenannten OTUs (*Operational Taxonomic Units*). In molekularen Diversitätsstudien ist in der Regel der größte Teil der gefundenen Sequenzen nicht einer bekannten Art zuzuordnen – stammt also von noch nicht beschriebenen oder zumindest von noch nicht molekular charakterisierten Arten. Von diesen Arten ist dementsprechend unklar, wie sie von verwandten Arten abzugrenzen sind und wie groß die innerartliche Sequenzvariabilität ist.

Die auf der Basis der innerartlichen Sequenzvariabilität festgelegten OTUs sollten idealerweise auch eine Abschätzung des Artenreichtums für unbekannte Sequenzen bzw. für noch nicht beschriebene Arten ermöglichen. Methodische Fehler, insbesondere Sequenzierfehler, sollen natürlich nicht als eigene OTUs gewertet werden. In der Praxis werden OTUs daher meist nicht aus der Sequenzvariabilität zwischen Arten abgeleitet, sondern aufgrund der Fehlerraten der Sequenziertechniken festgelegt. Die so gebildeten OTUs haben daher mit Arten oft wenig zu tun – trotzdem liefern sie ein Maß für die Diversität und erlauben in der Regel auch eine ungefähre Zuordnung der Organismen zu einer Verwandtschaftsgruppe.

◼ Die Grundidee eines einheitlichen Barcodes, also eines eindeutigen Sequenzabschnitts zur Identifizierung von Arten, ist nicht unproblematisch: Zum einen unterliegen auch die für Barcoding genutzten Sequenzabschnitte einer Evolution. Mutationen und damit innerartliche Abweichungen sind auch bei den als Barcodes genutzten Sequenzen häufig. In der Praxis wird für die Abgrenzung von Arten daher häufig das sogenannte „Barcoding-Gap" (Barcoding-Lücke) herangezogen: Die innerartliche Variabilität einer Sequenz sollte sehr viel kleiner sein als die Sequenzabweichung zwischen verschiedenen Arten. In vielen Fällen lässt sich so trotz einer gewissen Sequenzvariabilität ein Barcode für eine Art etablieren.

Ein zweites Problem besteht darin, dass die Sequenzvariabilität eines Gens bei verschiedenen Organismengruppen unterschiedlich ist. Die ursprüngliche Idee eines einheitlichen Barcodes für alle Organismengruppen ist nicht umsetzbar, da ein bestimmtes Gen in einigen Organismengruppen die Arten zuverlässig auflöst, in anderen Gruppen dagegen nicht. In verschiedenen Organismengruppen werden daher unterschiedliche Sequenzabschnitte herangezogen. Bei vielen Metazoen hat sich ein Sequenzabschnitt der Mitochondrien-DNA etabliert, bei Pflanzen dagegen unter anderem Abschnitte der Plastiden-DNA, bei Pilzen die ITS1-Region der ribosomalen DNA (ITS = *intergenic transcribed spacer*) und bei den meisten Protisten ist die Diskussion um geeignete Barcode-Regionen noch im Gange.

In der Praxis der Anwendung ergeben sich weitere Probleme. In vielen Studien zur molekularen Biodiversität werden DNA-Sequenzabschnitte als phylogenetische Marker verwendet – also als Sequenzen, die die phylogenetische Einordnung über die Berechnung phylogenetischer Bäume erlauben sollen. Die Anforderungen an solche phylogenetischen Marker sind aber andere als die an einen Barcode:

Phylogenetische Markergene in Diversitätsstudien sollten idealerweise von hochkonservierten Sequenzabschnitten flankiert werden, damit die eingesetzten Primer eine möglichst große Breite an Organismen erfassen. Auch die Anforderungen an die Sequenzvariabilität dieser phylogenetischen Marker ist eine andere. Die Marker müssen eine Variabilität aufweisen, die über die gesamte betrachtete Gruppe – beispielsweise die Eukarya – eine phylogenetische Zuordnung erlaubt. Die hierfür verwendeten Marker sind daher meist vergleichsweise konservierte Sequenzabschnitte. Ein in molekularen Studien häufig verwendeter phylogenetischer Marker ist die ribosomale RNA der kleinen Untereinheit der Ribosomen, die SSU-rRNA (bei Prokaryoten auch als 16S-rRNA, bei Eukaryoten als 18S-rRNA bezeichnet). Diese Sequenzabschnitte sind aber zu konserviert, um zuverlässig Arten aufzulösen.

16S: die kleine ribosomale Untereinheit von Prokaryoten, sowie von Plastiden und Mitochondrien mit einem Sedimentationskoeffizienten von 16 Svedberg (S)
18S: die kleine ribosomale Untereinheit von Eukaryoten mit einem Sedimentationskoeffizienten von 18 Svedberg (S)
Primer: kurze DNA-Sequenzabschnitte mit komplementär-reverser Sequenz zu einem Zielabschnitt, an den sie binden, und damit als Startpunkt für die Polymerase in der Polymerasekettenreaktion (PCR) dienen
SSU: (engl.: *Small Subunit* = kleine Untereinheit) die kleine Untereinheit der Ribosomen, der Begriff umfasst sowohl die 16S-Untereinheit der prokaryotischen Ribosomen als auch die 18S-Untereinheit der eukaryotischen Ribosomen

◼ Siehe auch: Phylogenetische Stammbäume: 4.1.1.6

Der Begriff „Barcode of life" (BOL) ist an die Idee der Barcodes bei Waren angelehnt: Barcodes sollen eine eindeutige Identifizierung von Organismen auf der Basis von DNA-Sequenzabschnitten erlauben. Sie sollen eine Identifizierung von Arten durch Nicht-Fachleute ermöglichen und idealerweise auch als phylogenetischer Marker eine Zuordnung von Arten zu Sequenzdaten in molekularen Diversitätserhebungen erlauben. Die Anforderungen einer taxonomisch eindeutigen Zuordnung einerseits und der Eignung als phylogenetischer Marker in Diversitätsstudien andererseits – also die Eignung als Marker über weite Organismengruppen hinweg – sind meist nur schlecht vereinbar

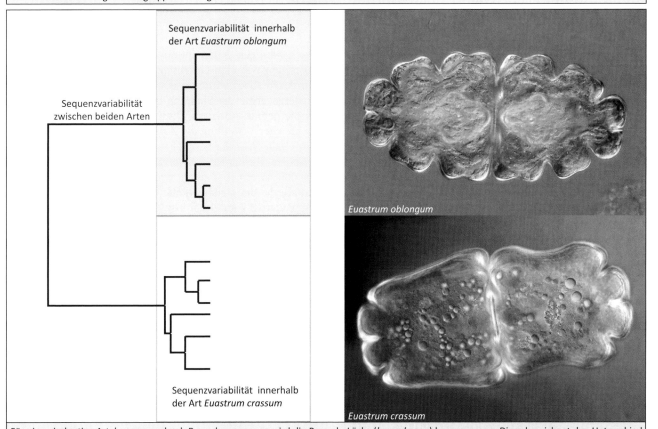

Für eine eindeutige Artabgrenzung durch Barcodesequenzen wird die Barcode-Lücke (*barcode gap*) herangezogen. Diese bezeichnet den Unterschied zwischen innerartlicher und zwischenartlicher Variabilität. Die Unterschiede zwischen Sequenzvarianten sollten dabei innerhalb einer Art deutlich geringer sein als die Unterschiede zu Sequenzen der nächstverwandten Arten. Daraus ergibt sich, dass „gute" Barcodes nur für Organismengruppen etabliert werden können, bei denen der Großteil der Arten bekannt und beschrieben ist (höhere Pflanzen und höhere Tiere)

Biodiversitätsindizes

Biodiversität ist komplex. In der Forschung (erst recht aber für die Kommunikation von Biodiversität in die Öffentlichkeit) ist es daher oft notwendig, die Biodiversität auf eine oder wenige Kennziffern (oder Indizes) herunterzubrechen.

Der Begriff Biodiversität wird oft nicht oder nur unscharf von dem Begriff Artenvielfalt getrennt. Beide Begriffe stehen aber für unterschiedliche Dinge. Die Artenvielfalt bezeichnet die Anzahl von Arten in einem Habitat. Die Verteilung der Arten, deren Dominanzstruktur, wird durch die Artenvielfalt nicht erfasst.

Im allgemeinen Verständnis umfasst Biodiversität beides, die Anzahl vorhandener Arten in einem Habitat (Artenvielfalt oder *species richness* (S)) und das Maß der Gleichverteilung (*evenness* (E)) dieser Arten. Entsprechend haben sich verschiedene Maße und Indizes zur Beschreibung der Biodiversität auf der Basis dieser beiden Maße etabliert. Die absolute Häufigkeit der Arten oder die Gesamtbiomasse fließen dagegen in die gebräuchlichsten Indizes nicht mit ein.

Diversität wird von den verschiedenen Diversitätsindizes in unterschiedlichem Maße einerseits als Funktion der Anzahl von Einheiten (Arten) und andererseits als zunehmenden Grad der Ungleichverteilung der Arten (oder der „Unsicherheit", angelehnt an den Entropie-Begriff der Physik) charakterisiert. Meist geht daher neben der Anzahl von Arten auch die Verteilung dieser Arten in die Berechnung ein.

Mathematisch gesehen sind die meisten Indizes zur Beschreibung von Diversität proportional zu den Summen der Potenzen der relativen Häufigkeiten ($\sum p^q$) der einzelnen Arten (p: relativer Anteil der Art; q: Exponent je nach Index verschieden).

Für den Fall q = 0 ergibt sich die Formel für die Artenvielfalt ($p^0 = 1$, daher $\sum p^0 =$ Summe der Arten), für den Fall q = 2 der Simpson-Index ($\sum p^2$).

Während die Artenvielfalt (Exponent q = 0) die relativen Häufigkeiten gar nicht berücksichtigt – die Arten werden lediglich gezählt bzw. aufsummiert –, wird bei hohen Werten von q (beispielsweise ist beim Simpson-Index der Exponent q = 2) die relative Häufigkeit überproportional gewichtet. Die Indizes unterscheiden sich daher vor allem hinsichtlich der Gewichtung der relativen Häufigkeiten für die Kalkulation der Diversität. Umgekehrt werden seltene Arten bei niedrigem Exponenten (Artenvielfalt) stark übergewichtet,

Der gebräuchlichste Diversitätsindex, der Shannon-Index (H), bezieht beide Komponenten – Artenvielfalt und Gleichverteilung – ein. Der Shannon-Index wird fälschlicherweise auch als Shannon-Wiener-Index oder Shannon-Weaver-Index bezeichnet. Bei gleichverteilten Arten ist der Shannon-Index gleich dem natürlichen Logarithmus der Artenvielfalt (H = ln S). Er ist nicht nach oben begrenzt und kann daher grundsätzlich auch große Werte annehmen.

Der Simpson-Index (D) gibt, ähnlich wie die *Evenness*, Auskunft über die Dominanzverhältnisse und damit die Verteilung von Arten in einem Habitat. Dieser Index liegt zwischen 0 und 1 und drückt die Wahrscheinlichkeit aus, dass zwei zufällig gewählte Individuen einer Population derselben Art angehören. Umgekehrt drückt der daraus abgeleitete Gini-Simpson-Index (1-D) die Wahrscheinlichkeit aus, dass zwei zufällig gewählte Individuen nicht derselben Art angehören. Der Simpson-Index ist weniger anfällig für Verschiebungen der Artenvielfalt als der Shannon-Index.

während sie bei hohen Exponenten (Simpson-Index) stark untergewichtet werden.

Intuitiv wird im biologischen Zusammenhang meist die Anzahl verschiedener Einheiten (Arten) als Grundlage für die Beurteilung von Diversität angesehen: Wenn zwei Gesellschaften eine gleiche Verteilung aufweisen – beispielsweise jeweils alle Arten gleich häufig sind –, sollte demnach die Diversität proportional zur Anzahl der Einheiten (Arten) sein. Beispielsweise würde eine Gesellschaft mit acht gleich häufigen Arten intuitiv meist als doppelt so divers angesehen wie eine Gesellschaft mit nur vier gleich häufigen Arten. Dies wird von der Artenvielfalt (*species richness*) wiedergegeben, der Shannon-Index und der Simpson-Index als die gebräuchlichsten Diversitätsindizes dagegen steigen bei gleicher Verteilung der Arten nicht proportional zur Artenvielfalt. Würden beispielsweise durch einen Meteoriteneinschlag in einer Region von 200.000 Arten die Hälfte (also 100.000 Arten) aussterben, würden diese Indizes sich kaum verändern: Bei gleichverteilten Arten würde der Shannon-Index von 12,2 auf 11,5, also um nur 5,6 %, abnehmen; der Gini-Simpson-Index würde von 0,999995 auf 0,99999, also um nur 0,0005 %, abnehmen. Diese geringfügige Abnahme entspricht nicht den Erwartungen an ein Biodiversitätsmaß.

Dominanzstruktur: Häufigkeitsverteilung (Dominanz) der verschiedenen in einem Habitat vorkommenden Arten

relative Häufigkeit: die Anzahl der Individuen einer bestimmten Art bezogen auf alle in dem Habitat lebenden Individuen aller Arten

Siehe auch: α-, β-, γ-Diversität: 3.1.5

Art	p	ln (p)	p*ln(p)	p²
Elster	3 / 15 = 0,20 (20 %)	ln (0,20) = –1,6	–0,32	0,040
Fasan	2 / 15 = 0,13 (13 %)	ln (0,13) = –2,0	–0,27	0,017
Bienenfresser	2 / 15 = 0,13 (13 %)	ln (0,13) = –2,0	–0,27	0,017
Wiedehopf	2 / 15 = 0,13 (13 %)	ln (0,13) = –2,0	–0,27	0,017
Pirol	2 / 15 = 0,13 (13 %)	ln (0,13) = –2,0	–0,27	0,017
Rotkopfwürger	1 / 15 = 0,07 (7 %)	ln (0,07) = –2,7	–0,19	0,005
Dohle	1 / 15 = 0,07 (7 %)	ln (0,07) = –2,7	–0,19	0,005
Tannenhäher	1 / 15 = 0,07 (7 %)	ln (0,07) = –2,7	–0,19	0,005
Eichelhäher	1 / 15 = 0,07 (7 %)	ln (0,07) = –2,7	–0,19	0,005
Summe	1 (100 %)		–2,16	0,128

Der Shannon-Index (H) ist die negative Summe der Produkte der Anteile der einzelnen Taxa an der Gemeinschaft mit den natürlichen Logarithmen dieser Wertes (hier 2,16)

Der Simpson-Index (D) ist die Summe der Quadrate der relativen Anteile der einzelnen Taxa an der Gemeinschaft (hier 0,128). Häufiger wird der inverse Simpson-Index (1/D, hier 1/0,128 = 7,8) oder der Gini-Simpson-Index (1–D, hier 0,872) verwendet

Berechnung der gängigen Diversitätsindizes: Die hier dargestellte Gesellschaft besteht aus 15 Individuen, die sich auf neun verschiedene Arten verteilen. Die Artenvielfalt (*species richness*) ist dementsprechend 9, der Shannon-Index berechnet sich wie oben dargestellt als 2,16, der Simpson-Index als 0,128

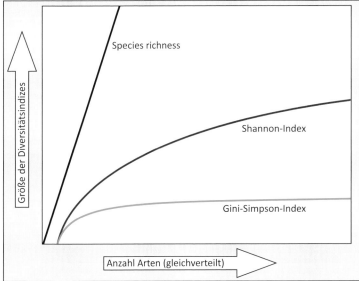

Entwicklung verschiedener Diversitätsindizes mit zunehmender Artenzahl für gleichverteilte Arten: Die Artenvielfalt nimmt proportional mit zunehmender Anzahl an Arten zu. Der Simpson-Index und die davon abgeleiteten Indizes (inverser Simpson-Index, Gini-Simpson-Index) sowie der Shannon-Index nehmen nicht proportional zur Anzahl der Arten zu. Für gleichverteilte Arten entspricht der Shannon-Index dem Logarithmus der Artenvielfalt (ln S), für ungleich verteilte Gesellschaften liegt der Wert darunter. Während *species richness* und Shannon-Index mit zunehmender Diversität zunehmen, nimmt der Simpson-Index mit zunehmender Diversität ab. Daher wird häufiger der inverse Simpson-Index oder der Gini-Simpson-Index verwendet

Einfluss der zunehmenden Ungleichverteilung auf die Biodiversitätsindizes: Beide dargestellten Beispielgesellschaften bestehen aus 15 Individuen, die sich aus drei Arten zusammensetzen. Die Anzahl an verschiedenen Arten (*species richness*), allgemeiner die Vielfalt an Typen oder Einheiten (*richness*) beträgt hier jeweils drei.
Neben der Artenvielfalt fließt in die Beschreibung von Diversität meist auch das Ausmaß der Gleichverteilung (*evenness*) ein. In dem Beispiel links sind die drei Arten gleichverteilt, die *Evenness* daher hoch, in dem Beispiel rechts dominiert die Elster, die *Evenness* ist daher gering.
Die Verteilung der Arten wird durch den Shannon-Index und den Simpson-Index berücksichtigt

Räumliche Verteilung von Biodiversität

Die Beurteilung von Biodiversität bezieht sich immer auf einen bestimmten Raum (Habitat, Region) oder auf den Vergleich zwischen solchen Räumen. Die α-Diversität beschreibt dabei die Diversität eines Habitats, sie wird daher auch als „Punktdiversität" bezeichnet.

Die γ-Diversität beschreibt dagegen die Diversität einer Landschaft und somit ebenfalls die Diversität eines Raumes. Sie ist damit ähnlich der α-Diversität, beschreibt die Diversität aber auf einer größeren räumlichen Skala. α- und γ-Diversität besitzen dieselbe Bedeutungsqualität und können beispielsweise durch eine Zahl wie den Artenreichtum (*species richness*) pro Fläche ausgedrückt werden.

Die β-Diversität beschreibt den Unterschied zwischen α- und γ-Diversität, charakterisiert also den Unterschied zwischen der Diversität eines einzelnen Habitats (charakterisiert durch die α-Diversität) und der Diversität einer gesamten Landschaft (charakterisiert durch die γ-Diversität).

Die (intuitiven) Grundannahmen zur Biodiversität werden von den Diversitätsindizes nur begrenzt widergespiegelt. Zu diesen Annahmen gehört insbesondere, dass bei gleicher Verteilung von Arten die Diversität proportional zur Anzahl der Arten sein sollte – beispielsweise sollte die Diversität in einem Habitat mit gleichverteilten Arten um die Hälfte sinken, wenn die Hälfte dieser Arten ausstirbt. Zudem sollten die verschiedenen Ebenen der Diversität zusammenhängen – je nach Schule wird ein additiver Zusammenhang (α-Diversität + β-Diversität = γ-Diversität) oder ein multiplikatorischer Zusammenhang (α-Diversität × β-Diversität = γ-Diversität) angenommen.

Die meisten Diversitätsindizes erfüllen diesen Zusammenhang nur begrenzt – sowohl der Shannon-Index als auch der Gini-Simpson-Index nehmen bei einem Aussterben von 50 % (gleichverteilter) Arten nur minimal ab – insbesondere

Die β-Diversität ist daher ein von α- und γ-Diversität qualitativ verschiedenes Maß, da sie die Veränderung der Diversität zwischen Habitaten quantifiziert – sie bezeichnet die Variabilität im Vergleich einer einzelnen Einheit zum Gesamten. Während α- und γ-Diversität durch Zählung der Arten und deren Häufigkeiten direkt gemessen werden können, wird die β-Diversität grundsätzlich berechnet.

Für den direkten Vergleich der Diversität von zwei (gleichrangigen) Habitaten wird häufig der Jaccard-Index herangezogen. Dieser berechnet, wie groß die Übereinstimmung des Artinventars zweier Habitate ist. Damit bezieht sich der Jaccard-Index ähnlich wie der Artenreichtum lediglich auf das Vorkommen der Arten, während die Verteilung der Arten bzw. die Dominanzstruktur nicht in den Index einfließen.

Neben dem Vergleich räumlich getrennter Habitate können Jaccard-Index und β-Diversität auch zur Analyse der zeitlichen Entwicklung von Habitaten genutzt werden.

bei artenreichen Gesellschaften. Die kalkulierte β-Diversität als Ausdruck der Veränderung der Diversität wäre also selbst bei einem Massensterben einer solchen Gemeinschaft nur minimal. Ein hilfreiches Werkzeug für den Vergleich von Diversitäten ist die den jeweiligen Indexwerten äquivalente Anzahl gleichverteilter Taxa, also die Anzahl an gleich häufigen Taxa, die den entsprechenden Index ergeben würden. Diese äquivalente Anzahl wird auch als wahre Diversität bezeichnet. Nicht die Diversitätsindizes selbst, sondern deren äquivalente Anzahl (wahre Diversität) besitzen die Eigenschaften, die intuitiv für Veränderungen der Biodiversität erwartet werden. So würden sowohl die aus dem Shannon-Index als auch die aus dem Gini-Simpson-Index berechneten äquivalenten Anzahlen ein solches Aussterbeereignis korrekt reflektieren.

α-Diversität: Punktdiversität, Diversität in einem Habitat
β-Diversität: Unterschied zwischen α- und γ-Diversität, Anteil der γ-Diversität (also der Diversität einer Region), der nicht in der α-Diversität (also der Diversität eines bestimmten Habitats) enthalten ist
γ-Diversität: regionale Diversität; Diversität einer Landschaft

Habitat: Lebensraum einer bestimmten Art
wahre Diversität: bezeichnet die Anzahl Arten, die einem bestimmten Wert eines Biodiversitätsindex entsprechen, wenn alle Arten gleichverteilt (also wenn alle Arten gleich häufig) sind

Siehe auch: Biodiversitätsindizes: 3.1.4

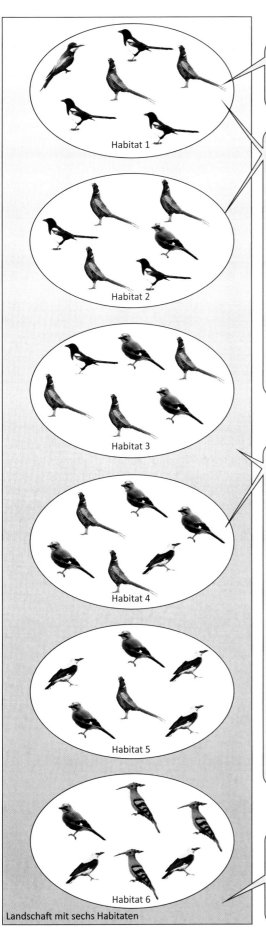

Habitat 1

Habitat 2

Habitat 3

Habitat 4

Habitat 5

Habitat 6

Landschaft mit sechs Habitaten

Die α-Diversität beschreibt die Diversität innerhalb eines Lebensraums. Der gängigste Index zur Beschreibung der α-Diversität ist der Shannon-Index, in den die Artenvielfalt und die Gleichverteilung (*evenness*) dieser Arten einfließen. Die α-Diversität dieses und aller anderen hier dargestellten Habitate ist gleich (drei Arten im Abundanzverhältnis 3:2:1). Der Shannon-Index beträgt jeweils 1,0 und der Gini-Simpson-Index jeweils 0,61

Für den Vergleich der Diversität zwischen zwei Habitaten sind verschiedene Indizes gebräuchlich. Die gebräuchlichsten Indizes beziehen sich dabei auf die Artenvielfalt in den einzelnen Habitaten (hier jeweils drei), die gemeinsam vorkommenden Arten (hier Elster und Fasan) und die nur in einem der Habitate vorkommenden Arten (hier in Habitat 1 der Bienenfresser und in Habitat 2 der Eichelhäher).
Der Sørensen-Index (QS) berechnet sich als QS = 2C / (A+B), wobei A die Anzahl der Arten in Habitat 1, B die Anzahl der Arten in Habitat 2 und C die Anzahl der gemeinsamen Arten ist. In diesem Beispiel ist daher QS = 2×2/(3+3) = 4/6 = 0,66.
Ähnlich berechnet der Jaccard-Index (J) als J = C / (A+B−C). In diesem Beispiel ist daher J = 2 / (3+3−2) = 2 / 4 = 0,5.
Beide Indizes beziehen nur Präsenz-Absenz-Daten ein, wobei der Sørensen-Index die gemeinsamen Arten stärker als der Jaccard-Index gewichtet. Der Renkonen-Index bezieht sich dagegen auf die Dominanzverhältnisse zwischen den Proben. Er summiert für die beiden Proben den jeweils kleineren Wert der relativen Häufigkeiten für alle Arten auf. In diesem Beispiel berechnet sich die Renkonen'sche Zahl R_e = 0,33 (mindestens 33 % Elstern in beiden Habitaten) + 0,33 (mindestens 33 % Fasane in beiden Habitaten) + 0 (Bienenfresser nur in einem Habitat) + 0 (Eichelhäher nur in einem Habitat) = 0,66. Beide Maße werden beispielsweise durch den Wainstein-Index (K_w) als Produkt des Jaccard-Index und des Renkonen-Index verrechnet: K_w = 0,5 × 0,66 = 0,33

Die β-Diversität beschreibt die Diversität zwischen Lebensräumen. Je weniger Arten die betrachteten Lebensräume gemeinsam haben, desto höher ist die β-Diversität. Im ursprünglichen Sinne kann die β-Diversität als Verhältnis der Arten eines Habitates (in diesem Beispiel drei) zur Gesamtartenzahl aller Habitate einer Landschaft (in diesem Beispiel sechs) beschrieben werden. Die so kalkulierte β-Diversität (6/3=2) ist ein theoretisches Maß dafür, wie viele Habitate mittlerer Artenvielfalt ohne überlappende Arten es geben müsste, um die Gesamtartenzahl der Landschaft zu erreichen. In diesem Beispiel wären zwei Habitate mit jeweils drei Arten ausreichend, um die Gesamtdiversität der Landschaft abzudecken, z.B. Fasan, Elster, Bienenfresser (entsprechend Habitat 1) und Wiedehopf, Pirol, Eichelhäher (entsprechend Habitat 6).
Berechnet man die β-Diversität als Differenz der jeweiligen Indizes zwischen γ-Diversität und α-Diversität, ergibt sich für den Shannon-Index ($H_β$= $H_γ$−$H_α$, also $H_β$ =1,6−1,0 = 0,6) eine β-Diversität von 0,6 (entspräche 37 % der γ-Diversität) und für den Gini-Simpson-Index ($D_β$= $D_γ$−$D_α$, also $D_β$=0,78−0,61 = 0,17) eine β-Diversität von 0,03 (entspräche 21 % der γ-Diversität). In beiden Fällen geben diese aus den Indizes berechneten β-Diversitäten die Verschiebung der Biodiversität sehr verzerrt wieder. Berechnet man dagegen die β-Diversität aus den wahren Diversitäten (also aus den dem jeweiligen Indexwert entsprechenden Anzahlen gleichverteilter Taxa), ergibt sich ein anderes Bild: Die wahre Diversität errechnet sich für den Shannon-Index (H) als e^H, für den Gini-Simpson-Index (D) als 1/(1-D). Damit ergibt sich basierend auf dem Shannon-Index die Abschätzung der β-Diversität als ($e^{Hγ}$−$e^{Hα}$)/$e^{Hγ}$ = (5−2,7)/5 = 0,45 (entsprechend 45 % der γ-Diversität) und basierend auf dem Gini-Simpson-Index die Abschätzung der β-Diversität als [1/(1−$D_γ$)− 1/(1−$D_α$)]/[1/(1−$D_γ$)] = (4,6−2,6)/4,6 = 0,44 (entsprechend 44 % der γ-Diversität). Die auf den wahren Diversitäten beruhenden Berechnungen ergeben realistischere Abschätzungen der Verschiebung der Diversitäten als die zugrunde liegenden Indizes

Die γ-Diversität beschreibt die Diversität innerhalb einer Landschaft und integriert die α-Diversitäten der in dieser Landschaft liegenden Lebensräume. Die räumliche Skala für die zu betrachtenden Landschaften ist nicht definiert, ein Vergleich von γ-Diversitäten ist daher meist schwierig. In der Regel wird das Gesamtarteninventar (in diesem Beispiel sechs Arten) zugrunde gelegt, häufige und seltene Arten werden aber je nach Ansatz unterschiedlich gewichtet. Für die γ-Diversität beträgt der Shannon-Index jeweils 1,6 und der Gini-Simpson-Index jeweils 0,78

Grenzen des Artbegriffs: Viren

▉ Viren sind organische Strukturen an der Grenze zum Lebenden. Es handelt sich um nicht-zelluläre Partikel, die eine Wirtszelle infizieren müssen, in der sie sich vermehren. Alle Viren enthalten die für ihren Aufbau notwendige Erbinformation, sie besitzen dagegen keinen eigenen Stoffwechsel und keine eigenständige Replikation. Die Vermehrung von Viren ist daher auf den Stoffwechsel einer Wirtszelle angewiesen.

In ihrer freien Verbreitungsform liegen Viren als Virionen vor, die zur Verbreitung des Virus aus den Wirtszellen ausgeschleust werden. Die Hülle (Capsid) der Virionen besteht meist aus Proteinen oder – wie beim Influenza-Virus – aus Ribonucleoproteinen. Im Innern dieses Capsids befindet sich DNA oder RNA. Bei der Infektion der Wirtszelle dringen die Virionen entweder ganz oder zumindest ihre Nucleinsäure in die Wirtszelle ein. Die infizierte Zelle stirbt in der Regel bei der Freisetzung der neu gebildeten Virionen.

Viren, die Bakterien oder Archaeen infizieren, werden als Bakteriophagen bezeichnet. Je nachdem, ob die DNA der Bakteriophagen einsträngig oder doppelsträngig vorliegt, unterscheidet man zwischen den tendenziell eher größeren ds-DNA-Bakteriophagen (*double stranded* DNA) und den eher kleineren ss-DNA-Bakteriophagen (*single stranded* DNA). Letztere sind meist klein und sphärisch. Zu den kleinsten bekannten Bakteriophagen gehören die RNA-Phagen. Diese bestehen meist aus einer Proteinhülle, die die einsträngige RNA umschließt, und sind meist nur etwa 25 nm groß.

Bisher sind etwa 3.000 Virenarten beschrieben worden, es gibt aber wahrscheinlich mehrere Millionen verschiedener Virenarten. Es ist davon auszugehen, dass zu jeder Eukaryotenart im Durchschnitt ein bis mehrere wirtsspezifische Viren existieren. Die Diversität der Viren und auch deren ökologische Bedeutung sind dementsprechend enorm. In aquatischen Lebensräumen finden sich rund zehn- bis 100-mal mehr Viren als Bakterien – dies entspricht Abundanzen von bis zu über 100 Millionen Virionen pro Milliliter. Im Boden kann die Virenabundanz noch ein bis zwei Größenordnungen höher liegen. Ein bedeutender Teil der Primärproduktion im Meer wird über Virusinfektionen von Phytoplankton direkt in virale Biomasse umgesetzt oder durch Zelllyse als gelöster Kohlenstoff dem mikrobiellen Nahrungsnetz zugeführt.

▉ Viren sind die kleinsten bekannten reproduktiven Einheiten und meist zwischen 15 und mehreren Hundert Nanometern groß. Auch wenn sie einige Merkmale von Leben zeigen, werden sie meist nicht als lebend angesehen. Einige Definitionen des Lebens, wie die der NASA, schließen diese Strukturen aber mit ein. Viren unterliegen der Darwin'schen Evolution, obwohl sie selbst keinen eigenen Stoffwechsel besitzen. Damit zeigen sie eine den (echten) Lebewesen ähnliche Evolution und Aufspaltung in unabhängige phylogenetische Linien. Diese lassen sich ähnlich wie Arten klassifizieren, auch wenn es sich nicht um Arten im traditionellen biologischen Sinne handelt. Für die Beschreibung von phylogenetisch eng verwandten Virenpopulationen behilft man sich daher mit dem Begriff der Quasispezies.

Infektiöse Genome ohne Capsid werden als Viroide bezeichnet – sie bestehen meist aus einem autokatalytischen einzelsträngigen RNA-Molekül (Ribozym). Im Gegensatz zu Viren besitzen Viroide keine zusätzlichen Proteine oder Lipide in Form einer Hülle oder eines Capsids. Viroide sind vorwiegend bei Landpflanzen bekannt, vor allem von verschiedenen Kulturpflanzen, wie Kartoffel, Tomate, Wein und Zitrusfrüchten.

Nicht endgültig geklärt ist die Biologie von Prionen – infektionsauslösenden Proteinen, die beispielsweise an der Auslösung der Creutzfeld-Jakob-Krankheit beteiligt sind.

Quasispezies: die verschiedenen durch Mutation entstandenen Mutationen desselben viralen Genoms in einem Wirt

---

▉ Siehe auch: Archaea: 4.1.2.2; Bacteria: 4.1.2.1; Definition von Leben: 1.3; DNA, RNA: 2.2.1.2

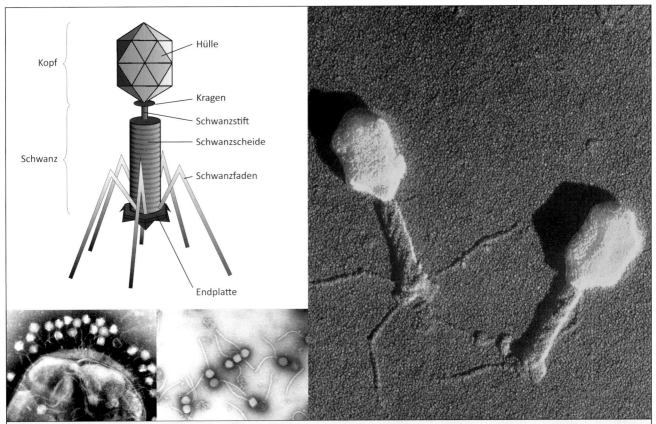

Kopf
- Hülle
- Kragen
- Schwanzstift

Schwanz
- Schwanzscheide
- Schwanzfaden
- Endplatte

Bakteriophagen: Schema (oben) und elektronenmikroskopische Abbildungen verschiedener Phagen

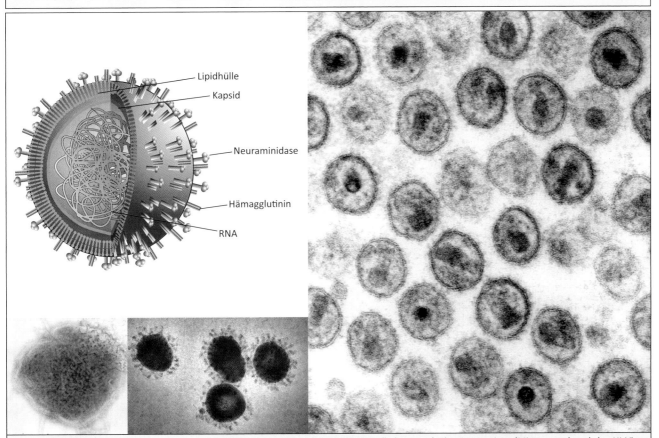

- Lipidhülle
- Kapsid
- Neuraminidase
- Hämagglutinin
- RNA

Viren: Schema (oben) und elektronenmikroskopische Abbildungen des Mumps-Virus (links unten), der Coronaviren (Mitte unten) und des HI-Virus (rechts)

Grenzen des Artbegriffs: Flechten

Flechten stellen eine Symbiose aus einem Mycobionten (Pilz) und einem Photobionten dar. Der Mycobiont gehört meistens zu den Basidiomycota, selten zu den Ascomycota. Der Photobiont kann entweder eine Grünalge (Chlorophyta) sein und wird dann als Phytobiont bezeichnet oder ein Cyanobakterium und wird dann als Cyanobiont bezeichnet. Es sind ca. 25.000 Flechtenarten bekannt.

Eine Flechtenart besteht immer nur aus einer Pilzart, dagegen können mehrere Phytobionten oder Cyanobionten innerhalb einer Flechtenart auftreten. Selten kommen allerdings Phytobionten und Cyanobionten gemeinsam in einer Flechte vor. Die Photobionten können entweder mehr oder weniger verstreut im Thallus liegen (homöomerer Bau) oder weisen einen geschichteten Thallus auf (heteromerer Bau), bei dem die Photobionten auf eine bestimmte Region im Thallus beschränkt sind.

Die Flechten werden immer nach den Mycobionten benannt. Die Photobionten sind auch ohne ihren symbiotischen Partner lebensfähig, während der Mycobiont in der Regel nicht ohne seine Partner vorkommt. Der Mycobiont wird durch den Photobionten mit Kohlenhydraten und anderen Nährstoffen versorgt. Dagegen ist der Vorteil der Symbiose für die Algen bzw. Cyanobakterien weniger eindeutig. Durch den Mycobionten werden diese vor Ultraviolettstrahlung und Austrocknung geschützt. Da die Vorteile der Symbiose deutlich auf der Seite des Mycobionten liegen, geht man hier eher von einem kontrollierten Parasitismus aus.

Die Eigenschaften der Flechte, wie die Wuchsform und die Bildung der charakteristischen Flechtensäuren, unterscheiden sich deutlich von denen der einzelnen Partner, sodass sie als eigenständige „Organismen" erscheinen. Die Flechten werden nach der Wuchsform und der Auflagefläche des Flechtenlagers unterschieden: Krusten-, Strauch-, Gallert- und Laub- oder Blattflechten. Diese Unterteilung entspricht jedoch nicht den Verwandtschaftsverhältnissen.

Die Krustenflechten liegen mit der gesamten Unterseite am Substrat an und sind mit diesem fest verwachsen. Strauchflechten weisen eine schmale Verästelung und besondere Festigungselemente auf. Gallertflechten quellen bei Wasseraufnahme stark auf, im Trockenzustand schrumpfen sie zusammen. Blatt- oder Laubflechten liegen meistens nur lose auf einer Unterlage oder sind mit Haftorganen (z. B. Rhizinen = Hyphenbündel) befestigt. Ihr Thallus ist lappig aufgerichtet.

Flechten besiedeln unterschiedliche Standorte und Materialien wie Baumrinde, Böden und Gesteinsoberflächen. Aufgrund ihrer Toleranz gegenüber Kälte, Hitze und Austrocknung findet man sie auch an extremen Standorten, sowohl in Trockenwüsten als auch in der Antarktis.

Bei der Vermehrung der Flechten erweist sich als besonders schwierig, dass beide Symbiosepartner gleichzeitig verbreitet werden müssen. Hauptsächlich findet die Vermehrung vegetativ statt. Dabei sorgen entweder Thallusbruchstücke oder spezielle Gebilde, die Isidien oder Soredien, für die Vermehrung.

Isidien sind Auswüchse des Thallus (oft stift- oder schuppenförmig), die abbrechen und dann passiv verbreitet werden können. Innerhalb der Isidien befinden sich Photobionten, die von einer aus Hyphen gebildeten Rinde umschlossen sind.

Soredien sind kleine Gebilde, die aus einer bis mehreren Photobionten bestehen und von Hyphen mehr oder weniger dicht umgeben werden. Soredien werden in Soralen gebildet und aktiv vom Thallus abgestoßen und durch den Wind verbreitet.

Nur der Mycobiont kann sich generativ vermehren. Dabei bildet er auf der Oberfläche oder am Rand des Thallus charakteristische Fruchtkörper (Apothecien) mit Sporangien, aus denen Meiosporen freigesetzt werden. Eine asexuelle Vermehrung ist durch Konidien möglich. Eine neue Flechte kann erst entstehen, wenn sich die neuen Hyphen mit entsprechenden Photobionten wieder vereinigen. Dieser Vorgang wird als Lichenisierung bezeichnet.

Thallus: vielzelliger Vegetationskörper von Pflanzen, Algen und Pilzen, der nicht die Organisation eines Kormus (Gliederung in Sprossachse, Wurzel, Blatt) aufweist

---

Siehe auch: Ascomycota: 4.2.2.4; Basidiomycota: 4.2.2.5; Chlorophyta: 4.4.3; Cyanobakterien: 4.1.2.1

Die Färberflechte (*Roccella fuciformis*) ist eine Strauchflechte: Der Thallus ist strauchförmig, die Wachstumszone liegt am Ende der einzelnen Äste. Aus dieser Flechte wird der blauviolette Farbstoff Lackmus gewonnen

Die Landkartenflechte (*Rhizocarpon geographicum*) ist eine Krustenflechte: Der Thallus liegt dicht auf dem Untergrund oder durchwächst diesen. Sie kann ein Alter von bis über 1.000 Jahren erreichen und somit zum Datieren des Rückgangs von Eisbedeckungen (Gletschern) genutzt werden

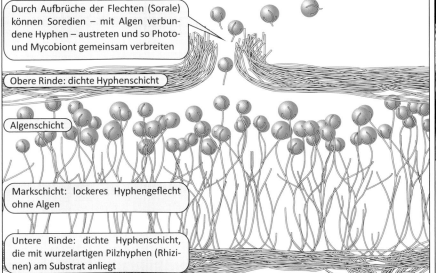

Durch Aufbrüche der Flechten (Sorale) können Soredien – mit Algen verbundene Hyphen – austreten und so Photo- und Mycobiont gemeinsam verbreiten

Obere Rinde: dichte Hyphenschicht

Algenschicht

Markschicht: lockeres Hyphengeflecht ohne Algen

Untere Rinde: dichte Hyphenschicht, die mit wurzelartigen Pilzhyphen (Rhizinen) am Substrat anliegt

Aufbau einer Blattflechte

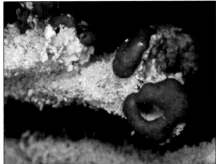

Die Photobionten vermehren sich nur asexuell durch Teilung, während der Mycobiont sich auch sexuell fortpflanzen kann. Bei der sexuellen Fortpflanzung werden Apothecien (oben: Apothecien von *Cladonia* sp.) oder Perithecien ausgebildet, in denen die Pilzsporen entstehen. Beim Auskeimen der Sporen gehen die Pilze eine erneute Symbiose mit geeigneten Photobionten (Phytobionten oder Cyanobionten) ein

Rivularia bullata ist eine Gallertflechte: Als Photobiont der Gallertflechten fungieren Cyanobakterien. Die Flechten quellen bei Befeuchtung gallertartig auf und sind meist schwärzlich bis dunkeloliv gefärbt

Xanthoria ectaneoides ist eine Blattflechte: Sie ist flächig gestaltet (folios) und liegt mehr oder weniger locker auf dem Substrat auf. Der blattartige Wuchs optimiert die Lichtausbeute für die Photosynthese des Photobionten

Verteilung der Biodiversität

Biodiversität ist auf der Erde ganz unterschiedlich verteilt. Dies betrifft die verschiedensten Aspekte der Biodiversität. Die Verteilung von Biodiversität auf der Erde lässt sich im Wesentlichen auf zwei Faktoren(gruppen) zurückführen.

Einerseits sind dies historische Faktoren, zum zweiten sind die Temperatur- und Niederschlagsverteilungen von zentraler Bedeutung. Die Artenvielfalt nimmt grundsätzlich zu den Tropen hin zu. Die vorherrschenden Lebensformen sind wiederum wesentlich über klimatische Faktoren bestimmt, am auffälligsten ist diese Verteilung im Vergleich der biogeographischen Regionen oder Ökoregionen. Verschiedene phylogenetische Gruppen sind in der Regel auf bestimmte Verbreitungsgebiete beschränkt, hier spielen rezente und historische Ausbreitungsbarrieren eine Rolle.

Diese Muster sind besonders ausgeprägt für Landpflanzen und Tiere, inwieweit sich diese Muster aber verallgemeinern lassen, insbesondere im Hinblick auf Kleinstlebewesen, ist noch ungeklärt.

Die historischen Faktoren beziehen sich vor allem auf die Landverbindungen zwischen den Kontinenten und erklären die Verbreitungsmuster auf der Ebene von phylogenetischen Gruppen (Gattungen, Familien, Ordnungen).

Klimatische Faktoren erklären dagegen eher die aktuelle Verteilung der Artenvielfalt und der dominierenden Lebensformen in einer Region: Ist die Wasserverfügbarkeit hoch, kann sich eine reiche Vegetation entwickeln. In Gebieten mit hoher und regelmäßiger Wasserverfügbarkeit dominieren Wälder. Dies ist sowohl in den tropischen Regionen der Fall (tropische Regenwälder) als auch in den feuchteren Bereichen der temperaten Klimazonen (sommergrüne Laubwälder und borealer Nadelwald).

Nimmt die Wasserverfügbarkeit ab, so dominieren zunehmend Grasländer. In den subtropischen und tropischen Bereichen ist dies durch abnehmende Niederschlagsmengen bzw. durch eine starke Saisonalität der Niederschlagsverteilung bedingt. Savannen finden sich in der Übergangszone zwischen immerfeuchten Tropen und den extrem trockenen subtropischen Wüsten.

Auch in den temperaten Bereichen ist eine abnehmende Niederschlagsintensität, beispielsweise im Landesinnern oder im Windschatten von Gebirgen, von zentraler Bedeutung. Hinzu kommt in den temperaten und kühlen Klimaten noch ein der Faktor Temperatur. Während der Frostperioden ist Wasser selbst bei hohen Niederschlagsmengen nicht für die Pflanzen verfügbar.

In Gebieten mit noch geringerer Wasserverfügbarkeit überwiegen dann Wüsten mit geringer oder ganz fehlender Vegetationsbedeckung.

Die klimatischen Bedingungen, aber auch die durch das Klima bedingte vorherrschende Vegetationsform, sind auch für die Verteilung von Tieren von zentraler Bedeutung. So dominieren in den zumindest saisonal trockenen Grasländern einerseits kleine bodenbewohnende Herbivore und andererseits große in Herden wandernde Herbivore. Während die wandernden Großherbivoren den ungünstigen klimatischen Jahreszeiten und der damit verbundenen Nahrungsknappheit durch großräumige Wanderungen ausweichen, überdauern die bodenlebenden kleinen Herbivoren diese Jahreszeit durch Ruhephasen und / oder das Anlegen von Vorräten.

Biodiversität: (Definition des UN-Übereinkommens über die biologische Vielfalt) Variabilität unter lebenden Organismen jeglicher Herkunft, darunter Land-, Meeres- und sonstige aquatische Ökosysteme und die ökologischen Komplexe, zu denen sie gehören. Dies umfasst die Vielfalt innerhalb der Arten (genetische Vielfalt) und zwischen den Arten (Artenvielfalt) und die Vielfalt der Ökosysteme (und entsprechend der Interaktionen darin)
Lebensform: Organisationstypen von Organismen mit ähnlicher Struktur und Lebensweise. Vor allem in der Botanik verwendeter Begriff

Ökoregion (nach WWF): relativ großer Bereich der Erdoberfläche, der nach der potenziellen Zusammensetzung der Arten, der Lebensgemeinschaften und der Umweltbedingungen geographisch abgegrenzt werden kann; ursprünglich ist der Begriff Ökoregion geowissenschaftlich geprägt (wiederkehrendes Muster von Ökosystemen, die mit charakteristischen Kombinationen von Boden und Geländeformen verbunden sind und eine Region charakterisieren)

Siehe auch: Ausbreitungsbarrieren, Inselbiogeographie: 3.2.1.4; Plattentektonik: 2.1.1.2

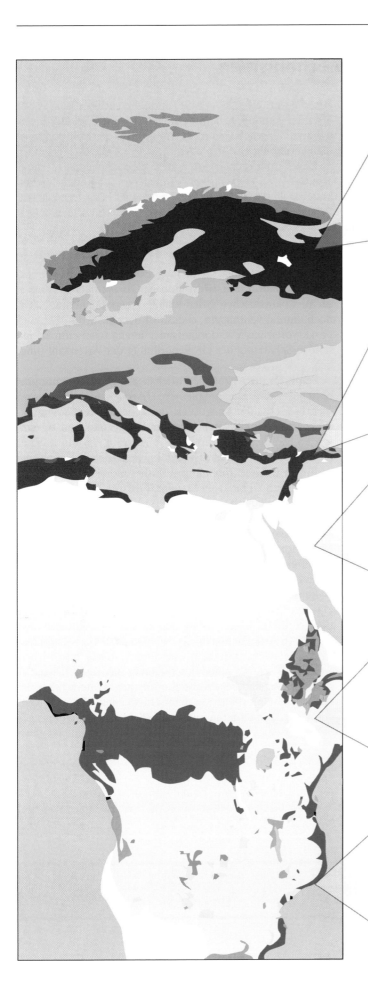

Taiga

mediterranes Biom

Wüste

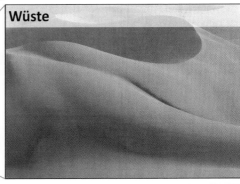

Savanne

Regenwald und Mangrove

Muster und Mechanismen

■ Es gibt rund 2 Millionen beschriebene Arten. Etwa 80% der beschriebenen Arten sind terrestrisch, 20% aquatisch.

Es sind etwa 61.000 Wirbeltiere beschrieben (etwa die Hälfte davon sind Fische), etwa 1.260.000 Invertebraten und etwa 290.000 Landpflanzen. Bei den Pilzen, Protisten und Prokaryoten ist der Stand der Beschreibung deutlich schlechter. Es sind etwa 72.000 Pilze, 78.000 Protisten und 8.000 Prokaryoten beschrieben.

Der weitaus größte Teil der Arten wurde aber bislang noch nicht wissenschaftlich beschrieben. Man geht davon aus, dass etwa 85% der Wirbeltiere beschrieben sind, etwa 65% der Landpflanzen und immerhin rund 25% der Invertebraten. Dagegen sind nicht einmal 10% der Mikroorganismen beschrieben.

Den beschriebenen Arten steht eine geschätzte Gesamtartenzahl von etwa 71.000 Wirbeltieren, 5.500.000 Invertebraten, 444.000 Landpflanzen, 1.500.000 Pilzarten, 800.000 Protistenarten und über 1.000.000 Prokaryotenarten gegenüber.

■ Die Schätzungen der Gesamtzahl aller Arten schwanken zwischen etwa 3,5 und über 100 Millionen Arten. Alle diese Schätzungen basieren auf Extrapolationen der bekannten Artenvielfalt. Ansätze zur Schätzung der Gesamtartenzahl bedienen sich verschiedener Kalkulationen:

Ausgehend von der Anzahl der auf einer Wirtspflanzenart lebenden Insekten lässt sich – wenn die Anzahl der Pflanzenarten ungefähr bekannt ist – abschätzen, wie viele Insektenarten es insgesamt in etwa gibt. Solche Schätzungen setzen aber Kenntnisse über die Wirtsspezifität der Arten voraus, ungenaue Abschätzungen der Wirtsspezifität führen zu stark divergenten Schätzungen.

Andere Ansätze schätzen ausgehend von der Biodiversität von gut untersuchten Regionen die globale Biodiversität. Auf solchen Abschätzungen beruhen beispielsweise die Schätzungen der Pilzarten – ausgehend von der Diversität auf den Britischen Inseln.

Wieder andere Ansätze extrapolieren unter der Annahme, dass die relative Artenvielfalt verschiedener Organismengruppen in verschiedenen geographischen Regionen in einem ähnlichen Verhältnis zueinander steht. Ausgehend von einer gut untersuchten Region und zumindest einer auf globaler Ebene gut untersuchten Organismengruppe lässt sich so die Gesamtartenzahl schätzen.

Ein ganz anderer Ansatz versucht, aus der zeitlichen Entwicklung der Neubeschreibung von Arten abzuschätzen, wie groß der Anteil der noch nicht beschriebenen Arten ist. Abnehmende Zahlen von Neubeschreibungen würden danach andeuten, dass die meisten Arten dieser Organismengruppen beschrieben sind. Durch Extrapolation der Neubeschreibungen ließe sich die Gesamtartenzahl abschätzen.

Die Zahl freilebender höherer Eukaryoten liegt vermutlich zwischen 5 und 10 Millionen, Die weniger gut untersuchten parasitischen Arten könnten diese Schätzung leicht noch einmal verdoppeln, ebenso ist bei eukaryotischen und prokaryotischen Mikroorganismen derzeit nicht einmal eine seriöse Schätzung der Größenordnung der Artenzahl möglich.

Selbst für die Anzahl beschriebener Arten gibt es nur grobe Schätzwerte. Dies hat mehrere Ursachen: viele Arten sind mehrfach beschrieben worden, die so entstandenen Synonyme werden oft eine Zeit lang parallel genutzt und werden erst im Rahmen taxonomischer Revisionen eliminiert. Viele Arten sind wissenschaftlich ungültig beschrieben, umgekehrt ist für viele Artbeschreibungen (insbesondere für ältere, auf im Vergleich zu heutigen Standards unzureichender Methodik beruhende Artbeschreibungen) nicht mehr zu klären, auf welche Arten sich diese Beschreibungen beziehen. Zudem handelt es sich bei vielen Arten um Artkomplexe, also um meist morphologisch sehr ähnliche und (noch) nicht genauer aufgetrennte Arten.

Auch die Tatsache, dass sich die Regeln für eine gültige wissenschaftliche Beschreibung von Arten zwischen den Disziplinen (Zoologie, Botanik, Mikrobiologie) unterscheiden, trägt zu dieser Ungewissheit bei. So sind bei Protisten eine Reihe von Arten unabhängig sowohl nach dem zoologischen Code als auch nach dem botanischen Code beschrieben worden. Auch die einer Beschreibung zugrunde liegenden Artkonzepte sind bei Protisten umstritten. Unterschiedliche Artkonzepte resultieren in unterschiedlichen Abgrenzungen von Arten und damit in unterschiedlichen Beschreibungen.

Extrapolation: näherungsweise Bestimmung von Funktionswerten außerhalb eines Intervalls aufgrund der innerhalb dieses Intervalls bekannten Funktionswerte

---

■ Siehe auch: Entwicklung der Artenvielfalt: 2.3.1

Taxon	Beschriebene Arten	Geschätzte Gesamtartenzahl	
Vertebraten	**60.979**	**71.000**	Die Vielfalt der Vertebraten ist sehr gut untersucht. Über 85 % der Arten sind bereits beschrieben
davon Säugetiere	5.416	5.500	
davon Vögel	9.917	10.000	
davon Reptilien	8.300	10.000	
davon Amphibien	5.743	7.500	
davon Fische	28.900	35.000	

Taxon	Beschriebene Arten	Geschätzte Gesamtartenzahl	
Invertebraten	**1.263.700**	**5.500.000**	Die Artenzahl der Invertebraten, vor allem die der Insekten, ist sehr hoch. Obwohl bereits mehr Insektenarten beschrieben sind als von allen anderen Organismengruppen zusammen, dürfte erst ein Viertel der Arten erfasst worden sein
davon Insekten	950.000	4.000.000	
davon andere Arthropoden	150.000	635.000	
davon Mollusken	70.000	120.000	
davon Nematoden	25.000	500.000	
davon Plathelminthen	20.000	80.000	

Taxon	Beschriebene Arten	Geschätzte Gesamtartenzahl	
Landpflanzen	**289.000**	**444.000**	Die Vielfalt der Landpflanzen ist recht gut untersucht. Rund zwei Drittel der Arten sind bereits beschrieben
davon Moose	16.600	22.000	
davon Farne und Bärlappe	12.838	15.000	
davon Nacktsamer	930	1.000	
davon Bedecktsamer	258.650	320.000	

Taxon	Beschriebene Arten	Geschätzte Gesamtartenzahl	
Flechten	17.000	25.000	Pilze, Protisten (inklusive der Algen), Prokaryoten und Viren sind vergleichsweise schlecht erforscht. Nur wenige Prozent der Arten sind beschrieben. Die geschätzten Gesamtartenzahlen der Mikroorganismen liegen möglicherweise um Größenordnungen zu niedrig. Analysen der molekularen Diversität basierend auf Hochdurchsatzsequenzierung von Umweltproben deuten auf eine enorme Vielfalt dieser Organismen hin
Pilze	72.000	1.500.000	
Protisten	77.540	800.000	
Prokaryoten	7.793	1.000.000	
Viren	2.000	400.000	

Beschriebene Arten
Die weitaus meisten beschriebenen Arten sind Insekten, gefolgt von den bedecktsamigen Landpflanzen. Die Artenzahl der Vertebraten ist gering, die geringen Anteile der anderen Organismengruppen sind weitestgehend auf den schlechten Bearbeitungsstand zurückzuführen

Unbeschriebene Arten (Schätzung)
Der größte Anteil von noch unbeschriebenen Arten entfällt auf Kleinstlebewesen, vor allem auf Protisten, Pilze und Nematoden.
Da sich gerade bei den Protisten sowohl das Artkonzept als auch die Abschätzung der Artenzahlen derzeit im Umbruch befinden, sind die tatsächlichen Anteile dieser Organismen an der unbeschriebenen (unentdeckten) Biodiversität wahrscheinlich noch weitaus höher

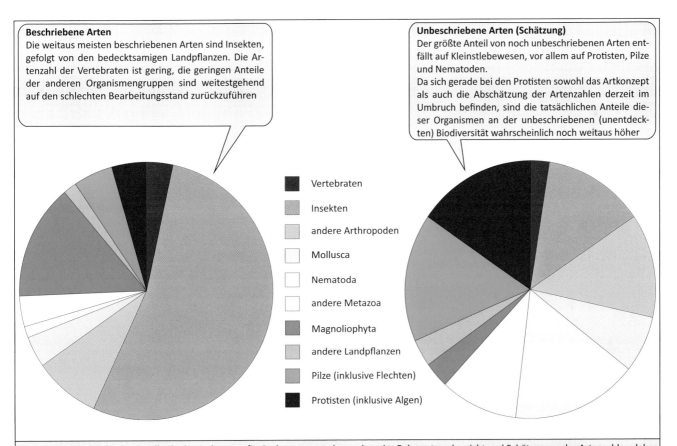

Legende:
- Vertebraten
- Insekten
- andere Arthropoden
- Mollusca
- Nematoda
- andere Metazoa
- Magnoliophyta
- andere Landpflanzen
- Pilze (inklusive Flechten)
- Protisten (inklusive Algen)

Prokaryoten sind nicht dargestellt, da das Artkonzept für Prokaryoten stark von dem der Eukaryoten abweicht und Schätzungen der Artenzahlen daher nur schwer vergleichbar sind. Es ist aber davon auszugehen, das die Artenzahl der Prokaryoten unterschätzt wird und die der Eukaryoten übersteigt

Hotspots der Biodiversität

Biodiversität ist auf der Erde nicht gleichmäßig verteilt. Einige Bereiche haben eine auffällig hohe, andere eine auffällig niedrige Biodiversität. Erstere werden als Biodiversitäts-Hotspots bezeichnet, Letztere als Biodiversitäts-Coldspots.

Diese hohe oder niedrige Biodiversität wird in der Regel allerdings an einer oder wenigen Organismengruppen festgemacht – oft sind dies die Landpflanzen oder verschiedene Wirbeltiergruppen. Bei Pflanzen und Tieren finden sich Bereiche hoher Biodiversität vor allem in einigen tropischen und subtropischen Regionen. Bei Pflanzen weist auch die Südspitze Afrikas eine enorme Diversität mit vielen endemischen Arten auf. Aufgrund der vielen endemischen Arten

wird dieses Gebiet auch als eigenes Florenreich angesehen. Bereits bei diesen Organismengruppen sind die Hotspots beziehungsweise Coldspots der Biodiversität teilweise nicht die gleichen. So weist die Südspitze Afrikas zwar eine auffällig hohe Biodiversität der Pflanzen auf, bei den Vertebraten ist dies aber nicht der Fall.

Die meisten Organismengruppen werden gar nicht erst in die Betrachtungen mit einbezogen – so ist unbekannt, ob die für Pflanzen oder Wirbeltiere identifizierten Biodiversitäts-Hotspots auch bei Pilzen, Protisten oder Prokaryoten eine besonders hohe Biodiversität aufweisen.

Nach der ursprünglichen Definition handelt es sich bei Biodiversitäts-Hotspots um Regionen, in denen eine große Zahl an endemischen Pflanzenarten vorkommt und deren Lebensräume in besonderem Maße bedroht sind. Konkret werden in jüngeren Definitionen eine Anzahl endemischer Gefäßpflanzen von mindestens 1.500 (oder mindestens 0,5 %) und ein Verlust von mindestens 70 % der primären Vegetation zugrunde gelegt. Die meisten Regionen, die diesen Kriterien entsprechen, sind tropische und subtropische Lebensräume. Zusammen umfassen diese Hotspot-Regionen weniger als 2,5 % der Landfläche, beherbergen aber etwa 50 % aller Gefäßpflanzenarten.

Es fällt auf, dass in dieser Definition der Bedrohungsgrad der Organismen eine zentrale Rolle spielt – Biodiversitäts-

Hotspots nach dieser Definition also nicht einfach Gebiete einer hohen Biodiversität sind, sondern Gebiete, in denen besonders viele gefährdete Organismen vorkommen. Die Motivation hinter dieser Definition waren praktische Erwägungen des Artenschutzes: Die Definition zielt darauf ab, mit möglichst geringen Kosten möglichst viele Organismen schützen zu können, also eine Fokussierung damit den Natur- und Artenschutz auf Gebiete mit einer hohen Anzahl an gefährdeten Arten.

Dieser Ansatz ist aus mehreren Gründen umstritten. Einerseits wird eine Biodiversitätserfassung mit dem (politischen) Ziel des kosteneffizienten Artenschutzes kombiniert, andererseits macht diese Definition die Zielregionen an nur wenigen Organismengruppen fest.

---

endemisch: Vorkommen von Organismen in einem bestimmten abgegrenzten Raum

Florenreich: biogeographisches Gebiet, das durch viele endemische Pflanzentaxa gekennzeichnet ist

---

Siehe auch: mediterranes Biom: 3.2.2.8; Regenwald: 3.2.2.11

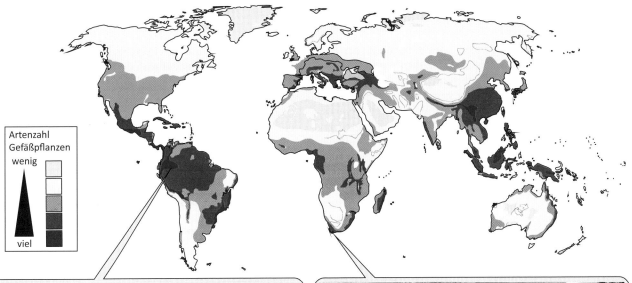

Artenzahl
Gefäßpflanzen
wenig

viel

Die Kapflora ist durch Trockengebiete (Kalahari, Namib) vom restlichen Kontinent isoliert und besitzt viele endemische Pflanzenarten

In den Seen des ostafrikanischen Grabenbruchsystems (hier der Malawisee) entwickelte sich eine hohe Fischdiversität

Die tropischen Regenwälder und insbesondere das Amazonasbecken sind durch eine hohe Diversität und eine Vielzahl endemischer Arten geprägt. Diese hohe Diversität zeigt sich sowohl bei den Tieren als auch bei den Pflanzen

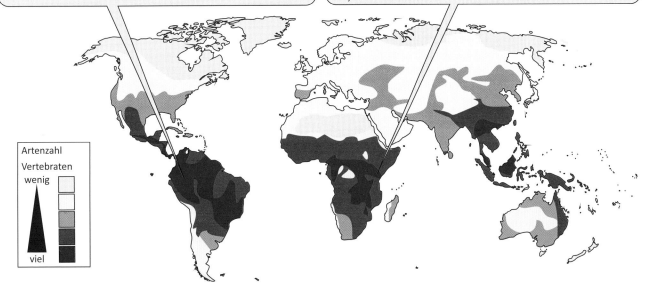

Artenzahl
Vertebraten
wenig

viel

Ökologische Nische

Die Koexistenz vieler Arten – eine Grundlage der Biodiversität – wirft viele Fragen auf. Letztlich nutzen die verschiedenen Arten dieselben Ressourcen und konkurrieren um diese. Damit stellt sich die grundlegende Frage, wie diese Arten überhaupt koexistieren können. Sobald eine der Arten eine Ressource besser nutzen kann als andere Arten, sollte sie diese anderen Arten auskonkurrieren, letztendlich bis zum Aussterben dieser anderen Arten. Auf diesen Überlegungen baut das Konkurrenzausschlussprinzip auf, nach dem in einem Lebensraum zwei Arten mit gleichen ökologischen Ansprüchen nicht miteinander koexistieren können. Die ökologischen Ansprüche einer Art werden auch als die ökologische Nische dieser Art bezeichnet. Vollständige Überlappung der Nischen zweier Arten sollte entsprechend dem Konkurrenzausschlussprinzip zum Aussterben einer der Arten führen.

Die fundamentale Nische bezeichnet die aufgrund der genetischen Variabilität und Reaktionsnorm einer Art theoretische Nische, also den Bereich abiotischer und biotischer Bedingungen, unter denen die Art theoretisch (bzw. im Laborversuch) leben kann. Dagegen bezeichnet die realisierte Nische denjenigen Teil der fundamentalen Nische, der tatsächlich genutzt wird. Konkurrenz mit anderen Arten führt zu einer Verkleinerung der realisierten Nische gegenüber der fundamentalen Nische. Mutualistische Beziehungen können aber auch zu einer Vergrößerung der Nische führen.

Koexistenz von Arten ist dann möglich, wenn verschiedene Arten unterschiedliche Ressourcen verschieden gut nutzen und jede Art bei einer bestimmten Kombination von Umweltfaktoren überlegen, bei einer anderen Kombination aber unterlegen ist. Räumliche Einnischung in Teillebensräume und damit ein räumliches Ausweichen konkurrierender Arten sowie zeitliche Variabilität und saisonale Einnischung ermöglichen Koexistenz von Arten mit ähnlichen ökologischen Ansprüchen im selben Lebensraum. In der Regel sind Arten nur an bestimmte Kombinationen von Umweltfaktoren gut angepasst, biotische Interaktionen modifizieren diese Einnischung weiter. So kann Prädation konkurrenzschwache Arten indirekt fördern, wenn die konkurrenzstärkere Art stärker durch Prädation betroffen ist. Auch kann Prädation die Abundanzen der Beuteorganismen so weit reduzieren, dass es praktisch nicht mehr zu einer Konkurrenz zwischen den Beutearten kommt.

Die offensichtliche Koexistenz vieler Arten in strukturarmen Habitaten – wie beispielsweise vieler Phytoplanktonarten im Plankton eines Sees – steht zunächst im Widerspruch zu den Überlegungen des Nischenkonzepts. Dieser Widerspruch wurde als „Paradox des Planktons" formuliert: Wie können so viele Phytoplanktonarten koexistieren, die alle von denselben Nährstoffen und von Licht abhängen? Zur Erklärung dieses Paradoxons gibt es verschiedene Ansätze: Basierend auf dem Nischenkonzept kann man anführen, dass schlicht nicht genug Faktoren in die Betrachtung einbezogen wurden und die Habitate in einer umfangreicheren Analyse doch sehr viel mehr Nischen aufweisen. Alternativ ist es denkbar, dass schlicht und einfach die Anwesenheit neuer Arten neue Nischen schafft. Schließlich wäre auch denkbar, dass mehrere Arten dieselbe Nische besetzen und in dieser Nische koexistieren.

Die Intermediate-disturbance-Hypothese postuliert eine mittlere Störungshäufigkeit als Grundlage für die Koexistenz vieler Arten: Nach dieser Hypothese wird sich in ungestörten Lebensräumen eine spezialisierte, artenarme Gesellschaft einstellen. Umgekehrt werden bei sehr häufiger Störung – durch Klimaeinflüsse, menschliche Aktivität etc. – nur Arten überleben, die an häufige Störungen und damit an plötzliche starke Schwankungen der Umweltbedingungen angepasst sind. Auch diese Gesellschaften sollten eher artenarm sein. Dagegen sollte sich in Habitaten einer mittleren Störungshäufigkeit eine höhere Diversität einstellen: Arten, die eher an stabile Bedingungen angepasst sind, können bei seltenen Störungen (noch) überleben, umgekehrt können auch Arten, die an Störungen oder Primärsukzessionen angepasst sind, überleben. Eine mäßige Häufigkeit an Störungen schafft eine zeitliche Dynamik der Habitateigenschaften, die jeweils verschiedene Arten fördert. Dabei sind die Bedingungen aber nicht so lange stabil (bzw. so häufig gestört), dass die jeweils schlechter angepassten Arten komplett aussterben.

Ein alternativer, allerdings umstrittener Erklärungsansatz ist die Neutrale Theorie. Die Neutrale Theorie propagiert die mögliche Koexistenz von Arten auch bei vollständig überlappenden Nischen. Nischendifferenzierung und Konkurrenz spielen nach dieser Theorie keine Rolle für die Koexistenz von Arten. Die Abundanzkurven werden dagegen stochastisch erklärt: Artentstehung und das Aussterben von Arten beruhen danach allein auf Zufallsprozessen. Auf der Basis solcher einfachen Modelle können die für viele Habitate typischen Artabundanzkurven mit wenigen häufigen und vielen seltenen Arten modelliert werden. Welche Arten jeweils häufig sind, sollte allerdings rein zufällig sein – die Tatsache, dass bestimmte Arten in vielen verschiedenen (aber ökologisch ähnlichen) Habitaten häufig sind, widerspricht dieser Ansicht. Auch wenn die Neutrale Theorie damit nicht die beobachteten Verteilungsmuster erklären kann, hat sie zur Einführung stochastischer Elemente in die Nischentheorie beigetragen.

Primärsukzession: Vegetationsentwicklung auf unbesiedelten/neu entstandenen Substraten

Reaktionsnorm: Variationsbreite des Phänotyps, die sich aus demselben Genotyp entwickeln kann

---

Siehe auch: Artkonzept: 3.1.2

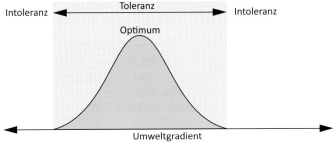

Als fundamentale Nische einer Art bezeichnet man den Bereich eines Umweltgradienten (bzw. unter Berücksichtigung vieler Faktoren den Teil eines Nischenraums), in dem diese Art leben könnte

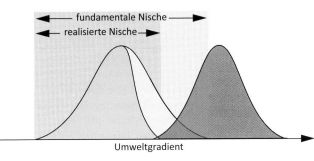

Als realisierte Nische bezeichnet man den Teil der fundamentalen Nische, der in einem bestimmten Ökosystem tatsächlich von der betreffenden Art belegt wird. Durch Überlappung der fundamentalen Nische mit den Nischen anderer Arten wird die realisierte Nische eingeschränkt. Mutualistische Beziehungen können die realisierte Nische aber auch erweitern

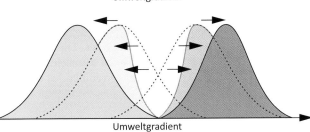

Konkurrenz mit anderen Arten oder auch Konkurrenz zwischen getrennten Populationen derselben Art (bei Artbildungsprozessen) führen zur Nischendifferenzierung. Werden bestimmte Bereiche der fundamentalen Nische durch Konkurrenzbeziehungen nicht genutzt, kann es zu einer Verschiebung der fundamentalen Nische kommen. Die Arten verlieren die Fähigkeit, unter diesen Bedingungen zu leben. Gleichzeitig kann sich die fundamentale Nische in andere Richtungen erweitern

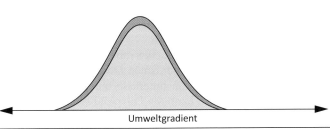

Teilen sich zwei Arten dieselbe ökologische Nische, kommt es zur Nischenüberlappung und damit zur Konkurrenz zwischen den Arten. Dies kann, insbesondere wenn die Arten nicht räumlich ausweichen können, zum Aussterben einer Art führen (Konkurrenzausschluss)

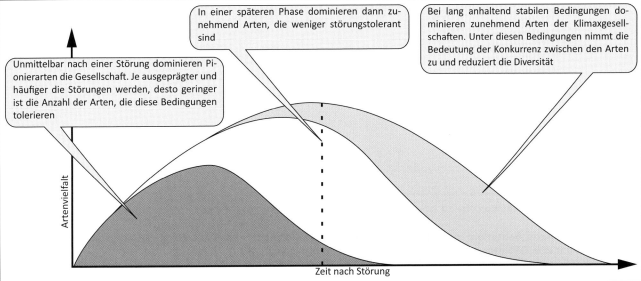

In einer späteren Phase dominieren dann zunehmend Arten, die weniger störungstolerant sind

Bei lang anhaltend stabilen Bedingungen dominieren zunehmend Arten der Klimaxgesellschaften. Unter diesen Bedingungen nimmt die Bedeutung der Konkurrenz zwischen den Arten zu und reduziert die Diversität

Unmittelbar nach einer Störung dominieren Pionierarten die Gesellschaft. Je ausgeprägter und häufiger die Störungen werden, desto geringer ist die Anzahl der Arten, die diese Bedingungen tolerieren

Die höchste Biodiversität wird bei einer mittleren Häufigkeit von Störungen erreicht. Zum einen ist der Einfluss der Störungen dann so gering, dass sich auch Arten, die an stabilere Bedingungen angepasst sind, etablieren können. Zum anderen spielt Konkurrenz noch eine untergeordnete Rolle, sodass auch verschiedene Pionierarten noch überleben können

Mechanismen der Artbildung

Der Artbildung, der Aufspaltung einer Art in zwei neue Arten, geht die Auseinanderentwicklung des Genpools zweier Teilpopulationen der Stammart voraus. Grundsätzlich wird, zumindest bei biologischen Arten, also bei sich sexuell reproduzierenden Arten, genetisches Material zwischen den Individuen einer Population ausgetauscht und rekombiniert. Die Zusammensetzung des Genpools kann sich zwar auf Populationsebene verschieben, bleibt zwischen den Individuen aber homogen durchmischt.

Zur Artbildung kommt es über eine zunehmend getrennte Entwicklung des Genpools von verschiedenen Populationen einer Art. Wenn der Austausch von genetischem Material zwischen verschiedenen Populationen eingeschränkt oder ganz unterbrochen ist, entwickeln sich diese Populationen über Generationen immer weiter auseinander. Über zufällige Mutationen und zum Teil auch adaptive Mutationen sinkt die genetische Übereinstimmung zwischen den Populationen. Die Populationen unterscheiden sich zunehmend auch phänotypisch, also im Aussehen und in ihrem Stoffwechsel. Schließlich sind die Arten entweder durch Inkompatibilität der Geschlechtsorgane oder durch die genetischen Mechanismen der Fortpflanzung (Chromosomenzahl, Meiose) reproduktiv isoliert. Auch eine ökologisch unterschiedliche

Reproduktive Isolation wird über verschiedene Mechanismen, nicht nur über sexuelle Inkompatibilität erreicht. Man unterscheidet grundsätzlich zwischen präzygotischen und postzygotischen Isolationsmechanismen.

Bei den präzygotischen Isolationsmechanismen kommt es nicht zur Befruchtung und damit nicht zur Bildung einer Zygote. Hierzu gehört einerseits die gametische Inkompatibilität, bei der es zwar zur Paarung oder (bei Pflanzen) zur Bestäubung, aber nicht zur Befruchtung kommt. Beispielsweise keimen bei Pflanzen die Pollenschläuche nicht oder nur langsam aus, bei Tieren können die Spermien fehladaptiert sein. Ebenfalls zu den Mechanismen der präzygotischen Isolation gehören die sexuelle Selektion sowie eine räumliche oder zeitliche Nischendifferenzierung.

Einnischung kann, bei zunächst noch bestehender sexueller Kompatibilität, zur reproduktiven Isolation führen.

Grundsätzlich kann es zu einer solchen Einschränkung der Rekombination durch eine räumliche Isolation der Populationen kommen. Die Isolation kann durch geographische Barrieren, wie Meere oder Gebirge, aber auch durch klimatische oder geologische Faktoren oder durch menschliche Eingriffe bedingt sein. Diese Mechanismen der Artbildung durch räumliche Isolation werden als allopatrische Artbildung bezeichnet.

Zur Artbildung kann es aber auch ohne eine räumliche Isolation kommen. Damit sich der Genpool ohne räumliche Isolation auseinanderentwickeln kann, müssen bestimmte Selektionsmechanismen wirken: Die disruptive Selektion selektiert negativ Merkmale, die einer mittleren Merkmalsausprägung entsprechen. Die Formen mit einer extremeren Merkmalsausprägung werden begünstigt. Zu disruptiver Selektion kommt es beispielsweise durch assortative Partnerwahl, also durch Auswahl von Fortpflanzungspartnern, die besonders ähnlich sind. Diese Form der Artbildung wird als sympatrische Artbildung bezeichnet. Die parapatrische Artbildung bezeichnet Mechanismen kurzzeitiger Isolation beziehungsweise Artbildung in getrennten, aber randlich überlappenden Regionen.

Bei den postzygotischen Isolationsmechanismen kommt es noch zur Bildung einer Zygote. Die Hybriden sind aber nicht lebensfähig oder steril. Wenn die Hybriden lebensfähig und fertil sind, kann eine geringere ökologische Fitness als Isolationsmechanismus wirken.

Neben diesen eher graduellen über viele Generationen wirkenden Isolationsmechanismen sind auch Beispiele einer schlagartigen Isolation innerhalb nur einer Generation bekannt. Bei Pflanzen kann die Polyploidisierung, also eine Vermehrung der Chromosomensätze pro Zelle, direkt zur vollständigen reproduktiven Isolation führen. Ähnlich kann bei Insekten beispielsweise die Infektion mit inkompatiblen, endosymbiontischen Bakterien (v. a. der Gattung *Wolbachia*) eine vollständige reproduktive Isolation bedingen.

---

adaptive Mutation: Mutation, die zu einer besseren Anpassung führt
endosymbiontische Bakterien: in anderen Organismen lebende symbiontische Bakterien
Fertilität: Fähigkeit, Nachkommen zu (er)zeugen

Hybriden: (lat.: *hybrida* = Mischling) Nachkommen von Eltern unterschiedlicher Herkunft (Arten)
ökologische Fitness: Anpassung eines Individuums an seine Umwelt
Sterilität: Unfähigkeit, Nachkommen zu (er)zeugen

Siehe auch: Plattentektonik: 2.1.1.2

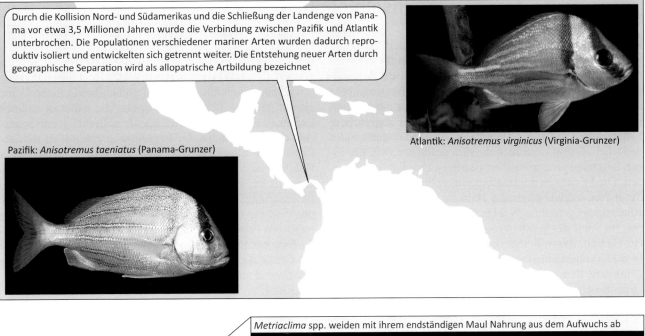

Durch die Kollision Nord- und Südamerikas und die Schließung der Landenge von Panama vor etwa 3,5 Millionen Jahren wurde die Verbindung zwischen Pazifik und Atlantik unterbrochen. Die Populationen verschiedener mariner Arten wurden dadurch reproduktiv isoliert und entwickelten sich getrennt weiter. Die Entstehung neuer Arten durch geographische Separation wird als allopatrische Artbildung bezeichnet

Pazifik: *Anisotremus taeniatus* (Panama-Grunzer)

Atlantik: *Anisotremus virginicus* (Virginia-Grunzer)

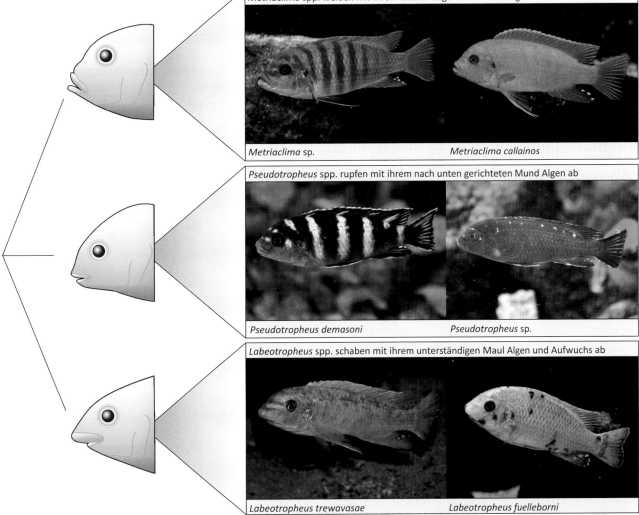

Metriaclima spp. weiden mit ihrem endständigen Maul Nahrung aus dem Aufwuchs ab

Metriaclima sp.   *Metriaclima callainos*

Pseudotropheus spp. rupfen mit ihrem nach unten gerichteten Mund Algen ab

Pseudotropheus demasoni   *Pseudotropheus* sp.

Labeotropheus spp. schaben mit ihrem unterständigen Maul Algen und Aufwuchs ab

Labeotropheus trewavasae   *Labeotropheus fuelleborni*

Die Diversität der Buntbarsche des Malawisees sind in mehreren aufeinanderfolgenden Radiationen entstanden. Bei den an Felsbiotope gebundenen „Mbuna" haben sich Nahrungsspezialisierungen entwickelt, die durch unterschiedliche Mundstellung charakterisiert sind. Innerhalb der Gattungen haben sich in einer weiteren Radiation Arten mit verschiedenen Färbungen entwickelt. Durch assortative Paarung, also sexuelle Selektion, kam es zu sympatrischer Artbildung, also einer Artbildung ohne geographische Trennung der Populationen

Inselbiogeographie

Die Inselbiogeographie beschäftigt sich mit der Bedeutung von Einwanderung und Aussterben von Arten für die Ausbildung einer stabilen Artenvielfalt. Daher ist die Inselbiogeographie nicht auf Inseln beschränkt. Die Biogeographie und der Artenreichtum von Inseln stehen aber naturgemäß im Vordergrund, da Inseln klar gegeneinander abgrenzbare Lebensräume mit klar definierbaren Abständen zueinander darstellen. Damit kann auch die Bedeutung der zwischen ihnen liegenden geographischen Barrieren charakterisiert werden. Die Prinzipien der Inselbiogeographie gelten aber auch für andere inselartig verteilte Habitate, wie Süßwasserseen, voneinander getrennte Wälder, Berggipfel oder Gebirgsstöcke. Im Sinne der Inselbiogeographie ist eine Insel allgemein ein Habitat, das von andersartigen Habitaten umgeben ist. In dieser allgemeineren Definition wird klar, dass die geographische Barriere zwischen zwei „Inseln" für verschiedene Organismengruppen eine ganz unterschiedliche Bedeutung hat. Grundsätzlich gilt dies aber auch bereits für echte Inseln, da beispielsweise Vögel einfacher diese Inseln erreichen können als landlebende Säugetiere oder Reptilien.

Grundsätzlich finden sich auf großen Inseln mehr Arten, als auf kleinen. Ebenso sind Inseln, die nahe an anderen Landmassen liegen, artenreicher als isoliert liegende Inseln. Aus diesen Befunden der Inselbiogeographie lässt sich ableiten, dass allgemein eine gute Vernetzung benachbarter Habitate zu einer höheren Biodiversität beiträgt – diese Erkenntnis hat auch erhebliche Bedeutung für den Arten- und Biotopschutz. In kleinen Nationalparks oder kleinen Biotopen sind die kleinen Populationen stärker gefährdet als die stabileren Populationen größerer Nationalparks oder größerer Biotope. Für einen effektiven Erhalt der Biodiversität ist die Größe der geschützten Habitate und deren Vernetzung – basierend auf den Erkenntnissen der Inselbiogeographie – essenziell.

Der Artenreichtum von Inseln wird wesentlich über die Einwanderung neuer Arten, das Aussterben von Arten sowie durch Artbildungsprozesse geprägt. Die Einwanderungsrate hängt mit der Erreichbarkeit der Insel von anderen besiedelten Habitaten zusammen. Dabei spielen nicht nur die Distanz, sondern auch Faktoren wie Windrichtung und Meeresströmungen eine Rolle. Die Aussterberate der auf einer Insel lebenden Arten nimmt grundsätzlich mit zunehmender Größe der Inseln ab. Je größer die Insel, desto größer können einzelne Habitate sein und desto größer ist in der Regel die Heterogenität der Habitate. Die größere Habitatheterogenität erlaubt mehr Arten mit unterschiedlichen ökologischen Ansprüchen ein Überleben und die größere Habitatfläche erlaubt größere und damit stabilere Populationen. Wenn die Einwanderung von Arten höher ist als das Aussterben von Arten, nimmt die Artenvielfalt zu. Überwiegt das Aussterben die Einwanderung neuer Arten, nimmt die Artenvielfalt ab. Mit der Zeit stellt sich darüber ein Gleichgewicht der Artenvielfalt ein. Dieses Gleichgewicht ist aus den oben genannten Gründen höher, je größer die Insel ist und/oder je näher sie an anderen besiedelten Habitaten liegt. Die kleinen Populationen auf Inseln entwickeln sich zudem getrennt und unabhängig von der Gründerpopulation. Das bekannteste Beispiel für solche durch die Verinselung von Populationen bedingten Radiationen sind die Darwinfinken der Galapagosinseln.

Diese Prinzipien der Inselbiogeographie spielten auch eine Rolle bei der Radiation der frühen Reptilien im Oberkarbon: Mit der abnehmenden Waldbedeckung im obersten Oberkarbon verinselten die Waldbestände mehr und mehr. Durch das zunehmend trockenere Klima nahm die Bedeutung der Amphibien in diesen Wäldern zudem stark ab. Die besser an trockene Bedingungen angepassten Reptilien diversifizierten dagegen.

Aussterberate: Anzahl der Arten, die pro Zeiteinheit (Jahr, Jahrzehnt...) aussterben
Gründerpopulation: meist wenige Individuen einer Art, die eine Region oder einen Lebensraum neu besiedeln und auf die die Gründung der lokalen Population zurückgeht

Habitat: Lebensraum einer bestimmten Art
Radiation: die Auffächerung eines Taxons in viele Linien

Siehe auch: Karbon: 2.3.3.8

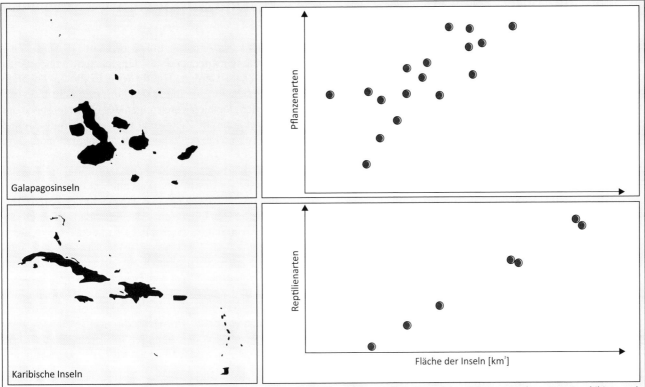

Die Diversität nimmt auf Inseln in der Regel mit der Größe der Inseln zu. Oben: Pflanzendiversität auf den Galapagosinseln, unten: Amphibien- und Reptiliendiversität auf den Karibischen Inseln. Die Diagramme sind jeweils doppelt-logarithmisch dargestellt (nach MacArthur und Wilson 1967)

Die Inselbiogeographie behandelt nicht nur Inseln im eigentlichen Sinne, sondern alle Arten von verinselten Habitattypen, wie Seen, Gebirgszüge, Waldinseln etc. Mit steigendem Artenreichtum einer solchen „Insel" steigt die Aussterberate, die Einwanderungsrate neuer Arten dagegen sinkt (oben rechts). Mit zunehmender Größe der „Insel" und abnehmender Entfernung ähnlicher Habitate verschiebt sich der Gleichgewichtspunkt zwischen Einwanderungs- und Aussterberate in Richtung eines höheren Artenreichtums (unten rechts)

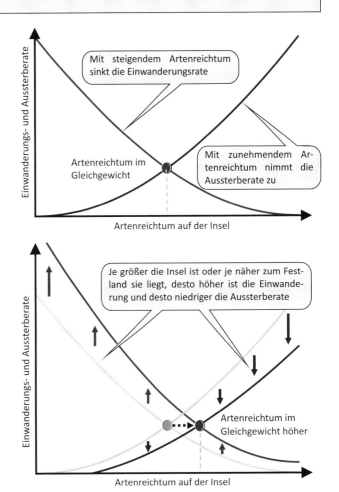

Globale Gradienten der Artenvielfalt

Eines der auffälligsten Muster der Verteilung der Artenvielfalt auf globaler Ebene ist die Abnahme der Artenzahl mit der geographischen Breite. In den niedrigen Breiten (Tropen) ist die Artenzahl sehr hoch, in den hohen Breiten (temperate und polare Zonen) dagegen auffällig niedriger. Vom anthropogenen Standpunkt aus betrachtet erscheint dies zunächst nicht überraschend. Allerdings ist eine Vielzahl von Arten auch an kalte Klimate angepasst und würde in den (vom Menschen als angenehm warm empfundenen) subtropischen und tropischen Klimaten nicht überleben. Die Ursache für die auffällige Häufung von Arten in den warmen Klimazonen ist nicht einfach zu erklären; entsprechend existiert eine Vielzahl von ganz unterschiedlichen Hypothesen zur Erklärung dieser Verteilung. Diese Hypothesen sind auch nur schwer zu testen, da eine unabhängige Überprüfung die Analyse unabhängiger Vergleichssysteme – also anderer erdähnlicher und belebter Planeten – erfordern würde.

Grundsätzlich lassen sich die Hypothesen zur Erklärung dieser latitudinalen Gradienten in zwei Gruppen einteilen: Einige Erklärungsversuche gehen davon aus, dass in den gemäßigten und polaren Klimazonen die Artenzahlen letztlich die der Tropen erreichen können – bislang aber kein Gleichgewicht des Artenreichtums erreicht ist. Diese Theorien können entsprechend als Ungleichgewichtstheorien zusammengefasst werden. Häufig wird in diesen Theorien die Klimageschichte herangezogen, insbesondere die Auswirkungen der glazialen Vereisungen des Quartärs sowie das über lange geologische Zeiträume wärmere Klima während der Evolution und Diversifikation der rezenten Organismengruppen.

Andere Erklärungsversuche dieser latitudinalen Gradienten gehen dagegen davon aus, dass auch in den gemäßigten und polaren Klimazonen ein Gleichgewicht des Artenreichtums erreicht ist, die Obergrenze der Artenzahl aber aus verschiedenen Gründen niedriger liegt als in den Tropen. Diese Theorien werden als Gleichgewichtstheorien zusammengefasst. Sie stützen sich zum einen auf Aspekte der größeren Land- und Wasserflächen in den Tropen im Vergleich zu den gemäßigten und kalten Klimazonen und zum zweiten auf Überlegungen zur Energiebilanz (stärkere Sonneneinstrahlung und damit höhere Primärproduktion in den Tropen) und zur Abhängigkeit der Stabilität von Lebensräumen und Nahrungsnetzen von verschiedenen klimatischen Bedingungen.

Die Argumentation der Ungleichgewichtstheorien geht von einer langsamen (Wieder-)Besiedlung von Klimazonen durch Organismen aus. Damit würden die Anpassung und Verbreitung von Organismen in der jüngeren Erdgeschichte einen Einfluss auf deren heutige Verbreitung haben – die Besiedlung der kühleren Klimazonen wäre nach diesen Vorstellungen ein noch immer ablaufender Prozess: Die meisten Taxa entstanden und diversifizierten unter warmen klimatischen Bedingungen. Erdgeschichtlich leben wir jetzt in einer Kaltzeit, das Klima war früher über lange Zeiträume deutlich wärmer. Die hohen Artenzahlen der Tropen reflektieren möglicherweise nur diesen „Vorsprung" der Anpassung an die klimatischen Verhältnisse. Die Eiszeiten führten zudem zu wiederholten starken Aussterbeereignissen vor allem in den gemäßigten und polaren Regionen. Die geringe Artenzahl in den kühleren Klimaten ließe sich daher auch durch eine noch nicht abgeschlossene postglaziale Wiederbesiedlung dieser Lebensräume erklären.

Für die Gleichgewichtstheorien sollen hier drei Erklärungsansätze angeführt werden: Bedingt durch die Kugelform der Erde nehmen die tropischen und subtropischen Lebensräume mehr Fläche ein. Damit bieten diese Lebensräume potenziell mehr Raum für Organismen und mehr Raum für die Differenzierung von Taxa – der starke Anstieg der Artenzahlen in den Tropen ist allerdings über reine Flächenbeziehungen kaum zu begründen, da auch die temperaten Lebensräume auf der Nordhalbkugel mit großen Landflächen vertreten sind, dies sich aber nicht in der Verteilung der Artenvielfalt widerspiegelt. Ein zweiter Ansatz postuliert, dass das Überleben in den Tropen „einfacher" ist, also weniger spezialisierte Anpassungen erfordert. In den kühleren Klimaten sind dagegen verschiedene spezielle Anpassungen Grundvoraussetzung für ein Überleben der Frostperioden. In den Tropen sind die Anforderungen an Merkmalskombinationen weit weniger restriktiv. Die Wahrscheinlichkeit zu überleben sollte für neu evolvierte Arten mit neuen Merkmalskombinationen daher in warmen Klimaten durchschnittlich höher sein. Im Laufe der Evolution sollten daher mehr Arten entstehen, die an ein Überleben in warmen Klimaten angepasst sind, als Arten, die an ein Überleben in kalten Klimaten angepasst sind. Ein dritter Ansatz postuliert schließlich einen Zusammenhang mit der eingestrahlten Sonnenenergie: In den Tropen steht durch die höhere Sonneneinstrahlung mehr Energie zur Verfügung. Die damit höhere Primärproduktion und höhere Futterverfügbarkeit erlauben eine stärkere Nischendifferenzierung (auf bestimmtes Futter) der höheren trophischen Ebenen und damit mehr koexistierende Arten. Die höhere Spezialisierung der Herbivoren bedingt aber umgekehrt auch eine entsprechend höhere Spezialisierung der Pflanzen. Im Gegensatz dazu erfordern die geringere Primärproduktion und höhere Saisonalität der kühleren Klimate breitere Nischen – somit können weniger Arten koexistieren.

---

latitudinal: entlang zunehmender oder abnehmender geographischer Breite

---

Siehe auch: Eiszeiten: 2.3.5.6; Klima: 3.2.2.1, 3.2.2.2; Plattentektonik: 2.1.1.2

Gleichgewichtstheorien zur Erklärung der Verteilung der Artenzahlen führen oft die Flächenbeziehungen und Sonneneinstrahlung an:

> Die tropischen und subtropischen Lebensräume nehmen mehr Fläche ein – damit bieten sie auch mehr Raum (und Nischen) für mehr Arten. Die großen Landflächen in den temperaten Klimazonen der Nordhalbkugel mit ihren verhältnismäßig niedrigen Artenzahlen passen jedoch nicht zu diesem Erklärungsmodell

> Da die Tropen frostfrei sind und nur sehr geringe jahreszeitliche Schwankungen der Temperatur und Niederschläge aufweisen, sind Anpassungen an Kälte und Trockenheit nicht notwendig. Die Wahrscheinlichkeit für ein (zufälliges) Entstehen von Arten mit Merkmalen, die ein Überleben in den Tropen ermöglichen, ist daher höher

> Die Sonneneinstrahlung in den Tropen ist deutlich höher als in den temperaten und polaren Klimazonen. Damit wird eine höhere Primärproduktion ermöglicht. Das vergleichsweise große Nahrungsangebot kann eine Ursache für eine starke Nischendifferenzierung sein

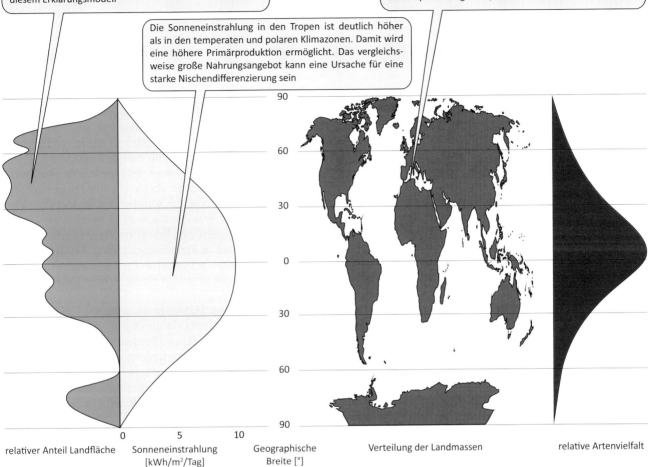

relativer Anteil Landfläche — Sonneneinstrahlung [kWh/m²/Tag] — Geographische Breite [°] — Verteilung der Landmassen — relative Artenvielfalt

Ungleichgewichtstheorien zur Erklärung der Verteilung der Artenzahlen führen oft die Klimabedingungen der jüngeren und älteren Erdgeschichte an:

> Die Glaziale des känozoischen Eiszeitalters führten zum (zumindest regionalen) Aussterben von Taxa der polaren und temperaten Klimazonen

> Sowohl die Angiospermen als auch die heute lebenden Wirbeltiergruppen (vor allem Vögel und Säuger) diversifizierten im Verlaufe des oberen Mesozoikums (Kreide) und des unteren Känozoikums (Paläogen)

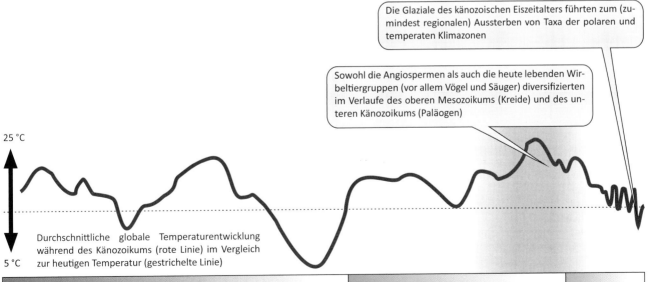

25 °C

Durchschnittliche globale Temperaturentwicklung während des Känozoikums (rote Linie) im Vergleich zur heutigen Temperatur (gestrichelte Linie)

5 °C

Paläozoikum — **Mesozoikum** — **Känozoikum**

Biogeographie von Mikroorganismen

Mikroorganismen sind hinsichtlich ihrer Verbreitung schlecht untersucht – dies gilt sowohl für Prokaryoten als auch für eukaryotische Mikroorganismen. Es ist weitgehend ungeklärt, inwieweit sich die für höhere Organismen etablierten Ideen zur Verbreitung und Biogeographie auf Mikroorganismen übertragen lassen. Verschiedene Hypothesen werden diskutiert. Einerseits wird eine weltweite Verbreitung von Mikroorganismenarten postuliert, diese Idee wurde als *„Everything is everywhere, but, the habitat selects"* (Alles ist überall, aber das Habitat selektiert) schon vor rund 100 Jahren geäußert. Demgegenüber steht die Sichtweise, dass Mikroorganismen durchaus endemische Verbreitungsmuster haben – letztlich also ähnlich wie höhere Eukaryoten verbreitet sind.

Ausgehend von höheren Tieren und Pflanzen nimmt auf einer globalen Basis die Zahl der Arten mit abnehmender Organismengröße zu. Dagegen sind aber nur vergleichsweise wenige Arten von Mikroorganismen beschrieben. Dies wird einerseits als Beleg für eine grundsätzlich weitere Verbreitung von Mikroorganismen gewertet – andererseits reflektiert dieser Befund möglicherweise nur den schlechteren Bearbeitungsstand der Mikroorganismen.

Historisch basiert die Diskussion einerseits auf Funden morphologisch sehr ähnlicher Arten in geographisch weit entfernten Gebieten, andererseits auf falschen Vorstellungen zur Entstehung und Verbreitung dieser Organismen. Erst die Experimente von Pasteur widerlegten die spontane Entstehung von Leben aus Schlamm und verunreinigtem Wasser. Vor Pasteurs Experimenten ging man davon aus, dass niedere Lebensformen jederzeit und überall, wo geeignete Lebensbedingungen herrschten, entstehen konnten. Diese spontane Entstehung von Leben wurde als Abiogenese bezeichnet. Es war eine logische Folge dieser Sichtweise, Mikroorganismen

Die taxonomische Basis für biogeographische Untersuchungen ist für Mikroorganismen umstritten. Ursprünglich gehen Untersuchungen zur Verbreitung von Mikroorganismen auf mikroskopische (und damit morphologische) Befunde zurück. In diesen Untersuchungen sind oft morphologisch ähnliche Arten nicht getrennt worden – die Verbreitungsanalysen beziehen sich daher häufig auf morphologische Artkomplexe und nicht auf die Verbreitung einzelner Arten. Es ist daher gut möglich, dass die einzelnen Arten durchaus geographisch eingeschränkte Verbreitungsgebiete haben. Darüber hinaus sind morphologische Merkmale für viele Gruppen von Mikroorganismen nur begrenzt für eine Artabgrenzung geeignet. Molekulare Analysen ersetzen bzw. ergänzen daher zunehmend die morphologischen Untersuchungen, da sie oft eine höhere phylogenetische Auflösung erlauben. Dies beantwortet aber nicht die Frage nach der geeigneten phylogenetischen Auflösung und dem korrekten Artkonzept.

Nicht zuletzt basiert die Diskussion immer noch auf einer zu geringen Anzahl an Verbreitungsstudien. Verlässliche Daten zur Verbreitung – sei es auf morphologischer oder molekularer Ebene – gibt es nur für einige wenige Taxa.

überall in geeigneten Habitaten zu erwarten – eine Verbreitung war nicht notwendig, da die Organismen de novo in geeigneten Habitaten entstehen könnten. Die Widerlegung der Abiogenese durch Pasteur erforderte eine alternative Erklärung für die angenommenen Verbreitungsmuster von Mikroorganismen – eine weltweite Verbreitung, auch über große geographische Distanzen und geographische Barrieren. Die großen Populationsdichten von Mikroorganismen und deren Kleinheit werden dabei als Argumente angeführt, eine leichte (und häufige) Verbreitung durch Wind und andere Vektoren (Tiere, Wasser, ...) ist als wahrscheinlich anzunehmen.

---

endemisch: Vorkommen von Organismen in einem bestimmten abgegrenzten Raum
Morphologie: Struktur/Aufbau von Organismen; die äußere Gestalt/Form betreffend
Phylogenie: stammesgeschichtliche Entwicklung der Lebewesen und die Entstehung der Arten in der Erdgeschichte

Taxonomie: (griech.: *taxis* = Ordnung, *nomos* = Gesetz, Übereinkunft) (in der Regel hierarchische) Klassifikation von Organismen
ubiquitär: überall verbreitet

Siehe auch: Artkonzept: 3.1.2; Eukaryoten: 4.1.2.3; Prokaryoten: 4.1.2.1

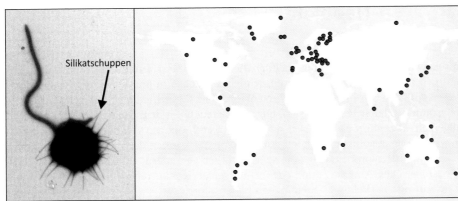

Silikatschuppen

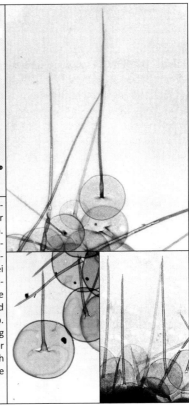

Die Flagellaten der Gattung *Paraphysomonas* (Chrysophyceae) wurden als Beleg für die weltweite Verbreitung von Protisten angeführt (oben links: *Paraphysomonas* sp.; oben rechts: Verbreitungsnachweise dieser Art). Diese Flagellaten besitzen Silikatschuppen, die zur Differenzierung der Arten herangezogen werden. Die Tatsache, dass diese Schuppen weltweit in Habitaten mit ähnlichen physikalischen und chemischen Bedingungen gefunden werden, wurde als Beweis für eine weltweite Verbreitung von Protisten – und Mikroorganismen im Allgemeinen – angeführt. Neuere Untersuchungen stellen jedoch in Frage, ob es sich hierbei tatsächlich um Arten oder vielmehr um Gruppen vieler morphologisch ähnlicher (kryptischer) Arten handelt. So werden die Organismen, die früher der Art *Paraphysomonas vestita* zugeordnet wurden, nun in viele verschiedene Arten eingeteilt. Diese weichen in der Struktur der Schuppen (drei ausgewählte Beispiele sind rechts auf denselben Maßstab vergrößert dargestellt) und auch in molekularen Merkmalen voneinander ab. Die Verbreitungen dieser nun enger gefassten Arten ist jedoch ungeklärt und kann derzeit weder als Beleg für oder gegen eine weltweite Verbreitung angeführt werden. Ebenso wird die Eignung molekularer Marker („barcodes") für die Analyse von Verbreitungsmustern von Mikroorganismen kontrovers diskutiert. Auch hier ist ungeklärt, inwieweit die verwendeten Marker tatsächlich Arten auflösen oder viele verschiedene Arten zusammenfassen

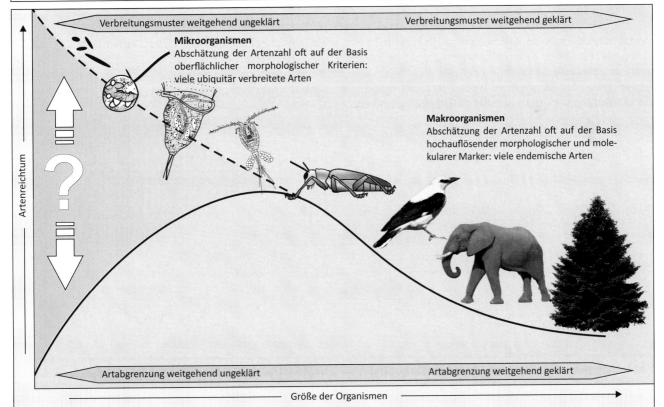

Verbreitungsmuster weitgehend ungeklärt — Verbreitungsmuster weitgehend geklärt

Mikroorganismen
Abschätzung der Artenzahl oft auf der Basis oberflächlicher morphologischer Kriterien: viele ubiquitär verbreitete Arten

Makroorganismen
Abschätzung der Artenzahl oft auf der Basis hochauflösender morphologischer und molekularer Marker: viele endemische Arten

Artenreichtum

Artabgrenzung weitgehend ungeklärt — Artabgrenzung weitgehend geklärt

Größe der Organismen

Die Abschätzung der Artenvielfalt auf globaler Ebene wird als weiteres Argument für die Verbreitung von Protisten verwendet. Für Makroorganismen nimmt mit abnehmender Körpergröße der Organismen die Artenzahl in diesen Organismengruppen zu. Morphologische Analysen legen eine Umkehr dieses Trends für Organismen unter 1 mm Körpergröße nahe. Als mögliche Gründe für diese Trendumkehr wird eine weite geographische Verbreitung dieser Arten – infolge hoher Populationsdichten und damit hoher Verbreitungsraten - angeführt. Wenige Arten besetzen nach dieser Sicht weltweit die Nischen in physikalisch und chemisch ähnlichen Habitaten. Auch diese Abschätzungen der Diversität als Funktion der Körpergröße gehen aber mit zunehmenden Unsicherheiten der Artabgrenzung bei kleineren Organismen einher

Neobiota

■ Neobiota sind Taxa, die sich in einem Gebiet etabliert haben, in dem sie zuvor nicht heimisch waren. In erdgeschichtlichen Zeiträumen gilt dies natürlich für viele Arten – Neobiota sind nach allgemeinem Verständnis erst in jüngerer Vergangenheit in die neuen Lebensräume gelangt. Als Referenzjahr, auch wenn dies nicht allgemein akzeptiert ist, wird oft das Jahr 1492 für die Abgrenzung von Neobiota angeführt: Mit der Entdeckung Amerikas durch Kolumbus intensivierte sich der Austausch von Arten zwischen Amerika und Europa. Zu den wichtigsten Transportmitteln (Vektoren) für Neobiota gehören der Güter- und Personenverkehr, insbesondere der Schiffsverkehr. Das Ballastwasser ist hier ein bedeutender Vektor für die Verschleppung aquatischer Organismen.

Die Besiedlung neuer Lebensräume setzt grundsätzlich voraus, dass die Neobiota sich in den vorhandenen Gemein-schaften erfolgreich durchsetzen, also konkurrenzstark sind. Sie zeichnen sich daher meist durch eine hohe Fortpflanzungsrate, schnelles Wachstum und hohe Anpassungsfähigkeit aus. Neobiota sind somit häufig r-Strategen und Generalisten. Oft sind sie auch mit dem Menschen assoziiert und setzen sich damit in anthropogen veränderten Landschaften schnell durch. Neobiota können die Zusammensetzung der Biozönose beträchtlich verändern, zum Beispiel durch Prädation oder als Folge von Konkurrenzdruck. Neobiota, die in ihrem neuen Lebensraum bereits heimische Arten verdrängt haben, werden als „invasive Arten" bezeichnet. Solche invasiven Arten gehören nach Habitatfragmentierung zu den wichtigsten Faktoren für das gegenwärtige Aussterben von Arten.

■ Der Zusammenhang zwischen vorhandener Artenvielfalt und der Anfälligkeit für die Etablierung von Neobiota und invasiven Arten ist komplex. Auf einzelne Habitate bezogen scheinen Habitate mit einer hohen Artenvielfalt weniger anfällig für invasive Arten zu sein. In solchen Habitaten ist die Konkurrenz um Ressourcen in der Regel hoch, neu einwandernde Arten können sich daher nur schwer etablieren. Auf der anderen Seite zeigt sich für größere Ökosysteme eher ein umgekehrter Zusammenhang: Der Anteil invasiver Arten nimmt mit zunehmender Artenvielfalt zu. In größeren Systemen deutet eine hohe Artenvielfalt entweder auf eine erhöhte Ressourcenverfügbarkeit hin oder auf eine hohe innere Heterogenität des Ökosystems. Beide Faktoren begünstigen die Etablierung von Arten. Gestörte Ökosysteme sind ebenfalls anfällig für die Etablierung neuer Arten, da der Konkurrenzdruck nach einer Störung geringer ist. Dies erklärt auch, warum in vielen anthropogen beeinflussten Habitaten invasive Arten eine große Bedeutung haben.

Einige der bedeutendsten Neobiota können trotz weiter Verbreitung und großem ökonomischen Schaden nicht als invasive Arten angesprochen werden. Ein Beispiel ist die Reblaus, die sich weltweit in Weinanbaugebieten etablierte. Die Ausbreitung dieser Art erfolgte langsam, zudem ist ein starker negativer Effekt dieser Art nur in Monokulturen einer Pflanzenart (Wein) festzustellen. Ein Einfluss auf die Biodiversität der neu besiedelten Lebensräume ist dagegen schwach oder nicht vorhanden.

---

anthropogen: (griech.: *anthropos* = Mensch, *gen* = entstehend) vom Menschen verursacht, beeinflusst, hergestellt
Ballastwasser: von (ohne Ladung fahrenden) Schiffen aus Gründen der Statik mitgeführtes Wasser
Generalisten: Organismen, die unter verschiedenen Bedingungen überleben können

Habitat: Lebensraum einer bestimmten Art
Habitatfragmentierung: Prozess der Verinselung von Habitaten
r-Strategen: Arten, die in eine hohe Fortpflanzungs- oder Wachstumsrate (r) investieren

■ Siehe auch: Verteilung der Artenvielfalt: 3.2.1.5

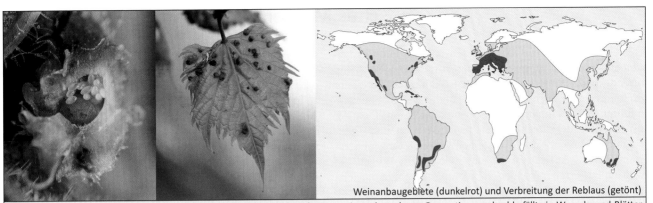

Weinanbaugebiete (dunkelrot) und Verbreitung der Reblaus (getönt)

Die Reblaus (*Viteus vitifoliae*) ist ein bedeutender Schädling des Weinbaus. In einem komplexen Generationswechsel befällt sie Wurzeln und Blätter des Weines (*Vitis vinifera*). Aus dem Ursprungsgebiet der Reblaus im Nordosten der USA verbreitete sich die Reblaus um 1860 in die europäischen Weinbaugebiete und kommt heute weltweit, vor allem in Weinanbaugebieten vor. Da die Ausbreitung langsam erfolgte und nur Monokulturen einer außerhalb ihres natürlichen Verbreitungsgebiets kultivierten Pflanze betrifft, kann die Reblaus – im Gegensatz zum allgemeinen Sprachgebrauch – nicht als invasiv bezeichnet werden

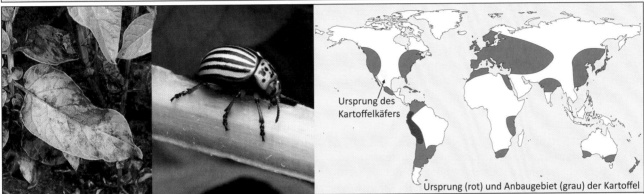

Ursprung des Kartoffelkäfers

Ursprung (rot) und Anbaugebiet (grau) der Kartoffel

Im Zuge der Kultivierung der Kartoffel breiten sich auch die Kartoffelfäule (links: Blätter einer von *Phytophtora infestans* befallenen Kartoffel) und der Kartoffelkäfer (Mitte: *Leptinotarsa decemlineata*) weltweit aus. Der Ursprung des Kartoffelkäfers liegt in den südwestlichen USA, der Ursprung von *Phytophtora infestans* ist unklar – der erste dokumentierte Ausbruch ist aus dem Jahre 1843 aus den östlichen USA bekannt. Nach der Verschleppung durch infiziertes Saatgut nach Europa lösten die durch *P. infestans* verursachten Ernteschäden die große irische Hungersnot (1845–1853) aus

Zebramuschel (*Dreissena polymorpha*)

Die Zebramuschel (*Dreissena polymorpha*) stammt aus dem Bereich des Schwarzen Meeres und breitete sich im 19. und frühen 20. Jahrhundert über große Teile Europas aus. 1986 wurde *D. polymorpha* erstmals im nordamerikanischen Lake St. Clair nachgewiesen und erreichte bis 1990 die Großen Seen. Bis 1995 besiedelte die Muschel zunächst den Osten und bis 2010 auch zentrale und westliche Teile Nordamerikas

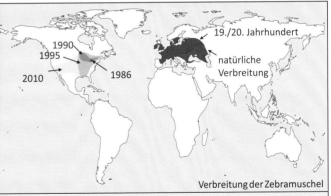

19./20. Jahrhundert

1990
1995

1986

2010

natürliche Verbreitung

Verbreitung der Zebramuschel

Die Ausbreitung der Zebramuschel verändert die limnischen Ökosysteme und wirkt sich auf Interaktionen anderer Organismen aus. Ein Beispiel ist die Fortpflanzungsbiologie des Bitterlings: Das Weibchen legt mit einer Legeröhre Eier in den Kiemenraum von großen Süßwassermuscheln wie der Malermuschel. Dort entwickeln sich die Jungfische und verlassen die Muschel nach einigen Wochen. Sind die Schalen dieser Großmuscheln durch die Zebramuschel besiedelt, gelangen die Eier des Bitterlings nicht mehr in die Kiemenhöhle, der Bruterfolg ist damit gefährdet

Malermuschel (*Unio pictorum*)

Bitterling (*Rhodeus amarus*)

Känozoisches Massensterben

Nicht nur im Verlauf der früheren und mittleren Erdgeschichte, auch im jüngeren Känozoikum sind viele Arten ausgestorben. Die Ursachen sind teils klimatisch, zu einem großen Teil aber auch auf menschliche Einwirkung zurückzuführen. Die klimatischen Schwankungen im Quartär, insbesondere der Wechsel zwischen Glazialen und Interglazialen, fallen mit dem Aussterben vieler Organismen zusammen. Das Aussterben vor allem vieler Großsäuger (der Megafauna) erreichte seinen Höhepunkt am Ende der letzten Vereisung vor rund 11.000 Jahren. Sowohl vorwiegend an die Bedingungen der Kaltzeiten angepasste Großsäuger, unter anderem Mammut (*Mammuthus primigenius*) und Wollnashorn (*Coelodonta antiquitatis*), als auch an die Bedingungen der Warmzeiten angepasste Großsäuger, unter anderem Waldelefant (*Elephas antiquus*) und Waldnashorn (*Dicerorhinus kirchbergensis*), starben in dieser Phase aus. Ebenso verschwanden viele Beutegreifer, wie die Säbelzahnkatzen (*Homotherium* spp., *Smilodon* spp.). Die Zeit dieser Aussterbewelle korreliert in etwa mit dem Auftreten und der Ausbreitung des modernen Menschen. Es ist bislang ungeklärt, inwieweit die Ausbreitung des Menschen ursächlich für diese Aussterbewelle war. Alternativ kommen die klimatischen Schwankungen und die damit verbundenen Verschiebungen der Habitateigenschaften in Frage.

In jüngerer Vergangenheit ist der Bezug zur menschlichen Aktivität klarer. Einige Arten wurden gezielt ausgerottet – der tasmanische Beutelwolf ist nur ein Beispiel. Andere Arten wurden durch eingeführte Neobiota ausgelöscht. Das bekannteste Beispiel ist der um 1690 auf Mauritius ausgestorbene Dodo (*Raphus cucullatus*) – die Gelege dieses flugunfähigen Riesenvogels wurden durch eingeführte Ratten und verwildertes Nutzvieh gefressen bzw. zerstört. Zahlreiche Arten sind derzeit akut vom Aussterben bedroht. Es ist zu befürchten, dass viele dieser Arten tatsächlich in den kommenden Jahrzehnten aussterben werden. Für einige dieser Arten, die im Fokus nationaler und internationaler Schutzmaßnahmen stehen, kann der Zeitpunkt des Aussterbens hinausgezögert werden – so wie beispielsweise durch massive Schutzmaßnahmen eine kleine Population des Sumatranashorns erhalten wird. Inwieweit diese Maßnahmen diese Arten nachhaltig vor dem Aussterben zu schützen vermögen, ist unklar.

Im Laufe der Evolution des Lebens auf der Erde sind geschätzt mindestens 4 Milliarden Arten entstanden – über 99 % dieser Arten sind bereits ausgestorben. Die rezente Biodiversität macht nur einen kleinen Teil der auf der Erde entstandenen Diversität aus. Obwohl das Aussterben von Arten somit in erdgeschichtlichen Zeiträumen als normal angesehen werden muss, kam es nur selten zu Massensterben. Ein Massensterben im paläontologischen Sinn wird dadurch charakterisiert, dass das Aussterben von Arten gegenüber der Entstehung neuer Arten so stark überwiegt, dass es zu einem Einbruch der Artenvielfalt um 75 % oder mehr innerhalb von geologisch kurzen Zeiträumen (weniger als ca. 2 Millionen Jahren) kommt. Zwei der großen Massensterben – der „Big five" – sind streng genommen keine Massensterben (devonisches und triassisches Massensterben), sondern lediglich massive Verarmungen des Artenreichtums (die Aussterberate lag im Rahmen der normalen Hintergrundrate, aber die Artbildungsrate ging stark zurück).

Die großen erdgeschichtlichen Massensterben fielen meist mit starken klimatischen, atmosphärischen und ökologischen Umwälzungen zusammen. Die Überlagerung verschiedener Stressoren war vermutlich ursächlich mit der Stärke des Massensterbens verknüpft. Auch im jetzigen känozoischen Eiszeitalter (Quartär) sind die Organismengemeinschaften durch den Wechsel von Glazialen und Interglazialen einem erhöhten klimatischen Stress ausgesetzt. Durch den derzeitigen Anstieg der Kohlendioxidkonzentrationen, die Habitatfragmentierung, die Zunahme von Neobiota und die Zunahme von Schadstoffkonzentrationen wird der Stresslevel weit über das Niveau erhöht, dem die Organismengesellschaften in der Vergangenheit ausgesetzt waren. Die Rahmenbedingungen für ein Massensterben dürften damit gegeben sein.

Es werden zunehmend in der aktuellen Zeit ausgestorbene und vom Aussterben bedrohte Arten dokumentiert. Die dokumentierte Anzahl ist sicherlich eine starke Unterschätzung, da die meisten Arten noch nicht formal beschrieben sind. Die aktuellen Aussterberaten liegen bereits deutlich höher, als die Aussterberaten während einiger der großen erdgeschichtlichen Aussterbewellen. Die Anzahl der tatsächlich ausgestorbenen Arten liegt derzeit jedoch noch deutlich unter denen der erdgeschichtlichen Massensterben. Bezieht man allerdings die vom Aussterben bedrohten Arten und die gefährdeten Arten in die Überlegungen ein, ist es durchaus wahrscheinlich, dass in wenigen Hundert Jahren das derzeitige Artensterben die Ausmaße der erdgeschichtlichen Massensterben erreicht.

Glazial: (lat.: *glacies* = Eis) Kaltzeit
Habitatfragmentierung: Prozess der Verinselung von Habitaten
Interglazial: Zwischeneiszeit. Wärmerer Zeitraum zwischen zwei Vereisungsperioden
Känozoikum: die jüngste Ära der Erdgeschichte (umfasst die letzten 66 Millionen Jahre)

Megafauna: die aus sehr großwüchsigen Arten bestehende Säugetierfauna des Neogens und des älteren Quartärs
Paläontologie: (griech.: *palaios* = alt, *logos* = Kunde) Erforschung von Lebewesen vergangener Erdzeitalter
Quartär: das jüngste, bis heute andauernde System der Erdgeschichte, umfasst die letzten 2,588 Millionen Jahre
rezent: (lat.: *recens* = soeben, kürzlich) gegenwärtig

Siehe auch: Eiszeit: 2.3.1.1, 2.3.5.6; Känozoikum: 2.3.5; Massensterben: 2.3.1; Neobiota: 3.2.1.7; Quartär: 2.3.5.5

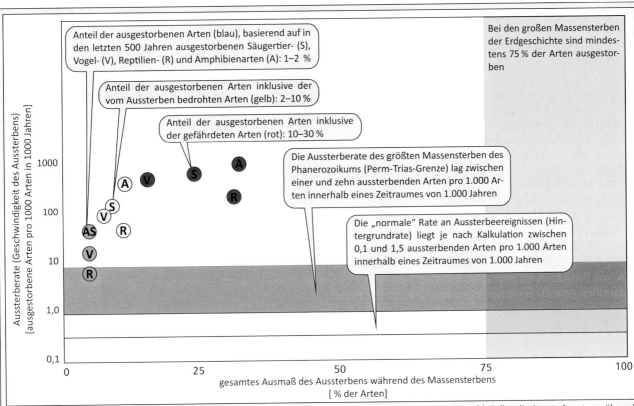

Anteil der ausgestorbenen Arten (blau), basierend auf in den letzten 500 Jahren ausgestorbenen Säugertier- (S), Vogel- (V), Reptilien- (R) und Amphibienarten (A): 1–2 %

Anteil der ausgestorbenen Arten inklusive der vom Aussterben bedrohten Arten (gelb): 2–10 %

Anteil der ausgestorbenen Arten inklusive der gefährdeten Arten (rot): 10–30 %

Die Aussterberate des größten Massensterben des Phanerozoikums (Perm-Trias-Grenze) lag zwischen einer und zehn aussterbenden Arten pro 1.000 Arten innerhalb eines Zeitraumes von 1.000 Jahren

Die „normale" Rate an Aussterbeereignissen (Hintergrundrate) liegt je nach Kalkulation zwischen 0,1 und 1,5 aussterbenden Arten pro 1.000 Arten innerhalb eines Zeitraumes von 1.000 Jahren

Bei den großen Massensterben der Erdgeschichte sind mindestens 75 % der Arten ausgestorben

y-Achse: Aussterberate (Geschwindigkeit des Aussterbens) [ausgestorbene Arten pro 1000 Arten in 1000 Jahren]

x-Achse: gesamtes Ausmaß des Aussterbens während des Massensterbens [% der Arten]

Die aktuelle Aussterberate ist deutlich höher als die Hintergrundaussterberaten der Erdgeschichte (gelber Bereich). Selbst die Aussterberaten während des größten Massensterbens des Phanerozoikums (Perm-Trias-Grenze) liegen deutlich unter den heutigen Raten. Der Anteil der bislang ausgestorbenen Arten liegt zwar noch recht niedrig (blauer Punkt), zieht man ein mögliches Aussterben der vom Aussterben bedrohten (gelbe Punkte) und der gefährdeten Arten (rote Punkte) in die Kalkulation ein, entspricht dies einem Aussterben von über 30 % der Arten in naher Zukunft

Klimawandel und Habitatverluste sind Faktoren, die das gegenwärtige Artensterben beschleunigen. Beispiele sind die Korallenbleiche (links) und Rückgang der Gletscher (z. B. Briksdalengletscher, Norwegen 2003 (Mitte) und 2008 (rechts))

Die Säbelzahnkatzen (links: *Smilodon* sp.) sind wie viele andere Großsäuger am Ende der letzten Kaltzeit ausgestorben. Der tasmanische Beutelwolf (Mitte: *Thylacinus cynocephalus*) war in Tasmanien weit verbreitet, wurde aber nach Einführung der Schafhaltung stark bejagt und um 1930 ausgerottet. Das letzte Tier starb im Zoo in Tasmanien am 7. September 1936. Das Sumatranashorn (*Dicerorhinus sumatrensis*) wird als stark bedroht eingestuft. Durch strenge Schutzmaßnahmen leben noch knapp 300 Tiere in verschiedenen Nationalparks auf Sumatra und in Malaysia

Biogeographische Regionen

Die Biogeographie untersucht die heutige Verbreitung von Organismen und die erdgeschichtliche Entwicklung dieser Verbreitung. Dabei erforscht die Phytogeographie die räumliche Verbreitung von Pflanzen und Pflanzengesellschaften, die Zoogeographie die räumliche Verbreitung von Tieren.

Während Biome Regionen zusammenfassen, in denen ähnliche Lebensformen vorkommen, in denen die Tiere und Pflanzen also ähnliche Anpassungen an die klimatischen Bedingungen zeigen, bezeichnen die Begriffe Faunenreich und Florenreich geographische Regionen mit systematisch-taxonomisch ähnlicher Artenzusammensetzung. Diese Einheiten reflektieren die Lage der Landmassen zueinander und die erdgeschichtliche Vergangenheit der Landmassenverteilung.

Die Lebensformen werden in verschiedenen biogeographischen Provinzen oft von verschiedenen Tier- und Pflanzenfamilien gestellt. So entsprechen den Kakteen der mittelamerikanischen Wüsten unter anderem die Euphorbien in der südafrikanischen Namib.

An der Grenze zweier biogeographischer Provinzen ändert sich die Flora bzw. Fauna über kurze Distanzen sehr stark. Dies liegt an einer unabhängigen Entstehungsgeschichte (Phylogenese) der Organismen in den verschiedenen biogeographischen Provinzen aufgrund einer räumlichen Isolierung über teilweise lange Zeiträume. Die Floren- und Faunengrenzen sind meist natürliche Verbreitungsbarrieren wie Ozeane, Hochgebirge oder Wüsten. Je länger diese Grenzen schon existieren, desto ausgeprägter sind die Unterschiede der Floren und Faunen. An diesen alten Grenzen umfasst die biogeographische Trennung daher auch Taxa höherer Rangstufen (Familien, Gattungen). Die für eine Provinz oder Region typischen, zusammengehörenden Taxa werden als Floren- oder Faunenelement bezeichnet.

Die Grenzen der pflanzengeographischen und tiergeographischen Provinzen verlaufen ähnlich, aber nicht genau gleich. Besonders ausgeprägt sind die Unterschiede im Bereich des südlichen Afrikas – hier wird in der Pflanzengeographie ein eigenes Reich – die Capensis – aus der Paläotropis ausgegliedert. Auf der anderen Seite ist die Unterteilung der Holarktis in Paläarktis und Nearktis sowie der Paläotropis in Afrotropis und Indomalaya (Orientalis) eher in der Zoogeographie üblich.

Die Capensis ist das kleinste der sechs kontinentalen Florenreiche der Erde und umfasst das Winterregengebiet an der Südwestspitze Afrikas. Eine Verbreitung von Pflanzen aus anderen Florenreichen ist durch die angrenzenden Wüsten und Halbwüsten (Namib, Karoo, Kalahari) stark eingeschränkt. Viele Taxa der Capensis sind daher endemisch. Im Verhältnis zur Fläche ist die Capensis jedoch das artenreichste Florenreich. Für (mobile) Tiere ist diese geographische Barriere einfacher zu überwinden – entsprechend ist die biogeographische Isolierung Südafrikas in der Zoogeographie weit weniger ausgeprägt.

Auffällige Unterschiede zwischen Zoogeographie und Pflanzengeographie finden sich auch an der Grenze der indomalayischen (= Orientalis) und australasiatischen Provinz. In der Zoogeographie wird die Grenze durch die Wallace Linie (zwischen Bali und Lombok im Süden und zwischen Borneo und Sulawesi im Norden) markiert. Der zwischen Wallace-Linie und dem australischen Schelfrand liegende Bereich wird teilweise als Wallacea von den großen Reichen abgetrennt. Die Verbreitungsmuster korrelieren hier weitgehend mit den während der letzten Eiszeit vorhandenen Landbrücken zwischen den Inseln: Sumatra, Java, Bali und Borneo waren mit dem asiatischen Festland über Landbrücken verbunden, die vor Australien auf dem Sunda-Sockel liegenden Inseln waren dagegen mit Australien über Landbrücken verbunden. Die Inseln der Wallacea-Region waren auch während der Eiszeit nicht über Landbrücken mit einem der Kontinente verbunden und weichen daher zoogeographisch von der indomalayischen und der australasiatischen Region ab. Pflanzengeographisch verläuft die Grenze entlang des australischen Festlands. Nur wenige vorgelagerte Inseln werden zum australasiatischen Florenreich gezählt. Der pazifische Inselbogen wird dagegen zur Paläotropis gerechnet.

---

endemisch: Vorkommen von Organismen in einem bestimmten abgegrenzten Raum.

Siehe auch: Plattentektonik: 2.1.1.2, 2.3.1.1

Die Paläarktis und die Nearktis waren erdgeschichtlich lange miteinander verbunden. Nach dem Auseinanderbrechen Pangaeas blieben diese Regionen im Kontinent Laurasia vereint. Erst mit der Öffnung des Atlantiks vor etwa 150 Millionen Jahren trennten sich diese Landmassen. Bei niedrigen Meeresspiegelständen während der Glaziale der känozoischen Eiszeit waren Nordamerika und Asien über die Beringstraße miteinander verbunden. Durch die lange gemeinsame Historie und die Landbrücken der jüngeren erdgeschichtlichen Vergangenheit sind die Tier- und Pflanzenwelt dieser biogeographischen Regionen ähnlich. Nearktis und Paläarktis werden daher als Holarktis zusammengefasst. Die heutige Landverbindung zwischen Nord- und Südamerika – der Isthmus von Panama – entstand dagegen erst vor rund 3 Millionen Jahren, Nordamerika und Südamerika waren davor lange voneinander getrennt

Die Landlebensräume werden in acht biogeographische Regionen (Ökoregionen) eingeteilt. Die biogeographischen Regionen entsprechen den Verbreitungsgebieten vieler Tier- und Pflanzenfamilien. Die Verbreitungsmuster lassen sich durch die erdgeschichtliche Lage der Kontinente erklären – auf Landmassen, die erdgeschichtlich lange Zeiten über Landbrücken verbunden waren und/oder in der jüngeren Vergangenheit solche Verbindungen aufwiesen, kommen viele gemeinsame Pflanzen- und Tierfamilien vor. Die Bedeutung der einzelnen Regionen und deren genaue Abgrenzung voneinander werden in der Zoogeographie und der Phytogeographie allerdings unterschiedlich beurteilt. Die hier vorgestellte Einteilung des World Wide Fund for Nature versucht beide Systeme zu kombinieren – eine etwas stärkere Anlehnung an die zoogeographische als an die pflanzengeographische Einteilung ist erkennbar

Die Nearktis umfasst Nordamerika bis einschließlich des Hochlandes von Mexiko und Nordflorida sowie Grönland

Die Paläarktis umfasst Europa, Nordafrika bis zum Südrand der Sahara und Nordasien bis zum Nordrand des Himalaya

Ozeanien umfasst eine Vielzahl kleiner pazifischer Inseln. Die Abgrenzung der biogeographischen Region weicht von der kulturell-wirtschaftlichen Abgrenzung Ozeaniens ab, da die Letztere auch Australien und Neuseeland einbezieht

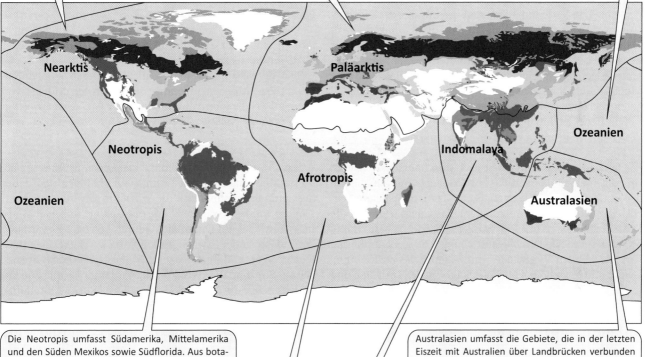

Die Neotropis umfasst Südamerika, Mittelamerika und den Süden Mexikos sowie Südflorida. Aus botanischer Sicht wird die Südspitze Südamerikas allerdings ausgegliedert und dem antarktischen Florenreich zugerechnet

Australasien umfasst die Gebiete, die in der letzten Eiszeit mit Australien über Landbrücken verbunden waren (Australien, Neuguinea und Tasmanien) sowie (in der hier vorliegenden Abgrenzung des WWF) zudem auch noch Neuseeland und Teile Indonesiens

Die Afrotropis umfasst Afrika südlich der Sahara. In der Pflanzengeographie werden meist die Sahara und die Arabische Halbinsel in diese biogeographische Region einbezogen, während die Kapregion als Capensis ausgegliedert wird

Die Indomalayische Region umfasst den südlich des Himalaya gelegenen Teil Asiens und die östlich anschließendenden Bereiche. Diese Region wird auch als Orientalis bezeichnet

Die Indomalayische Region und die Afrotropis werden auch als Paläotropis zusammengefasst, da viele Tier- und Pflanzenarten gemeinsam vorkommen. Indien war lange Zeit mit dem südlichen Afrika vereint, die Indische Platte löste sich im Jura und driftete im Verlauf der Kreide nordwärts. Nach der Kollision mit der Eurasischen Platte im Tertiär stellte der Himalaya eine Ausbreitungsbarriere dar. Der Austausch der indomalayischen mit der paläarktischen Fauna und Flora war daher begrenzt

Die hier dargestellte Einteilung der Biome folgt der WWF-Einteilung in 14 Haupthabitattypen. Den angloamerikanischen Biomabgrenzungen entsprechend werden beispielsweise temperate und heiße Wüsten zusammengefasst, während diese nach anderen Systemen getrennt werden. Eine zentrale Rolle in der Abgrenzung der Biome spielt das Verhältnis von Niederschlägen zur Evaporation. Nach anderen Systemen, wie dem in Deutschland verbreiteten System, wird auch die Saisonalität von Temperatur und Niederschlägen einbezogen

tropischer und subtropischer feuchter Laubwald
tropischer und subtropischer trockener Laubwald
tropischer und subtropischer Nadelwald
temperater Laub- und Mischwald
temperater Nadelwald
borealer Wald / Taiga
tropisches und subtropisches Grasland und Buschland

temperates Grasland
montanes Gras- und Buschland
überflutete Graslländer
Tundra
mediterraner Wald und Buschland
Wüste und trockenes Buschland
Mangrove
Fels und Eisschilde

Globale Niederschlags- und Temperaturverteilung

Die Klimazonen der Welt und damit auch die Ökoregionen werden im Wesentlichen durch die Sonneneinstrahlung und die dadurch bedingten Temperatur- und Niederschlagsverhältnisse definiert. Der jahreszeitliche Verlauf der Niederschlags- und Temperaturverhältnisse wird in Klimadiagrammen dargestellt. In den meist verwendeten Klimadiagrammen nach Walter und Lieth ist die Skalierung der Niederschlagsmengen und der Temperaturen so gewählt, dass sich direkt humide (Niederschlagslinie über der Temperaturlinie) und aride (Niederschlagslinie unter der Temperaturlinie) Bedingungen ablesen lassen.

Aus der globalen Temperatur- und Niederschlagsverteilung resultiert eine grundlegende Zonierung der Klimazonen und damit der Biome mit zunehmendem Abstand zum Äquator. Die Verteilung der Landmassen und der Hochgebirge wirkt sich regional ebenfalls auf die Klimaverhältnisse aus. In der Klimaklassifikation nach Köppen und Geiger werden die Klimazonen wie folgt unterschieden: Die tropischen Regenklimate sind durch hohe Niederschläge und eine Monatsdurchschnittstemperatur von über 18 °C in allen Monaten gekennzeichnet.

Die Trockenklimate zeichnen sich durch geringe Niederschläge aus und werden in Wüstenklimate und Step-penklimate unterteilt. Zudem spielt es eine Rolle, wann die Niederschläge fallen. Die Verhältnisse sind daher zwischen Winterregengebieten und Sommerregengebieten unterschiedlich. Wenn man die Niederschläge in Millimetern und die Temperaturen in Grad Celsius misst, dann liegen in den Wüsten der Winterregengebiete die Jahresniederschläge unter der Jahresmitteltemperatur, in den Steppenklimaten der Winterregengebiete sind die Niederschläge maximal doppelt so hoch. In Sommerregengebieten können die Niederschläge der Trockenklimate grundsätzlich etwas höher sein.

In den warm-gemäßigten Regenklimaten liegt die Niederschlagssumme höher als in den Trockenklimaten, der kälteste Monat hat eine Durchschnittstemperatur zwischen 18 und –3 °C und der wärmste Monat hat eine Temperatur über 10 °C.

Die borealen Klimate sind durch mittlere Monatstemperaturen von unter –3 °C im kältesten Monat und von über 10 °C im wärmsten Monat definiert.

Die Schneeklimate sind schließlich durch eine durchschnittliche Monatstemperatur des wärmsten Monats von unter 10 °C (Tundrenklima) bzw. unter 0 °C (Dauerfrostklima) gekennzeichnet.

Die Lage der Landmassen beeinflusst auch das Klima. Im Allgemeinen nehmen die Niederschläge mit zunehmender Entfernung zur Küste ab. So ist das Landesinnere Asiens oder Nordamerikas deutlich niederschlagsärmer als die Küstenregionen. Auch die vorherrschende Windrichtung beeinflusst die Niederschlagsverteilung. Die in Zentralafrika vorherrschenden Westwinde (vom Atlantik her in Richtung Osten) führen zu hohen Niederschlägen in den östlichen und zentralen Bereichen, in den westlichen Teilen Afrikas ist das Klima zunehmend trockener. Gebirge wirken sich einerseits auf den Verlauf der Luftströmungen aus, andererseits regnen sich die in Richtung der Gebirge ziehenden Luftmassen ab, da sich die aufsteigenden Luftmassen abkühlen und damit der Sättigungsdampfdruck für Wasser in der Luft abnimmt. Auf der windabgewandten Seite der Gebirge sinken die Luftmassen wieder ab. Durch die dadurch bedingte Erwärmung der Luft steigt der Sättigungsdampfdruck – die relative Luftfeuchte sinkt und entsprechend ist die Niederschlagsmenge gering. So ist an den Westküsten Nordamerikas die Niederschlagsmenge durch den Steigungsregen (Rocky Mountains) hoch, an der Ostseite des Gebirges aber sehr gering.

---

arid: trocken

humid: feucht

Ökoregion (nach WWF): relativ großer Bereich der Erdoberfläche, der nach der potenziellen Zusammensetzung der Arten, der Lebensgemeinschaften und der Umweltbedingungen geographisch abgegrenzt werden kann; ursprünglich ist der Begriff Ökoregion geowissenschaftlich geprägt (wiederkehrendes Muster von Ökosystemen, die mit charakteristischen Kombinationen von Boden und Geländeformen verbunden sind und eine Region charakterisieren)

tropische Konvergenzzone: wenige Hundert Kilometer breite Tiefdruckrinne in Äquatornähe, gekennzeichnet durch starke Quellbewölkung und Niederschläge

Siehe auch: erdgeschichtliche Klimaentwicklung: 2.3.1.1; globale Windsysteme und Klimazonen: 3.2.2.2

Jahressumme der Niederschläge [mm]

20 50 100 150 200 250 300 350 400 450 500 600 700 800 900 1.000 1.200 1.400 1.600 1.800 2.000 2.500 3.000 3.500 4.000

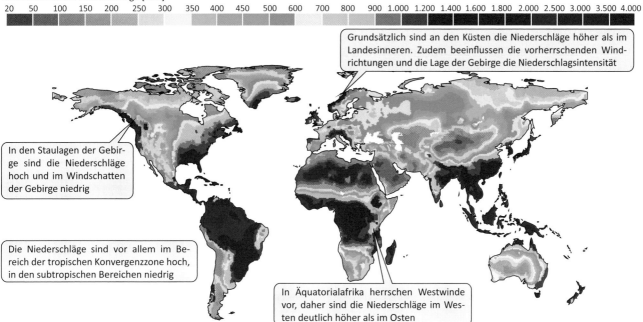

Grundsätzlich sind an den Küsten die Niederschläge höher als im Landesinneren. Zudem beeinflussen die vorherrschenden Windrichtungen und die Lage der Gebirge die Niederschlagsintensität

In den Staulagen der Gebirge sind die Niederschläge hoch und im Windschatten der Gebirge niedrig

Die Niederschläge sind vor allem im Bereich der tropischen Konvergenzzone hoch, in den subtropischen Bereichen niedrig

In Äquatorialafrika herrschen Westwinde vor, daher sind die Niederschläge im Westen deutlich höher als im Osten

Temperatur- und Niederschlagsverteilungen werden in Klimadiagrammen dargestellt. In Klimadiagrammen nach Walter und Lieth werden die monatlichen mittleren Temperaturen (rote Linie) auf der linken Ordinate und die monatlichen mittleren Niederschläge (blaue Linie) auf der rechten Ordinate angegeben. Niederschläge über 100 mm werden fünffach gestaucht dargestellt. Die Diagramme sind so skaliert, dass 10 °C Temperatur jeweils 20 mm Niederschlag entsprechen

Liegt in dieser Darstellung (Skalierung 10 °C entsprechend 20 mm Niederschlag) die Temperaturkurve unter der Niederschlagskurve, überwiegt der Niederschlag – die Bedingungen sind humid. Der zwischen beiden Kurven liegende Bereich wird schraffiert dargestellt. Da die Niederschläge nicht unter 0 °C liegen können, wird die Schraffierung auch bei negativen Temperaturen nur bis zur 0 °C-Linie gezogen. Oberhalb 100 mm Niederschlag ist der (gestauchte) Bereich vollfarbig dargestellt

Liegt in dieser Darstellung (Skalierung 10 °C entsprechend 20 mm Niederschlag) die Temperaturkurve über der Niederschlagskurve, überwiegt die Verdunstung – die Bedingungen sind arid. Der zwischen beiden Kurven liegende Bereich wird gepunktet dargestellt

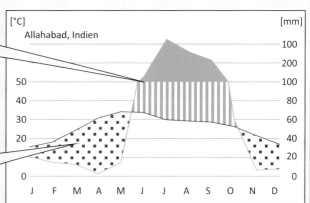

[°C] Allahabad, Indien [mm]

Die Temperaturen sind im Bereich des Äquators hoch und nehmen zu den Polen hin ab

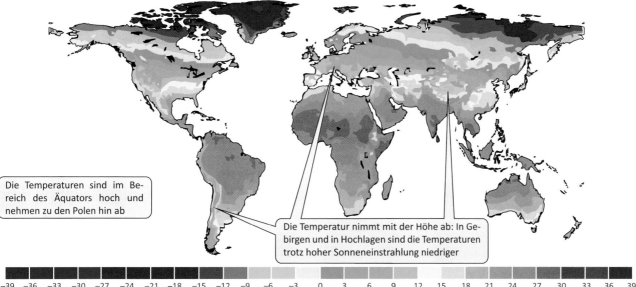

Die Temperatur nimmt mit der Höhe ab: In Gebirgen und in Hochlagen sind die Temperaturen trotz hoher Sonneneinstrahlung niedriger

−39 −36 −33 −30 −27 −24 −21 −18 −15 −12 −9 −6 −3 0 3 6 9 12 15 18 21 24 27 30 33 36 39

Jahresmitteltemperatur [°C]

Globale Windsysteme und Klimazonen

Gebiete ähnlicher klimatischer Verhältnisse, die sich in Ost-West-Richtung um die Erde erstrecken, werden als Klimazonen voneinander abgegrenzt. Astronomisch werden Beleuchtungsklimazonen unterschieden: die astronomischen Tropen (zwischen den Wendekreisen), die Mittelbreiten (zwischen Wendekreis und Polarkreis) und die Polarzonen (vom Polarkreis bis zum Pol). Die tatsächlichen klimatischen Verhältnisse folgen diesen Grenzen aber nur grob. Es werden daher in der Klimaklassifikation neben den tatsächlich gemessenen Klimaelementen auch zunehmend Effekte des Klimas wie Vegetationsformen einbezogen. Die in der Klimaklassifikation verwendeten Klimazonen decken sich daher zunehmend mit den nach ökologischen Kriterien

Am Äquator steht die Sonne sehr hoch bis senkrecht, die Sonneneinstrahlung ist daher im Bereich des Äquators am höchsten. Die Temperaturen auf der Erde sind dort entsprechend vergleichsweise hoch. Mit zunehmendem Abstand zum Äquator steht die Sonne schräger, die Einstrahlung ist schwächer und die Temperaturen nehmen daher polwärts ab.

Die durch die starke Sonneneinstrahlung warme und feuchte Luft im Bereich des Äquators steigt auf. Dies hat zwei Konsequenzen: Die aufsteigende Luft kühlt ab und damit sinkt der Sättigungsdampfdruck – die aufsteigende Feuchtigkeit kondensiert und regnet sich ab. Die Tropen sind daher eine dauerfeuchte, warme Klimazone. Zum anderen fließt die aufsteigende Luft in höheren Lagen der Atmosphäre polwärts ab (Strömungssystem der Hadley-Zelle).

Im Bereich der Subtropen sinken diese Luftmassen wieder ab. Da sich diese Luftmassen beim Absinken erwärmen, steigt der Sättigungsdampfdruck des Wassers (die Luft könnte also mehr Wasser aufnehmen, das heißt, die relative Luftfeuchtigkeit sinkt). Die Subtropen sind daher sehr trocken. Die absinkenden Luftmassen fließen einerseits zurück in Richtung Äquator, andererseits auch polwärts.

Im Bereich der temperaten Zone steigt die Luft tendenziell wieder auf (Ferrel-Zelle) – diese Bereiche sind daher wieder niederschlagsreicher. An den dauerkalten Polen schließlich sinken die Luftmassen ab (Polarzelle).

Die Einteilung der Biome und deren genaue Abgrenzung voneinander ist nach unterschiedlichen Autoren verschieden. Im deutschsprachigen Raum hat sich die Einteilung nach Breckle und Walter in neun Biome, die vor allem die Saiso-

aufgestellten Haupthabitattypen oder Biomen. Von besonderer Bedeutung für die Einteilung der Klimazonen sind die Niederschlagsmengen und die Temperaturverteilung.

Der Begriff Biom bezeichnet Großlebensräume mit den potenziell darin vorkommenden Tieren und Pflanzen (Biozönosen) und den abiotischen Faktoren. Der Begriff Biom ist daher (nach dem heutigen Verständnis) ökologisch geprägt. Bezeichnend für ein Biom ist das Vorkommen bestimmter (ökologischer) Lebensformen und bestimmter Anpassungen der Organismen, nicht die taxonomische und systematische Einordnung dieser Organismen. Vor allem das Klima – Niederschlagsverhältnisse und Temperaturverteilung – sind bestimmende Faktoren für die Biome.

nalität der Niederschlags- und Temperaturverteilung berücksichtigt, etabliert. Es wird hier zwischen Zonobiomen, Orobiomen und Pedobiomen unterschieden. Die Zonobiome fassen Landschaften mit größeren Übereinstimmungen in Klima, Vegetation, Fauna und Bodentypen zusammen. Die Einteilung orientiert sich vorwiegend an der Niederschlags- und Temperaturverteilung sowie der Saisonalität dieser Faktoren. Die Zonobiome verlaufen ähnlich wie die Klimazonen gürtelförmig um die Erde. Die Orobiome bilden schmale Gürtel entlang der Höhenstufen der Gebirge, die Pedobiome fassen bodenbedingte Sonderstandorte wie Sand, anstehende Gesteine, Salzböden und andere zusammen.

Im angloamerikanischen Raum wird häufig die Einteilung der Biome nach Whittaker verwendet – in dieser Einteilung werden 25 Biomtypen unterschieden. Dabei spielen vor allem die Jahresmittel von Niederschlägen und Evaporation eine Rolle. Die Diskrepanz zwischen diesem System und dem im deutschsprachigen Raum verbreiteten System beruht hauptsächlich auf einer unterschiedlich starken Zusammenfassung von Ökosystemen ähnlicher klimatischer Verhältnisse und der unterschiedlichen Gewichtung der Saisonalität von Niederschlag und Temperatur.

Ein aktuelles System der Gliederung wurde durch den World Wide Fund for Nature (WWF) aufgestellt und unterscheidet 14 Haupthabitattypen (Biome). Diese Gliederung liegt verschiedenen internationalen Studien und Naturschutzabkommen zugrunde.

Beleuchtungsklimazonen: Einteilung der Klimazonen ausschließlich aufgrund der Stärke der Sonneneinstrahlung, Grenzen der Beleuchtungsklimazonen sind die Wendekreise und die Polarkreise

Evaporation: Verdunstung auf unbewachsenem Land oder einer Wasseroberfläche

Siehe auch: Temperatur- und Niederschlagsverteilung: 3.2.2.1

Die atmosphärische Zirkulation entsteht im Wesentlichen durch die unterschiedlich starke Sonneneinstrahlung am Äquator und an den Polen. Am Äquator steigt warme Luft auf, an den Polen sinkt kalte Luft ab. Durch Ausgleichsströmungen bilden sich drei Zirkulationszellen: Hadley-Zelle, Ferrel-Zelle und Polarzelle

Darstellungsbereich der Klimadiagramme: Temperatur (rot): −30 °C bis +30 °C Niederschlag (blau): 0–300 mm/Monat (Darstellung nicht nach Walter und Lieth)

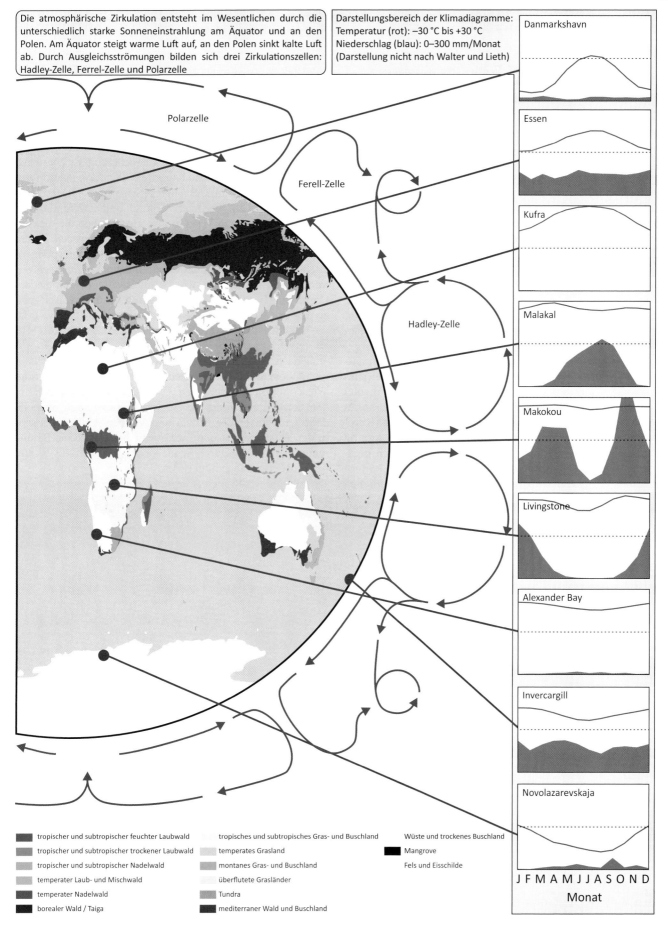

tropischer und subtropischer feuchter Laubwald

tropischer und subtropischer trockener Laubwald

tropischer und subtropischer Nadelwald

temperater Laub- und Mischwald

temperater Nadelwald

borealer Wald / Taiga

tropisches und subtropisches Gras- und Buschland

temperates Grasland

montanes Gras- und Buschland

überflutete Grasländer

Tundra

mediterraner Wald und Buschland

Wüste und trockenes Buschland

Mangrove

Fels und Eisschilde

Tundra

◼ Die Tundra beginnt etwa nördlich der 10°-Juli-Isotherme und reicht bis an die polaren Wüsten, sie ist vorwiegend in der Nordhemisphäre ausgebildet und umfasst etwa 7,6 % der Landfläche.

Das Klima ist polar mit sehr kurzen Sommern, die Temperaturen sind ganzjährig tief. Alle Monate haben Durchschnittstemperaturen unter 10 °C, in den Polartundren liegt die Durchschnittstemperatur auch im Sommer nur um den Gefrierpunkt. In den kältesten Monaten sinken die Durchschnittstemperaturen meist auf unter –15 bis –40 °C ab, nur in den stark ozeanisch geprägten Gebieten liegen die Wintertemperaturen im Bereich des Gefrierpunktes.

Die Niederschläge sind gering, meist nur 50–100 mm pro Jahr, in Teilen der Arktis kann der Niederschlag aber auch bis zu 700 mm pro Jahr betragen. Der meiste Niederschlag fällt als Schnee und die Tundren liegen daher meist über acht Monate unter Schneebedeckung. Aufgrund der geringen Niederschläge ist die Schneedecke aber nur geringmächtig – der Frost dringt dementsprechend tief in den Boden ein.

◼ Ähnlich wie in der Taiga sind die Böden durch Staunässe und geringe Abbauprozesse gekennzeichnet. Die Tundraböden sind humusreiche Permafrostböden (Cryosole) und weisen eine starke Durchmischung durch wiederholtes Auftauen und Einfrieren der oberen Bodenschichten (Kryoturbation) auf. Die Böden sind geringmächtig, meist moorig und sauer. Im Bereich der Tundramoore finden sich organische Böden (Histosole). Auch an flachen Hängen kommt es durch die Wassersättigung der Böden häufig zum Fließen des Bodens (Solifluktion).

Wegen der niedrigen Temperaturen ist aber auch die Verdunstung gering, der Permafrostboden verhindert ein Versickern des Wassers. Die Tundra ist daher trotz der geringen Niederschläge sehr feucht.

Die Wachstumsperiode ist mit etwa sechs bis 16 Wochen sehr kurz. In den Sommermonaten ist es allerdings bis zu 24 Stunden hell, damit ist die Assimilationszeit für die Pflanzen trotz der kurzen Vegetationsperiode recht lang. Es überwiegt subarktische und arktische baumfreie Tundravegetation mit Moosen, Flechten, mikrobiellen Krusten und Gräsern, daneben finden sich vereinzelt Kräuter und Zwergpflanzen. Aufgrund der kurzen Vegetationsperiode haben die meisten Arten die Fähigkeit zur vegetativen Ausbreitung. Die Artenvielfalt ist gering. Es kommen nur etwa 1.000 Angiospermenarten in der Tundra vor, der Großteil davon an den wenigen trockeneren Standorten wie beispielsweise in Hanglagen. Die in der Tundra bedeutenden Arten gehören vorwiegend zu den Ericaceae, Cyperaceae und Salicaceae

Je nach Vegetationstyp lässt sich die hochpolare Flechten- und Moostundra von der niederpolaren Zwergstrauch- und Wiesentundra unterscheiden. Unter den Holzgewächsen finden sich in der Tundra neben Nadelhölzern auch verschiedene Laubhölzer wie Birken und Weiden – allerdings sind in der Tundra meist nur Zwergsträucher und keine Bäume mehr anzutreffen. Durch Schneebedeckung wird im Winter der Frost etwas abgemildert.

Assimilation: Umwandlung von Stoffen aus der Umwelt in körpereigene Stoffe
eutherm: eine optimale Temperatur haltend
Isotherme: (griech.: *isos* = gleich, *therme* = Wärme) Linien gleicher Temperatur

Torpor: physiologischer Schlafzustand mit stark verminderter Stoffwechselaktvität

◼ Siehe auch: Flechten: 3.1.7; Moose: 4.4.3.2

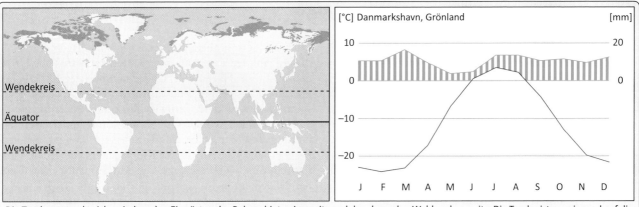

[°C] Danmarkshavn, Grönland [mm]

Die Tundra erstreckt sich zwischen den Eiswüsten der Polargebiete einerseits und dem borealen Wald andererseits. Die Tundra ist vorwiegend auf die Nordhemisphäre beschränkt. Das Klima ist von strengen Frösten geprägt, die Vegetationsperiode ist kurz und die Niederschläge sind gering

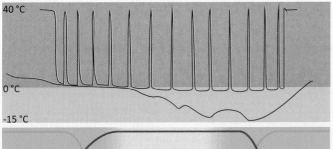

Kryoturbationen

Die Böden sind meist kaum entwickelt und geringmächtig. Auf Permafrost tauen die Böden im Sommer an und sind dann meist staunass und moorig, die für die Bodenbildung wichtige mikrobielle Aktivität ist gering. Das wiederholte Auftauen und Durchfrieren der Cryosole führt zu Kryoturbationen (links). Die Vegetation der Tundra ist von Moosen, Flechten, Gräsern, mikrobiellen Matten und wenigen Zwergsträuchern dominiert. Hohe Bäume fehlen völlig. Tiere müssen dem saisonalen Nahrungsmangel entweder durch Wanderung ausweichen (z.B. Rentiere), oder durch Fettreserven (z.B. Moschusochsen, oben rechts) oder durch Ruhephasen geschützt im oder am Boden (z.B. Kleinsäuger) diese Periode überdauern

Ein Überleben der kalten Jahreszeit kann durch eine Verringerung der Aktivität und entsprechend geringen Energieverbrauch erreicht werden. Diese Strategie ist bei den verschiedensten Organismen verbreitet. Entsprechende Strategien finden sich nicht nur zur Überdauerung bei Frost, sondern – in anderen Klimazonen – auch zur Überdauerung von Trockenheit und Hitze

Der Energieverbrauch kann in der kalten Jahreszeit durch ein Absenken der Körpertemperatur vermindert werden. Während des Winterschlafs des Arktischen Ziesels senkt sich die Kerntemperatur des Körpers in Phasen des Torpors stark ab. Die Körpertemperatur (obere Kurve) nähert sich der Temperatur des umgebenden Bodens (untere Kurve) an. Sinkt diese allerdings stark unter 0 °C ab (blauer Bereich), wird durch Muskelspannung eine Körperkerntemperatur von −2 bis −3 °C gehalten, dabei gefrieren die Körperflüssigkeiten nicht. Der Torpor wird regelmäßig von kurzen euthermen Phasen unterbrochen

Bei Pflanzen ist die Samenruhe, eine Phase der weitgehenden Inaktivität, eine verbreitete Strategie zur Überdauerung der kalten Jahreszeit. Während der Wassergehalt (blaue Kurve) in den Samen stark abgesenkt wird, steigt der Nährstoffgehalt (rote Kurve) stark an. Die weitere Entwicklung des Embryos kommt während dieser Phase nahezu zum Erliegen. Erst mit dem Ende der Samenruhe nimmt der Wassergehalt der Samen wieder zu, der Embryo entwickelt sich weiter und keimt schließlich aus

Einige Organismen überleben vollständige Austrocknung oder komplettes Durchfrieren schadlos. Im gefrorenen oder ausgetrockneten Zustand sind keine Lebenszeichen festzustellen. Flechten oder Cyanobakterienmatten sind typische Beispiele für diese Strategie (rechts und links: die Rentierflechte *Cladonia rangiferina*)

Taiga

Die borealen Nadelwälder (Taiga) sind zwischen dem 50. Breitengrad und dem Polarkreis auf der Nordhalbkugel verbreitet. Dieses Biom umfasst etwa 7,8 % der Landfläche.

Das Klima ist kalt-gemäßigt mit langen Wintern. In den Wintern können die Temperaturen auf bis zu –70 °C zurückgehen. Im Sommer werden in der borealen Zone nur in bis zu drei Monaten Durchschnittstemperaturen von 10 °C überschritten. Die Vegetationsperiode ist mit etwa 80–150 Tagen kurz, die längsten Wachstumsperioden finden sich in den ozeanisch beeinflussten Bereichen (z. B. Skandinavien), die kürzeste Vegetationsperiode in den nördlich-kontinentalen Bereichen an der Grenze zur Tundra. Die südliche Grenze des borealen Nadelwaldes beginnt dort, wo die Bedingungen für Laubwald zu ungünstig werden, also die Anzahl der Tage mit einer Mitteltemperatur über 10 °C unter etwa 120 Tage sinkt. An der nördlichen Grenze des borealen Waldes sinkt die Anzahl der Tage mit einer Mitteltemperatur über 10 °C unter 30. Die Jahresniederschlagssumme liegt bei 250–500 mm, die Wasserbilanz ist aber trotzdem positiv, da die Transpiration aufgrund der geringen Temperaturen gering ist.

Die borealen Wälder sind oft nur von ein oder zwei Baumarten dominiert. Charakteristisch sind Tannen, Fichten, Lärchen und Kiefern. In der Krautschicht sind Heidel- und Preiselbeere sowie Bärlappe und Moose häufig. Das Laub der Nadelbäume ist xeromorph und damit an Kälte und Frosttrocknis angepasst. In Ostsibirien, das durch besonders kalte Winter gekennzeichnete ist, dominieren Lärchen. Lärchen werfen die Nadeln im Winter ab und sind damit noch besser an tiefe Fröste angepasst.

Typische Böden der borealen Wälder sind Podsole (Bleicherden). Die Streu der Nadelbäume ist nur schwer zersetzbar, dadurch entstehen mächtige Streuauflagen. Auch die Nährstoffe bleiben damit zum großen Teil in der Streuauflage gebunden und gelangen nur langsam in den Boden, sie sind damit zunächst einer Wiederverwertung durch die Pflanzen entzogen. Durch diese fehlende Rückführung der (basischen) Nährstoffionen versauert der Oberboden. Der niedrige pH des Oberbodens führt zu einer weiteren Auswaschung von Eisen- und Aluminiumverbindungen und von Huminstoffen aus dem Oberboden, im Unterboden fallen diese wieder aus und werden angereichert.

In weiten Bereichen des borealen Nadelwaldes findet sich Permafrost, die Böden tauen im Sommer nur in den oberen 50–100 cm auf. Trotz der geringen Niederschläge kommt es dadurch zu Stauwasser und einer Vermoorung.

Huminstoffe: hochmolekulare Stoffe des Humusbodens, umfassen Humine (unlöslich), Fulvosäuren (säure- und basenlöslich) und Huminsäuren (basenlöslich)
Luftembolie: durch Eindringen von Luft in die Gefäße verursachte Embolie (Verschluss des Gefäßes)

xeromorph: Pflanzen, die aufgrund von Schutzanpassungen gegen Trockenheit tolerant sind

Siehe auch: Farne: 4.4.3.4; Gymnospermen: 4.4.3.5; Moose: 4.4.3.2

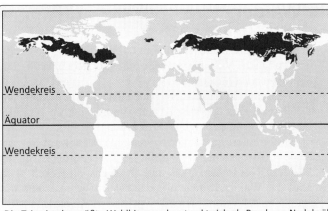

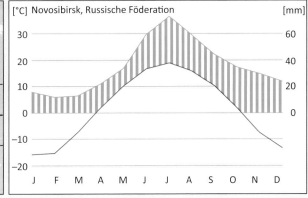

Wendekreis

Äquator

Wendekreis

[°C] Novosibirsk, Russische Föderation [mm]

Die Taiga ist das größte Waldbiom und erstreckt sich als Band von Nadelwäldern um die Nordhalbkugel. Das Klima ist meist kontinental mit langen, kalten Wintern und kurzen, aber warmen Sommern. Die Niederschläge sind mit etwa 200–700 mm gering

versauerter Oberboden

ausgelaugter, gebleichter Horizont

Ausfällungs-horizont

Die Böden der Taiga sind flachgründig und nährstoffarm. Durch die verrottende Nadelstreu werden organische Säuren frei, die zu einer weiteren Versauerung des Oberbodens und einer Auslaugung des darunterliegenden Bodenhorizonts durch organische Säuren beitragen. Die Vegetation der Taiga wird von Nadelwäldern dominiert. Die Fauna ist aufgrund der langen Winter durch große wandernde Herbivore und entsprechend große Carnivore (rechts: Amurtiger) sowie durch Winterschlaf haltende Tiere geprägt

Die Tiere weisen Anpassungen an starke Kälte auf, wie beispielsweise einen kompakteren Bau. Innerhalb von verwandten Tiergruppen nimmt die Größe der Körperanhänge von den warmen zu den kalten Biomen hin ab – veranschaulicht am Beispiel der Ohren von Wüstenfuchs (Fennek, links) über Rotfuchs (Mitte) zu Polarfuchs (rechts). Während die großen Ohren des Fenneks in den subtropischen Wüsten der Thermoregulation dienen, sind die Ohren des Polarfuchses eher klein – eine Anpassung, um in den von starken Frösten geprägten Biomen Wärmeverlust und Erfrieren der betroffenen Körperteile zu vermeiden

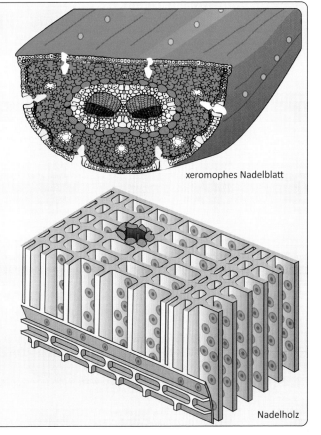

xeromophes Nadelblatt

Nadelholz

Auch die Pflanzen zeigen Anpassungen an die Kälte und die starken Fröste. In den langen Wintern können die Pflanzen kein Wasser über die Wurzeln aufnehmen, sie weisen daher Anpassungen an Frost und Trockenheit auf. Die (Nadel-)Blätter sind xeromorph, eingesenkte Spaltöffnungen und Wachsauflagerungen verringern die Verdunstung. Zudem sind die Nadelblätter mehrjährig, da eine Neubildung von Blättern in jeder Vegetationsperiode bei den kurzen Sommern energetisch weniger effizient wäre. Die englumigen Tracheiden des Nadelholzes sind bei der durch Frost verursachten Trockenheit weniger gefährdet, durch Luftembolie zu kollabieren, als weitlumige Gefäße (diese finden sich nur bei Laubhölzern)

Temperate Wälder

Temperate Laub- und Mischwälder finden sich hauptsächlich an der Ostküste Nordamerikas und Asiens sowie in Mitteleuropa. Auf der Südhalbkugel fehlt das Biom weitgehend, nur an den Gebirgshängen der südlichen Anden, Neuseelands und im Südosten Australiens finden sich kleinere Bereiche temperater Wälder. Die temperaten Laub- und Mischwälder umfassen etwa 9 % der Landfläche, die temperaten Nadelwälder etwa 2,8 %.

Das Klima ist gemäßigt mit ausgeprägten Jahreszeiten und kurzer Winterkälte. In vier bis acht Monaten liegt die Durchschnittstemperatur oberhalb von 10 °C. In den ozeanisch geprägten Bereichen bewegt sich auch im kältesten Monat die Durchschnittstemperatur um 0 °C, in den kontinentaleren Bereichen darunter. Grundsätzlich sind aber im Winter längere Kälteperioden mit Temperaturen weit unter 0 °C möglich. Vier Jahreszeiten mit möglichen Früh- und Spätfrösten sind ausgeprägt.

Die Jahresniederschlagssummen liegen zwischen 500 und 1.000 mm. Das Niederschlagsmaximum liegt im Sommer. Es gibt keine ausgeprägten Dürrezeiten.

Es dominiert nemoraler winterkahler Laubwald mit größerer Frostresistenz. Der größte Artenreichtum ist in den Wäldern Nordostamerikas und Ostasiens entwickelt, während die Wälder Mitteleuropas vergleichsweise artenärmer sind. Typische dominierende Baumarten sind Eichen, Buchen, Ahorne und Birken. In Asien dominiert Bambus. Zum Teil bilden auch Nadelholzarten eine bedeutende Komponente, insbesondere Kiefern, Tannen und Fichten.

Die vorherrschenden Böden sind Cambisole (Braunerden). Der obere Bodenhorizont ist durch Humusanreicherung gekennzeichnet, darunter folgt ein durch Eisenoxidation und Mineralneubildung charakterisierter Bodenhorizont. Es kommt zur Verbraunung und Verlehmung.

Laubwald dominiert in Bereichen, in denen an über 120 Tagen die mittlere Temperatur über 10 °C liegt, in Bereichen, in denen dies zwischen zehn und 120 Tagen der Fall ist, dominiert Nadelwald. So überwiegen auch mit zunehmender Höhe Nadelwälder.

Laubwurf ist eine obligate Anpassung an die Winterkälte. Neben dem Schutz vor Erfrieren dient dies der Verringerung der Transpiration. Da bei Frost kein Wasser aus dem Boden nachgezogen werden kann, würde es bei starker Transpiration zu Frosttrocknis kommen. Die Knospen werden bereits im Herbst angelegt und treiben im Frühjahr aus. Für das Austreiben der Blätter und die Reifung der Früchte ist eine Vegetationsperiode von mindestens vier Monaten notwendig. Bei kürzeren Vegetationsperioden ist Laubwurf keine geeignete Strategie. Es sind Anpassungen der Blätter an den Frost erforderlich. Daher dominieren bei kürzeren Vegetationsperioden Nadelbäume.

Die relative Artenarmut der Wälder in Mitteleuropa ist eine Folge der wiederholten Verdrängung von Arten durch die Eisvorstöße des immer noch andauernden känozoischen Eiszeitalters und die vergleichsweise eingeschränkte Wiederbesiedlung aufgrund der Lage des Mittelmeers und der europäischen Gebirgszüge, die als geographische Barrieren eine Wiederbesiedlung von Süden erschweren.

Bodenhorizont: ein Teil eines Bodenprofils mit ähnlichen Eigenschaften, der sich von den darüber und darunter liegenden Horizonten unterscheidet
Frosttrocknis: Austrocknung (von Pflanzen) aufgrund von frostbedingtem Wassermangel bei gleichzeitigem Wasserverlust durch Transpiration
Hibernation: aktive/passive Überwinterung von Lebewesen
Humus: Gesamtheit der toten organischen Substanzen eines Bodens

nemoral: sommergrün, laufabwerfend
obligat: unerlässlich, erforderlich
Verbraunung: Prozess der Bodenbildung, bei dem sich Eisenverbindungen bilden, die die Bodenfarbe beeinflussen
Verlehmung: Prozess der Bodenbildung, bei dem es durch Silikatverwitterung und Neubildung von Tonmineralen zu einer Verkleinerung der Korngrößen kommt

Siehe auch: halbimmergrüne Trockenwälder: 3.2.2.11

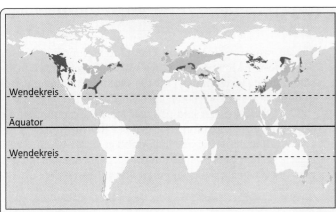

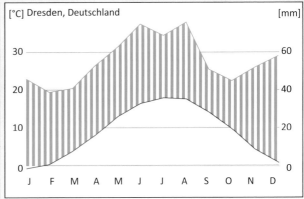

[°C] Dresden, Deutschland [mm]

Die temperaten Wälder sind meist durch ein ozeanisches Klima geprägt. Temperate Laubwälder (hellblau) sind hauptsächlich an den Ostküsten Asiens und Nordamerikas sowie in Europa ausgebildet, während an der Westküste Nordamerikas temperate Nadelwälder (dunkelblau) dominieren

Cambisole und Luvisole sind typische Böden der temperaten Wälder. Cambisole (linkes Bodenprofil) sind durch einen meist bräunlichen Verwitterungshorizont zwischen humosem Oberboden und Muttergestein gekennzeichnet. Luvisole (rechtes Bodenprofil) sind durch einen an Tonmineralen verarmten oberen und an Tonmineralen angereicherten unteren Horizont charakterisiert. Durch das Fehlen ausgeprägter Trockenzeiten werden Bäume begünstigt – die typische Vegetation bilden sommergrüne, winterkahle Laubwälder. Großwild ist ganzjährig aktiv, während ähnlich wie in der Taiga viele kleinere Tiere durch Wanderung oder Hibernation ausweichen

Saisonale Wanderung: Vogelzug

Die Zone der temperaten Laubwälder ist durch warme Sommer und eine mindestens vier Monate lange Vegetationsperiode gekennzeichnet. In den Wintern treten aber noch regelmäßig stärkere und längere Fröste auf. Viele Tiere vermeiden die kalte Jahreszeit durch saisonale Wanderungen in wärmere Klimazonen, andere überdauern durch Hibernation (Winterschlaf). Großwild ist aber auch ganzjährig aktiv.

Die regelmäßigen Fröste im Winter erfordern Anpassungen der Pflanzen hinsichtlich der Frostresistenz von Blättern und Holz. Bei der noch verhältnismäßig langen Vegetationsperiode ist die Bildung einjähriger weicher, nicht frostresistenter Blätter in der Regel effizienter als die Bildung xeromorpher mehrjähriger Blätter. Das Holz der Laubbäume mit den vergleichsweise weitlumigen Tracheen erlaubt im Frühjahr einen schnellen Wassertransport. Die Anfälligkeit für Frosttrocknis und Embolie der Gefäße ist aufgrund der zeitlich begrenzten Fröste gering

Laubbaum im Sommer   Laubbaum im Winter

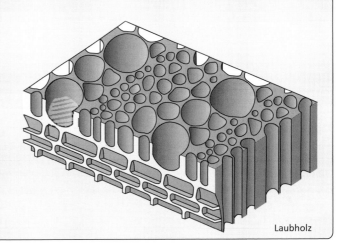

Laubholz

Temperate Grasländer

Temperate Grasländer und Steppen finden sich vorwiegend zwischen dem 40. und 50. Breitengrad. Dazu gehören die Steppengebiete Russlands und Zentralasiens, die Prärien Nordamerikas und die Pampas in Südamerika. Das Biom umfasst etwa 9,7 % der Landfläche. Mit zunehmender Trockenheit gehen die temperaten Grasländer in die temperaten (kalten) Wüsten über. Je nach Biomdefinition werden diese mit den temperaten Grasländern oder mit den heißen Wüsten zusammengefasst.

Das Klima der temperaten Grasländer ist ausgeprägt kontinental arid bis gemäßigt mit langen kalten Wintern und kurzen warmen Sommern. Die Durchschnittstemperatur des kältesten Monats liegt unter −10 °C, lange starke Fröste sind obligat. Im Sommer liegt die Durchschnittstemperatur in mindestens vier Monaten über 10 °C.

Die Niederschläge sind geringer als die Evaporation, die Jahresniederschlagssummen liegen bei 100–400 mm.

Aufgrund der geringen Niederschläge in der warmen Jahreszeit ist kein Baumwachstum möglich. Es überwiegt Steppen- bis Wüstenvegetation mit größerer Frostresistenz.

Die dominierenden Bodentypen sind Humusakkumulationsböden, besonders Chernozeme (Schwarzerden) und Kastanoseme. Chernozeme sind charakteristisch für die humideren Langgrassteppen, Kastanoseme sind charakteristisch für die arideren Kurzgrassteppen, beiden gemein ist eine starke Humusanreicherung im Oberboden. Namensgebend für die Schwarzerde ist der mächtige, durch Humus schwarzgefärbte Oberboden, für die Kastanoseme die kastanienbraune Färbung. Die Ausbildung dieser Böden erfolgt auf kalkhaltigem Ausgangsmaterial, Bodentiere sorgen für eine intensive Durchmischung der oberen Bodenschichten (Bioturbation). Die Klimaschwankungen, insbesondere die Trocken- und Frostphasen, vermindern den Abbau organischer Substanz – so kommt es zur Akkumulation von Humus und zur Ausbildung des mächtigen humusreichen Oberbodens. Kastanoseme bilden sich unter ähnlichen, aber arideren Bedingungen als die Chernozeme. Sickerwasser kommt fast nicht vor, dagegen kann aufsteigendes Grundwasser zu einer Kalkanreicherung führen.

Die Beweidung ist für Grasländer von zentraler Bedeutung. Sie verhindert das übermäßige Aufkommen von Hemikryptophyten sowie einen übermäßigen Anfall von Streu. Die unterirdische Biomasse ist in der Regel viel größer als die oberirdische. In den niederschlagsreicheren Gebieten überwiegen hohe Gräser, in den niederschlagsärmeren Gebieten dominieren kürzere Gräser.

Bei den herbivoren Tiere überwiegen zwei Strategien, um mit den Dürreperioden umzugehen. Einerseits finden sich Großherbivoren (wie Büffel), die durch weite Wanderungen dem saisonalen Nahrungsangebot hinterherziehen, andererseits finden sich viele grabende Kleinherbivoren (wie Präriehunde), die unter der Erde die ungünstigen Jahreszeiten überdauern.

Akkumulation: (lat.: *accumulatio* = Anhäufung) Anhäufung, Ansammlung
arid: trocken
Hemikryptophyten: Pflanzen mit Überdauerungsknospen an der Erdoberfläche
humid: feucht

Kurzgrassteppe: durch niedrigwüchsige Gräser dominierte Steppe
Langgrassteppe: durch hochwüchsige Gräser dominierte Steppe
Streu: weitgehend unzersetzter Vegetationsabfall der Bodenoberfläche

Siehe auch: Savanne: 3.2.2.10

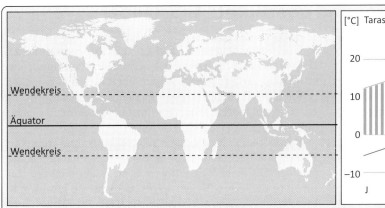
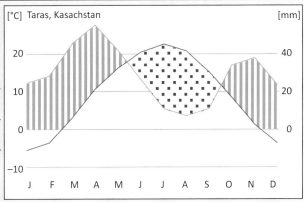

Die temperaten Grasländer befinden sich in den gemäßigten Breiten in innerkontinentaler Lage oder im Windschatten von Gebirgszügen. Das Klima ist durch eine ausgeprägte Trockenperiode – in der Regel im Sommer – gekennzeichnet

Typisch für die temperaten Grasländer sind tiefgründige, humusreiche Böden. Die Böden der feuchteren Langgrassteppen sind besonders tiefgründig und humusreich und durch die hohen Humusanteile schwarz gefärbt (Chernozeme, linkes Profil). Die Böden der trockeneren Kurzgrassteppen sind in der Regel etwas flachgründiger und humusärmer und dadurch eher braun gefärbt (Kastanoseme, rechtes Profil). Die Vegetationsperiode wird durch die Sommertrockenzeit so verkürzt, dass Grasländer und nicht Wälder dominieren. Die Großherbivoren weichen einem durch die Trockenheit bedingten Nahrungsmangel durch Wanderungen aus

In den niederschlagsärmeren ariden Regionen dominiert Kurzgrassteppe (links) mit vorwiegend annuellen Gräsern, die selten über einen halben Meter hoch werden. Die Trockenperiode überdauern diese Gräser als Samen. In den niederschlagsreicheren Regionen dominiert dagegen Langgrassteppe (Mitte) mit bis zu über 2 m hohen Gräsern, wie beispielsweise dem Pampasgras (rechts). Diese Gräser sind meist horstwüchsig und mehrjährig

Die Trockenperioden überdauern viele Organismen am oder im Boden: Gräser bilden Erneuerungsknospen und Ausläufer bodennah (links und mitte), auch viele – vor allem kleinere – Tiere, die nicht durch Wanderung ausweichen können, ziehen sich unter die Erde zurück (rechts: Präriehunde)

Montane Grasländer und überflutete Grasländer

Montane Gras- und Buschländer sind in tropischen, subtropischen und temperaten Klimazonen in den montanen und alpinen Höhenstufen verbreitet. Bedeutende Regionen dieses Biomtyps sind die südamerikanische Puna und Paramo sowie Steppenbereiche in Tibet. Die montanen Gras- und Buschländer machen etwa 4% der Landfläche aus.

Die klimatischen Bedingungen sind entsprechend der Höhe meist kühl und feucht, die Sonneneinstrahlung ist entsprechend der Höhenlage sehr hoch.

Typische Anpassungen der Pflanzen sind rosettige Wuchsformen, Wachsauflagerungen und Behaarung. Besonders die Gras- und Buschländer der isolierten kleinen Berg- und Gebirgsregionen (z. B. Kilimanjaro, Mount Kenya) sind durch viele endemische Arten gekennzeichnet. Neben Rosettenpflanzen sind Horstgräser typisch. Die Gras- und Buschländer der feuchteren (tropischen) Regionen werden oft als Paramo, die trockeneren (subtropischen) Regionen als Puna bezeichnet. Diese Begriffe leiten sich von regionalen Bezeichnungen der Gras- und Buschländer der Anden ab.

Montane Grasländer und überflutete Grasländer sind Sonderstandorte, die hinsichtlich der Umweltbedingungen von den zonalen Bedingungen abweichen.

Mit zunehmender Höhe nimmt die Temperatur ab, pro 100 Höhenmeter um etwa 0,6 °C. Die Strahlungsintensität der Sonne spiegelt die Gegebenheiten der geographischen Breite wieder, nimmt allerdings mit der Höhe zu. Auch das Farbspektrum des Sonnenlichtes verschiebt sich zugunsten eines höheren UV-Anteils.

Trotz der hohen Niederschläge, sind die montanen Standorte oft Trockenstandorte. Die Niederschläge fließen durch die Hangneigung schnell ab. Zudem sind die Böden

Überflutete Grasländer sind auf verschiedenen Kontinenten vorwiegend in den subtropisch-tropischen Klimazonen zu finden. Zu den bedeutendsten überfluteten Grasländern gehören die Everglades, das Pantanal sowie das Niger- und das Okavangodelta. Die überfluteten Grasländer machen nur etwa 0,7% der Landfläche aus.

Dieses Biom ist an einigen subtropischen und tropischen Flüssen im Flachland, meist im Bereich des Flussdeltas, ausgebildet. Bei einer Wassertiefe von meist nur wenigen Zentimetern und einer Breite von bis zu mehreren Hundert Kilometern bildet sich ein Mosaik aus flach überschwemmten Grasländern, tieferen Wasserbecken und flachen Inseln.

Die Temperaturen sind tropisch bis subtropisch, das Niederschlagsregime hat einen geringen Einfluss auf die Ausbildung der Vegetation, da die Überschwemmungsgebiete von großen Flüssen gespeist werden.

In den flach überschwemmten Bereichen wachsen Gräser, nur in höher gelegenen Bereichen finden sich auch Bäume. Die Fauna ist durch amphibisch lebende Tiere und Vögel geprägt.

durch Erosion meist geringmächtig und können nur wenig Wasser speichern.

Die Böden der überfluteten Grasländer sind von der Versorgung mit Luftsauerstoff weitgehend abgeschnitten und daher anaerob. Die Versorgung von Wurzeln und anderen unterirdischen Pflanzenorganen muss daher über die oberirdischen Pflanzenorgane erfolgen.

Da sich die überfluteten Grasländer vorwiegend in niedrigen Höhenlagen befinden, entsprechen die klimatischen Verhältnisse denen der zonalen Gegebenheiten.

---

endemisch: Vorkommen von Organismen in einem bestimmten abgegrenzten Raum

Horstgräser: Gräser, bei denen viele Triebe dicht beieinander stehen

Siehe auch: UV-Schutz: 4.2.1.7

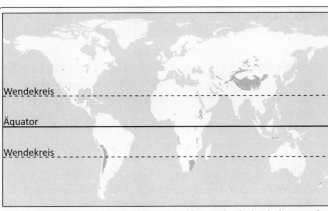

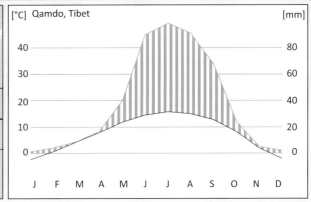

[°C] Qamdo, Tibet [mm]

Die Lage montaner Grasländer ist weniger klimatisch, als durch die Lage der großen Gebirgszüge bedingt. Auch die Lage überflutete Grasländer wird durch geomorphologische Faktoren bestimmt

Gebirgsstandorte sind Sonderstandorte. Während die Temperatur mit der Höhe abnimmt, entspricht die Sonneneinstrahlung der geographischen Breite. Der UV-Anteil nimmt mit der Höher jedoch zu. Die Erosion ist aufgrund der starken Geländeneigung und der meist hohen Niederschläge hoch. Die Bodenbildung ist daher schwach ausgeprägt. Die Vegetation ist von krautigen Pflanzen (links: Enzian) und Polsterpflanzen dominiert. Die Tiere wandern jahreszeitlich (oben: Steinbock) oder überdauern die kalte Jahreszeit durch Hibernation.

Überflutete Grasländer finden sich im Flachland und vor allem im Mündungsbereich großer Flüsse. Großflächig überschwemmte Bereiche bei geringen Wassertiefen von wenigen Zentimetern sind charakteristisch. Es handelt sich um Fließgewässer, die Strömungsgeschwindigkeit ist aber sehr gering.
Links: Nildelta; Mitte oben und rechts oben: Everglades; Mitte unten: Papyruswald.

Mediterranes Biom

Das mediterrane Biom umfasst etwa 3 % der Landfläche und findet sich vorwiegend zwischen dem 30. und 40. Breitengrad am Westrand der Kontinente. Es umfasst im Wesentlichen das Mittelmeergebiet, die Küsten Kaliforniens und Chiles sowie die Südwestspitzen Afrikas und Australiens.

Das mediterrane Biom ist ein Winterregengebiet mit Sommerdürre und liegt zwischen den subtropischen Wüstengebieten und den gemäßigten Klimazonen. Es herrscht arides bis humides Wüstenklima mit Winterregen und heißen Sommertrockenzeiten. Im Gegensatz zu den tropischen Regionen kommen Fröste vor, auch wenn diese selten sind. Die Jahresniederschläge liegen bei etwa 500–1.000 mm, mit in der Regel mindestens fünf humiden Monaten. Die Vegetationsperiode beträgt etwa fünf bis neun Monate. Die

Im Sommer gelangen die Regionen unter Einfluss der subtropischen Hochdrucklagen – die Niederschläge sind dementsprechend gering. Im Winter gelangen die Regionen unter Einfluss der temperaten Tiefdrucklagen, die Niederschläge sind dementsprechend hoch.

Der Streuabbau ist aufgrund der meist hohen Temperaturen während der winterlichen Regenzeit hoch, es kommt zu Tonverlagerung und kann zur Anreicherung von Kalk oder Salzen kommen. Die verbreitetsten Böden sind kalkangereicherte Böden wie Calcisole, Böden mit Tonverlagerungen, also mit Tonabreicherungs- und anreicherungshorizonten (Luvisole), und geringmächtige steinige Leptosole.

Feuer spielen eine große Rolle, die Häufigkeit von Feuern ist in den letzten Jahrzehnten anthropogen bedingt stark angestiegen.

In den Bergregionen dominieren Wälder – im Tiefland sind dies immergrüne Wälder, mit zunehmender Höhe werden diese zunächst von laubabwerfenden Wäldern und in größeren Höhe schließlich von Nadelwäldern abgelöst. Mit

Variabilität der Temperatur ist hoch (Fröste im Winter und Temperaturen bis über 40 °C im Sommer) und auch die Niederschlagsintensitäten sind sehr variabel – die Monatsmittelwerte können durch einen oder wenige Starkregen erreicht werden.

Die Vegetation des mediterranen Bioms reicht von geschlossenen Baumbeständen bis zu Steppen. Die Vegetation verträgt lange Trockenperioden, aber auch kurze Fröste. Es finden sich viele hartlaubige Arten (Sklerophyten) mit verdickter Epidermis und ausgeprägten Cuticulaschichten. Die Winterregengebiete zählen neben den immerfeuchten Tropen zu den artenreichsten Regionen der Erde. Die mediterrane Vegetation des südlichen Afrikas („Fynbos") wird in der Botanik als eigenständiges Florenreich (Capensis) geführt.

zunehmender Trockenheit nehmen die Sklerophyten zu. Die typische strauch- und baumförmige Hartlaubvegetation ist durch die Aktivität des Menschen in vielen Bereichen stark zurückgedrängt.

Die typische Vegetation der perhumiden warm-temperaten Bereiche ist der Lorbeerwald. Je nach Einteilung wird dieser Bereich als eigenständiges Biom oder als Teil der subtropischen immergrünen Waldbiome (WWF-Klassifikation) oder des mediterranen Bioms angesehen. Die Temperaturamplituden sind geringer als im mediterranen Biom. Das Klima des Lorbeerwaldes ist ganzjährig humid und weitgehend frostfrei, auch längere Trockenperioden fehlen. Dadurch ist der Lorbeerwald im Gegensatz zum temperaten Laubwald immergrün. Anders als in den tropischen Regenwäldern ist der Stockwerkaufbau einfacher und die Vegetation nicht so dicht. Lorbeerwälder sind an den Ostküsten der Kontinente zwischen dem 25. und 35. Breitengrad, insbesondere in Kalifornien, Südchina, Südostbrasilien, sowie im Südosten Afrikas und Australiens verbreitet.

Calcisol: Boden mit einer starken sekundären Kalkanreicherung
Hämatit: Fe$_2$O$_3$, ein häufiges Eisen(III)oxid
humid: feucht
perhumid: sehr feuchtes Klima mit zehn bis zwölf humiden Monaten

Sklerophyten: an Trockenzeiten angepasste immergrüne Holzgewächse der Subtropen und Tropen
Starkregen: große Niederschlagsmengen pro Zeit, etwa über 10 mm Niederschlag pro Stunde
Streuabbau: Destruenten zersetzen und mineralisieren organische Substanzen

Siehe auch: Capensis: 3.2.2

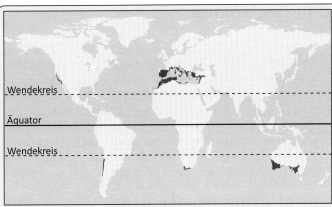

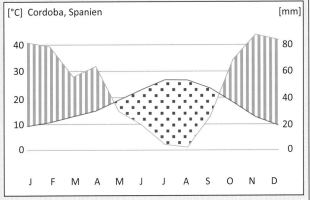

Mediterrane Wälder und Buschland finden sich am Westrand der Kontinente zwischen dem 30. und 40. Breitengrad. Sie sind durch eine längere Trockenzeit im Sommer geprägt. Die Wintertemperaturen liegen in der Regel deutlich über dem Gefrierpunkt, gelegentliche Fröste kommen aber vor

an Tonmineralen verarmter Horizont

Horizont angereichert mit Tonmineralen

zapfenförmig in das Konglomeratgestein greifender Tonhorizont

In den feuchten Wintermonaten kommt es zur Lösung von Carbonaten und damit zu einer Entkalkung der Oberböden. Durch die Entkalkung reichern sich relativ Tonminerale an (Residualton), diese Böden werden als Cambisole bezeichnet. Bei hoher Feuchte durch die winterlichen Niederschläge kommt es auch zu einer Verlagerung von Tonmineralen aus dem Oberboden in tiefere Schichten. Diese Böden werden als Luvisole (von Lessivierung = Verlagerung von Tonen) bezeichnet. Durch Verwitterung der Silikate und Umkristallisation der frei werdenden Eisenoxide entsteht Hämatit, der für die oft starke Rotfärbung verantwortlich ist. Flora und Fauna zeigen Anpassungen an die trocken-heißen Sommer

Sukkulenz ist eine typische Anpassung der Pflanzen an die sommerliche Trockenzeit (oben links: Aeonie). Typisch in dem ganzjährig weitgehend frostfreien Klima sind wechselwarme Tiere (oben rechts: Smaragdeidechse)

Das Buschland der südafrikanischen Kapregion wird als Fynbos („feiner Busch") bezeichnet. Die Kapregion gehört zu den artenreichsten Vegetationszonen der Welt

Lorbeerwälder sind die typische Vegetation der warm-temperaten perhumiden Bereiche. Sie werden zum Teil als eigenständige Vegetationszone angesehen

Temperate und heiße Wüsten

▓ Die heißen Wüsten umfassen etwa 13% der Landfläche und die temperaten Wüsten etwa 10% der Landfläche. Je nach Biomdefinition werden die temperaten und heißen Wüsten als getrennte Biome oder als ein Biom angesehen. Gemeinsam ist den temperaten und heißen Wüsten sehr geringer Niederschlag.

Die heißen Wüsten erstrecken sich etwa zwischen 20° und 25 ° nördlicher und südlicher Breite des Äquators. Es herrscht arides Wüstenklima mit geringen Niederschlägen. In mindestens acht Monaten liegt die Durchschnittstemperatur über 10°C. Die ausgedehntesten heißen Wüsten sind die Sahara in Nordafrika, die Namib in Südafrika und die Wüsten Westindiens und Pakistans.

In den temperaten Wüsten liegen die Durchschnittstemperaturen in vier bis acht Monaten über 10°C, die Niederschläge sind in allen Monaten gering. Diese Wüsten liegen im Windschatten großer Gebirge oder im Innern der großen Kontinente. Zu den ausgedehntesten temperaten Wüsten gehören die Wüste Gobi und das Great Basin.

Die Flora und Fauna der Wüsten ist spärlich, die Pflanzen und Tiere weisen Anpassungen an starke und lang anhaltende Trockenheit auf. Bei Pflanzen sind Anpassungen zur Wassereinlagerung (Sukkulenz), zur Verringerung der Evaporation (Wachsauflagerungen, dicke Cuticula, C_4-Photosynthese, Reduktion von Blättern), sowie annuelle Strategien verbreitet. Bei Tieren finden sich ebenfalls Anpassungen zur Verringerung der Wasserausscheidung (beispielsweise eine verlängerte Henle-Schleife in den Nieren der Wüstenrennmäuse), sowie Strategien für die Überdauerung der heißen Tageszeiten (Nachtaktivität) bzw. der heißen Jahreszeiten (Sommerruhe).

Viele Tier- und Pflanzenarten besonders der küstennahen Wüsten können Wasser aus dem Nebel „auskämmen" und nutzen. In diesen Wüsten kühlen landeinwärts ziehende Luftmassen in den kühlen Nacht- und Morgenstunden stark ab, sodass es regelmäßig zur Bildung von Nebel kommt.

▓ Wüsten sind vor allem durch geringe Feuchtigkeit und geringe Niederschläge bedingt. Eine Erwärmung des Klimas, wie sie gegenwärtig stattfindet, würde allerdings keinesfalls zur Ausdehnung von Wüsten führen, sondern im Gegenteil viele Wüstengebiete in Grasländer verwandeln: Eine globale Erwärmung des Klimas führt zu verstärkter Verdunstung und damit auch zu einer Zunahme der Niederschläge. In den Wüstengebieten wird damit das Verhältnis von Niederschlägen zu Verdunstung günstiger.

Die Zunahme der Kohlendioxidkonzentrationen, die für den derzeitigen Klimawandel mitverantwortlich ist, würde es zudem Pflanzen erlauben, bereits durch eine kürzere Öffnung der Stomata ausreichend Kohlendioxid für die Photosynthese aufzunehmen. Durch die kürzere Öffnung der Stomata werden die Evaporation und damit der Wasserverlust

der Pflanze stark reduziert. Vor allem durch den geringeren Wasserverbrauch, aber auch durch die ansteigende Verfügbarkeit von Wasser, können sich Pflanzen bei zunehmender Klimaerwärmung weit in die heutigen Wüstengebiete hinein ausdehnen.

Die Trockenheit des Wüstenklimas schränkt mikrobielle Abbauprozesse stark ein, es überwiegt die chemische Verwitterung. In den Wüsten dominieren wenig differenzierte Böden in frühen Phasen der Bodenbildung. Weit verbreitet sind Regosole, also durch Sand geprägte Böden mit schlechtem Nährstoffrückhaltevermögen und hoher Erosionsanfälligkeit. Auch Salzböden (Calcisole, Gypsisole, Solonchake) und Böden mit sekundärer Silikatanreicherung (Durisole) finden sich häufig.

---

chemische Verwitterung: die Prozesse, die zur chemischen Veränderung oder Lösung von Mineralen führen
differenzierte Böden: die Ausbildung von unterschiedlichen Bodenhorizonten ist nur schwach ausgeprägt

Stomata: Spaltöffnungen der Pflanzen, die der Regulation des Gasaustauschs mit der Umgebung und der Temperaturregulation dienen

---

▓ Siehe auch: C_4-Photosynthese: 2.3.5.3, 2.3.5.4; Kohlendioxid und Klima: 2.2.2.1, 2.3.5.3

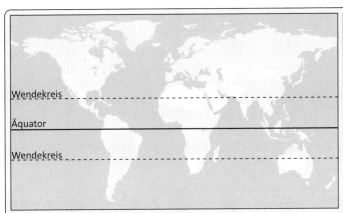

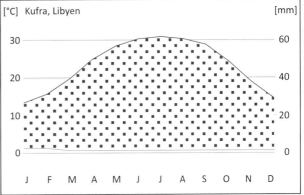

Wüsten erstrecken sich entlang der subtropischen Klimazone und im Regenschatten großer Gebirgszüge. Das Klima ist ganzjährig arid. Die subtropischen (heißen) Wüsten und die temperaten (kühlen) Wüsten werden zum Teil als eigenständige Biome angesehen

Die Bodenbildung ist in den heißen Wüsten durch Trockenheit und Wassermangel gekennzeichnet. Häufig sind Salzanreicherungen im Oberboden. Dies umfasst Carbonatanreicherungen (oben links: Calcisol), Gipsanreicherungen (Gypsisol) oder Mischungen von Chlorid-, Sulfat-, Carbonat- und Nitratanreicherungen (Solonchake). Böden mit Silikatanreicherungen werden als Durisole (oben, rechtes Profil) bezeichnet. Die trockenen Bedingungen erlauben keine geschlossene Vegetationsdecke. Durch die fehlende Vegetation sind die Erosion und Windverlagerung von Partikeln erhöht, in vielen Wüstengebieten finden sich daher ausgedehnte Dünengebiete. Die meisten Tiere weichen den heißen Tageszeiten durch Nachtaktivität aus

Anpassungen an das trockene und oft heiße Wüstenklima betreffen vor allem die Wasserversorgung. Dazu gehören Sukkulenz, also die Speicherung von Wasser im Gewebe, meist zusammen mit Anpassungen an eine geringe Verdunstung (links: Lebende Steine), tief reichende Wurzeln (*Welwitschia*, Mitte) sowie Anpassungen, um den Harn stark aufzukonzentrieren und damit die Wasserausscheidung zu minimieren, z. B. die lange Henle-Schleife bei den Gerbilen, sowie das Überdauern der heißen Stunden unter die Erde (rechts: Gerbil)

Sukkulente Wuchsformen finden sich in verschiedenen Pflanzenfamilien als konvergente Entwicklung in Anpassung an das Wüstenklima: Links sind die Euphorbien *Euphorbia canariensis* und *Euphorbia horrida* (kugelig) dargestellt, rechts die Cactaceen *Pachycereus weberi* und *Echinocactus grusonii* (kugelig)

Subtropische und tropische Grasländer

Die tropischen und subtropischen Grasländer umfassen etwa 14,3 % der Landfläche, diese befindet sich vorwiegend zwischen 5° und 20° nördlicher und südlicher Breite. Der Übergang zum Trockenwald ist fließend und eine Abgrenzung daher schwierig.

Das Klima ist semihumid bis semiarid mit Sommerregenzeit und Wintertrockenzeit. Die Durchschnittstemperaturen liegen in mindestens acht Monaten über 10 °C. Die Sommer sind heiß und feucht. Die Jahresniederschläge liegen zwischen 600 und 1.500 mm, in der Dornsavanne an der Grenze der Wüsten auch bis zu 200 mm. Die Evaporation ist in der Regel höher als die Niederschläge. In der Trockenzeit überwiegt die Verdunstung die Niederschläge. Abgesehen von der Dornsavanne ist der Niederschlag aber zumindest in der Regenzeit höher als die Verdunstung. Die Trockenzeit dauert zwischen drei Monaten am Übergang zu den tropischen Wäldern und zehn Monaten am Übergang zu den Wüsten.

Es finden sich alle Übergänge von akaziendominiertem Trockenwald über Baumsavanne zur Dornsavanne. Den größten Teil der Fläche nimmt die Baumsavanne ein, also Grasland mit einzelnen Bäumen. Die Herbivoren sind vor allem große wandernde Herdentiere wie Antilopen, Giraffen und Elefanten. Der Anteil bodenbewohnender Kleinnager ist geringer als in den temperaten Grasländern.

Im Bereich der Savanne wechselt, wie auch im Trockenwald, eine Sommerregenzeit mit einer Wintertrockenzeit ab. Mit der jahreszeitlichen Wanderung des Sonnenstandes geraten die Savannenbereiche im Winter zunehmend unter Einfluss der subtropischen Hochdruckzone – mit ausgeprägter Trockenheit. Im Sommer dagegen gelangen die Savannen unter Einfluss der innertropischen Konvergenzzone mit starken Niederschlägen.

In den Feuchtsavannen sind die Niederschläge mit 1.000–1.500 mm recht hoch, die Trockenzeit ist mit drei bis fünf ariden Monaten vergleichsweise kurz. Die Vegetation ist durch hochwüchsige Gräser, wie beispielsweise das bis zu 6 m hohe Elefantengras, und offene bis teilweise geschlossene Baumbestände gekennzeichnet.

In den Trockensavannen betragen die Niederschläge zwischen 500 und 1000 mm, die Trockenzeit ist mit fünf bis sieben Monaten bereits sehr ausgeprägt. Die Vegetation ist durch Gräser mittlerer Höhe gekennzeichnet, viele Pflanzen weisen Anpassungen an die Trockenheit auf

Die Dornsavannen sind mit Niederschlägen von nur 250 bis 500 mm sehr trocken, die Trockenzeiten mit sieben bis zehn Monaten sehr lang. Die Gräser sind niedrigwüchsig, meist unter 30 cm, die Grasdecke ist nicht mehr geschlossen. Für Bäume ist das Klima in der Regel zu trocken, Dornsträucher dominieren. Sukkulente, Geophyten, Ephemere und andere an Trockenheit angepasste Pflanzen sind eine bedeutende Komponente.

Im Boden sind aufgrund der Trockenheit Pilze von wesentlich geringerer Bedeutung als in den feuchten Tropen. Dagegen sind Termiten ein wichtiger Bestandteil. Auch in der Trockenzeit bauen Termiten pflanzliche Biomasse sehr effektiv ab. So wird in den Savannen trotz der langen Trockenphasen ein hoher Stoffumsatz erreicht.

Die Böden der Savannen sind durch hohe Lehmgehalte charakterisiert (Vertisole) und besitzen durch hohe Anteile an Eisenmineralen eine ausgeprägt rötliche oder gelblichbräunliche Färbung. Durch den ausgeprägten Wechsel von Trocken- und Feuchtzeiten kommt es in den Böden zum Ausdehnen und Zusammenziehen der Tonminerale: In der Trockenzeit bilden sich Trockenrisse und Bodenspalten, die bis zu einem halben Meter tief sein können. Diese Spalten werden mit herabfallendem Material verfüllt, welches bei einsetzendem Regen aufquillt. Durch diese Pedoturbation wird die Ausbildung von Bodenprofilen verhindert. Neben den Vertisolen finden sich auch Böden mit mehr oder wenig stark ausgeprägter Tonverlagerung (Lessivierung): Da die Böden durch den Streuabbau durch Termiten und die geringe Vegetationsbedeckung meist frei liegen, können mit der einsetzenden Regenzeit Tonpartikel suspendiert und in tiefere Bodenschichten verlagert werden. Dies wird durch eine geringe Kationenverfügbarkeit noch begünstigt. Die resultierenden, durch einen oberen Tonauswaschungshorizont und einen unteren Tonanreicherungshorizont gekennzeichneten Böden sind Acrisole oder Luvisole.

Acrisol: stark verwitterte, rot gefärbte, durch Basenauswaschung saure Böden mit Tonverlagerungshorizont
ephemer: (griech.: *ephémeros* = für einen Tag) kurzlebig
Geophyten: Pflanzen mit verborgenen Überdauerungsorganen
innertropische Konvergenzzone: Tiefdruckrinne in Äquatornähe im Bereich der von Norden und Süden aufeinander treffenden Passatwinde

Luvisol: Böden mit Tonverlagerungshorizont, weniger stark verwittert und weniger sauer als Acrisole
Pedoturbation: Bodendurchmischung
semiarid: vorwiegend arides Klima, die Verdunstung übersteigt in sechs bis neun Monaten die Niederschläge
semihumid: vorwiegend humides Klima, die Niederschläge übersteigen in sechs bis neun Monaten die Verdunstung

---

Siehe auch: C$_4$-Photosynthese: 2.3.5.3, 2.3.5.4; quartäre Klimaentwicklung: 2.3.5.3; temperate Grasländer: 3.2.2.6; Hominisation: 2.3.5.7

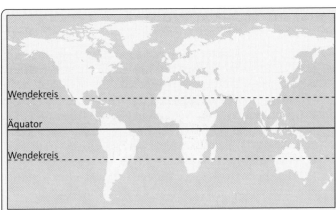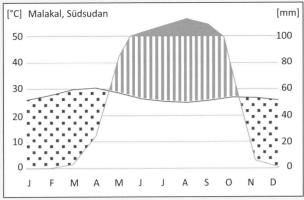

[°C] Malakal, Südsudan [mm]

Tropische Grasländer sind beiderseits des Äquators zwischen dem 5. und 20. Breitengrad verbreitet, der Übergang zum Trockenwald ist fließend. Die jahreszeitlichen Temperaturschwankungen sind gering, das Klima ist geprägt durch den Wechsel von Sommerregenzeit und Wintertrockenzeit

Die periodische Durchfeuchtung der Böden bei hohen Temperaturen bedingt eine starke chemische Verwitterung der Böden, die Humusauflagen sind durch die Tätigkeit von Termiten gering. In den Trockensavannen und Baumsavannen sind stark verwitterte Böden mit schwach humosen und leicht an Tonmineralen verarmten Oberboden über einem tonreicheren Unterboden typisch (Lixisole – oben, linkes Profil). Besonders in Plateaulagen und am Hangfuß bilden sich tonreichere Böden, in denen sich in der Trockenzeit tiefe Trockenrisse ausbilden (Vertisole – oben, rechtes Profil). Die Makrofauna wird von Großherbivoren dominiert, die durch Wanderung den saisonalen Niederschlägen (und damit der Futterverfügbarkeit) folgen

In Grasländern kommt es regelmäßig zu ausgedehnten Bränden (oben). Die Feuer wirken einer Verbuschung und dem Aufkommen von Bäumen entgegen. Jedes Jahr fallen größere Mengen an pflanzlicher Biomasse an. Der mikrobielle Abbau ist aber gering, da die Biomasse hauptsächlich zu Beginn der Trockenzeit anfällt und die Bodenfeuchte während der Trockenzeit einen mikrobiellen Abbau nicht erlaubt. Für den Abbau der pflanzlichen Biomasse sind in den tropischen Grasländern Termiten bedeutend (links oben: Termitenbauten; links unten: Termiten). Termiten bauen auch in der Trockenzeit die anfallende pflanzliche Biomasse ab. Die Cellulose wird dabei im Termitendarm durch anaerobe Symbionten, Bakterien und Protisten (u. a. Metamonadida) abgebaut. Bei dem anaeroben Abbau im Termitendarm entsteht durch methanogene Archaeen auch Methan. Die Termiten tragen damit bedeutend zur globalen Produktion dieses Treibhausgases bei. Durch die Aktivität der Termiten ist einerseits der Humusanteil der Böden gering, andererseits tragen sie zu einer Durchmischung des Bodens bei (Bioturbation)

Subtropische und tropische Trockenwälder

Die trockenen Wälder schließen sich nördlich und südlich an die Regenwälder an und finden sich im Bereich zwischen 5 und 15° nördlicher und südlicher Breite. Der Übergang von Trockenwäldern zur Savanne ist fließend und wird nach verschiedenen Biomdefinitionen sehr unterschiedlich gefasst. Insbesondere in Afrika sind die trockenen Wälder zugunsten der Savanne durch die menschliche Nutzung stark zurückgedrängt.

Die subtropischen und tropischen trockenen Laubwälder umfassen etwa 2,1 % der Landfläche, die subtropischen und tropischen Nadelwälder etwa 1,1 % der Landfläche.

Das Klima ist subtropisch oder tropisch, die Durchschnittstemperaturen liegen in mindestens acht Monaten über 10 °C, zumindest die Tropen sind frostfrei. Die Jahresniederschläge liegen zwischen 1.000 und 2.000 mm mit einer ausgeprägten Trockenzeit von mehreren Monaten im Winter. Zur Savanne nehmen die Niederschläge weiter ab und die Länge der Trockenzeit nimmt zu.

In der Trockenzeit verlieren die Bäume die Blätter. Der Blattwurf reduziert die Verdunstung in der Trockenzeit. Die Bäume wurzeln vergleichsweise tief und nutzen in der Trockenzeit das Grundwasser. Eine weitere Folge des Laubwurfs ist, dass Sonnenlicht zumindest in der trockeneren Jahreszeit bis zum Boden vordringt. Dies erlaubt einen (im Vergleich zum immergrünen Regenwald) dichten Unterwuchs.

Der Artenreichtum ist geringer als im immergrünen Regenwald, aber immer noch hoch. Die halbimmergrünen trockenen Wälder gehen mit zunehmender Trockenheit in die Savannen über.

Der Wechsel zwischen Trocken- und Regenzeit hängt mit der jahreszeitlichen Verschiebung der Sonneneinstrahlung zusammen: Im nördlichen Sommer steht die Sonne nicht senkrecht über dem Äquator, sondern nördlich im Bereich bis zum nördlichen Wendekreis – entsprechend wandert die Zone der maximalen Verdunstung und der aufsteigenden Luftmassen (innertropische Konvergenzzone) nach Norden. Die Niederschläge sind daher im Sommer sehr hoch. Im Nordwinter steht die Sonne zwischen Äquator und südlichem Wendekreis und somit sind die Niederschläge in den nördlichen Randtropen gering.

Die Böden sind vom Wechsel zwischen Dauerfeuchte im Sommer und Trockenheit im Winter geprägt. Es überwiegen stark verwitterte Acrisole, Alisole und Ferralsole (= Laterite; = Oxisole), also an Eisen und Aluminium angereicherte Böden. Laubfall findet zu Beginn der Trockenzeit statt, die anfallende organische Streuschicht wird daher aufgrund der fehlenden Feuchte kaum mikrobiell aufgearbeitet. Der Abbau der Streu durch Termiten sowie die Remineralisierung durch Feuer spielen daher zunehmend eine Rolle für den Nährstoffkreislauf.

Acrisol: stark verwitterte, rot gefärbte, durch Basenauswaschung saure Böden mit Tonverlagerungshorizont
Alisol: durch Basenauswaschung saurer Boden mit Tonverlagerungshorizont, weniger stark verwittert als Acrisol

innertropische Konvergenzzone: Tiefdruckrinne in Äquatornähe im Bereich der von Norden und Süden aufeinander treffenden Passatwinde
Unterwuchs: fasst die unterhalb der obersten Vegetationsschicht (Baumschicht) wachsende Vegetation zusammen

Siehe auch: temperate Laubwälder: 3.2.2.5

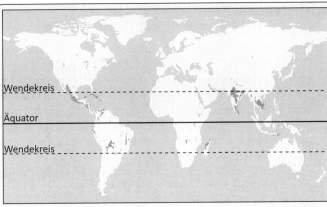

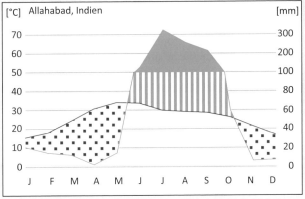

Die Trockenwälder bilden den Übergang zwischen tropischen Grasländern und tropischem Regenwald. Aufgrund menschlicher Aktivität (Abholzung, Brennholzgewinnung) sind die Trockenwälder teils stark zurückgedrängt. Das Klima ähnelt dem der Savannen, ist aber etwas humider

Eluvialhorizont
(Tonauswaschungs-
horizont)

Horizont mit
Tonanreicherung

Durch die vorwiegend feuchten Bedingungen kommt es zu ausgeprägter Tonverlagerung (Lessivierung): In den oberflächennahen Schichten werden Tonminerale ausgewaschen und in tiefere Bodenschichten verlagert, wo sie sich dadurch anreichern. Typische Böden sind Acrisole – humusarme, im Oberboden leicht versauerte Böden mit Tonverlagerungshorizont. In den Trockenwäldern kommen viele Baumarten mit saisonalem Laubfall vor. Der Laubfall wird hier allerdings durch die saisonale Trockenheit und nicht, wie in den temperaten Laubwäldern, durch saisonale Temperaturschwankungen bedingt

Entsprechend des Übergangscharakters zwischen Savanne und Regenwald finden sich unterschiedliche Ausprägungen: halbimmergrüner Wald in Australien (oben); Monsunwald in Indien (unten)

Durch Brandrodung (oben) und Abholzung zur Gewinnung von Brennholz werden die halbimmergrünen tropischen Wälder zugunsten von Savannen (unten links) und Halbwüsten (unten rechts) zurückgedrängt

Tropische Regenwälder

■ Die immerfeuchten tropischen Regenwälder umfassen etwa 15,3 % der Landfläche und dehnen sich um den Äquator bis etwa 5–10 ° nördlich und südlich aus. Die Hauptverbreitungsgebiete sind das Amazonasbecken in Südamerika, das Kongobecken in Afrika und der Malaiische Archipel zusammen mit den pazifischen Inseln.

Klimatisch bedingt bilden sich an den kontinental geprägten äquatorialen Regionen regionale Westwindzonen aus. Da sich die Wolken über den Kontinenten zunehmend abregnen, nehmen die Niederschläge nach Osten hin ab. An den Ostseiten Südamerikas und Afrikas sind die Regenwälder daher nur schwach ausgebildet oder fehlen ganz.

Alle Monate sind frostfrei, die mittlere Monatstemperatur liegt zumindest in den ozeanisch geprägten Bereichen auch für die kältesten Monate über 18 °C, in den Tieflandregenwäldern liegt die Durchschnittstemperatur zwischen 24 und 30 °C. Jahreszeitliche Temperaturschwankungen sind gering. Die Jahresamplitude, also die Differenz der Durchschnittstemperaturen zwischen dem kältesten und dem wärmsten Monat, beträgt maximal 5 °C.

■ Das humide Tageszeitenklima resultiert aus der ganzjährig nahezu senkrecht stehenden Sonne. Die Temperaturunterschiede zwischen Tag und Nacht sind im Tageszeitenklima stärker als die jahreszeitlichen Schwankungen der Temperatur.

Durch die starke Sonneneinstrahlung ist die Verdunstung hoch. Die aufsteigende warme Luft kühlt sich mit zunehmender Höhe ab – es kommt zur Wolkenbildung und zum Abregnen der Wolken. Durch die Änderung des Sonnenstandes wechselt die Regenintensität jahreszeitlich – besonders in äquatorferneren Regionen.

Die Diversität der Bäume ist sehr hoch – auf einem Hektar kommen bis zu 300 Baumarten vor, diese sind auf dieser Fläche allerdings meist mit nur einem Individuum vertreten. Wichtige Pflanzenfamilien sind unter anderem die Arecaceae (Palmen), Moraceae (unter anderem die Würgefeige (*Ficus*)) und Piperaceae. In der Neotropis kommen die Bromeliaceae hinzu, in der Paläotropis die Pandanaceae.

Die Jahresniederschläge liegen zwischen 1.000 und 15.000 mm, im Durchschnitt bei etwa 3.000 mm. Es gibt keine ausgeprägte Trockenzeit, die Niederschlagsintensität kann aber jahreszeitlich schwanken. Kurze Trockenphasen dauern nur wenige Tage bis wenige Wochen. Es herrscht ein vollhumides Tageszeitenklima vor. Aufgrund der hohen Luftfeuchtigkeit ist die Verdunstung gering, die Pflanzen erfahren daher keinen Wasserstress.

Die Vegetation ist von hohen Bäumen dominiert. Aufgrund der fehlenden Jahreszeiten besitzen die Bäume keine Jahresringe. In den flachgründigen Böden wurzeln die Bäume meist nur flach – Stabilität wird durch die Ausbildung von Brettwurzeln erreicht. In den Regenwäldern sind meist drei Baumschichten ausgebildet: Die etwa 30–40 m hohe Hauptkronenschicht sowie eine darüberliegende Schicht der 50–70 m hohen Baumriesen und der darunterliegenden 20–30 m hohen unteren Baumschicht. Darunter existiert noch eine bis zu 15 m hohe Strauchschicht. Eine Krautschicht gibt es nicht, da kaum Licht (< 1 %) bis zum Waldboden durchdringt. An den Küsten sind an Wasserstandsschwankungen und hohe Salzgehalte angepasste Mangroven ausgebildet.

Die hohe Feuchtigkeit bei gleichzeitig hohen Temperaturen begünstigt die mikrobiellen Stoffumsätze im Boden. Laubstreu und andere Biomasse werden daher schnell umgesetzt, die Streuschicht und der Humusanteil des Bodens sind dementsprechend nur gering. Durch chemische Verwitterung und Auswaschung verarmt der Boden und versauert bis auf pH Werte um 4–4,5. Es entstehen Eisen- und Aluminiumoxide („Verbraunung"). Die wichtigsten Minerale sind die Eisenoxide Goethit (Oberboden) und Hämatit (Unterboden). Silikate werden zum kieselsäurearmen Kaolinit umgewandelt, bei fortschreitender Desilifizierung entstehen Aluminiumoxide – der Prozess der Desilifizierung wird als „Verlehmung" bezeichnet. Das Zusammenspiel der Anreicherung von Eisen und Aluminium (Ferralisation (= Ferralitisierung)) und der Abreicherung von Silicium (Desilifizierung) wird als Lateritisierung bezeichnet. Die Böden sind dementsprechend meist Ferralsole (= Laterite (deutsche Klassifikation); = Oxisole (US-Klassifikation)).

Brettwurzeln: sternförmig angeordnete, rippenartige Wurzeln, die die Standfestigkeit der Bäume erhöhen
Desilifizierung: ein Teil der Silikatverwitterung, bei dem Orthokieselsäure entsteht
Laubstreu: weitgehend unzersetzter Vegetationsabfall der Bodenoberfläche

Mangrove: Der Begriff bezeichnet einerseits das Ökosystem tropischer Gezeitenwälder, andererseits verholzende salztolerante Pflanzen
vollhumid: vorwiegend humides (feuchtes) Klima mit zehn bis zwölf humiden Monaten

---

■ Siehe auch: Globale Windsysteme: 3.2.2.2

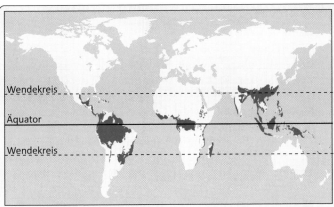

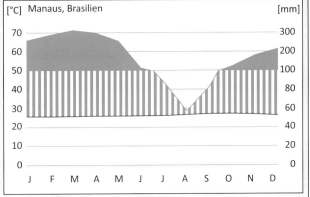

Die tropischen Regenwälder finden sich beiderseits des Äquators – je nach vorherrschender Windrichtung nur an der regenreicheren Seite der Kontinente. Das Klima ist ganzjährig warm und humid, die tageszeitlichen Schwankungen sind größer als die jahreszeitlichen (Tageszeitenklima)

durch Ferralisation rötlicher bis gelblicher „ferralic" Horizont

Das dauerfeuchte warme Klima begünstigt eine tiefgründige chemische Verwitterung mit oft bis über 50 m tiefen Verwitterungsdecken. Die Verwitterung der Silikate führt zur Anreicherung von Eisenoxiden (Ferralisation). Typische Böden sind die meist roten oder gelben Ferralsole (oben). Die typische Vegetation bilden Wälder, die in mehreren Stockwerken (Baumriesen, Hauptkronenschicht, untere Baumschicht, Strauchschicht) organisiert sind. Durch den Stockwerksbau kommt nur wenig Licht am Boden an, eine Krautschicht ist entsprechend nur schwach ausgeprägt oder fehlt. Auch das tierische Leben ist an die Bäume angepasst

Im Gegensatz zur spärlichen Krautschicht gibt es viele Epiphyten. Trotz des dauerfeuchten Klimas sind diese Wuchsorte tageszeitlich trocken und nährstoffarm – viele Epiphyten weisen daher entsprechende Anpassungen auf (z. B. links: Karnivorie der Kannenpflanze; Mitte links: wassersammelnde Blattrosetten der Bromelien). Auch die Nahrungsgrundlage bodenlebender Tiere sind die Baumschichten (z. B. Mitte rechts: Blattschneiderameise). Das weitgehende Fehlen klimatischer Selektionsfaktoren verstärkt die Bedeutung biotischer Interaktionen – als Fraßschutz hat sich bei vielen Pflanzen und Tieren eine hohe Giftigkeit entwickelt (rechts: Pfeilgiftfrosch)

Aufgrund der starken Konkurrenz um Licht werden die Bäume sehr hoch. Brettwurzeln (links) tragen zur Stabilität bei. Andere Arten wie die Würgefeige (Mitte) nutzen andere Bäume als Kletterhilfe. Im Bereich der Küsten finden sich vielerorts die salztoleranten Mangroven

Standgewässer

Grundlegend unterscheidet man zwischen zwei verschiedenen Typen aquatischer Biome, die marinen Regionen und die Süßwasserregionen. Nur 2,6 % des Wassers der Erde ist Süßwasser und der Großteil dieses Süßwassers ist als Eis und Schnee in den Polkappen und Gletschern gebunden. Nur 0,3 % des Wassers auf der Erde ist in Seen und Flüssen vorliegendes freies Süßwasser.

Süßwasser ist durch sehr geringe Salzgehalte charakterisiert. Grundlegend wird zwischen Grundwasser bzw. unterirdischen (geschlossenen) Gewässern und Oberflächengewässern (offenen Gewässern) unterschieden. Die Oberflächengewässer werden weiter in Standgewässer und Fließgewässer unterteilt. Die physikalischen und chemischen Bedingungen der Binnengewässer können je nach regionalen Gegebenheiten sehr unterschiedlich sein. So umfassen die realisierten pH-Werte in Binnengewässern die Bandbreite von pH 2 bis pH 12, es finden sich alle Salinitätsstufen von (fast) salzfreien Seen bis hin zu brackischen und schließlich

hypersalinen Salzseen (z. B. Totes Meer) und alle Trophiestufen von ultraoligotroph bis hypertroph. In den Ästuaren vermischt sich Süßwasser mit marinem Wasser und es bilden sich Salzgradienten aus. Bei Feuchtgebieten, Sümpfen und Mooren verschwimmt die Grenze zwischen terrestrischen und aquatischen Habitaten.

Für die Beurteilung der ökologischen Gewässerqualität wird für Standgewässer die Trophie herangezogen. Die Trophie bezeichnet die Intensität der photoautotrophen Primärproduktion. Da die Primärproduktion im Freiland nur indirekt zu messen ist, wird oft die Konzentration an Nährstoffen (in der Regel von Phosphat, da Phosphat in vielen Süßgewässern der limitierende Nährstoff ist) oder der Chlorophyllgehalt (als indirektes Maß für die Biomasse an Algen und damit an photoautotrophen Organismen) für die Abschätzung der Trophie herangezogen. Sowohl für die Trophie als auch für die Saprobie haben sich Systeme zur Abschätzung anhand der Organismengemeinschaften etabliert.

In den meisten Seen kommt es zumindest zeitweise zu Durchmischungen des Wasserkörpers, die zu einem Austausch zwischen tieferen und höheren Wasserschichten führen (Zirkulation). Die Zirkulation wird normalerweise durch den Wind angetrieben. Sie wird jedoch durch eine stabile Schichtung unterschiedlich dichter Wasserschichten verhindert. Diese Dichteunterschiede gehen normalerweise auf Temperaturunterschiede der verschiedenen Wasserschichten zurück, es kann aber auch unterschiedlicher Salzgehalt zu Dichteunterschieden und damit zu einer stabilen Schichtung des Sees führen. Da Wasser bei 4 °C die höchste Dichte aufweist und somit absinkt, haben die tieferen Wasserschichten (zumindest der Seen der temperaten Zone) meist Temperaturen um 4 °C. Eine Zirkulation findet in der Regel statt, wenn das Oberflächenwasser auch diese Temperatur erreicht und somit die gleiche Dichte wie das Tiefenwasser erreicht.

In amiktischen Seen findet keine Zirkulation statt – Beispiele für amiktische Seen sind von Dauereis bedeckte antarktische Seen oder durch salzreiches Tiefenwasser stabil geschichtete Seen. Monomiktische Seen mit nur einer Vollzirkulation findet man in den subpolaren Bereichen, in de-

nen nur in den Sommermonaten die Oberflächentemperatur auf 4 °C ansteigt und damit eine Zirkulation ermöglicht (kalt-monomiktische Seen) und in den warm-temperaten bis subtropischen Bereichen, in denen das Oberflächenwasser nur in den Wintermonaten auf 4 °C abkühlt (warm-monomiktische Seen). Dimiktische Seen zirkulieren zweimal im Jahr – meist im Frühjahr und im Herbst, während im Sommer die Oberflächentemperatur wärmer, im Winter dagegen die Oberflächentemperatur kälter als 4 °C ist. Oligomiktische (wenige unregelmäßige Zirkulationen) und polymiktische (viele unregelmäßige Zirkulationen) finden sich vor allem bei großen, flachen und windexponierten Seen. In diesen Seen kann es trotz einer beginnenden Schichtung beispielsweise durch Starkwindereignisse zur Zirkulation kommen.

In meromiktische Seen durchlaufen nur die oberen Wasserschichten einen durch Änderungen der Wassertemperatur bedingten Wechsel von stabiler Schichtung und Zirkulation, während das (meist anoxische) Tiefenwasser durch Abbauprodukte eine so hohe Dichte aufweist, dass es nicht in die Zirkulation einbezogen wird.

Destruenten: Organismen, die sich von toten Organismen ernähren und am Abbau von organischen Stoffen beteiligt sind

Phytoplankton: (griech.: *phyton* = Pflanze, *planktos* = treiben) im Wasser treibende, phototrophe Organismen

Siehe auch: Tiefenprofil der Lichtverfügbarkeit: 4.4.2

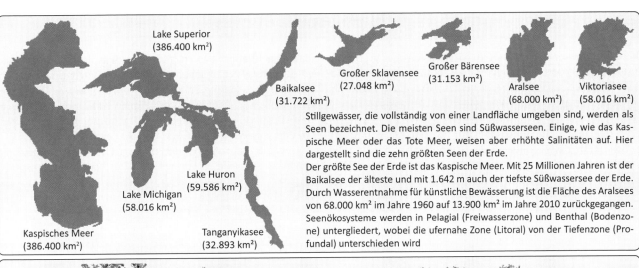

Lake Superior
(386.400 km²)

Großer Sklavensee
(27.048 km²)

Großer Bärensee
(31.153 km²)

Baikalsee
(31.722 km²)

Aralsee
(68.000 km²)

Viktoriasee
(58.016 km²)

Lake Huron
(59.586 km²)

Lake Michigan
(58.016 km²)

Kaspisches Meer
(386.400 km²)

Tanganyikasee
(32.893 km²)

Stillgewässer, die vollständig von einer Landfläche umgeben sind, werden als Seen bezeichnet. Die meisten Seen sind Süßwasserseen. Einige, wie das Kaspische Meer oder das Tote Meer, weisen aber erhöhte Salinitäten auf. Hier dargestellt sind die zehn größten Seen der Erde.
Der größte See der Erde ist das Kaspische Meer. Mit 25 Millionen Jahren ist der Baikalsee der älteste und mit 1.642 m auch der tiefste Süßwassersee der Erde. Durch Wasserentnahme für künstliche Bewässerung ist die Fläche des Aralsees von 68.000 km² im Jahre 1960 auf 13.900 km² im Jahre 2010 zurückgegangen. Seenökosysteme werden in Pelagial (Freiwasserzone) und Benthal (Bodenzone) untergliedert, wobei die ufernahe Zone (Litoral) von der Tiefenzone (Profundal) unterschieden wird

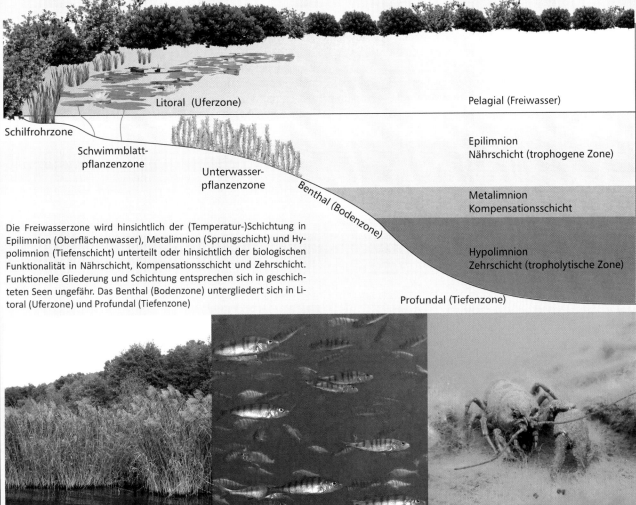

Litoral (Uferzone)

Pelagial (Freiwasser)

Schilfrohrzone

Schwimmblatt-pflanzenzone

Unterwasser-pflanzenzone

Benthal (Bodenzone)

Epilimnion
Nährschicht (trophogene Zone)

Metalimnion
Kompensationsschicht

Hypolimnion
Zehrschicht (tropholytische Zone)

Profundal (Tiefenzone)

Die Freiwasserzone wird hinsichtlich der (Temperatur-)Schichtung in Epilimnion (Oberflächenwasser), Metalimnion (Sprungschicht) und Hypolimnion (Tiefenschicht) unterteilt oder hinsichtlich der biologischen Funktionalität in Nährschicht, Kompensationsschicht und Zehrschicht. Funktionelle Gliederung und Schichtung entsprechen sich in geschichteten Seen ungefähr. Das Benthal (Bodenzone) untergliedert sich in Litoral (Uferzone) und Profundal (Tiefenzone)

Zu den Standgewässern gehören Pfützen (kurzzeitig stehende Gewässer), Tümpel (regelmäßig austrocknende Gewässer) und Seen (große permanente Gewässer). Hinsichtlich einer ökologischen Gliederung von Seen kann man zwischen Litoral (Uferzone, links), Pelagial (Freiwasserzone, Mitte) und Benthal (Bodenzone, rechts) unterscheiden. Zudem unterscheidet man zwischen der lichtdurchfluteten trophogenen Zone, in der die Photosynthese und damit die Primärproduktion überwiegt, und der lichtarmen tropholytischen Zone, in der die Zehrprozesse dominieren. Die Grenze zwischen trophogener und tropholytischer Zone wird als Kompensationsschicht bezeichnet. Das Phytoplankton ist weitgehend auf die trophogene Zone beschränkt, in der tropholytischen Zone überwiegen Bakterien und Destruenten, die sich von absinkender Biomasse ernähren. Für die ökologische Einteilung von Seen wird auch oft der Trophiegrad herangezogen. Die Trophie bezieht sich auf die Intensität der Primärproduktion: In oligotrophen Seen ist die Primärproduktion gering, meist sind hier die Nährstoffkonzentrationen niedrig. Dagegen ist in eutrophen Seen die Primärproduktion hoch, meist liegen in diesen Seen hohe Nährstoffkonzentrationen vor

Fließgewässer

■ Fließgewässer lassen sich nach ihrer Größe in Bäche, Flüsse und Ströme einteilen. Weiter kann man verschiedene Fließgewässertypen unterscheiden, die auch regionale Besonderheiten wie die Ökoregion, die Höhenlage und die Geologie einbeziehen. Im Längsverlauf gliedern sich Fließgewässer in Quellregion, Oberlauf, Mittellauf, Unterlauf und Mündung bzw. Ästuar. Diese Aufteilung ist auch für die ökologische Gliederung wichtig, da stromaufwärts stattfindende Prozesse sich auf stromabwärts gelegene Abschnitte auswirken, umgekehrt sich aber Prozesse kaum auf stromaufwärts gelegene Abschnitte auswirken. Die Nahrungsketten in Fließgewässern hängen zudem im Oberlauf stark vom Eintrag organischen Materials aus den umgebenden terrestrischen Habitaten ab. Die von der Quellregion bis zur Mündung wechselnden Interaktionen mit dem Uferbereich und die daraus resultierenden Organismengemeinschaften werden vom _River-Continuum-Concept_ beschrieben.

Für die Beurteilung der ökologische Gewässerqualität wird die Saprobie herangezogen. Die Saprobie bezeichnet dagegen die Intensität der sauerstoffzehrenden Prozesse. Über den biologischen oder den chemischen Sauerstoffbedarf ist hier eine Abschätzung möglich.

■ Fließgewässer stellen ein komplexes System unterschiedlicher Lebensräume dar. Im Wesentlichen sind dies der Gewässerkörper und das Gewässerbett. Aber auch das terrestrische Umland ist von den Fließgewässern beeinflusst. Besonders hervorzuheben sind die hochwasserbeeinflussten Auen mit ihren vom Fließgewässer abgetrennten Stillgewässern.

Im Längsverlauf der Fließgewässer unterschiedet man zwischen Krenal (Quellregion), Rhitral (Bachregion) und Potamal (Flussregion).

Das Krenal weist aufgrund der starken Beeinflussung durch Grundwasser nur geringe Temperaturschwankungen auf. Der Nährstoffgehalt ist in der Regel gering, Ausnahmen sind Quellregionen in ackerbaulich stark genutzten Regionen. In diesen ist der Eintrag vor allem von Nitrat teilweise recht hoch. Die Sauerstoffsättigung ist, ebenfalls aufgrund der starken Grundwasserbeeinflussung, oft niedrig. Die Strömungsbedingungen sind stark wechselnd, im Schnitt ist die Erosion aber stärker als die Sedimentation.

Das Rhitral weist in der Regel eine schnellere Strömung als das Krenal und das Potamal auf. Die Erosion ist entsprechend hoch und das Gewässerbett besteht aus Kies und Steinen. Aufgrund der geringen Gewässerbreite ist das Rhitral stark von der umgebenden Vegetation beeinflusst und meist stark beschattet. Phytoplankton und höhere Wasserpflanzen spielen dagegen, auch aufgrund der Beschattung, eine untergeordnete Rolle. Der Sauerstoffgehalt des Wassers ist wegen der durch Beschattung niedrigeren Wassertemperaturen sowie einer starken Durchmischung des Wasserkörpers sauerstoffreich.

Im Potamal ist die Strömung geringer, durch die zunehmende Gewässerbreite ist auch die Beschattung geringer. Die stärkere Sonneneinstrahlung erlaubt hier eine im Vergleich zum Rhitral höhere Dichte an Wasserpflanzen. Auch die Phyoplanktonabundanzen sind höher. Das Gewässerbett ist aufgrund der niedrigeren Strömungsgeschwindigkeiten feinkörniger.

Ästuar: (lat.: _aestuarium_ = Bucht) breiter Wasserkörper an der Mündung eines Flusses

Saprobie: Summe der abbauenden Stoffwechselprozesse

■ Siehe auch: Erosion und Sedimentation: 2.1.2.2

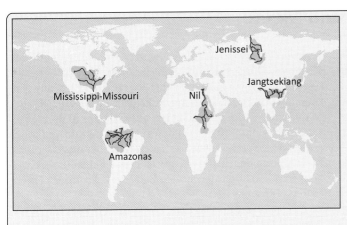

Die fünf längsten Flüsse der Welt und ihre Einzugsgebiete:

1) Der Nil ist 6.852 km lang und hat ein Einzugsgebiet von 3.255.000 km², die mittlere Wasserführung ist im Mittellauf mit 2.770 m³/s am höchsten und nimmt zur Mündung bis auf 1.250 m³/s ab. Durch Wasserentnahme zur Bewässerung verringert sich die tatsächliche Wasserführung auf 140 m³/s

2) Der Amazonas ist 6.448 km lang und hat ein Einzugsgebiet von 5.956.000 km², mit einer mittleren Wasserführung von 206.000 m³/s ist der Amazonas der wasserreichste Fluss der Erde

3) Der Jangtsekiang ist 6.380 km lang und hat ein Einzugsgebiet von 1.722.155 km², die mittlere Wasserführung beträgt 31.900 m³/s

4) Der Mississippi ist 3.778 km lang und hat ein Einzugsgebiet von 2.981.076 km², die mittlere Wasserführung beträgt 18.400 m³/s. Sein längster Nebenfluss, der Missouri, ist 4.130 km lang und hat ein Einzugsgebiet von 1.371.010 km²

5) Der Jenissei ist 4.092 km lang und hat ein Einzugsgebiet von 2.580.000 km², die mittlere Wasserführung beträgt 18.395 m³/s

In der Limnologie werden Fließgewässer in das Krenal (Quellregion, links), das Rhithral (Bachregion, Mitte) und das Potamal (Flussbereich, rechts) eingeteilt. Als fließendes Gewässer verändert es sich von der Quelle bis zur Mündung ständig – insbesondere verändert sich die Verfügbarkeit und Qualität organischen Materials. Im Oberlauf ist der Eintrag (allochthonen) pflanzlichen Materials aus der Ufervegetation hoch, die Respiration dementsprechend deutlich höher als die Produktion. Es überwiegen Organismen, die das grobe pflanzliche Material zerkleinern. Daneben finden sich Weidegänger und Räuber. Im Mittellauf nimmt der Eintrag allochthonen Materials ab, die autochthone Produktion dagegen zu - die Respiration ist hier dementsprechend geringer als die Produktion. Es dominieren Sammler und Weidegänger, die sich von Algen ernähren. Der Anteil der Zerkleinerer nimmt ab während der Anteil der Räuber dagegen ähnlich bleibt. Im Unterlauf der Gewässer nimmt der Schwebstoffanteil zu, dieser schränkt die Photosynthese ein und es überwiegt wieder die Respiration. Die Lebensgemeinschaften werden hier von Sammlern dominiert, der Anteil an Räubern bleibt auch hier gleich. Diese Veränderungen entlang des Fließgewässers werden vom *River-Continuum-Concept* beschrieben

Ozeane und Meere

Die Ozeane bedecken rund 71 % der Erdoberfläche bei einem Wasservolumen von 1,34 Milliarden Kubikkilometern. Nur in die oberste euphotische Zone des Ozeans (etwa 200 m) dringt genug Licht für die Photosynthese ein, während die tiefer gelegene aphotische Zone aufgrund des Lichtmangels keine Photosynthese mehr zulässt. Die küstennahen flachmarinen Bereiche mit einer Wassertiefe bis zu 200 m – also in etwa bis zu der Tiefe, in der am Meeresboden noch Photosynthese möglich ist (wenn auch nur in sehr geringem Umfang), werden als Schelf bezeichnet. Es schließt sich der Bereich der Grenzen der Kontinentalplatten mit zum Teil steiler abfallendem Ozeanboden (Kontinentalhang) mit Tiefen bis zu etwa 2.000–3.000 m an. Schließlich folgt das Abyssal (bis etwa 6.000 m) und das darunterliegende Hadal.

Das Meerwasser hat einen Salzgehalt von 3,5 %. In einigen Teilmeeren weicht die Salzkonzentration allerdings ab – im Mittelmeer beträgt die Salzkonzentration zwischen 3,6 und 3,9 %, in der Ostsee zwischen 0,3 und 1,7 %. Die relative Zusammensetzung des Meersalzes ist dagegen aufgrund der guten Durchmischung nahezu konstant. Das Meersalz setzt sich zu 55 % aus Chlorid (1,9 g/l), zu 30,5 % aus Natrium (1,07 g/l), zu 7,7 % aus Sulfat (0,27 g/l), zu 3,7 % aus Magnesium (0,13 g/l), zu 1,2 % aus Calcium (0,04 g/l), zu 1,1 % aus Kalium (0,04 g/l) und zu 0,8 % aus anderen Ionen zusammen. Salzseen wie das Tote Meer oder das Kaspische Meer weisen dagegen stark abweichende Salzzusammensetzungen auf. Durch den hohen Salzgehalt liegt der Gefrierpunkt des Meerwassers bei −1,9 °C.

Aufgrund der großen Oberfläche ist der Ozean trotz den im Vergleich zu Süßwasser und terrestrischen Ökosystemen geringen Biomassen bedeutend für die globalen Stoffflüsse. Etwa die Hälfte der globalen Primärproduktion geht auf die Ozeane zurück – vorwiegend auf Diatomeen (Bacillariophyceae) und Dinoflagellaten.

Für Organismen und Biomineralisationsprozesse ist die Wassertiefe von großer Bedeutung, da sich die Löslichkeit insbesondere von Carbonaten mit der Tiefe verändert. Da in den tieferen Wasserschichten keine Photosynthese stattfindet, sauerstoffverbrauchende Prozesse durch heterotrophe Organismen aber schon, nimmt die Sauerstoffkonzentration mit der Tiefe ab, die Kohlendioxidkonzentration dagegen zu. Die sich aus Kohlendioxid und Wasser bildende Kohlensäure führt zu einer zunehmenden Lösung von Carbonaten. Für Aragonit (Calciumcarbonat) liegt die Kompensationstiefe zwischen 3.000 und 3.500 m, für das stabilere Calcit (ebenfalls Calciumcarbonat) liegt sie zwischen 3.500 und 5.500 m. Unterhalb dieser Tiefe können sich daher keine Carbonate ablagern, Tiefseesedimente sind dadurch vorwiegend aus Silikaten aufgebaut.

Große Bereiche des offenen Ozeans sind ultraoligotroph, einige Gebiete weisen aber vergleichsweise hohe Konzentrationen der Hauptnährstoffe (Phosphat, Nitrat) auf – trotzdem ist das Algenwachstum in diesen Gebieten gering. Diese sogenannten HNLC-Gebiete („*High Nutrient Low Chlorophyll*") sind vor allem die großen Auftriebsgebiete, an denen nährstoffreiches Tiefenwasser aufsteigt – hervorzuheben sind hier die circumpolaren Ozeane um die Antarktis. Das Algenwachstum ist in diesen Bereichen durch geringe Konzentrationen des Mikronährelements Eisen limitiert. Aus diesem Grund werden im Zusammenhang mit dem Klimawandel großflächige Eisendüngungen der Südozeane diskutiert und experimentell untersucht, um die Primärproduktion und damit die Kohlenstofffixierung zu fördern.

---

aphotische Zone: der lichtfreie Bereich des Tiefenwassers
circumpolar: rund um den Pol reichend

euphotische Zone: die oberste, lichtdurchflutete Wasserschicht

---

Siehe auch: Biomineralisation: 4.5.2, 4.5.2.1; Bacillariophyceae: 4.6.2.4; Dinophyta: 4.6.1.2; Lichtverfügbarkeit: 4.4.2; Carbonatgleichgewicht 2.1.2.3

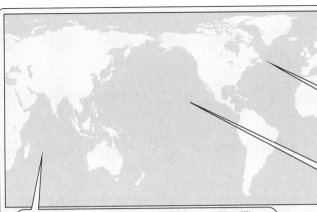

Die Ozeane bedecken rund 71 % der Erdoberfläche. Vom Pazifischen, dem Atlantischen und dem Indischen Ozean (siehe unten) werden – je nach Sichtweise – der Arktische und der Antarktische Ozean abgetrennt. Da nur in den obersten Wasserschichten Photosynthese stattfindet, nimmt die Sauerstoffsättigung mit der Tiefe ab

Der Atlantische Ozean (Atlantik) bedeckt eine Fläche von etwa 80 Millionen km² und umfasst ein Volumen von 355 Millionen km³. Die mittlere Tiefe beträgt 3.293 m, der tiefster Punkt ist mit 9.219 m das Milwaukeetief

Der Indische Ozean bedeckt eine Fläche von 75 Millionen km² und umfasst ein Volumen von 292 km³. Die mittlere Tiefe beträgt 3.936 m, der tiefste Punkt ist mit 8.047 m das Diamantinatief

Der Pazifische Ozean (Pazifik) bedeckt mit Nebenmeeren eine Fläche von 181 Millionen km² und umfasst ein Volumen von 714 Millionen km³ – mehr als 50 % des Wassers der Erde. Die mittlere Tiefe beträgt 3.940 m, der tiefste Punkt ist mit 11.034 m das Witjastief I im Marianengraben

Die Organismen, die in der Brandungszone leben, sind vergleichsweise starken mechanischen Belastungen durch Wellenschlag sowie periodischem Trockenfallen ausgesetzt.
Die küstennahen Schelfbereiche sind generell nährstoffreicher als der offene Ozean. In den vergleichsweise flachen Meeresbereichen dringt zudem Licht bis zum Boden

Der offene Ozean ist ein ultraoligotropher (extrem nährstoffarmer) Lebensraum. Aufgrund der großen Fläche, die die Ozeane einnehmen, sind sie trotzdem von herausragender Bedeutung für globale Stoffflüsse. Die bedeutendsten Primärproduzenten sind Diatomeen und Dinoflagellaten

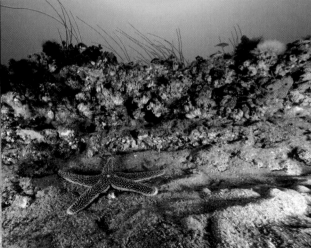

Unterhalb der photischen Zone ist keine Photosynthese mehr möglich. Die Nahrungsnetze hängen von der aus den oberen Wasserschichten sedimentierenden Biomasse ab (hier: *Bathypathes* sp. (Schwarze Koralle) mit Tiefseekrebsen)

Korallenriffe sind sehr diverse marine Ökosysteme. Die Biomineralisation der riffbauenden Organismen ist als gesteinsbildender Prozess auch geologisch von Bedeutung

4. Megasystematik

Die Systematik der Eukaryoten hat sich in den letzten zwei Jahrzehnten dramatisch verändert. Die über Jahrhunderte tradierte grundlegende Einteilung der Eukaryoten in Tiere und Pflanzen ist einem System mit mehreren Supergruppen gewichen. Tiere im engeren Sinne (Metazoa) und Pflanzen im engeren Sinne (Landpflanzen) sind nur Seitenzweige in diesem komplexen System der Eukaryoten.

Molekulare Daten haben viele vormals unklare Verwandtschaftsbeziehungen entschlüsselt. Mit der zunehmenden Verfügbarkeit von Sequenzdaten seit Einführung der PCR in den 1980er-Jahren wurden molekulare Daten zunehmend bedeutend für die Rekonstruktion phylogenetischer Verwandtschaftsverhältnisse und haben (in den meisten Organismengruppen) die Bedeutung morphologischer Daten zumindest erreicht oder diese abgelöst.

Zunächst waren dies Sequenzdaten einzelner Gene, der meist verwendete Sequenzabschnitt war das Gen, das für die ribosomale RNA der kleinen Untereinheit der Ribosomen codiert: die SSU-rRNA (engl.: *small subunit ribosomal* RNA).

Nach ihrem Sedimentationskoeffizienten wird sie auch als 18S-rRNA (bei Eukaryoten) oder als 16S-rRNA (bei Prokaryoten sowie in den Mitochondrien und Plastiden der Eukaryoten) bezeichnet. Neben der SSU-rRNA wurden in der Folge auch zunehmend andere Gene in die Analysen einbezogen.

Durch die Einführung von Hochdurchsatzsequenziertechniken wird die molekulare Phylogenie derzeit zunehmend von der Analyse einzelner Gene auf die Analyse ganzer Genome oder Transkriptome erweitert. Das erste vollständige Genom wurde 1995 sequenziert (von *Haemophilus influenzae*). Neben der Sequenzinformation an sich gibt ein vollständig sequenziertes Genom zusätzlich Aufschluss über die Größe und Struktur des Genoms. Die Größe der Genome und damit der zu analysierenden Datenmenge erfordert allerdings aufwendige bioinformatische Analysen. Während in früheren Analysen die Beschaffung der (morphologischen oder molekularen) Daten der limitierende Schritt war, ist dies inzwischen die Filterung und Analyse der Datensätze.

4.1 Grundlagen der Megasystematik
Das einführende Kapitel gibt einen Überblick über die historische Einteilung der Organismen bis hin zu der heute weitgehend akzeptierten Einteilung in die drei Domänen

4.2 Unikonta
In diesem Kapitel werden die Unikonta vorgestellt. Diese umfassen die Apusozoa, die zu den Ophistokonta zusammengefassten Holozoa und Holomycota und die Amoebozoa

4.3 Excavata
Dieses Kapitel behandelt die Großgruppe der Excavata. Zu den Excavata gehören die Metamonadida (Diplomonada, Retortamonadida, Parabasalia, Oxymonadida) und die Discoba (Euglenozoa, Heterolobosea, Jakobida)

4.4 Archaeplastida
Hier werden die Archaeplastida, also die Organismen mit primären Plastiden, vorgestellt: Glaucocystophyta, Rhodophyta und die als Viridiplantae zusammengefassten Chlorophyta und Streptophyta (inklusive der Landpflanzen)

4.5 Rhizaria
Die Rhizaria sind mit den Chromalveolata verwandt und umfassen viele Amöboflagellaten. Zu den Rhizaria gehören die Cercozoa (Filosa, Endomyxa) und die Retaria (Polycystinea, Acantharia, Foraminifera)

4.6 Chromalveolata
Die zu den Chromalveolata zusammengefassten Gruppen Alveolata (Ciliophora, Dinophyta, Chromerida, Apicomplexa) und Stramenopiles (Bigyra, Pseudofungi, Ochrophyta) werden in diesem Kapitel vorgestellt

4.7 Hacrobia
In diesem Kapitel werden die beiden Gruppen Haptophyta und Cryptophyta behandelt. Die Verwandtschaft dieser beiden Gruppen ist nicht abschließend geklärt

Grundlagen der Megasystematik

■ Es gibt viele Ansätze für die Einteilung von Organismen. Historisch gesehen stand die Suche nach einer „natürlichen Ordnung" der Lebewesen im Vordergrund – unter der Annahme, dass es eine vorgegebene Ordnung und Einteilung der Lebewesen gibt und diese lediglich gefunden werden müsse.

Mit dem fortschreitenden Verständnis der Evolution wurde eine solche vorgegebene Ordnung immer mehr infrage gestellt, die Frage nach einer sinnvollen Einteilung blieb aber bestehen. Was jedoch sinnvoll ist, hängt in hohem Maße von der Zielsetzung, von der zugrunde liegenden Fragestellung ab. Eine Einteilung im Sinne eines durch Menschen erdachten Ordnungssystems kann ganz unterschiedlich erfolgen.

■ Eine phylogenetische Einteilung ist die weitgehend favorisierte Ordnungsweise. Zum einen reflektiert diese die tatsächlichen stammesgeschichtlichen Verwandtschaftsverhältnisse, zum anderen schafft sie eine über Disziplinengrenzen hinweg sinnvolle Basis für den Umgang mit Diversität: Da nahe verwandte Organismen sich in der Regel in vielen Aspekten ähneln – zumindest ähnlicher zueinander sind als zu entfernter verwandten Arten – ist eine Verallgemeinerung wissenschaftlicher Befunde innerhalb phylogenetisch verwandter Gruppen in vergleichsweise hohem Maße möglich.

Andere Einteilungskriterien reflektieren unterschiedliche Zielsetzungen und sind oft nur in einer oder wenigen Disziplinen sinnvoll. Solche unterschiedlichen Systeme der Einteilung sind unproblematisch, soweit sie jeweils im richtigen Kontext gebraucht werden. So sinnvoll die verschiedenen Ordnungssysteme innerhalb der jeweiligen Disziplinen aber auch sein mögen, verursachen sie doch oft Missverständnisse zwischen den Disziplinen. So werden z. B. teils die gleichen Begriffe für unterschiedliche Organismengruppen verwendet. Verschärft werden diese Probleme dadurch, dass verschiedene Einteilungssysteme und Begrifflichkeiten zunächst auch phylogenetisch sinnvoll erschienen. Erst aufgrund neuerer Daten, beispielsweise elektronenmikroskopi-

Beispielsweise können Organismen nach Lebensraum, nach morphologischer oder genetischer Ähnlichkeit, nach Nutzung durch bzw. Nutzen für den Menschen oder nach ihrer Nahrungsökologie eingeteilt werden. Beispiele für verschiedene Ordnungssysteme sind die Einteilung in Primärproduzenten und Konsumenten einerseits, die Einteilung in Mikro- und Makroorganismen, die Einteilung in aquatische und terrestrische Organismen oder die Einteilung in Verwandtschaftsgruppen. Aber auch eine Einteilungen nach Farbe, Genießbarkeit, Giftigkeit und vielen anderen Kriterien sind denkbar – und werden auch angewandt.

scher Daten oder molekularer Daten, erwies sich für viele dieser Gruppen eine Polyphylie oder Paraphylie.

Prominente Beispiele sind die Zuordnung der Krokodile zu den Reptilien, die Einteilung der Protisten in Algen und Protozoen oder auch die Einteilung in Tiere und Pflanzen:

Die Krokodile sind phylogenetisch näher mit den Vögeln verwandt als mit anderen Reptilien. Trotzdem werden sie aufgrund ihrer Lebensweise und vieler morphologischer und physiologischer Gemeinsamkeiten in der Regel zu den Reptilien gestellt.

Tiere (im Sinne von Metazoen) stellen eine monophyletische Verwandtschaftsgruppe dar, ebenso die Pflanzen (im Sinne von Landpflanzen). Umgangssprachlich und auch im historischen Kontext werden die Begriffe Tier und Pflanze aber weitgehend am Ernährungsmodus, heterotroph oder photoautotroph, festgemacht. Eine Zusammenfassung beispielsweise von Cyanobakterien, den verschiedenen eukaryotischen Algengruppen und den Landpflanzen als Primärproduzenten ist auch aus heutiger Sicht ökologisch durchaus sinnvoll, ergibt phylogenetisch oder im Kontext anderer biologischer Disziplinen jedoch wenig Sinn.

Algen: photoautotrophe, eukaryotische Organismen, die nicht zu den Landpflanzen gehören. Im ökologischen Kontext werden zudem meist auch die Cyanobakterien zu den Algen gezählt
Konsumenten: (lat.: *consumere* = verbrauchen) heterotrophe Organismen, die sich von anderen Organismen ernähren
Phylogenie: stammesgeschichtliche Entwicklung der Lebewesen und die Entstehung der Arten in der Erdgeschichte

Primärproduzenten: autotrophe Organismen, die aus anorganischen Verbindungen komplexe organische Moleküle synthetisieren
Protisten: Gruppe nicht näher miteinander verwandter eukaryotischer Organismen, die keine Gewebe ausbilden

---

■ Siehe auch: Goldalgen: 4.6.2.3; phylogenetische Position der Krokodile: 4.2.1, 4.2.1.9; Polyphylie: 4.1.1.6, 4.2.2.3

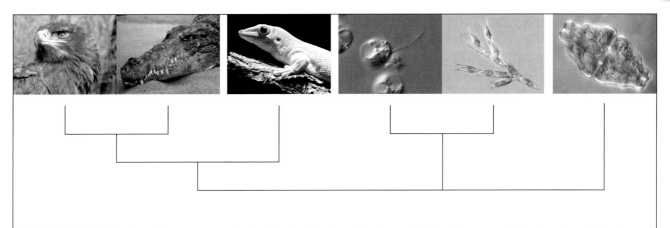

Einteilung nach phylogenetischen und molekularen Kriterien: Das hier abgebildete System gibt die Verwandtschaftsverhältnisse zwischen den Organismen wieder. Zum Teil widerspricht dieses System allerdings den intuitiven Erwartungen: So werden die Krokodile in die Verwandtschaft der Vögel gestellt, nicht aber in die engere Verwandtschaft anderer Reptilien. Auch die Algen bilden keine einheitliche Verwandtschaftsgruppe. So sind die Grünalgen (rechts) nicht näher mit den Goldalgen (mitte rechts) verwandt. Die Verwandtschaft von photoautotrophen und mixotrophen Goldalgen (hier: *Dinobryon*) mit heterotrophen Goldalgen (hier: *Spumella*) scheint zunächst überraschend

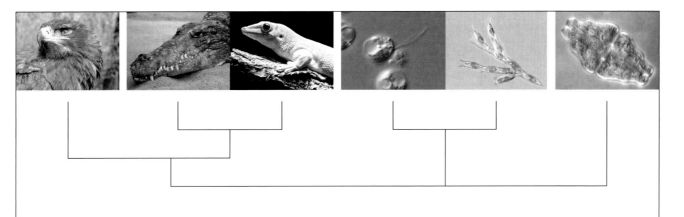

Einteilung nach genereller morphologischer Ähnlichkeit: Auch wenn die Krokodile eine Reihe morphologischer Merkmale mit den Vögeln teilen, würde man sie aufgrund einer Vielzahl morphologischer Ähnlichkeiten und aufgrund einer ähnlichen Lebensweise mit den Reptilien gruppieren (wechselwarme, schuppentragende Tiere mit einer ähnlichen Ökologie)

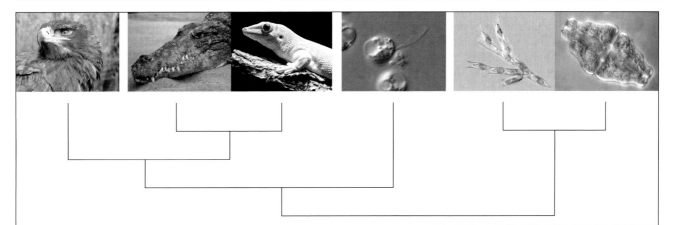

Einteilung nach funktionellen/ökologischen Kriterien: Mit dem Begriff „Pflanze" werden umgangssprachlich oft Organismen zusammengefasst, die sich durch Photosynthese autotroph ernähren. Als „Tiere" werden solche Organismen zusammengefasst, die partikuläre Nahrung aufnehmen und sich frei fortbewegen. In dem hier gewählten Beispiel stehen funktionell die „Algen" als Primärproduzenten den heterotrophen Organismen gegenüber

Historische und phylogenetische Grundlagen

In den historisch gewachsenen Klassifikationssystemen wurden Organismen in Tiere und Pflanzen eingeteilt und der unbelebten Natur gegenübergestellt. Dem Menschen wurde meist eine Sonderrolle in diesem System zuerkannt. Diese Einteilung bildet auch die Grundlage für die immer noch an vielen Universitäten übliche Einteilung der Fachdisziplinen in Geowissenschaften (unbelebte Natur), Biologie mit Botanik (Pflanzen) und Zoologie (Tiere) sowie Medizin (Mensch).

Die historischen Wurzeln dieser Großgruppenklassifikation gehen einerseits zurück auf die griechische Philosophie (Aristoteles und seinen Schüler Theophrast) und andererseits auf die Schöpfungsgeschichte der „Buchreligionen" (Christentum, Islam und Judentum).

Auf diese Quellen lassen sich auch die Ursprünge der Differenzialkriterien, der Unterscheidungsmerkmale von Tieren und Pflanzen, zurückverfolgen: Im Allgemeinen werden Tiere in den historischen Klassifikationssystemen über freie Ortsbeweglichkeit und über die Fähigkeit der sensorischen Wahrnehmung definiert.

In der Genesis (Schöpfungsgeschichte) werden Tiere mit den Begriffen „schwärmen", „fliegen" und „kriechen" assoziiert, also mit freier Beweglichkeit – im Gegensatz zu Pflanzen. Das auf die griechische Philosophie (Aristoteles) zurückzuführende Kriterium der Sinneswahrnehmung wurde in der Praxis oft an der Nahrungsaufnahme festgemacht. Da diese die Sinneswahrnehmung zur Beuteerkennung voraussetzt, war es ein vergleichsweise einfach zu erkennendes Merkmal.

Besonders deutlich wurden die Probleme der klassischen Großgruppeneinteilung mit der Entdeckung und dem Versuch der Klassifizierung von Mikroorganismen – Bakterien, Archaeen und Protisten.

Eine Voraussetzung für die Analyse insbesondere der Mikroorganismen war die Entwicklung mikroskopischer und molekularer Methoden. Erst die Entwicklung hochauflösender lichtmikroskopischer Techniken, wie Differenzialinterferenzkontrast, sowie die Entwicklung der Elektronenmikroskopie erlaubten eine detaillierte Analyse von intrazellulären Strukturen und die Analyse von Mikroorganismen.

Die Studien von Mikroorganismen reichen zurück bis zu den Beschreibungen von „kleinen Tierchen" (Animalcula) durch Antonie van Leeuwenhoek. Tatsächlich handelte es sich bei diesen Objekten um Bakterien und Protisten. Aufgrund der frei schwimmenden Bewegung dieser Organismen ordnete van Leeuwenhoek sie als kleine Tiere ein. Diese Mikroorganismen wurden als miniaturisierte vollständige Tiere

Der starke Einfluss der philosophischen und theologischen Schriften auf die Biologie ist leicht zu erklären: Naturwissenschaften und Wissenschaften im Allgemeinen waren auf die Fachliteratur angewiesen. Bis ins 19. Jahrhundert hinein war diese in Europa fast ausschließlich über Klosterbibliotheken verfügbar – die Wissenschaftler, die Zugang zu diesen Werken hatten, hatten zudem meist auch eine theologische Ausbildung. Auch die an Bedeutung gewinnenden Universitätsbibliotheken waren zunächst theologisch geprägt. Theologische und philosophische Schriften bildeten daher über lange Zeit eine einflussreiche Quelle des biologischen Diskurses. Auch Carl von Linné, der Begründer der binären Nomenklatur, und Charles Darwin, der Begründer der Evolutionstheorie, durchliefen zumindest in Ansätzen eine theologische bzw. philosophische Ausbildung.

In der modernen Wissenschaft schwingt die Differenzierung von Tieren und Pflanzen aufgrund der Ernährungsweise und der Fortbewegung ebenfalls immer noch mit. Neben der historischen, über Jahrtausende gewachsenen Sichtweise korrespondiert diese Einteilung recht gut mit der „allgemeinen Lebenserfahrung", die wir schon seit Kleinkindesalter aufnehmen. Wenn Kinder dann die problematischen Organismen kennenlernen, die durch dieses Konzept schwierig zu fassen sind – Korallen, Schwämme, carnivore Pflanzen, parasitische heterotrophe Pflanzen, Pilze, Protisten –, ist das Konzept schon so weit verinnerlicht, das der Konflikt zwischen Konzeption und der natürlichen Diversität der „Tiere" und „Pflanzen" nicht auffällt oder als Kuriosität hingenommen wird.

oder Pflanzen interpretiert – die intrazellulären Strukturen dementsprechend als Fortpflanzungs- oder Verdauungsorgane, wie sie von höheren Metazoen bekannt waren. Erst mit der Zelltheorie Mitte des 19. Jahrhunderts und deren Anwendung auf Mikroorganismen erwuchsen das Verständnis einer zellulären Organisation von Lebewesen und ein Verständnis von Einzellern.

Entsprechend der historischen Wurzeln wurden diese Organismen als basale Tiere oder Pflanzen angesehen und systematisch in die entsprechenden Reiche gestellt. Da viele dieser Organismen aber sowohl Merkmale aufweisen, die als pflanzentypisch angesehen wurden (Plastiden, Pigmentierung), als auch solche, die als tiertypisch galten (freie Ortsbewegung, Nahrungsaufnahme), wurden sie sowohl von Botanikern als auch von Zoologen in den entsprechenden Systemen klassifiziert. Bis heute ist diese doppelte Einordnung in unterschiedliche Systeme in weiten Teilen ungelöst.

Elektronenmikroskopie: bildet die Oberfläche oder das Innere eines Objekts anstelle von Licht mit Elektronen ab. Ein Elektronenmikroskop erreicht eine wesentlich höhere Vergrößerung als herkömmliche Lichtmikroskope

Differenzialinterferenzkontrast: Kontrastverfahren der Lichtmikroskopie, bei dem Unterschiede der optischen Weglänge in Helligkeitsunterschiede umgewandelt werden

Siehe auch: 3 Domänen: 4.1.2

Die grundlegende Einteilung von Organismen geht auf die griechische Philosophie – insbesondere auf Aristoteles (links) und seinen Schüler Theophrast – und auf die Schöpfungsgeschichte der „Buchreligionen" (Christentum, Islam, Judentum) zurück. Nach Aristoteles besitzen alle Lebewesen die Fähigkeit zur Ernährung und Reproduktion (Anima vegetativa). Nur Tiere, inklusive des Menschen, besitzen darüber hinaus die Fähigkeit zur Wahrnehmung (Anima sensitiva). Die Fähigkeit zum Denken und zur Logik (Intellekt, Anima rationalis) ist dem Menschen vorbehalten. Die Genesis legt das Hauptaugenmerk auf die freie Ortsbewegung: „*Das Land lasse junges Grün wachsen, alle Arten von Pflanzen, die Samen tragen, und von Bäumen, die auf der Erde Früchte bringen mit ihrem Samen darin (Gen 1:11) [...] Das Wasser wimmle von lebendigen Wesen und Vögel sollen über dem Land am Himmelsgewölbe dahinfliegen (Gen 1:20) [...] Das Land bringe alle Arten von lebendigen Wesen hervor, von Vieh, von Kriechtieren und von Tieren des Feldes (Gen 1:24) [...] Lasst uns Menschen machen als unser Abbild, uns ähnlich (Gen 1:26)"*

Antonie van Leeuwenhoek (links), das von ihm selbst entworfene und gebaute Mikroskop (rechts) und auf seinen Beobachtungen basierende Zeichnungen einer Foraminifere (Mitte links: möglicherweise *Polystomella* sp.) und eines Ciliaten (Mitte rechts: *Coleps* sp.)

Grundlage der modernen Systematik: Carl von Linné

■ Der schwedischen Naturforscher Carl von Linné (1707–1778) erstellte mit dem Werk *Systema Naturae* einen umfassenden Überblick über alle bekannten Tier- und Pflanzenarten. Er beschrieb in seinen Werken etwa 7.700 Pflanzen-, 6.200 Tier- und 500 Mineralienarten.

Linné ging davon aus, dass er damit die existierende Biodiversität weitgehend erfasst habe. Nach heutigem Wissensstand allerdings dürfte dies gerade einmal 1–2 % der lebenden Arten entsprechen. Mikroorganismen waren zwar schon bekannt, wurden von Linné aber nicht berücksichtigt oder in Sammelarten, wie *Chaos infusorium*, zusammengefasst.

Linné war sich der Bedeutung seines Schaffens durchaus bewusst, was in seinem Zitat „*Deus creavit, Linnaeus disposuit*" (Gott schuf, Linné ordnete) zum Ausdruck kommt. Dieses Zitat zeigt aber auch das theologische Fundament der Forschung Linnés: Ziel seines Wirkens war es, „den göttlichen Schöpfungsplan zu ergründen".

■ Das Werk *Species Plantarum* erschien im Jahre 1753 und ist Grundlage der botanischen Nomenklatur. In dem zweibändigen Werk beschreibt Linné mit etwa 7.300 Arten alle ihm bekannten Pflanzen der Erde. In diesem Werk verwendet Linné erstmals konsequent ein Epithet zur Bezeichnung der Arten und führt damit die binäre Nomenklatur in die Botanik ein.

Erst später überträgt Linné dieses Prinzip auch auf die Tiere. Das umfassendere Werk *Systema Naturae* behandelt die gesamte Vielfalt der biologischen Diversität. Die binäre Nomenklatur wurde allerdings erst in der 10. Auflage, die im Jahre 1758 erschien, auch für die Tiere konsequent durchgeführt. Diese 10. Auflage dient daher als Grundlage der zoologischen Nomenklatur.

Die Grundlage der Nomenklatur in der Botanik und in der Zoologie geht somit auf unterschiedliche Werke Linnés zurück. Dies ist eine Ursache (neben anderen) für Abweichungen zwischen botanischen und zoologischen Regeln der Nomenklatur. Gerade für Organismen, die von beiden Systemen erfasst werden – wie es bei vielen Protisten der Fall ist –, stellt sich dadurch das Problem, dass die Benennung von Arten zwar aus Sicht der einen Fachdisziplin

Die nachhaltigste Wirkung Linnés ist aber nicht in seiner umfassenden Zusammenstellung der damals bekannten Organismen zu sehen, sondern in der Einführung der binären Nomenklatur für die Benennung von Arten. Vor den Arbeiten Linnés waren die Artnamen lange beschreibende Phrasen. Linné führte den Aufbau von Artnamen aus Gattungsnamen und Artepitheton ein. Die Artnamen wurden damit nicht nur kürzer, es wurde auch erstmals ein einheitliches System der Benennung von Arten mit eindeutig zugeordneten Namen etabliert.

Diese als binäre Nomenklatur bezeichnete Benennung von Arten bildet die Basis der heutigen Taxonomie. Von den vielen Werken Linnés sind dementsprechend *Systema Naturae* und *Species Plantarum* die bis heute einflussreichsten, da sie die Grundlage der Benennung von Arten für Tiere (*Systema Naturae*) und Pflanzen (*Species Plantarum*) liefern.

korrekt und damit wissenschaftlich gültig, aus Sicht der anderen Disziplin aber ungültig sein kann.

In der 10. Auflage sind auch die Großgruppen der Linnéschen Klassifikation – Steine, Pflanzen und Tiere – definiert:

- „*Lapides corpora congesta, nec viva, nec sentientia*" („Steine: massive Körper, weder lebend noch empfindend")
- „*Vegetabilia corpora organisata & viva, non sentientia*" („Pflanzen: organisierte Körper und lebend, nicht empfindend")
- „*Animalia corpora organisata, viva et sentientia, sponteque se moventia*" („Tiere: organisierte Körper, lebend und empfindend, sich spontan bewegend")

Diese Definitionen lassen klar die historischen Wurzeln der Großgruppensystematik in Philosophie und Theologie erkennen. Im Gegensatz zu der damals vorherrschenden Meinung stellt Linné (erstmals seit Aristoteles *Historia animalium*) den Menschen in das Tierreich. Eine Sonderrolle erkennt Linné dem Menschen insofern zu, als er die Fähigkeit zur Selbsterkenntnis („*Nosce te ipsum*" - „Erkenne dich selbst!") als Unterscheidungsmerkmal zu den anderen Tieren anführt.

---

binäre Nomenklatur: zweiteilige Namensgebung für Organismen in der Taxonomie, setzt sich aus dem Gattungsnamen und dem Artepitheton zusammen

---

■ Siehe auch: Aristoteles: 4.1.1

Carl von Linné (Mitte) und die Titelseiten seiner einflussreichsten Werke *Systema Naturae* (links) und *Species Plantarum* (rechts). Das Werk *Systema Naturae* erschien erstmals 1735. Erst in der 1758 erschienenen 10. Auflage wendete Linné allerdings konsequent die binäre Nomenklatur an

Linne unterschied in seinen Werken zwischen den Reichen Lapides (Steine), Plantae (Pflanzen) und Animalia (Tiere). Bei der Unterscheidung dieser Reiche folgte Linné im Wesentlichen den bereits in der griechischen Philosophie angelegten Kriterien. Pflanzen und Tiere wurden als lebend der unbelebten Natur gegenübergestellt. Tiere unterschied Linné durch die Fähigkeit zu empfinden und greift damit die von Aristoteles postulierte Anima sensitiva (Fähigkeit zur Wahrnehmung) auf. Entgegen anderen Klassifikationssystemen seiner Zeit stellt Linné den Menschen wieder zu den Tieren. Auch hier folgt Linné in grundlegenden Zügen Aristoteles: Die von Linné angeführte Fähigkeit zur Selbsterkenntnis wird bereits von Aristoteles als Anima rationalis (Fähigkeit zum Denken und zur Logik) postuliert

Grundlage der modernen Phylogenie: Darwin und Pasteur

■ Überlegungen zur gemeinsamen Abstammung und Umwandlung von Arten gab es mindestens seit dem 6. Jahrhundert vor Christus. Beispielsweise führte bereits der griechische Philosoph Anaximander (ca. 610–547 v. Chr) den Ursprung des Menschen auf eine Entstehung aus anderen Lebewesen zurück. Er nahm eine Spontanentstehung von Leben und damit auch den Ursprung des Lebens im Wasser an.

Im 19. Jahrhundert entwarf der französische Biologe Jean-Baptiste de Lamarck (* 1. August 1744 in Bazentin-le-Petit, † 18. Dezember 1829 in Paris) eine Evolutionstheorie, die annahm, dass die Veränderung von Arten durch Vererbung erworbener Unterschiede erfolgt. Die graduelle Veränderlichkeit von Arten (Gradualismus) stand dabei außer Frage. Die Mechanismen, die diese Veränderung bewirkten, waren aber unklar. Lamarck nahm einerseits an, dass graduelle Änderungen der Umgebung zu einer Veränderung der Lebensweise der Organismen und damit zu einer Veränderung der Organismen selbst führen. Eine Vererbung dieser erworbenen Eigenschaften wird heute in den Fragestellungen der Epigenetik wieder aktuell.

Darüber hinaus nahm Lamarck einen ‚Vervollkommnungstrieb' an, der dazu führt, dass die Organismen im Laufe der Evolution immer komplexer werden. Die Existenz von einfach organisierten Lebewesen erklärte Lamarck dabei mit einer weiterhin stattfindenden Rate an Spontanzeugungen.

Auf solchen Überlegungen aufbauend präsentierten Charles Darwin und Alfred Russel Wallace 1858 Arbeiten zur Theorie der Evolution, die die Basis für das heutige Verständnis der Evolution legten. Anstelle des von Lamarck postulierten Vervollkommnungstriebes trat die natürliche Selektion als treibender Mechanismus. Diese Überlegungen wurden von Darwin 1859 in seinem umfassenden Buch *On the Origin of Species* untermauert.

Die erst kurz vorher veröffentlichte Zelltheorie belegte den Aufbau aller Lebewesen aus Zellen und damit eine prinzipielle Ähnlichkeit von Tieren und Pflanzen. Diese Befunde legten nahe, dass die Evolutionstheorie für alle Lebewesen Gültigkeit besitzt und auch Tiere und Pflanzen auf einen gemeinsamen Ursprung zurückzuführen sind.

Fast zeitgleich zeigten die Experimente Pasteurs, dass eine spontane Entstehung von Leben auch für niedere Lebensformen nicht möglich ist, sondern Leben immer aus Leben entsteht.

Mit diesen fundamentalen Arbeiten brachen in einem vergleichsweise kurzen Zeitraum die zentralen Fundamente der (früheren) Annahmen der Biologie weg.

■ Die Veränderlichkeit der Arten war eine auch schon zu Darwins Zeiten bekannte und weithin akzeptierte Tatsache. Besonders die Überlegungen zur graduellen Veränderungen von fossilen Organismen im Laufe der Zeit (wie z. B. in Lyells *Principles of Geology* dargelegt) beeinflussten Darwins Überlegungen. Weniger offensichtlich waren die Gründe, die zu solchen Veränderungen der Organismen führten.

Darwins Ideen zur Selektion und natürlichen Auslese waren stark beeinflusst von Malthus' *Essay on the Principle of Population*. In diesem Werk beschreibt Malthus, dass die Bevölkerung in Abwesenheit äußerer Kontrollen exponentiell wächst, die Nahrungsmittelproduktion dagegen nur linear. Daraus leitete Malthus ab, dass ein exponentielles Wachstum nur über einen begrenzten Zeitraum aufrechterhalten werden kann und es schließlich zu einem Kampf um die Ressourcen kommen wird. Diese aus der Sozialtheorie stammenden Überlegungen bilden einen zentralen Ausgangspunkt für Darwins Theorie.

Ähnlich wie Darwins Befunde für das Verständnis der Evolution waren Pasteurs Studien bedeutend zur Frage nach der spontanen Entstehung von Leben. Es entsprach der generellen Ansicht, dass niedere Lebensformen jederzeit aus geeigneten Medien (Wasser, Schlamm, Erde) entstehen könnten. Erst die Experimente Pasteurs lieferten den Beweis, dass eine solche spontane Neuentstehung von Leben nicht möglich ist, sondern Leben nur aus Leben entstehen kann. Die vermeintlichen Spontanzeugungen waren auf Kontaminationen mit Keimen aus der Luft oder aus anderen Quellen zurückzuführen. Daraus ergab sich die Folgerung, dass die Evolutionstheorie für alle Lebewesen gültig ist und nicht nur für höher entwickelte Lebensformen. Damit war der Grundstein für eine einmalige Entstehung des Lebens gelegt – mit der Konsequenz der phylogenetischen Verwandtschaft aller heute lebenden Lebewesen und der Entstehung der heutigen Vielfalt im Wesentlichen durch die von Darwin postulierten Mechanismen.

Gradualismus: Konzept der Evolutionstheorie, das annimmt, dass die Evolutionsrate (in etwa) konstant ist und Adaptationen sich über viele Zwischenschritte bilden und nicht sprunghaft erscheinen

Spontanzeugung: Entstehung von Leben aus unbelebter Materie

■ Siehe auch: Ursprung des Lebens: 2.2.1.1

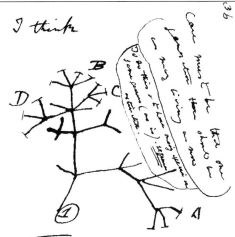

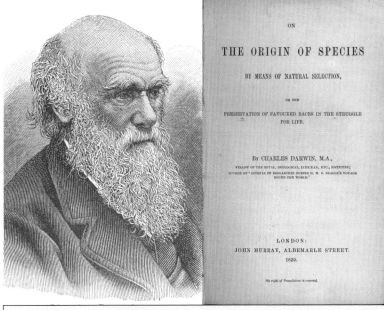

Charles Darwin (* 12. Februar 1809 in Shrewsbury, UK; † 19. April 1882 in Downe, UK) war ein britischer Naturforscher und gilt als der Begründer der Evolutionstheorie. Grundsätzlich waren die Annahme einer Veränderlichkeit von Organismen und der Abstammungslehre nicht neu. Darwin war allerdings der Erste, der diese Überlegungen auf einer breiten Basis mit Beweisen aus verschiedenen Disziplinen untermauerte. In seinem Notizbuch B skizzierte Darwin 1837 erstmals seine Vorstellung vom Stammbaum des Lebens (links)

Louis Pasteur (* 27. Dezember 1822 in Dole, Frankreich; † 28. September 1895 in Villeneuve-l'Étang; Frankreich) war ein französischer Chemiker und Mikrobiologe. Seine Versuche trugen entscheidend zur Widerlegung der Abiogenese-Theorie bei. Die Abiogenese-Theorie ging davon aus, dass niedere Lebensformen durch Spontanzeugung aus unbelebtem Wasser, Schlamm und Erde entstehen können. Dies wurde nicht nur für Mikroorgansimen (links unten: mikrobielle Matte), sondern auch für Maden, Würmer und andere kleine Metazoen (oben links: Maden auf Fleisch) allgemein angenommen. Pasteur zeigte, dass sich in steril gehaltenen Flüssigkeiten kein Leben entwickelt. Erst nach einem Kontakt mit nicht sterilen Luft oder anderen Kontaminationen lässt sich Leben beobachten

Was ist eine Pflanze?

Pflanzen sind grün, Pflanzen betreiben Photosynthese, Pflanzen sind (im Boden) verwurzelt, (…). Dies ist eine Auswahl der intuitiv mit Pflanzen assoziierten Merkmale. Für eine Definition von Pflanzen reichen diese Begriffe aber nicht aus: Parasitische Pflanzen sind nicht grün, sie betreiben auch keine Photosynthese. Moose sind zwar grün und betreiben Photosynthese, besitzen aber keine echten Wurzeln. Sind carnivore Pflanzen wie die Venusfliegenfalle wirklich Pflanzen? Und warum ist die Photosynthese betreibende Meeresschnecke *Elysia* keine Pflanze?

Auch Algen werden oft zu den Pflanzen gestellt – Algen betreiben zwar Photosynthese, sind aber ganz anders gebaut und die meisten Algen sind auch mit den Landpflanzen nicht näher verwandt. Cyanobakterien werden ebenfalls oft unter dem Begriff Pflanze zusammengefasst. Ist das Photosynthese betreibende Augentierchen (*Euglena gracilis*) nun ein Tier oder eine Pflanze oder beides? Oder nichts von beidem?

Hinterfragt man den Begriff „Pflanze", ist meist unklar, wie eine Pflanze nun zu definieren sei. Dies ist auf eine mit dem umgangssprachlichen Begriff „Pflanze" verbundene Vermischung einer funktionell-ökologischen Definition – Photosynthese betreibend, verwurzelt – mit dem Versuch einer systematischen Definition zurückzuführen.

Im phylogenetischen Kontext entsprechen am ehesten die monophyletischen Landpflanzen – also Moose, Farne, Bärlappe und Samenpflanzen – dem Begriff Pflanze. Funktionell werden dagegen oft die zur Photosynthese befähigten Organismen als Pflanzen zusammengefasst, dies schließt auch alle Algen und – je nach Definition – auch die Cyanobakterien ein.

Carl von Linné gliederte sein *Systema Naturae* in die drei Naturreiche Lapides (Mineralien), Plantae (Pflanzen) und Animalia (Tiere). Pilze, Flechten, eukaryotische Algen und Cyanobakterien wurden (im historischen Kontext) zu den Pflanzen gestellt – dies basierte in der Regel entweder auf der Phototrophie dieser Organismen oder, wie im Falle der Pilze, auf der Wuchsform der Makropilze. Aufgrund des Vorhandenseins einer Zellwand wurden auch die heterotrophen Bakterien als „Spaltpflanzen" zu den Pflanzen gestellt.

Mit der zunehmenden Klärung der phylogenetischen Verwandtschaftsverhältnisse wurden die Pflanzen monophyletisch definiert und viele der vormals zu den Pflanzen gestellten Gruppen ausgegliedert: Neben der oben angeführten Abgrenzung (Landpflanzen) werden auch die monophyletischen Viridiplantae (Landpflanzen und Grünalgen) oder die monophyletischen Archaeplastida (Organismen mit primären Plastiden, also Viridiplantae, Rhododphyta und Glaucophyta) als Gruppen der „Pflanzen" angesprochen.

Anders als der Begriff „Pflanze", der trotz dieser ambivalenten Definitionen vorwiegend monophyletisch im Sinne der höheren Pflanzen verstanden wird, wird der Begriff „Alge" vorwiegend im funktionellen Kontext genutzt. Aber auch hier sind die Definitionen je nach Kontext verschieden. In einer allgemeinen Definition sind Algen zur Photosynthese befähigte Organismen mit Ausnahme der Landpflanzen. Diese sehr allgemeine Definition würde die Cyanobakterien einschließen, andererseits werden Algen in der Regel als eukaryotische Organismen verstanden. Auch hier spielen systematisch-phylogenetische sowie funktionell-ökologische Überlegungen eine Rolle.

Trotz der eher funktionellen Definition über die Photosynthese werden Algen in der Regel als der Domäne Eukarya angehörig angesehen. In ökologischen Studien werden dagegen oft die gesamten phototrophen Primärproduzenten als funktionelle Gruppe zusammengefasst – in diesem Sinne werden die Cyanobakterien dann nicht von den Algen abgegrenzt.

---

carnivor: (lat.: *carnivorus* = Fleisch verschlingend) fleischfressend

Motilität: (lat.: *motio* = Bewegung) Fähigkeit zur freien (aktiven) Ortsbewegung

---

Siehe auch: Landpflanzen: 4.4.3.1 bis 4.4.3.9; Stramenopiles: 4.6.2 bis 4.6.2.4

Zweifelsfrei werden die Photosynthese betreibenden Landpflanzen als Pflanzen angesprochen. Bei diesen Organismen decken sich die intuitiven umgangssprachlichen mit den wissenschaftlichen Definitionen von Pflanzen. Als Kriterien für die Zuordnung wird in der Regel die Photoautotrophie und die fehlende Motilität angeführt

Nicht alle Landpflanzen zeigen die „pflanzentypischen" Merkmale: Parasitische Pflanzen (links: Fichtenspargel (*Monotropa hypopitys*); Mitte links: Sommerwurz (*Orobanche haenseleri*)) ernähren sich heterotroph von ihren Wirtspflanzen. Carnivore Pflanzen gelangen an Nährstoffe durch Verdauung tierischer Nahrung (Mitte rechts: Venusfliegenfalle (*Dionaea muscipula*)). Wasserlinsen (rechts: *Lemna* sp.) treiben frei auf dem Wasser

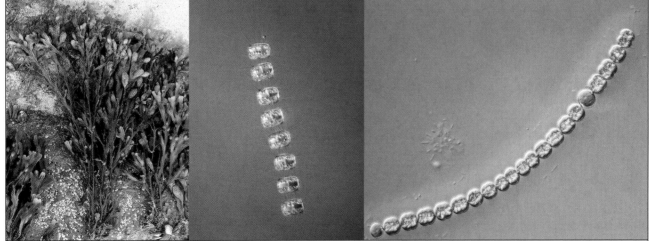

Algen und Cyanobakterien ernähren sich autotroph, die meisten Gruppen sind aber nicht näher verwandt mit den Landpflanzen. Braunalgen (links: *Fucus spiralis*) und Kieselalgen (Mitte: *Porosira glacialis*) gehören zu den Stramenopiles. Cyanobakterien (rechts: *Anabaena* sp.) sind Bakterien und werden daher nicht als Algen bezeichnet. In ökologischen Studien werden sie aber oft mit den eukaryotischen Algen zusammengefasst

Was ist ein Tier?

■ Der Begriff „Tier" scheint intuitiv klar – es ist in der Regel eindeutig, welche Organismen als Tier einzuordnen sind und welche nicht: Tiere umfassen ganz sicher die Wirbeltiere – Säugetiere, Vögel, Reptilien, Amphibien und Fische –, aber auch wirbellose Tiere wie die Arthropoden, Mollusken, Anneliden und andere.

Der Begriff ist aber weit weniger klar, wenn „niedere" Tierstämme und Mikroorganismen mit in die Überlegung einbezogen werden. Die Zuordnung von Schwämmen, Korallen, Seeanemonen und anderen sessilen Organismen zu den Tieren ist weniger intuitiv. Historische Begriffe wie „Blumentiere" (Anthozoa) belegen dies eindrücklich. Ähnlich schwierig erscheint die Zuordnung vieler einzelliger Eukaryoten, wie der Ciliophora („Wimperntierchen") oder der Euglenozoa mit *Euglena* („Augentierchen").

Diese Problematik rührt einerseits von einer Vermischung des umgangssprachlichen Begriffs „Tier" mit einer wissenschaftlichen Verwendung und andererseits von einer Vermischung von funktionell-ökologischen Aspekten (Fressen, Fortbewegung) mit systematisch-phylogenetischen Aspekten her.

■ Noch schwieriger als eine intuitive Zuordnung von Organismen ist es, Kriterien festzulegen, die Tiere eindeutig definieren. Freie Ortsbewegung ist ein häufiges Kriterium, ähnlich häufig wird die Aufnahme partikulärer Nahrung angeführt.

Diese beiden Kriterien lassen sich auch auf historische Wurzeln zurückführen. Letztlich geht die Einteilung der Organismen auf philosophische und theologische Überlegungen zurück. Die Kriterien zur Differenzierung zwischen Pflanzen und Tieren waren freie Ortsbewegung sowie die Fähigkeit zur Reizwahrnehmung. Da Reizwahrnehmung sich nur schwer nachweisen ließ, wurde die Aufnahme von Nahrung – die ja die Wahrnehmung von Beute voraussetzt – zu einem Differenzialkriterium.

Diese breite funktionelle Definition würde beispielsweise viele heterotrophe Protisten zu den Tieren stellen. Systematisch würden dagegen am ehesten die Metazoa das Äquivalent des Begriffs Tier darstellen.

Die beiden genannten Kriterien, aber auch Kombinationen beider Kriterien, reichen aber nicht aus, um eine systematische (monophyletische) Gruppe Tiere gegenüber Nicht-Tieren abzugrenzen: Nicht alle Metazoa sind in ihrer Adultphase motil – Korallen, Schwämme und viele andere Organismen sind sessil. Fortpflanzungsstadien oder Jugendphasen sind dagegen auch bei vielen Organismen, die nicht zu den Tieren gehören, motil. Ebenso ist die Aufnahme partikulärer Nahrung bei einigen Tieren reduziert. Dagegen ist die Aufnahme partikulärer Nahrung bei vielen Algen und heterotrophe Ernährung sogar bei (parasitischen) Pflanzen verbreitet.

Es ist daher wichtig, zwischen einer systematischen bzw. phylogenetischen Gruppe „Tiere" und einer funktionell-ökologisch geprägten Gruppe „Tiere" zu unterscheiden. Beide Aspekte werden in der Alltagssprache vermengt und nicht klar differenziert. Während für viele Tiere beide Systeme zu einer übereinstimmenden Zuordnung gelangen, ist dies bei vielen der sogenannten niederen Tiere und bei vielen Protisten nicht der Fall.

Klarheit in Bezug auf die Definition eines Tieres ist daher nur durch Verwendung der eindeutig definierten systematischen bzw. ökologischen Begriffe zu erlangen: Systematisch wären dies beispielsweise die Metazoa, ökologisch könnten heterotrophe Organismen oder phagotrophe Organismen als funktionelle (aber nicht phylogenetische) Gruppe definiert werden. Für die höheren Organismen (höhere Pflanzen, höhere Tiere, höher Pilze) entspricht die systematische Einteilung großteils einer ökologischen Einteilung, daher kommt es im Alltagsverständnis auch kaum zu Konflikten.

Zoochlorellen: Endosymbiontisch lebende Grünalgen   **Zooxanthellen:** Endosymbiontisch lebende Dinophyta

---

■ Siehe auch: Amoebozoa: 4.2.3, 4.2.3.1; Holozoa, Metazoa: 4.2.1; Zooxanthellen: 4.6.1.2

Mit dem Begriff „Tier" werden umgangssprachlich oft Organismen zusammengefasst, die fressen, also partikuläre Nahrung aufnehmen, und sich frei fortbewegen. Für die höheren Metazoa trifft dies in der Regel zu, daher ergeben sich hier keine Konflikte

Viele Tiere und heterotrophe Protisten können sich über phototrophe Symbionten (Zooxanthellen, Zoochlorellen) oder mit der Nahrung aufgenomme Plastiden zumindest teilweise photoautotroph ernähren (links: Seeanemone; Mitte oben: *Paramecium bursaria*; Mitte unten: *Tridacna gigas*; rechts: *Elysia chlorotica*)

Ciliaten (Wimperntierchen) und Amöben ernähren sich heterotroph. Sie fressen Bakterien, Algen und kleinere Protisten, sind aber nicht näher mit den Metazoen verwandt. Ciliaten (links: *Paramecium* sp.) gehören zu den Alveolata. Amöben finden sich in vielen Verwandtschaftsgruppen. Die hier darge-stellte Amöbe (rechts: *Saccamoeba limax*) gehört zu den Amoebozoa

Was ist ein Pilz?

Auch Pilze sind – ähnlich wie Tiere und Pflanzen – umgangssprachlich ungenau gefasst. Es werden systematisch-phylogenetische Aspekte mit funktionell-ökologischen Aspekten vermischt. Aufgrund ihrer sessilen Lebensweise und dem Vorhandensein von Zellwänden wurden die Pilze früher zu den Pflanzen gestellt, später wurde dann aufgrund ihrer abweichenden Ernährung ein eigenes Reich Pilze vorgeschlagen.

Pilze ernähren sich chemoorganotroph (also heterotroph), die meisten Pilze leben saprophytisch oder parasitisch. Diese Lebensweise ist – vor allem umgangssprachlich – ein zentrales Kriterium für die Zuordnung zu den Pilzen. Systematisch gehören die echten Pilze zu den Holomycota und sind die Schwestergruppe der Holozoa. Ihre Zellwände enthalten Chitin (Chitinpilze). Unter anderem gehören die Ständerpilze zu den echten Pilzen (Dikarya: Basidiomycota und Ascomycota). Funktionell wurden verschiedene, nicht näher miteinander Verwandte Organismengruppen aufgrund ihrer Lebensweise zu den Pilzen gestellt. Dazu gehören die Schleimpilze, die Eipilze und die Actinomycetales. Systematisch gehören diese Organismengruppen aber nicht zu den Pilzen (Fungi).

Schleimpilze zählen systematisch zu den Amoebozoa. Sie haben einen komplexen Lebenszyklus aus einzelligen freilebenden amöboiden Phasen und vielkernigen (plasmodialen) oder vielzelligen Phasen, die zu Fruchtkörpern auswachsen.

Die Peronosporomycetes (= Oomycetes, Eipilze bzw. Cellulosepilze) bilden ähnlich den echten Pilze Hyphen. Die Zellwände bestehen aber aus Cellulose sowie Glucanen und Hydroxyprolin. Sie gehören systematisch zu den Stramenopiles. Die Schwärmer der Peronosporomycetes besitzen die für die Stramenopiles typischen heterokonten Flagellen mit tripartiten Haaren. Viele Arten leben parasitisch und verursachen unter anderem die Kartoffelfäule und Fischschimmel.

Die Strahlenpilze (Actinomycetales) sind Actinobakterien, sie leben aerob und bilden in der Regel Sporen aus. Sie bilden Filamente, die zu Geflechten auswachsen. Diese Geflechte werden auch als Mycel bezeichnet. Die Ähnlichkeit der Wuchsform führte hier zur Bezeichnung Pilz.

Umgangssprachlich hält sich die Zuordnung dieser Organismengruppen zu den Pilzen aufgrund der ähnlichen Lebensweise und der oberflächlichen morphologischen Ähnlichkeiten. Im ökologischen Kontext kann diese funktionelle Zusammenfassung auch aus heutiger Sicht durchaus noch sinnvoll sein.

---

chemoorganotroph: bezeichnet Organismen, die durch Oxidation von organischen Verbindungen Energie gewinnen
osmotroph: Ernährung durch Aufnahme gelöster organischer Substanzen, im Gegensatz zur phagotrophen Ernährung

phagotroph: Ernährung durch Aufnahme partikulärer Substanzen.
saprotroph: Ernährung von toten organischen Substanzen, diese werden dabei zersetzt

---

Siehe auch: Actinobakterien: 4.1.2.1; Holomycota: 4.2.2 bis 4.2.2.5; Eipilze: 4.6.2.1; Schleimpilze: 4.2.3, 4.2.3.1, 4.3.2

Pilze ernähren sich osmotroph. Einige Vertreter bilden große, oberirdische Fruchtkörper (links: Pfifferling (*Cantharellus cibarius*); rechts: Schwefelporling (*Laetiporus sulphureus*))

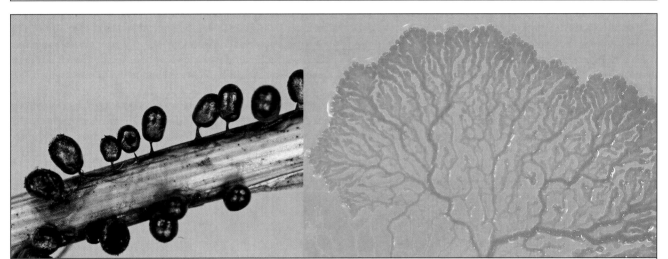

Schleimpilze ernähren sich osmotroph und meist saprotroph, sie bilden Fruchtkörper (links) und vielkernige Plasmodien (rechts). Es sind aber keine Pilze, sondern sie gehören zu den Amoebozoa

Unter dem Namen „Falscher Mehltau" (links: typisches Mosaikmuster auf dem Blatt einer Gurke) werden verschiedene phytopathogene Arten der zu den Stramenopiles gehörenden Peronosporomycetes zusammengefasst. Auch der „Fischschimmel" wird durch Peronosporomycetes (Mitte oben: *Saprolegnia* sp.) verursacht. Die Actinomyceten („Strahlenpilze": Mitte unten und rechts) sind Actinobakterien

Phylogenetische Stammbäume

■ Phylogenetische Verwandtschaftsbeziehungen werden oft in Form von phylogenetischen Bäumen dargestellt. Für die Rekonstruktion der Verwandtschaftsverhältnisse werden gemeinsame Merkmale betrachtet. Dabei ist es von zentraler Bedeutung, zwischen unabhängig voneinander entstandenen Merkmalen (Homoplasien, Konvergenz) und Merkmalen, die auf einen gemeinsamen Ursprung zurückgehen (Homologien), zu unterscheiden.

Konvergente Merkmale haben sich unabhängig voneinander entwickelt (z. B. Sukkulenz bei Kakteen und Euphorbien) und sind daher nicht geeignet, um die Verwandtschaftsverhältnisse zu rekonstruieren. Es ist allerdings nicht immer ganz einfach, konvergente Merkmale als solche zu erkennen und von homologen zu unterscheiden.

Bei den auf einen gemeinsamen Ursprung zurückgehenden Merkmalen muss man weiter zwischen neu erworbenen Merkmalen (Synapomorphien) und gemeinsamen ursprünglichen Merkmalen (Symplesiomorphien) unterscheiden.

Sowohl Symplesiomorphien als auch neu erworbene Merkmale, die nur in einem Taxon vorkommen (Autapomorphien), sind für die Rekonstruktion der Verwandtschaftsverhältnisse nicht hilfreich. Für phylogenetische Analysen werden nur Synapomorphien, also einer Gruppe gemeinsame, neu erworbene (abgeleitete) Merkmale, verwendet.

Stammbäume stellen die fortschreitende Aufspaltung im Verlaufe der Stammesgeschichte dar. Die einzelnen Schwestergruppen sind dabei (im Idealfall) jeweils durch den Besitz spezifischer Synapomorphien gekennzeichnet.

Lassen sich alle von einem Vorfahren abstammenden Linien zusammenfassen, spricht man von einer monophyletischen Gruppe. Gibt es dagegen weitere Linien, die sich auch auf diesen Vorfahren zurückführen lassen, die aber nicht diesem Taxon zugeordnet werden, spricht man von einer paraphyletischen Gruppe. Polyphyletische Gruppen besitzen zwar gemeinsame/ähnliche Eigenschaften, die einzelnen Linien lassen sich aber nicht auf einen gemeinsamen Ursprung zurückführen.

Ob ein Merkmal eine Synapomorphie oder eine Symplesiomorphie ist, hängt von der betrachteten Gruppen ab. So sind die Milchdrüsen der Säugetiere eine Synapomorphie der Säugetiere. Betrachtet man aber die Verwandtschaftsverhältnisse von verschiedenen Säugetiergruppen untereinander, wäre dieses Merkmal als Symplesiomorphie zu werten.

Phylogenetische Bäume bestehen aus Ästen und Verzweigungen. Die Äste laufen in einem Knoten zusammen. Ist eine Außengruppe bekannt, also eine Gruppe von nahe verwandten Organismen, die aber nicht zur betrachteten Gruppe selbst gehört, so kann der Stammbaum gewurzelt werden und bekommt eine Orientierung.

Bei phylogenetischen Analysen ergeben sich viele hierarchisch geordnete Gruppen. Die traditionelle Nomenklatur, also die Benennung von Gruppen, sieht dagegen nur eine beschränkte Anzahl solcher Ränge vor. Die phylogenetisch gebildeten Taxa lassen sich daher nicht problemlos diesen Rängen zuordnen. Zudem entsprechen diese nomenklatorischen Ränge in verschiedenen Organismengruppen oft einem unterschiedlichen phylogenetischen Rang. Die Integration der phylogenetischen Erkenntnisse in die traditionellen nomenklatorischen Systeme ist daher problematisch und führt zu Inkonsistenzen der Benennung von Gruppen, insbesondere von Gruppen höherer Rangebene wie Ordnungen, Klassen und Stämmen.

■ Um zu analysieren, wie zuverlässig die rekonstruierten Stammbäume sind, wird das sogenannte Bootstrap-Verfahren verwendet. Dabei wird aus dem verwendeten Datensatz eine große Anzahl an modifizierten Datensätzen erzeugt.

Die Modifikation erfolgt über Ziehen mit Zurücklegen, das heißt, dass zufällig einige Merkmalsvariablen aus dem Datensatz entfernt und durch andere Merkmalsvariablen des Datensatzes ersetzt werden. Für alle neuen Datensätze wird ein neuer Stammbaum berechnet. Anschließend wird berechnet, wie häufig jede Gruppierung (hier wird angenommen, dass jede Gruppierung eine monophyletische Gruppe ist) in den neuen Stammbäumen vorkommt. Die Häufigkeit (in Prozent), wie oft die betrachtete monophyletische Gruppe dabei gefunden wird, wird als Bootstrap-Wert angegeben.

Eine Alternative zum Bootstrapping ist das Jackknife-Verfahren. Hierbei wird allerdings nur ein Teil der Merkmale entfernt und nicht durch andere Merkmale wieder ersetzt. Durch dieses Verfahren werden die betrachteten Teildatensätze kleiner. Das Jackknife-Verfahren ist dadurch zwar weniger rechenaufwendig, liefert jedoch auch weniger genaue Ergebnisse. Aus diesem Grund wird es nur noch selten angewendet.

Apomorphie: bezeichnet ein Merkmal, das in der Phylogenese einer Stammeslinie im Vergleich zu den Vorfahren neu erworben wurde
Autapomorphie: bezeichnet den Besitz eines apomorphen Merkmals nur bei einer Art oder einem terminalen monophyletischen Taxon

Plesiomorphie: ursprüngliches Merkmal, das schon vor Aufspaltung der betrachteten Stammeslinie ausgeprägt war
Synapomorphie: ein gemeinsames abgeleitetes Merkmal einer monophyletischen Gruppe
Symplesiomorphie: bezeichnet homologe plesiomorphe Merkmale, die bei verschiedenen Taxa ausgebildet sind

---

■ Siehe auch: Inkonsistenzen phylogenetischer und traditioneller nomenklatorischer Systeme: z. B. 4.1.1.1, 4.1.1.3, 4.1.1.4, 4.1.1.7

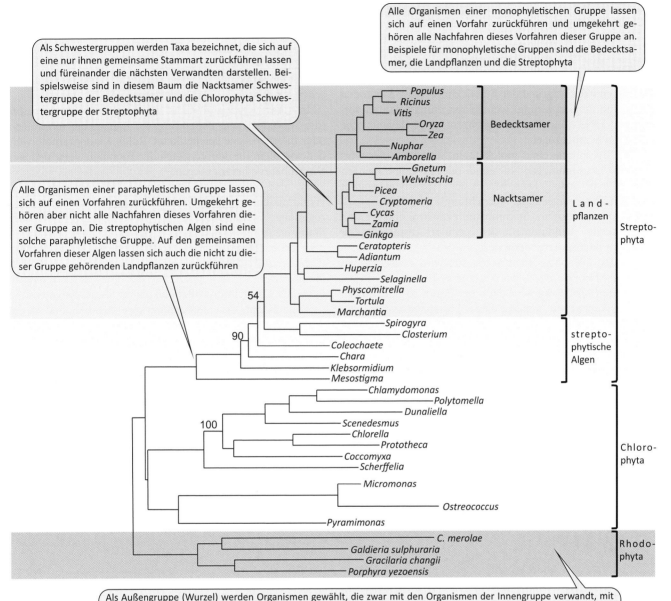

Alle Organismen einer monophyletischen Gruppe lassen sich auf einen Vorfahr zurückführen und umgekehrt gehören alle Nachfahren dieses Vorfahren dieser Gruppe an. Beispiele für monophyletische Gruppen sind die Bedecktsamer, die Landpflanzen und die Streptophyta

Als Schwestergruppen werden Taxa bezeichnet, die sich auf eine nur ihnen gemeinsame Stammart zurückführen lassen und füreinander die nächsten Verwandten darstellen. Beispielsweise sind in diesem Baum die Nacktsamer Schwestergruppe der Bedecktsamer und die Chlorophyta Schwestergruppe der Streptophyta

Alle Organismen einer paraphyletischen Gruppe lassen sich auf einen Vorfahren zurückführen. Umgekehrt gehören aber nicht alle Nachfahren dieses Vorfahren dieser Gruppe an. Die streptophytischen Algen sind eine solche paraphyletische Gruppe. Auf den gemeinsamen Vorfahren dieser Algen lassen sich auch die nicht zu dieser Gruppe gehörenden Landpflanzen zurückführen

Als Außengruppe (Wurzel) werden Organismen gewählt, die zwar mit den Organismen der Innengruppe verwandt, mit Sicherheit aber stammesgeschichtlich weniger nahe verwandt mit diesen sind als die Mitglieder der Innengruppe untereinander. Hier sind dies die Rhodophyta

Taxon	Pflanzen	Pilze	Tiere
Abteilung / Stamm	-phyta	-mycota	uneinheitlich
Unterabteilung / Unterstamm	-phytina	-mycotina	uneinheitlich
Klasse	-opsida	-mycetes	uneinheitlich
Unterklasse	-idae	-mycetidae	uneinheitlich
Ordnung	-ales	-ales	uneinheitlich
Unterordnung	-ineae	-ineae	uneinheitlich
Superfamilie	-acea	-acea	-oidea
Familie	-aceae	-aceae	-idae
Unterfamilie	-oideae	-oideae	-inae

In der traditionellen Nomenklatur können nur Taxa formal benannt werden, die einem Rang entsprechen. Gerade für höhere Ränge ist die Bildung von Taxa in verschiedenen Organismengruppen aber nicht konsistent und eine konsequente Anwendung der phylogenetischen (kladistischen) Ergebnisse auf die traditionelle Nomenklatur führt zwangsläufig zu Brüchen: Die traditionelle Zuordnung des Ranges „Klasse" für Reptilien würde dazu führen, dass alle Vögel, die phylogenetisch nur eine Untergruppe der Reptilien darstellen, in einer Gattung zusammengefasst werden müssten. Ein anderes Beispiel ist die in der botanischen Nomenklatur gängige Zuordnung von Taxa verschiedener kladistischer Stufen zu derselben nomenklatorischen Stufe von Stämmen bzw. Unterstämmen. Im Gegensatz zur Botanik und der Mykologie sind in der Zoologie die Suffixe nur bis zum Rang der Superfamilie definiert

Kladogramme und Phylogramme

Die Rekonstruktion eines phylogenetischen Baumes erfordert Daten, die die phylogenetische Entwicklung der Lebewesen reflektieren. Hierfür wurden früher morphologische Daten genutzt. Aufgrund der Entwicklung neuer Methoden (PCR und Sequenzierung) werden seit einigen Jahren vorwiegend DNA- und Proteinsequenzen für phylogenetische Analysen herangezogen.

Zur Berechnung eines molekularen Stammbaumes wird zunächst aus homologen Nucleotid- oder Proteinsequenzen eine „Matrix" erstellt. Diese Matrix wird Alignment genannt (Alinierung = Angleichung, Ausrichtung).

Für die molekulare Stammbaumrekonstruktion werden verschiedene Standardmethoden genutzt: distanzbasierte oder charakterbasierte Methoden.

Bei den distanzbasierten Methoden wird zwischen den einzelnen Taxa paarweise der Abstand bestimmt. Aus diesen paarweisen Distanzen wird dann ein Baum so konstruiert, dass das Verzweigungsmuster diesen Distanzen entspricht.

Bei den charakterbasierten Methoden fließt nicht nur die mittlere Verschiedenheit zwischen den Taxa ein, sondern auch die Ausprägung jedes einzelnen Merkmals. Bei der Berechnung der Bäume wird hier versucht, die Anzahl der notwendigen Charakteränderungen (Mutationen) zu minimieren.

Bei den so berechneten Bäumen unterscheidet man zwischen Kladogrammen und Phylogrammen.

In einem Kladogramm ist nur das Verzweigungsmuster (die Topologie) von Bedeutung, die Längen der terminalen oder internen Äste spielen keine Rolle. Kladogramme werden vor allem für den Vergleich der Topologie verschiedener Stammbäume herangezogen.

Ist eine quantitative Darstellung der Verwandtschaftsverhältnisse erwünscht, so bezieht man die Längen der horizontalen Äste mit ein: In einem Phylogramm (metrischer Stammbaum) spiegeln sich die molekularen Distanzen oder beobachteten Merkmalsaustausche in der Länge der einzelnen Äste wider. Sie stellen damit ein Größenmaß für die phylogenetische Veränderung dar. Dies ist die häufigste Form der Darstellung von molekularen Sequenzanalysen.

Je nachdem, ob eine Außengruppe definiert und in die Berechnung einbezogen wurde, unterscheidet man gewurzelte (mit Außengruppe) und ungewurzelte (ohne Außengruppe) Bäume.

Bei den distanzbasierten Methoden wird aus allen Sequenzen eine Distanzmatrix erstellt, in der man die paarweisen Unterschiede (Distanzen) zwischen den Sequenzen berechnet. Berechnet werden durchschnittliche Distanzen von jeder Art zu jeder anderen. Die zwei Arten mit den geringsten Unterschieden (Distanzen) werden zu einem Teilbaum zusammengefügt und den Analysen hinzugefügt. Aus der Matrix (Tabelle) ergeben sich die Abfolge der Verzweigungen und die Länge der Äste. Zu den distanzbasierten Verfahren gehören UPGMA (*unweighted pair group method with arithmetic mean*) und die Neighbour-Joining-Methode. UPGMA ist eine einfache Clustering-Methode, die davon ausgeht, dass alle Arten mit derselben konstanten Rate evolvieren. Das Neighbour-Joining-Verfahren basiert auf der Annahme der „minimalen Evolution" und berücksichtigt im Gegensatz zu UPGMA, dass die Geschwindigkeit der Evolution nicht konstant ist.

Zu den charakterbasierten Methoden gehören unter anderem Maximum Parsimony und Maximum Likelihood. Maximum Parsimony beruht auf dem Prinzip der Sparsamkeit. Es wird angenommen, dass die Evolution den kürzesten Weg nimmt, dieses Verfahren berechnet dementsprechend den sparsamsten Baum berechnet. Dafür berechnet man verschiedene Bäume und für jede Baumtopologie die Anzahl an Nukleotidänderungen (Evolutionsschritten). Der Baum mit der minimalen Gesamtlänge (Summe aller evolutiven Schritte) wird ausgewählt. Beim Maximum Likelihood wird die Wahrscheinlichkeit bestimmt, mit der die beobachteten Daten vom jeweils angenommenen Evolutionsmodell erzeugt wurden. Der Baum, welcher nach dem jeweiligen Evolutionsmodell den größten Wahrscheinlichkeitswert aufweist, wird hierbei ausgewählt.

PCR: (engl.: *Polymerase Chain Reaction* = Polymerasekettenreaktion) Methode zur Vervielfältigung von DNA-Sequenzen

Siehe auch: DNA: 2.2.1.2; phylogenetische Bäume: 4.1.1.6

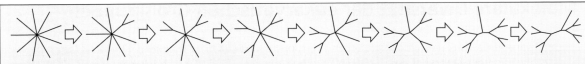

Modellhafte Darstellung der iterativen Einbeziehung der Taxa bei der Berechnung eines Neighbour-Joining-Baumes

Neighbour-Joining-Verfahren sind Distanzverfahren, die phylogenetische Bäume ausgehend von den jeweils zueinander ähnlichsten Sequenzen („*bottom-up*") berechnen. Dabei werden zunächst basierend auf einer Distanzmatrix die zwei nächstverwandten Sequenzen in einem Ast des Baumes zusammengefasst. Für den sich ergebenden neuen Datensatz wird eine neue Distanzmatrix berechnet und das Verfahren wiederholt, bis alle Sequenzen bzw. Taxa einbezogen sind. Das Verfahren ist recht schnell und beruht auf der Annahme, dass keine unbekannten Zwischenschritte vorkommen.
Im Gegensatz zu diesen distanzbasierten Verfahren werden beim Maximum-Parsimony-Verfahren die möglichen Bäume verglichen und der Baum mit der geringsten Anzahl an evolutionären Schritten gesucht. Dieser wird nach dem Kriterium der Parsimony (Sparsamkeit) als der wahrscheinlichste Baum angesehen. Ähnlich werden Bäume durch Maximum-Likelihood- oder Bayesian-Interference-Verfahren berechnet. In diesen Berechnungen spielen allerdings Annahmen zum Evolutionsmodell eine größere Rolle

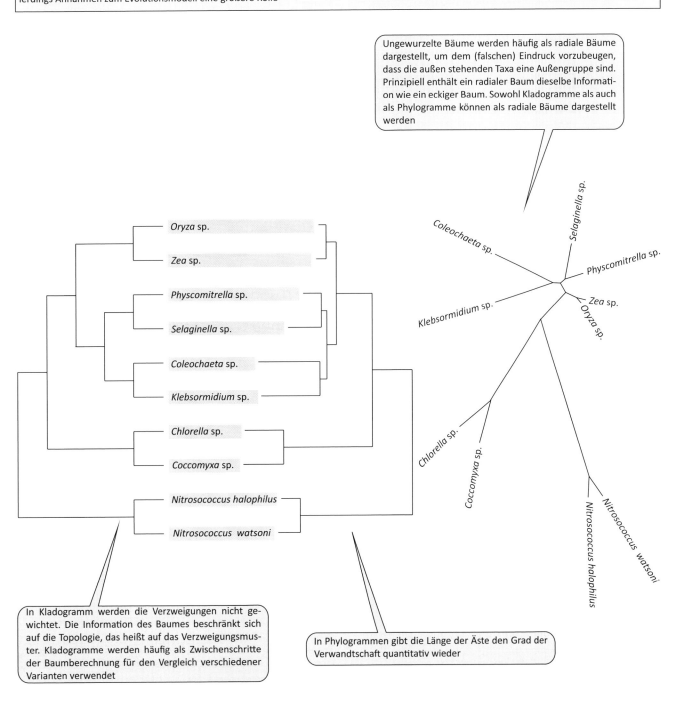

Ungewurzelte Bäume werden häufig als radiale Bäume dargestellt, um dem (falschen) Eindruck vorzubeugen, dass die außen stehenden Taxa eine Außengruppe sind. Prinzipiell enthält ein radialer Baum dieselbe Information wie ein eckiger Baum. Sowohl Kladogramme als auch als Phylogramme können als radiale Bäume dargestellt werden

In Kladogramm werden die Verzweigungen nicht gewichtet. Die Information des Baumes beschränkt sich auf die Topologie, das heißt auf das Verzweigungsmuster. Kladogramme werden häufig als Zwischenschritte der Baumberechnung für den Vergleich verschiedener Varianten verwendet

In Phylogrammen gibt die Länge der Äste den Grad der Verwandtschaft quantitativ wieder

Molekulare Diversität der eukaryotischen Großgruppen

◼ Die molekulare Diversität der Eukaryoten ist wesentlich höher, als dies ausgehend von der Diversität der „höheren" Organismen zu vermuten wäre. Abschätzungen der Biodiversität werden in der Regel an der Vielfalt der Tiere (Metazoa) und Landpflanzen (Embryophyten) festgemacht. Dies sind zweifelsohne auch die am besten untersuchten Organismengruppen. Die Bedeutung von Organismengruppen im Hinblick auf die Diversität wird in der Regel auf die Artenzahl heruntergebrochen. Dieses Maß ist allerdings fragwürdig, da es letztlich nur den Grad der systematisch-taxonomischen Aufarbeitung der Gruppe reflektiert. Die in den jeweiligen Gruppen tatsächlich vorhandene Diversität wird dagegen durch die Anzahl der (beschriebenen) Arten nicht wiedergegeben.

Die molekulare Diversität innerhalb dieser Organismengruppen wird durch die Astlängen der Phylogramme der jeweiligen Organismengruppe reflektiert. Diese sind innerhalb der Metazoa und der Archaeplastida (der Landpflanzen zuzüglich der Grünalgen, Rotalgen und Glaucocystophyta) vergleichsweise gering. Die Diversität der Amoebozoa, der Fungi (Chitinpilze), der Rhizaria, der Excavata und der Chromalveolata ist zum Teil bedeutend höher.

◼ Um die evolutionären Änderungen zwischen zwei Arten abzuschätzen, ist es am einfachsten, die Distanzen, die Anzahl der unterschiedlichen Nucleotide, zu zählen. Es ist jedoch möglich, dass ein Nucleotid mehrfach substituiert wurde. Die einfache Zählung solcher mehrfach substituierter Nucleotide würde zu einer Unterschätzung der Distanz führen. Man behilft sich hier mit Abschätzungen der Wahrscheinlichkeit solcher Substitutionen.

Dabei wird zwischen Transitionen und Transversionen unterschieden. Eine Transition bezeichnet den Austausch zweier Nucleotide desselben chemischen Grundtyps (also eines Purin-Nucleotids (A oder G) durch das jeweils andere bzw. eines Pyrimidin-Nucleotids (C oder T) durch das jeweils andere).

Die Transversion bezeichnet dagegen einen Austausch eines Nucleotids durch ein Nucleotid des anderen Grundtyps (also den Austausch eines Purin-Nucleotids durch ein Pyrimidin-Nucleotid oder umgekehrt).

Die Wahrscheinlichkeit für die verschiedenen Transitionen und Transversionen ist unterschiedlich. Zudem sind bei proteincodierenden Regionen solche Austausche unwahrscheinlicher, die zu einem Basentriplett führen, das für eine andere Aminosäure kodiert.

Es wurden verschiedene Substitutionsmodelle entwickelt, die unter Berücksichtigung dieser verschiedenen Austauschwahrscheinlichkeiten versuchen, den Verlauf der DNA-Sequenzevolution zu berechnen. Die Modelle wurden im Laufe der Zeit, begünstigt durch die immer größeren DNA-Datenbanken und die steigende Rechnerkapazität, zunehmend komplexer.

Zu den bekanntesten und am häufigsten genutzten Modellen gehören: Junkes-Cantor-Modell (JC), Kimura-Zwei-Parameter-Modell (K2P) und General-Time-Reversible-Modell (GTR). Das einfachste Modell ist das Junkes-Cantor-Modell. Hier geht man davon aus, dass alle Substitutionen gleich wahrscheinlich sind und die vier Basen die gleiche Frequenz haben. Das Kimura-Zwei-Parameter-Modell unterscheidet zwischen Transversionen und Transitionen. Das GTR-Modell nimmt dagegen für jeden denkbaren Basenübergang eine eigene relative Wahrscheinlichkeit an.

Basentriplett: eine jeweils für eine Aminosäure codierende Abfolge von drei DNA- bzw. RNA-Basen
Substitution: (lat.: *substituere* = ersetzen) Austausch, Ersatz

Transition: Punktmutation, bei der eine Purinbase durch eine andere Purinbase oder eine Pyrimidinbase durch eine andere Pyrimidinbase ersetzt wird
Transversion: Punktmutation, bei der eine Pyrimidinbase gegen eine Purinbase ausgetauscht wird oder umgekehrt

---

◼ Siehe auch: Phylogramm: 4.1.1.7

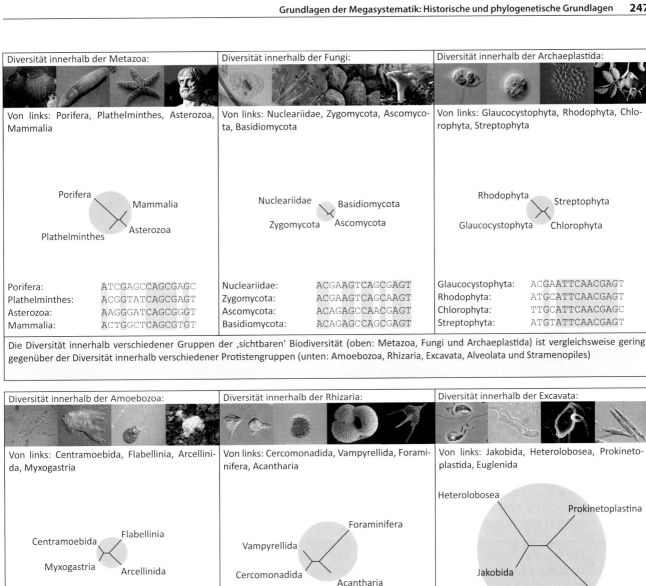

Diversität innerhalb der Metazoa:

Von links: Porifera, Plathelminthes, Asterozoa, Mammalia

Porifera — Mammalia — Asterozoa — Plathelminthes

Porifera:	ATCGAGCCAGCGAGC
Plathelminthes:	ACGGTATCAGCGAGT
Asterozoa:	AAGGGATTCAGCGGGT
Mammalia:	ACTGGCTCAGCGTGT

Diversität innerhalb der Fungi:

Von links: Nucleariidae, Zygomycota, Ascomycota, Basidiomycota

Nucleariidae — Basidiomycota — Zygomycota — Ascomycota

Nucleariidae:	ACGAAGTCAGCGAGT
Zygomycota:	ACGAAGTCAGCAAGT
Ascomycota:	ACAGAGCCAACGAGT
Basidiomycota:	ACAGAGCCAGCGAGT

Diversität innerhalb der Archaeplastida:

Von links: Glaucocystophyta, Rhodophyta, Chlorophyta, Streptophyta

Rhodophyta — Streptophyta — Glaucocystophyta — Chlorophyta

Glaucocystophyta:	ACGAATTCAACGAGT
Rhodophyta:	ATGCATTCAACGAGT
Chlorophyta:	TTGCATTCAACGAGC
Streptophyta:	ATGTATTCAACGAGT

Die Diversität innerhalb verschiedener Gruppen der ‚sichtbaren' Biodiversität (oben: Metazoa, Fungi und Archaeplastida) ist vergleichsweise gering gegenüber der Diversität innerhalb verschiedener Protistengruppen (unten: Amoebozoa, Rhizaria, Excavata, Alveolata und Stramenopiles)

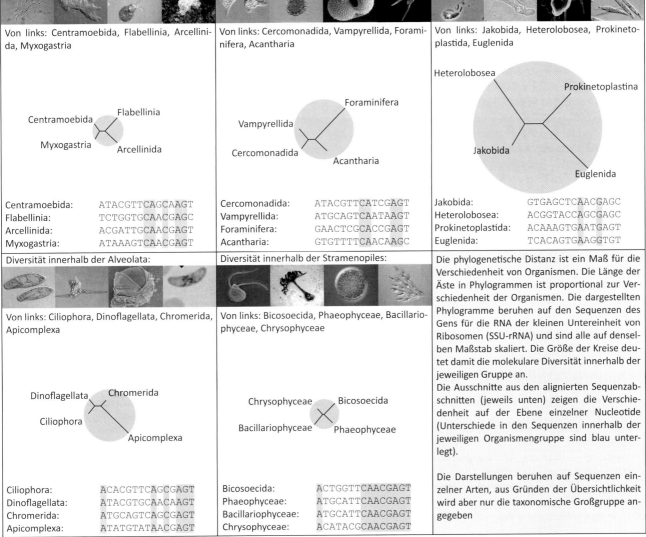

Diversität innerhalb der Amoebozoa:

Von links: Centramoebida, Flabellinia, Arcellinida, Myxogastria

Centramoebida — Flabellinia — Myxogastria — Arcellinida

Centramoebida:	ATACGTTCAGCAAGT
Flabellinia:	TCTGGTGCAACGAGC
Arcellinida:	ACGATTGCAACGAGT
Myxogastria:	ATAAAGTCAACGAGT

Diversität innerhalb der Rhizaria:

Von links: Cercomonadida, Vampyrellida, Foraminifera, Acantharia

Foraminifera — Vampyrellida — Cercomonadida — Acantharia

Cercomonadida:	ATACGTTCATCGAGT
Vampyrellida:	ATGCAGTCAATAAGT
Foraminifera:	GAACTCGCACCGAGT
Acantharia:	GTGTTTTCAACAAGC

Diversität innerhalb der Excavata:

Von links: Jakobida, Heterolobosea, Prokinetoplastida, Euglenida

Heterolobosea — Prokinetoplastina — Jakobida — Euglenida

Jakobida:	GTGAGCTCAACGAGC
Heterolobosea:	ACGGTACCAGCGAGC
Prokinetoplastida:	ACAAAGTGAATGAGT
Euglenida:	TCACAGTGAAGGTGT

Diversität innerhalb der Alveolata:

Von links: Ciliophora, Dinoflagellata, Chromerida, Apicomplexa

Dinoflagellata — Chromerida — Ciliophora — Apicomplexa

Ciliophora:	ACACGTTCAGCGAGT
Dinoflagellata:	ATACGTGCAACAAGT
Chromerida:	ATGCAGTCAGCGAGT
Apicomplexa:	ATATGTATAACGAGT

Diversität innerhalb der Stramenopiles:

Von links: Bicosoecida, Phaeophyceae, Bacillariophyceae, Chrysophyceae

Chrysophyceae — Bicosoecida — Bacillariophyceae — Phaeophyceae

Bicosoecida:	ACTGGTTCAACGAGT
Phaeophyceae:	ATGCATTCAACGAGT
Bacillariophyceae:	ATGCATTCAACGAGT
Chrysophyceae:	ACATACGCAACGAGT

Die phylogenetische Distanz ist ein Maß für die Verschiedenheit von Organismen. Die Länge der Äste in Phylogrammen ist proportional zur Verschiedenheit der Organismen. Die dargestellten Phylogramme beruhen auf den Sequenzen des Gens für die RNA der kleinen Untereinheit von Ribosomen (SSU-rRNA) und sind alle auf denselben Maßstab skaliert. Die Größe der Kreise deutet damit die molekulare Diversität innerhalb der jeweiligen Gruppe an.

Die Ausschnitte aus den alignierten Sequenzabschnitten (jeweils unten) zeigen die Verschiedenheit auf der Ebene einzelner Nucleotide (Unterschiede in den Sequenzen innerhalb der jeweiligen Organismengruppe sind blau unterlegt).

Die Darstellungen beruhen auf Sequenzen einzelner Arten, aus Gründen der Übersichtlichkeit wird aber nur die taxonomische Großgruppe angegeben

Die drei Domänen

Für die Einteilung von Lebewesen gibt es verschiedene Klassifizierungskonzepte. In früheren Konzepten wurden die Unterschiede zwischen der Zellorganisation von Prokaryoten und Eukaryoten als Kriterium für die Einteilung in eben diese zwei Gruppen in den Vordergrund gestellt. Seit den 1990er-Jahren setzt sich zunehmend das von Carl Woese propagierte Domänenmodell durch, nach dem Lebewesen in die drei Domänen Archaea, Bacteria und Eukarya eingeteilt werden. Die Einteilung in diese drei Domänen geht auf genetische Unterschiede – vor allem der ribosomalen RNA – zurück.

Die Archaea teilen viele Eigenschaften mit den Bacteria: Archaea und Bacteria weisen eine prokaryotische Zellorganisation mit 70S-Ribosomen auf, das meist einzige Chromosom ist zirkulär. Eukaryoten weisen dagegen eine eukaryotische Zellorganisation mit starker innerer Kompartimentierung auf, im von einer Membran umgebenen Kern liegen mehrere lineare Chromosomen vor.

Die Archaea teilen aber auch verschiedene Eigenschaften mit den Eukaryota: Introns sind in den Genen der Archaea und Eukaryota häufig, bei den Bacteria dagegen selten. Die RNA-Polymerase und Transkriptionsfaktoren der Archaea sind vom gleichen Typ wie die der Eukaryota. Die Bacteria haben dagegen Transkriptionsfaktoren und RNA-Polymerase eines abweichenden Typs.

Allerdings weisen die Archaea auch Merkmale auf, die sie von den beiden anderen Domänen unterscheiden. Beispielsweise sind die Membranlipide der Archaea im Wesentlichen ethergebundene Isoprenoide, die Membranlipide der Bacteria und der Eukaryota sind dagegen im Wesentlichen estergebundene Fettsäuren.

Je nach Sichtweise sind die Unterschiede der Zellorganisation zwischen Prokaryoten und Eukaryoten von fundamentalerer Bedeutung als der Sequenzunterschied einzelner Gene. Die beiden Sichtweisen unterschieden sich in der Beurteilung (1) der relativen Bedeutung von Sequenzevolution gegenüber Zellorganisation und (2) in den Annahmen zum zeitlichen Ablauf der Sequenzevolution in verschiedenen Organismengruppen. Genomsequenzierungen verschiedener Organismen belegen zunehmend den Austausch von Genen und Teilgenomen über Organismengruppen hinweg – auch zwischen den Domänen. Damit weicht die Vorstellung von drei früh getrennten Domänen immer stärker der Vorstellung eines Netzes des Lebens mit starken Verknüpfungen zwischen den Domänen. Unabhängig von dieser Vernetzung zwischen den einzelnen Gruppen reflektiert das Drei-Domänen-Modell im Wesentlichen die derzeit favorisierte Sicht der grundlegenden Verwandtschaftsverhältnisse der Organismen.

Das Drei-Domänen-Modell wird derzeit allgemein akzeptiert. Es gibt jedoch nach wie vor Kritik an diesem Modell. Dies betrifft sowohl die Verwandtschaft zwischen Bacteria und Archaea, also die Frage nach dem Ursprung der Archaea und nach dem Ursprung der Eukarya.

Geht man von einer mehr oder weniger einheitlichen Geschwindigkeit der Sequenzevolution aus, also von einer in etwa einheitlichen Rate an Mutationen pro Zeit, dann reflektiert die Unterschiedlichkeit der Sequenz die phylogenetische Distanz. Je unterschiedlicher die Sequenz, desto früher hätten sich die Linien getrennt. Diese Annahme legt eine sehr frühe Trennung der Domänen nahe und unterstützt somit das Drei-Domänen-Modell. Im Gegensatz dazu wird von einigen Wissenschaftlern eine beschleunigte Sequenzevolution der Vorläufer der Archaea im Rahmen der Besiedlung von Extremhabitaten angenommen – diese Annahme ist nicht unbedingt unwahrscheinlich, da die Besiedlung beispielsweise von heißen Quellen die Adaptation vieler verschiedener Proteine und Gene im Hinblick auf die notwendigen Temperaturtoleranzen und Temperaturoptima erfordert. Folgt man dieser Ansicht, könnten sich die Archaeen als schnell evolvierender Seitenzweig der Actinobakterien entwickelt haben. Diese Argumentation, neben dem funktionell so bedeutenden Unterschied der Zellorganisation zwischen Prokaryoten und Eukaryoten, würde eine grundlegende Einteilung in Prokaryoten und Eukaryoten unterstützen.

Hinsichtlich des Ursprungs der Eukaryoten mehren sich Belege für einen Ursprung der Eukaryoten aus den Archaea (Eocyten-Hypothese). Sollte sich dies bestätigen, würde dies ebenfalls gegen ein Drei-Domänen-Modell sprechen, da die Archaea dann keine von den Eukarya unabhängige monophyletische Gruppe wären.

Adaptation: Anpassung
Isoprenoide: vom Isopren (2-Methylbuta-1,3-dien) abgeleitete Naturstoffe
Kompartimentierung: (lat.: *compartere* = teilen) Aufteilung in verschiedene abgegrenzte Räume

Ribosom: Protein/rRNA-Komplexe, an denen die Proteinsynthese erfolgt
RNA-Polymerase: Enzym, das die Synthese von RNA (Ribonucleinsäuren) katalysiert

Siehe auch: Entstehung der eukaryotischen Zelle: 2.2.2.5

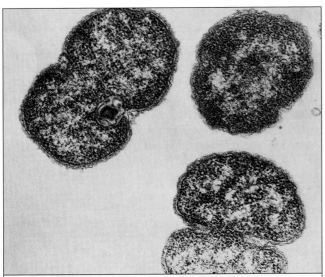

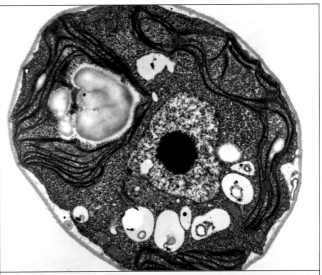

Elektronenmikroskopischer Schnitt durch Prokaryotenzellen (Bacteria: *Neisseria gonorrhoeae*). Ein inneres Membransystem fehlt, die Zellen sind nicht kompartimentiert

Elektronenmikroskopischer Schnitt durch eine Eukaryotenzelle (*Chlamydomonas reinhardtii*). Die Zelle ist durch ein inneres Membransystem kompartimentiert

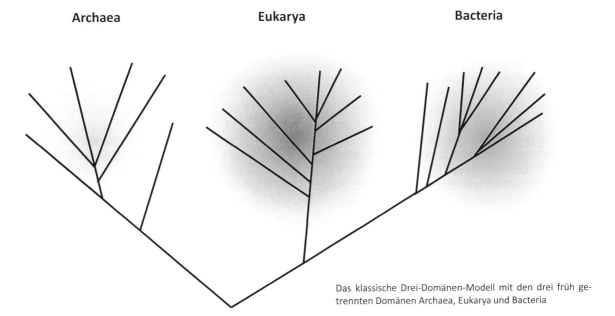

Archaea **Eukarya** **Bacteria**

Das klassische Drei-Domänen-Modell mit den drei früh getrennten Domänen Archaea, Eukarya und Bacteria

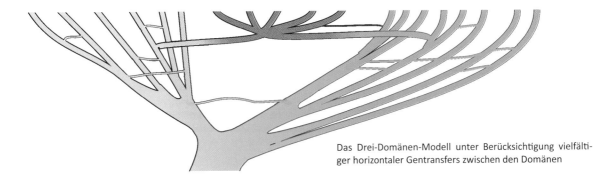

Archaea **Eukarya** **Bacteria**

Das Drei-Domänen-Modell unter Berücksichtigung vielfältiger horizontaler Gentransfers zwischen den Domänen

Bacteria

▨ Die Bacteria sind eine der drei Domänen des Lebens. Sie haben eine prokaryotische Zellorganisation. Sie besitzen in der Regel kein Endomembransystem, das meist einzige Chromosom liegt frei im Plasma vor. Die Ribosomen sind vom 70S-Typ. Die Gene enthalten zumeist keine Introns.

Die Vielfalt an Stoffwechselwegen ist hoch. Viele Stoffwechselwege finden sich zudem in einer Reihe verschiedener, oft nicht näher verwandter Linien. Beispielsweise findet sich oxygene Photosynthese nur bei den Cyanobacteria, anoxygene Photosynthese dagegen in einer Reihe von phylogenetisch nicht näher verwandten Linien, wie bei Vertretern der Chloroflexi, der Firmicutes, der Proteobacteria und der Chlorobi.

Die Bacteria sind in der Regel von zwei Membranen umgeben, zwischen diesen beiden Membranen liegt eine Zellwand aus Peptidoglykan. Bei einigen Linien weicht der Bau der Außenhülle von dem der anderen Bakterien aber ab: die den Planctomycetes, Verrucomicrobia, Chlamydiae und den Lentisphaerae fehlt die Zellwand oder sie ist stark reduziert. Dagegen besitzen die Firmicutes, die Actinobacteria und die Vertreter der Deinococcus-Thermus-Gruppe eine besonders dicke Zellwand. Diese letztgenannten Taxa lassen sich daher durch die Gramfärbung anfärben. Zwei dieser letztgenannten, die Firmicutes und die Actinobacteria, sind – wie auch die Chloroflexi – nur von einer Membran umgeben.

Es lassen sich zwei große Verwandtschaftsgruppen unterscheiden, die je nach Systematik auch als „Terrabacteria" und „Hydrobacteria" zusammengefasst werden. Hinzu kommt noch eine Reihe basal abzweigender Linien. Die Plastiden der Eukaryoten lassen sich auf Cyanobakterien zurückführen, die Mitochondrien auf α-Proteobakterien aus der Verwandtschaft von *Rickettsia*.

▨ Die meisten der basal abzweigenden Linien der Bacteria sind thermophil und anaerob, sie werden auch oft als ursprüngliche Thermophile zusammengefasst. Diese Bakterien besitzen eine Reihe von Genen, die durch horizontalen Gentransfer von den Archaea erworben wurden.

Die als „Terrabacteria" zusammengefassten Linien umfassen unter anderem die Cyanobacteria (zur oxidativen Photosynthese fähig), die „grampositiven" Firmicutes und Actinobacteria (mehrschichtige Peptidoglykanschicht, färben sich in der Gramfärbung an), die Nitrospira, die Chloroflexi und die hitze- bzw. strahlungstolerante Deinococcus-Thermus-Gruppe.

Zu den als „Hydrobacteria" zusammengefassten Linien gehört die große und diverse Gruppe der Proteobacteria. Proteobacteria sind die typischen gramnegativen Bakterien. Die Diversität der Proteobacteria ist enorm. Sie umfassen an-aerobe und aerobe Taxa, einige Linien sind zur anoxygenen Photosynthese fähig. Die nächsten lebenden Verwandten der Mitochondrien sind α-Proteobakterien aus der Verwandtschaft von *Rickettsia* (Erreger von Typhus (*Rickettsia prowazekii*) und Rocky-Mountains-Fleckfieber (*Rickettsia rickettsii*)).

Planctomycetes, Verrucomicrobia, Chlamydiae und Lentisphaerae bilden eine Verwandtschaftsgruppe innerhalb der „Hydrobacteria". In dieser Gruppe findet sich eine durch Membranräume geschaffene intrazelluläre Kompartimentierung. Die Planctomycetes besitzen ein Nukleoid mit Doppelmembran, ähnlich der Kernmembran der Eukaryota. Ebenso verfügen die Planctomycetes über Endocytose-Mechanismen. Die Chlamydien haben kein oder kaum Peptidoglykan in der Zellwand, die Planctomycetes besitzen nur einen proteinreichen S-Layer aber keine Peptidoglykanschicht.

---

aerob: (griech.: *aer* = Luft, *bios* = Leben) Prozesse oder Organismen, die molekularen Sauerstoff benötigen
anaerob: (griech.: *an* = nicht, *aer* = Luft, *bios* = Leben) Prozesse oder Organismen, die keinen molekularen Sauerstoff benötigen
anoxygen: kein molekularer Sauerstoff wird erzeugt
Intron: nichtcodierender Genabschnitt, der zwischen zwei kodierenden Genabschnitten (= Exons) liegt

mesophil: intermediäre (mittlere) Lebensbedingungen bevorzugend (meist in Bezug auf Temperatur oder Feuchtigkeit)
obligat: unerlässlich, erforderlich
S-Layer: parakristalline, der Zellwand aufgelagerte Proteinschicht, die bei vielen Prokaryoten vorkommt
thermophil: eine Temperatur von 45–80 °C bevorzugend, oberhalb von 80 °C wird von hyperthermophil gesprochen

---

▨ Siehe auch: Bakteriengeißel: 4.2; Holomycota: 4.2.2 und folgende; Peptidoglykan: 4.4.1

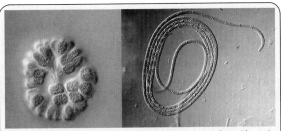

Die Cyanobacteria (links: *Gymnosphaeria* sp., rechts: *Phormidium splendidum*) sind zur oxygenen Photosynthese befähigt

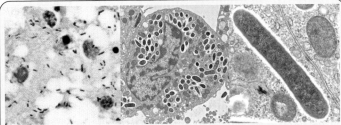

Die Proteobacteria sind eine der umfangreichsten Bakteriengruppen. Für das Verständnis der Evolution der Eukaryoten ist die zu den α-Proteobakterien gehörende Gattung *Rickettsia* bedeutend, da diese die nächsten lebenden Verwandten der Mitochondrien darstellen (links: *R. rickettsii* in Gewebe; Mitte und rechts: *R. parkeri* in Gewebe, rechts ist die Schleimschicht um die Zellwand zu erkennen)

Die Chloroflexi (Grüne Nichtschwefelbakterien) sind thermophil. Sie besitzen nur eine Zellmembran, die Photosysteme sind in an die Membran assoziierten Chlorosomen lokalisiert

Die Actinobacteria und Firmicutes sind grampositiv, ihre Zellwand ist dicker als die der gramnegativen Bakterien. Sie sind dagegen nur von einer Zellmembran umgeben

Die Chlorobi (Grüne Schwefelbakterien) umfassen obligat anaerobe, phototrophe Bakterien

Bei diesen Gruppen ist die Zellwand stark reduziert oder fehlt

Die Deinococcus-Thermus-Gruppe umfasst thermophile Bakterien (*Thermus* spp.) sowie die strahlungsresistenten Deinococci. Die Bakterien dieser Gruppe besitzen eine verdickte Zellwand (ähnlich den grampositiven Bakterien), jedoch zwei Zellmembranen (wie die gramnegativen Bakterien). Die Deinococci besitzen zudem ein sehr effizientes DNA-Reparatursystem und sind daher gegenüber ionisierender Strahlung sehr resistent. In phylogenetischen Bäumen, die ausschließlich auf 16S-rRNA-Sequenzen beruhen, bildet diese Gruppe eine weitere früh abzweigende Linie

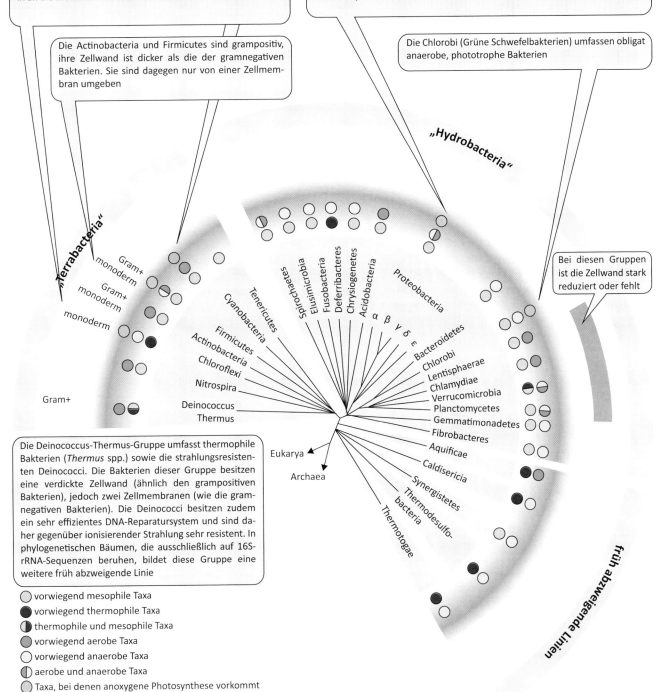

- vorwiegend mesophile Taxa
- vorwiegend thermophile Taxa
- thermophile und mesophile Taxa
- vorwiegend aerobe Taxa
- vorwiegend anaerobe Taxa
- aerobe und anaerobe Taxa
- Taxa, bei denen anoxygene Photosynthese vorkommt
- Taxa, bei denen oxygene Photosynthese vorkommt

Archaea

Die Archaea sind eine der drei Domänen des Lebens. Sie kommen in allen terrestrischen und aquatischen Habitaten vor und haben eine prokaryotische Zellorganisation. Das Chromosom liegt ringförmig und frei im Cytoplasma vor. Die Ribosomen sind vom 70S-Typ wie auch die Ribosomen der Bacteria. Im Gegensatz zu den Bacteria gibt es bei den Archaea keine pathogenen Taxa.

Die Zellmembranen enthalten ethergebundene Isoprenoide. Die Zellwände der Archaea bestehen nicht aus Peptidoglykan, sondern aus Pseudopeptidoglykan (Methanobacteriales, Methanopyrales) oder eine echte Zellwand fehlt und nur ein S-Layer aus Glykoproteinen oder Proteinen ist ausgebildet (z. B. einige Crenarchaeota). Durch Quervernetzung kann der S-Layer aber eine Stabilität erreichen, die mit einer Zellwand vergleichbar ist. Die tRNA-Moleküle der Archaea besitzen meist modifizierte Basen, insbesondere Archaeosin – eine Modifikation des Guanosins – kommt bei den meisten Archaea vor.

Durch horizontalen Gentransfer sind die Genome der Archaea hochgradig rekombiniert – dies erschwert die phylogenetische Rekonstruktion dieser Domäne. Zudem sind die Sequenzen der basalen Gruppen der Archaea so stark abweichend, dass Standardprimer nicht greifen und die basalen Archaea in molekularen Diversitätsanalysen nicht erfasst werden oder stark unterrepräsentiert sind.

Die Archaea umfassen zwei große Verwandtschaftsgruppen, die Crenarchaeota und die Euryarchaeota, sowie mehrere basale Gruppen.

Zu den Crenarchaeota gehören thermophile, schwefelabhängige Archaea. Die Thaumarchaeota umfassen vorwiegend mesophile, aerobe Ammonium-oxidierende Arten. Die Art *Caldiarchaeum subterraneum* weicht genetisch so stark ab, dass eine eigene Linie „Aigarchaeota" vorgeschlagen wurde. Zu den Korarchaeota gehören thermophile, anaerobe Taxa, die in hydrothermalen Quellen leben. Die Thaumarchaeota, die Aigarchaeota, die Crenarchaeota, und die Korarchaeota werden auch als TACK-Archaea zusammengefasst.

Die Euryarchaeota umfassen sowohl mesophile als auch thermophile und psychrophile Taxa. Es finden sich sowohl acidophile, alkaliphile und halophile Taxa in dieser Gruppe. Zu den Euryarchaeota gehören ebenfalls die methanogenen Archaea. Letztere leben in der Regel assoziiert mit Bakterien und nutzen die Stoffwechselprodukte der Bakterien als Substrate für die Methanogenese. Die Nanoarchaeota wurden zunächst mikroskopisch identifiziert. Einer molekularen Analyse war diese Gruppe anfangs nicht zugänglich, da ihre DNA-Sequenzen so stark von bekannten Sequenzen abwichen, dass Standardprimer nicht banden. Erst über Shotgun-Sequenzierung konnten die Sequenzen – und somit auch die Verwandtschaft – der Nanoarchaeota aufgeklärt werden. Die einzige bislang beschriebene Art *Nanoarchaeum equitans* hat ein stark reduziertes Genom und ist obligat auf verschiedene Stoffwechselprodukte anderer Organismen angewiesen. Dies ist vermutlich für die ganze Gruppe charakteristisch: Die Nanoarchaeota leben assoziiert mit anderen Archaea, diese (vermutlich parasitische) Beziehung war Voraussetzung für die Reduktion des Genoms und ging vermutlich einer Aufspaltung in verschiedene marine und terrestrische Linien voraus.

---

acidophil: niedrige pH-Werte bevorzugend
alkaliphil: hohe pH-Werte bevorzugend
halophil: hohe Salzkonzentrationen bevorzugend
Isoprenoide: vom Isopren (2-Methylbuta-1,3-dien) abgeleitete Naturstoffe

mesophil: intermediäre (mittlere) Lebensbedingungen bevorzugend (meist in Bezug auf Temperatur oder Feuchtigkeit)
psychrophil: niedrige Temperaturen (unter 15 °C) bevorzugend
thermophil: eine Temperatur von 45-80 °C bevorzugend, oberhalb von 80 °C wird von hyperthermophil gesprochen

Siehe auch: Entstehung der Eukaryoten: 2.2.2.5; langfristige Erderwärmung und Extremophile: 2.3.5.8

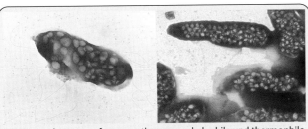

Die Euryarchaeota umfassen methanogene, halophile und thermophile Taxa. Die methanogenen Euryarchaeota bilden Methan und sind häufig im Verdauungstrakt verschiedener Metazoa anzutreffen. Die Halobacteriales (oben: *Halobacterium salinarum*) leben aerob oder anaerob in nahezu bis vollständig gesättigten Salzlösungen. Die Thermoplasmatales sind acidophil, den meisten Thermoplasmatales fehlt eine Zellwand

Die Crenarchaeota umfassen vorwiegend thermophile und acidothermophile Taxa. Sie sind unter anderem in terrestrischen Hydrothermalfeldern in Schwefelquellen verbreitet

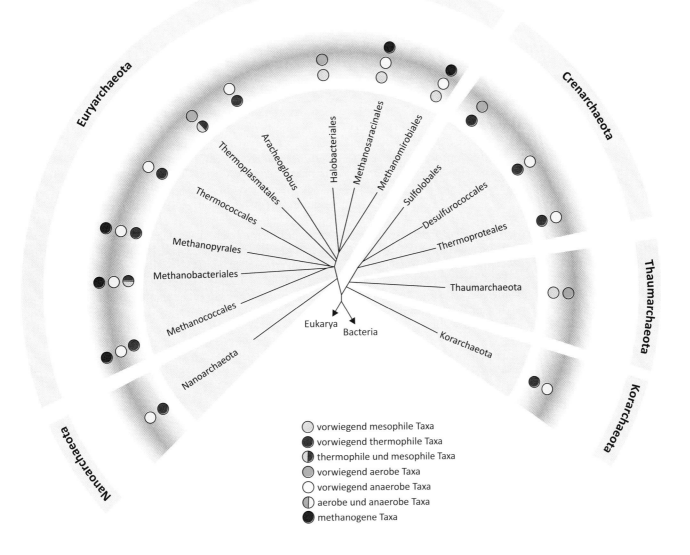

vorwiegend mesophile Taxa
vorwiegend thermophile Taxa
thermophile und mesophile Taxa
vorwiegend aerobe Taxa
vorwiegend anaerobe Taxa
aerobe und anaerobe Taxa
methanogene Taxa

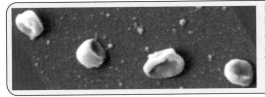

Die Korachaeota und die Nanoarchaeota umfassen thermophile Taxa. Die Nanoarchaeota beinhalten nur die Art *Nanoarchaeum equitans*, auch die Korarchaeota sind sehr artenarm. Die phylogenetische Position beider Gruppen ist nicht endgültig geklärt. Basierend auf der von den anderen Archaea stark abweichenden 16S-rRNA-Sequenz werden diese Taxa in eigene Stämme gestellt. Die Thaumarchaeoata (links: *Nitrososphaera viennensis*) sind im Meer weit verbreitet und spielen möglicherweise auch in anderen mesophilen Habitaten eine Rolle

Eukarya

Alle Organismen werden in drei Domänen eingeordnet: Archaea, Bacteria und Eukarya. Die Domäne Eukarya umfasst die Unikonta (= Amorphea), zu denen die Tiere und Pilze gehören, die Archaeplastida, zu denen die Pflanzen zählen, die Excavata, die Rhizaria, die Alveolata, die Stramenopiles und die Hacrobia.

Ein typischer Bestandteil der eukaryotischen Zelle sind die Organellen, die aber in den verschiedenen Linien unterschiedlich verbreitet und ausgeprägt sind: Alle Eukaryoten besitzen Mitochondrien oder reduzierte Abwandlungen dieser. Plastiden finden sich nur in einigen Linien der Eukaryoten. Interessanterweise sind die Eukaryoten mit Plastiden aber nicht unbedingt näher miteinander verwandt. Auch der Plastidenbau weicht zwischen den einzelnen Gruppen stark voneinander ab. Man unterscheidet grundsätzlich zwischen primären und sekundären Plastiden.

Primäre Plastiden sind von zwei Membranen umgeben und besitzen entweder Chlorophyll *a* oder Chlorophyll *a* und *b*. Diese Plastiden findet man bei den Archaeplastida, also den Glaucocystophyta, den Rhodophyta, den Chlorophyta und den Streptophyta. Zu den Letzteren gehören auch die Landpflanzen. Sekundäre Plastiden sind von drei oder vier Membranen umgeben. Die sekundären Plastiden der Alveolata, der Stramenopiles und der Hacrobia gehen auf die Endocytobiose einer Rotalge (Rhodophyta) zurück und besitzen Chlorophyll *a* und *c* – diese sind in der Abbildung rot dargestellt. Die sekundären Plastiden der Euglenozoa und Chlorarachniophyta gehen auf die Endocytobiose einer Grünalge (Chlorophyta) zurück und besitzen Chlorophyll *a* und *b* – diese sind in der Abbildung grün dargestellt.

Einige Organismen besitzen Organellen, die einen gemeinsamen Ursprung mit entweder Mitochondrien oder Plastiden haben, aber auf wenige Stoffwechselwege reduziert sind. Ein Beispiel ist der Apicoplast des Malaria-Parasiten *Plasmodium* (Apicomplexa). Dieser sekundäre Plastid ist nicht mehr zur Photosynthese fähig, ist aber für andere Stoffwechselwege, beispielsweise die Fettsäurebiosynthese, essenziell.

Neben den von den Rotalgen abgeleiteten sekundären Plastiden, die bei den Alveolaten verbreitet sind, findet man bei einigen Dinoflagellaten auch sekundäre Plastiden, die sich von Grünalgen ableiten. Zudem besitzen einige Dinoflagellaten tertiäre Plastiden, die auf die Endocytobiose anderer Algen (Bacillariophyceae, Cryptophyta, Haptophyta) zurückgehen.

Alle Plastiden, auch die sekundären und tertiären Plastiden, lassen sich phylogenetisch auf einen gemeinsamen Ursprung zurückführen. Dies scheint zunächst im Widerspruch zu der Verbreitung von Plastiden in den verschiedenen eukaryotischen Linien zu stehen. Die Verbreitung der Plastiden geht auf den mehrfach unabhängigen Transfer zwischen den Großgruppen zurück, der durch Aufnahme und Verlust auch die verschiedenen Membranverhältnisse und Pigmentausstattungen erklärt.

Die Gattung *Paulinella*, die zu den Cercozoa gehört, stellt einen Sonderfall dar. In dieser Gattung findet man Chromatophoren. Die Chromatophoren sind von nur zwei Membranen umgeben und ähneln einem primären Plastiden, gehen aber auf eine unabhängige Endocytobiose zurück. Die Gattung *Paulinella* ist damit der einzige bekannte Fall einer unabhängigen primären Endocytobiose.

Sekundäre und tertiäre Organellen sind nur bei Plastiden bekannt, alle Mitochondrien lassen sich dagegen auf eine einzige primäre Endocytobiose zurückverfolgen. Einige Vertreter der Eukaryoten besitzen allerdings keine Mitochondrien, sondern Hydrogenosomen oder Mitosomen. Das Hydrogenosom ermöglicht eine ATP-Synthese (Energieerzeugung) unter anaeroben Bedingungen im Gegensatz zu dem Mitochondrium, welches nur unter aeroben Bedingungen Respiration durchführt / betreiben kann. In den Mitosomen findet keine Energieerzeugung statt, es wird aber wie auch bei den Mitochondrien und Hydrogenosomen der für verschiedene Enzyme wichtige Eisen-Schwefel-Cluster synthetisiert.

Endocytobiose: Der Begriff Endocytobiose bezeichnet die Aufnahme von Prokaryoten in die eukaryotische Zelle und deren evolutionäre Umwandlung in Organellen. Der Begriff ist exakter als Endosymbiose, da es sich bei den Organellen nicht mehr um eigenständige Organismen handelt und sie damit die Definition einer Symbiose als Vergesellschaftung von Individuen unterschiedlicher Arten nicht erfüllen

Organell: ein strukturell abgrenzbarer Bereich einer Zelle mit einer besonderen Funktion. Im engeren Sinne wird unter Organell ein durch Endocytobiose von Prokaryoten hervorgegangenes membranumgrenztes Zellkompartiment verstanden. Unter diese engere Definition fallen nur Plastiden und Mitochondrien

Siehe auch: Hydrogenosom: 4.3.1

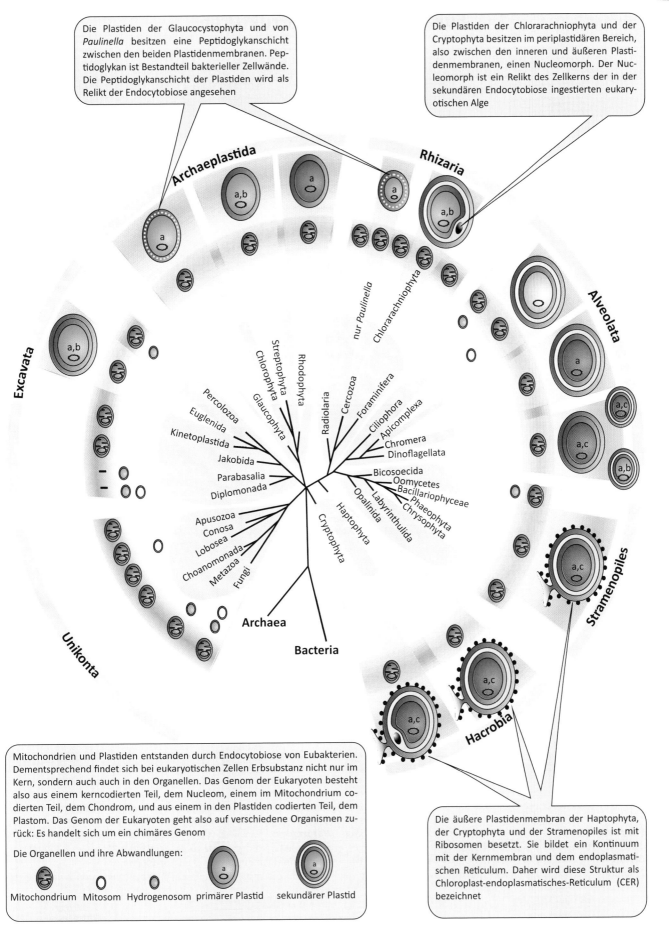

Die Plastiden der Glaucocystophyta und von *Paulinella* besitzen eine Peptidoglykanschicht zwischen den beiden Plastidenmembranen. Peptidoglykan ist Bestandteil bakterieller Zellwände. Die Peptidoglykanschicht der Plastiden wird als Relikt der Endocytobiose angesehen

Die Plastiden der Chlorarachniophyta und der Cryptophyta besitzen im periplastidären Bereich, also zwischen den inneren und äußeren Plastidenmembranen, einen Nucleomorph. Der Nucleomorph ist ein Relikt des Zellkerns der in der sekundären Endocytobiose ingestierten eukaryotischen Alge

Mitochondrien und Plastiden entstanden durch Endocytobiose von Eubakterien. Dementsprechend findet sich bei eukaryotischen Zellen Erbsubstanz nicht nur im Kern, sondern auch auch in den Organellen. Das Genom der Eukaryoten besteht also aus einem kerncodierten Teil, dem Nucleom, einem im Mitochondrium codierten Teil, dem Chondrom, und aus einem in den Plastiden codierten Teil, dem Plastom. Das Genom der Eukaryoten geht also auf verschiedene Organismen zurück: Es handelt sich um ein chimäres Genom

Die Organellen und ihre Abwandlungen:

Mitochondrium Mitosom Hydrogenosom primärer Plastid sekundärer Plastid

Die äußere Plastidenmembran der Haptophyta, der Cryptophyta und der Stramenopiles ist mit Ribosomen besetzt. Sie bildet ein Kontinuum mit der Kernmembran und dem endoplasmatischen Reticulum. Daher wird diese Struktur als Chloroplast-endoplasmatisches-Reticulum (CER) bezeichnet

Eukarya: Zelluläre Strukturen

	Zellwandbestandteile bzw. Außenhülle	Mitochondrien	Hydrogenosom	Mitosomen	Speicher-polysaccharide	Begeißelung	Plastiden							
							primär	sekundär	tertiär	Chlorophyll	akzessorische Pigmente	Membranen	CER	Nucleomorph
Unikonta (= Amorphea)														
Apusozoa		x			Glykogen	bikont								
Choanomonada	extrazelluläre Matrix oder Lorica aus Cellulose oder Silikat	x			Glykogen	unikont								
Metazoa		x	x		Glykogen	unikont								
Microsporidia	Chitin					unbegeißelt								
Chytridiomycota	Chitin	x			Glykogen	Gameten unikont								
Zygomycota	Chitin	x			Glykogen	unbegeißelt								
Glomeromycota	Chitin	x			Glykogen	unbegeißelt								
Ascomycota	Chitin und β-Glucan	x			Glykogen	unbegeißelt								
Basidiomycota	Chitin	x			Glykogen	unbegeißelt								
Tubulinea und Discosea		x		x	Glykogen	unbegeißelt								
Conosa		x			Glykogen	unbegeißelt bis viele								
Archaeplastida		x												
Glaucophyta	Cellulose	x			Stärke (extraplastidär im Cytoplasma)	bikont	x			a	Phycobillin: Phycocyanin Allophycocyanin	2		
Rhodophyta	Cellulose	x			Florideenstärke (an der Oberfläche des Plastiden oder im Cytosol)	unbegeißelt	x			a	Phycobillin: Phycocyanin Phycoerythrin	2		
Chlorophyta	Cellulose	x			Stärke (im Plastiden)	bikont	x			a b	Carotinoide	2		
Streptophyta	Cellulose	x			Stärke (im Plastiden)	bikont	x			a b	Carotinoide	2		
Excavata														
Percolozoa		x	x			unbegeißelt bis viele								
Jakobida		x				bikont								
Fornicata		x	x	x	Glykogen	meist vier oder acht								
Parabasalia			x		Glykogen	keine, vier oder viele								
Preaxostyla					Glykogen	vier								
Euglenida	Pellicula	x			Paramylon (extraplastidär)	bikont		R		a b	β-Carotin, Neoxanthin, Diadinoxanthin, Xanthophyll	3		
Kinetoplastea		x			Mannan	bikont, selten unikont								

Übersicht über zelluläre Strukturen der eukaryotischen Organismengruppen: Die Angaben sind nur eine grobe Orientierung, in vielen Gruppen finden sich Taxa mit abweichenden Eigenschaften. Zudem ist die angegebene Begeißelung oft nur in bestimmten Generationen oder Entwicklungsstadien ausgeprägt. CER: Chloroplast-endoplasmatisches-Reticulum; R (sekundäre und tertiäre Plastiden): Plastiden gehen auf Rotalgenursprung zurück; G (sekundäre und tertiäre Plastiden): Plastiden gehen auf Grünalgenursprung zurück; x: vorhanden (z.T. aber nur bei einigen Taxa der jeweiligen Gruppe)

Chrysolaminarin: (= Leukosin) Reservepolysaccharid bei Taxa der Stramenopiles; β 1-3- und β 1-6-verknüpfte Glucose
Glykogen: Reservepolysaccharid der Unikonta; α 1-3- und α 1-6-verknüpfte Glucose; ähnlich, aber stärker verzweigt als Stärke
Mannan: β 1-4-verknüpfte Mannose

Paramylon: Ein Reservepolysaccharid der Euglenida und der Haptophyta. Im Gegensatz zu der Stärke der Pflanzen und Rotalgen besteht Paramylon aus β D-(1-3)-Glucan
Stärke: Reservepolysaccharid der Archaeplastida und Alveolata; α 1-3- und α 1-6-verknüpfte Glucose; ähnlich, aber weniger verzweigt als Glykogen

	Zellwandbestandteile bzw. Außenhülle	Mitochondrien	Hydrogenosom	Mitosomen	Speicherpolysaccharide	Begeißelung	Plastiden							
							primär	sekundär	tertiär	Chlorophyll	akzessorische Pigmente	Membranen	CER	Nucleomorph
"Kern-Chromalveolata" (Alveolata und Stramenopiles)														
Ciliophora	Alveoli	x	x		Stärke	viele Cilien								
Dinophyta	Alveoli mit Celluloseplatten	x				bikont		R	R	a,c a,b	Fucoxanthin, Peridinin	3/4		
Apicomplexa	Alveoli	x		x	Stärke	unbegeißelt		R				4		
Chromerida		x				bikont		R		a	Isofucoxanthin	4		
Bicosoecida		x				bikont								
Labyrinthulida	Polysaccharide	x				bikont								
Opalinida		x				viele Cilien								
Peronosporomycetes	Cellulose und Hemicellulose, in der Gruppe Leptomitales auch Chitin	x			β-Glucan	Zoosporen bikont								
Bacillariophyceae	die Zellhülle besteht vorwiegend aus Siliziumoxid	x			Chrysolaminarin	Gameten bikont		R		a c	Fucoxanthin	4	x	
Chrysophyceae	Schuppen aus Silikat oder Zellwände aus Cellulose, Lorica aus Chitin oder Silikat	x			Chrysolaminarin	bikont		R		a c	β-Carotin, Fucoxanthin, Violaxanthin, Anthaxanthin, Neoxanthin	4	x	
Phaeophyceae	Cellulose, Alginsäure	x			Chrysolaminarin	Gameten bikont		R		a c	β-Carotin, Fucoxanthin, Diadinoxanthin, Diatoxanthin	4	x	
Hacrobia														
Cryptophyta	Periplast	x			Stärke (periplastidär)	bikont		R		a c	Phycobiline: Phycoerythrin, Phycocyanin, α-Karotin	4	x	x
Haptophyta	Schuppen aus Polysacchariden, meistens Cellulose, bei der Ordung Coccolithophorales sind die Schuppen verkalkt (Coccolithen), *Phaeocystis* besitzt Filamente aus Chitin	x			Chrysolaminarin, selten Paramylon	bikont		R		a c	Fucoxanthin, β-Carotin, Diadinoxanthin, Diatoxanthin	4	x	
Rhizaria														
Cercozoa (ohne Chlorarachniophyta und *Paulinella*)		x				bikont								
Chlorarachniophyta	nackt	x			Paramylon	Zoosporen unikont	G			a b	β-Carotin, Xanthophylle (Neoxanthin, Violaxanthin, Lutein, Loroxanthin-dodecanoat)	4	x	x
Paulinella		x								a		2		
Foraminifera	Zellskelett aus Kalk oder Silikat	x				Gameten bikont								

Unikonta (= Amorphea)

■ Die Unikonta sind eine ausschließlich heterotrophe Organismengruppe. Sie werden in die Großgruppen der Ophistokonta, der Amoebozoa und der wahrscheinlich paraphyletischen Apusozoa unterteilt. Bei keiner Art der Unikonta kommen Plastiden vor, wenngleich einige Vertreter (Korallen, Schwämme und andere) in engen Symbiosen mit Algen leben oder auch mit der Nahrung aufgenommene Plastiden temporär nutzen können.

Gemeinsames und namensgebendes Merkmal der Ophistokonta ist die Ausrichtung der Flagelle: Ophistokonta besitzen eine rückwärts gerichtete Schubgeißel. Zu den Ophistokonta gehören einerseits die als Holozoa zusammengefassten Eumetazoa („Tiere" im engeren Sinn), Porifera, Choanomonada und einige basale Holozoa; zum anderen die als Holomycota zusammengefassten Chitinpilze (Basidiomycota, Ascomycota, Chytridiomycota und Mucoromycotina), die Microsporidia und die Nucleariida.

Im Gegensatz zu den Ophistokonta besitzen begeißelte Zellen der Amoebozoa eine vorwärts gerichtete Zuggeißel.

Diese ist allerdings in vielen Fällen sekundär reduziert. Die meisten Amoebozoa besitzen also keine Flagelle. Ausnahmen stellen die Gameten einiger Schleimpilze dar, die zwei Flagellen aufweisen.

Die Apusozoa sind bikont, sie besitzen zwei Geißeln. Apusozoa sind einzellige Protisten, die im Boden oder in Gewässern an Sedimentoberflächen leben. Die Apusomonadida, die Planomonadida und die Mantamonadida werden zu den Apusozoa gestellt. Die Verwandtschaftsbeziehungen dieser Gruppen innerhalb der Apusozoa sowie die mögliche Zugehörigkeit der Hemimastigida zu den Apusozoa sind aber unklar. Möglicherweise sind die Apusozoa daher paraphyletisch.

Aufgrund der verschiedenen bikonten Taxa innerhalb der Gruppe wurde vorgeschlagen, den Namen Amorphea (weist auf die bei vielen Taxa gestaltlosen Zellen hin) anstelle des Namens Unikonta (weist auf die bei vielen Taxa unikonte Begeißelung hin) zu verwenden.

■ Die Unikonta besitzen in der Regel nur eine Flagelle (unikont), andere Eukaryoten hingegen in der Regel zwei Flagellen (bikont). Dieser namensgebende Unterschied findet sich zwar bei den meisten Unikonta (z.B. Spermien der Metazoa) wieder, ursprünglich besaßen die Unikonta aber wohl ebenfalls zwei Flagellen. Hinweise darauf sind einerseits die bikonte Begeißelung der Apusozoa und der Gameten von Schleimpilzen (Amoebozoa), andererseits das Vorhandensein eines zweiten Kinetosoms bei einigen Unikonta, wie den Choanoflagellaten und begeißelten Metazoenzellen.

Die Unikonta weisen molekularbiologisch eine gemeinsame Besonderheit in der Synthese von Uridinmonophosphat auf: Die drei ersten Schritte der Synthese werden durch

die Enzyme Carbamoylphosphat-Synthase II, Aspartat-Transcarbamoylase und Dihydroorotase katalysiert. Bei den Unikonta sind die drei Gene für diese Enzyme zu einem Gen verschmolzen. Nach den drei Anfangsbuchstaben der Enzyme wird diese Verschmelzung „*triple-gene fusion* CAD" genannt. CAD wird als eine zusammenhängende mRNA transkribiert. Nach der Translation ist das Genprodukt ein zusammenhängendes Protein mit drei Funktionen. Im Gegensatz zu CAD haben die Unikonta getrennte Gene für die Enzyme Thymidylat-Synthase und Dihydrofolat-Reduktase, während bei anderen Eukaryoten diese Gene verschmolzen sind.

Dynein: eines der Motorproteine in der eukaryotischen Zellen, welches unter anderem die Bewegung der Geißel ermöglicht

Flagellin: Protein aus dem die Bakteriengeißel aufgebaut ist. Im Gegensatz zu der eukaryotischen Geißel ist Flagellin nicht mit Motorproteinen assoziiert, somit ist keine selbstständige Bewegung möglich

Mikrotubuli: Proteinfilamente, die mit Mikrofilamenten und Intermediärfilamenten die Zelle stabilisieren und sowohl den Transport innerhalb der Zelle als auch die Bewegung der Zelle ermöglichen

mRNA (Messenger-RNA): ein Transkriptionsprodukt von einem der beiden DNA-Stränge, welcher Informationen für die Synthese von Proteinen enthält

Synthese: (griech.: *synthesis* = Zusammensetzung) Vereinigung von verschiedenen Komponenten zu einer neuen Einheit.

Tubulin: Protein, Hauptbestandteil der Mikrotubuli

Uridinmonophosphat: ein Zwischenprodukt in der Pyrimidinbiosynthese

---

■ Siehe auch: Heterotrophie: 4.6.2.3; Phylogenie, Stammbäume: 4.1.1.6; Symbiose: 4.2.2.5

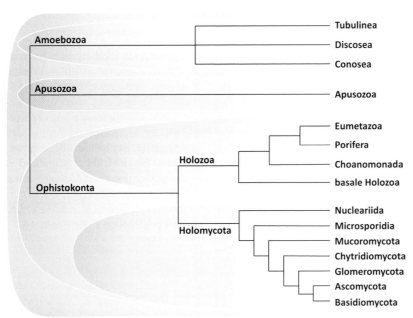

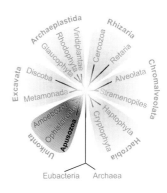

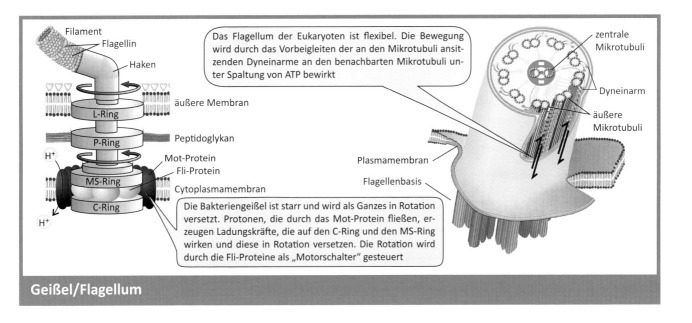

Apusomonas proboscidea   *Mantamonas plastica*   *Fabomonas tropica*

Die Apusozoa sind farblose meist substratgebunden lebende Flagellaten, die sich von Bakterien ernähren. Die Verwandtschaftsverhältnisse der Apusozoa sind nicht endgültig geklärt. Sie werden aber als basale Gruppe innerhalb der Unikonta angesehen und umfassen die drei Ordnungen Apusomonadida (links: *Apusomonas proboscidea*), Mantamonadida (Mitte: die zurzeit einzige Art *Mantamonas plastica*) and Planomonadida (rechts: *Fabomonas tropica*). Im elektronenmikroskopischen Schnitt von *Fabomonas tropica* sind die für die Apusozoa typische Pellicula und die Mitochondrien zu sehen

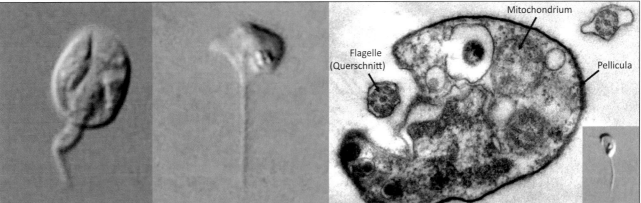

Das Flagellum der Eukaryoten ist flexibel. Die Bewegung wird durch das Vorbeigleiten der an den Mikrotubuli ansitzenden Dyneinarme an den benachbarten Mikrotubuli unter Spaltung von ATP bewirkt

Die Bakteriengeißel ist starr und wird als Ganzes in Rotation versetzt. Protonen, die durch das Mot-Protein fließen, erzeugen Ladungskräfte, die auf den C-Ring und den MS-Ring wirken und diese in Rotation versetzen. Die Rotation wird durch die Fli-Proteine als „Motorschalter" gesteuert

Geißel/Flagellum

Holozoa

Die Holozoa umfassen die Metazoa und deren basale Schwestergruppen, die Mesomycetozoa und die Choanomonada.

Die Metazoa („Tiere" im umgangssprachlichen Wortsinn) sind eine sehr artenreiche Organismengruppe. Allein die Insekten stellen mit etwa einer Million bekannten Arten mehr beschriebene Arten als alle anderen Organismengruppen zusammen. Allerdings sind die Metazoa auch recht gut untersucht – im Gegensatz zu vielen anderen Organismengruppen.

Die ontogenetische Entwicklung und die Organisation der verschiedenen Stämme weichen stark voneinander ab, entsprechend sind die phylogenetischen Verwandtschaftsbeziehungen in vielen Fällen noch unklar.

Die Filasterea umfassen einzellige freilebende und in Trematoden parasitierende Arten.

Die Ichthyosporea umfassen einzellige Arten. Die meisten davon sind Fischparasiten. Daneben kommen einige freilebende Arten vor.

Die Aphelidea umfassen verschiedene Arten, die als intrazelluläre Parasiten von Algen leben.

Die Choanomonada sind einzellige oder koloniale Protisten. Sie gehören zu den bedeutendsten planktischen Bakterivoren.

Die Metazoa haben vielzellige Körper mit differenzierten Geweben. Die Adhäsion und Kommunikation zwischen benachbarten Zellen spielen dabei eine besondere Rolle. Die Organisation ist damit komplexer als bei den koloniebildenden Choanoflagellaten. Wie auch die Choanoflagellaten sind viele Zellen der Metazoa mit einem Flagellum begeißelt. Auch die Oogenese und die Spermatogenese (ophistokonte Spermien) sind bei den Metazoa ähnlich.

Zu den basalen Metazoa gehören die Porifera (Schwämme), die Ctenophora (Rippenquallen) und die Placozoa

In den verschiedenen Linien entwickelten sich im späten Präkambrium und im frühen Kambrium Außenskelette, möglicherweise als Schutz vor dem zunehmenden Fraßdruck. Mit der zunehmenden Verbreitung von Außenskeletten verbesserte sich die fossile Überlieferung – das plötzliche Auftreten von Fossilien der Metazoen zu Beginn des Kambriums wird als „kambrische Explosion" bezeichnet. Die tatsächliche Radiation muss bereits früher stattgefunden haben, die Überlieferung der präkambrischen Metazoa ohne Hartskelettelemente ist allerdings sehr lückenhaft. Die ersten Metazoa waren wahrscheinlich bodenlebende, marine Organismen, deren Oberfläche aus begeißelten Zellen bestand.

(Flachtiere). Die Cnidaria (Nesseltiere) wurden traditionell ebenfalls oft zu den basalen Metazoen gestellt. Den Schwämmen fehlen noch echte Gewebe, alle anderen Metazoa besitzen zumindest zwei Keimblätter, Ektoderm und Entoderm, und werden daher den Schwämmen auch als Eumetazoa gegenübergestellt. Bei den Eumetazoa finden sich Gap Junctions zwischen den Epithelzellen.

Bei den Bilateria findet sich schließlich Bilateralsymmetrie (zumindest in Larvenstadien). Alle Bilateria mit Ausnahme der Cnidaria besitzen drei Keimblätter und werden als Triploblastica zusammengefasst. Während die Acoelomorpha noch kein durchgängiges Darmsystem besitzen, finden sich bei den Nephrozoa (Eubilateria) Protonephridien und ein durchgängiger Darm mit Mund und Anus. Bei den Deuterostomia entwickelt sich die erste Keimöffnung, der Blastoporus, zum Anus – der Mund bricht sekundär durch. Bei den Protostomia sind die Verhältnisse umgekehrt, der Blastoporus entwickelt sich zum Mund, während der Anus sekundär durchbricht.

Adhäsion: (lat.: *adhaesio* = anhaften) bezeichnet das Aneinanderhaften zweier Zellen, Stoffe oder Körper
Blastoporus: Urmund
Ektoderm: (griech.: *ektos* = außen, *derma* = Haut) das erste oder äußerste Keimblatt, aus dem sich die Haut, das Nervensystem und die Sinnesorgane bilden
Entoderm: (griech.: *endon* = innen, *derma* = Haut) inneres Keimblatt, aus dem sich die Atemwege und der Verdauungstrakt entwickeln
Gap Junctions: Proteinkanäle zwischen Membranen zweier angrenzender tierischer Zellen

Keimblatt: Keimblätter sind bei Tieren die drei embryonalen Gewebeschichten (Ektoderm, Entoderm und Mesoderm); bei Pflanzen werden die Kotyledonen als Keimblätter bezeichnet
Mesoderm: (griech.: *derma* = Haut) mittleres Keimblatt des Embryoblasten. Aus diesem entstehen Muskeln, Skelett, Blutgefäßsysteme, Exkretionsorgane und ein Teil der Geschlechtsorgane
Protonephridien: einfache Ausscheidungsorgane, die jeweils mit einer Reusengeißelzelle beginnen. Ein Flagellenbündel erzeugt eine Strömung und damit einen Unterdruck, der Gewebeflüssigkeit nachzieht

Siehe auch: HOX-Gene: 4.2.1.3; Radiation, Mechanismen der Artbildung: 3.1.2, 3.2.1.2, 3.2.1.4

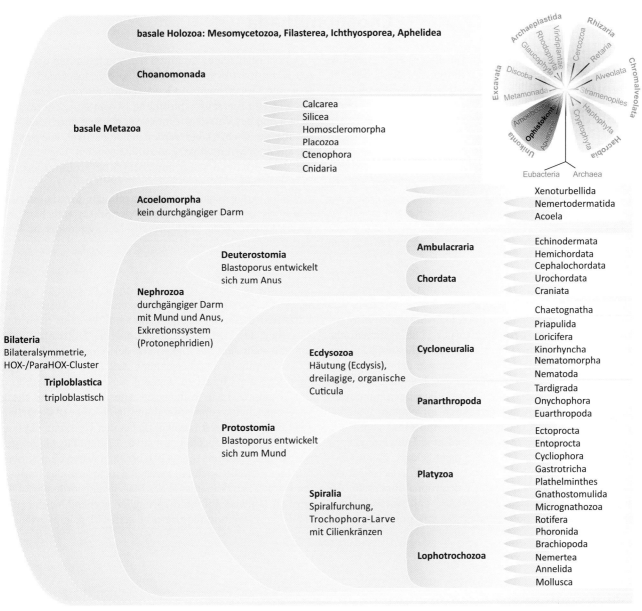

basale Holozoa: Mesomycetozoa, Filasterea, Ichthyosporea, Aphelidea

Choanomonada

basale Metazoa
- Calcarea
- Silicea
- Homoscleromorpha
- Placozoa
- Ctenophora
- Cnidaria

Acoelomorpha
kein durchgängiger Darm
- Xenoturbellida
- Nemertodermatida
- Acoela

Deuterostomia
Blastoporus entwickelt
sich zum Anus

Ambulacraria
- Echinodermata
- Hemichordata

Chordata
- Cephalochordata
- Urochordata
- Craniata

Nephrozoa
durchgängiger Darm
mit Mund und Anus,
Exkretionssystem
(Protonephridien)

Bilateria
Bilateralsymmetrie,
HOX-/ParaHOX-Cluster

Triploblastica
triploblastisch

Ecdysozoa
Häutung (Ecdysis),
dreilagige, organische
Cuticula

Cycloneuralia
- Chaetognatha
- Priapulida
- Loricifera
- Kinorhyncha
- Nematomorpha
- Nematoda

Panarthropoda
- Tardigrada
- Onychophora
- Euarthropoda

Protostomia
Blastoporus entwickelt
sich zum Mund

Platyzoa
- Ectoprocta
- Entoprocta
- Cycliophora
- Gastrotricha
- Plathelminthes
- Gnathostomulida
- Micrognathozoa
- Rotifera

Spiralia
Spiralfurchung,
Trochophora-Larve
mit Cilienkränzen

Lophotrochozoa
- Phoronida
- Brachiopoda
- Nemertea
- Annelida
- Mollusca

Eine der wichtigsten Mortalitätsursachen für alle Organismen ist Prädation durch Fraßfeinde: Dieser Prädation können sich Organismen durch Flucht entziehen. Das setzt aber eine motile Lebensweise voraus, wie sie bei vielen Metazoen, aber auch bei vielen Mikroalgen und Protisten gegeben ist. Können sich die Organismen nicht durch Flucht den Prädatoren entziehen, müssen sie entweder Fraßschäden akzeptieren können oder sich vor Fraßschäden schützen – in der Regel durch morphologische Anpassungen. Viele Organismen können einen Verlust von Teilen ihres Körpers ohne nachhaltige Schädigung überleben. Landpflanzen (oben rechts) und Schwämme (oben links) mit ihrer offenen Organisation sind Beispiele hierfür. Morphologischer Schutz vor Fraßschäden (Fraßschutz) kann durch eine Außenpanzerung erreicht werden. Sowohl bei Tieren als auch bei Pflanzen finden sich zahlreiche Beispiele (Mitte links: Schildkrötenpanzer; Mitte rechts: Borke). Spezielle Strukturen wie Dornen und Stacheln sind ebenfalls geeignet, um Fraßschäden abzuwehren (unten links: Stachelschwein; unten rechts: Kaktus). In verschiedenen Organismengruppen haben sich immer wieder ähnliche Schutzmechanismen konvergent entwickelt. Da Landpflanzen grundsätzlich sessil sind und damit eine Flucht vor Fraßfeinden nicht möglich ist, sind hier die morphologischen (und physiologischen) Schutzmechanismen sowie eine Toleranz von Fraßschäden durch offene Organisation besonders wichtig.

Schutz vor Prädation

Choanomonada

Die Choanomonada (Choanoflagellaten) sind einzellige oder koloniale Protisten, leben freischwimmend oder an Substraten angeheftet und sind vor allem limnisch und marin verbreitet. Es sind ca. 150 Arten bekannt. Sie besitzen Mitochondrien, jedoch keine Plastiden. Die Zellen haben ein zentrales Flagellum, das als Schubgeißel dient – einen von der Zelle weg gerichteten Wasserstrom erzeugt. Die meisten anderen Protisten besitzen zwei oder mehrere Flagellen, die als Zuggeißel dienen – und hier einen auf die Zelle zu gerichteten Wasserstrom erzeugen. Die Zellen der Choanoflagellaten besitzen zudem einen Kragen aus 30 bis 40 Mikrovilli, die das Flagellum umgeben. Dieser Kragen ist charakteristisch für diese Gruppe und kommt bei anderen Protisten nicht vor.

Die Ähnlichkeiten zwischen Choanoflagellaten und den Choanocyten der Schwämme (Porifera) sind sehr groß und die Strukturen sind einander homolog – sie gehen also auf einen gemeinsamen Ursprung zurück. Die systematische Einordnung der Schwämme und der Choanoflagellaten und deren Verhältnis zu den Metazoen war daher lange umstritten. Die Fragen, ob Schwämme nur koloniale Protisten (Choanoflagellaten) sind oder Choanoflagellaten nur einzellige Metazoen, ließen sich erst durch molekulare Untersuchungen entscheiden. Die Schwämme sind danach eindeutig den Metazoen zuzuordnen und sind eine Schwestergruppe der Choanoflagellaten. Es ist aber nicht geklärt, ob die Choanoflagellaten monophyletisch oder paraphyletisch sind, die Metazoa also eine Verwandtschaftsgruppe innerhalb der Choanoflagellaten bilden. Im letzteren Fall wären die den Metazoen und Choanoflagellaten gemeinsamen Merkmale

Choanoflagellaten ernähren sich von Bakterien und anderen Kleinstpartikeln. Sie gehören zu den bedeutenden bakterivoren Organismen in Gewässerökosystemen. Die durch das Flagellum erzeugte Strömung ist von der Zelle weg gerichtet und das Wasser strömt von den Seiten durch den Mikrovillisaum nach. Dabei werden kleine Partikel, wie Bakterien, auf dem Mikrovillikragen zurückgehalten. Diese werden auf den Mikrovilli selbst zum Zellkörper transportiert und dort ingestiert.

Einige Arten besitzen eine extrazelluläre Matrix oder Lorica, die entweder aus Cellulose oder Silikat aufgebaut sein kann. Andere Arten sind „nackt". Der systematische Wert dieser Loricen ist unklar.

als für die gesamte Organismengruppe ursprünglich anzusehen. Damit stellt sich die Frage nach dem Aussehen des Vorfahren dieser Organismen und im Weiteren nach dem Aussehen des Vorfahren der Gruppe der Unikonta. Insbesondere stellt sich die Frage nach der Anzahl der Flagellen dieses Vorfahren: Die begeißelten Zellen der Choanoflagellaten und der Metazoen besitzen ein einzelnes Flagellum. Im Gegensatz dazu besitzen die Apusozoa, die eine basale Verwandtschaftsgruppe innerhalb der Unikonta darstellen, zwei Flagellen. Es ist fraglich, ob bei den Unikonta ein oder zwei Flagellen ursprünglich waren. Choanoflagellaten und auch begeißelte Metazoenzellen besitzen neben dem Kinetosom der Flagelle noch ein zweites Kinetosom, das im rechten Winkel zum Kinetosom der Flagelle angeordnet ist. Dies wird als Hinweis auf ein ursprünglich vorhandenes, aber im Laufe der Evolution reduziertes zweites Flagellum gedeutet.

Kinetosom: Basalkörper der Flagellen. Die Kinetosomen sind aus zylindrisch angeordneten Mikrotubuli aufgebaut. Sie dienen als Ansatzpunkt für die Mikrotubuli der Flagellen und Cilien
Lorica: schalenartige, schützende äußere Hülle bei verschiedenen Protisten

Mikrovilli: membranumschlossene Fortsätze der Zellen mit Mikrofilamenten aus vernetzten Aktinfilamenten
Substrat: Untergrund, an dem sich sessile Organismen anheften können

Siehe auch: Schwämme: 4.2.1.2

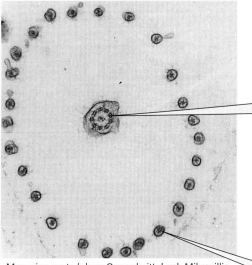

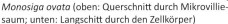

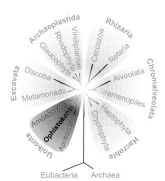

Die Choanoflagellaten haben ein Flagellum, das Wasser von der Zelle weg strudelt. Wie auch bei den Metazoen findet sich an der Flagellenbasis ein zweiter, senkrecht stehender Basalkörper. Dies könnte ein Hinweis darauf sein, dass die Vorfahren der Choanoflagellaten und der Tiere zwei Flagellen besaßen. Die Flagellen besitzen die typische Struktur aus neun randlich stehenden Doppelmikrotubuli und zwei zentralen Mikrotubuli

Monosiga ovata (oben: Querschnitt durch Mikrovillisaum; unten: Langschitt durch den Zellkörper)

Um das zentrale Flagellum herum sind 20 bis 40 Mikrovilli angeordnet. Das Wasser durchströmt diesen „Filter" und Nahrungspartikel, wie Bakterien, werden auf der Außenseite des Mikrovillisaumes zurückgehalten und zur Zelle transportiert

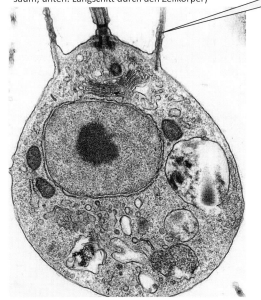

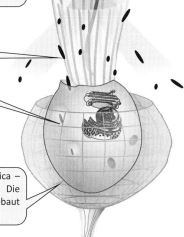

Nahrungspartikel werden an der Basis des Mikrovillisaums ingestiert. Es bilden sich Nahrungsvakuolen, die ins Zellinnere verlagert werden. Die Nahrungspartikel werden durch Sekretion von Enzymen in die Vakuolen verdaut. Nicht verdauliche Teile werden danach wieder ausgeschieden

Einige Choanoflagellaten besitzen eine Lorica – eine extrazelluläre kelchförmige Zellhülle. Die Lorica kann aus Silikat oder Cellulose aufgebaut sein

---

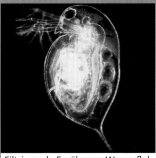

Filtrierende Organismen (links: Wasserfloh, rechts: Flamingo) ernähren sich von Beuteorganismen, die sehr viel kleiner als sie selbst sind: Beispielsweise ernähren sich Bartenwale von Krill, Flamingos von einzelligen Algen und Wasserflöhe von Algen und Bakterien. Filtrierende Organismen sind in der Lage, mehrere unterschiedliche Beuteorganismen gleichzeitig zu prozessieren. Dadurch können sie trotz der geringen Größe der Beuteorganismen genügend Nahrung aufnehmen.

Der Größenunterschied zwischen Organismen, die einzelne Beuteorganismen jagen (*interception feeder*: links: Ruderfußkrebs, rechts: Turmfalke), und ihrer Beute ist wesentlich geringer, sie sind maximal etwa zehnmal größer (lineare Ausdehnung) als ihre Beute, beziehungsweise maximal etwa 1000-mal so schwer. Bei Arten, die in Rudeln jagen, ist der Größenunterschied zwischen Räuber und Beute oft noch viel geringer.

Diese Größenbeziehungen zwischen Räuber und Beute finden sich entsprechend für die verschiedensten Organismen, von Protisten bis hin zu Walen.

Filtrierende Ernährung: Wasserfloh

Filtrierende Ernährung: Flamingo

Beutefang: Ruderfußkrebs

Beutefang: Turmfalke

Größenverhältnisse zwischen Räuber und Beute

Porifera

Die Schwämme (Porifera) sind einfach gebaute Metazoen. Es sind über 7.500 Arten bekannt. Sie können eine Größe von wenigen Millimetern bis über 3 m erreichen. Schwämme sind benthische Filtrierer und bis auf wenige limnische Arten marin. Ihnen fehlen Muskelzellen und Nervenzellen sowie ein Verdauungstrakt und Gonaden. Sie besitzen Mitochondrien, jedoch keine Plastiden, wie alle Metazoa. Der Schwammkörper ist aus nur wenigen Zelltypen aufgebaut, echte Gewebe gibt es bei Schwämmen nicht. Pinacocyten sind flache Zellen, die als Pinacoderm die Oberfläche der Tiere inklusive des Kanalsystems bedecken. Die Choanocyten in den Geißelkammern sind sehr ähnlich zu den Choanoflagellaten. Rund 20 bis 40 Filopodien umgeben das zentrale Flagellum. Aus der erzeugten Strömung werden an den Filopodien Nahrungspartikel filtriert. Die Skelettelemente Kollagen und Skelettnadeln (Spicula) werden von spezialisierten Zellen, den Spongocyten und den Sklerocyten, gebildet.

Die geringe Differenzierung der Zellen sowie deren Fähigkeit, die Differenzierung zu ändern, bedingen eine hohe Regenerationsfähigkeit der Schwämme. Fraßschäden werden – ähnlich wie bei Pflanzen – toleriert und Teile des Schwammes können zu neuen Individuen auswachsen.

Die Larven der Schwämme sind planktisch und heften sich später fest. Bei den Larven der Kalkschwämme (Calcarea) kommt es während der Metamorphose zu einer Einstülpung bzw. Einwanderung von Zellen, ähnlich den Vorgängen der Gastrulation in der Embryonalentwicklung der höheren Metazoa. Die übrigen Schwämme haben komplizierter gebaute Parenchymula-Larven, die einer Gastrula entsprechen. Die Schwammlarven werden daher als Modell für die Evolution der ersten Metazoen angesehen (Gastraea-Hypothese).

Molekulare Daten legen nahe, dass es sich bei den Schwämmen um eine paraphyletische Gruppe handelt. Sollte dies der Fall sein, müssen verschiedene Merkmale als ursprünglich gedeutet werden. Dies wäre einerseits der Entwicklungszyklus mit planktischer Larve, andererseits die sessile Adultphase mit einem Filtrationssystem aus Choanocyten. Damit müsste man annehmen, dass die Stammart der Metazoen sich filtrierend ernährt hat und nicht durch die Jagd nach größeren Nahrungspartikeln (Prädation) – wie es die traditionelle Sicht der Metazoenevolution darstellt.

Die verschiedenen Untergruppen der Schwämme (Calcarea, Hexactinellida, Demospongiae) sind dagegen jeweils monophyletisch.

Die Homoscleromorpha werden in der Regel den Demospongiae zugerechnet, diese Zuordnung ist aber nicht gesichert. Das Skelett der Hornkieselschwämme (Demospongiae) besteht aus Silikat-Spiculae und dem Protein Spongin. Die Kalkschwämme (Calcarea) besitzen ein Skelett aus Calcit-Spiculae. Die Glasschwämme (Hexactinellida) besitzen Spicula aus amorphem Siliciumdioxid (Opal). Die Glasschwämme waren bedeutende Riffbildner und erreichten im Jura eine Wichtigkeit vergleichbar zu der heutigen Bedeutung der Korallen. Eine bereits im Kambrium ausgestorbene Gruppe, die den Schwämmen zugeordnet wird, waren die Archaecyathiden. Diese Organismen waren bedeutende Riffbildner im oberen Präkambrium und unteren Kambrium.

---

amorph: ungeformt, gestaltlos
benthisch: benthische Organismen leben am oder im Bodensediment eines Gewässers
Metamorphose: (griech.: *metamophosis* = Umgestaltung) Umformung
Parenchymula-Larve: Differenzierung in einen vorderen begeißelten Teil (später Entoderm) und einen hinteren unbegeißelten Teil (später Ektoderm)

planktisch: planktische Organismen leben schwebend oder treibend im Gewässer
sessil: sessile Organismen haften sich am Substrat fest und können sich im Gegensatz zu den motilen Organismen nicht fortbewegen

---

Siehe auch: Filopodien: 4.2.3; stratigraphische Tabelle des Paläozoikums: 2.3.3

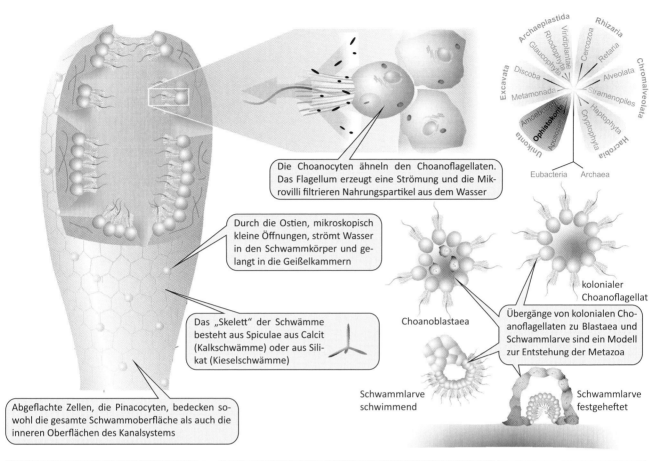

Die Choanocyten ähneln den Choanoflagellaten. Das Flagellum erzeugt eine Strömung und die Mikrovilli filtrieren Nahrungspartikel aus dem Wasser

Durch die Ostien, mikroskopisch kleine Öffnungen, strömt Wasser in den Schwammkörper und gelangt in die Geißelkammern

Das „Skelett" der Schwämme besteht aus Spiculae aus Calcit (Kalkschwämme) oder aus Silikat (Kieselschwämme)

Abgeflachte Zellen, die Pinacocyten, bedecken sowohl die gesamte Schwammoberfläche als auch die inneren Oberflächen des Kanalsystems

kolonialer Choanoflagellat

Choanoblastaea

Übergänge von kolonialen Choanoflagellaten zu Blastaea und Schwammlarve sind ein Modell zur Entstehung der Metazoa

Schwammlarve schwimmend

Schwammlarve festgeheftet

Demospongia *(Xestospongia* sp.*)*   Hexactinellida *(Staurocalyptus* sp.*)*   Calcarea *(Leucilla* sp.*)*

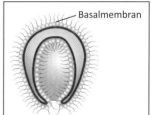

Basalmembran

Gastraea

Pflanzen, oder allgemeiner phototrophe Organismen, werden oft als sessil angesehen; Tiere und heterotrophe Organismen dagegen in der Regel als motil. Diese Sichtweise ist anthropozentrisch und vor allem von den in terrestrischen Ökosystemen dominierenden Tieren und Pflanzen geprägt und keinesfalls zu verallgemeinern.

Die Anforderung, über eine große Oberfläche Ionen aus der Bodenlösung aufnehmen zu können, erfordert bei terrestrischen phototrophen Organismen Wurzeln oder ähnliche Strukturen und erlaubt größeren vielzelligen Phototrophen damit nur eine sessile Lebensweise. Die Konkurrenz mit anderen Phototrophen um Licht fördert das Wachstum zum Licht und damit die Ausbildung großer Individuen. Aquatische Phototrophe können dagegen aus dem umgebenden Wasser Nährstoffe über die Körperoberfläche beziehen – für ein günstiges Oberflächen-zu-Volumen-Verhältnis sollte diese eher klein sein. Eine optimale Ausnutzung des Lichtes kann durch Schwimmen in die oberen Gewässerschichten erreicht werden. Phototrophe Organismen sind daher an Land meist sessil und eher groß, in Gewässern meist motil und klein. Hier gibt es aber auch Ausnahmen, wie die großen marinen Tange. Heterotrophe Organismen beziehen Nährstoffe und Energie über die Nahrung. Wenn man einmal von osmotropher Ernährung absieht, spielt der Kontakt mit der Bodenlösung oder dem umgebenden Wasser für die Ernährung damit eine untergeordnete Rolle. Sowohl an Land als auch im Wasser ist eine motile Lebensweise möglich. Im Gegensatz dazu ist sessile Lebensweise bei heterotropher Ernährung an Land kaum denkbar. Ein Beutefang ist bei sessilen Organismen in der Regel nur über Filtration zu realisieren und damit an eine aquatische Umgebung gebunden. Als weitere Konsequenz stehen den großen terrestrischen Phototrophen großteils vergleichsweise kleine Herbivore gegenüber. In aquatischen Habitaten werden die kleinen Phototrophen weitgehend durch größere (oft filtrierende) Herbivoren konsumiert.

Motile und sessile Lebensweise

Placozoa, Cnidaria, Ctenophora

Die zu den Metazoa gehörenden Placozoa, Cnidaria (Nesseltiere) und Ctenophora (Rippenquallen) besitzen nur zwei Keimblätter – Entoderm und Ektoderm – und werden daher als Diploblasta zusammengefasst. Innerhalb dieser drei Gruppen sind Mitochondrien vorhanden, Plastiden jedoch nicht. Wie auch bei den Schwämmen, sind die Verwandtschaftsverhältnisse zwischen diesen Gruppen schwer zu rekonstruieren.

Die Placozoa sind 1–3 mm große abgeflachte Tiere mit einem dorsalen Deckepithel (Ektoderm), bestehend aus nur einem Zelltyp, und einem ventralen Verdauungsepithel (Entoderm), bestehend aus zwei Zelltypen. Die Placozoa besitzen keine echten Epithelien und kein Nervensystem; der Körperbau weist keine echte Symmetrie auf. Zu den Placozoa gehören mindestens 30 Arten, von denen aber nur eine Art, *Trichoplax adhaerens*, formal beschrieben ist. Die Placozoa sind marin und leben auf Algen.

Die Cnidaria (Nesseltiere) besitzen spezielle Nesselzellen mit Nesselkapseln, die zum Beutefang eingesetzt werden. Die Nesselkapseln leiten sich vom Golgi-Apparat ab, die Geißel wird zum Cnidocil – zu einer Struktur, die auf eine mechanische Reizung hin das Ausschleudern des Nesselfadens auslöst. Die meisten Cnidaria sind – zumindest im Adultstadium – radiärsymmetrisch aufgebaut. Zu den Nesseltieren (Cnidaria) gehören die Anthozoa (Korallen, Seeanemonen) und die Medusozoa. Bis auf wenige limnische Arten sind die Cnidaria marin und leben planktisch (Medusen/Quallen) oder sessil (Polypen). Es sind mehr als 9.000 Arten bekannt. Sie besitzen Epithelien und ein netzartiges Nervensystem.

Die ca. 100 Arten der Ctenophora (Rippenquallen) sind marin, in der Regel pelagisch lebende Tiere. Sie besitzen Epithelien und ein netzförmiges Nervensystem. Im Gegensatz zu den Cnidaria weisen sie keine Nesselzellen auf. Viele Ctenophora haben stattdessen Colloblasten – Fangzellen, deren ausgestoßenes Filament eine klebrige Substanz absondert, in der sich die Beutetiere verfangen. Der Körperbau der Ctenophora weist eine komplizierte Symmetrie auf. Die Symmetrie der unteren Körperhälfte ist gegenüber der oberen Körperhälfte um 90° versetzt. Man spricht daher von Biradiärsymmetrie. Auch dies trifft die Verhältnisse allerdings nicht genau, da die vier Körperquadranten einander nicht genau entsprechen.

Die Verwandtschaft der Ctenophora und der Cnidaria zu den triploblastischen Metazoen ist noch ungeklärt. Die Cnidaria werden in der älteren Literatur oft als Modellorganismen für Radiärsymmetrie herangezogen. Neuere Untersuchungen legen aber nahe, dass die Cnidaria bereits bilateralsymmetrisch aufgebaut sind und die Radiärsymmetrie sekundär ist. Belege hierfür sind die Bilateralsymmetrie einiger Anthozoa (beispielsweise bei *Nemanostella* sp.) sowie das bilateral aufgebaute Nervensystem der Planula-Larve. Damit muss sich Bilateralsymmetrie bereits vor der Abspaltung der Cnidaria entwickelt haben. Die Cnidaria wären somit zu den Bilateria zu stellen, besitzen aber noch kein drittes Keimblatt.

Eine engere Verwandtschaft der Cnidaria zu den triploblastischen Bilateria wird auch durch Analysen der HOX-Gene unterstützt. HOX-Gene sind eine Familie von regulativen Genen, deren Genprodukte die Aktivität anderer Gene im Verlauf der Individualentwicklung (Morphogenese) steuern. Deswegen haben die HOX-Gene eine besondere Bedeutung für die Rekonstruktion von Verwandtschaftsverhältnissen.

Die fossile Bedeutung der hier vorgestellten Gruppen ist recht unterschiedlich. Da Weichteile fossil nur selten überliefert sind, sind die Fossilbelege bei den Placozoa, den Ctenophora und vielen Cnidaria dürftig. Ganz im Gegensatz dazu steht die Bedeutung der Korallen (Anthozoa, ebenfalls Cnidaria), die seit dem Ordovizium bis heute bedeutende riffbildende Organismen sind. Nach der Anzahl der Gastraltaschen unterscheidet man die Octocorallia (acht Gastraltaschen) und Hexacorallia (sechs Gastraltaschen). Fossil bedeutend waren vor allem die Hexacorallia: Im Paläozoikum waren dies ab dem Ordovizium die Tabulata, bei denen die Septen nicht vollständig ausgebildet waren, und die Rugosa. Seit dem Mesozoikum setzten sich die heute dominierenden Korallengruppen der Hexacorallia, insbesondere die Steinkorallen (Scleractinia), durch.

Epithel: Deckgewebe, die oberste Zellschicht oder die obersten Zellschichten vielzelliger Metazoen
HOX-Gene (Homöobox-Gene): Gene, die für die Festlegung bestimmter Muster und Achsenbildung verantwortlich sind.
Pelagial: uferferner Freiwasserbereich

Planula-Larve: frei schwimmende bewimperte Larven der Cnidaria
triploblastisch: Organismen mit drei Keimblättern

Siehe auch: Riffbildner: 2.3.2.2; Stratigraphische Tabelle des Paläozoikums: 2.3.3

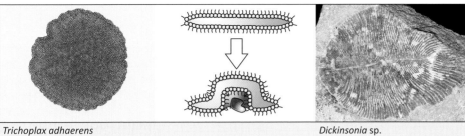

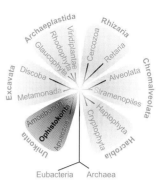

Trichoplax adhaerens   *Dickinsonia* sp.

Die Placozoa sind einfach organisierte Tiere (links), die durch Aufwölbung eine temporäre Verdauungshöhle bilden (Mitte). Die Placozoa sind daher Modellorganismen für die Placula-Hypothese, die eine entsprechende Entstehung der Metazoen annimmt. Bei einigen schwer deutbaren präkambrischen Fossilien, wie *Dickinsonia* (rechts) aus der Ediacara-Fauna, handelt es sich wahrscheinlich um Placozoa

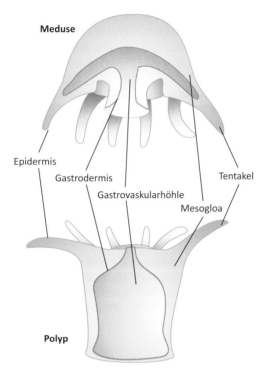

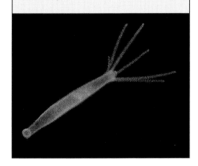

Die zwei Bautypen der Cnidaria (Nesseltiere): Meduse (oben) und Polyp (unten). Die Gastrodermis (Entoderm) und die Epidermis (Ektoderm) umschließen die Mesogloea

Epidermis, Gastrodermis, Gastrovaskularhöhle, Mesogloa, Tentakel, **Meduse**, **Polyp**

Die phylogenetische Verwandtschaft der Ctenophora (Rippenquallen) ist umstritten. Für eine engere Verwandtschaft zu den triploblastischen Bilateria spricht das Vorkommen echten Muskelgewebes und der Feinbau der Spermien mit einem Akrosom. Für ein sehr frühes Abzweigen sprechen dagegen Analysen der HOX-Gene sowie das Fehlen echter Bilateralsymmetrie

Die Ctenophora bilden keine Polypen

Bilateralsymmetrie

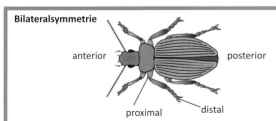

anterior, posterior, proximal, distal

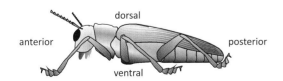

dorsal, anterior, posterior, ventral

Die meisten Tiere zeigen eine Körpersymmetrie, das heißt, dass das Tier mindestens entlang einer Ebene in ähnliche Hälften unterteilt werden kann. Bilateralsymmetrische Organismen können nur durch eine einzelne Ebene in zwei spiegelbildliche Hälften unterteilt werden

Tiere, die keine Symmetrieebenen besitzen, werden als asymmetrisch bezeichnet. Zu diesen gehören die Placozoen und viele Schwämme. Die Körpersymmetrie wird durch regulatorische Gene gesteuert. Die Kugelsymmetrie (sphärische Symmetrie) ist die einfachste Form in der Tiersymmetrie. Hierbei lässt sich der Körper durch den Mittelpunkt in unendlich viele spiegelbildliche Hälften durch den Mittelpunkt teilen.

Organismen mit Radiärsymmetrie lassen sich durch mehr als eine Schnittebene in zwei spiegelbildliche Hälften teilen. Die Schnittebene geht dabei durch die Längsachse. Diese Symmetrieform kommt z. B. bei den Rippenquallen und Nesseltieren vor.

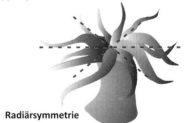

Radiärsymmetrie

Symmetrie und Körperbau

Protostomia

Die Protostomia bilden die Schwestergruppe zu den Deuterostomia und zusammen werden sie als Nephrozoa bezeichnet. Die Nephrozoa wiederum gehören zu den Metazoa. Die Verwandtschaftsverhältnisse innerhalb der Protostomia sind nicht endgültig geklärt. Molekularbiologische Befunde unterstützen die Trennung von Ecdysozoa (Häutungstiere), Lophotrochozoa und Platyzoa – die beiden letzteren Gruppen werden den Ecdysozoa als Spiralia gegenübergestellt.

Die Ecdysozoa besitzen eine dreischichtige Cuticula, die Häutung wird durch ein ecdysteroides Hormon (Ecdyson) gesteuert. Lokomotorische Flagellen sind zurückgebildet – modifizierte Flagellen als Bestandteil der Sinnesorgane kommen vor, sind aber in die Cuticula eingebettet und haben keine lokomotorische Funktion. Bei den Ecdysozoa finden sich in der Embryonalentwicklung keine klare Spiralfurchung und nie eine trochophoraähnliche Larve.

Im Gegensatz dazu sind die Spiralia nach der bei dieser Gruppe in der Embryonalentwicklung vorherrschenden Spiralfurchung benannt. Bei der dritten äquatorialen Teilung entstehen vier größere Zellen (Makromeren) und vier kleinere Zellen (Mikromeren), wobei die kleineren Blastomeren um 45° gegenüber den Makromeren verdreht sind und in den Furchen der Makromeren liegen. Abweichungen des Furchungstyps kommen bei einigen Gruppen der Spiralia aber vor.

Der hier vorgestellten Systematik steht die große morphologische Ähnlichkeit von Anneliden (Spiralia) und Arthropoden (Ecdysozoa) gegenüber. Beide haben einen segmentierten Körper mit Strickleiternervensystem (metamere Organisation) und Längsmuskulatur. Die metameren Segmente enthalten in der Regel Coelomräume, Ganglien des Strickleiternervensystems, Metanephridien und Extremitäten. Die Ähnlichkeiten führten zur Gruppierung beider Taxa als Gliedertiere (Articulata).

Innerhalb der Protostomia finden sich keine Plastiden. Sie besitzen jedoch Mitochondrien.

Die Protostomia sind kosmopolitisch verbreitet. Sie besiedeln aquatische und terrestrische Habitate auf allen Breitengraden. Die Insekten, die ebenfalls zu den Protostomia gehören, bilden das Taxon mit der größten Artenzahl.

Die morphologische Ähnlichkeit der Anneliden und der Arthropoden wurde lange Zeit als starkes Argument für deren Verwandtschaft gewertet. Die Homologie verschiedener Strukturen ist aber nicht nachgewiesen. So ist unklar, ob die Extremitäten der Arthropoden, die Arthropodien, den Extremitäten der Anneliden, den Parapodien, homolog sind. Weiterhin ist unklar, ob die Körperhöhlen der Arthropoden dem Coelom der Anneliden entsprechen. Trotz der augenscheinlich großen Ähnlichkeit der Organisation bestehen daher große Zweifel hinsichtlich eines gemeinsamen Ursprungs dieser Strukturen.

Die morphologischen Befunde erlauben durchaus auch die Deutung, dass diese Strukturen konvergent in beiden Organismengruppen entstanden sind. Dies ist durchaus plausibel, da die metamere Organisation funktionelle Vorteile mit sich bringt und die Gene für die Organisation und Strukturierung einer anterior-posterioren Achse bei allen bilateralen Metazoen vorkommen. Zudem widerlegen molekulare Daten das Articulaten-Konzept, die metamere Organisation muss somit konvergent in den beiden Organismengruppen entstanden sein.

Coelom: (griech.: *koiloma* = Höhle) sekundäre Leibeshöhle, die vollständig mit mesodermalen Zellen umgeben ist
Ecdyson: Hormon der Ecdysozoa, das die Häutung, die Metamorphose und die Fortpflanzung steuert
Ganglien: Anhäufung von Nervenzellen. Diese werden auch als Nervenknoten bezeichnet
metamer: in hintereinanderliegende, gleichartige Abschnitte gegliedert

Metanephridien: Metanephridien sind durch einen Wimperntrichter mit dem Coelom verbundene Exkretionsorgane. Die Filtration findet hier an den Blutgefäßen in der Nähe der Metanephridien statt und wird durch den Blutdruck getrieben. Das Nephron als funktionelle und anatomische Einheit der Wirbeltierniere lässt sich von Metanephridien ableiten
Trochophora-Larve: frei schwimmende, birnenförmige und mit Wimpernkränzen versehene Larve vieler Spiralia

Siehe auch: Cuticula: 4.4.3.2

Unterteilung der Protostomia:
Sowohl Arthropoden als auch Anneliden haben einen in Vorderende (Akron), Hinterende (Pygidium) und dazwischenliegende, ursprünglich homonome Segmente gegliederten Körper. Die Segmente besitzen ursprünglich je ein Paar Coelomsäcke, ein Paar Metanephridien, ein Ganglienpaar des Strickleiternervensystems sowie ein Paar Extremitäten oder Parapodien. Aufgrund der großen morphologischen und ontogenetischen Übereinstimmung wurden diese Gruppen als Articulata (Gliedertiere) zusammengefasst. Molekulare Daten widersprechen jedoch dieser Gruppierung. Sie belegen eine Zugehörigkeit der Arthropoda zu den Ecdysozoa und der Annelida zu den Spiralia

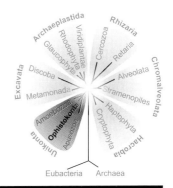

Arthropoda: *Octoglena sierra* (oben: Myriapoda; oben) und ein Hundertfüßer von Borneo (unten: Red Borneo Centipede, Centipeda)

Annelida: *Scolelepis squamata* (Polychaeta; oben) und *Nereis succinea* (Polychaeta; unten)

Die Segmentierung innerhalb der Metazoa war ein wichtiger Schritt in der Evolution des Körperbaus. Erst die Segmentierung ermöglicht eine Spezialisierung der verschieden Abschnitte des Körpers. Eine Segmentierung des Körpers findet sich bei den Anneliden, Arthropoden und Vertebraten. Die Segmentierung hat sich bei den drei Gruppen unabhängig voneinander entwickelt. Die identischen oder ähnlichen Körperabschnitte, die sich seriell wiederholen, werden als Segmente, Metamere oder Somiten bezeichnet. Die Körperabschnitte können sich sowohl im inneren als auch im äußeren Aufbau ähnln / wiederholen (homonome Segmentierung).
Die Spezialisierung der einzelnen Körperabschnitte (heteronome Segmentierung) führte zur komplexen Veränderung des Körpers und zur präziseren Steuerung der Bewegung. So entwickelten sich z. B. an bestimmten Segmenten unterschiedliche

Körperanhänge, mit denen sich die Tiere fortbewegen, Nahrung aufnehmen, fortpflanzen oder die Umgebung wahrnehmen (z. B. Fühler).
Bei einigen Tieren und auch den Menschen ist äußerlich die Segmentierung nicht erkennbar/verdeckt.
Der Entwicklung der Segmente wird durch sogenannte Segmentierungsgene gesteuert. Diese werden in drei unterschiedliche Klassen unterteilt. Die ersten Gene, die aktiviert werden, sind die Lückengene. Diese teilen den Embryo in große Bereiche (Kopf, Thorax und Abdomen) auf. Die von den Lückengenen definierten Bereiche werden von den Paarregelgenen in Segmente unterteilt. Als Nächstes werden die Segmentpolarisationsgene von den Paarregelgenen aktiviert. Diese bestimmen die Ausrichtung der Strukturen innerhalb der einzelnen Segmente.

homonome Segmentierung

heteronome Segmentierung

Segmentierung

Ecdysozoa

■ Die Ecdysozoa und Spiralia bilden die beiden Großgruppen der Protostomia (Metazoa). Zu den Ecdysozoa gehören die Panarthropoda und die Cycloneuralia. Die Ecdysozoa (Häutungstiere) besitzen eine mehrschichtige Cuticula mit Chitin und haben einen Häutungszyklus, der durch ein ecdysteroides Hormon gesteuert wird. Die lokomotorischen Cilien sind reduziert. Ecdysozoa besitzen (in der Regel) Mitochondrien, jedoch keine Plastiden.

Bei den Cycloneuralia verläuft das zentrale Nervensystem ringförmig um den Schlund und in einem dorsalen und einem ventralen Strang entlang der Körperachse. Die Cycloneuralia besiedeln sowohl marine als auch terrestrische Habitate. Einige Arten sind wichtige Parasiten, wie z. B. *Loa loa* und *Wuchereria bancrofti*. Den Cycloneuralia fehlen Plastiden. Bis auf wenige Arten besitzen die Cycloneuralia Mitochondrien. Bei den drei Arten *Spinoloricus nov. sp*, *Rugiloricus nov. sp.* und *Pliciloricus nov. sp.* (Loricifera), die im Sediment eines hypersalinen, anoxischen Tiefseebeckens des L'Atalante (Mittelmeer) leben, wurden hydrogenosomenähnliche Organellen gefunden, die das Überleben in einer anoxischen Umgebung ermöglichen. Hierbei handelt es sich um die ersten bekannten mehrzelligen Metazoa, die ohne Sauerstoff auskommen.

Cycloneuralia mit einem ungegliederten, langen, schnurförmigen Körper sind die Nematoida (mit Nematoda und Nematomorpha). Bedingt durch das Fehlen einer Ringmuskulatur können sich die Nematoida nicht durch peristaltische Bewegungen (wie beispielsweise Anneliden) fortbewegen, sondern durch wellenförmige Bewegungen.

Cycloneuralia mit einem dreiteilig gegliederten Körper sind die Scalidophora. Der Vorderkörper wird hier durch einen ausstülpbaren Rüssel, das Introvert, gebildet, mit dessen Hilfe sich die Scalidophora fortbewegen können. Das Introvert trägt auch die Sinnesorgane. Es ist von speziellen Schuppen, den Skaliden bedeckt. Die außen liegende Körperdecke (Endocuticula) enthält Chitin.

Die Scalidophora umfassen die Priapulida, die Loricifera und die Kinorhyncha – allesamt benthische marine Organismen. Den Scalidophora fehlen Protonephridien, während die Nematoida kompliziert gebaute Protonephridien besitzen.

Die Panarthropoda sind segmentierte Ecdysozoa mit metamerem Nervensystem und teloblastischer Wachstumszone am Körperende. Diese Merkmale teilen sie mit den Anneliden, die allerdings zu den Spiralia gehören. Nur bei den Panarthropoda finden sich zu Antennen oder Beißwerkzeugen modifizierte Kopfextremitäten, paarige Krallen, sowie dotterreiche Eier mit einer partiellen superfiziellen Furchung. In der Regel wird die Ausscheidungsfunktion von modifizierten Metanephridien übernommen und ein Coelom wird zumindest embryonal angelegt. Die Panarthropoda umfassen die Onychophora (mit ca. 110 ausschließlich terrestrischen Arten), die Tardigrada (mit ca. 800 marinen und limnoterrestrischen Arten) und die Euarthropoda (mit mehreren Millionen Arten).

■ Die Bärtierchen (Tardigrada) haben eine ungewöhnliche Morphologie, die sich nur schwer mit der anderer Panarthropoda vergleichen lässt. Beispielsweise fehlen Coelom, Nephridien und Tracheen, der Gasaustausch erfolgt über die Körperoberfläche. Auch die einzelnen Segmente sind nur schwer mit denen der anderen Panarthropoda zu homologisieren. Die Zuordnung der Tardigrada zu den Panarthropoda ist daher aufgrund morphologischer Befunde schwierig. Molekulare Analysen einzelner Gene legten eine Verwandtschaft der Tardigrada zu den Nematoida nahe – vollständigere molekulare Analysen belegen jedoch die Verwandtschaft zu den Onychophora und Euarthropoda.

Die Fehlinterpretation der Verwandtschaft aufgrund einzelner Gene wird als sogenanntes *long branch attraction artifact* gedeutet – ein Problem phylogenetischer Analysen, wenn nahe verwandte Organismen in der Analyse fehlen. Für Organismengruppen wie die Tardigrada, bei denen die Trennung von den nächstverwandten Taxa schon lange zurückliegt und bislang keine näheren Verwandten entdeckt worden sind, gestaltet sich die Rekonstruktion der Verwandtschaftsverhältnisse dementsprechend schwierig.

Cheliceren: Kieferklauen; Mundwerkzeuge der Chelicerata
Opisthosoma: Hinterleib
Pharynx: (griech.: *pharygs* = Rachen, Schlund(kopf)) bei Tieren der vorderste Abschnitt des Verdauungstraktes
Prosoma: Vorderleib der Chelicerata
teloblastische Wachstumszone: Teloblastie bezeichnet den Entwicklungsvorgang, bei dem neue Segmente von einer Sprossungszone von hinten nach vorne gebildet werden. Charakteristisch ist die Teloblastie für alle Articulata
Tracheen: (lat.: *trachia* = Luftröhre) Bei Tieren Luftröhren, die Atemluft zu den Geweben transportieren, bei den Pflanzen Gefäße des Wasserleitsystems

---

■ Siehe auch: Trilobita: 2.3.2.5

Körper nicht segmentiert. Nervensystem ein Ring um Pharynx, sowie dorsaler und ventraler Strang

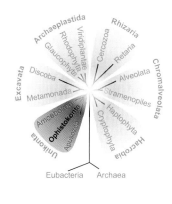

C Y C L O N E U R A L I A

Scalidophora — Gegliederter Körper in Vorderkörper, „Hals" und Rumpf. Der Vorderkörper wird durch einen ausstülpbaren Rüssel (Introvert) gebildet

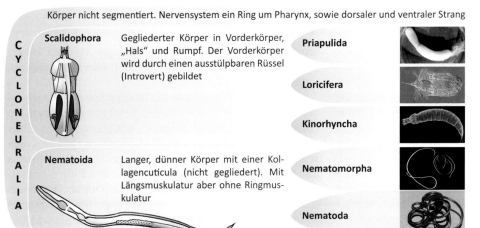

- **Priapulida**
- **Loricifera**
- **Kinorhyncha**

Nematoida — Langer, dünner Körper mit einer Kollagencuticula (nicht gegliedert). Mit Längsmuskulatur aber ohne Ringmuskulatur

- **Nematomorpha**
- **Nematoda**

Bei den Panarthropoda ist der Körper segmentiert und das Gehirn komplex mit ventralem Bauchmark. Die Extremitäten haben paarige Krallen

P A N A R T H R O P O D A

Tardigrada — Die Anzahl der Zellen ist bei den Bärtierchen genetisch fixiert (Eutelie), Coelom und Gefäßsystem fehlen. Die Anzahl der Kopfsegmente ist unklar, insgesamt ist die Anzahl der Segmente gering. Die phylogenetische Position ist noch unklar

Onychophora — Die Onychophora besitzen Tracheen, diese sind aber denen der Euarthropoda nicht homolog. Sie haben ungegliederte Stummelbeine, die in zwei Krallen enden

Euarthropoda — Die Euarthropoda besitzen mehrgliedrige Extremitäten (Arthropodien), ein Plattenskelett sowie eine abgewandelte Segmentanzahl unter Bildung funktioneller Körperabschnitte (Tagmata)

Chelicerata — Die Chelicerata (Pfeilschwanzkrebse, Skorpione und Spinnen) besitzen dreigliedrige Cheliceren und sind in Prosoma und Ophistosoma gegliedert

Trilobita — Die Trilobita sind ausgestorbene Euarthropoda mit in drei Tagmata (Cephalon, Thorax und Pygidium) gegliederten Körpern

Mandibulata — Die Mandibulata haben weitere Kopfextremitäten, dazu gehören die zwei Antennen, die Mandibeln und zwei Maxillenpaare

Myriapoda — Auf eine aus mehreren Segmenten verschmolzene Kopfkapsel folgen homonome Segmente

Crustacea — Naupliuslarve, Segmentzahl variabel, Spaltbeine und zwei Antennenpaare sind plesiomorphe Merkmale

Hexapoda — Kopf aus sechs verschmolzenen Segmenten, Thorax aus drei und Abdomen aus elf Segmenten

---

Das Einfrieren und Auftauen von mehrzelligen Organismen führt oft zum Tod des Organismus. Da die Zellen zum größten Teil aus Wasser bestehen, bilden sich beim Einfrieren Eiskristalle, die die Zellwand und die Zellbestandteile mechanisch zerstören. Ebenfalls entsteht zu Beginn des Gefrierens eine erhöhte Konzentration der Lösung und führt zu einem höheren osmotischen Druck. Folge ist der Verlust von Flüssigkeit in der Zelle. Auch finden Diffusionsvorgänge durch das Gefrieren nur noch verlangsamt statt.

Mit Hilfe von Kryokonservierung können Pflanzenzellen oder auch tierische Zellen (z. B. Eizellen, Spermien und Embryonen) für einen längeren Zeitraum konserviert werden. Dabei gehen alle Stoffwechselvorgänge nahezu in Stillstand über. Bei der Kryokonservierung werden die Zellen sehr schnell eingefroren (in flüssigem Stickstoff), um möglichst die Bildung von Eiskristallen zu unterbinden. Zusätzlich können bestimmte „Frostschutzmittel" wie Glycerin oder DMSO verwendet werden.

In der Natur gibt es einige Organismen, die in der Lage sind, extreme Bedingungen zu überleben. Die Bärtierchen (Tardigrada) können im Zustand der Kryptobiose Temperaturen von +149 °C bis −272 °C, ionisierte Strahlung, Sauerstoffmangel, Nahrungsmangel, osmotischen Stress und

Konservierungsmittel (Ether oder Ethanol) über Jahre überstehen. Sobald sich die Bedingungen ändern, können die Bärtierchen innerhalb von einigen Minuten bis zu Stunden wieder vollständig regenerieren. Zwei Arten der Bärtierchen überlebten sogar zehn Tage im Weltraum (in 270 km Höhe). Einige Exemplare überlebten sogar die Weltraumstrahlung, die aus ultraviolettem Sonnenlicht, Gammastrahlung und dem Teilchenhagel der kosmischen Strahlung besteht. Das Überleben von derartigen harten Bedingungen war bisher nur von Bakterien und Flechten bekannt.

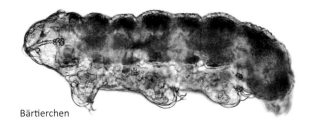

Bärtierchen

Einfrieren und Auftauen

Spiralia

■ Die Spiralia bilden die zweite Großgruppe der Protostomia (Metazoa). Die ca. 150.000 bekannten Arten sind weltweit verbreitet. Sie besitzen Mitochondrien, Plastiden fehlen.

Die meisten Organismen dieser Gruppe machen in der Embryonalentwicklung eine Spiralfurchung durch, daher werden sie auch als Spiralia zusammengefasst. Bei einigen Gruppen findet man allerdings auch Abweichungen von diesem Furchungstyp. Die Spiralia umfassen die Plattwurmartigen (Platyzoa), die Trochozoa (diejenigen Protostomia, die eine Trochophora-Larve bilden) und die Brachiozoa. Brachiozoa und Trochozoa werden wiederum als Lophotrochozoa zusammengefasst.

Die Platyzoa sind einfach gebaute, acoelomate Protostomia mit Protonephridien. Abgesehen von den Plattwürmern (Plathelminthes) sind die zu den Platyzoa gehörenden Gruppen schlecht untersucht und die Verwandtschaftsverhältnisse sind nicht klar. Die Gnathostomulida, die Micrognathozoa, die Acanthocephala und die paraphyletischen Rotifera weisen eine gemeinsame Kiefermorphologie auf und werden daher als Gnathifera zusammengefasst. Dies wird auch von molekularen Daten gestützt.

Die zweite große Verwandtschaftsgruppe der Spiralia bilden die Lophotrochozoa mit den Brachiozoa und den Trochozoa. Die Trochozoa haben Trochophora-Larven. Diese sind rundlich oder birnenförmig und besitzen zwei oder mehrere Cilienreihen. Zu den Trochozoa gehören die Nemertea, die Anneliden und die Mollusken. Die Brachiozoa besitzen ein charakteristisches Fraßorgan, das Lophophor. Es handelt sich dabei um einen Ring cilienbesetzter Tentakel um den Mund. Die Brachiozoa umfassen die Brachiopoda und Phoronida. Molekulare Daten belegen die Zugehörigkeit zu den Lophotrochozoa. Allerdings besitzen auch die Ectoprocta und Entoprocta ein ähnliches Fraßorgan, diese wurden daher mit den Brachiozoa als Lophophorata zusammengefasst. Molekulare Daten legen aber eine Verwandtschaft der Entoprocta und Ectoprocta mit den Platyzoa nahe.

■ Die verschiedenen Gruppen der Lophotrochozoa sind gut unterstützt, die innere Systematik und die Verwandtschaftsverhältnisse der Großgruppen zueinander sind aber in vielen Fällen nicht klar. Dies soll an drei Beispielen, den Brachiozoa, den Mollusca und den Ectoprocta, im Folgenden illustriert werden.

Die Phoronida sind benthische marine Filtrierer und besitzen keine Schale. Bei den Armfüßern (Brachiopoda) handelt es sich dagegen um schalentragende benthische Organismen, die ähnlich wie Muscheln leben. Im Gegensatz zu den Muscheln (Bivalvia), die eine linke und rechte Schale haben, besitzen die Brachiopoda jedoch eine obere und eine untere Schale. Molekulare Daten, aber auch morphologische Daten, wie der Bau der Borsten der Brachiopoda, legen eine Verwandtschaft der Brachiozoa zu den Anneliden nahe.

Auch die Mollusken sind eine sehr umfangreiche Gruppe, deren innere Systematik nicht geklärt ist:

Die Conchifera bilden eine monophyletische Gruppe und besitzen die typische Molluskenschale. Zu den Conchifera gehören auch die Bivalvia (Muscheln), Gastropoda (Schnecken) und Cephalopoda (Kopffüßer).

Den Aculifera (Stachelweichtiere) fehlt die typische Molluskenschale, andere Schalen, wie die der Käferschnecken, können aber vorkommen. Die Stachelweichtiere bilden keine monophyletische Gruppe, insbesondere die wurmförmigen Aplacophora sind vermutlich basale Mollusken. Die Ectoprocta sind systematisch schwer einzuordnen, da die beiden Linien (Phylactolaemata und Gymnolaemata) sich in verschiedenen Merkmalen stark unterscheiden und sowohl eine Verwandtschaft zu den Entoprocta und damit den Platyzoa als auch zu den Brachiopoda und damit zu den Lophotrochozoa durch morphologische Daten gestützt wird. Auch die wenigen molekularen Daten sind widersprüchlich: Sowohl eine Verwandtschaft zu den Entoprocta, als auch zu den Brachiopoda sowie zusammen mit den Chaetognatha als basale Protostomia werden diskutiert.

---

acoelomat: Acoelomata besitzen kein Coelom (keine flüssigkeitsgefüllte, abgeschlossene sekundäre Leibeshöhle)

■ Siehe auch: Brachiopoden und Muscheln: 2.3.2.4; Cephalopoden: 2.3.2.3

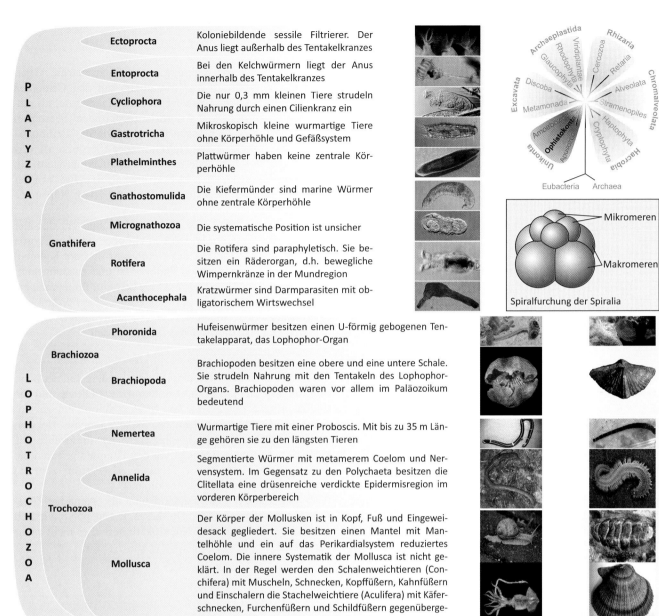

	Ectoprocta	Koloniebildende sessile Filtrierer. Der Anus liegt außerhalb des Tentakelkranzes
P L A T Y Z O A	Entoprocta	Bei den Kelchwürmern liegt der Anus innerhalb des Tentakelkranzes
	Cycliophora	Die nur 0,3 mm kleinen Tiere strudeln Nahrung durch einen Cilienkranz ein
	Gastrotricha	Mikroskopisch kleine wurmartige Tiere ohne Körperhöhle und Gefäßsystem
	Plathelminthes	Plattwürmer haben keine zentrale Körperhöhle
	Gnathostomulida	Die Kiefermünder sind marine Würmer ohne zentrale Körperhöhle
Gnathifera	Micrognathozoa	Die systematische Position ist unsicher
	Rotifera	Die Rotifera sind paraphyletisch. Sie besitzen ein Räderorgan, d.h. bewegliche Wimpernkränze in der Mundregion
	Acanthocephala	Kratzwürmer sind Darmparasiten mit obligatorischem Wirtswechsel

Mikromeren

Makromeren

Spiralfurchung der Spiralia

	Phoronida	Hufeisenwürmer besitzen einen U-förmig gebogenen Tentakelapparat, das Lophophor-Organ
L O P H O T R O C H O Z O A Brachiozoa	Brachiopoda	Brachiopoden besitzen eine obere und eine untere Schale. Sie strudeln Nahrung mit den Tentakeln des Lophophor-Organs. Brachiopoden waren vor allem im Paläozoikum bedeutend
	Nemertea	Wurmartige Tiere mit einer Proboscis. Mit bis zu 35 m Länge gehören sie zu den längsten Tieren
Trochozoa	Annelida	Segmentierte Würmer mit metamerem Coelom und Nervensystem. Im Gegensatz zu den Polychaeta besitzen die Clitellata eine drüsenreiche verdickte Epidermisregion im vorderen Körperbereich
	Mollusca	Der Körper der Mollusken ist in Kopf, Fuß und Eingeweidesack gegliedert. Sie besitzen einen Mantel mit Mantelhöhle und ein auf das Perikardialsystem reduziertes Coelom. Die innere Systematik der Mollusca ist nicht geklärt. In der Regel werden den Schalenweichtieren (Conchifera) mit Muscheln, Schnecken, Kopffüßern, Kahnfüßern und Einschalern die Stachelweichtiere (Aculifera) mit Käferschnecken, Furchenfüßern und Schildfüßern gegenübergestellt

Organismen werden nach ihrem Tod vollständig zu anorganischem Material abgebaut. Dies geschieht hauptsächlich durch Bakterien und Pilze. Die anorganischen Materialien werden dem natürlichen Kreislauf wieder zur Verfügung gestellt. Dieser Prozess kann unter bestimmten Bedingungen unterbrochen werden, indem z. B. die Organismen in Sediment (Moor, Sand, Sumpf, See) eingeschlossen werden oder durch Sauerstoffmangel die Zersetzung verhindert wird. Zusätzlich darf es keine starken Deformationen der Erdkruste geben, da die Fossilien sonst zerstört würden. Diese drei Voraussetzungen müssen zusammentreffen, erst dann ist die Entstehung (Fossilisation) und Erhaltung von Fossilien möglich (rechts: Fossil von *Priscacara liops* aus dem Eozän). Es entstehen unterschiedliche Formen von Fossilien: Mumifizierung durch Wasserentzug oder Einbettung im Moor, Inkohlung durch Umwandlung von Pflanzen unter Druck und Luftabschluss zu Torf, Braun- und Steinkohle, Erhalt von Hartteilen wie Schuppen, Zähnen, Knochenresten oder Gehäusen, Versteinerung nach der Zersetzung von organischen Substanzen und anschließender Ausfüllung der Hohlräume mit Kalk oder Kieselsäure, Abdrücke von Fußspuren oder z. B. einer Pflanze im Sediment, Einschlüsse in flüssigem Harz (Bernstein), Salz oder Eis. Es gibt zwar mehrere Mög-

lichkeiten, wie ein Organismus über Millionen von Jahren konserviert werden kann, jedoch ist die Wahrscheinlichkeit, dass ein Fossil entsteht, gering. Je schneller ein Organismus in Sediment eingebettet wird, desto besser ist die Chance, dass er erhalten wird. Schätzungen zufolge werden weniger als 1 % der Organismen im Sediment eingeschlossen und weniger als 1 % von diesen als Fossilien überliefert.

Priscacara liops aus der Green-River-Formation

Warum findet man bestimmte Fossilien nicht?

Deuterostomia

Die Deuterostomia werden mit den Protostomia zu den Nephrozoa zusammengefasst. Die Deuterostomia sind weltweit vertreten und besiedeln sämtliche Habitate: aquatische, terrestrische und sie kommen in der Luft vor. Es sind ca. 60.000 Arten bekannt.

In der Embryonalentwicklung entwickelt sich bei den Deuterostomia die erste Öffnung, der Blastoporus, zum Anus. Der Mund bricht sekundär aus dem Urdarm durch – dieser Vorgang wird als Deuterostomie bezeichnet. Zu den Deuterostomia gehören die Chordata sowie die als Ambulacraria zusammengefassten Echinodermata und Hemichordata.

Die Hemichordata wurden früher aufgrund der Kiemenspalten mit den Chordata gruppiert, die Larvenform sowie molekularbiologische Befunde sprechen dagegen für eine Verwandtschaft zu den Echinodermen. Zu den Hemichordata gehören verschiedene rezente wurmartige Organismen, beispielsweise die Eichelwürmer (Enteropneusta), sowie die ausgestorbenen Graptolithen.

Die Cephalochordata (Acrania) sind eine fossil bedeutende Gruppe, rezent sind sie nur durch die Amphioxiformes (Lanzettfischchen) vertreten. Ernährung und Atmung erfolgen über den Kiemendarm. Eingestrudeltes Wasser wird bei *Branchiostoma lanceolatum* vom Kiemendarm gefiltert, Planktonorganismen gelangen so in den Verdauungstrakt.

Die Urochordata (Tunicata) werden heute als stark abgeleitete Schwestergruppe der Craniata aufgefasst und aufgrund verschiedener Apomorphien – wie den Tight Junctions – mit diesen als Olfactores zusammengefasst. Die Verwandtschaftsbeziehungen der Cephalochordata mit den Urochordata und den Craniata sind aber noch nicht endgültig geklärt.

Die Echinodermata sind ausschließlich marine Organismen und umfassen die Pelmatozoa mit den Crinoidea (festsitzende Seelilien sowie freilebende Haarsterne) als einzige rezente Gruppe, die Asterozoa (Asteroidea (Seesterne) und Ophiuroidea (Schlangensterne)) sowie die Echinozoa (Echinoidea (Seeigel) und Holothuroidea (Seegurken)). Gemeinsam ist den Echinodermen das Ambulakralsystem, ein inneres Kanalsystem, dessen Fortsätze als Saugfüßchen der Fortbewegung der Tiere oder als Tentakeln dem Nahrungserwerb dienen.

Gemeinsame Merkmale der Chordata sind ein dorsaler Achsenstab – die Chorda dorsalis, ein oberhalb der Chorda liegender Nervenstrang –, das Neuralrohr und der Kiemendarm. Die Chorda dient als Endoskelett und entsteht ontogenetisch aus dem Mesoderm. Diese Struktur findet man bei den Lanzettfischen sowie den Larven der Urochordata und den Larven der Neunaugen. Bei den höheren Wirbeltieren ist der Kiemendarm zu Kiemen umgewandelt.

Bei den Craniata (Vertebrata) ist der vordere Teil des Neuralrohrs zu einem Gehirn ausdifferenziert. Dieses und die großen Sinnesorgane sind von einem Neurocranium eingekapselt. Die Craniata besitzen Skelettelemente. Bei den ursprünglichen Gruppen beschränken sich diese aber auf wenige verknorpelte Bereiche. Zu den Craniata gehören die Schleimaale (Myxini), die Neunaugen (Petromyzontida) und die Kiefermäuler (Gnathostomata).

Die kieferlosen Taxa wurden früher als „Agnatha" (Kieferlose) zusammengefasst. Da dieses Taxon polyphyletisch ist, wird es in modernen Klassifikationen aber nicht mehr verwendet.

Chorda dorsalis: inneres Achsenskelett der Chordata
Endoskelett: (griech.: *endo* = innen, *skeletos* = Gerüst) innere Stützstruktur (z. B. Knochen der Vertebraten)
Kiemendarm: Teil des Vorderdarms, welcher durch Kiemenspalten durchbrochen ist. Die Kiemenspalten ermöglichen neben der Atmung auch Nahrungsfiltration

Neuralrohr: erstes Entwicklungsstadium des Nervensystems in der Embryonalentwicklung der Chordata
Neurocranium: Gehirnschädel
Notochord: Chorda dorsalis
Tight Junctions: Zell-Zell-Verbindungen ohne Spalten zwischen Epithelzellen. Eine Diffusionsbarriere wird gebildet

---

Siehe auch: Evolution der Wirbeltiere: 2.3.2.8; Skelettelemente: 2.3.3.2

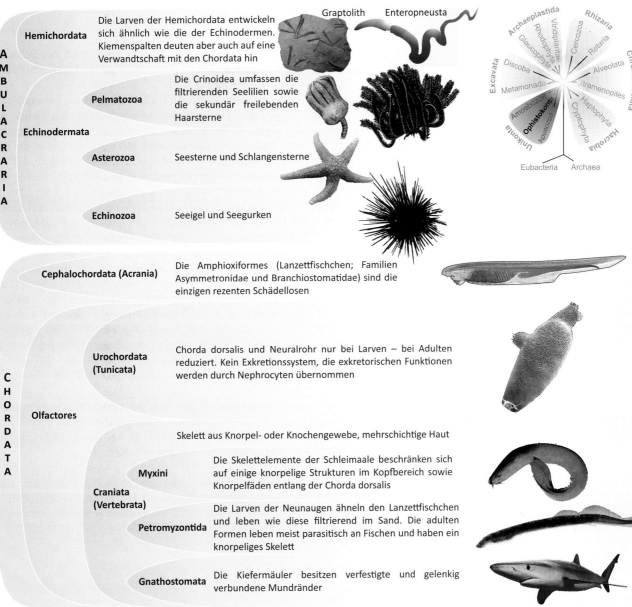

Graptolith   Enteropneusta

AMBULACRARIA

Hemichordata — Die Larven der Hemichordata entwickeln sich ähnlich wie die der Echinodermen. Kiemenspalten deuten aber auch auf eine Verwandtschaft mit den Chordata hin

Echinodermata

Pelmatozoa — Die Crinoidea umfassen die filtrierenden Seelilien sowie die sekundär freilebenden Haarsterne

Asterozoa — Seesterne und Schlangensterne

Echinozoa — Seeigel und Seegurken

CHORDATA

Cephalochordata (Acrania) — Die Amphioxiformes (Lanzettfischchen; Familien Asymmetronidae und Branchiostomatidae) sind die einzigen rezenten Schädellosen

Olfactores

Urochordata (Tunicata) — Chorda dorsalis und Neuralrohr nur bei Larven – bei Adulten reduziert. Kein Exkretionssystem, die exkretorischen Funktionen werden durch Nephrocyten übernommen

Skelett aus Knorpel- oder Knochengewebe, mehrschichtige Haut

Craniata (Vertebrata)

Myxini — Die Skelettelemente der Schleimaale beschränken sich auf einige knorpelige Strukturen im Kopfbereich sowie Knorpelfäden entlang der Chorda dorsalis

Petromyzontida — Die Larven der Neunaugen ähneln den Lanzettfischchen und leben wie diese filtrierend im Sand. Die adulten Formen leben meist parasitisch an Fischen und haben ein knorpeliges Skelett

Gnathostomata — Die Kiefermäuler besitzen verfestigte und gelenkig verbundene Mundränder

---

Die UV-Strahlung gehört zu einem Teil des Sonnenspektrums. Die Wellenlänge der UV-Strahlung liegt zwischen 200 und 400 nm, zwischen der Röntgenstrahlung und dem sichtbaren Licht. Die UV-Strahlung wird in drei Bereiche unterteilt: UV-A bei einer Wellenlänge von 320–400 nm, UV-B bei 280–320 nm und UV-C bei 200–280 nm. Die UV-Strahlung hat sowohl positive Wirkungen, wie die Bildung von Vitamin D, als auch negative, wie z. B. Schädigung des Erbguts. UV-A-Strahlung, die energieärmste Strahlung, wird nur gering durch die Atmosphäre herausgefiltert. Die UV-B-Strahlung wird zum größten Teil durch die Ozonschicht absorbiert. Die energiereichste UV-C-Strahlung wird vollständig von der Atmosphäre absorbiert.

Die meisten Landtiere schützen sich mithilfe von Abschirmungen durch spezielle Körperbedeckung, wie den Federn der Vögel, dem Fell der Säugetiere und den Schuppen der Reptilien. Dem Menschen dagegen fehlt das schützende Fell der Säugetiere, der UV-Schutz hat sich anders entwickelt – Verdickung der Epidermis und epidermale Pigmentierung: Durch verstärkte Melaninbildung in der tiefen Epidermis entsteht eine Sonnenbräunung bei heller Haut. Melanin fungiert als UV-Schutz, indem es den größten Teil der Strahlungsenergie in Wärme umwandelt.

Pflanzen schützen sich durch verschiedene Mechanismen gegen UV-Strahlung: Schirmpigmente, die Strahlung im UV-Bereich absorbieren; Photolyase, ein Enzym, das durch UV-Strahlung geschädigte Erbsubstanzen reparieren kann; epiculiculäre Wachse; antioxidative Stoffe, wie das Vitamin E; Strukturveränderung der Blätter etc.

Links: UV-Schutz durch Reflektion: Haut einer Gila-Krustenechse, Blüte der Silberdistel. Rechts: UV-Schutz durch Behaarung: Fell eines Schneeleoparden, Blüte des Edelweiß

Schutz vor UV-Strahlung

Gnathostomata

Die Gnathostomata werden mit den Myxini und Petromyzontida zu den Craniata zusammengefasst, die wiederum zu den Chordata gehören.

Bei den Gnathostomata sind die Mundränder durch gelenkig verbundene Knochenspangen verfestigt. Diese sind bei Fischen, Amphibien, Reptilien und Vögeln durch ein primäres Kiefergelenk verbunden. Die Kiefer sind wahrscheinlich durch Modifikationen der dritten und vierten Kiemenbögen entstanden. Die ursprüngliche Funktion dieser Modifikation war wahrscheinlich ein effizienteres aktives Pumpen von Wasser über die Kiemen. Die damit einhergehende Vergrößerung des Mundes und Stabilisierung des Mundrandes führten dann zur Entwicklung echter Kiefer.

Bei den Placodermi wird der Kiefer nur aus einem Kiemenbogen gebildet (in der Abbildung rot dargestellt), bei den Knorpelfischen (Chondrichthyes) und den Teleostomi aus zwei Kieferbögen. Die Teleostomi haben einen Kiemenaufbau aus vier Paar Kiemen mit Kiemenspalte und Kiemendeckel.

Die Skelette der Knorpelfische sind weitgehend unverknöchert. Bei der ausgestorbenen Schwestergruppe der Euteleostomi, den Acanthodii (Stachelhaie), sind nur einige Skelettelemente verknöchert – vor allem im Bereich des Schädels und der Wirbel. Die Skelette der Euteleostomi schließlich sind verknöchert.

Die Knochenfische (Osteichthyes) sind eine paraphyletische Gruppe. Hierher gehören alle Euteleostomi ohne die Tetrapoda, also die Strahlenflosser (Actinopterygii) sowie diejenigen Fleischflosser (Sarcopterygii), die nicht zu den Landwirbeltieren (Tetrapoda) gehören. Der fleischige Flossenlobus der paarigen Flossen der Sarcopterygii hat eine einzige, zum Körper verlaufende, monobasale knöcherne Achse, die mit dem Schulter- und dem Beckengürtel verbunden ist. Dieser Knochen ist dem Oberarmknochen (Humerus) und dem Oberschenkelknochen (Femur) der Tetrapoden homolog.

Als Tetrapoda werden die vierbeinigen Wirbeltiere zusammengefasst. Die Tetrapoda umfassen die Lissamphibia (Amphibien) und die Amniota. Die Embryonalentwicklung der Amphibien ist stark wasserabhängig. Bei den Amniota wird eine weitgehende Unabhängigkeit der Fortpflanzung vom Wasser erreicht, da sich der Embryo der Amniota in einer Membranhülle (Amnion) entwickelt.

Mit dem Placodermen traten erstmals in der Erdgeschichte große Raubfische mit starken Kiefern auf. Die starke Panzerung der Placodermen bot einen gewissen Fraßschutz, allerdings wurde die Beweglichkeit eingeschränkt. Mit dem Auftreten effizienter Kiefer (bei Raubfischen) wurde für deren potentielle Beuteorganismen eine hohe Beweglichkeit für schnelle Fluchtbewegungen wichtiger als eine äußere Panzerung. Damit gewann auch das Innenskelett als stabilisierendes Element und als Muskelansatzpunkt zunehmend an Bedeutung.

Für die Evolution der Landwirbeltiere waren Anpassungen an die Luftatmung, wie bei den Lungenfischen, und Umgestaltungen der Flossen, wie bei den Quastenflossern und Lungenfischen, wichtige Anpassungen.

Ohne die Landwirbeltiere sind die Knochenfische ein paraphyletisches Taxon, Lungenfische und Quastenflosser sind mit den Tetrapoden näher verwandt als mit den Strahlenflossern. Daher werden sie in der phylogenetischen Systematik zusammengefasst.

Desmin: Homopolymer, ein Bestandteil des Cytoskeletts

Siehe auch: Evolution der Tetrapoden-Extremitäten: 2.3.3.7; Wasserabhängigkeit der Fortpflanzung: 2.3.4.2

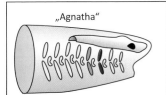

"Agnatha"

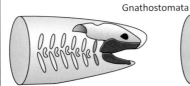

Gnathostomata

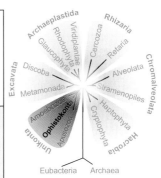

Die „Agnatha" (Kieferlose) besitzen noch keinen Kiefer. Die Kiemen haben sich aus den Filtrieröffnungen der ursprünglichen Chordaten gebildet

Die Gnathostomata (Kiefermäuler) besitzen Kiefer. Einen primitiven Kiefer, der sich aus einem Kiemenbogen gebildet hat (links), findet man bei den ausgestorbenen Placodermen. Einen Kiefer aus zwei Kiemenbögen (rechts) findet man bei den Chondrichthyes und den Teleostomi. Das primäre Kiefergelenk wird bei den Säugetieren durch ein sekundäres Kiefergelenk ersetzt

G N A T H O S T O M A T A

Placodermi — Placodermi waren durch Knochenplatten aus Desmin im Kopf und Rumpf gepanzert. Die Placodermen lebten vor allem im Devon und gehörten zu den ersten Wirbeltieren mit Kiefern

Chondrichthyes — Das Skelett der Chondrichthyes besteht aus Knorpel. Bei allen Arten findet man innere Befruchtung

Acanthodii — Die ausgestorbenen Stachelhaie besassen noch ein Knorpelskelett. Die Schädelplatte war aber zum Teil verknöchert.

Teleostomi

Actinopterygii (Strahlenflosser)

Euteleostomi
Die Euteleostomi haben ein verknöchertes Skelett

Sarcopterygii (Fleischflosser)

Coelacanthimorpha (Quastenflosser)

Dipnoi (Lungenfische)

Lissamphibia — Die Eier besitzen kein Amnion. Die Entwicklung der Jungtiere ist daher stark wasserabhängig

Tetrapoda

Amniota — Die Embryonalentwicklung findet in der Amnionhöhle statt

---

Die Angiospermen sind zum ersten Mal im Norden von Gondwana in der unteren Kreide (vor ca. 135 Millionen Jahren) erschienen. Viele Studien gehen davon aus, dass die Entstehung und Radiation der Angiospermen in Zusammenhang mit dem veränderten Verhalten der Nahrungsaufnahmen bei den Dinosauriern stehen: Es entwickelten sich immer mehr und größere Dinosaurier, die sich von Pflanzen ernährten. Allerdings waren die Angiospermen zunächst eher selten und bildeten bis zur oberen Kreide keine signifikante Biomasse. Aus diesem Grund ist es eher unwahrscheinlich, dass die Angiospermen einen wichtigen Bestandteil der Dinosauriernahrung bildeten.
Die Befunde deuten eher darauf hin, dass es keinen Zusammenhang zwischen der Entwicklung der Dinosaurier und der Radiation der Angiospermen gab.
Vermutlich nahmen eher die Insekten durch Bestäubung und die frugivoren Mammalia durch Verbreitung der Früchte Einfluss auf die Entwicklung und Diversität der Angiospermen, als die massenfressenden herbivoren Dinosaurier. Zudem hat möglicherweise ein erhöhter CO_2-Gehalt der Atmosphäre die Radiation der Angiospermen gefördert.

Dinosaurier und Angiospermenentwicklung

Amniota

◻ Die beiden Gruppen Amniota und Amphibia gehören zu den Tetrapoda (Landwirbeltiere). Amniota sind diejenigen Landwirbeltiere, deren Embryonen sich in einer mit Fruchtwasser (Amnionflüssigkeit) gefüllten Amnionhöhle entwickeln, die von einer Embryonalhülle (Amnion) umgeben ist. Dadurch wurden sie in ihrer Entwicklung vom Wasser unabhängig. Zu den Amniota gehören die Vögel, die Säugetiere und die paraphyletischen Reptilien. Den Amniota fehlen Plastiden, Mitochondrien sind vorhanden.

Die Amniota unterteilt man in die Synapsida und die Sauropsida, die wiederum in Anapsida und Diapsida untergliedert werden. Morphologisch unterscheiden sich diese drei Gruppen durch die Anzahl der Schläfenfenster.

Die Synapsida umfassen die Säugetiere sowie deren Vorfahren. Die Anapsida umfassen eine Reihe ausgestorbener Reptilien, die Diapsida die heutigen Reptilien und Vögel sowie deren ausgestorbene Verwandte. Die Stellung der Schildkröten zu den Anapsida oder den Diapsida ist nicht geklärt: Schildkröten haben wie die Anapsida keine Schläfenfenster, molekulare Studien deuten aber auf eine Verwandtschaft der Schildkröten mit den Diapsida hin – möglicherweise als Schwestergruppe der Archosauromorpha.

Abgesehen von den Säugetieren und (möglicherweise) den Schildkröten gehören alle anderen heute lebenden Amniota zu den Diapsida. Zu der Untergruppe der Archosauromorpha gehören die Vögel, die Krokodile und verschiedene Sauriergruppen. Die Vögel sind eine Untergruppe der Dinosauria und gehören damit zu den Ornithodira, während die Krokodile zu den Crurotarsi gehören. Die beiden Gruppen unterscheiden sich voneinander in der Anatomie der Fußgelenke. Gemeinsam sind beiden Gruppen die thecodonten Zähne – sofern die Zähne nicht, wie bei den Vögeln, sekundär reduziert sind.

Alle anderen heute lebenden Reptilien (Schlangen, Brückenechsen, Schuppenkriechtiere) gehören zu den Lepidosauria. Bei diesen finden sich acrodonte oder pleurodonte, aber keine thecodonten Zähne. Die Lepidosauria haben eine spreizbeinige Stellung der Extremitäten, die Fortbewegung erfolgt durch seitlich schlängelnde Bewegung der Wirbelsäule.

◻ Die einzigen heute lebenden Vertreter der Synapsida sind die Mammalia (Säugetiere). Die Ursäuger (Protheria) sind nur durch die eierlegenden Monotremata vertreten. Zu diesen gehören die Ameisenigel und das Schnabeltier.

Die Theria sind dagegen vivipar. Sie besitzen abweichend von den Protheria Zitzen sowie durch einen Damm getrennte Austrittsöffnungen des Darmes einerseits und des Harn- und Geschlechtsapparats andererseits und weichen im Knochenbau (Schultergürtel nur mit Schulterblatt und Schlüsselbein, Schädel) von den Protheria ab.

Die Theria werden in Beutelsäuger (Metatheria) und Höhere Säugetiere (Eutheria) unterteilt. Die Jungtiere der Metatheria werden in einem sehr frühen embryoartigen Zustand geboren und wachsen im Beutel der Mutter auf.

In mehreren Gruppen der Amniota hat sich Homöothermie entwickelt. Neben den Synapsida und den Vögeln wird Homöothermie auch für die Dinosaurier sowie für die Vorfahren der Krokodile diskutiert. So zeigen die verschiedenen Gruppen der Archosauromorpha Anpassungen, die mit einem gleichwarmen Metabolismus in Verbindung gebracht werden: Die Krokodile weisen anatomische Besonderheiten auf, die sonst nur von gleichwarmen Tieren bekannt sind. Dazu gehören Modifikationen des Herzens (vierkammrig), der Lungenventilation sowie der sekundäre Gaumen. Bei den Archosauriern ermöglicht eine Umwandlung des Hüftgelenks den aufrechten Gang. Die höheren energetischen Kosten des aufrechten Ganges erfordern eine höhere Körpertemperatur. Dies legt nahe, dass sich Homoiothermie bereits bei den Vorfahren der Archosauria entwickelt hat.

---

acrodont: Gebiss aus wurzellosen Zähnen, die an der Basis mit dem Kieferknochen verschmolzen/verwachsen sind
Homöothermie (auch Homoiothermie): Fähigkeit, eine konstante Körpertemperatur zu halten
pleurodont: Gebiss aus wurzellosen Zähnen, die an der äußeren Oberfläche mit dem Kieferknochen verbunden sind

thecodont: Gebiss aus Zähnen, die mit ihrer Wurzel auf den Kieferrändern in Zahnfächern verankert sind
vivipar: Vivipare Organismen gebären ihre Jungtiere lebend. Sowohl die Befruchtung als auch die Embryonalentwicklung finden im Körper der Mutter statt

◻ Siehe auch: Amnion: 2.3.4.2; Saurier: 2.3.4.4

Synapsida: ein Schläfenfenster

Zähne **thecodont**, differenziert in Schneidezähne, Eckzähne und Backenzähne (oder sekundär zahnlos)

Protheria   Monotremata

Metatheria

Theria

Eutheria

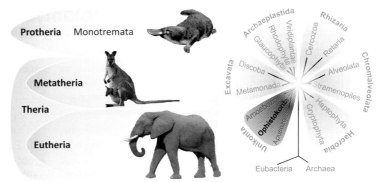

Anapsida: kein Schläfenfenster

Die Anapsida sind ausgestorben. Die meisten Vertreter lebten im Karbon und Perm

Testudines   Die phylogenetische Zugehörigkeit der Schildkröten zu entweder den Anapsida oder den Diapsida ist unklar

S
A
U
R
O
P
S
I
D
A

Die Zähne der **Lepidosauromorpha** sind **acrodont** oder **pleurodont**

Sauropterygia   Die Sauropterygia umfassen verschiedene ausgestorbene Gruppen aquatischer Reptilien

Lepidosauria   Hierher gehören die heutigen Reptilien ohne Schildkröten und Krokodile

Diapsida: zwei Schläfenfenster

Das mesotarsale Fußgelenk der **Ornithodira** verläuft zwischen den proximalen und distalen Tarsalia

Die **Archosauromorpha** haben **thecodonte** Zähne (oder sind sekundär zahnlos)

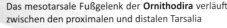

Das crurotarsale Fußgelenk der **Crurotarsi** ist ein Drehgelenk in Längsachse der Fußwurzel zwischen Astragalus und Calcaneus

---

Größenzunahme hängt – im evolutionären Kontext – mit dem Nahrungs- und Platzangebot oder auch mit den Klimabedingungen zusammen. Dem Größenwachstum von Lebewesen sind aber Grenzen gesetzt.

Ein großer Körper kann die Wärme besser speichern. Große Tiere verdauen ihre Nahrung insgesamt langsamer und haben weniger Fraßfeinde. Vermutlich wurde die Größenentwicklung der Säuger durch das relativ warme Klima und die Größe der Landflächen begrenzt.

Andere Faktoren begünstigen kleinere Individuen: Ist beispielsweise die Nahrung knapp oder Beweglichkeit von Vorteil, so setzen sich eher kleinere Individuen durch. Auch die Physiologie und genetische Faktoren setzen der Größenzunahme Grenzen.

Die größten landlebenden Tiere, die jemals auf der Erde lebten, waren die Dinosaurier. Sie erreichten eine Körperlänge von bis zu 40 m und eine Höhe von bis zu 17 m. Die Dinosaurier konnten vermutlich aus mehreren Gründen so groß werden: Sie verzichteten auf das Kauen und sparten damit nicht nur Zeit, sondern auch Zähne. Dies machte den Kopf leichter und ermöglichte damit ein langen Hals. Die vogelartigen Lungensysteme und das Luftsacksystem in den Knochen machten die langen Hälse leichter und ermöglichten das Atmen trotz des langen Halses. Die Saurier konnten aufgrund ihrer hohen Stoffwechselrate schnell an Größe gewinnen. Sie legten Eier und steckten damit die für die Aufzucht benötigte Energie nicht nur in ein einziges Jungtier. Zusätzlich garantierte eine hohe Nachkommenzahl eine stabile Population.

Nachdem die Dinosaurier vor rund 65 Millionen Jahren ausstarben, kam es zu einem plötzlichen und starken Größenzuwachs der Säuger, die bis dahin eher die Größe eines Nagetieres erreicht hatten. Die Säuger konnten erfolgreich die ökologischen Nischen besetzen, die nach dem Aussterben der Saurier frei wurden. Innerhalb von 25–30 Millionen Jahren nahmen die Säuger auf allen Kontinenten und in ganz unterschiedlichen Säugergruppen stetig an Masse zu. Das Ur-Nashorn (*Indricotherium transouralicum*) ist das größte bekannte Landsäugetier, mit einem Gewicht von ca. 17 t und einer Körperlänge von 8 m.

Größenwachstum

Holomycota

Das Reich der Pilze (Fungi) umschließt ca. 70.000 bisher bekannte Pilzarten. Wie die Tiere gehören auch die Pilze zu den Unikonta. Pilze werden in die folgenden Gruppen unterteilt: Nucleariidae, Microsporidia, Chytridiomycota (und die kürzlich ausgegliederten Neocallimastigomycota und Blastocladiomycota), Glomeromycota im engeren Sinne, die polyphyletischen zygosporenbildenen Glomeromycota (früher als Zygomycota zusammengefasst), Ascomycota und Basidiomycota. Pilze besitzen Mitochondrien, jedoch keine Plastiden. Die meisten Pilze bilden ihre Zellwände unter anderem aus Chitin, Cellulose und Glucanen.

Pilze haben neben Bakterien eine große ökologische Bedeutung als Zersetzer und sind somit nicht nur an Land, sondern auch in Meeren und Süßwasser wichtige Destruenten. Sie setzen beim Abbau von organischem Material Kohlendioxid und Nährstoffe frei. Für die Versorgung von Pflanzen mit Nährstoffen spielen Pilze dementsprechend eine bedeutende Rolle.

Pilze sind aber auch an wichtigen symbiontischen Beziehungen mit Pflanzen (Mykorrhiza), mit Algen und Cyanobakterien (Flechten) sowie mit Tieren (z. B. Blattschneiderameisen) beteiligt. Viele Pilzarten leben auch parasitisch an den verschiedensten Wirtsorganismen. Der Wechsel zwischen mutualistischen und parasitischen Beziehungen ist in vielen Fällen fließend.

Die größten lebenden Organismen gehören zu den Pilzen. Ein Pilz, *Armillaria ostoyae* (Hallimasch), ist vermutlich der größte heute auf der Erde lebende Organismus: Dieser Wurzelfäulepilz besiedelt eine Waldfläche in Oregon von fast 9 km² und ist vermutlich älter als 2.400 Jahre. Sein Gewicht wird auf 600 t geschätzt. Der Pilz *Formitiporia ellipsoidea* bildet den bisher größten Fruchtkörper mit einer Länge von über 10 m, einer Breite von über 80 cm und einer Dicke von bis zu 5,5 cm. Die größten Pflanzen, die Riesenmammutbäume (*Sequoiadendron giganteum*), werden etwa 120 m groß mit einem Gewicht von rund 1.250 t. Das größte lebende Tier, der Blauwal, bringt es demgegenüber nur auf etwa 33 m und 140 t.

Aufgrund des Vorhandenseins von Zellwänden, des Fehlens einer phagotrophen Ernährung und der damit einhergehenden sessilen Lebensweise wurden die Pilze früher zu den Pflanzen gezählt. Molekulare Daten belegen jedoch, dass die Pilze zu den Unikonta und daher in die Verwandtschaft der Tiere gehören. Für die Verwandtschaft zu den Metazoa sprechen aber auch morphologische Befunde. Obwohl die höheren Pilze Flagellen sekundär reduziert haben, findet sich noch ein ophistokontes Flagellum bei den Schwärmern basaler Pilzgruppen. Des Weiteren findet sich in den Zellwänden der Pilze Chitin – wie auch im Außenskelett der Arthropoden. Chitin fehlt in pflanzlichen Zellwänden, während die Cellulose als Bestandteil pflanzlicher Zellwände nicht bei den Pilzen zu finden ist. Die sogenannten Cellulosepilze (Peronosporomycetes) sind keine Pilze, sondern gehören zu den Chromalveolata. Die plasmodialen Schleimpilze (Myxogastria) gehören zwar zu den Unikonta, allerdings zu den Amoebozoa und nicht zu den Ophistokonta.

Die Nucleariidae sind Amöben mit filosen Pseudopodien. Sie zählen allerdings nicht zu den Amoebozoa, sondern zu den Ophistokonta und werden als Schwestergruppe der Pilze angesehen.

Destruenten: Organismen, die sich von toten Organismen ernähren und am Abbau von organischen Stoffen beteiligt sind
Glucan: Polysaccharid aus Glucose
Plasmogamie: Verschmelzung des Cytoplasmas zweier Zellen

Pseudopodien: temporäre Ausstülpungen des Plasmas, mit denen die Fortbewegung und Anhaftung an einen Untergrund ermöglicht wird. Auch dienen sie der Nahrungsaufnahme
Septum: Scheidewand in den Hyphen, Basidien, Sporen und Konidien

Siehe auch: Phagotrophie: 4.6.2.3; Pseudopodien: 4.2.3; Schwestergruppe 4.1.1.6

Die **Nucleariidae** sind amöboide Organismen, die hauptsächlich im Süßwasser vorkommen

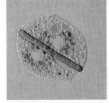

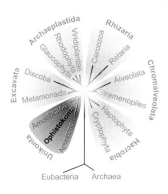

Die **Microsporidia** sind ausschließlich parasitisch. Die innere Sporenwand der Microsporidia besteht aus Chitin

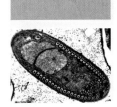

Die **Chytridiomycota** sind meist einzellig und begeißelt

Die polyphyletischen zygosporenbildenden Pilze bilden keine echten Septen aus. Die Hyphen sind daher vielkernig. Zygosporen bilden die **Mucoromycotina**, die **Entomophthoromycotina**, die **Zoopagomycotina** und die **Kickxellomycotina**

Die **Glomeromycota** umfassen (neben wenigen zygosporenbildenden Pilzen) ausschließlich Symbionten von Pflanzen (arbuskuläre Mykorrhiza) und bilden vielkernige Hyphen ohne echte Septen

Die **Basidiomycota** und die **Ascomycota** bilden in den Hyphen echte Septen. Die aus der Plasmogamie zweier Paarungstypen hervorgegangenen Hyphen bestehen daher aus zweikernigen (dikaryotischen) Zellen. Daher werden diese beiden Pilzgruppen als Dikarya zusammengefasst

Basidiomycota

Ascomycota

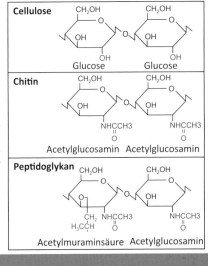

Zellwände finden sich bei den unterschiedlichsten Organismen. Im chemischen Aufbau weichen die Zellwände der Organismengruppen jedoch voneinander ab. Die wichtigsten Komponenten – Cellulose, Chitin und Peptidoglykan – besitzen aber eine ähnliche Struktur:

Die Cellulose pflanzlicher Zellen ist ein Polysaccharid, das aus β-D-Glucose-Molekülen (Cellobiose) aufgebaut ist. Cellobiose besteht aus zwei β-1,4-glykosidisch verknüpften Glucosemolekülen. Die Verbindung erfolgt durch eine kovalente Bindungen, in denen zwei Hydroxylgruppen (-OH) ein Wassermolekül (H_2O) bilden und das verbleibende Sauerstoffatom die ringförmige Grundstruktur (Pyranring) zweier Cellobiosen verbindet. Zusätzlich gibt es intramolekulare Wasserstoffbrücken.

Das aus Acetylglucosamin aufgebaute Chitin bildet einen Hauptbestandteil der Zellwände von Pilzen. Auch die Acetylglucosamin-Einheiten sind wie bei der Cellulose β-1,4-glykosidisch verknüpft. Im Unterschied zur Glucose besitzt das Acetylglucosamin an Position 2 eine Acetaminogruppe .

Peptidoglycan (Murein) ist der Hauptbestandteil prokaryotischer Zellwände. Es besteht aus den Zuckerderivatmolekülen N-Acetylglucosamin und N-Acetylmuraminsäure. Auch hier sind die Monomere in alternierender Folge β-1,4-glykosidisch zu Polyglucanketten verbunden. Diese sind untereinander am Lactylrest der Acetylmuraminsäure durch Peptidbindungen über Aminosäuren quer vernetzt.

Cellulose

Glucose — Glucose

Chitin

Acetylglucosamin — Acetylglucosamin

Peptidoglykan

Acetylmuraminsäure — Acetylglucosamin

Zellwandmaterialien

Microsporidia und Chytridiomycota

Die Chytridiomycota sind eine meist einzellige Pilzgruppe mit rund 700 bekannten Arten. Es werden zwei Gruppen unterschieden, die Chytridiomycetes und Monoblepharidomycetes. Als einzige Gruppe innerhalb der Pilze bilden sie begeißelte Zellen (Zoosporen und Gameten) aus. Die Chytridiomycota besitzen Mitochondrien, aber keine Plastiden. Chytridiomycota sind eine vorwiegend aquatische Gruppe. Sie besiedeln aber auch die Ufer von Seen und Flüssen und sogar trockenere Böden. Selbst in Wüstenböden wurden einige Chytridiomycota gefunden. Sie leben als Parasiten, Mutualisten und Saprophyten.

Anaerobe Arten sind am Abbau von Pflanzenmaterialien im Verdauungstrakt von Schafen und Rindern beteiligt. Viele der anaeroben Arten wurden aus den Chytridiomycota ausgegliedert und in die neu errichteten Stämme Neocallimastigomycota und Blastocladiomycota gestellt. Die Neocallimastigomycota besitzen keine Mitochondrien, sondern Hydrogenosomen. Die Blastocladiomycota wurden vorwiegend auf der Basis molekularer Daten errichtet.

Die einzelligen Microsporidia umfassen etwa 1200 Arten und sind sämtlich intrazelluläre Parasiten, die meist das Darmepithel von Fischen und Arthropoden befallen. Einige Arten können auch den Menschen befallen. Eine Übertragung erfolgt durch die Aufnahme von Sporen. Microsporidia besitzen weder Mitochondrien noch Plastiden. Die Microsporidia werden in zwei Gruppen unterteilt: Apansporoblastina und Pansporoblastina.

Bei den Arten der Chytridiomycota, die Hyphen bilden, sind diese in der Regel nicht durch Septen getrennt. Es bilden sich somit vielkernige Hyphen und nur die Sporangien sind durch eine Zellwand vom Rest des Pilzkörpers abgegrenzt. Bei der ungeschlechtlichen Fortpflanzung setzen die Sporangien begeißelte Sporen frei, die bei Kontakt mit einer Nahrungsquelle auskeimen.

Bei der geschlechtlichen Fortpflanzung werden in der Regel begeißelte Keimzellen (Gameten) freigesetzt, bei einigen Arten findet sich auch Somatogamie, also das Verschmelzen von zwei Hyphen. Die Zygote entwickelt sich zu einer Spore.

Den Microsporidia fehlen Kinetosomen, Centriolen und Flagellen. Sie besitzen keine Mitochondrien und haben stark reduzierte Genome, die zu den kleinsten bekannten eukaryotischen Genomen gehören. Die Sporen sind zwischen 1 und 40 μm groß. Sie sind von zwei Zellwandschichten umgeben, einem inneren aus Chitin aufgebauten Endospor und einem äußeren aus Protein aufgebauten Exospor. Charakteristisch ist der ausschleuderbare, aufgewickelte Polfaden im Inneren der Spore. Er kann bis zu 400 μm lang werden und dient der Infektion der Wirtszelle: Auf ein Keimsignal hin wird im Darm des Wirtes der Polfaden durch Druckerhöhung im Sporeninneren ausgeschleudert. Dieser setzt sich an der Zellmembran des Darmepithels fest und das Sporoplasma dringt durch den hohlen Faden in die Wirtszelle ein. Je nach Gestaltung des Extrusionsapparats wird zwischen Microsporea und Rudimicrosporea unterschieden. In der Wirtszelle kommt es zur ungeschlechtlichen Vermehrung (Merogonie) und schließlich zur asexuellen Bildung neuer übertragbarer Sporen (Sporogonie). Die neu gebildeten Sporen gelangen meist durch den Kot oder nach dem Tod des Wirtes wieder ins Freie.

Von besonderer wirtschaftlicher Bedeutung ist *Nosema apis*, der Auslöser der Nosemose als der häufigsten Krankheit bei erwachsenen Bienen. Die Übertragung auf andere Völker erfolgt durch kontaminierte Waben, durch räuberische Insekten oder Verfliegen einzelner Bienen.

---

anaerob: anaerob: (griech.: *an* = nicht, *aer* = Luft, *bios* = Leben) Prozesse oder Organismen, die keinen molekularen Sauerstoff benötigen

Centriolen: sind an der Bildung des Spindelapparats beteiligt.

Hyphen: Zellfäden der Pilze, die an der Spitze wachsen und unverzweigt oder lateral verzweigt sind

Saprophyten: heterotrophe Organismen, die sich von toten organischen Substanzen ernähren und sie dabei zersetzen

Septum: Scheidewand in den Hyphen, Basidien, Sporen und Konidien

Sporoplasma: Zellplasma der Spore

Zygote: (griech.: *zygotos* = zusammengejocht) eine Zelle, die aus einer Verschmelzung zweier Keimzellen entstanden ist

Siehe auch: Mutualismus: 4.2.2.5

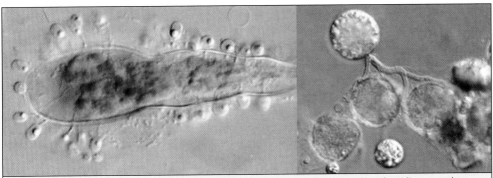

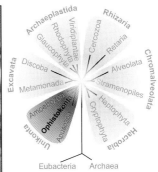

Die Chytridiomycota sind vorwiegend aquatische und meist einzellige Pilze. Bei den Chytridiomycota kommen im Gegensatz zu anderen Pilzgruppen begeißelte Schwärmer vor. Chytridiomycota leben saprophytisch oder parasitisch an verschiedenen Organismen. Oben sind auf einer filamentösen Grünalge parasitierende Chytridien (links) und saprophytische Chytridien der Gattung *Rhizidium* auf Pollenkörnern (rechts) dargestellt

Das Sporoplasma mit den Zellkernen dringt durch den Polfaden in die Wirtszelle ein. In der Regel werden Darmepithelzellen befallen. Dort kommt es zur asexuellen Vermehrung und zur Bildung von Cysten

Eine mit Microsporidien der Art *Glugea stephani* infizierte Kliesche (*Limanda limanda*)

Ein lamellares Membransystem, der Polaroplast, bewirkt auf ein Keimsignal im Darm des Wirtes hin im Zusammenspiel mit der Vakuole die Ausschleuderung des in der Zelle aufgewickelten Polfadens. Dieser ist mit einer Ankerplatte in der Spore fixiert

Die Sporen der Microsporidia besitzend einen oder zwei Zellkerne. In der Spore ist der Polfaden in der Zelle aufgewickelt. Die Plasmamembran ist von einer Sporenhülle aus einem äußeren Exospor aus Proteinen und einem inneren Endospor aus Chitin umgeben

Infektionskrankheiten die nicht durch Viren oder Bakterien, sondern durch einzellige Protozoen (z. B. *Plasmodium* (Malaria), *Toxoplasma* (Toxoplasmose), *Leishmania* (Leishmaniose)) oder parasitäre Würmer (z. B. *Schistosoma* = Bilharziose) ausgelöst werden, bezeichnet man als Parasitosen. Die Infektion kann über verunreinigte Nahrung oder Tröpfcheninfektion erfolgen. Protozoen können aber auch durch Insektenstiche übertragen werden. Zu Ektoparasiten (Außenparasiten) gehören Läuse, Flöhe, Milben oder Fliegen, die ihre Eier in offene Wunden legen.

Viele Parasiten durchlaufen einen Generationswechsel. Dabei entwickeln sie sich entweder in einem Wirt oder in mehreren Wirten. Im Endwirt kommt es zur (sexuellen) Vermehrung. Im Zwischenwirt entwickelt sich die Larvenform (bzw. das Jugendstadium), die nach ihrer ungeschlechtlichen Vermehrung und/oder Metamorphose wieder auf den Endwirt übertragen wird.

Babesiose – Entwicklungsgang von *Babesia* sp. (Apicomplexa): Aus den Kineten bildet sich ein vielkerniger Sporoblast, aus dem die Sporozoiten entstehen. Diese werden beim Saugakt übertragen und dringen in die Erythrocyten ein. Die dort entstehenden Merozoiten können sich ungeschlechtlich vermehren oder Gametocyten bilden. Dieser werden beim Saugakt von der Zecke aufgenommen. Es bilden sich Gameten, die zur Zygote verschmelzen. Durch Meiose bilden sich haploide Kineten.

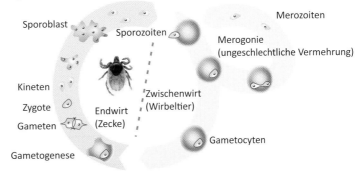

Generationswechsel bei Parasiten

Glomeromycota: Arbuskuläre Mykorrhiza-Pilze

Die Arbuskulären Mykorrhiza-Pilze wurden früher zusammen mit den zygosporenbildenden Taxa zu den Zygomycota gestellt. Später wurden sie als Glomeromycota ausgegliedert. Neuere molekulare Phylogenien belegen, dass die Glomeromycota eine eigene natürliche Gruppe bilden, die die Arbuskuären Mykorrhiza-Pilze (neben einigen zygosporenbildenden Taxa) umfassen. Die Glomeromycota sind eine unscheinbare und artenarme, aber ökologisch und evolutionär bedeutende Gruppe der Chitinpilze. Wie bei den anderen Angehörigen der Pilze fehlen bei den Glomeromycota Plastiden, Mitochondrien sind vorhanden.

Alle Arten der Glomeromycota leben in obligater Symbiose mit Moosen, Farnen und Samenpflanzen und spielen eine zentrale Rolle in der Nährstoffversorgung der Landpflanzen. Die Hyphen der Pilze dringen in die Rindenzellen der Pflanzenwurzel ein. Sie bilden bäumchenartig verzweigte Hyphenenden (Arbuskeln) mit denen sie Nährstoffe austauschen können. Das Hyphengeflecht des Pilzes ermöglicht der Pflanze eine bessere Aufnahme von gelösten Nährstoffen aus dem Boden. Umgekehrt wird der Pilz von der Pflanze mit Kohlenhydraten versorgt. Zusätzlich können an den Enden der Hyphen Vesikel ausgebildet werden, die als Speicher dienen. Diese Vesikel enthalten Lipide und sind mehrkernig.

Diese Art der Symbiose wird Arbuskuläre Mykorrhiza (AM) genannt, die Glomeromycota werden daher auch als AM-Pilze bezeichnet. 80 % der Landpflanzen leben mit den AM-Pilzen in Symbiose. Die AM-Pilze sind nicht wirtsspezifisch. Rund 160 Arten sind bisher beschrieben.

Die ältesten bekannten Fossilien terrestrischer Pilze stammen von AM-Pilzen aus dem Ordovizium (vor 440 Millionen Jahren). Mit dem Auftreten der Landpflanzen im Silur hat sich die Symbiose zwischen Glomeromyceten und Landpflanzen entwickelt und seitdem in einer Coevolution weiter fortgebildet. Die Symbiose der Landpflanzen mit Mykorrhiza-Pilzen hat die Besiedlung des Landes durch die Landpflanzen vereinfacht und wahrscheinlich überhaupt erst ermöglicht.

Die Radiation der Pilze fand allerdings viel früher statt, die Glomeromycota gab es vermutlich bereits vor etwa 900 Millionen Jahren. Landpflanzen entstanden erst wesentlich später. Es ist unklar, wie diese Pilze vor der Evolution der Landpflanzen gelebt haben. Möglicherweise lebten die Glomeromycota in Symbiose mit Cyanobakterien. Diese Hypothese wird durch die einzige bekannte Endosymbiose zwischen einem Pilz und einem Cyanobakterium gestützt: Cyanobakterien der Gattung *Nostoc* leben dabei endosymbiontisch in dem Glomeromyceten *Geosiphon pyriformis*. Die Cyanobakterien leben in durch den Pilz gebildeten Bläschen.

obligat: unerlässlich, erforderlich

Siehe auch: Landgang: 2.3.3.6; Stratigraphie des Paläozoikums: 2.3.3

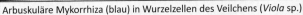

Arbuskuläre Mykorrhiza (blau) in Wurzelzellen des Veilchens (*Viola* sp.)

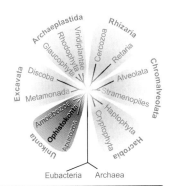

Die Glomeromyceten bilden asexuell vielkernige Sporen. Diese Sporen werden mit bis zu 800 µm recht groß. Sexuelle Fortpflanzung ist von Glomeromycota nicht bekannt

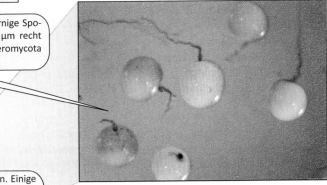

Die Pilzhyphen wachsen in die Wurzelrinde ein. Einige Hyphen wachsen in die Wurzelzellen ein und verästeln sich baumartig (arbuskulär). Die Zellwände sind in diesem Bereich weitgehend reduziert. Dadurch ist der Austausch von Nährstoffen und Metaboliten zwischen Pilz und Pflanze stark vereinfacht

Der Pilz speichert Metabolite in Vesikeln, die sowohl innerhalb der Wurzelrinde als auch außerhalb gebildet werden

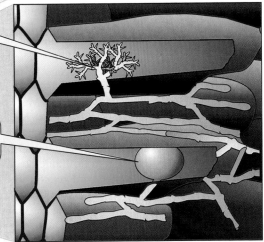

Der Boden ist von Pflanzenwurzeln (gelb) und Pilzhyphen (blau) durchdrungen. Die Pilzhyphen sind feiner verästelt und durchdringen ein größeres Bodenvolumen als die Pflanzenwurzeln. Durch die Mykorrhiza erschließt sich die Pflanze daher einen besseren Zugang zu den im Boden gelösten Nährstoffen

Pilze und Pflanzen können eine Symbiose eingehen, die als Mykorrhiza bezeichnet wird. Man unterscheidet verschiedene Formen der Mykorrhiza. Bei der Ektomykorrhiza wächst der Pilz zwischen den Zellen der Wurzelringe, wo sich sein Mycel um die Wurzeln wickelt. Es dringt nicht in die Rindenzellen ein. Ektomykorrhiza ist typisch beispielsweise für Bäume aus den Familien der Birken-, Buchen-, Rosen- und Kieferngewächse.

Im Gegensatz zu der Ektomykorrhiza dringt bei der Endomykorrhiza ein Teil der Hyphen in die Wurzelzellen ein. Ein Hyphennetz, das die Wurzeln umgibt, gibt es jedoch nicht. Endomykorrhiza findet sich bei vielen krautigen Pflanzen. Bei Orchideen ist diese Form der Mykorrhiza obligatorisch für die Entwicklung.

Die häufigste Form der Mykorrhiza (ca. 80 % aller Landpflanzen) ist die Arbuskuläre Mykorrhiza. Dabei dringt der Pilz in die Wurzelrindenzelle ein und verzweigt sich zu Hyphenstukturen (Arbuskeln), die dem Stoffaustausch dienen.

Wechselbeziehungen wie Mykorrhiza sind nicht grundsätzlich mutualistisch (vorteilig für beide Partner). Es finden sich auch Übergänge zu parasitischen Beziehungen, wie beispielsweise bei chlorophyllfreien Schmarotzerpflanzen.

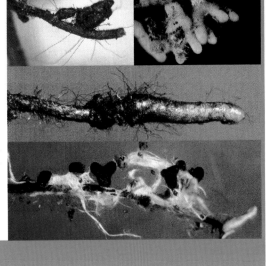

Abbildungen: *Coenococcum* sp. auf Eichenwurzeln (oben links), *Lactarius rufus* (oben rechts), *Acephala sclerotica* (Mitte), *Tomentella cortinasia* (unten)

Mykorrhiza

Zygosporenbildende Pilze

Die zygosporenbildenden Pilze wurden früher als Zygomycota (Jochpilze) zusammengefasst und umfassen etwa 1.000 Arten. Sie besitzen keine Plastiden, Mitochondrien sind aber vorhanden. Molekulare Daten belegen, dass diese Gruppe polyphyletisch ist, einige Taxa gehören zu den Glomeromycota sowie zu vier nicht näher einzuordnenden Unterstämmen: den Mucoromycotina, den Entomophthoromycotina, den Zoopagomycotina und den Kickxellomycotina.

Die Hyphen der zygosporenbildenden Pilze besitzen keine echten Zelltrennwände (Septen), eine Ausnahme bilden die Sporangien. Gemeinsames Merkmal der zygosporenbildenden Pilze ist die sexuelle Fortpflanzung unter Bildung einer Zygospore: Bei der sexuellen Fortpflanzung wachsen zwei Hyphen verschiedener Paarungstypen aufeinander zu. Sie bilden jeweils ein vielkerniges Gametangium. Gameten werden nicht gebildet. Stattdessen verschmelzen die Gametangien (Plasmogamie) zu einer vielkernigen Zygospore. In der Zygospore kommt es zwischen jeweils zwei Kernen der unterschiedlichen Paarungstypen zur Karyogamie und anschließend zur Meiose. Bei der Keimung der Zygospore bildet sich ein Sporangiophor mit einem Sporangium an der Spitze. Die Kerne wandern in dieses Sporangium und reifen zu Sporen heran. Diese werden durch das Zerreißen des Sporangiums freigesetzt und bilden nach dem Auskeimen ein neues Mycel.

Die zygosporenbildenden Pilze sind hauptsächlich terrestrisch und auf allen Kontinenten mit Ausnahme der Antarktis vertreten. Sie leben saprobiotisch, symbiotisch oder parasitisch auf Tieren, Pflanzen oder auch anderen Pilzen.

Der wohl bekannteste Vertreter der zygosporenbildenden Pilze ist der zu den Mucoromycotina gehörende Gemeine Brotschimmel (*Rhizopus stolonifera*). Dieser wächst gewöhnlich auf Brot, Früchten und an anderen feuchten kohlenhydratreichen Nahrungsmitteln. Konservierungsmittel wie Calziumprobionat und Natriumbenzoat können das Wachstum des Pilzes hemmen. Vom Mycel aus werden Stolonen (spezialisierte Hyphen) in die Richtung der Oberfläche gestreckt. Berühren die Stolonen die Oberfläche, wachsen Rhizoide in der Nahrung und es werden asexuell Sporangiophoren ausgebildet. Wenn die Sporangiophoren mit den schwarzen Sporangien ausgebildet werden, ist das Mycel bereits tief in die Nahrung (z. B. Brot) eingedrungen. Nur bei schlechten Bedingungen (Trockenheit und Nahrungsmangel) findet sexuelle Fortpflanzung statt.

Die Mucoromycotina umfassen saprotrophe, parasitische und ektomykorrhizabildende Pilze. Unter den Mucoromycotina finden sich auch humanpathogene Vertreter, wie der Köpfchenschimmel (*Mucor*, Typgattung der Mucoromycotina): Dieser Pilz sowie weitere Pilze der Mucoromycotina (auch *Rhizopus*) verursachen Mucor-Mycose bei geschwächten Menschen. Dabei gelangt der Pilz durch das Einatmen in die Lungen und über das Blut zu anderen Organen, auch kann das zentrale Nervensystem im Laufe der Ausbreitung betroffen werden. Das Gewebe wird zerstört und Nekrosen bilden sich. Durch das Eindringen in die Blutgefäße werden die Sauerstoff- und Nährstoffversorgung der Gewebe unterbunden und die Zellen sterben ab. Es kann zu Thrombosen und Infarkten kommen. Damit ist die Mucor-Mycose eine schnell fortschreitende Krankheit, die sehr häufig zum Tode führt. Eine weitere Besonderheit innerhalb der Mucoromycotina stellt der Phototropismus des Pillenwerfers (*Pilobolus crystallinus*) dar. Der Sporenträger besitzt an der Basis Photorezeptoren. Die gesamten Sporenkapseln durch den Tugordruck zielgenau bis zu 2 m in Richtung einer Lichtquelle geschossen.

Zu den Zoopagomycotina gehören Endo- und Ektoparasiten von Kleinstmetazoen und Pilzen. Hierzu zählen auch die carnivoren Pilze der Gattung *Zoophagus*. Die Art *Zoophagus insidans* bildet klebrige Hyphen, an denen sich Rädertiere und andere kleine Tiere verfangen. Der Pilz wächst nach dem Fang in die Tiere hinein. Die Art *Zoophagus tentaclum* bildet schlingenartige Hyphen, in denen sich Nematoden verfangen. Die Schlingen ziehen sich infolge des Berührungsreizes zusammen und die Hyphe wächst in das Opfer hinein. Die gefangenen Tiere werden enzymatisch verdaut.

Die Entomophthoromycotina umfassen neben ein paar saprotrophen Arten vorwiegend obligat parasitische Taxa. Zum Wirtsspektrum gehören Metazoen (Arthropoda, Vertebrata) und Pflanzen.

Die Kickxellomycotina umfassen saprotrophe Arten, Pilzparasiten und obligat symbiontische Formen.

Carnivor: (lat.: *carnivorus* = Fleisch verschlingend) fleischfressend
Karyogamie: Verschmelzung der Kerne
Kommensalismus: Symbiontische Beziehung zwischen zwei artfremden Organismen, wobei der eine Partner dabei Vorteile hat und der andere weder einen Nutzen noch Nachteil

Mycel: Gesamtheit des Hyphennetzes. Beim Mycel handelt es sich um den vegetativen Teil des Pilzes
Sporangium: (griech.: *spora* = Samen, *aggeion* = Gefäß) Sporenbehälter, in dem ein oder mehrere Sporen gebildet werden
Spore: (griech.: *spora* = Samen) ungeschlechtliche Fortpflanzungszelle

Siehe auch: Lichtwahrnehmung: 4.3.2.1

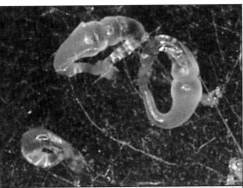

Gemeinsames Merkmal der zygoporenbildenden Pilze sind die durch Verschmelzung der Gametangien entstehenden Zygosporen (hier: *Phycomeces blakesleeanus*)

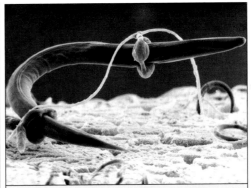

Zoophagus sp. (Mucoromycotina) bildet schlingenartige Hyphen, an denen sich z. B. Nematoden verfangen. Der Pilz wächst dann in die Beute ein und verdaut diese

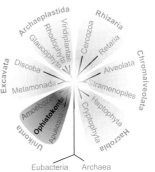

Die Sporen keimen aus. Da keine echten Septen gebildet werden, entstehen haploide, aber vielkernige Hyphen. Die sexuelle Fortpflanzung wird eingeleitet, indem zwei Hyphen verschiedener Paarungstypen aufeinander zu wachsen. Die vielkernigen Gametangien verschmelzen (Plasmogamie), Gameten werden nicht gebildet

Die vielkernigen Gametangien verschmelzen und bilden eine vielkernige Zygospore. In der Zygospore kommt es zur Karyogamie von je zwei Kernen unterschiedlicher Paarungstypen und schließlich zur Meiose. Später wächst dann aus der Zygospore ein Sporangiophor mit einem Sporangium aus

Im Sporangium werden die einkernigen Sporen gebildet

Aus den Hyphen können mitotisch – ohne sexuelle Rekombination – wieder Sporangien entstehen. Unter guten Wachstumsbedingungen überwiegt diese asexuelle Vermehrung

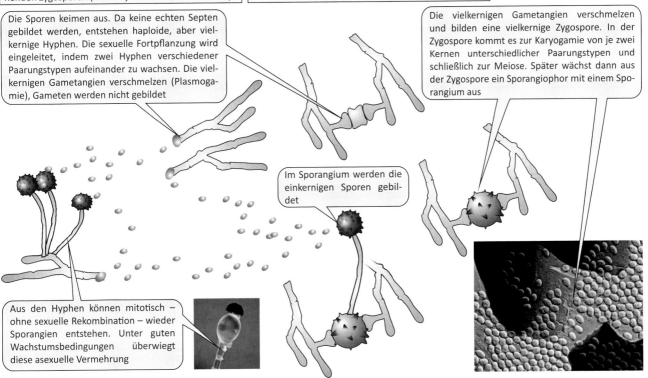

Organismen werden nach unterschiedlichen Kriterien gruppiert. Die Phylogenie – die stammesgeschichtlichen Verwandtschaftsbeziehungen – spielt dabei eine zentrale Rolle. Gerade in Lehrbüchern werden Organismen aufgrund funktioneller Gemeinsamkeiten oder hinsichtlich der Komplexität ihrer Organisation gruppiert, auch wenn diese sich zum Teil mehrfach unabhängig konvergent entwickelt haben. Beispiele solcher polyphyletischen oder paraphyletischen Gruppen sind:

- **Moose (Bryophyta):** Die Laubmoose und Hornmoose sind näher mit den Farnen und Samenpflanzen verwandt als die Lebermoose. Die Moose sind damit eine paraphyletische Organisationsform.
- **Farne** im weiteren Sinn (Pteridophyta): Die Echten Farne sind mit den Samenpflanzen näher verwandt als mit den Bärlappen. Diese Gruppen werden aber als paraphyletische Organisationsform der Pteridophyta zusammengefasst.
- **Pilze** im weiteren Sinn: Die Chitinpilze (Fungi) gehören zu den Ophistokonta, die Cellulosepilze (Oomyceten) gehören zu den Chromalveolaten, die Schleimpilze zu den Amoebozoa. Vor allem aufgrund ihrer osmotrophen Lebensweise werden diese Gruppen als polyphyletische Gruppe der Pilze (im weiteren Sinn) zusammengefasst.
- **Hefen:** Der Begriff Hefe ist mehrfach belegt. Einerseits bezeichnet er eine systematische Gruppe der Pilze, andererseits die Organisationsform einzelliger Pilze – diese Organisationsform kommt aber bei verschiedenen Pilzgruppen vor.
- **Algen:** Als Algen werden die photosynthetisch aktiven Eukaryoten mit Ausnahme der Landpflanzen zusammengefasst. Diese Organismen gehören aber den verschiedensten Verwandtschaftsgruppen an (Chromalveolata, Rhizaria, Archaeplastida, Excavata) und sind somit polyphyletisch. In ökologischen Zusammenhängen werden die ebenfalls photosynthetischen Cyanobakterien auch noch in die Algen einbezogen.
- **Reptilien:** Phylogenetisch gehören die Vögel zu den Reptilien, die Krokodile sind näher mit den Vögeln verwandt als mit anderen Reptilien. Aufgrund der unterschiedlichen Organisation von Vögeln und Reptilien werden aber oft die Vögel den (dann paraphyletischen) Reptilien gegenübergestellt.

Organisationsform und Phylogenie

Ascomycota

Die Ascomycota (Schlauchpilze) sind die Schwestergruppe der Basidiomycota und gehören zu den Chitinpilzen. Gemeinsame Merkmale sind eine Septierung der Hyphen durch Querwände mit zentraler Perforation, die zweikernigen (dikaryotischen) Phasen nach der Verschmelzung der Zellplasmen und die Möglichkeit der Fusion steriler Hyphen (Anastomose). Die Ascomycota unterscheiden sich aber in den für diese Gruppe namensgebenden sporenbildenden Zellen, den schlauchförmigen Asci.

Es sind etwa 30.000 Arten freilebender Schlauchpilze (Ascomycota) bekannt und darüber hinaus etwa weitere 30.000 in Flechten symbiontisch mit Algen assoziierte Arten. Die Ascomycota sind vorwiegend terrestrisch, einige wenige Arten finden sich aber auch in Süß- und Salzwasser. Allen Arten der Ascomycota fehlen Plastiden, sie besitzen aber Mitochondrien. Die Zellwand der meisten Ascomycota besteht aus Chitin und β-Glucan.

Die Ascomycota werden unterteilt in die Pezizomycotina, die Saccharomycotina und die Taphrinomycotina.

Die Pezizomycotina sind die größte Klasse. In dieser Gruppe entwickeln sich die Asci aus ascogynen Hyphen, die meist in Ascokarpen vereint sind. Zu den Pezizomycotina gehören medizinisch bedeutsame Arten, wie die Antibiotika produzierende Art *Penicillium chrysogenum*, aber auch pathogene Arten wie der Lungenparasit *Pneumocystis*, das Mutterkorn (*Claviceps purpurea*) und der Echte Mehltau. Der Echte Mehltau ist eine Sammelbezeichnung für verschiedene Arten der zu den Pezizomycotina gehörenden Familie Erysiphaceae. Die Mehltauarten befallen jeweils unterschiedliche Pflanzenarten. Die Fruchtkörper bilden sich an der Oberseite der befallenen Blätter. Der nicht mit den Ascomyceten verwandte, sondern zu den Oomyceten (Stramenopiles) gehörende sogenannte Falsche Mehltau bildet Fruchtkörper an der Unterseite der Blätter.

Auch verschiedene Schimmelpilze (z. B. Roter Brotschimmel (*Neurospora sitophila*)) sowie die meisten Schlauchpilze mit großen und auffälligen Fruchtkörpern, wie auch die Speisepilze Lorchel, Morchel und Trüffel, gehören zu den Pezizomycotina. Des Weiteren finden sich auch viele Flechtenpilze in dieser Gruppe: Die größte Gruppe der Flechtenpilze sind die zu den Pezizomycotina gehörende Ordnung Lecanorales mit rund 10.000 Arten.

Neben der großen Gruppe der Pezizomycotina gehören auch die Saccharomycotina und die Taphrinomycotina zu den Schlauchpilzen. Die Taphrinomycotina sind eine vielfältige, aber relativ artenarme Gruppe. Diese bilden, wie auch die Saccharomycotina, keine Fruchtkörper (Ascoma oder Ascokarp) aus. Die Saccharomycotina umfassen einfach gebaute Schlauchpilze mit kurzem oder ohne Hyphengeflecht. Die Asci entstehen nach der Konjugation zweier haploider Einzelzellen ohne Ausbildung eines Ascokarps. Nach der Bildung der Zygote wandelt sich diese in einen Ascus um und es bilden sich vier Ascosporen. Zu den Saccharomycotina zählen viele, aber nicht alle Hefen, darunter die Bäckerhefe (*Saccharomyces cerevisiae*). Neben der kommerziellen Bedeutung ist die Bäckerhefe eines der wichtigsten Forschungsobjekte in der Genetik und Zellbiologie. Das erste sequenzierte eukaryotische Genom war das der Bäckerhefe. Zu den Saccharomycotina gehören aber auch pathogene Arten, wie die Schleimhautinfektionen auslösende *Candida albicans*.

Die geschlechtliche Fortpflanzung erfolgt meistens über Gametangiogamie. Im Ascus, der Schlauchverlängerung der dikaryotischen Hyphen, kommt es zu Karyogamie und Meiose. Dabei entstehen vier oder acht Ascoporen, die freigesetzt werden und zu neuen Mycelien wachsen. Die Fruchtkörper werden nach ihrer Gestalt als Apothecium (schalig offen), Perithecium (flaschenförmig) und Cleistothecium (kugelig geschlossen) bezeichnet. Die asexuelle Fortpflanzung, die dominante Form, erfolgt durch die Verbreitung von einkernigen Konidiosporen, die sich in den Spitzen von spezialisierten Hyphen befinden und durch Tiere, Wind oder Wasser verteilt werden.

Ascokarp (= Ascoma): Fruchtkörper der Ascomycota
Gametangiogamie: Zusammenwachsen und Verschmelzen ganzer Gametangien

Konjugation: Übertragung von DNA über eine Plasmabrücke auf eine andere Zelle

---

Siehe auch: Falscher Mehltau, Oomyceten: 4.6.2.1

Neben der unten dargestellten Morchel gehört auch der Trüffel zu den Ascomycota

Viele Schimmelarten gehören zu den Ascomycota

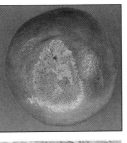

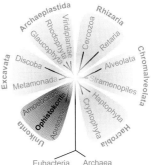

Die Gewebeschicht, in der die Meiose und die Sporenbildung stattfinden, das Hymenium, ist bei den Ascomycota in speziellen Strukturen zusammengefasst. Je nach Form unterscheidet man die becherförmigen Apothecien (hier dargestellt) von den geschlossenen Cleistothecien, den nur durch eine Pore geöffneten Perithecien und Pseudothecien

Im schlauchförmigen Ascus kommt es zur Karyogamie und anschließend zur Meiose. Die haploiden Kerne machen in der Regel eine weitere mitotische Teilung durch. So bilden sich im Ascus acht haploide Sporen

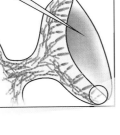

Die haploiden Hyphen können zu Konidiophoren auswachsen, die durch mitotische Teilung asexuelle Verbreitungseinheiten, die Konidien, produzieren

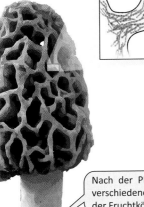

Nach der Plasmogamie zweier Zellen verschiedener Paarungstypen wächst der Fruchtkörper, das Ascokarp, aus

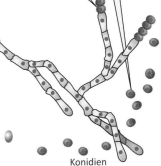

Sporen

Konidien

Eukaryotische Zellen besitzen in der Regel einen Zellkern. Bei vielen Organismen finden sich allerdings als Abweichung davon mehrkernige Zellen:

Bei vielen Pilzen kommt es nach der Plasmogamie (Zellverschmelzung) nicht direkt zur Karyogamie (Kernverschmelzung), sondern zur Bildung eines heterokaryotischen Mycels. Durch die wiederholte synchrone Teilung der Kernpaare werden – nach nur einer Plasmogamie – viele unabhängige Meiosen möglich, die Rekombinationsmöglichkeiten werden somit auch bei seltenem Aufeinandertreffen von Geschlechtspartnern vervielfacht. Eine andere Lösung dieses Problems – viele Meiosen nach nur einer Plasmogamie – wird bei vielen Algen und Pflanzen durch das Auswachsen einer gametophytischen Generation erreicht.

Vielkernigkeit kann auch dem Schutz des Erbgutes dienen: Ciliaten und einige Foraminiferen besitzen zwei unterschiedliche Zellkerntypen. Der kleine diploide Kern dient der Fortpflanzung (generativer Mikronucleus) und der polyploide große Kern steuert den Stoffwechsel der Zelle (somatischer Makronucleus). Durch diesen Kerndimorphismus sind somatische und generative Funktion bereits bei diesen Einzellern getrennt. Ohne den Micronukleus sind die Organismen nicht mehr teilungsfähig.

Eine solche Funktionsteilung ist ansonsten nur bei vielzelligen Organismen wie Tieren und Pflanzen (und wenigen kolonialen Protisten wie *Volvox*) realisiert.

Einen weiteren Aspekt von Vielkernigkeit bilden schließlich die Plasmodien der Schleimpilze. Bei einigen Schleimpilzen entsteht diese vegetative Phase durch Verschmelzung von vielen Einzelzellen (Organismen) oder durch mehrfache Kernteilung einer Einzelzelle ohne Zellteilung. Vielkernige Zellen finden sich auch bei vielen anderen Organismengruppen. Beispiele sind die Muskelfasern des Menschen (aus bis zu 100 Myoblasten), die Neodermis verschiedener Plathelminthen und Nemathelminthen, verschiedene Algen wie die Grünalge *Caulerpa*.

Einige Organismen besitzen aber auch grundsätzlich zwei oder mehrere Zellkerne, hier spielen oft Gründe der Zellarchitektur eine Rolle. Beispielsweise besitzen Diplomonaden und einige Oxymonaden zwei oder mehrere Zellkerne, die mit den Basalkörpern der Flagellen und Strukturen des Cytoskeletts assoziiert sind.

Mehrkernige Zellen

4.2.2.5

Basidiomycota

Zu den Basidiomycota gehören rund 30.000 Arten und damit etwa ein Drittel aller bekannten Pilze. Die Basidiomycota unterteilt man in drei Unterstämme: die Agaricomycotina (Ständerpilze im engeren Sinn, hierher gehören auch die meisten Speisepilze), die Ustilaginomycotina (u. a. Brandpilze) und die Pucciniomycotina (u. a. Rostpilze).

Das gemeinsame Merkmal der Basidiomycota sind die Basidien. Dabei handelt es sich um flaschenförmige Zellen, die nach einer Meiose die haploiden Sporen bilden. Die Basidien sind entweder einzellig (Holobasidien) mit vier Sporen oder in vier Septen unterteilt (Fragmobasidien). Bei den Fragmobasidien enthält jedes Septum eine Spore.

Wie auch bei anderen Chitinpilzen laufen bei der sexuellen Fortpflanzung die Plasmogamie, die Verschmelzung der Zellen, und die Karyogamie, die Verschmelzung der Kerne, getrennt ab. Die aus zwei verschiedenen Paarungstypen hervorgehenden Mycelien sind daher dikaryotisch: Sie enthalten zwei Kerne. Die Verschmelzung der Kerne, die Karyogamie, findet erst unmittelbar vor der Meiose im Hymenium

statt. Neben den an den Basidien gebildeten meiotischen Sporen können sich auch an den haploiden Hyphen Sporen bilden. Diese mitotisch entstandenen Sporen werden als Konidien bezeichnet und dienen der vegetativen, also der nichtgeschlechtlichen Fortpflanzung.

Zu den Agariomycotina (Echte Ständerpilze) gehören die meisten uns bekannten Speisepilze und Giftpilze. Über das Mycel ernährt sich der Pilz saprophytisch oder als Symbiont (z. B. Mykorrhiza). Über 90 % des Pilzbiovolumens entfallen auf die unterirdischen Mycelien. Die Fruchtkörper werden oberirdisch als Fortpflanzungsorgan aus diesem gebildet. Im Bereich des Hymeniums, also dem Bereich der Meiosporenbildung, werden die Basidien gebildet. Bei den Ständerpilzen unterscheidet man drei Organisationsformen anhand der Lage des Hymeniums und damit der äußeren Form der Fruchtkörper: Bei den Blätterpilzen liegt das Hymenium auf Lamellen und bei den Röhrenpilzen auf der Innenseite der Röhren. Bei den Bauchpilzen werden die Sporen im Inneren gebildet.

Die zu den Pucciniomycotina gehörenden Rostpilze (Pucciniales) gehören zu den gefährlichsten Phytopathogenen. Einige dieser Arten vollziehen einen Wirtswechsel. Sie leben vorwiegend parasitisch an Pflanzen in den Interzellularräumen von pflanzlichen Geweben und dringen unter Ausbildung eines Haustoriums in Wirtszellen ein. Rostpilze bilden kleine Fruchtkörper aus. Neben den Basidiosporen werden bei den Rostpilzen weitere Sporentypen unterschieden: Die besonders kälte- und austrocknungstoleranten, zweizelligen und dickwandigen Teleutosporen sowie die einzelligen, haploiden, aber zweikernigen Aecidiosporen und Uredosporen. Die Gruppe dieser obligaten Pflanzenparasiten umfasst ca. 7.000 Arten. Über 300 verschiedene Arten können Weizen und Gräser befallen. Da einige Arten zu enormen Ernteausfällen führen, wurde überlegt, diese in der biologischen Kriegsführung einzusetzen.

Die etwa 500 bekannten Arten der zu den Ustilagomycotina gehörenden Brandpilze (Ustilaginales) sind obligate Parasiten und verursachen Krankheiten bei verschiedenen Nutzpflanzen. Die aus den Basidiosporen auskeimenden Hyphen sind nicht infektiös und wachsen einzellig wie Hefen. Erst nach Verschmelzen mit einer Zelle eines anderen Paarungstyps entstehen die infektiösen dikaryotischen Hyphen. Die befallenen Wirtspflanzen zeigen durch die massenhaft gebildeten schwarzen Sporen ein verbranntes Aussehen. Diese Sporen, die Teleutosporen, sind zunächst dikaryotisch. In den Sporen kommt es zur Karyogamie und schließlich zur Meiose. Nach dem Auskeimen im folgenden Frühjahr werden septierte Basidien gebildet, welche die haploiden einkernigen Basidiosporen bilden.

Hymenium: Bereich der Meiosporenbildung bei den Basidiomycota und den Ascomycota
Konidien: Form der Sporen bei Pilzen (Ascomycota und Basidiomycota) und bei Prokaryoten der Gattung *Streptomyces*. Charakteristisch für die vegetative Verbreitung bei den Pilzen. Die

Sporen werden außerhalb des Sporangiums durch Umbildung von Hyphen oder an Konidienträgern gebildet
Somatogamie: sexuelle Fortpflanzung, bei der haploide somatische Zellen (keine Gameten) von verschieden Organismen miteinander verschmelzen. Es entsteht eine diploide Zelle

Siehe auch: Karyogamie: 4.2.2.3; Parasiten: 4.2.2.1

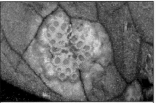

Rostpilz (*Uromyces* sp.) auf Scharbockskraut (*Ranunculus ficaria*)

Von *Anthracoidea* sp. (ein Brandpilz) befallene Segge (*Carex* sp.)

Fruchtkörper   Feenring (Hexenring)

Das Pilzmycel der Ständerpilze wächst großenteils unterirdisch. Es breitet sich vom Zentrum ausgehend oft ringförmig aus, die Fruchtkörper sind daher oft ringförmig angeordnet („Feenringe"). Sie sind nur ein kleiner Teil des Organismus. Der größte bekannte Organismus ist ein Hallimasch mit einer Ausdehnung von über 900 Hektar

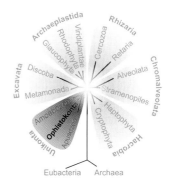

Eubacteria   Archaea

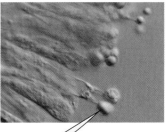

Im Hymenium kommt es zur Karyogamie und nach der Meiose zur Bildung von vier Sporen an den Basidien

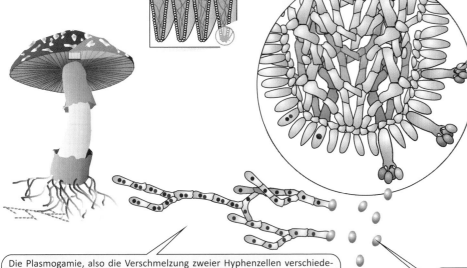

Die Plasmogamie, also die Verschmelzung zweier Hyphenzellen verschiedener Paarungstypen, führt zu dikaryotischen (zweikernigen) Zellen. Das dikaryotische Mycel bildet Fruchtkörper für die sexuelle Fortpflanzung. Die Pilze können sich aber auch durch Abschnürung der Hyphen asexuell vermehren

Sporen sind die Verbreitungseinheiten der Basidiomycota. Nach dem Auskeimen bilden sie haploide Hyphen

Beziehungen zwischen Organismen sind vielfältig – die meisten Arten hängen direkt oder indirekt von Interaktionen mit anderen Arten ab. Diese Beziehungen reichen von Fraßbeziehungen und Parasitismus bis zu obligat mutualistischen Beziehungen, also ein für beide Partner vorteilhaftes und lebensnotwendiges Zusammenleben.

Ein für beide Partner vorteilhaftes Zusammenleben wird in der europäischen Literatur als Symbiose bezeichnet. In der amerikanischen Literatur wird dagegen von Mutualismus gesprochen – Symbiose bezeichnet hier jede Form des Zusammenlebens, also auch Parasitismus.

Der Symbiont kann im Körper des Wirtes (Endosymbiose) oder außerhalb des Körpers (Ektosymbiose) leben. Ist eine Symbiose nicht lebensnotwendig, so spricht man von einem fakultativen Mutualismus. Beim obligaten Mutualismus sind beide oder einer der beiden Partner nicht mehr alleine lebensfähig. Eine der wichtigsten Symbiosen stellt die Mykorrhiza (Pilz und Pflanze) dar. Bei den Flechten geht die mutualistische Beziehung so weit, dass die einzelnen Organismen (Flechten) tatsächlich einer Vergesellschaftung von zwei Arten (Pilz und Alge) entsprechen. Bei der oft als Endosymbiose bezeichneten Aufnahme von Organellen (Mitochondrien und Plastiden) in eukaryotische Zellen ist dieser Begriff allerdings fragwürdig – die Organellen sind so weit reduziert, dass sie nicht mehr als eigenständige Organismen angesehen werden können; selbstständig lebensfähig sind sie sowieso nicht. In diesem Falle ist der Begriff Endocytobiose daher korrekter.

Die Fraßbeziehung zwischen Marienkäfer und Blattlaus ist gleichzeitig eine mutualistische Beziehung zwischen Marienkäfer und Pflanze

Symbiose / Mutualismus

Amoebozoa

Die Amoebozoa sind die Schwestergruppe der Ophistokonta. Amöben – oder Organismen mit amöboider Fortbewegung – finden sich aber auch in vielen anderen Organismengruppen. Insbesondere die Rhizaria, aber auch die zu den Excavata gehörenden Heterolobosea, umfassen ebenfalls großenteils amöboide Organismen. Somit umfassen die Amoebozoa zwar viele amöboide Organismen, aber bei weitem nicht alle. Unter den Amoebozoa finden sich nackte Formen (*Amoeba*, *Chaos*), beschalte Amöben und die Schleimpilze. Die Gestalt der Amoebozoa ist in der Regel nicht fest, sondern amöboid. Flagellen sind meist reduziert und die Pseudopodien enthalten keine Mikrotubuli.

Die Amoebozoa werden traditionell in Lobosa (mit Tubulinea und Discosea) und Conosa unterteilt. Die Verwandtschaftsverhältnisse innerhalb der Amoebozoa sind allerdings in vielen Fällen noch nicht klar.

Die Lobosa (Lobose Amöben) besitzen stumpfe Pseudopodien; sie werden unterteilt in Taxa mit tubulären Pseudopodien, die Tubulinea (teilweise auch als Lobosa sensu stricto bezeichnet), und in Taxa mit abgeflachtem Körper ohne tubuläre Pseudopodien, die Discosea.

Die Tubulinea sind amöboide Einzeller, die nackt oder mit einer Schale (Testa) versehen sind. Sie bilden tubuläre – also röhrenförmige, annähernd zylindrische – Pseudopodien. Das Cytoplasma fließt innerhalb der ganzen Zelle oder innerhalb eines Pseudopodiums in nur einem Strang (monoaxial). Centrosomen fehlen. Die Bewegung beruht auf einem Aktin-Myosin-Cytoskelett. Cytoplasmatische Mikrotubuli sind, sofern überhaupt vorhanden, selten und nie in Bündeln angeordnet. Flagellen kommen nicht vor.

Die Discosea zerfallen in molekularen Analysen in die Flabellinea und die als Longamoebia zusammengefassten Thecamoebida, Dermamoebida und Centramoebida (=Acanthamoebida).

Die Flabellinia sind abgeflachte Amöben, die discoid oder unregelmäßig dreieckig sind und niemals zugespitzte Subpseudopodien aufweisen.

Die Longamoebia fassen die abgeflachten, länglichen lobosen Amöben zusammen. Die Centramoebida (=Acanthamoebida) besitzen eine extrem dünne Glykokalyx, das Uroid ist nicht adhäsiv – gleitet also der Zelle fließend (und nicht ruckartig) nach. Die als Lobopodien bezeichneten Pseudopodien sind breit; es werden flexible, in eine Spitze auslaufende Subpseudopodien (Acanthopodien) ausgebildet. Die Vertreter gehören zu den häufigsten freilebenden Amöben im Boden und im Süßwasser. Einige Arten können Krankheiten wie die Acanthamöbiasis oder Granulomatöse Amöben-Encephalitis auslösen. Die Dermamoebida besitzen im Gegensatz zu den Centramoebida und den Thecamoebida eine vielschichtige dicke Zellhülle. Die Thecamoebida unterscheiden sich von den Centramoebida durch einen breiten anterolateralen hyalinen Rand.

Glykokalyx: Kapsel oder Schleimhülle; Hüllschicht der Zellmembran oder Zellwand

mikroaerophil: bezeichnet Organismen, die auf Sauerstoff angewiesen sind, allerdings nur sehr geringe Konzentrationen benötigen
Uroid: Hinterende einer Amöbe

Siehe auch: Excavata: 4.3; Heterolobosea: 4.3.2; Rhizaria: 4.5

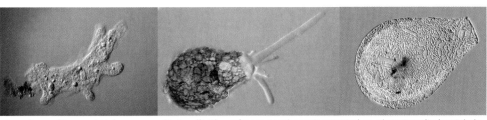

Amoeba sp. *(Euamoebida)* | Die Arcellinida umfassen Amöben mit organischer oder mineralischer Schale. Links ein lebendes Exemplar, rechts die leere Schale der Art *Nebela collaris*

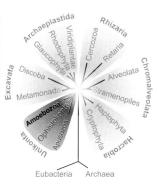

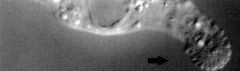

Tubulinea: keine Flagellen, Pseudopodien tubulär
- **Euamoebida (= Tubilinida):** ohne Schale, ohne haftendes Uroid
- **Leptomyxida:** ohne Schale, mit haftendem Uroid
- **Arcellinida:** organische oder mineralische extrazelluläre Schale

Discosea: keine Flagellen, Pseudopodien nicht tubulär
- **Flabellinia:** fächerförmig oder dreieckig, keine zugespitzten Subpseudopodien
- **Dactylopodida:** motile Zellen unregelmäßig dreieckig, vorne mit breitem Hyaloplasma
- **Vannellida :** motile Zelle fächerförmig, vorne mit breitem Hyaloplasma
- **Stygamoebida:** abgeflacht länglich

Longamoebia: abgeflacht, länglich, zugespitzte Subpseudopodien
- **Dermamoebida:** länglich mit breit-dreieckigen Pseudopodien
- **Thecamoebida:** länglich, ohne Pseudopodien
- **Centramoebida (Acanthamoebida):** abgeflacht, mit ausgeprägten Subpseudopodien

Conosa: oft mit Flagellen
- *Multicilia*
- *Phalansterium*
- **Protosteliida:** „Schleimpilze" – Sporophor entwickelt sich aus Einzelzelle, Amöben einzellig
- **Schizoplasmodiida:** „Schleimpilze"

Archamoebae: Mitochondrien (teilweise) reduziert
- **Entamoebidae:** keine Flagellen, Mitosomen
- **Mastigamoebidae:** ein (steifes) Flagellum
- *Pelomyxa*: mehrere Flagellen
- **Cavosteliida:** „Schleimpilze" – Amöben ein- bis vielkernig
- **Protosporangiida:** „Schleimpilze" – Amöboflagellaten
- **Dictyostelia:** „zelluläre Schleimpilze", Fruchtkörper aus Aggregation vieler Zellen, keine Flagellen
- **Myxogastria:** „plasmodiale Schleimpilze", Fruchtkörper aus vielkernigen Plasmodien, mit Flagellen

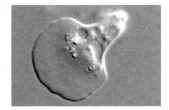

Ripella platypodia (Flabellinia: Vannellida)

Mayorella sp. (Longamoebida: Dermamoebida)

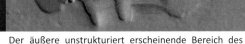

Am Hinterende, dem Uroid (Pfeil), werden die Pseudopodien eingezogen | Der äußere unstrukturiert erscheinende Bereich des Cytoplasmas wird als Hyaloplasma bezeichnet | *Thecamoeba* sp. (Longamoebida: Thecamoebida): trophische Zelle (links) und Cyste (rechts)

Amöben sind eine Lebensform oder Organisationsstufe, aber keine taxonomische Gruppe. Die Amöben bilden eine große, vielgestaltige Gruppe von Einzellern, die keine feste Körperform besitzen, sondern durch Ausbildung von Scheinfüßchen (Pseudopodien) ihre Gestalt laufend ändern. Amöbenartige Lebensformen haben sich getrennt voneinander in verschiedensten Taxa entwickelt. Neben den Amoebozoa sind viele Rhizaria (Formaninifera, Cercozoa, Chlorarachniophyta) und die zu den Excavata gehörenden Heterolobosea amöboid. Auch von einigen chromalveolaten Algen ist amöboide Bewegung bekannt.

Lobopodien | Lamellipodien | Filopodien | Reticulopodien | Axopodien

Pseudopodien

Conosa

▪ Die Conosa gehören wie die Lobosa zu den Amoebozoa und bilden mit ihnen zusammen die Schwestergruppe der Opisthokonta. Zu den Conosa zählen auch viele Taxa mit Flagellen. Sie umfassen die Archamoebae, verschiedene Gruppen der Schleimpilze (polyphyletisch, zum Teil als Mycetozoa zusammengefasst) und einige weitere Gruppen. Die Gattungen *Multicilia* und *Phalansterium* werden zusammen mit einigen anderen Vertretern als Variosea den Archamoeben und den Mycetozoa gegenübergestellt.

Nicht geklärt ist die phylogenetische Position der früher zu den Mastigamoebidae gestellten Art *Breviata anathema*. Die nun als Breviatea klassifizierte Gruppe (nicht dargestellt) ist möglicherweise Schwestergruppe aller übrigen Amoebozoa.

Die Schleimpilze durchlaufen im Laufe ihres Lebens mehrere morphologisch sehr verschiedene Stadien. Ihr jeweiliges Erscheinungsbild ist je nach Lebenszyklus stark unterschiedlich. Im Übergang zur Ausbildung eines Fruchtkörpers entstehen vielkernige Plasmodien.

▪ Die Systematik der Schleimpilze ist unklar, die Dictyostelia und die Myxogastrea sind monophyletische Gruppen, die Protostelia scheinen jedoch eine paraphyletische Gruppe zu sein.

Zu den Variosea gehören die begeißelten Formen mit den Gattungen *Phalansterium* und *Multicilia* sowie unbegeißelte Formen mit spitz zulaufenden, oft verzweigten Pseudopodien.

Bei den Myxogastria und Protostelia gehen diese Plasmodien aus einer einzelnen amöboiden Zelle durch mehrfache Kernteilung ohne nachfolgende Zellteilung hervor. Die Ausbildung der Fruchtkörper erfolgt bei den Myxogastria und der Protostelia, indem die Plasmodien von negativer zu positiver Phototaxis wechseln und sich auf das Licht zubewegen, wo sie die Fruchtkörper, die sogenannten Sporokarpe, ausbilden.

Bei den Dictyostelia entsteht durch die Aggregation vieler amöboider Zellen ein vielzelliger Zellverband, der als Pseudoplasmodium bezeichnet wird. Die Pseudoplasmodien der Dictyostelia unterziehen sich einer Metamorphose, bei der ein Teil einen Stiel und ein anderer Teil den Sorus ausbildet, der die Sporen enthält.

Die Mehrheit aller Schleimpilzarten lebt terrestrisch, vorwiegend auf Totholz, aber auch auf der Rinde lebender Bäume und auf verrottendem Pflanzenmaterial des Streuhorizonts. Schleimpilze sind jedoch auch in Wüsten und in alpinen Standorten nachgewiesen worden. Es sind etwa 1.000 Arten bekannt. Plastiden fehlen innerhalb dieser Gruppe.

Die Archamoebae sind eine anaerobe parasitisch oder als Kommensalen im Verdauungstrakt von Tieren lebende Gruppe, die Art *Entamoaeba histolytica* ist als Auslöser der Amöbenruhr ein bedeutender humanpathogener Krankheitserreger. Den Archamöben fehlen Mitochondrien, auch der Golgi-Apparat ist bei einigen Taxa reduziert. Ein wichtiges Merkmal ist der Kern-Basalkörper-Komplex, der den Zellkern und das Kinetosom der Flagelle sowie die diese Strukturen umhüllenden Mikrotubuli umfasst.

Aggregation: (lat.: *aggregatio* = Anhäufung, Vereinigung)
Sorus (Pl. Sori): Ansammlung von Sporangien (Pilze, Farne)

Sporokarp: sporenbildender Fruchtkörper

▪ Siehe auch: Mikrotubuli 4.2; Phototaxis 4.3.2.1; polyphyletisch 4.1.1.6

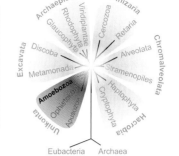

Fruchtkörper (links) und amöboide Einzelzelle (Mitte links) von *Protostelium* sp. sowie Plasmodien von Myxogastria (Mitte rechts: *Brefeldia maxima*; rechts: eine weitere Art)

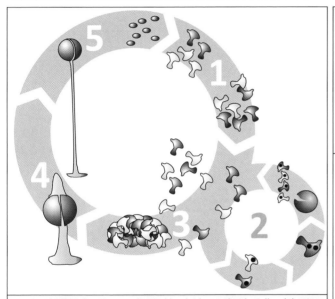

Die Einzelzellen der Dictyostelia sind haploide amöboide Zellen (1). Diese Zellen können sich sexuell unter Bildung einer Zygote und schließlich einer Cyste vermehren (2). Aufgrund chemischer Stimuli (beispielsweise cAMP) beginnen die Zellen zu aggregieren und ein vielzelliges Pseudoplasmodium auszubilden (3). Dieses kann sich als Ganzes fortbewegen und je nach Umweltbedingungen auch wieder in Einzelzellen zerfallen. Das Pseudoplasmodium wächst zu einem cellulosehaltigen Fruchtkörper aus (4). Die Zellen des Stieles sterben ab, während die überlebenden Zellen encystieren und sich später zu Sporen entwickeln (5)

Die Einzelzellen der Myxogastria sind haploide, biflagellate amöboide Zellen (1). Diese Zellen können sich asexuell durch mitotische Teilung vermehren. Aus der Verschmelzung zweier solcher Amöboflagellaten entsteht eine diploide Zygote (2). Diese bildet unter mehrfacher synchroner Kernteilung ohne anschließende Zellteilung ein vielkerniges Plasmodium (3). Dieses ist makroskopisch sichtbar und kann bis zu einigen Dezimetern groß werden. Auch dieses diploide Plasmodium kann sich teilen und so in mehrere Individuen zerfallen. Auf eine Verschlechterung der Umweltbedingungen hin (Austrocknung, Futtermangel, ...) bilden sich gestielte Sporangien (4) aus, in denen unter meiotischen Kernteilungen und dem Einziehen von Zellwänden haploide Sporen gebildet werden

Kommunikation bzw. Interaktion zwischen Zellen, Geweben, Organen oder Organismen stellt eine Grundbedingung alles Lebendigen dar.
Wichtige Voraussetzungen für die Entstehung von komplexen Organismen (Vielzellern) sind der Zusammenhalt und die Kommunikation von Zellen. Somit werden erst dadurch eine Differenzierung von Zellen und damit eine Spezialisierung von Geweben zu Organen möglich.
Die Zelladhäsionsmoleküle (CAMs, engl.: *cell adhesion molecule*) spielen dabei eine wichtige Rolle. Sie sorgen nicht nur für den Zusammenhalt der Zellen, sondern ermöglichen auch eine Kommunikation der Zellen untereinander. Es gibt zwei Gruppen von Zelladhäsionsmolekülen: eine Gruppe stellt den Kontakt zwischen zwei benachbarten Zellen her und die andere zwischen einer Zelle und der extrazellulären Matrix.
Hormone gelten als biochemische Botenstoffe, die eine spezifische Wirkung oder Regulationsfunktion aufweisen. Sie werden in speziellen Zellen gebildet und zum Zielorgan transportiert, wo sie an die jeweiligen Hormonrezeptoren binden können. Diese Rezeptoren befinden sich häufig an der Zelloberfläche. Nach der Bindung werden auf der Innenseite der Membran Signale ausgelöst. Bei den Pflanzen werden Phytohormone gebildet, die als Botenstoffe die Entwicklung der Pflanze steuern und

koordinieren. Sie können das Wachstum und die Entwicklung auslösen, hemmen oder fördern. Phytohormone haben ein breites Wirkungsspektrum: Wachstum von Wurzel, Spross und Blatt; Entwicklung der Samen oder Früchte; Seneszenz, Abscission und Apikaldominanz, Gravitropismus und Phototropismus usw.
Substanzen, die der Kommunikation zwischen verschiedenen Organismen dienen, werden als Semiochemikalien zusammengefasst. Pheromone sind Semiochemikalien, die der Kommunikation zwischen Individuen einer Art dienen, Allelochemikalien dienen der Kommunikation zwischen Individuen verschiedener Arten. Pheromone dienen beispielsweise der Markierung der Territorien, dem Auffinden von Geschlechtspartnern oder als Alarmsignal. So kann über Alarmpheromone die Tanninproduktion in Nachbarpflanzen ansteigen und diese so besser vor Fraßfeinden schützen.

Chemische Kommunikation und Semiochemikalien

Excavata

Die Excavata sind eine Großgruppe der Eukaryoten. Namensgebend ist der typisch geformte Zellmund (Cytostom) mit einer ausgeprägten Mundgrube. Dieser ist bei vielen Gruppen allerdings wieder sekundär reduziert. Zu den Excavata gehören die Metamonada und die Discoba.

Viele Taxa, insbesondere die Metamonada, leben anaerob und besitzen stark reduzierte Mitochondrien (Hydrogenosomen und Mitosomen). Diese reduzierten Mitochondrien sind nicht mehr zur oxidativen Phosphorylierung in der Lage, sie können daher nicht mehr zur Energiegewinnung der Zellatmung genutzt werden. Sie übernehmen aber, wie auch Mitochondrien, Funktionen der Biosynthese von Proteinen und Fetten.

Die Metamonada umfassen vorwiegend kommensale und parasitische Taxa, einige Arten kommen auch freilebend vor.

Typisch für die Excavata ist eine Fraßgrube für den Fang und die Ingestion von Beutepartikeln. Eine nach hinten gerichtete Flagelle erzeugt eine Strömung, durch die Beutepartikel zur Fraßgrube gestrudelt werden. Die Fraßgrube ist aber in vielen Taxa sekundär reduziert.

Alle Arten der Metamonada leben anaerob oder mikroaerophil und haben reduzierte Mitochondrien.

Die Discoba besitzen bis auf wenige Ausnahmen Mitochondrien. Bei den Jakobida sind die Cristae der Mitochondrien unterschiedlich gestaltet (oft tubulär). Bei den Heterolobosea und den Euglenozoa sind die Cristae der Mitochondrien discoid. Aufgrund dieses Merkmals werden diese beiden Gruppen als Discristata zusammengefasst. Die Discristata umfassen freilebende Formen, aber auch parasitische Taxa.

Kinetid: Struktur eukaryotischer Zellen, die für die Fortbewegung genutzt wird

Kinetoplast: Netzwerk zirkulärer DNA im Mitochondrium der Kinetoplastea

Kinetosom: Basalkörper der Flagellen. Die Kinetosomen sind aus zylindrisch angeordneten Mikrotubuli aufgebaut. Sie dienen als Ansatzpunkt für die Mikrotubuli der Flagellen und Cilien

Parabasalapparat: entspricht einem speziellen Golgi-Apparat, der aus Parabasalkörpern (Dictyosomen) besteht, die mit den Parabasalfasern assoziiert sind. Die Parabasalfasern entspringen an Basalkörpern, diese gehören selbst nicht zum Parabasalapparat. Die Parabasalkörper können um die 20 Cisternen besitzen

Paraxonemalstab: parallel zur Geißel verlaufende Struktur aus Proteinen

Pellicula: (lat.: *pellicula* = kleines Fell, Häutchen) feste, aber biegsame Schicht (in der Regel aus Proteinen) unterhalb der Zellmembran

Siehe auch: Hydrogenosom: 4.3.1

Metamonada: anaerob oder mikroaerophil, Mitochondrien stark modifiziert (Hydrogenosomen oder Mitosomen) und ohne Cristae, in der Regel vier Kinetosomen pro Kinetid (Flagellarapparat)

> **Fornicata**: ein Kern und Kinetid oder zwei Paare von jeweils Kern und Kinetid, zwei bis vier Flagellen pro Kinetid

> **Preaxostyla**: vier Flagellen pro Kinetid

> **Parabasalia**: mit Parabasalapparat, Parabasalfasern verbinden den Golgi-Apparat mit dem Flagellarapparat (Kinetid). Kinetid mir vier oder vielen (bis über 1.000) Flagellen

Discoba: vorwiegend aufgrund molekularer Merkmale definiertes Taxon

> **Discristata**: Mitochondrien mit discoiden Cristae

> > **Heterolobosea**: meist Amöben mit eruptiven Pseudopodien, in bestimmten Lebensphasen oft mit Flagellen

> > **Euglenozoa**: zwei Flagellen (selten nur eine), die in einer apikalen Grube inserieren

> > > **Euglenida**: Pellicula aus Proteinfasern

> > > **Kinetoplastea**: Kinetoplast

> > > **Diplonemea**: Paraxonemalstab fehlt in der trophischen Phase

> > > **Symbiontida**: anaerob oder mikroaerophil, Mitochondrien reduziert, ohne Pellicula

> **Jakobida**: Mitochondrien mit tubulären oder flachen Cristae, zwei Flagellen am oberen Ende einer breiten ventralen Fraßgrube, hinteres Flagellum schlägt in dieser Fraßgrube

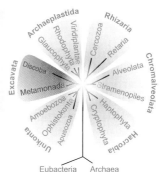

Phagocytose (griech.: *phagein* = fressen, *cyto* = Zelle) ist eine Form der Nahrungsaufnahme bei den Protisten und niederen Metazoen. Es handelt sich hierbei um die aktive Aufnahme von Partikeln bzw. Zellen. Phagocytose ist einer Form der Endocytose.

Bei der Pinocytose werden nur kleine Flüssigkeitsmengen mit gelösten Substanzen aufgenommen. Bei der rezeptorvermittelten Phagocytose werden Partikel aufgenommen, die an Rezeptormoleküle in der Membran binden. Bei der Phagocytose werden die Partikel oder Organismen von der abgeschnürten oder eingestülpten Plasmamembran umschlossen. Dabei wird ein phagocytotisches Vesikel gebildet, der anschließend in das Zellinnere transportiert wird, wo er durch Enzyme (Lysozyme) verdaut wird. Die Nährstoffe werden durch die Vakuolenmembran in das umgebende Zellplasma transportiert und das unverdauliche Material wird über Exocytose aus der Zelle entsorgt.

Einige Organismen haben spezielle Organellen entwickelt, um die Nahrung „einzufangen" und in das Zellinnere zu befördern.

Bei vielen Amöben kann die Phagocytose durch die Pseudopodien an jedem Bereich der Plasmamembran stattfinden.

Andere Protisten dagegen nehmen Nahrung nur an bestimmten Bereichen der Zelle auf, dieser Bereich ist oft morphologisch abgesetzt und wird als Cytostom (Zellmund) bezeichnet. Die meisten Excavata besitzen einen solchen Zellmund mit einer Mundgrube. Auch viele Ciliaten verfügen über ein Cytostom. Die Nahrung wird durch eine undulierende Membran aus Cilien in einen Zellschlund (Cytopharynx) transportiert.

In Vakuolen wird die aufgenommene Nahrung durch den gesamten Körper transportiert und dabei durch Acidosome angesäuert und mithilfe von Lysosomen verdaut.

Bei vielzelligen Tieren wie bei den Säugetieren bildet die Phagocytose einen wichtigen Bestandteil der Immunabwehr. Ihre Aufgaben sind zum einen die Abwehr und Entsorgung von eindringenden Mikroorganismen. Diese werden von sogenannten Phagocyten umflossen, eingeschlossen und anschließend verdaut. Zum anderen sind diese Zellen für die Entsorgung von abgestorbenen Zellen verantwortlich.

Phagocytose

Metamonada

Die Metamonada umfassen die Diplomonadida, die Retortamonadida, die Parabasalia und die Oxymonadida. Die Metamonada besitzen keine Plastiden. Alle Metamonada sind anaerob und ihnen fehlen Mitochondrien. Sie sind amitochondriat. Das Fehlen von Mitochondrien wurde früher fälschlicherweise als ursprünglich interpretiert – und die Metamonada entsprechend als ursprüngliche Eukaryoten angesehen. Allerdings besitzen die Metamonada noch Gene, die auf einen Mitochondrien-Ursprung zurückgehen sowie Organellen, die als reduzierte Mitochondrien gedeutet werden: Mitosomen oder Hydrogenosomen. Diese Organellen und die Mitochondriengene belegen, dass die Vorfahren der heutigen Metamonada Mitochondrien besessen haben.

Metamonada leben in verschiedenen anaeroben Habitaten. Hervorzuheben ist ihre Bedeutung als Kommensalen im Darm von Insekten. Insbesondere im Termitendarm spielen diese Organismen für den Abbau von Holz und Cellulose einige wichtige Rolle.

Einige Taxa sind allerdings auch bedeutende Krankheitserreger: Die zu den Diplomonadida gehörenden Dünndarmparasiten der Gattung *Giardia* befallen verschiedene Wirbeltiere, unter anderem auch den Menschen. Da sie sich durch Chlorierung und UV-Behandlung nur schlecht abtöten lassen, stellt *Giardia* ein Problem in der Trinkwasseraufbereitung dar. In Gebieten mit schlechter Trinkwasseraufbereitung können bis zu 30 % der Bevölkerung infiziert sein. Ultrafiltration hält *Giardia* allerdings wirksam zurück. Die zu den Parabasalia gehörenden Trichomonaden befallen den Urogenitaltrakt – *Trichomonas vaginalis* führt weltweit jährlich zu mehr als 160 Millionen Neuinfektionen.

Die Diplomonadida besitzen zwei Zellkerne und zwei Kinetiden, jede Kinetide hat in der Regel wiederum jeweils vier Kinetosomen und Geißeln. Je drei der Geißeln sind vorwärts gerichtet, während eine der Geißeln nach hinten gerichtet ist, wo sie dem entweder als Furche oder Röhre ausgebildeten Cytopharyngealapparat zuarbeitet. Cytopharyngealapparat und Kern werden durch Fasern gestützt. Zu den Vertretern der Diplomonadida gehören sowohl freilebende Arten, die in DOC-reichen Süßgewässern vorkommen, als auch Kommensalen im Verdauungstrakt verschiedener Invertebraten und Vertebraten. Die Diplomonadida besitzen Mitosomen, es ist kein Dictyosom vorhanden.

Die beiden Gruppen Parabasalia und Oxymonadida kennzeichnen sich durch ein Axostyl. Dieses besteht aus mehreren Tausenden Mikrotubuli und sorgt für die Stabilität der Zelle, vergleichbar mit der Funktion eines Skeletts. Bei den Oxymonaden ist das Axostyl frei beweglich in der Zelle, bei den Parabasalia ist es dagegen unbeweglich.

Eine für Parabasalia charakteristische Struktur ist der Parabasalapparat, der aus speziell angeordneten Dictyosomen besteht. Die Kinetosomen der vier bis sechs Flagellen bilden einen Cluster mit dem Nukleus. Eine Flagelle ist als Schleppgeißel nach hinten gerichtet, während die übrigen Flagellen nach vorne zeigen. Ein weiterer morphologischer Typ kann viele Flagellen besitzen (hypermastigot), die am vorderen Zellpol angeordnet sind.

Die Parabasalia leben als Endosymbionten (z. B. im Verdauungstrakt von Termiten) oder Endoparasiten. Sie ernähren sich über Phagocytose. Nur bei den Parabasalia ist ein Dictyosom ausgebildet. Einige Parabasalia sind Krankheitserreger für Tiere und Menschen. Der Parasit *Trichomonas vaginalis* führt zu der über die Schleimhäute übertragenen Krankheit Trichomoniasis, einer sexuell übertragbaren Krankheit im Genitalbereich. Die meisten anderen Arten lösen keine Krankheiten aus.

Bei den Oxymonadida gibt es keine freilebenden Arten, die meisten Arten sind Kommensalen oder Symbionten mit Bakterien. Die Kommensalen besitzen ein Rostellum, ein Haftorgan, mit dem sie sich an der Darmwand des Wirtes festheften. Sie ernähren sich phagocytotisch. Die Vertreter der Oxymonadida besitzen kein Dictyosom und keine Mitochondrien. Vermutlich besitzen sie auch keine Hydrogenosomen. Die meisten Arten haben einen Zellkern und vier Flagellen.

Die meisten Retortamonadida leben als Kommensalen und Parasiten im Verdauungstrakt von Tieren oder freilebend in anaerober Umgebung und nur wenige sind Krankheitserreger (Durchfall bei Menschen durch *Chilomastix mesnili* und bei Haushühnern durch *Chilomastix gallinarum*). Sie besitzen zwei oder vier Geißeln. Wie bei den meisten Metamonada fehlt ein Dictyosom.

Axostyl: hinter dem Kern zu einem dünneren Stab zusammenlaufende Mikrotubuli
Costa: stabartige Struktur aus Proteinen unterhalb der undulierenden Membran, bei einigen Arten beweglich
Dictyosom: Stapel aus membranumschlossenen Zisternen, die gesamtheit der Dictyosomen wird als Golgi-Apparat bezeichnet.
DOC: (engl.: *dissolved organic carbon*) gelöster organischer Kohlenstoff

Kinetosom: Basalkörper der Flagellen. Die Kinetosomen sind aus zylindrisch angeordneten Mikrotubuli aufgebaut. Sie dienen als Ansatzpunkt für die Mikrotubuli der Flagellen und Cilien
Parabasalapparat: entspricht einem speziellen Golgi-Apparat, der aus Parabasalkörpern (Dictyosomen) besteht, die mit den Parabasalfasern assoziiert sind. Die Parabasalfasern entspringen an Basalkörpern, welche selbst nicht zum Parabasalapparat gehören. Die Parabasalkörper können um die 20 Zisternen besitzen
Pelta: vorderer Bereich des Axostyls, umschliesst teilweise die Kinetosomen

---

Siehe auch: Phagocytose: 4.3; Kerndualismus: 4.2.2.4

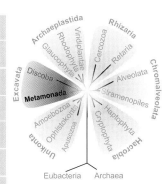

Fornicata: ein Kern und Kinetid oder ein Paar von jeweils Kern und Kinetid, zwei bis vier Flagellen pro Kinetid

Diplomonadida: diplomonade Zellorganisation (ein Paar Kinetiden und zwei Zellkerne)

Retortamonadida: nur ein Kinetid und ein Zellkern

Preaxostyla: vier Flagellen pro Kinetid

Oxymonadida: Darmendosymbionten, vier Flagellen in zwei Paaren, mit Axostyl (kontraktil oder motil)

Trimastix: freilebend, mit vier Flagellen und einer zentralen Fraßgrube

Parabasalia: mit Parabasalapparat, Parabasalfasern verbinden den Golgi-Apparat mit dem Flagellarapparat (Kinetid). Kinetid mir vier Flagellen oder vielen (bis über 1.000)

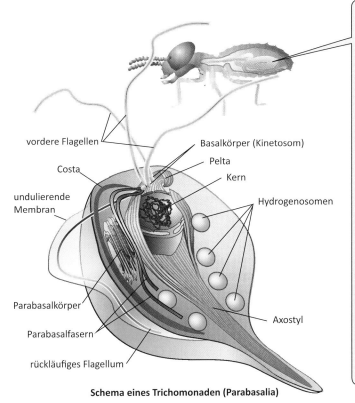

Schema eines Trichomonaden (Parabasalia)

vordere Flagellen
Basalkörper (Kinetosom)
Costa
Pelta
Kern
undulierende Membran
Hydrogenosomen
Parabasalkörper
Parabasalfasern
Axostyl
rückläufiges Flagellum

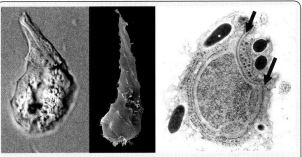

Oxymonadida: links und Mitte: Lichtmikroskopische und elektronenmikroskopische Aufnahme von *Prysonympha* aus dem Termitendarm; rechts: Schnitt durch den Bereich des Präaxostyls (Pfeil) von *Monocercomonoides*

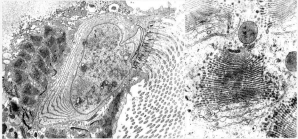

Parabasalia: links: Schnitt durch den vorderen Zellpol des Kommensalen *Joenia annectens* aus dem Termitendarm, rechts: Parabasalkörper und Hydrogenosomen derselben Art

Hydrogenosomen

Hydrogenosomen sind von einer Doppelmembran umgebene Organellen. Die etwa 1 μm großen Organellen wurden 1973 zum ersten Mal beschrieben. Wie auch Mitochondrien produzieren sie Adenosintriphosphat (ATP). Während aber Mitochondrien eine aerobe Respiration betreiben, ermöglichen Hydrogenosomen Gärung unter anaeroben und aeroben Bedingungen. Zu den Nebenprodukten der ATP-Synthese gehören unter anaeroben Bedingungen Acetat und Wasserstoff, der für die Hydrogenosomen namensgebend ist. Unter aeroben Bedingungen entsteht statt Wasserstoff wahrscheinlich Wasserstoffperoxid. Als Substrat dient Pyruvat, in einigen Fällen auch Malat. Der hier dargestellte Stoffwechselweg ist eine vereinfachte Darstellung der Verhältnisse bei *Nyctotherus ovalis*. Hydrogenoso-

men treten in vielen Kopien auf und teilen sich ohne Synchronisation während des gesamten Zellzyklus. Wie auch Mitochondrien besitzen Hydrogenosomen und Mitosomen Enzyme zum Aufbau eines Eisen-Schwefel-Clusters. Im Gegensatz zu den Mitochondrien fehlt den Hydrogenosomen ein eigenes Genom. Bei dem Ciliaten *Nyctotherus ovalis* ist allerdings noch ein kleines Genom vorhanden. Hydrogenosomen finden sich bei verschiedenen, nicht miteinander verwandten Organismen. Die Hydrogenosomen sind unterschiedlich stark reduziert und die realisierten Stoffwechselwege weichen entsprechend zwischen den Arten ab. Links oben und unten: Hydrogenosom, rechts oben: Ausschnittsvergrößerung der Doppelmbran, rechts unten: vereinfachter Stoffwechselweg der Hydrogenosomen von *N.ovalis*

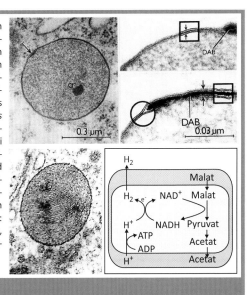

Discoba

Die Discoba umfassen die Jakobida sowie die Euglenozoa und die Percolozoa. Aufgrund der discoiden Cristae in den Mitochondrien werden die Euglenozoa und Percolozoa als Discicristata zusammengefasst. Die Jakobida besitzen dagegen tubuläre Cristae.

Zu den Percolozoa werden einerseits die Heterolobosea und deren aus den Gattungen *Stephanopogon* und *Percolomonas* gebildete Schwestergruppe eingeordnet.

Die Gattung *Stephanopogon* umfasst marine und benthische Flagellaten mit zahlreichen, in Reihen angeordneten Flagellen. Die Flagellen sind in die Oberfläche der Zelle eingesenkt und werden durch strahlenförmig angeordnete Mikrotubuli gestützt.

Die Gattung *Percolomonas* umfasst dagegen nur die Art *Percomolomas cosmopolitus*. Molekulare Daten unterstützen die Verwandtschaft dieser Gruppen und deren Schwestergruppenverhältnis zu den Heterolobosea.

Die Heterolobosea umfassen amöboide Einzeller, diese sind aber nicht näher mit den Amoebozoa verwandt. Die amöboide Bewegung der Heterolobosea unterscheidet sich charakteristisch von der der Amoebozoa: Das meist einzige Pseudopodium der Heterolobosea quillt eruptiv aus dem Cytoplasma hervor. Bei den Amoebozoa bilden sich die Pseudopodien dagegen in einer langsameren fließenden Bewegung. Einige Taxa der Heterolobosea bilden auch Flagellatenstadien mit zwei oder vier parallel angeordneten Flagellen aus. Die Flagellatenstadien sind meist nicht in der Lage, partikuläre Nahrung aufzunehmen, bei einigen Arten ist dies allerdings über einen grubenförmigen Zellmund (Cytostom) möglich. Die amöboiden Heterolobosea ernähren sich ausschließlich heterotroph.

Die Heterolobosea werden in Acrasidae und Schizopyrenida unterteilt.

Die Acrasidae sind zelluläre Schleimpilze. Sie können zu Pseudoplasmodien aggregieren. Im Gegensatz zu echten Plasmodien verschmelzen die Zellen dabei aber nicht miteinander. Die Pseudoplasmodien bilden Fruchtkörper (Sporokarp), in denen Sporen gebildet werden. Im Gegensatz zu den ebenfalls als Schleimpilze bezeichneten Gruppen der Amoebozoa sterben die individuellen Zellen der Acrasidae nicht bei der Ausbildung eines Fruchtkörperstiels. Aus diesen entstehen zunächst begeißelte Stadien. Die Acrasidae sind bodenlebende Destruenten.

Die Schizopyrenida umfassen die Vahlkampfiidae und die Gruberellidae. Mit nur zwei Gattungen (*Stachyamoeba* und *Gruberella*) sind die Gruberellidae die kleinste Gruppe der Heterolobosea. Beide Gattungen bilden keine begeißelte Stadien oder Fruchtkörper aus. Die Zellen sind bei *Gruberella* mehrkernig und bei *Stachyamoeba* einkernig. Die *Gruberella* besiedeln marine Habitate, während die *Stachyamoeba* vorwiegend in Süßwasser und terrestrischen Habitaten verbreitet sind.

Die Vahlkampfiidae weisen in der Regel Amöben- und Flagellatenstadien auf. Ausnahmen sind die Gattung *Vahlkampfia*, bei der keine Flagellatenstadien auftreten. Die Vertreter sind einzellig, sie bilden keine Pseudoplasmodien und keine Fruchtkörper aus. Sie sind heterotroph und ernähren sich von Bakterien, Protisten und Detrituspartikeln.

Neben freilebenden Formen sind einige Arten der Gattung *Naegleria* auch fakultativ pathogen. Die Dauerstadien (Cysten) können mehrere Jahre überdauern. Aufgrund exogener Reize bilden sich zunächst Flagellatenstadien aus, die keine Nahrung aufnehmen. Diese werden durch Verlust der Flagelle zu amöboiden Trophozoiten. *Naegleria* ist thermotolerant (Vermehrung auch bei $45\,°C$) und besiedelt auch Habitate mit höheren Temperaturen, zu denen warme oder künstlich erwärmte Gewässer gehören. In Badeteichen und Schwimmbädern oder auch über Trinkwasser bei mangelnder Trinkwasserhygiene kann die potenziell pathogene Art *Naegleria fowleri* durch die Nase in das olfaktorische Neuroepithel aufgenommen werden und entlang des Riechnerves bis in das Gehirn vordringen. Hier dringen die Organismen von der Oberfläche her in das Gehirn ein und verursachen dabei eine akute Entzündung (PAME: primäre Amöben-Meningoencephalitis), die innerhalb weniger Tage zum Tod führen kann. *Naegleria fowleri* ist vor allem in tropischen und subtropischen Klimazonen und Ländern mit nicht ausreichender Trinkwasserhygiene problematisch. In den gemäßigten Breiten kann es aber besonders über künstlich erwärmte Gewässer sowie Abwassereinleitungen in Badegewässer zu Infektionen kommen.

Detrituspartikeln: (lat.: *Detritus* = Abtrieb) kleine Partikel organischen Ursprungs
Pseudoplasmodien: durch Zusammenfließen vieler Zellen gebildeter Zellhaufen, die einzelnen Zellen behalten die Zellmembran im Gegensatz zu den echten Plasmodien, bei denen sich eine vielkernige Cytoplasmamasse bildet

Siehe auch: Amoebozoa: 4.2.3, 4.2.3.1; Schleimpilze: 4.2.3.1

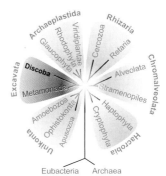

Jakobida

Mitochondrien mit
tubulären Cristae

Discristata

Mitochondrien mit
discoiden Cristae

Percolozoa

Stephanopogon sp.

Die wenigen bekannten Arten erreichen eine Größe von 20–50 mm. Sie besitzen zahlreiche in Reihe angeordnete Geißeln. Diese Arten kommen im Meerestiefen bis zu 100 m vor

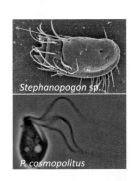

Stephanopogon sp.

Percolomonas sp.

Diese Gattung besteht aus nur einem freilebenden Flagellaten, *Percolomonas cosmopolitus*

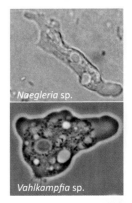

P. cosmopolitus

Heterolobosea

Acrasidae

Die amöboiden Einzeller können zu Pseudoplasmodien aus vielen Zellen zusammenfließen

Schizopyrenida

Diese Gruppe besteht aus den beiden Gruppen Vahlkampfiidae und Gruberellidae (nur zwei Gattungen)

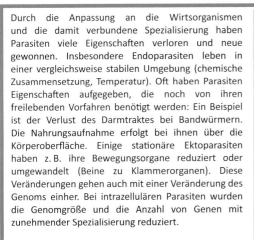

Naegleria sp.

Vahlkampfia sp.

Euglenozoa   **Euglenida**
Kinetoplastea

D I S C O B A

Durch die Anpassung an die Wirtsorganismen und die damit verbundene Spezialisierung haben Parasiten viele Eigenschaften verloren und neue gewonnen. Insbesondere Endoparasiten leben in einer vergleichsweise stabilen Umgebung (chemische Zusammensetzung, Temperatur). Oft haben Parasiten Eigenschaften aufgegeben, die noch von ihren freilebenden Vorfahren benötigt werden: Ein Beispiel ist der Verlust des Darmtraktes bei Bandwürmern. Die Nahrungsaufnahme erfolgt bei ihnen über die Körperoberfläche. Einige stationäre Ektoparasiten haben z. B. ihre Bewegungsorgane reduziert oder umgewandelt (Beine zu Klammerorganen). Diese Veränderungen gehen auch mit einer Veränderung des Genoms einher. Bei intrazellulären Parasiten wurden die Genomgröße und die Anzahl von Genen mit zunehmender Spezialisierung reduziert.

Gruppe	Art	Krankheit	Haploides Genom in Mbp
Bacteria	*Escherichia coli*		4,2
Protisten	*Giardia duodenalis*	Infektion des Dünndarms	12
	Trypanosoma brucei	Schlafkrankheit	25
	Toxoplasma gondii	Toxoplasmose	87
	Plasmodium falciparum	Malaria tropica	25
	Babesia bovis	Babesiose	9,4
Metazoa	*Schistosoma mansoni* (Trematoda)	Bilharziose	270
	Echinococcus granulosus (Cestoda)	Hundebandwurm	150
	Haemonchus contortus (Nematoda)	Haemonchose	50
	Onchocerca volvulus (Nematoda)	Flussblindheit	150
	Mus (Maus)	–	2.700

Reduzierung der Genomgröße bei Parasiten

Euglenozoa: Euglenida

Die Euglenozoa sind die Schwestergruppe der Percolozoa. Zu den Euglenozoa gehören die Euglenida, die Kinetoplastea, die Diplonemea und die Symbiontida. Die Euglenozoa besitzen zwei Flagellen, von denen eine aber stark reduziert sein kann. Gemeinsames Merkmal der Euglenida und der Kinetoplastida sind die Pellicula und der jeweils zum Axonem der Flagellen parallel verlaufende Paraxonemalstab. Nur bei den Diplonemida fehlen Pellicula und Paraxonemalstab. Durch den Paraxonemalstab wirken die Flagellen an der Basis verdickt.

Die Euglenida besitzen keine Zellwand oder feste Hülle außerhalb der Plasmamembran. Eine Ausnahme ist die Gattung *Trachelomonas*, die eine starre Hülle aus eisen- und manganhaltigen Mineralien bildet. Die Euglenida bilden unter der Plasmamembran eine aus schraubig umlaufenden Mikrotubuli und anderen Filamenten bestehende Struktur, die Pellicula. Die Pellicula kann steif oder flexibel sein. Die photoautotrophe Gattung *Phacus* ist ein Beispiel für eine starre Pellicula. Eine flexible Pellicula ermöglicht die typische euglenoide Bewegung. Diese Bewegung zeigen vor allem Formen, die im Substrat oder als Räuber bzw. als Parasit leben. Am vorderen Zellende stülpt sich die Pellicula zu einem Kanalkomplex ein (Geißelfurche/Ampulle). Aus dieser Ampulle entspringen die Flagellen. Bei einigen Taxa ist die zweite Flagelle stark verkürzt und nur innerhalb der Ampulle ausgebildet. Bei photoautotrophen Formen findet sich im Bereich der Flagellenbasis eine basale Anschwellung (Paraflagellarkörper), der der photosensorischen Orientierung dient.

Die Eugleniden leben vorwiegend im Süßwasser, einige Arten leben aber auch im Meer oder Brackwasser. Es sind ca. 1.000 Arten bekannt. Rund ein Drittel der Eugleniden besitzt Plastiden. Die Chloroplasten sind von drei Membranen umgeben. Die äußere Membran ist dabei vom endoplasmatischen Reticulum und der Kernhülle getrennt. Sie besitzen die Chlorophylle *a* und *b*. Die Photosyntheseprodukte werden als Paramylon im Cytoplasma gespeichert. Phototrophe Eugleniden können an Algenblüten in Seen beteiligt sein.

Die Diplonemea umfassen die beiden Gattungen *Diplonema* and *Rhynchopus*. Hierbei handelt es sich um einzellige, dorsoventral abgeflachte, freilebende phagotrophe Flagellaten. Sie leben planktisch und benthisch im Süß- und Meerwasser. Die Diplonemea haben keine Pellicula und keinen Paraxonemalstab. Ihre systematische Stellung zu den Euglenida und den Kinetoplastida ist noch nicht geklärt.

Die Euglenida umfassen heterotrophe und photoautotrophe Formen.

Die heterotrophen Euglenida besitzen keine funktionsfähigen Chloroplasten und sind daher ausschließlich auf die Aufnahme organischer Substanzen angewiesen. Innerhalb der heterotrophen Euglenida lassen sich zwei Gruppen unterscheiden: Die phagotrophen Euglenida (z. B. *Peranema*, *Entosiphon* oder *Petalomonas*) besitzen spezielle Ingestionsapparate, mit deren Hilfe sie größere Beuteorganismen aufnehmen können. Die osmotrophen Euglenida besitzen weder einen Chloroplasten, noch einen spezialisierten Ingestionsapparat.

Die ursprünglichen Euglenida waren phagotroph. Von diesen leiten sich die primär osmotrophen Euglenida ab (z. B. *Distigma*). Ebenso gehen die phototrophen Euglenida auf phagotrophe Vorfahren zurück. Durch sekundäre Endocytobiose wurde vom Vorfahren dieser Gruppe eine Grünalge aufgenommen.

Die sekundär osmotrophen Euglenida (z. B. *Euglena longa*) stammen von phototrophen Vorfahren ab. Diese sekundär osmotrophen Euglenida besitzen noch Plastiden, die allerdings keine Photosynthese mehr betreiben können.

Paramylon: Ein Reservepolysaccharid der Euglenida und der Haptophyta. Im Gegensatz zu der Stärke der Pflanzen und Rotalgen besteht Paramylon aus ß D-(1→3)-Glucan
Paraxonemalstab: parallel zur Geißel verlaufende Struktur aus Proteinen

Pellicula: (lat.: *pellicula* = Kleines Fell, Häutchen) feste, aber biegsame Schicht (in der Regel aus Proteinen) unterhalb der Zellmembran

Siehe auch: osmotroph, heterotroph, photoautotroph: 4.6.2.3; dorsoventral: 4.2.1.3

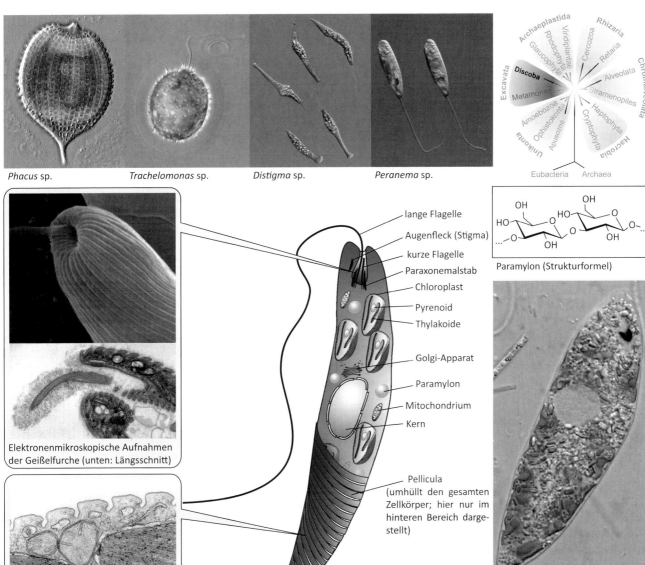

Phacus sp.   Trachelomonas sp.   Distigma sp.   Peranema sp.

lange Flagelle
Augenfleck (Stigma)
kurze Flagelle
Paraxonemalstab
Chloroplast
Pyrenoid
Thylakoide
Golgi-Apparat
Paramylon
Mitochondrium
Kern
Pellicula (umhüllt den gesamten Zellkörper; hier nur im hinteren Bereich dargestellt)

Paramylon (Strukturformel)

Elektronenmikroskopische Aufnahmen der Geißelfurche (unten: Längsschnitt)

Elektronenmikroskopischer Schnitt durch die Pellicula

Euglena gracilis

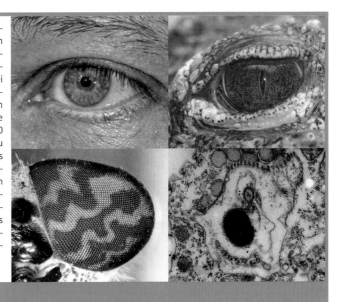

Lichtempfindliche Sinneszellen (Photorezeptoren) finden sich in verschiedenen Formen bei unterschiedlichen Organismen, von einfach gebauten lichtempfindlichen intrazellulären Struktruren, wie dem Augenfleck (Stigma) bei Einzellern, bis zu hoch entwickelten Linsenaugen bei den Vertebraten und Cephalopoden. Höher entwickelte Augen werden in zwei verschiedene Typen unterteilt: entweder in einlinsige Augen des Kameratyps (oben links: Mensch; oben rechts: Krokodil) oder in das aus vielen unabhängigen Einheiten (Ommatidien) zusammengesetzte Facettenauge der Arthropoden (unten links: Bremse). Eine Biene besitzt ca. 15.000 Ommatidien, aus denen ein Mosaikbild gebildet wird. Im Vergleich zu dem Auge der Vertebraten ist das räumliche Auflösungsvermögen des Facettenauges gering, jedoch ist das zeitliche Auflösungsvermögen deutlich höher. Bewegungen können dadurch viel schneller wahrgenommen werden. Organismen, wie z. B. Euglena, die nur einfach gebaute lichtempfindliche Strukturen in ihren Zellen besitzen (unten rechts: Augenfleck von Euglena), können die Einfallsrichtung und Intensität des Lichtes wahrnehmen und entweder zum Licht hinschwimmen (positive Phototaxis) oder bei sehr hoher Lichtintensität vom Licht wegschwimmen (negative Phototaxis).

Lichtwahrnehmung

Euglenozoa: Kinetoplastea

Die Kinetoplastea gehören zusammen mit den Euglenida zu den Euglenozoa und diese wiederum zu den Discoba, die zusammen mit den Metamonada die Gruppe der Excavata bilden.

Die Kinetoplastea umfassen einzellige Flagellaten, die entweder freilebend oder parasitisch sind. Gemeinsames Merkmal der Kinetoplastea ist der Kinetoplast, ein DNA-reicher Bereich des einzigen, meist körperlangen Mitochondriums. Der Kinetoplast liegt in der Nähe der Basalkörper der Flagellen und ist mit diesen durch das Cytoskelett verbunden.

Die Kinetoplastea werden in die Prokinetoplastina und die Metakinetoplastina unterteilt. Die Prokinetoplastina umfassen eine Reihe parasitischer Formen, die Metakinetoplastina umfassen mehrere freilebende Gruppen (Neobodonida, Parabodonida und Eubodonida) und die parasitischen Trypanosomatida.

Die freilebenden Kinetoplastea besitzen meist zwei Flagellen, diese sind heterokont und heterodynamisch, mit einreihig angeordneten Flimmerhaaren auf der vorwärts gerichteten Flagelle. Die rückwärts gerichtete Flagelle ist bei einigen Taxa frei, bei anderen mit dem Zellkörper verwachsen. Die freilebenden Kinetoplastea leben meist bakterivor oder als endobiotische Kommensalen und gehören sowohl in terrestrischen als auch in aquatischen Habitaten zu den häufigsten Flagellaten.

Die parasitischen Trypanosomatida besitzen nur eine Geißel (homolog zur Vordergeißel der freilebenden Taxa), die entweder frei schwingt oder über mehrere Haftpunkte mit der Zelloberfläche in Kontakt ist. Dadurch wird die Membran zu einer undulierenden Membran ausgezogen. Viele Trypanosomatida vermehren sich ausschließlich in Insekten, manche Gattungen machen einen Wirtswechsel, in der Regel zwischen Insekten und einem Wirbeltier, durch. Zu den Trypanosomatida gehören mit *Leishmania* spp. (Leishmaniose) und *Trypanosoma* spp. (Chagas-Krankheit, Schlafkrankheit sowie die Tierseuchen Nagana und Surra) bedeutende pathogene Protisten. Einige Arten sind aber auch pflanzenpathogen (*Phytomonas*). Da die Oberflächenproteine der Parasiten sehr variabel sind, ist eine medikamentöse Behandlung oft schwierig.

Die Prokinetoplastina umfassen die beiden Gattungen *Ichthyobodo* und *Perkinsiella*. Da die beiden Gattungen morphologisch sehr unterschiedlich sind, ist es schwierig, gemeinsame charakteristische Merkmale der Kinetoplastea zu finden. Die systematische Einordnung wurde aufgrund molekularer Phylogenie durchgeführt. *Perkinsiella* spp. sind Endosymbionten von verschiedenen Amöben. *Ichthyobodo* spp. sind Ektoparasiten von Fischen.

Die biflagellaten Neobodonida besitzen keine auffälligen Mastigonema. Das posteriore Flagellum ist entweder angeheftet oder frei. Die Ernährung ist phagotroph oder osmotroph. Ein Cytostom ist vorhanden.

Die biflagellaten Parabodonida dagegen besitzen keine Mastigonema, auch ein Cytostom ist nicht immer vorhanden. Das posteriore Flagellum kann entweder angeheftet oder frei schlagend sein. Die phagotrophen oder osmotrophen Organismen können entweder freilebend, kommensal oder parasitisch vorkommen.

Die freilebenden Eubodonida ernähren sich phagotroph. Sie besitzen zwei Flagellen.

Die Trypanosomatida ernähren sich phagotroph oder osmotroph. Sie besitzen nur ein Flagellum ohne Mastigoneme. Der Kinetoplast-Kinetosom-Geißeltaschen-Komplex ist bei den einzelnen Taxa und auch in verschiedenen Stadien des Generationswechsels unterschiedlich ausgeprägt. Man unterscheidet zwischen den folgenden Formen: amastigot, promastigot, epimastigot und trypomastigot. Promastigote und epimastigote Formen finden sich vorwiegend in Wirbellosen, trypomastigote Formen meist im Blut von Wirbeltieren und amastigote Formen intrazellulär in Wirbeltieren.

Basalkörper: Centriol an der Basis der eukaryotischen Cilie oder Geißel

Cytostom: „Zellmund" der Protisten

heterokont: bezeichnet unterschiedlich gestaltete Flagellen, insbesondere bei den Stramenopiles

Mastigonema: (griech.: *mastigos* = Faden, Peitsche) Härchen an den Flagellen

---

Siehe auch: Flagellen: 4.2; Phagotrophie: 4.6.2.3

Prokinetoplastina

Ektoparasiten von Fischen oder Endosymbionten von Amöben

Ichthyobodo sp. aus Fischkiemen

Metakinetoplastina

Neobodonida
kDNA des Kinetoplasten nicht als einzelnes Netzwerk, sondern in vielen Orten im Mitochondrium; zwei Flagellen ohne Mastigonemen

Rhynchomonas nasuta

Parabodonida
kDNA des Kinetoplasten nicht als Netzwerk, sondern im Mitochondrium verteilt; zwei Flagellen ohne Mastigonemen

Procryptobia glutinosa

Eubodonida
kDNA des Kinetoplasten nicht als einzelnes Netzwerk, sondern in parakinetosomaler Position; zwei Flagellen, das hintere mit tubulären Haaren

Bodo saltans

Trypanosomatida
kDNA des Kinetoplasten als Netzwerk mit dem Basalkörper der Flagelle assoziiert; eine Flagelle ohne Mastigonemen

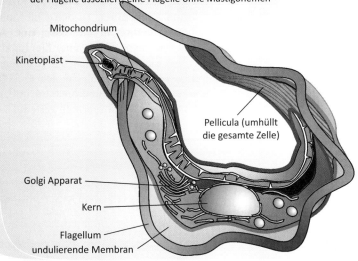

Mitochondrium

Kinetoplast

Pellicula (umhüllt die gesamte Zelle)

Golgi Apparat

Kern

Flagellum
undulierende Membran

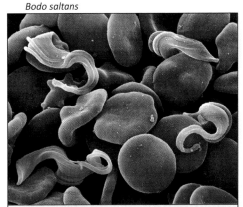

Gattungen wie *Trypanosoma* (hier dargestellt in einem menschlichen Blutausstrich) oder *Leishmania* durchlaufen einen Wirtswechsel zwischen Insekten und Wirbeltieren. Die Gattung *Phytomonas* macht einen Wirtswechsel zwischen Insekten und Pflanzen, und andere Gattungen (z.B. *Crithidia*, *Leptomonas*) leben ohne Wirtswechsel in Insekten

Amastigot (z. B. *Leishmania* während der intrazellulären Phase): Das am Zellapex inserierende Flagellum tritt nicht aus dem Geißelsäckchen der abgerundeten Zelle hervor und bleibt lichtmikroskopisch unsichtbar

Epimastigot (z. B. *Crithidia*): Das Flagellum liegt im vorderen Bereich der Zelle dem Zellkörper an und ist lediglich im hinteren Teil frei. Der Kinetoplast liegt zwischen dem Zellkern und dem Hinterende der Zelle.

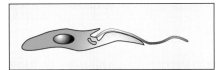

Promastigot (z. B. *Leptomonas*): Das Flagellum entspringt am Vorderende einer schlanken Zelle und liegt dem Zellkörper nicht an. Der Kinetoplast liegt im vorderen Bereich der Zelle.

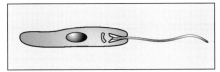

Trypomastigot (z. B. *Trypanosomas* im Blut von Wirbeltieren): Das Flagellum liegt dem Zellkörper auf ganzer Länge an, der Kinetoplast liegt im hinteren Teil der Zelle.

Lage des Kinetoplast-Kinetosom-Geißeltaschen-Komplexes

Archaeplastida

■ Die Archaeplastida umfassen die Glaucocystophyta, Rhodophyta, Chlorophyta und Streptophyta. Die Vertreter besitzen Plastiden mit Chlorophyll *a* als Hauptpigment und Stärke als Speicherpolysaccharid. Die Plastiden können in manchen Gruppen sekundär verloren gegangen oder reduziert sein. Meist besitzen sie eine Zellwand aus Cellulose. Die Cristae der Mitochondrien sind flach.

Die Plastiden gehen auf eine primäre Endocytobiose mit einem Cyanobakterium zurück. Sekundäre Plastiden anderer Algengruppen lassen sich dagegen auf die Endocytobiose einer eukaryotischen Alge aus der Gruppe der Archaeplastida zurückführen. Daher clustern die Plastiden in phylogenetischen Analysen als monophyletische Gruppe innerhalb der Cyanobakterien. Die einzige Ausnahme ist die zu den Rhizaria gehörende Gattung *Paulinella*, deren Plastid (oder Chromatophor) auf eine unabhängige primäre Endocytobiose eines anderen Cyanobakteriums zurückgeht.

Die phylogenetischen Verwandtschaftsbeziehungen lassen sich bei vielen Organismengruppen nicht mit den wenigen formal etablierten taxonomischen Hierarchiebenen (Stämme, Ordungen, Familien etc.) darstellen. Dies gilt insbesondere auch für die Einordnung der Landpflanzen in die Viridiplantae. Viele phylogenetische Gruppen tragen daher Bezeichnungen, die nicht den etablierten taxonomischen Rängen entsprechen und daher von diesen etablierten Gruppennamen abweichen.

■ Innerhalb der Archaeplastida stehen die Glaucocystophyta basal. Die Glaucocystophyta unterscheiden sich von den anderen Gruppen der Archaeplastida durch das Vorhandensein eines Carboxysoms und die Bildung einer Peptidoglycanwand in den Plastiden. Diese Eigenschaften sind in den anderen Linien reduziert.

Die Rhodophyta bilden die Schwestergruppe der Viridiplantae. Im Gegensatz zu den Viridiplantae sind die Thylakoide der Rhodophyta aber nicht in Stapeln, sondern wie bei den Glaucocystophyta nebeneinander angeordnet. Auch enthalten die Plastiden der Rhodophyta nur Chlorophyll *a* wie die der Glaucocystophyta. Die Viridiplantae dagegen haben zusätzlich Chlorophyll *b* in den Plastiden. Die Rhodophyta zeichnen sich als einzige Organismengruppe durch einen Generationswechsel mit drei Generationen (Gametophyt, Karposporophyt und Tetrasporophyt) aus.

Die Viridiplantae werden auch als Plantae, Chloroplastida, Chlorobiota oder Chlorobionta bezeichnet. Zu den Viridiplantae gehören die Chlorophyta und die Streptophyta. Die meisten Grünalgen gehören zu den Chlorophyta. Die monophyletischen Streptophyta umfassen eine Ansammlung von paraphyletischen Algen und die Landpflanzen (Embryophyten) mit den paraphyletischen Moosen und den monophyletischen Gefäßpflanzen. Zu den Gefäßpflanzen werden die Bärlappe, die Farne und die Samenpflanzen mit den Gymnospermen und Angiospermen gestellt.

Phycobilisom: großer mit Farbpigmenten assoziierter Proteinkomplex, der in der Photosynthese involviert ist. Die Phycobiline absorbieren im Gegensatz zu den Chlorophyllen grünes und gelbes Licht

---

■ Siehe auch: *Paulinella*: 4.5.1; primäre Endocytobiose: 2.2.2.5

Glaucocystophyta: Plastiden mit Peptidoglykanschicht, mit Chlorophyll *a* und Phycobilisomen

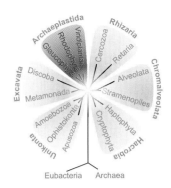

Rhodophyta: Plastiden ohne Peptidoglykanschicht, mit Chlorophyll *a* und Phycobilisomen

Viridiplantae: Plastiden ohne Peptidoglykanschicht und ohne Phycobilisomen, Chlorophyll *a* und *b*

Chlorophyta: Basalkörper der Flagellen ohne „*multi-layered-structure*"

Streptophyta: Basalkörper der Flagellen mit „*multi-layered-structure*"

Die streptophytische Algen sind eine polyphyletische Gruppe, die nächsten Verwandten der Landpflanzen sind vermutlich die Zygnematophytina

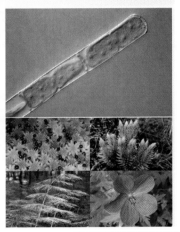

Die **Landpflanzen (Embryophyten)** sind ein Seitenzweig der Streptophyta und umfassen die Moose, die Bärlappe, die Farne und die Samenpflanzen

A
R
C
H
A
E
P
L
A
S
T
I
D
A

Chlorophylle sind Porphyrinringsysteme mit einem Mg^{2+}-Ion im Zentrum. Die vier Pyrrolringe werden über eine Methinbrücke rinförmig miteinander verknüpft (Tetrapyrrol). Im Aufbau ähneln sie der Häm-Gruppe (Hämoglobin, Myoglobin, Cytochrom). Jedoch besitzet die Häm-Gruppen anstelle eines zentralen Magnesiumions ein Eisenion. Die Chlorophylle (*a*, *b*, *c1*, *c2*, *d*) unterscheiden sich nur anhand weniger Seitenketten.

Chl *a* X: CH=CH₂ Y: CH₃
Chl *b* X: CH=CH₂ Y: CHO
Chl *d* X: CHO   Y: CH₃

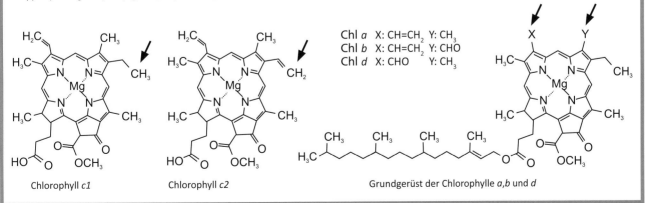

Chlorophyll *c1*   Chlorophyll *c2*   Grundgerüst der Chlorophylle *a,b* und *d*

Chlorophyll

Glaucocystophyta

Die Glaucocystophyta sind eine artenarme und eher seltene Organismengruppe. Die Gruppe umfasst nur wenige Gattungen (*Cyanophora*, *Glaucocystis*, *Gloeochaete*) mit ca. 13 Arten. Sie besiedeln Seen und Sümpfe in gemäßigten Zonen. Aus evolutionsbiologischer Sicht ist diese Gruppe bedeutend, da der Plastid noch sehr weitgehende Ähnlichkeiten mit Cyanobakterien aufweist. So besitzt der Plastid zwischen den beiden Plastidenmembranen eine Peptidoglykanschicht, die als Rest der bakteriellen Zellwand angesehen wird. Weiterhin enthalten die Plastiden Chlorophyll *a* und Phycobiline. Die Stärke wird extraplastidär im Cytoplasma gespeichert.

Aufgrund der sehr weitgehenden Übereinstimmung der Plastiden mit Cyanobakterien – vor allem aufgrund der Peptidoglykanschicht – wurden die Plastiden der Glaucocystophyta auch als Cyanellen bezeichnet. Auch die Photopigmente, Chlorophyll *a* und die in Phycobilisomen organisierten akzessorischen Pigmente Phycocyanin und Allophycocyanin, sowie die Organisation der Phycobilisomen an nicht gestapelten Thylakoiden ist vergleichbar der Organisation bei Cyanobakterien. Dagegen fehlt den Glaucocystophyta der für die Landpflanzen und viele Grünalgen typische Lichtsammelkomplex. Wie bei den Cyanobakterien befindet sich ein Carboxysom im Zentrum der Chloroplasten. Das Speicherpolysaccharid Stärke wird bei den Glaucocystophyta außerhalb der Plastiden gespeichert.

Die Flagellen weisen die für Eukaryoten typische 9+2 Anordnung/Struktur der Mikrotubuli auf. Unter der Plasmamembran besitzen die Glaucocystophyta abgeflachte Vesikel, die durch Mikrotubuli verankert sind. Diese Strukturen ähneln den Alveoli der Alveolata. Die Cytokinese läuft durch mediane Durchschnürung ohne Phycoplasten und Phragmoplasten ab. Die asexuelle Fortpflanzung findet durch Zoosporen oder Autosporen statt. Eine sexuelle Fortpflanzung ist nicht bekannt.

Glaucocystis besitzt zwei rudimentäre Geißeln, die nicht mehr zur Bewegung fähig sind. Die Cyanellen von *Glaucocystis* sind sternförmig angeordnet. Vakuolen werden gebildet. Selten sind sie einzellig, meistens sind sie in Gruppen mit zwei, vier, acht oder 16 Autosporen zusammengefasst.

Gloeochaete hat sowohl bewegliche (Gallertgeißel, zweigeißelige Zoosporen) als auch unbewegliche Stadien. Die Cyanellen können während der Zellteilung verloren gehen, eine Verdauung der Cyanellen durch die Wirtszelle wurde beobachtet.

Cyanophora besitzt zwei Cyanellen und zwei ungleiche Geißeln. *Cyanophora paradoxa* gilt als „lebendes Fossil", die Entschlüsselung des Genoms von *Cyanophora paradoxa* lieferte Beweise für die primäre Endocytobiose als ein einmaliges Ereignis vor ca. einer Milliarde Jahre.

Phycoplast: die Mikrotubuli sind während der Zellteilung parallel zur Teilungsebene angeordnet

Phragmoplast: die Mikrotubuli sind während der Zellteilung senkrecht zur Teilungsebene angeordnet

Phycobilisom: großer mit Farbpigmenten assoziierter Proteinkomplex, der in der Photosynthese involviert ist. Die Phycobiline absorbieren im Gegensatz zu den Chlorophyllen grünes und gelbes Licht

Cristae: (lat.: *crista* = Kamm, Leiste) zahlreiche Einstülpungen an der inneren Membran der Mitochondrien

Autosporen: Tochterzellen werden innerhalb der Mutterzellwand gebildet. Die Autosporen gleichen der Mutterzelle

Cytokinese: (griech.: *cytos* = Zelle und *kinesis* = Bewegung) Zellteilung

Transkriptom: Gesamtheit der in RNA übersetzen Erbinformation in einer Zelle, eines Gewebes oder eines ganzen Organismus während eines bestimmten Entwicklungszustandes

Vesikel: (lat.: *vesicula* = Bläschen)

Siehe auch: Lichtsammelkomplex und Photopigmente: 4.4, 4.4.2; Mikrotubulianordnung der Flagellen 4.2; Ursprung der Plastiden: 2.2.2.6

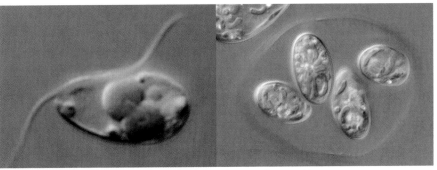

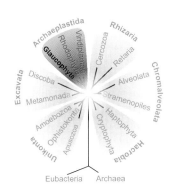

Cyanophora paradoxa

Glaucocystis nostochinearum

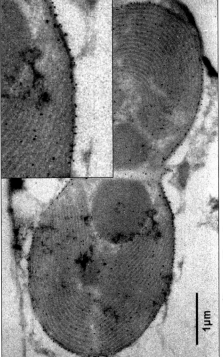

Immuno-elektronenmikroskopische Aufnahme des Plastiden von *Cyanophora paradoxa* mit an die Mureinschicht bindenden Antikörpern (schwarze Punkte). Ausschnittsvergrößerung oben links

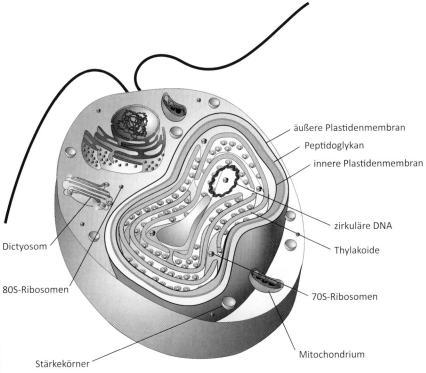

- äußere Plastidenmembran
- Peptidoglykan
- innere Plastidenmembran
- zirkuläre DNA
- Thylakoide
- 70S-Ribosomen
- Mitochondrium
- Stärkekörner
- 80S-Ribosomen
- Dictyosom

Komplex organisierte Lebensformen werden den einfacher organisierten Lebensformen oft als „höher" entwickelt gegenübergestellt. Implizit wird damit oft auch eine bessere evolutive Anpassung verknüpft.

Dabei gehen alle heute lebenden Organismen auf einen gemeinsamen Ursprung des Lebens zurück. Es ist nicht auszuschließen, dass im frühen Präkambrium mehrfach lebensfähige Strukturen entstanden sind. Es haben allerdings nur die Nachfahren einer dieser Strukturen überlebt. Alle heute lebenden Organismen haben daher eine exakt gleich lange Evolution hinter sich und sie alle haben bis heute überlebt. Aus diesem Grund kann man nicht von einer besseren oder schlechteren Anpassung sprechen. Lediglich die Strategien unterscheiden sich zwischen den Organismengruppen.

Acineta tuberosa (Ciliophora), *Echinoderes rex* (Kinorhyncha), *Giraffa camelopardalis* (Vertebrata)

Sind höhere Organismen evolutiv besser angepasst?

Rhodophyta

Die Rhodophyta (Rotalgen) sind Eukaryoten ohne Flagellen und ohne Basalkörper, stattdessen besitzen sie polare Ringe als Mikrotubuli-organisierende Zentren. Es sind ca. 500 Gattungen mit über 5.000 Arten beschrieben. Die meisten Rotalgen sind vielzellige, überwiegend trichale, verflochtene oder pseudoparenchymatische Thallophyten. Die ältesten fossilen Funde sind aus dem Mesoproterozoikum (vor etwa 1.200 Millionen Jahre) bekannt. Sie besitzen primäre Plastiden mit Chlorophyll a und Phycobilisomen. Die Rotalgen werden in die zwei Stämme Cyanidiophytina und Rhodophytina (Rotalgen im engeren Sinne) unterteilt. Die Rhodophyta besitzen Mitochondrien und primäre Plastiden mit zwei Hüllmembranen sowie Chlorophyll a. Die Zellwand besteht aus Cellulose.

Einige Taxa leben im Süßwasser und im Boden, die weitaus meisten Taxa sind aber marin. Einige Arten nutzen größere Braunalgen, Seegras oder die Schalen von Muscheln und Gastropoden als Substrat. Ihr Lebensraum ist nur auf einen schmalen Litoralgürtel eingeschränkt, der die Kontinente begrenzt. Aufgrund ihrer akzessorischen Pigmente (Phycoerythrin: Licht in der „Grünlücke" der Chlorphylle kann absorbiert werden) können die Rhodophyta aber immerhin in bis zu über 250 m Wassertiefe leben. Eine Krustenalge ist in der Lage, an den Hängen eines untermeerischen Berges nahe der Bahamas in 268 m Tiefe zu existieren. Hier steht den Algen nur noch 0,001 % des Lichtes zur Verfügung. Einige Vertreter der Rhodophyta sind Symbionten von benthischen Foraminiferen, andere Taxa mit reduzierten Plastiden leben als obligate Parasiten anderer Rhodophyta. Einige Arten, die Calciumcarbonat (Ca_2CO_3) in ihren Zellwänden ablagern, sind an der Riffbildung beteiligt.

Rhodophyta haben eine große wirtschaftliche Bedeutung: Die Polysaccharide Agar und Carrageen, die in der Biochemie, Lebensmittel- und Kosmetikindustrie Verwendung finden, werden aus Rhodophyta gewonnen (z. B. *Chondrus crispus* = Irisch Moos zur Klärung von Bier, Agar, Pudding, Hustentee etc.; *Porphyra* spp. für Nori oder Sushi). Die mineralischen Ablagerungen von *Lithothamnion* spp. (Algenkalk) werden als Hilfs- und Düngestoff für Landwirtschaft und im Gartenbau verwendet sowie als Lebensmittelsurrogat, um den Calciumgehalt zu erhöhen).

Die aus der primären Endocytobiose entstandenen Organismen besitzen Plastiden (Rhodoplasten) mit Phycocyanin und Phycoerythrin. Rhodophyta sind die einzigen phototrophen Protisten, die Phycoerythrin aufweisen. Wie auch bei den Glaucocystophyta sind die Thylakoide nicht in Stapeln angeordnet, sondern nebeneinander. Die Chloroplasten-DNA ist bei den Rhodophyta im Gegensatz zu den meisten anderen Organismengruppen nicht zirkulär. Die Produkte der Photosynthese werden als Florideenstärke (α-1,4-Glucan mit struktureller Ähnlichkeit zu Amylopektin) außerhalb an der Oberfläche der Plastiden oder im Cytosol in Granula gespeichert. Zu keinem Zeitpunkt in ihrem Lebenszyklus besitzen Rotalgen Flagellen, die zellwandlosen männlichen Gameten können sich dagegen amöboid bewegen.

Rhodophyta haben in der Regel einen dreigliedrigen Generationswechsel mit haploidem Gametophyt, diploidem Karposporophyt und diploidem Tetrasporophyt: Die vollständige Alge entspricht dem haploiden Gametophyten mit einer Eizelle im weiblichen Gametangium (Karpogon) und Spermatozoen in zahlreichen männlichen Gametangien. Nach der Befruchtung wächst die diploide Zygote zur ersten diploiden Generation, zum Karposporophyt – einem Zellfaden, der aus dem Karpogon herauswächst, aber mit dem Gametophyten verbunden bleibt und von diesem ernährt wird.

Der Karposporophyt bildet mitotisch diploide Karposporen. Aus diesen wächst dann eine zweite diploide Generation, der oft dem Gametophyten gleichgestaltete (isomorphe) Tetrasporophyt. Dieser bildet durch Reduktionsteilung vier haploide meiotische Sporen, die wieder zu Gametophyten auskeimen.

Die Cyanidiophytina bilden die Schwestergruppe aller übrigen Rotalgen. Sie sind einzellige Algen und leben in Extremhabitaten. Die Zellwände sind dick und proteinreich, die Algen bilden Endosporen und können sich (teilweise) heterotroph ernähren. Der Golgi-Apparat der Cyanidiophytina ist mit dem endoplasmatischen Retikulum assoziiert.

Die Rhodophytina umfassen drei Gruppen: Die Rhodellophytales (einzellige oder pseudofilamentöse Rotalgen), die Metarhodophytales (mit biphasischem Generationswechsel, Golgi-Apparat mit dem endoplasmatischen Reticulum assoziiert) und die Eurhodophytales (Golgi-Apparat sowohl mit dem endoplasmatischen Reticulum als auch mit den Mitochondrien assoziiert; mindestens in einer Generation mit *pit plugs* (Pfropfen aus Proteinen im Bereich der Tüpfel der Rotalge)). Zu den Eurodhophytales gehören mit den Bangiophyceae und die Florideophyceae die großen „typischen" Rotalgengruppen.

Karposporophyt: der aus der Zygote auswachsende diploide Sporophyt beim dreigliedrigen Generationswechsel der Rotalgen
Pseudoparenchym: gewebeartiger Zellverband; im Gegensatz zu echten Geweben bestehen Zell-Zell-Verbindungen wie Plasmodesmata nur innerhalb der einzelnen (miteinander verwobenen) Zellfäden

Tetrasporophyt: die zweite, aus einer vom Karposporophyten gebildeten Spore auskeimende, sporophytische Generation der Rotalgen
trichal: fadenförmig
Zoosporen: bei der asexuellen Fortpflanzung entstandene eine begeißelte Spore

Siehe auch: Generationswechsel: 2.3.3.11, 2.3.3.12, 4.4.3.3; Karposporophyt, Tetrasporophyt: 2.3.3.12; *Bangiomorpha*: 2.2.2.7

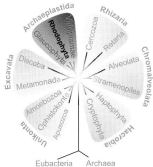

Porphyridium purpureum   *Batrachospermum sirodotia*   *Sphaerococcus coronopifolius*

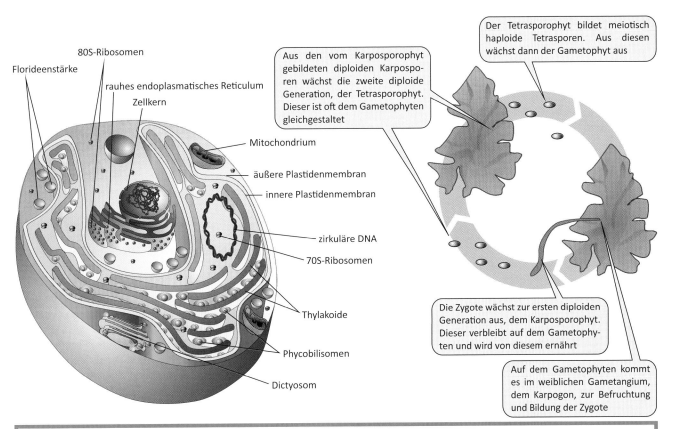

Florideenstärke
80S-Ribosomen
rauhes endoplasmatisches Reticulum
Zellkern
Mitochondrium
äußere Plastidenmembran
innere Plastidenmembran
zirkuläre DNA
70S-Ribosomen
Thylakoide
Phycobilisomen
Dictyosom

Der Tetrasporophyt bildet meiotisch haploide Tetrasporen. Aus diesen wächst dann der Gametophyt aus

Aus den vom Karposporophyt gebildeten diploiden Karposporen wächst die zweite diploide Generation, der Tetrasporophyt. Dieser ist oft dem Gametophyten gleichgestaltet

Die Zygote wächst zur ersten diploiden Generation aus, dem Karposporophyt. Dieser verbleibt auf dem Gametophyten und wird von diesem ernährt

Auf dem Gametophyten kommt es im weiblichen Gametangium, dem Karpogon, zur Befruchtung und Bildung der Zygote

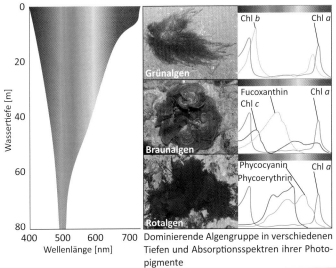

Fällt Strahlung auf eine Gewässeroberfläche, dann wird ein kleiner Teil reflektiert und die übrige Strahlung absorbiert und gestreut. Da das einfallende Licht durch das Wasser absorbiert wird, entsteht ein vertikaler Lichtgradient. Die Lichtintensität nimmt mit der Tiefe des Gewässers exponentiell ab. Die verschiedenen Wellenlängen werden mit der Wassertiefe dabei unterschiedlich stark absorbiert. Rotes Licht wird am stärksten absorbiert, blaugrünes Licht dringt am tiefsten ein. Für die Photosynthese spielt vor allem der sichtbare Wellenlängenbereich von 400–700 nm eine wichtige Rolle. Die Algen sind aufgrund ihrer Pigmentausstattung an das verfügbare Licht in den entsprechenden Tiefen angepasst. So kommen Grünalgen nicht in Bereichen ohne Rotlichtanteil vor, Rot- und Braunalgen dagegen schon – diese Algen überwiegen daher in tieferen Gewässerzonen. Zusätzlich zu den Chlorophyllen werden auch andere Photopigmente genutzt, die die Lücken in den Absorptionsspektren der Chlorophylle ausfüllen. Dadurch wird ein Überleben in tieferen Wasserschichten mit begrenztem Lichtspektrum möglich. Die Braunalgen nutzen zusätzlich zu den Chlorophyllen Fucoxanthin, welches im blaugrünen Bereich absorbiert; die Rotalgen nutzen Phycobiline, die die Grünlücke der Chlorophylle schließen.

Dominierende Algengruppe in verschiedenen Tiefen und Absorptionsspektren ihrer Photopigmente

Photopigmente und Vertikaleinnischung

Viridiplantae

■ Die Viridiplantae repräsentieren eine monophyletische Gruppe von Organismen, welche eine große Vielfalt im Hinblick auf Morphologie, Zellarchitektur, Lebenszyklus, Fortpflanzung und Biochemie umfassen. Zu den Viridiplantae (= Chloroplastida, = Chlorobionta, = Plantae) gehören die Chlorophyta und die Streptophyta (die Landpflanzen stellen eine Untergruppe der Streptophyta dar). Der Begriff „Grünalge" umfasst alle Viridiplantae mit Ausnahme der Landpflanzen und stellt somit keine monophyletische Gruppe dar.

Die Chlorophyta besitzen Chlorophyll *a* und *b*. Als Speicherpolysaccharid wird Stärke in den Chloroplasten gespeichert. Die aus der primären Endocytobiose entstandenen Plastiden besitzen zwei Membranen. Mitochondrien sind in dieser Gruppe vorhanden. Die Chlorophyta umfassen die Mehrheit der Grünalgen, es sind mehr als 17.000 Arten bekannt. Die Arten bewohnen sowohl terrestrische als auch aquatische Habitate. Die meisten der Chlorophyta sind jedoch an Süßwasser angepasst. Innerhalb der Chlorophyta findet sich eine große Vielfalt an Formen. Es gibt sowohl begeißelte und unbegeißelt Einzeller als auch Kolonien mit ausdifferenzierten Zellen, unverzweigte und verzweigte Fadenalgen und Thalli. Einige Arten innerhalb der Chlorophyceae sind sekundär farblos geworden und leben heterotroph (*Polytoma* und *Hyalogonium*).

Zu den „Core"-Chlorophyta gehören die basale Gruppe der Chlorodendrales sowie die Ulvophyceae, die Chlorophyceae und die Trebouxiophyceae. Die Zellteilung erfolgt bei diesen Gruppen unter Ausbildung eines Phycoplasten: Während der Zellteilung wandern die beiden Tochterkerne aufeinander zu. Nachdem der Spindelapparat kollabiert, ordnen sich Mikrotubuli parallel zu der Teilungsebene und bilden den Phycoplast.

Innerhalb der „Core"-Chlorophyta sind die Chlorodendrales die Schwestergruppe der restlichen Gruppen. Die Chlorodendrales umfassen nur wenige schuppentragende einzellige Flagellaten mit vier Flagellen.

Die Gruppe der Trebouxiophyceae ist vielgestaltig: Es existieren begeißelte oder unbegeißelte Einzeller sowie verzweigte und unverzweigte fädige Formen. Die Trebouxiophyceae besiedeln Süß- und Meerwasser. Einige Arten leben auch terrestisch oder bilden eine Symbiose mit Pilzen (Flechten), oder leben als sekundäre Endosymbionten (Zoochlorellen, Gattung *Chlorella*) in Metazoa und einzelligen Eukaryoten.

Die meisten Vertreter der Ulvophyceae sind marin. Einige wenige besiedeln liminische und terrestrische Habitate. Sie können einzellig und fadenförmig sein oder gewebeartige, flächige Thalli bilden. Manche Zellen können makroskopische Größe erreichen. Einige Ulvophyceae bilden vielkernige Zellen.

Die Chlorophyceae umfassen begeißelte oder unbegeißelte Einzeller, Kolonien, sowie fädige (trichale und siphonale) Formen. Die meisten Arten der Chlorophyceae leben im Süßwasser, es gibt aber auch einige marine und terrestrische Formen.

■ Einige basale Gruppen werden als Prasinophytina zusammengefasst. Früher wurden unter diesem Namen schuppentragende Flagellaten mit in der Regel zwei, vier oder acht Geißeln, die in einer Geißeltasche ansetzen, vereint. Es handelt sich hierbei jedoch um eine polyphyletische Gruppe, die die Mesostigmatophytina (als basale Streptophyta) und mehrere paraphyletische Gruppen an der Basis der Chlorophyta zusammenfasste. Molekulare Daten führten zur Ausgliederung der Chlorodendrales (zu den „Core" Chlorophyta) und der Mesostigmatophytina (zu den Streptophyta). Die verbleibenden Gruppen sind paraphyletisch, werden aber noch unter dem Begriff Prasinophytina vereint.

Die *Picocystis*-Klade umfasst schuppenlose kokkoide Zellen mit dünner Zellwand, die in salinen Seen und im Meer vorkommen.

Zu den Mamiellophyceae gehören zellwandlose einzellige Formen, die teilweise Schuppen bilden. Die meisten Arten haben zwei Flagellen, bei *Monomastix* ist das zweite Flagellum reduziert und nur der Basalkörper ist noch vorhanden. Die meisten Arten sind planktisch, besonders die Gattungen

Ostreococcus und *Micromonas* können im marinen Plankton bedeutend sein.

Die Pyramimonadales leben marin und limnisch und umfassen große Flagellaten mit vier (seltener acht oder 16) Flagellen und komplexen Schuppen. Übergänge zur mixotrophen (phagotrophen) Ernährung kommen bei einigen Arten vor.

Die Pycnococcaceae sind marin und umfassen sowohl Flagellaten ohne Schuppen mit einer dünnen Zellwand als auch Flagellaten mit Schuppen und ohne Zellwand.

Die marin und limnisch verbreiteten Nephroselmidophyceae umfassen große, asymmetrische Zellen mit zwei ungleichen Flagellen und besitzen Schuppen.

Die Prasinococcales sind marine, kleine, schuppenlose coccoide Zellen mit einer dicken Zellwand.

Die Palmophyllales bilden vielzellige Kolonien, bei denen die Einzelzellen in einer gelatinösen Matrix eingebettet sind. Die Arten kommen vor allem in tieferen lichtarmen Wasserschichten vor.

---

capsoid (capsal): Flagellen reduziert, Zellen in Gallerte
coccoid (coccal): von kugelähnlicher Form, unbegeißelte, von einer Zellwand umgebende Organisationsstufe von Algen

ECM: (engl.: *extra cellular matrix*) extrazelluläre Matrix
monadal: begeißelt, einzellig
siphonal: mehrkernig, einzellig

■ Siehe auch: Generationswechsel: 2.3.3.11, 2.3.3.12, 4.4.3.3; primäre Endocytobiose: 2.2.2.5; Schuppen: 4.7.2

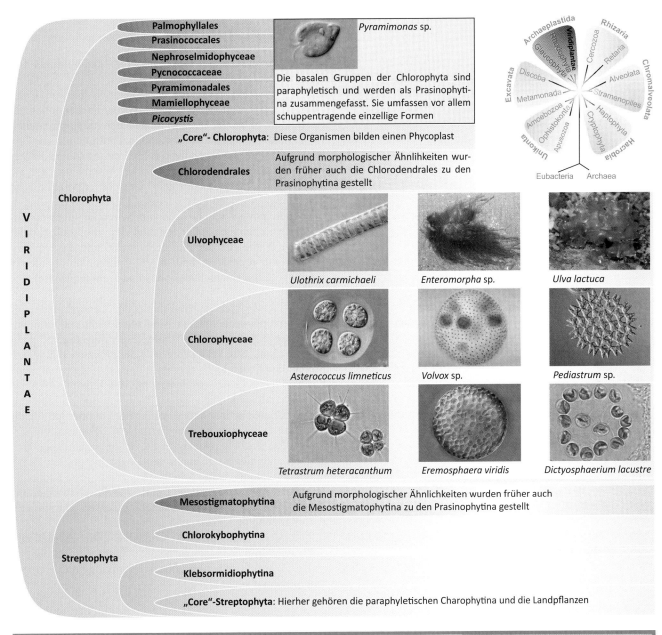

Palmophyllales
Prasinococcales
Nephroselmidophyceae
Pycnococcaceae
Pyramimonadales
Mamiellophyceae
Picocystis

Pyramimonas sp.

Die basalen Gruppen der Chlorophyta sind paraphyletisch und werden als Prasinophytina zusammengefasst. Sie umfassen vor allem schuppentragende einzellige Formen

„Core"- Chlorophyta: Diese Organismen bilden einen Phycoplast

Chlorodendrales Aufgrund morphologischer Ähnlihkeiten wurden früher auch die Chlorodendrales zu den Prasinophytina gestellt

Chlorophyta

Ulvophyceae

Ulothrix carmichaeli *Enteromorpha* sp. *Ulva lactuca*

Chlorophyceae

Asterococcus limneticus *Volvox* sp. *Pediastrum* sp.

Trebouxiophyceae

Tetrastrum heteracanthum *Eremosphaera viridis* *Dictyosphaerium lacustre*

Mesostigmatophytina Aufgrund morphologischer Ähnlichkeiten wurden früher auch die Mesostigmatophytina zu den Prasinophytina gestellt

Chlorokybophytina

Streptophyta

Klebsormidiophytina

„Core"-Streptophyta: Hierher gehören die paraphyletischen Charophytina und die Landpflanzen

V I R I D I P L A N T A E

Die Entstehung von Vielzelligkeit und Zelldifferenzierung war ein entscheidender Schritt in der Evolution der Lebewesen. Es gilt als gesichert, dass Vielzelligkeit bei den Viridiplantae mehrfach unabhängig voneinander evolvierte. Innerhalb der Chlorophyceae kann man anhand von rezenten Arten die Entwicklung vom Einzeller (*Chlamydomonas*) zum echten, differenzierten Vielzeller (*Volvox*) nachvollziehen. Dies zeigt sich nicht nur in der unterschiedlichen morphologischen Gestalt, sondern auch in der fortschreitenden Differenzierung in somatische und vegetative Zellen bei den in der Evolutionslinie der Volvocales auftretenden Arten. *Volvox carteri* ist ein echter Vielzeller mit zwei verschiedenen Zelltypen, die unterschiedliche Aufgaben erfüllen: Nur ein geringer Teil der Zellen bleibt als Fortpflanzungszellen teilungs- und vermehrungsfähig. Die große Mehrheit der Zellen hingegen erfüllt als somati-

sche Zellen Aufgaben bei der Synthese der extrazellulären Matrix (engl.: *extra cellular matrix, ECM*) und der Fortbewegung. Nach der Freisetzung der Tochterkolonien stirbt die Mutterkolonie (die somatischen Zellen). In den entlassenen Tochterkolonien reifen die Gonidien und beginnen mit Zellteilungen. Sind diese abgeschlossen, so beginnen die Embryonen mit der Inversion und vergrößern anschließend den Durchmesser der Kolonie durch Synthese der ECM, bis sie diese wieder aufbrechen und freigesetzt werden.

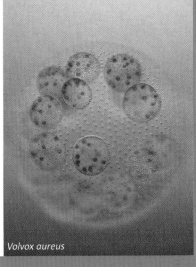

Volvox aureus

Vielzelligkeit

Streptophyta

Zu den Streptophyta gehören alle Landpflanzen (Embryophyten) und eine diverse paraphyletische Ansammlung von Süßwassergrünalgen, die Mesostigmatophytina, Chlorokybophytina, Klebsormidiophytina, Zygnematophytina, Coleochaetophytina und Charophytina.

Die Landpflanzen haben sich aus den Vorläufern der rezenten streptophytischen Grünalgen entwickelt. Die Besiedlung des Landes durch Landpflanzen erfolgte vor etwa 450–470 Millionen Jahren; dieser Schritt ebnete den Weg für die Evolution der verschiedenen Gruppen der Landpflanzen (Embryophyten = Marchantiophytina, Anthoceratophytina, Bryophytina und Tracheophyten), die viele unserer gegenwärtigen terrestrischen Ökosysteme dominieren. Die damit verbundene Luftexposition, die erhöhte Sonneneinstrahlung und ein Leben in einem trockenen Milieu führten zu weiteren Adaptationen von Zellarchitektur, Metabolismus und Körperbau.

Viele typische Merkmale und Eigenschaften der Embryophyten sind bereits bei den Vorfahren der Landpflanzen entstanden. Wichtige Entwicklungen der streptophytischen Algen für die Evolution der Landpflanzen waren u. a. die Cellulosezellwand, die Vielzelligkeit, Zellteilung mittels Phragmoplasten, Plasmodesmata, apikales Wachstum, apikale Verzweigung, dreidimensionale Gewebe, asymmetrische Zellteilung und Zelldifferenzierung. Darüber hinaus finden sich auch physiologische und biochemische Gemeinsamkeiten zwischen Landpflanzen und den streptophytischen Algen, z. B. die Art der Photorespiration und das Vorhandensein von plastidärer und durch Thioredoxin regulierter GAPDH (Glycerinaldehyd-3-phosphat-Dehydrogenase).

Molekulare Daten legen eine enge Verwandtschaft der Mesostigmatophytina und der Chlorokybophytina nahe. Die Mesostigmatophytina umfassen nur die Gattung *Mesostigma*. Dies sind asymmetrische, biflagellate, einzellige Süßwasseralgen. *Mesostigma* ist der einzige einzellige, schuppentragende Flagellat innerhalb der Streptophyta. Auch die Chlorokybophytina umfassen nur eine einzige Gattung: *Chlorokybus*. Diese Algen bilden Pakete aus wenigen Zellen und leben in feuchten Böden.

Die Klebsormidiophytina sind die Schwestergruppe der „Core"-Streptophyta und umfassen einige unverzweigte filamentöse Algen. Sie kommen im Süßwasser und im Boden vor und bilden bewegliche Sporen.

Diese genannten Gruppen pflanzen sich asexuell fort und teilen sich durch einfache Furchung, während die „Core"-Streptophyta einen Phragmoplast ausbilden und sexuelle Fortpflanzung verbreitet ist. Zudem besitzen sie Plasmodesmata, die der Zell-Zell-Kommunikation dienen. Lediglich bei den Zygnematophytina sind diese sekundär reduziert.

Die Verwandtschaftsverhältnisse der Landpflanzen mit den streptophytischen Algen sind noch nicht endgültig geklärt. Lange Zeit wurden die komplexen vielzelligen Charophytina als nächste Verwandte der Landpflanzen angesehen. Molekulare Daten legen aber nahe, dass die Zygnematophytina und die Coleochaetophytina mit den Landpflanzen näher verwandt sind.

Die Charophytina haben vielzellige, verzweigte Thalli und sind in nährstoffarmen stehenden Süßgewässern verbreitet. Sie sind charakterisiert durch die regelmäßige Untergliederung der bis zu mehreren Dezimeter großen Thalli in Knoten (Nodi), Stängelglieder (Internodie) und Rhizoide. Aus den Knoten entspringen Quirle von Seitenzweigen mit derselben Gliederung wie die der Hauptachsen. Die sexuelle Fortpflanzung findet durch Oogamie statt.

Die Coleochaetophytina umfassen parenchymatische Süßwasseralgen.

Die Zygnematophytina umfassen einzellige und filamentöse Süßwasseralgen.

---

apikal: (lat.: *apex* = Spitze) an der Spitze gelegen
Oogamie: Eibefruchtung: Vereinigung einer Eizelle (größere, unbewegliche Gamete) mit einer Samenzelle (kleinere, bewegliche Gamete) bei der sexuellen Fortpflanzung
Photorespiration: (griech.: *phos* = Licht, lat.: *respiratio* = Atmung) bezeichnet den Einbau von Sauerstoff anstelle von Kohlendioxid durch RubisCO unter Bildung von 2-Phosphoglycolat

Phragmoplast: die Mikrotubuli sind während der Zellteilung senkrecht zur Teilungsebene angeordnet
Plasmodesmata: Verbindungen zwischen zwei Pflanzen-Zellen, durch die Stoffaustausch stattfindet
Thioredoxin: kleine Proteine, die als elektronenübertragende Cofaktoren fungieren

---

Siehe auch: Landgang: 2.3.3.6; Zellkontakte: 2.2.2.8; 4.2.3.1

Die Streptophyta haben ein asymmetrisches Geißelwurzelsystem mit sogenannter „*multi-layered-structure*". Sie werden zudem durch einige molekulare Gemeinsamkeiten (Glykolatoxidase, Gap-A/B-Genduplikation und Flagellarperoxidase) gestützt

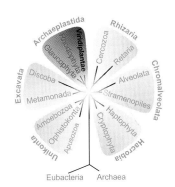

Mesostigmophytina
Die basale Stellung der Mesostigmatophytina in den Streptophyta unterstützt die Annahme, dass die Streptophyta von einzelligen Süßwasseralgen abstammen

Chlorokybophytina
Chlorokybus atmosphericus, eine terrestrische Alge aus alpinen Habitaten, ist die einzige Art der Chlorokybophytina. Die vegetativen Zellen sind nicht beweglich

In dieser Gruppe finden sich filamentöse Thalli sowie Introns in der tRNA für Alanin und Isoleucin. Wie auch bei den Chlorokybophytina gibt es eine nicht bewegliche vegetative Phase

Klebsormidiophytina
unverzweigte fädige Algen. Zooflagellaten mit zwei Flagellen

Klebsormidium sp.

Phragmoplast, Plasmodesmata, Verzweigungen, Apikalwachstum

Charophytina

Chara virgata   *Chara vulgaris*   *Chara globularis*

Coleochaetophytina

 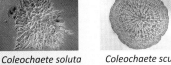

Coleochaete soluta   *Coleochaete scutata*

Flagellen, Plasmodesmata, apikales Wachstum und tRNA für Isoleucin sekundär reduziert

Zygnematophytina

Closterium striolatum   *Micrasterias apiculata*   *Zygnema* sp.

Embryophyten   Generationswechsel, parenchymatische Gewebe

Vertikal: STREPTOPHYTA / CORE STREPTOPHYTA

Mit der Evolution phagotropher Protisten und später vielzelliger Konsumenten im Neoproterozoikum nahm der Fraßdruck auf pozentielle Beuteorganismen zu. Die Mortalität der Beuteorganismen hängt dabei davon ab, wie gut sie sich dem Fraßdruck entziehen können. Beutepopulationen können mit diesem Fraßdruck prinzipiell auf dreierlei Art umgehen:
1) Die Wachstumsrate der Beutepopulation kann so hoch sein, dass die Population trotz des Fraßverlustes überlebt. Diese Organismen investieren ihre Energie in hohe Wachstumsraten, sie sind dagegen in der Regel kaum morphologisch geschützt.
2) Die Beuteorganismen können sich den Fraßfeinden durch Flucht entziehen.
3) Bei den Beuteorganismen entwickeln sich Strategien, die sie vor Fraß schützen bzw. ungenießbar machen. Dies umfasst sowohl chemische als auch morphologische Verteidigungsstrategien.

Morphologische Anpassungen und Strukturen, die die Fressbarkeit herabsetzen, finden sich in den verschiedensten Organismengruppen. Beispiele sind die Ausbildung von Fortsätzen und anderen Auswüchsen sowie die Produktion von Gallerten.
Aber auch eine schlichte Größenzunahme kann die Fressbarkeit herabsetzen. So sind große Individuen oft schlechter fressbar als kleine Individuen und mehrzellige Kolonien schlechter, als die einzelnen Zellen. Es wird daher spekuliert, ob die Evolution der Vielzelligkeit maßgeblich durch den einsetzenden Fraßdruck bedingt wurde.

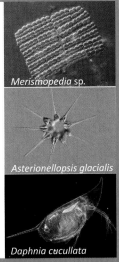

Merismopedia sp.

Asterionellopsis glacialis

Daphnia cucullata

Form als Fraßschutz

Basale Embryophyten: „Moose"

Moose bezeichnen eine Organisationsform, keine monophyletische Gruppe. Die Moose gehören zu den ersten Landpflanzen (Embryophyten) und besiedeln fast alle terrestrischen Habitate. Die ältesten fossilen Funde werden auf ca. 360 Millionen Jahre geschätzt. Sie haben sich aus den Vorläufern der Grünalgen entwickelt und besitzen somit ebenfalls die Photopigmente Chlorophyll *a* und *b*.

Die Moose besitzen noch keine echten Wurzeln oder stabile Wasserleitgefäße (Tracheen). Somit verfügen sie nicht über einen Wasserferntransport und sind damit auch im Längen- und Höhenwachstum limitiert. Die Zellwände bestehen aus Cellulose, enthalten jedoch noch kein Lignin. Die Befruchtungsvorgänge und damit die Fortpflanzung sind bei den Moosen noch stark wasserabhängig.

Als Anpassungen an das Landleben haben sich bei einigen Moosen allerdings bereits einfache Strukturen zur Regulation des Wasser- und Gashaushalts (Cuticula, Spaltöffnungen) sowie Strukturen zur Wasseraufnahme, -leitung und -speicherung (Rhizoide, Hydroide) entwickelt. Diese Strukturen sind allerdings nicht bei allen Moosen ausgebildet.

Im Gegensatz zu den Tracheophyten (Gefäßpflanzen) ist der Gametophyt die dominierende Generation im Entwicklungszyklus der Moose. Die diploiden Sporophyten sind nur kurzlebig und in der Regel abhängig vom Gametophyten. Der Sporophyt besteht aus einem Sporangium, das über einen Stiel (Seta) mit dem Gametophyten verbunden ist und von diesem mit Nährstoffen und Metaboliten versorgt wird. Durch die Seta wird das Sporangium höher gestellt, was eine weitere Verbreitung zulässt.

Die paraphyletischen Moose teilen sich in drei Linien auf:

Die Lebermoose (Marchantiophytina) stellen die ursprünglichste Gruppe dar. Die etwa 10.000 Arten der Lebermoose besiedeln feucht-warme Gebiete, insbesondere tropische Regenwälder, aber auch temperate Bereiche. Typisch für die Lebermoose und ein Unterscheidungsmerkmal zu den beiden anderen Gruppen sind die Ölkörper, die auch für den typischen Geruch der Lebermoose verantwortlich sind.

Lebermoose unterteilen sich in zwei verschiedene Bautypen. Der thallose Typ besitzt einen flachen, dichotom verzweigten Gametophyten, an dessen Unterseite sich Rhizoide befinden. Der foliose Typ dagegen wird in „Blättchen" (Phylloide), „Stämmchen" (Cauloid) und Rhizoide gegliedert. Die Phylloide besitzen keine echten Mittelrippen. Einige Arten können kapillar aufgenommenes Wasser in Wassersäckchen speichern. Bei einigen Arten kann sich eine weitere Blattreihe (Amphigastrien) auf der Unterseite des Cauloids befinden. Der Sporophyt der Lebermoose ist in der Regel kleiner als der der Laubmoose (Bryophytina) und der Hornmoose (Anthocerotophytina). Brutkörper (Gemmen), die sich auf den Gametophyten befinden, dienen der vegetativen Vermehrung, dabei fallen die Brutkörper ab und wachsen zu einem neuen Thallus heran. Eines der bekanntesten Lebermoose ist das Brunnenlebermoos (*Marchantia*).

Die Laubmoose (Bryophytina) sind immer folios und kolonisieren fast alle terrestrischen Lebensräume. Über 15.000 Laubmoosarten sind bekannt. Die Phylloide des foliosen Gametophyten sind am Cauloid schraubig angeordnet und besitzen eine deutliche Mittelrippe sowie Spaltöffnungen zum Wasser- und Gasaustausch. Bei einigen sehr großen Laubmoosen sorgen spezielle Zelltypen, die Hydroiden, für den Wassertransport innerhalb der Gametophyten und Sporophyten. Die Sporophyten können bei den Laubmoosen entweder endständig (akrokarp) oder seitenständig (pleurokarp) angeordnet sein. Laubmoose der Gattung *Sphagnum* (Torfmoose) zeigen einige Unterschiede zu den übrigen Laubmoosen: Der Vorkeim (Protonema) besteht nicht aus einem zellfädigen-Geflecht wie bei den anderen Laubmoosen, sondern ist thallos und Rhizoide fehlen.

Die Hornmoose (Acanthoceratophytina) sind stets thallos. Sie sind in gemäßigten und tropischen Regionen verbreitet und können auf Erde oder Gestein an feuchten Standorten leben. Es sind über 100 Arten bekannt. Als Anpassung an trockenere Standorte befinden sich die Spaltöffnungen auf der Thallusunterseite und die Antheridien und Archegonien sind in den Thallus eingesenkt. Die Sporophyten können sich im Gegensatz zu denen der anderen Moose selbst ernähren und sind in der Lage, unbegrenzt zu wachsen, da ihre basale Region zu vielen Zellteilungen fähig ist. Die Sporophyten der Hornmoose produzieren damit auch ständig neues sporentragendes Gewebe.

Adaptation: Anpassung
Antheridium: das männliche Fortpflanzungsorgan der Landpflanzen
Archegonium: das weibliches Fortpflanzungsorgan der Landpflanzen
Columella: zentrale Säule der Porenkapsel bei Moosen
Elateren: schraubenförmige Zellen in den Sporenkapseln, die der Sporenausbreitung dienen
folios: Wuchsform mit „Blättchen"
Gametophyt: die gametenbildende, haploide Phase im Generationswechsel der Landpflanzen

Hydroide: nicht verholzende Zellen der Moose, die Wasserleitfunktion übernehmen
Protonema: erste Phase (Vorkeim) des Moosgametophyten
Rhizoide: wurzelähnlich, dienen hauptsächlich als Haftorgan und weniger der Nährstoff- und Wasseraufnahme, da sie nicht über spezialisierte Leitgewebe verfügen
Sporophyt: die sporenbildende, diploide Generation im Generationswechsel der Landpflanzen
thallos: Wuchsform thallusartig, lappig, ohne „Blättchen"

Siehe auch: Gametophyt: 2.3.3.11; Landgang: 2.3.3.6; 2.3.4.2; Sporophyt: 2.3.3.12

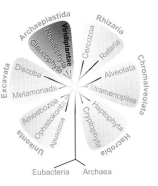

Tracheophyten

Anthoceratophytina
Gametophyt: thallos rosettig, Spaltöffnungen, Rhizoide einzellig, ohne Ölkörper, Gametangien entstehen endogen
Sporophyt: hornförmig, langlebig, autotroph, mit Columella, mit Pseudoelateren

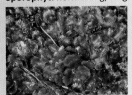

Megaceros fuegiensis

Folioceros fuciformis

Anthoceros agrestis

Bryophytina
Gametophyt: folios, ohne Spaltöffnungen, Protonema vielzellig, verzweigt, fädig, Rhizoide mehrzellig, Blättchen schraubig gestellt, mit Rippe und einspitzig, ohne Ölkörper, oft Leitelemente (Leptoide und Hydroide), Gametangien entstehen exogen
Sporophyt: langlebig, Sporenkapsel nach Streckung der Seta ausdifferenziert, Sporenkapsel mit Spaltöffnungen, Kapsel meist mit Columella, keine Elateren

Mnium spinosum:
Gametophyt

Mnium hornum:
Sporophyt

Plagiopus oederi

Sphagnum cristatum

Marchantiophytina
Gametophyt: folios oder thallos, ohne Spaltöffnungen, Protonema wenigzellig, Blättchen ohne Rippe und mehrspitzig, Rhizoide einzellig, Ölkörper, Gametangien entstehen exogen
Sporophyt: kurzlebig, Sporenkapsel vor Streckung der Seta ausdifferenziert, Seta zartwandig, Sporenkapsel ohne Spaltöffnungen, Kapsel ohne Columella, Ausbildung von Elateren

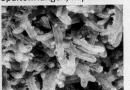

Metzgeria furcata:
thalloses Lebermoos

Diplophyllum obtusifolium:
folioses Lebermoos

Lunularia cruciata:
Brutkörper

Lepidozia pendulina

Landlebende Organismen müssen sich vor Austrocknung und schädigender UV-Strahlung schützen. Entsprechend haben sich bei vielen landlebenden Gruppen Strukturen entwickelt, die den Wasserverlust über die Körperoberfläche einschränken.

Bei Pflanzen, Pilzen, verschiedenen Algen und Prokaryoten übernimmt die Zellwand einen Teil dieser Schutzfunktion. Durch Einlagerung oder Auflagerung von wasserabweisenden Substanzen (z. B. Cuticula) kann die Verdunstung außerdem erheblich reduziert werden. Der im Vergleich zum Wasser fehlende Auftrieb an der Luft muss ebenfalls kompensiert werden und erfordert eine erhöhte Stabilität der Organismen. Dies wird durch das Zusammenspiel von Turgordruck der Zellen und Zellwand erreicht.

Der Hauptbestandteil der Zellwand ist bei den Pflanzen Cellulose, bei den Pilzen Chitin und bei den Bakterien Murein.

Tiere hingegen haben keine Zellwand. Ähnlich wie bei den Pflanzen werden aber bei vielen Tiergruppen Funkionen des Verdunstungsschutzes und der Stabilität von den äußeren Zellschichten übernommen: Eine Herabsetzung der Vedunstung wird bei Metazoen durch abgestorbene Hautschichten oder spezielle Bildungen der Haut (Federn, Fell, etc.) oder auch eine Cuticula übernommen. Bei den Ecdysozoa (Häutungstiere) dient die Cuticula auch als Außenskelett.

Die Entwicklung solcher äußeren Schutzschichten war ein zentraler Schritt für die Besiedlung des Landes.

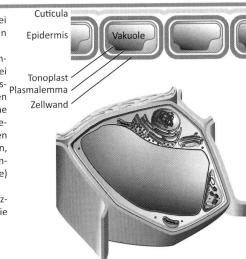

Cuticula
Epidermis
Vakuole
Tonoplast
Plasmalemma
Zellwand

Zellwand und Cuticula

Rhyniophytina und Lycopodiophytina

Als Gefäßpflanzen (Tracheophyten) werden Pflanzen bezeichnet, die spezialisierte Leitbündel besitzen. Im Gegensatz zu den Moosen dominiert bei den Tracheophyten die sporophytische Generation. Zu ihnen gehören die Bärlappe, die Farne, die Samenpflanzen und die ausgestorbenen Rhyniophytina.

Die Rhyniophytina stellen die ältesten fossil überlieferten Gefäßpflanzen dar und werden als Schwestergruppe aller übrigen Gefäßpflanzen, der Eutracheophyten, angesehen. Sie lebten vom mittleren Silur bis zum mittleren Devon. Sie bildeten dichotome, untereinander gleichwertige, achsenförmige Triebe, die nicht in Wurzel, Stamm und Blätter unterteilt waren. Außerdem besaßen sie endständige Sporangien, die entweder an den Hauptachsen oder an kurzen Seitenachsen standen. Die Sporen waren gleichgestaltet (Isosporen).

Innerhalb der Eutracheophyten bilden die monophyletischen Lycopodiophytina die Schwestergruppe der übrigen Gefäßpflanzen (Euphyllophyten). Rezent gibt es etwa 10–15 Gattungen mit rund 1.200 Arten, die sämtlich kleine krautige Pflanzen sind. Sowohl die Wurzeln, als auch der Spross sind dichotom verzweigt. Das Spitzenwachstum erfolgt durch mehrzellschichtige Meristeme. Die Wurzeln sind alle sprossbürtig, oft findet man bei den Bärlappgewächsen assoziierte Mykorrhiza-Pilze. Die Sporangien sitzen auf der Oberseite oder in oberseitigen Achsen der Sporophyten und öffnen sich durch einen Längsriss. Der Gametophyt lebt meist unterirdisch und mykotroph. Die Lycopodiophytina umfassen neben einigen ausgestorbenen Gruppen die rezenten Lycopodiopsida mit den Bärlappen (Lycopodiales) sowie die Isoetopsida mit den Moosfarnen (Selaginellales) und den Brachsenkräutern (Isoetales).

Obwohl die Lycopodiophytina bereits im Silur auftraten, waren sie erst im Karbon sehr formenreich vertreten. Die Bärlappgewächse dominieren zusammen mit den Schachtelhalmen und Echten Farnen im späten Paläozoikum die Vegetation. Sie erreichten die Größe heutiger Bäume, wie beispielsweise die zu den Lepidodendrales (Isoetopsida) gehörenden Gattungen *Lepidodendron* und *Sigillaria*, die eine Höhe von bis zu 50 m erreichten. Dennoch war die Höhe der Bäume limitiert, da das Leitsystem mit nur wenig sekundärem Xylem und ohne sekundäres Phloem das Wachstum einschränkte. Die baumförmigen Bärlappgewächse wurden ab dem Mesozoikum zunehmend von den neu aufkommenden Samenpflanzen ersetzt. Die heutigen Lycopodiophytina sind vorwiegend krautig.

Die ältesten Fossilien, die den Lycopodiophytina zugeordnet werden, reichen bis ins obere Silur zurück. Die ältesten Funde (*Baragwanathia* sp.) sind aus Yea im Bundesstaat Victoria, Australien, bekannt. *Baragwanathia* und die im Devon häufige Gattung *Asteroxylon* werden zu den Drepanophycales zusammengefasst und sind möglicherweise Übergangsformen zu den basalen ausgestorbenen Gruppen der Lycopodiophytina. Diese basalen Gruppen werden, obwohl sie vermutlich nicht monophyletisch sind, als Zosterophyllopsida zusammengefasst. Im Gegensatz zu den Rhyniophytina waren ihre Sporangien seitlich auf kurzen Stielen angeordnet. Das Xylem entwickelte sich zentripetal.

Der Sporophyt der Lycopodiopsida ist ein kriechender oder aufrechter Spross mit dichotomen Wurzeln. Das Leitsystem ist eine Plektostele, also ein zentraler ungeteilter Leitgewebestrang, der aber bereits getrennte Xylem- und Phloembereiche aufweist. Die Mikrophylle sind meistens schraubig angeordnet. Die fertilen Mikrophylle der Sporophyten besitzen auf der Oberseite nierenförmige Sporangien. Bei *Lycopodium* und *Diphasiastrum* sind die Sporophylle zu ährenförmigen Sporophyllständen vereinigt. Das Prothallium ist ein bisexueller Gametophyt. Erst nach 6–15 Jahren beginnt die Entwicklung und Reifung der Antheridien und Archegonien.

Die Isoetopsida umfassen die Selaginellales, die ausgestorbenen Lepidodendrales und die Isoetales.

Die Brachsenkräuter sind die einzigen rezenten Vertreter der Isoetales. Sie wachsen im Wasser oder auf feuchten Böden. Der Sporophyt ist ein kurzer fleischiger unterirdischer Stamm, der auf seiner Oberseite rosettenförmig viele lange Mikrophylle trägt. Die einzige Gattung *Isoetes* ist heterospor mit einem Megasporangium an der Basis der äußeren Blätter und den Mikrosporangien auf den inneren jüngeren Blättern. Brachsenkräuter besitzen ein Kambium.

Zu den Selaginellales gehört nur eine rezente Gattung (*Selaginella*: Moosfarn) mit ca. 750 Arten. Die meisten Arten leben an feuchten Standorten in den Tropen. Einige wenige bevorzugen eher Trockengebiete, wie z. B. *S. lepidophylla* (die „Falsche Rose von Jericho"). Die heterospore *Selaginella* bildet Megasporangien an Megasporophyllen und Mikrosporangien an Mikrosporophyllen. Mikro- und Megasporangien entstehen am selben Sporophyllstand. Die Stängel und Wurzeln der *Selaginella* bilden ein(e) Protostele, Distele oder Siphonostele.

---

dichotom: (griech.: *dichotomos* = zweigeteilt) Verzweigung einer Sprossachse in zwei gleiche Teile
epilithisch: (griech.: *epi* = auf, *lithos* = Stein) auf der Gesteinsoberfläche wachsend
epiphytisch: (griech.: *epi* = auf, *phyton* = Pflanze) Organismen, die auf Pflanzen wachsen

Ligula: Blatthäutchen bei Pflanzen
Mikrophyll: kleine, meist ungegliederte Blätter (mit nur einem Mittelnerv)
mykotroph: sich von oder mithilfe von Pilzen ernährend
zentripetal: von außen nach innen

Siehe auch: Gametophyt: 2.3.3.11; Devon: 2.3.3.7; Karbon: 2.3.3.8; *Rhynia*, Silur: 2.3.3.5; Sporophyt: 2.3.3.12

Rhyniophytina
Sporophyt: blattlose, isospore Landpflanzen, Sporangien einzeln meist endständig an Haupt- oder Seitentrieben. Die ältesten Fossilien (*Cooksonia* sp.) aus Wales und Irland (428 Mio Jahre, Silur). Fossilien der Rhyniophytina weltweit, überwiegend in Gebieten des Kontinents Laurasia
Gametophyt: sternförmig verzweigt mit bogig aufsteigenden Gametangienständern
†

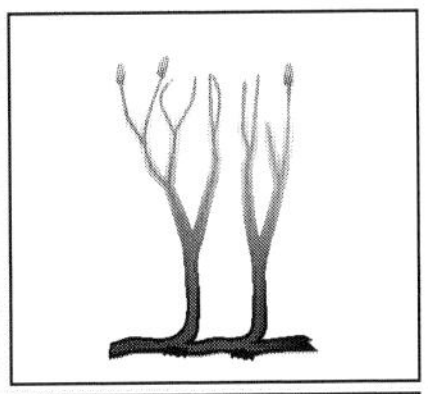

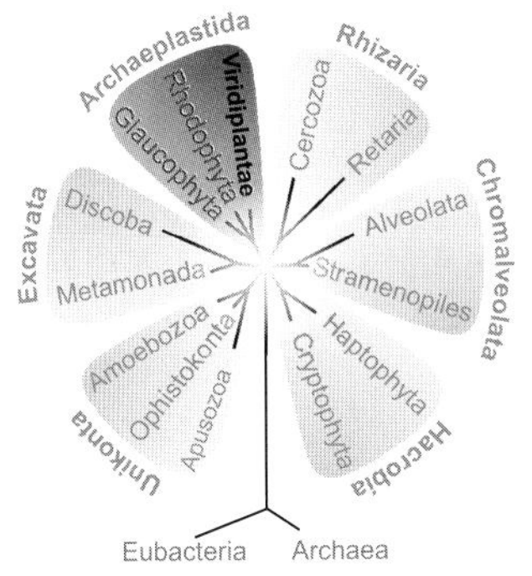

EUTRACHEOPHYTEN

LYCOPODIOPHYTINA

Zosterophyllopsida
Sporophyt: blattlose isospore Pflanzen, die Sporangien seitenständig meist in Ähren. Xylem exarch, ältere Zellen liegen also weiter außen. Paraphyletische Gruppe ausgestorbener Pflanzen, die vor allem im Devon verbreitet waren
Gametophyt: wie bei Rhyniophytina
†

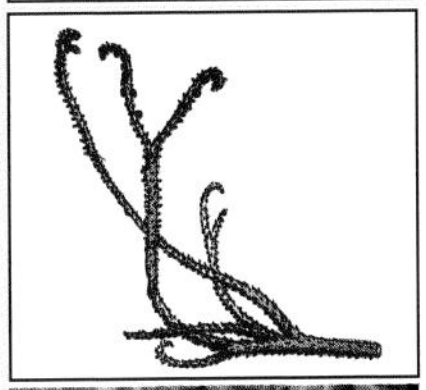

Lycopodiopsida
Sporophyt: isospore, dichotom verzweigte Pflanzen mit schraubig angeordneten Mikrophyllen. Sporangien nierenförmig auf der Oberseite fertiler Mikrophylle, diese sind zum Teil zu Sporophyllständen vereinigt
Gametophyt: Prothallien unterirdisch, heterotrophe Knöllchen in Symbiose mit einem Mykorrhiza-Pilz, monözisch, Gametangien eingesenkt

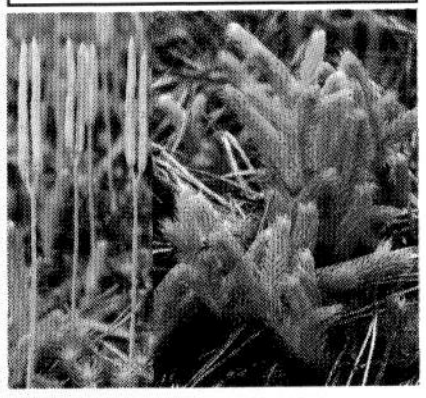

Sporophyt (*Lycopodium clavatum*)

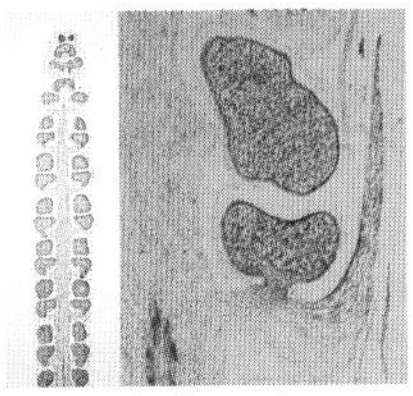

Sporophyllstand mit Sporangien

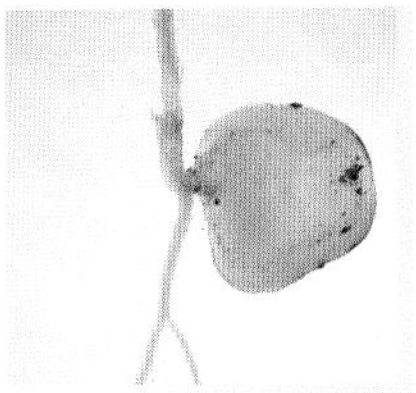

Gametophyt (*Lycopodium* sp.)

Isoetopsida

Selaginellales
Sporophyt: krautige, heterospore Pflanzen mit Mikrophyllen. Megasporangien an Megasporophyllen, Mikrosporangien an Mikrosporophyllen, beide in einem Sporophyllstand vereint
Gametophyt: Prothallien diözisch, stark reduziert. Der männliche Gametophyt verbleibt ganz in der Spore, der weibliche entwickelt sich in der Spore, wächst aber etwas aus dieser heraus. Der Embryo entwickelt sich in dem in der Spore eingeschlossenen Megaprothallium

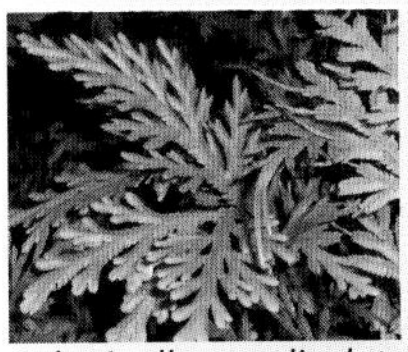

Selaginella canaliculata

Lepidodendrales
Sporophyt: baumförmig, mit sekundärem Dickenwachstum. Dichotom verzweigt, heterospor. Dominant in den Steinkohlewäldern des Karbons. Stämme mit charakteristischen Blattnarben (z. B. Siegelbaum – *Sigillaria*). Xylem geringmächtig, Stamm zum größten Teil aus Periderm. Sporangien an der Sporophylloberseite, diese in Strobili
Gametophyt: Prothallium entwickelt sich in der Spore ähnlich zu Selaginellales
†

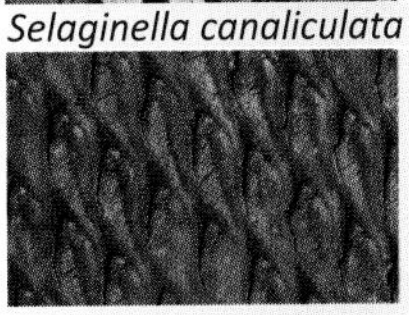

Lepidodendron - Rinde

Isoetales
Sporophyt: gestaucht, fast stammlos mit rosettig angeordneten Mikrophyllen. Heterospor, die Megasporophylle liegen außen und die Mikrosporophylle innen. Die Isoetales haben eine aquatische oder amphibische Lebensweise. Ein Kambium ist vorhanden
Gametophyt: Prothallien klein, Entwicklung in der Spore ähnlich zu Selaginellales

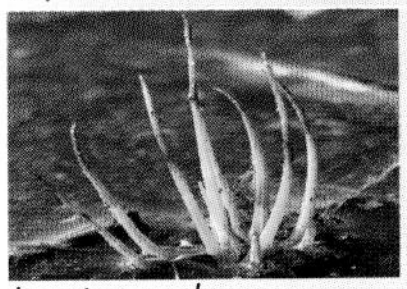

Isoetes melanospora

Euphyllophyten (Farne und Samenpflanzen)

Beim Generationswechsel kommen verschiedene Formen der Fortpflanzung alternierend vor. Bilden sich durch die Meiose direkt die Gameten und entsteht aus der Zygote direkt wieder ein diploider Organismus, der der Elterngeneration gleicht, so liegt kein Generationswechsel vor (oberes Beispiel: Vertebraten). Im Gegensatz dazu wachsen beispielsweise bei den Landpflanzen nicht nur die Zygote zu einem Organismus aus, sondern auch die haploiden aus der Meiose hervorgehenden Sporen. Dies wird als heterophasischer (abwechselnd haploide und diploide Generation), anisomorpher (unterschiedliche Phänotypen) Generationswechsel bezeichnet.Es vereinen sich damit die Vor- und Nachteile verschiedener Fortpflanzungsformen: Durch die sich geschlechtlich vermehrende Generation wird der Genpool durchmischt. Eine große Anzahl an Nachkommen bringt dagegen die ungeschlechtliche Fortpflanzung hervor. Generationswechsel findet sich bei vielen Protisten und Landpflanzen, aber auch bei Nesseltieren und Tunicaten. Man unterscheidet weiter homophasischen Generationswechsel (kein Wechsel zwischen haploider und diploider Generation), isomorphen Generationswechsel (Phänotypen gleich), Metagenese (abwechselnd zweigeschlechtliche, ungeschlechtliche und geschlechtliche Fortpflanzung) und Heterogonie (parthenogenetische und sexuelle Fortpflanzung).

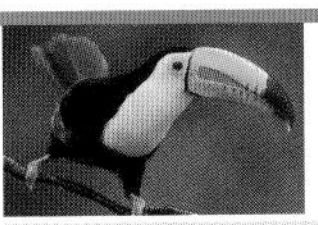

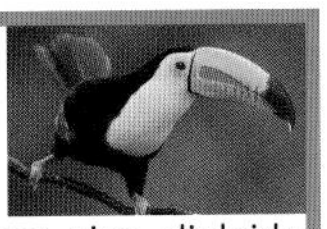

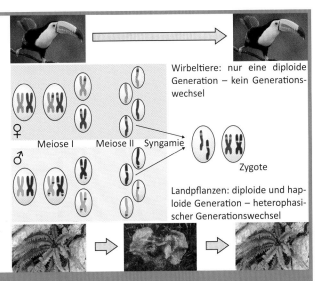

Wirbeltiere: nur eine diploide Generation – kein Generationswechsel

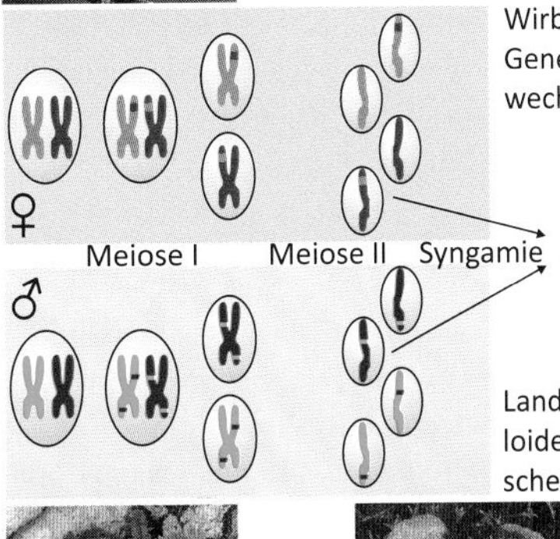

Landpflanzen: diploide und haploide Generation – heterophasischer Generationswechsel

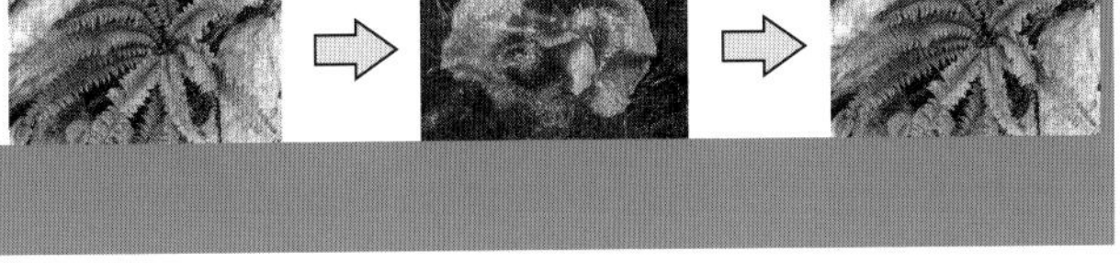

Generationswechsel - Meiose

Monilophyten

Die Euphyllophyten umfassen die Samenpflanzen (Spermatophytina) und deren Schwestergruppe, die Monilophyten. Zu den Monilophyten gehören neben einigen basalen ausgestorbenen Farngruppen die Marattiopsida, die Psilotopsida (Gabelblattgewächse), die Equisetopsida (Schachtelhalmgewächse) und die Polypodiopsida (Echte Farne).

Die Monilophyten umfassen etwa 300 rezente Gattungen mit rund 9.000 Arten. Farne sind weltweit verbreitet. Sie kommen bis auf wenige lichtliebende Arten fast ausschließlich an schattigen und feuchten Plätzen im Wald, in Mauerritzen, Felsspalten und Schluchten, an Bachufern oder Ähnlichem vor. Den Verbreitungsschwerpunkt haben die Farne in den Tropen. So findet man im tropischen Regenwald zum Beispiel die größten Farnpflanzen, die Baumfarne.

Die meisten Monilophyten haben eine unterirdische Sprossachse mit oft rosettig angeordneten und in der Regel mehrfach gefiederten Blätter. Es gibt aber viele Abweichungen von diesem Muster. Einerseits sind hier die Baumfarne mit bis zu 20 m hohen Stämmen zu nennen, andererseits die Psilotopsida und Equisetopsida mit meist kleinen Blättern mit nur einem oder ganz ohne Leitbündel. Die Monilophyten besitzen primäre Plastiden (Chlorophyll *a* und *b*) und Mitochondrien.

Bei den Monilophyten ist das Protoxylem auf bestimmte Lappen des Xylemstranges beschränkt. Der Name Monilophyten leitet sich von dieser halsbandförmigen Xylemanordnung ab. Ein molekulares Merkmal der Gruppe ist eine Insertion von neun Nucleotiden im Gen rpS4 (Small Ribosomal Protein) der Plastiden. Die Sporangienwandung der Farne ist ursprünglich aus mehreren Zellschichten aufgebaut (eusporangiat). Dieser Bau findet sich noch bei den Psilotopsida, den Equisetopsida und den Marattiopsida. Bei der heute artenreichsten Farngruppe, den Polypodiopsida (Echte Farne), besteht die Sporangienwand nur aus einer Zellschicht (leptosporangiat). Die meisten Farne sind isospor, die Prothallien in der Regel klein, unter 1 cm, und zweigeschlechtlich (einhäusig).

Die Marattiopsida sind eusporangiate Farne, die isosporen Sporangien sitzen auf der Blattunterseite. Die ältesten Fossilien der Marattiopsida sind seit dem Karbon bekannt, besonders im unteren und mittleren Perm waren sie artenreich und mit bis zu 10 m hohen Pflanzen die dominierende Farngruppe. Die rezenten Marattiopsida sind deutlich kleiner und artenarm. Heute ist die Gruppe tropisch verbreitet. Die Prothallien sind mehrschichtig und flächig entwickelt. Die Arten sind langlebig, autotroph und mit Mykorrhiza-Pilzen assoziiert. Die Antheridien und Archegonien sitzen eingesenkt an der Unterseite.

Die Psilotopsida umfassen die Psilotales (Gabelblattgewächse) und die Ophioglossales (Natternzungengewächse). Die Verwandtschaft wird vor allem durch molekulare Daten unterstützt. Die Prothallien können keine Photosynthese betreiben und leben unterirdisch in Abhängigkeit von Mykorrhiza-Pilzen. Die Psilotales besitzen keine Wurzel. Die dichotome Verzweigung des Sporophyten ist im Gegensatz zu den Lycopodiophyta sekundär. Der Sporophyt bildet Rhizome mit Rhizoiden. Die Sporangien sitzen in oder über den dichotomen Verzweigungen des Sporophyten. Die Natternzungengewächse (Ophioglossales) haben ebenfalls reduzierte Wurzeln und in der Regel nur ein Blatt, wobei der untere Teil steril und photosynthetisch aktiv ist, während der obere Teil die Sporangien trägt.

Die Equisetales (Schachtelhalme) sind in der Regel isospor und umfassen terrestrische und aquatische ausdauernde Farne. Die Stämme einiger fossiler Gruppen, etwa der Kalamiten der Steinkohlewälder, waren verholzt und erreichten Wuchshöhen von bis zu 30 m und 1 m Stammdurchmesser. Der Sporophyt kann bei rezenten Formen bis 8 m hoch werden, ist jedoch bei den meisten Arten kleiner. Die meist deutlich gerippten Stämme entspringen einem Rhizom, das an den Knoten Adventivwurzeln ausbildet. Die Mikrophylle sind wirtelig angeordnet. Die sporangientragenden Strukturen sind meist zapfenartig als Strobili angeordnet.

Die Polypodiopsida (Echte Farne) sind leptosporangiat. Die Sporangien öffnen entlang einer Sollbruchstelle, dem Anulus. Der Großteil der Farne ist krautig und besitzt ein ausdauerndes Rhizom. Dies kann beim Adlerfarn (*Pteridium aquilinum*) 70 Jahre alt werden und bis zu 40 m Länge erreichen. Die Leitbündel sind konzentrisch mit Innenxylem. Die in der Regel gefiederten Blätter wachsen mit einer zweischneidigen Scheitelzelle und sind während des Wachstums oft charakteristisch eingerollt. Die Sporangien sitzen zu Sori zusammengefasst an der Unterseite der Blätter (Sporotrophophylle). Die meisten Polypodiopsida sind isospor, die Kleefarngewächse und die Schwimmfarngewächse sind heterospor. Die heterosporen Farne bilden diözische Prothallien, die isosporen Farne in der Regel monözische Prothallien.

Adventivwurzeln: sprossbürtige Wurzeln, die aus einer Primärwurzel oder infolge einer Verletzung entstehen
eusporangiat: Wand des reifen Sporangiums aus mehreren Zellschichten
heterospor: verschiedensporig

isospor: gleichsporig
leptosporangiat: Wand des reifen Sporangiums aus einer Zellschicht
Prothallium: haploider Gametophyt der Farne
Strobili: zapfenförmige Sporophyllstände

Siehe auch: Gametophyt: 2.3.3.11; Karbon: 2.3.3.8; Mikrophylle: 2.3.3.10; Perm: 2.3.3.9; Sporophyt: 2.3.3.12

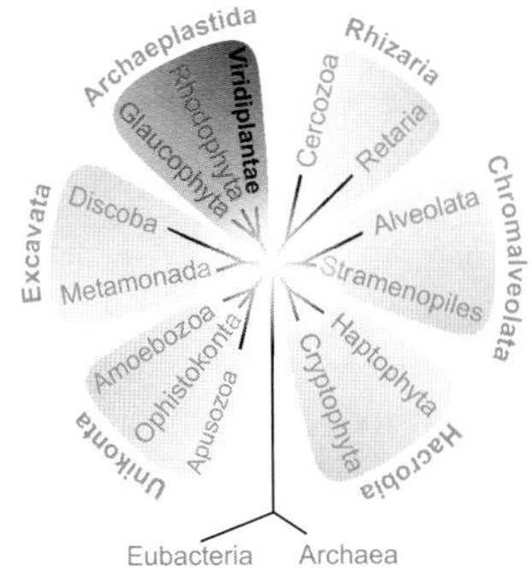

EUPHYLLOPHYTEN

MONILOPHYTEN

Spermatophytina

Marattiopsida
Sporophyt: fossil bedeutende Farngruppe mit nur wenigen rezenten Vetretern. Isospor, eusporangiat. Die Sporangien sind oft seitlich verwachsen oder in Sori zusammengefasst
Gametophyt: oberirdische photosynthetische Prothallien, Antheridien und Archegonien unterseits eingesenkt

Psilotopsida
Sporophyt: terrestrisch und krautig, die meisten Arten leben als Epiphyten. Die Sporangienwand hat mehrere Zellschichten (eusporangiat). Das Wurzelsystems ist sekundär reduziert, bei den Psilotaceae fehlt es ganz. Auch die Blätter sind bei den Psilotaceae reduziert, die Ophioglossaceae besitzen dagegen Blätter
Gametophyt: Prothallium lebt unterirdisch, nicht photosynthetisch aktiv und assoziiert mit Mykorrhiza-Pilzen

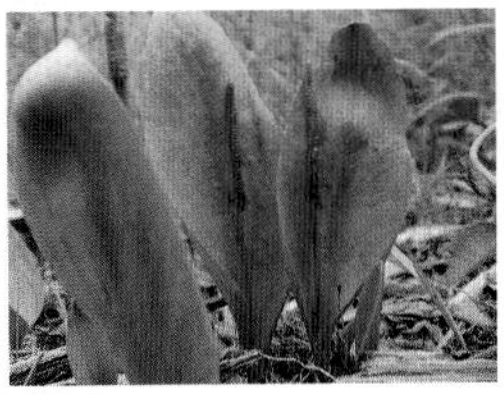
Ophioglossum vulgatum (Ophioglossaceae)

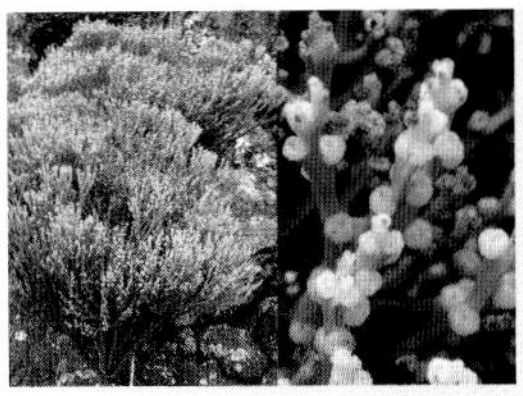
Psilotum nudum (Psilotaceae)

Equisetopsida
Sporophyt: isospor, eusporangiat. Kleine in Wirteln angeordnete Blätter, Stamm meist deutlich in Nodien und Internodien gegliedert. Sporophylle sind als zentral gestielte Schildchen mit zahlreichen Sporangien an der Unterseite zu endständigen Ähren vereint. Sekundäres Dickenwachstum ist von den fossilen bis zu 30 m großen Calamitaceae aus den Steinkohlewäldern des Karbon bekannt
Gametophyt: reich verzweigter und stark gelappter Thallus, photosynthetisch, monözisch oder diözisch. Antheridien eingesenkt, Archegonien aus der Oberfläche herausragend

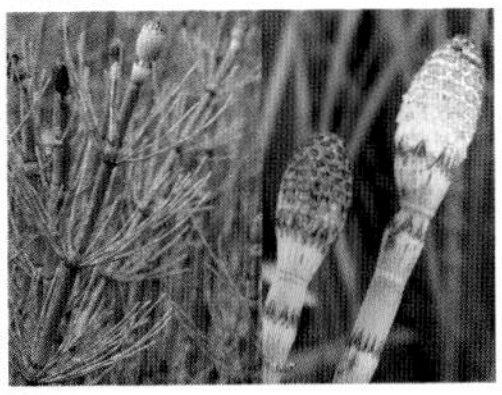
Sporophyt von *Equisetum fluviatile*

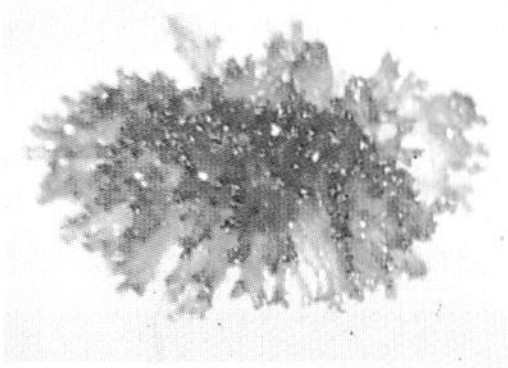
Gametophyt von *Equisetum hyemale*

Polypodiopsida
Sporophyt: krautige Pflanzen oder bis zu 20 m hohe Baumfarne, diese aber ohne sekundäres Dickenwachstum. Die Sporangienwand aus einer Zellschicht (leptosporangiat) und mit Anulus – an diesem reißt das reife Sporangium später auf
Gametophyt: Prothallium meist kurzlebig, meist monözisch. Antheridien und Archegonien auf der lichtabgewandten Seite, in der Regel nicht eingesenkt

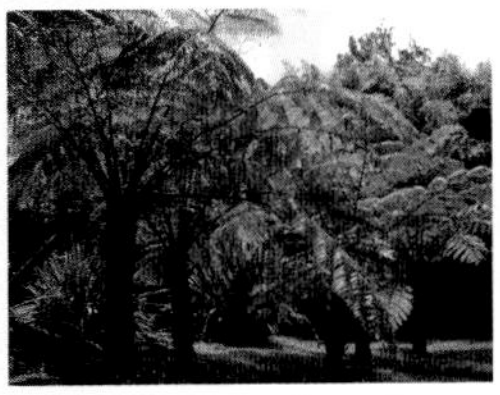
Sporophyt des Baumfarnes *Dicksonia antarctica*

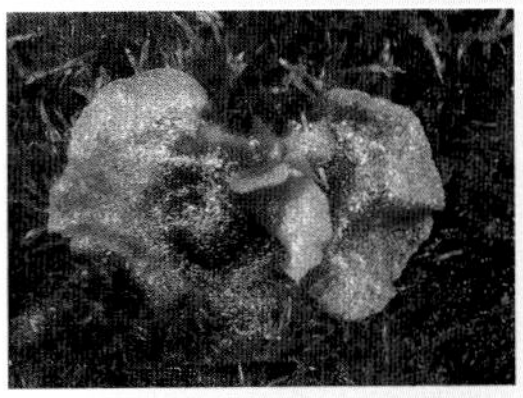
Gametophyt des Baumfarnes *Dicksonia antarctica*

konzentrisch mit Innenxylem

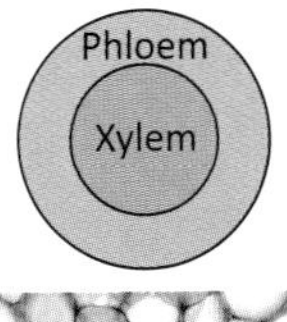

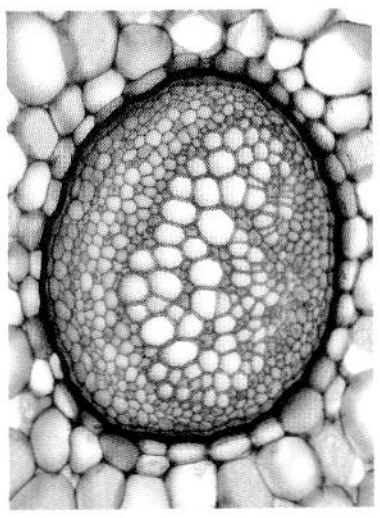
Farne (Rhizome und Blätter)

konzentrisch mit Außenxylem

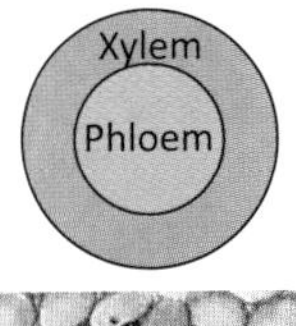

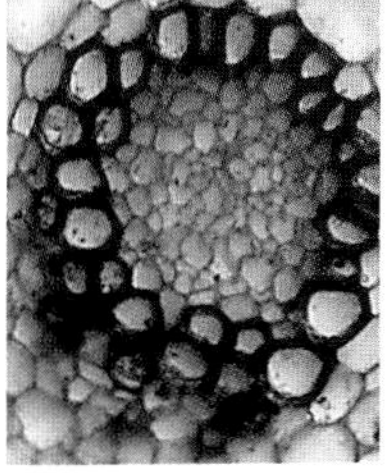
Monokotyle Spermatophytina (Rhizome)

radial

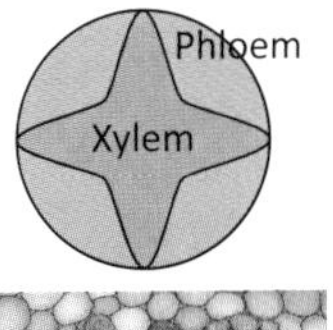

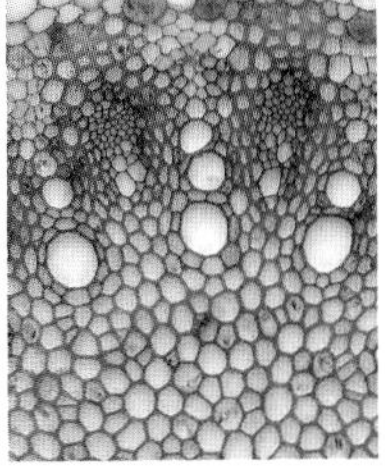
Spermatophytina (Wurzeln)

geschlossen kollateral

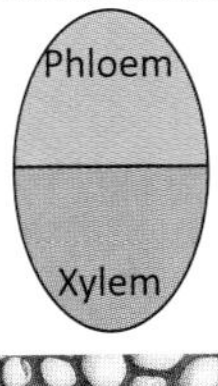

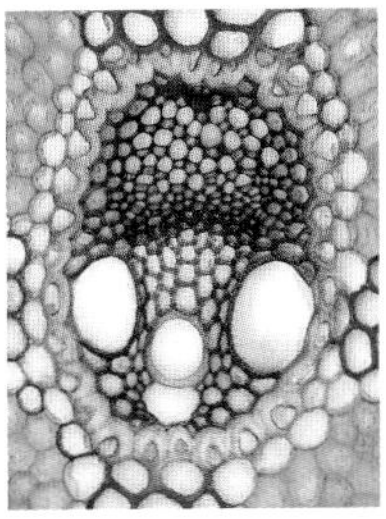
Monokotyle Spermatophytina (Sproß)

offen kollateral

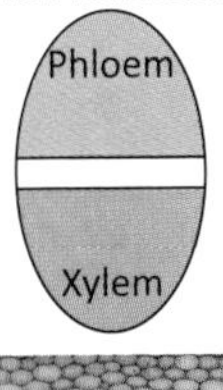

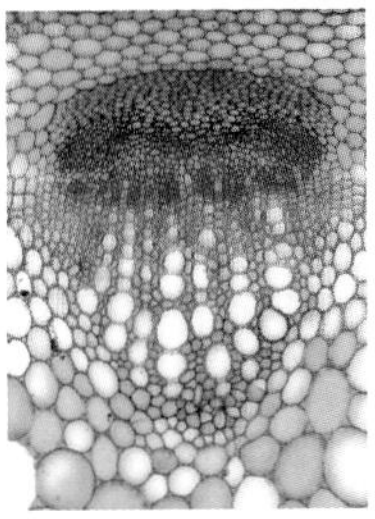
Dikotyle Spermatophytina (Sproß)

offen bikollateral

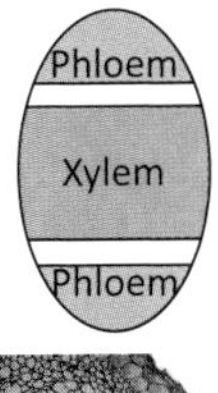

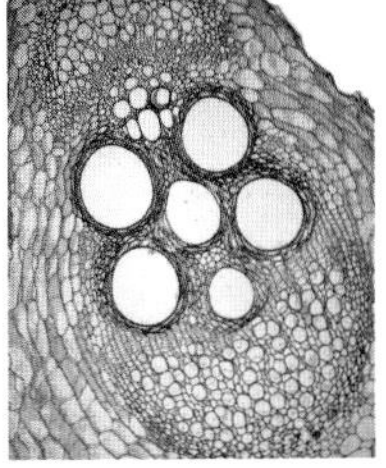
Curcurbitatceae Solanaceae

Leitbündeltypen

Gymnospermen

Die Spermatophytina (Samenpflanzen) sind primär verholzte Pflanzen mit sekundärem Dickenwachstum, krautige Wuchsformen gelten als abgeleitet. Die gametophytische Generation der Spermatophytina ist weitgehend reduziert und auf das auskeimende Pollenkorn sowie den Embryosack beschränkt.

Als Vorläufer der Samenpflanzen gelten die ausgestorbenen Progymnospermen. Die rezenten Samenpflanzen umfassen die Magnoliopsida (Angiospermen) und die paraphyletischen Gymnospermen.

Die Gymnospermen besitzen Mitochondrien und primäre Plastiden mit Chlorophyll *a* und *b*. Bei den Gymnospermen sind die Samenanlagen nicht in Fruchtblattgehäuse eingeschlossen, sie liegen „nackt" vor. Gymnospermen sind ausschließlich vieljährige Holzpflanzen mit sekundärem Dickenwachstum. Die Blüten sind fast immer eingeschlechtlich und windbestäubt.

Die heute noch lebenden Vertreter der Gymnospermen bilden eine monophyletische Gruppe (Acrogymnospermen).

Berücksichtigt man allerdings auch die ausgestorbenen Formen (Bennettitopsida, Glossopteridopsida und basale Samenfarne), sind die Gymnospermen eine paraphyletische Gruppe.

Innerhalb der Acrogymnospermen sind die männlichen Gameten (Spermatozoide) nur noch bei den Cycadopsida und den Ginkgoopsida begeißelt, während bei den Coniferopsida inklusive der Gnetales die männlichen Gameten unbegeißelt sind. Der Embryosack (weiblicher Gametophyt) verbleibt im mütterlichen Gewebe und wird von einem speziellen Organ, dem Integument, umgeben. Diese bilden später die Samenschale. Die Befruchtung ist damit weitgehend vom Wasser unabhängig.

Die Acrogymnospermen umfassen drei rezente Gruppen mit etwa 840 Arten, sowie eine Reihe ausgestorbener Gruppen. Die drei rezenten Gruppen der Acrogymnospermen sind die Cycadopsida, die Ginkgoopsida und die Coniferopsida (mit Pinales, Cupressales, Taxales und Araukariales; die Stellung der Gnetales ist umstritten).

Die Cycadopsida entstanden im Karbon und erreichten im Mesozoikum ihre größte Verbreitung. Rezent gibt es elf Gattungen mit rund 300 Arten, die vor allem in den Subtropen der Südhemisphäre verbreitet sind. Sie haben ein palmenähnliches Aussehen mit einem bis zu 20 m hohen Stamm und vielen großen zusammengesetzten Blättern an dessen Spitze. Die Befruchtung erfolgt zeitverzögert erst bis zu sieben Monate nach der Bestäubung.

Die Ginkgoopsida sind bis zu 30 m hohe Bäume mit Blättern mit Gabelnervatur. Sie entstanden im Karbon, in der oberen Trias diversifizierten sie und waren im Mesozoikum eine weit verbreitete Pflanzengruppe. Die einzige rezente Art *Ginkgo biloba* ist sommergrün und lediglich von einigen Bergtälern in China bekannt, sie wird allerdings in vielen Städten zur Beschattung angepflanzt. Die Befruchtung erfolgt bis zu vier Monate zeitverzögert nach der Bestäubung.

Die Coniferopsida entstanden im Karbon und sind mit den Nadelbäumen die heute dominierende Gruppe der Gymnospermen. Zu den Coniferopsida gehören die Pinales (ca. 200 Arten), die Cupressales (ca. 140 Arten), die Podocarpales (ca. 130 Arten), die Taxales (ca. 25 Arten), die Araukariales (ca. 23 Arten) sowie die Sciadopitales (eine Art) und die Cephalotaxales (eine Art). Vermutlich gehören auch die Gnetales zu den Coniferopsida.

Zu den Pinales gehören unsere wichtigsten Nadelbäume (mit *Pinus* (Kiefer), *Abies* (Tanne), *Picea* (Fichte) und *Larix* (Lärche)). Es sind Bäume (selten Sträucher) mit nadelförmigen Blättern. Diese stehen entweder an gestauchten Kurztrieben (Lärche) oder nur an Langtrieben (Tanne, Fichte). Die männlichen Blüten sind in einem kätzchen- oder zap-fenartigen Blütenstand, die weiblichen in den Achseln von Deckschuppen in einem später verholzten Zapfen vereinigt. Die Pflanzen sind monözisch oder diözisch.

Die Cupressales sind immergrüne Bäume oder Sträucher mit meist schuppenförmigen Blättern (*Cupressus* (Zypresse), *Thuja* (Lebensbaum), *Chamaecyparis* (Scheinzypresse)). Wenige Arten haben auch nadelförmige Blätter (*Juniperus* (Wacholder)). Die Blätter sind gegenständig oder quirlig angeordnet, die Zapfen sind klein, holzig und beerenartig.

Die Taxales umfassen immergrüne Bäume oder Sträucher. In Mitteleuropa verbreitet ist die Eibe (*Taxus baccata*). Die Nadeln sind spiralig angeordnet, gescheitelt und stachelspitzig. Auf der Oberseite der Nadeln ist eine Mittelader erkennbar. Alle Pflanzenteile mit Ausnahme des Samenmantels (Arillus) sind durch Taxan-Derivate (Taxin, Taxol) giftig.

Die Gnetales zeigen Merkmale, die ansonsten nur von den Magnoliopsida bekannt sind. Dazu gehören Tracheen sowie blütenähnliche Strukturen. Zu den Gnetales gehören nur die drei Gattungen *Welwitschia* (einzige Art *Welwitschia mirabilis*, eine Wüstenpflanze), *Gnetum* und *Ephedra*. Molekulare Analysen stellen die Gnetales in die Coniferopsida als Schwestergruppe der Pinales.

Die systematische Stellung der ausgestorbenen Glossopteridopsida und der Bennettitopsida ist unklar, vielleicht gehören sie in die basale Verwandtschaft der Magnoliopsida, möglicherweise aber in die Verwandtschaft der Samenfarne. Die Glossopteridopsida waren vor allem im Perm in den temperaten Bereichen der Südhalbkugel verbreitet (*Glossopteris*-Flora). Die Bennettitopsida waren von der Trias bis zur Kreide verbreitete Samenpflanzen.

Integument: (lat.: *integumentum* = Bedeckung, Hülle) schützende Hüllschicht um die Samenanlage

---

Siehe auch: Mesozoikum: 2.3.4 bis 2.3.4.6

S
P
E
R
M
A
T
O
P
H
Y
T
I
N
A

A
C
R
O
G
Y
M
N
O
S
P
E
R
M
E
N

Progymnospermen und basale Samenfarne
† Die Progymnospermen besitzen noch keine Samen, es sind also noch Sporenpflanzen. Sie werden als die Vorläufer der Samenpflanzen angesehen und gehören damit in die Verwandtschaft der Spermatophytina, auch wenn sie deren Organisationsform noch nicht erreicht haben. Bei den Progymnospermen findet sich erstmals dipleurisches Kambium (erzeugt sekundäres Xylem und sekundäres Phloem)

Cycadopsida
Palmfarne sind diözische baumförmige, palmenähnliche Gymnospermen mit großen gefiederten Blättern. Im Mesozoikum waren sie bedeutend und artenreich. Rezent sind sie hauptsächlich in den Tropen und Subtropen der Südhemisphäre verbreitet

Im Metaxylem nur runde (zirkuläre), keine länglichen (scalariformen) Tüpfel

Ginkgoopsida
diözische baumartige Pflanzen, flächige Blätter mit dichotomer Nervatur. Rezent nur eine Art (*Gingko biloba*)

Cordaitopsida
† Strauch- oder baumförmig bis 45 m Höhe. Baumförmige Cordaitopsida besassen einen monopodialen Stamm mit einer distalen Krone aus großen spatelförmig verbreiterten Blättern. Die Cordaitopsida waren im oberen Paläozoikum vor allem in Europa, Nordamerika und China verbreitet

Coniferopsida
Gemeinsame Merkmale der Coniferopsida inklusive der Gnetales sind lineare Blätter, reduzierte Sporophylle und ein Protoxylem mit runden Tüpfeln. Heute dominieren die Coniferopsida mit den Pinales vor allem in kalt-temperaten Klimazonen (Taiga)

Pinales   Cupressales

Gnetales
Die Position der Gnetales ist unklar. Molekulare Daten legen eine Verwandtschaft zu den Pinales nahe. Morphologische Daten fassen die Gnetales mit den Glossophytina als Anthophyten zusammen. Aber auch ein Schwestergruppenverhältnis zu den Cordaitopsida und Coniferopsida ist möglich

Glossophytina (ohne Gnetales)

Glossopteridopsida (ohne Gnetales)
† Im Perm bis in die Trias verbreitete Bäume mit Jahreszeitenwachstum (Jahresringe) in den temperaten Zonen der Südhalbkugel (*Glossopteris*-Flora)

Bennettitopsida
† Reproduktive Organe in blütenähnlichen Zapfen, weltweit verbreitet von der Trias bis zur Kreide

Magnoliopsida (Angiospermen)

Die Entstehung von Taxa bzw. Großgruppen, deren Radiation und schließlich deren quantitative Ausbreitung sind in der Regel zeitlich aufeinanderfolgende Prozesse, zwischen denen teils lange Zeiträume liegen können:
Beispiel 1: Die Gymnospermen entstanden bereits im unteren Karbon. Erst mit dem durch die Verteilung der Landmassen (Superkontinent Pangaea) bedingten zunehmend trockenen Klima ab dem oberen Perm begann die Dominanz der besser an Trockenheit angepassten Samenpflanzen.
Beispiel 2: Muscheln und Brachiopoden entstanden bereits im Kambrium, erst die Ausbreitung der Seesterne im Mesozoikum begünstigte die quantitative Ausbreitung der zumindest zum Teil endobenthisch lebenden Muscheln in vorher von den epibenthischen Brachiopoden dominierten Habitaten.
Beispiel 3: Die Diatomeen entstanden vermutlich bereits im oberen Perm oder in der unteren Trias. Bedeutend wurden Diatomeen aber erst im Känozoikum. Für den Aufbau ihrer Kieselschale benötigen die Diatomeen Silikat. Vermutlich steht die quantitative Ausbreitung der Diatomeen im Zusammenhang mit der verstärkten Silikatverwitterung durch die Ausbreitung der Gräser.

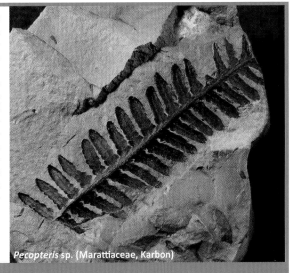

Pecopteris sp. (Marattiaceae, Karbon)

Entstehung, Radiation und Dominanz von Taxa

Magnoliopsida I: Übersicht

Die Magnoliopsida (Angiospermen, Bedecktsamer) umfassen die Monokotyledonen (Einkeimblättrige), die Eudikotyledonen (Zweikeimblättrige) sowie einigen basal stehende Ordnungen (ANITA-Klade und Magnoliiden).

Während einige monophyletische Gruppen, wie beispielsweise die Monokotyledonen, auch morphologisch durch eine Vielzahl an Synapomorphien gestützt werden, finden sich in anderen Gruppen nur wenige oder keine morphologischen Synapomorphien, die die molekularen Verwandtschaftsbeziehungen stützen.

Die basalen Ordnungen der Magnoliopsida, wie auch die Monokotyledonen, weisen Pollenkörner mit nur einer Öffnung (monocolpat) auf, die Eudikotyledonen haben dagegen Pollen mit drei Öffnungen (tricolpat). Ebenso sind bei den Vertretern der basalen Ordnungen Idioblasten mit etherischen Ölen verbreitet, die bei den Eudikotyledonen fehlen.

Da die Ursprünge der Magnoliopsida und deren Verwandtschaftsverhältnisse – vor allem zu den Bennettitopsida und den Gnetales – umstritten sind, ist auch die zeitliche Einordnung ihrer Entstehung nicht geklärt. Die Hypothesen zur Entstehung der Magnoliopsida unterscheiden sich vor allem in der Interpretation der Homologie der Strukturen der Samenanlagen mit Strukturen der Bennettitopsida und der Gnetales. Mit Bestimmtheit den Magnoliopsida zuzuordnende Fossilfunde sind seit dem Übergang vom Jura zur Kreide bekannt. Vermutlich sind die Magnoliopsida bereits aber schon im unteren Jura entstanden. Die Magnoliopsida umfassen rund 230.000 rezente Arten und sind damit die artenreichste Gruppe der Landpflanzen.

Die Samenanlagen der Magnoliopsida sind in ein oder mehrere Fruchtblätter eingeschlossen, die die Samen im Reifezustand als Früchte umschließen. Früchte sind charakteristisch für die Magnoliopsida: Früchte bilden nur solche Pflanzen, die geschlossene Fruchtblätter bzw. einen geschlossenen Fruchtknoten besitzen. Die Frucht ist die Blüte der Magnoliopsida im Zustand der Samenreife.

In die Bildung einer Frucht können außer dem Fruchtblatt auch Achsengewebe oder die Blütenhülle einbezogen sein. Je nachdem, ob die Samen im reifen Zustand von der Frucht eingeschlossen sind oder freigesetzt werden, unterscheidet man zwischen Schließ- und Öffnungs- bzw. Streufrüchten.

Weitere Merkmale der Bedecktsamer sind die aus einer gemeinsamen Mutterzelle hervorgehenden Siebröhren und Geleitzellen des Phloems, Staubblätter mit zwei seitlich sitzenden Pollensackpaaren und Staubbeutel mit einem hypodermalen Endothecium. Der männliche Gametophyt besteht aus nur drei Zellen. Es kommt zu einer doppelten Befruchtung und damit zur Bildung eines triploiden sekundären Endosperms.

Die Monokotyledonen unterscheiden sich durch eine Reihe von Merkmalen von den anderen Magnoliopsida: Sie besitzen ein Keimblatt (monokotyl), sie sind sekundär homorrhiz, die Leitbündel sind geschlossen kollateral und im Sprossquerschnitt zerstreut, die Blätter sind immer wechselständig, Nebenblätter werden nie ausgebildet und die Laubblätter sind entweder bogen- oder parallelnervig.

Die Eudikotyledonen besitzen zwei Keimblätter, tricolpaten Pollen, das Wurzelsystem ist allorrhiz, die Leitbündel sind offen kollateral und weisen eine ringförmige Anordnung auf, die Blätter können wechsel-, gegen- oder quirlständig angeordnet sein und besitzen eine Netznervatur.

Allorrhizie: Verschiedenwurzeligkeit, bezeichnet Pflanzen mit Hauptwurzel und Seitenwurzeln

Fruchtblätter: auch Karpell (griech.: *karpos* = Frucht) Blütenorgane mit ein oder mehreren Samenanlagen

Fruchtknoten: auch Ovar (lat.: *ovum* = Ei) weibliches Organ, welches Eizellen produziert.

Geleitzellen: bilden einen Komplex mit den Siebröhren der Magnoliopsida

Homorrhizie: Gleichwurzeligkeit, bezeichnet Pflanzen mit gleichrangigen oder gleichberechtigten Wurzeln

hypodermales Endothecium: Faserschicht unter der Epidermis der Pollensäcke der Magnoliopsida

Idioblast: Zellen, die sich in Aufbau und/oder Funktion von denen des umgebenden Gewebes unterscheiden

Konvergenz: ähnliche Merkmale, die unabhängig in nicht verwandten Taxa entstanden sind

sekundäres Endosperm: aus Befruchtung der Polkerne hervorgehendes Nährgewebe im Samen der meisten Magnoliopsida

Siebröhren: Transportzellen im Phloem der Magnoliopsida, in denen organische Metabolite transportiert werden

Synapomorphie: ein gemeinsames abgeleitetes Merkmal einer monophyletischen Gruppe

---

Siehe auch: Leitbündeltypen: 4.4.3.4; Homologie, Synapomorphien: 4.1.1.6

basale Angiospermen (ANITA-Klade)
Blütenorgane schraubig oder in dreizähligen Kreisen, Pollen sind vorwiegend monosulcat, Fruchtblätter meist nicht verwachsen

Magnoliiden
viele spiralig angeordnete Staubblätter

Monokotyledonen
ein Keimblatt (zweites Keimblatt reduziert), Blätter mit Parallelnervatur, in der Regel dreizählige Blütenkreise

monocolpat

dikotyl

monokotyl

Eubacteria   Archaea

M A G N O L I O P S I D A

E U D I K O T Y L E D O N E N

zwei Keimblätter, tricolpater Pollen, keine etherischen Öle in Idioblasten

meist freie Kronblätter, zwei Staubblattkreise oder Androeceum sekundär vermehrt, mit Nebenblättern, Samenanlage mit zwei Integumenten

R O S I D E N

Eurosiden I (Fabiden)
Die Verwandtschaft wird durch molekulare Daten gestützt

Eurosiden II (Malviden)
Die Verwandtschaft wird durch molekulare Daten gestützt. Gynoeceum in der Regel mit einfachem Griffel, Samen mit wenig Endosperm

meist verwachsene Kronblätter, weniger Staub- als Kronblätter, Samenanlagen mit nur einem Integument

A S T E R I D E N

Euasteriden I (Lamiiden)
Späte Sympetalie: Die Kronblätter werden separat als einzelne Primordien am Vegetationskegel der Blüten angelegt und verwachsen zu einem späteren Zeitpunkt

Euasteriden II (Campanuliden)
Frühe Sympetalie: Am Blütenvegetationskegel bildet sich ein Ringwall, d. h. die einzelnen Primordien sind von Beginn an miteinander verbunden

tricolpat

dikotyl

2 Integumente

1 Integument

Primordien frei

Primordien verwachsen

Die Übersicht beschränkt sich auf die wesentlichen Verwandtschaftsgruppen und ist dementsprechend nicht vollständig

Bereits frühere morphologische Untersuchungen von Samenpflanzen zeigten, dass die Gnetales viele gemeinsame Merkmale mit den Magnoliopsida besitzen. Die Zapfen der Gnetales ähneln einigen Infloreszenzen der Magnoliopsida. Ähnliche Tracheen sind in ihrem Xylem vorhanden. Auch wurde eine doppelte Befruchtung bei *Ephedra* beobachtet. Die doppelte Befruchtung galt bis dahin als Einzigartigkeit bei den Magnoliopsida. Jedoch führt die zweite Befruchtung bei *Ephedra* zu weiteren Embryonen, bei den Magnoliopsida dagegen entsteht das sekundäre Endosperm.

Die weitgehenden morphologischen Ähnlichkeiten legten eine Verwandtschaft der Gnetales und der Magnoliopsida nahe. Molekularbiologische Befunde stützen diese Sicht jedoch nicht: Molekulare Daten lassen eher auf eine Verwandtschaft der Gnetales mit den Pinales schließen und damit auf eine Gruppierung der Gnetales innerhalb der Coniferopsida. Vermutlich stellen die gemeinsamen Merkmale der Gnetales und der Magnoliopsida eine Parallelentwicklung dar und deuten nicht auf einen gemeinsamen Ursprung hin.

Unter Einbeziehung fossiler Pflanzengruppen wird die Verwandtschaft der Magnoliopsida zu den Bennettitopsida und Glossopteropsida diskutiert.

Da es keine rezenten Bindeglieder zwischen Gnetales und Magnoliopsida gibt und die als nächste Verwandte der Magnoliopsida infrage kommenden Pflanzengruppen ausgestorben sind, gestaltet sich eine Rekonstruktion der Abstammungsverhältnisse schwierig.

Gnetum sp.: Samen

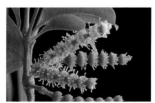
Gnetum sp.: männlicher Blütenstand

Abstammungsverhältnisse der Magnoliopsida

Basale Magnoliopsida und Monokotyledonen

Die basalen Ordnungen der Magnoliopsida umfassen verschiedene zweikeimblättrige, vorwiegend verholzte Pflanzen. Sie haben Pollenkörner mit nur einer Keimöffnung und wurden daher früher auch als Einfurchenpollen-Zweikeimblättrige zusammengefasst. In Idioblasten haben sie etherische Öle.

Die Blätter sind einfach und besitzen keine Nebenblätter. Die Anordnung der Blütenorgane ist meist schraubig und die Fruchtblätter sind meist nicht verwachsen. Die basalen Ordnungen umfassen etwa 8.600 Arten. Auch hier besitzen die Arten primäre Plastiden mit Chlorophyll *a* und *b* und Mitochondrien.

Die basalen Ordnungen bilden aber keine monophyletische Gruppe. Die als ANITA-Klade zusammengefassten Amborellales, Nymphaeales und Austrobaileyales besitzen keine Benzylisochinolin-Alkaloide und die Kernverhältnisse ihres Embryosackes weichen von dem der anderen Magnoliopsida ab: Bei den Amborellales ist der Embryosack vierkernig, bei den Nymphaeales und Austrobaileyales neunkernig. Bei allen anderen Magnoliopsida ist der Embryosack achtkernig.

Die Chloranthales und die Magnoliiden werden ebenfalls zu den basalen Ordnungen gezählt. Bei diesen kommen als gemeinsames Merkmal Sesquiterpene vor. Alle anderen Angiospermen bilden eine monophyletische Verwandtschafts-gruppe und lassen sich in die Monokotyledonen einerseits und die Eudikotyledonen (zuzüglich der Ceratophyllales) andererseits einteilen.

Die Monokotyledonen sind durch eine ganze Reihe von Merkmalen charakterisiert: Sie haben nur ein Keimblatt, die primäre Wurzel verkümmert und es werden Adventivwurzeln angelegt. Die Blätter sind parallelnervig und ganzrandig, in der Sprossachse sind die geschlossenen Leitbündel zerstreut angeordnet (Ataktostele). In der Regel gibt es kein sekundäres Dickenwachstum, in den wenigen Arten mit sekundärem Dickenwachstum (*Dracaena*) weicht dieses von dem der Gymnospermen und der dikotylen Angiospermen ab (atypisches sekundäres Dickenwachstum). Die Blütenhülle ist meist dreizählig und nicht in Kelch und Krone getrennt.

Die phylogenetische Position der Ceratophyllales ist schwierig zu beurteilen. Als aquatische Pflanzen sind viele Merkmale stark abgeleitet. Morphologisch gibt es eine Reihe von Gemeinsamkeiten mit den Monokotyledonen, aber auch mit den Chloranthales. Etherische Öle in Idioblasten fehlen, wie auch bei den Eudikotyledonen. Die Pollen der Ceratophyllales haben keine Apertur, im Xylem fehlen Tracheen. Molekulare Daten weisen die Ceratophyllaceae aber als Schwestergruppe der Eudikotyledonen aus, die morphologischen Gemeinsamkeiten müssten demnach konvergent entstanden sein.

Exemplarisch werden hier die Nymphaeceae (Nymphaeales, ANITA-Klade), die Magnoliaceae (Magnoliales, Magnoliiden) und die Poaceae (Poales, Monokotyledonen) vorgestellt.

Die Nymphaeaceae (Seerosengewächse) umfassen nur rund 75 Arten. Sie sind außerhalb der polaren Klimazonen weltweit im Süßwasser verbreitet. Es handelt sich meist um ausdauernde, selten einjährige, im Gewässergrund mit adventiven Wurzeln verankerte krautige Pflanzen mit Rhizomen. Die Rhizome können knollig verdickt sein. Sie haben kein Kambium und kein sekundäres Dickenwachstum. Die Samen vieler Arten können durch Lufteinschlüsse im Arillus und der Samenwand schwimmen.

Die Magnoliaceae (Magnoliengewächse) umfassen etwa 227 Arten und sind vor allem in den gemäßigten bis tropischen Zonen Südostasiens und Amerikas verbreitet. Es sind verholzende Bäume oder Sträucher mit wechselständigen oder spiralig angeordneten Laubblättern mit großen Nebenblättern. Sie bilden Balg- oder Hülsenfrüchte, die spiralig zapfenförmig angeordnet sind, eine Anordnung, die sich auch bei frühen fossilen Magnoliopsida findet.

Innerhalb der Monokotyledonen werden die Arecales, die Poales, die Commelinales und die Zingiberales als Commeliniden zusammengefasst. Diese monophyletische Untergruppe der Monokotyledonen besitzt als gemeinsame Merkmale die UV-fluoreszierenden Zellwandverbindungen Ferulasäure und Cumarsäure sowie Kieselsäure in den Blättern. Die zu den Commeliniden gehörenden Palmen und die Süßgras-artigen sind größtenteils windblütig (Anemophilie). Entsprechend ist in diesen Gruppen die Blüte stark reduziert, die Blütenanzahl dagegen ist meist hoch. Die Samenanlage verwächst mit den Fruchtblättern zu einer als Karyopse bezeichneten Einheit. Die Poaceae (Süßgräser) umfassen etwa 10.000 Arten und sind weltweit in allen Klimazonen verbreitet. Vor allem mit den Arten Mais, Weizen, Reis, Hirse, Roggen, Gerste und Hafer stellen sie den größten Teil an der Welternährung.

Die Liliaceae (Liliengewächse) umfassen etwa 630 Arten und sind in der nördlichen gemäßigten Zone mit einem Schwerpunkt in Ostasien und Nordamerika verbreitet. Es sind meist ausdauernde krautige Pflanzen, die mit einer Zwiebel überdauern.

Die Iridaceae (Schwertliliengewächse) umfassen rund 2.000 Arten und sind weltweit verbreitet mit einem Schwerpunkt in temperaten bis subtropischen Klimazonen. Es handelt sich um meist ausdauernde, krautige Pflanzen mit einem kurzen kriechenden Rhizom und häufig schwertförmigen, unifazialen Laubblättern.

Apertur: Keimöffnung an den Pollen
Arillus: Samenmantel (fleischige Hülle)

Sesquiterpene: Untergruppe der Terpene

Siehe auch: Synapomorphien: 4.1.1.6; Savanne: 3.2.2.10; temperates Grasland: 3.2.2.6

ANITA-Klade: Amborellales, Nymphaeales, Austrobaileyales

Nymphaeaceae (als Beispiel der Nymphaeales)
Blüten zwittrig und schraubig aufgebaut, meist vier Kelchblätter und bis zu 50 Kronblätter. Meist oberständiger Fruchtknoten aus fünf bis 35 teilweise verwachsenen Fruchtblättern. Die äußeren der bis zu 750 Staubblätter zeigen morphologische Übergänge zu den Kronblättern (Staminodien)

Nymphaea alba

Chloranthales

Magnoliden: Canellales, Piperales, Laurales, Magnoliales

Magnoliaceae (als Beispiel der Magnoliales)
Blüten meist zwittrig und schraubig aufgebaut. Perigon aus bis zu 18 Tepalen, viele Staubblätter, Fruchtblätter oberständig und nicht verwachsen

Magnolia sp.

Monokotyledonen
Acorales, Alismatales, Petrosalviales, Dioscoreales, Pandanales, Liliales, Asparagales, Arecales, Poales, Commelinales, Zingiberales

Liliaceae (als Beispiel der Liliales)
Blüten zwittrig und radiärsymmetrisch, Perigon aus sechs meist freien Tepalen, sechs Staubblätter und drei Fruchtblätter vorhanden, oberständiger Fruchtknoten aus drei Fruchtblättern

Lilium sp.

Lilium martagon

Iridaceae (als Beispiel der Asparagales)
Blüten zwittrig und meist radiärsymmetrisch, einige Arten zygomorph, Tepalen meist miteinander verwachsen, die drei Staubblätter zum Teil mit den Tepalen oder den oberen Teilen des Griffels verwachsen, Fruchtknoten unterständig aus drei Fruchtblättern

Iris varietega

Crocus sp.

Poaceae (als Beispiel der Poales)
Blüten stark reduziert und modifiziert, Vorspelze ist ein Verwachsungsprodukt aus zwei Tepalen des äußeren Perigonkreises, zwei Tepalen des inneren Perigonblattkreises als Lodiculae (Schwellkörper) ausgebildet, meist drei Staubblätter, Fruchtknoten oberständig aus drei Fruchtblättern

Zea mays

Lagurus ovatus

Ceratophyllales

Eudikotyledonen

M A G N O L I O P S I D A

Die Übersicht beschränkt sich auf einzelne Beispiele der Verwandtschaftsgruppen und ist dementsprechend nicht vollständig

Carnivore Pflanzen (tierfangende Pflanzen) ergänzen ihre Mineralstoffversorgung, hauptsächlich von Stickstoffverbindungen, durch Fangen und Verdauen von Insekten, anderen Invertebraten und Einzellern. Es sind etwa 500 Arten carnivorer Pflanzen bekannt. Zu diesen gehören unter anderem der Sonnentau (*Drosera* spp.), die Kannenpflanze (*Nepenthes* spp.) oder die Venusfliegenfalle (*Dionaea muscipula*). Carnivore Pflanzen kommen vor allem in nährstoffarmen Habitaten vor. Dies sind einerseits Moorstandorte und andere Magerstandorte, andererseits finden sich aber auch epiphytisch wachsende carnivore Pflanzen. Die umgewandelten Blätter werden zum Fangen der Beute eingesetzt. Die Kannenpflanze lockt durch leuchtende Farben oder Gerüche und fängt mit ihren schlauchförmigen Blättern Insekten und kleine Nagetiere. Ein Entkommen ist durch die steifen, nach unten gerichteten Haare auf der Kanneninnenseite nicht möglich. Die Beute wird durch Enzyme und Bakterien anschließend verdaut. Die Venusfliegenfalle besitzt zwei spezialisierte Blätter, die sich sekundenschnell schließen und die Beute gefangen halten können, bis sie von den sezernierten Blattenzymen verdaut wird. Der Sonnentau bildet Blätter, die mit Drüsen ausgestattet sind, an denen Insekten kleben bleiben. Auch innerhalb der Moose sind carnivore Arten bekannt. Zu diesen gehören die Gattungen *Colura* und *Pleurozia*, die Fangvorrichtungen ausbilden.

Carnivore Pflanzen ernähren sich autotroph, also durch Photosynthese, jedoch können sie aufgrund der Carnivorie in sauren und nährstoffarmen Habitaten schneller wachsen.

Carnivore Pilze bilden Klebefallen oder Schlingfallen aus den Hyphen, in denen sich die Beute verfängt. Der Pilz wächst in die Beute hinein und verdaut diese von innen.

Drosera capensis   *Nepenthes* sp.

Dionaea muscipula

Carnivorie

Eudikotyledonen I: Rosiden

Die Eudikotyledonen weisen wie die basalen Ordnungen der Bedecktsamer zwei Keimblätter auf, die Pollenkörner besitzen drei Keimfurchen (tricolpat). Die Organe der Blüte stehen in Wirteln.

Einige basale Eudikotyledonen haben eine noch eher variable Blütenmorphologie und weichen auch in anderen Merkmalen von den Kern-Eudikotyledonen ab. Es handelt sich aber nicht um eine monophyletische Gruppe. Die Blüten sind zum Teil, wie bei den Ranunculales, noch schraubig. Bei Gruppen mit wirteliger Blattstellung weicht die Anzahl der Blätter pro Blattkreis oft noch von der für die Kern-Eudikotyledonen typischen pentazyklischen Blattstellung ab. Die Fruchtblätter sind bei vielen Gruppen nicht verwachsen. Auch Ellagsäure findet sich bei den basalen Eudikotyledonen nicht, Ausnahme sind die Gunnerales als nächste Verwandte der Kern-Eudikotyledonen.

Die meisten Kern-Eudikotyledonen besitzen eine fünfzählige Blütenhülle und enthalten Ellagsäure. Sie umfassen zwei große Verwandtschaftsgruppen, die Asteriden und die Rosiden sowie jeweils einige basale Gruppen.

Exemplarisch werden hier die Ranunculaceae als Vertreter der basalen Eudikotyledonen, die Fabaceae und Rosaceae als Vertreter der Eurosiden I (Fabiden) und die Brassicaceae als Vertreter der Eurosiden II (Malviden) vorgestellt. Abschließend werden noch die Caryophyllaceae als Vertreter der basalen Asteriden besprochen.

Die Ranunculaceae (Hahnenfußgewächse) umfassen etwa 2.500 Arten und sind weltweit vertreten, mit einem Verbreitungsschwerpunkt in den gemäßigten Zonen der nördlichen Hemisphäre. Es sind meist krautige und oft ausdauernde Pflanzen. Nebenblätter fehlen meist. Bei einigen Arten gibt es nur ein Keimblatt.

Die Fabaceae (Hülsenfrüchtler) bilden mit rund 20.000 Arten eine der artenreichsten Pflanzenfamilien. Zu den Fabaceae gehören sowohl krautige, als auch verholzende Pflanzen.

Die Rosaceae (Rosengewächse) umfassen etwa 3.000 Arten und sind weltweit verbreitet, mit einem Verbreitungs-

Die Rosiden haben meist Blüten mit freien Kronblättern. Die Staubblätter stehen entweder in zwei Kreisen oder zentripetal/zentrifugal vermehrt. Der Nucellus ist in den Samenanlagen kräftig entwickelt (crassinucellate Samenanlage), diese ist von zwei Integumenten umgeben. Bei der Bildung des Endosperms teilen sich die Kerne, ohne dass zunächst Zellwände eingezogen werden (nucleäre Endospermbildung), Membranen und Zellwände bilden sich erst später.

Die weitere Unterteilung der Eurosiden basiert vornehmlich auf molekularen Daten:

Die Gruppierung der in den Eurosiden I (Fabiden) zusammengefassten Familien wird nur durch molekulare Daten gestützt, morphologische Synapomorphien für diese Gruppe sind bislang nicht bekannt.

Auch die Eurosiden II (Malviden) werden im Wesentlichen durch molekulare Daten gestützt. Gemeinsame morphologische Merkmale dieser Gruppe sind ein Gynoeceum mit einfachen Griffeln sowie Samen mit meist nur wenig Endosperm.

schwerpunkt auf der Nordhalbkugel. Es handelt sich um krautige Pflanzen, Sträucher oder Bäume.

Die Brassicaceae (Kreuzblütengewächse) umfassen etwa 4.000 Arten. Sie sind weltweit in allen Klimazonen verbreitet, der Verbreitungsschwerpunkt liegt in der Mittelmeerregion sowie in Zentral- und Südwestasien. Es sind meist anuelle oder ausdauernde krautige Pflanzen, nur wenige Arten verholzen. Die Brassicaceae sind als Kulturpflanzen bedeutend (Kohl, Raps), stellen aber mit der Ackerschmalwand (*Arabidopsis thaliana*) auch die wohl am besten untersuchte Pflanze in der botanischen Forschung.

Die Caryophyllaceae (Nelkengewächse) umfassen rund 2.200 Arten und sind weltweit in allen Klimazonen verbreitet. Der Verbreitungsschwerpunkt liegt in den gemäßigten Breiten der Nordhemisphäre. Es sind meist ein- oder mehrjährige krautige Pflanzen, seltener Gehölze. Von den Caryophyllaceae und den anderen Familien der Caryophyllales ist keine Mykorrhiza bekannt.

Achäne: Frucht der Asteraceae
annuelle Pflanzen: einjährige Pflanzen
Gynoeceum: (griech.: *gynaikeion* = Frauenwohnung) Gesamtheit der Fruchtblätter
pentazyklisch: bezeichnet Blüten mit fünfzähligen Blütenblattkreisen (Wirteln)

Synapomorphie: ein gemeinsames abgeleitetes Merkmal einer monophyletischen Gruppe
Wirtel: Anordnung von Blättern, bei der zwei oder mehrere Blätter an einem Knoten ansetzen

Siehe auch: zentripetal: 4.4.3.3

basale Eudikotyledonen: Ranunculales, Sabiales, Proteales, Trochodendrales, Buxales

Ranunculaceae (als Beispiel der Ranunculales)
Blüten meistens zwittrig und radiärsymmetrisch, manche zygomorph (z. B. Akelei, Eisenhut), Perigon aus einem Blattkreis aus vier bis vielen Blättern, Schauapparat oft aus Nektarblättern, Staubblätter und Fruchtblätter nicht verwachsen

Ranunculus sp.

Gunnerales

basale Schwestergruppen der Rosiden: Dilleniales, Saxifragales, Vitales

Eurosiden I (Fabiden):
Zygophyllales, Celastrales, Oxalidales, Malpighiales, Fabales, Rosales, Cucurbitales, Fagales

Fabaceae (als Beispiel der Fabales)
Blüten meist zwittrig und zygomorph, Kelchblätter oft verwachsen, oberes Kronblatt vergrößert (Fahne), die unteren beiden zu einem Schiffchen verwachsen, neun bis zehn der Staubblätter verwachsen. Oberständiger Fruchtknoten aus einem Fruchtblatt

Ononis spinosa   *Trifolium medium*

Rosaceae (als Beispiel der Rosales)
Blüten meist zwittrig und radiärsymmetrisch, Blütenbecher (Hypanthium) stets vorhanden, Kelchblätter und Kronblätter frei, Staubblätter meist zehn bis viele und nicht verwachsen, Fruchtblätter eins bis viele und meist nicht verwachsen

Prunus padus   *Rubus fruticosus*

Eurosiden II (Malviden): Geraniales, Myrtales, Crossosomatales, Picramniales, Sapindales, Huerteales, Malvales, Brassicales

Brassicaceae (als Beispiel der Brassicales)
Blüten zwittrig und meist radiärsymmetrisch, Kelchblätter und Kronblätter nicht verwachsen, Staubblätter in zwei Kreisen mit insgesamt sechs Staubblättern, der äußere Kreis nur aus zwei Staubblättern

Brassica napus   *Raphanus sativus*

basale Schwestergruppen der Asteriden: Santalales, Berberidopsidales, Caryophyllales

Caryophyllaceae (als Beispiel der Caryophyllales)
Blüten meist zwittrig und radiärsymmetrisch, Kelchblätter frei oder verwachsen, Kronblätter immer frei und mit langem Stil („genagelt"), oft zweilappig, Staubblätter meist frei, manchmal mit der Krone oder dem Kelch verwachsen, Fruchtknoten oberständig aus fünf oder drei Fruchtblättern

Silene sp.   *Silene uniflora*

Asteriden: Cornales, Ericales, Euasteriden I, Euasteriden II

K E R N E U D I K O T Y L E D O N E N

E U R O S I D E N

Die Übersicht beschränkt sich auf die wesentlichen Verwandtschaftsgruppen und ist dementsprechend nicht vollständig

Verbreitungseinheiten werden bei vielen Organismen durch den Wind oder durch Tiere verbreitet. Tierverbreitete Einheiten sind oft klebrig und haben eine rauhe Oberfläche (Pollen) oder besitzen andere Haftstrukturen, wie Hakenhaare (Klette). Windverbreitete Einheiten besitzen dagegen Strukturen, die ein möglichst langes Schweben in der Luft begünstigen (Luftsäcke bei Pollenkörnern, Schwebefortsätze der Achänen beim Löwenzahn - „Pusteblume").

Die Verbreitung von Pollen durch Wind bezeichnet man als Anemophilie, durch Tiere als Zoophilie und durch Wasser als Hydrophilie. Anemophile Blüten sind unscheinbar und produzieren weder Nektar noch Duftstoffe. Die vielen Pollen befinden sich oft an langen, beweglichen Staubfäden.

Die Narben besitzen eine deutlich vergrößerte Oberfläche. Zu den windblütigen Pflanzen gehören unter anderem die Süßgräser, Binsengewächse, Buchengewächse und Birkengewächse. Zoophile Pflanzen locken Bestäuber durch auffällig gefärbte Blüten oder Düfte an. Sie produzieren in der Regel weniger Pollen als windblütige Pflanzen, dafür aber Nektar. Unangenehmen Aasgeruch verbreiten Pflanzen, die durch Fliegen bestäubt werden.

Entsprechend wird Windverbreitung von Samen (Anemochorie) von Tierverbreitung (Zoochorie) unterschieden. Auch hier ist die Anzahl der Samen bei anemochoren Pflanzen höher und diese besitzen meist Schwebefortsätze.

Links: Biene mit Pollen und Pollenkorn von *Carbaea scandens*; Mitte: Kiefernblüte und Kiefernpollen; rechts: Kletten in Hundefell und Pusteblume

Wind- und Tierverbreitung

Eudikotyledonen II: Asteriden

Die Asteriden bilden die Schwestergruppe der Caryophyllales. Asteriden haben Blüten mit meist verwachsenen Kronblättern und oft nur einem Staubblattkreis. Der Nucellus ist schwach entwickelt (tenuinucellate Samenanlage). Die Samenanlage ist von nur einem Integument umgeben. Bei der Bildung des Endosperms werden nach der Kernteilung immer auch direkt Membranen und Zellwände eingezogen (zelluläre Endospermbildung).

Zu den Asteriden gehören die beiden basalen Ordnungen der Cornales und der Ericales sowie die Gruppen der Euasteriden I (Lamiiden) und der Euasteriden II (Campanuliden). Abgesehen von den beiden basalen Ordnungen fehlt den Asteriden Ellagsäure.

Hier werden exemplarisch die Boraginaceae (Boraginales), die Lamiaceae (Lamiales), die Plantaginaceae (Lamiales) und die Scrophulariaceae (Lamiales) als Vertreter der Euasteriden I (Lamiiden) und die Asteraceae (Asterales) und Apiaceae (Apiales) als Vertreter der Euasteriden II (Campanuliden) vorgestellt.

Die Boraginaceae (Raublattgewächse) umfassen etwa 2.800 Arten und sind von den gemäßigten Zonen bis in die Tropen weltweit verbreitet. Es handelt sich um einjährige bis ausdauernde krautige oder verholzende Pflanzen. Die Blätter und Stängel sind meist charakteristisch behaart. Einige finden als Nutz- und Heilpflanzen Verwendung, z. B. Borretsch (*Borago officinalis*) und Beinwell (*Symphytum officinalis*). Zu den bekannten Zierpflanzen gehört das Vergissmeinnicht (*Myosotis* spp.).

Die Lamiaceae (Lippenblütler) umfassen etwa 7.000 Arten und sind weltweit in allen Klimazonen vertreten. Zu den Lamiaceae gehören sowohl krautige als auch verholzende Pflanzen. Viele Arten enthalten etherische Öle und duften aromatisch (z.B. Minzen (*Mentha*), Basilikum (*Ocimum basilicum*), Lavendel (*Lavandula*) oder Salbei (*Salvia*)). Die Sprossachse ist oft vierkantig.

Die Plantaginaceae (Wegerichgewächse) umfassen rund 2.000 Arten und sind weltweit in allen Klimazonen vertreten. Es sind meist einjährige oder ausdauernde krautige Pflanzen, selten auch Sträucher.

Die Scrophulariaceae (Braunwurzgewächse) umfassen etwa 1.700 Arten. Es sind überwiegend krautige Pflanzen,

Die Euasteriden I (Lamiiden) haben meist gegenständige, ganzrandige Blätter. Bei der Entwicklung der Blüte sind die einzelnen Primordien zunächst getrennt und verwachsen erst anschließend (späte Sympetalie). Später bilden sich durch vermehrte Zellteilung die Kronzipfel. Der Fruchtknoten ist oft oberständig, die Früchte sind häufig Kapseln.

Die Euasteriden II (Campanuliden) haben meist wechselständige, gesägte oder gezähnte Blätter. Bei der Entwicklung der Blüte sind die einzelnen Primordien von Beginn an miteinander verbunden und bilden am Blütenvegetationskegel einen Ringwall (frühe Sympetalie). Der Fruchtknoten steht oft unterständig, die Früchte sind oft Schließfrüchte.

aber auch verholzende Arten kommen vor. Einige Gattungen der Scrophulariaceae werden heute zu anderen Familien zugeordnet. Ehrenpreis (*Veronica*), Löwenmäulchen (*Antirrhinium*), Fingerhut (*Digitalis*) und andere Gattungen werden jetzt zu den Plantaginaceae gestellt. Die Halbparasiten Wachtelweizen (*Melampyrum*), Zahntrost (*Odontitis*) und Läusekraut (*Pedicularis*) sowie der Vollparasit Schuppenwurz (*Lathraea*) werden heute zu den Orobanchaceae (Sommerwurzgewächse) gestellt.

Die Asteraceae umfassen etwa 24.000 Arten und sind weltweit mit Ausnahme der Antarktis auf allen Kontinenten in allen Klimazonen vertreten. In Europa gehören sie zu den artenreichsten Pflanzenfamilien. Es überwiegen ein- bis zweijährige oder ausdauernde krautige Pflanzen, seltener sind verholzende Arten. Typisch für die Asteraceae sind die körbchenförmigen Blütenstände, die eine bestäubungsbiologische Einheit darstellen (Blume). Die Blütenkörbchen sind von Hüllblättern als Involucrum umgeben.

Die Apiaceae (Doldenblütler) umfassen etwa 3.800 Arten und sind weltweit in den gemäßigten Zonen verbreitet. Es sind meist ausdauernde krautige Pflanzen mit mehrfach geteilten Blättern und Doppeldolden als Blütenstand. Viele Arten bilden wie die Möhre (*Daucus*) eine Pfahlwurzel aus. Einige Arten wie Hundspetersilie (*Aethusa cynapium*) und Bärenklau (*Heracleum*) sind giftig.

Ellagsäure: ein Polyphenol
gesägtes Blatt: zwischen den Zähnen des Blattes befinden sich spitze Einschnitte
gezähntes Blatt: zwischen den Zähnen befinden sich abgerundete Einschnitte
Halbparasit: auch Hemiparasit. Parasitische Pflanzen, die zihrem wirt Wasser und Nährstoffe entziehen, jedoch selbst zur Photosynthese fähig sind
Involucrum: zu Scheinblättern genährte Hüllblätter eines Blütenstandes

Primordien: (lat.: *primoridium* = der erste Anfang) Organvorstufe
Schließfrucht: Frucht, die sich während der Reifung nicht öffnet
Sympetalie: Verwachsung der Petalen in einer Angiospermenblüte
Vollparasit: auch Holoparasit. Parasitische Pflanzen, deren Ernährung vollständig vom Wirtsorganismus abhängt, sie sind nicht zur Photosynthese fähig
wechselständig: Blätter wachsen versetzt an einem Spross

Siehe auch: Sympetalie: 4.4.3.6

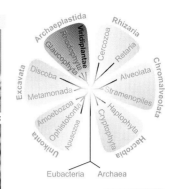

Euasteriden I (Lamiiden): Garryales, Gentianales, Lamiales, Solanales, Boraginales

Boraginaceae (als Beispiel der Boraginales)
Blüten zwittrig und meist radiärsymmetrisch, Kelchblätter am Grunde, Kronblätter ganz zu röhren- oder stieltellerförmigen Blüten verwachsen, Staubblätter mit den Kronblättern verwachsen, oberständiger Fruchtknoten mit falschen Scheidewänden (vier Klausen)

Anchusa officinalis

Lamiaceae (als Beispiel der Lamiales)
Blüten i. d. R. zwittrig, zygomorph, röhrig verwachsene Kelchblätter, Kronblätter verwachsen (Lippenblüte), meist vier mit der Kronröhre verwachsene Staubblätter, oberständiger Fruchtknoten aus zwei Fruchtblättern mit falschen Scheidewänden (vier Klausen).

Lamium maculatum

Plantaginaceae (als Beispiel der Lamiales)
Blüten meist zwittrig, zygomorph und sehr variabel, fünf (vier) Kelchblätter frei oder verwachsen, Kronblätter verwachsen, meist vier Staubblätter (selten zwei oder eines) mit der Kronröhre verwachsen, oberständiger Fruchtknoten aus zwei (einem) Fruchtblättern

Digitalis purpurea *Linaria alpina*

Scrophulariaceae (als Beispiel der Lamiales)
Blüten meist zwittrig und zygomorph, fünf oder vier Kelchblätter und Kronblätter, Kelchblätter und Kronblätter sind jeweils verwachsen, die Staubblätter mit den Kronblättern verwachsen, oberständiger Fruchtknoten aus zwei Fruchtblättern

Verbascum nigrum *Buddleja davidii*

Euasteriden II (Campanuliden): Aquifoliales, Asterales, Escalloniales, Bruniales, Apiales, Paracryphiales, Dipsacales

Asteraceae (als Beispiel der Asterales)
radiärsymmetrische Röhrenblüten oder zygomorphe Zungenblüten, Kelchblätter meist reduziert zu einem Haarkranz (Pappus), Kronblätter sowie Staubblätter zu einer Röhre verwachsen, Fruchtknoten unterständig aus zwei Fruchtblättern

Carduus platypus *Echinacea* sp.

Apiaceae (als Beispiel der Apiales)
Blüten meist radiärsymmetrisch, Kelchblätter oft verkümmert oder fehlend, Kronblätter und Staubblätter frei, unterständiger Fruchtknoten aus zwei Fruchtblättern

Daucus carota *Angelica sylvestris*

Die Übersicht beschränkt sich auf die wesentlichen Verwandtschaftsgruppen und ist dementsprechend nicht vollständig

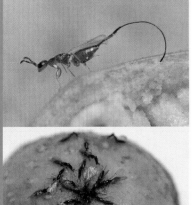

Die Coevolution der Bestäubungsbiologie hat zu starken Spezialisierungen auf Seiten der Bestäuber und der Blüte geführt. Zum Teil entwickelten sich wechselseitige Abhängigkeiten zwischen zwei Arten. Zum Beispiel haben Feigenwespen eine sehr enge Beziehung zu den Feigenbäumen. Feigenwespen legen ihre Eier nur in die Blüten einer bestimmten Feigenart. Dabei bestäuben sie die Feige. Die Larven entwickeln sich in den Blütenständen und nutzen die Bestandteile des Fruchtstandes als Nahrung. Diese symbiontische Beziehung scheint sich schon vor 34 Millionen Jahren entwickelt zu haben. Bei den damaligen fossil überlieferten Vertretern waren alle anatomischen Spezialisierungen vorhanden, die die heutigen Vertreter ebenfalls besitzen, etwa Anpassungen zum Eindringen in die Blüte oder die Pollentaschen. Man kann daher ebenfalls annehmen, dass sich die Anatomie der Feige auch nicht oder kaum verändert hat.

Coevolution der Bestäubungsbiologie

Rhizaria

Die Rhizaria sind die Schwestergruppe der Alveolata und Stramenopiles und werden mit diesen als SAR-Klade zusammengefasst.

Sie bilden eine diverse Gruppe von Protisten, zu denen die Cercozoa und die Retaria gehören. Die phylogenetische Position der Gymnosphaerida ist noch unklar, vermutlich gehören diese aber zu den Granofilosea und damit zu den Cercozoa.

Die Cercozoa sind eine sehr formenreiche Gruppe, die phylogenetischen Beziehungen der Taxa sind noch nicht geklärt. Sie lassen sich grob in Taxa mit vorwiegend filosen Pseudopodien (vor allem Monadofilosa) und Taxa mit vorwiegend reticulosen Pseudopodien einteilen (vor allem Granofilosea und Chlorarachniophyta).

Die Arten leben vorwiegend substratgebunden. Im Benthos der Gewässer und in Bodenhabitaten gehören die Cercozoa zu den häufigsten Eukaryoten und zu den bedeutendsten bakterivoren Protisten.

Die Retaria umfassen die Foraminifera und die als Radiolarien zusammengefassten Acantharia und Polycystinea. Die

Die Rhizaria sind sehr formenreich, die meisten Taxa haben Pseudopodien: meist entweder Filopodien, Reticulopodien oder Axopodien.

Fossil sind nur die Retaria gut überliefert, da viele dieser Taxa Skelettelemente aus Kalk oder Silikat bilden. Die Cercozoa sind fossil kaum überliefert, stellen aber bedeutende Komponenten aquatischer (benthischer) und terrestrischer Nahrungsnetze dar.

Retaria sind vorwiegend marin. Die Skelette der Retaria sind meist aus Kalk (Foraminifera), Silikat (Polycystinea) oder Strontiumsulfat (Acantharia) aufgebaut. Die Kalkskelette der Foraminiferen und die Silikatskelette der Polycystinea sind in marinen Sedimenten fossil gut überliefert. Unterhalb der Kompensationstiefe liegt Kalk ausschließlich gelöst vor. In diesen Tiefen bestehen die Sedimente daher größtenteils aus Silikaten, die Skelette der Polycystinea können dabei den größten Teil dieser Sedimente ausmachen (Radiolarienschlamm). Verfestigen sich diese Sedimente, so entsteht Radiolarit.

SAR-Klade: Verwandtschaftsgruppe, welche die Stramenopiles, die Alveolata und die Rhizaria umfasst

---

Siehe auch: Amoebozoa: 4.2.3, 4.2.3.1; Axopodien, Filopodien, Retikulopodien: 4.2.3

Retaria: marin, heterotroph, Reticulopodien oder Axopodien, verschiedene Skeletttypen

Polycystinea: basale „Radiolarien", Axopodien, oft mit Kieselsäureskeletten

Foraminifera: Reticulopodien, meist mit Schale (organisch, kalkig oder agglutiniert)

Acantharia: „Radiolarien", Axopodien, Skelett aus zehn oder 20 Stacheln aus Strontiumsulfat

Cercozoa: diverse Gruppe mit verschiedenen, uneinheitlichen morphologischen Merkmalen

Filosa

Monadofilosa: meist filose Pseudopodien, nackte Formen und solche mit Theka oder Schuppen

Granofilosea: fein verzweigte Granuloreticulopodien

Chlorarachniophyta: amöboid, sekundäre Plastiden (vier Membranen, Nucleomorph, Chl *a,b*)

Metromonadea: gleitende, nicht-amöboide Flagellaten

Endomyxa

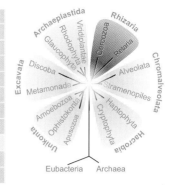

Die Foraminifera (links: lebende Formanifere) sind bedeutende marine Protisten. Ihre meist kalkigen Gehäuse (Mitte links bis rechts) sind fossil gut überliefert und für die Erdölexploration wichtige Mikrofossilien

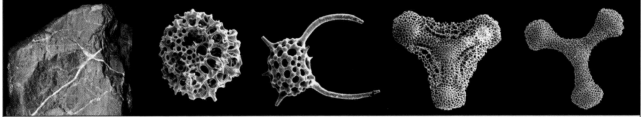

Die Radiolarien sind polyphyletisch. Die Polycystinea bilden Skelette aus Silikat (Mitte links bis rechts). Diese können einen großen Teil der hochmarinen Sedimente ausmachen. Verfestigen sich diese Sedimente aus Radiolarienskeletten, entsteht Radiolaarit (links)

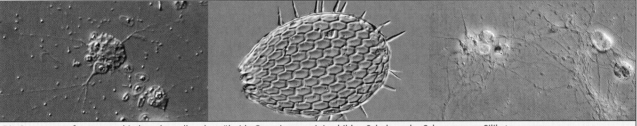

Die Cercozoa umfassen verschiedene (vor allem) amöboide Organismen, einige bilden Schalen oder Schuppen aus Silikat

Plastiden wurden von einem Vorfahren der Archaeplastida durch Endocytobiose aufgenommen. In anderen Organismengruppen sind Plastiden auf die Aufnahme einer eukaryotischen Alge zurückzuführen. Diese Plastiden besitzen verschiedene Merkmale, die auf den eukaryotischen Ursprung hindeuten. In den Plastiden der Cryptophyta und der amöboiden Chlorarachniophyta findet sich ein Nucleomorph. Ein Nucleomorph ist ein rudimentärer Zellkern, der sich zwischen den beiden äußeren und den beiden inneren Membranen der Plastiden befindet. Untersuchungen der Nucleomorphe ergaben, dass der Nucleomorph der Cryptophyta aus dem Zellkern der Rhodophyta und der Nucleomorph der Chlorarachniophyta aus dem Zellkern der Chlorophyta hervorgegangen ist. Bei beiden Gruppen besteht der Nucleomorph nur noch aus drei Chromosomen. Im Allgemeinen sind die Genome der Nucleomorphe von Chlorarachniophyta (330–610 Kbp) kleiner als die

der Nucleomorphe der Cryptophyta (550–845 Kpb). Das erste komplett sequenzierte Genom eines Nucleomorphs ist das von *Guillardia theta* (Cryptophyta). Mit einer Größe von 551 kpb besitzt es 464 proteinkodierende Gene, vor allem *Housekeeping*-Gene, die unter anderem in Transkription und Translation involviert sind. Wie auch in anderen reduzierten Genomen ist der A+T-Gehalt der Nucleomorphe sehr hoch (ca. 75%). Der Nucleomorph von *Bigelowiella natans* (Chlorarachniophyta) besitzt ein deutlich kleineres Genom von 373 kbp. Es ist allerdings auffallend, dass dessen Chromosomenstruktur und Genomarchitektur sehr ähnlich zum Nucleomorph der Cryptophyta ist. Das Genom besteht aus 284 proteincodierenden Genen, ebenfalls vorwiegend *Housekeeping*-Gene. Vermutlich ist der Nucleomorph der überzeugendste Beweis für die sekundäre Endocytobiose und er gilt als „*missing link*" der Evolution von sekundären Plastiden.

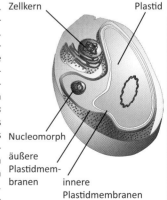

Schema einer Zelle mit einem sekundären Plastiden mit Nucleomorph

Nucleomorph

Cercozoa

Die Cercozoa werden zusammen mit den Retaria (Foraminifera und Radiolarien) zu den Rhizaria zusammengefasst.

Das Monophylum der Cercozoa umfasst begeißelte und amöboide Organismen (teilweise früher als Rhizopoda bezeichnet). Auch einige früher zu den Stramenopiles gestellte Organismen werden den Cercozoa zugeordnet.

Die meisten Cercozoa sind heterotroph und besiedeln sowohl aquatische, als auch terrestrische Habitate. Nur eine Gruppe, die Chlorarachniophyta, besitzt Chloroplasten, die aus der sekundären Endocytobiose mit einer Grünalge hervorgegangen sind.

Die Cercozoa werden in Filosa und Endomyxa (mit Phytomyxea und Vampyrellida) unterteilt. Zu den Filosa gehören die Monadofilosa (gleitende, meist nur schwach oder nicht amöboide Organismen), die Granofilosea (mit fein verzweigten Granuloreticulopodien), die Chlorarachniophyta (amöboid mit sekundären Plastiden) und die Metromonadea (gleitende, nicht amöboide Flagellaten).

Exemplarisch für die Monadofilosa werden die Thecofilosea, die Cercomonadida und die Imbricatea vorgestellt:

Die Thecofilosea besitzen (zumindest die ursprünglichen Formen) eine extrazelluläre organische Theka. In diese Gruppe gehören auch die Phaeodarea, die früher zu den Radiolarien gestellt wurden: Die Phaeodarea besitzen eine Zentralkapsel mit drei Öffnungen: eine große, das Astropylum, durch die die der Ernährung dienenden Pseudopodien verlaufen, und zwei kleinere, die Parapylae, durch die Mikrotubuli zu den Axopodien verlaufen. In der Mitte befindet sich das Phaedium, eine dichte Masse von dunkel pigmentiertem, granulärem Cytoplasma. Die Kapsel der Phaeodarea ist nicht homolog zur Zentralkapsel der Polycystinea.

Die Cercomonadida sind freilebende Amöboflagellaten ohne Zellwand. Sie besitzen zwei unterschiedliche schlagende Geißeln ohne Mastigonemen, Pseudopodien dienen der Nahrungsaufnahme. Die Cercomonadida sind weltweit in aquatischen und terrestrischen Lebensräumen verbreitet.

Die Imbricatea sind Einzeller, deren Zelloberfläche mit überlappenden Silikatschuppen bedeckt ist. Zwischen den Silikatschuppen befinden sich zwei Öffnungen, aus denen

Die zu den Imbricatea gestellte *Paulinella chromatophora* besitzt Chromatophoren (Cyanellen, Plastiden im weiteren Sinne) cyanobakteriellen Ursprungs. Dies ist das einzige bekannte Beispiel für eine von der Entstehung der Plastiden unabhängige Aufnahme eines Cyanobakteriums und dessen Umwandlung in ein Organell durch eine eukaryotische Wirtszelle.

Mitochondrien und Dictyosomen sind bei den Cercozoa vorhanden. Entweder findet die Fortbewegung durch zwei anisokonte Flagellen oder Pseudopodien statt.

Filopodien ragen. Die Mitochondrien besitzen tubulären Cristae. Die Silicofilosea werden in zwei Gruppen unterteilt: Thaumatomonadida und Euglyphida, zu letzterer Gruppe gehört auch *Paulinella*.

Die Chlorarachniophyta sind nackte Amöben. Die Filopodien dienen zum Beutefang. Die (phagotrophe) Ernährung erfolgt über Phagocytose von Bakterien, Flagellaten und Algen. Die Plastiden der Chlorarachniophyta enthalten Chlorophyll *a* und *b* und sind von vier Membranen umgeben (sekundäre Endocytobiose mit einer Grünalge) Ein Nucleomorph, der sich in einer Einbuchtung auf der Oberfläche des Pyrenoids befindet, ist vorhanden. Thylakoide sind in Zweier- und Dreiergruppen angeordnet und bilden auf diese Weise Lamellen. Dauercysten und begeißelte Zoosporen werden gebildet. Vier Gattungen (*Bigelowiella*, *Chlorarachnion*, *Chryptochlora*, *Lotharella*) mit insgesamt 100 Arten sind bekannt.

Die Endomyxa umfassen eine Reihe von Taxa, deren innere Systematik der Gruppe ist jedoch noch nicht geklärt. Exemplarisch werden die Phytomyxea vorgestellt: Die Phytomyxea sind obligate interzelluläre Parasiten in Wurzeln von Pflanzen. Sie bilden in den Wurzeln vielkernige Plasmodien aus. Die Invasion erfolgt durch besondere Organellen als spezielle Differenzierung des endoplasmatischen Reticulums. Nach dem Zerfall der Pflanze gelangen Fruchtkörper und gebildete Sporen ins Freie. Sexuelle Fortpflanzung ist bekannt.

---

anisokont: unterschiedlich gestaltete Geißeln

incertae sedis: (lat.: *incerta sedes* = unsicherer Sitz) unsichere systematische Stellung

Pyrenoid: Struktur in den Plastiden von vielen Algen und Hornmoosen aus vorwiegend RubisCo (Ribulose-1,5-bisphosphat-Carboxylase/Oxygenase), dient der Kohlendioxidanreicherung

rhizopodial: Organismen ohne feste Zellwand und Geißel, deren Bewegung amöboid durch Pseudopodien erfolgt. Der veraltete Name für amöboide Organismen („Rhizopoda") keitet sich hiervon ab

Zysten/Cysten: Überdauerungsstadien von Einzellern, Pflanzen und Tieren, die sich bei ungünstigen Umweltbedingungen entwickeln oder zur Vermehrung und Ausbreitung genutzt werden

---

Siehe auch: Pseudopodien: 4.2.3; sekundäre Endosymbiose: 4.1.2.3, 2.2.2.5

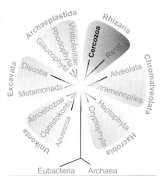

Cercozoa

Filosa

Monadofilosa

Thecofilosea: ursprünglich mit extrazellulärer organischer Theka

Imbricatea: ursprünglich mit Silikatschuppen auf der Zelloberfläche

Paulinella: mit primären Chromatophoren, die unabhängig von Plastiden entstanden sind

Cercomonadida: Amöboflagellaten, Kinetosom mit dem Kern verbunden

Glissomonadida: nur schwach amöboid, meist gleitend auf hinterem Flagellum

Pansomonadida

Granofilosea: fein verzweigte Granuloreticulopodien

Chlorarachniophyta: amöboid, sekundäre Plastiden (vier Membranen, Nucleomorph, Chl *a*, *b*)

Metromonadea: gleitende, nicht-amöboide Flagellaten

Endomyxa

Ascetosporea: bilden komplexe Sporen

Gromia: vielkernige Amöbe mit Filopodien, mit organischer Schale

Filoreta: vielkernige reticulose Amöben

Phytomyxea: Amöboide oder plasmodiale Stadien wechseln mit Flagellatenstadien

Vampyrellida: Amöboide Stadien wechseln mit (Verdauungs-)Cysten; einige Taxa bilden Plasmodien

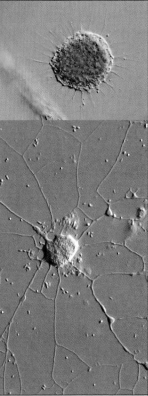

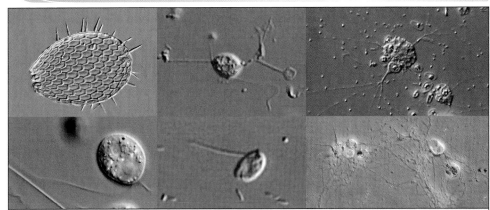

Filosa: Imbricatea (oben links: *Euglypha* sp.), Cercomonadida (oben Mitte: *Eocercomonas* sp.), Granulofilosea (oben rechts: *Reticuloamoeba* sp.), Glissomonadida (unten links: *Orciraptor agilis*), Metopiida (verwandt mit Metromonadea, unten Mitte: *Metopus* sp.), Chlorarachniophyta (unten rechts: *Chlorarachnion* sp.)

Endomyxa: Vampyrellida (oben: *Vampyrella lateritia*) und Filoreta (unten)

Zu den bedeutendsten evolutiven Schritten seit der Entstehung des Lebens zählt die Fähigkeit zur Photosynthese, bei der Sonnenlicht in chemische Energie umgewandelt wird. Die Entstehung von Chloroplasten in eukaryotischen Zellen war eine Voraussetzung für die Radiation der Eukaryoten und die Etablierung eukaryotischer Nahrungsnetze.

Plastiden sind aus einer primären Endocytobiose entstanden. Dabei hat eine eukaryotische Zelle einen photosynthetischen Prokaryoten (Cyanobakterium) aufgenommen. Dieser hat sich dann zum Organell entwickelt. Viele Details der Umwandlung eines freilebenden Cyanobakteriums über einen Endosymbionten hin zu einem Organell sind noch nicht aufgeklärt.

Neue Erkenntnisse liefert die zu den Imbricatea gehörende *Paulinella chromatophora*. Diese Alge ist der einzige bekannte Organismus, der unabhängig von der oben beschriebenen pri-mären Endocytobiose ein Cyanobakterium aufgenommen und zu einem Organell umgewandelt hat. Da die Cyanobakterien im Falle von *P. chromatophora* noch nicht so weit reduziert sind wie Plastiden, bezeichnet man sie auch als Chromatophoren. Auch wenn diese Chromatophoren bereits zwei Drittel ihrer ursprünglichen Gene verloren haben, sind sie im Gegensatz zu Plastiden noch in der Lage, autonom Photosynthese zu betreiben. Bei den Chloroplasten ist dagegen ein Teil der Photosynthesegene in den Zellkern der Wirtszelle überführt worden.

Man geht davon aus, dass die Entwicklung von Plastiden in zwei Stufen erfolgte: Zunächst entstand eine Abhängigkeit durch Austausch von Stoffen (Chromatophoren). Später erfolgte dann eine Verlagerung von Genen in den Zellkern der Wirtszelle und damit die regulatorische Kontrolle des Organells (Chloroplast) durch die Wirtszelle.

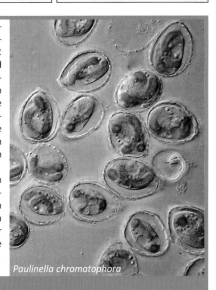

Paulinella chromatophora

Paulinella: Modell für die Entstehung von Plastiden

Retaria

Die Retaria bilden eine monophyletische Gruppe innerhalb der Rhizaria. Sie umfassen die Acantharia, die Foraminifera und die Polycystinea. Die Acantharia und Polycystinea wurden früher auch zusammen mit den zu den Cercozoa gehörenden Phaeodarea als „Radiolarien" zusammengefasst.

Die Retaria sind amöboide, marine, heterotrophe Organismen mit Reticulopodien oder Axopodien. In der Regel besitzen sie Skelette, die in den verschiedenen Gruppen aber aus unterschiedlichen Substanzen aufgebaut sein können. Bei den Foraminiferen bestehen die Skelette meist aus Kalk, bei den Acantharia aus Strontiumsulfat und bei den Polycystinea aus Siliciumdioxid.

Die Siliciumdioxidskelette der Polycystinea können nach dem Absterben der Organismen und dem Absinken der Skelette als Radiolarienschlamm und nach Verfestigung als Radiolarit abgelagert werden. Die Radiolarienschlämme können eine Mächtigkeit von mehreren Hundert Metern erreichen. Unterhalb der Kompensationstiefe für Kalk finden sich auch reine Radiolarit-Ablagerungen. Die ältesten fossilen „Radiolarien" (vermutlich Polycystinea) sind aus dem Neoproterozoikum bekannt, die ältesten Radiolarite aus dem oberen Kambrium.

Die Acantharia sind kugelförmig bis länglich und erreichen Größen zwischen 50 µm und 5 mm. Sie besitzen ein Skelett aus zehn oder 20 Stacheln, die aus Strontiumsulfat bestehen und im Zentrum zusammenlaufen. Die Zellen sind von einer Kapsel umgeben, von der sich Axopodien, Stacheln und Pseudopodien nach außen ausdehnen. Das Netzwerk der äußeren Pseudopodien bildet ein hyalines Ektoplasma, das innere Endoplasma ist granulär und enthält die Organellen sowie (häufig) auch endosymbiontische Algen (keine Plastiden!). Da Strontiumsulfat in Meerwasser löslich ist, sind die Skelette der Acantharia fossil nicht überliefert.

Die Polycystinea sind 30 µm bis 2 mm groß und besitzen in der Regel eine zentrale Kapsel und Skelettelemente aus Siliciumdioxid, einige Formen sind skelettlos. Die Polycystinea umfassen die Collodaria, die Nassellaria und die Spumellaria. Die Spumellaria besitzen eine in der Regel sphärische Zentralkapsel mit gleichmäßig verteilten Poren.

Die Nassellaria besitzen eine konische Zentralkapsel, die Poren sind an einem Pol konzentriert.

Die Collodaria besitzen bis auf einige Ausnahmen keine Skelette. Viele Arten leben kolonial, sie stellen einen bedeutenden Teil des marinen Planktons.

Der größte Teil der fossilen „Radiolarien" gehört zu den Polycystinea. Die Spumellaria wurden in der Trias bedeutend, im Jura und in der Kreide dominierten dann die Nassellaria. Nach dem Massensterben der Kreide-Paläogen-Grenze dominierten dann wieder die Spumellaria, die auch heute die erfolgreichste Gruppe der Polycystinea darstellen. Aufgrund der fehlenden Skelette sind die Collodaria fossil nicht überliefert.

---

biogen: (griech.: *bios* = Leben) biologischen oder organischen Ursprungs

hyalin: glasig, glasartig

Siehe auch: Axopodien, Reticulopodien: 4.2.3; Stratigraphie des Mesozoikums: 2.3.4

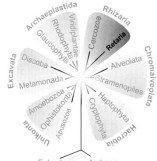

R
E
T
A
R
I
A

Acantharia: Skelett regelmäßig gebaut mit zehn oder 20 Stacheln, aus Strontiumsulfat

Foraminifera

Polycystinea: Axopodien, meist mit Siliciumskelet

Die **Collodaria** umfassen neben einigen skelettbildenenden Formen eine Reihe skelettloser und kolonialer Formen, wie die hier abgebildete Gattung *Collozoum*

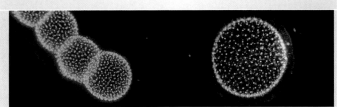

Die **Nassellaria** besitzen konisch gebaute Skelette, einige Taxa besitzen keine Skelette. Links eine rezente Art, rechts eine fossile Art

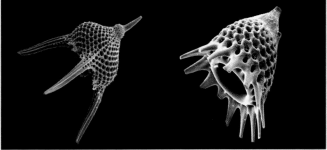

Die **Spumellaria** besitzen sphärisch gebaute Skelette, einige Taxa besitzen keine Skelette. Links eine rezente Art, rechts eine fossile Art

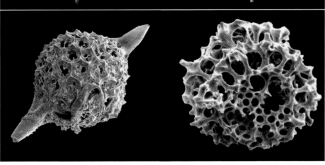

Biogene Minerale bilden in einer Vielzahl von Organismen Skelettelemente. Diese dienen dem Schutz, aber auch als Ansatzpunkte für den Bewegungsapparat. Die meisten Biomaterale bestehen aus nur einer Substanz. Zum Teil sind die biogenen Minerale mit organischen Substanzen durchsetzt, diese umfassen unter anderem lösliche und unlösliche Proteine sowie Polysaccharide und enthalten in der Regel viele Carboxylat-, aber auch Phosphat– und Sulfatgruppen.

Biogene Minerale können gesteinsbildend sein und Sedimente von mehreren Hundert Metern Mächtigkeit aufbauen. Dazu gehören (Riff-) Kalke, Kreideablagerungen, aber auch Radiolarite und Foraminiferenkalke.

Mineral	Chemische Formel	Organismus	Funktionen
Calciumcarbonat (Aragonit, Calcit)	$CaCO_3$	Foraminifera Trilobiten Coccolithophoridae Muscheln, Korallen Gastropoden Fische	Exoskelett Zellskelett Gravitationssensor
Calciumphosphat (Apatit)	$Ca_5(PO_4)_3(OH)$	Vertebraten Fische	Endoskelett Zähne Schuppen
Siliciumdioxid (Opal)	SiO_2 x H_2O	Bacillariophyceae Radiolaria Pflanzen	Exoskelett Zellskelett
Eisenoxid	Fe_3O_4	Bakterien Käferschnecken	Orientierung Zähne

Biogene Minerale

Foraminifera

Die Foraminifera gehören zusammen mit den Acantharia und den Polycystinea zu den Retaria. Diese bilden mit den Cercozoa die Rhizaria.

Foraminiferen sind amöboide Protisten, die in der Regel ein Gehäuse tragen. Meist ist dies aus Kalk oder aus durch Kalk verklebte Partikel aufgebaut. Die Foraminiferen (lat. *foramen* = kleines Loch; *ferre* = tragen) erhielten ihren Namen aufgrund ihrer Schalen, die von Poren durchsetzt sind. Die Schalen bestehen aus einem zusammenhängenden organischen Material und Kalk oder Siliciumoxid, das den Foraminiferen ihre Härte verleiht. Zu Beginn besteht die Schale aus Glykoproteinen. Durch Hinzufügen von neuen Kammern wächst die Foraminifere. Kalk oder kondensiertes organisches Material kann sich einlagern. Vermutlich sind vielkammerige Arten aus einkammerigen Arten entstanden. Ihre Gehäuse zeigen eine große Formenvielfalt: Die Kammern können geradlinig in einer oder zwei Reihen hintereinander liegen, sowohl spiralige oder schraubige Anordnung oder aber auch konzentrische Kreise sind bekannt. Aus den Poren ragen Reticulopodien heraus und bilden ein Netz für den Beutefang (z. B. Bacillariophyceae und Bakterien). Die Reticulopodien dienen jedoch auch der Fortbewegung und zum Sammeln von mineralischen Partikeln für den Aufbau der Schale. Foraminiferen besitzen Mitochondrien, jedoch keine Plastiden. Dagegen sind sie häufig mit symbiontischen Algen assoziiert und besitzen vermutlich verschiedene wirtsspezifische Symbionten: Unter anderem Dinophyta, Chlorophyta, Rhodophyta und Bacillariophyceae leben in ihren Gehäusen und können bis zu 75 % des Gehäusevolumens einnehmen.

Die 10.000 bekannten rezenten Arten der Foraminifera werden vorwiegend nach morphologischen Merkmalen in verschiedene Gruppen unterteilt. Die molekulare Systematik der Foraminiferen ist noch nicht geklärt. Die Globigerinida sind planktische Foraminiferen, die meisten anderen Gruppen leben benthisch. Nur sehr wenige Arten (ca. 50) leben im Süßwasser. Foraminiferen können in extremen Tiefen überleben. Lebende Foraminiferen wurden am tiefsten Punkt der Ozeane gefunden (10.896 m tief im Challenger-Tief des Marianengrabens im Westpazifik).

Obwohl es sich um Einzeller handelt, können sie eine Größe von mehreren Zentimetern erreichen (*Cycloclyperus carpenteri* 12 cm oder *Acervulina* sp. 20 cm). Sie erreichen ein Alter von bis zu mehreren Monaten oder auch Jahren.

Es sind ca. 40.000 fossile Arten beschrieben. Die ältesten fossilen Foraminiferen sind aus dem unteren Kambrium bekannt. Aufgrund ihrer kalkhaltigen Gehäuse sind sie an der Sedimentbildung in Meeresgebieten beteiligt. Der Nummulitenkalk zum Beispiel wurde für den Bau ägyptischer Pyramiden verwendet. Sowohl planktische Globigerinen als auch benthische Foraminiferen bilden wesentliche Bestandteile der miozänen Sedimente.

Foraminiferen stellen wichtige Leitfossilien (z. B. Fusulinida im Karbon und Perm sowie die Nummuliten in Paläogen) dar, mit deren Hilfe sich Sedimentgesteine aus verschiedenen Regionen zeitlich einordnen lassen. Foraminiferen sind auch bedeutende Leitfossilien in der Erdölexploration. Aufgrund dieser wirtschaftlichen Bedeutung sind vor allem die fossilen Foraminiferen vergleichsweise gut untersucht.

Die Foraminiferen machen einen heterophasischen Generationswechsel zwischen einer sexuellen haploiden und einer asexuellen diploiden Generation durch. Die beiden Generationen sind heteromorph, unterscheiden sich also voneinander.

Es gibt Foraminiferen mit einkammerigen (monothalamen) und mehrkammerigen (polythalamen) Gehäusen. Die Anordnung dieser Kammern kann uniserial (in einer Reihe), biserial (in zwei versetzten Reihen), triserial (drei versetzte Reihen) oder planspiral (in einer Ebene spiralig angeordnet) sein. Die Kammeranordnung und der Bau der Gehäuse (Material) werden für die systematische Einteilung der Foraminiferen genutzt.

Glykoproteine: Makromoleküle bestehend aus einem Protein und Kohlenhydratgruppen

Siehe auch: fossile Foraminiferen: 2.3.2.1; Leitfossilien: 2.3.1.4; Reticulopodien: 4.2.3; Stratigraphie des Phanerozoikums: 2.3.3, 2.3.4, 2.3.5

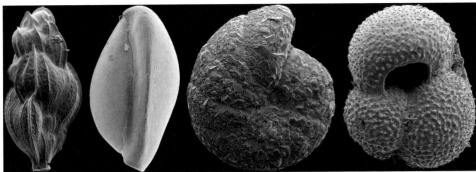

Foraminiferengehäuse sind aus unterschiedlichen Materialien aufgebaut. Diese sind für die Arten bzw. die taxonomischen Gruppen spezifisch. Bei vielen Foraminiferen bestehen die Gehäuse aus Kalk (links), bei den Milionida sind die Kalkkristalle so klein (mikrokristallin), dass die Oberfläche porzellanartig glatt wirkt (Mitte links). Andere Arten bilden Gehäuse aus agglutinierten Partikeln wie Sedimentkörnern oder Diatomeenschalen (Mitte rechts). Die planktischen Globigerinen (rechts) sind durch große (aufgeblasene) Kammern gekennzeichnet

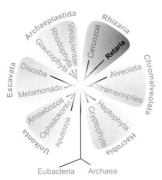

Das Cytoplasma befindet sich nicht nur innerhalb des Gehäuses, sondern überzieht dieses auch in einer dünnen Schicht. Foraminiferen bilden ein Netzwerk aus Reticulopodien (fein verzweigten Pseudopodien, links). Die größten (einzelligen!) Foraminiferen können mehrere Zentimeter groß werden, hier ist die Gattung *Amphisorus* dargestellt (rechts)

Biomineralisation bezeichnet die Bildung von anorganischen Festkörpern (Biomineralen) durch Organismen. Meist dienen diese Biominerale zum Schutz und zur Stützung des weicheren organischen Materials, aber auch der Verteidigung, Fortbewegung und als Werkzeug. Entwickelt hat sich die Biomineralisation vermutlich aus Stoffwechselwegen, die der Entgiftung (der gezielten Ausscheidung bestimmter Ionen) dienten.

Viele Organismen sind in der Lage, Biominerale auszubilden, die Fähigkeit zur Biomineralisation findet sich bei Bakterien bis zu den Wirbeltieren und Pflanzen. Biominerale sind oft die einzigen Strukturen von Organismen, die fossil überliefert werden, und damit besonders wichtig für die Rekonstruktion der Evolution. Im obersten Proterozoikum (Ediacarium) und im unteren Kambrium stieg die Anzahl fossiler biogener Strukturen stark an. Dies wird einerseits durch Veränderungen der Meereschemie, die eine Ausfällung biogener Minerale begünstigte, andererseits durch einen verstärkten Fraßdruck durch die aufkommenden Vielzeller erklärt. Die häufigsten biogenen Substanzen sind Calciumphosphat (Apatit) und Calciumcarbonat (Calcit und Aragonit), selten amorphes Siliciumdioxid.

Links oben: Zähne; rechts oben: mineralisierte Kollagenfaser; links und rechts unten: Steinkorallen

Biomineralisation

Alveolata und Stramenopiles

Die Alveolata und Stramenopiles sind eng miteinander verwandt und werden zusammen mit den Rhizaria als SAR-Klade zusammengefasst.

Zu den Alveolata gehören die Dinophyta (Dinoflagellaten), die Ciliophora und die parasitischen Apicomplexa. Gemeinsames Merkmal der Alveolata sind die Alveoli, ein unter der Zellmembran gelegenes Endomembransystem aus kleinen abgeschlossenen Membranräumen. Die Stramenopiles umfassen verschiedene bedeutende Algengruppen wie die Phaeophyceae, die Bacillariophyceae und die Chrysophyceae, aber auch verschiedene heterotrophe Gruppen sowie die parasitischen Oomyceten. Gemeinsames Kennzeichen der Stramenopiles ist die heterokonte Begeißelung mit besonderen Haaren auf dem langen, vorwärts gerichteten Flagellum. Diese Haare sind tubulär und dreiteilig, sie teilen sich in Basis, Schaft und terminale dünnere Härchen. Sie werden daher als tripartit bezeichnet. Das zweite Flagellum ist gewöhnlich unbehaart und kürzer. Bei einigen Arten, wie den Kieselalgen, sind die Flagellen sekundär reduziert.

Molekulare Daten legen eine Verwandtschaft der Alveolata und der Stramenopiles nahe. Vor allem der Plastid der phototrophen Vertreter beider Gruppen scheint auf einen gemeinsamen Ursprung zurückzugehen.

Die Chromalveolaten-Hypothese beschreibt die gemeinsame Abstammung der Plastiden aller Organismengruppen mit sekundären Plastiden, die auf eine Rotalgenabstammung hindeuten. Hintergrund ist die Annahme, dass eine sekundäre Endocytobiose ein sehr komplexer Prozess ist, der viele verschiedene Gene und Stoffwechselwege betrifft. Molekulare Phylogenien der Plastiden belegen die Verwandtschaft aller Plastiden, die auf Rotalgenursprung zurückgehen. Die Analyse der Wirtszellen (Stramenopiles, Alveolata, Haptophyta, Cryptophyta) führt aber zu abweichenden Verwandtschaftsverhältnissen, die sich mit den Verwandtschaftsverhältnissen der Plastiden nur schwer in Einklang bringen lassen.

Auf Seiten der Wirtszellen ist die Monophylie der Alveolaten sowohl durch morphologische Daten als auch durch molekulare Daten belegt. Ebenso ist die Monophylie der Stramenopiles gut unterstützt. Die Verwandtschaft der Alveolaten und der Stramenopiles wird durch eine Reihe vorwiegend molekularer Daten gestützt. Man geht heute davon aus, dass diese aus Alveolata und Stramenopiles gebildete Gruppe die Schwestergruppe der Rhizaria ist. Alle diese Gruppen zusammen werden als SAR-Klade (Stramenopiles, Alveolata, Rhizaria) zusammengefasst. Die Haptophyta stellen wahrscheinlich die Schwestergruppe der SAR-Klade dar. Inwieweit die Cryptophyta mit den Haptophyta oder doch eher mit den Archaeplastida verwandt sind, ist derzeit noch ungeklärt. Da die Verwandtschaftsverhältnisse der Haptophyta und Cryptophyta noch nicht geklärt sind, werden sie hier in einem gesonderten Kapitel (Hacrobia) besprochen. Unter dem Begriff „Chromalveolata" werden hier nur die Kerngruppen Alveolata und Stramenopiles gefasst.

Viele Gruppen innerhalb der Rhizaria, der Stramenopiles und der Alveolata besitzen keine Plastiden. Für viele Taxa finden sich zudem bislang keine überzeugenden Belege, dass deren Vorfahren möglicherweise Plastiden gehabt haben könnten. Daher ist die Annahme, dass ein gemeinsamer Vorfahr aller dieser Gruppen einen Plastiden durch sekundäre Endocytobiose aufnahm und dieser dann in einigen Gruppen verloren ging, unwahrscheinlich. Wahrscheinlicher ist, dass entweder die sekundäre Endocytobiose mehrfach unabhängig erfolgte, oder dass ein Vorfahr einer Teilgruppe durch sekundäre Endocytobiose einer Rotalge einen Plastiden aufnahm und dieser dann durch tertiäre Endocytobiosen in die anderen Linien gelangte.

Alveoli: (lat.: *alveus* = Höhle) kleine taschenartige Höhlen (z. B. Lungenbläschen)

Carotinoide: gehören zu den Terpenen, die fettlöslichen, akzessorischen Pigmente der Photosynthese

Chromalveolata: umfasst alle Verwandtschaftgruppen, in denen Plastiden mit Chlorophyll *c* vorkommen (Alveolata, Stramenopiles, Haptophyta, Cryptophyta). Im engeren Sinne nur Alveolata und Stramenopiles, da die Verwandtschaftsverhältnisse der Haptophyta und Cryptophyta nicht geklärt sind

Endokommensalen: (griech.: *endon* = innen, lat.: *com* = zusammen, *mensa* = Tisch) kommensale Lebensweise im Körperinneren des Wirtes, für den einen Partner ist die gemeinsame Lebensweise positiv und für den anderen neutral

Mastigonema: (griech.: *mastigos* = Faden, Peitsche) Härchen an den Flagellen

Pusulen: röhrenförmiges Membransystem bei den Dinoflagellaten

---

Siehe auch: heterokont: 4.3.2.2; Monophylie: 4.1.1.6; Endocytobiose: 2.2.2.5

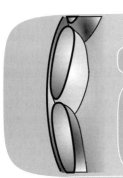

Alveolata: gemeinsames Merkmal sind die unter dem Plasmalemma liegenden Alveoli

Ciliophora

Apicomplexa

Chromerida

Dinophyta

Stramenopiles: gemeinsames Merkmal sind die dreigeteilten, tripartiten Haare auf dem vorwärts gerichteten langen Flagellum

Bigyra: Labyrinthulida, Bicosoecida

Klade I: Phaeophyceae, Xantophyceae, Chrysomerophyceae, Raphidophyceae, Phaeothamniophyceae
Klade II: Chrysophyceae, Synchromophyceae, Eustigmatophyceae, Pinguiophyceae

Ochrophyta

Klade III: Bacillariophyceae, Dictyochophyceae, Pelagophyceae, Bolidophyceae

Pseudofungi: Peronosporomycetes, Hyphochytridiomycetes

Darstellung der molekularen Befunde zur Verwandtschaft der Plastiden der Alveolata und Stramenopiles (jeder Balken steht für ein Gen): Sowohl die Dinoflagellaten als auch die ebenfalls zu den Alveolata gehörenden Apicomplexa besitzen Plastiden. Bei beiden Gruppen ist das Plastidengenom aber stark reduziert. Da die Apicomplexa parasitisch leben, finden sich im Plastid (Apicoplast) nur Gene für heterotrophe Stoffwechselwege, in den Plastiden der Dinoflagellaten finden sich dagegen vorwiegend Gene für die Photosynthese. Lediglich zwei Gene finden sich sowohl im Plastid der Dinoflagellaten als auch im Plastid der Apicomplexa. Daher war lange unklar, ob die Plastiden der Alveolata auf einen gemeinsamen Ursprung zurückgehen. Die Entdeckung von Chromera brachte hier Klarheit. Der Plastid dieser mit den Apicomplexa verwandten Alge hat ein größeres Genom und besitzt die meisten Gene sowohl des Plastiden der Dinoflagellaten als auch des Plastiden der Apicomplexa. Durch diese gemeinsamen Gene lässt sich die Verwandtschaft der Plastiden aller drei Organismengruppen nachweisen.
Die Genome der Plastiden der Stramenopiles sind noch wesentlich größer und umfassen auch die Gene der bei den Alveolaten vorkommenden Plastiden. Damit ist auch hier die Verwandtschaft der Plastiden belegt und ein gemeinsamer Ursprung damit wahrscheinlich

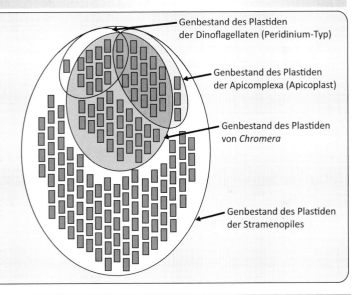

Genbestand des Plastiden der Dinoflagellaten (Peridinium-Typ)

Genbestand des Plastiden der Apicomplexa (Apicoplast)

Genbestand des Plastiden von Chromera

Genbestand des Plastiden der Stramenopiles

Als Zellorganellen (kleine Organe) werden membranumhüllte Kompartimente bezeichnet. Zu diesen gehören der Zellkern, das Mitochondrium, der Golgi-Apparat, das endoplasmatische Reticulum, das Lysosom, die Vakuole und der Chloroplast. Jedes Organell erfüllt eine spezielle Funktion. Im Zellkern befindet sich der größte Teil der genetischen Information. Der Golgi-Apparat und das endoplasmatische Reticulum sind an der Verpackung vieler von Ribosomen synthetisierten Proteine beteiligt. In den Nahrungsvakuolen und Lysosomen findet die zelluläre Verdauung statt. Die Photosynthese läuft in den Chloroplasten ab. Die Mitochondrien sind die Energiekraftwerke der Zelle. Hier wird Energie für die Zelle in Form von ATP aus der Oxidation von Kohlenhydraten und Fettsäuren gewonnen.
Die Mitochondrien sind durch eine Phagocytose eines aeroben Bakteriums aus der Verwandtschaft von Rickettsia durch eine aquatische Urzelle entstanden.

Die Wirtszelle und der Endosymbiont durchliefen eine gemeinsame Coevolution, die im Laufe der Entwicklung zu einer gegenseitigen Abhängigkeit geführt hat. Obwohl die Mitochondrien über einen eigenen genetischen Apparat verfügen und zur Autoreproduktion (Selbstverdopplung) fähig sind, sind sie nicht mehr selbstständig überlebensfähig. Durch ihre doppelte Membranhülle (äußere Hüllmembran des Wirtes und innere Endosymbiontenmembran) sind die Mitochondrien vom Cytoplasma des Wirtes vollständig getrennt. Weiterhin besitzen Mitochondrien eigene Ribosomen im Mitoplasma. Im Laufe der Evolution hat der Symbiont/das Organell einen Teil des genetischen Materials verloren oder in das Genom des Wirtes integriert. Phylogenetische Untersuchungen haben gezeigt, dass die Entstehung der Mitochondrien auf eine einzige Endosymbiose zurückgeht. Alle Eukaryoten gehen daher auf einen gemeinsamen Vorfahren (mit Mitochondrien) zurück.

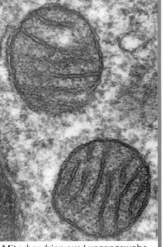

Mitochondrien aus Lungengewebe

Organellen

Alveolata

Die Alveolata umfassen die Dinophyta, die Chromerida, die Ciliophora und die Apicomplexa. Sie sind eine sowohl durch morphologische als auch durch molekulare Daten gut unterstützte Gruppe.

Das namensgebende Merkmal der Alveolata sind die Alveoli, ein unter der Zellmembran gelegenes Endomembransystem aus kleinen abgeschlossenen Membranräumen. Auch die der Osmoregulation dienenden Strukturen der Alveolata sind wahrscheinlich homolog: Die Pusulen der Dinoflagella-

Die Chromerida, die zu den Alveolata gezählt werden, stellen ein „*missing link*" zwischen ihren nächsten Verwandten, den Apicomplexa, und den photosynthetischen Dinophyta dar. Es sind bisher nur zwei Gattungen bekannt: *Chromera* und *Vitrella*. Diese beiden Gattungen unterscheiden sich in der Zusammensetzung der akzessorischen Photopigmente, jedoch besitzen beiden nur Chlorophyll *a*.

Zu den Apicomplexa gehören *Plasmodium* spp., die Erreger der Malaria, und weitere Endoparasiten. Die Apicomplexa besitzen keine funktionsfähigen Plastiden, ein reduzierter Plastid (Apicoplast) ist jedoch vorhanden. Die Gene für die Photosynthese sind zwar verloren gegangen, aber der Apicoplast der Apicomplexa ist unter anderem an der Fettsäuresynthese beteiligt.

ten, ein membranumschlossenes Hohlraumsystem, das mit einem engen Kanal nach außen mündet; der Parasomalsack der Ciliophora, eine Einfaltung des Plasmalemma in unmittelbarer Nähe der Cilien zwischen den Alveoli; die Mikroporen der Apicomplexa, ebenfalls zwischen den Alveoli liegende Einstülpungen des Plasmalemma. Der hypothetische Vorfahr der Alveolaten hatte heterokonte Flagellen und besaß Mastigonemen. Diese Situation ist von den rezenten Alveolaten allerdings nur bei den Dinoflagellaten zu finden.

Bis zur Entdeckung von *Chromera* war es unklar, ob die Plastiden der Apicomplexa auf einen Rot- oder Grünalgenursprung zurückgehen. Auch war es schwierig, eine Verwandtschaft zwischen den Plastiden der Apicomplexa und der Dinophyta zu belegen.

Die meisten Dinophyta besitzen einen Plastiden mit Chlorophyll *a* und *c*, welcher aus der Endocytobiose mit einer Rotalge hervorgegangen ist. *Chromera* fehlt zwar das Chlorophyll *c*, jedoch hat ihr Plastidengenom viele Gene sowohl mit den Apicomplexa, als auch mit den Dinophyta gemeinsam. Auf der Basis dieser gemeinsamen Gene konnte die gemeinsame Abstammung der Plastiden der beiden Gruppen sowie der Rotalgenursprung dieser Plastiden nachgewiesen werden.

Apicoplast: spezialisierter Plastid der Apicomplexa
Apikalkomplex: umfasst die am vorderen Zellende der Apicomplex liegenden Strukturen: Polringe, Rhoptrien und Conoide
Conoid: Struktur aus schraubig angeordneten Mikrotubuli im Apikalkomplex der Apicomplexa

Polringe: Verdickungen des Membrankomplexes am Vorder- und Hinterende der Zellen der Apicomplexa
Rhoptrien: keulenförmige Sekretionsorganelle im Apikalkomplex der Apicomplexa, die lytische Enzyme enthalten

Siehe auch: Algenblüte: 4.7.1; Babesiose: 4.2.2.1

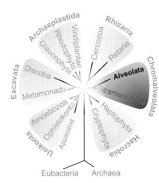

Ciliophora: Kerndimorphismus mit somatischem Makronucleus und generativem Mikronucleus

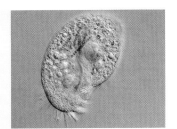

Kerona polyporum

Apicomplexa: parasitisch, zu Apicoplasten reduzierte Plastiden, mit Apikalkomplex aus Polarringen, Rhoptrien und Conoiden

Plasmodium falciparum

Chromerida: mit sekundärem Plastid, dieser von vier Membranen umgeben, mit Chlorophyll *a*, Violaxanthin und β-Carotin

 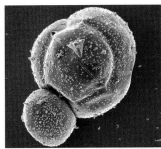

Vitrella brassicaformis

Autospore (unten) und Autosporangium mit eingeschlossener Sporentetrade von *Chromera velia*

Dinophyta: mit einem längs verlaufenden und einem transversalen Flagellum, Chromosomen auch während der Interphase kondensiert

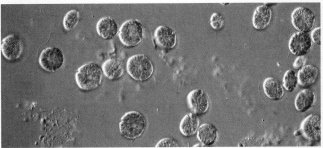

Gymnodinium sp.

Modellorganismen

Modellorganismen sind Organismen, die stellvertretend für größere Organismengruppen als Modell für die Erforschung biologischer Sachverhalte ausgewählt wurden. In der Regel zeichnen sich Modellorganismen durch mehrere Kriterien aus: Sie sind vergleichsweise einfach in der Anzucht und Kultivierung; sie haben meist kurze Generationszeiten mit vielen Nachkommen; sie besitzen meist ein kleines Genom, welches bereits sequenziert sein sollte; verschiedene Untersuchungsmethoden sollten bereits in der Vergangenheit etabliert worden sein. Welche Modellorganismen gewählt werden, hängt von der Fragestellung ab. Zellbiologische Prozesse werden häufig an Einzellern untersucht, entwicklungsbiologische Prozesse dagegen eher an mehrzelligen Organismen. Hier sollen einige Beispielorganismen aufgeführt werden: Das Bakterium *Escherichia coli* gehört zu den am besten untersuchten Prokaryoten. Es wird nicht nur in der Mikrobiologie und Medizin verwendet, sondern spielt auch in der Molekularbiologie als Wirtsorganismus eine wichtige Rolle. Ciliaten der Gattung *Tetrahymena* gehören ebenfalls zu wichtigen einzelligen Modellorganismen. Gegenüber Bakterien haben sie für viele Fragestellungen den Vorteil, dass sie eine eukaryotische Zellstruktur aufweisen. Für die Entdeckung katalytischer RNA (Ribozyme) mithilfe dieses Modellorganismus wurde 1989 an T. Cech der Nobelpreis verliehen. Für die Erforschung der Telomere und der Telomerase an diesem Organismus erhielt E. Blackburn (2009) ebenfalls den Nobelpreis. Auch Algen sind als Modellorganismen von großer Bedeutung (z. B. *Chlamydomonas reinhardtii*, *Volvox carteri*, und *Phaeodactylum tricornutum*). *Chlamydomonas* war die erste Grünalge, deren Genom vollständig sequenziert wurde. Die Funktionsweise der Photosynthese und der Lichtwahrnehmung kann an diesen vergleichsweise einfachen Organismen untersucht werden. Der einfache Vielzeller *Volvox* gilt als Modellorganismus für Untersuchungen zur Evolution der Vielzelligkeit. Unter den Landpflanzen wurde *Arabidopsis thaliana* 1940 als Modellorganismus in der Genetik etabliert, *A. thaliana* war die erste Pflanze, deren Genom (1999) komplett sequenziert wurde. Die Taufliege *Drosophila melanogaster* wurde bereits 1901 in der Zoologie und Vererbungsforschung als Modellorganismus genutzt. Sie besitzt nur vier Chromosomen und lässt sich sehr einfach und schnell in großen Mengen züchten. Viele Erkenntnisse der Zoologie, wie die mutationsauslösende Wirkung von Röntgenstrahlung auf die Erbsubstanz, die Kopplungsgruppen von Genen und das Crossing over wurden an *D. melanogaster* erforscht.

Ciliophora

Die Ciliophora gehören zu den Alveolata. Die Alveolata bilden zusammen mit den Stramenopiles und den Rhizaria die SAR-Klade.

Die Ciliophora (Wimpertierchen) sind einzellige, heterotrophe Protisten mit einer Reihe besonderer Merkmale. Sie besitzen in der Regel viele Cilien. Diese haben den gleichen Aufbau wie die Flagellen anderer Protistengruppen, sind jedoch meist kürzer und weisen ein anderes Schlagmuster auf.

Unter der Zelloberfläche besitzen die Ciliaten neben den für alle Alveolaten charakteristischen Alveoli auch Trichocysten. Diese können auf Reize hin einen Proteinfaden nach außen schleudern. Die Ciliophora besitzen zwei Zellkerne, den kleinen diploiden generativen Mikronucleus sowie den großen polyploiden somatischen Makronucleus. Im Makronucleus liegen Gene, die für die somatischen Prozesse wichtig sind, in erhöhter Kopienzahl vor. Der Makronucleus kann aus dem Mikronucleus regeneriert werden. Nach Entfernung des Mikronucleus sind die Ciliaten noch lebensfähig, können sich aber nicht mehr vermehren.

Die Ciliophora weisen eine Größe zwischen 10 μm und 3 mm auf. Sie besiedeln sowohl aquatische (limnische und marine), als auch terrestrische Habitate. Einige Arten leben als Kommensalen, Symbionten oder Parasiten. Ihre Verbreitung ist kosmopolitisch.

Die meisten Arten sind motil, einige Arten können jedoch auch sessil oder in Kolonien leben. Die Ciliophora besitzen Mitochondrien. Die Existenz von Plastiden konnte bis jetzt nicht nachgewiesen werden, obwohl vermutet wird, dass die Vorfahren der Ciliophora Plastiden besaßen und diese sekundär reduziert wurden. Die Ernährung erfolgt über ein Cytostom. Die Nahrung (Bakterien, Algen, Pilze oder andere Protisten) wird in Nahrungsvakuolen verdaut. Nicht verdaubare Reststoffe werden durch einen Zellafter (Cytoproct) nach außen abgegeben. Neben den Nahrungsvakuolen besitzen die freilebenden Ciliaten kontraktile Vakuolen, die eine osmoregulatorische Funktion haben.

Die ältesten bekannten fossilen Ciliaten sind Tintinniden aus dem Ediacarium (etwa 580 Millionen Jahre alt).

Die ungeschlechtliche Fortpflanzung erfolgt meist durch Querteilung, bei peritrichen Ciliaten aber durch eine Längsteilung. Die Gattung *Colpoda* bildet Teilungscysten, in denen mehrere Tochterzellen entstehen. Die sexuelle Fortpflanzung erfolgt durch Konjugation. Hierbei wird über eine Plasmabrücke DNA zwischen zwei verschiedenen Individuen ausgetauscht. Bei der Konjugation wird der Makronucleus zurückgebildet und die Mikronuclei der beiden Konjugationspartner durchlaufen eine Meiose. Je drei der entstehenden vier Kerne lösen sich auf und die

verbleibenden Kerne durchlaufen eine weitere Mitose. Einer der Kerne verbleibt im jeweiligen Individuum (stationärer Kern), der andere Kern (Wanderkern) gelangt über die Plasmabrücke in das andere Individuum und verschmilzt dort mit dem stationären wieder zu einem diploiden Kern. Dieser diploide Kern durchläuft eine weitere Mitose und aus einem der Tochterkerne entsteht durch Polyploidisierung wieder ein Makronucleus. Die sexuelle Rekombination ist also nicht mit einer Vermehrung verknüpft, diese erfolgt ausschließlich asexuell.

Cytoplasma: Inhalt der Zelle ohne Zellkern und Organellen
kontraktile Vakuole: Vakuole, die durch Kontraktion das durch Osmose aufgenommenen überschüssigen Wassers aus der Zelle herausbefördert
Motilität: (lat.: *motio* = Bewegung) Fähigkeit zur freien (aktiven) Ortsbewegung

Nahrungsvakuole: Vakuole, die durch Phagocytose entstanden ist. In dieser werden Nahrungspartikel durch lysozymale Enzyme verstoffwechselt
Polyploidisierung: in einer Zelle vervielfacht sich die Anzahl der Chromosomensätze
Trichocysten: fadenförmige, mit Sekreten gefüllte Stäbchen, die explosionsartig zur Verteidigung oder zum Beutefang ausgelöst werden

---

Siehe auch: Flagellum: 4.2; Kerndualismus: 4.2.2.4; Phagocytose: 4.3; Stratigraphie der Proterozoikums: 2.2.2

 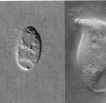 

Spirotrichea: *Kerona* sp.

Heterotrichea: *Blepharisma* sp.

Prostomatea: *Coleps* sp.

Scuticociliatea: *Cyclidium* sp.

Peritrichia: *Vorticella* sp.

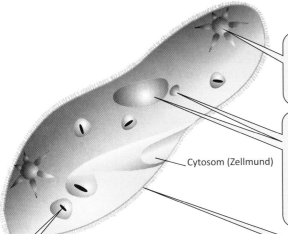

Die kontraktile Vakuole dient der Wasserausscheidung. Sie nimmt Flüssigkeit aus dem Cytoplasma auf und gibt diese nach außen ab. Dies ist besonders im Süßwasser notwendig, da hier der Salzgehalt der Zelle weit über dem des umgebenden Wassers liegt und daher osmotisch ständig Wasser in die Zellen strömt

Cytosom (Zellmund)

Ciliaten haben in der Regel zwei Zellkerne (Kerndimorphismus): einen polyploiden großen Makronucleus (weißer Pfeil) und einen diploiden kleinen Mikronucleus (schwarzer Pfeil). Der Makronucleus steuert die nicht reproduktiven vegetativen Zellfunktionen, der Mikronucleus die generativen Prozesse. Nach der Konjugation bildet sich aus ihm der Makronucleus neu

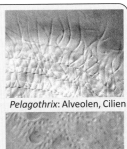

Paramecium: Makro- und Mikronucleus

Mehrere Merkmale der Zelloberfläche der Ciliaten sind hervorzuheben:
Die Cilien der Ciliaten sind in ihrer Struktur den eukaryotischen Flagellen identisch, allerdings meist kürzer.
Alveoli sind flache Vesikel, die in einer kontinuierlichen Lage unterhalb der Membran zur Zellstabilität beitragen.
Trichocysten sind fadenförmige, mit Sekret gefüllte Eiweißstäbchen, die explosionsartig zur Verteidigung oder zum Beutefang ausgestoßen werden. Nachdem eine Trichocyste einmal ausgestoßen wurde, wird sie durch andere Trichocysten ersetzt

Pelagothrix: Alveolen, Cilien

Paramecium: Trichocysten

Nahrungsvakuolen (ingestierte Diatomeen in *Loxodes magnus*)

Endosymbiontische Algen

Einige Protisten leben innerhalb anderen Organismen als Endosymbionten. Zu diesen gehören Zoochlorellen (einzellige Grünalgen der Gattung *Chlorella*), die in Ciliaten, Amöben und in verschiedenen Metazoa leben und durch Photosynthese den Wirt mit Assimilaten versorgen. Im Gegenzug genießen die Zoochlorellen Schutz vor Fraßfeinden und beziehen die vom Wirt erzeugten Stoffwechselprodukte. Dinoflagellaten, die in einer ähnlichen Symbiose in Foraminiferen, Radiolaria, Ciliaten, Cnidaria, Tunicaten und Mollusken leben, werden als Zooxanthellen bezeichnet. Auch hier versorgen die Zooxanthellen ihren Wirt mit den Produkten der Photosynthese. Von besonderer Wichtigkeit ist die symbiontische Beziehung der Dinoflagellaten mit riffbildenden Korallen. Sterben sie oder werden die Zooxanthellen aus den Korallen ausgestoßen, z. B. aufgrund veränderter Umweltbedingungen, so werden die Korallen nur noch mangelhaft mit Nährstoffen versorgt und

sterben letztendlich ganz ab (Korallenbleiche). Dies kann ganze Riffe schädigen. Die symbiontische Beziehung zwischen Korallen und Dinoflagellaten trat vermutlich schon in der Trias auf.
Viele Retaria beherbergen ebenfalls Endosymbionten, welche die nicht photosynthetischen Wirtsorganismen grün oder golden aussehen lassen und diesen ihre Photosyntheseprodukte zur Verfügung stellen.
Wird nur der Plastid und nicht die ganze Zelle erhalten und photosynthetisch genutzt, so bezeichnet man diesen als Kleptoplastid. Bei Nahrungsmangel kann dieser ebenfalls verdaut und später wieder neu aufgenommen werden.

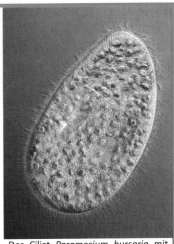

Der Ciliat *Paramecium bursaria* mit Zoochlorellen

Dinophyta

Die Dinophyta (Dinoflagellaten) gehören zusammen mit den Ciliophora, Apicomplexa und Chromerida zu den Alveolata, die wiederum mit den Stramenopiles und den Rhizaria die SAR-Klade bilden.

Es finden sich sowohl Arten mit sekundären Plastiden (mit drei Membranen und Chlorophyll *a* und *c*) als auch Arten mit tertiären Plastiden (mit vier Membranen und entweder Chlorophyll *a* und *c* oder Chlorophyll *a* und *b*). Alle Arten besitzen Mitochondrien. Es sind ca. 2.500 phototrophe und heterotrophe Arten bekannt. Die Dinoflagellaten sind weltweit verbreitet und besiedeln sowohl aquatische als auch benthische Habitate. Die meisten Vertreter gehören zum marinen Plankton. Einige Arten leben aber auch als Symbionten oder Parasiten.

Die Dinoflagellaten besitzen zwei heterokonte Flagellen mit unterschiedlicher Bewegungsdynamik. Ursprünglich inserieren diese apikal, bei den weiter entwickelten Formen inserieren die Flagellen ventral. Eine Flagelle verläuft entlang einer longitudinalen Furche des Cortex (Sulcus) in Richtung der Längsachse der Zelle. Diese ragt als Schleppgeißel über das Hinterende der Zelle hinaus und ist entweder nackt oder mit zwei Reihen steifer Flimmerhaare versehen. Die zweite Flagelle schlägt transversal in der äquatorialen Rinne (Cingulum). Sie ist mit einem Saum (paraxiales Band) versehen und trägt eine Reihe von feinen Flimmerhaaren. Diese Anordnung der Flagellen führt zu einer schraubigen Schwimmbewegung. Einige Arten der Dinoflagellaten sind unbeweglich, diese bilden jedoch Fortpflanzungszellen (Schwärmer), die die typische Anordnung der Flagellen zeigen. Viele Taxa sind gepanzert. Diese besitzen in den unmittelbar unter dem Plasmalemma liegenden Alveoli Celluloseplatten. Die daraus gebildeten Schalen unterhalb des Cingulums werden als Hypotheka zusammengefasst, die oberhalb liegenden

Schalen als Epitheka. Die ungepanzerten Taxa besitzen ebenfalls Alveoli, allerdings enthalten diese keine Celluloseplatten. Bei der asexuellen Fortpflanzung teilt sich die Zelle, jeweils eine Geißel und ein Teil der Theka bleiben erhalten, der fehlende Teil wird jeweils neu gebildet. Im Zellkern der Dinoflagellaten (Dinokaryon) fehlen Histone, die DNA ist daher nicht wie bei anderen Eukaryoten in der Interphase an Histone gebunden. Die Chromosomen liegen auch während der Interphase kondensiert vor.

Die ältesten fossilen Dinophyta sind aus dem Kambrium und Silur bekannt. Insgesamt sind bislang etwa 4.000 fossile Arten beschrieben. Dinoflagellaten sind nach den Bacillariophyceae die wichtigsten marinen Phytoplankter (Primärproduzenten). Sie können in nährstoffreichen Küstengewässern in Massen auftreten und zu charakteristischen oft rötlichen Algenblüten führen (*Red Tide*). Da einige der wichtigsten blütenbildenden Taxa Toxine bilden, haben diese Algenblüten erhebliche ökonomische Auswirkungen. Die ebenfalls toxische Art *Pfiesteria piscicida* ernährt sich heterotroph von tierischer Beute. Durch freigesetzte Lockstoffe werden weitere Individuen angelockt. Der massenhafte Befall von Fischen führt schließlich zum Tod der Tiere durch die von *Pfiesteria* freigesetzten Toxine sowie durch die Fraßwunden. Dinoflagellaten finden sich auch als intrazelluläre Symbionten von Radiolarien, Foraminiferen, Mollusken, Nesseltieren sowie von einigen Ciliaten. Diese sogenannten Zooxanthellen ermöglichen den Wirtszellen eine phototrophe Ernährung und somit ein Überleben in nahrungsarmen Habitaten. Bedeutend ist diese Symbiose beispielsweise in Korallenriffen. Das Korallensterben geht im Wesentlichen auf eine Schädigung der Zooxanthellen zurück. Einige Dinoflagellaten können schließlich über ein Luciferin-Luciferase-System Lichtblitze erzeugen, durch die Meeresleuchten verursacht wird.

Bei den phototrophen Taxa findet sich eine große Vielfalt an Plastiden unterschiedlicher Herkunft. Der ursprüngliche Plastidentyp, der *Peridinium*-Typ, geht auf die sekundäre Endocytobiose mit einer Rotalge zurück. Dieser Plastid ist eng verwandt mit dem Apicoplasten der Apicomplexa und den Plastiden der Stramenopiles, der Cryptophyta und der Haptophyta, deren Plastiden ebenfalls auf die Ingestion einer Rotalge zurückgehen. Dieser Plastidentyp ist von drei Hüllmembranen umgeben. Die äußere Membran steht, im Gegensatz zu den Stramenopiles, den Cryptophyta und Haptophyta, nicht mit dem ER in Verbindung. Die Plastiden besitzen Thylakoide in Dreierstapeln, die Chlorophylle *a* und *c*, sowie die akzessorischen Pigmente ß-Carotin und Xanthophylle (Peridinin).

Die Plastiden mehrerer Taxa sind auf eine tertiäre Endocytobiose zurückzuführen, also auf die Ingestion einer Alge mit einem sekundären Plastiden, oder auf eine sekundäre serielle Endocytobiose, also eine auf den Verlust des sekundären Plastiden folgende erneute sekundäre Endocytobiose. Einen Plastiden, der durch serielle sekundäre Endocytobiose entstanden ist, findet man in der Gattung *Lepidodinium*. Hier geht der Plastid auf die Ingestion einer Grünalge zurück, ist von vier Membranen umgeben und besitzt, abweichend von allen anderen Plastiden der Chromalveolata, Chlorophyll *a* und *b*. Plastiden, die auf eine tertiäre Endocytobiose zurückgehen, finden sich bei den Gattungen *Kryptoperidinium* (Ingestion einer Kieselalge), *Karenia* (Ingestion einer Alge aus der Gruppe der Haptophyta) und *Dinophysis* (Ingestion einer Alge aus der Gruppe der Cryptophyta).

Histone: basische Proteine, die am Aufbau der Nucleosomen mitwirken
longitudinal: in Längsrichtung verlaufend

Luciferine: zur Erzeugung von Licht (Biolumineszenz) genutzte Naturstoffe

---

Siehe auch: Algenblüte, Massenvermehrung 4.7.1; Heterotrophie, Mixotrophie, Phototrophie: 4.6.2.3; sekundäre Endocytobiose: 4.1.2.3, 4.1.2.4

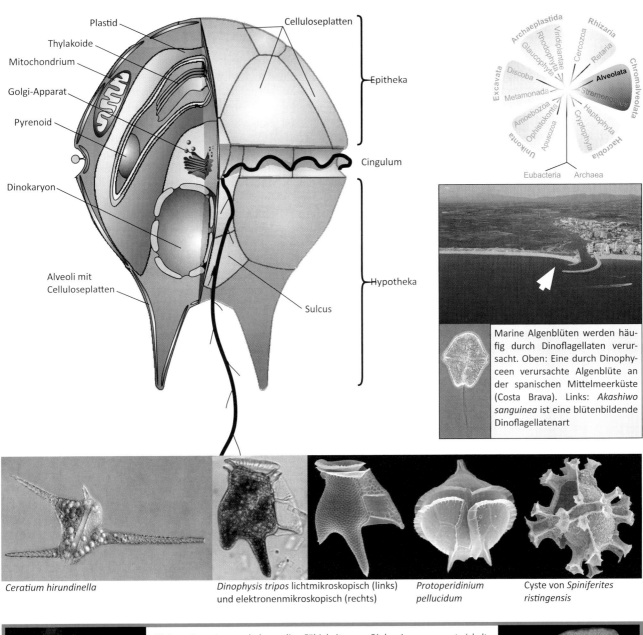

Plastid
Thylakoide
Mitochondrium
Golgi-Apparat
Pyrenoid
Dinokaryon
Alveoli mit Celluloseplatten

Celluloseplatten
Epitheka
Cingulum
Hypotheka
Sulcus

Marine Algenblüten werden häufig durch Dinoflagellaten verursacht. Oben: Eine durch Dinophyceen verursachte Algenblüte an der spanischen Mittelmeerküste (Costa Brava). Links: *Akashiwo sanguinea* ist eine blütenbildende Dinoflagellatenart

Ceratium hirundinella

Dinophysis tripos lichtmikroskopisch (links) und elektronenmikroskopisch (rechts)

Protoperidinium pellucidum

Cyste von *Spiniferites ristingensis*

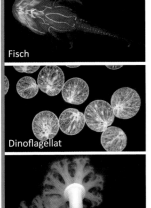

Fisch

Dinoflagellat

Seeanemone

Einige Organismen haben die Fähigkeit zur Biolumineszenz entwickelt. Biolumineszenz wird durch eine biochemische Reaktion erzeugt. Dabei entsteht ein sichtbares Licht. Das lichtgebende Substrat Luciferin reagiert mit dem Enzym Luciferase und es wird Energie in Form von Licht freigesetzt. Verschiedene Varianten von Luciferasen und von Luciferin erzeugen Licht in unterschiedlichen Farben. Biolumineszenz dient der Anlockung von Beute oder Partnern, der Kommunikation und dient als Warn- und Drohsignal. Dabei unterscheidet man zwischen primärer (selbstleuchtend) und sekundärer (Symbiont leuchtet) Biolumineszenz. Verschiedene Organismen sind in der Lage, Biolumineszenz zu erzeugen. Dazu gehören z. B. Dinoflagellaten (*Noctilula*, *Pyrocystis*), Pilze wie *Armillaria*, Käfer, Bakterien, Korallenfische und die meisten Tiefseebewohner. Nur die höheren Wirbeltiere und Pflanzen haben keine Biolumineszenz entwickelt.

Pilz

Glühwürmchen

Rippenqualle

Biolumineszenz

Apicomplexa

Die Apicomplexa, Ciliophora, Chromerida und Dinoflagellata werden zusammengefasst als Alveolata und bilden eine der Großgruppen innerhalb der SAR-Klade.

Die Vertreter der Apicomplexa sind obligatorische Endoparasiten von Tieren. Sie haben meist einen zwei- oder dreiphasigen Generationswechsel mit jeweils gattungstypischen Infektions-, Wachstums-, Vermehrungs- und Sexualstadien. Oft ist der Generationswechsel mit einem Wirtswechsel verbunden. Die Infektion erfolgt meistens durch die langen spindelförmigen Sporozoiten, die direkt oder geschützt innerhalb einer Sporocyste oder Oocyste beim Saugakt eines blutsaugenden Insekts auf den neuen Wirt übertragen werden.

Am apikalen, spitz zulaufenden Ende der Zelle haben die Apicomplexa eine Reihe spezieller Strukturen, die als Apikalkomplex zusammengefasst werden: Polringe sind Verdickungen des inneren pelliculären Membrankomplexes und finden sich am Vorder- und Hinterende der Zelle; Conoide dienen der Penetration der Wirtszellen, ebenso wie die Rhoptrien (flaschenförmige Sekrektionsorganellen) und die Mikronemen, enzymgefüllte Derivate des Golgi-Systems. Die Alveoli des Endomembransystems umgeben den gesamten Zellkörper mit Ausnahme des vorderen und hinteren Zellendes sowie der Öffnungen der Mikroporen.

Der Apikalkomplex ist die gemeinsame namensgebende Struktur der Apicomplexa. Zudem besitzen die Apicomplexa einen Apicoplast, ein von meist vier Membranen umgebenes Organell in räumlicher Nähe zum Zellkern und zu einem Mitochondrium. Wie der Plastid der Dinoflagellaten, geht auch der Apicoplast auf die sekundäre Endocytobiose einer Rotalge zurück. Der Apicoplast hat ein stark reduziertes Genom und hat die photosynthetischen Funktionen verloren. Er ist aber an der Biosynthese von Fettsäuren und Isoprenoiden beteiligt. Da die von den Apicomplexa befallenen Wirbeltiere keine Plastiden besitzen, bildet der Plastid ein mögliches Ziel für eine medikamentöse Bekämpfung der Parasiten.

Zu den wichtigsten Taxa gehören *Plasmodium*, der Auslöser der Malaria, sowie *Toxoplasma*, der Erreger der Toxoplasmose.

Die verschiedenen Arten der Plasmodien befallen als Auslöser der Malaria vor allem Primaten, seltener andere Säugetiere. Einige Arten befallen Vögel (Vogelmalaria) oder Reptilien. Alle Plasmodien haben einen komplexen Lebenszyklus mit obligatem Wirtswechsel zwischen Insekten, in denen eine geschlechtliche Vermehrung stattfindet, und Wirbeltieren, in denen eine ungeschlechtliche Vermehrung erfolgt.

Sporozoiten werden durch den Speichel infizierter Stechmücken in den Körper eines Wirbeltieres übertragen. Bei Säugetieren wandern die Sporozoiten in die Blutgefäße ein und infizieren von dort aus Leberzellen, in denen sie sich durch Schizogonie vermehren; andere *Plasmodium*-Arten können bei Vögeln und Reptilien auch weitere Organe und Gewebe befallen. Bei einigen Arten können in dieser Phase Ruhestadien gebildet werden, die medikamentös kaum zu bekämpfen sind und zu Krankheitsrückfällen führen können. Die Schizonten bilden viele kleinere Merozoiten, die wieder in die Blutbahn gelangen und dort Erythrocyten befallen. In den Erythrocyten findet eine weitere Vermehrung durch Schizogonie statt. Da der Entwicklungszyklus zeitlich synchron verläuft, kommt es nahezu zeitgleich zur Freisetzung der Parasiten. Diese synchronisierte, meist nach ein bis vier Tagen mit der Freisetzung neuer Merozoiten beendete Entwicklung bedingt die regelmäßigen Fieberschübe der Malaria.

Einige Plasmodien entwickeln sich in den Erythrocyten aber auch zu Gametocyten. Werden diese von einer Mücke aufgenommen, so teilen sich im Darm der Mücke die Mikrogametocyten zu Mikrogameten (Exflagellation) und bilden durch Verschmelzung mit einem Makrogameten eine Zygote. In der Darmwand der Mücke bildet sich aus der Zygote eine Oocyste, die wiederum Sporozoiten bildet, die in die Speicheldrüsen der Mücke einwandern.

Apicoplast: spezialisierter Plastid der Apicomplexa
Erythrocyten: (griech.: *erythros* = rot, *kytos* = Behälter) rote Blutkörperchen
Gametocyten: Geschlechtsform, die sich aus den Merozoiden entwickelt
Mikrogametocyt: männlicher Gametocyt
obligate Endoparasiten: (lat.: *obligare* = anbinden, verpflichten) Endoparasiten, die auf ihren Wirt angewiesen sind und nicht freilebend vorkommen

Oocysten: (griech.: *Oo* = Ei, *Kystis* = Blase) Entwicklungsstadium der Apicomplexa, das Sporocysten enthält
Schizogonie: ungeschlechtliche Fortpflanzung, bei der Tochterzellen durch Mitose in der Mutterzelle entstehen. Diese werden durch Zerfall der Mutterzelle freigesetzt
Sporozoit: infektiöses Stadium parasitischer Apicomplexa

Siehe auch: Parasiten: 4.2.2.1, 4.3.1, 4.3.2

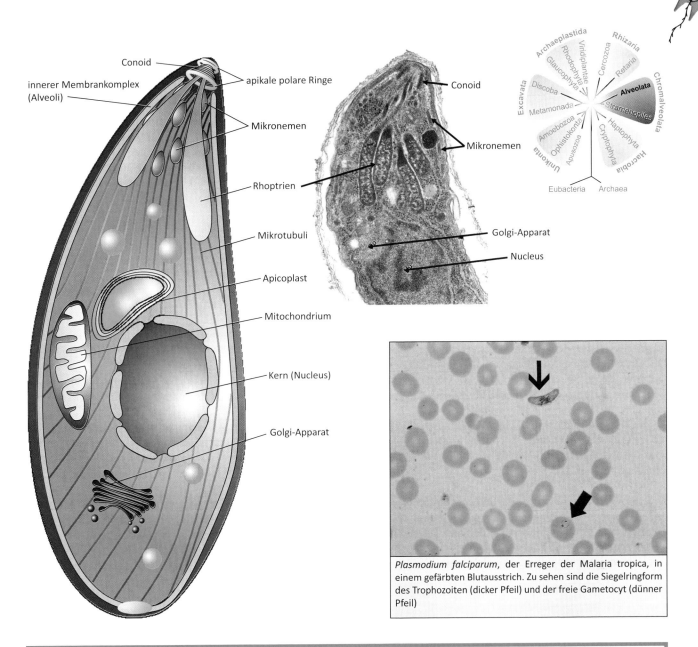

Conoid

innerer Membrankomplex (Alveoli)

apikale polare Ringe

Conoid

Mikronemen

Mikronemen

Rhoptrien

Mikrotubuli

Golgi-Apparat

Apicoplast

Nucleus

Mitochondrium

Kern (Nucleus)

Golgi-Apparat

Plasmodium falciparum, der Erreger der Malaria tropica, in einem gefärbten Blutausstrich. Zu sehen sind die Siegelringform des Trophozoiten (dicker Pfeil) und der freie Gametocyt (dünner Pfeil)

Die Entstehung von Organellen war ein wichtiger Evolutionsschritt der eukaryotischen Zelle zur Spezialisierung und Ausbildung von Geweben in vielzelligen Organismen. Im Gegensatz zu den Prokaryoten besitzen Eukaroyten membranumhüllende Kompartimente, deren Innenraum vom Cytoplasma getrennt ist. Diese Kompartimentierung ermöglicht einen gleichzeitigen Ablauf unterschiedlicher Reaktionen in verschiedenen Reaktionsräumen und damit auch unter unterschiedlichen Bedingungen (z. B. pH-Wert, Ionenstärke). Die Membran selbst ist ebenfalls unmittelbar am Stoffwechsel der Zelle beteiligt, z. B. sind viele Enzyme in der Membran eingebaut. Ein Beispiel für ein Zusammenwirken von mehreren Zellkompartimenten ist die Biosynthese von Fettsäuren und ihre Verarbeitung zu Speicherfetten (Triacylglycerol) sowie die Umwandlung von Phosphoenolpyruvat zu Pyruvat.

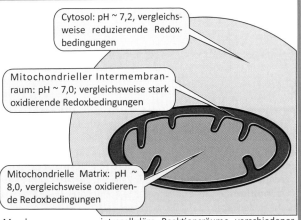

Cytosol: pH ~ 7,2, vergleichsweise reduzierende Redoxbedingungen

Mitochondrieller Intermembranraum: pH ~ 7,0; vergleichsweise stark oxidierende Redoxbedingungen

Mitochondrielle Matrix: pH ~ 8,0, vergleichsweise oxidierende Redoxbedingungen

Membranen grenzen intrazelluläre Reaktionsräume verschiedener pH- und Redoxbedingungen ab, hier dargestellt am Beispiel der Mitochondrien

Kompartimentierung

Stramenopiles

■ Die Stramenopiles sind die Schwestergruppe der Alveolata. Sie bilden eine sehr diverse, heterogene Verwandtschaftsgruppe. Die Diversität der Stramenopiles übersteigt bei weitem die der Metazoa (Tiere) und der Embryophyten (Pflanzen). Auch in ökologischer und ökonomischer Hinsicht ist diese Gruppe sehr bedeutend.

Gemeinsames Merkmal der Stramenopiles sind die dreigeteilten Mastigoneme, also hohle dreigeteilte Haare, die in Längsreihen auf dem langen vorwärts gerichteten Flagellum sitzen. Der Name Stramenopiles (lat.: *stramen* = Stroh, hohler Stängel, *pilus* = Haar, Borste) geht auf diese Mastigoneme zurück.

Die einzelnen Gruppen der Stramenopiles sind gut charakterisiert und ihre jeweilige monophyletische Abstammung wird gut unterstützt. Die Verwandtschaft der Gruppen zueinander ist jedoch schwieriger zu rekonstruieren. Die Stramenopiles umfassen viele Organismengruppen, die Plastiden besitzen („Algen"), aber auch viele Gruppen ohne Plastiden. Auch innerhalb der Organismengruppen mit Plastiden gibt es viele Arten, die sich heterotroph ernähren und den Plastiden stark reduziert haben.

■ Die Stramenopiles, die einen Plastiden besitzen, werden als monophyletisch angesehen und als Ochrophyta zusammengefasst. Innerhalb der Ochrophyta lassen sich aufgrund molekularer Daten drei große Gruppen voneinander abgrenzen, die jeweils mehrere wichtige Gruppen umfassen. Neben molekularen Daten sind auch die dominierenden Synthesewege der Carotinoide zwischen diesen Gruppen verschieden:

Zum einen bilden die Raphidophyceae, die Phaeothamniophyceae, die Phaeophyceae und die Xantophyceae eine Verwandtschaftsgruppe. In dieser Gruppe finden sich verschiedene Synthesewege für Carotinoide.

Die zweite Gruppe umfasst im Wesentlichen die Pinguiophyceae, die Chrysophyceae, die Synchromophyceae und die Eustigmatales. In dieser Gruppe findet sich vorwiegend der Violaxanthin-Antheraxanthin-Zyklus.

Die dritte Gruppe umfasst schließlich die Dictyochophyceae, die Pelagophyceae und die Bacillariophyceae. Bei dieser Gruppe überwiegt der Diatoxanthin-Diadinoxanthin-Zyklus, zudem sind zumindest bei den abgeleiteten Formen die Flagellen weitgehend reduziert.

Den Ochrophyta gegenüber stehen verschiedene Gruppen, die keine Plastiden besitzen. Diese Gruppen sind aber wahrscheinlich paraphyletisch. Es deuten sich hier zumindest zwei Verwandtschaftsgruppen an:

Zum einen sind das die Pseudofungi, zu denen unter anderem die Peronosporomycetes (Oomycetes) und die Hyphochytridiomycetes gehören, als wahrscheinliche Schwestergruppe der Ochrophyta.

Zum anderen die Bigyra, zu denen unter anderem die Opalinata, die Labyrinthulomycetes und die Bicosoecida gehören. Die Bigyra bilden möglicherweise die Schwestergruppe der übrigen Stramenopiles – die Verwandtschaftsverhältnisse gerade der basalen Gruppen sind aber noch nicht gut untersucht.

Die Opalinata bestehen aus vier Gattungen mit 400 Arten. Früher wurden die Opalinata aufgrund ihrer in Schrägreihen angeordneten Flagellen zu den Ciliaten gezählt. Jedoch wurden weder Kerndualismus, Alveolen noch die typische Infraciliatur gefunden. Die Opalinata sind nichtpathogene Endokommensalen verschiedener Vertebraten.

Die Labyrinthulea besiedeln meistens marine Habitate und sind nur selten im Süßwasser an verrottendem Pflanzenmaterial zu finden. Es sind nur wenige Arten bekannt. Einige Arten leben als Parasiten auf Meerespflanzen und Algen. *Layrinthula macrocystis* ist der Erreger der Seegraskrankheit.

Die Bicosoecida sind wichtige Konsumenten pelagischer Bakterien und bilden einen wichtigen Teil des heterotrophen Nanoplanktons. Die ca. 40 bekannten Arten sind entweder Einzeller oder bilden Kolonien. Sie sind an verschiedenen Substraten oder freischwimmend im Plankton von Meer- und Süßwasser anzutreffen. Einige Arten besitzen eine Lorica.

Bothrosomen: Organellen der Labyrinthulomycetes, die die Polysaccharidfasern des die Zellen umhüllenden Schleims sezernieren

capsoid (capsal): Organisationsstufe von Algen, bei der die Flagellen weitgehend reduziert sind, Zellen in Gallerte eingebettet

Coenobium: in Gallerte eingebette Kolonie mit einer festen Anzahl an Zellen

coccoid (coccal): von kugelähnlicher Form, unbegeißelte, von einer Zellwand umgebene Organisationsstufe von Algen

Infraciliatur: Gesamtheit der Wurzelstruktur der Cilien bei den Ciliaten

monadal: begeißelt, einzellig

palmelloid: Organisationsform von Algen, bei der die Zellen in Gallerte eingebettet sind. Im Gegensatz zu Coenobien ist die Zehlzahl nicht festgelegt

---

■ Siehe auch: Heterotrophie: 4.6.2.3; Kerndualismus: 4.2.2.4

Bigyra

Opalinata	viele Flagellen, doppelsträngige Übergangshelixes zwischen Kinetosom und Flagellen
Labyrinthulomycetes	Einzelzellen durch aus Polysacchariden bestehende Schleimfasern verbunden, mit Bothrosomen
Bicosoecida	zwei Flagellen, keine Übergangshelix, häufig mit hinterem Flagellum angeheftet, teilweise mit Lorica

Pseudofungi

| Hyphochytridiomycetes | ein vorwärts gerichtetes Flagellum |
| Peronosporomycetes | bilden ein Geflecht aus Hyphen, Zellwand vorwiegend aus Glucanan und Cellulose |

H
E
T
E
R
O
T
R
O
P
H

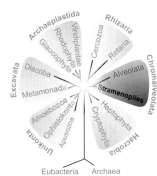

Eubacteria   Archaea

Ochrophyta: Plastiden

Carotinoide: Verschiedene Zyklen realisiert

Raphidophyceae	nackte Zellen mit einem vorwärts gerichtetem und einem rückwärts gerichtetem Flagellum, keine Zellwand
Phaeothamniophyceae	fadenförmig, capsoid, palmelloid oder coccoid, mit Augenfleck
Phaeophyceae	filametös bis gewebebildend, gewebebildende Tange differenziert in Phylloid, Cauloid und Rhizoid, einige Arten mit Augenfleck; Zellwand aus Cellulose und Alginaten
Xanthophyceae	coccoid oder fadenförmig, Zellwand aus Cellulose

Carotinoide: vorwiegend Violaxanthin-Antheraxanthin-Zyklus

Pinguiophyceae	coccoid, Zellen nackt oder mit Lorica, kein Augenfleck
Chrysophyceae	einzellig, capsoid, coccoid oder fadenförmig, bidlen Dauerstadien (Cysten) aus Silikat, Zelloberfläche teilweise mit Silikatschuppen, teilweise mit Lorica
Synchromophyceae	amöboid, mehrere Plastiden zu einem Komplex zusammengeschlossen
Eustigmatales	coccoide Einzeller oder koloniebildend, Zellwand aus Cellulose

Carotinoide: vorwiegend Diatoxanthin-Diadinoxanthin-Zyklus; Flagellen und Flagellenbasis meist reduziert, nur bei basalen Taxa ausgebildet

Dictyochophyceae	einzellige Flagellaten, koloniebildend oder amöboid, kein Augenfleck, Kinetosomen an den Zellkern angedrückt
Pelagophyceae	begeißelt, capsoid, coccoid, oder fadenförmig, Kinetosomen an den Zellkern angedrückt, kein Augenfleck
Bacillariophyceae	in der Regel keine Flagellen, Zellhülle aus Silikat

P
H
O
T
O
T
R
O
P
H

Die Übersicht beschränkt sich auf einige Beispiele der jeweiligen Verwandtschaftsgruppen und ist dementsprechend nicht vollständig

Die meisten marinen Wirbellosen sind Osmokonformer. Das bedeutet, sie befinden sich im osmotischem Gleichgewicht mit ihrer Umgebung. Sie sind nicht in der Lage, den osmotischen Druck ihrer Körperflüssigkeiten zu regulieren. Somit sind sie auf stabile Lebensbedingungen (Salinitätsbereich) angewiesen.

Organismen, die in Küstenbereichen oder Mündungsgebieten von Flüssen leben, müssen starken abrupten Änderungen in der Salinität entgegenwirken können. Diese Organismen besitzen die Fähigkeit zur Osmoregulation. Die Osmoregulierer sind in der Lage, den Salzgehalt ihrer Körperflüssigkeiten zu regulieren.

Süßwasserfische nehmen z. B. Elektrolyte über die Kiemen aus dem Wasser auf und das überschüssige Wasser wird über den Urin wieder ausgeschieden; marine Organismen, deren Körperinneres im Vergleich zur Umgebung einen niedrigeren osmotischen Wert hat, scheiden Salze über Kiemen aus, so dass der osmotische Druck aufrecht erhalten wird.

Einige Organismen, wie z. B. die Einzeller *Paramecium* oder *Euglena*, besitzen kontraktile Vakuolen, mit denen sie ihren Wasser- und Salzhaushalt regulieren können. Über diese Vakuolen können die Organismen das ständig einströmende Wasser wieder nach außen ausscheiden, indem sie die Flüssigkeiten aus dem Cytoplasma aufnehmen und über Fusion mit der Zellmembran oder über einen Porus nach außen befördern.

Die Ausscheidung von Wasser über kontraktile Vakuolen wird durch eine Protonenpumpe angetrieben: Die Zellen pumpen über eine Protonenpumpe Protonen in die kontraktile Vakuole. Aufgrund des entstehenden Protonengradients werden Ionen in die Vakuole transportiert und durch die erhöhte Salzkonzentration in der Vakuole diffundiert Wasser in die Vakuole.

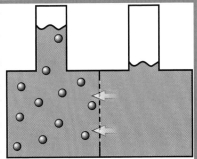

Selektiv permeable Membranen sind durchlässig für Wasser, gelöste Ionen werden aber zurückgehalten. Aktiver Austausch von Ionen über diese Membranen und osmotische Ausgleichsströmungen von Wasser liegen der Osmoregulation von Einzellern und Vielzellern zugrunde

Osmoregulation

Peronosporomycetes (Oomycetes)

Die Peronosporomycetes gehören zu den Stramenopiles, die die Schwestergruppe der Alveolata darstellen. Die beiden Großgruppen bilden zusammen mit den Rhizaria die SAR-Klade.

Die Vertreter der Peronosporomycetes (Eipilze, Algenpilze oder Cellulosepilze) sind heterotrophe Organismen und umfassen rund 400 Arten. Sie besitzen Mitochondrien. Plastiden fehlen bei allen Arten. Es sind meist einzellige Formen, die aber auch stark verzweigte, vielkernige Fäden ohne Querwände ausbilden können. Diese mycelartigen, aus unseptierten vielkernigen Hyphen bestehenden Organismen wurden aufgrund ihrer Morphologie und ihrer Ernährungsweise früher als Pilze angesehen. Molekulare Daten, aber auch der Zellwandaufbau aus vorwiegend Cellulose und Hemicellulose sowie das meist fehlende Chitin in den Zellwänden widerlegten diese Zugehörigkeit. Die im Rahmen der asexuellen Fortpflanzung gebildeten Zoosporen besitzen die für die Stramenopiles typischen zwei Flagellen.

Die Peronosporomycetes ernähren sich osmotroph und besiedeln sowohl aquatische, als auch terrestrische Habitate. Nach außen sezernierte Enzyme bauen organische Makromoleküle ab, die dann aufgenommen werden können. Die meisten Taxa leben parasitisch und können bedeutende Pflanzenkrankheiten hervorrufen. Der wohl bekannteste Vertreter der Peronosporomycetes ist *Phytophtora infestans*, der Erreger der Kraut- und Knollenfäule der Kartoffel. Die Infektion erfolgt durch die Lenticellen der Kartoffelknollen. *P. infestans* kann daher auch gelagerte Kartoffeln befallen. *P. infestans* befällt aber auch andere Nachtschattengewächse (z. B. Tomate) und Vertreter einiger weiterer Pflanzenfamilien.

P. infestans verbreitet sich sehr schnell, zum einen durch Transport befallener Früchte und Pflanzen, zum anderen durch Windverbreitung der Sporen. Der erste dokumentierte Ausbruch der Krankheit ist aus den östlichen USA (New York, Philadelphia) aus dem Jahr 1843 bekannt. Zwei Jahre später war die Krankheit bereits über große Teile der östlichen USA verbreitet und löste nach einer Verschleppung durch Saatgut nach Europa in Irland zwischen 1845 und 1853 die große irische Hungersnot aus, die über eine Million Tote forderte und zu einer der größten Auswanderungswellen aus Europa führte.

Bei den meisten Arten kommt sowohl asexuelle als auch sexuelle Vermehrung vor. Bei der asexuellen Vermehrung werden Zoosporen oder ganze Sporangien (Konidien auf Konidienträgern: Anpassung an das Landleben) verbreitet. Sexuelle Fortpflanzung beruht auf der Fusion männlicher und weiblicher Fortpflanzungsorgane (Gametangiogamie). Aus der befruchteten Eizelle entwickelt sich eine dickwandige Oospore. Diese kann ungünstige Bedingungen überdauern, bis sie wieder auskeimt.

Die innere Systematik der Peronosporomycetes ist nicht geklärt. Die Lagenidiales sind die wahrscheinlich ursprünglichsten Peronosporomycetes. Die am weitesten verbreitete Gruppe sind die Saprolegniales. Diese umfassen einerseits Saprophyten, andererseits auch Parasiten. Ebenso sind die Peronosporales saprophytisch oder pflanzenparasitisch und bilden verzweigte unseptierte Mycelien. Zu dieser Gruppe gehören viele Schädlinge landwirtschaftlicher Kulturpflanzen, unter anderem auch *Phytophtora infestans*, die den Blauschimmel des Tabaks verursachende Gattung *Peronospora*, sowie die den Falschen Mehltau verursachende Gattung *Plasmopara*.

Die Gattung *Phytium* befällt ebenfalls Pflanzen und kann die sogenannte Umfallkrankheit verursachen, die Art *P. insidiosum* kann auch Säugetiere befallen. Die Rhipidiales sind eine aquatische Gruppe der Oomycetes, die in verunreinigten Gewässern verbreitet ist und Rhizoide zur Befestigung des Organismus am Substrat ausbildet. Die Leptomitales besitzen Verdickungen der Zellwand. In dieser Gruppe findet sich auch Chitin als Bestandteil der Zellwand.

Oosporen: (griech.: *oo* = Ei, *spora* = Samen) befruchtete Oogonien, Zygoten (u. a.) der Peronosporomycetes

sezernierte Enzyme: Enzyme aus exkretorischen/ausscheidenden Drüsen

Siehe auch: Kartoffelfäule: 3.2.1.7; Neobiota: 3.2.1.7; Pilze: 4.2.2

   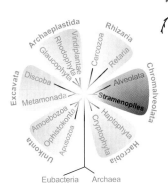

Der Oomycet *Peronospora sparsa* verursacht den falschen Mehltau

Kartoffel befallen von *Phytophtora infestans*

Von *Saprolegnia* („Fischschimmel") befallener Fisch

Asexuelle Fortpflanzung: Eine Hyphenspitze wird durch ein Septum vom Rest der Hyphe abgetrennt, sie wird zum Sporangium. Das Sporangium kann auf der Hyphe verbleiben oder als Konidium verbreitet werden. Durch Mitosen füllt sich das Sporangium mit mehreren Kernen. Diese werden mit einem Anteil des Plasmas von einer Zellmembran umgeben. Die so entstandenen einkernigen Zellen bilden die typischen zwei Geißeln aus und verlassen das Sporangium

Die Schwärmerzellen nehmen eine kugelige Gestalt an und verlieren die Flagellen. Die kugelförmige Zelle wird als Cyste bezeichnet

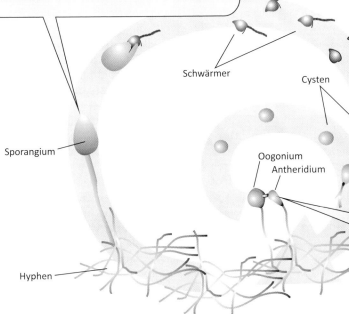

Schwärmer

Cysten

Sporangium

Oogonium
Antheridium

Hyphen

Sexuelle Fortpflanzung: An der Spitze von Hyphen entstehen weibliche, meist große runde Gametangien (Oogonien) und kleinere männliche Gametangien (Antheridien). In den Gametangien, die durch ein Septum von der Hyphe getrennt sind, findet die Meiose statt. Die Befruchtung erfolgt, indem Kerne aus dem Antheridium durch Plasmaschläuche in die Oogonien einwandern. Es verschmelzen also die Gametangien (Gametangiogamie)

Alle bekannten Lebewesen sind aus Kohlenstoffverbindungen aufgebaut. Dies ist kein Zufall, denn nicht viele Elemente weisen die notwendigen Voraussetzungen für die Entstehung von Leben auf: Die für Leben notwendige Vielfalt an spezifischen Molekülen setzt ein Element voraus, das Einfach- und Mehrfachbindungen eingehen und stabile langkettige oder ringförmige Moleküle bilden kann. Diese Eigenschaften werden nur von Elementen der Kohlenstoffgruppe – und hier nur von Kohlenstoff und Silicium – erfüllt. Silicium wird daher als mögliche Alternative für Kohlenstoff als basaler Baustein für Leben diskutiert. Wenngleich sich die Möglichkeiten alternativer Biochemien – auf Siliciumbasis und auf Basis alternativer Lösungsmittel (Ammoniak) – nicht ganz ausschließen lassen, sind sie aber doch sehr unwahrscheinlich. Auch die relative Häufigkeit von Kohlenstoff im Vergleich zu Silicium im Kosmos spricht eher gegen solche Szenarien. Zudem ist die Reaktivität von Silicium und Siliciumverbindungen deutlich geringer. Silicium ist gegenüber Kohlenstoff auch deutlich weniger flexibel: Doppelbindungen sind bei Silicium instabiler und die Kettenbildung von Silanen, also Siliciumwasserstoffketten, auf maximal 15 Si-Si-Verbindungen beschränkt. Es gibt mehrere Millionen auf Kohlenstoff aufgebaute (organische) Verbindungen, dagegen aber nur rund 100.000 anorganische Verbindungen. Eine Evolution auf Siliciumbasis ist in den für die Entstehung von Leben denkbaren Zeiträumen kaum möglich.

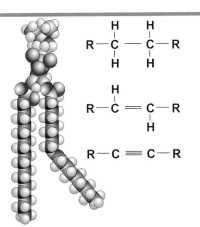

Kohlenstoffatome können lange Ketten bilden und dabei über Einfach-, Doppel-, und Dreifachbindungen miteinander verbunden sein

Chemische Basis des Lebens

Phaeophyceae

Die Phaeophyceae bilden mit den Raphidiophyceae, den Phaeothamniophyceae, den Xanthophyceae und einigen anderen Gruppen eine Verwandtschaftsgruppe innerhalb der Ochrophyta. Die Ochrophyta bilden wiederum mit den Pseudofungi und den Bigyra die Stramenopiles, die zusammen mit den Alveolata und den Rhizaria die SAR-Klade bilden.

Die Phaeophyceae (Braunalgen, Tange) sind vielzellig, einige Arten wie die Riesentange („Kelp") der Gattung *Macrocystis* können bis zu 60 m lang werden. Es sind ca. 1.800 Arten bekannt. Sie sind fast ausschließlich marin und wachsen meist im flachmarinen Küstenbereich bis in die Spritzwasserzone auf felsigem Untergrund. Einige Arten (*Sargassum* spp.) treiben aber auch frei im offenen Meer. Die Braunalgen sind die einzigen Stramenopiles, die differenzierte Gewebe bilden. Der Thallus der Braunalgen ist in unterschiedliche Gewebe und Abschnitte differenziert. Die festsitzenden Formen bilden wurzelähnliche Haftorgane (Rhizoide), sprossartige Cauloide und blattartige Phylloide. Bei vielen Arten dienen gasgefüllte Blasen (Aerocysten) dem Auftrieb. Die meisten Braunalgen weisen nur in den äußeren Bereichen ihrer Cauloide und Phylloide photosynthetisch aktive Fäden auf, im Inneren befinden sich Stränge aus röhrenförmigen Zellen, die Transportfunktion haben.

Die Hauptbestandteile der Zellwände der Braunalgen sind Cellulose und die Salze der aus 1,4-glykosidisch verknüpfter Galuronsäure und Mannuronsäure bestehenden Alginsäure (Alginate). Dabei sind die Cellulosefibrillen in eine amorphe gelartige Alginatmatrix eingebettet. Diese Struktur gewährleistet in der strömungsreichen Gezeitenzone sowohl Festigkeit als auch Flexibilität. Die Alginate werden auch kommerziell als Emulgatoren für beispielsweise Eiscreme oder Kosmetika genutzt.

Flagellen finden sich nur in den Fortpflanzungszellen. Diese besitzen zwei lateral inserierte Flagellen, von denen die mit zwei Reihen dreigeteilter Haare besetzte Flimmergeißel nach vorn gerichtet ist und die glatte Peitschengeißel nach hinten.

Die Braunalgen besitzen meist einen Plastiden pro Zelle. Es ist ein sekundärer, von vier Membranen umgebener Plastid mit den Chlorophyllen *a*, *c1* und *c2* sowie den akzessorischen Pigmenten β-Carotin, Fucoxanthin sowie in geringerem Ausmaß Diadinoxanthin und Diatoxanthin. Als Reservepolysaccharid wird Chrysolaminarin gebildet.

Die Braunalgen vollziehen einen heterophasischen Generationswechsel, haploide und diploide Generation wechseln. Bei einigen Taxa sind die beiden Generationen gleichgestaltet (isomorph), bei anderen ist der Gametophyt gegenüber dem Sporophyten reduziert (heteromorph). Bei den Fucales ist die haploide Generation fast vollständig rückgebildet. Ebenso findet man Taxa mit gleichgestalteten, begeißelten Gameten (Isogamie) über solche mit verschieden großen, begeißelten Gameten (Anisogamie) bis hin zu Taxa mit unbegeißelten weiblichen Eizellen (Oogamie).

Die Gewinnung von Alginaten aus Braunalgen erfolgt über spezielle Erntemaschinen (Trawler) oder durch Einsammeln der Algen am Strand und anschließende Extraktion in alkalischen Lösungen. Zu den häufigsten Gattungen, aus denen Alginate kommerziell gewonnen werden, gehören: *Laminaria*, *Ecklonia*, *Macrocystis*, *Lessonia*, *Ascophyllum* und *Durvillea*. Die Alginate bestehen aus Alginsäure und Calciumionen. In der Lebensmittelindustrie dienen die Alginate als Emulgatoren und Verdickungsmittel. Alginate werden unter anderem in Backwaren, Tiefkühlprodukten, Speiseeis und Konserven verwendet.

In der Medizin werden Alginate ebenfalls eingesetzt. Sie haben einen wundreinigenden Effekt und können bis etwa das Zwanzigfache des Eigengewichts an Wundsekreten aufnehmen. Auch haben Alginate aufgrund des Calciumanteils eine blutstillende Wirkung. Sie finden zudem Verwendung als Biomaterial für die Verkapselung von menschlichem Zellgewebe. So können körperfremde Materialien unerkannt vom Immunsystem eingelagert werden.

Aus der Asche von Braunalgen werden seit dem 17. Jahrhundert Pottasche (Kaliumcarbonat), Kaliumsulfat und Natriumcarbonat für die Glas- und Seifenindustrie gewonnen.

Chrysolaminarin: Reservestoff, der in der Gruppe Stramenopiles vorkommt; β 1-3- und β 1-6-verknüpfte Glucose
Emulgator: mithilfe von Emulgatoren können zwei nicht mischbare Stoffe miteinander vermischt und stabilisiert werden
heterophasisch: Generationswechsel, bei dem sich die haploide und diploide Generation abwechseln

Schulp: kompessionsstabiler innerer Auftriebskörper der Sepiida (Echte Tintenfische)
Thallus: vielzelliger Vegetationskörper von Pflanzen, Algen und Pilzen, der nicht die Organisation eines Kormus (Gliederung in Sprossachse, Wurzel, Blatt) aufweist

■ Siehe auch: Generationswechsel: 4.4.3.3; Kompartimentierung: 4.6.1.3

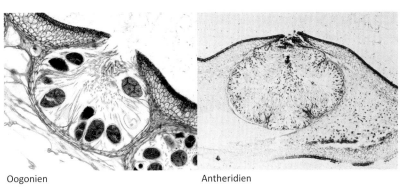

Oogonien   Antheridien

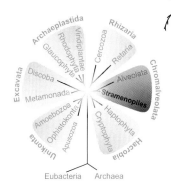

oben: *Laminaria* sp.   Gesamter Thallus von *Saccorhiza polyschides*   oben: Gewebeausschnitt (*Fucus vesiculosus*)
Mitte: *Laminaria hyperborea*   Mitte: Aerocysten eines Blasentanges
unten: *Sargassum* sp.   unten: Rhizoide

Organismen, die im Wasser leben, müssen in der Lage sein, ihren Auftrieb zu regulieren. Viele Organismen besitzen Luftkammern (z. B. im Schulp von *Sepia* (oben links) oder im Gehäuse von *Nautilus* (unten links)). Die meisten Knochenfische besitzen eine Schwimmblase, mit der sie die Schwimmtiefe regulieren und ihre aufrechte Lage stabilisieren können. Die Schwimmblase wird aus einer Ausstülpung des Vorderdarms gebildet (oben rechts: Goldfisch mit durch die Schwimmblasenkrankheit geschädigtem Gasaustausch der Schwimmblase). Fische ohne Schwimmblase müssen durch ständiges aktives Schwimmen ihre Schwimmtiefe regulieren. Mithilfe von Gasvesikeln können Cyanobakterien, aber auch andere Bakterien ihren Auftrieb regulieren, sodass sie in sauerstoff- und nährstoffreichere sowie ausreichend belichtete Wasserschichten gelangen können. Die Membran der Gasvesikel ist für Wasser und gelöste Stoffe undurchlässig, aber nicht für Gase. Eine weitere Form des Auftriebs stellen Gasblasen (Aerocysten) dar. Sowohl Wasserpflanzen, als auch Braunalgen (Laminariales und Fucales) bilden Aerocysten, die im Wasser für Auftrieb zu sorgen. Ähnlich besitzen Pollen windblütiger Pflanzen und andere luftverbreitete Strukturen Luftsäcke, die die Verbreitung in der Luft verbessern.

Sepia officinalis   Schwimmblasenkrankheit beim Goldfisch

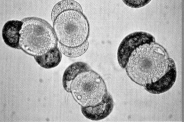

Nautilus sp.   Kiefernpollen mit Luftsäcken

Auftrieb

Chrysophyceae

Die Chrysophyceae (Goldalgen) bilden mit den Synchromophyceae, den Pinguiophyceae, den Eustigmatophyceae und einigen weiteren Gruppen eine Verwandtschaftsgruppe innerhalb der Ochrophyta. Diese gehören mit den Pseudofungi und den Bigyra zu den Stramenopiles, welche mit den Alveolata und den Rhizaria die SAR-Klade bilden.

Chrysophyceae besitzen zwei Flagellen, das kurze Flagellum kann bei einigen Arten aber stark verkürzt sein. Die Goldalgen sind morphologisch sehr divers, sie umfassen sowohl einzellige Arten als auch koloniebildende Formen.

Vertreter der Chrysophyceae bilden Dauerstadien (Stomatocysten), die aus Silikat aufgebaut sind. Diese Dauerstadien können eine vielfältige ultrastrukturelle Oberflächenmusterung aufweisen und besitzen einen Porus, durch die der Organismus schlüpfen kann.

Einige Gruppen (Synurales, Paraphysomonadales) besitzen Silikatschuppen auf der Zelloberfläche, in anderen Gruppen finden sich allerdings keine Schuppen.

In vielen Linien ist die Fähigkeit zur Photosynthese sekundär reduziert, auch diese farblosen Taxa besitzen aber noch rudimentäre Plastiden.

Die Photosynthese betreibenden Arten leben vorwiegend im Süßwasser bei neutralen oder leicht sauren pH-Werten.

Die ausschließlich photosynthetischen Goldalgen (Gattungen *Synura*, *Mallomonas*, *Tesselaria*) werden teilweise als eigene Familie (Synurophyceae) als Schwestergruppe der Chrysophyceae angesehen. Neuere molekulare Untersuchungen belegen aber, dass diese Organismen eine Ordnung (Synurales) innerhalb der Chrysophyceae darstellen. Die Synurales tragen Silikatschuppen und sind vorwiegend in huminstoffreichen leicht sauren (pH 5–6.5) Seen verbreitet.

Zu den bedeutendsten und am weitesten verbreiteten Vertretern der mixotrophen Chrysophyceae gehört die Gattung *Dinobryon*, die vor allem im Frühjahrsplankton einen bedeutenden Anteil der Algenbiomasse stellt. *Dinobryon* spp. bilden bäumchenartige Kolonien, bei denen die einzelnen Zellen in einem trichter- oder röhrenförmigen Gehäuse (Lorica) sitzen.

Insbesondere in nährstoffarmen Gewässern gehören sie zu den wichtigsten Algen. Die Synurales sind ausschließlich phototroph. Die anderen Gruppen der Chrysophyceae sind mixotroph oder heterotroph, neben der Photosynthese ernähren sie sich zusätzlich phagotroph von Bakterien und anderen Kleinstpartikeln. Innerhalb der mixotrophen Gruppen finden sich alle Abstufungen von vorwiegend phototrophen bis zu vorwiegend heterotrophen Taxa. Durch die mixotrophe Ernährung nehmen die Organismen Nährstoffe auf und umgehen damit eine Nährstofflimitierung in nährstoffarmen Gewässern.

In mindestens fünf Verwandtschaftsgruppen ging unabhängig die Fähigkeit zur Photosynthese verloren, der Plastid ist in diesen Gruppen stark reduziert. Er ist aber auch bei diesen heterotrophen Formen für verschiedene Stoffwechselwege wie die Fettsäuresynthese wichtig. Heterotrophe Chrysophyceae gehören in den verschiedensten aquatischen und terrestrischen Habitaten zu den häufigsten Eukaryoten. Im Gegensatz zu den phototrophen Chrysophyceae zählen die heterotrophen Vertreter auch im Meer, in Seen mit hohen pH-Werten und im Boden zu den häufigsten Eukaryoten. Sie besiedeln damit ein breiteres Spektrum an Habitaten als die phototrophen.

Die bedeutendsten heterotrophen Chrysophyceae sind einerseits die Paraphysomonadales, andererseits eine polyphyletische Gruppe farbloser und schuppenloser Taxa:

Die Paraphysomonadales sind eine heterotrophe, ebenfalls schuppentragende Gruppe der Chrysophyceae.

Die ökologisch bedeutenden und weit verbreiteten farblosen, nicht schuppentragenden Taxa wurden unter der Sammelbezeichnung *Spumella*-ähnliche Flagellaten oder *Spumella* spp. zusammengefasst. Neuere Untersuchungen belegen aber, dass innerhalb der Chrysophyceae mehrfach unabhängig solche farblosen heterotrophen Flagellaten entstanden sind. Diese sind morphologisch nicht oder kaum zu unterscheiden und können bislang nur aufgrund molekularer Daten den richtigen Gattungen und Verwandtschaftsgruppen zugeordnet werden.

Autotrophie: (griech.: *autos* = selbst und *trophe* = Ernährung) Fähigkeit von Lebewesen, ihre organischen Bau- und Reservestoffe ausschließlich aus anorganischen Stoffen aufzubauen
Heterotrophie: (griech.: *heteros* = anders und *trophe* = Ernährung) Fähigkeit von Lebewesen, zum Aufbau ihrer Bau- und Reservestoffe bereits vorhandene organische Verbindungen zu verwenden
Mixotrophie: (griech.: *mixis* = Mischung, *trophe* = Ernährung) Fähigkeit einiger Lebewesen, sowohl Kohlendioxid zu assimilieren als auch sich von organischen Stoffen zu ernähren

Siehe auch: Schuppen: 4.7.2

Dinobryon divergens (Chrysophyceae; mixotroph)

Synura sp. (Synurales; phototroph)

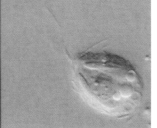
Mallomonas annulata (Synurales; phototroph)

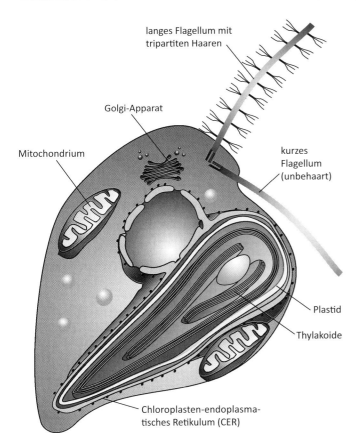

langes Flagellum mit tripartiten Haaren

Golgi-Apparat

Mitochondrium

kurzes Flagellum (unbehaart)

Plastid

Thylakoide

Chloroplasten-endoplasmatisches Retikulum (CER)

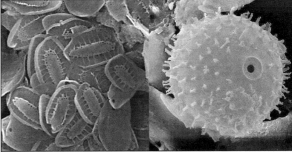
Silikatschuppen von *Mallomonas* sp. (links) und Stomatocyste aus dem Sediment eines Gebirgssees (rechts)

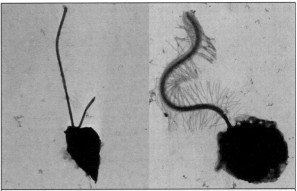
TEM-Aufnahme der heterotrophen (farblosen) Goldalgen *Acrispumella msimbaziensis* (links) und *Pedospumella encystans* (rechts). Die Mastigonemen auf dem langen Flagellum sind deutlich zu sehen

Die grundlegende Ernährungsweise (Phototrophie, Mixotrophie, Heterotrophie) weicht auch zwischen nahe verwandten Organismengruppen teilweise stark ab. Sammelbezeichnungen wie „Algen" oder „heterotrophe Nanoflagellaten" bezeichnen daher funktionelle Gruppen, die in ökologischen Studien durchaus ihre Berechtigung haben. Phylogenetisch sind die so zusammengefassten Organismen aber nicht näher miteinander verwandt. Im phylogenetischen Kontext machen diese Gruppierungen daher keinen Sinn.

Übergänge zwischen den verschiedenen Ernährungsweisen finden sich in den verschiedensten Organismengruppen: Selbst bei den höheren Pflanzen sind mindestens zwölf Mal unabhängig parasitische Linien entstanden. Hinzu kommen verschiedene carnivore Linien, die sich zwar phototroph ernähren, ihren Nährstoffbedarf aber zumindest teilweise über den Fang und die Verdauung tierischer Nahrung decken. Umgekehrt finden sich viele Metazoen, die in enger Symbiose mit Algen leben oder die Plastiden von Algen als Kleptoplastiden nutzen, um ihre heterotrophe Ernährung durch Autotrophie zu ergänzen. Bei den Protisten ist das Bild noch wesentlich vielfältiger. Allein bei den Goldalgen sind fünf bis zehn mal unabhängig heterotrophe Linien entstanden.

Hinzu kommen viele mixotrophe Vertreter, bei denen die verschiedenen Ernährungsweisen eine unterschiedlich starke Rolle spielen. Ähnlich finden sich in fast allen anderen Algengruppen Vertreter, die die Photosynthese reduziert haben oder zumindest mixotroph neben der Autotrophie auch partikuläre Nahrung nutzen.

Von einer autotrophen Ernährung ausgehend herrscht ein Selektionsdruck zugunsten einer mixotrophen Ernährung vor allem in nährstofflimitierten Umgebungen, da über die phagotrophe Ernährung Nährstoffe aufgenommen werden können. Geraten mixotrophe Organismen unter permanente Lichtmangelbedingungen, so kann es zum Verlust der Fähigkeit zur Photosynthese kommen.

Der umgekehrte Weg, also der Wechsel von heterotropher zu mixotropher oder phototropher Ernährung, ist in der Evolution wesentlich seltener realisiert, da dies in der Regel die Aufnahme eines phototrophen Endosymbionten und dessen Umwandlung zu einem Plastiden erfordert. Dies ist ein wesentlich komplizierterer Prozess als der sukzessive Verlust der Fähigkeit zur Photosynthese.

Phototrophie, Mixotrophie, Heterotrophie

Bacillariophyceae

Die Bacillariophyceae (Kieselalgen, Diatomeen) bilden mit den Pelagophyceae und Dictyochophyceae eine Verwandtschaftsgruppe innerhalb der Ochrophyta. Die Ochrophyta werden mit den Pseudofungi und den Bigyra zu den Stramenopiles zusammengefasst. Die Stramenopiles und ihre Schwestergruppe, die Alveolata, bilden zusammen mit den Rhizaria die SAR-Klade.

Die Bacillariophyceae sind eine artenreiche Gruppe vorwiegend aquatischer einzelliger Algen. Bei einigen Taxa finden sich auch einfache Zellverbände. Diatomeen leben in marinen, limnischen und terrestrischen Habitaten. Sie sind seit dem Jura bekannt, erreichten aber erst im Verlauf der Kreide ihre heutige Bedeutung. Im Meer bilden sie eine bedeutende Komponente des Phytoplanktons, rund ein Viertel der globalen Primärproduktion geht auf Diatomeen zurück. Die Bacillariophyceae besitzen Mitochondrien und sekundäre Plastiden, die von vier Membranen umgeben sind. Die durch Fucoxanthin braun gefärbten Plastiden enthalten Chlorophyll *a* und *c*. Chrysolaminarin dient als Reservestoff.

Charakteristisch für die Bacillariophyceae ist die aus Silikat aufgebaute Schale. Sie besteht aus einer Epitheka (Deckel) und einer etwas kleineren, randlich von der Epitheka umschlossenen Hypotheka (Boden). Die Schalenhälften werden bei der Zellteilung auf die Tochterzellen aufgeteilt und

Morphologisch lassen sich in der Aufsicht runde, radiärsymmetrische Taxa (Centrales) von länglich gestreckten, bilateralsymmetrischen Taxa (Pennales) unterscheiden. Viele pennate Bacillariophyceae können sich mithilfe von Raphen fortbewegen. Die Centrales bilden keine Raphen aus. Viele Arten bilden Schwebefortsätze oder Vakuolen und Öltröpfchen (Reservestoff) die den Auftrieb zu erhöhen.

werden jeweils zur Epitheka der neuen Zelle. Die Hypotheka wird jeweils neu gebildet – die Schalenkomponenten werden in Vesikeln des Golgi-Apparats erzeugt (*silica deposition vesicles* (SDV)). Weil immer die kleinere Schale neugebildet wird, führt die asexuelle Fortpflanzung zu einer fortschreitenden Verkleinerung der Zellen einer Population. Dies macht regelmäßige sexuelle Fortpflanzungszyklen notwendig. Bei der sexuellen Fortpflanzung entsteht eine zellwandlose Zygote (Auxospore), die zum Größenwachstum befähigt ist. Diatomeen besitzen keine Flagellen, auch die Basalkörper der Flagellen sind reduziert. Nur die Gameten einiger zentrischer Diatomeen bilden die für die Stramenopiles typische Flimmergeißel mit dreiteiligen Mastigonemen, bei allen anderen Taxa ist die Flagelle vollständig reduziert.

Die Ablagerungen der Diatomeen können gesteinsbildend sein und werden als Kieselerde abgebaut. Diatomeen sind kommerziell bedeutend beispielsweise als Putzkörper in Zahnpasta, als Reflektormaterial in Straßenmarkierungen, als Trägermaterial für Nitroglycerin im Dynamit sowie vielfältig als Poliermittel, Filtermittel oder auch in Insektiziden (die Schalen verstopfen die Tracheen der Insekten). Sie sind eine wichtige Indikatorgruppe für die Gewässerqualität und werden daher routinemäßig in ökologische Gewässeranalysen einbezogen.

Bacillariophyceae sind die einzigen Diplonten innerhalb der Algen. Das bedeutet, sie haben einen doppelten Chromosomensatz in allen Zellen außer in den durch Meiose entstandenen Fortpflanzungszellen (Gameten).

Aufgrund des doppelten Genbestands wirken sich negative Mutationen nicht direkt aus. Dadurch könnte die Evolutionsgeschwindigkeit vergleichsweise hoch sein. Dies erklärt vieleicht die Artenvielfalt der Bacillariophyceae.

Chrysolaminarin: Reservestoff, der in der Gruppe Stramenopiles vorkommt; β 1-3- und β 1-6-verknüpfte Glucose

---

Siehe auch: Biomineralisation: 4.5.2; 4.5.2.1

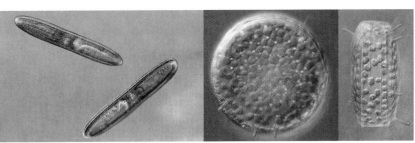

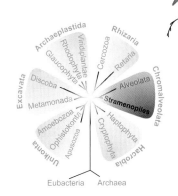

Pinnularia viridis, eine pennate Diatomee   *Thalassiosira punctigera*, eine centrale Diatomee

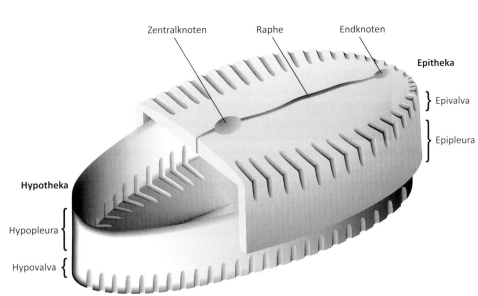

Zentralknoten   Raphe   Endknoten

Epitheka

} Epivalva

} Epipleura

Hypotheka

Hypopleura {

Hypovalva {

Diatomeenschalen sind Teil des Putz-körpers von Zahnpasta

Diatomeenschalen sind Teil reflektie-render Straßenmarkierungen

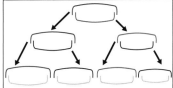

Sukzessive Verkleinerung der Schalen durch Neubildung der Hypotheka bei der asexuellen Fortpflanzung

Obwohl pennate Bacillariophyceae keine Geißeln besitzen, können sie sich mithilfe von Raphen fortbewegen. Raphen sind spaltförmige Durchbrüche in der Kieselschale, die sich auf einer oder beiden Schalen befinden. Pennate Diatomeen können mit einer Geschwindigkeit von 20 µm/s langsam auf dem Substrat in beide Richtungen kriechen. Dabei scheiden die Zellen über die Raphen Polymere aus, mit denen sich die Diatomeen am Substrat verankern und sich anschließend über den Ankerpunkt ziehen. Die Raphen befinden sich meistens in der Längsachse der Schale, können aber auch exzentrisch oder am Schalenrand angeordnet sein.

Eine entsprechende gleitend-kriechende Fortbewegung ist auch bei einer Vielzahl anderer Taxa realisiert. Die Zygnematophytina besitzen weder Geißeln noch spezielle Strukturen für die Fortbewegung. Sie sind trotzdem zu langsamen Kriechbewegungen fähig, indem sie sich mit einem Zellpol am Substrat festhaften und durch große Poren Schleim sezernieren, auf dem sie sich fortbewegen.

Die Cyanobakterien, sowohl einzellige als auch fädige Vertreter, können sich ebenfalls kriechend durch Schleimabsonderungen fortbewegen. Bei der Gattung *Oscillatoria* bewegt sich der ganze Faden durch Rotation um die Längsachse. Einige Vertreter nutzen die Kriechbewegung zur Fortpflanzung, indem sie kurze Fadenfragmente aus der Gallerte entlassen. Auch bei Vielzellern gibt es Fortbewegung durch Schleimabsonderung. Hier ist diese Fortbewegung in der Regel mit (wellenförmigen) Kontraktionen des Körpers kombiniert. So dient beispielsweise die abgeflachte Sohle (Fuß) der Schnecken der Fortbewegung, indem sie entweder eine wellenförmige Bewegung ausführen oder ihren zweigeteilten Fuß zu einem Schreitgang nutzen. Dabei sondern sie einen Schleimteppich ab, über den sie dann kriechen oder gleiten können. Dieser abgesonderte Schleim dient zusätzlich als Schutz vor Austrocknung und Angreifern.

Arion rufus (Mollusca) und *Oscillatoria* sp. (Cyanobacteria)

Kriechende Fortbewegung

Hacrobia und incertae sedis Eukaryota

Die Haptophyta und die Cryptophyta werden hier als Hacrobia zusammengefasst.

Aufgrund der Plastiden mit Chlorophyll *c* wurden diese Gruppen mit den Alveolata und Stramenopiles zu den Chromalveolata gestellt (Chromalveolaten-Hypothese). Die Verwandtschaftsbeziehungen dieser Gruppen zueinander sind aber noch unklar: Die Verwandtschaft der Alveolata und der Stramenopiles ist gut belegt, diese Gruppen können auch als „Kern-Chromalveolaten" zusammengefasst werden. Diese „Kern-Chromalveolaten" bilden die Schwestergruppe der Rhizaria und werden mit diesen gemeinsam als SAR-Klade zusammengefasst.

Die Haptophyta umfassen Algen, deren Plastiden Chlorophyll *c* enthalten. Eine Verwandtschaft der Haptophyta mit der SAR-Klade ist wahrscheinlich.

Vermutlich verwandt mit den Haptophyta sind die Centrohelida sowie die Flagellatengattung *Telonema*.

Die Centrohelida umfassen einen Teil der früher als „Sonnentierchen" oder „Heliozoa" zusammengefassten Organsimen. Die kugeligen, etwa 30–80 μm großen Organismen besitzen radiale Axopodien, die durch Mikrotubuli in dreieckig-hexagonaler Anordnung unterstützt werden. Diese Mikrotubuli gehen von einem zentralen dreiteiligen Körnchen (dem Centroplasten) aus.

Bei der Gattung *Telonema* handelt es sich um eine früh abzweigende Linie unsicherer phylogentischer Stellung. Es sind Flagellaten mit zwei Flagellen, einer Proboscis-ähnlichen Struktur und einem komplexen, aus Mikrotubuli und

Die Verwandtschaft der Haptophyta und der Cryptophyta mit dieser SAR-Klade und insbesondere mit den „Kern-Chromalveolaten" ist nicht geklärt. Die Haptophyta bilden wahrscheinlich die Schwestergruppe der SAR-Klade (Stramenopiles, Alveolata, Rhizaria). Für die Cryptophyta wird dagegen eine mögliche Verwandtschaft zu den Archaeplastida diskutiert.

Da die Verwandtschaftsbeziehungen dieser Gruppen nicht geklärt sind, werden sie von verschiedenen Autoren auch als incertae sedis Eukaryota, also als Eukaryoten unsicherer phylogenetischer Stellung, eingeordnet.

Mikrofilamenten aufgebauten Zellskelett. Die Art *Telonema antarctica* besitzt Alveoli unterhalb der Zellmembran und tripartite Haare auf dem längeren Flagellum.

Die Picozoa sind nur wenige Mikrometer große heterotrophe Flagellaten. Sie gehören zu den kleinsten Eukaryoten und stellen vor allem in oligotrophen kalten Küstenmeeren einen bedeutenden Teil der Biomasse. Die Flagellaten besitzen zwei Flagellen und ihre Zelle ist in zwei Hemisphären geteilt. Die phylogenetische Position der Picozoa ist umstritten.

Die Cryptophyta umfassen die phototrophen Cryptophyceae und die heterotrophen Kathablepharidaceae. Die Position der Cryptophyta ist umstritten. Neben einer Verwandtschaft mit den Haptophyta wird auch eine Verwandtschaft mit den Archaeplastida diskutiert.

Exsudation: (lat.: *exsudatio* = Ausschwitzung) Ausscheidung bzw. Verlust von organischen Molekülen über die Zellmembran

incertae sedis: (lat.: *incerta sedes* = unsicherer Sitz) unsichere systematische Stellung

Siehe auch: Mykorrhiza: 4.2.2.2

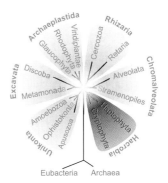

Verwandtschaftsgruppe Haptophyta, *Telonema* und Centrohelida

Haptophyta
Flagellaten mit zwei Flagellen und in der Regel mit Haptonema, Mitochondrien mit tubulären Cristae, mit Plastiden

Pavlovophyceae
Zelloberfläche ohne Schuppen

Prymnesiophyceae
Zelloberfläche mit Schuppen

Telonema
Flagellaten mit zwei Flagellen, das längere mit tripartiten tubulären Haaren, Mitochondrien mit tubulären Cristae, keine Chloroplasten

Centrohelida
einzellig, kugelig, mit radialen Axopodien ("Sonnentierchen"), die die Axopodien unterstützenden Mikrotubuli in dreieckiger oder hexagonaler Anordnung gehen von einem zentralen Centroplasten aus, Cristae der Mitochondrien flach

Picozoa
Picoflagellaten (kleiner als 3 μm) mit zwei Flagellen, heterotroph, marin, Mitochondrien mit tubulären Cristae, keine Chloroplasten

Cryptophyta

Cryptophyceae
Flagellaten mit zwei Flagellen, Zellhülle aus Proteinen (Periplast), Mitochondrien mit tubulären Cristae, mit Plastiden

Cryptomonadales
mit Plastiden, Plastiden mit Nucleomorph

Goniomonadales
ohne Plastiden

Kathablepharidaceae
Flagellaten mit zwei Flagellen, marin und limnisch, apikales Cytostom durch längs verlaufende Mikrotubuli unterstützt, Zellmembran durch lamellare Umhüllung verdickt, Mitochondrien mit tubulären Cristae, keine Chloroplasten

---

Ein großer Teil der aquatischen Primärproduktion wird durch Exsudation und Zelllyse als gelöster organischer Kohlenstoff (DOC) freigesetzt. Dieser gelöste Kohlenstoff wird von Bakterien genutzt, diese werden von Flagellaten gefressen. Nur ein kleiner Teil der Primärproduktion wird direkt über die „klassische" Nahrungskette von Metazoen genutzt, ein weiterer Teil wird den Metazoen über den Umweg des mikrobiellen Nahrungsnetztes („microbial loop") verfügbar. Der größte Teil der Primärproduktion fließt jedoch in das mikrobielle Nahrungsnetz und wird durch Fraßbeziehungen innerhalb der mikrobiellen Gemeinschaft (Bakterien, Flagellaten, Ciliaten) veratmet. In mesotrophen Gewässern finden sich rund einige Hundert bis einige Tausend Algen pro Milliliter, ein bis drei Millionen Bakterien pro Milliliter, rund 1.000 Flagellaten pro Milliliter und rund 100 Ciliaten pro Milliliter. Dem stehen wenige Metazoen gegenüber (meist weniger als zehn Rotiferen pro Milliliter, meist wenige oder weniger als ein Kleinkrebs (Cladoceren und Copepoden). In den ultra-oligotrophen Ozeanen sind die Abundanzen der Organismen um ein bis zwei Größenordnungen geringer, in eutrophen Teichen sind die Abundanzen entsprechend höher. Zu den bedeutendsten Primärproduzenten gehören Diatomeen, Dinoflagellaten und Grünalgen, zu den bedeutendsten Konsumenten gehören Choanoflagellaten, Bicosoeciden, heterotrophe Chrysophyceen, Dinoflagellaten und Ciliaten.

In terrestrischen Ökosystemen stellen die Landpflanzen die bedeutendsten Primärproduzenten. Über das Wurzelsystem und die Mykorrhiza-Pilze wird auch hier ein bedeutender Teil der Primärproduktion ausgeschieden. Dieser gelöste Kohlenstoff sowie tote Biomasse wird einerseites von Pilzen, anderersits von Bakterien genutzt. Die Bakterien werden auch im Boden von Flagellaten (vorwiegend Cercomonaden, Kinetoplastida, Chrysophyceen, Eugleniden) und Amöben (Amoebozoa, Heterolobosea etc.) gefressen. Das mikrobielle Nahrungsnetz ist auch im Boden bedeutend und ein guter Teil der Primärproduktion wird direkt durch die mikrobiellen Komponenten veratmet. Im wassergefüllten Porenraum im Boden finden sich etwa zehn Millionen Bakterien pro Gramm Boden, etwa 10.000 Flagellaten und Amöben pro Gramm Boden, sowie einige Hundert Nematoden pro Gramm Boden. Pilze stellen in Bodenökosystemen einen großen Teil der Biomasse, die mikrobiellen Komponenten sind von ähnlicher Bedeutung. Neben diesen beiden Komponenten sind (abgesehen von Pflanzenwurzeln) lediglich noch die Regenwürmer quantitativ von Bedeutung.

Eukaryotische Biozönose und das „microbial loop"

Haptophyta

■ Die Haptophyta stellen einen erheblichen Teil des marinen, photosynthetischen Nanoplanktons. Sie besiedeln nahezu alle Ozeane. Durch ihr großes Aufkommen spielen sie eine bedeutende Rolle als Primärproduzenten im Meer. Nur wenige Arten kommen im Süßwasser vor. Es sind ca. 500 Arten bekannt.

Die Oberfläche der Haptophyta ist mit Celluloseplättchen bedeckt. Die Schuppen werden vom Golgi-Apparat gebildet. Bei einigen Haptophyta, den Coccolithales (Coccolithophoridae), sind diese Plättchen calcifiziert und werden als Coccolithen bezeichnet. Große fossile Ablagerungen wie die Kreide bestehen überwiegend aus diesen Coccolithen. Die ältesten fossilen Funde reichen bis ins Karbon. Jedoch gewannen die Haptophyta im Mesozoikum und Jura erst an Formenvielfalt.

Die Haptophyta besitzen sekundäre Plastiden mit vier Hüllmembranen, Chlorophyll *a* und *c* und den akzessorischen Pigmenten Fucoxanthin oder Diatoxanthin. Die äußere Membran der ein oder zwei Plastiden pro Zelle geht in das endoplasmatische Reticulum über (Chloroplasten-ER). Die meisten Arten sind einzellig und phototroph. Einige wenige sind farblos und ernähren sich phagotroph.

Zwischen den beiden meist gleich langen Geißeln inseriert ein drittes fadenförmiges Organell (Haptonema). Das Haptonema unterscheidet sich in seinem Aufbau und Funktion von den übrigen Geißeln. Es besteht aus sechs oder sieben Mikrotubuli und dient zur Anheftung, zur (gleitenden) Fortbewegung oder zum Nahrungserwerb.

Chrysolaminarin, Öl und selten auch Paramylon (vergleiche auch Euglenida) dienen als Reservestoffe. Diese werden außerhalb der Plastiden in Vakuolen gebildet. Bei einigen Arten sind auch Augenflecken (Stigma) bekannt.

■ Die Haptophyta werden in die schuppentragenden Prymnesiophyceae und die schuppenlosen Pavlovophyceae unterteilt. Einige Haptophyta sind von globaler Bedeutung, insbesondere Vertreter der Prymnesiophyceae:

Emiliania huxleyi (Isochrysidales) ist ein wichtiger Produzent von biogenem Calciumcarbonat und bedeutend für die globale Kohlendioxidfixierung. Die nur 3–5 µm großen Algen können sich unter nährstoffreichen Bedingungen explosionsartig vermehren und zu Algenblüten führen, die sich über Hunderte von Quadratkilometern ausdehnen können.

Prymnesium parvum (Prymnesiales) kann sich mit dem Haptonema an Fischkiemen festsetzen und die ausgeschiedenen Toxine können zu Fischsterben führen. Ebenso kann die Gattung *Chrysochromulina* toxische Algenblüten hervorrufen, die zum massenhaften Sterben von Fischen und anderen Meeresorganismen führen können.

Einzelne Zellen der Gattung *Phaeocystis* (Phaeocystales; Schaumalge) können zu gallertartigen Kolonien verklumpen. Aus der Zelle hervorspringende gewundene Filamente aus Chitin können die Kolonien zusammenhalten und an Gegenständen (z. B. Netzen) festheften. Nach einer Algenblüte können diese Algen auffälligen Schaum bilden und damit Sauerstoffdefizite verursachen. *Phaeocystis* setzt große Mengen an Dimethylsulfid frei, eine Verbindung, die als Kondensationskeim der Wolkenbildung wirkt und somit klimarelevant ist.

Vertreter der Coccolithales bilden calcifizierte Schuppen, die zum Teil bedeutende marine Sedimente (z. B. Schreibkreide) bilden.

ER: endoplasmatisches Reticulum
Nanoplankton: (griech.: *planktos* = treiben) 4–40 µm große Organismen, die im Wasser treiben/schweben
saurer Regen: Niederschlag, der einen niedrigeren pH-Wert als reines Regenwasser hat (ca. pH 5,5)

Toxine: (lat.: *toxicum* = Gift) von Lebewesen synthetisierte Giftstoffe
Treibhausgase: gasförmige Stoffe, die die von der Erde abgestrahlte Infrarotstrahlung absorbieren und somit zur Erderwärmung beitragen

■ Siehe auch: Biomineralisation: 4.5.2, 4.5.2.1; Kreide: 2.3.4.5

Emiliania huxleyi

Prymnesium parvum mit Haptonema

Pleurochrysis sp.

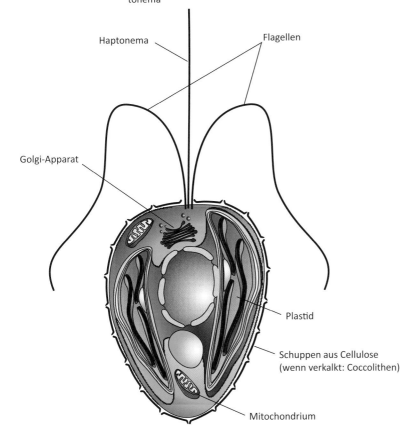

Haptonema

Flagellen

Golgi-Apparat

Plastid

Schuppen aus Cellulose (wenn verkalkt: Coccolithen)

Mitochondrium

Haptophyceen-Algenblüte (oben), Coccolithen (Mitte), Kreidefelsen (unten)

Massenvermehrung ist ein zeitlich begrenztes Phänomen innerhalb verschiedener Organismengruppen. Sie tritt bei Insektenarten (z. B. Borkenkäfer oder Wanderheuschrecken), Säugetieren (Lemmingen oder Feldmäusen), aber auch bei Mikroorganismen (Algenblüten). Dabei findet bei günstigen Umweltbedingungen innerhalb eines kurzen Zeitraums eine explosionsartige Vermehrung statt. Algenblüten können sowohl auf anthropogene Umweltveränderungen zurückzuführen sein als auch auf natürliche Faktoren. Zu den von Menschen verursachten Bedingungen gehören: Veränderungen im Nährstoffhaushalt, Neophyten, Beeinflussung von Nahrungsketten (Überfischung) oder Veränderungen der Gewässerführung. Natürliche Faktoren stehen oft mit dem Klima in Zusammenhang: die Meeresströmungen, die Schichtung im Meer, die Sonnenstrahlungsintensität, die Wassertemperatur und die Nährstoffeinträge (Land oder Flüsse). Die Algenblüte kann nur wenige Tage oder aber auch mehrere Monate andauern und sich von wenigen Metern über mehrere Hundert Quadratkilometer ausdehnen. Verschiedene Arten der Cyanobakterien, Chlorophyta, Dinophyta und Haptophyta sind in der Lage, sich explosionsartig massenhaft zu vermehren. Einige Arten produzieren toxische Substanzen, die in den bei Algenblüten auftretenden Konzentrationen für andere Organismen schädlich sind. Auch führt die Algenblüte, die meistens eine große Oberfläche des Gewässers einnimmt, zu einer Reduktion des Lichtes im Wasser und damit zu einer Verringerung der Photosynthese. Zusätzlich wird vermehrt Sauerstoff durch absinkende Organismen, sich vermehrende Konsumenten und die damit verbundene höhere Ökosystematmung verbraucht.

Algenblüten: Cyanobakterien (oben) und Dinoflagellaten (unten: *Noctiluca*)

Algenblüten

Cryptophyta

Die Cryptophyta umfassen neben den heterotrophen Kathablepharidaceae und der Gattung *Goniomonas* die hier vorgestellten Cryptophyceae. Die Cryptophyta werden mit den Haptophyta als Hacrobia zusammengefasst, die systematische Stellung ist aber unklar. Möglicherweise sind die Cryptophyta eher mit den Archaeplastida verwandt.

Vertreter der Cryptophyta sind einzellige Protisten und besiedeln Süß- und Meerwasser. Sie erreichen teils hohe Abundanzen und können daher trotz ihrer geringen Größe (kleiner als 50 µm) einen Großteil der Planktonbiomasse ausmachen. Innerhalb der Cryptophyceae sind 16 Gattungen mit etwa 200 Arten bekannt.

Viele Cryptophyceae sind Schwachlichtspezialisten und können aufgrund ihrer Pigmentausstattung die Grünlücke nutzen, daher können *Cryptomonas* spp. dichte Populationen in größeren Tiefen in Nähe der Chemokline bilden. *Cryptomonas* kann sich ebenfalls unter der Eisdecke im Winter vermehren.

Die aus der sekundären Endocytobiose mit einer Rotalge entstandenen Cryptophyceae besitzen Plastiden mit Chlorophyll *a* und *c2* und vier Hüllmembranen. Zwischen der zweiten und dritten Hüllmembran befinden sich Stärkekörner und ein Nucleomorph (reduzierter Zellkern des ehemaligen Rotalgen-Symbionten). Der Nucleomorph enthält nur drei Chromosomen. Die äußerste Plastidenmembran ist mit der Kernmembran und dem endoplasmatischen Reticulum verbunden.

Die wasserlöslichen Phycobiline der Cryptophyceae sind im Unterschied zu Cyanobakterien und Rotalgen nicht in Phycobilisomen organisiert. Die ein oder zwei Chloroplasten pro Zelle können aufgrund der akzessorischen Pigmente unterschiedlich gefärbt sein (blau, blaugrün, rötlich, rotbraun, olivgrün, braun oder gelbbraun).

Neben den photosynthetischen gibt es auch farblose, phagotrophe Vertreter, deren Plastiden sekundär reduziert sind. Auch die farblosen Cryptophyceae (ehemals als *Chilomonas* spp. zusammengefasst) besitzen noch reduzierte Plastiden mit Nucleomorph und Plastidengenom. Es handelt sich aber wohl um zumindest drei unabhängig farblos gewordene Linien.

Verschiedene Arten (unter anderem der Ciliat *Mesodinium* und verschiedene Dinoflagellaten) nutzen Cryptophyceae oder deren Plastiden als Endosymbionten bzw. als Kleptoplastiden.

Die Cryptophyta besitzen anstelle einer Zellwand einen Periplast. Der Periplast ist eine dreilagige Struktur bestehend aus einer inneren und einer äußeren Proteinschicht (oder aus Proteinplatten) und der dazwischen eingebetteten Plasmamembran.

Außerdem zeichnen sich die Cryptophyta durch zwei unterschiedliche Flagellen aus. Die beiden Flagellen ragen aus einer Zelleinstülpung (Schlund- und/oder Furchenöffnung) heraus. Die längere Flagelle besitzt steife, bipartite Geißelhaare (bestehend aus Schaft und Terminalfilamenten) an beiden Seiten und arbeitet als Zuggeißel (lokomotorische Flagelle). Die kürzere Flagelle hat dagegen nur eine Reihe von Haaren. Die Gattung *Goniomonas* hat nur auf einer der Geißeln Geißelhaare.

Das Schlund-Furchensystem ist innen dicht mit großen Ejektosomen (explosive Organellen) ausgekleidet. Außerdem befinden sich kleine lichtmikroskopisch nicht sichtbare Ejektosomen gleicher Bauart unter dem Periplasten verstreut. Die Ejektosomen bestehen aus zwei spiralig aufgewickelten und unter Spannung stehenden Bändern. Werden die Zellen mechanisch oder chemisch gestresst, schleudern sie die Ejektosomen aus. Die Funktion der Ejektosomen ist nicht endgültig geklärt, möglicherweise dienen sie der Verteidigung vor Räubern.

Die Zellen sind in Breit- und Schmalseitensicht asymmetrisch, wodurch während des Schwimmens bei gleichzeitiger Rotation um die Längsachse eine typische schaukelndschwankende Fortbewegung entsteht.

Chemokline: sprunghafter Übergang zwischen Wasserschichten mit unterschiedlichen Gehalten an gelösten Feststoffen
Kleptoplastiden: Plastiden, die von einem Organismus aufgenommen werden, jedoch nicht an die Nachkommen weitergegeben werden (keine Endosymbiose)

Periplast: intrazelluläre Schicht aus Proteinplättchen, die eine feste Zellhülle bildet
Phytoplankton: (griech.: *phyton* = Pflanze, *Planktos* = treiben) im Wasser treibende, phototrophe Organismen

---

Siehe auch: Nucleomorph: 4.5; sekundäre Endocytobiose: 2.2.2.5, 4.1.2.3; tripartite Haare: 4.6

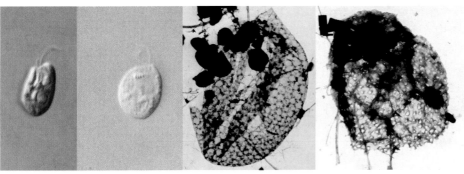

Farblose Cryptomonaden: *Chroomonas* sp. (links) und *Goniomonas* sp. (rechts)

Der Periplast (Zellhülle) von *Cryptomonas* sp.

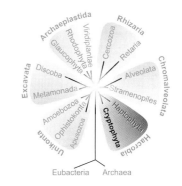

Golgi-Apparat

Kern

Chloroplasten-ER (CER)

Nucleomorph

80S-Ribosomen

Pyrenoid

Mitochondrien

äußere Plastidmembranen

innere Plastidmembranen

70S-Ribosomen

Thylakoide

Cryptomonas ovata

Viele Protisten besitzen Schuppen oder andere Oberflächenstrukturen. Die Cryptophyta weisen vergleichsweise kleine Schuppen auf, die auf der Zelloberfläche und der Flagelle aufgelagert sind. Die Haptophyta besitzen Schuppen außen an der Zelle. Die Schuppen der Haptophyta bestehen aus Polysacchariden. Diese werden in Golgi-Vesikeln gebildet, an die Zelloberfläche transportiert und dort abgelagert. In der Ordnung Coccolithophorales (Haptophyta) ist in diesen Schuppen Kalk eingelagert. Diese calcifizierten Schuppen werden als Coccolithen bezeichnet und können einen erheblichen Anteil an kalkhaltigen Sedimenten (z. B. Kreide) ausmachen. Auch innerhalb der Prasinophyceae (Chlorophyta) finden sich an der Zelloberfläche organische Schuppen. Diese werden ebenfalls vom Golgi-Apparat gebildet (links: elektronenmikroskopischer Schnitt durch die Zellhülle von *Mesostigma viride* (Streptophyta) mit angeschnittenen aufgelagerten Schuppen). Die Bacillariophyceae (Diatomeen) besitzen Schalen aus Silikat. Auch einige Chrysophyceae besitzen Schuppen aus organischem Material oder Silikaten (rechts oben: einzelne Silikatschuppe, unten: Anordnung von Schuppen um ein Dauerstadium). Diese werden in speziellen Vesikeln (SDVs: *silica deposition vesicles*) gebildet, die aus dem Golgi-Apparat hervorgehen. Die Dinophyta sind in der Regel von Celluloseplatten umgeben, diese sitzen aber nicht der Zelle auf, sondern finden sich in den Alveoli (Alveolarplatten).

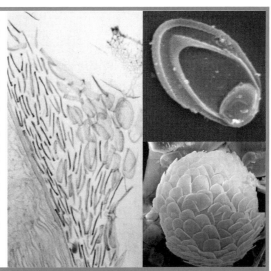

Oberflächenschuppen

Glossar

16S: die kleine ribosomale Untereinheit von Prokaryoten, sowie von Plastiden und Mitochondrien mit einem Sedimentationskoeffizienten von 16 Svedberg (S)

18S: die kleine ribosomale Untereinheit von Eukaryoten mit einem Sedimentationskoeffizienten von 18 Svedberg (S)

70S-Ribosom: prokaryotisches Ribosom mit einem Sedimentationskoeffizienten (S) von 70S. Auch die Ribosomen der Mitochondrien und Plastiden gehören aufgrund ihrer Herkunft zum 70S-Typ

abiotisch: (griech.: *a* = nicht, *bios* = Leben) unbelebt

Achäne: Frucht der Asteraceae

acidophil: niedrige pH-Werte bevorzugend

acoelomat: Acoelomata besitzen kein Coelom (keine flüssigkeitsgefüllte, abgeschlossene sekundäre Leibeshöhle)

Acrisol: stark verwitterte, rot gefärbte, durch Basenauswaschung saure Böden mit Tonverlagerungshorizont

acrodont: Gebiss aus wurzellosen Zähnen, die an der Basis mit dem Kieferknochen verschmolzen/verwachsen sind

Adaptation: Anpassung

adaptive Mutation: Mutation, die zu einer besseren Anpassung führt

adaptive Radiation: Die Entstehung vieler neuen Arten aus einer einzigen Stammform infolge von Anpassungen an ökologische Bedingungen

adaptive Zone: Kombination von Umwelteigenschaften bzw. ökologische Nischen, die von Arten besetzt sind, die dieselben Ressourcen auf eine ähnliche Weise nutzen

Adhäsion: (lat.: *adhaesio* = anhaften) bezeichnet das Aneinanderhaften zweier Zellen, Stoffe oder Körper

Adventivwurzeln: sprossbürtige Wurzeln, die aus einer Primärwurzel oder infolge einer Verletzung entstehen

aerob: (griech.: *aer* = Luft, *bios* = Leben) Prozesse oder Organismen, die molekularen Sauerstoff benötigen

agglutiniert: aus verklebten Partikeln zusammengesetzt

Aggregation: (lat.: *aggregatio* = Anhäufung, Vereinigung) Ansammlung, Zusammenlagerung von Zellen oder Partikeln

Akkumulation: (lat.: *accumulatio* = Anhäufung) Anhäufung, Ansammlung

akzessorische Pigmente: Antennenpigmente, die Licht absorbieren und die Energie für die Photosyntheses liefern

Aldehyde: organische Verbindungen mit einer Aldehydgruppe (-COH-Gruppe)

Algen: photoautotrophe, eukaryotische Organismen, die nicht zu den Landpflanzen gehören. Im ökologischen Kontext werden zudem meist auch die Cyanobakterien zu den Algen gezählt

Alisol: durch Basenauswaschung saurer Boden mit Tonverlagerungshorizont, weniger stark verwittert als Acrisol

alkaliphil: hohe pH-Werte bevorzugend

Allantois: embryonale Harnblase

Allorrhizie: Verschiedenwurzeligkeit, bezeichnet Pflanzen mit Hauptwurzel und Seitenwurzeln

Alveoli: (lat.: *alveus* = Höhle) kleine taschenartige Höhlen (z. B. Lungenbläschen)

Ambulakralfurchen: Furchen, entlang derer die radialen Äste des Ambulakralsystems verlaufen

Ambulakralsystem: Coelomflüssigkeit führendes Kanalsystem der Echinodermata

Amniota: Wirbeltiere, deren Embryo von einer zusätzlichen Hülle, dem Amnion, umgeben ist; umfassen Reptilien, Vögel und Säugetiere

amorph: ungeformt, gestaltlos

anaerob: (griech.: *an* = nicht, *aer* = Luft, *bios* = Leben) Prozesse oder Organismen, die keinen molekularen Sauerstoff benötigen

Anapsida: monophyletische Gruppe der Amniota, deren Schädel kein Fenster in der Schläfenregion und der Wangenregion aufweist; ausgestorbene Reptiliengruppen

Anatexis: teilweise Gesteinsaufschmelzung in der kontinentalen Kruste bei hochgradiger Regionalmetamorphose

anisokont: unterschiedlich gestaltete Geißeln

annuelle Pflanzen: einjährige Pflanzen

Anoxie: vollständiges Fehlen von Sauerstoff

anoxygen: kein molekularer Sauerstoff wird erzeugt

Antheridium: das männliche Fortpflanzungsorgan der Landpflanzen

anthropogen: (griech.: *anthropos* = Mensch, *gen* = entstehend) von Menschen verursacht, beeinflusst, hergestellt

Apertur: Keimöffnung an den Pollen

aphotische Zone: der lichtfreie Bereich des Tiefenwassers

Apicoplast: spezialisierter Plastid der Apicomplexa

apikal: (lat.: *apex* = Spitze) an der Spitze gelegen

Apikalkomplex: umfasst die am vorderen Zellende der Apicomplex liegenden Strukturen: Polringe, Rhoptrien und Conoide

Apomorphie: bezeichnet ein Merkmal, das in der Phylogenese einer Stammeslinie im Vergleich zu den Vorfahren neu erworben wurde

Aragonit: orthorhombischer Kristall aus Calciumcarbonat ($CaCO_3$)

Archegonium: das weibliches Fortpflanzungsorgan der Landpflanzen

arid: trocken

Arillus: Samenmantel (fleischige Hülle)

artikulat: schlosstragend, Schalen über ein Scharnier verbunden

Artkonzept: die Idee, lebende Organismen in kleine formale Gruppen einzuteilen. In der Regel wird unter Artkonzept eine bestimmte Definition des Artbegriffs (eines bestimmten Autors) verstanden, einige Beispiele sind:

Biologisches Artkonzept: Taxa, die von anderen Arten reproduktiv isoliert sind

Evolutionäres Artkonzept: eine Linie, die unabhängig von anderen Linien evolviert

Morphologisches Artkonzept (nach Darwin): Varietäten, zwischen denen keine oder wenige Zwischenformen existieren

Ökologisches Artkonzept: eine Linie, die eine adaptive Zone besetzt, die sich minimal von denen anderer solcher Linien unterscheidet

Ascokarp (= Ascoma): Fruchtkörper der Ascomycota

Assimilation: Umwandlung von Stoffen aus der Umwelt in körpereigene Stoffe

Ästuar: (lat.: *aestuarium* = Bucht) breiter Wasserkörper an der Mündung eines Flusses

ATP: Adenosintriphosphat. Energieträger in jeder Zelle

Auslaugung: Auswaschung von feinen Bodenbestandteilen mit nach unten sickerndem Wasser aus den oberen Bodenhorizonten

Aussterberate: Anzahl der Arten, die pro Zeiteinheit (Jahr, Jahrzehnt...) aussterben

Autapomorphie: bezeichnet den Besitz eines apomorphen Merkmals nur bei einer Art oder einem terminalen monophyletischen Taxon

Autosporen: Tochterzellen werden innerhalb der Mutterzellwand gebildet. Die Autosporen gleichen der Mutterzelle

Autotrophie: (griech.: *autos* = selbst und *trophe* = Ernährung) Fähigkeit von Lebewesen, ihre organischen Bau- und Reservestoffe ausschließlich aus anorganischen Stoffen aufzubauen

Axostyl: hinter dem Kern zu einem dünneren Stab zusammenlaufende Mikrotubuli

Ballastwasser: von (ohne Ladung fahrenden) Schiffen aus Gründen der Statik mitgeführtes Wasser

Baltica: Kontinentalschild Nord- und Osteuropas

Basalkörper: Centriol an der Basis der eukaryotischen Cilie oder Geißel

Basalt: vulkanisches, feinkristallines Gestein mafischer Zusammensetzung

Basentriplett: eine jeweils für eine Aminosäure codierende Abfolge von drei DNA- bzw. RNA-Basen

Beleuchtungsklimazonen: Einteilung der Klimazonen ausschließlich aufgrund der Stärke der Sonneneinstrahlung, Grenzen der Beleuchtungsklimazonen sind die Wendekreise und die Polarkreise

benthisch: Benthische Organismen leben am oder im Bodensediment eines Gewässers

binäre Nomenklatur: zweiteilige Namensgebung für Organismen in der Taxonomie, setzt sich aus dem Gattungsnamen und dem Artepitheton zusammen

Biodiversität: (Definition des UN-Übereinkommens über die biologische Vielfalt) Variabilität unter lebenden Organismen jeglicher Herkunft, darunter Land-, Meeres- und sonstige aquatische Ökosysteme und die ökologischen Komplexe, zu denen sie gehören. Dies umfasst die Vielfalt innerhalb der Arten (genetische Vielfalt) und zwischen den Arten (Artenvielfalt) und die Vielfalt der Ökosysteme (und entsprechend der Interaktionen darin)

biogen: (griech.: *bios* = Leben) biologischen oder organischen Ursprungs

Biostratigraphie: relative Zeitbestimmung durch Fossilien, Unterdisziplin der Stratigraphie

biotisch: (griech.: *bios* = Leben) belebt

biped: Fortbewegung auf zwei Beinen

Bitumen: (lat.: *bitumen* = Erdpech) aus Erdöl entstandenes Gemisch organischer Stoffe

bituminöse Tonschiefer: Ölschiefer, an aus Erdöl entstandenen organischen Verbindungen reicher Tonschiefer

Blastoporus: Urmund

Blütenstetigkeit: erlernte Bevorzugung der Blüten einer Pflanzenart

Bodenhorizont: ein Teil eines Bodenprofils mit ähnlichen Eigenschaften, der sich von den darüber und darunter liegenden Horizonten unterscheidet

Bothrosomen: Organellen der Labyrinthulomycetes, die die Polysaccharidfasern des die Zellen umhüllenden Schleims sezernieren

Brettwurzeln: sternförmig angeordnete, rippenartige Wurzeln, die die Standfestigkeit der Bäume erhöhen

Bryozoen: Moostierchen, die zu den Protostomia gezählt werden

buccale Atmung: (lat.: *bucca* = Backe) Schluckatmung (bei Amphibien), durch Heben und Senken des Mundhöhlenbodens und Kontraktion der Rumpfmuskulatur wird die Luft bei geschlossenem Mund zwischen Lunge und Mundraum hin und her gepumpt

Bündelscheidenzellen: umgeben die Leitbündel von Pflanzen

C5-Zucker: Zucker mit einem Gerüst aus fünf Kohlenstoffatomen

Calcisol: Boden mit einer starken sekundären Kalkanreicherung

Calcit: trigonaler Kristall aus Calciumcarbonat ($CaCO_3$); Bestandteil zahlreicher biogener Sedimente

Calvin-Zyklus: Zyklus von Reaktionen, bei denen in der Photosynthese Kohlendioxid reduziert und in Kohlenhydrate eingebaut wird

CAM: (engl.: *Crassulacean Acid Metabolism* = Crassulaceen-Säurestoffwechsel) zeitliche Trennung von Kohlendioxidfixierung und Calvin-Zyklus

capsoid (capsal): Organisationsstufe von Algen, bei der die Flagellen weitgehend reduziert sind, Zellen in Gallerte eingebettet

carnivor: (lat.: *carnivorus* = Fleisch verschlingend) fleischfressend

Carotinoide: gehören zu den Terpenen, die fettlöslichen, akzessorischen Pigmente der Photosynthese

Centriolen: sind an der Bildung des Spindelapparats beteiligt

Cheliceren: Kieferklauen. Mundwerkzeuge der Chelicerata

chemische Verwitterung: die Prozesse, die zur chemischen Veränderung oder Lösung von Mineralen führen

Chemokline: sprunghafter Übergang zwischen Wasserschichten mit unterschiedlichen Gehalten an gelösten Feststoffen

chemoorganotroph: bezeichnet Organismen, die durch Oxidation von organischen Verbindungen Energie gewinnen

Chorda dorsalis: inneres Achsenskelett der Chordata

Chorion: äußere Schicht der Fruchthüllen um den Embryo bei Wirbeltieren

Chromalveolata: umfasst alle Verwandtschaftgruppen, in denen Plastiden mit Chlorophyll *c* vorkommen (Alveolata, Stramenopiles, Haptophyta, Cryptophyta). Im engeren Sinne nur Alveolata und Stramenopiles, da die Verwandtschaftsverhältnisse der Haptophyta und Cryptophyta nicht geklärt sind

Chronostratigraphie: geologische Disziplin, die Gesteinskörper nach dem Alter ihrer Enstehung gliedert und in Bezug zu ihrem absoluten Alter setzt; Unterdisziplin der Stratigraphie

Chrysolaminarin: Reservestoff, der in der Gruppe Stramenopiles vorkommt; β 1-3- und β 1-6-verknüpfte Glucose

circumpolar: rund um den Pol reichend

Cisterne: bezeichnet die einzelnen membranumschlossenen Reaktionsräume in einem Dictyosom des Golgi-Apparates

coccoid (coccal): von kugelähnlicher Form, unbegeißte, von einer Zellwand umgebende Organisationsstufe von Algen

Coelom: (griech.: *koiloma* = Höhle) sekundäre Leibeshöhle, die vollständig mit mesodermalen Zellen umgeben ist

Coenobium: in Gallerte eingebette Kolonie mit einer festen Anzahl an Zellen

Coleoptera: Ordnung der Käfer

Columella: zentrale Säule der Porenkapsel bei Moosen

Conodonten: zahnähnliche Strukturen aus Apatit und organischen Lagen, vermutlich von basalen Chordaten

Conoid: Struktur aus schraubig angeordneten Mikrotubuli im Apikalkomplex der Apicomplexa

Costa: stabartige Struktur aus Proteinen unterhalb der undulierenden Membran, bei einigen Arten beweglich

Cristae: (lat.: *crista* = Kamm, Leiste) zahlreiche Einstülpungen an der inneren Membran der Mitochondrien

Cytokinese: (griech.: *cytos* = Zelle und *kinesis* = Bewegung) Zellteilung

Cytoplasma: Inhalt der Zelle ohne Zellkern und Organellen

Cytoskelett: Netzwerk aus Mikrotubuli und Mikrofilamenten, das der mechanischen Stabilisierung, Formgebung und Fortbewegung der Zelle dient. Innerhalb der Zelle ermöglicht es den Transport und die Bewegung

Cytosol: (griech.: *kytos* = Zelle, *kinisis* = lösen, auflösen) flüssige Bestandteile des Cytoplasmas einer Zelle

Cytostom: „Zellmund" der Protisten

Desilifizierung: ein Teil der Silikatverwitterung, bei dem Orthokieselsäure entsteht

Desmin: Homopolymer, ein Bestandteil des Cytoskeletts

Destruenten: Organismen, die sich von toten Organismen ernähren und am Abbau von organischen Stoffen beteiligt sind

Detoxifikation: Entgiftung

detritivor: von organischen Bruchstücken und Abbauprodukten ernährend

Detrituspartikeln: (lat.: *Detritus* = Abtrieb) kleine Partikel organischen Ursprungs

Diagenese: Verfestigung von Sedimenten durch Auflast, Lösung und Umkristallisation bei nicht wesentlich geänderter Temperatur

Diapsida: Amniota, deren Schädel jeweils ein Fenster in der Wangen- und Schläfenregion aufweist; umfasst die meisten rezenten Reptilien sowie Dinosaurier und Vögel

Dichotom: (griech.: *dichotomos* = zweigeteilt) Verzweigung einer Sprossachse in zwei gleiche Teile

Dictyosom: Stapel aus membranumschlossenen Zisternen, die gesamtheit der Dictyosomen wird als Golgi-Apparat bezeichnet

Differenzialinterferenzkontrast: Kontrastverfahren der Lichtmikroskopie, bei dem Unterschiede der optischen Weglänge in Helligkeitsunterschiede umgewandelt werden

differenzierte Böden: die Ausbildung von unterschiedlichen Bodenhorizonten ist nur schwach ausgeprägt

diplobiontisch: Organismen mit Generationswechsel mit haploider und diploider Generation

diploid: (griech.: *di* = zwei) doppelter Chromosomensatz

Diptera: Ordnung der Zweiflügler (Fliegen und Mücken)

Dissoziation: Zerfall eines Salzes in Ionen oder eines Moleküls in seine Bestandteile

α-Diversität: Punktdiversität, Diversität in einem Habitat

β-Diversität: Unterschied zwischen α- und γ-Diversität, Anteil der γ-Diversität (also der Diversität einer Region), der nicht in der α-Diversität (also der Diversität eines bestimmten Habitats) enthalten ist

γ-Diversität: regionale Diversität; Diversität einer Landschaft

DNA-Bank: Institution, an der DNA-Proben von Organismen für künftige Untersuchungen hinterlegt werden können

DOC: (engl.: *dissolved organic carbon*) gelöster organischer Kohlenstoff

Domäne: die höchste Klassifizierungsebene der Lebewesen: Eukarya, Bacteria und Archaea

Dominanzstruktur: Häufigkeitsverteilung (Dominanz) der verschiedenen in einem Habitat vorkommenden Arten

Dottersack: der Ernährung dienendes Organ der Embryonen verschiedener Tiere

Doushantuo-Formation: Fossillagerstätte aus dem Ediacarium in der Provinz Guizhou in China

Dynein: eines der Motorproteine in der eukaryotischen Zellen, welches unter anderem die Bewegung der Geißel ermöglicht

Ecdyson: Hormon der Ecdysozoa, das die Häutung, die Metamorphose und die Fortpflanzung steuert

ECM: (engl.: *extra cellular matrix*) extrazelluläre Matrix

Ektoderm: (griech.: *ektos* = außen, *derma* = Haut) das erste oder äußerste Keimblatt, aus dem sich die Haut, das Nervensystem und die Sinnesorgane bilden

Elateren: schraubenförmige Zellen in den Sporenkapseln, die der Sporenausbreitung dienen

Elektronenmikroskopie: bildet die Oberfläche oder das Innere eines Objekts anstelle von Licht mit Elektronen ab. Ein Elektronenmikroskop erreicht eine wesentlich höhere Vergrößerung als herkömmliche Lichtmikroskope

Ellagsäure: ein Polyphenol

Emulgator: Mithilfe von Emulgatoren können zwei nicht mischbare Stoffe miteinander vermischt und stabilisiert werden

Enation: (lat.: *enatere* = hinausschwimmen) Bildung von Auswüchsen auf der Oberfläche pflanzlicher Organe

endemisch: Vorkommen von Organismen in einem bestimmten abgegrenztem Raum

endobenthisch: im Sediment lebend

Endocytobiose: Der Begriff Endocytobiose bezeichnet die Aufnahme von Prokaryoten in die eukaryotische Zelle und deren evolutionäre Umwandlung in Organellen. Der Begriff ist exakter als Endosymbiose, da es sich bei den Organellen nicht mehr um eigenständige Organismen handelt und sie damit die Definition einer Symbiose als Vergesellschaftung von Individuen unterschiedlicher Arten nicht erfüllen

Endokommensalen: (griech.: *endon* = innen, lat.: *com* = zusammen, *mensa* = Tisch) kommensale Lebensweise im Körperinneren des Wirtes, für den einen Partner ist die gemeinsame Lebensweise positiv und für den anderen neutral

Endophyten: Organismen, die im Inneren einer Pflanze leben. Das Zusammenleben kann sowohl symbiontisch als auch parasitisch sein

Endoskelett: (griech.: *endon* = innen, *skeletos* = Gerüst) innere Stützstruktur (z. B. Knochen der Vertebraten)

endosymbiontische Bakterien: in anderen Organismen lebende symbiontische Bakterien

endotherm: Regulation der Körpertemperatur von innen her (in der Regel sind diese Tiere gleichwarm (homoiotherm)

Entoderm: (griech.: *endon* = innen, *derma* = Haut) inneres Keimblatt, aus dem sich die Atemwege und der Verdauungstrakt entwickeln

ephemer: (griech.: *ephemeros* = für einen Tag) kurzlebig

epibenthisch: auf dem Gewässerboden (im Gegensatz zu endobenthisch: im Boden)

epilithisch: (griech.: *epi* = auf, *lithos* = Stein) auf der Gesteinsoberfläche wachsend

epiphytisch: (griech.: *epi* = auf, *phyton* = Pflanze) Organismen, die auf Pflanzen wachsen

Epithel: Deckgewebe. Die oberste Zellschicht oder die obersten Zellschichten von Metazoen

ER: endoplasmatisches Reticulum

Erniettomorpha: sessile, flächig, aber nicht fraktal wachsende Organismen des Ediacariums

Erosion: durch Wasser, Wind oder Eis verursachte Auflockerung, Aufnahme und Transport von Materialien

Erythrocyten: (griech.: *erythros* = rot, *kytos* = Behälter) rote Blutkörperchen

euphotische Zone: die oberste, lichtdurchflutete Wasserschicht

eusporangiat: Wand des reifen Sporangiums aus mehreren Zellschichten

eutherm: eine optimale Temperatur haltend

Evaporation: Verdunstung auf unbewachsenem Land oder einer Wasseroberfläche

Exoskelett: (griech.: *exo* = außen, *skeletos* = Gerüst) äußere Stützstruktur (z. B. Schalen der Muscheln und Brachiopoden)

Exsudation: (lat.: *exsudatio* = Ausschwitzung) Ausscheidung bzw. Verlust von organischen Molekülen über die Zellmembran

Extrapolation: näherungsweise Bestimmung von Funktionswerten außerhalb eines Intervalls aufgrund der innerhalb dieses Intervalls bekannten Funktionswerte

extremophil: Organismen, die an extreme Umweltbedingungen angepasst sind

Faunenprovinzen: entspricht in etwa dem Begriff Faunenreiche. Regionen, deren Tierwelt sich durch endemische Taxa von anderen solchen Regionen stark unterschiedet

Fazies: mit der Entstehungsgeschichte von Gesteinen zusammenhängende Merkmale von Gesteinen

felsisch: Kunstwort aus Feldspat und Silikat. Helle gesteinsbildende kieselsäurereichen Mineralien

fertile Strobili: fruchtbare Zapfen

Fertilität: Fähigkeit, Nachkommen zu (er)zeugen

Flagellin: Protein aus dem die Bakteriengeißel aufgebaut ist. Im Gegensatz zu der eukaryotischen Geißel ist Flagellin nicht mit Motorproteinen assoziiert, somit ist keine selbstständige Bewegung möglich

Florenreich: biogeographisches Gebiet, das durch viele endemische Pflanzentaxa gekennzeichnet ist

Flutbasalte: Basalte, die meist als dünnflüssige Lava ausgetreten sind und mächtige, weitflächige Deckenergüsse gebildet haben

Fluviate: von einem Fließgewässer mitgeführte Gesteine

Flysch: Wechsellagerung von Tonstein und Sandstein, entsteht bei Gebirgsbildung in den vorgelagerten marinen Becken

folios: Wuchsform mit „Blättchen"

Frosttrocknis: Austrocknung (von Pflanzen) aufgrund von frostbedingtem Wassermangel bei gleichzeitigem Wasserverlust durch Transpiration

Fruchtblätter (= Karpell): (griech.: *karpos* = Frucht) Blütenorgane mit ein oder mehreren Samenanlagen

Fruchtknoten (= Ovar): (lat.: *ovum* = Ei) weibliches Organ, welches Eizellen produziert

Galeriewald: Der Galeriewald ist eine Waldreihe vornehmlich entlang eines Flusses mit andersgearteter dahinterliegender Vegetation, einer anderen Waldform oder Vegetationslosigkeit

Gamet: haploide Geschlechtszelle

Gametangien (Singular: Gametangium): (griech.: *gamos* = Hochzeit, Ehe) Organe, in denen bei der sexuellen Fortpflanzung die Gameten gebildet werden

Gametangiogamie: Zusammenwachsen und Verschmelzen ganzer Gametangien

Gametocyten: Geschlechtsform, die sich aus den Merozoiden entwickelt

Gametophyt: die gametenbildende, haploide Phase im Generationswechsel der Landpflanzen

Ganglien: Anhäufung von Nervenzellen. Diese werden auch als Nervenknoten bezeichnet

Gap Junctions: Proteinkanäle zwischen Membranen zweier angrenzender tierischer Zellen

gebändertes Eisenerz: marines Sedimentgestein (hauptsächlich des Präkambriums), durch eisenhaltige Lagen geschichtet

Geleitzellen: bilden einen Komplex mit den Siebröhren der Magnoliopsida

Generalisten: Organismen, die unter verschiedenen Bedingungen überleben können

Geochronologie: Wissenschaft, die sich mit der absoluten zeitlichen Datierung von Gesteinsschichten

Geophyten: Pflanzen mit verborgenen Überdauerungsorganen

gesägtes Blatt: Zwischen den Zähnen des Blattes befinden sich spitze Einschnitte

Geschiebemergel: heterogenes Sediment, das von Gletschern abgeschürft und abgelagert wird

Gestein: Mischung von Mineralien, die in verfestigter Form vorliegen

Gesteinsmetamorphose: Umwandlung von Gesteinen bei hohen Drücken und Temperaturen unter Erhaltung des festen Zustands

gezähntes Blatt: Zwischen den Zähnen befinden sich abgerundete Einschnitte

Glazial: (lat.: *glacies* = Eis) Kaltzeit

Glossopteris: dominierende Pflanzengattung auf dem Gondwana-Kontinent während des Perms

Glucan: Polysaccharid aus Glucose

Glykogen: Reservepolysaccharid der Unikonta; α 1-3- und α 1-6-verknüpfte Glucose; ähnlich, aber stärker verzweigt als Stärke

Glykoproteine: Makromoleküle bestehend aus einem Protein und Kohlenhydratgruppen

Glykokalyx: Kapsel oder Schleimhülle; Hüllschicht der Zellmembran oder Zellwand

Gradualismus: Konzept der Evolutionstheorie, das annimmt, dass die Evolutionsrate (in etwa) konstant ist und Adaptationen sich über viele Zwischenschritte bilden und nicht sprunghaft erscheinen

Graptolithen: Kolonien bildende, ausgestorbene Organismen mit chitinartigem Außenskelett (Theken)

Great Oxidation Event: große Sauerstoffkrise vor 2,45 Milliarden Jahren, durch das erste Auftreten von freiem Sauerstoff verursacht

Gründerpopulation: meist wenige Individuen einer Art, die eine Region oder einen Lebensraum neu besiedeln und auf die die Gründung der lokalen Population zurückgeht

Gynoeceum: (griech.: *gynaikeion* = Frauenwohnung) Gesamtheit der Fruchtblätter

Habitat: Lebensraum einer bestimmten Art

Habitatfragmentierung: Prozess der Verinselung von Habitaten

Halbparasit: auch Hemiparasit. Parasitische Pflanzen, die zihrem wirt Wasser und Nährstoffe entziehen, jedoch selbst zur Photosynthese fähig sind

halophil: hohe Salzkonzentrationen bevorzugend

Hämatit: Fe_2O_3, ein häufiges Eisen(III)oxid

haplobiontisch: Organismen mit nur entweder einer haploiden oder einer diploiden Generation, aber nicht beiden

haploid: (griech.: *haploeides* = einfach) einfacher Chromosomensatz

Hemikryptophyten: Pflanzen mit Überdauerungsknospen an der Erdoberfläche

Herbivorie: (lat.: *herba* = Pflanze, *vorare* = fressen) Pflanzenfresser (Tiere) ernähren sich ausschließlich von Pflanzen

heterokont: bezeichnet unterschiedlich gestaltete Flagellen, insbesondere bei den Stramenopiles

heterophasisch: Generationswechsel, bei dem sich die haploide und diploide Generation abwechseln

heterospor: verschiedensporig

Heterotrophie: (griech.: *heteros* = anders und *trophe* = Ernährung) Fähigkeit von Lebewesen, zum Aufbau ihrer Bau- und Reservestoffe bereits vorhandene organische Verbindungen zu verwenden

Hibernation: aktive/passive Überwinterung von Lebewesen

Histone: basische Proteine, die am Aufbau der Nucleosomen mitwirken

Holotypus: einzelnes Individuum, das bei der Aufstellung einer Art oder Unterart als namenstragender Typus festgelegt wird

Hominisation: die Evolution des modernen Menschen, insbesondere die Entwicklung der letzten 5–7 Millionen Jahre. Dabei entwickelten sich die körperlichen und geistigen Eigenschaften, wie z. B. der aufrechte Gang und die Vergrößerung des Gehirns

Homöothermie (auch Homoiothermie): Fähigkeit, eine konstante Körpertemperatur zu halten

Homorrhizie: Gleichwurzeligkeit, bezeichnet Pflanzen mit gleichrangigen oder gleichberechtigten Wurzeln

horitontaler Gentransfer (HGT): Übertragung von Genen außerhalb der Fortpflanzung, auch zwischen verschiedenen Arten

Horstgräser: Gräser, bei denen viele Triebe dicht beieinander stehen

Hotspot: lokal begrenzte, stationäre, besonders heiße Bereiche der Asthenosphäre aufgrund von aufsteigendem Mantelmaterial

Hotspot-Vulkanismus: teils starker Vulkanismus an Hotspots, auch in großer Entfernung zu den Plattenrändern

HOX-Gene (Homöobox-Gene): Gene, die für die Festlegung bestimmter Muster und Achsenbildung verantwortlich sind

humid: feucht

Huminstoffe: hochmolekulare Stoffe des Humusbodens, umfassen Humine (unlöslich), Fulvosäuren (säure- und basenlöslich) und Huminsäuren (basenlöslich)

Humus: Gesamtheit der toten organischen Substanzen eines Bodens

Hun-Superterran: Kleinkontinent, der sich im späten Silur von Gondwana trennte

Huntington-Formation: 1,2 Milliarden Jahre alte Ablagerungen des flachmarinen Gezeitenbereichs in Kanada (Summerset Island)

hyalin: glasig, glasartig

Hybriden: (lat.: *hybrida* = Mischling) Nachkommen von Eltern unterschiedlicher Herkunft (Arten)

Hydrogencarbonate: einfache Salze der Kohlensäure mit dem HCO_3^--Anion

Hydrogencarbonatanion: HCO_3^-

Hydroide: nicht verholzende Zellen der Moose, die Wasserleitfunktion übernehmen

Hydrolyse: (griech.: *hydro* = Wasser, *lysis* = Lösung, Auflösung) Spaltung von Molekülen durch eine Reaktion mit Wasser

Hydroniumion: protoniertes Wassermolekül (H_3O^+)

hydrothermal: durch Erdwärme und/oder vulkanische Prozesse (unter Druck auch zum Teil bis über 100 °C) heißes Wasser

Hymenium: Bereich der Meiosporenbildung bei den Basidiomycota und den Ascomycota

Hymenoptera: Ordnung der Hautflügler (Bienen und Wespen)

Hyphen: Zellfäden der Pilze, die an der Spitze wachsen und unverzweigt oder lateral verzweigt sind

hypodermales Endothecium: Faserschicht unter der Epidermis der Pollensäcke der Magnoliopsida

Iapetus: altpaläozoischer Ozean zwischen Baltica und Laurentia; vor 700–400 Millionen Jahren

Idioblast: Zellen, die sich in Aufbau und/oder Funktion von denen des umgebenden Gewebes unterscheiden

incertae sedis: (lat.: *incerta sedes* = unsicherer Sitz) unsichere systematische Stellung

Infraciliatur: Gesamtheit der Wurzelstruktur der Cilien bei den Ciliaten

ingestieren: aufnehmen, einnehmen

Inkohlung: Bildung von fossilen organischen Materialien unter Freisetzung von Wasser, CO_2 und Kohlenwasserstoff. Zurück bleibt fast nur reiner Kohlenstoff

innertropische Konvergenzzone: Tiefdruckrinne in Äquatornähe im Bereich der von Norden und Süden aufeinander treffenden Passatwinde

Integument: (lat.: *integumentum* = Bedeckung, Hülle) schützende Hüllschicht um die Samenanlage

Interglazial: Zwischeneiszeit. Wärmerer Zeitraum zwischen zwei Vereisungsperioden

Interstitial: wassergefüllter Porenraum aquatischer Sedimente

intraspezifisch: innerartlich

Intron: nichtcodierender Genabschnitt, der zwischen zwei kodierenden Genabschnitten (= Exons) liegt

Involucrum: zu Scheinblättern genährte Hüllblätter eines Blütenstandes

Isoprenoide: vom Isopren (2-Methylbuta-1,3-dien) abgeleitete Naturstoffe

isospor: gleichsporig

Isotherme: (griech.: *isos* = gleich, *therme* = Wärme) Linien gleicher Temperatur

Isotop: verschiedene Varianten eines Elements, dessen Atomkern die gleiche Anzahl an Protonen, aber eine unterschiedliche Anzahl an Neutronen besitzt

Känozoikum: die jüngste Ära der Erdgeschichte (umfasst die letzten 66 Millionen Jahre)

Karpell: Fruchtblatt

Karposporophyt: der aus der Zygote auswachsende diploide Sporophyt beim dreigliedrigen Generationswechsel der Rotalgen

Karyogamie: Verschmelzung der Kerne

Katalyse: (griech.: *katalysis* = Auflösung) Herbeiführung, Beschleunigung oder Verlangsamung einer Stoffumsetzung durch einen Katalysator

Keimblatt: Keimblätter sind bei Tieren die drei embryonalen Gewebeschichten (Ektoderm, Entoderm und Mesoderm); bei Pflanzen werden die Kotyledonen als Keimblätter bezeichnet

Kiemendarm: Teil des Vorderdarms, welcher durch Kiemenspalten durchbrochen ist. Die Kiemenspalten ermöglichen neben der Atmung auch Nahrungsfiltration

Kinetid: Struktur eukaryotischer Zellen, die für die Fortbewegung genutzt wird

Kinetoplast: Netzwerk zirkulärer DNA im Mitochondrium der Kinetoplastea

Kinetosom: Basalkörper der Flagellen. Die Kinetosomen sind aus zylindrisch angeordneten Mikrotubuli aufgebaut. Sie dienen als Ansatzpunkt für die Mikrotubuli der Flagellen und Cilien

klastische Sedimente: Trümmergesteine, die sich aus mechanisch Zerstörten anderen Gesteinen zusammensetzen

Kleptoplastiden: Plastiden, die von einem Organismus aufgenommen werden, jedoch nicht an die Nachkommen weitergegeben werden (keine Endosymbiose)

Kohlendioxidpartialdruck: der Anteil des Kohlendioxids am Gesamtgasdruck innerhalb eines Gasgemischs

Kommensalismus: symbiontische Beziehung zwischen zwei artfremden Organismen, wobei der eine Partner dabei Vorteile hat und der andere weder einen Nutzen noch Nachteil

Kompaktion: Durch Zunahme der Auflast verkleinert und setzt sich das Sediment zunehmend

Kompartimentierung: (lat.: *compartere* = teilen) Aufteilung in verschiedene abgegrenzte Räume

Konglomerat: verfestigtes klastisches Sediment mit einem Korndurchmesser über 2 mm, Körner meist gerundet

Konidien: Form der Sporen bei Pilzen (Ascomycota und Basidiomycota) und bei Prokaryoten der Gattung *Streptomyces*. Charakteristisch für die vegetative Verbreitung bei den Pilzen. Die Sporen werden außerhalb des Sporangiums durch Umbildung von Hyphen oder an Konidienträgern gebildet

Konjugation: Übertragung von DNA über eine Plasmabrücke auf eine andere Zelle

Konsumenten: (lat.: *consumere* = verbrauchen) heterotrophe Organismen, die sich von anderen Organismen ernähren

Kontaktmetamorphose: Metamorphose aufgrund einer Aufheizung durch heißes Magma

kontraktile Vakuole: Vakuole, die durch Kontraktion das durch Osmose aufgenommenen überschüssigen Wassers aus der Zelle herausbefördert

Konvektion: Aufgrund von Dichteunterschieden entstehende kreisförmige Bewegung einer fluiden Phase

Konvergenz: ähnliche Merkmale, die unabhängig in nicht verwandten Taxa entstanden sind

konvergieren: (lat.: *convergere* = zueinander neigen) sich auf einander zubewegen, zusammentreiben, zusammenlaufen

Kormus: (griech.: *kormus* = Rumpf) Pflanzenkörper, der in Blatt, Wurzel und Sprossachse unterteilt ist

kosmopolitisch: weltweit verbreitet

Kraton: Kontinentalschild. Zentraler Bereich eines Kontinents, der sich im frühen Präkambrium gebildet hat und seit dem Präkambrium keiner tektonischen Deformation unterlag

Kurzgrassteppe: durch niedrigwüchsige Gräser dominierte Steppe

Langgrassteppe: durch hochwüchsige Gräser dominierte Steppe

lateral: seitlich

latitudinal: entlang zunehmender oder abnehmender geographischer Breite

Laubstreu: weitgehend unzersetzter Vegetationsabfall der Bodenoberfläche

Laurentia: Kontinentalschild Nordamerikas

Leben: (Arbeitsdefinition der NASA) ein sich selbst erhaltendes chemisches System, das eine Darwin'sche Evolution erfahren kann

Lebensform: Organisationstypen von Organismen mit ähnlicher Struktur und Lebensweise. Vor allem in der Botanik verwendeter Begriff

Leitfossilien: fossile Arten und Gattungen, die sich besonders gut für eine Schichtenkorrelation eignen. Sie lassen sich leicht von anderen Arten unterscheiden, sind geographisch weitverbreitet, kommen häufig vor und sind auf einen engen zeitlichen Raum begrenzt

Lepidoptera: Ordnung der Schmetterlinge

leptosporangiat: Wand des reifen Sporangiums aus einer Zellschicht

Lignin: (lat.: *lignum* = Holz) verschiedene phenolische Makromoleküle, die in die pflanzliche Zellwand eingelagert werden und zur Verholzung führen

Ligula: Blatthäutchen bei Pflanzen

Lithostratigraphie: räumliche und zeitliche Gliederung von Gesteinseinheiten anhand von Gesteinsmerkmalen, Unterdisziplin der Stratigraphie

Loben: Lappen

Lobenlinien: Nähte zwischen der Gehäusewand und den Kammerscheidewänden (Septen) bei fossilen Ammonoideen und Nautiloideen

longitudinal: in Längsrichtung verlaufend

Lorica: schalenartige, schützende äußere Hülle bei verschiedenen Protisten

Löss: äolische Ablagerungen aus Schluff/Silt ohne eine Schichtung

Luciferine: zur Erzeugung von Licht (Biolumineszenz) genutzte Naturstoffe

Luftembolie: durch Eindringen von Luft in die Gefäße verursachte Embolie (Verschluss des Gefäßes)

Luvisol: Boden mit Tonverlagerungshorizont, weniger stark verwittert und weniger sauer als Acrisol

mafisch: von Magnesium und Eisen (lat.: *ferrum*). Magnesium-und eisenreiche, dunkle gesteinsbildende Mineralien

Magensteine: harte Objekte, in der Regel Steine, die von Wirbeltieren verschluckt werden, um das mechanischen Aufschließen der Nahrung zu unterstützen

Magmatit: magmatisches Gestein oder Erstarrungsgestein, das durch Erstarren von Magma gebildet wird

Mangrove: Der Begriff bezeichnet einerseits das Ökosystem tropischer Gezeitenwälder, andererseits verholzende salztolerante Pflanzen

Mannan: β 1-4-verknüpfte Mannose

Mastigonema: (griech.: *mastigo* = Faden, Peitsche) Härchen an den Flagellen

Megafauna: die aus sehr großwüchsigen Arten bestehende Säugetierfauna des Neogens und des älteren Quartärs

Meiose: (griech.: *meiosis* = Verringern) Kernteilung unter Halbierung des Ploidiegrades

Meiosporen: aus Meiose entstandene Sporen

Mesoderm: (griech.: *derma* = Haut) mittleres Keimblatt des Embryoblasten. Aus diesem entstehen Muskeln, Skelett, Blutgefäßsysteme, Exkretionsorgane und ein Teil der Geschlechtsorgane

mesophil: intermediäre (mittlere) Lebensbedingungen bevorzugend (meist in Bezug auf Temperatur oder Feuchtigkeit)

metamer: in hintereinanderliegende, gleichartige Abschnitte gegliedert

metamorphes Gestein: durch hohen Druck und Temperaturen unter Erhaltung des festen Zustands überprägtes Gestein

Metamorphose: (griech.: *metamophosis* = Umgestaltung) Umformung

Metanephridien: Metanephridien sind durch einen Wimperntrichter mit dem Coelom verbundene Exkretionsorgane. Die Filtration findet hier an den Blutgefäßen in der Nähe der Metanephridien statt und wird durch den Blutdruck getrieben. Das Nephron als funktionelle und anatomische Einheit der Wirbeltierniere lässt sich von Metanephridien ableiten

Metapopulation: Gruppe von mehreren Teilpopulationen, zwischen denen der Genfluss eingeschränkt ist

Methanclathrat: (lat.: *clatratus* = vergittert) auch Methanhydrat. Clathrate sind Einschlussverbindungen eines Gases (in diesem Falle Methan) in ein Gitter von Wirtsmolekülen (in diesem Falle Wasser). Methanclathrate kommen am Meeresgrund und im Permafrost vor

mikroaerophil: bezeichnet Organismen, die auf Sauerstoff angewiesen sind, allerdings nur sehr geringe Konzentrationen benötigen

Mikrogametocyt: männlicher Gametocyt

Mikrophyll: kleine, meist ungegliederte Blätter (mit nur einem Mittelnerv)

Mikropyle: Öffnung zwischen den Integumenten an der Spitze der Samenanlage bei Samenpflanzen

Mikrotubuli: Proteinfilamente, die mit Mikrofilamenten und Intermediärfilamenten die Zelle stabilisieren und sowohl den Transport innerhalb der Zelle als auch die Bewegung der Zelle ermöglichen

Mikrovilli: membranumschlossene Fortsätze der Zellen mit Mikrofilamenten aus vernetzten Aktinfilamenten

Mineral: homogene, natürliche Festkörper. In der Regel anorganisch und kristallisiert

Mitose: (griech.: *mitos* = Faden) Teilung des Zellkerns unter vorheriger Verdopplung der Chromosomen, der Ploidiegrad (Anzahl der Chromosomensätze) bleibt daher erhalten

Mixotrophie: (griech.: *mixis* = Mischung, *trophe* = Ernährung) Fähigkeit einiger Lebewesen, sowohl Kohlendioxid zu assimilieren als auch sich von organischen Stoffen zu ernähren

molekularer Sauerstoff: Molekül aus zwei Sauerstoffatomen (O_2)

monadal: begeißelt, einzellig

Monomeren: (griech.: *monos* = einzel, *meros* = Teil) Einzelbestandteile, die sich zu Polymeren (makromolekularen Verbindungen) zusammenschließen können

monopodial: Verzweigungsmuster, bei dem die Hauptachse gefördert wird

Moräne: von Gletschern transportiertes und abgelagertes Material

Morphologie: Struktur/Aufbau von Organismen. Die äußere Gestalt/Form betreffend

Motilität: (lat.: *motio* = Bewegung) Fähigkeit zur freien (aktiven) Ortsbewegung

mRNA (Messenger-RNA): ein Transkriptionsprodukt von einem der beiden DNA-Stränge, welcher Informationen für die Synthese von Proteinen enthält

Mureinschicht: Zellwand der Bakterien aus Peptidoglykanen (aus N-Acetylglucosamin und N-Acetylmuraminsäure)

Mycel: Gesamtheit des Hyphennetzes. Beim Mycel handelt es sich um den vegetativen Teil des Pilzes

mykotroph: sich von oder mithilfe von Pilzen ernährend

NADPH: reduzierte Form von Nicotinsäureamid-Adenin-Dinucleotid-Phosphat (NADP)

Nagelfluh: (regional) zu einem Konglomerat verfestigter Kies; geologisch jung

Nahrungsvakuole: Vakuole, die durch Phagocytose entstanden ist. In dieser werden Nahrungspartikel durch lysozymale Enzyme verstoffwechselt

Nanoplankton: (griech.: *planktos* = treiben) 4–40 µm große Organismen, die im Wasser treiben/schweben

nemoral: sommergrün, laubabwerfend

Neuralrohr: erstes Entwicklungsstadium des Nervensystems in der Embryonalentwicklung der Chordata

Neurocranium: Gehirnschädel

Nische: (lat.: *nidus* = Nest) Gesamtheit der abiotischen und biotischen Faktoren, die für eine Art zum Überleben und Fortpflanzen notwendig sind

Notochord: Chorda dorsalis

obligat: unerlässlich, erforderlich

obligate Endoparasiten: (lat.: *obligare* = anbinden, verpflichten) Endoparasiten, die auf ihren Wirt angewiesen sind und nicht freilebend vorkommen

ökologische Fitness: Anpassung eines Individuums an seine Umwelt

Ökoregion (nach WWF): relativ großer Bereich der Erdoberfläche, der nach der potenziellen Zusammensetzung der Arten, der Lebensgemeinschaften und der Umweltbedingungen geographisch abgegrenzt werden kann; ursprünglich ist der Begriff Ökoregion geowissenschaftlich geprägt (wiederkehrendes Muster von Ökosystemen, die mit charakteristischen Kombinationen von Boden und Geländeformen verbunden sind und eine Region charakterisieren)

Ölschiefer: an flüssigen oder gasförmigen Kohlenwasserstoffen reiche Tonsteine

Ontogenese: Individualentwicklung von Tieren

Oocysten: (griech.: *oo* = Ei, *kystis* = Blase) Entwicklungsstadium der Apicomplexa, das Sporocysten enthält

Oogamie: Eibefruchtung: Vereinigung einer Eizelle (größere, unbewegliche Gamete) mit einer Samenzelle (kleinere, bewegliche Gamete) bei der sexuellen Fortpflanzung

Oosporen: (griech.: *oo* = Ei, *spora* = Samen) befruchtete Oogonien, Zygoten (u. a.) der Peronosporomycetes

Opisthosoma: Hinterleib

Organell: ein strukturell abgrenzbarer Bereich einer Zelle mit einer besonderen Funktion. Im engeren Sinne wird unter Organell ein durch Endocytobiose von Prokaryoten hervorgegangenes membranumgrenztes Zellkompartiment verstanden. Unter diese engere Definition fallen nur Plastiden und Mitochondrien

osmotroph: Ernährung durch Aufnahme gelöster organischer Substanzen, im Gegensatz zur phagotrophen Ernährung

Oxidation: Elektronenabgabe

Oxygenierung: Versorgung mit Sauerstoff, Oxidation mit Sauerstoff als Elektronenakzeptor

Paläontologie: (griech.: *palaios* = alt, *logos* = Kunde) Erforschung von Lebewesen vergangener Erdzeitalter

Paläo-Tethys: ursprünglicher Ozean zwischen Laurussia und Gondwana; begann sich im Obersilur zu bilden, erreichte im Unterkarbon die größte Ausdehnung und schloss sich in der Trias

palmelloid: Organisationsform von Algen, bei der die Zellen in Gallerte eingebettet sind. Im Gegensatz zu Coenobien ist die Zehlzahl nicht festgelegt

Parabasalapparat: entspricht einem speziellen Golgi-Apparat, der aus Parabasalkörpern (Dictyosomen) besteht, die mit den Parabasalfasern assoziiert sind. Die Parabasalfasern entspringen an Basalkörpern, welche selbst nicht zum Parabasalapparat gehören. Die Parabasalkörper können um die 20 Zisternen besitzen

Paramylon: ein Reservepolysaccharid der Euglenida und der Haptophyta. Im Gegensatz zu der Stärke der Pflanzen und Rotalgen besteht Paramylon aus ß 1-3-Glucan

Paraxonemalstab: parallel zur Geißel verlaufende Struktur aus Proteinen

Parenchymula-Larve: Differenzierung in einen vorderen begeißelten Teil (später Entoderm) und einen hinteren unbegeißelten Teil (später Ektoderm)

PCR: (engl.: *Polymerase Chain Reaction* = Polymerasekettenreaktion) Methode zur Vervielfältigung von DNA-Sequenzen

Peak: (engl.: Gipfel, Scheitelwert) signifikanter Spitzenwert

Pedoturbation: Bodendurchmischung

Pelagial: uferferner Freiwasserbereich

Pellicula: (lat.: *pellicula* = kleines Fell, Häutchen) feste, aber biegsame Schicht (in der Regel aus Proteinen) unterhalb der Zellmembran

Pelta: vorderer Bereich des Axostyls, umschliesst teilweise die Kinetosomen

pentazyklisch: bezeichnet Blüten mit fünfzähligen Blütenblattkreisen (Wirteln)

PEP-Carboxylase: Phosphoenolpyruvat-Carboxylase

perhumid: sehr feuchtes Klima mit zehn bis zwölf humiden Monaten

Periplast: intrazelluläre Schicht aus Proteinplättchen, die eine feste Zellhülle bildet

Phagocytose: (griech.: *phagein* = fressen, *cytos* = Zelle) aktive Aufnahme von Partikeln in eine eukaryotische Zelle

phagotroph: Ernährung durch Aufnahme partikulärer Substanzen

Pharynx: (griech.: *pharygs* = Rachen, Schlund(kopf)) bei Tieren der vorderste Abschnitt des Verdauungstraktes

Photooxidation: durch Licht induzierte Oxidation

Photorespiration: (griech.: *phos* = Licht, lat.: *respiratio* = Atmung) bezeichnet den Einbau von Sauerstoff anstelle von Kohlendioxid durch RubisCO unter Bildung von 2-Phosphoglycolat

Phragmoplast: die Mikrotubuli sind während der Zellteilung senkrecht zur Teilungsebene angeordnet

Phycobilisom: großer mit Farbpigmenten assoziierter Proteinkomplex, der in der Photosynthese involviert ist. Die Phycobiline absorbieren im Gegensatz zu den Chlorophyllen grünes und gelbes Licht

Phycoplast: Die Mikrotubuli sind während der Zellteilung parallel zur Teilungsebene angeordnet

Phylogenie: stammesgeschichtliche Entwicklung der Lebewesen und die Entstehung der Arten in der Erdgeschichte

Phytoplankton: (griech.: *phyton* = Pflanze, *planktos* = treiben) im Wasser treibende, phototrophe Organismen

Planation: Einebnung; Verlagerung in eine Ebene

planktisch: planktische Organismen leben schwebend oder treibend im Gewässer

planktivor: planktonfressend

planspiral: spiralig in einer Ebene aufgewunden

Planula-Larve: frei schwimmende bewimperte Larven der Cnidaria

Plasmodesmata: Verbindungen zwischen zwei Pflanzen-Zellen, durch die Stoffaustausch stattfindet

Plasmogamie: Verschmelzung des Cytoplasmas zweier Zellen

Plesiomorphie: ursprüngliches Merkmal, das schon vor Aufspaltung der betrachteten Stammeslinie ausgeprägt war

pleural: seitlich

pleurodont: Gebiss aus wurzellosen Zähnen, die an der äußeren Oberfläche mit dem Kieferknochen verbunden sind

Plutonismus: geologischer Prozess, bei dem aus der Kristallisation von Magma unter der Eroberfläche ein Pluton entsteht

Polringe: Verdickungen des Membrankomplexes am Vorder-und Hinterende der Zellen der Apicomplexa

Polyploidisierung: In einer Zelle vervielfacht sich die Anzahl der Chromosomensätze

ppm: (engl.: *parts per million*) Teilchen pro Million

PQ-Zyklus: eine Folge von Redoxreaktionen unter der Beteiligung von Plastochinon (PQ)

Primärproduktion: Produktion von Biomasse aus anorganischen Verbindungen

Primärproduzenten: autotrophe Organismen, die aus anorganischen Verbindungen komplexe organische Moleküle synthetisieren

Primärsukzession: Vegetationsentwicklung auf unbesiedelten/neu entstandenen Substraten

Primer: kurze DNA-Sequenzabschnitte mit komplementär-reverser Sequenz zu einem Zielabschnitt, an den sie binden, und damit als Startpunkt für die Polymerase in der Polymerasekettenreaktion (PCR) dienen

Primordien: (lat.: *primordium* = der erste Anfang, Ursprung) Organvorstufe

Prosoma: Vorderleib der Chelicerata

Prothallium: haploider Gametophyt der Farne

Protisten: Gruppe nicht näher miteinander verwandter eukaryotischer Organismen, die keine Gewebe ausbilden

Protocyanobakterien: ausgestorbene Vorläufer der heutigen Cyanobakterien

Protonema: erste Phase (Vorkeim) des Moosgametophyten

Protonephridien: einfache Ausscheidungsorgane, die jeweils mit einer Reusengeißelzelle beginnen. Ein Flagellenbündel erzeugt eine Strömung und damit einen Unterdruck, der Gewebeflüssigkeit nachzieht

Protoplaneten: (griech.: *protos* = erster) Vorläufer eines Planeten

Provinzialismus: bezeichnet die Aufspaltung von Verbreitungsgebieten in Faunenprovinzen (entsprechen in etwa Faunenreichen)

Pseudoparenchym: gewebeartiger Zellverband. Im Gegensatz zu echten Geweben bestehen Zell-Zell-Verbindungen wie Plasmodesmata nur innerhalb der einzelnen (miteinander verwobenen) Zellfäden

Pseudoplasmodien: durch Zusammenfließen vieler Zellen gebildeter Zellhaufen, die einzelnen Zellen behalten die Zellmembran im Gegensatz zu den echten Plasmodien, bei denen sich eine vielkernige Cytoplasmamasse bildet

Pseudopodien: temporäre Ausstülpungen des Plasmas, mit denen die Fortbewegung und Anhaftung an einen Untergrund ermöglicht wird. Auch dienen sie der Nahrungsaufnahme

psychrophil: niedrige Temperaturen (unter 15 °C) bevorzugend

punktförmige Verteilung: nur an einem Ort, keine räumliche Verbreitung

Pusulen: röhrenförmiges Membransystem bei den Dinoflagellaten

Pygidium: hinterer Körperabschnitt der Trilobiten und anderer Arthropoden; auch der nicht segmentierte Körperabschnitt der Anneliden

Pyrenoid: Struktur in den Plastiden von vielen Algen und Hornmoosen aus vorwiegend RubisCO (Ribulose-1,5-bisphosphat-Carboxylase/Oxygenase), dient der Kohlendioxidanreicherung.

Pyroklastika: Gesteine, die zu über 75 % aus vulkanischem (eruptiven) Auswurf bestehen, wie Aschen

Pyruvat: Anion der Brenztraubensäure. Ausgangsmaterial des Citrat-Zyklus und Endprodukt der Glykolyse

quadruped: Fortbewegung auf vier Beinen

Quartär: Das jüngste, bis heute andauernde System der Erdgeschichte umfasst die letzten 2,588 Millionen Jahre

Quasispezies: die verschiedenen durch Mutation entstandenen Mutationen desselben viralen Genoms in einem Wirt

Radiation: die Auffächerung eines Taxons in viele Linien

Rangeomorpha: sessile, fraktalartig flächig wachsende Organismen des Ediacariums

Reaktionsnorm: Variationsbreite des Phänotyps, die sich aus demselben Genotyp entwickeln kann

reaktive Sauerstoffspezies: zum einen freie Radikale wie das Hyperoxidanion, das Hydroxylradikal, das Peroxylradikal, zum anderen stabile molekulare Oxidantien wie Peroxide, Ozon und das Hypochloritanion, sowie angeregte Sauerstoffmoleküle; auch ungenau als Sauerstoffradikale bezeichnet

Redoxreaktion: Reduktions-Oxidations-Reaktion; chemische Reaktion, bei der ein Reaktionspartner Elektronen auf den anderen überträgt

Reduktion: Elektronenaufnahme

Reduktionsäquivalente: Maßeinheit zur Quantifizierung des Reduktionsvermögens von Reduktionsmitteln; ein Reduktionsäquivalent entspricht einem Mol Elektronen (aufgrund der Übertragung von Elektronen und Wasserstoffatomen entspricht ein Mol NADH zwei Reduktionsäquivalenten)

Regression: Rückzug des Meeres aus kontinentalen Bereichen durch Erhebung des Festlandes oder Absenkung des Meeresspiegels

relative Häufigkeit: die Anzahl der Individuen einer bestimmten Art bezogen auf alle in dem Habitat lebenden Individuen aller Arten

reproduktive Isolation: Unterbrechung des Genflusses zwischen zwei Populationen. Dies kann z. B. auf geographische Trennung, Inkompatibilität der Geschlechtsorgane oder abweichendes Verhalten zurückzuführen sein

rezent: (lat.: *recens* = soeben, kürzlich) gegenwärtig

Rhabdosom: bezeichnet die stabartigen Kolonien der Graptolithen

Rhizoide: wurzelähnlich, dienen hauptsächlich als Haftorgan und weniger der Nährstoff- und Wasseraufnahme, da sie nicht über spezialisierte Leitgewebe verfügen

rhizopodial: Organismen ohne feste Zellwand und Geißel, deren Bewegung amöboid durch Pseudopodien erfolgt. Der veraltete Name für amöboide Organismen („Rhizopoda") leitet sich hiervon ab

Rhoptrien: keulenförmige Sekretionsorganelle im Apikalkomplex der Apicomplexa, die lytische Enzyme enthalten

Rhyolith: saures vulkanisches Gestein

Ribosom: Protein/rRNA-Komplexe, an denen die Proteinsynthese erfolgt

Rippenatmung: Luft wird in die Lungen durch Spreizung der Rippen und die damit verbundene Vergrößerung des Brustraumes eingesogen. Im Gegensatz zur buccalen Atmung kann bei geöffnetem Mund geatmet werden

RNA-Polymerase: Enzym, das die Synthese von RNA (Ribonucleinsäuren) katalysiert

Rotsediment: Sediment, welches durch Fe(III)-Minerale rot gefärbt ist

r-Strategen: Arten, die in eine hohe Fortpflanzungs- oder Wachstumsrate (r) investieren

RubisCO: Ribulose-1,5-bisphosphat-Carboxylase/Oxygenase, das Enzym in der Photosynthese, das CO_2 einbaut

Rugosa: „Runzelkorallen", paläozoisches Korallentaxon mit Bildung von weiteren Septen in nur vier der sechs angelegten Sektoren, dadurch bilateralsymmetrisch

Rüsseltiere: Ordnung Proboscidea. Einzige rezente Vertreter sind die Elefanten

Saprobie: Summe der abbauenden Stoffwechselprozesse

Saprophyten: heterotrophe Organismen, die sich von toten organischen Substanzen ernähren und sie dabei zersetzen

saprotroph: Ernährung von toten organischen Substanzen, diese werden dabei zersetzt

SAR-Klade: Verwandtschaftsgruppe, welche die Stramenopiles, die Alveolata und die Rhizaria umfasst

saurer Regen: Niederschlag, der einen niedrigeren pH-Wert als reines Regenwasser hat (ca. pH 5,5)

Schelfgebiet: Flachmeer an den Kontinentalrändern (bis zu 200 m Tiefe)

Schizogonie: ungeschlechtliche Fortpflanzung, bei der Tochterzellen durch Mitose in der Mutterzelle entstehen. Diese werden durch Zerfall der Mutterzelle freigesetzt

Schließfrucht: Frucht, die sich während der Reifung nicht öffnet

Schneeball-Erde: bezeichnet eine vollständige Vereisung der Erde einschließlich der äquatorialen Region. Diese wird für verschiedene präkambrische Vereisungen diskutiert, ob diese Vereisungen aber tatsächlich den Äquator erreichten, ist fraglich

Schulp: kompessionsstabiler innerer Auftriebskörper der Sepiida (Echte Tintenfische)

Scleractinia: Steinkorallen. Dominieren heutige Korallenriffe, Septen werden in allen sechs Sektoren angelegt, dadurch radialsymmetrisch

Sedimente: Ablagerungen von Gesteinsmaterial an der Erdoberfläche, verursacht durch Wasser, Luft oder aus dem Eis

sekundäres Endosperm: aus Befruchtung der Polkerne hervorgehendes Nährgewebe im Samen der meisten Magnoliopsida

semiarid: vorwiegend arides Klima. Die Verdunstung übersteigt in sechs bis neun Monaten die Niederschläge

semihumid: vorwiegend humides Klima. Die Niederschläge übersteigen in sechs bis neun Monaten die Verdunstung

Septum: Scheidewand in den Hyphen, Basidien, Sporen und Konidien

Serie: Zeiteinheit der Stratigraphie

Sesquiterpene: Untergruppe der Terpene

sessil: Sessile Organismen haften sich am Substrat fest und können sich im Gegensatz zu den motilen Organismen nicht fortbewegen

Sexualdimorphismus: (lat.: *sexus* = Geschlecht; griech.: *dimorphos* = zweigestaltig) Unterschiede im Erscheinungsbild, zwischen männlichen und weiblichen Individuen der gleichen Art

sezernierte Enzyme: Enzyme aus exkretorischen/ausscheidenden Drüsen

Siderit: (griech.: *sideros* = Eisen) Mineral aus Eisencarbonat ($FeCO_3$)

Siebröhren: Transportzellen im Phloem der Magnoliopsida, in denen organische Metabolite transportiert werden

siphonal: mehrkernig, einzellig

Sklerite: Hartteile im Körper von wirbellosen Tieren

Sklerophyten: an Trockenzeiten angepasste immergrüne Holzgewächse der Subtropen und Tropen

S-Layer: parakristalline, der Zellwand aufgelagerte Proteinschicht, die bei vielen Prokaryoten vorkommt

solitär: einzeln lebend

Somatogamie: sexuelle Fortpflanzung, bei der haploide somatische Zellen (keine Gameten) von verschieden Organismen miteinander verschmelzen. Es entsteht eine diploide Zelle

Sonnennebel: Nach der Explosion einer Supernova bleiben dichte Wolken aus interstellaren Materilien über

Sorus (Pl. Sori): Ansammlung von Sporangien (Pilze, Farne)

Spaltöffnungen (Stomata): dienen bei Pflanzen der Regulation des Gasaustauschs mit der Umgebung, gleichzeitig kühlt die Verdunstung die Gewebe

spleißen: Herausschneiden der Introns aus der prä-mRNA im Verlauf der Transkription

Spleißosom: Struktur im eukaryotischen Zellkern, die das Spleißen (Entfernung von Introns aus der prä-mRNA) katalysiert

Spontanzeugung: Entstehung von Leben aus unbelebter Materie

Sporangium: (griech.: *spora* = Samen, *aggeion* = Gefäß) Sporenbehälter, in dem ein oder mehrere Sporen gebildet werden

Spore: (griech.: *spora* = Samen) ungeschlechtliche Fortpflanzungszelle

Sporentetraden: Gruppierung der vier aus einer Meiose hervorgegangenen Sporen

Sporophyt: die sporenbildende, diploide Generation im Generationswechsel der Landpflanzen

Sporoplasma: Zellplasma der Spore

Sporopollenin: Hauptkomponente des Exospors von Sporen der Sporenpflanzen (Moose, Farne) und der äußeren Wand (Exine) von Pollenkörnern

Sporozoit: infektiöses Stadium parasitischer Apicomplexa

SSU: (engl.: *Small Subunit* = kleine Untereinheit) die kleine Untereinheit der Ribosomen, der Begriff umfasst sowohl die 16S-Untereinheit der prokaryotischen Ribosomen als auch die 18S-Untereinheit der eukaryotischen Ribosomen

Stärke: Reservepolysaccharid der Archaeplastida und Alveolata; α 1-3- und α 1-6-verknüpfte Glucose; ähnlich, aber weniger verzweigt als Glykogen

Starkregen: große Niederschlagsmengen pro Zeit, etwa über 10 mm Niederschlag pro Stunde

Sterilität: Unfähigkeit, Nachkommen zu (er)zeugen

Stickoxide: gasförmige Oxide des Stickstoffs

Stratigraphie: Wissenschaft, die sich mit der relativen Altersbeziehung verschiedener Gesteinsschichten befasst

Stratotyp: Gesteinsschicht einer Typ-Lokalität, also eines bestimmten Ortes, anhand derer eine stratigraphische Einheit definiert ist

Streu: weitgehend unzersetzter Vegetationsabfall der Bodenoberfläche

Streuabbau: Destruenten zersetzen und mineralisieren organische Substanzen

Strobili: zapfenförmige Sporophyllstände

Stromatolithen: (griech.: *stroma* = Decke und *lithos* = Stein) biogene Sedimentgesteine, die durch Einfangen und Bindung von Sedimentpartikeln oder durch Fällung von Salzen infolge des Wachstums von Mikroorganismen entstehen

Stromatoporen: ausgestorbene, den Schwämmen zugeordnete koloniebildende Organismen, die im Silur und Devon wichtige Riffbildner darstellten

Subduktionszone: Plattengrenze zwischen einer abtauchenden Lithosphärenplatte und dem oberen Erdmantel

Substitution: (lat.: *substituere* = ersetzen) Austausch, Ersatz

Substrat: Untergrund, an dem sich sessile Organismen anheften können

sukkulent: (lat.: *sucus* = Saft, *suculentus* = saftreich)

Superkontinent: eine große, viele Kontinente bzw. Kratone umfassende Landmasse

Suspensor: Verbindung zwischen Endosperm und Embryo bei Samenpflanzen. Entsteht durch asymmetrische Teilung der Zygote

Sutur: (lat.: *sutura* = Naht) Nahtstelle, bei Cephalopoden die Lobenlinie

Sympetalie: Verwachsung der Petalen in einer Angiospermenblüte

Symplesiomorphie: bezeichnet homologe plesiomorphe Merkmale, die bei verschiedenen Taxa ausgebildet sind

Synapomorphie: ein gemeinsames abgeleitetes Merkmal einer monophyletischen Gruppe

Syngamie: Verschmelzen zweier geschlechtsverschiedener Zellen

Synthese: (griech.: *synthesis* = Zusammensetzung) Vereinigung von verschiedenen Komponenten zu einer neuen Einheit

Tabulata: paläozoische Korallengruppe. Es werden immer sechs Septen angelegt (daher radiärsymmetrisch), allerdings nicht vollständig ausgebildet

Tag-Nacht-Gleiche: Zeitpunkt, an dem die Sonne senkrecht über dem Äquator steht. Tag und Nacht sind dann gleich lang

Taxonomie: (griech.: *taxis* = Ordnung, *nomos* = Gesetz, Übereinkunft) (in der Regel hierarchische) Klassifikation von Organismen

teloblastische Wachstumszone: Teloblastie bezeichnet den Entwicklungsvorgang, bei dem neue Segmente von einer Sprossungszone von hinten nach vorne gebildet werden. Charakteristisch ist die Teloblastie für alle Articulata

Telom: achsenförmiges Grundorgan der Landflanzen

Tethys: Ozean, welcher zwischen Laurasia und Gondwana zwischen Perm und Tertiär existierte

Tetrasporophyt: die zweite, aus einer vom Karposporophyten gebildeten Spore auskeimende, sporophytische Generation der Rotalgen

thallos: Wuchsform thallusartig, lappig, ohne „Blättchen"

Thallus: vielzelliger Vegetationskörper von Pflanzen, Algen und Pilzen, der nicht die Organisation eines Kormus (Gliederung in Sprossachse, Wurzel, Blatt) aufweist

thecodont: Gebiss aus Zähnen, die mit ihrer Wurzel auf den Kieferrändern in Zahnfächern verankert sind

thermophil: eine Temperatur von 45–80 °C bevorzugend. Oberhalb von 80 °C wird von hyperthermophil gesprochen

Thioredoxin: kleine Proteine, die als elektronenübertragende Cofaktoren fungieren

Thylakoide: (griech.: *thylakoeides* = sackartig) Membransysteme in den Chloroplasten

Tight Junctions: Zell-Zell-Verbindungen ohne Spalten zwischen Epithelzellen. Eine Diffusionsbarriere wird gebildet

Tillit: verfestigte Gletschermoräne

Torpor: physiologischer Schlafzustand mit stark verminderter Stoffwechselaktivität

Toxine: (lat.: *toxicum* = Gift) von Lebewesen synthetisierte Giftstoffe

Tracheen: (lat.: *trachia* = Luftröhre) bei Tieren Luftröhren, die Atemluft zu den Geweben transportieren, bei den Pflanzen Gefäße des Wasserleitsystems

Transgression: rasches Vordringen des Meeres auf vormals festländische Gebiete durch Absinken des Festlandes oder Anstieg des Meeresspiegels

Transition: Punktmutation, bei der eine Purinbase durch eine andere Purinbase oder eine Pyrimidinbase durch eine andere Pymiridinbase ersetzt wird

Transkription: Umschreiben eines Gens von DNA in RNA

Transkriptom: Gesamtheit der in RNA übersetzen Erbinformation in einer Zelle, eines Gewebes oder eines ganzen Organismus während eines bestimmten Entwicklungszustandes

Translation: Synthese von Proteinen in den Zellen lebender Organismen ausgehend von mRNA-Molekülen

Transversion: Punktmutation, bei der eine Pyrimidinbase gegen eine Purinbase ausgetauscht wird oder umgekehrt

Treibhausgase: gasförmige Stoffe, die die von der Erde abgestrahlte Infrarotstrahlung absorbieren und somit zur Erderwärmung beitragen

trichal: fadenförmig

Trichocysten: fadenförmige, mit Sekreten gefüllte Stäbchen, die explosionsartig zur Verteidigung oder zum Beutefang ausgelöst werden

triploblastisch: Organismen mit drei Keimblättern

Trochophora-Larve: frei schwimmende, birnenförmige und mit Wimpernkränzen versehene Larve vieler Spiralia

tropische Konvergenzzone: wenige Hundert Kilometer breite Tiefdruckrinne in Äquatornähe, gekennzeichnet durch starke Quellbewölkung und Niederschläge

Tubulin: Protein, Hauptbestandteil der Mikrotubuli

Typ-Lokalität: der Ort, der der Definition einer stratigraphischen Einheit zugrunde liegt

ubiquitär: überall verbreitet

ungesättigte Fettsäuren: Im Gegensatz zu den gesättigten Fettsäuren besitzt diese im Kohlenstoffgerüst mindestens eine Doppelbindung

Unterwuchs: fasst die unterhalb der obersten Vegetationsschicht (Baumschicht) wachsende Vegetation zusammen

Uridinmonophosphat: ein Zwischenprodukt in der Pyrimidinbiosynthese

Uroid: Hinterende einer Amöbe

Urozean: der erste Ozean, der sich vor etwa 4 Milliarden Jahren gebildet hat; oft wird aber auch der Panthalassische Ozean des Paläozoikums als Urozean bezeichnet

UV-Strahlung: Ultraviolettstrahlung (Wellenlängen von 100–380 nm)

variszische Orogenese: durch die Kollision von Gondwana und Laurussia verursachte Gebirgsbildung des Paläozoikums

Verbraunung: Prozess der Bodenbildung, bei dem sich Eisenverbindungen bilden, die die Bodenfarbe beeinflussen

Verdriftung: passive Verbreitung von Organismen und deren Überdauerungsstadien

Verlehmung: Prozess der Bodenbildung, bei dem es durch Silikatverwitterung und Neubildung von Tonmineralen zu einer Verkleinerung der Korngrößen kommt

Versenkungsmetamorphose: Metamorphose aufgrund der Versenkung eines Gesteins in größere Tiefen

Verwitterung: mechanischer oder chemischer Zerfall von Gesteinen

Vesikel: (lat.: *vesicula* = Bläschen)

vivipar: Vivipare Organismen gebären ihre Jungtiere lebend. Sowohl die Befruchtung als auch die Embryonalentwicklung finden im Körper der Mutter statt

vollhumid: vorwiegend humides (feuchtes) Klima mit zehn bis zwölf humiden Monaten

Vollparasit: auch Holoparasit. Parasitische Pflanzen, deren Ernährung vollständig vom Wirtsorganismus abhängt, sie sind nicht zur Photosynthese fähig

Vulkanismus: geologische Prozesse, die mit Vulkanen im Zusammenhang stehen. Oberflächennahe magmatische Prozesse

wahre Diversität: bezeichnet die Anzahl der Arten, die einem bestimmten Wert eines Biodiversitätsindex entsprechen, wenn alle Arten gleichverteilt (also wenn alle Arten gleich häufig) sind

wechselständig: Blätter wachsen versetzt an einem Spross

Wirtel: Anordnung von Blättern, bei der zwei oder mehrere Blätter an einem Knoten ansetzen

xeromorph: Pflanzen, die aufgrund von Schutzanpassungen gegen Trockenheit tolerant sind

Zelladhäsion: Zusammenhalt zwischen Zellen

zentripetal: von außen nach innen

Zoochlorellen: endosymbiontisch lebende Grünalgen

Zoosporen: bei der asexuellen Fortpflanzung entstandene eine begeißelte Spore

Zooxanthellen: endosymbiontisch lebende Dinophyta

Zygote: (griech.: *zygotos* = zusammengejocht) eine Zelle, die aus einer Verschmelzung zweier Keimzellen entstanden ist

Zysten/Cysten: Überdauerungsstadien von Einzellern, Pflanzen und Tieren, die sich bei ungünstigen Umweltbedingungen entwickeln oder zur Vermehrung und Ausbreitung genutzt werden

Abbildungsnachweis

Zeichnungen (wenn nicht anders aufgeführt): © Jens Boenigk

Bei mehreren Abbildungen auf einer Seite beginnt der Bildnachweis links oben und läuft von links nach rechts und von oben nach unten:

1: © Ulrich Lieven; © Dcrjsr, Wikimedia Commons, CC-BY-SA-3.0; © Courtesy of Smithsonian Institution; © Alexander Vasenin, Wikimedia Commons, CC-BY-SA-3.0; © Naturhistorisches Museum Wien; © hemlep/Fotolia

1.1: © J. Camp; © Angelika Preisfeld and David Patterson; © Wolfgang Bettighofer; 3 Bilder: © Mona Hoppenrath; © Kenneth Mertens; © Gerd Günther; © Shane Anderson, NOAA, Wikimedia Commons, public domain; © Ylem, Wikimedia Commons, public domain; © William W. Ward, Rutgers University; © Heiko Wagner; © William W. Ward, Rutgers University

1.2: Zeichnung Chromosom: © Jens Boenigk; Hai: © istockphoto; Fischschwarm: © Richard Carey/Fotolia.com; Korallenriff: © D51Getty Images/iStockphoto; © Toni Anett Kuchinke/panthermedia.net; © Ben/fotolia.com; © Toni Anett Kuchinke/panthermedia.net; © Rasbak, Wikimedia Commons, GFDL&CC-BY-SA-3.0; © Eric Erbe, ARS/USDA, public domain; © Dietmar Quandt; © Jens Boenigk; © AndiPu/fotolia.com; © Markus Gann/shutterstock.com; © Cinoby/iStockphoto.com; © Inga Nielsen/Fotolia; © Imago/imagebroker; © Gerd Günther; © L.B.Tettenborn, Wikimedia Commons, CC-BY-SA-3.0; © Alexander Erdbeer/Fotolia.com; © Ghedoghedo, Wikimedia Commons, CC-BY-SA-3.0

1.3: © Maria Gänßler/imago; © photos.com PLUS; © seite3/Fotolia.com; 3 Bilder: © ARS/USDA, public domain; © Didier Descouens, Wikimedia Commons, CC-BY-SA-3.0; © Getty Images/iStockphoto

1.4: © kyslynskyy/Fotolia.com; © Kevin Pluck, Wikimedia Commons, CC-BY-2.0; © Camphora, Wikimedia Commons, public domain; © andreanita/Fotolia.com; © Nick Biemans/Fotolia; Zeichnung Schmetterlinge: © James Mallet

2.1.: © Maximilian Reuter; 3 Bilder: © Deutsches Bergbau-Museum, Bochum

2.1.1: © Philip Ong; © Deutsches Bergbau-Museum, Bochum; © Deutsches Bergbau-Museum, Bochum

2.1.1.1: © Rob Lavinsky, iRocks.com, Wikimedia Commons, CC-BY-SA-3.0; © Manfred Mader; © Rob Lavinsky, iRocks.com, Wikimedia Commons, CC-BY-SA-3.0; © Manfred Mader

2.1.2: © Hans-Peter Schertl, Mineralogische Sammlung, Ruhr-Universität Bochum; © BPARiedl, Wikimedia Commons, public domain; © Daniel Mayer, Wikimedia Commons, CC-BY-SA-3.0; © I, ArtMechanic, Wikimedia Commons, GFDL-CC-BY-SA-3.0

2.1.2.1: © Roll-Stone, Wikimedia Commons, public domain; © Jpr46, Wikimedia Commons, public domain; 5 Bilder: © Hans-Peter Schertl, Mineralogische Sammlung, Ruhr-Universität Bochum

2.1.2.2: © Till Niermann, Wikimedia Commons, GFDL&CC-BY-SA-3.0; © Suzanne MacLeod, Wikimedia Commons, public domain; © Jim Champion, Wikimedia Commons, GFDL&CC-BY-SA-3.0; © Rosel Eckstein/pixelio.de; © Massimo Catarinella, Wikimedia Commons, CC-BY-SA-3.0; © National Park Service, Wikimedia Commons, public domain; © Mgloor, Wikimedia Commons, GFDL&CC-BY-SA-3.0; © Tomasz Kuran, Wikimedia Commons, GFDL&CC-BY-SA-3.0; © Ricampelo, Wikimedia Commons, GFDL&CC-BY-3.0; © Major John/pixelio.de; © Jens Boenigk; © Hans-Peter Schertl, Mineralogische Sammlung, Ruhr-Universität Bochum

2.1.2.3: © Rob Lavinsky, iRocks.com, Wikimedia Commons, CC-BY-SA-3.0; © Didier Descouens, Wikimedia Commons, CC-BY-SA-3.0; © Jens Boenigk; © Krypton, Wikimedia Commons, GFDL&CC-BY-3.0; © U.S. Geological Survey, Wikimedia Commons, public domain; © Dieter Schütz/pixelio.de; © Saphon, Wikimedia Commons, GFDL&CC-BY-SA-3.0; © Rolf Müller

2.1.3: © Peter Neaum, Wikimedia Commons, GFDL&CC-BY-SA-3.0

2.2.1.1: © MARUM - Zentrum für Marine Umweltwissenschaften, Universität Bremen

2.2.1.2: RNA-Modell dreidimensionale Struktur: © Wgscott, Wikimedia Commons, GFDL&CC-BY-SA-3.0

2.2.2.2: © André Karwath, Wikimedia Commons, CC-BY-SA-2.5; © Jens Boenigk; © C. Eeckhout, Wikimedia Commons, GFDL&CC-BY-3.0

2.2.2.7: 3 Bilder Acritarchen: Reprinted by permission from Macmillan Publishers Ltd: Nature (doi:10.1038/nature09943), copyright (2010); 9 Bilder: Reprinted from Precambrian Research, Volume 173, Issue 1-4, Butterfield NJ, Modes of pre-Ediacaran multicellularity, Pages 201–211, 2002 with permission from Elsevier; Pyrit: © Aquazoo, Löbbecke-Museum Düsseldorf; Metazoenfossil: © Michael Steiner, FU Berlin

2.2.2.8: © Colorello/Fotolia; © nice_pictures/shutterstock.com; © S.Z./fotolia.com

2.2.2.9: alle Zeichnungen: Z. X. Li et al. (2008) Assembly, configuration, and break-up history of Rodinia: A synthesis. Precambrian Research, 160: 179-210. Nachgedruckt mit freundlicher Genehmigung von Elsevier

2.3: © Iara Venanzi/istockphoto; © Ulrich Lieven; © Aquazoo, Löbbecke-Museum Düsseldorf; © Hilke Steinecke; © The Trustees of the Natural History Museum, London; © Deutsches Bergbau-Museum, Bochum

2.3.1.1: 5 Zeichnungen: Erde verändert nach: © Hubert Brune (www.Hubert-Brune.de); Graph verändert nach: Dr. C. R. Scotese (2002) Analysis of the Temperature Oscillations in Geological Eras; W.F. Ruddiman. W.H Freeman and Co., NY (2001) Earth's Climate: Past and Future; Mark Pagan et al. (2005) Marked Decline in Atmospheric Carbon Dioxide Concentrations During the Paleogene Science: Vol. 309 no. 5734 pp. 600-603

2.3.1.2: © Michael Mertens, Wikimedia Commons, CC-BY-SA-2.0; © Ulrich Lieven; © Maike Klaproth; © Nigel Trewin, University of Aberdeen; © Smith609, Wikimedia Commons, CC-BY-3.0; © Phoebe Cohen, MIT, NASA Astrobiology Institute

2.3.1.3: © Thomas Gerasch; © Eric Kohler; © John Alan Elson, Wikimedia Commons, GFDL&CC-BY-SA-3.0; © Deutsches Bergbau-Museum, Bochum; © The Trustees of the Natural History Museum, London; © Silvio Keller, FossNet - Internet FossilienStore (www.fossnet.de); © TomCatX, Wikimedia Commons, GFDL&CC-BY-SA-3.0; © Steve Hess, EXTINCTIONS.com

2.3.1.4: Bilder 1,2 und 4: Reprinted from Global and Planetary Change, Volume 77, Jiang HS, Lai X, Yan C, Aldridge RJ, Wignall P, Sun Y, Revised conodont zonation and conodont evolution across the Permian–Triassic boundary at the Shangsi section, Guangyuan, Sichuan, South China, Pages 103-115, 2011 with permission from Elsevier; Bilder 3, 5, 6 und 7: Reprinted from Global and Planetary Change, Volume 55, Jiang HS, Lai X, Luo G, Aldridge R, Zhang K,Wignall P, Restudy of conodont zonati-

son; © Mark A. Wilson, Wikimedia Commons, CC-BY-SA-3.0; © Ballista, Wikimedia Commons, GFDL& CC-BY-SA-3.0

2.3.3.9: © Nobumichi Tamura; © Helmut Knoll, www.hm-knoll.de; © Hans Kerp, Universität Münster; © Steve Hess, EXTINCTIONS.com; © Dwergenpaartje, Wikimedia Commons, CC-BY-SA-3.0; © Mark A. Wilson, Wikimedia Commons, CC-BY-SA-3.0; © Ulrich Lieven

2.3.4.1: © The Trustees of the Natural History Museum, London; © The Trustees of the Natural History Museum, London; © Thomas Gerasch; © The Trustees of the Natural History Museum, London; © Ulrich Lieven; © Ulrich Lieven

2.3.4.2: © Dietmar Quandt; © Frank Grawe

2.3.4.3: © Royal Tyrrell Museum; © Hilke Steinecke; © The Trustees of the Natural History Museum, London; © U.S. Coast Guard photo by Petty Officer 3rd Class Barry Bena, public domain; © Hamish Hudson; © Hamish Hudson; © Hamish Hudson

2.3.4.4: 4 Bilder: © Nobumichi Tamura; © Naturhistorisches Museum Wien; © The Trustees of the Natural History Museum, London; © Ballista, Wikimedia Commons, GFDL& CC-BY-SA-3.0

2.3.4.5: © Laikayiu, Wikimedia Commons, GFDL&CC-BY-SA-3.0; © Caroline Strömberg, University of Washington; © Karl-Heinz Baumann, Universität Bremen; © H. Zell, Wikimedia Commons, GFDL&CC-BY-SA-3.0; © Thomas Gerasch; © Gerd Günter

2.3.4.6: © Patrick von Aderkas, Centre for Forest Biology, University of Victoria; © Mary Parrish; © Gerd Günter; © Annette Höggemeier, Botanischer Garten RUB; © Annette Höggemeier, Botanischer Garten RUB; Zeichnung Insektenfamilie verändert nach: Labandeira C.C. and Sepkoski J.J. Jr. (1993) Insect diversity in the fossil record.Science; 261(5119):310-5.

2.3.5.1: © Naturhistorisches Museum Wien; © Slade Winstone, Wikimedia Commons, GFDL&CC-BY-SA-3.0; © Steve Hess, EXTINCTIONS.com; © LWL-Museum für Naturkunde Münster; © H. Zell, Wikimedia Commons, GFDL&CC-BY-SA-3.0

2.3.5.2: © Didier Descouens, Wikimedia Commons, CC-BY-SA-3.0, Collections of the Museum of Toulouse; © Durova, Wikimedia Commons, GFDL& CC-BY-SA-3.0, San Diego Museum of Man; 3 Bilder: © Ulrich Lieven; © Georg Rosenfeldt, Michael Hesemann, www.mikrohamburg.de; © H. Zell, Wikimedia Commons, GFDL&CC-BY-SA-3.0; © Hamisch Hudson; © Hamisch Hudson

2.3.5.3: Zeichnung Weltkarte verändert nach: Edwards E.J. et al. (2010) The Origins of C_4 Grasslands: Integrating Evolutionary and Ecosystem Science. Science Vol. 328 no. 5978 pp. 587-591; Still C.J. et al. (2003) Global distribution of C_3 and C_4 vegetation: Carbon cycle implications. GLOBAL BIOGEOCHEMICAL CYCLES, Vol. 17, No. 1; Zeichnung Klima- und Vegetationsgeschichte: © Tripati A.K et al. (2009) Coupling of CO_2 and Ice Sheet Stability Over Major Climate Transitions of the Last 20 Million Years. Science Vol. 326 no. 5958 pp. 1394-1397; Saga R.F. et al. (2012) Photorespiration and the Evolution of C_4 Photosynthesis. Annu. Rev. Plant Biol. 63:19–47

2.3.5.5: © John Reader/Science Photo Library; © Getty Images/iStockphoto; © Ulrich Lieven; © Wolfgang Bettighofer; © The Trustees of the Natural History Museum, London; © The Trustees of the Natural History Museum, London

2.3.5.6: alle Zeichnungen Vereisung verändert nach: Litt T. et al. (2007) Stratigraphische Begriffe für das Quartär des norddeutschen Vereisungsgebietes. Eiszeitalter und Gegenwart. Quaternary Science Journal 56(1/2): 7-65, Hannover; Walter R. (1992) Geologie von Mitteleuropa. Schweizerbart'sche Verlagsbuchhandlung; Petit et al. (1999) Climate and atmospheric history of the past 420,000 years from the Vostok ice core, Antarctica. Nature Vol. 399

2.3.5.7: 5 Bilder: © Didier Descouens, Wikimedia Commons, CC-BY-SA-3.0, Collections of the Museum of Toulouse; © Getty Images/iStockphoto; © Vassil, Wikimedia Commons, public domain, Photo took at Musée Saint-Remi à Reims; 5 Bilder: © Natural History Museum, London/Science Photo Library; © Zeresenay Alemseged/Science Photo Library; © John Reader/Science Photo Library; © Natural History Museum, London/Science Photo Library; © Javier Trueba/MSF/Science Photo Library; © Didier Descouens, Wikimedia Commons, CC-BY-SA-3.0,Collections of the Museum of Toulouse; © Tim Evanson, Courtesy of Smithsonian Institution

2.3.5.8: Algenmatte: © Aleksey Nagovitsyn, Wikimedia Commons, CC-BY-SA-3.0; 3 Zeichnungen: Vereisung verändert nach: Litt T. et al. (2007) Stratigraphische Begriffe für das Quartär des norddeutschen Vereisungsgebietes. Eiszeitalter und Gegenwart. Quaternary Science Journal 56(1/2): 7-65, Hannover; Walter R. (1992) Geologie von Mitteleuropa. Schweizerbart'sche Verlagsbuchhandlung; Petit et al. (1999) Climate and atmospheric history of the past 420,000 years from the Vostok ice core, Antarctica. Nature Vol. 399; Maispflanze: © Jens Boenigk; Amaranth: © Tubifex, Wikimedia Commons, GFDL&CC-BY-SA-3.0

3.1: *Pica pica*: © Pierre-Selim Huard, Wikimedia Commons, CC-BY-SA-2.0; *Corvus monedula*: © nottsexminer, Wikimedia Commons, CC-BY-SA-2.0; *Corvus cornix*: © Alexander Erdbeer/Fotolia.com; *Garrulus glandarius*: © Olaf Kloß/Fotolia; *Corvus frugilegus*: © Klaus Eppele/Fotolia; *Corvus corone*: © L.B.Tettenborn, Wikimedia Commons, CC-BY-SA-3.0; *Pica pica*: © Pierre-Selim Huard, Wikimedia Commons, CC-BY-SA-2.0; *Pica hundsonia*: © Dave Menke, U.S. Fish and Wildlife Service, Wikimedia Commons, public domain; *Pica nutalli*: © Linda Tanner; Vogelschwarm: © Robert Couse-Baker, Wikimedia Commons, CC-BY-2.0; *Pica nutalli*: © Linda Tanner

3.1.1: © Christina Bock; © Biodiversity Heritage Library CCO 1.0 Universal, Public Domain; © International Union of Microbiological Societies, CC-BY-SA-3.0; © International Association for Plant Taxonomy 2012

3.1.2: © Jezper/Fotolia.com; © Sebastian Hess; © Trisha M Shears, Wikimedia Commons, public domain; © Wolfgang Bettighofer; © Wolfgang Bettighofer; © Sergey Kohl/Fotolia

3.1.3: © Wolfgang Dirscherl/pixelio.de; © Jens Boenigk; © Norbert Böttger; © Manfred Jensen; © Gerd Günther; © Getty Images/iStockphoto; © Wolfgang Bettighofer; © Michael Becker, Wikimedia Commons, GFDL&CC-BY-SA-3.0; © Wolfgang Bettighofer; © Wolfgang Bettighofer

3.1.6: © M. Wurtz/SPL/Agentur Focus; © Graham Beards, Wikimedia Commons, public domain; © Vincent Fischetti and Raymond Schuch, The Rockefeller University, Wikimedia Commons, CC-BY-2.5; © CDC, Edwin P. Ewing, Jr., public domain; © CDC, F. A. Murphy, public domain; © CDC, Fred Murphy, Sylvia Whitfield, public domain

3.1.7: © Manfred Jensen; © Manfred Jensen; © Dominik Begerow; © Manfred Jensen; © Manfred Jensen

3.2: Zeichnung verändert nach: Olson D.M. et al. (2001) Terrestrial Ecoregions of the World: A New Map of Life on Earth. BioScience Vol. 51 No. 11; © Vuvueffino, Wikimedia Commons, CC-BY-SA-3.0; © Nikater, Wikimedia Commons, GFDL&CC-BY-SA-3.0; © Isabella Pfenninger/Shutterstock; © NOAA, US Gov., Wikimedia Commons, public domain; © Hans Thiele

3.2.1: Zeichnung verändert nach: Chapman A.D. (2005) Numbers of living species in Australia and the world. Report for the department of the environment and heritage. Australian Government

3.2.1.1: Zeichnung verändert nach: Mutke J. and Barthlott W. (2005) Patterns of vascular plant diversity at continental to global scales. Biol. Skr. 55: 521-531; © Clarissa Gött; © Michael Tebrügge; © Paul venter, Wikimedia Commons, public domain; Zeichnung verändert nach: Chase J. (2012) Historical and contemporary fators govern global biodiversity patterns. Plos Biology 10 (3)

3.2.1.3: © Brian Gratwicke, Wikimedia Commons, CC-BY-2.0; © Keoki Stender; 6 Bilder: © Johan und Thimo Groffen, www.onzemalawicichliden.eu

3.2.1.4: Zeichnungen Galapagosinseln und Karibische Inseln verändert nach: R. H. MacArthur and E. O. Wilson (1963) Evolution 17:373-387; The Theory of Island Biogeography, Princeton University Press Princeton, N.J. (1967)

3.2.1.5: Zeichnung verändert nach: Duffy J.E. (2009) Ecosystems and Human Well-Being: Volume 1: Current State and Trends: Biodiversity; Zeichnung verändert nach: Barry Saltzman (2002) Dynamical Paleoclimatology: Generalized Theory of Global Climate Change, Academic Press, New York, fig. 1-3

3.2.1.6 : 4 Bilder: © Josephine Scoble

3.2.1.7: © Walter P. Pfliegler; © Ferran Turmo Gort; Zeichnung verändert nach: http://www.cabi.org/isc; © Rasbak, Wikimedia Commons, GFDL&CC-BY-SA-3.0; © Scott Bauer, USDA ARS, public domain; Zeichnung verändert nach: http://www.cabi.org/isc; © United States Geological Survey, public domain; Zeichnung verändert nach: http://www.cabi.org/isc; © Francisco Welter-Schultes, public domain, www.animalbase.org; © Piet Spaans, Wikimedia Commons, CC-BY-SA-3.0

3.2.1.8: Zeichnung verändert nach: Barnosky A.D. et al. (2011) Has the Earth`s sixth mass extinction already arrived? Nature Vol. 471; © NOAA Fisheries, public domain; © Simo Räsänen, Wikimedia Commons, GFDL&CC-BY-SA-3.0; © Simo Räsänen, Wikimedia Commons, GFDL&CC-BY-SA-3.0; © The Trustees of the Natural History Museum, London; © The book of the animal kingdom, William Percival Westel, Wikimedia Commons, public domain; © Willem v Strien, Wikimedia Commons, CC-BY-2.0

3.2.2: Zeichnung verändert nach: Olson D.M. et al. (2001) Terrestrial Ecoregions of the World: A New Map of Life on Earth. BioScience Vol. 51 No. 11.

3.2.2.1: Zeichnung Jahresniederschläge verändert nach: UN FAO Sustainable Development Department and Leemans, R. and Cramer, W., 1991. The IIASA database for mean monthly values of temperature, precipitation and cloudiness on a global terrestrial grid. Research Report RR-91-18. November 1991. International Institute of Applied Systems Analyses, Laxenburg, pp. 61; Zeichnung Klimadiagramm verändert nach: http://www.wwis.dwd.de/066/c01565.htm; Zeichnung Jahrestemperatur verändert nach: UN FAO Sustainable Development Department and Leemans, R. and Cramer, W., 1991. The IIASA database for mean monthly values of temperature, precipitation and cloudiness on a global terrestrial grid. Research Report RR-91-18. November 1991. International Institute of Applied Systems Analyses, Laxenburg, pp. 61.

3.2.2.10: Zeichnung Karte verändert nach: Olson D.M. et al. (2001) Terrestrial Ecoregions of the World: A New Map of Life on Earth. BioScience Vol. 51 No. 11; Zeichnung Klimadiagramm verändert nach: http://www.wwis.dwd.de/085/c01540.htm; © W. Zech, „Böden der Welt"; © W. Zech, „Böden der Welt"; © bluefeeling/Fotolia.com; © Gerard McDonnell/fotolia.com; © Hans Thiele; © Hans Thiele; © USDA ARS, public domain

3.2.2.11: Zeichnung Karte verändert nach: Olson D.M. et al. (2001) Terrestrial Ecoregions of the World: A New Map of Life on Earth. BioScience Vol. 51 No. 11; Zeichnung Klimadiagramm verändert nach: http://www.wwis.dwd.de/066/c01565.htm; © W. Zech, „Böden der Welt"; © Axel Graf; © javarman/Fotolia.com; © Bernhard Loewa; © Diorit, Wikimedia Commons, GFDL&CC-BY-SA-3.0; © Getty Images/iStockphoto; © Marco Schmidt, Wikimedia Commons, CC-BY-SA-2.5; © Bourrichon lui-même, Wikimedia Commons, GFDL&CC-BY-SA-3.0

3.2.2.12: Zeichnung Karte verändert nach: Olson D.M. et al. (2001) Terrestrial Ecoregions of the World: A New Map of Life on Earth. BioScience Vol. 51 No. 11; Zeichnung Klimadiagramm verändert nach: http://www.wwis.dwd.de/136/c01073.htm; © W. Zech, „Böden der Welt"; © Lutz Dürselen; © Kurt F. Domnik/pixelio.de; © Kjersti/fotolia.com; © Jens Boenigk; © Hans Thiele; © Getty Images/iStockphoto; © Jens Boenigk; 3 Bilder: © Hans Thiele

3.2.2.13: © Botaurus stellaris, Wikimedia Commons, public domain; © André Suter; © Ilka Willand

3.2.2.14: © Josef Moser, Wikimedia Commons, GFDL; © Adrian Michael, Wikimedia Commons, GFDL&CC-BY-SA-3.0; © Chr95, Wikimedia Commons, CC-BY-SA-3.0

3.2.2.15: © Jens Boenigk; © Getty Images/iStockphoto; © NOAA DeepCAST I Expedition; © Greg McFall, NOAA's National Ocean Service

3.2.2.2: Zeichnung Karte verändert nach: Olson D.M. et al. (2001) Terrestrial Ecoregions of the World: A New Map of Life on Earth. BioScience Vol. 51 No. 11; 9 Zeichnungen: Klimadiagramm verändert nach: Deutscher Wetterdienst und internationalen Wetterdiensten

3.2.2.3: Zeichnung Karte verändert nach: Olson D.M. et al. (2001) Terrestrial Ecoregions of the World: A New Map of Life on Earth. BioScience Vol. 51 No. 11; Zeichnung Klimadiagramm verändert nach: Deutscher Wetterdienst und internationalen Wetterdiensten; © W. Zech, „Böden der Welt"; © Thomas Rasel; © Thomas Rasel; Zeichnung Körpertemperatur verändert nach: Williams C.T. et al. (2011) Hibernating above the permafrost: effects of ambient temperature and season on expression of metabolic genes in liver and brown adipose tissue of arctic ground squirrels. The Journa of Experimental Biology 214, 1300-1306; © Matti Paavonen, Wikimedia Commons, GFDL&CC-BY-SA-3.0; © Andewa, Wikimedia Commons, public domain

3.2.2.4: Zeichnung Karte verändert nach: Olson D.M. et al. (2001) Terrestrial Ecoregions of the World: A New Map of Life on Earth. BioScience Vol. 51 No. 11; Zeichnung Klimadiagramm verändert nach http://www.wwis.dwd.de/107/c01007.htm; © W. Zech, „Böden der Welt"; © abdallahh, Wikimedia Commons, CC-BY-2.0; © Zoo Leipzig; © gotoole/Fotolia.com; © NPS Photo, Kent Miller, CC-BY-2.0; © Marc Steensma, Wikimedia Commons, CC-BY-SA-3.0

3.2.2.5: Zeichnung Karte verändert nach: Olson D.M. et al. (2001) Terrestrial Ecoregions of the World: A New Map of Life on Earth. BioScience Vol. 51 No. 11; Zeichung Klimadiagramm verändert nach: http://www.wwis.dwd.de/016/c01343.htm; © W. Zech, „Böden der Welt"; © W. Zech, „Böden der Welt"; © Christian Pedant/fotolia.com; © Erni/Fotolia; © S.H.exclusiv/fotolia.com; © Martina Berg/fotolia.com; © Martina Berg/fotolia.com

3.2.2.6: Zeichnung Karte verändert nach: Olson D.M. et al. (2001) Terrestrial Ecoregions of the World: A New Map of Life on Earth. BioScience Vol. 51 No. 11; Zeichnung Klimadiagramm verändert nach: Deutscher Wetterdienst und internationalen Wetterdiensten; © W. Zech, „Böden der Welt"; © W. Zech, „Böden der Welt"; © Steffen Dittrich; © katsrcool, Wikimedia Commons, CC-BY-2.0; © Scottthezombie, Wikimedia Commons, GFDL& CC-BY-SA-3.0; © Le.Loup.Gris, Wikimedia Commons, GFDL&CC-BY-SA-3.0; © Avenue, Wikimedia Commons, GFDL&CC-BY-SA-2.5; © Matt Lavin, Wikimedia Commons, CC-BY-SA-2.0; © Elke Freese, Wikimedia Commons, GFDL&CC-BY-SA-3.0; © Gunnar Ries, Wikimedia Commons, CC-BY-SA-2.5

3.2.2.7: Zeichnung Karte verändert nach: Olson D.M. et al. (2001) Terrestrial Ecoregions of the World: A New Map of Life on Earth. BioScience Vol. 51 No. 11; Zeichnung Klimadiagramm verändert nach: Deutscher Wetterdienst und internationalen Wetterdiensten; © Jens Boenigk; © Jens Boenigk; © Parafux, Wikimedia Commons, CC-BY-SA-3.0; © Jens Boenigk; © Jacques Descloitres, MODIS Rapid Response Team, NASA/GSFC; © National Park Service Digital Image Archives, Wikimedia Commons, public domain; © Ryulong, Wikimedia Commons, GFDL&CC-BY-SA-3.0; © Getty Images/iStockphoto

3.2.2.8: Zeichnung Karte verändert nach: Olson D.M. et al. (2001) Terrestrial Ecoregions of the World: A New Map of Life on Earth. BioScience Vol. 51 No. 11; Zeichnung Klimadiagramm verändert nach: http://www.wwis.dwd.de/083/c01765.htm; © W. Zech, „Böden der Welt"; © Nikater, Wikimedia Commons, GFDL&CC-

BY-SA-3.0; © Kiril Kapustin, Wikimedia Commons, CC-BY-2.5; © S Molteno, Wikimedia Commons, public domain; © Jens Boenigk; © Gabi Rau, Wikimedia Commons, GFDL&CC-BY-SA-3.0; © Joachim Huber, Wikimedia Commons, CC-BY-SA-2.0; © Hannes Grobe, Wikimedia Commons, CC-BY-SA-2.5

3.2.2.9: Zeichnung Karte verändert nach: Olson D.M. et al. (2001) Terrestrial Ecoregions of the World: A New Map of Life on Earth. BioScience Vol. 51 No. 11; Zeichnung Klimadiagramm verändert nach: Deutscher Wetterdienst und internationalen Wetterdiensten; © W. Zech, „Böden der Welt"; © W. Zech, „Böden der Welt"; © Getty Images/iStockphoto; © Álvaro Rodríguez Alberich, Wikimedia Commons, CC-BY-SA-2.0; © Jens Boenigk; © Rosel Eckstein/pixelio.de; © Yuriy Danilevsky, Wikimedia Commons, GFDL&CC-BY-SA-3.0; © Wollw, Wikimedia Commons, CC-BY-SA-3.0; © Christer Johansson, Wikimedia Commons, CC-BY-SA-3.0; © James Steakley, Wikimedia Commons, GFDL&CC-BY-SA-3.0; © André Karwath, Wikimedia Commons, CC-BY-SA-2.5

4.1: 3 Bilder: © Jens Boenigk; © Lars Großmann; © Wolfgang Bettighofer; © Wolfgang Bettighofer

4.1.1: © Getty Images/iStockphoto; © picture alliance/akg-images/Maurice Babey; © luigi nifosi'/shutterstock; © Popova Olga/Fotolia.com; © Museum Boerhaave, Leiden NL; © Wikimedia Commons, public domain

4.1.1.1: © Wikimedia Commons, public domain; © Juulijs/Fotolia.com; © Wikimedia Commons, public domain; © Deutsches Bergbau-Museum, Bochum; © Jens Boenigk; © Jens Boenigk

4.1.1.2: © Wikimedia Commons, public domain; © nickolae/Fotolia.com; © Wikimedia Commons, public domain; © picture alliance/WILDLIFE; © Erica Guilane-Nachez/Fotolia.com; © Wikimedia Commons, public domain; © Aleksey Nagovitsyn, Wikimedia Commons, GFDL&CC-BY-3.0

4.1.1.3: © Getty Images/iStockphoto; © Jean Kobben/Fotolia; © Dietmar Quandt; © Holger Krisp, Wikimedia Commons, CC-BY-3.0; © Ranopmz, Wikimedia Commons, GFDL&CC-BY-SA-3.0; © blickwinkel/imago; © Christian Fischer, Wikimedia Commons, CC-BY-SA-3.0; © Manfred Jensen; © Wolfgang Bettighofer; © Wolfgang Bettighofer

4.1.1.4: © jonasginter/Fotolia.com; © Andreas Held/www.naturfoto-held.de; © Hans Thiele; © Hans Thiele; © Dimitrios/Fotolia; © Wolfgang Bettighofer; © Patrick Krug, Dalhousie University; © wernerrieger/Fotolia.com; © Gerd Günther; © Wolfgang Bettighofer

4.1.1.5: © style-photography.de/Fotolia.com; © Gargoyle888, Wikimedia Commons, GFDL&CC-BY-SA-3.0; © Sebastian Hess; © Sebastian Hess; © Christian Hummert, Wikimedia Commons, GFDL&CC-BY-SA-3.0; © Velela, Wikimedia Commons, GFDL&CC-BY-3.0; © CDC, Dr. Georg, public domain; © CDC, Lucille Georg, public domain

4.1.1.8: © Albert Kok, Wikimedia Commons, GFDL&CC-BY-3.0; © Eduard Solà, Wikimedia Commons, CC-BY-SA-3.0; © Kenneth Brockmann/pixelio.de; © Getty Images/iStockphoto; © Sebastian Hess; © Keisotyo, Wikimedia Commons, GFDL-BY-SA 3.0; © Peter Röhl/pixelio.de; © style-photography.de/Fotolia.com; 3 Bilder: © Wolfgang Bettighofer; © Jens Boenigk; © Julia Walochnik; © Alexander Kudryavtsev; © Wolfgang Bettighofer; © Jerry Kirkhart, Wikimedia Commons, CC-BY-2.0; © David Bass; © Sebastian Hess; © Stefanie Schumacher; © Georg Rosenfeldt, Michael Hesemann, www.mikrohamburg.de; © Alastair Simpson; © Julia Walochnik; © Rosser1954, Wikimedia Commons, CC-BY-SA-3.0; © Gerd Günther; © Gerd Günther; © Wolfgang Bettighofer; Reprinted from International Review of Cell and Molecular Biology, Volume 306, Oborník M and Lukeš J, Chapter Eight- Cell biology of chromerids, the autotrophic relatives to apicomplexan parasites, International Review of Cell and Molecular Biology, Pages 333–369, 2013, with permission from Elsevier; © Jenkayaks, Wikimedia Commons, GFDL&CC-BY-SA-3.0;

With kind permission from Springer Science+Business Media: Halocafeteria seosinensis gen. et sp. nov. (Bicosoecida), a halophilic bacterivorous nanoflagellate isolated from a solar saltern, volume10, number4, 2006, page 493-504, Park JS, Cho BC, Simpson AG, figure2; © Barolloco, Wikimedia Commons, CC-BY-SA 3.0; © Wolfgang Bettighofer; © Wolfgang Bettighofer

4.1.2: © CDC, Joe Miller, public domain; © Dartmouth Electron Microscope Facility, Dartmouth College

4.1.2.1: © Wolfgang Bettighofer; © Wolfgang Bettighofer; © CDC, Billie Ruth Bird, public domain; © Maureen Metcalfe, CDC; © Maureen Metcalfe, CDC

4.1.2.2: © Felicitas Pfeifer; © Felicitas Pfeifer; © Ildar Sagdejev, Wikimedia Commons, GFDL&CC-BY-SA-3.0; © M. Stieglmeier, N. Leisch, Archaea Biology and Ecogenomics Division, Universität Wien

4.2: 4 Bilder: © Edvard Glücksman

4.2.1: © A. Bähtz/Digitalstock; © Dietmar Buro/pixelio.de; © Jens Boenigk; © Gabi Schoenemann/pixelio.de; © Getty Images/iStockphoto; © Jens Boenigk

4.2.1.1: © Sergey Karpov, Wikimedia Commons, CC-BY-SA-3.0; © Sergey Karpov, Wikimedia Commons, CC-BY-SA-3.0; aus: Gewin V (2005) Functional Genomics Thickens the Biological Plot. PLoS Biol 3(6): e219 / © Paul Hebert /Wikimedia Commons/CC-BY-2.5; © Albrecht E. Arnold/pixelio.de; © Bruno Walz; © Torsten Eichler

4.2.1.2: © Albert Kok, Wikimedia Commons, GFDL&CC-BY-3.0; © NOAA, Monterey Bay Aquarium Research Institute, Wikimedia Commons, public domain; © Gary McDonald; © Rolf Volles; © Sebastian Hess; © Jens Boenigk; © Rainer Sturm/pixelio.de (http://www.pixelio.de/media/619688)

4.2.1.3: © Allen G. Collins, National Museum of Natural History, Washington; © Michael Steiner, FU Berlin; © Luc Viatour, Wikimedia Commons, GFDL&CC-BY-3.0; © G. Niedzwiedz, Universität Rostock; © Klaus Fichtl

4.2.1.4: © Marshal Hedin; © Hans Hillewaert, Wikimedia Commons, CC-BY-SA-3.0; © Norbert Böttger; © Hans Hillewaert, Wikimedia Commons, CC-BY-SA-3.0; © Marshal Hedin; © JPW.Peters/pixelio.de

4.2.1.5: © Dmitry Aristov, Wikimedia Commons, CC-BY-3.0; © Reinhardt Møbjerg Kristensen, Natural History Museum of Denmark; © Martin V. Sørensen, Natural History Museum of Denmark; © D. Andreas Schmidt-Rhaesa, Wikimedia Commons, GFDL&CC-BY-SA-3.0; © Beentree, Wikimedia Commons, GFDL&CC-BY-SA-3.0; © Bob Goldstein and Vicky Madden, UNC Chapel Hill, Wikimedia Commons, CC-BY-SA-3.0; © Prof. J. E. Armstrong, Illinois State University; © Trisha M Shears, Wikimedia Commons, public domain; © Michael Kipping; © Norbert Böttger; © Maciek Stanikowski, Wikimedia Commons, public domain; © Aphaia, Wikimedia Commons, GFDL&CC-BY-3.0; © Michael Luhn

4.2.1.6: © Patrick Steinmann; © Alvaro E. Migotto, banco de imagens de biologia marinha; © Reinhardt Møbjerg Kristensen, Natural History Museum of Denmark; © Alexander Kieneke, Institut Senckenberg am Meer Wilhelmshaven; © Eduard Solà, Wikimedia Commons, CC-BY-SA-3.0; © Martin V. Sørensen, Natural History Museum of Denmark; © Reinhardt Møbjerg Kristensen, Natural History Museum of Denmark; © Gerd Günther; © Neil Campbell, University of Aberdeen, Scotland, UK, Wikimedia Commons, public domain; © Ria Tan, www.wildsingapore.com; © Paul Young, Mermaid Underwater Photographic; Brachiopoda: © Didier Descouens, Wikimedia Commons, CC-BY-SA 3.0; Zeichnung Brachiopoda: © Jens Boenigk; © Hilmar Hinz; © Keisotyo, Wikimedia Commons, GFDL&CC-BY-3.0; © Michael Linnenbach, Wikimedia Commons, GFDL&CC-BY-SA-3.0; © Hans Hillewaert, Wikimedia Commons, CC-BY-SA-3.0; © Daniela Messerschmidt/pixelio.de; © Hans Hillewaert, Wikimedia Commons, CC-BY-SA-3.0; © Hans Hillewaert , Wikimedia Commons, CC-BY-SA-3.0; © Acélan, Wikimedia Commons, GFDL&CC-BY-SA-3.0; © Didier Descouens, Wikimedia Commons, CC-BY-SA 3.0

4.5: © Scott Fay; 4 Bilder: © Georg Rosenfeldt, Michael Hesemann, www.mikrohamburg.de; © Lysippos, Wikimedia Commons, GFDL&CC-BY-SA-3.0; 4 Bilder: © Georg Rosenfeldt, Michael Hesemann, www.mikrohamburg.de; © David Bass; © Gerd Günther; © NEON_ja, Wikimedia Commons, CC-BY-SA-2.5

4.5.1: © Sebastian Hess; © David Bass; © Gerd Günther; © David Bass; © David Bass; © Sebastian Hess; © David Bass; © NEON_ja, Wikimedia Commons, CC-BY-SA-2.5; © Sebastian Hess, Culture Collection of Algae at the University of Cologne (CCAC)

4.5.2: 3 Bilder: © David A. Caron, University of Southern California; 4 Bilder: © Georg Rosenfeldt, Michael Hesemann, www.mikrohamburg.de

4.5.2.1: 4 Bilder: © Stefanie Schumacher; © Scott Fay, University of California; © Michele Weber; © Marco d'Itri, Wikimedia Commons, CC-BY-SA-2.0; © Sbertazzo, Wikimedia Commons, CC-BY-SA-3.0; © NOAA, Exploring Deep Sea Coral Expedition 2010; © NOAA, Exploring Deep Sea Coral Expedition 2010

4.6: © Louisa Howard, Dartmouth Electron Microscope Facility, Dartmouth College, public domain

4.6.1: © Gerd Günther; © Jenkayaks, Wikimedia Commons, GFDL&CC-BY-SA-3.0; 2 Bilder: abgedruckt aus: International Review of Cell and Molecular Biology, Volume 306, Oborník M and Lukeš J, Chapter Eight- Cell biology of chromerids, the autotrophic relatives to apicomplexan parasites, International Review of Cell and Molecular Biology, Pages 333–369, 2013, Nachgedruckt mit freundlicher Genehmigung von Elsevier.; © Wolfgang Bettighofer

4.6.1.1: © Gerd Günther; © Gerd Günther; © Wolfgang Bettighofer; © Bettina Sonntag; © Wolfgang Bettighofer; 4 Bilder: © Bettina Sonntag; © Wolfgang Bettighofer

4.6.1.2: © J. Camp; © Angelika Preisfeld and David Patterson; © Wolfgang Bettighofer; 3 Bilder: © Mona Hoppenrath; © Kenneth Mertens; © William W. Ward, Rutgers University; © Ylem, Wikimedia Commons, public domain; © Gerd Günther; © Heiko Wagner; © William W. Ward, Rutgers University; © Shane Anderson, National Oceanic and Atmospheric Administration, public domain

4.6.1.3: © Dolores Hill and J.P. Dubey; © Jenkayaks, Wikimedia Commons, GFDL&CC-BY-SA-3.0

4.6.2.1: © Jody Fetzer, New York Botanical Garden, Wikimedia Commons, CC-BY-SA-3.0; © USDA ARS, public domain; © Gerald Bassleer

4.6.2.2: © Michael Neugebauer; © Michael Neugebauer; © Manfred Jensen; © Barolloco, Wikimedia Commons, CC-BY-SA 3.0; © Jörg Weiß, Mikroskopisches Kollegium Bonn, www.mikroskopie-bonn.de; © Manfred Jensen; © Heidi Fahrenbruch; © Ria Tan, www.wildsingapore.com; © Barolloco, Wikimedia Commons, CC-BY-SA-3.0; © Hans Hillewaert, Wikimedia Commons, CC-BY-SA-3.0; © Michelle Jo, Wikimedia ommons, CC-BY-3.0; © J. Baecker, Wikimedia Commons, public domain; © W. Barthlott, www.lotus-salvinia.de

4.6.2.3: 3 Bilder: © Wolfgang Bettighofer; © Jens Boenigk; © Jens Boenigk; © Lars Großmann; © Lars Großmann

4.6.2.4: 3 Bilder: © Wolfgang Bettighofer; © Alexandra H./pixelio.de; © Lars Kunze/pixelio.de; © Thomas Graser, Wikimedia Commons, public domain; © Wolfgang Bettighofer; © PD-US-GOV-NASA, public domain; © Karl-Heinz Baumann, Universität Bremen; © Sascha Böhnke/pixelio.de; © Lamiot, Wikimedia Commons, CC-BY-SA-3.0; © Marufish, Wikimedia Commons, CC-BY-SA-2.0; © Wolfgang Bettighofer; © John W. La Claire; © John W. La Claire

4.7.2: 4 Bilder: © Kerstin Hoef-Emden; © Wolfgang Bettighofer; © Sabina Wodniok; © Jens Boenigk; © Jens Boenigk;

Index

A

Abiogenese 188, 235
abiotisch 367
Acanthamoebida 293
Acantharia 332, 336
Acanthocephala 273
Acanthoceratophytina 316
Acanthodii 94, 276
Acanthostega 112
Acephala 285
Acer 143
Acervulina 338
Acetyl-CoA 52
Acetylglucosamin 281
Acetylmuraminsäure 281
Achäne 367
acidophil 367
Acineta 309
acoelomat 272, 367
Acorales 327
Acrania 274
Acrasidae 300
Acrisol 216f, 367
Acrispumella 357
Acritarchen 59, 101, 105
acrodont 278, 367
Acrogymnospermen 322
Actinopterygii 94, 276
Adaptation 128, 248, 314, 367
adaptive Mutation 367
adaptive Radiation 367
adaptive Zone 367
Adenin 36
Adenosindiphosphat. *Siehe* ADP
Adhäsion 367
ADP 39, 43, 53, 147
Adventivwurzeln 367
Aegocrioceras 135
aerob 367
aerobe Atmung 52
Afrotropis 195
Agaricomycotina 290
agglutiniert 367
Aggregation 367
Agnatha. *Siehe* Kieferlose
Agnostida 88
Akashiwo 347
Akkumulation 367
Albertosaurus 134
Aldehyde 50, 367

Algen 236, 287, 367
  Entstehung 56
  Proterozoikum 58
Algenblüte 347, 363
Alismatales 327
Alisol 216, 367
alkaliphil 367
Allantois 129, 367
Allogromiida 80
allopatrische Artbildung 182
Allorrhizie 367
Allosaurus 133
Alpen 18, 140, 142
  alpidischer Gebirgsgürtel 140
Alter (geochronologisch) 28, 74. *Siehe auch* stratigraphische Tafel
Aluminiumsilikat 22
Alveolata 247, 255, 257, 340, 342
Alveoli 340, 342, 347, 365, 367
Alytes 129
Amaranthus 155
Amasia 154
amastigot 305
Ambitisporites 107
Amborellales 326f
Ambulacraria 274
Ambulakralfurchen 367
Ambulakralsystem 274, 367
Ammonitida 85, 131
Ammonoidea 84, 112, 131
Amnion 129, 278
Amniota 94, 277f, 367
Amöben 292
Amoeba 293
Amoebozoa 247, 258, 292
amorph 367
Amorphea 256, 258. *Siehe* Unikonta
Amphibien 276
Amphisorus 339
anaerob 367
Anapsida 94, 116, 278, 367
Anatexis 20, 367
Ancyloceratina 135
Angiospermen 8, 96, 134, 277, 324. *Siehe auch* Magnoliopsida
Animalcula 230
anisokont 367
Anisotremus 183
ANITA-Klade 324, 326
Ankylosauria 133
Annelida 269, 273

annuelle Pflanzen 367
Anoxie 367
anoxygen 367
Antheridium 316, 355, 367
Anthracocrinus 107
Anthracoidea 291
anthropogen 367
Äon 28, 74
Äonothem 28, 74
Apatit 102, 337
Apertur 367
Aphelidea 260
aphotische Zone 367
Apiaceae 330
Apicomplexa 257, 340, 342, 348
Apicoplast 348, 367
apikal 367
Apikalkomplex 348, 367
Apomorphie 242, 367
Apusomonas 259
Apusozoa 256, 258
Ära 28, 74. *Siehe auch* stratigraphische Tafel
Arabidopsis thaliana 343
Aragonit 26, 102, 337, 367
Ärathem 28, 74. *Siehe auch* stratigraphische Tafel
Araukariales 322
Arbuskuläre Mykorrhiza 284
Arcellinida 293
Archaea 248, 252
Archaeocyatha 82
Archaeopteris 113
Archaeopteryx 95, 130
Archaeplastida 247, 255f, 306
Archaikum 28–40
  archaische genetische Expansion 38
  Atmosphäre 32
  Erdkruste 32
Archamoebae 294
Archegonium 316, 367
Arecales 327
arid 367
Arillus 367
Aristoteles 230
Armfüßer. *Siehe* Brachiopoda
Armillaria ostoyae 280
Art 8
  Artbeschreibung 160
  Artbildung 182, 184
  Definition 8

Gesamtartenzahl 176
Koexistenz 180
Verbreitung 158
Artenvielfalt 166, 184, 190
Gleichgewichtstheorien 186
globale Gradienten 186
Ungleichgewichtstheorien 186
Arthropoda 88, 269
Articulata 268
artikulat 367
Artkonzept 8, 367
biologisches 162, 367
evolutionäres 162, 367
morphologisches 162, 367
ökologisches 162, 367
Asaphida 88, 107
Ascetosporea 335
Ascokarp 288, 367
Ascomycota 60, 256, 280, 288
Ascus 289
Asparagales 327
Assimilation 368
Asteraceae 330
Asteriden 330
Asterionellopsis 315
Asterococcus 313
Asteroidea 90, 274
Asteroidengürtel 15
Asterophyllites 65
Asthenosphäre 14
Ästuar 220, 222, 368
Atlantik 140, 225. *Siehe auch* Ozean
Atmosphäre. *Siehe auch* Sauerstoffevolution
Kohlendioxidkonzentration 138, 144
Sauerstoffgehalt 48
Sauerstoffkonzentration 30, 44, 114, 126
Uratmosphäre 14
Atmung, buccale 116, 368
Atmungskette 47, 52
Atmungsorgane 110
ATP 38, 40, 52, 147, 368
ATPase 38, 40
Auftrieb 9, 355
Auge 303
Augenfleck 303
Auskristallisation, differenzielle 17
Auslaugung 368
Außengruppe 243
Aussterberate 66, 184f, 192, 368
Australasien 195
Australopithecinen 152
Australopithecus 143, 153
Austrobaileyales 326f
Autapomorphie 242, 368
Autosporen 368
Autotrophie 47, 368

Avalon-Typ-Biota 100
Aves. *Siehe* Vögel
Axopodien 293, 332
Axostyl 298, 368

B

Babesiose 283
Bacillariophyceae 224, 254, 257, 350, 358, 365
Bacillariophyta 135
Bacteria 248, 250
Ballastwasser 368
Baltica 68, 104, 106, 108, 368
Bangiomorpha pubescens 58, 59
Bangiophyceae 310
Baragwanathia 108
Barcoding 164
Bärlappe. *Siehe* Lycopodiopsida
Bärtierchen. *Siehe* Tardigrada
Basalkörper 289, 294, 299, 304f, 312, 368. *Siehe auch* Kinetosom
Basalt 22, 368
Basentriplett 246, 368
Basidien 290
Basidiomycota 60, 256, 280, 290
Basilosauridae 141
Batrachospermum 311
Bedecktsamer 324. *Siehe auch* Magnoliopsida
Befruchtung, innere 129
Begeißelung 256
Belemnitida 85, 135
Belesodon 95
Beleuchtungsklimazonen 368
Bennettitopsida 322
Benthal 221
benthisch 368
Berberidopsidales 329
Bernstein 72, 141
Besiedlung des Landes 106, 110, 128, 314
Bestäubungsbiologie 9, 331
Evolution 136
Bestäubungstropfen 136
Bicosoecida 257, 350
Bigyra 350
Bilateralsymmetrie 267
Bilateria 260
binäre Nomenklatur 232, 368
Biodiversität 4, 157, 368
Definition 4
fossile 78
Hotspots 178
Verteilung 174
Wasserverfügbarkeit 174
Biodiversitätsindizes 166

Bioformation 157
biogen 9, 337, 368
Biogeographie 158, 194
Mikroorganismen 188
Biolumineszenz 9, 347
Biom 157, 194, 198
Biomineralisation 9, 12, 101f, 224, 339
Biostratigraphie 74, 368
biotisch 368
Biozone 75
biped 368
Bitumen 73, 368
bituminöse Tonschiefer 368
Bivalvia 86
Bivetiella 143
Blastoporus 260, 274, 368
Blatt. *Siehe* gesägtes Blatt, gezähntes Blatt
Bleicherde 202
Blepharisma 345
Blütenstetigkeit 368
Bodenhorizont 368
Bodo 305
Bootstrap-Verfahren 242
Boraginaceae 330
Boraginales 331
borealer Wald 202
Bothrosomen 351, 368
Brachiopoda 86, 113, 273
Brachiosaurus 133
Brachiozoa 272f
Brachythecium 123
Brandpilze. *Siehe* Ustilaginomycotina
Brassica 329
Brassicales 329
Braunalgen 237. *Siehe* Phaeophyceae
Braunerde 204
Braunkohle 142
Brettwurzeln 219, 368
Breviatea 294
Bronzezeit 153
Brotschimmel 286
Bryophytina 316
Bryozoen 115, 368
Buddleja 331
Bündelscheidenzellen 368
Buntsandstein 124
Burgess-Schiefer 71
Buxales 329

C

C_4-Pflanzen. *Siehe* Photosynthese: C_4-Photosynthese
C_5-Zucker 42, 368
Calamites 114
Calcarea 82, 264

Calcisol 210, 212f, 368
Calcit 26, 102, 337, 368
Calcium 47
Calciumcarbonat 26, 337
Calcium-Detoxifikation 102
Calciumphosphat 337
Calvin-Zyklus 43, 147, 368
CAM 368
Cambisol 204f, 211
Campanuliden 330
CAM-Pflanzen. *Siehe* Photosynthese: CAM-Photosynthese
Canellales 327
Cantharellus 241
Capensis 194, 210
capsal 368
capsoid 368
Carbonatausfällung 20, 26
Carbonate 26, 46
Carbonatgleichgewicht 26
Carbonat-Silikat-Kreislauf 20, 46, 154
Carboxysom 308
Carduus 331
carnivor 237, 286, 368
Carnivorie 9, 327
Carnosauria 133
Carnotaurus 133
Carotinoide 256, 368
Carpinus grandis 65
Caryophyllales 329
Castericystis 105
Cauloid 316
Cavosteliida 293
Celastrales 329
Cellulose 256, 281
Centrales 358
Centramoebida 293
Centriolen 368
Centrohelida 360
Cephalochordata 274
Cephalon 89
Cephalopoda 84
Cephalotaxales 322
Ceratites 127
Ceratitida 127
Ceratium 347
Ceratophyllales 327
Ceratopsia 133
Ceratosauria 133
Cercomonadida 334
Cercozoa 257, 332, 334
CH_4. *Siehe* Methan, Treibhausgase
Chaetetida 83
Chamaecyparis 322
Chara 315
Charniodiscus 101

Charophytina 314
Chelicerata 271
Cheliceren 368
chemische Evolution 34
chemische Verwitterung 368
Chemokline 364, 368
chemoorganotroph 368
Chemosynthese 47
Chernozem 206f
Chitin 256, 280f
Chlamydomonas reinhardtii 343
Chloranthales 326
Chlorarachnion 335
Chlorarachniophyta 257, 333f
    Plastid 56
Chlorella 161
Chlorobiota, Chlorobionta. *Siehe* Viridiplantae
Chlorodendrales 313
Chloroflexi 40
Chlorokybophytina 313, 314
Chlorophyceae 313
Chlorophyll 41, 220, 256, 307, 311
Chlorophyta 62, 256, 306, 365
    „Core"-Chlorophyta 313
Chloroplasten-ER 362
Chloroplastida. *Siehe* Viridiplantae
Chlorosom 43
Choanocyten 265
Choanomonada 256, 260, 262
Chondrichthyes 106, 276
Chondrom 55
Chorda dorsalis 274, 368
Chordata 105, 274
Chorion 129, 368
Chromalveolata 257, 368
Chromalveolaten-Hypothese 340, 360
Chromera 341, 343
Chromerida 257, 342
Chronostratigraphie 74, 368
Chronozone 74
Chroomonas 365
Chrysochromulina 362
Chrysolaminarin 257, 358, 368
Chrysophyceae 257, 350, 356
Chytridiomycota 256, 280, 282
Cilien 344
Ciliophora 257, 340, 342, 344
Cingulum 347
circumpolar 368
Cisterne 368
Citratzyklus 52f
Cladonia 173
Cleithrolepis 65
Closterium 315
Cloudinia 101

Clypeus 131
Cnidaria 266
coccal 368
coccoid 368
Coccolithales 362
Coccolithen 135, 257, 362
Coelacanthimorpha 277
Coelom 268–270, 273, 368
Coelurosauria 133
Coenobium 368
Coenococcum 285
Coevolution 9, 331
Coleochaete 315
Coleochaetophytina 314
Coleoidea 84
Coleoptera 137, 368
Coleps 345
Collodaria 336
Collozoum 337
Columbia 18
Columella 317, 368
Commelinales 327
Coniferopsida 322
Conodonten 75, 77, 92, 369
Conodonten-Tier 70, 92, 107
Conoid 348, 369
Conosa 256, 292, 294
Cooksonia 108f
Cordaitopsida 96, 323
Cornales 330
Corvus 159
Corynexochida 88
Cosmoclaina 109
Costa 299, 369
Craniata 94, 274
Craniformea 86
Crinoidea 90, 107, 274
Cristae 296, 300, 306, 334, 361, 369
Crocus 327
Crommium 141
Crossosomatales 329
Crurotarsi 279
Crustacea 271
Cryokonservierung. *Siehe* Kryokonservierung
Cryosol 200
Cryptomonadales 361
Cryptomonas 365
Cryptophyceae 360, 364
Cryptophyta 257, 333, 360, 364
    Plastid 56
Ctenophora 266
Cucurbitales 329
Cupressales 322
Cupressus 322
Cuticula 9, 317

Cyanellen 308
Cyanidiophytina 310
Cyanobakterien 40, 50, 201, 236, 250
  Ursprung der Plastiden 56
Cyanobiont 172
Cyanophora 308f
Cycadopsida 96, 130, 322
Cyclidium 345
Cycliophora 273
Cycloclyperus 338
Cycloneuralia 270
Cynaobakterien 201
Cynodontia 127
Cynognathus 127
Cysten 377
Cytochrom-b6f-Komplex 41
Cytokinese 369
Cytoplasma 369
Cytosin 36
Cytoskelett 369
Cytosol 369
Cytostom 369

D

Dactylopodida 293
Daphnia 315
Darwin, Charles 234
Datierung 74
Daucus 331
Demospongiae 264
Dendroidea 92
Dentalium 143
Dermamoebida 293
Desilifizierung 218, 369
Desmin 277, 369
Desoxyribonucleinsäure. *Siehe* DNA
Destruenten 369
Detoxifikation 102, 110, 369
detritivor 369
Detrituspartikel 369
Deuterostomia 274
Devon 98, 112
Diagenese 20, 24, 369
Diapir 63
Diapsida 94, 116, 278, 369
Diatomeen. *Siehe* Bacillariophyceae
Dicerorhinus 193
dichotom 369
Dickinsonia 100f, 267
Dicksonia 121, 123, 321
Dicranoweisia 123
Dicroidium 127
Dictyochophyceae 350
Dictyonema 92, 105
Dictyosom 298, 309, 334, 369

Dictyosphaerium 313
Dictyostelia 293f
Didymograptus 93, 107
Differenzialinterferenzkontrast 369
differenzierte Böden 369
Digitalis 331
dikotyl 325
Dilleniales 329
Dimetrodon 117
Dinobryon 357
Dinoflagellaten. *Siehe* Dinophyta
Dinophysis 347
Dinophyta 257, 340, 342, 346
  Plastid 56
Dinosaurier 8, 130, 132, 134, 277, 279
Dionaea 237, 327
Dioscoreales 327
Diphasiastrum 318
diplobiontisch 369
Diplograptidae 92
Diplograptus 93
diploid 369
Diplomonadida 298
Diplonemea 302
Diplonten 120
Diplophyllum 317
Dipnoi 277
Diptera 137, 369
Discoba 296, 300, 304
Discosauriscus 95
Discosea 256, 292
Dissoziation 369
Distigma 303
Ditomopyge 117
Diversität 4, 8
  α-Diversität 168, 369
  β-Diversität 168, 369
  γ-Diversität 168, 369
  molekulare 164, 246
  wahre 168, 377
DNA 36
DNA-Bank 369
DOC 369
Dogger 124
Doliporen 61
Dolomit 26
Domäne 248, 369
Dominanzstruktur 369
Dorudon 141
Dotter 129
Dottersack 369
Doushantuo-Formation 369
Dracaena 326
Drei-Domänen-Modell 248
Drosera 327
Drosophila melanogaster 343

Durisol 212
Dynein 259, 369

E

Eastmanosteus 95
Ecdyson 268, 369
Ecdysozoa 268, 270
Echinacea 331
Echinoderes 309
Echinodermata 90, 274
Echinoidea 90, 274
ECM 369
Ectoprocta 273
Ediacara-Hügel 71
Ediacarium 29, 100, 344
Edrioasteroidea 90
Eichelwürmer. *Siehe* Enteropneusta
Eisenerz. *Siehe* gebändertes Eisenerz
Eisenoxid 337
Eisen-Schwefel-Minerale 34
Eisen-Schwefel-Protein 40
Eisenzeit 153
Eiszeit 148, 150. *Siehe auch* Vereisung
Ejektosom 364
Ektoderm 369
Ektomykorrhiza 285
Elatere 317, 369
Elektronenmikroskopie 369
Elektronentransport
  nicht-zyklischer 40
  zyklischer 40
Eleutherozoa 90
Elginerpeton 95
Ellagsäure 369
Ellipsocephalus 105
Elphidium 143
Elysia 239
Embryonalentwicklung 128
Embryophyten 60, 306, 316. *Siehe*
  auch Landpflanzen
Embryosack 121
Emergenzen 118
Emiliania 362
Emulgator 369
Enation 118, 369
Enationstheorie 118
endemisch 369
endobenthisch 369
Endocytobiose 55, 369
  primäre 56, 254, 306, 308
  sekundäre 56, 348
  serielle sekundäre 346
  tertiäre 346
Endocytose 297
Endokommensalen 350, 369

Endomembransystem 54
Endomykorrhiza 285
Endomyxa 334
Endoparasiten 298, 301, 348, 373
Endophyten 369
endoplasmatisches Reticulum 60, 255, 311, 341
Endoskelett 274, 337, 369
Endosperm 129
  sekundäres 375
endosymbiontische Algen 9, 345
endosymbiontische Bakterien 369
Endosymbiose. *Siehe* Endocytobiose
endotherm 369
Endoxidation 52, 53
Entamoebidae 293
Enteromorpha 313
Enteropneusta 274
Entgiftungsenzyme 51
Entoderm 369
Entomophthoromycotina 286
Entoprocta 273
Eoarchaikum 33
Eocercomonas 335
Eocrinoidea 90
Eophyllophyton 112
Eozän 140
Ephedra 322
ephemer 369
epibenthisch 369
epilithisch 369
Epilobium 121
epimastigot 305
epiphytisch 369
Epitheka 347, 358
Epithel 370
Epoche 28, 74. *Siehe auch* stratigraphische Tafel
Equisetopsida 96, 114, 320
Equisetum 121, 321
ER 370. *Siehe auch* endoplasmatisches Reticulum
Eranthis 137
Erde
  Atmosphäre 16
  Entstehung 14
  Hydrosphäre 16
  Kern 15f
  Kruste 14, 16
  Mantel 14, 16
  Schalenbau 14, 16
Erdgeschichte 11
  Biodiversität 12
  Rekonstruktion 74
Erdmantel. *Siehe auch* Erde: Mantel
  Konvektion 18

Erdöl 73, 131
  Prospektion 92
Eremosphaera 313
Ericales 330
Erniettomorpha 101, 370
Erosion 21, 24, 370
Erythrocyten 370
Escherichia coli 343
Euamoebida 293
Euarthropoda 271
Euasteriden 325, 330
Euastrum 165
Eubodonida 305
Eudikotyledonen 324, 328, 330
Euglena 302f
Euglenida 256, 302
  Plastid 56
Euglenozoa 300, 302, 304
Euglypha 335
Eukarya, Eukaryoten 248, 254, 256
  Radiation 58
eukaryotische Zelle 54, 248
euphotische Zone 370
Eurhodophytales 310
Eurosiden 325
Eurypteridae 109
Eurypterus 109
eusporangiat 370
Eusthenopteron 113
Eustigmatales 350
Eutheria 278
eutherm 370
Eutracheophyten 318
Evaporation 370
evenness 166. *Siehe auch* Coevolution
Evolution 4, 6, 8, 162, 234
Excavata 247, 255f, 296
Exocytose 297
Exon 55
Exoskelett 102, 128, 337, 370
Exsudation 361, 370
extremophil 370

F

Fabaceae 329
Fabales 329
Fabomonas 259
Fagales 329
Falscher Mehltau 352
Farne 122, 287. *Siehe auch* Polypodiopsida
Faunenprovinz 86, 88, 134, 370
Faunenreich 194
Fazies 98, 100, 370
Feigenwespe 331
Feldspat 13, 16, 23f

felsisch 16, 22, 370
Fenton-Reaktion 51
Ferralisation 218
Ferralsol 219
Ferredoxin 41
fertile Strobili 370
Fertilität 370
Festsedimente 21
Fettsäuren, ungesättigte 377
Feuer 6, 215
Filasterea 260
Filopodien 293, 332
Filoreta 335
Filosa 334
Flabellinia 292
Flagellin 259, 370
Flagellum 55, 259
Flechten 108, 172, 201
Fleischflosser. *Siehe* Sarcopterygii
Fließgewässer 222
Florenreich 194, 370
Florideenstärke 310
Florideophyceae 310
Fluss. *Siehe* Fließgewässer
Flutbasalt 66, 126, 370
Fluviate 24, 370
Flysch 25, 370
Folioceros 317
folios 316, 370
Foramen 87
Foraminifera 79, 80, 257, 332, 336, 338, 345
Fornicata 256, 299
Fortbewegung 9, 359
Fortpflanzung 128
Fossilien 8, 78, 273
Fossilisation 72, 273
Fossillagerstätten 70
Fotosynthese. *Siehe* Photosynthese
Fraßschutz 9, 261, 315
Frostsprengung 25
Frosttrocknis 370
Fruchtblätter 370
Fruchtknoten 370
Fucus 237, 355
Fungi 247, 280. *Siehe auch* Pilze
Fusulinida 80, 115
Fynbos 210

G

Gabbro 16, 22
Galeriewald 370
Gamet 370
Gametangien 370
Gametangiogamie 370
Gametocyten 370

Gametophyt 120, 317, 319, 321, 370

Ganglien 370

Gap Junctions 60, 370

Garrulus 159

Garryales 331

Gärung 38, 47

  alkoholische Gärung 39

  Milchsäuregärung 39

Gaskiers-Vereisung 63

Gasplaneten 15

Gastrotricha 273

gebändertes Eisenerz 48f, 370

Geißel 259. *Siehe auch* Flagellum

Geißelfurche 302

Geleitzellen 370

Gemuendia 95

Generalisten 370

Generationswechsel 8f, 120–123, 283, 319

Genesis 230

Genomgröße 8, 301

Gentianales 331

geochemische Kreisläufe 46

Geochronologie 28, 74, 370

Geophyten 370

Geraniales 329

Gerüstsilikat 17

gesägtes Blatt 370

Geschiebemergel 25, 370

Gesteine 370

  Gesteinsalter 74

  gesteinsbildende Prozesse 20

  Gesteinsmetamorphose 370

  Gesteinsschmelzen 17

  Kreislauf 20

  magmatische 20, 22

  metamorphe 20, 372

  Oberflächengesteine 23

  Tiefengesteine 23

gezähntes Blatt 370

Giardia 298

Giganotosaurus 133

Gini-Simpson-Index 166, 168

Ginkgo 137, 322

Ginkgoopsida 322

Giraffa 309

Glaucocystis 308f

Glaucocystophyta 306, 308

Glaucophyta 256

Glazial 148, 150, 370

Glimmer 17

Glissomonadida 335

Global Stratotype Section and Point 76

Globigerinida 80, 338

Gloeochaete 308

Glomeromycota 256, 280, 284, 286

Glossopteridopsida 322

Glossopteris 114, 116f, 322, 370

Glucan 370

Glucose 38, 281

Glugea 283

Glycimeris 143

Glykogen 256, 370

Glykokalyx 370

Glykolyse 38, 47

Glykoproteine 370

Glyoxylat 50

Glyptodon 149

Gnathifera 273

Gnathostomata 94, 108, 274, 276

Gnathostomulida 273

Gnetales 96, 322, 325

Gnetum 322, 325

Goldalgen. *Siehe* Chrysophyceae

Golden Spike 29

Golfstrom 150

Gondwana 18, 68, 104, 106, 108, 112, 114, 130, 134

Goniatitida 84, 113, 115

Goniomonadales 361

Goniomonas 364

Gradualismus 234, 370

Granat 22

Granatpteridotid 23

Granit 23

Granofilosea 334

Graptolithen 92, 105, 107, 274, 370

Graptoloidea 92

Gräser 134, 141, 143

Grasland 141, 144

  montanes 208

  subtropisches 214

  temperates 206

  tropisches 214

  überflutetes 208

Great Oxidation Event 32, 370

Grenzstratotyp 28

Gromia 335

Größenwachstum 8, 279

Grube Messel 71

Gruberellidae 300

Grünalgen 312

Gründerpopulation 184, 370

Grüne Nichtschwefelbakterien 40, 43

Grüne Schwefelbakterien 40, 43

Guanin 36

Gunnerales 329

Gymnodinium 343

Gymnospermen 96, 322

Gymnosphaerida 332

Gynoeceum 370

Gypsisol 212

H

Habitat 370

Habitatfragmentierung 190, 370

Hacrobia 255, 257, 340, 360, 364

Hadaikum 14, 28–31

Hadrosaurus 133

Halbparasit 330, 370

Halbwertszeit 75

Hallimasch 280

halophil 370

Hämatit 49, 218, 370

haplobiontisch 371

haploid 371

Haplonten 120

Haptonema 362

Haptophyta 135, 257, 360, 362, 365

  Plastid 56

Harpetida 88

Hefen 287

Heliobakterien 40, 43

Heliozoa 360

Hemichordata 79, 92, 105, 274

Hemikryptophyten 371

Herbivorie 371

Hercosestria 117

Herrerasauria 133

Herrerasaurus 133

Heterodontosauridae 133

Heterodontosaurus 133

heterokont 371

Heterolobosea 300

heterophasisch 371

heterospor 371

Heterotrichea 345

Heterotrophie 9, 357, 371

Hexactinellida 264

Hexagonaria 113

Hexapoda 271

Hibernation 205, 209, 371

Himalaya 18, 138, 140, 142, 145

Hippuritoida 82, 87

Histone 346, 371

Hjulström-Diagramm 25

Holomycota 280

Holothuroidea 90, 127, 274

Holotypus 161, 371

Holozoa 260

Homininen 149, 152

Hominisation 148, 152, 371

Homo. Siehe Hominisation

Homo erectus 153

Homo habilis 153

Homo heidelbergensis 153

Homo neanderthalensis 149

Homo rudolfensis 153

Homo sapiens 153
Homöothermie 278, 371
Homorrhizie 371
horitontaler Gentransfer (HGT) 371
Hornmoose. *Siehe* Acanthoceratophytina
Horstgräser 371
Hotspot-Vulkanismus 62, 371
HOX-Gene 266, 371
Huerteales 329
humid 371
Huminstoffe 371
Humus 371
Hun-Superterran 109, 371
Huntington-Formation 59, 371
huronische Vereisung 48
hyalin 371
Hybriden 9, 371
Hydrogencarbonat 26, 371
Hydrogencarbonatanion 371
Hydrogenosom 256
Hydrogenosomen 8, 254, 256, 298f
Hydroide 316, 371
Hydrolyse 371
Hydroniumion 371
hydrothermal 371
Hydrothermalfeld 34
Hydroxylradikale 51
Hymenium 289f, 371
Hymenoptera 137, 371
Hyolomenus 115
Hyperzyklen 36
Hyphen 172, 282, 284, 286, 288, 290, 352, 371
Hyphochytridiomycetes 350
hypodermales Endothecium 371
Hypotheka 347, 358

I

Iapetus 104, 106, 371
Ichthyobodo 304
Ichthyopterygia 133
Ichthyosporea 260
Ichthyostega 111f
Ichtyosauria 132
Idioblast 371
Iguanodon 133
Ilium 133
Imbricatea 334
incertae sedis 371
incertae sedis Eukaryota 360
Indien 134
Indischer Ozean 225
Indomalaya 195
Infraciliatur 371
ingestieren 371

Inkohlung 72, 371
innertropische Konvergenzzone 216, 371
Inselbiogeographie 184
Inselsilikat 17
Integument 129, 136, 325, 371
Interglazial 148, 150, 192, 371
Intermediate-disturbance-Hypothese 180
Interstitial 371
intraspezifisch 371
Intron 54f, 371
invasive Arten 190
Invertebraten, Gesamtartenzahl 177
Involucrum 371
Iridaceae 326
Iris 327
Isarcicella 93
Ischium 133
Isidien 172
Isochrysidales 362
Isoetales 318
Isoetes 318
Isoetopsida 318
Isoprenoide 371
isospor 371
Isotherme 371
Isotop 371

J

Jaccard-Index 168
Jakobida 256, 300
Jamoytius 109
Jochpilze. *Siehe* zygosporenbildende Pilze
Joenia 299
Juniperus 322
Jupiter 15
Jura 77, 125, 130

K

Kaiyangites 101
kaledonisches Gebirge 68
Kalifeldspat 17
Kalium-Argon-Methode 75
Kalkschwämme 82
kambrische Explosion 100
Kambrium 77, 98, 104
  Beginn 98, 100
Känophytikum 64
Känozoikum 64, 138, 371
Karbon 77, 98, 114
Karpell 371
Karposporophyt 311, 371
Kartoffelkäfer 191
Karyogamie 289, 291, 371
Kastanosem 207

Katalyse 371
Kathablepharidaceae 360, 364
kDNA 305
Keimblatt 371
Kenorland 18
Kern-Chromalveolaten 360
Kernhülle 54
Kerona 343, 345
Kettensilikat 17
Keuper 124
Kickxellomycotina 286
Kiefer 322
Kiefergelenk 276
Kieferlose 95, 106, 274, 277
Kiefernpollen 355
Kiemendarm 371
Kieselalgen. *Siehe* Bacillariophyceae
Kieselsäure 20
Kimberella 101
Kimberlit 22
Kinetid 297f, 372
Kinetoplast 304, 372
Kinetoplastea 256, 302–305
Kinetoplast-Kinetosom-Geißeltaschen-
  Komplex 8, 305
Kinetosom 258, 262, 294, 297f, 304, 351,
  372. *Siehe auch* Basalkörper
Kinorhyncha 271
Kladogramm 244
Klebsormidiophytina 313–315
Klebsormidium 315
Kleptoplastiden 364, 372
Klima 196
  Klimazonen 198
Klimadiagramm 197
Knochenfische. *Siehe* Osteichthyes
Knorpelfische. *Siehe* Chondrichthyes
Kohlendioxid 20, 26. *Siehe auch* Treibh-
  ausgase
Kohlendioxidkonzentration 20, 26
Kohlendioxidpartialdruck 372
Kohlensäure 20, 26
Kohlensäure-Carbonat-Gleichgewicht 26
Kohlensäureverwitterung 47
Kohlenstoffmetabolismus 38
Kommensalismus 372
Kommunikation 60
  chemische 8, 295
Kompaktion 25, 72, 372
Kompartimentierung 9, 349, 372
Kompensationstiefe 26, 224
Konglomerat 372
Konidien 172, 372
Konjugation 288, 345, 372
Konkurrenzausschlussprinzip 180
Konsumenten 372

Kontaktmetamorphose 372
Kontinent 18. *Siehe auch* Superkontinent
kontinentale Kruste 16, 18, 20, 48
Kontinentalplatte
  Adriatische Platte 18
  Afrikanische Platte 18
  Eurasische Platte 18, 68, 130, 142, 154,
    195
  Indische Platte 18, 138
  Nazca-Platte 18
  Pazifische Platte 18
Konvektion 372. *Siehe auch* Erdmantel,
  Ozean
Konvergenz 372
Konvergenzzone, tropische 377
konvergieren 372
Korallen 82
Kormus 118, 372
  Entwicklung 118
Körpersymmetrie 267
Kosmoceras 131
kosmopolitisch 372
Kraton 18, 32, 372
Kreide 77, 125, 134, 362
Kreide-Paläogen-Grenze 64
Krenal 222
Kristalle 22
Kryogenium 100
Kryokonservierung 271
Kryoturbation 200
Kurzgrassteppe 372

L

Labeotropheus 183
Labyrinthodontia 94
Labyrinthulida 257
Labyrinthulomycetes 350
Lactarius 285
Laetiporus 241
Lagenidiales 352
Lagerstätten 70
  Konservatlagerstätten 70
  Konzentratlagerstätten 70
Lagurus 327
Lamarck, Jean-Baptiste de 234
Lamellipodien 293
Lamiaceae 330
Lamiales 331
Lamiiden 330
Laminaria 355
Lamium 331
Landenge von Panama 150, 183
Landgang. *Siehe* Besiedlung des Landes
Landpflanzen 50, 61f, 64, 67f, 96, 108–110,
  112, 118, 120, 122, 178, 236, 254, 284,
  306, 314, 319. *Siehe auch* Embryophy-
  ten

Gesamtartenzahl 177
  Tierverbreitung 329
Landschnecken 111
Landwirbeltiere. *Siehe* Tetrapoda
Langgrassteppe 372
langweilige Milliarde 58
Lanzettfischchen 274
Larix 322
lateral 372
Laterit 218
Lateritisierung 218
latitudinal 372
Laubmoose. *Siehe* Bryophytina
Laubstreu 372
Laurales 327
Laurasia 18, 131
Laurentia 68, 104, 106, 108, 372
Laurussia 68, 108, 112, 114
Lava 22
Lazarus-Effekt 126
Leben 2, 4, 6, 372
  chemische Basis 9, 353
  Definition 6, 170
  Entstehung 34
Lebensbaum 322
Lebensform 372
Lebermoose. *Siehe* Marchantiophytina
Lebewesen 6
Leeuwenhoek, Antonie van 230
Leishmania 304
Leitbündeltypen 9, 321
Leitfossilien 76, 78, 372
Lemna 237
Lenodus 107
Lepidodendrales 318
Lepidodendron 97, 114, 318f
Lepidoptera 137, 372
Lepidosauria 278
Lepidosauromorpha 132
Lepidozia 317
Lepospondyli 94
Leptinotarsa 191
Leptomyxida 293
leptosporangiat 372
Lessivierung 211, 217
Leucilla 265
Lias 124
Lichida 88
Lichtgradient 311
Lichtspektrum 311
Lichtwahrnehmung 8, 303
Ligabueino 133
Lignin 110, 372
Ligula 372
Liliaceae 326f
Liliales 327
Lilium 327
Limanda 283

Linaria 331
Linguliformea 86
Linné, Carl von 232
Linopteris 115
Lissamphibia 94, 277
Lithostratigraphie 74, 372
Litoral 221
Lixisol 215
Loben 88, 372
Lobenlinien 84, 372
Lobopodien 293
Lobosa 292
Lockersedimente 21
Longamoebia 292
Longipteryx 135
longitudinal 372
Lophocolea 121, 123
Lophotrochozoa 272
Lorica 262, 372
Loricifera 271
Löss 24, 372
Luciferin 347, 372
Luftembolie 372
Lungenfische 277
Lunularia 317
Luvisol 205, 210f, 372
Lycopodiophytina 318
Lycopodiopsida 96, 114, 318
Lycopodium 318f

M

mafisch 16, 22, 372
Magensteine 372
Magma 21
Magmatismus 22
Magmatit 20, 372
Magnetit 15
Magnetostratigraphie 74
Magnolia 327
Magnoliaceae 326
Magnoliales 327
Magnoliiden 324, 326
Magnoliopsida 324
Makronucleus 344
Malaria 348
Mallomonas 356
Malm 124
Malpighiales 329
Malvales 329
Mamiellophyceae 313
Mammalia 278. *Siehe auch* Säugetiere
Mammuthus 65
Mandibulata 271
Mangan 40
Manganionen 51
Mangrove 372
Mannan 372

Mantamonas 259
Mantel. *Siehe* Erde, Erdmantel
Marattiopsida 320
Marchantiophytina 316
Marinoan-Vereisung 63
Mars 15
Massensterben 64, 66, 148
  Devon 66
  die „großen Fünf" 66
  Känozoikum 192
  Kreide-Paläogen-Grenze 66
  Ordovizium 66, 106
  Perm-Trias-Grenze 66, 86, 126
  Sauerstoffkonzentration 64
  Trias 66, 126
Massenvermehrung 363
Mastigamoebidae 293f
Mastigonema 350, 357, 372
Maximum Likelihood 244
Maximum Parsimony 244
Mayorella 293
mediterranes Biom 210
Meduse 267
Meer 224. *Siehe auch* Ozean
  Meerwasser 224
Meeresleuchten 346
Megaceros 317
Megafauna 372
Meganeura 114
Megaphylle 112
Meiose 9, 319, 372
Meiosporen 372
Merismopedia 315
Merkur 15
Mesoarchaikum 33
Mesoderm 372
Mesohippus 141
Mesomycetozoa 260
mesophil 372
Mesophytikum 64
Mesoproterozoikum 29, 31, 45, 54, 56
Mesostigmatophytina 313f
Mesozoikum 64
Metakinetoplastina 305
metamer 372
Metamonada 296, 298
Metamorphose 21, 372
Metanephridien 268, 270, 373
Metapopulation 373
Metarhodophytales 310
Metatheria 278
Metazoa 59–61, 67, 100, 164, 230, 238, 247, 256–272
Meteoriteneinschlag. *Siehe* Massensterben
Methan 34, 38
Methanclathrat 100, 140, 373

Methanogenese 38
Metopus 335
Metriaclima 183
Metromonadea 334
Metzgeria 121, 317
Micrasterias 315
microbial loop 361
Micrognathozoa 273
Microsporidia 256, 280, 282
mikroaerophil 373
mikrobielles Nahrungsnetz 361
Mikrogametocyt 373
Mikronucleus 344
Mikroorganismen 188, 230
Mikrophyll 373
Mikropyle 129, 373
Mikrosphären 36
Mikrotubuli 259, 263, 373
Mikrovilli 373
Miliolida 80
Mimikry 9
Mineral 373
  biogen 9, 337
Miozän 142
Mitochondrien 54, 254, 256, 349
Mitose 373
Mitosomen 254, 256, 298
Mittelmeer 140
Mixotrophie 9, 357, 373
Mnium 317
Modellorganismen 9, 343
Mollusca 273
Molybdän 62
monadal 373
Monadofilosa 334
Mond
  Entstehung 14
  Stabilisierung der Erdachse 14
Monilophyten 320
Monocercomonoides 299
monocolpat 324
Monocotyledonae 324
Monograptidae 92
Monograptus 93
monokotyl 325
Monokotyledonen 325, 326
Monomeren 373
Monophyllites 127
monopodial 373
Monosiga 263
Monotropa 237
Moose 120, 122, 287, 316
Moräne 24, 373
Morphologie 373
motil 265
Motilität 373

mRNA 54, 373
Mucoromycotina 286
Mucrospirifer 113
Müller'sche Mimikry 9
Multicilia 293f
Mureinschicht 373
Muschelkalk 124
Muscheln 127
Muskovit 17
Mutualismus 8, 291
Mycel 373. *Siehe auch* Hyphen
Mycetozoa 294
Mycobiont 172
Myelinscheide 106
Mykorrhiza 8, 112, 284f, 290, 318, 321
mykotroph 318, 373
Myriapoda 271
Myrtales 329
Myxini 274
Myxogastria 293f

N

Nacktsamer. *Siehe* Gymnospermen
NAD 38
Nadelbaum 202, 204, 322
NADH 38
NADP 41
NADPH 147, 373
Naegleria 300f
Nagelfluh 25, 373
Nahrungsvakuole 345, 373
Nama-Typ-Biota 100
Nanoplankton 350, 362, 373
Nassellaria 336
Nautilida 113
Nautiloidea 84, 113
Nautilus 355
Nearktis 195
Nebela 293
Neighbour-Joining 244
Nematoda 271
Nematoida 271
Nematomorpha 271
nemoral 373
Neoarchaikum 33
Neobiota 190
Neobodonida 305
Neogen 68, 77, 138, 142
Neoproterozoikum 29, 31, 45, 60
  neoproterozoische Vereisung 62
Neotropis 195
Nepenthes 327
Nephroselmidophyceae 313
Nephrozoa 268, 274
Neptun 15

Nereis 269

Nesseltiere. *Siehe* Cnidaria

Neuralrohr 373

Neurocranium 373

Neutrale Theorie 180

Nicotinamiddinucleotid. *Siehe* NAD

Niederschlagsverteilung, globale 196

Nische 180, 373
  Nischendifferenzierung 182

Nomenklatur 160, 232, 368

Nordatlantik 130

Notochord 373. *Siehe auch* Chorda dorsalis

Novopangaea 154

Nucleariidae 280

Nucleinsäuren 36

Nucleomorph 9, 56, 333, 364

Nummulitidae 80

Nymphaea 327

Nymphaeaceae 326

Nymphaeales 326f

O

Oberflächenschuppen 9, 365

obligat 373

Ochrophyta 350, 354, 356, 358

Octoglena 269

Odontopleurida 88

ökologische Fitness 373

ökologische Nische. *Siehe* Nische

Ökoregion 174, 195f, 373

Ökozone 157

Old-Red-Kontinent 68, 108

Oligozän 140

Olivin 16, 22

Ölschiefer 373

Ononis 329

Ontogenese 373

Onychophora 271

Oocysten 373

Oogamie 373

Oogonien 355

Oomycetes 350, 352

Oosporen 373

Opal 337

Opalinata 350

Opalinida 257

Operational Taxonomic Unit 164

Ophioglossales 320

Ophioglossum 321

Ophistokonta 258

Ophiuroidea 90, 274

Opisthosoma 373

Orciraptor 335

Ordovizium 77, 98, 106

Organell 9, 341, 349, 373

Organisationsform 8, 287

Ornithischia 130–134

Ornithodira 132, 279

Ornithopoda 133

Orobanche 237

Orogenese
  alpidische 140
  variszische 114, 377

Osmoregulation 9, 351

osmotroph 373

Osteichthyes 276

Otozamites 97

Oxalidales 329

Oxidasen 46, 50, 52

Oxidation 373

oxidative Decarboxylierung 53

Oxygenierung 373

Oxygenierung der Meere 62, 100

Oxymonadida 298

Ozean 224
  Bildung 14
  Konvektion 42, 49
  Neoproterozoikum 62
  Oxygenierung 62, 100
  Paläozoikum 104
  Proterozoikum 58
  Urozean 14, 34

Ozeanien 195

ozeanische Kruste 16, 18, 20

P

Pachycephalosauria 133

Pachycephalosaurus 133

Paläarktis 195

Palaeoniscus 117

Paläoarchaikum 33

Paläogen 77, 138, 140

Paläolithikum 152

Paläontologie 373

Paläoökologie 78

Paläophytikum 64

Paläoproterozoikum 29, 31, 45

Paläozän 140

Paläozoikum 64, 98

palmelloid 373

Palmophyllales 313

Panarthropoda 270

Pandanales 327

Pangaea 18, 68, 114, 116, 126, 132

Pangaea Ultima 154

Pansomonadida 335

Panthalassischer Ozean 104

Panzerfische. *Siehe* Placodermi

Parabasalapparat 298, 373

Parabasalia 256, 298

Parabodonida 305

Paradox des Planktons 180

Paramecium 239, 345

Paramylon 257, 303, 374

Paranthropus 153

paraphyletisch 243

Paraphysomonas 189

Parasiten 8, 237, 283, 301, 304, 348, 352

Paraxonemalstab 302, 374

Parenchymula-Larve 374

Pasteur, Louis 188, 234

Paulinella 254, 257, 306, 334

Pavlovophyceae 361f

Pazifik 225

PCR 374

Peak 374

Pecopteris 323

Pediastrum 313

Pedospumella 357

Pedoturbation 214, 374

Pelagial 221, 374

Pelagophyceae 350

Pelagothrix 345

Pellicula 302, 374

Pelmatozoa 90

Pelomyxa 293

Pelta 374

Pelycosauria 116

Pennales 358

pentazyklisch 374

PEP-Carboxylase 146, 374

Peptidoglykan 57, 250, 281, 308

Peranema 303

Percolomonas 300f

Percolozoa 256, 300

perhumid 374

Peridotit 17, 22

Periode 28, 74. *Siehe auch* stratigraphische Tafel

Periplast 257, 374

Peritrichia 345

Perkinsiella 304

Perm 77, 98, 116

Permafrost 201f

Perm-Trias-Grenze 64

Peronospora 352

Peronosporomycetes 257, 350, 352

Peroxisomen 51

Petromyzontida 274

Petrosalviales 327

Pezizomycotina 288

Pfiesteria piscicida 346

Pflanze. *Siehe* Landpflanzen
  Definition 230, 236

Pflanzengeographie. *Siehe* Biogeographie

Phacopida 88
Phacus 302f
Phaeocystales 362
Phaeocystis 362
Phaeodactylum 343
Phaeophyceae 60, 122, 257, 350, 354
Phaeothamniophyceae 350
Phagocytose 8, 297
phagotroph 374
Phalansterium 293f
Phanerozoikum 28, 64
  Klima 68
  Überblick 66
Pharetronida 83
Pharynx 374
Phloem 321
Phoronida 273
Phosphoglykolat 50
Photobiont 172
Photooxidation 374
Photopigmente 9, 311
Photorespiration 50, 62, 144, 374
Photosynthese 35, 40, 50
  anoxygene 38, 40, 46, 58
  C$_3$-Photosynthese 42
  C$_4$-Photosynthese 144–147, 154
  CAM-Photosynthese 68, 145f
  Kompartimentierung 42
  Mangan 40
  oxygene 40, 46, 63
Photosystem I 40
Photosystem II 40
Phototrophie 9, 357
Phragmoplast 315, 374
Phycobilisom 57, 308, 374
Phycobillin 256
Phycoerythrin 57, 310
Phycomeces 287
Phycoplast 313, 374
Phylloid 316
phylogenetische Distanz 247
phylogenetische Einteilung 228
phylogenetischer Baum 242, 244
Phylogenie 8, 287, 374
  Grundlagen 234
Phylogramm 244
Phytium 352
Phytobiont 172
Phytomonas 304
Phytomyxea 334
Phytophtora infestans 191, 352
Phytoplankton 101, 126, 170, 180, 221f, 346, 358, 374
Pica 159
Picea 322
Picocystis 313

Picozoa 360
Picramniales 329
Pigmente, akzessorische 256, 367
Pikaia 105
Pilze 246, 280–291
  Definition 240
  Gesamtartenzahl 177
Pinales 322
Pinguiophyceae 350
Pinnularia 359
Pinocytose 297
Pinus 143, 322
Piperales 327
Pit Connections 60
Placodermi 94, 108, 112, 276
Placozoa 266
Plagioklas 22
Plagiopus 129, 317
Planation 118, 374
Planet 14
planktisch 374
planktivor 374
planspiral 374
Plantae. *Siehe* Viridiplantae
Plantaginaceae 330
Planula-Larve 374
Plasmodesmata 374
Plasmodesmen 60
Plasmodien 294
Plasmodium 343, 348
Plasmogamie 286, 289, 291, 374
Plasmopara 352
Plastiden 42, 54, 56, 254, 256, 333. *Siehe auch Paulinella*
  Glaucocystophyta 56
  Peridinium-Typ 346
  primäre 56, 306
  sekundäre 254, 346, 362
  tertiäre 346
Plastom 55
Plathelminthes 273
Platte, kontinentale. *Siehe* Kontinentalplatte
Plattengrenze
  divergierende 19
  konvergierende 19
Plattentektonik 18, 154
  Phanerozoikum 68
Platyzoa 272
Plesiomorphie 242, 374
pleural 374
Pleurochrysis 363
pleurodont 278, 374
Plicathyris 113
Pliozän 142
Plutonismus 22, 374
Plutonite 20

Poaceae 327
Poales 327
Podocarpales 322
Podsol 202
Polaroplast 283
Polfaden 283
Pollen 137
Pollenkorn 120
Polringe 348, 374
Polycystinea 332, 336
Polyp 267
Polyploidisierung 344, 374
Polypodiopsida 96, 320
Polytrichum 121
Porifera 260–265
Porphyridium 311
Potamal 222
PQ-Zyklus 40, 374
Prädation 8, 261
Präkambrium 30f
  Überblick 30
Prasinococcales 313
Preaxostyla 256
Priapulida 271
Primärproduktion, Primärproduzenten 30, 35, 46, 64, 110, 112, 144, 170, 187, 220, 224, 236, 346, 358, 361f, 374
Primärsukzession 180, 374
Primordien 325, 374
Priscacara 273
Procryptobia 305
Proetida 88, 117
Progymnospermen 323
prokaryotische Zellorganisation 248, 250, 252
Prokinetoplastina 304
promastigot 305
Propagationsrate 120
Prosoma 374
Prostomatea 345
Proteales 329
Proterozoikum 28, 30, 44
Prothallium 319, 321, 374
Protisten 230, 374
  Gesamtartenzahl 177
Protocyanobakterien 40, 374
Protoerde 32
Protolyellia 105
Protonema 120, 374
Protonephridien 260, 270, 272, 374
Protoperidinium 347
Protoplaneten 14, 374
Protosporangiida 293
Protostelia 294
Protosteliida 293
Protostomia 268

Protozellen 36
Provinzialismus 374
Prunus 329
Prymnesiales 362
Prymnesiophyceae 361f
Prymnesium 362
Prysonympha 299
Pseudofungi 350
Pseudoparenchym 310, 374
Pseudoplasmodien 294, 374
Pseudopodien 8, 293, 374
Pseudotropheus 183
Psilotales 320
Psilotopsida 320
Psilotum 321
psychrophil 374
Pterosauria 132f
Ptychopariida 88
Pubis 133
Pucciniomycotina 290
Purpurbakterien 40, 43
Pusulen 374
Pycnococcaceae 313
Pygidium 89, 374
Pyramimonadales 313
Pyramimonas 313
Pyrenoid 303, 334, 347, 365, 374
Pyrit 34, 59
Pyroklastika 22, 375
Pyroxen 17, 22
Pyruvat 38, 53, 375

Q

quadruped 375
Quartär 138, 148, 150, 375
Quasispezies 170, 375
Quastenflosser 277

R

Radiärsymmetrie 90, 267
Radiation 18, 29, 31, 103, 114, 128, 144,
   184, 323, 375
   Amniota 116
   Angiospermen 96, 277
   Bivalvia 87
   Blütenpflanzen 137
   Brachiopoden 106
   Buntbarsche 183
   Ceratitida 127
   Conodonten 107
   Dinophyta 130
   Echinodermata 90, 107
   Eukaryoten 58
   Gymnospermen 96, 130
   Insekten 111, 137
   Nadelbäume 130
   Pilze 284

Reptilien 184
   Säugetiere 94
   Vögel 94
Radiocarbonmethode 75
Radioisotope 75
Radiolarien 332, 336
Rangeomorpha 101, 375
Ranunculales 329
Ranunculus 329
Raphanus 329
Raphidophyceae 350
Reaktionsnorm 180, 375
Reblaus 191
Redlichiida 88
Redox-Gene 52
Redoxreaktion 375
Red Tide 346
Reduktion 375
Reduktionsäquivalente 41, 375
Regen, saurer 375
Regenwald. *Siehe* Wälder: tropische Regen-
   wälder
Regression 64, 375
Rekombinationsrate 120
reproduktive Isolation 182, 375
Reptilien 276, 287
Retaria 332, 336
Reticuloamoeba 335
Reticulopodien 293, 332
Retortamonadida 298
rezent 375
Rhabdinopora 93
Rhabdosom 92, 375
Rheischer Ozean 108
Rhitral 222
Rhizaria 247, 255, 257, 332, 340
Rhizidium 283
Rhizocarpon 173
Rhizoid 316, 375
Rhizopoda 334
rhizopodial 375
Rhizopus 286
Rhodellophytales 310
Rhodeus 191
Rhodophyta 60, 122, 256, 306, 310
Rhodophytina 310
Rhodoplasten 310
Rhoptrien 348, 375
Rhynchomonas 305
Rhynchonelliformea 86
Rhynia 97
Rhynie-Kieselschiefer 71
Rhyniophytina 96, 108, 318
Rhyolith 23, 375
Ribonucleinsäure. *Siehe* RNA
Ribosom 36, 375
   16S 367
   18S 367
   70S-Ribosom 367

Ribozym 37
Riffe 82, 105, 113
   Riffbildner 82
Ripella 293
Rippenatmung 116, 375
Rippenquallen. *Siehe* Ctenophora
River-Continuum-Concept 222
Rivularia 173
RNA 36
RNA-Welt-Hypothese 36
Roccella 173
Rocky Mountains 18
Rodinia 18, 44, 58, 62
Romer-Lücke 114
Rosaceae 329
Rosales 329
Rosiden 328
Rostpilze. *Siehe* Pucciniomycotina
Rotaliida 80
Roteisenstein 15
Rotifera 273
Rotliegendes 98
Rotsediment 48f, 375
r-Strategen 190, 375
Rubidium-Strontium-Datierung 75
RubisCO 43, 51, 144, 146, 375
   Sauerstoff 50
Rubus 329
Rudista 82
Rugosa 82, 108, 375
Rüsseltiere 375

S

Säbelzahnkatzen 149
Sabiales 329
Sacabambaspis 107
Saccamoeba 239
Saccharomycotina 288
Saccorhiza 355
Sahelanthropus 143, 153
Salzvorkommen 98
   Eindampfungszyklen 116
Samenanlage 136
Samenfarne 115, 127, 323
Samenpflanzen 96, 110, 120–129, 136, 322
   Entstehung 96
Samenruhe 201
Samenschale 129
Santalales 329
Sapindales 329
Saprobie 375
Saprolegnia 241
Saprolegniales 352
Saprophyten 375
saprotroph 375
Sarcopterygii 276
Sargassum 355
SAR-Klade 332, 340, 346–361, 375

Saturn 15

Sauerstoff 16, 34, 47, 48
  cytotoxische Wirkung 50
  geochemische Rückkopplung 46
  molekularer 373
  reaktive Sauerstoffspezies 375
  Sauerstoffentgiftung 46
  Sauerstoffevolution 46, 48, 50, 52
  Sauerstoffkonzentration. *Siehe* Atmosphäre
  Sauerstoffradikale 50

Säugetiere 64, 94, 116, 127, 130, 134, 140, 277f

Saurier 132

Saurischia 130, 132

Sauropodomorpha 130, 133

Sauropsida 278

Sauropterygia 132f

Savanne 214

Saxifragales 329

Scalidophora 271

Schachtelhalme. *Siehe* Equisetopsida

Schelf 375
  Nährstoffversorgung 48

Schichtsilikat 17

Schildkröten 278

Schimmel 286, 288

Schizogonie 348, 375

Schizoplasmodiida 293

Schizopyrenida 300

Schläfenfenster 278

Schlafkrankheit 304

Schlangen 134

Schlangensterne 90

Schleimaale. *Siehe* Myxini

Schleimpilze 293, 294

Schnecken 79, 111, 141, 359

Schneeball-Erde 48, 62, 375

Schöpfungsgeschichte 230

Schulp 355, 375

Schwämme. *Siehe* Porifera

Schwarzerde 206

Schwarzer Raucher 34

Schwebefortsätze 329

Schwefelwasserstoff 40

Schwestergruppe 243

Sciadopitales 322

Scleractinia 82, 266, 375

Scolelepis 269

Scrophulariaceae 330

Scuticociliatea 345

Sedimentation 24

Sedimente 20, 375
  chemische 25
  klastische 25, 372

Sedimentgesteine 24

See. *Siehe* Standgewässer

Seeigel 90

Seesterne 90

Seewalzen 90

Segmentierung 8, 269

Selaginella 318f

Selaginellales 318

semiarid 375

semihumid 375

Semiochemikalien 8, 295

Sepia 355

Septum 375

Serie 28, 74, 375. *Siehe auch* stratigraphische Tafel

Sesquiterpene 375

sessil 265, 375

Sexualdimorphismus 375

Shannon-Index 166, 168

Sibiria 68, 104, 106, 116

Sibirischer-Trapp-Vulkanismus 126

Sicula 92

Siderit 38, 375

Siebröhren 375

Sigillaria 114f, 318

Silene 329

Silicium 16

Siliciumdioxid 337

Silikat 17, 20

Silikatverwitterung 62

Silur 77, 98, 108, 318

Simpson-Index 166

Sinraptor 133

Sinter 26

siphonal 375

Skelettelemente 102

Skelettminerale 102

Sklerite 375

Sklerophyten 210, 375

S-Layer 376

Small-Shelly-Fauna 101–103

Smilodon 149, 193

Solanales 331

solitär 376

Solnhofener Plattenkalk 71

Solonchak 212

Somatogamie 376

Sommerregenzeit 214

Sonneneinstrahlung 38, 49

Sonnennebel 376

Sonnensystem 14f

Sonnentierchen 360

Soredien 172

Sorus 376

Spaltöffnungen 112, 316, 376

Species Plantarum 232

species richness 166

Speicherpolysaccharide 256

Spermatophytina 322. *Siehe auch* Samenpflanzen

Sphaerococcus 311

Sphagnum 317

Sphinctozoa 83

Spicula 264

Spinell 22

Spiniferites 347

Spiralia 268, 272

Spirotrichea 345

spleißen 376

Spleißosom 54, 376

Spontanzeugung 234, 376

Sporangium 376

Spore 376
  trilete 107

Sporentetraden 376

Sporophyt 122, 317, 319, 321, 376

Sporoplasma 376

Sporopollenin 376

Sporozoit 376

Spumella 356

Spumellaria 336

Spurenfossil 59

SSU-rRNA 227, 376

Stachelhaie. *Siehe* Acanthodii

Standgewässer 220

Stärke 376

Starkregen 376

Staurikosaurus 133

Staurocalyptus 265

Stegosauria 133

Stegosaurus 133

Steinkohlewälder 114

Stephanopogon 300f

Steppen 206

Sterilität 376

Stickoxide 376

Stomata. *Siehe* Spaltöffnungen

Stomatocyste 357

Strahlenflosser. *Siehe* Actinopterygii

Stramenopiles 247, 255, 257, 340, 350–359
  Plastid 56

Stratigraphie 28, 74, 78, 376

stratigraphische Tafel
  Archaikum 33
  Känozoikum 139
  Mesozoikum 125
  Paläozoikum 99
  Proterozoikum 45

Stratotyp 28, 76, 376

Streptophyta 62, 256, 306, 314, 365

Streu 376

Streuabbau 376

Strobili 108, 376

Strobylothyone 127

Stromatolithen 31f, 42, 48f, 376

Stromatoporen 376

Stromatoporoidea 82

Stuart-Vereisung 62

Stufe 28, 74. *Siehe auch* stratigraphische Tafel

Stygamoebida 293

Subasaphus 107

Subduktion 18, 20
Subduktionszone 22, 376
Substitution 246, 376
Substrat 376
sukkulent 376
Sukkulenz 213
Sulfatatmung 59
Sulfid 59
Superkontinent 18, 44, 58, 114, 154, 376
Superoxid-Dismutase 51
Suspensor 129, 376
Sutur 84, 88, 376
Symbiontida 302
Symbiose 8, 6, 172f, 258, 284, 291. *Siehe auch* Endocytobiose
sympatrische Artbildung 182
Sympetalie 330, 376
Symplesiomorphie 242, 376
Synapomorphie 242, 376
Synapsida 94, 116, 278
Synchromophyceae 350
Syngamie 376
Synorisporites 107
Synthese 376
Synura 356
Synurales 356
Synurophyceae 356
System 28, 74. *Siehe auch* stratigraphische Tafel
Systema Naturae 232, 236
Systematik 160
  Grundlagen 232

T

Tabulata 82, 108, 376
Tageszeitenklima 218
Tag-Nacht-Gleiche 150, 376
Taiga 202
Tange 354
Taphrinomycotina 288
Tardigrada 270
Taxales 322
Taxonomie 160, 376
  Hierarchiebenen 306
Taxon, Taxa 9, 323
Taxus 322
Teleostomi 276
teloblastische Wachstumszone 376
Telom 376
Telomtheorie 118
Telonema 360
Temperaturverteilung, globale 196
Termiten 214, 216
Tertiär 138. *Siehe auch* Neogen
Tesselaria 356

Testudines 279
Tethys 130, 376
  Paläo-Tethys 108, 126, 373
  Parathys 140
Tetrahymena 343
Tetrapoda 94, 112, 276, 278
Tetrasporophyt 311, 376
Tetrastrum 313
Textulariida 80
Thalassiosira 359
thallos 316, 376
Thallus 316, 376
Thecamoeba 293
Thecamoebida 293
thecodont 278, 376
Thecofilosea 334
Theophrast 230
Therapsida 94
Theria 278
thermophil 376
Theropoda 133f
Thioredoxin 376
Thorax 89
Thrinaxodon 95
Thuja 322
Thylacinus 193
Thylakoide 42, 308, 310, 376
Thylakoidmembran 42
Thymin 36
Tiefsee 34
Tier. *Siehe* Metazoa
  Definition 230, 238
Tight Junctions 376
Tillit 24, 376
Timofeevia 105
Tomentella 285
Torpor 201, 376
Toxine 376
Toxoplasma 348
Toxoplasmose 348
Tracheen 110, 205, 270, 325, 358, 376
Trachelomonas 303
Transgression 377
Transition 377
Transkription 377
Transkriptom 377
Translation 377
Transversion 377
Trebouxiophyceae 313
Treibhauseffekt 26, 46
Treibhausgase 38, 377
  Kohlendioxid 38, 46, 63
  Methan 38, 46, 48
Trias 77, 125f
Triceratops 133
trichal 377

Trichocysten 344, 377
Trichomonas 298
Trichophycus 44
Trichoplax 266f
tricolpat 324
Tridacna 239
Trifolium 329
Trigonia 131
Trilobita 88, 105, 271
Trimastix 299
tripartite Haare 340
triploblastisch 377
Trochodendrales 329
Trochophora-Larve 377
Trochozoa 272f
Trophie 220
tropische Konvergenzzone 377
Trypanosoma 304
Trypanosomatida 304, 305
trypomastigot 305
Tubulin 377
Tubulinea 256, 292
Tuff 23
Tundra 200
Tunicata 274
Typ-Lokalität 76, 377
Tyrannosauroidea 133
Tyrannosaurus 65, 134

U

ubiquitär 377
Ulothrix 313
Ulva 313
Ulvophyceae 313
Umkristallisation 73
Unikonta 254–259
Unio 191
Universum 14
Unterwuchs 377
Ur 18
Uracil 36
Ural 116
Uran-Blei-Methode 75
Uranus 15
Uridinmonophosphat 377
Urknall 14
Urochordata 274
Uroid 292, 377
Uromyces 291
Urozean 34, 377
Ustilaginomycotina 290
UV-Strahlung 8, 275, 377

V

Vahlkampfia 301
Vahlkampfiidae 300
Vakuole, kontraktile 372
Vampyrella 335
Vampyrellida 334
Vannellida 293
Variosea 294
Velociraptor 133
Venus 15
Verbascum 331
Verbraunung 218, 377
Verbreitungsgebiet 158
Verdriftung 377
Vereisung 24, 30, 32, 38, 48, 62, 68, 101,
    106, 114, 140. *Siehe auch* Eiszeit
Verlehmung 218, 377
Versenkungsmetamorphose 377
Vertebrata 94, 106, 110, 178f, 274, 303
  Gesamtartenzahl 177
Vertisol 214
Verwitterung 21, 24, 377
  chemische 24
  physikalische 24
Vesikel 377
Vielzelligkeit 9, 313
  einfache 60
  komplexe 60
Viridiplantae 306, 312
Virion 170
Virus 170
Vitales 329
Viteus 191
Vitis 191
Vitrella 343
vivipar 377
Vögel 130, 133f, 276, 278
vollhumid 377
Vollparasit 377
Volvox 313, 343
Vorticella 345
Vulkan 22
Vulkanismus 22, 48, 377
  Kohlendioxid 48
Vulkanite 20, 23

W

Wacholder 322
Wälder 112
  boreale 202
  temperate 204
  Trockenwälder 216
  tropische Regenwälder 218
  winterkahle Laubwälder 204
Wale 141
Wallace, Alfred Russel 234

Wasserstoff 34
wechselständig 377
Weißmeer-Typ-Biota 100
Welwitschia 322
Windsysteme, globale 198
Windverbreitung 329
Wintertrockenzeit 214
Wirbeltiere. *Siehe* Vertebrata
Wirtel 377
Wüste 212

X

Xanthoria 173
Xantophyceae 350
xeromorph 202, 377
Xestospongia 265
Xylem 321

Z

Zamites 65, 131
Zea mays 155, 327
Zebramuschel 191
Zechstein 98
Zelladhäsion 60, 295, 377
Zelle
  Entstehung 34
  Mehrkernige 8, 289
Zellkommunikation 60
Zellorganellen 341
Zellwand 9, 317
Zellwandmaterialien 8, 281
zentripetal 377
Ziegelei Hagen-Vorhalle 71
Zingiberales 327
Zirkulation 220
Zoochlorellen 312, 345, 377
Zoogeographie. *Siehe* Biogeographie
Zoopagomycotina 286
Zoophagus 286f
Zoosporen 377
Zooxanthellen 345f, 377
Zosterophyllopsida 96, 108
Zukunft 154
Zygnema 315
Zygnematophytina 314
Zygomycota 256. *Siehe* zygosporenbilden-
    de Pilze
Zygophyllales 329
Zygospore 286
zygosporenbildende Pilze 286
Zygote 377
Zypresse 322
Zysten 377

Printing and Binding: Stürtz GmbH, Würzburg